Linear Algebra

Step by Step

한 걸음씩 알아가는 선형대수학

지은이 **Kuldeep Singh**

현재 영국 하트퍼드셔 대학교 수학과 부교수로 20년 넘게 재직 중이며, 저학년 학부생을 대상으로 선형대수학을 강의하고 있다. 주요 저서로는 『Engineering Mathematics Through Applications(2nd edition)』(Palgrave Macmillan, 2011), 『Number Theory : Step by Step』(Oxford University Press, 2020)이 있다.

옮긴이 **한빛수학교재연구소**

한빛수학교재연구소에서는 이공계열 공통 수학 및 수학 관련 학과 전공 교재에 적합한 번역서와 집필서를 기획하여 출간하고 있다.

한 걸음씩 알아가는 선형대수학

초판발행 2021년 6월 28일
5쇄발행 2025년 8월 28일

지은이 Kuldeep Singh / **옮긴이** 한빛수학교재연구소 / **펴낸이** 전태호
펴낸곳 한빛아카데미(주) / **주소** 서울시 서대문구 연희로2길 62 한빛아카데미(주) 2층
전화 02-336-7112 / **팩스** 02-336-7199
등록 2013년 1월 14일 제2017-000063호 / **ISBN** 979-11-5664-555-9 93410

총괄 · 책임편집 김은정 / **기획** 윤세은 / **편집** 조우리 / **교정** 박정수 / **진행** 조우리
디자인 윤혜원 / **전산편집** 임희남 / **제작** 박성우, 김정우
영업 김호철, 김태진, 김성삼, 이정훈, 임현기, 이성훈, 김주성, 심지연

이 책에 대한 의견이나 오탈자 및 잘못된 내용은 출판사 홈페이지나 아래 이메일로 알려주십시오.
파본은 구매처에서 교환하실 수 있습니다. 책값은 뒤표지에 표시되어 있습니다.

홈페이지 www.hanbit.co.kr / 이메일 question@hanbit.co.kr

Linear Algebra

Step by Step

한 걸음씩 알아가는 선형대수학

Kuldeep Singh 지음

한빛수학교재연구소 옮김

한빛아카데미 Hanbit Academy, Inc.

지은이 머리말

저는 학교를 다닐 때 수학에 관심이 많았습니다. 본래 시크(Sikh)교 혈통이라 어렸을 때는 영어를 이해하는 데 어려움이 많았지만, 수학은 또래들과 같은 출발점에서 배울 수 있는 보편적인 언어라 쉽게 친해졌습니다.

선형대수학은 수학의 기본 영역으로, 지금까지 수학 분야에서 개발된 도구 중 가장 강력합니다. 선형대수학은 사업, 경제, 공학, 물리학, 컴퓨터 과학, 생태학, 사회학, 인구학, 유전학 등 다양한 분야의 핵심 연구 주제입니다. 업무에 활용되는 선형대수학의 예로 우리에게 아주 익숙한 구글(Google) 검색 엔진을 들 수 있습니다. 구글 검색 엔진에서는 관련성에 대한 검색 결과의 순위를 매기는 데 선형대수학을 활용합니다.

저는 항상 가르치는 일에 열정을 기울였습니다. 하트퍼드셔(Hertfordshire) 대학교에서는 수학과 부교수로 20년 넘게 재직하면서 저학년 학부생들에게 선형대수학을 가르치고 있습니다. 제 저서 중 하나인『응용을 통한 공학수학(Engineering Mathematics Through Applications)』은 많은 나라에서 학부 과정의 기초 교재로 널리 사용되고 있어 자부심을 갖고 있습니다. 제가 관리하고 있는 수학 관련 웹 사이트에서는 자료를 정기적으로 업데이트하고 있으니 교재와 함께 살펴보면 많은 도움이 될 것입니다.

하트퍼드셔 대학교에는 100명이 넘는 수학과 학부생이 있습니다. 선형대수학 과정을 기반으로 한 다양한 교재가 있지만, 일반 학생들이 이런 교재의 내용을 소화하기 어렵다는 것을 알았습니다. 제 주된 관심사 중 하나는 학생들에게 추천할 만큼 질 높고 접근하기 쉬운 교재를 찾는 것이었습니다. 앞서 출간한 공학수학 책이 인기가 있었기 때문에, 학생들과 학부 수학 간의 큰 격차를 메울 수 있는 선형대수학 교재를 만들어야 한다는 강한 사명감을 느꼈습니다.

각 장을 점검할 때 도움받을 수 있는 학생들이 매우 많았다는 점에서 저는 운이 좋았습니다. 학생들의 의견을 반영하여, 제 지도를 받는 우수한 학생들뿐 아니라 수학적 배경 지식이 부족한 학생들의 수학 능력까지 완전히 아우를 수 있도록 각 장의 내용을 확장하고 보완하였습니다. 이러한 과정을 거쳤기 때문에 이 교재의 설명 방식은 다른 어떤 책과 비교할 수 없을 정도로 단순하면서도 명쾌합니다. 그런가 하면 해당 주제와 관련하여 가장 도전적인 측면에 접근할 때는 그 문제를 종합적으로 바라볼 수 있도록 구성하였습니다.

이 책의 수준

이 책은 수학 실력이 평균인 대학교 1, 2학년 학생을 대상으로 합니다. 많은 학생이 중 · 고등학교 수학에서 대학교 수학으로 전환하는 데 어려움을 느낍니다. 이 책은 특히 그 간극에 유의해 원활하게 연계되도록 구성하였습니다. 수학 사전지식이 부족한 상태에서 이 책을 학습한다고 전제하지만, 어려운 문제도 다루며 명확한 설명과 풍부한 그림을 사용해 어려운 질문에 대한 해답을 제시합니다. 이 책은 패턴, 그래프, 관련 질문들을 통해 점진적으로 명확하게 제시하는 내용을 학생들이 스스로 이해하며 학습할 수 있도록 하는 데 초점을 맞추었습니다. 학습자는 선생님의 지속적인 도움 없이도 본문의 주제를 점진적으로 이해할 수 있습니다.

교육적 이슈

이 책의 강점은 각 주제에 대한 풍부한 예제와 단계별 설명입니다. 웹 사이트(http://www.oup.co.uk/companion/singh)에서 모든 문제에 대한 명확한 풀이 방법을 자유롭게 활용할 수 있으며, 원격 학습도 가능합니다. 각 장의 끝에 있는 종합문제는 여러 대학교에서 출제한 기출문제로 구성되어 있어 학습 자신감을 높이는 데 도움이 됩니다. 또한 여러분의 흥미를 끌기 위해 선형대수학 분야를 이끈 인물의 짧은 전기도 실었습니다.

기존 선형대수학 교재의 설명 방식을 보면 다소 정적인 경향이 있습니다. 이 책은 자주 질문하고 답하는 과정을 통해 여러분의 참여를 장려하는 방식으로 훨씬 생동감 있게 진행됩니다. 질문하고 답하는 과정은 본문 전반에 걸쳐 있어, 암기하여 기억하는 게 아니라 도입된 방법을 이해했는지 지속적으로 확인해 나갑니다.

특히 수학에 약한 학생들을 고려하여 간결한 설명 방식을 취했지만, 체계적이면서도 포괄적인 접근법에 따라 구성하였으므로 어떤 수준이든 충분히 유용한 참고 자료로 쓸 수 있습니다. 웹 사이트에서는 컴퓨터를 사용하여 과제를 해결하고자 하는 학생들을 위해 MATLAB 스크립트를 제공합니다.

마지막으로 선형대수학은 처음 접하면 추상적으로 보일 수 있다는 점을 인정해야 합니다. 선형대수학의 가능성과 잠재성을 일부 보여주기 위해 장과 장 사이에 선형대수학 분야의 학자와 실무자의 인터뷰를 수록하였습니다. 인터뷰 코너를 통해 여러분은 이 책에서 다루는 강력한 수학 도구에 익숙해지면 어떤 일이 일어나는지 맛볼 수 있습니다.

감사의 말

이 책의 본문을 개선하는 데 큰 도움을 준 티모시 피콕(Timothy Peacock)에게 특별한 감사를 전하고 싶습니다. 이 책에 대한 접근성을 높이는 데 상당한 기여를 한 산드라 스타크(Sandra Starke)에게도 감사드립니다. OUP 팀, 특히 키스 맨스필드(Keith Mansfield), 비키 모티머(Viki Mortimer), 스미타 굽타(Smita Gupta), 클레어 찰스(Clare Charles)에게도 감사 인사를 전합니다.

헌정

샤히드 비비 파람지트 카우어(Shaheed Bibi Paramjit Kaur)에게 이 책을 헌정합니다.

Kuldeep Singh

미리보기

학습목표

해당 장에서 배울 내용을 간략히 소개합니다.

?

개념을 단계별로 이해할 수 있도록
관련 질문과 답을 명확하게 제시합니다.

3.4 차원

학습목표

- 벡터공간의 차원이 무엇을 의미하는지 이해할 수 있습니다.
- 벡터공간과 부분공간의 차원을 결정할 수 있습니다.
- 유한차원 벡터공간의 성질을 증명할 수 있습니다.

그동안 차원이란 용어를 제대로 정의하지 않고 사용해왔습니다. 벡터공간 $\mathbb{R}^n$에 대한 물리학적 해석은 n차원을 갖는다는 것입니다.

? 행렬의 집합 M_{mn}이나 다항식의 집합 P_n과 같은 벡터공간의 차원을 어떻게 알 수 있나요?

이 절에서는 차원을 명확히 정의하여 벡터공간의 차원에 수치적인 값을 부여합니다. 따라서 꽤 도전적인 내용이 될 겁니다. 이 절 후반부에 나오는 증명을 이해하려면 벡터공간의 기저 정의를 다시 살펴볼 필요가 있습니다.

3.4.1 차원 소개

? 일상 언어에서 '차원(dimension)'은 무슨 뜻일까요?

'dimension'은 일반적으로 특정 방향에 있는 물체의 크기(치수)를 나타냅니다. 예를 들면, 실린더의 높이와 직경은 실린더의 dimension(치수)입니다.

? 벡터공간에서 차원은 무슨 뜻일까요?

차원의 정의는 기저벡터의 개수 또는 주어진 벡터공간을 나타내기 위해 필요한 축의 개수입니다.

정의 3-7 차원

영벡터만으로 이루어지지 않은 벡터공간 V에서 기저벡터의 개수를 벡터공간의 **차원**(dimension)이라고 합니다.

이 절의 후반부에서는 기저벡터의 개수가 두 요소(일차독립과 생성)에 의존한다는 내용을 다룹니다. 기저벡터의 개수가 너무 많으면 일차종속이고, 기저벡터의 개수가 너무 적으면 전체 벡터공간을 생성하지 못함을 증명할 것입니다.

정의

본문에서 기억해야 할 주요 개념을 보여줍니다.

정리 및 증명

각 장에서 중요한 정리와, 이 정리가 성립하는 논리적인 이유를 증명에서 제시합니다.

정리 1-2 행렬 스칼라곱의 성질

$m \times n$ 행렬 A, B와 스칼라 c, k에 대하여 다음이 성립합니다.

(a) $(ck)\mathrm{A} = c(k\mathrm{A})$

(b) $k(\mathrm{A}+\mathrm{B}) = k\mathrm{A} + k\mathrm{B}$

(c) $(c+k)\mathrm{A} = c\mathrm{A} + k\mathrm{A}$

증명

여기서는 (c)만 증명하겠습니다. 나머지는 1.5절 [연습문제 13]에서 증명합니다.

(c) 행렬 A를 $\mathrm{A} = \begin{pmatrix} a_{11} & \cdots & a_{1n} \\ \vdots & \vdots & \vdots \\ a_{m1} & \cdots & a_{mn} \end{pmatrix}$이라고 합시다.

$$\begin{aligned}(c+k)\mathrm{A} &= (c+k)\begin{pmatrix} a_{11} & \cdots & a_{1n} \\ \vdots & \vdots & \vdots \\ a_{m1} & \cdots & a_{mn} \end{pmatrix} \\ &= \begin{pmatrix} (c+k)a_{11} & \cdots & (c+k)a_{1n} \\ \vdots & \vdots & \vdots \\ (c+k)a_{m1} & \cdots & (c+k)a_{mn} \end{pmatrix} && \text{[각 성분에 } (c+k) \text{ 곱하기]} \\ &= \begin{pmatrix} ca_{11}+ka_{11} & \cdots & ca_{1n}+ka_{1n} \\ \vdots & \vdots & \vdots \\ ca_{m1}+ka_{m1} & \cdots & ca_{mn}+ka_{mn} \end{pmatrix} && \text{[괄호 풀기]} \\ &= \begin{pmatrix} ca_{11} & \cdots & ca_{1n} \\ \vdots & \vdots & \vdots \\ ca_{m1} & \cdots & ca_{mn} \end{pmatrix} + \begin{pmatrix} ka_{11} & \cdots & ka_{1n} \\ \vdots & \vdots & \vdots \\ ka_{m1} & \cdots & ka_{mn} \end{pmatrix} && \text{[} c \text{에 대한 항과 } k \text{에 대한 항으로 분리하기]} \\ &= \underbrace{c}_{\text{인수 } c\text{로 묶기}} \underbrace{\begin{pmatrix} a_{11} & \cdots & a_{1n} \\ \vdots & \vdots & \vdots \\ a_{m1} & \cdots & a_{mn} \end{pmatrix}}_{=\mathrm{A}} + \underbrace{k}_{\text{인수 } k\text{로 묶기}} \underbrace{\begin{pmatrix} a_{11} & \cdots & a_{1n} \\ \vdots & \vdots & \vdots \\ a_{m1} & \cdots & a_{mn} \end{pmatrix}}_{=\mathrm{A}} = c\mathrm{A} + k\mathrm{A} \end{aligned}$$

■

예제 1-23 행렬 $\mathrm{A} = \begin{pmatrix} -1 & 3 & 4 \\ 9 & 6 & 1 \end{pmatrix}$, $\mathrm{B} = \begin{pmatrix} 1 & 5 & 8 \\ -2 & 3 & 2 \end{pmatrix}$, $c=-2$, $k=5$, $\mathrm{x} = \begin{pmatrix} x \\ y \\ z \end{pmatrix}$에 대하여 (a)~(e)를 계산하고, (f)의 물음에 답해보세요.

(a) $(c+k)\mathrm{B}$ (b) $c\mathrm{B}+k\mathrm{B}$ (c) $-10\mathrm{A}$ (d) $c(k\mathrm{A})$ (e) $k(\mathrm{A}+\mathrm{B})\mathrm{x}$

1.2.3 가우스 소거법

[그림 1-8] 가우스(1777 – 1855)

가우스(Gauss)는 아르키메데스(Archimedes), 뉴턴(Newton)과 함께 역사상 가장 위대한 수학자입니다. 그는 11세에 $\sqrt{2}$가 무리수임을 증명하였고, 18세에 나침반과 눈금 없는 자만으로 정17각형을 작도할 수 있음을 밝혔습니다.

가우스는 세계적인 수학 센터로 유명한 괴팅겐(Göttingen) 대학교에 학생으로 들어갔으며, 나중에는 괴팅겐에서 중요한 직책을 맡았습니다. 가우스는 괴팅겐에서 정수론, 무한급수, 대수학, 천문학, 광학에 관한 논문을 발표하였습니다. 한편, 자기유도 단위로 가우스(gauss, G)를 쓰는데, 이는 가우스의 이름을 따서 명명하였습니다.

미지수 x, y, z, w, …의 값을 찾기 위해 기본 행 연산 1, 2, 3을 수행하여 연립일차방정식의 해를 구할 수 있습니다. 이 방법을 **가우스 소거법**(Gaussian elimination)이라고 합니다. 가우스 소거법을 이용하면 미지수 x, y, z, w, …를 따로 적을 필요가 없어 시간을 절약할 수 있을 뿐 아니라 더욱 체계적입니다. 일반적으로 가우스 소거법을 이용하면 실수할 가능성이 줄어듭니다.

예제 1-7 가우스 소거법을 이용하여 다음 연립일차방정식의 해를 구해보세요.

$$\begin{cases} x - 3y + 5z = -9 \\ 2x - y - 3z = 19 \\ 3x + y + 4z = -13 \end{cases}$$

풀이

이 방정식을 첨가행렬로 표현해볼까요? R_1, R_2, R_3를 각각 1행, 2행, 3행이라고 합시다. 그러면 각 행은 다음과 같이 하나의 방정식을 나타냅니다.

$$\begin{cases} x - 3y + 5z = -9 & \text{1행} & \mathrm{R}_1 \\ 2x - y - 3z = 19 & \text{2행} & \mathrm{R}_2 \\ 3x + y + 4z = -13 & \text{3행} & \mathrm{R}_3 \end{cases} \quad \left(\begin{array}{ccc|c} 1 & -3 & 5 & -9 \\ 2 & -1 & -3 & 19 \\ 3 & 1 & 4 & -13 \end{array}\right)$$

미지수 x, y, z를 어떻게 구할 수 있을까요? 행렬에서 각 열은 x, y, z의 계수를 나타냅니다. 첨가행렬을 다음과 같이 변환할 수 있다면 z를 구할 수 있습니다.

$$\begin{matrix} & x & y & z & \\ & \downarrow & \downarrow & \downarrow & \\ & & & & \end{matrix}$$
$$\text{3행} \left(\begin{array}{ccc|c} * & * & * & * \\ 0 & * & * & * \\ 0 & 0 & A & B \end{array}\right)$$

인물 전기

선형대수학 분야를 이끈
인물의 짧은 전기를 소개합니다.

예제

본문에서 다룬 개념들을 적용한 문제와
상세한 풀이를 제시합니다.

핵심요약

- 전치행렬의 성질은 다음과 같습니다.

$$(\mathbf{A}^T)^T = \mathbf{A},\ (k\mathbf{A})^T = k\mathbf{A}^T,\ (\mathbf{A}+\mathbf{B})^T = \mathbf{A}^T+\mathbf{B}^T,\ (\mathbf{AB})^T = \mathbf{B}^T\mathbf{A}^T$$

- 정사각행렬 A는 다음을 만족하는 동일한 크기의 행렬 B가 존재하면 가역행렬입니다.

$$\mathbf{AB} = \mathbf{BA} = \mathbf{I}$$

- 행렬 A, B가 가역행렬이면 다음이 성립합니다.

$$(\mathbf{A}^{-1})^{-1} = \mathbf{A},\ (\mathbf{AB})^{-1} = \mathbf{B}^{-1}\mathbf{A}^{-1},\ (\mathbf{A}^T)^{-1} = (\mathbf{A}^{-1})^T$$

1.6 연습문제

01 다음 행렬에 대하여 $\mathbf{A}^T$를 구해보세요.

(a) $\mathbf{A} = \begin{pmatrix} 1 & 2 \\ 3 & 4 \end{pmatrix}$

(b) $\mathbf{A} = \begin{pmatrix} 1 & 2 & 3 \\ -1 & -2 & -3 \end{pmatrix}$

(c) $\mathbf{A} = (-1\ \ 5\ \ 9\ \ 100)$

(d) $\mathbf{A} = \begin{pmatrix} a & b \\ c & d \end{pmatrix}$

(e) $\mathbf{A} = \begin{pmatrix} 0 & 0 \\ 0 & 0 \\ 0 & 0 \end{pmatrix}$

(f) $\mathbf{A} = \begin{pmatrix} 0 & 1 & 0 & 0 \\ 0 & 0 & 1 & 0 \\ 0 & 0 & 0 & 1 \\ 0 & 0 & 0 & 0 \end{pmatrix}$

(g) $\mathbf{A}^T+\mathbf{B}$ (h) $\mathbf{A}+\mathbf{B}^T$ (i) $(\mathbf{A}^T+\mathbf{B})^T$

(j) $(2\mathbf{A}^T-5\mathbf{B})^T$ (k) $(-\mathbf{D})^T$ (l) $-(\mathbf{D}^T)$

(m) $(\mathbf{C}^2)^T$ (n) $(\mathbf{C}^T)^2$

03 $\mathbf{u} = \begin{pmatrix} 1 \\ 2 \\ 3 \end{pmatrix}$, $\mathbf{v} = \begin{pmatrix} 4 \\ 5 \\ 6 \end{pmatrix}$에 대하여 다음을 구해보세요.

(a) $\mathbf{u}^T\mathbf{v}$ (b) $\mathbf{v}^T\mathbf{u}$ (c) $\mathbf{u}\cdot\mathbf{v}$

04 항등행렬 I에 대하여 $\mathbf{I}^T = \mathbf{I}$임을 증명해보세요.

05 [정리 1-9]를 증명해보세요.

핵심요약

해당 절이 끝날 때마다 본문에서 다룬 주요 내용을 다시 한 번 요약하여 보여줍니다.

연습문제

해당 절이 끝날 때마다 본문에서 익힌 내용을 연습문제를 통해 정리합니다.
난도가 높은 문제는 번호 앞에 *(별표)로 표기하였습니다

힌트

문제 풀이에 도움이 되는 아이디어를 제공합니다.

02 [정리 7-24]를 증명해보세요.

03 A를 행렬, k를 양의 특잇값이라 합시다. 행렬 A의 계수(rank)가 k임을 보이세요.

힌트 다음 결과를 사용해보세요.
'행렬 X가 가역행렬이면 $\mathrm{rank}(\mathbf{XA}) = \mathrm{rank}(\mathbf{A})$, $\mathrm{rank}(\mathbf{AX}) = \mathrm{rank}(\mathbf{A})$입니다.

04 [정리 7-26]을 증명해보세요.

08 $m\times n$ 행렬 A에 대하여, $T: \mathbb{R}^n \to \mathbb{R}^m$은 $T(\mathbf{x}) = \mathbf{Ax}$인 선형변환이라고 합시다. 행렬 A의 양수 특잇값이 $k(\le n)$개인 특잇값 분해 $\mathbf{A} = \mathbf{UDV}^T$를 가정합시다. 이때 다음 결과를 증명해보세요.

(a) 벡터집합 $\{\mathbf{u}_1, \mathbf{u}_2, \cdots, \mathbf{u}_k\}$는 T의 치역의 정규직교기저를 형성합니다.

(b) 벡터집합 $\{\mathbf{v}_{k+1}, \mathbf{v}_{k+2}, \cdots, \mathbf{v}_n\}$은 T의 핵의 정규직교기저를 형성합니다.

7장 종합문제

7.1 행렬 $\mathbf{A} = \begin{pmatrix} 1 & 1 \\ 0 & 3 \end{pmatrix}$에 대하여 다음 물음에 답해보세요.

(a) A의 모든 고윳값을 구해보세요.

(b) $\mathbf{Q}^{-1}\mathbf{AQ} = \mathbf{D}$(즉, $\mathbf{A} = \mathbf{QDQ}^{-1}$)를 만족하는 비특이행렬 Q와 대각행렬 D를 구해보세요.

(c) 행렬 A에 대하여 $\mathbf{A}^5$을 구해보세요.

[드듀 대학교, 미국]

7.2 행렬 $\mathbf{A} = \begin{pmatrix} 4 & 5 \\ -3 & -4 \end{pmatrix}$에 대하여 $\mathbf{A}^{300001}$을 구해보세요.

[하비 머드 칼리지, 미국]

7.3 다음 행렬의 고윳값을 구하고, 이에 대응하는 고유공간의 기저를 구해보세요.

$$\mathbf{A} = \begin{pmatrix} 0 & 2 & 2 \\ 2 & 0 & 2 \\ 2 & 2 & 0 \end{pmatrix}$$

[하비 머드 칼리지, 미국]

7.4 다음 빈칸을 채워보세요.

(a) $n\times n$ 행렬 A가 고윳값 λ를 갖는 가역행렬이라 하면 ______는 $\mathbf{A}^{-1}$의 고윳값입니다.

(b) $n\times n$ 행렬 A는 대각화가 가능합니다.
⇔ A는 n개의 ______를 가집니다.

[일리노이 주립대학교, 미국]

종합문제

해당 장이 끝날 때마다 해외 유수 대학에서 출제한 기출문제도 추가로 제공합니다.

데스 하이암(Des Higham)

데스 하이암은 1966년에 태어났으며, 영국 글래스고(Glasgow)에 있는 스트래스클라이드(Strathclyde) 대학교에서 수학/통계학부의 수치해석학 교수로 재직 중입니다.

연구 분야에 대해 알려주세요.

저는 수학 모델과 계산 알고리즘을 개발하고 적용하는 분야를 연구합니다. 수학자로서 주로 결과를 증명하는 데 관심이 있습니다. 예를 들어, 수학 모델이 우리가 알고 있는 물리 시스템의 작동 방식을 재현할 수 있는지 나타내고, 그 모델을 이용하여 실험적으로 테스트할 수 있는 결과를 예측합니다. 알고리즘 측면에서는 계산 기술이 문제를 정확하고 효과적으로 해결함을 증명하고자 합니다.

저는 생명과학과 e-비즈니스를 포함한 다른 분야의 동료들과 함께 일하기를 좋아합니다. 이런 협업으로 현실적인 데이터 세트를 얻을 수 있으며, 종종 새로운 수학 아이디어를 떠올리는 데 좋은 도전이 되기도 합니다. 다른 분야를 통해 제 연구에 자극을 받고 스트레스 테스트(stress-testing)를 받는 것에 매우 만족합니다.

연구 분야에서 선형대수학을 어떻게 사용하나요?

네트워크 과학에 대한 제 연구는 선형대수학을 사용한 좋은 예라고 할 수 있습니다. 이 연구에서는 일반적으로 '누가 누구에게 전화를 했는지, 누가 누구에게 이메일을 보냈는지, 누가 누구를 트위터로 팔로우하는지'와 같은 두 사람 사이의 상호작용(pairwise interaction)에 대한 데이터를 제공합니다. 이러한 유형의 정보는 자연스럽게 행렬로 표현할 수 있습니다. 그리고 '핵심 선수가 누구인지, 병목현상이 어디에 있는지, 최신 루머를 알 수 있는 가장 좋은 곳은 어디인지, 사람들을 몇 개의 그룹으로 분류할 수 있는지'와 같은 흥미로운 질문은 선형대수학 문제로 생각할 수 있습니다.

선형대수학은 얼마나 중요한가요?

선형대수학에서 다루는 연립일차방정식의 해를 구하거나 선형최소제곱(linear least squares) 문제를 푸는 것, 고윳값과 고유벡터를 구하는 것은 과학 컴퓨팅(scientific computing)에서 사용하는 알고리즘 대부분에 들어가는 기본 요소입니다.

선형대수학과 관련한 도전 분야에는 무엇이 있을까요?

오늘날 우리는 첨단 디지털 세상에서 데이터 홍수 속에 살고 있습니다. 사실 많은 데이터가 우리에 관한 것이죠! 온라인 활동, 디지털 커뮤니케이션 패턴, 슈퍼마켓 소비 습관과 같은 행동 정보가 다 선형대수학을 활용한 데이터입니다. 또한 생물학 분야에서는 새로운 실험 기술이 DNA 서열과 유전자 및 뉴런의 행동에 대한 근본적인 생물학 정보를 생성합니다. 데이터 폭증에 대처하려면 더 큰 컴퓨터와 더 스마트한 알고리즘이 필요합니다.

당신의 선형대수학 연구 분야 주요 쟁점은 무엇입니까?

현재 두 가지 측면에 초점을 맞추고 있습니다. 첫 번째는 네트워크에 대한 모델링 문제입니다. 어떤 '운동 법칙'이 디지털 소셜 미디어에서 볼 수 있는 상호작용 패턴의 원인인지, 즉 행렬의 성분은 시간이 지남에 따라 어떻게 변하는지를 살펴봅니다. 두 번째는 대규모 상호작용 데이터로 무엇을 유용하게 할 수 있는지에 대한 것입니다. 즉, 큰 행렬을 어떻게 간략화하는지를 살펴봅니다.

선형대수학을 공부하기 시작한 학생들에게 전하고 싶은 특별한 메시지가 있습니까?

구글의 성공과 그 근본을 이루는 페이지랭크(PageRank) 알고리즘만 보더라도 선형대수학의 힘을 느낄 수 있습니다. 수학과 통계학의 아이디어를 이해하고 유용한 일련의 기술을 개발하고 싶다면 선형대수학이 바로 그 시작점입니다.

전문가 인터뷰

선형대수학 분야의 학자와 실무자의 인터뷰를 수록하였습니다.

- **강의자용 : 강의보조자료 다운로드**
  한빛출판네트워크 접속(http://www.hanbit.co.kr) → [교수전용] 클릭 → [강의자료] 클릭
- **학습자용 : 연습문제, 종합문제 해답 다운로드**
  한빛출판네트워크 접속(http://www.hanbit.co.kr) → [SUPPORT] 클릭 → [자료실] 클릭

목차

* 각 절의 마지막에 연습문제를 제공합니다.

Chapter 1 일차방정식과 행렬

Chapter 2 유클리드 공간

Chapter 3 일반 벡터공간

Chapter 4 내적공간

Chapter 5 선형변환

Chapter 6 행렬식과 역행렬

Chapter 7 고윳값과 고유벡터

1

일차방정식과 행렬
Linear Equations and Matrices

1.1 연립일차방정식

학습목표

- 연립일차방정식을 풀 수 있습니다.
- 일차함수의 그래프를 그리고 해의 유형을 판별할 수 있습니다.

1.1.1 선형대수학 소개

우리는 한 줄로 나열된 간단한 방정식에 익숙합니다. 방정식은 등호를 기준으로 좌우에 있는 2개의 수학적 표현이 동일함을 나타냅니다. 예를 들어, 방정식 $3x = 6$에서 x가 2임을 바로 알 수 있습니다.

그러나 해를 찾는 게 언제나 이렇게 쉽지는 않습니다. 다음 예는 두 줄 이상의 정보에서 필요한 정보를 추출하여 해를 구하는 과정을 보여줍니다.

존이 아이스크림 2개와 음료수 2개를 3파운드에 샀다고 상상해봅시다.

? 존은 아이스크림과 음료수를 각각 얼마에 샀을까요?

x를 아이스크림 가격, y를 음료수 가격이라고 합시다. 이 문제는 다음과 같이 표현할 수 있습니다.

$$2x + 2y = 3$$

그러나 이 정보만으로 각 상품 가격을 알아내기는 불가능합니다. 이때 제인이 아이스크림 2개와 음료수 1개를 2.5파운드에 샀다는 소식을 들었습니다. 새로운 정보가 추가되었으므로 우리는 이 문제를 **연립방정식**(system of equations)으로 나타낼 수 있습니다. 그러면 아이스크림 가격과 음료수 가격을 알 수 있죠. 이제 문제를 다음과 같이 쓸 수 있습니다.

$$\begin{cases} 2x + 2y = 3 \\ 2x + y = 2.5 \end{cases}$$

조금만 생각하면 두 방정식 모두를 만족하는 유일한 값이 $x = 1$, $y = 0.5$임을 알 수 있습니다. 그러므로 아이스크림은 1파운드이고 음료수는 0.5파운드입니다.

물론, 이것은 매우 간단한 예로 쉽게 계산하여 해를 찾을 수 있습니다. 그러나 공학, 과학, 금융 등의 분야에서는 더 큰 연립방정식이 존재합니다. 다중 일차방정식(multiple linear equation)에서 안정적으로 정보를 추출하기 위해서는 선형대수학이 필요합니다. 일반적으로 복잡한 과학 또는 공학 문제는 선형대수학에서 연립일차방정식을 사용하여 해결할 수 있습니다.

일차방정식(linear equation)이 무엇일까요?

방정식은 등호를 기준으로 좌우에 있는 2개의 수학적 표현이 동일함을 나타냅니다. 일차방정식은 x, y, z와 같은 변수에 대하여 모든 변수의 지수(거듭제곱)가 1 또는 0인 방정식입니다. 예를 들어, 다음 식은 일차방정식입니다.

$$x + 2y + z = 5$$

다음 식 또한 일차방정식입니다.

$$x = 3, \quad x + 2y = 5, \quad 3x + y + z + w = -8$$

그러나 다음 식은 일차방정식이 아닙니다.

(1) $x^2 - 1 = 0$

(2) $x + y^4 + \sqrt{z} = 9$

(3) $\sin x - y + z = 3$

이 방정식은 왜 일차방정식이 아닐까요?

방정식 (1) : x의 지수가 2입니다. 이 방정식은 이차방정식입니다.

방정식 (2) : y의 지수는 4이며, z의 지수는 $\frac{1}{2}$입니다. $\sqrt{z} = z^{\frac{1}{2}}$임을 기억합시다.

방정식 (3) : x가 사인함수의 편각입니다.

삼각함수의 **편각**(argument), 지수함수, 로그함수 또는 쌍곡선함수를 포함하는 방정식은 일차방정식이 아님에 유의합시다.

일차방정식의 집합을 **연립일차방정식**(linear system)이라고 합니다. 선형대수학 학습의 첫 단계로, 연립일차방정식에 관한 다음 질문을 살펴봅시다.

- 어떤 해가 존재할까요?
- 연립일차방정식은 해가 없거나, 해가 유일하거나, 해가 무수히 많은 경우로 나뉘나요?
- 해가 존재한다면, 어떻게 모든 해를 찾을 수 있나요?
- 해는 어떤 구조로 이루어져 있나요?

선형대수학은 일차방정식을 체계적으로 탐구하는 학문이며, 1장 후반에서 논의할 **행렬 연산**(arithmetic of matrix)이라고 하는 '새로운 대수'와 관련이 있습니다.

그러나 선형대수학은 연립일차방정식 해법(또는 풀이법)에만 국한된 것은 아닙니다. 행렬과 벡터는 내적공간을 필요로 하는 함수해석학과 양자역학 분야에서 다양하게 응용됩니다. 또 다른 응용 분야로는 최적화(optimization)와 근사(approximation)가 있습니다.

자, 여기서 중요한 질문이 들어갑니다.

- 점들의 집합이 주어질 때, 가장 좋은 선형 모델은 무엇인가요?
- 함수가 주어질 때, 이 함수에 근접하는 가장 좋은 다항식 근사(polynomial approximation)는 무엇인가요?

이 문제를 해결하려면 앞으로 다룰 고윳값, 고유벡터, 정규직교기저의 개념을 사용해야 합니다. 모든 수학에서 선형화(linearization) 개념은 매우 중요합니다. 선형 문제는 이해하기 쉬운 데다 많은 정보를 알려주기 때문입니다. 이러한 이유로 우리는 수학의 많은 영역을 선형 문제로 전환하여 해결하려고 합니다.

1.1.2 연립일차방정식

우리는 일차방정식을 그래프(graph)로 표현할 수 있습니다. [그림 1-1]은 앞에서 살펴본 아이스크림과 음료수 가격을 나타내는 두 일차방정식의 그래프를 보여줍니다.

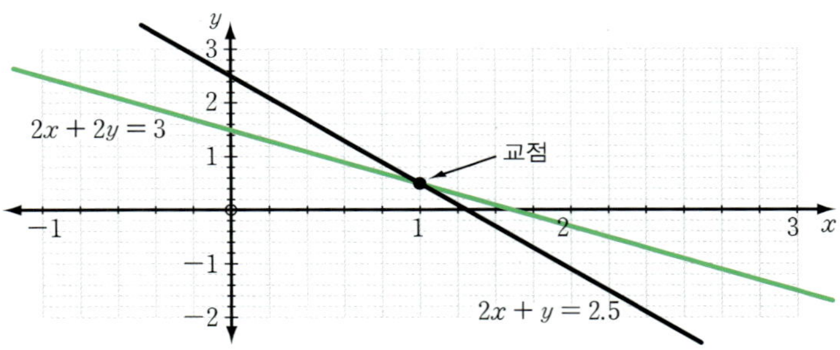

[그림 1-1] $2x+2y=3$과 $2x+y=2.5$의 그래프

[그림 1-2]는 3차원 좌표공간에 나타낸 일차방정식 $x+y+2z=0$의 그래프입니다.

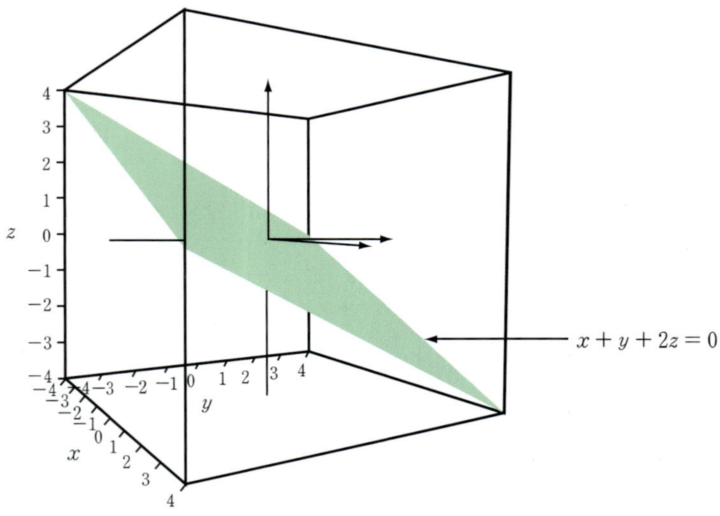

[그림 1-2] $x+y+2z=0$의 그래프

일차방정식의 그래프를 통해 무엇을 알 수 있나요?

일차방정식의 그래프는 2차원에서 직선, 3차원에서 평면(plane)입니다. 이 때문에 2차원 직선과 3차원 평면을 일차방정식이라 부르고, 이런 방정식을 연구하는 수학 분야를 **선형대수학**(linear algebra)이라고 합니다.

연립일차방정식이란 무엇일까요?

일반적으로 유한개의 미지수 $x, y, z, w, \cdots$로 이루어진 유한개의 일차방정식을 **연립일차방정식**(system of linear equations 또는 linear system)이라고 합니다.

예를 들어, 다음은 3개의 미지수 x, y, z와 3개의 일차방정식으르 이루어진 연립일차방정식입니다.

$$\begin{cases} x+2y-3z=3 \\ 2x-y-z=11 \\ 3x+2y+z=-5 \end{cases}$$

일반적으로 n개의 미지수 $x_1, x_2, x_3, \cdots, x_n$과 m개의 일차방정식으로 이루어진 연립일차방정식은 다음과 같이 쓸 수 있습니다.

$$\begin{cases} a_{11}x_1 + a_{12}x_2 + \cdots + a_{1n}x_n = b_1 \\ a_{21}x_1 + a_{22}x_2 + \cdots + a_{2n}x_n = b_2 \\ \quad\vdots \qquad\quad \vdots \qquad\qquad\quad \vdots \qquad\quad \vdots \\ a_{m1}x_1 + a_{m2}x_2 + \cdots + a_{mn}x_n = b_m \end{cases} \qquad (*)$$

이때 계수 a_{ij}와 b_i는 실수입니다. 미지수 $x_1, x_2, x_3, \cdots, x_n$은 각각 하나의 실숫값을 나타내는 **자리지기**(placeholder)[1]입니다. 선형대수학에서는 (*)와 같은 연립일차방정식의 해를 구하는 다양한 방법을 제시합니다.

예제 1-1 아이스크림과 음료수 가격에 대한 다음 연립일차방정식을 대수적으로 풀어보세요.

$$\begin{cases} 2x+2y=3 & \cdots \text{①} \\ 2x+y=2.5 & \cdots \text{②} \end{cases}$$

풀이

이 연립일차방정식을 어떻게 풀어야 할까요?

이 방정식에 포함된 정보를 생각해봅시다. 방정식 ①에서 x는 아이스크림 가격이므로 방정식 ②의 x도 같은 값입니다. 마찬가지로 방정식 ①에서 y가 음료수 가격이므로 방정식 ②의 y도 같은 값입니다.

두 방정식을 결합하여 유용한 정보를 제공하는지 확인할 수 있습니다. 어떻게 하면 될까요?

1 (옮긴이) 자리지기는 방정식을 참으로 만드는 하나의 고정값이며 미지수로서의 변수 개념입니다.

이 경우엔 방정식 ①에서 방정식 ②를 빼면 됩니다.

$$\begin{array}{rl} 2x+2y=3 & \text{[방정식 ①]} \\ -(2x+\ \ y=2.5) & \text{[방정식 ②]} \\ \hline 0+\ \ y=0.5 & \end{array}$$

마지막 줄에서 미지수 x가 소거되고 $y=0.5$가 남습니다. 그럼 다음 할 일은 무엇일까요? 미지수 x를 찾아야 합니다. 어떻게 찾을까요? 방정식 ①에 $y=0.5$를 대입해봅시다.

$2x+2\times 0.5=3$은 $2x+1=3$을 의미합니다. 따라서 $x=1$입니다.

$x=1$이므로 아이스크림 가격은 1파운드이고, $y=0.5$이므로 음료수 가격은 0.5파운드입니다. 이것이 주어진 연립일차방정식 ①, ②의 해입니다. 이 해는 [그림 1-1]에서 그래프의 **교점**(point of intersection)의 좌표인 $(1, 0.5)$이기도 합니다.

[예제 1-1]에서 해를 구한 방법을 **소거법**(method of elimination)이라고 합니다. $x=1$, $y=0.5$는 두 방정식 ①과 ②의 해입니다. 일반적으로 연립일차방정식을 만족하는 값을 **해**(solution) 또는 연립일차방정식의 **해집합**(solution set)이라고 합니다. 또 다른 예를 살펴봅시다.

예제 1-2 **다음 연립일차방정식을 풀어보세요.**

$$\begin{cases} 9x+3y=6 & \cdots ① \\ 2x-7y=9 & \cdots ② \end{cases}$$

풀이

두 방정식을 동시에 만족하는 x와 y의 값을 찾아야 합니다. 어떻게 찾아야 할까요?

여기서는 한 방정식에서 다른 방정식을 바로 빼는 방법이 유용하지 않습니다. 이런 경우 두 방정식 중 하나 또는 둘 다에 0이 아닌 상수를 곱할 수 있습니다.

방정식 ①에 2를 곱하고 방정식 ②에 9를 곱하면 두 방정식 모두 x의 계수가 18이 됩니다.

$$\begin{cases} 18x+\ \ 6y=12 & \text{[(방정식 ①)}\times 2] \\ 18x-63y=81 & \text{[(방정식 ②)}\times 9] \end{cases}$$

두 방정식에서 x를 소거하려면 어떻게 해야 할까요? 미지수 x를 소거하기 위해 두 방정식 사이의 뺄셈을 사용합니다.

$$\begin{array}{r} 18x+\ \ 6y=12 \\ -(18x-63y=81) \\ \hline 0+\{6-(-63)\}y=12-81 \end{array}$$

마지막 줄에서 미지수 x가 소거되어 $69y=-69$이므로 $y=-1$임을 알았습니다. 다음으로 할 일은 무엇일까요? 자리지기인 미지수 x의 값을 찾아야 합니다.

어떻게 구할까요? 방정식 ①에 $y=-1$을 대입하면 다음과 같습니다.

$$\begin{aligned} 9x+3+(-1)&=6 \\ 9x-3&=6 \\ 9x&=9 \quad \Rightarrow \quad x=1 \end{aligned}$$

따라서 연립일차방정식 ①과 ②의 해는 $x=1$, $y=-1$입니다. 방정식 ①과 ②에 $x=1$, $y=-1$을 대입하여 이 값이 연립일차방정식의 해인지 확인할 수 있습니다.

연립일차방정식에 다음과 같은 작업을 수행할 수 있습니다. 기억해둡시다.

1. 두 방정식의 위치를 바꿉니다.
2. 방정식에 0이 아닌 상수를 곱합니다.
3. 한 방정식에서 다른 방정식을 빼거나 더합니다.

이 세 가지 작업을 수행하면 연립일차방정식이 간단해져 쉽게 풀 수 있습니다. 그리고 원래의 연립일차방정식과 같은 해를 가집니다. [예제 1-2]에서 세 가지 작업을 수행한 결과는 다음과 같습니다.

$$\begin{cases} 9x+3y=6 \\ 2x-7y=9 \end{cases} \quad \Rightarrow \quad \begin{cases} 9x+3y=6 \\ \quad\quad 69y=-69 \end{cases}$$

세 가지 작업을 수행한 오른쪽의 연립일차방정식은 훨씬 쉽게 풀 수 있습니다. 또한 이러한 소거법을 이용하여 미지수가 3개인 연립일차방정식을 풀 수 있습니다. 다음 예제에서 확인해봅시다.

예제 1-3 **다음 연립일차방정식을 풀어보세요.**

$$\begin{cases} \mathbf{x+2y+4z=7} & \cdots ① \\ \mathbf{3x+7y+2z=-11} & \cdots ② \\ \mathbf{2x+3y+3z=1} & \cdots ③ \end{cases}$$

풀이

우리가 구해야 할 것은 무엇인가요? 바로 3개의 방정식을 동시에 만족하는 x, y, z의 값입니다. x, y, z의 값을 어떻게 찾아야 할까요? 소거법을 사용하면 됩니다.

3개의 미지수에서 1개를 소거하기 위해, 먼저 x(또는 y 또는 z)의 계수를 똑같게 만듭니다. 어떤 미지수를 똑같게 만들면 좋을까요? 3개의 선택지가 있지만 계산을 쉽게 하기 위해 x를 똑같게 만들어봅시다. 방정식 ①에 2를 곱한 방정식에서 방정식 ③을 뺍니다.

$$\begin{array}{rl} 2x+4y+8z=14 & \text{[(방정식 ①)×2]} \\ -(2x+3y+3z=\ 1) & \text{[방정식 ③]} \\ \hline 0+\ y+5z=13 & \end{array}$$

x를 소거하여 $y+5z=13$을 얻었습니다. 이 방정식에서 y와 z의 값을 어떻게 구할 수 있을까요? y와 z만으로 이루어진 방정식이 하나 더 필요합니다. 어떻게 이러한 방정식을 새로 얻을 수 있을까요? 방정식 ①에 3을 곱한 방정식에서 방정식 ②를 뺍니다.

$$\begin{array}{rl} 3x+6y+12z= \quad 21 & \text{[(방정식 ①)×3]} \\ -(3x+7y+\ \ 2z=-11) & \text{[방정식 ②]} \\ \hline 0-\ \ y+10z= \quad 32 & \end{array}$$

x가 소거된 방정식 $-y+10z=32$를 얻을 수 있습니다. y와 z의 값을 구하기 위해 새로 얻은 연립일차방정식을 풀어봅시다.

$$\begin{cases} \ \ y+\ \ 5z=13 & \cdots \text{④} \\ -y+10z=32 & \cdots \text{⑤} \end{cases}$$

$y+(-y)=0$이므로 방정식 ④와 ⑤를 더하면 y가 소거됩니다.

$$0+15z=45 \quad \Rightarrow \quad z=\frac{45}{15}=3$$

따라서 $z=3$입니다. 그런데 미지수 x와 y의 값은 어떻게 구할 수 있을까요? 방정식 ④에 $z=3$을 대입하여 y를 구할 수 있습니다.

$$\begin{aligned} y+(5\times 3)= &\ 13 \\ y+15= &\ 13 \\ y= &-2 \end{aligned}$$

이제 $y=-2$, $z=3$임을 알았습니다. 하지만 아직 미지수 x의 값이 남아 있죠. x의 값은 어떻게 구할 수 있을까요? 먼저 $y=-2$, $z=3$을 방정식 ①에 대입합니다.

$$x+\{2\times(-2)\}+(4\times 3)=7 \quad \Rightarrow \quad x=-1$$

따라서 미지수가 3개인 연립일차방정식의 해는 $x=-1$, $y=-2$, $z=3$입니다. [그림 1-3]과 같이 3차원 좌표계에서 주어진 방정식을 설명할 수 있습니다.

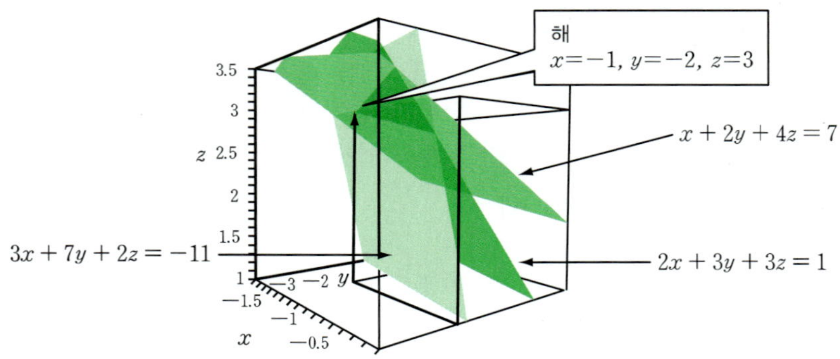

[그림 1-3] 연립일차방정식 $x+2y+4z=7$, $3x+7y+2z=-11$, $2x+3y+3z=1$의 해

[예제 1-3]의 각 방정식 ①, ②, ③은 3차원 공간에서 평면으로 나타낼 수 있습니다. [그림 1-3]은 세 평면이 각각 어디에 놓이는지 보여줍니다. 세 평면의 교점이 바로 연립일차방정식의 해입니다.

[예제 1-3]의 목적은 주어진 연립일차방정식을 보다 간단하게 만들어 해를 구할 수 있는 연립일차방정식으로 바꾸는 것입니다. 방정식에 세 가지 작업을 수행한 결과는 다음과 같습니다.

$$\begin{cases} x+2y+4z = 7 \\ 3x+7y+2z = -11 \\ 2x+3y+3z = 1 \end{cases} \quad \Rightarrow \quad \begin{cases} x+2y+4z = 7 \\ -y+10z = 32 \\ 15z = 45 \end{cases}$$

이제 n개의 미지수와 m개의 방정식으로 이루어진 연립일차방정식을 자세히 살펴보겠습니다. 그리고 이 장의 후반부에서는 더 효율적인 풀이법을 살펴보겠습니다.

1.1.3 해의 유형

이제 간단한 연립일차방정식의 풀이로 돌아가서 해가 없는(no solution) 경우와 해가 무수히 많은(infinite number of solutions) 경우를 이야기하려고 합니다. 앞에서 말한 바와 같이, 주어진 연립일차방정식에서 해의 유형(type of solution)을 살피는 일도 선형대수학의 근본 과제 중 하나입니다.

예제 1-4 **다음 연립일차방정식을 풀어보세요.**

$$\begin{cases} 2x+3y=6 & \cdots ① \\ 4x+6y=9 & \cdots ② \end{cases}$$

풀이

이 연립일차방정식의 해를 어떻게 구할 수 있을까요? 방정식 ①에 2를 곱한 방정식에서 방정식 ②를 뺍니다.

$$\begin{array}{rl} 4x+6y=12 & \text{[(방정식 ①)×2]} \\ -(4x+6y=\ \ 9) & \text{[방정식 ②]} \\ \hline 0+\ \ 0=\ \ 3 & \end{array}$$

그러나 $0=3$은 성립하지 않습니다. 주어진 방정식의 그래프는 [그림 1-4]와 같습니다.

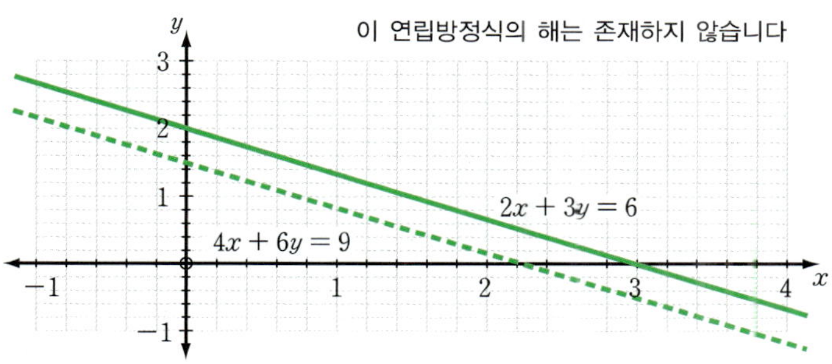

[그림 1-4] $2x+3y=6$과 $4x+6y=9$의 그래프

이 연립일차방정식의 해가 없는 이유는 무엇일까요? 연립일차방정식의 해는 직선들의 교점입니다. 그러나 [그림 1-4]의 두 직선은 평행하므로 교점이 없습니다. 따라서 주어진 연립일차방정식의 해는 없습니다.

주어진 방정식을 살펴보면 해가 없는 이유를 알 수 있을까요?

$$\begin{cases} 2x+3y=6 & \cdots ① \\ 4x+6y=9 & \cdots ② \end{cases}$$

방정식 ①에 2를 곱해봅시다.

$$4x+6y=12$$

이렇게 하면 모순이 발생합니다. 왜 그럴까요? 이 식을 방정식 ②와 비교해봅시다.

$$\begin{cases} 4x+6y=12 & \\ 4x+6y=\ \ 9 & \cdots ② \end{cases}$$

즉, $4x+6y$가 9도 되고 12도 됩니다. 이런 일은 절대로 일어날 수 없죠. 따라서 주어진 연립일차방정식의 해는 없습니다.

해가 없는 연립일차방정식을 **해를 갖지 않는**(inconsistent) 연립일차방정식이라고 합니다. 반대로 연립일차방정식의 해가 적어도 하나 이상이면 이 연립일차방정식을 **해를 갖는**(consistent) 연립일차방정식이라고 합니다.

? 어떤 경우에 연립일차방정식의 해가 1개 이상일까요?

다음 예제를 살펴봅시다.

예제 1-5 다음 방정식을 그래프로 나타내고, 이 연립일차방정식을 풀어보세요.

$$\begin{cases} \mathbf{2x+3y=\ \ 6} & \cdots ① \\ \mathbf{4x+6y=12} & \cdots ② \end{cases}$$

풀이

주어진 방정식의 그래프는 [그림 1-5]와 같습니다.

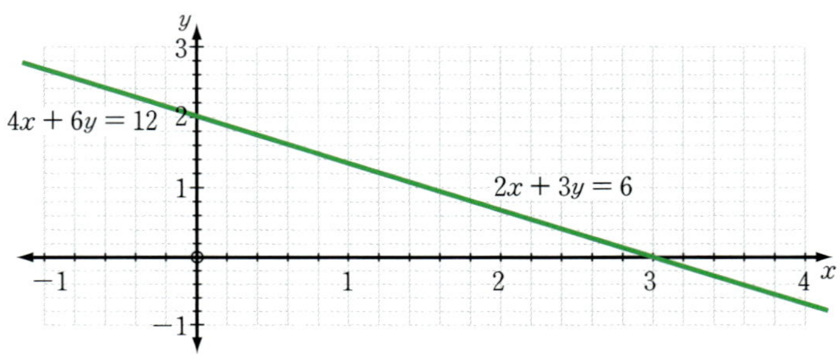

[그림 1-5] $2x+3y=6$과 $4x+6y=12$의 그래프

이 그래프를 통해 무엇을 알 수 있을까요? 주어진 두 방정식은 정확히 같은 직선을 나타냅니다. 즉 두 직선이 일치합니다.

이 연립일차방정식은 얼마나 많은 해를 가지고 있나요? [그림 1-5]의 그래프에서 볼 수 있듯이 해가 무수히 많습니다. 직선 위의 모든 점이 해입니다. 직선 위에는 점이 무수히 많으므로 해도 무수히 많습니다.

이 해들은 어떻게 표현할 수 있을까요? 임의의 실수 a에 대하여 $x=a$를 해라고 합시다. 그러면 y의 값은 어떻게 될까요? 방정식 ①에 $x=a$를 대입해봅시다.

$$\begin{aligned} 2a+3y&=6 \qquad [2x+3y=6] \\ 3y&=6-2a \\ y&=\frac{6-2a}{3}=\frac{6}{3}-\frac{2}{3}a=2-\frac{2}{3}a \end{aligned}$$

따라서 $x=a$이면 $y=2-\frac{2}{3}a$입니다.

주어진 연립일차방정식 ①, ②의 해는 임의의 실수 a에 대하여 $x=a$, $y=2-\frac{2}{3}a$입니다. 변수 a에 다양한 값을 대입하여 해를 확인할 수 있습니다. 예를 들어 $a=1$이면 해는 다음과 같습니다.

$$x=1,\ y=2-\frac{2}{3}\times 1=\frac{4}{3}$$

다시 $x=1$, $y=\frac{4}{3}$를 방정식 ①과 ②에 대입하여 연립일차방정식의 해가 맞는지 확인할 수 있습니다.

$$2\times 1+3\times\frac{4}{3}=2+4=\ 6 \qquad [\text{방정식 ①}]$$

$$4\times 1+6\times\frac{4}{3}=4+8=12 \qquad [\text{방정식 ②}]$$

위의 해는 주어진 방정식을 만족합니다. 따라서 임의의 실수 a에 대하여 $x=a$, $y=2-\frac{2}{3}a$는 주어진 방정식을 만족하는 해입니다.

[그림 1-6]의 그래프는 미지수가 2개인 연립일차방정식에서 나타날 수 있는 해의 세 가지 유형을 보여줍니다.

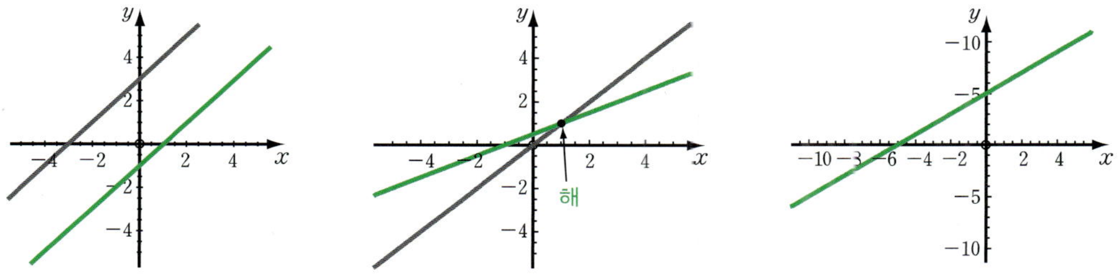

(a) 해가 없는 경우　(b) 해가 유일한 경우　(c) 해가 무수히 많은 경우

[그림 1-6] 해의 유형

[그림 1-7]의 그래프는 3개의 미지수와 3개의 일차방정식으로 이루어진 연립일차방정식의 해를 기하학적으로 보여줍니다.

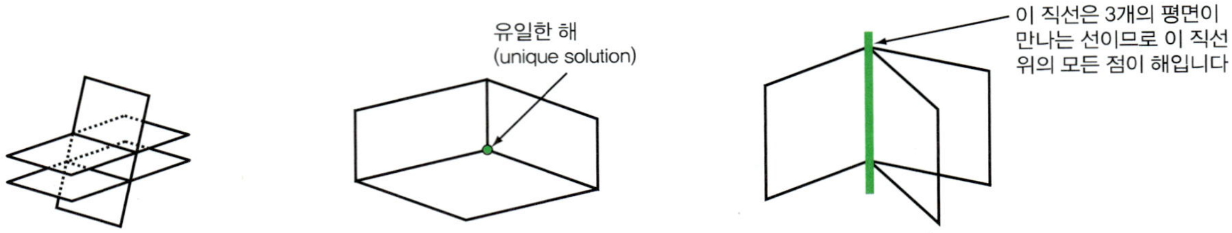

(a) 해가 없는 경우 (b) 해가 1개인 경우 (c) 해가 무수히 많은 경우

[그림 1-7] 기하학적으로 표현한 해의 유형

- [그림 1-7(a)]는 3개의 평면(방정식)이 교점을 갖지 않음을 보여줍니다. 그러므로 해가 없습니다.
- [그림 1-7(b)]는 3개의 평면(방정식) 사이의 교점이 단 1개임을 보여줍니다.
- [그림 1-7(c)]는 3개의 평면(방정식) 사이에 교선이 있음을 보여줍니다.
  이 직선 위의 모든 점이 해가 됩니다. 이는 해가 무수히 많음을 의미합니다.

핵심요약

- 일차방정식은 미지수의 지수가 1 또는 0인 방정식입니다.
- 연립일차방정식은 소거법을 이용하여 풉니다.

1.1 연습문제

01 다음 방정식 중 x, y, z에 대한 일차방정식을 찾아보세요. 일차방정식이 아닌 방정식에 대해서는 왜 일차방정식이 아닌지 그 이유를 설명해보세요.

(a) $x-y-z=3$

(b) $\sqrt{x}+y+z=6$

(c) $\cos x+\sin y=1$

(d) $e^{x+y+z}=1$

(e) $x-2y+5z=\sqrt{3}$

(f) $x=-3y$

(g) $x=\dfrac{-b\pm\sqrt{b^2-4ac}}{2a}$

(h) $\pi x+y+ez=5$

(i) $\sqrt{2}x+\dfrac{1}{2}y+z=0$

(j) $\sinh^{-1}x=\ln\left|x+\sqrt{x^2+1}\right|$

(k) $\dfrac{\pi}{2}x-\sqrt{2}y+z\sin\pi=0$

(l) $x^{2^0}+y^{3^0}+z^{3^0}=0$

(m) $y^{\cos^2 x+\sin^2 x}+x-z=9$

02 소거법을 이용하여 다음 연립일차방정식을 풀어보세요.

(a) $\begin{cases} x+y=2 \\ x-y=0 \end{cases}$ (b) $\begin{cases} 2x-3y=5 \\ x-\ \ y=2 \end{cases}$

(c) $\begin{cases} 2x-3y=35 \\ x-\ \ y=2 \end{cases}$ (d) $\begin{cases} 5x-7y=2 \\ 9x-3y=6 \end{cases}$

(e) $\begin{cases}\pi x-5y=2\\ \pi x-\ \ y=1\end{cases}$ (f) $\begin{cases}ex-ey=2\\ ex+ey=0\end{cases}$

힌트 (f)의 e는 $e=2.71828182846\cdots$인 무리수입니다.

03 소거법을 이용하여 다음 연립일차방정식을 풀어보세요.

(a) $\begin{cases}x+y+z=3\\ x-y-z=-1\\ 2x+y+5z=8\end{cases}$

(b) $\begin{cases}x+2y-2z=6\\ 2x-3y+z=-10\\ 3x-y+3z=-16\end{cases}$

(c) $\begin{cases}3x+y-2z=4\\ 5x-3y+10z=32\\ 7x+4y+16z=13\end{cases}$

(d) $\begin{cases}6x-3y+2z=31\\ 5x+y+12z=36\\ 8x+5y+z=11\end{cases}$

04 다음 두 일차방정식의 그래프를 그리고, 연립일차방정식의 해의 개수를 구하세요. 해가 있는 연립일차방정식은 그 해를 구하세요.

(a) $\begin{cases}2x+y=3\\ x-y=7\end{cases}$ (b) $\begin{cases}2x+y=3\\ 8x+4y=12\end{cases}$

(c) $\begin{cases}2x+y=3\\ 2x+y=5\end{cases}$ (d) $\begin{cases}3x-2y=3\\ 3x-2y=6\end{cases}$

(e) $\begin{cases}3x-2y-3=0\\ 3x-2y-5=0\end{cases}$ (f) $\begin{cases}5x-2y-5=0\\ 3x-2y-3=0\end{cases}$

05 다음 연립일차방정식을 풀지 않고 해의 개수를 구하세요.

(a) $\begin{cases}7x+y=10\\ x-y=7\end{cases}$ (b) $\begin{cases}12x+4y=16\\ 8x+4y=16\end{cases}$

(c) $\begin{cases}2x-y-z=3\\ 4x-2y-2z=3\end{cases}$

1.2 가우스 소거법

학습목표

- 행렬과 첨가행렬의 의미를 이해할 수 있습니다.
- 가우스 소거법을 사용하여 연립일차방정식의 해를 구할 수 있습니다.
- 연립일차방정식의 해를 찾을 수 있도록 행 연산을 확장할 수 있습니다.

1.1절에서 소거와 대입 과정을 통하여 연립일차방정식의 해를 구했습니다. 이 절에서는 해를 구하는 과정을 체계적으로 정의해보겠습니다. 그러려면 **행렬**(matrix)과 **기약행 사다리꼴**(reduced row echelon form)의 의미를 알아야 합니다. 주어진 연립일차방정식을 기약행 사다리꼴로 나타내면 해에 대한 다음 질문에 답할 수 있습니다.

- 해가 존재하나요?
- 해가 유일한가요?
- 해가 무수히 많나요?

1.2.1 행렬 소개

[예제 1-1]에서 아이스크림 가격 x와 음료수 가격 y에 대한 두 방정식을 다음과 같이 구성했습니다.

$$\begin{cases}2x+2y=3\\ 2x+y=2.5\end{cases}$$

두 방정식에서 x의 계수들을 첫 번째 열로, y의 계수들을 두 번째 열로 나타내면 다음과 같습니다.

$$\begin{matrix} x & y \end{matrix}$$
$$\begin{pmatrix} 2 & 2 \\ 2 & 1 \end{pmatrix}, \begin{pmatrix} 3 \\ 2.5 \end{pmatrix}$$

왼쪽 괄호는 x, y의 계수를 나타내며, 이를 **계수행렬**(matrix of coefficient)이라고 합니다. 하나의 열로 구성된 오른쪽 괄호는 총 비용을 나타내며, 이를 **벡터**(vector)라고 합니다.

행렬은 공학, 과학, 경제의 다양한 분야에서 제어 이론, 전기 원리, 구조 해석, 끈 이론, 양적 재무 등과 같은 실질적인 문제를 해결하는 데 사용됩니다. 이러한 영역에서 발생하는 문제들은 종종 연립일차방정식으로 표현할 수 있으며, 행렬을 사용하면 방정식을 풀기가 더 쉽습니다.

[표 1-1]은 세 종류 아이스크림의 일주일간 판매량을 나타냅니다.

[표 1-1] 세 종류 아이스크림의 판매량

	월요일	화요일	수요일	목요일	금요일
딸기	12	15	10	16	12
바닐라	5	9	14	7	10
초콜릿	8	12	10	9	15

[표 1-1]의 내용은 다음과 같이 행렬로 표현할 수 있습니다.

$$\begin{pmatrix} 12 & 15 & 10 & 16 & 12 \\ 5 & 9 & 14 & 7 & 10 \\ 8 & 12 & 10 & 9 & 15 \end{pmatrix}$$

첫 번째 열은 월요일 아이스크림 판매량을, 두 번째 열은 화요일 아이스크림 판매량을, … , 마지막 열은 금요일 아이스크림 판매량을 나타냅니다. 행렬은 데이터를 표현하는 효율적인 방법입니다.

다음으로 데이터에서 어떻게 정보를 추출하는지 체계적으로 살펴보겠습니다.

1.2.2 기본 행 연산

다음과 같이 n개의 미지수(x_1, x_2, x_3, $\cdots$, x_n)를 갖는 방정식 m개로 이루어진 연립일차방정식이 있다고 가정합시다.

$$\begin{cases} a_{11}x_1 + a_{12}x_2 + \cdots + a_{1n}x_n = b_1 \\ a_{21}x_1 + a_{22}x_2 + \cdots + a_{2n}x_n = b_2 \\ \vdots \qquad \vdots \qquad \vdots \qquad \vdots \\ a_{m1}x_1 + a_{m2}x_2 + \cdots + a_{mn}x_n = b_m \end{cases}$$

여기서 a_{ij}, $b_i (1 \leq i \leq m,\ 1 \leq j \leq n)$는 실수이고, x_1, x_2, x_3, $\cdots$, x_n은 미지수로서 방정식을 만족하는 실숫값을 대신하는 자리지기입니다. 이러한 일반적인 연립일차방정식을 다음과 같이 행렬 형태로 표현할 수 있습니다.

$$\left(\begin{array}{ccc|c} a_{11} & \cdots & a_{1n} & b_1 \\ \vdots & \ddots & \vdots & \vdots \\ a_{m1} & \cdots & a_{mn} & b_m \end{array}\right)$$

미지수 x_1, x_2, x_3, $\cdots$, x_n의 계수와 우변의 상수를 포함하는 의 행렬을 **첨가행렬**(augmented matrix)이라고 합니다. 'augmented'는 '늘린(to increase)'이라는 의미입니다. 행렬을 늘린다는 것은 기존 행렬에 하나 이상의 열을 첨가한다는 뜻이죠. 위 경우에는 상수를 나타내는 b 열을 기존 계수행렬에 첨가하였습니다. 이때 계수행렬과 b 열을 수직선으로 구분하여 나타냅니다.

예제 1-6 **1.1절의 [예제 1-3]에서 살펴본 다음 연립일차방정식의 첨가행렬을 구해보세요.**

$$\begin{cases} x + 2y + 4z = 7 \\ 3x + 7y + 2z = -11 \\ 2x + 3y + 3z = 1 \end{cases}$$

풀이

첨가행렬은 연립일차방정식을 표현하는 간단한 방법입니다. 행렬의 첫 번째 열에는 x의 계수, 두 번째 열에는 y의 계수, 세 번째 열에는 z의 계수가 들어감을 기억하면 됩니다. 즉, 수직선의 왼쪽에는 x, y, z의 계수를, 오른쪽에는 상수인 7, -11, 1을 나타내면 다음과 같은 첨가행렬을 구할 수 있습니다.

$$\left(\begin{array}{ccc|c} 1 & 2 & 4 & 7 \\ 3 & 7 & 2 & -11 \\ 2 & 3 & 3 & 1 \end{array}\right)$$

1.1절에서 다음과 같은 소거 과정을 통해 방정식의 해를 구했습니다.

1. 0이 아닌 상수를 한 방정식에 곱합니다.
2. 1번에서 얻은 방정식을 다른 방정식에 더하거나 뺍니다.
3. 방정식을 교환합니다.

첨가행렬의 각 행이 연립일차방정식의 각 방정식에 대응하므로 다음과 같이 유사한 연산을 수행할 수 있습니다.

1. 0이 아닌 상수를 한 행에 곱합니다.
2. 1번에서 얻은 행을 다른 행에 더하거나 뺍니다.
3. 행을 교환(interchange rows)합니다.

이러한 연산을 **기본 행 연산**(elementary row operation)이라고 합니다.

1.2.3 가우스 소거법

[그림 1-8] 가우스(1777 − 1855)

가우스(Gauss)는 아르키메데스(Archimedes), 뉴턴(Newton)과 함께 역사상 가장 위대한 수학자입니다. 그는 11세에 $\sqrt{2}$가 무리수임을 증명하였고, 18세에 나침반과 눈금 없는 자만으로 정17각형을 작도할 수 있음을 밝혔습니다.

가우스는 세계적인 수학 센터로 유명한 괴팅겐(Göttingen) 대학교에 학생으로 들어갔으며, 나중에는 괴팅겐에서 중요한 직책을 맡았습니다. 가우스는 괴팅겐에서 정수론, 무한급수, 대수학, 천문학, 광학에 관한 논문을 발표하였습니다. 한편, 자기유도 단위로 가우스(gauss, G)를 쓰는데, 이는 가우스의 이름을 따서 명명하였습니다.

미지수 x, y, z, w, $\cdots$의 값을 찾기 위해 기본 행 연산 1, 2, 3을 수행하여 연립일차방정식의 해를 구할 수 있습니다. 이 방법을 **가우스 소거법**(Gaussian elimination)이라고 합니다. 가우스 소거법을 이용하면 미지수 x, y, z, w, $\cdots$를 따로 적을 필요가 없어 시간을 절약할 수 있을 뿐 아니라 더욱 체계적입니다. 일반적으로 가우스 소거법을 이용하면 실수할 가능성이 줄어듭니다.

예제 1-7 **가우스 소거법을 이용하여 다음 연립일차방정식의 해를 구해보세요.**

$$\begin{cases} x - 3y + 5z = -9 \\ 2x - y - 3z = 19 \\ 3x + y + 4z = -13 \end{cases}$$

풀이

이 방정식을 첨가행렬로 표현해볼까요? R_1, R_2, R_3를 각각 1행, 2행, 3행이라고 합시다. 그러면 각 행은 다음과 같이 하나의 방정식을 나타냅니다.

$$\begin{cases} x - 3y + 5z = -9 & \text{1행} \\ 2x - y - 3z = 19 & \text{2행} \\ 3x + y + 4z = -13 & \text{3행} \end{cases} \quad \begin{matrix} R_1 \\ R_2 \\ R_3 \end{matrix} \quad \left(\begin{array}{ccc|c} 1 & -3 & 5 & -9 \\ 2 & -1 & -3 & 19 \\ 3 & 1 & 4 & -13 \end{array}\right)$$

미지수 x, y, z를 어떻게 구할 수 있을까요? 행렬에서 각 열은 x, y, z의 계수를 나타냅니다. 첨가행렬을 다음과 같이 변환할 수 있다면 z를 구할 수 있습니다.

$$\begin{matrix} & x & y & z & \\ & \downarrow & \downarrow & \downarrow & \\ & \left(\begin{array}{ccc|c} * & * & * & * \\ 0 & * & * & * \\ 0 & 0 & A & B \end{array}\right) \\ \text{3행} & \end{matrix}$$

여기서 A, B, *는 각각 실수를 나타냅니다. 이제 어떻게 하면 될까요? 3행을 살펴봅시다. 3행은 무엇을 나타낼까요?

$$(0\times x)+(0\times y)+(A\times z)=B \quad\Rightarrow\quad Az=B$$
$$\Rightarrow\quad z=\frac{B}{A}\ (A\neq 0\text{인 경우})$$

따라서 $z=\dfrac{B}{A}$입니다. 그러면 나머지 두 미지수 x, y는 어떻게 구할까요? 여기서 **후방 대입**(back substitution)이라는 방법을 사용할 수 있습니다. 위 행렬에서 2행을 살펴봅시다.

$$\begin{array}{c} \\ \\ 2\text{행} \\ \\ \end{array}\begin{array}{c} \begin{array}{ccc} x & y & z \\ \downarrow & \downarrow & \downarrow \end{array} \\ \left(\begin{array}{ccc|c} * & * & * & * \\ 0 & * & * & * \\ 0 & 0 & A & B \end{array}\right) \end{array}$$

2행을 방정식으로 변환하면 y와 z에 관한 방정식을 얻을 수 있습니다. $z=\dfrac{B}{A}$의 값을 이미 알고 있기에, $z=\dfrac{B}{A}$를 대입하면 y의 값을 알 수 있습니다. 같은 방법으로 1행에서 y의 값과 z의 값을 대입하면 x의 값을 구할 수 있습니다.

첨가행렬을 다음과 같이 변환하기 위해서는 기본 행 연산을 수행해야 합니다.

$$\begin{array}{c} R_1 \\ R_2 \\ R_3 \end{array}\left(\begin{array}{ccc|c} 1 & -3 & 5 & -9 \\ 2 & -1 & -3 & 19 \\ 3 & 1 & 4 & -13 \end{array}\right) \quad\rightarrow\quad \left(\begin{array}{ccc|c} * & * & * & * \\ 0 & * & * & * \\ 0 & 0 & A & B \end{array}\right)$$

왼쪽의 첨가행렬을 좌측 하단 모서리가 모두 0인 오른쪽의 행렬(행동치 행렬[2])로 변환해야 합니다. 즉 2, 3, 1을 0으로 바꾸어야 합니다.

어떻게 해야 2를 0으로 바꿀 수 있을까요? 한 방정식에 0이 아닌 상수를 곱하고, 한 방정식을 다른 방정식에서 뺄 수 있다는 사실을 떠올려봅시다. 행렬의 각 행이 하나의 방정식을 나타내므로, 이는 행렬 측면에서 볼 때 한 행에 0이 아닌 상수를 곱하고, 한 행을 다른 행에서 뺄 수 있음을 의미합니다.

2를 0으로 바꾸려면 1행(R_1)에 2를 곱하고, 2행(R_2)에서 1행에 2를 곱한 행을 빼야 합니다. 즉, 행 연산 R_2-2R_1을 다음과 같이 수행합니다.

$$\begin{array}{r} R_1 \\ R_2^*=R_2-2R_1 \\ R_3 \end{array}\left(\begin{array}{ccc|c} 1 & -3 & 5 & -9 \\ 2-2\times 1 & -1-2\times(-3) & -3-2\times 5 & 19-2\times(-9) \\ 3 & 1 & 4 & -13 \end{array}\right)$$

2 (옮긴이) 어떤 행렬에 기본 행 연산을 적용하여 변환한 행렬을 행동치 행렬이라고 합니다

새로운 2행을 R_2^*라고 합시다. 계산이 끝나면 2행은 다음과 같습니다.

$$\begin{matrix} R_1 \\ R_2^* \\ R_3 \end{matrix} \left(\begin{array}{ccc|c} 1 & -3 & 5 & -9 \\ 0 & 5 & -13 & 37 \\ 3 & 1 & 4 & -13 \end{array}\right)$$

0으로 바꿔야 할 곳이 하나 더 있습니다. 3행의 3을 0으로 바꿔야 합니다. 어떻게 하면 될까요? 1행(R_1)에 3을 곱하고, 3행(R_3)에서 1행에 3을 곱한 행을 빼면 됩니다. 즉 행 연산 $R_3 - 3R_1$을 다음과 같이 수행합니다.

$$\begin{matrix} R_1 \\ R_2^* \\ R_3^* = R_3 - 3R_1 \end{matrix} \left(\begin{array}{ccc|c} 1 & -3 & 5 & -9 \\ 0 & 5 & -13 & 37 \\ 3-3\times 1 & 1-3\times(-3) & 4-3\times 5 & -13-3\times(-9) \end{array}\right)$$

새로운 3행을 R_3^*라고 합시다. 3행을 계산하면 다음과 같습니다.

$$\begin{matrix} R_1 \\ R_2^* \\ R_3^* \end{matrix} \left(\begin{array}{ccc|c} 1 & -3 & 5 & -9 \\ 0 & 5 & -13 & 37 \\ 0 & 10 & -11 & 14 \end{array}\right)$$

이제 3행 R_3^*에서 10을 0으로 바꿔야 합니다. 어떻게 10을 0으로 바꿀 수 있을까요? 이번에는 새로운 2행 R_2^*와 3행 R_3^*만 이용합니다. 왜 그래야 할까요? 1열을 보면 알 수 있듯이, R_3^*에서 R_1의 실수배를 빼면, 앞에서 3행의 3을 0으로 만든 작업이 수포로 돌아가기 때문이죠.

$R_3^* - 2R_2^*$를 수행하면 $10-(2\times 5)=0$이 되므로 3행의 10이 0으로 바뀝니다.

$$\begin{matrix} R_1 \\ R_2^* \\ R_3^{**} = R_3^* - 2R_2^* \end{matrix} \left(\begin{array}{ccc|c} 1 & -3 & 5 & -9 \\ 0 & 5 & -13 & 37 \\ 0-2\times 0 & 10-2\times 5 & -11-2\times(-13) & 14-2\times 37 \end{array}\right)$$

위 행렬의 계산을 정리하면 다음과 같습니다.

$$\begin{matrix} \\ R_1 \\ R_2^* \\ R_3^{**} \end{matrix} \begin{matrix} \begin{matrix} x & \quad y & \quad z & \quad \end{matrix} \\ \left(\begin{array}{ccc|c} 1 & -3 & 5 & -9 \\ 0 & 5 & -13 & 37 \\ 0 & 0 & 15 & -60 \end{array}\right) \end{matrix} \qquad (\dagger)$$

마지막 행 R_3^{**}를 방정식으로 변환하면 다음과 같습니다.

$$15z = -60 \quad \Rightarrow \quad z = -\frac{60}{15} = -4$$

두 미지수 x, y는 어떻게 구할 수 있을까요? 식 ($\dagger$)의 2열 R_2^*를 방정식으로 변환하면 다음과 같습니다.

$$5y - 13z = 37$$

$z=-4$를 대입하면 다음과 같이 y를 구할 수 있습니다.

$$\begin{aligned} 5y-13\times(-4)=37 \quad &\Rightarrow \quad 5y+52=37 \\ &\Rightarrow \quad 5y=-15 \\ &\Rightarrow \quad y=-\frac{15}{5}=-3 \end{aligned}$$

이제 미지수 x가 남았습니다. 어떻게 구할 수 있을까요? 식 (†)의 1행 R_1을 방정식으로 변환하면 다음과 같습니다.

$$x-3y+5z=-9$$

위 식에 $y=-3$, $z=-4$를 대입하면 다음과 같이 x를 구할 수 있습니다.

$$\begin{aligned} x-\{3\times(-3)\}+\{5\times(-4)\}&=-9 \\ x+9-20&=-9 \\ x&=2 \end{aligned}$$

따라서 연립일차방정식의 해는 $x=2$, $y=-3$, $z=-4$입니다.

문제에 주어진 각 방정식은 그래픽을 통하여 3d 좌표계에서 평면으로 표현됩니다. 연립일차방정식의 해는 3개의 평면(방정식)이 만나는 점입니다. [그림 1-9]는 주어진 세 방정식을 그림으로 표현한 것입니다.

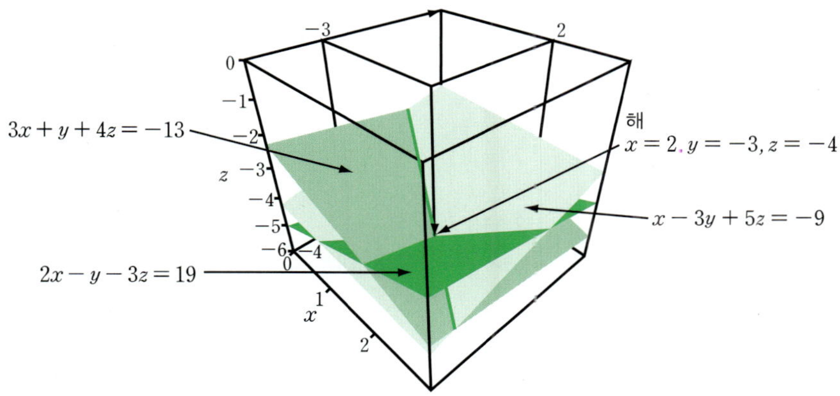

[그림 1-9] 연립일차방정식 $x-3y+5z=-9$, $2x-y-3z=19$, $3x+y+4z=-13$의 해

[예제 1-7]에서 주어진 연립일차방정식을 다음과 같이 변환하였습니다.

$$\begin{cases} x-3y+5z=-9 \\ 2x-y-3z=19 \\ 3x+y+4z=-13 \end{cases} \quad \Rightarrow \quad \begin{cases} x-3y+5z=-9 \\ 5y-13z=37 \\ 15z=-60 \end{cases}$$

오른쪽 연립일차방정식이 훨씬 해를 구하기 편리합니다. 위와 같은 과정을 **후방 대입**(back substitution)**을 이용한 가우스 소거법**이라고 합니다. 가우스 소거법의 목적은 행렬의 좌측 하단 모서리를 0으로 바꾸어 '삼각'행렬을 만드는 것입니다. 이 삼각행렬은 다음과 같은 기본 행 연산을 통해 얻을 수 있습니다.

1. 0이 아닌 상수를 한 행에 곱합니다.
2. 1번 과정에서 얻은 행을 다른 행에 더하거나 뺍니다.
3. 행을 교환합니다.

위 세 가지 연산을 이용하여 한 행렬이 다른 행렬로 변환되는 경우 두 행렬을 **행동치**(row equivalent)라고 합니다. 만약 두 연립일차방정식의 첨가행렬이 서로 행동치이면 두 연립일차방정식의 해는 같습니다. [예제 1-7]의 연립일차방정식에 $x=2$, $y=-3$, $z=-4$를 대입하면 주어진 방정식의 해임을 확인할 수 있습니다.

지금까지 살펴본 내용을 요약해봅시다. 주어진 연립일차방정식은 첨가행렬로 나타낼 수 있습니다. 그리고 훨씬 더 단순한 행동치 첨가행렬로 변환하여 후방 대입을 통해 연립일차방정식의 해를 구할 수 있습니다.

예제 1-8 다음 연립일차방정식의 해를 구해보세요.

$$\begin{cases} x+3y+2z=13 \\ 4x+4y-3z=3 \\ 5x+y+2z=13 \end{cases}$$

풀이

미지수 x, y, z를 구하려면 어떻게 해야 할까요? 후방 대입을 이용한 가우스 소거법을 사용해야 합니다. 주어진 연립일차방정식의 첨가행렬은 다음과 같습니다.

$$\begin{matrix} 1\text{행} & R_1 \\ 2\text{행} & R_2 \\ 3\text{행} & R_3 \end{matrix} \left(\begin{array}{ccc|c} 1 & 3 & 2 & 13 \\ 4 & 4 & -3 & 3 \\ 5 & 1 & 2 & 13 \end{array}\right)$$

삼각형 내부에 있는 모든 성분을 0으로 만들어야 합니다.

우리의 목표는 좌측 하단 모서리가 모두 0이 되도록 첨가행렬을 변환하는 것입니다. 즉, 2행의 첫 번째 수 4를 0으로 바꾸고, 3행의 5와 1을 0으로 바꿔야 합니다($4 \to 0$, $5 \to 0$, $1 \to 0$).

2행의 첫 번째 수 4를 0으로 만들기 위해 R_2에서 R_1에 4를 곱한 행을 뺍니다(R_2-4R_1). 그다음 3행의 첫 번째 수 5를 0으로 만들기 위해 R_3에서 R_1에 5를 곱한 행을 뺍니다(R_3-5R_1). 두 행의 연산(R_2-4R_1, R_3-5R_1)을 함께 나타내면 다음과 같습니다.

$$\begin{matrix} R_1 \\ R_2^{\dagger}=R_2-4R_1 \\ R_3^{\dagger}=R_3-5R_1 \end{matrix} \left(\begin{array}{ccc|c} 1 & 3 & 2 & 13 \\ 4-4\times1 & 4-4\times3 & -3-4\times2 & 3-4\times13 \\ 5-5\times1 & 1-5\times3 & 2-5\times2 & 13-5\times13 \end{array}\right)$$

새로운 2행과 3행을 각각 $R_2^\dagger$, $R_3^\dagger$라고 하면, 다음과 같이 간단히 나타낼 수 있습니다.

$$\begin{matrix} R_1 \\ R_2^\dagger \\ R_3^\dagger \end{matrix} \left(\begin{array}{ccc|c} 1 & 3 & 2 & 13 \\ 0 & -8 & -11 & -49 \\ 0 & -14 & -8 & -52 \end{array}\right)$$

좌측 하단 모서리가 모두 0으로 이루어진 행렬이 거의 완성되어 갑니다. 이제 새로운 3행의 -14를 0으로 만들어야 합니다. 이때 새로운 2행 $R_2^\dagger$와 3행 $R_3^\dagger$만 사용합니다.

왜 그래야 할까요? 1행 R_1을 사용하면, 앞의 계산을 통해 $R_3^\dagger$에서 0으로 만든 자리의 수가 0이 아닌 수로 바뀌기 때문이죠. 그렇다면 -14를 0으로 만들기 위해 어떻게 해야 할까요?

$-14-\left\{\frac{14}{8}\times(-8)\right\}=0$이므로 $R_3^\dagger-\frac{14}{8}R_2^\dagger$를 계산하면 -14가 0이 됩니다. 따라서 다음과 같이 나타낼 수 있습니다.

$$\begin{matrix} R_1 \\ R_2^\dagger \\ R_3^{\dagger\dagger}=R_3^\dagger-\frac{14}{8}R_2^\dagger \end{matrix} \left(\begin{array}{ccc|c} 1 & 3 & 2 & 13 \\ 0 & -8 & -11 & -49 \\ 0 & -14-\left\{\frac{14}{8}\times(-8)\right\} & -8-\left\{\frac{14}{8}\times(-11)\right\} & -52-\left\{\frac{14}{8}\times(-49)\right\} \end{array}\right)$$

위 행렬의 계산을 간단히 정리하면 다음과 같습니다.

$$\begin{matrix} \\ R_1 \\ R_2^\dagger \\ R_3^{\dagger\dagger} \end{matrix} \begin{array}{ccc|c} x & y & z & \\ \end{array} \left(\begin{array}{ccc|c} 1 & 3 & 2 & 13 \\ 0 & -8 & -11 & -49 \\ 0 & 0 & \frac{45}{4} & \frac{135}{4} \end{array}\right) \qquad (*)$$

마지막 행 $R_3^{\dagger\dagger}$에서 $\frac{45}{4}z=\frac{135}{4}$이므로 $z=\frac{135}{45}=3$입니다. 그럼 미지수 y는 어떻게 구할 수 있을까요? 2열 $R_2^\dagger$를 방정식으로 변환하면 다음과 같습니다.

$$-8y-11z=-49$$

$z=3$이므로 위 식에 이 값을 대입하면 다음과 같습니다.

$$\begin{aligned} -8y-11\times3 &= -49 \\ -8y-33 &= -49 \\ -8y &= -49+33=-16 \quad\Rightarrow\quad y=\frac{-16}{-8}=2 \end{aligned}$$

$y=2$, $z=3$까지 구했습니다. 마지막 미지수 x는 어떻게 구할 수 있을까요?

행렬 (*)의 1열 R_1을 다음과 같이 방정식으로 변환해봅시다.

$$x + 3y + 2z = 13$$

앞에서 구한 $y = 2$, $z = 3$을 위 식에 대입하면 다음과 같습니다.

$$\begin{aligned} x + (3 \times 2) + (2 \times 3) &= 13 \\ x + 6 + 6 &= 13 \quad \Rightarrow \quad x = 1 \end{aligned}$$

따라서 주어진 연립일차방정식의 해는 $x = 1$, $y = 2$, $z = 3$입니다. 연립일차방정식의 세 방정식을 그림으로 나타내면 [그림 1-10]과 같습니다.

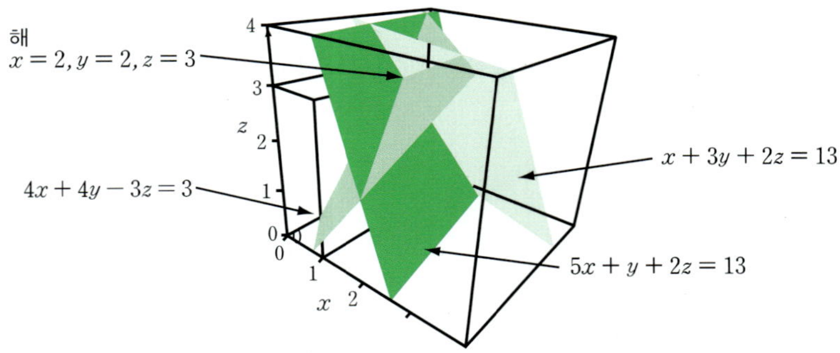

[그림 1-10] 연립일차방정식 $x + 3y + 2z = 13$, $4x + 4y - 3z = 3$, $5x + y + 2z = 13$의 해

$x = 1$, $y = 2$, $z = 3$을 주어진 세 방정식에 대입하면 이 해가 정확한지 확인할 수 있습니다.

[예제 1-8]에서 행 연산을 수행하여 다음과 같은 결과를 얻었습니다.

$$\begin{cases} x + 3y + 2z = 13 \\ 4x + 4y - 3z = 3 \\ 5x + y + 2z = 13 \end{cases} \quad \Rightarrow \quad \begin{aligned} x + 3y + 2z &= 13 \\ -8y - 11z &= -49 \\ 45z/4 &= 135/4 \end{aligned}$$

오른쪽 연립일차방정식이 해를 구하기 더 쉽다는 사실을 기억하세요.

1.2.4 행 연산의 확장

[예제 1-8]에서 가우스 소거법을 확장하여 행렬 (*)의 3행에서 0이 아닌 첫 번째 수가 1이 되도록 만들 수 있습니다. 즉, 다음과 같이 변환할 수 있습니다.

$$\begin{matrix} R_1 \\ R_2^{\dagger} \\ R_3^{\dagger\dagger} \end{matrix} \left(\begin{array}{ccc|c} 1 & 3 & 2 & 13 \\ 0 & -8 & -11 & -49 \\ 0 & 0 & \frac{45}{4} & \frac{135}{4} \end{array}\right)$$

($\frac{45}{4}$ → 1로 변환)

? 어떻게 $\frac{45}{4}$를 1로 변환할까요?

3행 $R_3^{\dagger\dagger}$에 $\frac{4}{45}$를 곱하면 다음과 같습니다.

$$\begin{matrix} R_1 \\ R_2^{\dagger} \\ R_3' = \dfrac{4R_3^{\dagger\dagger}}{45} \end{matrix} \left(\begin{array}{ccc|c} 1 & 3 & 2 & 13 \\ 0 & -8 & -11 & -49 \\ 0 & 0 & \frac{4}{45}\times\frac{45}{4} & \frac{4}{45}\times\frac{135}{4} \end{array}\right)$$

위 행렬의 계산을 정리하면 다음과 같이 변환할 수 있습니다.

$$\begin{matrix} R_1 \\ R_2^{\dagger} \\ R_3' \end{matrix} \left(\begin{array}{ccc|c} 1 & 3 & 2 & 13 \\ 0 & -8 & -11 & -49 \\ 0 & 0 & 1 & 3 \end{array}\right)$$

이러한 과정의 장점은 z값을 바로 구할 수 있다는 것입니다. 마지막 행 R_3'에서 $z=3$임을 바로 알 수 있습니다. 이러한 행 연산을 더욱 확장하면 다음과 같은 행렬을 얻을 수 있습니다.

$$\left(\begin{array}{ccc|c} 1 & 0 & 0 & * \\ 0 & 1 & 0 & * \\ 0 & 0 & 1 & * \end{array}\right) \tag{*}$$

? 왜 (*)와 같은 첨가행렬을 얻어야 할까요?

(*)와 같은 첨가행렬에서는 x, y, z의 값을 바로 알 수 있기 때문이죠. 물론, (*)와 같은 첨가행렬을 얻는 과정에서 복잡한 산술 계산을 해야 한다는 점이 조금 번거롭긴 합니다.

(*)와 같은 첨가행렬을 기약행 사다리꼴 행렬이라고 합니다. 다음 네 가지 조건을 만족하는 행렬을 **기약행 사다리꼴**(reduced row echelon form, rref)이라고 합니다.

1. 모든 성분이 0인 행은 행렬의 마지막 행으로 둡니다.
2. 0이 아닌 성분이 있는 행에서 첫 번째로 0이 아닌 성분은 1입니다. 여기서, 1을 **선행 1**(leading 1)이라고 합니다.
3. 모든 성분이 0이 아닌 인접한 두 행의 선행 1은 행렬의 왼쪽 상단에서 오른쪽 하단으로 단계적으로 구성됩니다.
4. 선행 1을 포함하는 열에서 0이 아닌 유일한 성분은 선행 1입니다.

조건 4만 만족하지 않는 행렬은 '기약'이라는 용어를 빼고 **행 사다리꼴**(row echelon form)이라고 합니다. 선형대수학 교재에 따라서는 선행 1에 관한 위 조건을 완화하여 행의 첫 번째로 0이 아닌 성분을 선행 1이라고 합니다. 선행 1은 **선행계수**(leading coefficient)라고 부르기도 합니다.

예를 들어, 다음 행렬은 모두 기약행 사다리꼴입니다.

$$\begin{pmatrix} 0 & \boxed{1} & 0 & 8 & 0 \\ 0 & 0 & \boxed{1} & 0 & 4 \\ 0 & 0 & 0 & 0 & 0 \\ 0 & 0 & 0 & 0 & 0 \end{pmatrix}, \quad \begin{pmatrix} \boxed{1} & 0 & 0 & 5 \\ 0 & \boxed{1} & 0 & -6 \\ 0 & 0 & \boxed{1} & 9 \end{pmatrix}, \quad \begin{pmatrix} 0 & \boxed{1} & 3 & 0 & 4 & 0 & 6 \\ 0 & 0 & 0 & \boxed{1} & 5 & 0 & -1 \\ 0 & 0 & 0 & 0 & 0 & \boxed{1} & 9 \\ 0 & 0 & 0 & 0 & 0 & 0 & 0 \end{pmatrix}$$

다음 행렬은 기약행 사다리꼴이 아닙니다.

$$\mathbf{A} = \begin{pmatrix} 0 & \boxed{1} & 5 & 0 & 0 \\ 0 & 0 & \boxed{1} & 0 & 0 \\ 0 & 0 & 0 & \boxed{1} & 0 \\ 0 & 0 & 0 & 0 & \boxed{1} \end{pmatrix}, \quad \mathbf{B} = \begin{pmatrix} \boxed{1} & 0 & 0 \\ 0 & \boxed{1} & 0 \\ \boxed{1} & 0 & 0 \end{pmatrix}, \quad \mathbf{C} = \begin{pmatrix} 0 & 0 & 0 & 0 & 0 & 0 & 0 \\ 0 & 0 & 0 & \boxed{1} & 5 & 8 & -1 \\ 0 & 0 & 0 & 0 & 0 & \boxed{1} & 9 \\ 0 & 0 & 0 & 0 & 0 & 0 & 0 \end{pmatrix}$$

행렬 A, B, C는 왜 기약행 사다리꼴이 아닐까요?

- 행렬 A : 세 번째 열에 선행계수 1이 있지만, 0이 아닌 성분 5도 있기 때문입니다.
- 행렬 B : 각 행의 선행계수 1이 왼쪽 상단에서 오른쪽 하단으로 단계적으로 구성되지 않았기 때문입니다.
- 행렬 C : 모든 성분이 0인 1행이 조건 1에서 언급한 바와 같이 마지막 행이 되어야 합니다.

행렬 A는 기약행 사다리꼴은 아니지만 행 사다리꼴입니다. 행렬 B와 C는 모두 행 사다리꼴이 아닙니다. 첨가행렬을 행 사다리꼴로 변환하는 과정을 가우스 소거법이라 하고, 첨가행렬을 기약행 사다리꼴로 변환하는 과정을 **가우스-조단 소거법**(Gauss-Jordan elimination)이라고 합니다.

예제 1-9 다음 첨가행렬을 기약행 사다리꼴로 변환해보세요.

$$\begin{array}{c} \begin{matrix} x & \;\; y & \;\; z \end{matrix} \\ \left(\begin{array}{rrr|r} 1 & 5 & -3 & -9 \\ 0 & -13 & 5 & 37 \\ 0 & 0 & 5 & -15 \end{array}\right) \end{array}$$

풀이

왜 이 행렬을 기약행 사다리꼴로 변환해야 할까요? 간단히 말하면 후방 대입을 이용하지 않기 위해서입니다. 주어진 첨가행렬의 마지막 행을 보면, $5z = -15$임을 알 수 있습니다. 여기서 z의 값을 구하려면 5로 나누어야 합니다. 그러나 기약행 사다리꼴을 만들면 미지수 값을 바로 알 수 있고, 추가 조작이나 제거를 할 필요가 없습니다.

이 문제에서 기약행 사다리꼴을 만든다는 것은 주어진 첨가행렬을 다음과 같은 형태로 변환함을 의미합니다. 즉, 왼쪽의 첨가행렬을 오른쪽 행렬과 같이 변환합니다.

$$\begin{matrix} R_1 \\ R_2 \\ R_3 \end{matrix} \left(\begin{array}{rrr|r} 1 & 5 & -3 & -9 \\ 0 & -13 & 5 & 37 \\ 0 & 0 & 5 & -15 \end{array}\right) \quad \Rightarrow \quad \left(\begin{array}{ccc|c} 1 & 0 & 0 & * \\ 0 & 1 & 0 & * \\ 0 & 0 & 1 & * \end{array}\right)$$

위 과정은 1행에서 5와 -3이 모두 0으로 바뀌고, 2행에서 5가 0으로 바뀜을 의미합니다. 또한 2행에서 -13이 1로 바뀌고, 마지막 행에서 5가 1로 바뀌어야 합니다.

마지막 행의 5를 1로 변환하려면 어떻게 해야 할까요? 마지막 행을 5로 나누면 됩니다(이는 마지막 행에 $\frac{1}{5}$을 곱한 것과 같습니다).

$$\begin{matrix} R_1 \\ R_2 \\ R_3' = R_3/5 \end{matrix} \quad \left(\begin{array}{ccc|c} 1 & 5 & -3 & -9 \\ 0 & -13 & 5 & 37 \\ 0 & 0 & 1 & -3 \end{array}\right)$$

1행의 -3과 2행의 5를 모두 0으로 변환하려면 어떻게 해야 할까요? 행 연산 $R_1 + 3R_3'$과 $R_2 - 5R_3'$을 수행하면 다음과 같습니다.

$$\begin{matrix} R_1^* = R_1 + 3R_3' \\ R_2^* = R_2 - 5R_3' \\ R_3' \end{matrix} \quad \left(\begin{array}{ccc|c} 1+3\times 0 & 5+3\times 0 & -3+3\times 1 & -9+3\times(-3) \\ 0-5\times 0 & -13-5\times 0 & 5-5\times 1 & 37-5\times(-3) \\ 0 & 0 & 1 & -3 \end{array}\right)$$

각 성분을 계산하여 나타내면 다음과 같습니다.

$$\begin{matrix} R_1^* \\ R_2^* \\ R_3' \end{matrix} \quad \left(\begin{array}{ccc|c} 1 & 5 & 0 & -18 \\ 0 & -13 & 0 & 52 \\ 0 & 0 & 1 & -3 \end{array}\right)$$

이제 2행의 -13을 1로 변환하려면 어떻게 해야 할까요? 2열을 -13으로 나눕니다(이는 2열에 $-\frac{1}{13}$을 곱한 것과 같습니다.)

$$\begin{matrix} R_1^* \\ R_2^{**} = R_2^*/(-13) \\ R_3' \end{matrix} \quad \left(\begin{array}{ccc|c} 1 & 5 & 0 & -18 \\ 0 & -13/(-13) & 0 & 52/(-13) \\ 0 & 0 & 1 & -3 \end{array}\right)$$

각 성분을 계산하여 나타내면 다음과 같습니다.

$$\begin{matrix} R_1^* \\ R_2^{**} \\ R_3' \end{matrix} \quad \left(\begin{array}{ccc|c} 1 & 5 & 0 & -18 \\ 0 & 1 & 0 & -4 \\ 0 & 0 & 1 & -3 \end{array}\right)$$

위 행렬은 행 사다리꼴 행렬이지만 기약행 사다리꼴 행렬은 아닙니다. 기약행 사다리꼴 행렬로 만들려면 1행의 5를 0으로 변환해야 합니다. 어떻게 하면 될까요? 행 연산 $R_1^* - 5R_2^{**}$를 수행하면 됩니다.

$$\begin{matrix} R_1^{**} = R_1^* - 5R_2^{**} \\ R_2^{**} \\ R_3' \end{matrix} \quad \left(\begin{array}{ccc|c} 1-5\times 0 & 5-5\times 1 & 0-5\times 0 & -18-5\times(-4) \\ 0 & 1 & 0 & -4 \\ 0 & 0 & 1 & -3 \end{array}\right)$$

1행의 계산을 정리하여 나타내면 다음과 같습니다.

$$\begin{array}{c} \\ R_1^{**} \\ R_2^{**} \\ R_3^{'} \end{array} \begin{array}{c} \begin{array}{ccc} x & y & z \end{array} \\ \left(\begin{array}{ccc|c} 1 & 0 & 0 & 2 \\ 0 & 1 & 0 & -4 \\ 0 & 0 & 1 & -3 \end{array}\right) \end{array}$$

마침내 주어진 첨가행렬을 기약행 사다리꼴 행렬로 변환했습니다.

[예제 1-9]의 마지막 행렬에서 x, y, z의 값을 바로 확인할 수 있습니다($x=2$, $y=-4$, $z=-3$). 뒤에서는 기약행 사다리꼴 행렬이 유일한 형태임을 증명합니다. 이는 다양한 행 연산을 하더라도 언제나 동일한 기약행 사다리꼴을 얻음을 의미합니다. 하지만 행 사다리꼴은 형태가 유일하지 않습니다.

핵심요약

- n개의 미지수를 갖는 m개의 방정식으로 이루어진 연립일차방정식에서 해를 구하는 과정은 다음과 같습니다.

$$\begin{array}{c} a_{11}x_1 + a_{12}x_2 + \cdots + a_{1n}x_n = b_1 \\ a_{21}x_1 + a_{22}x_2 + \cdots + a_{2n}x_n = b_2 \\ \vdots \quad\quad \vdots \quad\quad \vdots \quad\quad \vdots \\ a_{m1}x_1 + a_{m2}x_2 + \cdots + a_{mn}x_n = b_m \end{array} \Rightarrow \begin{array}{c} a_{11}x_1 + a_{12}x_2 + \cdots + a_{1n}x_n = b_1 \\ + a_{21}^{'}x_2 + \cdots + a_{2n}^{'}x_n = b_2^{'} \\ \vdots \quad\quad \vdots \quad\quad \vdots \\ + a_{mn}^{'}x_n = b_m^{'} \end{array}$$

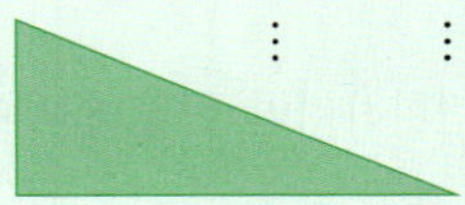

1.2 연습문제

01 후방 대입을 이용한 가우스 소거법으로 다음 연립일차방정식의 해를 구해보세요.

(a) $\begin{cases} x + y = 7 \\ x - 2y = 4 \end{cases}$

(b) $\begin{cases} x + 2y - 3z = 3 \\ 2x - y - z = 11 \\ 3x + 2y + z = -5 \end{cases}$

(c) $\begin{cases} 2x + 2y + z = 10 \\ x - 3y + 4z = 0 \\ 3x - y + 6z = 12 \end{cases}$

(d) $\begin{cases} x + 2y + z = 1 \\ 2x + 2y + 3z = 2 \\ 5x + 8y + 2z = 4 \end{cases}$

(e) $\begin{cases} 10x + y - 5z = 18 \\ -20x + 3y + 20z = 14 \\ 5x + 3y + 5z = 9 \end{cases}$

02 다음 연립일차방정식의 첨가행렬을 행 사다리꼴 행렬로 변환하여 해를 구해보세요.

(a) $\begin{cases} x + 2y + 3z = 12 \\ 2x - y + 5z = 3 \\ 3x + 3y + 6z = 21 \end{cases}$

(b) $\begin{cases} 2x - y - 4z = 0 \\ 3x + 5y + 2z = 5 \\ 4x - 3y + 6z = -16 \end{cases}$

(c) $\begin{cases} 3x - \ \ y + 7z = \ \ 9 \\ 5x + 3y + 2z = 10 \\ 9x + 2y - 5z = \ \ 6 \end{cases}$

03 다음 연립일차방정식의 첨가행렬을 기약행 사다리꼴 행렬로 변환하여 해를 구해보세요.

(a) $\begin{cases} x + \ \ y + 2z = \ \ 9 \\ 4x + 4y - 3z = \ \ 3 \\ 5x + \ \ y + 2z = 13 \end{cases}$

(b) $\begin{cases} x + \ \ y + \ \ z = -2 \\ 2x - \ \ y - \ \ z = -4 \\ 4x + 2y - 3z = -3 \end{cases}$

(c) $\begin{cases} 2x + \ \ y - \ \ z = \ \ 2 \\ 4x + 3y + 2z = \ \ -3 \\ 6x - 5y + 3z = -14 \end{cases}$

(d) $\begin{cases} -2x + 3y - \ \ 2z = \ \ 8 \\ -x + 2y - 10z = \ \ 0 \\ 5x - 7y + \ \ 4z = -20 \end{cases}$

1.3 벡터 연산

학습목표

- 벡터와 스칼라의 의미를 이해할 수 있습니다.
- 덧셈과 스칼라곱, 내적과 같은 벡터 연산을 할 수 있습니다.

1.2절에서 살펴보았듯이, 행렬 표기를 이용하면 연립일차방정식을 체계적으로 분석하고 해결할 수 있습니다. 1.2절에서는 벡터라는 단일 열행렬을 알아보았습니다. 벡터는 가장 간단하면서도 자주 사용하는 행렬입니다.

행렬에 대한 '어떻게(방법)'와 '왜(이유)'를 이해하려면 벡터의 기본 개념을 파악해야 합니다. 벡터는 행렬을 이해하기 위한 관문입니다. 일반적으로, 벡터의 특성을 분석하면 행렬을 더 잘 이해할 수 있습니다.

자, 벡터는 뭘까요?

'얼마나?'라는 질문에 대답하는 것만으로 충분한 경우가 많습니다. 하지만 '얼마나'뿐 아니라 '어느 방향(direction)으로?'를 알아야 할 때도 있죠. 벡터는 단순히 '크기'만이 아닌 기하학을 표현할 수 있어 이러한 질문에 답할 수 있는 자연스러운 유형입니다.

예를 들어, 물리학자는 물체가 이동하는 속력뿐 아니라 물체의 방향도 수학적으로 표현하기 위해 벡터를 사용합니다. 엔지니어는 힘의 크기와 힘이 작용하는 방향을 표현하기 위해 벡터를 사용합니다. 문제 상황에 대해 더 고려할 구성 요소가 생긴다면, 그 문제 상황을 설명하는 벡터에 단순히 성분을 추가하면 됩니다. 물리적인 문제를 표현하기 위해 2차원이나 3차원 벡터를 사용하면 기하학적인 해석을 할 수 있으므로 데이터를 그리거나 시각적으로 비교할 수 있습니다.

좀 더 추상적인 문제에서는 더 많은 차원을 사용할 수도 있습니다. 3차원 보다 더 높은 차원에서는 벡터를 나타낼 수 없지만 놀랍게도 수학은 이런 공간에서도 사용됩니다. 물론 그 결과는 그다지 유효하지 않습니다.

먼저, 벡터를 이용한 연산을 할 수 있도록 이와 관련된 수학 개념과 연산을 정의해봅시다.

1.3.1 벡터와 스칼라

벡터의 물리적 해석은 크기(규모)와 방향을 가진 양(quantity)입니다. '북쪽을 향해 5km 걸어가라'라는 지시는 벡터로 표현할 수 있습니다. 이 벡터의 크기는 5km이고, 방향은 북쪽입니다. 속도, 가속도, 힘, 변위는 모두 벡터양입니다. 그러나 '5km 걸어가라'라는 지시는 방향이 없으므로 벡터가 아닙니다. 여기서 걷는 거리는 구체적으로 나타나지만, 어디서부터 어디로 가야 하는지 알 수 없습니다. 이 경우는 스칼라로 나타냅니다.

? 그렇다면 스칼라(scalar)는 뭘까요?

스칼라는 특정 수량의 크기를 측정하는 수입니다. 길이, 넓이, 부피, 질량, 온도는 모두 스칼라양입니다.

? 벡터와 스칼라는 어떻게 표기할까요? 그리고 둘은 어떻게 구별할 수 있을까요?

점 O에서 점 A까지의 벡터는 $\overrightarrow{OA}$ 또는 굵은 글꼴 $\mathbf{a}$로 표기하며, [그림 1-11]과 같이 기하학적으로 나타낼 수 있습니다.

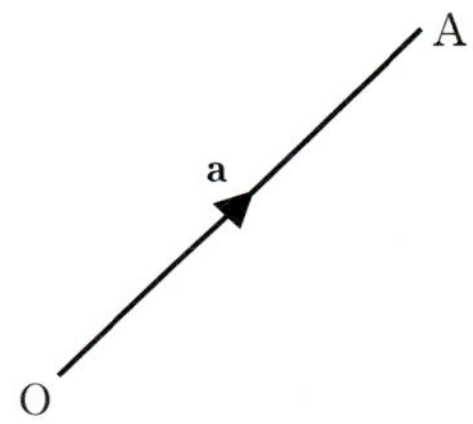

[그림 1-11] 점 O에서 점 A까지의 벡터 $\mathbf{a}$

스칼라는 굵은 글꼴이 아닌 a로 표기하므로 벡터와 구별할 수 있습니다.

만약 방향과 크기가 같은 두 벡터가 있다면 둘은 동일한 벡터입니다. 예를 들어, [그림 1-12]의 벡터 $\mathbf{d}$와 $\mathbf{e}$는 같습니다. 즉, $\mathbf{d} = \mathbf{e}$입니다.

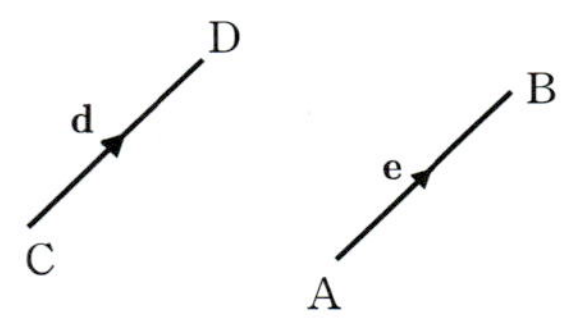

[그림 1-12] 벡터 $\mathbf{d}$와 $\mathbf{e}$

벡터 $\mathbf{d}$와 $\mathbf{e}$는 방향과 크기가 동일합니다. 한 가지 다른 점은 위치입니다. 현실 세계에는 벡터로 나타낼 수 있는 예들이 아주 많습니다.

• 어떤 물체가 점 O에서 점 A로(오른쪽 수평 방향으로) 20m 변위([그림 1-13])

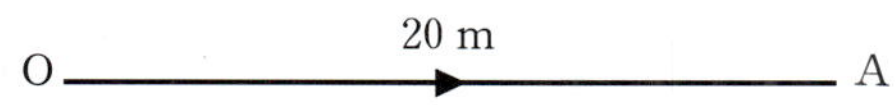

[그림 1-13] 벡터의 예 : 물체의 변위

• 어떤 물체에 아래쪽 수직 방향으로 작용하는 힘 20N([그림 1-14])

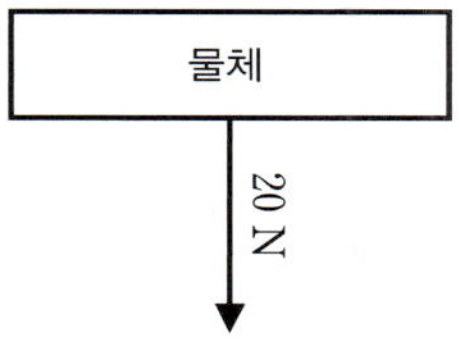

[그림 1-14] 벡터의 예 : 물체에 작용하는 힘

• 위쪽 수직 방향으로 던진 공의 속도와 중력 가속도([그림 1-15])

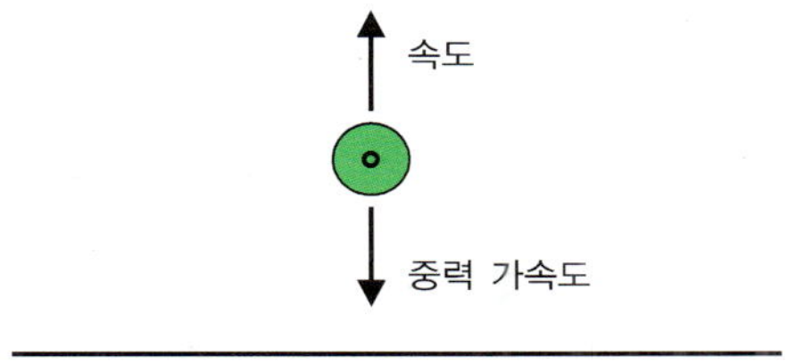

[그림 1-15] 벡터의 예 : 공의 속도와 중력 가속도

이런 예들이 모두 벡터입니다.

1.3.2 벡터의 합과 스칼라곱

[그림 1-16]에서 **a**, **b**와 같은 벡터 2개를 더한 결과, 즉 **a**+**b**는 그림에서 보이는 것처럼 평행사변형의 대각선입니다.

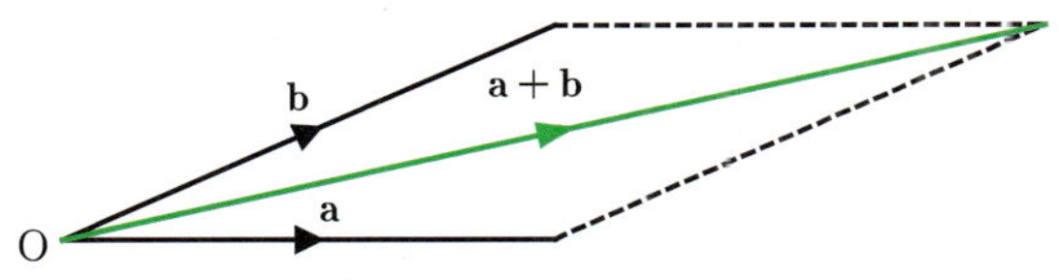

[그림 1-16] 벡터의 합 **a**+**b**

실수 k와 벡터 **a**의 곱 k**a**는 벡터 **a**의 크기가 k배만큼 늘어난 것입니다. 예를 들어, [그림 1-17]을 보면 2**a**는 벡터 **a**와 방향이 같은 벡터이지만, 크기는 2배입니다(2배 더 깁니다).

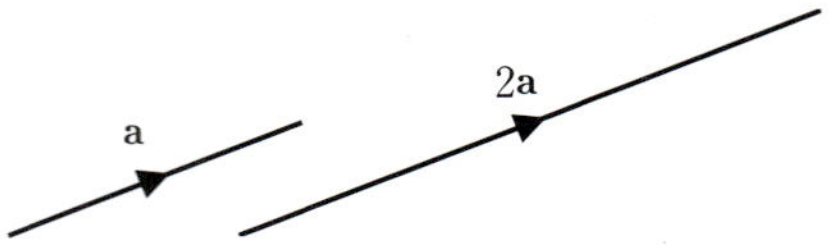

[그림 1-17] 벡터 a와 벡터 2a

? 벡터 $\frac{1}{2}$a는 어떻게 나타낼 수 있을까요?

벡터 **a**와 방향은 같고 크기는 절반입니다.

[그림 1-18] 벡터 a와 벡터 $\frac{1}{2}$a

? 음의 정수 k는 ka와 같은 벡터에 어떤 영향을 미칠까요?

만약 $k = -2$라면, $-2\mathbf{a}$는 벡터 **a**와 방향은 반대이지만 크기는 2배입니다.

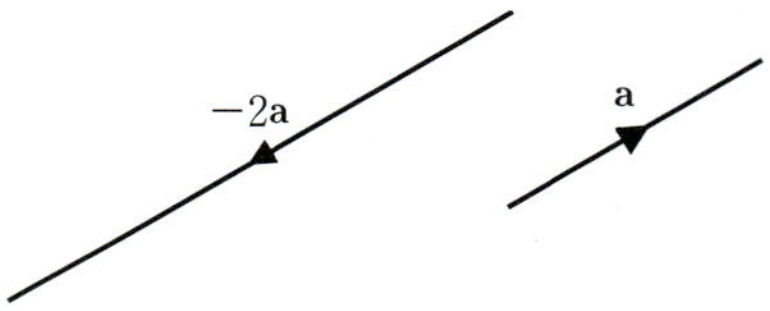

[그림 1-19] 벡터 a와 벡터 −2a

$-\mathbf{a}$는 벡터 **a**와 반대 방향입니다. 이는 다음과 같이 정의할 수 있습니다.

$$-\mathbf{a} = (-1)\mathbf{a}$$

$k\mathbf{a}$를 **스칼라곱**(scalar multiplication)이라고 합니다.

[그림 1-20]에서 볼 수 있듯이, 벡터의 차도 구할 수 있습니다.

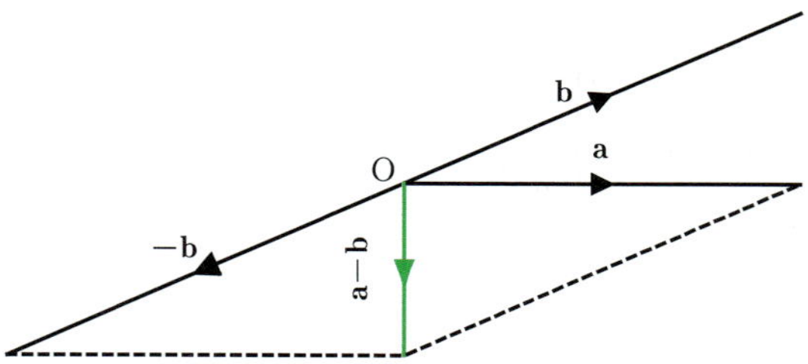

[그림 1-20] 벡터의 차 a−b

두 벡터 $\mathbf{a}$와 $\mathbf{b}$의 차는 다음과 같이 정의합니다.

$$\mathbf{a}-\mathbf{b}=\mathbf{a}+(-\mathbf{b}) \tag{1.1}$$

1.3.3 $\mathbb{R}^2$의 벡터(평면벡터)

? $\mathbb{R}^2$는 무엇을 의미할까요?

$\mathbb{R}^2$는 프랑스의 수학자이자 철학자인 르네 데카르트(Rene Descartes)의 이름을 딴 데카르트 좌표계를 나타내는 xy 평면입니다.

[그림 1-21] 르네 데카르트 (1596 – 1650)

르네 데카르트(Rene Descartes)는 프랑스의 철학자로, 1596년에 태어났습니다. 데카르트는 예수회(Jesuit) 대학에 다녔습니다. 대학에서는 건강이 좋지 않은 데카르트를 위해 오전 11시까지 침대에 누워 쉬어도 좋다고 허락했습니다. 데카르트의 이런 생활 습관은 1650년에 사망할 때까지 이어졌습니다.

데카르트는 1618년에 대학을 졸업한 후, 수학을 공부하기 위해 네덜란드로 갔습니다. 여기서 그는 오로지 수학과 철학에만 몰두한 채 고독한 삶을 살았습니다.

수학 분야에서 그가 이룬 주된 공헌은 현재 우리가 사용하는 xy 평면과 x, y, z축으로 이루어진 3차원 공간(three dimensional space)을 포함한 해석 기하학을 고안한 것입니다. 이 좌표계는 기하학과 대수학을 연결하였습니다. 좌표계를 도입하기 전까지 기하학과 대수학은 서로 다른 과목이었습니다.

1649년에 데카르트는 스웨덴의 크리스티나 여왕을 가르치기 위해 네덜란드를 떠났습니다. 그런데 크리스티나 여왕은 새벽녘에 수학을 공부하고 싶어 했습니다. 오전 11시 전에는 절대로 일어나지 않았던 데카르트에겐 정말 난감한 일이었습니다. 이른 아침 수업에 따른 스트레스와 스웨덴의 혹독한 겨울 추위로 인해 데카르트는 1650년 폐렴으로 세상을 떠났습니다.

데카르트 평면 위의 점은 O로 표기하는 원점을 기준으로 한 순서쌍입니다.

? '순서쌍'이라는 용어의 의미는 뭘까요?

성분의 순서가 중요합니다. 즉 $a \neq b$라면, 좌표 (a, b)와 (b, a)는 다릅니다.

좌표 (a, b)는 세로로 $\begin{pmatrix} a \\ b \end{pmatrix}$와 같이 쓸 수 있으며, 이는 **열벡터**(column vector) 또는 간단히 **벡터**(vector)라고 합니다. 예를 들어, [그림 1-22]에서 $\mathbb{R}^2$ 평면 위에 나타낸 좌표들은 모두 벡터입니다.

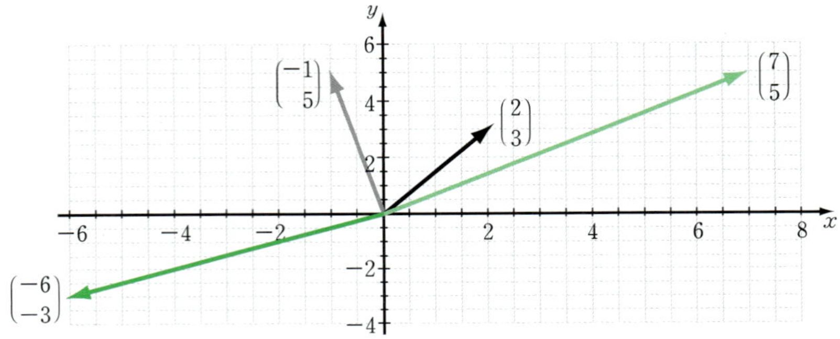

[그림 1-22] 성분이 2개인 벡터의 예

[그림 1-22]는 성분이 2개인 벡터의 예 $\begin{pmatrix} -6 \\ -3 \end{pmatrix}$, $\begin{pmatrix} 7 \\ 5 \end{pmatrix}$, $\begin{pmatrix} 2 \\ 3 \end{pmatrix}$, $\begin{pmatrix} -1 \\ 5 \end{pmatrix}$를 나타냅니다. 성분이 2개인 모든 벡터의 집합은 $\mathbb{R}^2$로 표기하며 'r two'라고 읽습니다. $\mathbb{R}$은 성분이 모두 실수임을 나타냅니다.

앞에서 언급했듯이 $\mathbb{R}^2$에서도 벡터를 더하고 뺄 수 있습니다. 즉, [그림 1-23]과 같이 벡터에 평행사변형 법칙을 적용할 수 있습니다.

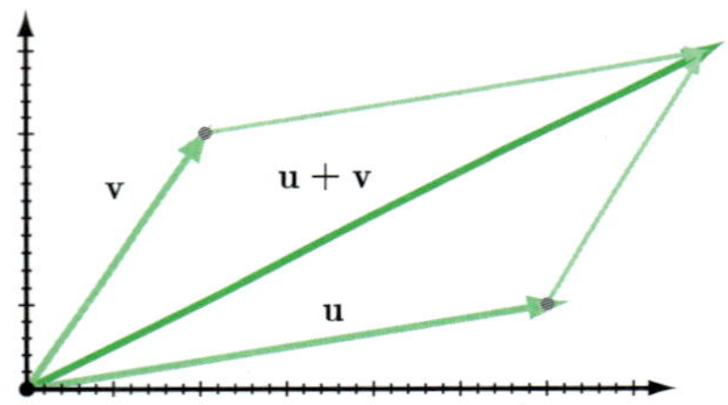

[그림 1-23] 벡터의 합 $\mathbf{u}+\mathbf{v}$

예제 1-10 $\mathbf{u} = \begin{pmatrix} 3 \\ -1 \end{pmatrix}$, $\mathbf{v} = \begin{pmatrix} -2 \\ 3 \end{pmatrix}$이라 할 때, $\mathbf{u}+\mathbf{v}$를 그리고 열벡터 형태로 $\mathbf{u}+\mathbf{v}$를 표현해보세요.

풀이

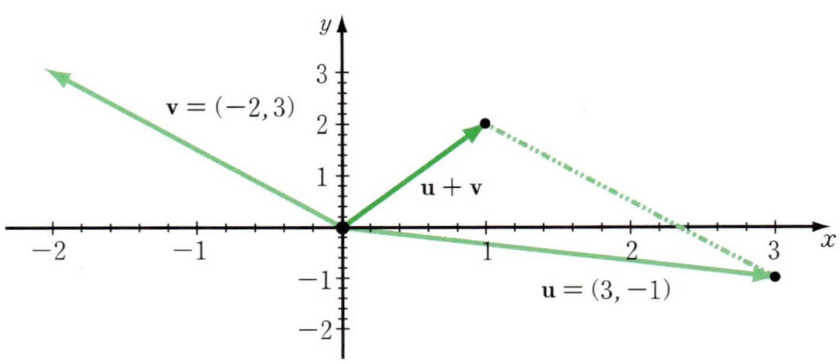

[그림 1-24] 벡터의 합 $\mathbf{u}+\mathbf{v}$

[그림 1-24]를 살펴보면 $\mathbf{u}+\mathbf{v}$의 좌표가 $(1, 2)$임을 알 수 있습니다. 이는 열벡터 형태로 $\begin{pmatrix}1\\2\end{pmatrix}$와 같이 표현할 수 있습니다. 이 결과로 무엇을 알 수 있을까요?

벡터에서 x좌표와 y좌표를 각각 더하면 동일한 결과를 얻을 수 있습니다. 즉, $\mathbf{u}+\mathbf{v}=\begin{pmatrix}3\\-1\end{pmatrix}+\begin{pmatrix}-2\\3\end{pmatrix}=\begin{pmatrix}3-2\\-1+3\end{pmatrix}=\begin{pmatrix}1\\2\end{pmatrix}$와 같이 계산됩니다. 이는 $\mathbf{u}+\mathbf{v}$를 구하기 위해 단순히 벡터에서 대응하는 각 성분끼리 더하면 됨을 의미합니다.

일반적으로 $\mathbf{u}=\begin{pmatrix}a\\b\end{pmatrix}$와 $\mathbf{v}=\begin{pmatrix}c\\d\end{pmatrix}$라 하면, 두 벡터를 더할 때 다음과 같이 대응하는 성분끼리 더합니다.

$$\mathbf{u}+\mathbf{v}=\begin{pmatrix}a\\b\end{pmatrix}+\begin{pmatrix}c\\d\end{pmatrix}=\begin{pmatrix}a+c\\b+d\end{pmatrix}$$

예제 1-11 $\mathbf{v}=\begin{pmatrix}3\\1\end{pmatrix}$**이라 할 때, 벡터** $\frac{1}{2}\mathbf{v}$, $2\mathbf{v}$, $3\mathbf{v}$, $-\mathbf{v}$**를 같은 평면에 그려보세요.**

풀이

$\mathbb{R}^2$ 위에 벡터들을 그리면 [그림 1-25]와 같습니다.

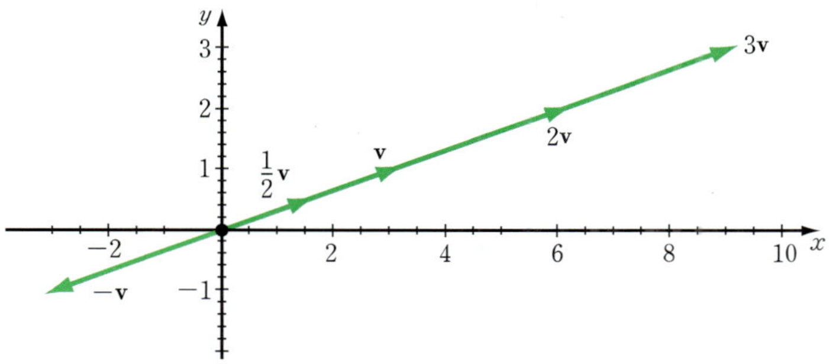

[그림 1-25] 평면 $\mathbb{R}^2$ 위에 나타낸 벡터

[예제 1-11]에서 나타낸 각 벡터의 좌표를 읽으면 다음과 같습니다.

$$\frac{1}{2}\mathbf{v}=\frac{1}{2}\begin{pmatrix}3\\1\end{pmatrix}=\begin{pmatrix}1.5\\0.5\end{pmatrix},\quad 2\mathbf{v}=2\begin{pmatrix}3\\1\end{pmatrix}=\begin{pmatrix}6\\2\end{pmatrix},\quad 3\mathbf{v}=3\begin{pmatrix}3\\1\end{pmatrix}=\begin{pmatrix}9\\3\end{pmatrix},\quad -\mathbf{v}=-\begin{pmatrix}3\\1\end{pmatrix}=\begin{pmatrix}-3\\-1\end{pmatrix}$$

실수 k와 벡터 $\mathbf{v}$의 곱 $k\mathbf{v}$를 스칼라곱이라고 부른다는 점을 기억하세요. 스칼라(scalar)라는 용어는 사다리를 뜻하는 라틴어 스칼라(scala)에서 유래했습니다. 스칼라곱은 [그림 1-25]에서 볼 수 있듯이 벡터의 길이나 크기를 변화시킵니다.

일반적으로, $\mathbf{v}=\begin{pmatrix}a\\b\end{pmatrix}$라면 스칼라곱은 다음과 같습니다.

$$k\mathbf{v}=k\begin{pmatrix}a\\b\end{pmatrix}=\begin{pmatrix}ka\\kb\end{pmatrix}$$

1.3.4 $\mathbb{R}^3$의 벡터(공간벡터)

$\mathbb{R}^3$는 무엇을 의미할까요?

3차원 공간 $\mathbb{R}^3$는 세 실수로 이루어진 모든 순서쌍의 집합이며, 3-공간이라고 부르기도 합니다. $\mathbb{R}^2$에서 나타난 벡터의 성질은 3차원 $\mathbb{R}^3$로 확장할 수 있습니다. $\mathbb{R}^3$는 'r three'라고 읽습니다.

xy 평면에 z축이라 부르는 세 번째 축을 더해 3차원을 포함하도록 확장할 수 있습니다. z축은 다른 두 축인 x축, y축과 직각입니다. 3차원에서 벡터의 위치는 3개의 좌표 (x, y, z)로 주어집니다.

예를 들어, $\mathbb{R}^3$에서 벡터 $\begin{pmatrix}1\\2\\5\end{pmatrix}$는 [그림 1-26]처럼 기하학적으로 나타낼 수 있습니다.

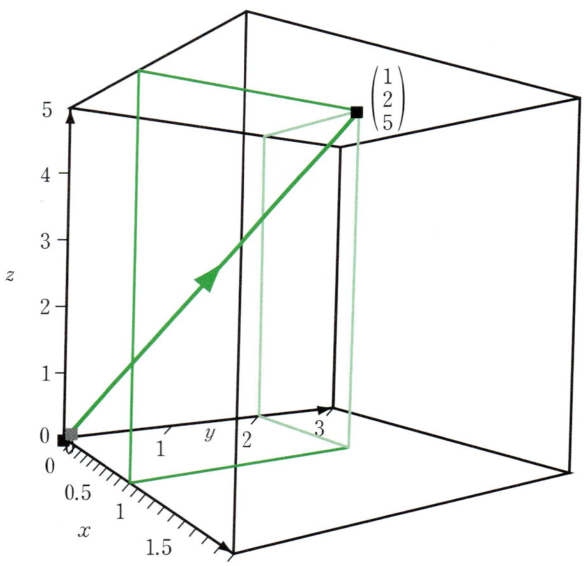

[그림 1-26] $\mathbb{R}^3$의 벡터 $\begin{pmatrix}1\\2\\5\end{pmatrix}$

$\mathbb{R}^3$에서 벡터의 합과 스칼라곱은 $\mathbb{R}^2$에서와 같은 방법으로 수행합니다. 즉, $\mathbf{u}=\begin{pmatrix}a\\b\\c\end{pmatrix}$와 $\mathbf{v}=\begin{pmatrix}d\\e\\f\end{pmatrix}$에 대해서 벡터의 합과 스칼라곱은 다음과 같이 정의합니다.

$$\mathbf{u}+\mathbf{v}=\begin{pmatrix}a\\b\\c\end{pmatrix}+\begin{pmatrix}d\\e\\f\end{pmatrix}=\begin{pmatrix}a+d\\b+e\\c+f\end{pmatrix},\quad k\mathbf{u}=\begin{pmatrix}ka\\kb\\kc\end{pmatrix}$$

1.3.5 $\mathbb{R}^n$의 벡터

$\mathbb{R}^n$은 무엇을 의미할까요?

17세기에 르네 데카르트는 평면에서 벡터를 나타내기 위해 실수의 순서쌍 $\mathbf{v}=\begin{pmatrix} a \\ b \end{pmatrix}$를 사용했습니다. 그리고 3차원에서 벡터를 나타내기 위해 그 순서쌍을 세 실수의 순서쌍 $\mathbf{v}=\begin{pmatrix} a \\ b \\ c \end{pmatrix}$로 확장하였습니다.

이를 네 실수의 순서쌍 $\mathbf{v}=\begin{pmatrix} a \\ b \\ c \\ d \end{pmatrix}$ 또는 n개 실수의 순서쌍 $\mathbf{v}=\begin{pmatrix} v_1 \\ v_2 \\ \vdots \\ v_n \end{pmatrix}$으로 확장할 수 있을까요?

확장할 수 있습니다. 17세기에는 벡터를 기하학적 대상으로 정의하였고, 3차원보다 큰 $\mathbb{R}^n$에 대해서는 기하학적으로 해석할 수 없었습니다. 그러나 19세기 들어와 벡터가 합, 차, 스칼라곱이 가능한 수학적 대상으로 간주되기 시작하면서 벡터의 정의를 확장하였습니다.

실생활에는 3개 이상의 변수를 포함하는 상황이 많습니다. 예를 들면 기상 상황, 주식시장에서 회사의 성과, 인구 수 대비 사망률 등이 있습니다.

1905년에 독일의 수학자 다비트 힐베르트(David Hilbert)는 힐베르트 공간(Hilbert space)으로 알려진, 무한히 많은 변수에 대한 벡터공간과 관련하여 유명한 이론을 만들어냈습니다.

벡터 $\mathbf{v}=\begin{pmatrix} v_1 \\ v_2 \\ \vdots \\ v_n \end{pmatrix}$은 ***n*차원 벡터**($n$-dimensional vector)라고 합니다. 한 예로, $\mathbf{v}=\begin{pmatrix} 1 \\ -2 \\ \vdots \\ 8 \end{pmatrix}$에서 8은 n번째 성분입니다. 따라서 $\mathbb{R}^n$은 모든 n차원 벡터의 집합이며, $\mathbb{R}$은 벡터의 모든 성분이 실수임을 의미합니다. 즉 v_1, v_2, v_3, $\cdots$, v_n은 모두 실수입니다. 벡터 $\mathbf{v}$에서 실수 v_j는 벡터 $\mathbf{v}$의 성분이며, 좀 더 정확히 말하면 j번째 성분입니다.

$\mathbb{R}^n$은 ***n*-공간**(n-space) 또는 ***n*차원 벡터공간**(n-dimensional vector space)이라고도 말합니다. 여기서 벡터가 n개의 실수로 구성된 순서쌍임을 기억하세요.

다음은 무엇을 의미할까요?

벡터 $\mathbf{v}=\begin{pmatrix} 1 \\ -2 \\ \vdots \\ 8 \end{pmatrix}$은 $\begin{pmatrix} -2 \\ 1 \\ \vdots \\ 8 \end{pmatrix}$과 다릅니다. 즉, 성분의 순서가 중요합니다.

$n \geq 4$인 경우, $\mathbb{R}^n$에서 벡터를 어떻게 그릴까요?

$\mathbb{R}^4$, $\mathbb{R}^5$, $\mathbb{R}^6$, $\cdots$의 벡터를 그림으로 나타낼 수는 없습니다. 하지만 이와 같은 다차원 공간의 연산은 수행할 수 있습니다.

두 벡터 $\mathbf{u}$와 $\mathbf{v}$가 같다는 것은 벡터의 성분 개수와 대응하는 성분이 모두가 같음을 의미합니다.

두 벡터가 동일함을 수학적으로 어떻게 표기할 수 있을까요?

$\mathbf{u}=\begin{pmatrix} u_1 \\ \vdots \\ u_n \end{pmatrix}$, $\mathbf{v}=\begin{pmatrix} v_1 \\ \vdots \\ v_n \end{pmatrix}$이라고 할 때, 다음이 성립합니다.

$$\mathbf{u}=\mathbf{v}\text{이기 위한 필요충분조건은 } u_j = v_j \ (j=1, 2, 3, \cdots, n)\text{입니다.} \tag{1.2}$$

예를 들어, 벡터 $\begin{pmatrix} 1 \\ 5 \\ 7 \end{pmatrix}$과 $\begin{pmatrix} 1 \\ 7 \\ 5 \end{pmatrix}$는 대응하는 성분이 같지 않으므로 두 벡터는 다릅니다.

예제 1-12 **$\mathbf{u}=\begin{pmatrix} x-3 \\ y+1 \\ z+x \end{pmatrix}$, $\mathbf{v}=\begin{pmatrix} 1 \\ 2 \\ 3 \end{pmatrix}$이라고 합시다. $\mathbf{u}=\mathbf{v}$일 때, 실수 x, y, z의 값을 구해보세요.**

풀이

$\mathbf{u}=\mathbf{v}$ 이므로 다음이 성립합니다.

$$\begin{aligned} &x-3=1 \quad \Rightarrow \quad x=4 \\ &y+1=2 \quad \Rightarrow \quad y=1 \\ &z+x=4 \quad \Rightarrow \quad z+4=3 \quad \Rightarrow \quad z=-1 \end{aligned}$$

따라서 구하고자 하는 값은 $x=4$, $y=1$, $z=-1$입니다.

$\mathbb{R}^n$에서 **벡터의 합**(vector addition)은 다음과 같이 정의합니다.

$$\mathbf{u}+\mathbf{v}=\begin{pmatrix} u_1 \\ \vdots \\ u_n \end{pmatrix}+\begin{pmatrix} v_1 \\ \vdots \\ v_n \end{pmatrix}=\begin{pmatrix} u_1+v_1 \\ \vdots \\ u_n+v_n \end{pmatrix} \tag{1.3}$$

벡터 $\mathbf{u}$와 $\mathbf{v}$의 합은 대응하는 성분끼리 더한 결과입니다. $\mathbf{u}+\mathbf{v}$ 또한 $\mathbb{R}^n$의 벡터임을 기억하세요.

스칼라곱 $k\mathbf{v}$는 벡터 $\mathbf{v}$의 각 성분에 스칼라 k를 곱한 결과입니다.

$$k\mathbf{v}=k\begin{pmatrix} v_1 \\ \vdots \\ v_n \end{pmatrix}=\begin{pmatrix} kv_1 \\ \vdots \\ kv_n \end{pmatrix} \tag{1.4}$$

$k\mathbf{v}$도 $\mathbb{R}^n$의 벡터입니다. $\mathbb{R}^n$은 **유클리드 공간**(Euclidean space)으로도 불립니다. 유클리드 공간은 실수 n개의 순서쌍 전체를 포함하는 공간입니다. 여기서 n은 임의의 자연수 $1, 2, 3, 4, \cdots$이며, $\mathbb{R}^n$의 **차원**(dimension)을 가리킵니다.

1.3.6 내적 소개

지금까지 선형대수학의 두 가지 기본 연산으로, $\mathbb{R}^n$에서 벡터의 합과 스칼라곱을 살펴보았습니다.

? 벡터끼리 곱하려면 어떻게 해야 할까요?

다음과 같이 정의한 **점곱**(dot product)을 취하는 것이 한 가지 방법입니다. $\mathbb{R}^n$의 벡터 $\mathbf{u}=\begin{pmatrix} u_1 \\ \vdots \\ u_n \end{pmatrix}$, $\mathbf{v}=\begin{pmatrix} v_1 \\ \vdots \\ v_n \end{pmatrix}$ 에 대하여, $\mathbf{u}$와 $\mathbf{v}$의 내적은 다음과 같이 계산한 결과로, $\mathbf{u}\cdot\mathbf{v}$로 표기합니다.

$$\mathbf{u}\cdot\mathbf{v}=u_1v_1+u_2v_2+u_3v_3+\cdots+u_nv_n \tag{1.5}$$

이 곱셈을 벡터 $\mathbf{u}$와 $\mathbf{v}$의 **점곱** 또는 **내적**(inner product)이라고 합니다. 두 벡터 $\mathbf{u}$와 $\mathbf{v}$의 내적은 각 성분 u_j와 이에 대응하는 성분 v_j를 곱한 다음 그 결과들을 더하여 얻습니다.

예제 1-13 $\mathbf{u}=\begin{pmatrix} -3 \\ 1 \\ 7 \end{pmatrix}$, $\mathbf{v}=\begin{pmatrix} 9 \\ 2 \\ -4 \end{pmatrix}$**일 때, $\mathbf{u}\cdot\mathbf{v}$를 구해보세요.**

풀이

식 (1.5)를 적용하면 다음과 같습니다.

$$\mathbf{u}\cdot\mathbf{v}=\begin{pmatrix} -3 \\ 1 \\ 7 \end{pmatrix}\cdot\begin{pmatrix} 9 \\ 2 \\ -4 \end{pmatrix}=\{(-3)\times 9\}+(1\times 2)+\{7\times(-4)\}=-27+2-28=-53$$

따라서 $\mathbf{u}\cdot\mathbf{v}=-53$입니다.

1.3.7 벡터의 일차결합

$\mathbf{v}_1, \mathbf{v}_2, \cdots, \mathbf{v}_n$을 $\mathbb{R}^n$의 벡터라 하고, $k_1, k_2, \cdots, k_n$을 스칼라라고 합시다. 그러면 다음 내적은 **일차결합**(linear combination)입니다.

$$\begin{pmatrix} k_1 \\ \vdots \\ k_n \end{pmatrix}\cdot\begin{pmatrix} \mathbf{v}_1 \\ \vdots \\ \mathbf{v}_n \end{pmatrix}=k_1\mathbf{v}_1+k_2\mathbf{v}_2+k_3\mathbf{v}_3-\cdots+k_n\mathbf{v}_n \tag{1.6}$$

식 (1.6)의 계산으로 얻은 결과는 임의의 벡터 $\mathbf{v}_1, \mathbf{v}_2, \cdots, \mathbf{v}_n$으로 이루어진 또 다른 집합입니다. 그래서 내적은 벡터의 일차결합입니다. 내적은 일차결합에 따라 기본 연산인 스칼라곱과 벡터의 합을 결합합니다.

예제 1-14 **벡터** $\mathbf{u}=\begin{pmatrix} -3 \\ 1 \end{pmatrix}$, $\mathbf{v}=\begin{pmatrix} 1 \\ 3 \end{pmatrix}$**에 대하여 다음 물음에 답해보세요.**

(a) $\mathbf{u}+\mathbf{v}$**를 구해보세요.**

(b) $3\mathbf{u}+2\mathbf{v}$**를 구해보세요.**

(c) $\mathbf{u}-\mathbf{u}$**를 구해보세요.**

(d) 일차결합 $x\mathbf{u}+y\mathbf{v}=\mathbf{O}$**를 만족하는 스칼라** x**와** y**의 값을 구해보세요.**

풀이

(a) 대응하는 성분을 더하면 다음과 같습니다.

$$\mathbf{u}+\mathbf{v}=\begin{pmatrix}-3\\1\end{pmatrix}+\begin{pmatrix}1\\3\end{pmatrix}=\begin{pmatrix}-2\\4\end{pmatrix}$$

(b) 스칼라곱과 벡터의 합을 적용하면 다음과 같습니다.

$$3\mathbf{u}+2\mathbf{v}=3\begin{pmatrix}-3\\1\end{pmatrix}+2\begin{pmatrix}1\\3\end{pmatrix}=\begin{pmatrix}3\times(-3)\\3\times1\end{pmatrix}+\begin{pmatrix}2\times1\\2\times3\end{pmatrix}=\begin{pmatrix}(-9)+2\\3+6\end{pmatrix}=\begin{pmatrix}-7\\9\end{pmatrix}$$

(c) $\mathbf{u}-\mathbf{u}$를 계산하면 다음과 같습니다.

$$\mathbf{u}-\mathbf{u}=\begin{pmatrix}-3\\1\end{pmatrix}-\begin{pmatrix}-3\\1\end{pmatrix}=\begin{pmatrix}(-3)+3\\1-1\end{pmatrix}=\begin{pmatrix}0\\0\end{pmatrix}=\mathbf{O}$$

따라서 $\mathbf{u}-\mathbf{u}$는 영벡터 $\mathbf{O}$입니다.

(d) 일차결합 $x\mathbf{u}+y\mathbf{v}=\mathbf{O}$는 다음과 같습니다.

$$x\mathbf{u}+y\mathbf{v}=x\begin{pmatrix}-3\\1\end{pmatrix}+y\begin{pmatrix}1\\3\end{pmatrix}=\begin{pmatrix}-3x+y\\x+3y\end{pmatrix}=\begin{pmatrix}0\\0\end{pmatrix}$$

이제 다음 연립일차방정식을 풀어야 합니다.

$$\begin{cases}-3x+y=0\\x+3y=0\end{cases}$$

이 연립일차방정식의 해는 $x=y=0$입니다. 따라서 일차결합 $0\mathbf{u}+0\mathbf{v}$는 영벡터, 즉 $0\mathbf{u}+0\mathbf{v}=\mathbf{O}$입니다.

이 책 전반에 걸쳐 일차결합이 등장합니다. 그러므로 일차결합이 스칼라와 벡터를 결합한 것임을 꼭 이해해야 합니다.

임의의 벡터 $\mathbf{v}$에 대하여 다음이 성립함을 알아둡시다.

$$\mathbf{v}-\mathbf{v}=\mathbf{O}\text{이며, }\mathbf{O}=\begin{pmatrix}0\\\vdots\\0\end{pmatrix}\text{입니다.}$$

$\mathbb{R}^n$에서 **영벡터**(zero vector)는 모든 성분이 0이지만 '비어 있지 않음'으로 정의하고, $\mathbf{O}$로 표기합니다.

핵심요약

- 물리적으로, 벡터는 크기와 방향을 나타냅니다. 스칼라는 오직 크기만 정의합니다.
- $1, 2, 3, 4, 5, \cdots$와 같은 자연수 n에 대하여, $\mathbb{R}^n$은 n-공간입니다. $\mathbb{R}^n$에서 벡터는 $\mathbf{v} = \begin{pmatrix} v_1 \\ \vdots \\ v_n \end{pmatrix}$과 같이 나타낼 수 있습니다.
- 선형대수학의 두 가지 기본 연산인 스칼라곱과 벡터의 합을 이용하여 벡터들을 일차결합으로 나타낼 수 있습니다.

1.3 연습문제

01 아래 그림과 같이 벡터 $\mathbf{a}$와 $\mathbf{b}$가 있습니다.

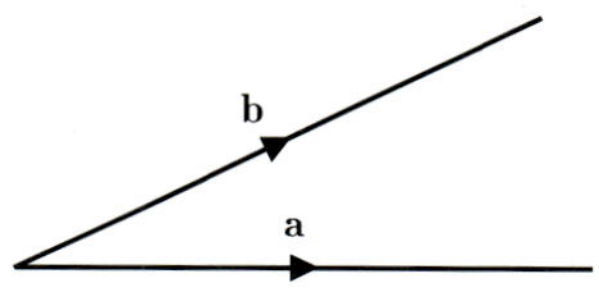

[그림 1-27] 두 벡터 $\mathbf{a}$와 $\mathbf{b}$

다음 벡터를 그려보세요.

(a) $\mathbf{a}+\mathbf{b}$ (b) $\mathbf{a}-\mathbf{b}$ (c) $3\mathbf{a}$

(d) $-\frac{1}{2}\mathbf{b}$ (e) $3\mathbf{a}-\frac{1}{2}\mathbf{b}$

02 두 벡터 $\mathbf{u} = \begin{pmatrix} 1 \\ -1 \end{pmatrix}$, $\mathbf{v} = \begin{pmatrix} 2 \\ 1 \end{pmatrix}$에 대하여, (a)~(d)의 벡터를 같은 평면 $\mathbb{R}^2$ 위에 그려보고, (e)~(h)의 내적을 구해보세요.

(a) $\mathbf{u}$ (b) $\mathbf{v}$ (c) $\mathbf{u}+\mathbf{v}$ (d) $\mathbf{u}-\mathbf{v}$

(e) $\mathbf{u}\cdot\mathbf{v}$ (f) $\mathbf{v}\cdot\mathbf{u}$ (g) $\mathbf{u}\cdot\mathbf{u}$ (h) $\mathbf{v}\cdot\mathbf{v}$

03 $\mathbb{R}^3$의 벡터 $\mathbf{u} = \begin{pmatrix} 2 \\ 3 \\ -1 \end{pmatrix}$, $\mathbf{v} = \begin{pmatrix} 5 \\ 1 \\ -2 \end{pmatrix}$에 대하여, 다음을 계산해보세요.

(a) $\mathbf{u}\cdot\mathbf{v}$ (b) $\mathbf{v}\cdot\mathbf{u}$ (c) $\mathbf{u}\cdot\mathbf{u}$ (d) $\mathbf{v}\cdot\mathbf{v}$

04 $\mathbf{u} = \begin{pmatrix} 2 \\ -1 \end{pmatrix}$일 때, 다음 벡터를 같은 평면 $\mathbb{R}^2$ 위에 그려보세요.

(a) $\mathbf{u}$ (b) $-\mathbf{u}$ (c) $2\mathbf{u}$

(d) $3\mathbf{u}$ (e) $-2\mathbf{u}$

05 두 벡터 $\mathbf{u} = \begin{pmatrix} -1 \\ 1 \end{pmatrix}$, $\mathbf{v} = \begin{pmatrix} 3 \\ -1 \end{pmatrix}$이 있고, 스칼라 λ에 대하여 일차결합 $\mathbf{w} = \begin{pmatrix} 1 \\ \lambda \end{pmatrix} \cdot \begin{pmatrix} \mathbf{u} \\ \mathbf{v} \end{pmatrix}$가 있다고 합시다. 다음과 같이 제시된 λ의 값에 따라 일차결합 $\mathbf{w}$를 구해보세요. 그리고 (a)~(e)에서 구한 벡터 $\mathbf{w}$를 같은 평면 위에 그려보세요.

(a) $\lambda = 1$ (b) $\lambda = -1$ (c) $\lambda = \frac{1}{2}$

(d) $\lambda = -\frac{1}{2}$ (e) $\lambda = \frac{1}{3}$

06 두 벡터 $\mathbf{u} = \begin{pmatrix} -2 \\ 2 \end{pmatrix}$, $\mathbf{v} = \begin{pmatrix} 2 \\ 1 \end{pmatrix}$이 있고, 스칼라 k와 c에 대하여 일차결합 $\mathbf{w} = \begin{pmatrix} k \\ c \end{pmatrix} \cdot \begin{pmatrix} \mathbf{u} \\ \mathbf{v} \end{pmatrix}$가 있다고 합시다. 다음과 같이 제시된 k와 c의 값에 따라 일차결합 $\mathbf{w}$를 구해보세요. 그리고 (a)~(d)에서 구한 벡터 $\mathbf{w}$를 같은 평면 위에 그려보세요.

(a) $k=1,\ c=1$ (b) $k=\frac{1}{2},\ c=\frac{1}{2}$

(c) $k=-\frac{1}{2},\ c=\frac{1}{2}$ (d) $k=\frac{1}{2},\ c=-\frac{1}{2}$

07 $\mathbf{u} = \begin{pmatrix} x+3 \\ y-2 \end{pmatrix}$, $\mathbf{v} = \begin{pmatrix} x-2 \\ y+11 \end{pmatrix}$에 대하여 $\mathbf{u}+\mathbf{v} = \mathbf{O}$일 때, 실수 x와 y의 값을 구해보세요.

08 $\mathbb{R}^2$의 벡터 $\mathbf{u}=\begin{pmatrix}1\\0\end{pmatrix}$, $\mathbf{v}=\begin{pmatrix}0\\1\end{pmatrix}$, $\mathbf{w}=\begin{pmatrix}x\\y\end{pmatrix}$에 대하여, $x\mathbf{u}+y\mathbf{v}=\mathbf{w}$임을 보이세요.

09 $\mathbf{u}=\begin{pmatrix}-3\\5\\8\end{pmatrix}$, $\mathbf{v}=\begin{pmatrix}7\\-1\\2\end{pmatrix}$일 때, 다음 일차결합을 구해보세요.

(a) $\mathbf{u}+\mathbf{v}$ (b) $5\mathbf{u}$ (c) $2\mathbf{u}+6\mathbf{v}$
(d) $\mathbf{u}-3\mathbf{v}$ (e) $-5\mathbf{u}-4\mathbf{v}$

10 $\mathbf{u}=\begin{pmatrix}-9\\2\\4\end{pmatrix}$, $\mathbf{v}=\begin{pmatrix}-2\\1\\3\end{pmatrix}$, $\mathbf{w}=\begin{pmatrix}1\\-2\\5\end{pmatrix}$일 때, 다음 일차결합을 구해보세요.

(a) $\mathbf{u}+\mathbf{v}+\mathbf{w}$ (b) $\mathbf{u}-\mathbf{v}-\mathbf{w}$
(c) $2\mathbf{u}+\mathbf{v}-\mathbf{w}$ (d) $-2\mathbf{u}+3\mathbf{v}+5\mathbf{w}$

11 $\mathbb{R}^3$의 벡터 $\mathbf{u}=\begin{pmatrix}1\\0\\0\end{pmatrix}$, $\mathbf{v}=\begin{pmatrix}0\\1\\0\end{pmatrix}$, $\mathbf{w}=\begin{pmatrix}0\\0\\1\end{pmatrix}$, $\mathbf{x}=\begin{pmatrix}x\\y\\z\end{pmatrix}$에 대하여 다음이 성립함을 보이세요.

$$x\mathbf{u}+y\mathbf{v}+z\mathbf{w}=\mathbf{x}$$

12 다음 등식을 만족하는 실수 x, y, z의 값을 구해보세요.

$$x\begin{pmatrix}1\\2\\0\end{pmatrix}+y\begin{pmatrix}0\\1\\-1\end{pmatrix}+z\begin{pmatrix}-2\\0\\6\end{pmatrix}=\begin{pmatrix}5\\3\\17\end{pmatrix}$$

13 $\mathbb{R}^4$의 벡터 $\mathbf{u}=\begin{pmatrix}-1\\3\\2\\0\end{pmatrix}$, $\mathbf{v}=\begin{pmatrix}3\\-2\\5\\1\end{pmatrix}$, $\mathbf{w}=\begin{pmatrix}0\\-1\\1\\2\end{pmatrix}$, $\mathbf{x}=\begin{pmatrix}x\\y\\z\\a\end{pmatrix}$에 대하여 다음 일차결합을 구해보세요.

(a) $\mathbf{u}+\mathbf{v}+\mathbf{w}$ (b) $\mathbf{u}-\mathbf{v}-\mathbf{w}$
(c) $\mathbf{u}-2\mathbf{v}+3\mathbf{w}$ (d) $\mathbf{u}-3\mathbf{w}+\mathbf{x}$

그리고 $\mathbf{u}+\mathbf{v}+\mathbf{w}+\mathbf{x}=\mathbf{O}$일 때, x, y, z, a의 값을 구해보세요.

14 $\mathbf{e}_k$는 k번째 성분이 1이고 나머지 성분은 모두 0인 $\mathbb{R}^n$의 벡터라고 합시다.

$$\mathbf{e}_1=\begin{pmatrix}1\\0\\0\\\vdots\\0\end{pmatrix},\ \mathbf{e}_2=\begin{pmatrix}0\\1\\0\\\vdots\\0\end{pmatrix},\ \cdots,\ \mathbf{e}_k=\begin{pmatrix}0\\\vdots\\1\\0\\\vdots\end{pmatrix},\ \cdots,\ \mathbf{e}_n=\begin{pmatrix}0\\0\\\vdots\\0\\1\end{pmatrix}$$

벡터 $\mathbf{u}=\begin{pmatrix}x_1\\\vdots\\x_k\\\vdots\\x_n\end{pmatrix}$에 대하여, 다음이 성립함을 보이세요.

$$\mathbf{u}=x_1\mathbf{e}_1+x_2\mathbf{e}_2+\cdots+x_k\mathbf{e}_k+x_n\mathbf{e}_n$$

15. $\mathbb{R}^n$의 벡터 $\mathbf{u}$와 $\mathbf{v}$에 대하여 다음 명제가 성립하지 않음을 보이세요.

$\mathbf{u}\cdot\mathbf{v}=0$이면, $\mathbf{u}=\mathbf{O}$ 또는 $\mathbf{v}=\mathbf{O}$입니다.

1.4 행렬 연산

학습목표

- 행렬과 첨가행렬의 의미를 이해할 수 있습니다.
- 행렬 이론을 이용하여 변환을 수행할 수 있습니다.

1.4.1 행렬 다시보기

? 행렬(matrix)이란 무엇일까요?

행렬은 괄호로 묶인 숫자의 배열입니다. 배열한 숫자를 행렬의 **성분**(entry) 또는 **원소**(element)라고 합니다. matrices는 행렬의 복수형입니다.

[그림 1-28] 아서 케일리 (1821 – 1895)

영국의 법률가이자 수학자인 아서 케일리(Arthur Cayley)는 오늘날 우리가 알고 있는 행렬을 최초로 개발한 사람입니다. 그는 1842년에 케임브리지(Cambridge) 대학교의 트리니티(Trinity) 대학을 졸업하였고, 같은 대학교에서 4년 동안 학생들을 가르쳤습니다.

1849년에는 법률가가 되어 런던의 링컨스 인(Lincoln's Inn) 법원에서 14년 동안 근무했습니다. 1863년에는 수학자로서 케임브리지 대학교에 순수수학 교수로 임용되었습니다. 이전보다 급여가 크게 줄었지만, 수학을 계속 연구할 수 있어 행복했습니다.

1858년 케일리는 행렬의 정의를 담은 『행렬 이론 회고(Memoir on the theory of Matrices)』를 출간하였습니다. 이 책에서 케일리는 행렬이 현실적인 쓸모가 전혀 없으며 편리한 수학 표기법일 뿐이라고 말했습니다. 하지만 그의 생각은 더 이상 유효하지 않습니다. 오늘날 선형대수학은 공학, 과학, 의학, 통계학, 경제학 등에서 널리 사용하고 있습니다.

행렬의 크기(size)는 행의 개수와 열의 개수로 결정합니다. 예를 들어 $\begin{pmatrix} 12 & 6 \\ 3 & 7 \end{pmatrix}$은 2×2 행렬(행 2개, 열 2개)로, 이러한 행렬을 **정사각행렬**(square matrix)이라고 합니다. 이 행렬의 크기는 '2 by 2'라고 읽습니다. $\begin{pmatrix} 3 & 2 \\ 7 & 6 \\ 5 & 9 \\ 2 & 1 \end{pmatrix}$은 4×2 행렬(행 4개, 열 2개)로 정사각행렬이 아닙니다. $\begin{pmatrix} 1 & 2 & 3 & 4 \\ 5 & 6 & 7 & 8 \end{pmatrix}$은 2×4 행렬의 예로, 이 행렬의 크기는 '2 by 4'로 읽습니다. 여기서 행의 개수를 먼저 나타내고 그 뒤에 열의 개수를 쓴다는 점에 주의합시다. 따라서 2×4 행렬과 4×2 행렬은 크기가 서로 다른 행렬입니다. 행렬에 대한 일반적인 공통 표기는 다음과 같습니다.

$$\begin{matrix} & 1\text{열} & 2\text{열} \\ 1\text{행} & a_{11} & a_{12} \\ 2\text{행} & a_{21} & a_{22} \end{matrix}$$

예를 들어, a_{12}는 1행 2열의 성분을 나타냅니다.

? 성분 a_{21}의 위치는 어디일까요?

성분 a_{21}은 2행 1열에 있습니다. 각 성분의 첨자는 먼저 행 번호를 나타낸 다음 열 번호를 나타냅니다. 한 행렬에서 a_{12}와 a_{21}의 위치는 다릅니다.

? 3×4 행렬에서 성분 a_{23}의 위치는 어디일까요?

성분 a_{23}은 3×4 행렬에서 2행 3열에 있습니다.

$$\mathrm{A}=\begin{pmatrix} a_{11} & a_{12} & a_{13} & a_{14} \\ a_{21} & a_{22} & \boxed{a_{23}} & a_{24} \\ a_{31} & a_{32} & a_{33} & a_{34} \end{pmatrix} \begin{matrix} \\ 2\text{행} \\ \\ \end{matrix} \quad (3\text{열})$$

일반적으로 소문자는 행렬의 성분(또는 원소)을 나타내고 굵은 글꼴의 대문자는 행렬 자체를 나타냅니다.

> 행렬의 열을 그 행렬의 **열벡터**(column vector)라 하고, 행렬의 행을 그 행렬의 **행벡터**(row vector)라고 합니다.

1.4.2 변환과 스칼라곱

컴퓨터 그래픽스(computer graphics)는 기본적으로 고속 변환을 사용하여 구현합니다. 예를 들어, 컴퓨터 애니메이션 장면은 수많은 삼각형을 연결하는 모델링 표면을 기반으로 구성됩니다. 컴퓨터는 삼각형의 꼭짓점을 메모리에 저장한 다음 (변환)행렬을 사용하여 회전, 평행이동, 반사, 확대와 같은 특정 작업을 수행합니다. 이러한 맥락에서 [그림 1-29]와 같이 회전, 반사, 평행이동을 수행하기 위해 (변환)행렬을 적용합니다.

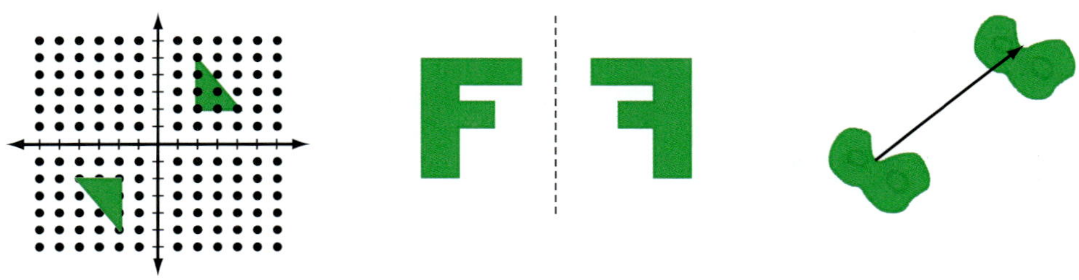

(a) 회전 (b) 반사 (c) 평행이동

[그림 1-29] 여러 가지 변환

우선 행렬의 스칼라곱을 살펴봅시다.

스칼라는 무슨 뜻일까요?

스칼라는 행렬의 성분을 곱하는 데 사용하는 수입니다.

스칼라곱은 무슨 뜻일까요?

행렬 $\mathbf{A}$와 스칼라 k에 대하여, 스칼라곱 $k\mathbf{A}$는 행렬 $\mathbf{A}$의 각 성분에 k를 곱한 행렬입니다.

$$\mathbf{A}=\begin{pmatrix} a_{11} & \cdots & a_{1n} \\ \vdots & \vdots & \vdots \\ a_{m1} & \cdots & a_{mn} \end{pmatrix} \qquad k\mathbf{A}=\begin{pmatrix} ka_{11} & \cdots & ka_{1n} \\ \vdots & \vdots & \vdots \\ ka_{m1} & \cdots & ka_{mn} \end{pmatrix} \tag{1.7}$$

행렬의 스칼라곱의 크기는 스칼라를 곱하기 전 행렬의 크기와 같습니다. 다음으로 변환의 관점에서 스칼라곱의 의미를 살펴보겠습니다.

예제 1-15 **[그림 1-30]에서 삼각형의 세 꼭짓점 $\mathbf{P}(2, 0)$, $\mathbf{Q}(2, 3)$, $\mathbf{R}(0, 0)$을 살펴봅시다.**

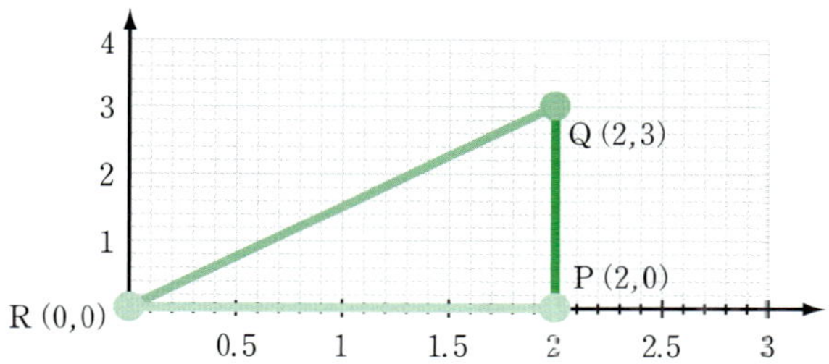

[그림 1-30] 삼각형의 세 꼭짓점 P(2, 0), Q(2, 3), R(0, 0)

$$\mathbf{A}=\begin{matrix} \mathrm{P} & \mathrm{Q} & \mathrm{R} \end{matrix} \atop \begin{pmatrix} 2 & 2 & 0 \\ 0 & 3 & 0 \end{pmatrix}$$

행렬 $\mathbf{A}$에서 점 $\mathbf{P}$의 좌표를 첫 번째 열의 성분으로, 점 $\mathbf{Q}$의 좌표를 두 번째 열의 성분으로, 점 $\mathbf{R}$의 좌표를 세 번째 열의 성분으로 나타내면, 세 점 $\mathbf{P}$, $\mathbf{Q}$, $\mathbf{R}$을 행렬 $\mathbf{A}$의 형태로 표현할 수 있습니다. 즉, 각 점은 행렬 $\mathbf{A}$의 열벡터로 표현됩니다. 스칼라곱 $2\mathbf{A}$를 수행하면 삼각형 $\mathbf{PQR}$의 상(image)은 어떻게 변환될까요?

풀이

스칼라곱을 계산하면 다음과 같습니다.

$$2\mathrm{A}=2\overset{\begin{matrix}\mathrm{P} & \mathrm{Q} & \mathrm{R}\end{matrix}}{\begin{pmatrix} 2 & 2 & 0 \\ 0 & 3 & 0 \end{pmatrix}}=\overset{\begin{matrix}\mathrm{P}' & \mathrm{Q}' & \mathrm{R}'\end{matrix}}{\begin{pmatrix} 4 & 4 & 0 \\ 0 & 6 & 0 \end{pmatrix}} \quad \text{[각 벡터를 2배]}$$

[그림 1-31]처럼 삼각형 PQR과 변환된 삼각형 P′Q′R′을 좌표평면에 나타내면 다음과 같습니다.

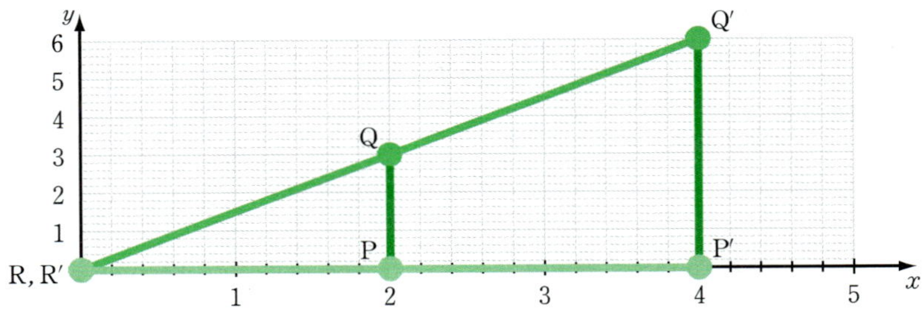

[그림 1-31] 삼각형 PQR과 삼각형 P′Q′R′

스칼라곱 2**A**는 삼각형 PQR에 어떤 영향을 주었을까요? 스칼라곱 2**A**는 스칼라 2로 삼각형에서 각 변의 길이를 증가시킵니다. 즉, 스칼라곱 2**A**는 삼각형 PQR에서 각 변의 길이를 2배로 만듭니다.

? 스칼라곱 $\frac{1}{2}$A를 수행하면 삼각형 PQR의 상(image)은 어떻게 변환될까요?

삼각형 PQR에서 각 변의 길이가 절반으로 줄어듭니다.

예제 1-16 **다음을 구해보세요.**

(a) $10\begin{pmatrix} 1 & 2 \\ 3 & 4 \end{pmatrix}$

(b) $\frac{1}{2}\begin{pmatrix} 1 & 2 & 5 & 6 & 1 \\ 7 & 9 & 11 & 6 & 3 \end{pmatrix}$

풀이

(a) 행렬의 각 성분에 10을 곱합니다.

$$10\begin{pmatrix} 1 & 2 \\ 3 & 4 \end{pmatrix} = \begin{pmatrix} 1\times 10 & 2\times 10 \\ 3\times 10 & 4\times 10 \end{pmatrix} = \begin{pmatrix} 10 & 20 \\ 30 & 40 \end{pmatrix}$$

(b) 행렬의 각 성분에 $\frac{1}{2}$을 곱합니다(또는 2로 나눕니다).

$$\frac{1}{2}\begin{pmatrix} 1 & 2 & 5 & 6 & 1 \\ 7 & 9 & 11 & 6 & 3 \end{pmatrix} = \begin{pmatrix} 0.5 & 1 & 2.5 & 3 & 0.5 \\ 3.5 & 4.5 & 5.5 & 3 & 1.5 \end{pmatrix}$$

또한 성분들의 공통항을 인수분해하여 스칼라곱으로 나타낼 수 있습니다. 예를 들면 다음과 같습니다.

$$\begin{pmatrix} 10 & 15 \\ 35 & 40 \end{pmatrix} = \begin{pmatrix} 5\times 2 & 5\times 3 \\ 5\times 7 & 5\times 8 \end{pmatrix} = 5\begin{pmatrix} 2 & 3 \\ 7 & 8 \end{pmatrix}$$

1.4.3 행렬의 합

행렬의 합을 구하는 방법은 벡터의 합을 구하는 방법과 같습니다. 즉, 행렬을 더하거나 빼기 위하여 각 행렬에서 동일한 위치에 있는 성분끼리 더하거나 뺍니다. 예를 들면 다음과 같습니다.

$$\begin{pmatrix} 2 & 9 \\ 4 & 1 \end{pmatrix} + \begin{pmatrix} 3 & 8 \\ 5 & 7 \end{pmatrix} = \begin{pmatrix} 2+3 & 9+8 \\ 4+5 & 1+7 \end{pmatrix} = \begin{pmatrix} 5 & 17 \\ 9 & 8 \end{pmatrix}$$

$$\begin{pmatrix} 2 & 9 \\ 4 & 1 \end{pmatrix} - \begin{pmatrix} 3 & 8 \\ 5 & 7 \end{pmatrix} = \begin{pmatrix} 2-3 & 9-8 \\ 4-5 & 1-7 \end{pmatrix} = \begin{pmatrix} -1 & 1 \\ -1 & -6 \end{pmatrix}$$

$m \times n$ 행렬(행 m개, 열 n개)의 합과 차를 다음과 같이 정의합니다.

$$\begin{pmatrix} a_{11} & \cdots & a_{1n} \\ \vdots & \vdots & \vdots \\ a_{m1} & \cdots & a_{mn} \end{pmatrix} + \begin{pmatrix} b_{11} & \cdots & b_{1n} \\ \vdots & \vdots & \vdots \\ b_{m1} & \cdots & b_{mn} \end{pmatrix} = \begin{pmatrix} a_{11}+b_{11} & \cdots & a_{1n}+b_{1n} \\ \vdots & \vdots & \vdots \\ a_{m1}+b_{m1} & \cdots & a_{mn}+b_{mn} \end{pmatrix} \tag{1.8}$$

$$\begin{pmatrix} a_{11} & \cdots & a_{1n} \\ \vdots & \vdots & \vdots \\ a_{m1} & \cdots & a_{mn} \end{pmatrix} - \begin{pmatrix} b_{11} & \cdots & b_{1n} \\ \vdots & \vdots & \vdots \\ b_{m1} & \cdots & b_{mn} \end{pmatrix} = \begin{pmatrix} a_{11}-b_{11} & \cdots & a_{1n}-b_{1n} \\ \vdots & \vdots & \vdots \\ a_{m1}-b_{m1} & \cdots & a_{mn}-b_{mn} \end{pmatrix} \tag{1.9}$$

행렬의 합(또는 차)에서는 동일한 위치에 있는 성분을 더한다(또는 뺀다)는 점에 주의하세요. 행렬의 합(또는 차) 결과 역시 처음 두 행렬과 크기가 동일한 행렬입니다.

예제 1-17 다음을 구해보세요.

(a) $\begin{pmatrix} 1 & 2 \\ 3 & 4 \end{pmatrix} + \begin{pmatrix} 5 & 6 \\ 7 & 8 \end{pmatrix}$

(b) $\begin{pmatrix} 1 & 2 & 5 & 6 & 1 \\ 7 & 9 & 11 & 6 & 3 \end{pmatrix} + \begin{pmatrix} 9 & 8 & 5 & 7 & 6 \\ 2 & 13 & 7 & 2 & 3 \end{pmatrix}$

(c) $\begin{pmatrix} 1 & 2 & 3 \\ 4 & 5 & 6 \\ 7 & 8 & 9 \end{pmatrix} - \begin{pmatrix} 1 & 1 & 1 \\ 3 & 3 & 3 \\ 4 & 4 & 4 \end{pmatrix}$

(d) $\begin{pmatrix} 2 & 3 \\ 5 & 4 \end{pmatrix} - \begin{pmatrix} 1 & 2 & 4 \\ 8 & 4 & 0 \end{pmatrix}$

풀이

(a) 각 행렬에서 대응하는 성분끼리 더합니다.

$$\begin{pmatrix} 1 & 2 \\ 3 & 4 \end{pmatrix} + \begin{pmatrix} 5 & 6 \\ 7 & 8 \end{pmatrix} = \begin{pmatrix} 1+5 & 2+6 \\ 3+7 & 4+8 \end{pmatrix} = \begin{pmatrix} 6 & 8 \\ 10 & 12 \end{pmatrix}$$

(b) 각 행렬에서 대응하는 성분끼리 더합니다.

$$\begin{pmatrix} 1 & 2 & 5 & 6 & 1 \\ 7 & 9 & 11 & 6 & 3 \end{pmatrix} + \begin{pmatrix} 9 & 8 & 5 & 7 & 6 \\ 2 & 13 & 7 & 2 & 3 \end{pmatrix} = \begin{pmatrix} 10 & 10 & 10 & 13 & 7 \\ 9 & 22 & 18 & 8 & 6 \end{pmatrix}$$

(c) 각 행렬에서 대응하는 성분끼리 뺍니다.

$$\begin{pmatrix} 1 & 2 & 3 \\ 4 & 5 & 6 \\ 7 & 8 & 9 \end{pmatrix} - \begin{pmatrix} 1 & 1 & 1 \\ 3 & 3 & 3 \\ 4 & 4 & 4 \end{pmatrix} = \begin{pmatrix} 1-1 & 2-1 & 3-1 \\ 4-3 & 5-3 & 6-3 \\ 7-4 & 8-4 & 9-4 \end{pmatrix} = \begin{pmatrix} 0 & 1 & 2 \\ 1 & 2 & 3 \\ 3 & 4 & 5 \end{pmatrix}$$

(d) 계산할 수 없습니다. 계산할 수 없는 이유는 무엇일까요? 두 행렬의 크기가 다르기 때문입니다. 첫 번째 행렬 $\begin{pmatrix} 2 & 3 \\ 5 & 4 \end{pmatrix}$는 2×2 행렬이지만, 두 번째 행렬 $\begin{pmatrix} 1 & 2 & 4 \\ 8 & 4 & 0 \end{pmatrix}$은 2×3 행렬이므로 행렬의 차를 구할 수 없습니다.

행렬을 더하거나 뺄 때는 계산 결과가 반드시 처음에 주어진 행렬과 크기가 같아야 한다는 점에 주의하세요. 벡터는 행렬의 특수한 형태이므로 벡터의 합과 차에서도 역시 계산 결과가 주어진 벡터의 크기와 같아야 합니다.

1.4.4 행렬 × 벡터

1.1절에 나온 연립일차방정식의 예를 다시 살펴봅시다. 아이스크림 가격 x와 음료수 가격 y에 대하여 두 방정식을 다음과 같이 구성하였습니다.

$$\begin{cases} 2x + 2y = 3 \\ 2x + \ \ y = 2.5 \end{cases}$$

위의 연립일차방정식을 다음과 같이 벡터로 이루어진 일차결합으로 나타낼 수 있습니다.

$$\begin{pmatrix} 2 \\ 2 \end{pmatrix} x + \begin{pmatrix} 2 \\ 1 \end{pmatrix} y = \begin{pmatrix} 3 \\ 2.5 \end{pmatrix}$$

그리고 좌변의 계수와 미지수 x, y를 분리하면 다음과 같이 나타낼 수 있습니다.

$$\begin{pmatrix} 2 & 2 \\ 2 & 1 \end{pmatrix} \begin{pmatrix} x \\ y \end{pmatrix}$$

위 식은 행렬과 벡터의 곱입니다. 이 같은 방법을 사용하려면 행렬과 벡터의 곱을 다음과 같이 행렬의 행과 열의 곱(row by column)으로 정의해야 합니다.

$$\begin{pmatrix} 1\text{행} \\ 2\text{행} \end{pmatrix} \times (\ \text{열}\ ) = \begin{pmatrix} 1\text{행} \times \text{열} \\ 2\text{행} \times \text{열} \end{pmatrix}$$

이를 정리하면 다음과 같습니다.

$$(1\text{행}) \times (\text{열}) = (\ 2 \quad 2\ ) \begin{pmatrix} x \\ y \end{pmatrix} = 2x + 2y$$

$$(2\text{행}) \times (\text{열}) = (\ 2 \quad 1\ ) \begin{pmatrix} x \\ y \end{pmatrix} = 2x + \ \ y$$

따라서 위 연립일차방정식은 다음과 같이 행렬 형태로 나타낼 수 있습니다.

$$\begin{pmatrix} 2 & 2 \\ 2 & 1 \end{pmatrix}\begin{pmatrix} x \\ y \end{pmatrix} = \begin{pmatrix} 3 \\ 2.5 \end{pmatrix}$$

이제 n개의 미지수로 이루어진 m개의 일차방정식을 행렬 형태로 나타낼 수 있습니다. 다음 연립일차방정식을 행렬 형태로 나타내봅시다.

$$\begin{cases} \quad x + y + 3z = 5 \\ -2x - y + 5z = 6 \end{cases}$$

이 연립일차방정식은 $\mathbf{A}\mathbf{x} = \mathbf{b}$와 같은 행렬 형태로 표현할 수 있습니다. 여기서 $\mathbf{A} = \begin{pmatrix} 1 & 1 & 3 \\ -2 & -1 & 5 \end{pmatrix}$, $\mathbf{x} = \begin{pmatrix} x \\ y \\ z \end{pmatrix}$, $\mathbf{b} = \begin{pmatrix} 5 \\ 6 \end{pmatrix}$입니다.

일반적으로 일차방정식은 $\mathbf{A}\mathbf{x} = \mathbf{b}$와 같은 형태로 간결하게 표현할 수 있습니다. 여기서 $\mathbf{A}$는 미지수의 계수로 이루어진 행렬이고, $\mathbf{x}$는 미지수로 구성된 벡터이며, $\mathbf{b}$는 상수로 구성된 벡터입니다.

2개 또는 3개의 일차방정식으로 이루어진 간단한 연립일차방정식을 다룰 때에는 굳이 행렬을 사용할 필요가 없습니다. 하지만 수학자, 과학자, 기술자는 훨씬 더 복잡한 시스템을 다루므로 행렬을 사용하지 않고는 문제를 해결하기가 거의 불가능합니다.

행렬은 연립일차방정식의 해를 구하기 위한 효율적이고 체계적인 방법입니다. 연립일차방정식을 행렬 형태로 변환하면 기하학적 의미를 해석할 수 있습니다. 다음 예를 살펴봅시다.

$$\begin{cases} x - 3y = -1 \\ x + \ \ y = \ \ 2 \end{cases}$$

위 연립일차방정식은 $\mathbf{A} = \begin{pmatrix} 1 & -3 \\ 1 & 1 \end{pmatrix}$, $\mathbf{x} = \begin{pmatrix} x \\ y \end{pmatrix}$, $\mathbf{b} = \begin{pmatrix} -1 \\ 2 \end{pmatrix}$와 같이 $\mathbf{A}\mathbf{x} = \mathbf{b}$로 나타낼 수 있습니다. 이는 [그림 1-32]와 같이 행렬 $\mathbf{A}$가 벡터 $\mathbf{x} = \begin{pmatrix} x \\ y \end{pmatrix}$를 벡터 $\begin{pmatrix} -1 \\ 2 \end{pmatrix}$로 변환함을 의미합니다.

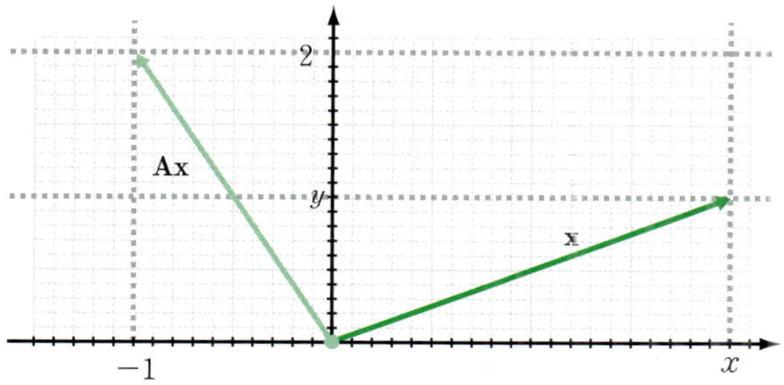

[그림 1-32] 벡터 x와 Ax

행렬 $\mathbf{A}$가 벡터 $\mathbf{x}$를 벡터 $\mathbf{b}$로 변환할 때, 벡터 $\mathbf{x}$는 행렬 $\mathbf{A}$에 의해 벡터 $\mathbf{b}$가 된다고 말합니다. 독립변수 x가 함수 f에 의해 종속변수 $f(x)=y$가 되듯이, $\mathbf{Ax}=\mathbf{b}$는 벡터 $\mathbf{x}$가 행렬 $\mathbf{A}$에 의해 벡터 $\mathbf{b}$가 됨을 의미합니다.

일반적으로 행렬 $\mathbf{A}=(\mathbf{v}_1\mathbf{v}_2\cdots\mathbf{v}_n)$과 미지수 $x_1, x_2, \cdots, x_n$으로 이루어진 벡터 $\mathbf{x}$에 대하여, 행렬과 벡터의 곱 $\mathbf{Ax}$를 다음과 같은 일차결합으로 정의합니다(여기서, $\mathbf{v}_1, \mathbf{v}_2, \cdots, \mathbf{v}_n$은 행렬 $\mathbf{A}$의 열벡터).

$$\mathbf{Ax}=(\mathbf{v}_1\mathbf{v}_2\cdots\mathbf{v}_n)\begin{pmatrix}x_1\\x_2\\\vdots\\x_n\end{pmatrix}=x_1\mathbf{v}_1+x_2\mathbf{v}_2+\cdots+x_n\mathbf{v}_n \tag{1.10}$$

행렬 $\mathbf{A}$의 열벡터 개수와 벡터 $\mathbf{x}$의 성분 개수는 반드시 같아야 합니다. 결국, $\mathbf{Ax}$는 행렬 $\mathbf{A}$에 있는 열벡터의 일차결합입니다.

예제 1-18 **$\mathbf{Ax}$를 각각 구해보세요.**

(a) $\mathbf{A}=\begin{pmatrix}2&3\\-1&5\end{pmatrix}$, $\mathbf{x}=\begin{pmatrix}2\\1\end{pmatrix}$

(b) $\mathbf{A}=\begin{pmatrix}1&2\\3&4\\5&6\end{pmatrix}$, $\mathbf{x}=\begin{pmatrix}3\\4\end{pmatrix}$

(c) $\mathbf{A}=(1\ \ 0)$, $\mathbf{x}=\begin{pmatrix}3\\4\end{pmatrix}$

풀이

(a) $\mathbf{Ax}$를 행렬 $\mathbf{A}$에 있는 열벡터의 일차결합으로 나타냅니다.

$$\mathbf{Ax}=\begin{pmatrix}2&3\\-1&5\end{pmatrix}\begin{pmatrix}2\\1\end{pmatrix}=2\begin{pmatrix}2\\-1\end{pmatrix}+1\begin{pmatrix}3\\5\end{pmatrix}=\begin{pmatrix}4+3\\-2+5\end{pmatrix}=\begin{pmatrix}7\\3\end{pmatrix}$$

따라서 벡터 $\begin{pmatrix}2\\1\end{pmatrix}$은 행렬 $\mathbf{A}$에 의해 벡터 $\begin{pmatrix}7\\3\end{pmatrix}$이 됩니다.

(b) (a)와 동일한 방법으로 계산합니다.

$$\mathbf{Ax}=\begin{pmatrix}1&2\\3&4\\5&6\end{pmatrix}\begin{pmatrix}3\\4\end{pmatrix}=3\begin{pmatrix}1\\3\\5\end{pmatrix}+4\begin{pmatrix}2\\4\\6\end{pmatrix}=\begin{pmatrix}3+8\\9+16\\15+24\end{pmatrix}=\begin{pmatrix}11\\25\\39\end{pmatrix}$$

(c) (a)와 동일한 방법으로 계산합니다.

$$\mathbf{Ax}=(1\ \ 0)\begin{pmatrix}3\\4\end{pmatrix}=(3\times1+4\times0)=(3)=3$$

위 결과에서 (3)과 같은 1×1 행렬의 경우에는 괄호를 사용하지 않습니다.

$\mathbf{Ax}$는 벡터 $\mathbf{x}$가 행렬 $\mathbf{A}$에 의해 벡터 $\mathbf{Ax}$가 되었음을 의미합니다.

1.4.5 행렬 × 행렬

행렬의 곱은 행렬의 합이나 차만큼 간단하지는 않지만, 곱셈 방법을 파악하는 게 어렵지는 않습니다. 행렬의 곱은 가장 중요한 산술 연산입니다.

'행렬 × 행렬'을 어떻게 정의할까요?

'행렬 × 벡터'와 같은 방법으로 정의합니다. 다음과 같은 두 행렬 $\mathbf{A}$, $\mathbf{B}$에 대하여 행렬 곱 $\mathbf{AB}$를 생각해봅시다.

$$\mathbf{A}=\begin{pmatrix}1 & -3\\ 1 & 0\end{pmatrix} \qquad \mathbf{B}=\begin{pmatrix}\overset{\mathbf{c}_1}{1} & \overset{\mathbf{c}_2}{2} & \overset{\mathbf{c}_3}{3}\\ 4 & 5 & 6\end{pmatrix}$$

행렬 $\mathbf{B}$의 열벡터를 각각 $\mathbf{c}_1$, $\mathbf{c}_2$, $\mathbf{c}_3$라고 합시다. 이때 행렬 $\mathbf{A}$가 $\mathbf{B}$의 열벡터 $\mathbf{c}_1$, $\mathbf{c}_2$, $\mathbf{c}_3$를 각각 어떻게 변환하는지 알아봅시다.

$$\mathbf{A}\mathbf{c}_1=\begin{pmatrix}1 & -3\\ 1 & 0\end{pmatrix}\begin{pmatrix}1\\ 4\end{pmatrix}=1\begin{pmatrix}1\\ 1\end{pmatrix}+4\begin{pmatrix}-3\\ 0\end{pmatrix}=\begin{pmatrix}-11\\ 1\end{pmatrix}$$

$$\mathbf{A}\mathbf{c}_2=\begin{pmatrix}1 & -3\\ 1 & 0\end{pmatrix}\begin{pmatrix}2\\ 5\end{pmatrix}=2\begin{pmatrix}1\\ 1\end{pmatrix}+5\begin{pmatrix}-3\\ 0\end{pmatrix}=\begin{pmatrix}-13\\ 2\end{pmatrix}$$

$$\mathbf{A}\mathbf{c}_3=\begin{pmatrix}1 & -3\\ 1 & 0\end{pmatrix}\begin{pmatrix}3\\ 6\end{pmatrix}=3\begin{pmatrix}1\\ 1\end{pmatrix}+6\begin{pmatrix}-3\\ 0\end{pmatrix}=\begin{pmatrix}-15\\ 3\end{pmatrix}$$

따라서 행렬 곱 $\mathbf{AB}$를 다음과 같이 정의합니다.

$$\mathbf{AB}=\begin{pmatrix}1 & -3\\ 1 & 0\end{pmatrix}\begin{pmatrix}\overset{\mathbf{c}_1}{1} & \overset{\mathbf{c}_2}{2} & \overset{\mathbf{c}_3}{3}\\ 4 & 5 & 6\end{pmatrix}=\begin{pmatrix}\overset{\mathbf{A}\mathbf{c}_1}{-11} & \overset{\mathbf{A}\mathbf{c}_2}{-13} & \overset{\mathbf{A}\mathbf{c}_3}{-15}\\ 1 & 2 & 3\end{pmatrix}$$

일반적으로 행렬 곱은 다음과 같은 방법으로 구할 수 있습니다. n개의 열로 이루어진 행렬 $\mathbf{A}$와 n개의 행, k개의 열로 이루어진 행렬 $\mathbf{B}$의 행렬 곱 $\mathbf{AB}$를 정의하면 다음과 같습니다.

$$\mathbf{AB}=\mathbf{A}\left(\mathbf{c}_1\,\mathbf{c}_2\,\cdots\,\mathbf{c}_k\right)=\left(\mathbf{A}\mathbf{c}_1\,\mathbf{A}\mathbf{c}_2\,\cdots\,\mathbf{A}\mathbf{c}_k\right) \tag{1.11}$$

행렬 곱 $\mathbf{AB}$는 행렬 $\mathbf{A}$가 행렬 $\mathbf{B}$의 각 열벡터를 변환함을 의미합니다. 행렬 곱 $\mathbf{AB}$에서는 반드시 다음이 성립해야 합니다.

(행렬 $\mathbf{A}$의 열 개수) = (행렬 $\mathbf{B}$의 행 개수)

행렬 $\mathbf{A}$의 열 개수와 행렬 $\mathbf{B}$의 행 개수가 같지 않으면 행렬 곱을 구할 수 없습니다.

행렬과 벡터의 곱을 (행렬의) 행과 (벡터의) 열의 곱으로 정의하였는데, 이 방법을 두 열의 묶음으로서 2×2 행렬에 적용하면 다음과 같습니다.

$$\begin{pmatrix} a & b \\ c & d \end{pmatrix} \times \begin{pmatrix} e & f \\ g & h \end{pmatrix} = \begin{pmatrix} ae + bg & af + bh \\ ce + dg & cf + dh \end{pmatrix}$$

예를 들어, 2×2 행렬 $\begin{pmatrix} 2 & 1 \\ 3 & 7 \end{pmatrix}$과 $\begin{pmatrix} 4 & 9 \\ 5 & 8 \end{pmatrix}$의 곱을 계산하면 다음과 같습니다.

$$\begin{pmatrix} 2 & 1 \\ 3 & 7 \end{pmatrix} \times \begin{pmatrix} 4 & 9 \\ 5 & 8 \end{pmatrix} = \begin{pmatrix} (2 \times 4) + (1 \times 5) & (2 \times 9) + (1 \times 8) \\ (3 \times 4) + (7 \times 5) & (3 \times 9) + (7 \times 8) \end{pmatrix} = \begin{pmatrix} 13 & 26 \\ 47 & 83 \end{pmatrix}$$

즉, 행렬 곱은 다음과 같이 행과 열의 곱으로 계산합니다.

$$\begin{array}{c} 1\text{행} \\ 2\text{행} \end{array} \begin{pmatrix} 2 & 1 \\ 3 & 7 \end{pmatrix} \times \begin{array}{c} \begin{array}{cc} 1\text{열} & 2\text{열} \end{array} \\ \begin{pmatrix} 4 & 9 \\ 5 & 8 \end{pmatrix} \end{array} = \begin{pmatrix} 1\text{행} \times 1\text{열} & 1\text{행} \times 2\text{열} \\ 2\text{행} \times 1\text{열} & 2\text{행} \times 2\text{열} \end{pmatrix}$$

'행렬 × 행렬'에서 왼쪽 행렬의 열 개수와 오른쪽 행렬의 행 개수가 같아야 행렬 곱을 계산할 수 있습니다.

> 일반적으로 행렬 $\mathbf{A}$가 $m \times r$ (행 m개, 열 r개) 행렬이고 행렬 $\mathbf{B}$가 $r \times n$ (행 r개, 열 n개) 행렬일 때, 행렬 곱 $\mathbf{AB}$는 $m \times n$ 행렬입니다.

행렬 곱에서 행렬의 크기를 [그림 1-33]과 같이 나타낼 수 있습니다.

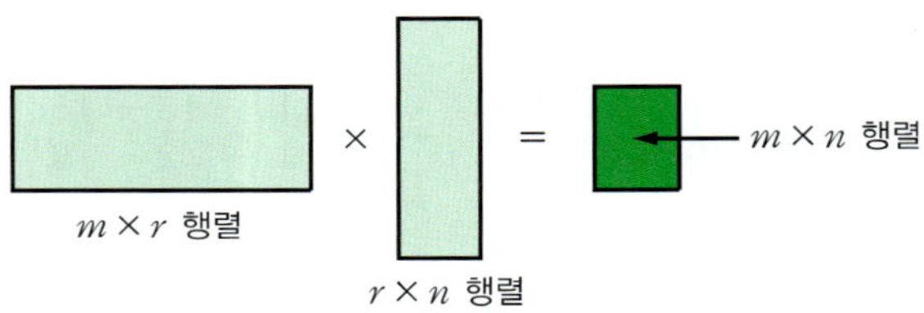

[그림 1-33] ($m \times r$ 행렬) × ($r \times n$ 행렬) = ($m \times n$ 행렬)

예제 1-19 **다음 행렬 곱을 구해보세요.**

(a) $\begin{pmatrix} 3 & 4 \end{pmatrix} \begin{pmatrix} 2 & 3 \\ -1 & 5 \end{pmatrix}$

(b) $\begin{pmatrix} 2 & 3 & 6 \\ 1 & 5 & 7 \end{pmatrix} \begin{pmatrix} 3 & 7 \\ 4 & 2 \\ 1 & 3 \end{pmatrix}$

(c) $\begin{pmatrix} 2 & 3 & 6 \\ 1 & 5 & 7 \end{pmatrix} \begin{pmatrix} 3 & 7 \\ 4 & 2 \end{pmatrix}$

(d) $\begin{pmatrix} 1 \\ 2 \end{pmatrix} \begin{pmatrix} x & y \end{pmatrix}$

풀이

(a) 행과 열을 곱합니다.

$$\begin{pmatrix} 3 & 4 \end{pmatrix}\begin{pmatrix} 2 & 3 \\ -1 & 5 \end{pmatrix} = \begin{pmatrix} (3\times 2)+\{4\times(-1)\} & (3\times 3)+(4\times 5) \end{pmatrix} = \begin{pmatrix} 2 & 29 \end{pmatrix}$$

(b) 행과 열을 곱합니다.

$$\begin{pmatrix} 2 & 3 & 6 \\ 1 & 5 & 7 \end{pmatrix}\begin{pmatrix} 3 & 7 \\ 4 & 2 \\ 1 & 3 \end{pmatrix} = \begin{pmatrix} (2\times 3)+(3\times 4)+(6\times 1) & (2\times 7)+(3\times 2)+(6\times 3) \\ (1\times 3)+(5\times 4)+(7\times 1) & (1\times 7)+(5\times 2)+(7\times 3) \end{pmatrix}$$
$$= \begin{pmatrix} 24 & 38 \\ 30 & 38 \end{pmatrix}$$

(c) $\begin{pmatrix} 2 & 3 & 6 \\ 1 & 5 & 7 \end{pmatrix}\begin{pmatrix} 3 & 7 \\ 4 & 2 \end{pmatrix}$에서 왼쪽 행렬의 열 개수는 3개이지만, 으른쪽 행렬의 행 개수는 2개이므로 두 행렬을 곱할 수 없습니다.

(d) 행과 열을 곱합니다.

$$\begin{pmatrix} 1 \\ 2 \end{pmatrix}\begin{pmatrix} x & y \end{pmatrix} = \begin{pmatrix} 1\times x & 1\times y \\ 2\times x & 2\times y \end{pmatrix} = \begin{pmatrix} x & y \\ 2x & 2y \end{pmatrix}$$

행렬 곱의 크기는 2×2입니다.

$\begin{pmatrix} 3 & 4 \end{pmatrix}$와 같이 한 개의 행으로 이루어지는 행렬을 **행행렬**(row matrix) 또는 **행벡터**(row vector)라고 합니다. 일반적으로 크기가 $1\times n$인 행렬(행 1개, 열 n개)을 행벡터라고 합니다.

[예제 1-19]에는 행벡터가 있나요?

있어요. $\begin{pmatrix} x & y \end{pmatrix}$가 바로 행벡터입니다.

열행렬은 무엇을 의미할까요?

$\begin{pmatrix} 1 \\ 2 \end{pmatrix}$와 같이 하나의 열로 이루어진 행렬입니다. 일반적으로 크기가 $n\times 1$인 행렬(행 n개, 열 1개)을 **열행렬**(column matrix) 또는 **열벡터**(column vector)라고 합니다.

다음은 행렬 곱의 실제 적용 사례입니다. 현지 매장에서 세 가지 종류(딸기, 바닐라, 초콜릿)의 아이스크림을 판매하고 있습니다. 딸기 아이스크림은 2파운드, 바닐라 아이스크림은 1파운드, 초콜릿 아이스크림은 3파운드에 판매합니다. [표 1-2]는 각 아이스크림의 판매량을 나타냅니다.

[표 1-2] 세 종류 아이스크림의 판매량

	월요일(M)	화요일(T)	수요일(W)	목요일(TH)	금요일(F)
딸기(S)	12	15	10	16	12
바닐라(V)	5	9	14	7	10
초콜릿(C)	8	12	10	9	15

? 요즘 각 아이스크림의 매출액은 얼마일까요?

물론, 이 질문은 행렬을 사용하지 않고도 답할 수 있습니다. 하지만 행렬로 나타내면 일간 매출을 체계적으로 구할 수 있습니다.

여기서 S는 딸기, V는 바닐라, C는 초콜릿이라고 합시다. 각 아이스크림의 가격과 요일별 판매량을 행렬로 나타내고 행렬의 행과 열의 곱을 통하여 행렬 곱을 계산하면 다음과 같습니다.

$$\begin{matrix} S & V & C \end{matrix} \quad \begin{matrix} M & T & W & TH & F \end{matrix}$$
$$\begin{pmatrix} 2 & 1 & 3 \end{pmatrix} \begin{pmatrix} 12 & 15 & 10 & 16 & 12 \\ 5 & 9 & 14 & 7 & 10 \\ 8 & 12 & 10 & 9 & 15 \end{pmatrix} = \begin{pmatrix} 53 & 75 & 64 & 66 & 79 \end{pmatrix}$$

그러면 월요일의 매출액은 다음과 같습니다.

$$(2 \times 12) + (1 \times 5) + (3 \times 8) = 53(\text{파운드})$$

같은 방법으로 요일별 매출액을 계산하면, 화요일은 75파운드, 수요일은 64파운드, 목요일은 66파운드, 금요일은 79파운드입니다. 위의 오른쪽 행렬이 요일별 매출액을 나타냅니다.

1.4.6 컴퓨터 프로그램을 이용한 행렬 계산

이제 우리는 행렬을 계산할 때 간결한 형태로 나타낼 수 있습니다. 예를 들면, 행렬 $\mathbf{A}$, $\mathbf{B}$에 대하여 $\mathbf{A}+\mathbf{B}$는 행렬 $\mathbf{A}$와 행렬 $\mathbf{B}$의 합을 나타내고, $2\mathbf{A}$는 행렬 $\mathbf{A}$의 모든 성분에 2를 곱한다는 것을 의미합니다.

MATLAB과 같은 소프트웨어 패키지는 행렬을 계산하는 데 사용합니다. 사실 MATLAB은 '행렬 실험실(MATrix LABoratory)'의 약자입니다. MATLAB은 단조롭고 긴 계산을 할 때 매우 유용하게 사용할 수 있는 도구입니다.

MAPLE이나 MATHEMATICA와 같은 다양한 수학 소프트웨어 패키지가 있지만, MATLAB은 선형대수학에서 특히 유용합니다. MATLAB 명령어를 비롯한 세부 사항은 이 교재의 웹 사이트에서 제공합니다. 현재 출시된 MATLAB에서 행렬은 둥근 모양의 괄호가 아닌, 직각 모양의 괄호로 입력됩니다. 예를 들어, MATLAB에서 행렬 $\mathbf{A}=\begin{pmatrix} 1 & 2 \\ 3 & 4 \end{pmatrix}$를 나타내려면 명령 프롬프트 >> 이후에 `A = [1 2; 3 4]`를 입력해야 합니다. 세미콜론(;)은 행의 끝을 나타냅니다.

예제 1-20 행렬 $A=\begin{pmatrix}1&2&5\\4&6&9\end{pmatrix}$, $B=\begin{pmatrix}2&5&6\\1&7&2\\9&6&1\end{pmatrix}$, $C=\begin{pmatrix}5&4&9\\7&4&0\\6&9&8\end{pmatrix}$에 대하여, 다음을 구해보세요. 그리고 (d), (e)의 계산 결과로 무엇을 알 수 있는지 설명해보세요.

(a) B+C (b) A+B (c) 3B+2C

(d) AB (e) BA

풀이

(a) 두 행렬의 대응하는 성분끼리 더하여 직접 계산하면 다음과 같습니다.

$$B+C=\begin{pmatrix}2&5&6\\1&7&2\\9&6&1\end{pmatrix}+\begin{pmatrix}5&4&9\\7&4&0\\6&9&8\end{pmatrix}=\begin{pmatrix}2+5&5+4&6+9\\1+7&7+4&2+0\\9+6&6+9&1+8\end{pmatrix}=\begin{pmatrix}7&9&15\\8&11&2\\15&15&9\end{pmatrix}$$

MATLAB에서는 명령 프롬프트 >> 이후에 행렬 B와 C를 입력합니다. 이때 콤마를 사용해 행렬을 분리하여 입력합니다. 그다음 B+C를 입력하면 위에서 구한 행렬과 동일한 결과를 얻습니다.

(b) 행렬 A와 행렬 B는 크기가 서로 다르므로 A+B는 존재하지 않습니다. 행렬 A와 행렬 B의 크기는 어떻게 다른가요? 행렬 A는 2×3 행렬이고, 행렬 B는 3×3 행렬입니다. 따라서 두 행렬을 더하거나 뺄 수 없습니다. MATLAB에서 이 계산을 수행하면, '행렬의 크기가 일치해야 한다(Matrix dimension must agree)'라는 메시지가 뜹니다.

(c) 3B+2C를 계산하면 다음과 같습니다.

$$3B+2C=3\begin{pmatrix}2&5&6\\1&7&2\\9&6&1\end{pmatrix}+2\begin{pmatrix}5&4&9\\7&4&0\\6&9&8\end{pmatrix}$$

$$=\begin{pmatrix}6&15&18\\3&21&6\\27&18&3\end{pmatrix}+\begin{pmatrix}10&8&18\\14&8&0\\12&18&16\end{pmatrix}=\begin{pmatrix}16&23&36\\17&29&6\\39&36&19\end{pmatrix}$$ [같은 위치에 있는 성분끼리 더함]

MATLAB에서는 명령어 *를 사용하여 곱셈을 나타냅니다. 앞에서 행렬 B와 행렬 C를 입력했다면 두 행렬을 다시 입력할 필요가 없습니다. 위 계산이 옳은지 확인하고 싶다면 3*B+2*C를 입력합니다.

(d) 행렬의 행과 열을 곱하여 다음과 같이 계산합니다.

$$AB=\begin{pmatrix}1&2&5\\4&6&9\end{pmatrix}\times\begin{pmatrix}2&5&6\\1&7&2\\9&6&1\end{pmatrix}$$

$$=\begin{pmatrix}(1\times2)+(2\times1)+(5\times9)&(1\times5)+(2\times7)+(5\times6)&(1\times6)+(2\times2)+(5\times1)\\(4\times2)+(6\times1)+(9\times9)&(4\times5)+(6\times7)+(9\times6)&(4\times6)+(6\times2)+(9\times1)\end{pmatrix}$$

$$=\begin{pmatrix}2+2+45&5+14+30&6+4+5\\8+6+81&20+42+54&24+12+9\end{pmatrix}=\begin{pmatrix}49&49&15\\95&116&45\end{pmatrix}$$

(e) 행렬 B의 열 개수는 3이지만 행렬 A의 행 개수는 2입니다. 행렬 B의 열 개수와 행렬 A의 행 개수가 서로 다르므로 BA를 계산할 수 없습니다.

행렬 곱 AB는 행렬 곱 BA와 같지 않다는 점에 주의하세요. (d)에서 행렬 곱 AB는 계산할 수 있었지만, (e)에서 행렬 곱 BA는 계산할 수 없다는 사실을 방금 살펴보았습니다.

행렬 곱이 두 실수의 곱과 다른 점이 있다는 것은 행렬 곱의 중요한 성질입니다. 두 실수의 곱과 달리 행렬 곱에서는 곱셈 순서가 중요합니다.

다음 절에서는 행렬의 중요한 산술 성질을 다룹니다. 그 전에 행렬 곱을 변환과 연계하여 살펴봅시다.

[그림 1-34]에서 문자 L을 구성하는 6개의 꼭짓점을 다음과 같은 행렬 L로 나타낼 수 있습니다.

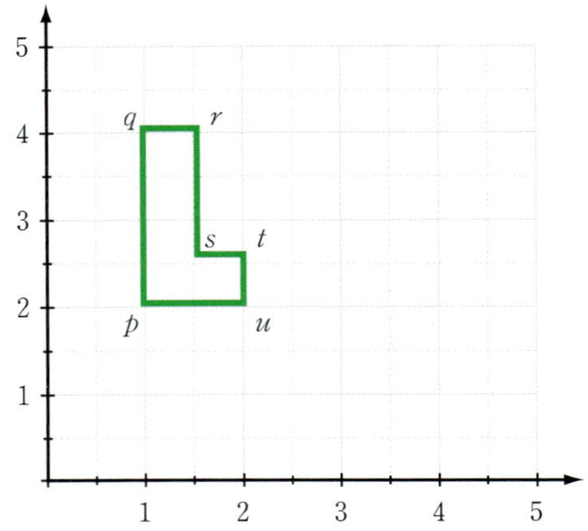

$$\mathbf{L}=\begin{array}{c}\begin{matrix} p & q & r & s & t & u \end{matrix}\\ \begin{pmatrix} 1 & 1 & 1.5 & 1.5 & 2 & 2 \\ 2 & 4 & 4 & 2.5 & 2.5 & 2 \end{pmatrix}\end{array}$$

[그림 1-34] 문자 L과 행렬 L

예제 1-21 **행렬 $\mathbf{A}=\begin{pmatrix} 1 & 0.5 \\ 0 & 1 \end{pmatrix}$과 [그림 1-34]에서 살펴본 점 p, q, r, s, t, u를 나타내는 행렬 $\mathbf{L}=\begin{pmatrix} 1 & 1 & 1.5 & 1.5 & 2 & 2 \\ 2 & 4 & 4 & 2.5 & 2.5 & 2 \end{pmatrix}$가 있습니다. 행렬 곱 AL에 의해 변환된 문자 L의 상(image)을 나타내보세요.**

풀이

점 p, q, r, s, t, u의 상을 각각 점 p', q', r', s', t', u'이라고 합시다. 문자 L을 구성하는 6개의 점 p, q, r, s, t, u는 각각 벡터이고, 행렬 A는 6개의 벡터를 각각 새로운 벡터 p', q', r', s', t', u'으로 변환합니다.

행렬 곱 AL을 계산하면 다음과 같습니다.

$$\mathbf{AL}=\begin{pmatrix} 1 & 0.5 \\ 0 & 1 \end{pmatrix}\begin{array}{c}\begin{matrix} p & q & r & s & t & u \end{matrix}\\ \begin{pmatrix} 1 & 1 & 1.5 & 1.5 & 2 & 2 \\ 2 & 4 & 4 & 2.5 & 2.5 & 2 \end{pmatrix}\end{array}=\begin{array}{c}\begin{matrix} p' & q' & r' & s' & t' & u' \end{matrix}\\ \begin{pmatrix} 2 & 3 & 3.5 & 2.75 & 3.25 & 3 \\ 2 & 4 & 4 & 2.5 & 2.5 & 2 \end{pmatrix}\end{array}$$

점 p', q', r', s', t', u'으로 이루어진 변환된 문자를 그래프로 나타내면 다음 [그림 1-35]와 같습니다.

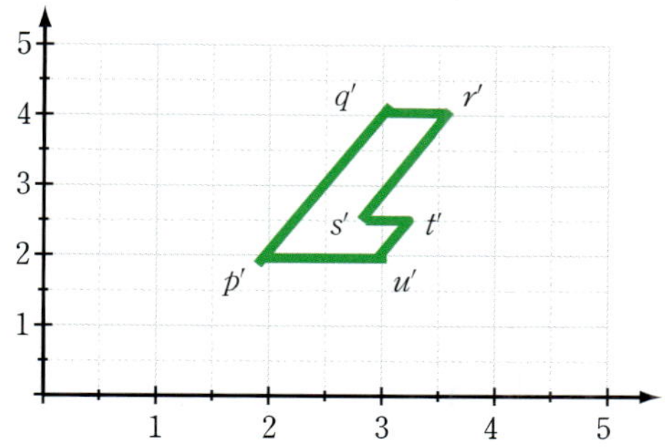

[그림 1-35] 변환된 문자 L

행렬 곱 $\mathbf{AL}$에 의해 변환된 문자 L은 이탤릭체입니다. 변환된 행렬의 열은 이탤릭체로 변환된 문자 L에서 각 점의 좌표를 나타냅니다.

? [예제 1-21]에서 행렬 A는 어떻게 문자 L를 이탤릭체로 만들었나요?

행렬 $\mathbf{A}=\begin{pmatrix} 1 & \boxed{0.5} \\ 0 & 1 \end{pmatrix}$의 첫 번째 행에 있는 성분 0.5에 의해 점 p, q, r, s, t, u는 각각 y좌표의 0.5배만큼 x축의 양의 방향으로 이동했습니다. 행렬 $\mathbf{A}$는 다음과 같이 벡터를 변환합니다.

$$\begin{pmatrix} 1 \\ 2 \end{pmatrix} \rightarrow \begin{pmatrix} 2 \\ 2 \end{pmatrix},\quad \begin{pmatrix} 1 \\ 4 \end{pmatrix} \rightarrow \begin{pmatrix} 3 \\ 4 \end{pmatrix},\quad \begin{pmatrix} 1.5 \\ 4 \end{pmatrix} \rightarrow \begin{pmatrix} 3.5 \\ 4 \end{pmatrix},\quad \cdots,\quad \begin{pmatrix} 2 \\ 2 \end{pmatrix} \rightarrow \begin{pmatrix} 3 \\ 2 \end{pmatrix}$$

핵심요약

- 행렬은 숫자의 배열입니다. 동일한 크기의 행렬은 더하거나 뺄 수 있습니다.
- 스칼라곱은 행렬을 동일한 크기로 늘리거나 줄입니다.
- 행렬 곱 $\mathbf{AB}$는 행렬 $\mathbf{B}$의 열벡터에 행렬 $\mathbf{A}$를 곱하여 계산합니다. 여기서 $\mathbf{AB}$는 행렬 $\mathbf{A}$가 행렬 $\mathbf{B}$의 각 열벡터에 작용함을 의미합니다.

1.4 연습문제

* 1.4 연습문제는 MATLAB으로 계산을 확인할 수 있습니다.

01 행렬 $\mathbf{A}=\begin{pmatrix} 1 & 2 \\ 3 & -1 \end{pmatrix}$, $\mathbf{B}=\begin{pmatrix} 6 & -1 \\ 5 & 3 \end{pmatrix}$, $\mathbf{C}=\begin{pmatrix} -1 \\ 1 \end{pmatrix}$에 대하여 다음 중 계산이 가능한 것을 찾아 구해보세요(단, 대문자 $\mathbf{C}$는 벡터). 그리고 (c)와 (d)의 답을 통해 무엇을 알 수 있는지 설명해보세요.

(a) $\mathbf{A}+\mathbf{B}$ (b) $\mathbf{3}+\mathbf{A}$ (c) $\mathbf{B}+\mathbf{B}+\mathbf{B}$
(d) $3\mathbf{B}$ (e) $3\mathbf{A}+2\mathbf{B}$ (f) $\mathbf{A}+\mathbf{C}$
(g) $\mathbf{B}+\mathbf{C}$ (h) $\mathbf{AC}$ (i) $\mathbf{BC}$
(j) $5\mathbf{A}-7\mathbf{BC}$ (k) $3\mathbf{AC}-2\mathbf{BC}$

02 행렬 $\mathbf{A}=\begin{pmatrix}1 & -1 & 7\\ 2 & 9 & 6\end{pmatrix}$, $\mathbf{B}=\begin{pmatrix}5 & 1 & 4\\ 8 & 2 & 7\\ 1 & 4 & 9\end{pmatrix}$, $\mathbf{C}=\begin{pmatrix}2\\ 4\\ 7\end{pmatrix}$, $\mathbf{D}=\begin{pmatrix}7 & 9 & 4\\ 1 & 3 & -5\\ 2 & -1 & -3\end{pmatrix}$에 대하여 다음 중 계산이 가능한 것을 찾아 구해보세요.

(a) $\mathbf{A}-\mathbf{A}$ (b) $3\mathbf{A}-2\mathbf{A}$ (c) $\mathbf{BC}$
(d) $\mathbf{CB}$ (e) $\mathbf{B}+\mathbf{D}$ (f) $\mathbf{D}+\mathbf{B}$
(g) $\mathbf{A}-\mathbf{C}$ (h) $\frac{1}{2}\mathbf{C}$ (i) $\mathbf{BD}$
(j) $\mathbf{DB}$ (k) $\mathbf{BD}-\mathbf{DB}$ (l) $\mathbf{CD}$

03 다음을 구해보세요(단, a, b, c, d는 임의의 실수). 구한 답을 통하여 무엇을 알 수 있나요?

(a) $\begin{pmatrix}2 & 4\\ 3 & 9\end{pmatrix}\begin{pmatrix}1 & 0\\ 0 & 1\end{pmatrix}$

(b) $\begin{pmatrix}6 & 7\\ 2 & 3\end{pmatrix}\begin{pmatrix}1 & 0\\ 0 & 1\end{pmatrix}$

(c) $\begin{pmatrix}a & b\\ c & d\end{pmatrix}\begin{pmatrix}1 & 0\\ 0 & 1\end{pmatrix}$

(d) $\begin{pmatrix}2 & 3 & 6\\ 1 & 4 & 5\\ 0 & 9 & 7\end{pmatrix}\begin{pmatrix}1 & 0 & 0\\ 0 & 1 & 0\\ 0 & 0 & 1\end{pmatrix}$

04 다음을 구해보세요.

(a) $\begin{pmatrix}3 & 7\\ 2 & 5\end{pmatrix}\begin{pmatrix}5 & -7\\ -2 & 3\end{pmatrix}$

(b) $\frac{1}{5}\begin{pmatrix}3 & -4\\ -7 & 11\end{pmatrix}\begin{pmatrix}11 & 4\\ 7 & 3\end{pmatrix}$

(c) $\frac{1}{4}\begin{pmatrix}7 & -9\\ -5 & 7\end{pmatrix}\begin{pmatrix}7 & 9\\ 5 & 7\end{pmatrix}$

05 행렬 $\mathbf{A}=\begin{pmatrix}1 & -1\\ 1 & -1\end{pmatrix}$에 대하여 $\mathbf{A}^2=\mathbf{A}\times\mathbf{A}$를 구해보세요. 참고로, MATLAB에서 $\mathbf{A}^2$은 명령어 A^2를 입력해 계산합니다.

06 $\begin{pmatrix}5 & -1 & -2\\ 10 & -2 & -4\\ 15 & -3 & -6\end{pmatrix}\begin{pmatrix}1 & 1 & 3\\ 1 & -1 & -1\\ 2 & 3 & 8\end{pmatrix}$을 구해보세요. 계산 결과에 대한 의견을 이야기해보세요.

07 다음 행렬에서 각 성분을 나타내는 문자의 첨자 부분에 알맞은 수를 써넣으세요.

$$\begin{pmatrix}a_{\square} & a_{\square} & a_{\square} & a_{\square}\\ a_{\square} & a_{\square} & a_{\square} & a_{\square}\end{pmatrix}$$

08 다음 행렬 $\mathbf{A}$에 대하여 $\mathbf{A}^2=\mathbf{A}\times\mathbf{A}$, $\mathbf{A}^3=\mathbf{A}\times\mathbf{A}\times\mathbf{A}$, $\mathbf{A}^4=\mathbf{A}\times\mathbf{A}\times\mathbf{A}\times\mathbf{A}$를 구해보세요. 참고로, (c)의 행렬은 각 열의 성분들을 더하면 모두 1인데, 이러한 행렬을 **마르코프 행렬**(Markov matrix)이라고 합니다.

(a) $\mathbf{A}=\begin{pmatrix}1 & 0\\ 0 & 1\end{pmatrix}$

(b) $\mathbf{A}=\begin{pmatrix}0 & 1\\ -1 & 0\end{pmatrix}$

(c) $\mathbf{A}=\begin{pmatrix}\frac{1}{2} & \frac{1}{2}\\ \frac{1}{2} & \frac{1}{2}\end{pmatrix}$

이산적 역학계(discrete dynamical system)는 $\mathbf{x}_n=\mathbf{A}^n\mathbf{x}$와 같은 식으로 표현됩니다. (a), (b), (c)의 행렬을 $\mathbf{x}_n=\mathbf{A}^n\mathbf{x}$와 같은 식으로 나타내보세요.

09 좌표평면에 점 $\mathrm{P}(1, 2)$, $\mathrm{Q}(2, 2)$, $\mathrm{R}(2, 4)$, $\mathrm{S}(1, 4)$를 나타내고, 행렬 $\mathbf{A}$를 직사각형 PQRS의 꼭짓점을 나타내는 행렬이라고 합시다. 행렬 $\mathbf{B}=\begin{pmatrix}4 & 4 & 4 & 4\\ 0 & 0 & 0 & 0\end{pmatrix}$, $\mathbf{C}=\begin{pmatrix}0 & 1\\ -1 & 0\end{pmatrix}$, $\mathbf{D}=\begin{pmatrix}-1 & 0\\ 0 & 1\end{pmatrix}$에 대하여, 다음 변환에 의한 점 P, Q, R, S의 상(image)을 각각 구해보세요. 또한 각 변환이 직사각형 PQRS에 어떤 영향을 주는지 좌표평면에 그림을 그려 설명해보세요.

(a) $\mathbf{A}-\mathbf{B}$ (b) $3\mathbf{A}$ (c) $\mathbf{CA}$ (d) $\mathbf{DA}$

10 다음과 같은 행렬 $\mathbf{A}$와 $\mathbf{F}$가 있습니다.

$$\mathbf{A}=\begin{pmatrix}1 & 0.2\\ 0 & 1\end{pmatrix}$$

$$\mathbf{F}=\begin{pmatrix}1 & 1 & 2 & 2 & 1.4 & 1.4 & 2 & 2 & 1.4 & 1.4\\ 1 & 3 & 3 & 2.6 & 2.6 & 2 & 2 & 1.6 & 1.6 & 1\end{pmatrix}$$

변환 $\mathbf{AF}$에 의한 행렬 $\mathbf{F}$의 상을 구하고 그림으로 나타내보세요.

11 다음 행렬 $\mathbf{A}$에 대하여 $\mathbf{Ax}=\mathbf{O}$를 만족하는 벡터 $\mathbf{x}=\begin{pmatrix}x\\ y\end{pmatrix}$를 구해보세요(단, $\mathbf{O}=\begin{pmatrix}0\\ 0\end{pmatrix}$).

(a) $\mathbf{A}=\begin{pmatrix}1 & 2\\ 3 & 5\end{pmatrix}$

(b) $\mathbf{A}=\begin{pmatrix} 2 & 7 \\ 3 & 15 \end{pmatrix}$

*(c) $\mathbf{A}=\begin{pmatrix} 1 & 4 \\ 3 & 12 \end{pmatrix}$

*12 다음 벡터 $\mathbf{w}$, $\mathbf{u}$, $\mathbf{v}$에 대하여, 벡터 $\mathbf{u}$, $\mathbf{v}$의 일차결합으로 벡터 $\mathbf{w}$를 만들 수 있는지 판단해보세요.

(a) $\mathbf{w}=\begin{pmatrix} 1 \\ 0 \end{pmatrix}$; $\mathbf{u}=\begin{pmatrix} 5 \\ 8 \end{pmatrix}$, $\mathbf{v}=\begin{pmatrix} 2 \\ 4 \end{pmatrix}$

(b) $\mathbf{w}=\begin{pmatrix} 0 \\ 1 \end{pmatrix}$; $\mathbf{u}=\begin{pmatrix} 5 \\ 8 \end{pmatrix}$, $\mathbf{v}=\begin{pmatrix} 2 \\ 4 \end{pmatrix}$

(c) $\mathbf{w}=\begin{pmatrix} 1 \\ 2 \\ 3 \end{pmatrix}$; $\mathbf{u}=\begin{pmatrix} 1 \\ 0 \\ 0 \end{pmatrix}$, $\mathbf{v}=\begin{pmatrix} 0 \\ 1 \\ 0 \end{pmatrix}$

(d) $\mathbf{w}=\begin{pmatrix} 1 \\ 2 \\ 3 \end{pmatrix}$; $\mathbf{u}=\begin{pmatrix} 4 \\ 8 \\ 0 \end{pmatrix}$, $\mathbf{v}=\begin{pmatrix} 1 \\ 2 \\ -\frac{3}{7} \end{pmatrix}$

1.5 행렬 대수

학습목표

- 대수를 사용하여 행렬을 간단하게 만들 수 있습니다.
- 행렬 대수의 결과를 증명하고 사용할 수 있습니다.
- 행렬과 실수 대수 사이를 비교하고 대조할 수 있습니다.

이 절에서 다룰 내용은 앞에서 살펴본 여러 가지 결과에 대한 정당성을 증명하는 것입니다. 따라서 지금까지 학습한 내용과는 조금 다릅니다.

왜 결과를 증명해야 할까요?

[그림 1-36] 앤드류 와일스 (1953–현재) © C. J. Mozzochi, Princeton, NJ.

영국의 수학자 앤드류 와일스(Andrew Wiles)는 어렸을 때 역사상 가장 오랫동안 풀리지 않는 수학 문제 중 하나를 우연히 발견했습니다.

1637년, 변호사이자 아마추어 수학자인 피에르 드 페르마(Pierre de Fermat)가 2보다 큰 정수 n에 대하여 $a^n+b^n=c^n$을 만족하는 양의 정수 a, b, c가 존재하지 않는다고 진술했습니다. 페르마에게 자신의 주장에 대한 근거가 있었는지는 모르겠지만, 안타깝게도 이 진술의 진위 여부는 확인할 수 없었습니다. $n=3$부터 시작한다고 할 때 a, b, c에 대해 시도해야 하는 값은 무수히 많습니다. 페르마는 자신의 주장을 뒷받침할 증거를 남기지 않았습니다. 덕분에 이 명제에 대한 증명(proof)에 엄청난 상이 걸렸지만, 그 주장은 결코 검증할 수 없었죠.

와일스는 도저히 헤아릴 수 없을 것 같은 이 문제를 연구하는 데 대부분의 인생을 바쳤습니다. 그렇게 32년 간의 연구 끝에 마침내 페르마의 주장을 뒷받침하는 일련의 복잡한 증명 단계를 발견했습니다.

이와 같은 사례로 볼 때, 결과를 증명하는 습관이 왜 좋은지 쉽게 알 수 있습니다. 결과를 증명하는 이유는 다음과 같습니다.

1. 수학적 진술이 논리적으로 맞는지 확인하고 싶기 때문입니다.
2. 증명은 개념에 대한 더 깊은 이해로 이어지게 합니다.
3. 증명은 '어떻게'뿐 아니라 '왜' 특정한 주장이 의심의 여지없이 사실인지를 설명합니다.
4. 증명은 수학 개념을 일반화합니다.

수학적인 증거는 실험적인 자료의 대상이 아니므로 과학적인 증거보다 훨씬 더 강력합니다. 그래서 일단 수학적으로 증명하면, 그 결과가 절대적으로 정확하고 영구적임을 알 수 있습니다. 피타고라스 정리는 2천 년 전이나 지금이나 마찬가지입니다. 피타고라스(Pythagoras)는 그의 정리가 절대적인 진리에 기반했기 때문에, 아무도 그의 정리에 이의를 제기할 수 없음을 알고 죽었습니다.

예를 들어, 우리는 $(x+y)^2 = x^2 + 2xy + y^2$과 같은 항등식을 종종 사용합니다. 이 식을 모든 예에 적용했을 때 괜찮아서가 아니라, 이 결과를 증명할 수 있기 때문입니다. $(x+y)^2 = x^2 + 2xy + y^2$을 증명한 후에는 그 결과가 옳은지에 대해 의심하지 않으므로 특정한 수를 이 공식에 적용해도 걱정할 필요가 없습니다.

많은 학생들이 주장을 증명하는 추상적인 수학을 공부하는 데 어려움을 겪습니다. 왜냐하면 처음에는 이게 도대체 무슨 의미가 있는지 이해하기 어렵기 때문이죠. 만약 여러분이 논리적으로 생각하도록 자신을 밀어붙일 수 있다면, 얼마쯤 시간이 흐른 후에는 지금까지 사용해온 기술이나 접근법보다 이런 종류의 수학을 훨씬 더 즐길 수 있을 겁니다. 수학의 특정 규칙을 외워서 따르기보다 수학을 이해하는 편이 더 좋습니다. 증명은 수학적 사고 과정의 중요한 부분이지만, 증명을 소화하고 이해하는 데는 시간이 걸립니다.

1.5.1 행렬 합의 성질

먼저, 영행렬에 대해서 이야기해봅시다.

영행렬(zero matrix)이란 뭘까요?

영행렬은 모든 성분이 0인 행렬이며, O로 표기합니다. 2×2, 2×4, 3×3 영행렬은 각각 $\begin{pmatrix} 0 & 0 \\ 0 & 0 \end{pmatrix}$, $\begin{pmatrix} 0 & 0 & 0 & 0 \\ 0 & 0 & 0 & 0 \end{pmatrix}$, $\begin{pmatrix} 0 & 0 & 0 \\ 0 & 0 & 0 \\ 0 & 0 & 0 \end{pmatrix}$입니다. 때때로 영행렬은 O_{mn}으로 표기하며, 이는 $m\times n$ 크기(m행 n열)의 영행렬입니다. 위 행렬은 각각 O_{22}, O_{24}, O_{33}으로 표기할 수 있습니다.

앞서, 1.4절 [연습문제 01]의 (a), (b)를 통해 특정한 행렬 A와 B에 대해서 다음이 성립함을 알았습니다.

$$\mathrm{A}+\mathrm{B}=\mathrm{B}+\mathrm{A}$$

합 연산을 수행할 수 있는 모든 행렬에 대해 이는 참입니다. 1.4절 [연습문제 01]의 (c), (d)에서도 특정 행렬 B에 대해 $\mathrm{B}+\mathrm{B}+\mathrm{B}=3\mathrm{B}$가 성립함을 알았습니다. 이는 일반적으로 다음과 같이 나타낼 수 있습니다.

$$\underbrace{\mathrm{B}+\mathrm{B}+\mathrm{B}+\cdots+\mathrm{B}}_{n\text{번}}=n\mathrm{B}$$

또한 실수에 적용되는 대부분의 연산 법칙은 행렬 연산으로 확장할 수 있습니다. 이러한 법칙과 위 성질은 다음과 같은 정리로 요약됩니다.

정리 1-1 행렬 합의 성질

A, B, C가 모두 같은 크기의 $m\times n$ 행렬(m행 n열)일 때, 다음이 성립합니다.

(a) $\mathrm{A}+\mathrm{B}=\mathrm{B}+\mathrm{A}$

(b) $(\mathrm{A}+\mathrm{B})+\mathrm{C}=\mathrm{A}+(\mathrm{B}+\mathrm{C})$ (합의 결합법칙(associative law))

(c) $\underbrace{\mathrm{A}+\mathrm{A}+\mathrm{A}+\cdots+\mathrm{A}}_{k\text{번}}=k\mathrm{A}$

(d) 다음 성질을 만족하는 $m\times n$ 영행렬 O가 존재합니다.

$$\mathrm{A}+\mathrm{O}=\mathrm{A}$$

(e) 다음 성질을 만족하는 행렬 $-\mathrm{A}$가 존재합니다.

$$\mathrm{A}+(-\mathrm{A})=(-\mathrm{A})+\mathrm{A}=\mathrm{O}$$

행렬 $-\mathrm{A}$를 A의 **합에 대한 역원**(additive inverse)이라고 합니다.

물론 이전 절들에서 살펴본 결과, [정리 1-1]의 명제가 사실임에 틀림없다고 생각합니다. 하지만 앞에서 확인한 특정 행렬에 대해서뿐만 아니라 모든 행렬에 대해 이 명제가 성립함을 증명할 필요가 있습니다.

증명

여기서는 [정리 1-1]의 (a), (c)에 대해서만 증명하겠습니다. 나머지는 1.5절 [연습문제 12]에서 여러분이 직접 증명해보세요.

먼저 $\mathrm{A}=\begin{pmatrix} a_{11} & \cdots & a_{1n} \\ \vdots & \vdots & \vdots \\ a_{m1} & \cdots & a_{mn} \end{pmatrix}$와 $\mathrm{B}=\begin{pmatrix} b_{11} & \cdots & b_{1n} \\ \vdots & \vdots & \vdots \\ b_{m1} & \cdots & b_{mn} \end{pmatrix}$이 있다고 가정합니다.

(a) 실수의 덧셈에서는 더하는 순서가 중요하지 않습니다.

즉, 실수 a와 b에 대하여 $a+b=b+a$가 성립합니다.

앞에서 가정한 행렬 A와 B를 더해봅시다.

$$\begin{aligned}
\mathrm{A}+\mathrm{B} &= \begin{pmatrix} a_{11} & \cdots & a_{1n} \\ \vdots & \vdots & \vdots \\ a_{m1} & \cdots & a_{mn} \end{pmatrix} + \begin{pmatrix} b_{11} & \cdots & b_{1n} \\ \vdots & \vdots & \vdots \\ b_{m1} & \cdots & b_{mn} \end{pmatrix} \\
&= \begin{pmatrix} a_{11}+b_{11} & \cdots & a_{1n}+b_{1n} \\ \vdots & \vdots & \vdots \\ a_{m1}+b_{m1} & \cdots & a_{mn}+b_{mn} \end{pmatrix} \quad \text{[대응하는 성분끼리 더하기]} \\
&= \begin{pmatrix} b_{11}+a_{11} & \cdots & b_{1n}+a_{1n} \\ \vdots & \vdots & \vdots \\ b_{m1}+a_{m1} & \cdots & b_{mn}+a_{mn} \end{pmatrix} \quad \text{[덧셈 순서 바꾸기]} \\
&= \underbrace{\begin{pmatrix} b_{11} & \cdots & b_{1n} \\ \vdots & \vdots & \vdots \\ b_{m1} & \cdots & b_{mn} \end{pmatrix}}_{=\mathrm{B}} + \underbrace{\begin{pmatrix} a_{11} & \cdots & a_{1n} \\ \vdots & \vdots & \vdots \\ a_{m1} & \cdots & a_{mn} \end{pmatrix}}_{=\mathrm{A}} \\
&= \mathrm{B}+\mathrm{A}
\end{aligned}$$

따라서 $\mathrm{A}+\mathrm{B}=\mathrm{B}+\mathrm{A}$가 성립함을 증명했습니다.

(c) $\underbrace{\mathrm{A}+\mathrm{A}+\mathrm{A}+\cdots+\mathrm{A}}_{k\text{번}}=k\mathrm{A}$를 증명해보겠습니다.

$$\begin{aligned}
\underbrace{\mathrm{A}+\mathrm{A}+\mathrm{A}+\cdots+\mathrm{A}}_{k\text{번}} &= \begin{pmatrix} a_{11} & \cdots & a_{1n} \\ \vdots & \vdots & \vdots \\ a_{m1} & \cdots & a_{mn} \end{pmatrix} + \begin{pmatrix} a_{11} & \cdots & a_{1n} \\ \vdots & \vdots & \vdots \\ a_{m1} & \cdots & a_{mn} \end{pmatrix} + \cdots + \begin{pmatrix} a_{11} & \cdots & a_{1n} \\ \vdots & \vdots & \vdots \\ a_{m1} & \cdots & a_{mn} \end{pmatrix} \\
&= \begin{pmatrix} \underbrace{a_{11}+a_{11}+\cdots+a_{11}}_{k\text{번}} & \cdots & \underbrace{a_{1n}+a_{1n}+\cdots+a_{1n}}_{k\text{번}} \\ \vdots & \vdots & \vdots \\ \underbrace{a_{m1}+a_{m1}+\cdots+a_{m1}}_{k\text{번}} & \cdots & \underbrace{a_{mn}+a_{mn}+\cdots+a_{mn}}_{k\text{번}} \end{pmatrix} \\
&= \begin{pmatrix} ka_{11} & \cdots & ka_{1n} \\ \vdots & \vdots & \vdots \\ ka_{m1} & \cdots & ka_{mn} \end{pmatrix} = \underbrace{k}_{\text{인수 }k\text{로 묶기}} \underbrace{\begin{pmatrix} a_{11} & \cdots & a_{1n} \\ \vdots & \vdots & \vdots \\ a_{m1} & \cdots & a_{mn} \end{pmatrix}}_{=\mathrm{A}} = k\mathrm{A}
\end{aligned}$$

따라서 $\underbrace{\mathrm{A}+\mathrm{A}+\mathrm{A}+\cdots+\mathrm{A}}_{k\text{번}}=k\boldsymbol{A}$가 성립함을 증명했습니다. ■

> 기호 ■는 증명이 끝났음을 의미하는 표시입니다. 이후 이 책에서는 기호 ■를 계속 사용할 것입니다.

다음과 같은 예에서 행렬을 단순화하기 위해 위 결과를 사용할 수 있습니다.

예제 1-22 행렬 $A=\begin{pmatrix}1&-1&3&7\\2&9&5&-6\end{pmatrix}$, $B=\begin{pmatrix}7&6&-3&2\\1&4&5&3\end{pmatrix}$, $C=\begin{pmatrix}-2&-7&8&6\\3&-9&2&1\end{pmatrix}$에 대하여 다음을 구해보세요.

(a) $A+B$ (b) $B+A$ (c) $(A+B)+C$ (d) $A+(B+C)$

(e) $A+O$ (f) $A+A+A+A+A$ (g) $C+(-C)$

풀이

(a) 직접 계산하면 다음과 같습니다.

$$A+B=\begin{pmatrix}1&-1&3&7\\2&9&5&-6\end{pmatrix}+\begin{pmatrix}7&6&-3&2\\1&4&5&3\end{pmatrix}$$
$$=\begin{pmatrix}1+7&-1+6&3+(-3)&7+2\\2+1&9+4&5+5&-6+3\end{pmatrix}=\begin{pmatrix}8&5&0&9\\3&13&10&-3\end{pmatrix}$$

(b) [정리 1-1(a)]에 의해 다음과 같습니다.

$$B+A=A+B=\begin{pmatrix}8&5&0&9\\3&13&10&-3\end{pmatrix}$$ [(a)의 결과]

(c) (a)에서 A+B를 계산한 결과를 적용하면 다음과 같습니다.

$$(A+B)+C=\underbrace{\begin{pmatrix}8&5&0&9\\3&13&10&-3\end{pmatrix}}_{\text{(a)의 결과}}+\begin{pmatrix}-2&-7&8&6\\3&-9&2&1\end{pmatrix}$$
$$=\begin{pmatrix}8-2&5-7&0+8&9+6\\3+3&13-9&10+2&-3+1\end{pmatrix}=\begin{pmatrix}6&-2&8&15\\6&4&12&-2\end{pmatrix}$$

(d) [정리 1-1(b)]에 의해 다음과 같습니다.

$$A+(B+C)=(A+B)+C=\begin{pmatrix}6&-2&8&15\\6&4&12&-2\end{pmatrix}$$ [(c)의 결과]

(e) [정리 1-1(d)]에 의해 $A+O=A=\begin{pmatrix}1&-1&3&7\\2&9&5&-6\end{pmatrix}$입니다.

(f) [정리 1-1(c)]에 의해 다음과 같습니다.

$$\underbrace{A+A+A+A+A}_{5A}=5A=5\begin{pmatrix}1&-1&3&7\\2&9&5&-6\end{pmatrix}$$
$$=\begin{pmatrix}5&-5&15&35\\10&45&25&-30\end{pmatrix}$$ [각 성분에 5 곱하기]

(g) [정리 1-1(e)]에 의해 $C+(-C)=C-C=\begin{pmatrix}0&0&0&0\\0&0&0&0\end{pmatrix}=O_{24}$입니다.

1.5.2 행렬 스칼라곱의 성질

이번에는 선형대수학의 또 다른 기본 연산인 스칼라곱의 몇 가지 성질을 살펴봅시다.

정리 1-2 행렬 스칼라곱의 성질

$m \times n$ 행렬 $\mathbf{A}$, $\mathbf{B}$와 스칼라 c, k에 대하여 다음이 성립합니다.

(a) $(ck)\mathbf{A} = c(k\mathbf{A})$

(b) $k(\mathbf{A}+\mathbf{B}) = k\mathbf{A} + k\mathbf{B}$

(c) $(c+k)\mathbf{A} = c\mathbf{A} + k\mathbf{A}$

증명

여기서는 (c)만 증명하겠습니다. 나머지는 1.5절 [연습문제 13]에서 증명합니다.

(c) 행렬 $\mathbf{A}$를 $\mathbf{A} = \begin{pmatrix} a_{11} & \cdots & a_{1n} \\ \vdots & \vdots & \vdots \\ a_{m1} & \cdots & a_{mn} \end{pmatrix}$이라고 합시다.

$$(c+k)\mathbf{A} = (c+k)\begin{pmatrix} a_{11} & \cdots & a_{1n} \\ \vdots & \vdots & \vdots \\ a_{m1} & \cdots & a_{mn} \end{pmatrix}$$

$$= \begin{pmatrix} (c+k)a_{11} & \cdots & (c+k)a_{1n} \\ \vdots & \vdots & \vdots \\ (c+k)a_{m1} & \cdots & (c+k)a_{mn} \end{pmatrix} \quad \text{[각 성분에 } (c+k) \text{ 곱하기]}$$

$$= \begin{pmatrix} ca_{11}+ka_{11} & \cdots & ca_{1n}+ka_{1n} \\ \vdots & \vdots & \vdots \\ ca_{m1}+ka_{m1} & \cdots & ca_{mn}+ka_{mn} \end{pmatrix} \quad \text{[괄호 풀기]}$$

$$= \begin{pmatrix} ca_{11} & \cdots & ca_{1n} \\ \vdots & \vdots & \vdots \\ ca_{m1} & \cdots & ca_{mn} \end{pmatrix} + \begin{pmatrix} ka_{11} & \cdots & ka_{1n} \\ \vdots & \vdots & \vdots \\ ka_{m1} & \cdots & ka_{mn} \end{pmatrix} \quad \text{[}c\text{에 대한 항과 }k\text{에 대한 항으로 분리하기]}$$

$$= \underbrace{c}_{\text{인수 } c\text{로 묶기}} \underbrace{\begin{pmatrix} a_{11} & \cdots & a_{1n} \\ \vdots & \vdots & \vdots \\ a_{m1} & \cdots & a_{mn} \end{pmatrix}}_{=\mathbf{A}} + \underbrace{k}_{\text{인수 } k\text{로 묶기}} \underbrace{\begin{pmatrix} a_{11} & \cdots & a_{1n} \\ \vdots & \vdots & \vdots \\ a_{m1} & \cdots & a_{mn} \end{pmatrix}}_{=\mathbf{A}} = c\mathbf{A} + k\mathbf{A}$$

■

예제 1-23 행렬 $\mathrm{A} = \begin{pmatrix} -1 & 3 & 4 \\ 9 & 6 & 1 \end{pmatrix}$, $\mathrm{B} = \begin{pmatrix} 1 & 5 & 8 \\ -2 & 3 & 2 \end{pmatrix}$, $c = -2$, $k = 5$, $\mathrm{x} = \begin{pmatrix} x \\ y \\ z \end{pmatrix}$에 대하여 (a)~(e)를 계산하고, (f)의 물음에 답해보세요.

(a) $(c+k)\mathrm{B}$ (b) $c\mathrm{B} + k\mathrm{B}$ (c) $-10\mathrm{A}$ (d) $c(k\mathrm{A})$ (e) $k(\mathrm{A}+\mathrm{B})\mathrm{x}$

(f) 다음 연립일차방정식을 A, B, c, k, x, O로 나타내보세요.

$$\begin{cases} 14x+14y+28z=0 \\ -77x-21y+\ \ 7z=0 \end{cases}$$

풀이

(a) 먼저 $(c+k)$를 계산한 뒤, 행렬 $\mathbf{B}$에 스칼라곱을 합니다.

$$\begin{aligned}(c+k)\mathbf{B} &= (-2+5)\mathbf{B} \qquad [c=-2,\ k=5 \text{ 대입하기}] \\ &= 3\mathbf{B} = 3\begin{pmatrix} 1 & 5 & 8 \\ -2 & 3 & 2 \end{pmatrix} = \begin{pmatrix} 3 & 15 & 24 \\ -6 & 9 & 6 \end{pmatrix} \qquad [\text{각 성분에 3 곱하기}]\end{aligned}$$

(b) [정리 1-2(c)]에 의해 $c\mathbf{B}+k\mathbf{B}=(c+k)\mathbf{B}$이므로, (a)의 답과 같습니다.

(c) 어떻게 $-10\mathbf{A}$를 계산해야 할까요? 행렬 $\mathbf{A}$의 각 성분에 -10을 곱합니다.

$$-10\mathbf{A} = -10\begin{pmatrix} -1 & 3 & 4 \\ 9 & 6 & 1 \end{pmatrix} = \begin{pmatrix} 10 & -30 & -40 \\ -90 & -60 & -10 \end{pmatrix}$$

(d) $c(k\mathrm{A})$는 무엇과 같을까요? [정리 1-2(a)]에 의해 $(ck)\mathbf{A}=c(k\mathbf{A})$입니다. $ck=(-2)\times 5=-10$이므로, $(ck)\mathbf{A}=c(k\mathbf{A})=-10\mathbf{A}$입니다. $-10\mathbf{A}$는 이미 보기 (c)에서 계산했습니다.

(e) 행렬 $\mathbf{A}$와 $\mathbf{B}$를 먼저 더하고, $k=5$와 $\mathbf{x}$를 곱합니다.

$$\begin{aligned}k(\mathbf{A}+\mathbf{B})\mathbf{x} &= 5\left[\begin{pmatrix} -1 & 3 & 4 \\ 9 & 6 & 1 \end{pmatrix}+\begin{pmatrix} 1 & 5 & 8 \\ -2 & 3 & 2 \end{pmatrix}\right]\mathbf{x} \\ &= 5\begin{pmatrix} 0 & 8 & 12 \\ 7 & 9 & 3 \end{pmatrix}\begin{pmatrix} x \\ y \\ z \end{pmatrix} = \begin{pmatrix} 0 & 40 & 60 \\ 35 & 45 & 15 \end{pmatrix}\begin{pmatrix} x \\ y \\ z \end{pmatrix} = \begin{pmatrix} 40y+60z \\ 35x+45y+15z \end{pmatrix}\end{aligned}$$

(f) 연립일차방정식을 다음과 같이 쓸 수 있습니다.

$$\begin{cases} 14x+14y+28z=0 \\ -77x-21y+\ \ 7z=0 \end{cases} \quad\Rightarrow\quad \begin{pmatrix} 14 & 14 & 28 \\ -77 & -21 & 7 \end{pmatrix}\begin{pmatrix} x \\ y \\ z \end{pmatrix} = \begin{pmatrix} 0 \\ 0 \end{pmatrix}$$

오른쪽 2×3 행렬의 공통 인수는 7입니다. 7을 밖으로 빼내면 다음과 같습니다.

$$7\begin{pmatrix} 2 & 2 & 4 \\ -11 & -3 & 1 \end{pmatrix} \qquad (*)$$

$c=-2$, $k=5$라고 주어졌으므로, $7=5-(-2)=k-c$로 쓸 수 있습니다. 행렬 (*)와 주어진 행렬 $\mathbf{A}=\begin{pmatrix} -1 & 3 & 4 \\ 9 & 6 & 1 \end{pmatrix}$, $\mathbf{B}=\begin{pmatrix} 1 & 5 & 8 \\ -2 & 3 & 2 \end{pmatrix}$ 사이의 관계를 찾을 수 있을까요?

행렬 $\mathbf{A}$와 $\mathbf{B}$를 더한 경우에는 행렬 (*)와의 관계가 보이지 않습니다. 하지만 $\mathbf{B}-\mathbf{A}$를 계산하면 효과가 있습니다.

$$\mathbf{B}-\mathbf{A}=\begin{pmatrix}1&5&8\\-2&3&2\end{pmatrix}-\begin{pmatrix}-1&3&4\\9&6&1\end{pmatrix}=\begin{pmatrix}2&2&4\\-11&-3&1\end{pmatrix}$$ [대응하는 성분끼리 빼기]

따라서 주어진 연립일차방정식을 다음과 같이 쓸 수 있습니다.

$$(k-c)(\mathbf{B}-\mathbf{A})\mathbf{x}=\mathbf{O}$$

1.5.3 행렬 곱의 성질

행렬의 대수 법칙은 실수의 대수 법칙과 밀접한 관련이 있지만, 몇 가지 기억해둬야 할 차이점이 있습니다.

? 행렬의 대수 법칙과 실수의 대수 법칙에 어떤 차이가 있을까요?

행렬 곱은 교환법칙이 성립하지 않습니다. 즉, 행렬 곱에서는 곱셈의 순서가 중요합니다. $\mathbf{A}$와 $\mathbf{B}$가 행렬이라면, 일반적으로 다음이 성립합니다.

$$\mathbf{AB}\neq\mathbf{BA} \tag{1.12}$$

앞서 [예제 1-20]에서 행렬 $\mathbf{A}=\begin{pmatrix}1&2&5\\4&6&9\end{pmatrix}$와 $\mathbf{B}=\begin{pmatrix}2&5&6\\1&7&2\\9&6&1\end{pmatrix}$에 대해 $\mathbf{AB}=\begin{pmatrix}49&49&15\\95&116&45\end{pmatrix}$임을 알 수 있었지만 $\mathbf{BA}$는 계산할 수 없었습니다. 왜냐하면 왼쪽 행렬인 $\mathbf{B}$의 열 개수(3)와 오른쪽 행렬인 $\mathbf{A}$의 행 개수(2)가 일치하지 않기 때문이죠. 즉, $\mathbf{AB}$를 계산했던 것처럼 $\mathbf{BA}$를 계산할 수가 없습니다.

행렬 곱과 실수의 곱셈 사이에 중요한 차이가 있음을 알아야 합니다. 행렬 곱은 교환법칙이 성립하지 않습니다. 다음과 같은 행렬 곱 $\mathbf{AB}$에 대해 생각해봅시다.

j열

$$i\text{행}\begin{pmatrix}a_{11}&a_{12}&\cdots&a_{1r}\\a_{21}&a_{22}&\cdots&a_{2r}\\\vdots&\vdots&\vdots&\vdots\\a_{i1}&a_{i2}&\cdots&a_{ir}\\\vdots&\vdots&\vdots&\vdots\\a_{m1}&a_{m2}&\cdots&a_{mr}\end{pmatrix}\begin{pmatrix}b_{11}&\cdots&b_{1j}&\cdots&b_{1n}\\b_{21}&\cdots&b_{2j}&\cdots&b_{2n}\\\vdots&\vdots&\vdots&\vdots&\vdots\\b_{r1}&\cdots&b_{rj}&\cdots&b_{rn}\end{pmatrix}=\begin{pmatrix}(\mathbf{AB})_{11}&\cdots&(\mathbf{AB})_{1j}&\cdots&(\mathbf{AB})_{1n}\\(\mathbf{AB})_{21}&\cdots&(\mathbf{AB})_{2j}&\cdots&(\mathbf{AB})_{2n}\\\vdots&\vdots&\vdots&\vdots&\vdots\\(\mathbf{AB})_{i1}&\cdots&(\mathbf{AB})_{ij}&\cdots&(\mathbf{AB})_{in}\\\vdots&\vdots&\vdots&\vdots&\vdots\\(\mathbf{AB})_{m1}&\cdots&(\mathbf{AB})_{mj}&\cdots&(\mathbf{AB})_{mn}\end{pmatrix}$$

기호 $(\mathbf{AB})_{ij}$를 사용하여 행렬 곱 $\mathbf{AB}$의 구체적인 성분을 계산할 수 있습니다. i행과 j열을 곱하면 다음과 같습니다.

$$(a_{i1}b_{1j})+(a_{i2}b_{2j})+(a_{i3}b_{3j})+\cdots+(a_{ir}b_{rj})=(\mathbf{AB})_{ij}$$

행렬 $\mathbf{AB}$의 i행 j열 성분을 $(\mathbf{AB})_{ij}$로 표기합니다. 따라서 $i=1, 2, 3, \cdots, m$과 $j=1, 2, 3, \cdots, n$일 때 $(\mathbf{AB})_{ij}$는 다음과 같습니다.

$$(\mathbf{AB})_{ij} = \mathrm{Row}_i(\mathbf{A}) \times \mathrm{Column}_j(\mathbf{B})$$

완전한 행과 열로 바꿔 쓰면 다음과 같습니다.

$$\begin{aligned}(\mathbf{AB})_{ij} &= (a_{i1}\ a_{i2}\ a_{i3} \cdots a_{ir})\begin{pmatrix} b_{1j} \\ b_{2j} \\ \vdots \\ b_{rj} \end{pmatrix} \\ &= a_{i1}b_{1j} + a_{i2}b_{2j} + a_{i3}b_{3j} + \cdots + a_{ir}b_{rj} = \sum_{K=1}^{r} a_{iK}b_{Kj}\end{aligned} \tag{1.13}$$

시그마 기호(sigma notation) $\sum_{K=1}^{r} a_{iK}b_{Kj}$는 항 $a_{iK}b_{Kj}$를 $K=1$일 때부터 $K=r$일 때까지 더하라는 의미입니다. 예를 들면 다음과 같습니다.

(i) $\sum_{k=1}^{10} k = 1+2+3+ \cdots +10 = 55$

(ii) $\sum_{k=1}^{10} 2^k = 2^1 + 2^2 + 2^3 + \cdots + 2^{10} = 2046$

이 합의 기호가 생소하겠지만, 수학에서는 이처럼 간결한 방법으로 합을 표현하곤 합니다. 수학 관련 자료에서 합의 기호를 쉽게 볼 수 있죠.

$(\mathbf{AB})_{ij}$는 행렬 $\mathbf{AB}$의 ij 성분임을 알아야 합니다. 다음으로 살펴볼 [예제 1-24]와 같이, 이 공식을 사용하여 행렬 곱 $\mathbf{AB}$의 특정 성분을 계산할 수 있습니다.

예제 1-24 **행렬 $\mathbf{A} = \begin{pmatrix} 1 & 3 & 6 \\ 4 & 7 & -1 \\ 5 & 3 & 2 \end{pmatrix}$와 $\mathbf{B} = \begin{pmatrix} -1 & 3 & -5 & -6 \\ 2 & 1 & -7 & 2 \\ 6 & 4 & 9 & 1 \end{pmatrix}$에 대하여 성분 $(\mathbf{AB})_{12}$, $(\mathbf{AB})_{23}$, $(\mathbf{AB})_{31}$, $(\mathbf{AB})_{43}$, $(\mathbf{AB})_{34}$를 구해보세요.**

풀이

$(\mathbf{AB})_{12}$는 행렬 $\mathbf{AB}$의 1행 2열 성분으로 다음과 같습니다.

$$(\mathbf{AB})_{12} = (1\ \ 3\ \ 6)\begin{pmatrix} 3 \\ 1 \\ 4 \end{pmatrix} = (1\times 3) + (3\times 1) + (6\times 4) = 30$$

$(\mathbf{AB})_{23}$은 행렬 $\mathbf{AB}$의 2행 3열 성분으로 다음과 같습니다.

$$(\mathbf{AB})_{23} = (4\ \ 7\ \ 1)\begin{pmatrix} -5 \\ -7 \\ 9 \end{pmatrix} = \{4\times(-5)\} + \{7\times(-7)\} + \{(-1)\times 9\} = -78$$

$(\mathrm{AB})_{31}$은 행렬 AB의 3행 1열 성분으로 다음과 같습니다.

$$(\mathrm{AB})_{31} = (5\ \ 3\ \ 2)\begin{pmatrix} -1 \\ 2 \\ 6 \end{pmatrix} = \{5\times(-1)\} + (3\times 2) + (2\times 6) = 13$$

$(\mathrm{AB})_{43}$은 행렬 A의 4행과 행렬 B의 3열의 곱입니다. 그런데 행렬 A의 행은 3개뿐이므로 $(\mathrm{AB})_{43}$을 계산할 수 없습니다.

$(\mathrm{AB})_{34}$는 행렬 A의 3행과 행렬 B의 4열의 곱으로 다음과 같습니다.

$$(\mathrm{AB})_{34} = (5\ \ 3\ \ 2)\begin{pmatrix} -6 \\ 2 \\ 1 \end{pmatrix} = \{5\times(-6)\} + (3\times 2) + (2\times 1) = -22$$

요약하면 $(\mathrm{AB})_{12} = 30$, $(\mathrm{AB})_{23} = -78$, $(\mathrm{AB})_{31} = 13$, $(\mathrm{AB})_{34} = -22$이고, 행렬 A에는 4행이 존재하지 않으므로 $(\mathrm{AB})_{43}$은 계산할 수 없습니다.

$(\mathrm{AB})_{34} = -22$로 계산할 수 있었지만, $(\mathrm{AB})_{43}$은 계산할 수 없었습니다. $(\mathrm{AB})_{ij}$를 계산할 때 i행, j열의 순서가 중요하므로 이 점을 주의해야 합니다. 즉, 일반적인 행렬 C에 대하여 $\mathrm{C}_{ij} \neq \mathrm{C}_{ji}$임을 알 수 있습니다. 행렬 곱에 대한 다른 성질에 대해서도 알아봅시다.

예제 1-25 **행렬 $\mathrm{A} = \begin{pmatrix} 2 & 3 \\ 6 & 7 \\ 1 & 2 \end{pmatrix}$, $\mathrm{B} = \begin{pmatrix} 1 & 2 \\ 3 & 4 \end{pmatrix}$, $\mathrm{C} = \begin{pmatrix} 5 & 6 \\ 7 & 8 \end{pmatrix}$에 대하여, $\mathrm{A(B+C)}$와 $\mathrm{AB+AC}$를 구해보세요.**

풀이

먼저 $\mathrm{B+C} = \begin{pmatrix} 1 & 2 \\ 3 & 4 \end{pmatrix} + \begin{pmatrix} 5 & 6 \\ 7 & 8 \end{pmatrix} = \begin{pmatrix} 6 & 8 \\ 10 & 12 \end{pmatrix}$를 계산한 다음, 왼쪽에 행렬 A를 곱합니다.

$$\mathrm{A(B+C)} = \begin{pmatrix} 2 & 3 \\ 6 & 7 \\ 1 & 2 \end{pmatrix}\begin{pmatrix} 6 & 8 \\ 10 & 12 \end{pmatrix} = \begin{pmatrix} 42 & 52 \\ 106 & 132 \\ 26 & 32 \end{pmatrix}$$

$\mathrm{AB+AC}$를 계산해도 같은 결과가 나오는 것을 알 수 있습니다. 따라서 이 경우에는 다음이 성립합니다.

$$\mathrm{A(B+C)} = \mathrm{AB+AC}$$

정리 1-3 행렬 곱의 성질

A, B, C를 다음과 같은 산술 연산을 수행할 수 있는 적당한 크기의 행렬이라고 합시다.

(a) $\mathrm{(AB)C} = \mathrm{A(BC)}$ (곱의 결합법칙)

(b) $\mathrm{A(B+C)} = \mathrm{AB+AC}$ (좌 분배법칙(left distributive law))

(c) $\mathrm{(B+C)A} = \mathrm{BA+CA}$ (우 분배법칙(right distributive law))

(d) $\mathrm{A\times O} = \mathrm{O\times A} = \mathrm{O}$ (이 경우에는 행렬 곱에서 교환법칙 성립)

여기서는 (b)만 증명하겠습니다. (a)와 (d)는 1.5절 [연습문제 11], [연습문제 14]에서 증명합니다. (b)의 증명 과정에서 행렬의 성분에 관한 표기법 때문에 어렵게 느낄 수도 있습니다. 하지만 증명 과정을 진행해보면 처음보다 훨씬 덜 복잡합니다. 실제로 하는 일은 $\mathbf{A}(\mathbf{B}+\mathbf{C})$를 구성하는 행렬의 개별 성분을 살펴보는 것이며, 그 성분과 $\mathbf{AB}+\mathbf{AC}$를 구성하는 행렬의 개별 성분을 비교하는 것입니다.

증명

(b) $\mathbf{A}$를 $m \times r$ 행렬(m행 r열), $\mathbf{B}$와 $\mathbf{C}$를 $r \times s$ 행렬(r행 s열)이라고 합시다. 또한 행렬 $\mathbf{A}$, $\mathbf{B}$, $\mathbf{C}$의 성분을 각각 a_{ij}, b_{jk}, c_{jk}라고 합시다(첨자 ij와 jk는 각 성분의 위치를 나타냅니다). 임의의 행과 열에 대해 (b)를 증명할 수 있다면, 우리가 얻은 결과를 모든 행과 열에 적용할 수 있습니다.

이제 $\mathbf{A}(\mathbf{B}+\mathbf{C})=\mathbf{AB}+\mathbf{AC}$를 증명해봅시다. 먼저 이 등식의 좌변을 살펴본 다음 우변을 계산하여 좌변과 우변이 같음을 보여줍니다. 좌변의 괄호 안에 있는 두 행렬을 더하면 다음과 같습니다.

$$\mathbf{B}+\mathbf{C}=\begin{pmatrix} b_{11}+c_{11} & b_{12}+c_{12} & \cdots & b_{1j}+c_{1j} & \cdots & b_{1n}+c_{1n} \\ b_{21}+c_{21} & b_{22}+c_{22} & \cdots & b_{2j}+c_{2j} & \cdots & b_{2n}+c_{2n} \\ \vdots & \vdots & & \vdots & & \vdots \\ b_{r1}+c_{r1} & b_{r2}+c_{r2} & \cdots & b_{rj}+c_{rj} & \cdots & b_{rn}+c_{rn} \end{pmatrix}$$

좌변의 $\mathbf{A}(\mathbf{B}+\mathbf{C})$를 쓰면 다음과 같습니다.

$$\begin{matrix} \\ \\ \\ i\text{행} \\ \\ \\ \end{matrix}\begin{pmatrix} a_{11} & a_{12} & \cdots & a_{1r} \\ a_{21} & a_{22} & \cdots & a_{2r} \\ \vdots & \vdots & \vdots & \vdots \\ \boxed{a_{i1}} & \boxed{a_{i2}} & \boxed{\cdots} & \boxed{a_{ir}} \\ \vdots & \vdots & \vdots & \vdots \\ a_{m1} & a_{m2} & \cdots & a_{mr} \end{pmatrix} \begin{pmatrix} b_{11}+c_{11} & b_{12}+c_{12} & \cdots & \overset{j\text{열}}{\boxed{b_{1j}+c_{1j}}} & \cdots & b_{1n}+c_{1n} \\ b_{21}+c_{21} & b_{22}+c_{22} & \cdots & \boxed{b_{2j}+c_{2j}} & \cdots & b_{2n}+c_{2n} \\ \vdots & \vdots & & \vdots & & \vdots \\ b_{r1}+c_{r1} & b_{r2}+c_{r2} & \cdots & \boxed{b_{rj}+c_{rj}} & \cdots & b_{rn}+c_{rn} \end{pmatrix}$$

$[\mathbf{A}(\mathbf{B}+\mathbf{C})]_{ij}$의 i행과 j열의 성분을 전개하면 다음과 같습니다.

$$[\mathbf{A}(\mathbf{B}+\mathbf{C})]_{ij}=a_{i1}(b_{1j}+c_{1j})+a_{i2}(b_{2j}+c_{2j})+\cdots+a_{ir}(b_{rj}+c_{rj}) \qquad (\dagger)$$

이제 우변 $\mathbf{AB}+\mathbf{AC}$를 계산해봅시다. 앞에서 살펴본 식 (1.13)을 이용합니다.

$$(\mathbf{AB})_{ij}=a_{i1}b_{1j}+a_{i2}b_{2j}+a_{i3}b_{3j}+\cdots+a_{ir}b_{rj}$$

행렬 $\mathbf{AB}$의 i행 j열 성분은 다음과 같습니다.

$$(\mathbf{AB})_{ij}=a_{i1}b_{1j}+a_{i2}b_{2j}+\cdots+a_{ir}b_{rj}$$

마찬가지로 행렬 $\mathbf{AC}$의 i행 j열 성분을 다음과 같이 나타낼 수 있습니다.

$$(\mathbf{AC})_{ij}=a_{i1}c_{1j}+a_{i2}c_{2j}+\cdots+a_{ir}c_{rj}$$

두 결과를 더해봅시다.

$$
\begin{aligned}
(\mathrm{AB})_{ij}+(\mathrm{AC})_{ij} &= a_{i1}b_{1j}+a_{i1}c_{1j}+a_{i2}b_{2j}+a_{i2}c_{2j}+\cdots+a_{ir}b_{rj}+a_{ir}c_{rj} \\
&= a_{i1}(b_{1j}+c_{1j})+a_{i2}(b_{2j}+c_{2j})+\cdots+a_{ir}(b_{rj}+c_{rj}) \quad [a_{i1}, a_{i2}, \cdots, a_{ir}\text{로 묶기}] \\
&= [\mathrm{A}(\mathrm{B}+\mathrm{C})]_{ij} \quad [\text{식 } (\dagger)]
\end{aligned}
$$

임의의 행과 열의 성분에 대하여 $(\mathrm{AB})_{ij}+(\mathrm{AC})_{ij}=[\mathrm{A}(\mathrm{B}+\mathrm{C})]_{ij}$이므로, 일반적인 결과 $\mathrm{A}(\mathrm{B}+\mathrm{C})=\mathrm{AB}+\mathrm{AC}$를 얻을 수 있습니다. ■

예제 1-26 **행렬 $\mathrm{A}=\begin{pmatrix}1&2\\9&7\end{pmatrix}$, $\mathrm{B}=\begin{pmatrix}2&3&-1\\5&-7&6\end{pmatrix}$, $\mathrm{C}=\begin{pmatrix}2\\-5\\9\end{pmatrix}$, 영행렬 O에 대하여 다음을 구해보세요.**

(a) $(\mathrm{AB})\mathrm{C}$ **(b)** $\mathrm{A}(\mathrm{BC})$ **(c)** $\mathrm{A}(\mathrm{B}+\mathrm{C})$ **(d)** $\mathrm{AB}+\mathrm{AC}$

(e) $(\mathrm{B}+\mathrm{C})\mathrm{A}$ **(f)** AO_{22} **(g)** BO_{33} **(h)** CO_{13}

풀이

(a) 괄호 안의 곱을 먼저 계산하고, 그 결과에 C를 곱합니다.

$$(\mathrm{AB})=\begin{pmatrix}1&2\\9&7\end{pmatrix}\begin{pmatrix}2&3&-1\\5&-7&6\end{pmatrix}=\begin{pmatrix}12&-11&11\\53&-22&33\end{pmatrix}$$

$$(\mathrm{AB})\mathrm{C}=\begin{pmatrix}12&-11&11\\53&-22&33\end{pmatrix}\begin{pmatrix}2\\-5\\9\end{pmatrix}=\begin{pmatrix}178\\513\end{pmatrix}$$

(b) [정리 1-3(a)]에 의해 $(\mathrm{AB})\mathrm{C}=\mathrm{A}(\mathrm{BC})$이므로, (a)와 답이 같습니다.

(c) 행렬 B와 C는 크기가 다르므로 두 행렬을 더할 수 없습니다. 즉, $\mathrm{B}+\mathrm{C}$를 계산할 수 없으므로 $\mathrm{A}(\mathrm{B}+\mathrm{C})$도 계산할 수 없습니다.

(d) [정리 1-3(b)]에 의해 $\mathrm{AB}+\mathrm{AC}=\mathrm{A}(\mathrm{B}+\mathrm{C})$임을 알 수 있습니다. 그런데 행렬 B와 C를 더할 수 없으므로 $\mathrm{AB}+\mathrm{AC}$도 계산할 수 없습니다.

(e) (c)에서 행렬 B와 C를 더할 수 없으므로 $(\mathrm{B}+\mathrm{C})\mathrm{A}$도 계산할 수 없습니다.

(f)~(h)를 계산하기 위해 다음 [정리 1-3(d)]를 이용합니다.

$$\mathrm{A}\times\mathrm{O}=\mathrm{O}\times\mathrm{A}=\mathrm{O}$$

(f) $\mathrm{AO}_{22}=\begin{pmatrix}1&2\\9&7\end{pmatrix}\begin{pmatrix}0&0\\0&0\end{pmatrix}=\begin{pmatrix}0&0\\0&0\end{pmatrix}$

(g) $\mathrm{BO}_{33}=\begin{pmatrix}2&3&-1\\5&-7&6\end{pmatrix}\begin{pmatrix}0&0&0\\0&0&0\\0&0&0\end{pmatrix}=\begin{pmatrix}0&0&0\\0&0&0\end{pmatrix}$

(h) $\mathbf{CO}_{13} = \begin{pmatrix} 2 \\ -5 \\ 9 \end{pmatrix}(0\ \ 0\ \ 0) = (0) = 0$

1.5.4 행렬의 거듭제곱

행렬의 거듭제곱(power of a matrix)은 특히 행렬의 각 성분이 확률인 마르코프 연쇄(Markov chain)에서 유용합니다. 수많은 실생활 체계는 불확실성의 요소를 포함하며 시간이 흐름에 따라 발전합니다. 이는 마르코프 연쇄를 통해 설명할 수 있습니다.

마르코프 연쇄는 현재 상태를 감안할 때 미래와 과거 상태가 독립적인 속성을 갖는 랜덤 변수들의 수열입니다. 예를 들어, 오직 주사위를 던져 나온 눈에 따라 상태가 결정되는 보드 게임인 모노폴리(Monopoly)가 마르코프 연쇄입니다. 그러나 포커 게임은 앞선 (과거의) 행위에 따라 전개되는 상황이 달라지므로 마르코프 연쇄가 아닙니다. 구체적인 예는 1.5절 [연습문제 10]에서 살펴봅니다.

행렬의 거듭제곱은 오직 정사각행렬에 대해서만 정의할 수 있습니다.

? 정사각행렬이 뭘까요?

정사각행렬은 행과 열의 수가 같은 행렬입니다. 임의의 n에 대하여 $n \times n$ 행렬은 정사각행렬입니다.

$\mathbf{A}$가 정사각행렬이라고 하면 다음과 같이 정의할 수 있습니다.

$$\text{양의 정수 } k\text{에 대하여, } \mathbf{A}^k = \underbrace{\mathbf{A} \times \mathbf{A} \times \mathbf{A} \times \cdots \times \mathbf{A}}_{k\text{번}} \tag{1.14}$$

? 정사각행렬이 아닌 행렬에 대해서는 왜 $\mathbf{A}^k$을 정의할 수 없을까요?

행렬 $\mathbf{A}$가 $m \times n$ 행렬(m행 n열)인데, m, n의 값이 다르다고 가정해봅시다($m \neq n$). 다음 질문을 살펴볼까요?

? $\mathbf{A}^2$을 행렬 형태로 나타내면 어떻게 될까요?

$$\mathbf{A}^2 = \overset{n\text{열}}{\begin{pmatrix} a_{11} & \cdots & a_{1n} \\ \vdots & \vdots & \vdots \\ a_{m1} & \cdots & a_{mn} \end{pmatrix}} \begin{pmatrix} a_{11} & \cdots & a_{1n} \\ \vdots & \vdots & \vdots \\ a_{m1} & \cdots & a_{mn} \end{pmatrix} m\text{행}$$

이 경우에는 행렬 곱을 수행할 수 없습니다. 왼쪽 행렬의 열 개수가 n이고 오른쪽 행렬의 행 개수가 m인데, 두 수가 같지 않기 때문이죠($m \neq n$). 그래서 곱셈을 할 수 없습니다. $\mathbf{A}^2$을 계산할 수 없다면, $k \geq 2$인 k에 대하여 $\mathbf{A}^k$을 계산할 수 없습니다. 따라서 식 (1.14)는 $\mathbf{A}$가 정사각행렬일 때만 유효합니다. 즉, $m = n$이어야 합니다.

정사각행렬의 0제곱은 항등행렬입니다(항등행렬은 다음 절에서 정의하겠습니다). 즉, 다음과 같습니다.

$$A^0 = I \text{ (항등행렬)}$$

예제 1-27 **행렬 $A = \begin{pmatrix} -3 & 7 \\ 1 & 8 \end{pmatrix}$, $B = \begin{pmatrix} 5 & 9 \\ 2 & 3 \end{pmatrix}$에 대하여 (a) ~ (e)를 계산하고, (f) ~ (g)의 물음에 답해보세요.**

(a) A^2 **(b)** B^2 **(c)** $2AB$ **(d)** $(A+B)^2$ **(e)** $A^2+2AB+B^2$

(f) 왜 $(A+B)^2 = A^2+2AB+B^2$이 성립하지 않을까요?

(g) $(A+B)^2$과 같은 것은 무엇일까요?

풀이

(a) $A^2 = A \times A$ 이므로, 계산하면 다음과 같습니다.

$$A^2 = \begin{pmatrix} -3 & 7 \\ 1 & 8 \end{pmatrix} \times \begin{pmatrix} -3 & 7 \\ 1 & 8 \end{pmatrix} = \begin{pmatrix} 16 & 35 \\ 5 & 71 \end{pmatrix}$$

(b) 위와 같은 방식으로 계산하면 다음과 같습니다.

$$B^2 = \begin{pmatrix} 5 & 9 \\ 2 & 3 \end{pmatrix} \times \begin{pmatrix} 5 & 9 \\ 2 & 3 \end{pmatrix} = \begin{pmatrix} 43 & 72 \\ 16 & 27 \end{pmatrix}$$

(c) 행렬 A와 B를 곱한 다음, 그 결과에 2를 곱합니다.

$$2AB = 2\begin{pmatrix} -3 & 7 \\ 1 & 8 \end{pmatrix}\begin{pmatrix} 5 & 9 \\ 2 & 3 \end{pmatrix} = 2\begin{pmatrix} -1 & -6 \\ 21 & 33 \end{pmatrix} = \begin{pmatrix} -2 & -12 \\ 42 & 66 \end{pmatrix}$$

(d) $(A+B)^2 = (A+B) \times (A+B)$입니다. 따라서 행렬 A와 B를 더한 다음 그 결과를 제곱합니다.

$$A+B = \begin{pmatrix} -3 & 7 \\ 1 & 8 \end{pmatrix} + \begin{pmatrix} 5 & 9 \\ 2 & 3 \end{pmatrix} = \begin{pmatrix} 2 & 16 \\ 3 & 11 \end{pmatrix}$$

$$(A+B)^2 = \begin{pmatrix} 2 & 16 \\ 3 & 11 \end{pmatrix} \times \begin{pmatrix} 2 & 16 \\ 3 & 11 \end{pmatrix} = \begin{pmatrix} 52 & 208 \\ 39 & 169 \end{pmatrix}$$

(e) $A^2 + 2AB + B^2$을 계산하기 위해 (a), (b), (c)의 계산 결과를 모두 더합니다.

$$A^2 + 2AB + B^2 = \underbrace{\begin{pmatrix} 16 & 35 \\ 5 & 71 \end{pmatrix}}_{=A^2} + \underbrace{\begin{pmatrix} -2 & -12 \\ 42 & 66 \end{pmatrix}}_{=2AB} + \underbrace{\begin{pmatrix} 43 & 72 \\ 16 & 27 \end{pmatrix}}_{=B^2}$$

$$= \begin{pmatrix} 16-2+43 & 35-12+72 \\ 5+42+16 & 71+66+27 \end{pmatrix} = \begin{pmatrix} 57 & 95 \\ 63 & 164 \end{pmatrix}$$

(f) (d)와 (e)의 계산 결과가 같지 않음을 알 수 있습니다. 왜 다를까요?

$$(A+B)^2 \neq A^2 + 2AB + B^2$$

왜냐하면 행렬 곱은 교환법칙이 성립하지 않기 때문입니다. 즉, 곱셈 순서가 중요합니다. 행렬 곱 AB와

BA는 같지 않음을 기억합시다.

(g) $(A+B)^2$은 어떻게 나타낼 수 있을까요?

$$\begin{aligned}(A+B)^2 &= (A+B)\times(A+B)\\ &= A^2+AB+BA+B^2\end{aligned}$$

$AB \neq BA$이므로 $AB+BA \neq 2AB$입니다. 특정한 예로 그 결과를 확인해봅시다. AB의 계산 결과는 (c)에서 이미 확인했습니다. 그렇다면 BA의 계산 결과는 어떨까요?

$$BA = \begin{pmatrix}5 & 9\\ 2 & 3\end{pmatrix}\begin{pmatrix}-3 & 7\\ 1 & 8\end{pmatrix} = \begin{pmatrix}-6 & 107\\ -3 & 38\end{pmatrix}$$

이제 $A^2+AB+BA+B^2$을 계산해봅시다. 앞에서 계산한 결과를 통해 다음과 같이 쓸 수 있습니다.

$$\begin{aligned}A^2+AB+BA+B^2 &= \underbrace{\begin{pmatrix}16 & 35\\ 5 & 71\end{pmatrix}}_{=A^2}+\underbrace{\begin{pmatrix}-1 & -6\\ 21 & 33\end{pmatrix}}_{=AB}+\underbrace{\begin{pmatrix}-6 & 107\\ -3 & 38\end{pmatrix}}_{=BA}+\underbrace{\begin{pmatrix}43 & 72\\ 16 & 27\end{pmatrix}}_{=B^2}\\ &= \begin{pmatrix}16-1-6+43 & 35-6+107+72\\ 5+21-3+16 & 71+33+38+27\end{pmatrix}\\ &= \begin{pmatrix}52 & 208\\ 39 & 169\end{pmatrix}\end{aligned}$$

이 계산 결과는 (d)의 결과와 같습니다. 따라서 $(A+B)^2 = A^2+AB+BA+B^2$입니다.

[예제 1-27]에서 보았듯이, 실수 대수를 행렬 대수로 가져올 때 매우 주의 깊게 생각해야 합니다. 실수의 대수 법칙이 행렬에서도 항상 성립하는 것은 아니기 때문이죠. 우리는 이제 다음과 같은 일반적인 규칙을 증명할 수 있습니다.

$$(A+B)^2 = A^2+AB+BA+B^2$$

이때 행렬 A와 B는 같은 크기의 정사각행렬입니다.

수학에서는 결과가 거짓임을 나타내려면 그 결과에 반대되는 예시를 하나 들면 됩니다.

예제 1-28 예시를 들어 다음 결과가 거짓임을 보이세요.

$$(A-B)^2 = O \text{이면 } A = B$$

풀이

결과가 성립하지 않음을 보이기 위해 예시를 들어봅시다. $A-B$가 주어져 있으므로, 행렬 A와 B의 크기가 같아야 합니다. 가장 단순한 예로 2×2 행렬을 들어봅시다.

$(\mathbf{A}-\mathbf{B})^2=\mathbf{O}$를 만족해야 하므로 $\mathbf{A}-\mathbf{B}=\begin{pmatrix} a & b \\ c & d \end{pmatrix}$라고 하면, 다음이 성립합니다.

$$(\mathbf{A}-\mathbf{B})^2=\begin{pmatrix} a & b \\ c & d \end{pmatrix}\begin{pmatrix} a & b \\ c & d \end{pmatrix}=\begin{pmatrix} a^2+bc & ab+bd \\ ca+dc & bc+d^2 \end{pmatrix}=\begin{pmatrix} 0 & 0 \\ 0 & 0 \end{pmatrix}$$

첫 번째 성분이 같다고 하면, $a^2+bc=0 \Rightarrow a^2=-bc$입니다. $a^2=-bc$를 만족하는 수를 선택합니다. 정수가 다루기 쉬우니까 정수로 선택합시다. $b=-1$, $c=4$라고 하면, $a=\sqrt{4}=\pm 2$입니다. a를 양의 제곱근으로 선택하여 $a=2$라 합시다. 다음으로 위 식을 만족하는 d의 값을 구해봅시다. 어떻게 하면 될까요?

마지막 성분이 같다고 하면, $bc+d^2=0 \Rightarrow d^2=-bc$입니다. 이미 $b=-1$과 $c=4$라고 하였으므로 $d=\sqrt{4}=\pm 2$입니다. 이번에는 $d=-2$를 선택해봅시다. 그렇다면 $\mathbf{A}-\mathbf{B}=\begin{pmatrix} a & b \\ c & d \end{pmatrix}=\begin{pmatrix} 2 & -1 \\ 4 & -2 \end{pmatrix}$입니다 ($a=2$, $b=-1$, $c=4$, $d=-2$).

이제 $(\mathbf{A}-\mathbf{B})^2=\mathbf{O}$를 확인해봅시다. $\mathbf{A}-\mathbf{B}=\begin{pmatrix} 2 & -1 \\ 4 & -2 \end{pmatrix}$를 만족하는 행렬 $\mathbf{A}$와 $\mathbf{B}$를 찾으면 됩니다.

$$\mathbf{A}-\mathbf{B}=\begin{pmatrix} 2 & -1 \\ 4 & -2 \end{pmatrix} \qquad (*)$$

위의 결과 (*)를 만족하는 행렬 $\mathbf{A}$와 $\mathbf{B}$는 무수히 많습니다. 다음은 그 중 하나를 선택한 것이지만 다른 행렬을 선택해도 됩니다.

$$\mathbf{A}=\begin{pmatrix} 3 & -1 \\ 2 & 1 \end{pmatrix},\ \mathbf{B}=\begin{pmatrix} 1 & 0 \\ -2 & 3 \end{pmatrix}$$

이로써 $(\mathbf{A}-\mathbf{B})^2=\mathbf{O}$이면서 $\mathbf{A}=\mathbf{B}$를 만족하지 않는 행렬 $\mathbf{A}$와 $\mathbf{B}$를 구했습니다.

핵심요약

- 일반적으로 행렬 $\mathbf{A}$와 $\mathbf{B}$의 곱셈이 가능한 경우, $\mathbf{AB} \neq \mathbf{BA}$입니다.
- 실수 대수의 특징을 행렬 대수에 맹목적으로 적용할 수는 없습니다.
- 행렬 $\mathbf{A}$가 정사각행렬이면 다음이 성립합니다.

$$\mathbf{A}^k=\underbrace{\mathbf{A}\times\mathbf{A}\times\mathbf{A}\times\cdots\times\mathbf{A}}_{k\text{번}}$$

1.5 연습문제

01 행렬 $\mathbf{A}=\begin{pmatrix}2&-2&5\\0&-1&7\end{pmatrix}$, $\mathbf{B}=\begin{pmatrix}-1&3&7\\2&-9&6\end{pmatrix}$,

$\mathbf{C}=\begin{pmatrix}9&5&8\\-6&-1&6\end{pmatrix}$에 대하여 다음을 구해보세요.

(a) $\mathbf{A}+\mathbf{B}$ (b) $(\mathbf{A}+\mathbf{B})+\mathbf{C}$

(c) $\mathbf{A}+(\mathbf{B}+\mathbf{C})$ (d) $\mathbf{B}+(\mathbf{C}+\mathbf{A})$

(e) $\mathbf{C}+\mathbf{O}$ (f) $\mathbf{B}+\mathbf{B}+\mathbf{B}+\mathbf{B}+\mathbf{B}$

(g) $5\mathbf{B}$ (h) $\mathbf{C}+(-\mathbf{C})$

02 행렬 $\mathbf{A}=\begin{pmatrix}5&-1&-2\\1&-3&2\end{pmatrix}$에 대하여, 다음 물음에 답해보세요.

(a) 2×3 영행렬 $\mathbf{O}$에 대하여 $\mathbf{A}+\mathbf{B}=\mathbf{O}$를 만족하는 행렬 $\mathbf{B}$를 구해보세요.

(b) 행렬 $\mathbf{C}=\begin{pmatrix}1&2&3\\4&5&6\end{pmatrix}$에 대하여 $\mathbf{A}+(-\mathbf{C})$와 $\mathbf{A}-\mathbf{C}$를 구해보세요.

(c) $\mathbf{A}-\mathbf{B}-\mathbf{C}$와 $\mathbf{A}-(\mathbf{B}-\mathbf{C})$를 구해보세요.

03 행렬 $\mathbf{A}=\begin{pmatrix}1&5&-2\\3&7&-9\end{pmatrix}$, $\mathbf{B}=\begin{pmatrix}-1&0&7\\-3&2&1\\-4&1&6\end{pmatrix}$,

$\mathbf{C}=\begin{pmatrix}7&8&-1\\-8&6&-6\\6&-3&5\end{pmatrix}$, $\mathbf{O}=\mathbf{O}_{33}$에 대하여 다음을 구해보세요.

(a) $\mathbf{AB}$ (b) $\mathbf{BA}$

(c) $\mathbf{A}(\mathbf{B}+\mathbf{C})$ (d) $\mathbf{AB}+\mathbf{AC}$

(e) $(\mathbf{B}+\mathbf{C})\mathbf{A}$ (f) $\mathbf{BA}+\mathbf{CA}$

(g) $\mathbf{CO}$ (h) $\mathbf{BO}+\mathbf{CO}$

(i) $\mathbf{OB}+\mathbf{OC}$ (j) $(\mathbf{A}+\mathbf{B})\mathbf{C}$

(k) $\mathbf{AC}+\mathbf{BC}$

04 행렬 $\mathbf{A}=\begin{pmatrix}1&2&3\\4&5&6\\7&8&9\end{pmatrix}$, $\mathbf{I}=\begin{pmatrix}1&0&0\\0&1&0\\0&0&1\end{pmatrix}$에 대하여 다음을 구해보세요. 계산 결과로 무엇을 알게 되었나요?

(a) $\mathbf{AI}$ (b) $\mathbf{IA}$

05 행렬 $\mathbf{A}=\begin{pmatrix}1&2&3\\4&5&6\end{pmatrix}$, $\mathbf{B}=\begin{pmatrix}2&-1\\2&8\\7&5\end{pmatrix}$에 대하여 다음을 구해보세요.

$$(\mathbf{AB})_{11},\ (\mathbf{AB})_{12},\ (\mathbf{AB})_{21},\ (\mathbf{AB})_{22},\ \mathbf{AB}$$

06 행렬 $\mathbf{A}=\begin{pmatrix}-1&3&5\\4&1&-7\end{pmatrix}$, $\mathbf{B}=\begin{pmatrix}1&-3&-5\\-4&-1&7\end{pmatrix}$, $c=-9$, $k=8$에 대하여 다음을 구해보세요.

(a) $(ck)\mathbf{A}$ (b) $c(k\mathbf{A})$

(c) $k(\mathbf{A}+\mathbf{B})$ (d) $k\mathbf{A}+k\mathbf{B}$

(e) $(c+k)\mathbf{A}$ (f) $c\mathbf{A}+k\mathbf{A}$

(g) $(c+k)\mathbf{B}$ (h) $c\mathbf{B}+k\mathbf{B}$

07 행렬 $\mathbf{A}=\begin{pmatrix}2&1\\1&2\end{pmatrix}$, $\mathbf{x}=\begin{pmatrix}1\\1\end{pmatrix}$에 대하여 $\mathbf{Ax}=\lambda\mathbf{x}$를 만족하는 스칼라 λ를 구해보세요.

08 행렬 $\mathbf{A}=\begin{pmatrix}\frac{1}{3}&\frac{1}{3}&\frac{1}{3}\\\frac{1}{3}&\frac{1}{3}&\frac{1}{3}\\\frac{1}{3}&\frac{1}{3}&\frac{1}{3}\end{pmatrix}$에 대하여, $\mathbf{A}^2$, $\mathbf{A}^3$, $\mathbf{A}^4$을 구해보세요. 임의의 자연수 n에 대하여 $\mathbf{A}^n$은 무엇일까요?

이산적 역학계는 공식 $\mathbf{x}_n=\mathbf{A}^n\mathbf{x}$로 설명합니다. 공식 $\mathbf{x}_n=\mathbf{A}^n\mathbf{x}$를 사용하여 주어진 행렬 $\mathbf{A}$를 작성해보세요.

09 다음 결과가 거짓임을 증명해보세요.

(a) $\mathbf{AB}=\mathbf{O}$이면, $\mathbf{A}=\mathbf{O}$ 또는 $\mathbf{B}=\mathbf{O}$

(b) $\mathbf{AB}-\mathbf{BA}=\mathbf{O}$이면, $\mathbf{A}=\mathbf{B}$

10 $\mathbf{T}$를 마르코프 연쇄의 (전이)행렬, $\mathbf{p}$를 확률벡터라고 합시다. k단계 후 연쇄가 특정 상태에 있을 확률은 벡터 $\mathbf{p}_k$로 주어집니다.

$$\mathbf{p}_k=\mathbf{T}^k\mathbf{p}$$

행렬 $\mathbf{T}=\begin{pmatrix}0.6&0.7\\0.4&0.3\end{pmatrix}$, $\mathbf{p}=\begin{pmatrix}0.5\\0.5\end{pmatrix}$, $k=1,\ 2,\ 10,\ 100,\ 100000$에 대하여, MATLAB이나 적절한 소프트웨어

를 사용하여 $\mathbf{p}_k$를 구해보세요.

11 [정리 1-3]의 (d)를 증명해보세요.

12 [정리 1-1]의 (b), (d), (e)를 증명해보세요.

13 [정리 1-2]의 (a)와 (b)를 증명해보세요.

*14 [정리 1-3]의 (a)를 증명해보세요.

1.6 전치행렬과 역행렬

학습목표
- 전치행렬의 성질을 증명할 수 있습니다.
- 역행렬을 정의하고 그 성질을 증명할 수 있습니다.

이제 행렬에서 합, 차, 곱과 같은 행렬 연산에 익숙해져야 합니다.

? 그렇다면 행렬의 나눗셈은요?

행렬을 나눌 수는 없습니다. 행렬을 나누는 것과 가장 유사한 연산은 이번 절에서 다루는 역행렬입니다. 연립일차방정식의 해를 구하기 위하여 역행렬을 사용할 수 있습니다.

행렬에는 다른 중요한 연산도 있습니다. 먼저 전치에 대해 알아봅시다.

1.6.1 전치행렬

? 전치행렬(transpose)이란 뭘까요?

주어진 행렬의 행을 회전하여 만든 새로운 행렬입니다. 예를 들면, 행렬 $\begin{pmatrix} 1 & 2 \\ 3 & 4 \\ 5 & 6 \end{pmatrix}$에 대하여 이 행렬의 전치행렬은 $\begin{pmatrix} 1 & 3 & 5 \\ 2 & 4 & 6 \end{pmatrix}$입니다.

1열은 1행이 되고, 2행은 2열이 됩니다. 주어진 행렬 $\mathbf{A}$에 대하여 $\mathbf{A}$의 전치행렬을 $\mathbf{A}^{\mathrm{T}}$로 나타냅니다. 위 예에서 $\mathbf{A}^{\mathrm{T}} = \begin{pmatrix} 1 & 3 & 5 \\ 2 & 4 & 6 \end{pmatrix}$입니다.

일반적으로 행렬 $\mathbf{A}$의 성분 a_{ij}(i행 j열)는 행렬 $\mathbf{A}^{\mathrm{T}}$에서 a_{ji}(j행 i열)로 바뀝니다. 전치행렬은 다음과 같이 정의합니다.

$$\text{행렬 } \mathbf{A} = (a_{ij})\text{에 대하여 } \mathbf{A}^{\mathrm{T}} = (a_{ji}) \quad \text{[첨자 } ij\text{가 } ji\text{로 바뀜]} \tag{1.15}$$

예제 1-29 다음 행렬의 전치행렬을 구해보세요.

(a) $\mathrm{A} = \begin{pmatrix} -9 & 2 & 3 \\ 7 & -2 & 9 \\ 6 & -1 & 5 \end{pmatrix}$

(b) $\mathrm{B} = \begin{pmatrix} 1 & 0 & 0 \\ 0 & 2 & 0 \\ 0 & 0 & 3 \end{pmatrix}$

(c) $\mathrm{C} = \begin{pmatrix} -1 & 3 & 4 \\ 7 & 9 & 0 \end{pmatrix}$

(d) $\mathrm{D} = \begin{pmatrix} 1 \\ 2 \\ 3 \end{pmatrix}$

풀이

(a) 행과 열을 바꾸면 다음과 같습니다.

$$\mathbf{A}^{\mathrm{T}} = \begin{pmatrix} -9 & 7 & 6 \\ 2 & -2 & -1 \\ 3 & 9 & 5 \end{pmatrix}$$

(b) 행렬 $\mathbf{B} = \begin{pmatrix} 1 & 0 & 0 \\ 0 & 2 & 0 \\ 0 & 0 & 3 \end{pmatrix}$의 전치는 행렬 $\mathbf{B}$입니다. 즉, $\mathbf{B}^{\mathrm{T}} = \begin{pmatrix} 1 & 0 & 0 \\ 0 & 2 & 0 \\ 0 & 0 & 3 \end{pmatrix}$입니다.

(c) $\mathbf{C}^{\mathrm{T}} = \begin{pmatrix} -1 & 7 \\ 3 & 9 \\ 4 & 0 \end{pmatrix}$

(d) $\mathrm{D} = \begin{pmatrix} 1 \\ 2 \\ 3 \end{pmatrix}$은 어떤 행렬인가요? D는 열행렬(열벡터)이므로 행렬 D의 전치행렬은 행행렬 $\mathbf{D}^{\mathrm{T}} = (1 \quad 2 \quad 3)$ 입니다.

$\mathbf{x} = \begin{pmatrix} x_1 \\ \vdots \\ x_n \end{pmatrix}$과 같은 열벡터는 행벡터의 전치, 즉 $\mathbf{x}^{\mathrm{T}} = (x_1 \ \cdots \ x_n)^{\mathrm{T}}$로 나타낼 수 있습니다. 열벡터 $\mathbf{x}$를 행벡터의 전치로 표현하면 공간이 절약됩니다. 열벡터 $\mathbf{x}$는 n개의 줄을 차지하지만 $\mathbf{x}^{\mathrm{T}} = (x_1 \ \cdots \ x_n)^{\mathrm{T}}$는 한 줄로 표현할 수 있기 때문이죠.

크기가 $m \times n$인 행렬(m행 n열)의 전치행렬은 크기가 $n \times m$(n행 m열)입니다. $m \neq n$이면 행렬의 전치는 처음 행렬의 모양과 다릅니다.

제임스 실베스터(James Sylvester)와 아서 케일리(Arthur Cayley)는 선형대수학의 아버지로 불립니다.

[그림 1-37] 제임스 실베스터 (1814 – 1897)

제임스 실베스터는 1814년 런던의 유대인 가정에서 태어났습니다. 실베스터는 런던에서 학교를 다녔고 1837년 케임브리지(Cambridge) 대학교에서 수학 트리포스(Tripos) 시험을 봤습니다. 수학 트리포스는 성적순으로 학생 순위를 매겨 구별하는 데 사용되는 학부 수학 시험입니다. 'tripos'라는 단어는 학생들이 시험을 보기 위해 앉았던 의자의 다리가 3개였던 데서 유래했습니다.

실베스터는 영국 교회의 선서를 거부하여 1841년까지 졸업할 수 없었습니다. 결국 그는 케임브리지가 아닌 더블린의 트리니티(Trinity) 대학에서 졸업했습니다.

1841년에 그는 27세의 나이로 미국 버지니아(Virginia) 대학교의 수학 교수로 임명되었습니다. 그러나 분열을 조장하는 학생들에 대한 학교 측의 관대한 태도를 못마땅하게 여겨 교수로 임명된 지 6개월 만인 1842년 3월에 교수직을 사임했습니다.

실베스터는 1843년에 영국으로 돌아와 법학을 공부하기 시작했는데, 이때 대학원생인 아서 케일리를 만났습니다. 케일리 역시 법학을 공부하는 수학 전공자였죠. 이 기간 동안 그들은 행렬 이론을 개발하는 데 크게 기여했습니다.

1877년에 실베스터는 다시 미국으로 건너가 존스 홉킨스(Johns Hopkins) 대학교에서 수학 교수로 근무하였습니다. 그리고 1년 후에 미국에서 최초로 배포된 수학 저널인 『미국 수학 저널(American Journal of Mathematics)』을 창간하였습니다. 1883년에는 영국으로 돌아와 옥스퍼드(Oxford) 대학교에서 기하학 교수로 근무했으며, 1897년까지 옥스퍼드 대학교에 있었습니다.

실베스터는 후세에 행렬이라는 용어를 유산으로 남겼습니다. 그는 또한 불변량(변하지 않는 것), 판별식 같은 여러 수학 용어들을 고안하여 사용하였습니다.

1.6.2 전치행렬의 성질

행렬의 전치에 대한 몇 가지 결과를 증명해보겠습니다.

정리 1-4 전치행렬의 성질

행렬 A, B가 동일한 크기의 행렬일 때, 다음 성질이 성립합니다(단, k는 스칼라).

(a) $(\mathrm{A}^{\mathrm{T}})^{\mathrm{T}} = \mathrm{A}$

(b) $(k\mathrm{A})^{\mathrm{T}} = k\mathrm{A}^{\mathrm{T}}$

(c) $(\mathrm{A}+\mathrm{B})^{\mathrm{T}} = \mathrm{A}^{\mathrm{T}} + \mathrm{B}^{\mathrm{T}}$

(d) $(\mathrm{AB})^{\mathrm{T}} = \mathrm{B}^{\mathrm{T}}\mathrm{A}^{\mathrm{T}}$

증명

여기서는 성질 (a)와 (c)만 증명합니다. 성질 (d)는 1.6절 [연습문제 10]에서 증명해봅시다.
먼저 다음 질문을 살펴봅시다.

? $(\mathbf{A}^{\mathrm{T}})^{\mathrm{T}} = \mathbf{A}$는 무슨 의미일까요?

$\mathbf{A} =$ 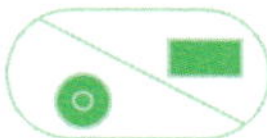 , $\mathbf{A}^{\mathrm{T}} =$  , $(\mathbf{A}^{\mathrm{T}})^{\mathrm{T}} =$ 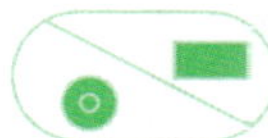 $= \mathbf{A}$

전치행렬의 전치는 처음 행렬과 같습니다. 이렇게 생각하면 됩니다. 왼쪽 상단에서 오른쪽 하단으로 그은 대각선을 기준으로 행렬을 뒤집은 다음 다시 뒤집으면 처음 행렬이 됩니다.

(a) a_{ij}를 행렬 $\mathbf{A}$의 i행 j열 성분이라고 합시다. 그러면 다음이 성립합니다.

$$\mathbf{A}^{\mathrm{T}} = (a_{ij})^{\mathrm{T}} = (a_{ji})$$

앞의 행렬을 다시 전치하면 다음과 같은 결과를 얻을 수 있습니다.

$$(\mathbf{A}^{\mathrm{T}})^{\mathrm{T}} = (a_{ji})^{\mathrm{T}} = (a_{ij}) = \mathbf{A}$$

여기서 행렬의 성분이 두 번 바뀌었다는 점에 주목합시다. 예를 들어, $a_{21} \to a_{12} \to a_{21}$, $a_{31} \to a_{13} \to a_{31}$과 같이 바뀌었습니다. 그러므로 $(\mathbf{A}^{\mathrm{T}})^{\mathrm{T}} = \mathbf{A}$입니다.

(c) $(\mathbf{A}+\mathbf{B})^{\mathrm{T}}$를 계산해봅시다.

$$\begin{aligned}
(\mathbf{A}+\mathbf{B})^{\mathrm{T}} &= \left[\begin{pmatrix} a_{11} & a_{12} & \cdots & a_{1n} \\ a_{21} & a_{22} & \cdots & a_{2n} \\ \vdots & \vdots & \vdots & \vdots \\ a_{m1} & a_{m2} & \cdots & a_{mn} \end{pmatrix} + \begin{pmatrix} b_{11} & b_{12} & \cdots & b_{1n} \\ b_{21} & b_{22} & \cdots & b_{2n} \\ \vdots & \vdots & \vdots & \vdots \\ b_{m1} & b_{m2} & \cdots & b_{mn} \end{pmatrix}\right]^{\mathrm{T}} \\
&= \begin{pmatrix} a_{11}+b_{11} & a_{12}+b_{12} & \cdots & a_{1n}+b_{1n} \\ a_{21}+b_{21} & a_{22}+b_{22} & \cdots & a_{2n}+b_{2n} \\ \vdots & \vdots & \vdots & \vdots \\ a_{m1}+b_{m1} & a_{m2}+b_{m2} & \cdots & a_{mn}+b_{mn} \end{pmatrix}^{\mathrm{T}} \quad \text{[대응하는 성분 더하기]} \\
&= \begin{pmatrix} a_{11}+b_{11} & a_{21}+b_{21} & \cdots & a_{m1}+b_{m1} \\ a_{12}+b_{12} & a_{22}+b_{22} & \cdots & a_{m2}+b_{m2} \\ \vdots & \vdots & \vdots & \vdots \\ a_{1n}+b_{1n} & a_{2n}+b_{2n} & \cdots & a_{mn}+b_{mn} \end{pmatrix} \quad \text{[행과 열을 바꾸는 전치]} \\
&= \underbrace{\begin{pmatrix} a_{11} & a_{21} & \cdots & a_{m1} \\ a_{12} & a_{22} & \cdots & a_{m2} \\ \vdots & \vdots & \vdots & \vdots \\ a_{1n} & a_{2n} & \cdots & a_{mn} \end{pmatrix}}_{=\mathbf{A}^{\mathrm{T}}} + \underbrace{\begin{pmatrix} b_{11} & b_{21} & \cdots & b_{m1} \\ b_{12} & b_{22} & \cdots & b_{m2} \\ \vdots & \vdots & \vdots & \vdots \\ b_{1n} & b_{2n} & \cdots & b_{mn} \end{pmatrix}}_{=\mathbf{B}^{\mathrm{T}}} = \mathbf{A}^{\mathrm{T}} + \mathbf{B}^{\mathrm{T}}
\end{aligned}$$

그러므로 $(\mathbf{A}+\mathbf{B})^{\mathrm{T}} = \mathbf{A}^{\mathrm{T}} + \mathbf{B}^{\mathrm{T}}$입니다. ■

MATLAB에서 전치 명령어는 아포스트로피(')입니다. 예를 들어, 행렬 $\begin{pmatrix} 1 & 2 & 3 \\ 4 & 5 & 6 \end{pmatrix}$의 전치를 구한다면 명령 프롬프트 >> 다음에 명령어 `[1 2 3 ; 4 5 6]'`를 입력합니다.

예제 1-30 **행렬 $A = \begin{pmatrix} 3 & -4 & 1 \\ 5 & 2 & 6 \end{pmatrix}$, $B = \begin{pmatrix} -2 & 7 & 5 \\ 1 & 3 & -9 \end{pmatrix}$에 대하여 다음을 구해보세요.**

(a) $(A^T)^T$ **(b)** $(2A)^T - (3B)^T$ **(c)** $(A+B)^T$

(d) $A^T + B^T$ **(e)** $(AB)^T$

풀이

(a) [정리 1-4(a)]에 의해 $(A^T)^T = A = \begin{pmatrix} 3 & -4 & 1 \\ 5 & 2 & 6 \end{pmatrix}$입니다.

(b) [정리 1-4(b)]에 의해 다음이 성립합니다.

$$\begin{aligned}(2A)^T - (3B)^T &= 2A^T - 3B^T \quad [(kA)^T = kA^T] \\ &= 2\begin{pmatrix} 3 & -4 & 1 \\ 5 & 2 & 6 \end{pmatrix}^T - 3\begin{pmatrix} -2 & 7 & 5 \\ 1 & 3 & -9 \end{pmatrix}^T \\ &= 2\begin{pmatrix} 3 & 5 \\ -4 & 2 \\ 1 & 6 \end{pmatrix} - 3\begin{pmatrix} -2 & 1 \\ 7 & 3 \\ 5 & -9 \end{pmatrix} \underbrace{=}_{\text{스칼라곱}} \begin{pmatrix} 6 & 10 \\ -8 & 4 \\ 2 & 12 \end{pmatrix} - \begin{pmatrix} -6 & 3 \\ 21 & 9 \\ 15 & -27 \end{pmatrix} \\ &= \begin{pmatrix} 12 & 7 \\ -29 & -5 \\ -13 & 39 \end{pmatrix}\end{aligned}$$

(c) 행렬 A와 B를 대입하여 계산하면 다음과 같습니다.

$$\begin{aligned}(A+B)^T &= \left[\begin{pmatrix} 3 & -4 & 1 \\ 5 & 2 & 6 \end{pmatrix} + \begin{pmatrix} -2 & 7 & 5 \\ 1 & 3 & -9 \end{pmatrix}\right]^T \\ &\underbrace{=}_{\text{성분끼리 덧셈}} \begin{pmatrix} 1 & 3 & 6 \\ 6 & 5 & -3 \end{pmatrix}^T \underbrace{=}_{\text{전치}} \begin{pmatrix} 1 & 6 \\ 3 & 5 \\ 6 & -3 \end{pmatrix}\end{aligned}$$

(d) $A^T + B^T$와 같은 것은 무엇일까요? [정리 1-4(c)]에 의해 $A^T + B^T = (A+B)^T$가 성립합니다. 이는 (c)와 같습니다.

(e) $(AB)^T$와 같은 것은 무엇일까요? AB가 존재하지 않으므로 $(AB)^T$를 계산할 수 없습니다. 행렬 A의 열 개수와 행렬 B의 행 개수가 같지 않으므로 행렬 곱 AB는 존재하지 않습니다.

[예제 1-30(e)]에서 알 수 있듯이 행렬 A, B의 크기가 같다는 조건이 행렬 곱 AB를 구할 수 있는 충분한 조건은 아닙니다.

1.6.3 항등행렬

항등행렬(identity matrix)이란 뭘까요?

항등행렬 $\mathbf{I}$는 다음을 만족하는 행렬입니다.

$$\text{임의의 행렬 } \mathbf{A}\text{에 대하여, } \mathbf{AI} = \mathbf{A} \tag{1.16}$$

항등행렬 $\mathbf{I}$는 임의의 실수 x에 대하여 $x1 = x$를 만족하는 항등원(identity element, neutral element) 1과 비슷합니다.

항등행렬은 어떤 형태일까요?

주대각선(leading diagonal)(왼쪽 위부터 오른쪽 아래까지)의 모든 성분은 1이고 그 외의 다른 성분은 모두 0인 행렬입니다. 예를 들면, $\begin{pmatrix} 1 & 0 \\ 0 & 1 \end{pmatrix}$, $\begin{pmatrix} 1 & 0 & 0 \\ 0 & 1 & 0 \\ 0 & 0 & 1 \end{pmatrix}$, $\begin{pmatrix} 1 & 0 & 0 & 0 \\ 0 & 1 & 0 & 0 \\ 0 & 0 & 1 & 0 \\ 0 & 0 & 0 & 1 \end{pmatrix}$은 모드 항등행렬입니다.

2×2, 3×3, 4×4와 같이 다양한 크기의 항등행렬을 어떻게 구분할까요?

$\mathbf{I}_2$, $\mathbf{I}_3$, $\mathbf{I}_4$와 같이 $\mathbf{I}$의 오른쪽 아래에 크기를 표기하여 나타냅니다.

항등행렬 I는 정사각행렬인가요?

맞습니다. 정사각행렬이어야 합니다.

항등행렬의 형식적인 정의는 어떻게 되나요?

정의 1-1 항등행렬

항등행렬 $\mathbf{I}$는 다음과 같이 정의되는 정사각행렬입니다.

$$\mathbf{I} = (i_{kj}) = \begin{cases} 1 & (k = j) \\ 0 & (k \neq j) \end{cases}$$

[정의 1-1]의 의미는 무엇인가요?

행렬 $\mathbf{I}$에서 주대각선(왼쪽 위부터 오른쪽 아래까지)의 성분은 다음과 같이 모두 1입니다.

$$i_{11} = i_{22} = i_{33} = i_{44} = \cdots = 1$$

그리고 주대각선에 있지 않은 성분은 모두 0입니다.

2×2 행렬에 대하여 다음이 성립합니다.

$$\begin{pmatrix} a & b \\ c & d \end{pmatrix}\begin{pmatrix} 1 & 0 \\ 0 & 1 \end{pmatrix} = \begin{pmatrix} a & b \\ c & d \end{pmatrix} \quad (a,\ b,\ c,\ d\text{는 실수})$$

다음 예제를 통해 항등행렬을 살펴봅시다.

예제 1-31 점 P(1, 1), Q(3, 1), R(1, 3)에 대하여 행렬 A는 삼각형 PQR의 꼭짓점을 표현한 행렬입니다. IA에 의해 변환된 삼각형 PQR의 상(image)을 구해보세요.

풀이

행렬 곱 IA를 수행하면 다음과 같습니다.

$$\mathrm{IA} = \begin{pmatrix} 1 & 0 \\ 0 & 1 \end{pmatrix}\overset{\begin{matrix}\mathrm{P} & \mathrm{Q} & \mathrm{R}\end{matrix}}{\begin{pmatrix} 1 & 3 & 1 \\ 1 & 1 & 3 \end{pmatrix}} = \overset{\begin{matrix}\mathrm{P'} & \mathrm{Q'} & \mathrm{R'}\end{matrix}}{\begin{pmatrix} 1 & 3 & 1 \\ 1 & 1 & 3 \end{pmatrix}}$$

이를 그림으로 나타내면 [그림 1-38]과 같습니다.

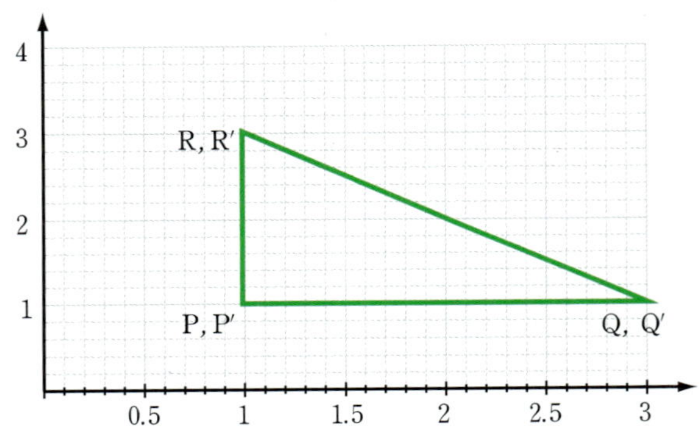

[그림 1-38] 삼각형 PQR과 삼각형 PQR의 상

행렬 곱 IA를 수행했을 때 주어진 삼각형 PQR의 모습은 바뀌지 않습니다. 이는 IA가 삼각형 PQR을 그대로 유지시킴을 의미합니다.

다음 행렬 곱에서 크기가 서로 다른 항등행렬이 필요하다는 점에 유의하세요.

$$\begin{pmatrix} -1 & 4 & 7 \\ 3 & -6 & 9 \end{pmatrix}\begin{pmatrix} 1 & 0 & 0 \\ 0 & 1 & 0 \\ 0 & 0 & 1 \end{pmatrix} = \begin{pmatrix} -1 & 4 & 7 \\ 3 & -6 & 9 \end{pmatrix}$$

$$\begin{pmatrix} 1 & 0 \\ 0 & 1 \end{pmatrix}\begin{pmatrix} -1 & 4 & 7 \\ 3 & -6 & 9 \end{pmatrix} = \begin{pmatrix} -1 & 4 & 7 \\ 3 & -6 & 9 \end{pmatrix}$$

A가 정사각행렬이 아니면 항등행렬을 먼저 곱하는지, 나중에 곱하는지에 따라 항등행렬의 크기가 달라집니다.

? 항등행렬 I를 먼저 곱한다는 것은 무슨 의미일까요?

행렬 곱에서 왼쪽에 있는 행렬이 항등행렬 I라는 의미입니다.

? 항등행렬 I를 나중에 곱한다는 것은 무슨 의미일까요?

행렬 곱에서 오른쪽에 있는 행렬이 항등행렬 I라는 의미입니다.

행렬 $A = \begin{pmatrix} -1 & 4 & 7 \\ 3 & -6 & 9 \end{pmatrix}$에 항등행렬을 나중에 곱하려면 3×3 항등행렬 I_3를 사용합니다. 즉, $A \times I_3 = A$입니다. 행렬 A에 항등행렬을 먼저 곱하려면 2×2 항등행렬 I_2를 사용합니다. 즉, $I_2 \times A = A$입니다. 일반적으로, 행렬 A가 $m \times n$ 행렬(m행 n열)이면, $I_m A = A I_n$입니다.

항등행렬의 성질은 다음과 같습니다.

> **정리 1-5 항등행렬의 성질**
>
> 항등행렬 I에 대하여 $I^T = I$가 성립합니다.

증명

이 정리는 1.6절 [연습문제 04]에서 증명합니다. ■

? 항등행렬은 변화가 없는 변환에서 어떤 역할을 할까요?

역행렬을 정의하고 설명하는 데 항등행렬이 필요합니다.

1.6.4 역행렬

0이 아닌 실수 x에 대하여 실수 x^{-1}는 다음을 만족하는 x의 역원입니다.

$$x(x^{-1}) = 1$$

1은 실수에서 곱셈에 대한 항등원입니다.

? 역행렬이란 뭘까요?

주어진 정사각행렬 A에 대하여, A의 역행렬은 다음을 만족하는 정사각행렬 B입니다.

$$AB = I \quad (I\text{는 항등행렬})$$

행렬 A의 역행렬을 A^{-1}로 나타내며, 위 경우에는 $A^{-1} = B$입니다.

여기서 다음 내용을 주목합니다.

$$A^{-1} \neq \frac{1}{A}$$

행렬 A의 역행렬은 $\frac{1}{A}$이 아닙니다. $\frac{1}{A}$은 행렬 A에 대하여 정의되지 않습니다. 이 장의 후반부에서 A^{-1}를 구하는 과정을 정의합니다. 그래프로 나타내면 역행렬 A^{-1}는 [그림 1-39]와 같은 변환을 수행합니다.

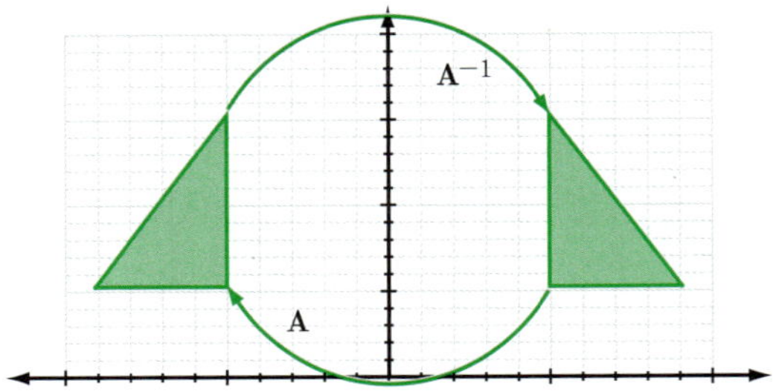

[그림 1-39] 행렬 A와 역행렬 A^{-1}

[그림 1-39]와 같이 변환 A가 어떤 대상에 적용되면, 변환 A^{-1}는 변환 A를 무효로 만듭니다. 따라서 $A^{-1}A = I$의 최종 결과를 보면 대상이 변경되지 않은 처음 상태가 됩니다.

정의 1-2 역행렬과 가역행렬

정사각행렬 A에 대하여 다음을 만족하는 동일한 크기의 정사각행렬 B가 존재하면, 행렬 A를 **가역행렬**(invertible matrix) 또는 **비특이행렬**(non-singular matrix)이라고 합니다.

$$AB = BA = I$$

행렬 B는 행렬 A의 **역행렬**(inverse matrix)이라 하고, A^{-1}로 표기합니다.

[정의 1-2]에서 일반적으로 행렬 A와 B는 서로의 역행렬입니다. 행렬 A가 행렬 B의 역행렬이면, 행렬 B도 행렬 A의 역행렬입니다.

행렬 A와 B의 크기가 같으면 $AB = I$와 $BA = I$는 서로 동치입니다. 이 경우에 행렬 곱은 교환법칙이 성립합니다. 이는 행렬 곱을 할 때 곱셈 순서를 고려할 필요가 없다는 의미입니다.

$BA = I$이면 행렬 B를 행렬 A의 **좌역행렬**(left inverse)이라고 합니다. 또한 $AC = I$이면 행렬 C를 행렬 A의 **우역행렬**(right inverse)이라고 합니다. 1.6절 [연습문제 08]에서 좌역행렬과 우역행렬이 같음($B = C$)을 확인해봅시다.

예제 1-32 행렬 A와 B가 다음과 같을 때, A와 B가 서로 역행렬임을 보이세요.

$$A = \begin{pmatrix} 3 & 7 \\ 2 & 5 \end{pmatrix},\ B = \begin{pmatrix} 5 & -7 \\ -2 & 3 \end{pmatrix}$$

풀이

무엇을 보여야 할까요? 행렬 곱 AB와 BA가 항등행렬 I와 같음을 보여야 합니다.

$$AB = \begin{pmatrix} 3 & 7 \\ 2 & 5 \end{pmatrix}\begin{pmatrix} 5 & -7 \\ -2 & 3 \end{pmatrix} = \begin{pmatrix} 1 & 0 \\ 0 & 1 \end{pmatrix} = I$$

같은 방법으로 $BA = I$임을 보일 수 있습니다. 따라서 행렬 A와 B는 서로 역행렬입니다.

예제 1-33 행렬 A와 B가 다음과 같을 때, 행렬 B가 A의 역행렬임을 보이세요.

$$A = \begin{pmatrix} 1 & 2 & 0 \\ 2 & 5 & -1 \\ 4 & 10 & -1 \end{pmatrix},\ B = \begin{pmatrix} 5 & 2 & -2 \\ -2 & -1 & 1 \\ 0 & -2 & 1 \end{pmatrix}$$

풀이

[예제 1-32]와 비슷한 문제이지만, 여기서는 행렬의 크기가 3×3입니다. 두 행렬을 곱하면 다음과 같습니다.

$$AB = \begin{pmatrix} 1 & 2 & 0 \\ 2 & 5 & -1 \\ 4 & 10 & -1 \end{pmatrix}\begin{pmatrix} 5 & 2 & -2 \\ -2 & -1 & 1 \\ 0 & -2 & 1 \end{pmatrix} = \begin{pmatrix} 1 & 0 & 0 \\ 0 & 1 & 0 \\ 0 & 0 & 1 \end{pmatrix} = I$$

$AB = I$이므로 B는 A의 역행렬입니다. $BA = I$임을 보인다면 A가 B의 역행렬임을 보일 수 있습니다.

? 왜 역행렬이 중요할까요?

일반적으로 $Ax = b$로 표현되는 일차방정식으로 이루어진 연립일차방정식을 풀기 위해 행렬을 사용합니다. 여기서 x는 우리가 구하고자 하는 미지수로 이루어진 벡터입니다. 이때 $Ax = b$의 양변에 역행렬 A^{-1}를 곱하면 다음과 같은 결과를 얻을 수 있습니다.

$$A^{-1}(Ax) = A^{-1}b$$

$$\underbrace{(A^{-1}A)}_{=I} x = Ix = x = A^{-1}b$$

$x = A^{-1}b$이므로 역행렬을 알면 일차방정식들의 해를 모두 구할 수 있습니다.

예제 1-34 다음 연립일차방정식의 해를 구해보세요.

$$\begin{cases} x + 2y \qquad = 1 \\ 2x + 5y - z = 2 \\ 4x + 10y - z = 3 \end{cases}$$

풀이

행렬 $\mathbf{A}$를 연립일차방정식의 계수로 이루어진 행렬이라 하고, $\mathbf{x}$를 미지수로 이루어진 벡터라고 합시다. 그러면 다음과 같은 행렬, 벡터를 이용하여 연립일차방정식을 $\mathbf{A}\mathbf{x}=\mathbf{b}$로 나타낼 수 있습니다.

$$\mathbf{A}=\begin{pmatrix}1 & 2 & 0\\ 2 & 5 & -1\\ 4 & 10 & -1\end{pmatrix},\quad \mathbf{x}=\begin{pmatrix}x\\ y\\ z\end{pmatrix},\quad \mathbf{b}=\begin{pmatrix}1\\ 2\\ 3\end{pmatrix}$$

여기서 $\mathbf{x}=\mathbf{A}^{-1}\mathbf{b}$입니다. 그렇다면 행렬 $\mathbf{A}^{-1}$는 어떤 형태일까요? [예제 1-33]에서 알 수 있듯이 $\mathbf{A}^{-1}=\mathbf{B}=\begin{pmatrix}5 & 2 & -2\\ -2 & -1 & 1\\ 0 & -2 & 1\end{pmatrix}$이므로 다음이 성립합니다.

$$\mathbf{x}=\mathbf{A}^{-1}\mathbf{b}=\begin{pmatrix}5 & 2 & -2\\ -2 & -1 & 1\\ 0 & -2 & 1\end{pmatrix}\begin{pmatrix}1\\ 2\\ 3\end{pmatrix}=\begin{pmatrix}3\\ -1\\ -1\end{pmatrix}=\begin{pmatrix}x\\ y\\ z\end{pmatrix}$$

따라서 $x=3$, $y=-1$, $z=-1$입니다. 이 해가 주어진 연립일차방정식을 만족하는지 확인해보세요.

그러나 다음 예제에서 알 수 있듯이 모든 행렬의 역행렬이 존재하지는 않습니다.

예제 1-35 행렬 $\mathbf{A}=\begin{pmatrix}3 & 2\\ 6 & 4\end{pmatrix}$의 역행렬이 존재하지 않음을 보이세요.

풀이

행렬 $\mathbf{B}=\begin{pmatrix}a & b\\ c & d\end{pmatrix}$가 일반적인 2×2 행렬일 때, $\mathbf{AB}$는 다음과 같습니다.

$$\mathbf{AB}=\begin{pmatrix}3 & 2\\ 6 & 4\end{pmatrix}\begin{pmatrix}a & b\\ c & d\end{pmatrix}=\begin{pmatrix}3a+2c & 3b+2d\\ 6a+4c & 6b+4d\end{pmatrix}=\begin{pmatrix}1 & 0\\ 0 & 1\end{pmatrix}$$

위 행렬에서 1열의 성분이 같다고 하면 다음과 같이 나타낼 수 있습니다.

$$\begin{cases}3a+2c=1 & \cdots ①\\ 6a+4c=0 & \cdots ②\end{cases}$$

방정식 ②의 좌변은 방정식 ①의 좌변의 2배이지만 방정식 ②의 우변은 방정식 ①의 우변의 2배가 아니므로, 두 방정식을 모두 만족하는 a와 c를 구할 수 없습니다. 따라서 방정식 ①과 ②를 모두 만족하는 실수 a, b, c, d가 존재하지 않으므로 행렬 $\mathbf{A}$의 역행렬은 존재하지 않습니다.

정의 1-3 비가역행렬

정사각행렬 $\mathbf{A}$에 대하여 $\mathbf{AB}=\mathbf{BA}=\mathbf{I}$를 만족하는 행렬 $\mathbf{B}$가 존재하지 않으면, 행렬 $\mathbf{A}$를 **비가역행렬**(non-invertible matrix) 또는 **특이행렬**(singular matrix)이라고 합니다.

영행렬 O는 역행렬을 갖지 않습니다. 따라서 영행렬은 비가역행렬입니다.

1.6.5 역행렬의 성질

이제 역행렬의 다양한 성질을 알아봅시다. 역행렬의 다양한 성질을 증명할 텐데, 증명 과정을 따라오는 데 어려움을 느낄 수도 있습니다. 많은 학생들이 스스로 증명을 이해하고 구성하기를 매우 힘들어합니다. 증명의 각 단계를 철저히 이해해야 하기 때문이죠. 하지만 스스로 증명 과정을 전개하고 구성할 수 있다면 선형대수학을 온전히 즐길 수 있습니다.

지금부터는 [정의 1-2]에서 제시한 가역행렬의 정의를 알아야 합니다.

정리 1-6 역행렬의 유일성

가역행렬(비특이행렬)의 역행렬은 유일(unique)합니다.

증명

증명하기에 앞서, 두 가지 질문을 먼저 생각해봅시다.

? [정리 1-6]은 어떤 의미일까요?

가역행렬의 역행렬은 오직 1개라는 의미입니다. 수학적으로 가역행렬 A에 대하여 $\mathrm{AB}=\mathrm{BA}=\mathrm{I}$를 만족하는 행렬 B가 1개만 존재한다는 의미입니다.

? [정리 1-6]을 어떻게 증명할 수 있을까요?

가역행렬 A에 대하여, 역행렬이 2개 존재한다고 가정합니다. 그리고 이 두 역행렬이 같음을 증명할 것입니다. 즉, 두 역행렬을 B와 C라 하고, $\mathrm{B}=\mathrm{C}$임을 보입니다. 두 행렬 B, C는 행렬 A의 역행렬이므로 $\mathrm{AB}=\mathrm{I}$, $\mathrm{AC}=\mathrm{I}$를 모두 만족해야 합니다.

이제 증명을 본격적으로 시작해봅시다. AB와 AC는 모두 항등행렬 I와 같으므로 다음 식이 성립합니다.

$$\mathrm{AB}=\mathrm{AC}$$

$\mathrm{AB}=\mathrm{AC}$에서 양변 왼쪽에 행렬 B를 곱하면 다음과 같습니다.

$$\begin{aligned} \mathrm{B}(\mathrm{AB}) &= \mathrm{B}(\mathrm{AC}) \\ \underbrace{(\mathrm{BA})}_{=\mathrm{I}}\mathrm{B} &= \underbrace{(\mathrm{BA})}_{=\mathrm{I}}\mathrm{C} && [\mathrm{A},\ \mathrm{B}\text{가 서로의 역행렬이므로 } \mathrm{BA}=\mathrm{AB}=\mathrm{I}] \\ \mathrm{IB} &= \mathrm{IC} \\ \mathrm{B} &= \mathrm{C} && [\mathrm{IB}=\mathrm{B},\ \mathrm{IC}=\mathrm{C}] \end{aligned}$$

따라서 역행렬이 유일함을 증명하였습니다. ■

정리 1-7 가역행렬과 역행렬

행렬 A가 가역행렬이면 A^{-1}도 가역행렬이고, $(A^{-1})^{-1} = A$입니다.

[정리 1-7]은 역행렬의 역행렬은 처음 행렬과 같다는 의미입니다. 얼음을 녹인 뒤에 다시 얼리면 처음의 얼음이 되는 것과 같은 원리입니다.

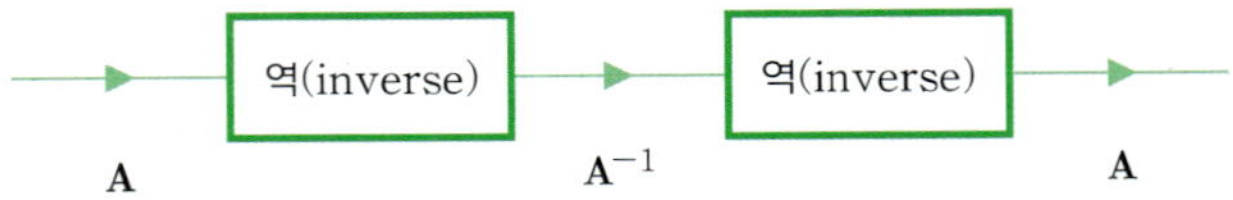

증명

$B = A^{-1}$라고 하면 [정의 1-2], 즉 '$AB = BA = I$를 만족하는 행렬 B가 존재하면 행렬 A는 가역행렬입니다.'에 의하여 $BA = I$이므로 행렬 B는 가역행렬입니다. 이제 $B^{-1} = A$임을 증명하면 됩니다.

? 왜 그럴까요?

증명의 앞부분에서 $B = A^{-1}$라고 했기 때문입니다.

역행렬의 정의에 의하여 다음이 성립합니다.

$$BB^{-1} = I,\ BA = I \quad \Rightarrow \quad BB^{-1} = BA$$

양변의 왼쪽에 B^{-1}를 곱하면 다음이 성립합니다.

$$B^{-1}(BB^{-1}) = B^{-1}(BA)$$

$$(B^{-1}B)B^{-1} = (B^{-1}B)A$$

$$IB^{-1} = IA \qquad [B^{-1}B = I]$$

$$B^{-1} = A \qquad [\text{임의의 } X\text{에 대하여 } IX = X]$$

따라서 $B^{-1} = A$이고 $B = A^{-1}$이므로 $(A^{-1})^{-1} = A$입니다. ■

정리 1-8 행렬 곱과 가역행렬

행렬 A, B가 가역행렬이면 AB도 가역행렬이고, $(AB)^{-1} = B^{-1}A^{-1}$입니다.

증명

증명하기에 앞서, 한 가지 질문을 먼저 생각해봅시다.

[정리 1-8]은 어떤 의미일까요?

두 가역행렬의 곱도 가역행렬이라는 의미입니다. $\mathbf{A} \times \mathbf{B}$의 역행렬은 행렬 $\mathbf{B}$의 역행렬에 행렬 $\mathbf{A}$의 역행렬을 곱한 것과 같다는 점에 유의합시다. 행렬 $\mathbf{A}$의 역행렬에 행렬 $\mathbf{B}$의 역행렬을 곱하면 안 됩니다. 셔츠를 입은 뒤에 넥타이를 매는 것과 비교하여 생각해보세요. 그러면 넥타이를 먼저 풀고 셔츠를 벗어야겠죠.

[정리 1-8]의 내용을 흐름도로 나타내면 다음과 같습니다.

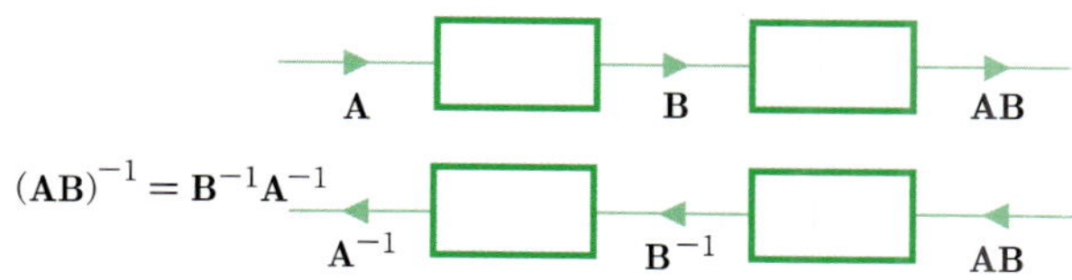

이제 증명을 본격적으로 시작해봅시다. 행렬 $\mathbf{AB}$의 역행렬은 $(\mathbf{AB})^{-1}$입니다.

무엇을 보여야 할까요?

행렬 $\mathbf{AB}$의 역행렬이 $\mathbf{B}^{-1}\mathbf{A}^{-1}$임을 보이면 됩니다. 즉, 다음을 보여야 합니다.

$$(\mathbf{AB})\mathbf{B}^{-1}\mathbf{A}^{-1} = \mathbf{I},\ \mathbf{B}^{-1}\mathbf{A}^{-1}(\mathbf{AB}) = \mathbf{I}$$

먼저 첫 번째 등식에서 $(\mathbf{AB})\mathbf{B}^{-1}\mathbf{A}^{-1}$를 살펴봅시다.

$$\begin{aligned}(\mathbf{AB})\mathbf{B}^{-1}\mathbf{A}^{-1} &= \mathbf{A}\underbrace{(\mathbf{BB}^{-1})}_{=\mathbf{I}}\mathbf{A}^{-1} \\ &= \mathbf{AIA}^{-1} = \mathbf{AA}^{-1} = \mathbf{I}\end{aligned}$$

같은 방법으로 $\mathbf{B}^{-1}\mathbf{A}^{-1}(\mathbf{AB}) = \mathbf{I}$임을 나타냅니다. 그러므로 [정의 1-2]에 의하여 행렬 $\mathbf{B}^{-1}\mathbf{A}^{-1}$는 $(\mathbf{AB})^{-1}$로 표현되는 행렬, 즉 $\mathbf{AB}$의 역행렬이라 할 수 있습니다. 따라서 $(\mathbf{AB})^{-1} = \mathbf{B}^{-1}\mathbf{A}^{-1}$입니다. ■

> **정리 1-9 스칼라곱과 가역행렬**
>
> 행렬 $\mathbf{A}$가 가역행렬이고 k가 0이 아닌 스칼라일 때, 행렬 $k\mathbf{A}$는 가역행렬이고 $(k\mathbf{A})^{-1} = \dfrac{1}{k}\mathbf{A}^{-1}$입니다.

증명

1.6절 [연습문제 05]에서 증명합니다. ■

> **정리 1-10 전치행렬과 가역행렬**
>
> 행렬 $\mathbf{A}$가 가역행렬일 때, 행렬 $\mathbf{A}$의 전치행렬 $\mathbf{A}^{\mathrm{T}}$는 가역행렬이고, $(\mathbf{A}^{\mathrm{T}})^{-1} = (\mathbf{A}^{-1})^{\mathrm{T}}$입니다.

증명

증명하기에 앞서, 한 가지 질문을 먼저 생각해봅시다.

? [정리 1-10]은 어떤 의미일까요?

가역행렬에 대하여 역과 전치의 순서를 바꿀 수 있다는 의미입니다.

이제 증명을 본격적으로 시작해봅시다. [정리 1-8]의 증명과 비슷합니다. $\mathbf{A}^T$의 역행렬은 $(\mathbf{A}^T)^{-1}$로 나타냅니다. 여기서 행렬 $(\mathbf{A}^{-1})^T$가 행렬 $\mathbf{A}^T$의 역행렬임을 보여야 합니다. 즉, 다음을 보여야 합니다.

$$(\mathbf{A}^{-1})^T\mathbf{A}^T = \mathbf{I}, \quad \mathbf{A}^T(\mathbf{A}^{-1})^T = \mathbf{I}$$

먼저 첫 번째 등식에서 $(\mathbf{A}^{-1})^T\mathbf{A}^T$를 살펴봅시다.

$$\begin{aligned}(\mathbf{A}^{-1})^T\mathbf{A}^T &= (\mathbf{A}\mathbf{A}^{-1})^T && [\text{[정리 1-4(d)]에 의해 } \mathbf{Y}^T\mathbf{X}^T = (\mathbf{XY})^T] \\ &= \mathbf{I}^T && [\mathbf{A}\mathbf{A}^{-1} = \mathbf{I}] \\ &= \mathbf{I} && [\mathbf{I}\text{는 항등행렬이므로 } \mathbf{I}^T = \mathbf{I}]\end{aligned}$$

같은 방법으로 $\mathbf{A}^T(\mathbf{A}^{-1})^T = \mathbf{I}$임을 나타냅니다. 정리하면 $(\mathbf{A}^{-1})^T\mathbf{A}^T = \mathbf{A}^T(\mathbf{A}^{-1})^T = \mathbf{I}$입니다. 따라서 행렬 $(\mathbf{A}^{-1})^T$는 행렬 $\mathbf{A}^T$의 역행렬이므로 $(\mathbf{A}^T)^{-1} = (\mathbf{A}^{-1})^T$를 증명했습니다. ■

1.6절 연습문제에는 **귀납법**(proof by induction)에 의한 증명과 관련한 문항들이 있습니다. 이 방법은 이 책의 웹 사이트[3]에 자세히 설명되어 있습니다. 일반적으로 증명해야 할 명제가 양의 정수 n에 대하여 참인 경우 수학적 귀납법을 적용할 수 있습니다. 예를 들어, 다음과 같은 등식은 귀납법을 통해 증명할 수 있습니다.

$$1 + 2 + 3 + \cdots + n = \frac{n(n+1)}{2} \tag{†}$$

P(n)이 명제 (†)를 나타냅니다. 수학적 귀납법의 세 단계는 다음과 같습니다.

[1단계] $n = 1$과 같은 어떤 기본적인 경우에 대하여 그 결과가 참임을 확인합니다.

[2단계] $n = k$에 대하여 그 결과가 참임을 가정합니다.

[3단계] [1단계]와 [2단계]를 이용하여 $n = k + 1$에 대해 그 결과가 참임을 증명합니다.

귀납법 증명이 익숙하지 않다면 이 책의 웹 사이트에서 관련 자료를 살펴보길 권합니다. 귀납법 증명 예시들도 이 웹 사이트에 있습니다.

3 (옮긴이) 웹 사이트 https://maths-for-all.co.uk/linear-algebra/에서 'Mathematical Induction'을 검색하면 귀납법에 관한 보충자료를 찾을 수 있습니다.

핵심요약

- 전치행렬의 성질은 다음과 같습니다.

$$(\mathbf{A}^{\mathrm{T}})^{\mathrm{T}}=\mathbf{A},\ (k\mathbf{A})^{\mathrm{T}}=k\mathbf{A}^{\mathrm{T}},\ (\mathbf{A}+\mathbf{B})^{\mathrm{T}}=\mathbf{A}^{\mathrm{T}}+\mathbf{B}^{\mathrm{T}},\ (\mathbf{AB})^{\mathrm{T}}=\mathbf{B}^{\mathrm{T}}\mathbf{A}^{\mathrm{T}}$$

- 정사각행렬 $\mathbf{A}$는 다음을 만족하는 동일한 크기의 행렬 $\mathbf{B}$가 존재하면 가역행렬입니다.

$$\mathbf{AB}=\mathbf{BA}=\mathbf{I}$$

- 행렬 $\mathbf{A}$, $\mathbf{B}$가 가역행렬이면 다음이 성립합니다.

$$(\mathbf{A}^{-1})^{-1}=\mathbf{A},\ (\mathbf{AB})^{-1}=\mathbf{B}^{-1}\mathbf{A}^{-1},\ (\mathbf{A}^{\mathrm{T}})^{-1}=(\mathbf{A}^{-1})^{\mathrm{T}}$$

1.6 연습문제

01 다음 행렬에 대하여 $\mathbf{A}^{\mathrm{T}}$를 구해보세요.

(a) $\mathbf{A}=\begin{pmatrix}1&2\\3&4\end{pmatrix}$

(b) $\mathbf{A}=\begin{pmatrix}1&2&3\\-1&-2&-3\end{pmatrix}$

(c) $\mathbf{A}=\begin{pmatrix}-1&5&9&100\end{pmatrix}$

(d) $\mathbf{A}=\begin{pmatrix}a&b\\c&d\end{pmatrix}$

(e) $\mathbf{A}=\begin{pmatrix}0&0\\0&0\\0&0\end{pmatrix}$

(f) $\mathbf{A}=\begin{pmatrix}0&1&0&0\\0&0&1&0\\0&0&0&1\\0&0&0&0\end{pmatrix}$

02 네 행렬 $\mathbf{A}=\begin{pmatrix}-1&4&8\\-9&1&2\end{pmatrix}$, $\mathbf{B}=\begin{pmatrix}5&8\\0&-6\\5&6\end{pmatrix}$, $\mathbf{C}=\begin{pmatrix}-4&1\\6&5\end{pmatrix}$, $\mathbf{D}=\begin{pmatrix}-6&3&1\\8&9&-2\\6&-1&5\end{pmatrix}$에 대하여 다음 중 계산이 가능한 것을 구해보세요(MATLAB을 이용하여 답을 확인할 수 있습니다).

(a) $(\mathbf{AB})^{\mathrm{T}}$ (b) $(\mathbf{BC})^{\mathrm{T}}$ (c) $\mathbf{C}-\mathbf{C}^{\mathrm{T}}$

(d) $\mathbf{D}-\mathbf{D}^{\mathrm{T}}$ (e) $(\mathbf{D}^{\mathrm{T}})^{\mathrm{T}}$ (f) $(2\mathbf{C})^{\mathrm{T}}$

(g) $\mathbf{A}^{\mathrm{T}}+\mathbf{B}$ (h) $\mathbf{A}+\mathbf{B}^{\mathrm{T}}$ (i) $(\mathbf{A}^{\mathrm{T}}+\mathbf{B})^{\mathrm{T}}$

(j) $(2\mathbf{A}^{\mathrm{T}}-5\mathbf{B})^{\mathrm{T}}$ (k) $(-\mathbf{D})^{\mathrm{T}}$ (l) $-(\mathbf{D}^{\mathrm{T}})$

(m) $(\mathbf{C}^2)^{\mathrm{T}}$ (n) $(\mathbf{C}^{\mathrm{T}})^2$

03 $\mathbf{u}=\begin{pmatrix}1\\2\\3\end{pmatrix}$, $\mathbf{v}=\begin{pmatrix}4\\5\\6\end{pmatrix}$에 대하여 다음을 구해보세요.

(a) $\mathbf{u}^{\mathrm{T}}\mathbf{v}$ (b) $\mathbf{v}^{\mathrm{T}}\mathbf{u}$ (c) $\mathbf{u}\cdot\mathbf{v}$

04 항등행렬 $\mathbf{I}$에 대하여 $\mathbf{I}^{\mathrm{T}}=\mathbf{I}$임을 증명해보세요.

05 [정리 1-9]를 증명해보세요.

06 임의의 행렬 $\mathbf{A}$와 스칼라 k에 대하여 $(k\mathbf{A})^{\mathrm{T}}=k\mathbf{A}^{\mathrm{T}}$임을 증명해보세요.

07 정사각행렬 $\mathbf{A}$에 대하여 $(\mathbf{A}^2)^{\mathrm{T}}=(\mathbf{A}^{\mathrm{T}})^2$임을 증명해보세요.

08 다음 명제를 증명해보세요.

> 가역행렬 $\mathbf{A}$가 좌역행렬 $\mathbf{B}$와 우역행렬 $\mathbf{C}$를 가지면, $\mathbf{B}=\mathbf{C}$입니다.

09 가역행렬 $\mathbf{A}$, $\mathbf{B}$에 대하여 행렬 $\mathbf{A}+\mathbf{B}$는 가역행렬이 아닐 수 있음을 증명해보세요.

*10 [정리 1-4]의 (d)를 증명해보세요. (이 정리를 완벽하게 증명하기는 어렵지만, 해답을 보지 않고 증명해보세요. 증명할 수 있다면 큰 만족감을 얻을 겁니다.)

11 행렬 $\mathbf{A}$, $\mathbf{B}$, $\mathbf{C}$가 행렬 곱이 가능한 적당한 크기의 행렬일 때, 다음을 증명해보세요.

$$(\mathbf{ABC})^{\mathrm{T}} = \mathbf{C}^{\mathrm{T}}\mathbf{B}^{\mathrm{T}}\mathbf{A}^{\mathrm{T}}$$

*12 행렬 $\mathbf{A}_1$, $\mathbf{A}_2$, $\cdots$, $\mathbf{A}_n$이 행렬 곱 $\mathbf{A}_1 \times \mathbf{A}_2 \times \cdots \times \mathbf{A}_{n-1} \times \mathbf{A}_n$이 가능한 적당한 크기의 행렬이라 할 때, 임의의 자연수(양의 정수) n에 대하여 다음이 성립함을 증명해보세요. (귀납법으로 증명하는 방법을 모른다면, 이 책의 웹 사이트에서 '귀납법 증명(Proof by Mathematical Induction)'을 먼저 읽어보길 권합니다.)

$$(\mathbf{A}_1\mathbf{A}_2 \cdots \mathbf{A}_{n-1}\mathbf{A}_n)^{\mathrm{T}} = \mathbf{A}_n^{\mathrm{T}}\mathbf{A}_{n-1}^{\mathrm{T}} \cdots \mathbf{A}_2^{\mathrm{T}}\mathbf{A}_1^{\mathrm{T}}$$

13 행렬 $\mathbf{A}$가 정사각행렬일 때, 다음을 증명해보세요(단, n은 임의의 자연수).

$$(\mathbf{A}^n)^{\mathrm{T}} = (\mathbf{A}^{\mathrm{T}})^n$$

14 행렬 $\mathbf{A} = \begin{pmatrix} 0 & 0 \\ 0 & 0 \end{pmatrix}$, $\mathbf{B} = \begin{pmatrix} 1 & 1 \\ 1 & 1 \end{pmatrix}$, $\mathbf{C} = \begin{pmatrix} 1 & 3 \\ 2 & 6 \end{pmatrix}$이 특이행렬임을 보이세요.

15 다음 행렬 $\mathbf{A}$, $\mathbf{B}$의 역행렬을 각각 구해보세요.

(a) $\mathbf{A} = \begin{pmatrix} 9 & 2 \\ 13 & 3 \end{pmatrix}$, $\mathbf{B} = \begin{pmatrix} 3 & -2 \\ -13 & 9 \end{pmatrix}$

(b) $\mathbf{A} = \begin{pmatrix} 1 & 2 & 3 \\ 0 & 1 & 4 \\ 0 & 0 & 1 \end{pmatrix}$, $\mathbf{B} = \begin{pmatrix} 1 & -2 & 5 \\ 0 & 1 & -4 \\ 0 & 0 & 1 \end{pmatrix}$

(c) $\mathbf{A} = \begin{pmatrix} 1 & 0 & 2 \\ 2 & -1 & 3 \\ 4 & 1 & 8 \end{pmatrix}$, $\mathbf{B} = \begin{pmatrix} 11 & 2 & 2 \\ -4 & 0 & 1 \\ 6 & -1 & -1 \end{pmatrix}$

이어서 다음 연립일차방정식의 해를 구해보세요.

$$\begin{cases} x \quad\; + 2z = 1 \\ 2x - y + 3z = 2 \\ 4x + y + 8z = 3 \end{cases}$$

16 행렬 $\mathbf{A} = \begin{pmatrix} \sin(\theta) & \cos(\theta) \\ -\cos(\theta) & \sin(\theta) \end{pmatrix}$, $\mathbf{B} = \begin{pmatrix} \sin(\theta) & -\cos(\theta) \\ \cos(\theta) & \sin(\theta) \end{pmatrix}$에 대하여 행렬 $\mathbf{A}$, $\mathbf{B}$가 각각 서로의 역행렬임을 보이세요. 그리고 다음 연립일차방정식의 해를 구해보세요.

$$\begin{cases} \sin(\theta)\,x + \cos(\theta)\,y = 1 \\ -\cos(\theta)\,x + \sin(\theta)\,y = -1 \end{cases}$$

17 가역행렬 $\mathbf{A}$가 왜 정사각행렬이어야 하는지 설명해보세요.

18 행렬 $\mathbf{A}$, $\mathbf{B}$가 행렬 곱이 가능한 적당한 크기의 가역행렬일 때, 다음을 증명해보세요.

$$((\mathbf{AB})^{-1})^{\mathrm{T}} = (\mathbf{A}^{\mathrm{T}})^{-1}(\mathbf{B}^{\mathrm{T}})^{-1}$$

19 행렬 $\mathbf{A}$, $\mathbf{B}$, $\mathbf{C}$가 행렬 곱 $\mathbf{ABC}$의 계산이 가능한 적당한 크기의 가역행렬일 때, 다음을 증명해보세요.

$$(\mathbf{ABC})^{-1} = \mathbf{C}^{-1}\mathbf{B}^{-1}\mathbf{A}^{-1}$$

*20 행렬 $\mathbf{A}_1$, $\mathbf{A}_2$, $\cdots$, $\mathbf{A}_n$이 행렬 곱 $\mathbf{A}_1 \times \mathbf{A}_2 \times \cdots \times \mathbf{A}_{n-1} \times \mathbf{A}_n$의 계산이 가능한 적당한 크기의 행렬일 때, 다음을 증명해보세요. (수학적 귀납법을 이용합니다.)

$$\begin{aligned}&(\mathbf{A}_1 \times \mathbf{A}_2 \times \cdots \times \mathbf{A}_{n-1} \times \mathbf{A}_n)^{-1} \\ &= \mathbf{A}_n^{-1} \times \mathbf{A}_{n-1}^{-1} \times \cdots \times \mathbf{A}_2^{-1} \times \mathbf{A}_1^{-1}\end{aligned}$$

21 행렬 대수에서 가역인 정사각행렬 $\mathbf{A}$의 음의 정수 지수를 다음과 같이 정의하였습니다.

$$\mathbf{A}^{-n} = (\mathbf{A}^{-1})^n \qquad (n\text{은 자연수})$$

위 정의를 이용하여 $\mathbf{A}^{-n} = (\mathbf{A}^n)^{-1}$임을 증명해보세요.

22 행렬 $\mathbf{C}$는 가역행렬이고, 행렬 $\mathbf{A}$, $\mathbf{B}$는 행렬 곱이 가능한 적당한 크기의 행렬이라고 할 때, 다음을 증명해보세요.

(a) $\mathbf{AC} = \mathbf{BC}$이면 $\mathbf{A} = \mathbf{B}$
(이를 우 소거법칙이라고 합니다.)

(b) $\mathbf{CA} = \mathbf{CB}$이면 $\mathbf{A} = \mathbf{B}$
(이를 좌 소거법칙이라고 합니다.)

23 행렬 $\mathbf{A}$가 가역행렬이면 다음이 성립함을 증명해보세요.

$$\mathbf{AB} = \mathbf{O} \Rightarrow \mathbf{B} = \mathbf{O}$$

24 행렬 $\mathbf{P}$, $\mathbf{A}$가 정사각행렬이고 행렬 $\mathbf{P}$가 가역행렬일 때, 다음을 증명해보세요.

(a) $(\mathbf{P}^{-1}\mathbf{AP})^2 = \mathbf{P}^{-1}\mathbf{A}^2\mathbf{P}$

(b) $(\mathbf{P}^{-1}\mathbf{AP})^3 = \mathbf{P}^{-1}\mathbf{A}^3\mathbf{P}$

(c) $(\mathbf{P}^{-1}\mathbf{AP})^n = \mathbf{P}^{-1}\mathbf{A}^n\mathbf{P}$

힌트 수학적 귀납법을 이용합니다.

1.7 해의 유형

학습목표

- 연립일차방정식의 해가 유일한지, 무수히 많은지, 존재하지 않는지 알 수 있습니다.
- 동차 연립일차방정식과 비동차 연립일차방정식을 풀 수 있습니다.

선형대수학은 연립일차방정식에 대한 연구임을 잊지 맙시다. 이 절에서는 다양한 변수로 이루어진 방정식을 많이 포함하는 더 복잡한 형태의 연립일차방정식을 알아보겠습니다. 이와 같은 연립일차방정식을 기약행 사다리꼴로 분해함으로써 가능한 가장 단순한 형태로 나타내려고 합니다.

여기서는 행 연산을 하여 연립일차방정식의 해가 유일한지, 무수히 많은지, 존재하지 않는지 판단해봅시다.

1.7.1 동치인(해가 같은) 연립일차방정식

1.2절에서 연립일차방정식을 행렬 형태로 작성한 다음, 행동치 행렬로 변환하여 연립일차방정식의 해를 구하였습니다.

? 행동치가 의미하는 것은 뭘까요?

한 행렬에 기본 행 연산을 적용하여 다른 행렬이 나온 경우, 두 행렬을 행동치라고 합니다.

정리 1-11 연립일차방정식과 첨가행렬

연립일차방정식은 첨가행렬 $(\mathbf{A}|\mathbf{b})$로 나타낼 수 있습니다. $(\mathbf{A}|\mathbf{b})$가 첨가행렬 $(\mathbf{R}\,|\,\mathbf{b}')$과 행동치인 경우, 두 첨가행렬에 대한 연립일차방정식의 해집합은 동일합니다.

증명

첨가행렬 $(\mathbf{R}\,|\,\mathbf{b}')$은 다음과 같은 기본 행 연산에 따라 $(\mathbf{A}|\mathbf{b})$로부터 얻은 것이므로, 1.1절에서 다룬 내용과 연결됩니다.

1. 0이 아닌 상수를 한 행에 곱합니다.
2. 한 행에 상수를 곱한 것을 다른 행에 더합니다.
3. 행을 교환합니다.

위 내용은 다음과 같이 바꿔 쓸 수 있습니다.

1. 0이 아닌 상수를 한 방정식에 곱합니다.
2. 한 방정식에 상수를 곱한 것을 다른 방정식에 더합니다.
3. 방정식을 교환합니다.

1.1절에서 논의했듯이, 연립일차방정식에 위 세 가지 연산을 수행한 연립일차방정식은 처음의 연립일차방정식과 동일한 해를 갖습니다. 즉, 두 연립일차방정식의 해집합은 동일합니다. 따라서 $(\mathbf{A}|\mathbf{b})$와 $(\mathbf{R}|\mathbf{b}')$의 해집합은 동일합니다. ■

[정리 1-11]은 연립일차방정식 $\mathbf{Ax}=\mathbf{b}$의 해를 구할 때, $\mathbf{Ax}=\mathbf{b}$와 같은 해를 가지면서 더 쉽게 해를 구할 수 있는 $\mathbf{Rx}=\mathbf{b}'$으로 단순화하여 해를 구할 수 있음을 의미합니다.

1.7.2 해의 유형

1.1절에서 논의한 바와 같이, 연립일차방정식의 해는 세 가지 유형으로 나눌 수 있습니다.

- 해가 없는 경우
- 유일한 해를 갖는 경우
- 해가 무수히 많은 경우

1.2절에서 제시한 예제는 모두 해가 유일했습니다. 연립일차방정식의 해가 없는 경우를 **모순이 있다**(inconsistent)고 합니다. 다음 예제에서 알 수 있듯이, 행 연산을 통해 연립일차방정식에 모순이 있음을 보여줄 수 있습니다.

예제 1-36 다음 연립일차방정식에 모순이 있음(해가 없음)을 보이세요.

$$\begin{cases} x+\ \ y+2z=3 \\ -x+3y-5z=7 \\ 2x-2y+7z=1 \end{cases}$$

풀이

다음과 같이 첨가행렬의 각 행에 이름을 붙여봅시다.

$$\begin{matrix} R_1 \\ R_2 \\ R_3 \end{matrix} \left(\begin{array}{ccc|c} 1 & 1 & 2 & 3 \\ -1 & 3 & -5 & 7 \\ 2 & -2 & 7 & 1 \end{array}\right)$$

가우스 소거법에 따라 문제를 단순하게 바꿀 수 있습니다. 2행의 -1과 3헝의 2가 모두 0이 되도록, 각각 연산 $R_2 + R_1$과 $R_3 - 2R_1$을 수행합니다.

$$\begin{matrix} R_1 \\ R_2^* = R_2 + R_1 \\ R_3^* = R_3 - 2R_1 \end{matrix} \left(\begin{array}{ccc|c} 1 & 1 & 2 & 3 \\ -1+1 & 3+1 & -5+2 & 7+3 \\ 2-(2\times 1) & -2-(2\times 1) & 7-(2\times 2) & 1-(2\times 3) \end{array}\right)$$

각 성분을 계산한 결과는 다음과 같습니다.

$$\begin{matrix} R_1 \\ R_2^* \\ R_3^* \end{matrix} \left(\begin{array}{ccc|c} 1 & 1 & 2 & 3 \\ 0 & 4 & -3 & 10 \\ 0 & -4 & 3 & -5 \end{array}\right)$$

위 행렬의 2행과 3행을 더하는 $R_3^* + R_2^*$를 수행하면 다음과 같이 단순화할 수 있습니다.

$$\begin{matrix} \\ R_1 \\ R_2^* \\ R_3^{**} = R_3^* + R_2^* \end{matrix} \begin{matrix} \begin{matrix} x & y & z & \end{matrix} \\ \left(\begin{array}{ccc|c} 1 & 1 & 2 & 3 \\ 0 & 4 & -3 & 10 \\ 0 & 0 & 0 & 5 \end{array}\right) \end{matrix}$$

맨 아래쪽 행 R_3^{**}를 방정식으로 바꾸면 $0x + 0y + 0z = 5$입니다. 이는 $0 = 5$를 의미합니다. 하지만 0은 5일 수 없습니다. 그러므로 주어진 연립일차방정식에는 모순이 있습니다(해가 없습니다).

주어진 방정식은 [그림 1-40]처럼 나타낼 수 있습니다.

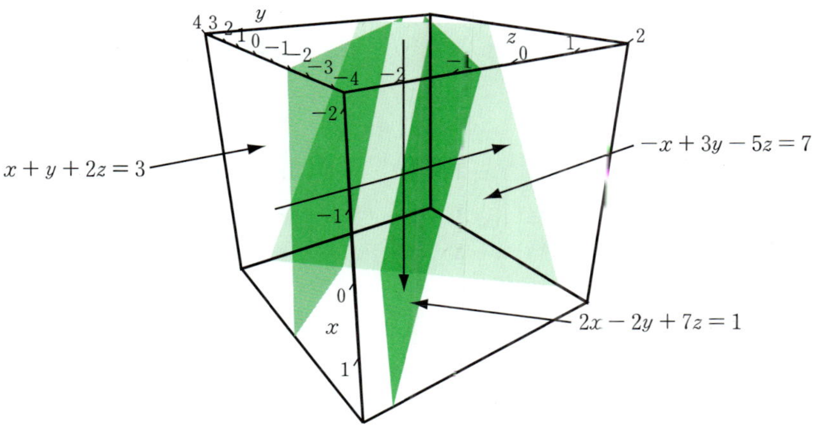

[그림 1-40] 좌표공간에 나타낸 [예제 1-36]의 연립일차방정식

세 평면(방정식)은 서로 만나지 않습니다. 이는 세 평면의 교점이 존재하지 않음을 의미하므로 이 연립일차방정식의 해는 없습니다.

[그림 1-41]은 3×3 행렬에 대응하는 연립일차방정식의 해가 없는 경우를 보여줍니다.

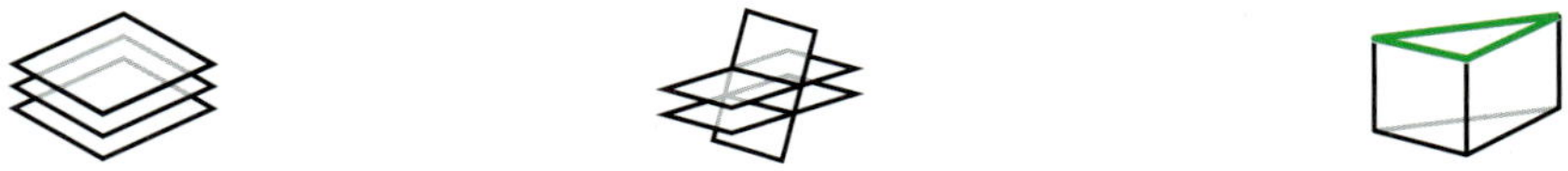

(a) 평면 3개가 평행한 방정식 (b) 평면 2개가 평행한 방정식 (c) 방정식 3개가 삼각기둥을 이루는 경우

[그림 1-41] 3×3 연립일차방정식의 해가 존재하지 않는 경우

[그림 1-41]을 보면 세 평면의 교점이 없습니다. 이는 연립일차방정식의 해가 없음을 의미합니다. 일반적으로 연립일차방정식이 $b\neq0$이면서 $0x_1+0x_2+0x_3+\cdots+0x_n=b$로 변형된다면, 이 연립일차방정식의 해가 없음을 의미합니다. 연립일차방정식 $(\mathbf{A}|\mathbf{b})$에 대해, 행동치 $(\mathbf{R}|\mathbf{b}')$의 해가 없으면 $(\mathbf{A}|\mathbf{b})$의 해도 없습니다.

1.7.3 동차 연립일차방정식

동차(homogeneous) 연립일차방정식은 $\mathbf{Ax}=\mathbf{O}$로 정의합니다. 이때 $\mathbf{A}$는 $m\times n$ 행렬이고 $\mathbf{x}$는 벡터입니다.

예제 1-37 다음 동차 연립일차방정식을 풀어보세요.

$$\begin{cases}-x+2y+\ \ 3z=0\\ \ \ \ \ x-4y-13z=0\\ -3x+5y+\ \ 4z=0\end{cases}$$

위 방정식은 $\begin{pmatrix}-1&2&3\\1&-4&-13\\-3&5&4\end{pmatrix}\begin{pmatrix}x\\y\\z\end{pmatrix}=\begin{pmatrix}0\\0\\0\end{pmatrix}$으로 표현할 수 있습니다.

풀이

첨가행렬로 나타내봅시다.

$$\begin{matrix}\mathrm{R}_1\\\mathrm{R}_2\\\mathrm{R}_3\end{matrix}\left(\begin{array}{ccc|c}-1&2&3&0\\1&-4&-13&0\\-3&5&4&0\end{array}\right)$$

이제 행렬의 좌측 아래쪽 모서리에 있는 값인 1, -3, 5를 0으로 바꿔야 합니다. 어떻게 바꿀 수 있을까요? 행 연산 $\mathrm{R}_2+\mathrm{R}_1$과 $\mathrm{R}_3-3\mathrm{R}_1$을 수행하여 1과 -3을 0으로 바꿉니다.

$$\begin{matrix}\mathrm{R}_1\\\mathrm{R}_2^*=\mathrm{R}_2+\mathrm{R}_1\\\mathrm{R}_3^*=\mathrm{R}_3-3\mathrm{R}_1\end{matrix}\left(\begin{array}{ccc|c}-1&2&3&0\\1-1&-4+2&-13+3&0+0\\-3-3\times(-1)&5-3\times2&4-3\times3&0-3\times0\end{array}\right)$$

각 성분을 계산한 결과는 다음과 같습니다.

$$\begin{matrix} R_1 \\ R_2^* \\ R_3^* \end{matrix} \left(\begin{array}{ccc|c} -1 & 2 & 3 & 0 \\ 0 & -2 & -10 & 0 \\ 0 & -1 & -5 & 0 \end{array}\right)$$

맨 아래쪽 행에 행 연산 $2R_3^* - R_2^*$를 수행하여 계산한 결과는 다음과 같습니다.

$$\begin{matrix} R_1 \\ R_2^* \\ R_3^{**} = 2R_3^* - R_2^* \end{matrix} \left(\begin{array}{ccc|c} -1 & 2 & 3 & 0 \\ 0 & -2 & -10 & 0 \\ 0 & 0 & 0 & 0 \end{array}\right)$$

1행에 -1을 곱하고, 2행에 $-\frac{1}{2}$을 곱하면 다음 결과를 얻습니다.

$$\begin{matrix} \\ R_1^* = -R_1 \\ R_2^{**} = -R_2^*/2 \\ R_3^{**} \end{matrix} \begin{matrix} \begin{matrix} x & y & z & \end{matrix} \\ \left(\begin{array}{ccc|c} 1 & -2 & -3 & 0 \\ 0 & 1 & 5 & 0 \\ 0 & 0 & 0 & 0 \end{array}\right) \end{matrix} \qquad (\dagger)$$

이제 이 첨가행렬은 행 사다리꼴 행렬이 되었습니다. 행렬 $(\dagger)$의 2행인 R_2^{**}를 방정식으로 변환하면 다음과 같습니다.

$$y + 5z = 0 \quad \Rightarrow \quad y = -5z$$

그렇다면 x의 값은 어떻게 구할 수 있을까요? 행렬 $(\dagger)$의 1행 R_1^*를 방정식으르 변환하면 다음과 같습니다.

$$x - 2y - 3z = 0 \quad \Rightarrow \quad x = 2y + 3z \qquad (*)$$

$y = -5z$와 $x = 2y + 3z$만 있다면, 주어진 연립일차방정식의 해가 존재한다고 결론지을 수 있습니다. 실제로 이 연립일차방정식의 해는 무수히 많습니다. 왜냐하면 z를 임의의 실수라 할 때 x와 y를 z로 표현할 수 있기 때문입니다. 임의의 실수 t에 대하여 $z = t$라 하면, $y = -5z = -5t$입니다. 이를 이용해서 식 (*)를 다시 써봅시다.

$$\begin{aligned} x &= 2y + 3z = 2 \times (-5t) + 3t \\ &= -10t + 3t = -7t \end{aligned}$$

따라서 이 연립일차방정식의 해는 임의의 실수 t에 대하여 $x = -7t$, $y = -5t$, $z = t$입니다. 이는 그 비율대로 해가 무수히 많음을 의미합니다. 즉, x는 z의 -7배, y는 z의 -5배, z는 임의의 값 t입니다.

주어진 방정식을 그림으로 표현하면 다음 [그림 1-42]와 같습니다.

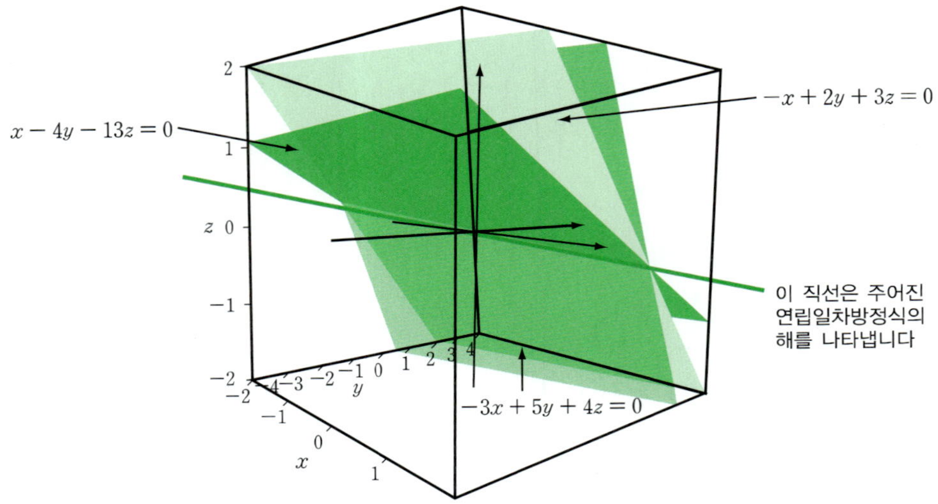

[그림 1-42] 좌표공간에 나타낸 [예제 1-37]의 연립일차방정식

[예제 1-37]의 경우 주어진 방정식 3개의 교선이 존재하고, 이 직선에 있는 모든 점이 연립일차방정식의 해입니다. 그래서 무수히 많은 해가 존재합니다.

위 예제의 경우 일반해를 $x=-7t$, $y=-5t$, $z=t$로 쓸 수 있습니다. 여기서 t는 **매개변수**(parameter)라는 임의의 수입니다. 매개변수는 변화하는 수로, 해집합을 나타내는 데 쓰입니다. 특수해(particular solution)는 매개변수 t에 특정한 값을 대입하여 나타냅니다. 예를 들어, $t=1$을 대입하면 특수해는 $x=-7t=-7$, $y=-5t=-5$, $z=t=1$입니다. 이 해가 실제로 위 연립일차방정식의 해인지 확인해봅시다.

? $t=2$일 때, 특수해는 무엇일까요?

$x=-7t=-14$, $y=-5t=-10$, $z=t=2$입니다. 비슷하게 $t=\pi$일 때의 해는 $x=-7t=-7\pi$, $y=-5t=-5\pi$, $z=t=\pi$입니다.

? $t=0$일 때, 특수해는 무엇일까요?

$x=-7t=0$, $y=-5t=0$, $z=t=0$입니다.

위에서 찾은 해를 모두 정리해봅시다.

$$(-7,-5,1),\ (-14,-10,2),\ (-7\pi,-5\pi,\pi),\ (0,0,0)$$

이 해들은 [그림 1-42]에 색깔 표시한 굵은 직선 위에 있습니다. 해 $x=0$, $y=0$, $z=0$은 동차 연립일차방정식의 **자명한 해**(trivial solution)라고 합니다.

동차란 뭘까요?

우변에 있는 모든 상수항이 0인 연립일차방정식을 동차 연립일차방정식이라고 합니다. 즉, $\mathbf{Ax} = \mathbf{O}$ 입니다.

$$\begin{cases} a_{11}x_1 + a_{12}x_2 + \cdots + a_{1n}x_n = 0 \\ a_{21}x_1 + a_{22}x_2 + \cdots + a_{2n}x_n = 0 \\ \vdots \qquad\quad \vdots \qquad\quad \vdots \qquad\quad \vdots \qquad \vdots \\ a_{m1}x_1 + a_{m2}x_2 + \cdots + a_{mn}x_n = 0 \end{cases}$$

일반적으로 연립일차방정식에 다음 식이 포함된다면 이 방정식은 해에 영향을 주지 않으므로 제거할 수 있습니다. 모든 성분이 0인 행을 **영행**(zero row)이라고 합니다.

$$0x_1 + 0x_2 + 0x_3 + \cdots + 0x_n = 0 \qquad (*)$$

영행에서 기본 행 연산을 수행하면 또 다른 영행이 나타난다는 점에 유의해야 합니다. 영행에서 3가지의 기본 행 연산을 적용하면 이를 확인할 수 있습니다. 다음으로 살펴볼 [정리 1-12]의 증명을 이해하려면 1.2절에서 살펴본 기약행 사다리꼴의 정의를 떠올려야 합니다.

> **정리 1-12 동차 연립일차방정식의 해가 무수히 많은 경우**
>
> 동차 연립일차방정식 $\mathbf{Ax} = \mathbf{O}$의 첨가행렬을 $(\mathbf{A}|\mathbf{O})$로 나타낼 수 있습니다. $(\mathbf{A}|\mathbf{O})$와 행동치인 행렬을 $(\mathbf{R}|\mathbf{O})$라 합시다. $\mathbf{R}$은 기약행 사다리꼴 행렬과 동치인 행렬입니다. $\mathbf{R}$에는 미지수 n개, 영행이 아닌 행 r개가 있다고 합시다.
>
> 이때 $r < n$이면($\mathbf{R}$에서 0이 아닌 방정식(행)의 개수가 미지수 개수보다 적으면), 연립일차방정식 $(\mathbf{A}|\mathbf{O})$의 해는 무수히 많습니다.

[정리 1-12]에서 $(\mathbf{A}|\mathbf{O})$와 $(\mathbf{R}|\mathbf{O})$의 해집합은 동일하므로, 증명에서는 기약행 사다리꼴인 첨가행렬 $(\mathbf{R}|\mathbf{O})$을 고려하고자 합니다.

증명

(이번 증명은 한 번 읽어서는 이해하기 좀 어려울 수 있습니다.)

0이 아닌 방정식(행)의 개수 r이 미지수 개수 n보다 적다는 가정이 있습니다. $\mathbf{R}$의 0이 아닌 방정식은 [그림 1-43]과 같이 직사각형 형태입니다.

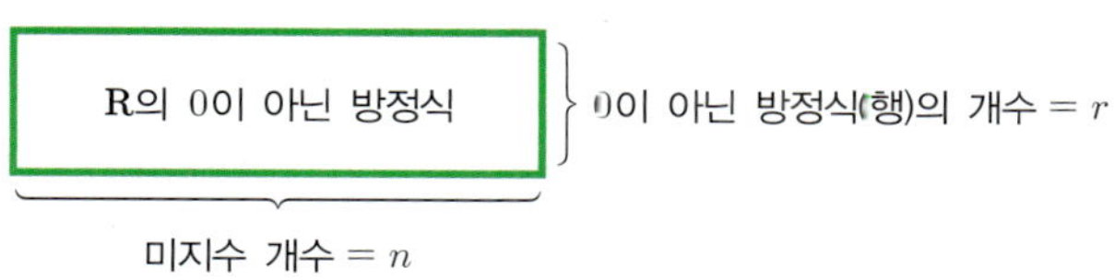

[그림 1-43] R의 0이 아닌 방정식

기약행 사다리꼴 행렬 $\mathbf{R}$에는 영행이 아닌 행이 r개 있습니다. 이는 선행계수 1이 r개 있음을 의미합니다.

왜 그럴까요?

$\mathbf{R}$은 기약행 사다리꼴 행렬이므로, 영행이 아닌 행(non-zero row) 모두가 선행계수 1을 갖습니다. 그러나 행렬이 직사각형 모양이며 $r < n$이므로, 다음과 같이 선행계수 1이 없는 x_j(자유변수)라는 열이 하나 이상 존재합니다.

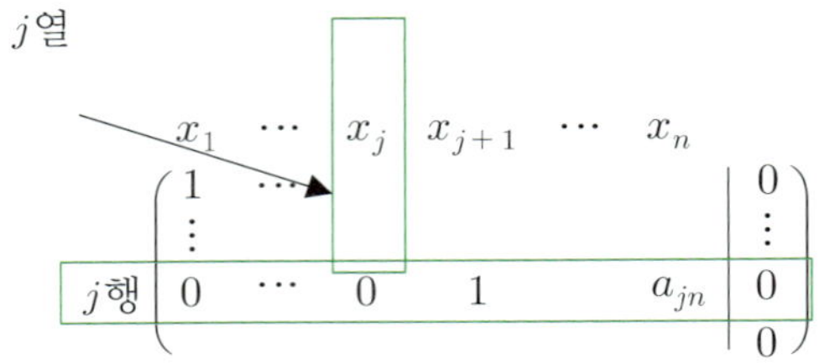

이는 x_j가 $x_j = 1, 2, 3, \pi, -1, \cdots$과 같이 어떤 값도 될 수 있음을 의미합니다. 즉, 임의의 실수 s에 대하여 $x_j = s$와 같이 쓸 수 있습니다. 따라서 무수히 많은 해가 존재합니다. ■

[정리 1-12]는 동차 연립일차방정식 $\mathbf{Ax} = \mathbf{O}$가 (0이 아닌) 방정식보다 더 많은 미지수를 갖는다면, 이 연립일차방정식의 해는 무수히 많음을 의미합니다.

다음은 [예제 1-37]에서 살펴본 행 사다리꼴 행렬입니다([예제 1-37]에서 (†)로 표기하였습니다.)

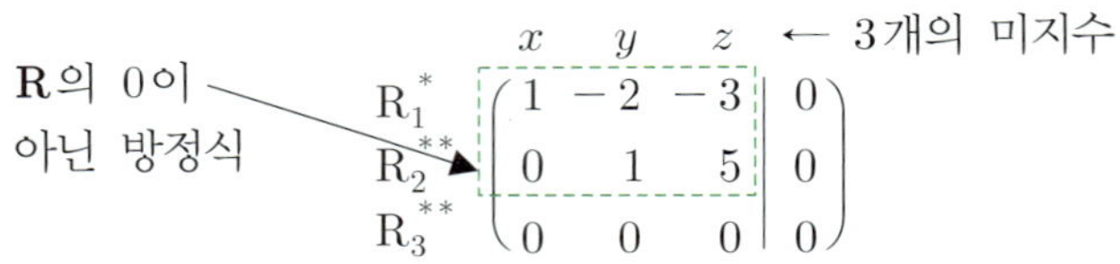

위 행렬은 미지수가 3개($n = 3$)이고 영행이 아닌 행이 2개($r = 2$)인 기약행 사다리꼴 행렬이며, $r = 2 < 3 = n$이므로 무수히 많은 해가 존재합니다.

행 사다리꼴 행렬에서 미지수 개수 n이 0이 아닌 방정식 개수 r보다 크면($n > r$), $n - r$개의 **자유변수**(free variables)가 존재한다고 말합니다. 일반적으로 s, t 등과 같은 매개변수를 이용하여 자유변수를 나타냅니다.

[예제 1-37]에서는 $3 - 2 = 1$개의 자유변수 z가 있었고, 이를 매개변수 t로 나타냈습니다. 자유변수는 행 사다리꼴의 방정식(행)에서 처음으로 나오지 않는 미지수들입니다.[4] [예제 1-37]의 경우, 모든 방정식(행)이 z의 값으로 시작하지 않기 때문에 z는 자유변수입니다. 즉, 실수 t에 대하여 $z = t$이며 x와 y를 t로 나타낼 수 있습니다($x = -7t$, $y = -5t$).

4 (옮긴이) [예제 1-37]에서 미지수가 x, y, z 순서로 나오므로, 여기서 시작하는 미지수는 x입니다.

[정리 1-12]를 일반적인 3×3(미지수가 3개인 방정식 3개) 연립일차방정식에 적용하면 다음과 같이 정리할 수 있습니다.

- 행 사다리꼴에서 0이 아닌 방정식(행)이 3개 있는 경우, 유일한 해 $x=0$, $y=0$, $z=0$이 존재합니다. - [그림 1-44]의 (a)
- 사다리꼴에서 0이 아닌 방정식(행)이 3개 미만인 경우, 해는 유일하지 않고 직선이나 평면 형태로 나타납니다. - [그림 1-44]의 (b)와 (c)

[그림 1-44]의 (b)와 (c)를 보면, 해가 무수히 많음을 알 수 있습니다. 동차 연립일차방정식에서는 비록 자명한 해 $x=0$, $y=0$, $z=0$뿐일지라도 해가 있어야 합니다.

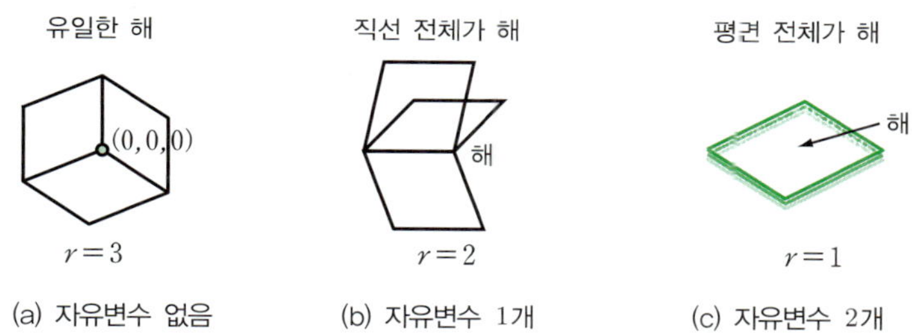

[그림 1-44] 동차 연립일차방정식의 해

1.7.4 비동차 연립일차방정식

비동차(non-homogeneous) 연립일차방정식은 $\mathbf{Ax}=\mathbf{b}$, $\mathbf{b} \neq \mathbf{O}$로 정의합니다.

$$\begin{cases} a_{11}x_1 + a_{12}x_2 + \cdots + a_{1n}x_n = b_1 \\ a_{21}x_1 + a_{22}x_2 + \cdots + a_{2n}x_n = b_2 \\ \quad \vdots \qquad\quad \vdots \qquad\quad \vdots \qquad\quad \vdots \qquad\quad \vdots \\ a_{m1}x_1 + a_{m2}x_2 + \cdots + a_{mn}x_n = b_m \end{cases}$$

위 식에서 b의 값 중 적어도 하나는 0이 아닌 다른 값입니다.

정리 1-13 비동차 연립일차방정식의 해가 무수히 많은 경우

해가 적어도 1개 이상 존재하는 비동차 연립일차방정식을 $\mathbf{Ax}=\mathbf{b}$, $\mathbf{b} \neq \mathbf{O}$라 하고, 기약행 사다리꼴 행렬 $\mathbf{R}$에 대하여 $(\mathbf{A} \mid \mathbf{b})$와 행동치인 첨가행렬을 $(\mathbf{R} \mid \mathbf{b}')$이라 합시다. 그리고 미지수 n개와 영행이 아닌 행 r개 있다고 합시다.

이때 $r < n$이면 연립일차방정식 $\mathbf{Ax}=\mathbf{b}$는 무수히 많은 해를 갖습니다.

증명

1.7절 [연습문제 06]에서 증명합니다. ■

[정리 1-13]은 해가 적어도 1개 이상인 연립일차방정식 $\mathbf{Ax} = \mathbf{b}$ 의 기약행 사다리꼴에서 0이 아닌 방정식 개수보다 미지수 개수가 더 많다면, 이 연립일차방정식의 해는 무수히 많다는 의미입니다. 다시 말해, $\mathbf{R}$의 0이 아닌 방정식은 다음과 같이 가로로 긴 직사각형 행렬 형태(행보다 열이 더 많음)입니다.

$$\boxed{\quad \mathbf{R} \quad}$$

예제 1-38 가우스 소거법을 사용하여 다음 비동차 연립일차방정식을 풀어보세요.

$$\begin{cases} x - y + 2z + 3u = 1 \\ -x + y + 2w - 5u = 5 \\ x - y + 4z + 2w + 4u = 13 \\ -2x + 2y - 5z - w - 3u = -1 \end{cases}$$

풀이

첨가행렬은 다음과 같습니다.

$$\begin{matrix} R_1 \\ R_2 \\ R_3 \\ R_4 \end{matrix} \left(\begin{array}{ccccc|c} 1 & -1 & 2 & 0 & 3 & 1 \\ -1 & 1 & 0 & 2 & -5 & 5 \\ 1 & -1 & 4 & 2 & 4 & 13 \\ -2 & 2 & -5 & -1 & -3 & -1 \end{array}\right)$$

이때 특정 미지수가 방정식에 없을 경우, 계수행렬 부분에 0을 적는다는 점에 유의합니다. 이 행렬을 (기약)행 사다리꼴 행렬로 변환하기 위해 다음과 같은 기본 행 연산을 수행합니다.

$$\begin{matrix} R_1 \\ R_2^* = R_2 + R_1 \\ R_3^* = R_3 - R_1 \\ R_4^* = R_4 + 2R_1 \end{matrix} \left(\begin{array}{ccccc|c} 1 & -1 & 2 & 0 & 3 & 1 \\ -1+1 & 1-1 & 0+2 & 2+0 & -5+3 & 5+1 \\ 1-1 & -1-(-1) & 4-2 & 2-0 & 4-3 & 13-1 \\ -2+2\times 1 & 2+2\times(-1) & -5+2\times 2 & -1+2\times 0 & -3+2\times 3 & -1+2\times 1 \end{array}\right)$$

이를 간단히 정리하면, 다음과 같습니다.

$$\begin{matrix} R_1 \\ R_2^* \\ R_3^* \\ R_4^* \end{matrix} \left(\begin{array}{ccccc|c} 1 & -1 & 2 & 0 & 3 & 1 \\ 0 & 0 & 2 & 2 & -2 & 6 \\ 0 & 0 & 2 & 2 & 1 & 12 \\ 0 & 0 & -1 & -1 & 3 & 1 \end{array}\right)$$

마지막 행을 모두 0으로 만들기 위해 다음과 같은 행 연산을 수행합니다.

$$\begin{matrix} R_1 \\ R_2^* \\ R_3^{**} = R_3^* - R_2^* \\ R_4^{**} = 2R_4^* + R_2^* \end{matrix} \left(\begin{array}{ccccc|c} 1 & -1 & 2 & 0 & 3 & 1 \\ 0 & 0 & 2 & 2 & -2 & 6 \\ 0-0 & 0-0 & 2-2 & 2-2 & 1-(-2) & 12-6 \\ 2\times 0+0 & 2\times 0+0 & 2\times(-1)+2 & 2\times(-1)+2 & 2\times 3+(-2) & 2\times 1+6 \end{array}\right)$$

이를 간단히 정리하면, 다음과 같습니다.

$$\begin{matrix} R_1 \\ R_2^* \\ R_3^{**} \\ R_4^{**} \end{matrix} \left(\begin{array}{ccccc|c} 1 & -1 & 2 & 0 & 3 & 1 \\ 0 & 0 & 2 & 2 & -2 & 6 \\ 0 & 0 & 0 & 0 & 3 & 6 \\ 0 & 0 & 0 & 0 & 4 & 8 \end{array}\right)$$

3행은 3으로, 4행은 4로 나누면(또는 각 행에 $\frac{1}{3}$과 $\frac{1}{4}$을 곱하면) 다음과 같습니다.

$$\begin{matrix} R_1 \\ R_2^* \\ R_3^\dagger = R_3^{**}/3 \\ R_4^\dagger = R_4^{**}/4 \end{matrix} \left(\begin{array}{ccccc|c} 1 & -1 & 2 & 0 & 3 & 1 \\ 0 & 0 & 2 & 2 & -2 & 6 \\ 0 & 0 & 0 & 0 & 1 & 2 \\ 0 & 0 & 0 & 0 & 1 & 2 \end{array}\right)$$

4행에서 3행을 빼고, R_2^*를 2로 나누면 다음과 같습니다.

$$\begin{matrix} \\ R_1 \\ R_2^*/2 \\ R_3^\dagger \\ R_4^\dagger - R_3^\dagger \end{matrix} \begin{matrix} \begin{matrix} x & y & z & w & u \end{matrix} \\ \left(\begin{array}{ccccc|c} \boxed{1} & -1 & 2 & 0 & 3 & 1 \\ 0 & 0 & \boxed{1} & 1 & -1 & 3 \\ 0 & 0 & 0 & 0 & \boxed{1} & 2 \\ 0 & 0 & 0 & 0 & 0 & 0 \end{array}\right) \end{matrix} \qquad (\dagger\dagger)$$

위 행렬은 기약행 사다리꼴 행렬입니다. 미지수가 5개이고 영행이 아닌 헝이 3개이므로, [정리 1-13]에 의해 해가 무수히 많고 자유변수가 $5-3=2$개라는 결론을 내릴 수 있습니다. 행렬 $(\dagger\dagger)$에서 방정식(행)은 y와 w로 시작하지 않으므로 y와 w는 자유변수입니다. 3행 $R_3^\dagger$에서 $u=2$임을 알 수 있습니다. 2행 $R_2^*/2$를 방정식으로 변환하면 다음과 같습니다.

$$\begin{aligned} z+w-u&=3 \\ z+w-2&=3 \qquad [u=2 \text{ 대입}] \\ z+w&=5 \\ z&=5-w \end{aligned}$$

임의의 실수 t에 대하여 $w=t$라 하면, $z=5-t$입니다. 1행 R_1에서 다음을 얻을 수 있습니다.

$$\begin{aligned} x-y+2z+3u&=1 \\ x-y+2(5-t)+3\times 2&=1 \qquad [z=5-t\text{와 } u=2 \text{ 대입}] \\ x-y+10-2t+6&=1 \qquad [\text{간단히 정리}] \\ x&=y+2t-15 \end{aligned}$$

임의의 실수 s에 대하여 $y=s$라고 하면, $x=s+2t-15$입니다. 그러므로 주어진 연립일차방정식의 해는 다음과 같습니다.

$$x=s+2t-15,\ y=s,\ z=5-t,\ w=t,\ u=2$$

이 일반해에 임의의 실수 s와 t를 대입하여 특정한 값을 찾을 수 있습니다.

이 연립일차방정식의 해는 무수히 많습니다.

1.7.5 퍼즐 응용

퍼즐(puzzle)을 푸는 데 가우스 소거법을 사용할 수 있습니다. 예를 들면, 스도쿠(sudoku) 퍼즐을 풀 때 이 방법을 사용할 수 있죠. 상당수 퍼즐에는 무수히 많은 해답이 있지만, 신문에 게재된 퍼즐은 일반 대중을 위한 것이므로 대개 10이나 25 이하의 양의 정수로 답을 제한합니다. 대부분의 사람들은 퍼즐을 풀 때 시행착오를 겪을 수밖에 없다고 생각하지만, 가우스 소거법을 이용하면 체계적인 과정에 따라 일반적인 해답을 얻을 수 있습니다.

예제 1-39 **다음 퍼즐에서 행과 열의 문자를 더하면 굵은 글꼴로 표기한 수가 됩니다. 미지수 x를 모두 찾으세요. (아래 보기는 신문에서 볼 수 있는 퍼즐보다 난도가 훨씬 더 높습니다.)**

x_1	x_2	x_3	**15**
x_4	x_5	x_6	**6**
8	**7**	**6**	

풀이

각 행과 열을 더하여 방정식을 구성하면 다음과 같습니다.

$$\begin{array}{rcl} x_1+x_2+x_3 \qquad\qquad\qquad & = 15 & \text{1행} \\ x_4+x_5+x_6 & = 6 & \text{2행} \\ x_1 \qquad\quad +x_4 \qquad\qquad & = 8 & \text{1열} \\ x_2 \qquad\quad +x_5 \qquad & = 7 & \text{2열} \\ x_3 \qquad\quad +x_6 & = 6 & \text{3열} \end{array}$$

이 연립일차방정식의 해가 존재한다고 할 때, 방정식 개수(5)보다 미지수 개수(6)가 더 많으므로 해가 무수히 많다고 확신할 수 있습니다.

MAPLE 또는 MATLAB과 같은 수학 소프트웨어를 사용하여 계산하면 첨가행렬과 기약행 사다리꼴 행렬은 다음과 같습니다.

$$\left(\begin{array}{cccccc|c} 1&1&1&0&0&0&15 \\ 0&0&0&1&1&1&6 \\ 1&0&0&1&0&0&8 \\ 0&1&0&0&1&0&7 \\ 0&0&1&0&0&1&6 \end{array}\right) \Rightarrow \begin{array}{c} \\ \text{1행} \\ \text{2행} \\ \text{3행} \\ \text{4행} \\ \text{5행} \end{array} \begin{array}{c} \begin{array}{cccccc} x_1&x_2&x_3&x_4&x_5&x_6 \end{array} \\ \left(\begin{array}{cccccc|c} 1&0&0&0&-1&-1&2 \\ 0&1&0&0&1&0&7 \\ 0&0&1&0&0&1&6 \\ 0&0&0&1&1&1&6 \\ 0&0&0&0&0&0&0 \end{array}\right) \end{array}$$

기약행 사다리꼴 행렬에 0이 아닌 방정식 4개와 미지수 6개가 있습니다. 따라서 자유변수가 $6-4=2$개 있습니다. 어떤 방정식도 x_5와 x_6로 시작하지 않으므로 x_5와 x_6는 자유변수입니다. 임의의 실수 s와 t에 대하여 $x_5 = s$, $x_6 = t$라고 하면 다음이 성립합니다.

4행을 방정식으로 변환하면, $x_4 + x_5 + x_6 = 6$이므로 $x_4 = 6 - x_5 - x_6 = 6 - s - t$

3행을 방정식으로 변환하면, $x_3 + x_6 = 6$이므로 $x_3 = 6 - x_6 = 6 - t$

2행을 방정식으로 변환하면, $x_2 + x_5 = 7$이므로 $x_2 = 7 - x_5 = 7 - s$

1행을 방정식으로 변환하면, $x_1 - x_5 - x_6 = 2$이므로 $x_1 = 2 + x_5 + x_6 = 2 + s + t$

따라서 임의의 실수 s와 t에 대하여, 해는 다음과 같습니다.

$$x_1 = 2+s+t,\ x_2 = 7-s,\ x_3 = 6-t,\ x_4 = 6-s-t,\ x_5 = s,\ x_6 = t \qquad (*)$$

특수해는 s와 t에 특정한 값을 대입하여 구할 수 있습니다. 예를 들어, $s=1$, $t=2$를 대입하여 퍼즐의 해답 중 하나를 찾을 수 있습니다. 수를 대입해 깔끔하고 쉽게 계산할 수 있죠. 식 (*)에 $s=1$, $t=2$를 대입한 결과는 다음과 같습니다.

$$x_1 = 5,\ x_2 = 6,\ x_3 = 4,\ x_4 = 3,\ x_5 = 1,\ x_6 = 2$$

이 결과가 실제로 퍼즐의 해답인지 확인해보세요. 물론, 위 퍼즐의 해답은 무수히 많습니다. 예를 들어,

$$s=1,\ t=1 \text{ 또는 } s=-1,\ t=5 \text{ 또는 } s=\pi,\ t=\sqrt{2}$$

라 하고 식 (*)에 이 수들을 대입하면, 각 미지수에 대한 또 다른 값을 얻을 수 있습니다.

[예제 1-39]에서 해는 다음과 같았습니다.

$$x_1 = 2+s+t,\ x_2 = 7-s,\ x_3 = 6-t,\ x_4 = 6-s-t,\ x_5 = s,\ x_6 = t \qquad (*)$$

이는 **일반해**(general solution)라고 하며, 다음과 같이 벡터 형태로 쓸 수 있습니다.

$$\mathbf{x} = \begin{pmatrix} x_1 \\ x_2 \\ x_3 \\ x_4 \\ x_5 \\ x_6 \end{pmatrix} = \begin{pmatrix} 2+s+t \\ 7-s \\ 6-t \\ 6-s-t \\ s \\ t \end{pmatrix} = s\begin{pmatrix} 1 \\ -1 \\ 0 \\ -1 \\ 1 \\ 0 \end{pmatrix} + t\begin{pmatrix} 1 \\ 0 \\ -1 \\ -1 \\ 0 \\ 1 \end{pmatrix} + \begin{pmatrix} 2 \\ 7 \\ 6 \\ 6 \\ 0 \\ 0 \end{pmatrix}$$

가우스 소거법은 로봇 팔과 같은 기계 장치를 분석할 때도 적용할 수 있습니다. 공학 측면에서 볼 때 **자유도**(degree of freedom)는 중요합니다. 연립일차방정식에 자유변수가 d개 있으면 자유도는 d개 있습니다.

핵심요약

- 기약행 사다리꼴 행렬 $\mathbf{R}$에 대해 $(\mathbf{A}\,|\,\mathbf{b})$와 $(\mathbf{R}\,|\,\mathbf{b}')$이 행동치이고, $\mathbf{R}$에서 n을 미지수 개수, r을 0이 아닌 방정식 개수라고 합시다.

  이때 $r < n$이면 연립일차방정식 $(\mathbf{A}\,|\,\mathbf{b})$의 해는 무수히 많습니다.

1.7 연습문제

01 다음 연립일차방정식의 해가 유일한지, 무수히 많은지 또는 없는지를 판단해보세요. 해가 무수히 많거나 유일한 경우에는 그 해를 구해보세요.

(a) $\begin{cases} x+3y+2z=5 \\ 2x-y-z=1 \\ -x+2y+z=3 \end{cases}$

(b) $\begin{cases} -x+y+z=0 \\ 3x-2y+5z=0 \\ 4x-y-2z=0 \end{cases}$

(c) $\begin{cases} -x+y+z=2 \\ 2x+2y+3z=5 \\ 6x+6y+9z=7 \end{cases}$

(d) $\begin{cases} x+y-z=2 \\ x+2y+z=4 \\ 3x+3y-3z=6 \end{cases}$

(e) $\begin{cases} 3x-3y-z+2w=0 \\ 6x-7y+z+w=0 \\ x-y-2z-w=0 \\ 2x-2y+6z+8w=0 \end{cases}$

(f) $\begin{cases} 2x+3y+5z+2w=6 \\ 2x+3y+2z+2w=7 \\ 8x+12y+20z+8w=24 \\ x+2y+4z+5w=6 \end{cases}$

(g) $\begin{cases} -10y+38z=6 \\ 5x+6y-8z+4w=3 \\ 10x+7y+3z+8w=9 \end{cases}$

(h) $\begin{cases} -y+5u=3 \\ 3x-4y+z+6w+7u=5 \\ 15x-20y+2z+30w+3u=-1 \\ 12x-16y+7z+24w+60u=10 \end{cases}$

(i) $\begin{cases} -y+5u=3 \\ 3x-4y+z+6w+7u=5 \\ 15x-20y+2z+30w+3u=-1 \\ 12x-16y+7z+24w+60u=46 \end{cases}$

(j) $\begin{cases} 2x-y+3z+5w+5u=1 \\ x+7y+6z-11w+7u=-8 \\ x-2y+6z+4w+u=5 \\ 2x-6y+14w+2u=\dfrac{20}{3} \end{cases}$

02 연립일차방정식에 대응하는 기약행 사다리꼴 행렬을 소프트웨어를 이용하여 다음과 같이 계산했습니다. 연립일차방정식의 해를 벡터 형태로 나타내보세요.

(a) $\begin{cases} x+y-2z+4w=5 \\ 2x+2y-3z+w=3 \\ 3x+3y-4z-2w=1 \end{cases}$

$\Rightarrow \left(\begin{array}{cccc|c} 1 & 1 & 0 & -10 & -9 \\ 0 & 0 & 1 & -7 & -7 \\ 0 & 0 & 0 & 0 & 0 \end{array}\right)$

(b) $\begin{cases} x_1+x_2+x_3+x_4+2x_5+3x_6=0 \\ 2x_1+2x_2+2x_3+2x_4+4x_5+5x_6=0 \\ 3x_1+3x_2+3x_3+3x_4+6x_5+7x_6=0 \end{cases}$

$\Rightarrow \left(\begin{array}{cccccc|c} 1 & 1 & 1 & 1 & 2 & 0 & 0 \\ 0 & 0 & 0 & 0 & 1 & 0 & 0 \\ 0 & 0 & 0 & 0 & 0 & 0 & 0 \end{array}\right)$

(c) $\begin{cases} x_1+3x_2-2x_3+x_4+2x_6=0 \\ 2x_1+6x_2-5x_3-2x_4-3x_5+4x_6=-1 \\ x_3+2x_4+3x_5=1 \\ x_1+3x_2+4x_4+6x_5+2x_6=3 \end{cases}$

$\Rightarrow \left(\begin{array}{cccccc|c} 1 & 3 & 0 & 0 & 6 & 2 & 2 \\ 0 & 0 & 1 & 0 & 3 & 0 & 1 \\ 0 & 0 & 0 & 1 & 0 & 0 & 0 \\ 0 & 0 & 0 & 0 & 0 & 0 & 0 \end{array}\right)$

03 다음 연립일차방정식의 해가 존재하도록 k의 값을 구하고 방정식을 풀어보세요. (단, z는 0이 아닙니다.)

$$\begin{cases} 2x-y-4z=k \\ -x+y+2z=k \\ -x+y+kz=k \end{cases}$$

04 $\mathbf{u}$와 $\mathbf{v}$가 동차 연립일차방정식 $\mathbf{Ax}=\mathbf{O}$의 해이며, $\mathbf{u}$가 $\mathbf{v}$의 실수배가 아니라고 합시다. 임의의 스칼라 k와 c에 대하여 벡터 $k\mathbf{u}+c\mathbf{v}$도 $\mathbf{Ax}=\mathbf{O}$의 해임을 증명해보세요. 이는 $\mathbf{u}$와 $\mathbf{v}$가 해라면 $\mathbf{Ax}=\mathbf{O}$가 무수히 많은 해를 가짐을 의미합니다.

05 비동차 연립일차방정식 $\mathbf{Ax}=\mathbf{b}$, $\mathbf{b}\neq\mathbf{O}$에 대해 생각해봅시다. $\mathbf{x}_p$가 $\mathbf{Ax}=\mathbf{b}$의 특수해, $\mathbf{x}_h$가 동차 연립일차방정식 $\mathbf{Ax}=\mathbf{O}$의 해라고 하면, $\mathbf{x}_p+\mathbf{x}_h$가 $\mathbf{Ax}=\mathbf{b}$의 해임을 증명해보세요.

06 [정리 1-13]을 증명해보세요.

*07 $n\times n$ 행렬의 기약행 사다리꼴 행렬이 항등행렬 $\mathbf{I}$이거나 적어도 하나의 영행을 포함함을 증명해보세요.

* [연습문제 08~11]은 소프트웨어를 사용하여 해결할 수 있습니다.

08 굵은 글꼴로 표기한 수는 각 열과 행의 총합입니다. 다음 퍼즐을 풀고 일반해를 벡터 형태로 나타내보세요.

x_1	x_2	x_3	**6**
x_4	x_5	x_6	**15**
5	**7**	**9**	

09 굵은 글꼴로 표기한 수는 각 열과 행의 총합입니다. 다음 퍼즐을 풀고, 일반해를 벡터 형태로 나타내보세요.

x_1	x_2	x_3	**16**
x_4	x_5	x_6	**21**
x_7	x_8	x_9	**8**
17	**15**	**13**	

10 각 원 안의 수는 그 수를 둘러싼 네 칸의 수들의 합입니다. 다음 스도쿠 퍼즐을 풀고 일반해를 벡터 형태로 나타내보세요.

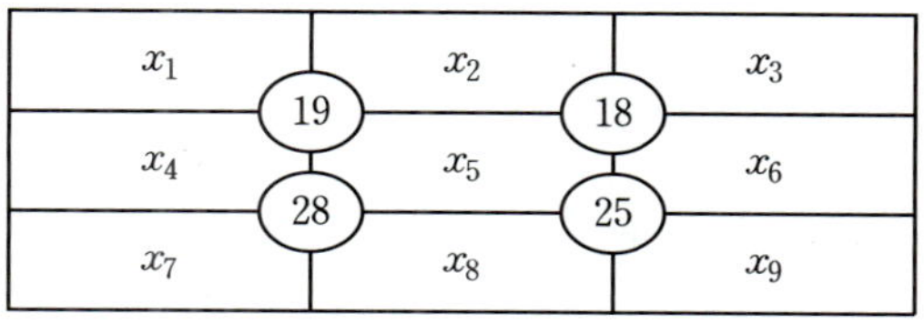

11 위성 항법 장치(GPS)는 위치를 찾는 데 사용합니다. 위성은 xyz-좌표계의 위성 위치와 신호가 전송된 시간 t에 관한 정보를 신호로 바꾸어 지구상의 수신기로 보냅니다. 이 신호에 몇 가지 계산을 하여 다음 연립일차방정식을 얻었습니다. 이 연립일차방정식의 해를 구해보세요.

$$\begin{cases} 2x-4y+4z+0.077t = 3.86 \\ \quad -2y+2z-0.056t = -3.47 \\ 2x-2y \qquad\qquad\quad = 0 \end{cases}$$

1.8 역행렬 구하는 방법

학습목표

- 기본행렬의 의미를 이해할 수 있습니다.
- 주어진 행렬의 역행렬을 구할 수 있습니다.
- 메시지를 암호화하는 데 역행렬 방법을 적용할 수 있습니다.

연립일차방정식 $\mathbf{Ax}=\mathbf{b}$($\mathbf{A}$는 가역행렬)의 해를 구하는 또 다른 방법이 있습니다. 바로 $\mathbf{x}=\mathbf{A}^{-1}\mathbf{b}$와 같이 역행렬을 이용하는 방법입니다. 그러나 역행렬을 찾으려면 긴 과정을 거쳐야 합니다. 종종 가우스 소거법을 사용하여 연립일차방정식의 해를 빠르게 구할 수 있습니다.

왜 역행렬을 구하려고 할까요?

역행렬은 단일 연립일차방정식 $\mathbf{Ax}=\mathbf{b}$의 해를 구할 때는 유용하지 않지만, 동일한 계수행렬 $\mathbf{A}$를 갖는 많은 연립일차방정식의 해를 구할 때는 유용합니다.

예를 들면, 서로 다른 100개의 연립일차방정식 $\mathbf{Ax}_k=\mathbf{b}_k\,(k=1,2,\cdots,100)$에서 계수행렬 $\mathbf{A}$는 고정되어 있고, 우변의 벡터 $\mathbf{b}_k$가 서로 다른 상황에서 100개의 연립일차방정식의 해를 모두 구한다고 가정합시다. 이때 계수행렬 $\mathbf{A}$를 한 번만 변환하면 각 $\mathbf{b}_k$에 대하여 $\mathbf{x}_k=\mathbf{A}^{-1}\mathbf{b}_k\,(k=1,2,\cdots,100)$를 구할 수 있습니다.

행렬 $\mathbf{A}$는 동일하지만 벡터 $\mathbf{b}$가 서로 다른 연립일차방정식 $\mathbf{Ax}=\mathbf{b}$의 해를 구하는 실생활 응용 사례는 많습니다. 이 경우에는 행렬 $\mathbf{A}$의 역행렬을 한 번 구한 뒤에, 행렬 $\mathbf{A}$의 역행렬에 서로 다른 벡터 $\mathbf{b}$를 곱하는 방법이 더 효율적입니다. 행렬 $\mathbf{A}$는 대개 연립일차방정식의 일반적인 성질을 나타내고 벡터 $\mathbf{b}$는 특수한 성질을 나타내기 때문입니다.

역행렬을 구하기 위해서는 먼저 기본행렬에 대해 알아야 합니다. 그리고 이것이 기본 행 연산과 어떤 연관이 있는지 살펴봐야 합니다.

1.8.1 기본행렬

기본행렬(elementary matrix)은 항등행렬 $\mathbf{I}$에 기본 행 연산을 한 번 하여 얻은 행렬입니다. 예를 들면, 행렬 $\begin{pmatrix}1&0&0\\0&\sqrt{2}&0\\0&0&1\end{pmatrix}$은 기본행렬입니다. 왜냐하면 항등행렬 $\begin{pmatrix}1&0&0\\0&1&0\\0&0&1\end{pmatrix}$의 2행에 $\sqrt{2}$를 곱했기 때문이죠. 즉, 기본 행 연산을 한 번 했습니다.

예제 1-40 **다음 행렬 중 기본행렬을 찾아보세요.**

$$\mathrm{A}=\begin{pmatrix}1&0&0\\0&1&0\\0&0&23\end{pmatrix},\qquad \mathrm{B}=\begin{pmatrix}1&0&-5&0\\0&1&0&0\\0&0&1&0\\0&0&0&1\end{pmatrix},\qquad \mathrm{C}=\begin{pmatrix}1&0&3\\0&4&0\\0&0&1\end{pmatrix},\qquad \mathrm{D}=\begin{pmatrix}0&1\\1&0\end{pmatrix}$$

풀이

행렬 A, B, D는 기본행렬입니다. 왜 그럴까요?

행렬 $\mathbf{A}$는 항등행렬의 3행에 23을 곱하여 얻을 수 있으므로 기본행렬입니다. 행렬 $\mathbf{B}$는 항등행렬 $\mathbf{I}_4$의 3행에 -5를 곱한 것을 1행에 더하여 얻을 수 있으므로 기본행렬입니다. 행렬 $\mathbf{D}$는 항등행렬 $\begin{pmatrix}1&0\\0&1\end{pmatrix}$의 행을 서로 교환했으므로 기본행렬입니다. 여기서 행의 위치를 서로 바꾸는 것이 기본 행 연산을 한 번 한 것임에 주의합시다.

행렬 $\mathbf{C}$는 항등행렬에 기본 행 연산을 한 번 하여 얻을 수 없는 행렬이기에 기본행렬이 아닙니다. 행렬 $\mathbf{C}$는 항등행렬에 기본 행 연산을 두 번 해야 얻을 수 있습니다. 두 번의 기본 행 연산은 다음과 같이 진행합니다.

1. 항등행렬의 3행에 3을 곱한 것을 1행에 더합니다.
2. 항등행렬의 2행에 4를 곱합니다.

기본행렬 **E**가 항등행렬에 어떤 기본 행 연산을 하여 얻은 행렬이라면, 행렬 곱 **EA**는 행렬 **A**에 동일한 기본 행 연산을 수행한 결과입니다. 예를 들면, 다음과 같이 일반적인 3×3 헝렬 **A**와 항등행렬의 2행과 3행을 교환하여 얻은 기본행렬 **E**를 생각해봅시다.

$$\mathbf{A}=\begin{pmatrix} a & b & c \\ d & e & f \\ g & h & i \end{pmatrix},\quad \mathbf{E}=\begin{pmatrix} 1 & 0 & 0 \\ 0 & 0 & 1 \\ 0 & 1 & 0 \end{pmatrix} \text{ 교환}$$

그러면 행렬 곱은 다음과 같습니다.

$$\mathbf{EA}=\begin{pmatrix} 1 & 0 & 0 \\ 0 & 0 & 1 \\ 0 & 1 & 0 \end{pmatrix}\begin{pmatrix} a & b & c \\ d & e & f \\ g & h & i \end{pmatrix}=\begin{pmatrix} a & b & c \\ g & h & i \\ d & e & f \end{pmatrix} \text{ 교환}$$

? 주어진 기본행렬 E는 행렬 A에 어떤 영향을 주나요?

행렬의 2행과 3행을 교환하는 동일한 기본 행 연산을 수행합니다.

? 행렬 $\mathrm{E}=\begin{pmatrix} 1 & 0 & 0 \\ 0 & -2 & 0 \\ 0 & 0 & 1 \end{pmatrix}$에 대하여 행렬 곱 EA는 일반적인 3×3 행렬 A에 어떤 영향을 주나요?

기본행렬 **E**는 항등행렬의 2행에 −2를 곱하여 얻은 행렬입니다. 따라서 행렬 곱 **EA**를 수행하면 다음과 같은 결과를 얻습니다.

$$\mathbf{EA}=\begin{pmatrix} 1 & 0 & 0 \\ 0 & -2 & 0 \\ 0 & 0 & 1 \end{pmatrix}\begin{pmatrix} a & b & c \\ d & e & f \\ g & h & i \end{pmatrix}=\begin{pmatrix} a & b & c \\ -2d & -2e & -2f \\ g & h & i \end{pmatrix}$$

그러므로 행렬 곱 **EA**는 2행에 −2를 곱하는 기본 행 연산을 동일하게 수행합니다.

일반적으로, 행렬 **E**가 항등행렬 $\mathbf{I}_n$에 특정 기본 행 연산을 하여 얻은 $n\times n$ 행렬이고 행렬 **A**가 $n\times r$ 행렬이면 행렬 곱 **EA**는 행렬 **A**에 동일한 기본 행 연산을 수행합니다. 이처럼 기본 행 연산을 수행하는 데 행렬 **E**를 사용할 수 있습니다.

? 1.7절에서 배운 행동치의 의미를 기억하나요?

한 행렬에 기본 행 연산을 유한 번 하여 얻은 행렬이 있을 때, 두 행렬을 서로 행동치인 행렬이라고 합니다.

정의 1-4 행동치

유한개의 기본행렬 $\mathbf{E}_1$, $\mathbf{E}_2$, $\mathbf{E}_3$, $\cdots$, $\mathbf{E}_n$이 존재하여 $\mathbf{B} = \mathbf{E}_n\mathbf{E}_{n-1} \cdots \mathbf{E}_2\mathbf{E}_1\mathbf{A}$를 만족하면 행렬 $\mathbf{B}$는 행렬 $\mathbf{A}$와 **행동치**(row equivalent)입니다.

[정의 1-4]는 행렬 $\mathbf{A}$에 유한 번의 기본 행 연산을 하면 행렬 $\mathbf{B}$가 된다는 의미입니다. 기본행렬이 행렬 $\mathbf{A}$의 왼쪽에서 행렬 $\mathbf{A}$와 행렬 곱을 이룬다는 점에 주목합시다.

행렬 $\mathbf{B}$가 행렬 $\mathbf{A}$와 행동치이면 그 역도 성립합니다. 즉, 행렬 $\mathbf{A}$도 행렬 $\mathbf{B}$와 행동치입니다. 1.8절 [연습문제 12]에서 이를 증명해보세요.

정리 1-14 기본행렬의 성질

(a) 기본행렬은 가역행렬입니다.

(b) 기본행렬의 역행렬도 기본행렬입니다.

증명

1.8절 [연습문제 10]에서 증명합니다. ■

1.8.2 동치 명제($\mathrm{P} \Leftrightarrow \mathrm{Q}$)

이 절의 내용을 이해하려면 1.2.4절에서 정의한 기약행 사다리꼴(rref)의 의미를 살펴봐야 합니다.

주어진 행렬을 기약행 사다리꼴로 변환하여 역행렬을 찾으려고 합니다. 그 전에 동치를 나타내는 중요한 정리를 살펴봅시다.

동치란 무슨 뜻일까요?

두 명제 P, Q가 모두 참이거나 모두 거짓이면 두 명제는 **동치**(equivalent)입니다. 동치는 'P는 Q의 필요충분조건(if and only if)'이라고 달리 표현할 수 있으며, $P \Leftrightarrow Q$로 표기합니다. 이는 'P이면 Q이고, Q이면 P이다'를 의미합니다. 즉, $P \Rightarrow Q$, $Q \Rightarrow P$를 모두 나타냅니다.

$P \Rightarrow Q$ 형태의 명제는 명제 P가 참이라는 가정 하에 명제 Q를 도출하여 증명할 수 있습니다. 일반적으로 네 명제 P, Q, R, S에 대하여, 다음과 같이 $P \Rightarrow Q \Rightarrow R \Rightarrow S \Rightarrow P$이면 P, Q, R, S는 모두 동치입니다.

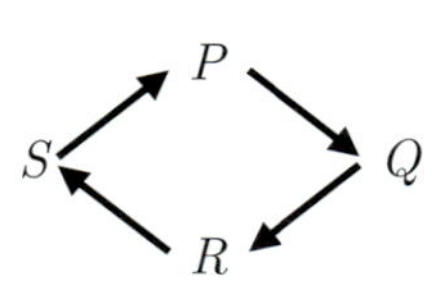

이제 가역행렬에 대한 중요한 정리를 증명해봅시다.

왜 번거롭게 증명을 할까요?

선형대수학 학습의 기본 목표 중 하나는 추론을 배우는 것입니다. 많은 사람이 수학을 엔지니어와 과학자가 사용하는 도구라고 생각하지만, 이는 추론의 깊이와 수학의 고유한 아름다움을 이해하지 못해서 하는 말입니다. 증명은 수학의 도구 측면이 아닌 작동 원리를 설명합니다.

> **정리 1-15 연립일차방정식과 행렬에 관한 동치 명제**
>
> 행렬 $\mathbf{A}$가 $n \times n$ 행렬일 때, 다음 네 명제는 동치입니다.
>
> (a) 행렬 $\mathbf{A}$는 가역행렬입니다.
>
> (b) 연립일차방정식 $\mathbf{Ax} = \mathbf{O}$는 오직 자명한 해 $\mathbf{x} = \mathbf{O}$만 가집니다.
>
> (c) 행렬 $\mathbf{A}$의 기약행 사다리꼴 행렬은 항등행렬 $\mathbf{I}$입니다.
>
> (d) 행렬 $\mathbf{A}$는 기본행렬의 곱입니다.

증명

[정리 1-15]를 어떻게 증명할 수 있을까요?

(a)이면 (b), (b)이면 (c), (c)이면 (d), (d)이면 (a)임을 보이면 됩니다. 즉, (a) ⇒ (b) ⇒ (c) ⇒ (d) ⇒ (a)임을 보입니다. 먼저 (a)이면 (b)임을 증명해봅시다.

(a) ⇒ (b)

명제 (a)가 참이라는 가정 하에 명제 (b)를 도출합니다. 행렬 $\mathbf{A}$가 가역행렬일 때 연립일차방정식 $\mathbf{Ax} = \mathbf{O}$가 오직 자명한 해 $\mathbf{x} = \mathbf{O}$만 가짐을 보여야 합니다. 연립일차방정식 $\mathbf{Ax} = \mathbf{O}$에서 행렬 $\mathbf{A}$는 가역행렬이므로 $\mathbf{A}^{-1}\mathbf{A} = \mathbf{I}$를 만족하는 유일한 역행렬 $\mathbf{A}^{-1}$가 존재합니다. $\mathbf{Ax} = \mathbf{O}$의 양변에 $\mathbf{A}^{-1}$를 곱하면 다음과 같습니다.

$$
\begin{aligned}
\underbrace{\mathbf{A}^{-1}\mathbf{A}}_{=\mathbf{I}}\ \mathbf{x} &= \mathbf{A}^{-1}\mathbf{O} \\
\mathbf{Ix} &= \mathbf{A}^{-1}\mathbf{O} = \mathbf{O} \\
\mathbf{Ix} &= \mathbf{O} \\
\mathbf{x} &= \mathbf{O} \qquad [\mathbf{Ix} = \mathbf{x}]
\end{aligned}
$$

여기서 $\mathbf{x} = \mathbf{O}$는 연립일차방정식이 자명한 해 $\mathbf{x} = \mathbf{O}$만 가짐을 의미합니다. 그러므로 (a) ⇒ (b)가 성립합니다.

(b) ⇒ (c)

명제 (b)가 참이라는 가정 하에 명제 (c)를 도출합니다. 즉, 연립일차방정식 $\mathbf{Ax} = \mathbf{O}$가 자명한 해 $\mathbf{x} = \mathbf{O}$만 가진다는 사실을 이용하여 행렬 $\mathbf{A}$의 기약행 사다리꼴 행렬이 항등행렬 $\mathbf{I}$임을 증명합니다.

행렬 $\mathbf{A}$의 기약행 사다리꼴 행렬은 성분이 모두 0인 행을 가질 수 없습니다. 그렇지 않으면 서로 다른 미지수

n개에 대해 모든 성분이 0이 아닌 행이 n개보다 적으므로 [정리 1-12]에 의해 해가 무수히 많습니다. 그러나 연립일차방정식 $\mathbf{Ax}=\mathbf{O}$는 자명한 해만 가지므로 성분이 모두 0인 행은 존재하지 않습니다.

1.7절 [연습문제 07]에 따르면, '행렬의 기약행 사다리꼴은 항등행렬 $\mathbf{I}$이거나 성분이 모두 0인 행을 포함한다'가 성립합니다. 따라서 행렬 $\mathbf{A}$의 기약행 사다리꼴 행렬은 항등행렬입니다. 즉, (b) ⇒ (c)가 성립합니다.

(c) ⇒ (d)

명제 (c)가 참이라면 행렬 $\mathbf{A}$의 기약행 사다리꼴 행렬은 항등행렬 $\mathbf{I}$입니다. 즉, 행렬 $\mathbf{A}$는 항등행렬 $\mathbf{I}$와 행동치입니다. [정의 1-4]에 의하여 다음을 만족하는 기본행렬 $\mathbf{E}_1$, $\mathbf{E}_2$, $\cdots$, $\mathbf{E}_k$가 존재합니다.

$$\begin{aligned}\mathbf{A} &= \mathbf{E}_k\mathbf{E}_{k-1}\cdots\mathbf{E}_2\mathbf{E}_1\mathbf{I} && \text{[행렬 }\mathbf{A}\text{는 행렬 }\mathbf{I}\text{와 행동치]}\\ &= \mathbf{E}_k\mathbf{E}_{k-1}\cdots\mathbf{E}_2\mathbf{E}_1 && \text{[행렬 }\mathbf{I}\text{는 항등행렬]}\end{aligned}$$

이는 행렬 $\mathbf{A}$가 기본행렬의 곱임을 나타냅니다. 즉, (c) ⇒ (d)가 성립합니다.

(d) ⇒ (a)

행렬 $\mathbf{A}$가 기본행렬의 곱이라 가정하고 $\mathbf{A}$가 가역행렬임을 보이면 됩니다. [정리 1-14]에 따라 기본행렬은 가역행렬입니다. 기본행렬이 가역행렬(역행렬이 존재)이므로 행렬 곱 $\mathbf{E}_k\mathbf{E}_{k-1}\cdots\mathbf{E}_2\mathbf{E}_1$은 가역행렬입니다. 그러면 다음이 성립합니다.

$$\begin{aligned}\mathbf{A}^{-1} &= (\mathbf{E}_k\mathbf{E}_{k-1}\cdots\mathbf{E}_2\mathbf{E}_1)^{-1}\\ &= \mathbf{E}_1^{-1}\mathbf{E}_2^{-1}\cdots\mathbf{E}_{k-1}^{-1}\mathbf{E}_k^{-1} && [(\mathbf{XYZ})^{-1}=\mathbf{Z}^{-1}\mathbf{Y}^{-1}\mathbf{X}^{-1}]\end{aligned}$$

따라서 행렬 $\mathbf{A}$는 가역행렬이므로, (d) ⇒ (a)가 성립합니다.

(a) ⇒ (b) ⇒ (c) ⇒ (d) ⇒ (a)임을 증명하였습니다. 따라서 네 명제 (a), (b), (c), (d)는 동치입니다. ■

1.8.3 역행렬 결정

[정리 1-15]에서 네 명제 중 어느 두 명제든 서로 동치입니다. 즉, (a) ⇒ (b)이고 (b) ⇒ (a)이며, 보통 이를 (a) ⇔ (b)로 표기합니다.

또한 [정리 1-15]에 의해 (a) ⇔ (c)입니다. 즉, '$(n\times n)$ 행렬 $\mathbf{A}$는 가역행렬 ⇔ 행렬 $\mathbf{A}$는 항등행렬 $\mathbf{I}$와 행동치'임을 의미합니다. 그러면 다음을 만족하는 기본행렬 $\mathbf{E}_1$, $\mathbf{E}_2$, $\cdots$, $\mathbf{E}_k$가 존재합니다.

$$\mathbf{I} = \mathbf{E}_k\mathbf{E}_{k-1}\cdots\mathbf{E}_2\mathbf{E}_1\mathbf{A} \qquad (*)$$

식 (*)에서 양변 오른쪽에 $\mathbf{A}^{-1}$를 곱하면 다음과 같습니다.

$$\underbrace{\mathbf{IA}^{-1}}_{=\mathbf{A}^{-1}} = \mathbf{E}_k\mathbf{E}_{k-1}\cdots\mathbf{E}_2\mathbf{E}_1\underbrace{\mathbf{AA}^{-1}}_{=\mathbf{I}}$$

$$A^{-1} = E_k E_{k-1} \cdots E_2 E_1 I$$

그러므로 $I = E_k E_{k-1} \cdots E_2 E_1 A$ 에서 $A^{-1} = E_k E_{k-1} \cdots E_2 E_1 I$ 를 도출할 수 있습니다.

? 이 내용은 무슨 의미일까요?

동일한 기본행렬 $E_1, E_2, \cdots, E_k$가 항등행렬 I를 가역행렬 A^{-1}로 변환함을 의미합니다. 즉, 행렬 A를 항등행렬 I로 변환하는 기본 행 연산이 항등행렬 I를 역행렬 A^{-1}로 변환하는 기본 행 연산과 동일함을 의미합니다. 이를 요약하여 표현하면 다음과 같습니다.

$$(A \mid I) \times A^{-1} = (I \mid A^{-1})$$

위 표기는 $(A \mid I)$를 $(I \mid A^{-1})$로 변환함을 의미합니다. 즉, 행렬 A를 항등행렬 I로 변환하는 기본 행 연산은 항등행렬 I를 역행렬 A^{-1}로 변환합니다.

예제 1-41 주어진 행렬 $A = \begin{pmatrix} 1 & 0 & 2 \\ 2 & -1 & 3 \\ 4 & 1 & 8 \end{pmatrix}$에 대하여 역행렬 A^{-1}를 구해보세요.

풀이

행렬 A를 항등행렬 I로 변환하는 기본 행 연산은 항등행렬 I를 역행렬 A^{-1}로 변환하는 기본 행 연산과 동일합니다. 그러므로 역행렬 A^{-1}를 구하기 위해 행렬 A를 항등행렬 I로 변환하는 기본 행 연산을 수행합니다. 즉, 첨가행렬 $(A \mid I)$를 첨가행렬 $(I \mid A^{-1})$로 변환함으로써 역행렬 A^{-1}를 얻을 수 있습니다. 첨가행렬을 다음과 같이 표기합니다.

$$\begin{matrix} R_1 \\ R_2 \\ R_3 \end{matrix} \left(\begin{array}{ccc|ccc} 1 & 0 & 2 & 1 & 0 & 0 \\ 2 & -1 & 3 & 0 & 1 & 0 \\ 4 & 1 & 8 & 0 & 0 & 1 \end{array}\right) = (A \mid I)$$

R_1, R_2, R_3는 각각 1행, 2행, 3행을 나타냅니다.

우리의 목표는 주어진 행렬 A를 항등행렬 I로 변환하는 것입니다. 그럼 어떻게 변환해야 할까요? 다음과 같이 기본 행 연산을 수행하여 2행의 2와 3행의 4를 0으로 변환해야 합니다.

$$\begin{matrix} R_1 \\ R'_2 = R_2 - 2R_1 \\ R'_3 = R_3 - 4R_1 \end{matrix} \left(\begin{array}{ccc|ccc} 1 & 0 & 2 & 1 & 0 & 0 \\ 2-2\times1 & -1-2\times0 & 3-2\times2 & 0-2\times1 & 1-2\times0 & 0-2\times0 \\ 4-4\times1 & 1-4\times0 & 8-4\times2 & 0-4\times1 & 0-4\times0 & 1-4\times0 \end{array}\right)$$

각 성분을 계산하여 나타내면 다음과 같습니다.

$$\begin{matrix} R_1 \\ R'_2 \\ R'_3 \end{matrix} \left(\begin{array}{ccc|ccc} 1 & 0 & 2 & 1 & 0 & 0 \\ 0 & -1 & -1 & -2 & 1 & 0 \\ 0 & 1 & 0 & -4 & 0 & 1 \end{array}\right)$$

2행 R'_2과 3행 R'_3의 위치를 바꿉니다.

$$\begin{matrix} R_1 \\ R_2^* = R'_3 \\ R_3^* = R'_2 \end{matrix} \left(\begin{array}{ccc|ccc} 1 & 0 & 2 & 1 & 0 & 0 \\ 0 & 1 & 0 & -4 & 0 & 1 \\ 0 & -1 & -1 & -2 & 1 & 0 \end{array}\right)$$

수직선을 기준으로 왼쪽 행렬의 2행을 항등행렬의 2행으로 만들기 위해 2행과 3행의 위치를 서로 바꿨습니다. 수직선을 기준으로 왼쪽 행렬을 항등행렬로 만들려면 어떤 기본 행 연산은 추가해야 할까요?

3행의 첫 번째 -1을 0으로 변환해야 합니다. 그러려면 3행에서 2행과 3행을 더해야 합니다. 그리고 각 성분을 계산하면 다음과 같습니다.

$$\begin{matrix} R_1 \\ R_2^* \\ R_3^{**} = R_3^* + R_2^* \end{matrix} \left(\begin{array}{ccc|ccc} 1 & 0 & 2 & 1 & 0 & 0 \\ 0 & 1 & 0 & -4 & 0 & 1 \\ 0 & 0 & -1 & -6 & 1 & 1 \end{array}\right)$$

이제 3행의 -1을 $+1$로 만들어야 합니다. 3행에 -1을 곱하면 다음과 같습니다.

$$\begin{matrix} R_1 \\ R_2^* \\ R_3^{\dagger} = -R_3^{**} \end{matrix} \left(\begin{array}{ccc|ccc} 1 & 0 & 2 & 1 & 0 & 0 \\ 0 & 1 & 0 & -4 & 0 & 1 \\ 0 & 0 & 1 & 6 & -1 & -1 \end{array}\right)$$

수직선의 왼쪽 행렬이 점점 항등행렬 형태를 갖춰가고 있습니다. 목표를 거의 달성했습니다. 이제 1행의 2를 0으로 변환하기만 하면 됩니다. 기본 행 연산 $R_1 - 2R_3^{\dagger}$을 수행합니다.

$$\begin{matrix} R_1^* = R_1 - 2R_3^{\dagger} \\ R_2^* \\ R_3^{\dagger} \end{matrix} \left(\begin{array}{ccc|ccc} 1-2\times 0 & 0-2\times 0 & 2-2\times 1 & 1-2\times 6 & 0-2\times(-1) & 0-2\times(-1) \\ 0 & 1 & 0 & -4 & 0 & 1 \\ 0 & 0 & 1 & 6 & -1 & -1 \end{array}\right)$$

1행의 각 성분을 계산하면 다음과 같이 수직선 왼쪽이 항등행렬 형태입니다.

$$\begin{matrix} R_1^* \\ R_2^* \\ R_3^{\dagger} \end{matrix} \left(\begin{array}{ccc|ccc} 1 & 0 & 0 & -11 & 2 & 2 \\ 0 & 1 & 0 & -4 & 0 & 1 \\ 0 & 0 & 1 & 6 & -1 & -1 \end{array}\right) = (\mathbf{I} \mid \mathbf{A}^{-1})$$

따라서 역행렬 $\mathbf{A}^{-1}$는 수직선의 오른쪽에 있는 성분들로 이루어진 행렬입니다.

$$\mathbf{A}^{-1} = \begin{pmatrix} -11 & 2 & 2 \\ -4 & 0 & 1 \\ 6 & -1 & -1 \end{pmatrix}$$

3×3 행렬의 역행렬을 구하는 방법이 지루해 보일 수 있습니다. 하지만 주어진 3×3 행렬 또는 그보다 더 큰 행렬 $\mathbf{A}$에 대하여 역행렬이 존재할 때, 역행렬 $\mathbf{A}^{-1}$를 구하는 쉬운 방법은 존재하지 않습니다.

1.8.4 연립일차방정식 풀이법

다음과 같은 형태로 표현된 일반적인 연립일차방정식을 생각해봅시다.

$$\mathbf{Ax} = \mathbf{b} \quad (\mathbf{A}\text{는 가역행렬})$$

역행렬 $\mathbf{A}^{-1}$를 양변에 곱하면 다음과 같습니다.

$$\begin{aligned} \underbrace{\mathbf{A}^{-1}\mathbf{A}}_{=\mathbf{I}}\mathbf{x} &= \mathbf{A}^{-1}\mathbf{b} \\ \mathbf{Ix} &= \mathbf{A}^{-1}\mathbf{b} \\ \mathbf{x} &= \mathbf{A}^{-1}\mathbf{b} \qquad [\mathbf{Ix} = \mathbf{x}] \end{aligned}$$

따라서 행렬 $\mathbf{A}$가 가역행렬일 때, 연립일차방정식 $\mathbf{Ax} = \mathbf{b}$의 해는 다음과 같습니다.

$$\mathbf{x} = \mathbf{A}^{-1}\mathbf{b} \tag{1.17}$$

바로 이 때문에 역행렬 $\mathbf{A}^{-1}$를 구하려는 것입니다. 다음 예제에서 일차방정식으로 이루어진 연립일차방정식의 해를 구하는 방법을 알 수 있습니다.

예제 1-42 다음 두 연립일차방정식의 해를 구해보세요.

(a) $\begin{cases} x \phantom{{}-y} + 2z = 5 \\ 2x - y + 3z = 7 \\ 4x + y + 8z = 10 \end{cases}$ (b) $\begin{cases} x \phantom{{}-y} + 2z = 1 \\ 2x - y + 3z = 2 \\ 4x + y + 8z = 3 \end{cases}$

풀이

(a) 주어진 연립일차방정식을 $\mathbf{Ax} = \mathbf{b}$와 같은 행렬 형태로 나타내면 다음과 같습니다.

$$\mathbf{A} = \begin{pmatrix} 1 & 0 & 2 \\ 2 & -1 & 3 \\ 4 & 1 & 8 \end{pmatrix}, \quad \mathbf{x} = \begin{pmatrix} x \\ y \\ z \end{pmatrix}, \quad \mathbf{b} = \begin{pmatrix} 5 \\ 7 \\ 10 \end{pmatrix}$$

식 (1.17)에 따라 행렬 $\mathbf{A}$가 가역행렬이면, $\mathbf{x} = \mathbf{A}^{-1}\mathbf{b}$입니다.

역행렬 $\mathbf{A}^{-1}$의 형태는 어떨까요? 행렬 $\mathbf{A}$는 [예제 1-41]에서 다룬 행렬과 같으므로 역행렬은 이미 알고 있습니다.

$$\mathbf{A}^{-1} = \begin{pmatrix} -11 & 2 & 2 \\ -4 & 0 & 1 \\ 6 & -1 & -1 \end{pmatrix}$$

따라서 다음이 성립합니다.

$$\mathbf{x} = \begin{pmatrix} x \\ y \\ z \end{pmatrix} = \begin{pmatrix} -11 & 2 & 2 \\ -4 & 0 & 1 \\ 6 & -1 & -1 \end{pmatrix} \begin{pmatrix} 5 \\ 7 \\ 10 \end{pmatrix} \quad [\mathbf{x} = \mathbf{A}^{-1}\mathbf{b}]$$

$$= \begin{pmatrix} -(11\times 5) + (2\times 7) + (2\times 10) \\ -(4\times 5) + (0\times 7) + (1\times 10) \\ (6\times 5) - (1\times 7) + (1\times 10) \end{pmatrix} \begin{pmatrix} -21 \\ -10 \\ 13 \end{pmatrix}$$

그러므로 $x = -21$, $y = -10$, $z = 13$입니다. 이 값을 연립일차방정식에 대입하여 주어진 연립일차방정식의 해인지 확인할 수 있습니다.

(b) 계수행렬이 (a)와 같고 벡터 $\mathbf{b}$만 다르므로 다음이 성립합니다.

$$\mathbf{x} = \begin{pmatrix} x \\ y \\ z \end{pmatrix} = \begin{pmatrix} -11 & 2 & 2 \\ -4 & 0 & 1 \\ 6 & -1 & -1 \end{pmatrix} \begin{pmatrix} 1 \\ 2 \\ 3 \end{pmatrix} = \begin{pmatrix} -1 \\ -1 \\ 1 \end{pmatrix} \quad [\mathbf{x} = \mathbf{A}^{-1}\mathbf{b}]$$

따라서 $x = -1$, $y = -1$, $z = 1$입니다.

[예제 1-42]에서는 역행렬 $\mathbf{A}^{-1}$를 사용해 연립일차방정식의 해 2개를 한 번에 구했습니다. 역행렬 $\mathbf{A}^{-1}$를 구하면 다음과 같은 유형의 연립일차방정식의 해를 모두 구할 수 있습니다.

$$\mathbf{A}\mathbf{x}_1 = \mathbf{b}_1, \ \mathbf{A}\mathbf{x}_2 = \mathbf{b}_2, \ \mathbf{A}\mathbf{x}_3 = \mathbf{b}_3, \ \cdots, \ \mathbf{A}\mathbf{x}_k = \mathbf{b}_k \quad [\mathbf{x}_j = \mathbf{A}^{-1}\mathbf{b}_j \ (j = 1, 2, \cdots, k)]$$

정리 1-16 가역행렬과 연립일차방정식의 해

다음 두 명제는 동치입니다.

연립일차방정식 $\mathbf{A}\mathbf{x} = \mathbf{b}$의 해는 유일합니다. $\Leftrightarrow$ 행렬 $\mathbf{A}$는 가역행렬입니다.

증명

1.8절 [연습문제 13]에서 증명합니다. ■

[정리 1-16]을 [정리 1-15]와 함께 정리하면 다음과 같습니다.

정리 1-17 연립일차방정식과 행렬에 관한 동치 명제

행렬 $\mathbf{A}$가 $n \times n$ 행렬일 때, 다음 다섯 명제는 서로 동치입니다.

(a) 행렬 $\mathbf{A}$는 가역행렬입니다.

(b) 연립일차방정식 $\mathbf{Ax} = \mathbf{O}$는 오직 자명한 해 $\mathbf{x} = \mathbf{O}$만 가집니다.

(c) 행렬 $\mathbf{A}$의 기약행 사다리꼴 행렬은 항등행렬 $\mathbf{I}$입니다.

(d) 행렬 $\mathbf{A}$는 기본행렬의 곱입니다.

(e) 연립일차방정식 $\mathbf{Ax} = \mathbf{b}$의 해는 유일합니다.

1.8.5 비가역행렬(특이행렬)

첨가행렬 $(\mathbf{A} \mid \mathbf{I})$를 첨가행렬 $(\mathbf{I} \mid \mathbf{A}^{-1})$로 변환할 수 없다면 행렬 $\mathbf{A}$는 비가역행렬(특이행렬)입니다. 즉, 행렬 $\mathbf{A}$의 역행렬은 존재하지 않습니다. [정리 1-17]에 의해 행렬 $\mathbf{A}$가 가역행렬이라는 명제와 행렬 $\mathbf{A}$의 기약행 사다리꼴 행렬이 항등행렬 $\mathbf{I}$라는 명제는 동치임을 알고 있습니다. 여기서 $n \times n$ 행렬의 기약행 사다리꼴 행렬은 (1) 항등행렬이거나 (2) 성분이 모두 0인 행을 갖는다는 점을 잊지 마세요. 만약 성분이 모두 0인 행을 갖는다면, 주어진 행렬은 비가역행렬입니다.

정리 1-18 비가역행렬에 관한 동치 명제

행렬 $\mathbf{A}$가 정사각행렬이고 $\mathbf{R}$이 행렬 $\mathbf{A}$의 기약행 사다리꼴 행렬일 때, 다음 두 명제는 동치입니다.

$\mathbf{R}$은 성분이 모두 0인 행을 가집니다. $\Leftrightarrow$ 행렬 $\mathbf{A}$는 비가역행렬입니다.

증명

1.8절 [연습문제 14]에서 증명합니다. ■

수리논리학 내용을 이해한다면 명제에 관한 증명을 훨씬 더 쉽게 할 수 있습니다. 일반적으로 $P \Leftrightarrow Q$ 형태의 명제를 증명하기 위해서는 P가 참이라는 가정하에 Q가 참임을 보인 후, Q가 참이라는 가정하에 P가 참임을 보입니다. 그러나 수리논리학에서는 다음과 같은 방법으로도 증명할 수 있습니다.

$$(\sim P) \Leftrightarrow (\sim Q)$$

이는 $(\sim P) \Rightarrow (\sim Q)$이고 $(\sim Q) \Rightarrow (\sim P)$임을 의미합니다. 이게 가능한 이유는 명제 $P \Leftrightarrow Q$와 명제 $(\sim P) \Leftrightarrow (\sim Q)$가 서로 동치이기 때문입니다. 이와 관련한 내용은 이 책의 웹 사이트에서 자세히 살펴볼 수 있습니다.

다음 예제에서 [정리 1-18]을 확인할 수 있습니다.

예제 1-43 행렬 $A = \begin{pmatrix} 1 & -2 & 3 & 5 \\ 2 & 5 & 6 & 9 \\ -3 & 1 & 2 & 3 \\ 1 & 13 & -30 & -49 \end{pmatrix}$ 가 비가역행렬임을 보이세요.

풀이

첨가행렬 형태 $(A \mid I)$로 나타내면 다음과 같습니다.

$$\begin{matrix} R_1 \\ R_2 \\ R_3 \\ R_4 \end{matrix} \left(\begin{array}{cccc|cccc} 1 & -2 & 3 & 5 & 1 & 0 & 0 & 0 \\ 2 & 5 & 6 & 9 & 0 & 1 & 0 & 0 \\ -3 & 1 & 2 & 3 & 0 & 0 & 1 & 0 \\ 1 & 13 & -30 & -49 & 0 & 0 & 0 & 1 \end{array}\right)$$

1열에서 2, -3, 1을 0으로 변환해야 합니다. 어떻게 해야 할까요? 다음과 같은 기본 행 연산으로 변환할 수 있습니다.

$$\begin{matrix} R_1 \\ R_2^* = R_2 - 2R_1 \\ R_3^* = R_3 + 3R_1 \\ R_4^* = R_4 - R_1 \end{matrix} \left(\begin{array}{cccc|cccc} 1 & -2 & 3 & 5 & 1 & 0 & 0 & 0 \\ 2-2\times1 & 5-2\times(-2) & 6-2\times3 & 9-2\times5 & -2 & 1 & 0 & 0 \\ -3+3\times1 & 1+3\times(-2) & 2+3\times3 & 3+3\times5 & 3 & 0 & 1 & 0 \\ 1-1 & 13-(-2) & -30-3 & -49-5 & -1 & 0 & 0 & 1 \end{array}\right)$$

각 성분을 계산하여 정리하면 다음과 같습니다.

$$\begin{matrix} R_1 \\ R_2^* \\ R_3^* \\ R_4^* \end{matrix} \left(\begin{array}{cccc|cccc} 1 & -2 & 3 & 5 & 1 & 0 & 0 & 0 \\ 0 & 9 & 0 & -1 & -2 & 1 & 0 & 0 \\ 0 & -5 & 11 & 18 & 3 & 0 & 1 & 0 \\ 0 & 15 & -33 & -54 & -1 & 0 & 0 & 1 \end{array}\right)$$

수직선의 왼쪽 행렬에서 4행은 3행에 -3을 곱한 것과 같습니다. 따라서 $R_4^* + 3R_3^*$를 수행하면 다음과 같습니다.

$$\begin{matrix} R_1 \\ R_2^* \\ R_3^* \\ R_4^{**} = R_4^* + 3R_3^* \end{matrix} \left(\begin{array}{cccc|cccc} 1 & -2 & 3 & 5 & 1 & 0 & 0 & 0 \\ 0 & 9 & 0 & -1 & -2 & 1 & 0 & 0 \\ 0 & -5 & 11 & 18 & 3 & 0 & 1 & 0 \\ 0 & 0 & 0 & 0 & 8 & 0 & 3 & 1 \end{array}\right)$$

수직선의 왼쪽 행렬에 성분이 모두 0인 행이 존재하므로 기약행 사다리꼴 행렬은 성분이 모두 0인 행을 가집니다. [정리 1-18]에 의해 다음과 같이 정리할 수 있습니다.

$$\text{rref}(A) = R \text{ 의 적어도 한 행은 모든 성분이 } 0 \quad \Leftrightarrow \quad \text{행렬 } A\text{는 비가역행렬}$$

따라서 행렬 A는 비가역행렬입니다. 이는 행렬 A의 역행렬이 존재하지 않는다는 의미입니다.

행렬 A의 역행렬이 존재하지 않는다면 연립일차방정식 $Ax = b$는 유일한 해를 가질 수 없습니다. 따라서 해가 무수히 많거나 해가 없습니다.

행렬 A의 기약행 사다리꼴 행렬이 R이라는 의미로 보통 rref(A) = R이라는 간결한 표현을 사용합니다. `rref(A)`라는 표기는 MATLAB에서 행렬 A의 기약행 사다리꼴 행렬을 찾는 데 쓰는 명령어이기도 합니다.

1.8.6 암호학 응용

암호학(cryptography)은 은밀한 의사소통에 관한 학문으로, 메시지의 코딩과 디코딩을 포함합니다. CIA 같은 기관에서는 암호학을 이용하여 정보를 암호로 만들고 해독합니다. 이와 같이 선형대수학의 응용 분야는 점점 넓어지고 있습니다. 메시지를 코딩하는 방법 중 하나는 다음과 같이 행렬을 이용하는 것입니다.

메시지 → [행렬 B로 암호화하기] → [행렬 A를 곱하기] → 수신된 행렬 AB

메시지 ← [행렬 B] ← [행렬 A^{-1}를 곱하기] ← 수신된 행렬 AB

예를 들어, 행렬 A를 가역행렬이라고 합시다. 행렬 곱 AB가 존재하도록 메시지를 행렬 B로 암호화합니다. 그리고 행렬 곱 AB 형태로 메시지를 보냅니다. 메시지를 받은 사람이 메시지를 복호화하려면 $A^{-1}(AB) = B$이므로 역행렬 A^{-1}를 알아야 합니다. 행렬 B에 메시지가 들어 있다는 점에 주목합시다.

메시지를 암호화하는 간단한 방법은 알파벳의 각 문자를 알파벳의 위치로 표시한 다음 여기에 3을 더하는 것입니다. 예를 들어, [표 1-3]과 같이 나타냅니다.

[표 1-3] 알파벳의 위치

알파벳	A	B	C	D	…	W	X	Y	Z	
위치	1	2	3	4	…	23	24	25	26	27
위치+3	4	5	6	7	…	26	27	28	29	30

마지막 열은 빈칸을 나타내며, 이 빈칸을 $27+3=30$의 값으로 지정합니다. 지루한 산술 계산을 피하기 위해 적절한 소프트웨어를 사용하여 다음 예제를 살펴보겠습니다.

예제 1-44 **행렬 $A = \begin{pmatrix} 1 & 2 & 3 \\ 2 & 1 & 2 \\ 3 & 2 & 4 \end{pmatrix}$를 사용하여 메시지 'OPERATION BLUESTAR'를 암호화해보세요.**

풀이

[표 1-3]을 이용하여 [표 1-4]와 같이 수를 표시할 수 있습니다.

[표 1-4] 'OPERATION BLUESTAR'의 위치

O	P	E	R	A	T	I	O	N		B	L	U	E	S	T	A	R
18	19	8	21	4	23	12	18	17	30	5	15	24	8	22	23	4	21

행렬 $\mathbf{A}$가 3×3 행렬이므로 [표 1-4]에서 수를 3×1 벡터로 나타내어 행렬 곱이 가능하도록 합니다. 그러면 다음과 같이 나타낼 수 있습니다.

$$\begin{pmatrix}18\\19\\8\end{pmatrix},\quad \begin{pmatrix}21\\4\\23\end{pmatrix},\quad \begin{pmatrix}12\\18\\17\end{pmatrix},\quad \begin{pmatrix}30\\5\\15\end{pmatrix},\quad \begin{pmatrix}24\\8\\22\end{pmatrix},\quad \begin{pmatrix}23\\4\\21\end{pmatrix}$$

이 벡터들을 각각 하나의 열로 나타내어 다음과 같이 행렬 $\mathbf{B}$를 구성하면 한 번에 $\mathbf{A}$를 곱할 수 있습니다.

$$\mathrm{B}=\begin{pmatrix}18&21&12&30&24&23\\19&4&18&5&8&4\\8&23&17&15&22&21\end{pmatrix}$$

위 행렬에 행렬 $\mathbf{A}$를 곱하면 다음과 같습니다(소프트웨어를 사용합니다).

$$\mathbf{AB}=\begin{pmatrix}1&2&3\\2&1&2\\3&2&4\end{pmatrix}\begin{pmatrix}18&21&12&30&24&23\\19&4&18&5&8&4\\8&23&17&15&22&21\end{pmatrix}=\begin{pmatrix}80&98&99&85&106&94\\71&92&76&95&100&92\\124&163&140&160&176&161\end{pmatrix}$$

이제 행렬 $\mathbf{AB}$에 있는 각 열의 수들이 전송됩니다. 즉, 암호화된 메시지는 다음과 같습니다.

$$80,\ 71,\ 124,\ 98,\ 92,\ 163,\ 99,\ 76,\ 140,\ 85,\ 95,\ 160,\ 106,\ 100,\ 176,\ 94,\ 92,\ 161$$

이 수들만 보면 알파벳과 관련이 있다고 생각할 수 없습니다. 이 메시지를 어떻게 복호화해야 할까요? 역행렬을 곱해야 합니다. 소프트웨어를 사용하여 $\mathbf{A}^{-1}$를 구하면 다음과 같습니다.

$$\mathbf{A}^{-1}=\begin{pmatrix}0&2&-1\\2&5&-4\\-1&-4&3\end{pmatrix}$$

메시지를 복호화하려면 $\mathbf{A}^{-1}(\mathbf{AB})$를 구해야 합니다. 소프트웨어를 이용하여 계산하면 다음과 같습니다.

$$\mathbf{A}^{-1}(\mathbf{AB})=\begin{pmatrix}0&2&-1\\2&5&-4\\-1&-4&3\end{pmatrix}\begin{pmatrix}80&98&99&85&106&94\\71&92&76&95&100&92\\124&163&140&160&176&161\end{pmatrix}=\begin{pmatrix}18&21&12&30&24&23\\19&4&18&5&8&4\\8&23&17&15&22&21\end{pmatrix}$$

행렬 $\mathbf{A}^{-1}(\mathbf{AB})$에 있는 각 열의 성분들을 나타내면 다음과 같습니다.

$$18,\ 19,\ 8,\ 21,\ 4,\ 23,\ 12,\ 18,\ 17,\ 30,\ 5,\ 15,\ 24,\ 8,\ 22,\ 23,\ 4,\ 21$$

이제 [표 1-3]을 거꾸로 이용하면 'OPERATION BLUESTAR'라는 메시지를 읽을 수 있습니다.

우리는 일상생활에서 암호학을 흔하게 사용합니다. 예를 들어 이메일, 웹 사이트, ATM 카드, 디지털 비밀번호는 모두 암호로 보호됩니다.

핵심요약

- 첨가행렬 $(\mathbf{A} \mid \mathbf{I})$에 기본 행 연산을 하여 첨가행렬 $(\mathbf{I} \mid \mathbf{A}^{-1})$로 변환하여 행렬 $\mathbf{A}$의 역행렬을 구할 수 있습니다. 만약 이 과정에서 모든 성분이 0으로 이루어진 행이 존재한다면 행렬 $\mathbf{A}$는 비가역행렬입니다. 즉, 이 경우에는 역행렬을 구할 수 없습니다.

1.8 연습문제

01 다음 중 기본행렬을 찾고, 항등행렬에 대한 기본 행 연산을 각각 나타내보세요.

(a) $\mathbf{A}=\begin{pmatrix} 3 & 0 & 0 \\ 0 & 3 & 0 \\ 0 & 0 & 3 \end{pmatrix}$ (b) $\mathbf{B}=\begin{pmatrix} -1 & 0 & 0 \\ 0 & 1 & 0 \\ 0 & 0 & 1 \end{pmatrix}$

(c) $\mathbf{C}=\begin{pmatrix} 0 & 1 & 0 \\ 1 & 0 & 0 \\ 0 & 0 & 1 \end{pmatrix}$ (d) $\mathbf{D}=\begin{pmatrix} 1 & 0 & 0 \\ 3 & 1 & 0 \\ 0 & 0 & 1 \end{pmatrix}$

(e) $\mathbf{E}=\begin{pmatrix} 0 & 1 & 0 \\ 1 & 0 & 0 \\ 0 & 0 & 2 \end{pmatrix}$ (f) $\mathbf{F}=\begin{pmatrix} -1 & 0 & -1 \\ 0 & 1 & 0 \\ 0 & 0 & 1 \end{pmatrix}$

(g) $\mathbf{G}=\begin{pmatrix} 0 & 0 & 1 & 0 \\ 0 & 1 & 0 & 0 \\ 1 & 0 & 0 & 0 \\ 0 & 0 & 0 & 1 \end{pmatrix}$ (h) $\mathbf{H}=\begin{pmatrix} 1 & 0 & 0 & 0 \\ 0 & 1 & 0 & 0 \\ 0 & 0 & 0 & 0 \\ 0 & 0 & 0 & 1 \end{pmatrix}$

02 다음 기본행렬의 역행렬을 구하고, 역행렬에 대한 기본 행 연산을 각각 설명해보세요.

(a) $\mathbf{E}_1=\begin{pmatrix} -1 & 0 \\ 0 & 1 \end{pmatrix}$ (b) $\mathbf{E}_2=\begin{pmatrix} 0 & 1 \\ 1 & 0 \end{pmatrix}$

(c) $\mathbf{E}_3=\begin{pmatrix} 1 & 0 \\ 0 & -2 \end{pmatrix}$ (d) $\mathbf{E}_4=\begin{pmatrix} -5 & 0 & 0 \\ 0 & 1 & 0 \\ 0 & 0 & 1 \end{pmatrix}$

(e) $\mathbf{E}_5=\begin{pmatrix} 1 & 0 & 0 \\ 0 & -\sqrt{2} & 0 \\ 0 & 0 & 1 \end{pmatrix}$ (f) $\mathbf{E}_6=\begin{pmatrix} 1 & 0 & 0 \\ 0 & 1 & 0 \\ 0 & 0 & \pi \end{pmatrix}$

03 다음 기본행렬 $\mathbf{E}$에 대하여 행렬 곱 $\mathbf{EA}$를 구해보세요(행렬 $\mathbf{A}$는 일반적인 3×3 행렬입니다). 여기서, 기본행렬 $\mathbf{E}$가 행렬 $\mathbf{A}$에 어떤 영향을 주었을까요?

(a) $\mathbf{E}=\begin{pmatrix} 1 & 0 & 0 \\ 0 & -1 & 0 \\ 0 & 0 & 1 \end{pmatrix}$ (b) $\mathbf{E}=\begin{pmatrix} 0 & 0 & 1 \\ 0 & 1 & 0 \\ 1 & 0 & 0 \end{pmatrix}$

(c) $\mathbf{E}=\begin{pmatrix} k & 0 & 0 \\ 0 & 1 & 0 \\ 0 & 0 & 1 \end{pmatrix}$ (d) $\mathbf{E}=\begin{pmatrix} 1 & 0 & 0 \\ 0 & 1 & 0 \\ 0 & 0 & -\frac{1}{k} \end{pmatrix}$

04 다음 행렬의 역행렬이 존재하면 기본 행 연산을 이용하여 구해보세요.

(a) $\mathbf{A}=\begin{pmatrix} 1 & 2 \\ -1 & 4 \end{pmatrix}$ (b) $\mathbf{B}=\begin{pmatrix} 2 & -5 \\ -6 & 1 \end{pmatrix}$

(c) $\mathbf{C}=\begin{pmatrix} 1 & 0 & 2 \\ 2 & 3 & 1 \\ 3 & 6 & 0 \end{pmatrix}$ (d) $\mathbf{D}=\begin{pmatrix} 1 & -1 & 1 \\ 1 & 0 & -1 \\ 0 & 0 & -1 \end{pmatrix}$

(e) $\mathbf{E}=\begin{pmatrix} 2 & -1 & 0 \\ -1 & 2 & -1 \\ 0 & -1 & 2 \end{pmatrix}$

(f) $\mathbf{F}=\begin{pmatrix} 1 & 3 & 4 \\ -1 & 1 & 1 \\ 2 & 1 & -2 \end{pmatrix}$

(g) $\mathbf{G}=\begin{pmatrix} -2 & 5 & 3 & 1 \\ -9 & 2 & -5 & 6 \\ 2 & 4 & 8 & 16 \\ 4 & 8 & 16 & 32 \end{pmatrix}$

(h) $\mathbf{H}=\begin{pmatrix} 1 & 2 & -2 & 3 \\ -2 & 1 & -5 & -6 \\ -5 & -10 & 9 & -15 \\ -6 & -12 & 27 & -18 \end{pmatrix}$

(i) $\mathbf{I}=\begin{pmatrix} 1 & 2 & -2 & 3 \\ -2 & 1 & -5 & -6 \\ -5 & -10 & 9 & -15 \\ -6 & -12 & 12 & -19 \end{pmatrix}$

05 역행렬을 이용하여 다음 중 해가 유일한 연립일차방정식을 찾고, 그 해를 각각 구해보세요.

(a) $\begin{cases} x+2y=3 \\ -x+4y=5 \end{cases}$ (b) $\begin{cases} 2x-5y=3 \\ -6x+y=-1 \end{cases}$

(c) $\begin{cases} x + \quad 2z = -1 \\ 2x + 3y + z = 1 \\ 3x + 6y \quad = 9 \end{cases}$ (d) $\begin{cases} x - y + z = 10 \\ x \quad - z = 3 \\ \quad - z = 5 \end{cases}$

(e) $\begin{cases} 2x - y \quad = 5 \\ -x + 2y - z = 7 \\ \quad -y + 2z = 3 \end{cases}$ (f) $\begin{cases} x + 3y + 4z = -2 \\ -x + y + z = 3 \\ 2x + y - 2z = 6 \end{cases}$

(g) $\begin{cases} x + 2y - 2z + 3w = 8 \\ -2x + y - 5z - 6w = 1 \\ -5x - 10y + 9z - 15w = -1 \\ -6x - 12y + 12z - 19w = 5 \end{cases}$

06 행렬 $\mathbf{A} = \begin{pmatrix} 3 & 4 & 5 \\ 1 & 3 & 1 \\ 1 & 1 & 2 \end{pmatrix}$를 이용하여 다음 메시지를 암호화해보세요. 1.8.6절의 [표 1-3]을 이용합니다.

(a) ATTACK

(b) IS YOUR PARTNER HOME

07 **[레온 티예프 입출력 모델(Leontief input-output model)]**

레온 티예프 입출력 모델은 경제를 하나의 연립일차방정식으로 나타낸 모델입니다. 석유(O), 에너지(E), 서비스(S)에 의존하는 특정 경제를 생각해봅시다. 이러한 경제를 나타내는 입출력 행렬(input-output matrix) $\mathbf{A}$는 다음과 같습니다.

$$\begin{matrix} & \text{O} & \text{E} & \text{S} \\ \text{O} & 0.25 & 0.15 & 0.1 \\ \text{E} & 0.4 & 0.15 & 0.2 \\ \text{S} & 0.15 & 0.2 & 0.2 \end{matrix} = \mathbf{A}$$

1행에 있는 수의 의미는 다음과 같습니다. 석유 산업에서는 석유 1단위를 생산하기 위해 0.25단위의 오일, 0.15단위의 에너지, 0.1단위의 서비스를 사용합니다. 마찬가지 방법을 적용하면 나머지 두 행에 있는 수들의 의미를 알 수 있습니다. 이때, 생산벡터 $\mathbf{p}$, 수요벡터 $\mathbf{d}$가 $\mathbf{p} = \mathbf{A}\mathbf{p} + \mathbf{d}$를 만족합니다. $\mathbf{d} = (\ 100\ 100\ 100\ )^{\mathrm{T}}$일 때, 생산벡터 $\mathbf{p}$를 구해보세요.

08 행렬 $\mathbf{A}$가 가역행렬일 때, $\mathbf{A}^{\mathrm{T}}\mathbf{x} = \mathbf{b}$의 해가 유일함을 보이세요.

09 두 연립일차방정식 $\mathbf{A}\mathbf{x} = \mathbf{b}$와 $\mathbf{B}\mathbf{x} = \mathbf{c}$에 대하여, $(\mathbf{A}+\mathbf{B})\mathbf{x} = \mathbf{b}+\mathbf{c}$의 해가 무수히 많을 수 있음을 보이세요(단, $\mathbf{A}$, $\mathbf{B}$는 가역행렬입니다).

10 [정리 1-14]를 증명해보세요.

11 행렬 $\mathbf{B}$가 행렬 $\mathbf{A}$와 행동치이면, $\mathbf{B} = \mathbf{P}\mathbf{A}$를 만족하는 가역행렬 $\mathbf{P}$가 존재함을 증명해보세요.

12 다음 물음에 답해보세요.

(a) 행렬 $\mathbf{B}$가 행렬 $\mathbf{A}$와 행동치이면, 행렬 $\mathbf{A}$는 행렬 $\mathbf{B}$와 행동치임을 증명해보세요.

(b) 행렬 $\mathbf{A}$가 행렬 $\mathbf{B}$와 행동치이고 행렬 $\mathbf{B}$가 행렬 $\mathbf{C}$와 행동치이면, 행렬 $\mathbf{A}$는 행렬 $\mathbf{C}$와 행동치임을 증명해보세요.

13 [정리 1-16]을 증명해보세요.

*14 [정리 1-18]을 증명해보세요.

15 기본행렬이 왜 세 종류밖에 없는지 설명해보세요.

16 기본행렬의 전치행렬은 기본행렬임을 증명해보세요.

1장 종합문제

* 1장 종합문제는 MATLAB으로 계산을 확인할 수 있습니다.

1.1 행렬 $\mathbf{A} = \begin{pmatrix} 1 & 2 \\ 3 & 4 \end{pmatrix}$, $\mathbf{B} = \begin{pmatrix} 5 & 6 \\ 7 & 8 \end{pmatrix}$에 대하여 다음을 구해보세요. 그리고 $\mathbf{A}^2 - \mathbf{B}^2 \neq (\mathbf{A}-\mathbf{B})(\mathbf{A}+\mathbf{B})$임을 설명해보세요.

(a) $(\mathbf{A}-\mathbf{B})(\mathbf{A}+\mathbf{B})$

(b) $\mathbf{A}^2 - \mathbf{B}^2$

[하트퍼드셔 대학교, 영국]

1.2 다음은 행렬 $\mathbf{A}$, $\mathbf{B}$가 $n \times n$ 가역행렬일 때, $\mathbf{AB}(\mathbf{AB})^{-1} = \mathbf{I}$임을 보이는 과정입니다. 아래 과정에서 오류가 있으면 찾고, 그 이유를 설명해보세요.

$$\begin{aligned}\mathbf{AB}(\mathbf{AB})^{-1} &= \mathbf{ABA}^{-1}\mathbf{B}^{-1} \\ &= \mathbf{AA}^{-1}\mathbf{BB}^{-1} \\ &= \mathbf{I} \times \mathbf{I} = \mathbf{I}\end{aligned}$$

[하트퍼드셔 대학교, 영국]

1.3 행렬 $\mathbf{A} = \frac{1}{7}\begin{pmatrix} 3 & -2 & -6 \\ -2 & 6 & -3 \\ -6 & -3 & -2 \end{pmatrix}$에 대하여 다음 물음에 답해보세요.

(a) $\mathbf{A}^2$, $\mathbf{A}^3$을 구해보세요.

(b) (a)의 결과를 이용하여 행렬 $\mathbf{A}^{-1}$와 $\mathbf{A}^{2004}$을 구해보세요.

[위스콘신 대학교, 미국]

1.4 행렬 $\mathbf{A} = \begin{pmatrix} 1 & 0 & -1 \\ 1 & 1 & 1 \\ 1 & 2 & 3 \end{pmatrix}$, $\mathbf{B} = \begin{pmatrix} 1 & 1 \\ 1 & 2 \\ 0 & -1 \\ 0 & 1 \end{pmatrix}$, $\mathbf{C} = \begin{pmatrix} 1 & -1 & 1 & 0 \\ -2 & 1 & 2 & 3 \end{pmatrix}$에 대하여 다음 중 행렬로 정의되는 것을 찾고, 그 값을 구해보세요.

$$\mathbf{A}^{\mathrm{T}},\ \mathbf{AB},\ \mathbf{B}+\mathbf{C},\ \mathbf{A}-\mathbf{B},\ \mathbf{CB},\ \mathbf{BC}^{\mathrm{T}},\ \mathbf{A}^2$$

[야콥스 대학교, 독일]

1.5 임의의 행렬 $\mathbf{A}$에 대하여, 행렬 $\mathbf{A}^{\mathrm{T}}\mathbf{A}$가 대칭행렬(symmetric matrix)임을 보이세요.

[메모리얼 대학교, 캐나다]

1.6 두 행렬 $\begin{pmatrix} a & b \\ c & d \end{pmatrix}$, $\begin{pmatrix} 1 & 2 \\ 3 & 0 \end{pmatrix}$에 대하여 행렬 곱에 관한 교환법칙이 성립하도록 하는 a, b, c, d의 조건을 구해보세요.

[메모리얼 대학교, 캐나다]

1.7 2×2 행렬 $\mathbf{A}$와 영벡터가 아닌 2×1 벡터 $\mathbf{u}$, $\mathbf{v}$에 대하여 $\mathbf{Au} = \mathbf{Av}$ 이지만 $\mathbf{u} \neq \mathbf{v}$를 만족하는 예가 있으면 찾고, 없으면 그러한 예가 존재하지 않음을 보이세요.

[일리노이 주립대학교, 미국]

1.8 다음 물음에 답해보세요.

(a) 행렬 $\mathbf{A} = \begin{pmatrix} 1 & 2 \\ 3 & 4 \end{pmatrix}$, $\mathbf{B} = \begin{pmatrix} 0 & 1 \\ -1 & 0 \end{pmatrix}$에 대하여 $\mathbf{A}^2$, $\mathbf{B}^2$, $\mathbf{AB}$, $\mathbf{BA}$를 구해보세요.

(b) 행렬 $\mathbf{A} = \begin{pmatrix} a & b \\ c & d \end{pmatrix}$, $\mathbf{B} = \begin{pmatrix} e & f \\ g & h \end{pmatrix}$에 대하여 $\mathbf{AB} - \mathbf{BA}$를 구해보세요.

[런던퀸메리 대학교, 영국]

1.9 행렬 $\mathbf{M} = \begin{pmatrix} 1 & 1 \\ 1 & 1 \end{pmatrix}$에 대하여 $\mathbf{M}^n$을 구해보세요(단, $n = 2,\ 3,\ 4$). 그리고 임의의 자연수 n에 대하여 $\mathbf{M}^n = c(n)\mathbf{M}$을 만족하는 함수 $c(n)$을 구해보세요.

[런던퀸메리 대학교, 영국]

1.10 행렬 $\mathbf{A} = \begin{pmatrix} \frac{1}{3} & \frac{1}{3} \\ \frac{1}{3} & \frac{1}{3} \end{pmatrix}$에 대하여 $\mathbf{A}^2$과 $\mathbf{A}^3$을 구해보세요. 그리고 $\mathbf{A}^n = \left(\frac{2}{3}\right)^{n-1}\mathbf{A}$임을 증명해보세요.

[하트퍼드셔 대학교, 영국]

1.11 행렬 곱 $\mathbf{BC}$가 4×6 행렬이면 행렬 $\mathbf{B}$의 행은 몇 개인지 설명해보세요.

[워싱턴 주립대학교, 미국]

1.12 다음 물음에 답해보세요.

(a) 행렬 $\begin{pmatrix} 2 & -1 & -1 \\ -1 & 2 & -1 \\ -1 & -1 & 2 \end{pmatrix}$가 가역행렬인지 설명해보세요.

(b) 행렬 $\mathbf{A}$, $\mathbf{C}$가 $n \times n$ 가역행렬이고 $\mathbf{ABC} = \mathbf{I}_n$일 때, $n \times n$ 행렬 $\mathbf{B}$가 가역행렬인지 설명해보세요.

[일리노이 주립대학교, 미국]

1.13 다음 물음에 답해보세요.

(a) $n \times n$ 행렬 $\mathbf{A}$가 가역행렬이라는 것은 무슨 의미일까요?

(b) 행렬 $\mathbf{A} = \begin{pmatrix} 2 & 6 & 6 \\ 2 & 7 & 6 \\ 2 & 7 & 7 \end{pmatrix}$의 역행렬을 구해보세요.

[서식스 대학교, 영국]

1.14 다음 연립일차방정식을 기약행 사다리꼴로 변환하여 해를 구해보세요.

$$\begin{cases} x+\ \ y+2z=\ \ 8 \\ -x-2y+3z=\ \ 1 \\ 3x-7y+4z=10 \end{cases}$$

[서식스 대학교, 영국]

1.15 행렬 $\mathbf{A}=\begin{pmatrix} 1 & 2 & 7 \\ -2 & 5 & 4 \\ -5 & 6 & -3 \end{pmatrix}$와 벡터 $\mathbf{b}=\begin{pmatrix} 3 \\ 3 \\ 1 \end{pmatrix}$에 대하여, 다음 물음에 답해보세요.

(a) 연립일차방정식 $\mathbf{Ax}=\mathbf{b}$의 첨가행렬을 기약행 사다리꼴로 변환해보세요.

(b) 연립일차방정식 $\mathbf{Ax}=\mathbf{b}$의 해집합을 매개변수를 이용한 벡터 형태로 나타내보세요.

[사우스캐롤라이나 대학교, 미국]

1.16 가우스 소거법을 이용하여 다음 연립일차방정식의 일반해를 벡터 형태로 나타내보세요.

$$\begin{cases} x_1-\ \ x_2-2x_3-\ \ 8x_4=-3 \\ -2x_1+\ \ x_2+2x_3+\ \ 9x_4=\ \ 5 \\ 3x_1-2x_2-3x_3-15x_4=-9 \end{cases}$$

[일리노이 주립대학교, 미국]

1.17 가우스-조단 소거법을 이용하여 다음 연립일차방정식의 해를 구해보세요.

$$\begin{cases} x_1+2x_2+\ \ \ x_3-\ \ 4x_4=\ \ 1 \\ x_1+3x_2+\ \ 7x_3+\ \ 2x_4=\ \ 2 \\ x_1\qquad\ \ -11x_3-16x_4=-1 \end{cases}$$

[맥길 대학교, 캐나다]

1.18 다음 첨가행렬을 (1) 사다리꼴, (2) 행 사다리꼴, (3) 기약행 사다리꼴로 변환해보세요.

$$\begin{pmatrix} 1 & 2 & 5 & 6 \\ 3 & 7 & 3 & 2 \\ 2 & 5 & 11 & 22 \end{pmatrix}$$

[국립싱가포르 대학교, 싱가포르]

1.19 다음 연립일차방정식의 해가 없음을 보이세요.

$$\begin{cases} x_1+2x_2-3x_3-\ \ 5x_4=-13 \\ 3x_1+\ \ x_2+4x_3-\ \ 4x_4=\ \ \ 5 \\ 2x_1-2x_2+3x_3-10x_4=\ \ \ 7 \\ x_1+\ \ x_2+2x_3+\ \ 2x_4=\ \ \ 0 \end{cases}$$

[골웨이아일랜드 국립대학교, 아일랜드]

1.20 행렬 $\mathbf{A}$가 다음을 만족할 때, 행렬 $\mathbf{A}$를 구해보세요.

$$\mathbf{A}\begin{pmatrix} 0 \\ 1 \\ 1 \end{pmatrix}=\begin{pmatrix} -1 \\ 0 \\ 2 \end{pmatrix},\ \mathbf{A}\begin{pmatrix} 1 \\ 0 \\ 1 \end{pmatrix}=\begin{pmatrix} 0 \\ -1 \\ 2 \end{pmatrix},$$

$$\mathbf{A}\begin{pmatrix} 1 \\ 1 \\ 0 \end{pmatrix}=\begin{pmatrix} 1 \\ 1 \\ 2 \end{pmatrix}$$

[컬럼비아 대학교, 미국]

1.21 행렬 $\mathbf{A}=\begin{pmatrix} 2 & 2 & 0 & 2 \\ -1 & -1 & 2 & 1 \\ 2 & 2 & -1 & 1 \\ -1 & -1 & 1 & 0 \end{pmatrix}$에 대하여 $\mathrm{rref}(\mathbf{A})$를 구해보세요.

[존스홉킨스 대학교, 미국]

1.22 다음 연립일차방정식의 모든 해를 구해보세요.

$$\begin{cases} 2x_1+3x_2+\ \ x_3+4x_4-9x_5=17 \\ x_1+\ \ x_2+\ \ x_3+\ \ x_4-3x_5=\ \ 6 \\ x_1+\ \ x_2+\ \ x_3+2x_4-5x_5=\ \ 8 \\ 2x_1+2x_2+2x_3+3x_4-8x_5=14 \end{cases}$$

[아헨라인베스트팔렌 공과대학교, 독일]

1.23 행렬 $\mathbf{A}=\begin{pmatrix} 1 & 0 \\ -5 & 2 \end{pmatrix}$에 대하여 다음 물음에 답해보세요.

(a) 행렬 $\mathbf{A}^{-1}$를 두 기본행렬의 곱으로 나타내보세요.

(b) 행렬 $\mathbf{A}$를 두 기본행렬의 곱으로 나타내보세요.

[맥길 대학교, 캐나다]

1.24 행렬 $\mathbf{A}=\begin{pmatrix} 5 & 1 & 9 \\ 2 & 4 & 0 \\ 1 & 1 & 0 \\ -1 & 3 & -2 \end{pmatrix}$, $\mathbf{B}=\begin{pmatrix} 1 & 1 & 0 \\ 2 & 4 & 0 \\ 5 & 1 & 9 \\ -1 & 3 & -2 \end{pmatrix}$에 대하여 $\mathbf{EA}=\mathbf{B}$를 만족하는 기본행렬 $\mathbf{E}$를 구해보세요.

[웨스턴온타리오 대학교, 캐나다]

1.25 다음 식을 만족하는 행렬 $\mathbf{A}$를 골라보세요.

$$\left(\mathbf{A}^{\mathrm{T}}-3\begin{pmatrix}1 & 2\\ -1 & 3\end{pmatrix}\right)^{-1}=\begin{pmatrix}2 & 1\\ 1 & 1\end{pmatrix}$$

① $\begin{pmatrix}5 & 5\\ 1 & 0\end{pmatrix}$　② $\begin{pmatrix}7 & 8\\ 0 & 10\end{pmatrix}$

③ $\begin{pmatrix}-1 & 5\\ 7 & 9\end{pmatrix}$　④ $\begin{pmatrix}4 & -4\\ 5 & 11\end{pmatrix}$

⑤ $\begin{pmatrix}2 & -3\\ -6 & 8\end{pmatrix}$　⑥ $\begin{pmatrix}8 & 2\\ 7 & -5\end{pmatrix}$

[오타와 대학교, 캐나다]

1.26 행렬 $\mathbf{B}=\begin{pmatrix}1 & 3 & 5\\ 0 & 1 & 2\\ 1 & 3 & 6\end{pmatrix}$, $\mathbf{C}=\begin{pmatrix}3 & 0 & 1\\ 0 & 2 & 0\\ 5 & 0 & -2\end{pmatrix}$,

$\mathbf{D}=\begin{pmatrix}-3 & 1 & 2\\ 1 & 0 & -1\\ 0 & -2 & 0\end{pmatrix}$에 대하여 $\mathbf{B}(\mathbf{X}+\mathbf{C})=\mathbf{D}$를 만족하는 3×3 행렬 $\mathbf{X}$를 구해보세요.

[웨스턴온타리오 대학교, 캐나다]

1.27 다음 물음에 답해보세요.

(a) 후방 대입을 이용한 가우스 소거법 또는 가우스-조단 소거법으로 다음 연립일차방정식의 해를 구해보세요.

$$\begin{cases} x+y+z=5\\ -x+3y+2z=-2\\ 2x+y+z=1\end{cases}$$

(b) 역행렬을 이용하여 구한 해를 확인해보세요.

(c) 연립일차방정식의 해가 존재하지 않도록 (a)의 세 번째 방정식에서 z의 계수를 바꿀 수 있나요? 그러한 z의 계수가 있다면 찾고, 찾을 수 없다면 왜 찾을 수 없는지 설명해보세요.

[세인트 마이클 대학, 미국]

1.28 $\mathbf{A}$가 대칭인 가역행렬이면 행렬 $\mathbf{A}^{-1}$도 대칭행렬임을 증명해보세요.

[매사추세츠 공과대학교(MIT), 미국]

1.29 $\mathbf{A}^2-\mathbf{A}+\mathbf{I}=\mathbf{O}$를 만족하는 행렬 $\mathbf{A}$가 가역행렬이고, $\mathbf{A}$의 역행렬이 $\mathbf{I}-\mathbf{A}$임을 보이세요.

[맥길 대학교, 캐나다]

1.30 다음 물음에 답해보세요.

(a) 정사각행렬 $\mathbf{A}$가 가역행렬이라는 의미를 정의해보세요. $\mathbf{A}$의 역행렬이 존재한다면, 역행렬이 유일함을 보이세요.

(b) 유한개의 가역행렬의 행렬 곱도 가역행렬임을 보이세요.

(c) 행렬 $\mathbf{A}=\begin{pmatrix}1 & 0 & 1\\ -1 & 1 & 1\\ 0 & 1 & 0\end{pmatrix}$의 역행렬을 구해보세요.

[서식스 대학교, 영국]

1.31 행렬 $\mathbf{A}$, $\mathbf{B}$가 $\mathbf{AXA}^{-1}=\mathbf{B}$를 만족하는 $n\times n$ 가역행렬일 때, 행렬 $\mathbf{X}$가 가역행렬임을 보이세요. 그리고 행렬 $\mathbf{X}^{-1}$를 $\mathbf{A}$, $\mathbf{B}$로 나타내보세요.

[사우스캐롤라이나 대학교, 미국]

1.32 다음 연립일차방정식의 해집합을 구해보세요.

$$\begin{pmatrix}0 & 1 & 1 & 0 & 2 & 0 & 4\\ 0 & 0 & 0 & 1 & 3 & 0 & 5\\ 0 & 1 & 1 & 0 & 2 & 1 & 10\end{pmatrix}\begin{pmatrix}a\\ b\\ c\\ d\\ e\\ f\\ g\end{pmatrix}=\begin{pmatrix}7\\ 8\\ 16\end{pmatrix}$$

[컬럼비아 대학교, 미국]

[추가 문제]

1.33 $\mathbf{AB}=\mathbf{I} \Leftrightarrow \mathbf{BA}=\mathbf{I}$임을 증명해보세요.

1.34 $\mathbf{AB}$가 정사각행렬이고 가역행렬이면, $\mathbf{A}$, $\mathbf{B}$는 모두 가역행렬이고 $(\mathbf{AB})^{-1}=\mathbf{B}^{-1}\mathbf{A}^{-1}$임을 증명해보세요.

1.35 $n\times n$ 행렬 $\mathbf{D}=\begin{pmatrix}a_{11} & 0 & \cdots & 0\\ 0 & a_{22} & 0 & \vdots\\ \vdots & 0 & \ddots & 0\\ 0 & \vdots & 0 & a_{nn}\end{pmatrix}$에 대하여, 다음 물음에 답해보세요.

(a) 양의 정수 p에 대하여

$$\mathbf{D}^p=\begin{pmatrix}a_{11}^p & 0 & \cdots & 0\\ 0 & a_{22}^p & 0 & \vdots\\ \vdots & 0 & \ddots & 0\\ 0 & \vdots & 0 & a_{nn}^p\end{pmatrix}$$ 임을 증명해보세요.

(b) 행렬 $\mathbf{D}$의 역행렬이

$$\mathbf{D}^{-1}=\begin{pmatrix}a_{11}^{-1} & 0 & \cdots & 0\\ 0 & a_{22}^{-1} & 0 & \vdots\\ \vdots & 0 & \ddots & 0\\ 0 & \vdots & 0 & a_{nn}^{-1}\end{pmatrix}$$ 임을 증명해보세요.

데스 하이암(Des Higham)

데스 하이암은 1966년에 태어났으며, 영국 글래스고(Glasgow)에 있는 스트래스클라이드(Strathclyde) 대학교에서 수학/통계학부의 수치해석학 교수로 재직 중입니다.

연구 분야에 대해 알려주세요.

저는 수학 모델과 계산 알고리즘을 개발하고 적용하는 분야를 연구합니다. 수학자로서 주로 결과를 증명하는 데 관심이 있습니다. 예를 들어, 수학 모델이 우리가 알고 있는 물리 시스템의 작동 방식을 재현할 수 있는지 나타내고, 그 모델을 이용하여 실험적으로 테스트할 수 있는 결과를 예측합니다. 알고리즘 측면에서는 계산 기술이 문제를 정확하고 효과적으로 해결함을 증명하고자 합니다.

저는 생명과학과 e-비즈니스를 포함한 다른 분야의 동료들과 함께 일하기를 좋아합니다. 이런 협업으로 현실적인 데이터 세트를 얻을 수 있으며, 종종 새로운 수학 아이디어를 떠올리는 데 좋은 도전이 되기도 합니다. 다른 분야를 통해 제 연구에 자극을 받고 스트레스 테스트(stress-testing)를 받는 것에 매우 만족합니다.

연구 분야에서 선형대수학을 어떻게 사용하나요?

네트워크 과학에 대한 제 연구는 선형대수학을 사용한 좋은 예라고 할 수 있습니다. 이 연구에서는 일반적으로 '누가 누구에게 전화를 했는지, 누가 누구에게 이메일을 보냈는지, 누가 누구를 트위터로 팔로우하는지'와 같은 두 사람 사이의 상호작용(pairwise interaction)에 대한 데이터를 제공합니다. 이러한 유형의 정보는 자연스럽게 행렬로 표현할 수 있습니다. 그리고 '핵심 선수가 누구인지, 병목현상이 어디에 있는지, 최신 루머를 알 수 있는 가장 좋은 곳은 어디인지, 사람들을 몇 개의 그룹으로 분류할 수 있는지'와 같은 흥미로운 질문은 선형대수학 문제로 생각할 수 있습니다.

선형대수학은 얼마나 중요한가요?

선형대수학에서 다루는 연립일차방정식의 해를 구하거나 선형최소제곱(linear least squares) 문제를 푸는 것, 고윳값과 고유벡터를 구하는 것은 과학 컴퓨팅(scientific computing)에서 사용하는 알고리즘 대부분에 들어가는 기본 요소입니다.

선형대수학과 관련한 도전 분야에는 무엇이 있을까요?

오늘날 우리는 첨단 디지털 세상에서 데이터 홍수 속에 살고 있습니다. 사실 많은 데이터가 우리에 관한 것이죠! 온라인 활동, 디지털 커뮤니케이션 패턴, 슈퍼마켓 소비 습관과 같은 행동 정보가 다 선형대수학을 활용한 데이터입니다. 또한 생물학 분야에서는 새로운 실험 기술이 DNA 서열과 유전자 및 뉴런의 행동에 대한 근본적인 생물학 정보를 생성합니다. 데이터 폭증에 대처하려면 더 큰 컴퓨터와 더 스마트한 알고리즘이 필요합니다.

당신의 선형대수학 연구 분야 주요 쟁점은 무엇입니까?

현재 두 가지 측면에 초점을 맞추고 있습니다. 첫 번째는 네트워크에 대한 모델링 문제입니다. 어떤 '운동 법칙'이 디지털 소셜 미디어에서 볼 수 있는 상호작용 패턴의 원인인지, 즉 행렬의 성분은 시간이 지남에 따라 어떻게 변하는지를 살펴봅니다. 두 번째는 대규모 상호작용 데이터로 무엇을 유용하게 할 수 있는지에 대한 것입니다. 즉, 큰 행렬을 어떻게 간략화하는지를 살펴봅니다.

선형대수학을 공부하기 시작한 학생들에게 전하고 싶은 특별한 메시지가 있습니까?

구글의 성공과 그 근본을 이루는 페이지랭크(PageRank) 알고리즘만 보더라도 선형대수학의 힘을 느낄 수 있습니다. 수학과 통계학의 아이디어를 이해하고 유용한 일련의 기술을 개발하고 싶다면 선형대수학이 바로 그 시작점입니다.

2

유클리드 공간
Euclidean Space

2.1 벡터의 성질

학습목표

- $\mathbb{R}^n$에서 벡터의 몇 가지 성질을 증명할 수 있습니다.
- 내적과 노름의 의미를 이해할 수 있습니다.
- 벡터에 관한 내적과 노름의 성질을 증명할 수 있습니다.

1장에서는 그리스의 수학자 유클리드(Euclid)의 이름을 따서 n차원 유클리드 공간이라 불리는 $\mathbb{R}^n$을 살펴보았습니다.

[그림 2-1] 유클리드(BC. 300년 무렵)
ⓒ Fondazione Cariplo

유클리드는 '유클리드 원론(Euclid's elements)'이라고도 불리는 '원론(Elements)'의 집필자로 널리 알려진 수학자입니다. 유클리드 원론은 2000년 넘게 수학교육에서 사용해왔으며, 1482년에 책으로 처음 출판되었습니다. 지금까지 유클리드 원론보다 많이 출판된 책은 성경뿐입니다.

1970년대까지 영국 학교에서 수학교육은 유클리드 원론의 다양한 부분을 학습하는 것으로 구성되었습니다. 유클리드 원론이 오랫동안 살아남은 이유는 수학적 증명과 논리적 추론의 개념을 다루기 때문입니다.

1장에서 이야기했듯이, $\mathbb{R}^n$에서 임의의 원소는 벡터입니다.

벡터의 두 가지 속성은 무엇인가요?

크기와 방향입니다. 예를 들어, [그림 2-2]에서도 볼 수 있듯이 벡터의 크기와 방향을 모르는 상태에서 비행하기란 불가능합니다.

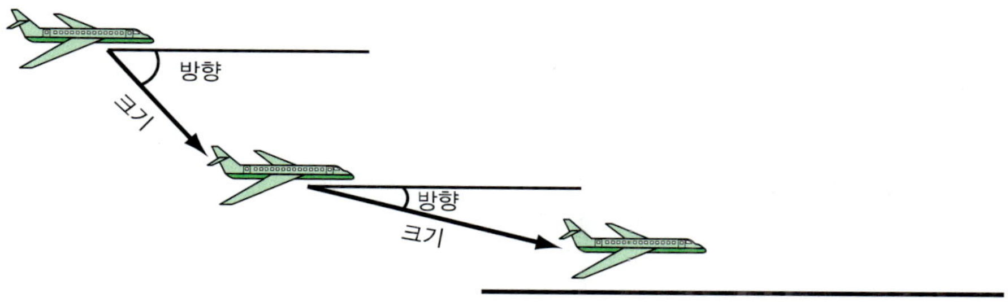

[그림 2-2] 벡터의 두 가지 속성(방향, 크기)

2.1절과 2.2절에 걸쳐 벡터의 크기와 방향을 이야기하려고 합니다. 벡터는 구성 요소로 표현합니다. 예를 들어, 집으로 가는 경로에 다음과 같은 길 안내가 필요하다고 가정합시다.

1. 동쪽으로 3블록
2. 북쪽으로 2블록
3. 위로 4층

위 내용을 다음과 같은 세 가지 방향으로 표현할 수 있습니다.

1. 동쪽 / 서쪽 - x축
2. 북쪽 / 남쪽 - y축
3. 위 / 아래 - z축

x, y, z와 같은 3개의 독립변수(independent variables)가 있다면 $\mathbb{R}^3$를 사용하여 문제를 기하학적으로 볼 수 있습니다. 사실 독립변수를 3개로 고정할 필요는 없습니다. 그림을 통해 기하학적인 해석이 분명하게 표현되지는 않겠지만 다양한 개수의 독립변수를 생각할 수 있습니다.

선형대수학은 $\mathbb{R}^n$에서 기하학과 직접적인 관련이 있습니다. 왜냐하면 $\mathbb{R}^n$에서는 기하와 대수를 서로 변환할 수 있기 때문입니다.

2.1.1 벡터의 합과 스칼라곱의 성질

$\mathbb{R}^2$는 평면이고 $\mathbb{R}^3$는 3차원 공간입니다. $\mathbb{R}^n$의 열벡터는 n개의 행과 1개의 열로 이루어진 특수한 행렬이므로, 1장에서 살펴본 행렬의 모든 성질은 $\mathbb{R}^n$의 벡터에서도 성립합니다.

이제 선형대수학의 두 가지 핵심 연산인 **벡터의 합**(vector addition)과 **스칼라곱**(scalar multiplication)을 정의해 보겠습니다.

정리 2-1 벡터의 합과 스칼라곱에 관한 성질

$\mathbb{R}^n$의 벡터 $\mathbf{u}$, $\mathbf{v}$, $\mathbf{w}$와 실수(또는 스칼라) k, c에 대하여 다음이 성립합니다.

(a) $\mathbf{u}+\mathbf{v}=\mathbf{v}+\mathbf{u}$ (합의 교환법칙)

(b) $(\mathbf{u}+\mathbf{v})+\mathbf{w}=\mathbf{u}+(\mathbf{v}+\mathbf{w})$ (합의 결합법칙)

(c) $\mathbf{u}+\mathrm{O}=\mathbf{u}$를 만족하는 영벡터 O가 존재합니다. (합에 대한 항등원)

(d) 임의의 벡터 $\mathbf{u}$에 대하여, $\mathbf{u}+(-\mathbf{u})=\mathrm{O}$를 만족하는 벡터 $-\mathbf{u}$가 존재합니다. (합에 대한 역원)

(e) $k(\mathbf{u}+\mathbf{v})=k\mathbf{u}+k\mathbf{v}$ (분배법칙)

(f) $(k+c)\mathbf{u}=k\mathbf{u}+c\mathbf{u}$ (분배법칙)

(g) $(kc)\mathbf{u}=k(c\mathbf{u})$ (곱의 결합법칙)

(h) 임의의 벡터 $\mathbf{u}$에 대하여 $1\mathbf{u}=\mathbf{u}$ (곱에 대한 항등원)

증명

[정리 2-1]의 모든 성질은 1장에서 다룬 행렬의 성질을 통해 증명할 수 있습니다. ■

$\mathbb{R}^n$의 벡터에 대한 다른 성질들을 증명할 때, [정리 2-1]을 사용할 수 있습니다.

정리 2-2 합에 대한 역원의 유일성

[정리 2-1(d)]에서 $\mathbb{R}^n$의 벡터 $\mathbf{u}$에 대하여, $\mathbf{u}+(-\mathbf{u})=\mathrm{O}$를 만족하는 벡터 $-\mathbf{u}$는 유일합니다.

증명

$\mathbb{R}^n$의 벡터 $\mathbf{v}$가 다음을 만족한다고 합시다.

$$\mathbf{u}+\mathbf{v}=\mathrm{O} \qquad (*)$$

? 무엇을 증명해야 할까요?

$\mathbf{v}=-\mathbf{u}$임을 증명하면 됩니다. 식 (*)의 양변에 $-\mathbf{u}$를 더합니다.

$$\begin{aligned}(-\mathbf{u})+(\mathbf{u}+\mathbf{v})&=(-\mathbf{u})+\mathrm{O}\\(-\mathbf{u}+\mathbf{u})+\mathbf{v}&=(-\mathbf{u})+\mathrm{O}\\\underbrace{\{\mathbf{u}+(-\mathbf{u})\}}_{=\mathrm{O}}+\mathbf{v}&=-\mathbf{u}\\\mathrm{O}+\mathbf{v}&=-\mathbf{u}\\\mathbf{v}&=-\mathbf{u}\end{aligned}$$

■

[정리 2-2]는 무엇을 의미할까요?

$\mathbb{R}^n$에서 임의의 벡터 $\mathbf{u}$에 대하여 다음을 만족하는 $\mathbb{R}^n$의 벡터는 $-\mathbf{u}$가 유일합니다.

$$\mathbf{u}+(-\mathbf{u})=\mathrm{O}$$

정리 2-3 스칼라곱의 성질

$\mathbb{R}^n$의 벡터 $\mathbf{u}$에 대하여, $(-1)\mathbf{u}=-\mathbf{u}$입니다.

증명

벡터 $\mathbf{u}=\begin{pmatrix} u_1 \\ \vdots \\ u_n \end{pmatrix}$에 대하여, 먼저 $\mathbf{u}+(-1)\mathbf{u}=\mathrm{O}$임을 증명합니다. 그리고 $-\mathbf{u}$가 유일하다는 [정리 2-2]를 이용하여 $(-1)\mathbf{u}=-\mathbf{u}$임을 유도합니다.

$$\begin{aligned}\mathbf{u}+(-1)\mathbf{u}&=\begin{pmatrix} u_1 \\ \vdots \\ u_n \end{pmatrix}+(-1)\begin{pmatrix} u_1 \\ \vdots \\ u_n \end{pmatrix}=\begin{pmatrix} u_1 \\ \vdots \\ u_n \end{pmatrix}+\begin{pmatrix} -u_1 \\ \vdots \\ -u_n \end{pmatrix} \quad \text{[스칼라곱]}\\ &=\begin{pmatrix} u_1-u_1 \\ \vdots \\ u_n-u_n \end{pmatrix}=\begin{pmatrix} 0 \\ \vdots \\ 0 \end{pmatrix}=\mathrm{O}\end{aligned}$$

따라서 $\mathbf{u}+(-1)\mathbf{u}=\mathrm{O}$이고, [정리 2-2]에 의하여 $\mathbf{u}+(-\mathbf{u})=\mathrm{O}$를 만족하는 벡터 $-\mathbf{u}$가 유일하므로 $(-1)\mathbf{u}=-\mathbf{u}$입니다. ■

지금까지 선형대수학의 두 가지 핵심 연산($\mathbb{R}^n$에서 벡터의 합과 스칼라곱)을 살펴보았습니다. 2.1.2절에서는 1장에서 언급한 두 벡터의 곱을 더 자세히 살펴보겠습니다.

2.1.2 내적 다시보기

$\mathbb{R}^n$의 벡터 $\mathbf{u}=\begin{pmatrix} u_1 \\ \vdots \\ u_n \end{pmatrix}$, $\mathbf{v}=\begin{pmatrix} v_1 \\ \vdots \\ v_n \end{pmatrix}$에 대하여 $\mathbf{u}$와 $\mathbf{v}$의 내적은 $\mathbf{u}\cdot\mathbf{v}$로 표현합니다. 이 내용을 1.3.6절에서 다음과 같이 정의하였습니다.

$$\mathbf{u}\cdot\mathbf{v}=u_1v_1+u_2v_2+u_3v_3+\cdots+u_nv_n \tag{1.5}$$

벡터 $\mathbf{u}$와 $\mathbf{v}$의 내적은 벡터 $\mathbf{u}$의 전치와 열벡터 $\mathbf{v}$의 행렬 곱과 같습니다.

$$\begin{aligned}\mathbf{u}\cdot\mathbf{v}=\mathbf{u}^{\mathrm{T}}\mathbf{v}&=\begin{pmatrix} u_1 \\ \vdots \\ u_n \end{pmatrix}^{\mathrm{T}}\begin{pmatrix} v_1 \\ \vdots \\ v_n \end{pmatrix}\\ &=\begin{pmatrix} u_1 & u_2 & \cdots & u_n \end{pmatrix}\begin{pmatrix} v_1 \\ \vdots \\ v_n \end{pmatrix}=u_1v_1+u_2v_2+u_3v_3+\cdots+u_nv_n\end{aligned}$$

이는 행과 열을 이용하여 행렬을 곱하는 방법입니다. 이때 벡터가 열행렬이라는 점에 주목해야 합니다. 왼쪽 행렬 $\mathbf{u}$의 열 개수와 오른쪽 행렬 $\mathbf{v}$의 행 개수가 같아야 행렬 곱을 수행할 수 있으므로 왼쪽 벡터 $\mathbf{u}$의 전치를 이용하여 행렬 곱을 합니다.

이러한 행렬 곱을 벡터 $\mathbf{u}$와 $\mathbf{v}$의 **점곱**(dot product) 또는 **내적**(inner product)이라 하고 다음과 같이 나타냅니다.

$$\mathbf{u} \cdot \mathbf{v} = \mathbf{u}^{\mathrm{T}}\mathbf{v} = u_1v_1 + u_2v_2 + u_3v_3 + \cdots + u_nv_n \tag{2.1}$$

? 위 결과를 통해 무엇을 알 수 있나요?

$\mathbb{R}^n$의 두 벡터의 내적 결과는 실수입니다. 즉, 두 벡터의 내적 연산을 수행하면 그 결과는 벡터가 아니라 스칼라입니다.

또한 두 벡터 $\mathbf{u}$와 $\mathbf{v}$의 내적은 $\mathbf{u}$의 성분 u_j와 이에 대응하는 $\mathbf{v}$의 성분 v_j를 각각 곱하여 더한 것입니다.

예제 2-1 벡터 $\mathbf{u} = (-3\ 1\ 7\ -5)^{\mathrm{T}}$, $\mathbf{v} = (9\ 2\ -4\ 1)^{\mathrm{T}}$에 대하여 $\mathbf{u} \cdot \mathbf{v}$를 구해보세요

풀이

주어진 벡터 $\mathbf{u} = (-3\ 1\ 7\ -5)^{\mathrm{T}}$, $\mathbf{v} = (9\ 2\ -4\ 1)^{\mathrm{T}}$는 지면을 효율적으로 사용하기 위해 벡터의 전치로 나타냈습니다. 식 (2.1)을 적용하면 다음과 같습니다.

$$\begin{aligned}\mathbf{u} \cdot \mathbf{v} = \begin{pmatrix}-3\\1\\7\\-5\end{pmatrix}\begin{pmatrix}9\\2\\-4\\1\end{pmatrix} &= \{(-3)\times 9\} + (1\times 2) + \{7\times(-4)\} + \{(-5)\times 1\} \\ &= -27 + 2 - 28 - 5 = -58\end{aligned}$$

따라서 $\mathbf{u} \cdot \mathbf{v} = -58$입니다.

MATLAB를 이용하여 $\mathbf{u} \cdot \mathbf{v} = -58$임을 확인할 수 있습니다. 두 벡터 $\mathbf{u}$와 $\mathbf{v}$의 내적에 대한 MATLAB 명령어는 `dot(u, v)`입니다.

방정식을 나타낼 때 내적을 사용할 수 있습니다. 예를 들어, 다음과 같이 나타낼 수 있습니다.

$$\text{방정식 } 3x + 4y = 11 \quad \Rightarrow \quad \begin{pmatrix}3\\4\end{pmatrix} \cdot \begin{pmatrix}x\\y\end{pmatrix} = (3\ 4)\begin{pmatrix}x\\y\end{pmatrix} = 11$$

이 방정식의 해를 구한다는 것은 '벡터 (3, 4)와 내적하여 그 결과가 11인 벡터를 구하는 것'을 의미합니다. 또한 내적은 두 벡터의 사잇각(angle between vectors)에 대한 정보를 제공합니다. 이 내용은 다음 절에서 다루겠습니다.

예제 2-2 벡터 $\mathbf{u}=\begin{pmatrix}2\\5\end{pmatrix}$, $\mathbf{v}=\begin{pmatrix}5\\-2\end{pmatrix}$에 대하여 $\mathbb{R}^2$에서 두 벡터를 나타내고, $\mathbf{u}\cdot\mathbf{v}$를 구해보세요.

풀이

$\mathbb{R}^2$에서 두 벡터 $\mathbf{u}$와 $\mathbf{v}$를 나타내면 다음과 같습니다.

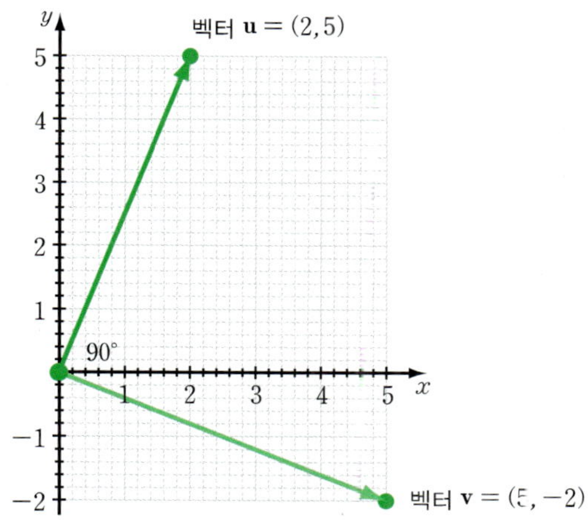

[그림 2-3] $\mathbb{R}^2$의 두 벡터 $\mathbf{u}=(2,5)$와 $\mathbf{v}=(5,-2)$

$\mathbf{u}\cdot\mathbf{v}=\begin{pmatrix}2\\5\end{pmatrix}\cdot\begin{pmatrix}5\\-2\end{pmatrix}=(2\times 5)+\{5\times(-2)\}=10-10=0$입니다.

? 위 결과로 무엇을 알 수 있나요?

내적이 0입니다. 또한 두 벡터 $\mathbf{u}$와 $\mathbf{v}$가 서로 수직이라는 점에 주목해야 합니다.

'두 벡터 $\mathbf{u}$와 $\mathbf{v}$가 수직이다'는 '두 벡터 $\mathbf{u}$와 $\mathbf{v}$의 내적이 0이다'와 동치입니다. 즉, '$\mathbb{R}^n$에서 두 벡터 $\mathbf{u}$와 $\mathbf{v}$가 **직교**(orthogonal) 또는 **수직**(perpendicular)이다'는 다음 식과 동치입니다.

$$\mathbf{u}\cdot\mathbf{v}=0 \tag{2.2}$$

선형대수학에서 직교성(orthogonality)은 매우 중요한 개념입니다.

예제 2-3 $\mathbb{R}^2$를 두 벡터 $\mathbf{u}=\begin{pmatrix}a\\b\end{pmatrix}$, $\mathbf{v}=\begin{pmatrix}b\\-a\end{pmatrix}$에 대하여, 두 벡터가 직교함을 증명해보세요.

풀이

식 (2.1)을 적용하여 주어진 두 벡터 $\mathbf{u}$와 $\mathbf{v}$의 내적을 구하면 다음과 같습니다.

$$\mathbf{u}\cdot\mathbf{v}=\begin{pmatrix}a\\b\end{pmatrix}\cdot\begin{pmatrix}b\\-a\end{pmatrix}=(a\times b)+\{b\times(-a)\}=ab-ba=0$$

식 (2.2)에 의하여, 두 벡터 $\mathbf{u}$와 $\mathbf{v}$의 내적이 0이면 [그림 2-4]와 같이 두 벡터 $\mathbf{u}$와 $\mathbf{v}$가 직교함을 알 수 있습니다.

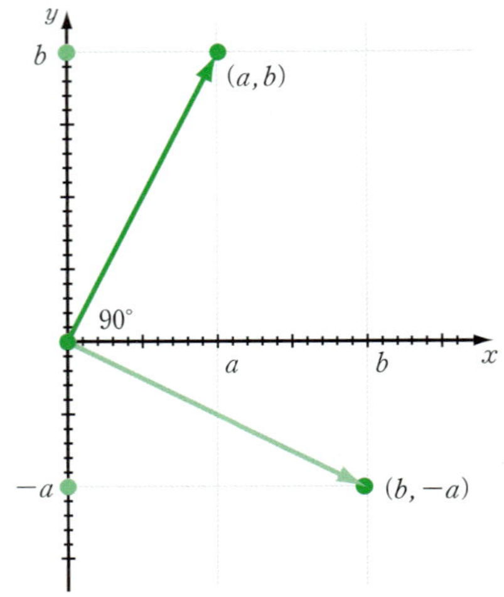

[그림 2-4] $\mathbb{R}^2$의 두 벡터 $\mathbf{u}=(a,b)$와 $\mathbf{v}=(b,-a)$

식 (2.2)에 의하여 $3x+4y=0$과 같은 방정식의 해를 구하는 데 내적을 이용할 수 있습니다. 즉, 다음을 만족하는 모든 벡터 $(x\ \ y)^T$를 찾으면 됩니다.

$$\begin{pmatrix}3\\4\end{pmatrix}\cdot\begin{pmatrix}x\\y\end{pmatrix}=0 \qquad \left[\begin{pmatrix}3\\4\end{pmatrix}\cdot\begin{pmatrix}x\\y\end{pmatrix}=3x+4y\right]$$

식 (2.2)에 의하여, $\mathbf{u}\cdot\mathbf{v}=0$이면 두 벡터 $\mathbf{u}$와 $\mathbf{v}$가 서로 직교하므로 벡터 $\begin{pmatrix}3\\4\end{pmatrix}$와 직교하는 벡터들을 찾아야 합니다. 이를 그림으로 나타내면 [그림 2-5]와 같습니다.

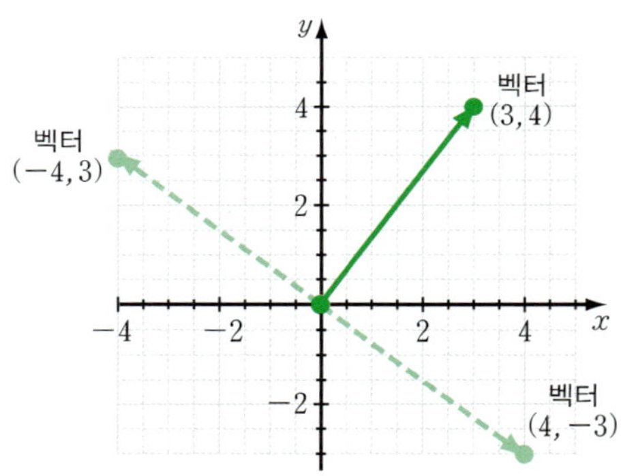

[그림 2-5] $\mathbb{R}^2$의 세 벡터 (3, 4), (−4, 3), (4, −3)

[그림 2-5]를 살펴보면 점선으로 나타낸 모든 벡터가 벡터 $\begin{pmatrix}3\\4\end{pmatrix}$와 직교함을 알 수 있습니다. 따라서 주어진 방정식 $3x+4y=0$의 해는 다음과 같이 무수히 많습니다.

$$x=4,\ y=-3 \text{ 또는 } x=-4,\ y=3 \text{ 또는 } x=0,\ y=0\ \cdots$$

주어진 방정식($3x+4y=0$)은 하나이지만 미지수(x, y)는 2개입니다. 1장의 [정리 1-12]에 의하여 미지수의 개수(2개)보다 식의 개수(1개)가 적으므로 이 방정식의 해는 무수히 많습니다.

2.1.3 내적의 성질

$\mathbb{R}^n$에서 내적의 몇 가지 기본적인 성질을 이야기해봅시다.

정리 2-4 내적의 성질

$\mathbb{R}^n$의 벡터 $\mathbf{u}$, $\mathbf{v}$, $\mathbf{w}$와 실수(또는 스칼라) k에 대하여 다음이 성립합니다.

(a) $(\mathbf{u}+\mathbf{v})\cdot\mathbf{w}=\mathbf{u}\cdot\mathbf{w}+\mathbf{v}\cdot\mathbf{w}$ (분배법칙)

(b) $\mathbf{u}\cdot\mathbf{v}=\mathbf{v}\cdot\mathbf{u}$ (교환법칙)

(c) $(k\mathbf{u})\cdot\mathbf{v}=k(\mathbf{u}\cdot\mathbf{v})=(\mathbf{u}\cdot k\mathbf{v})$

(d) $\mathbf{u}\cdot\mathbf{u}\geq 0$이고 $\mathbf{u}\cdot\mathbf{u}=0 \Leftrightarrow \mathbf{u}=\mathbf{O}$ (이때 $\mathbf{u}\cdot\mathbf{u}$는 벡터 $\mathbf{u}$의 크기의 제곱)

증명

(a) 2.1절 [연습문제 08]에서 증명합니다.

(b) $\mathbb{R}^n$의 벡터 $\mathbf{u}=(u_1 \ \cdots \ u_n)^{\mathrm{T}}=\begin{pmatrix} u_1 \\ \vdots \\ u_n \end{pmatrix}$, $\mathbf{v}=(v_1 \ \cdots \ v_n)^{\mathrm{T}}=\begin{pmatrix} v_1 \\ \vdots \\ v_n \end{pmatrix}$에 대하여, $\mathbf{u}\cdot\mathbf{v}=\mathbf{v}\cdot\mathbf{u}$임을 증명합니다.

$$\begin{aligned}\mathbf{u}\cdot\mathbf{v}&=u_1v_1+u_2v_2+u_3v_3+\cdots+u_nv_n && [\text{식 } (2.1)]\\ &=v_1u_1+v_2u_2+v_3u_3+\cdots+v_nu_n && [u_j\text{와 } v_j\text{가 실수이므로 } u_jv_j=v_ju_j]\\ &=\mathbf{v}\cdot\mathbf{u}\end{aligned}$$

행렬 곱에서는 교환법칙이 성립하지 않지만, 내적에서는 교환법칙이 성립함을 기억하세요.

? (c) $(k\mathbf{u})\cdot\mathbf{v}=k(\mathbf{u}\cdot\mathbf{v})$임을 어떻게 증명할까요?

(c) 좌변을 전개하여 우변과 같음을 보이면 됩니다.

$$\begin{aligned}(k\mathbf{u})\cdot\mathbf{v}=\left[k\begin{pmatrix} u_1 \\ \vdots \\ u_n \end{pmatrix}\right]\cdot\begin{pmatrix} v_1 \\ \vdots \\ v_n \end{pmatrix}&=\begin{pmatrix} ku_1 \\ \vdots \\ ku_n \end{pmatrix}\cdot\begin{pmatrix} v_1 \\ \vdots \\ v_n \end{pmatrix} && [\text{벡터 } \mathbf{u}\text{에 스칼라 } k\text{를 스칼라곱}]\\ &=ku_1v_1+ku_2v_2+ku_3v_3+\cdots+ku_nv_n && [\text{식 } (2.1)]\\ &=k(u_1v_1+u_2v_2+u_3v_3+\cdots+u_nv_n) && [\text{인수분해}]\\ &=k(\mathbf{u}\cdot\mathbf{v}) && [u_1v_1+u_2v_2+u_3v_3+\cdots+u_nv_n=\mathbf{u}\cdot\mathbf{v}]\end{aligned}$$

그러므로 $(k\mathbf{u})\cdot\mathbf{v}=k(\mathbf{u}\cdot\mathbf{v})$입니다. 비슷한 방법으로 $k(\mathbf{u}\cdot\mathbf{v})=(\mathbf{u}\cdot k\mathbf{v})$임을 증명할 수 있습니다.

(d) (d)를 증명하기에 앞서 다음 질문에 답해봅시다.

(d) $\mathbf{u} \cdot \mathbf{u} \geq 0$는 무슨 뜻일까요?

실수 u가 $u \times u \geq 0$을 만족하듯이 임의의 벡터 $\mathbf{u}$에 대하여 $\mathbf{u} \cdot \mathbf{u} \geq 0$입니다.

$\mathbf{u} \cdot \mathbf{u} \geq 0$을 어떻게 증명할까요?

$\mathbf{u} = \begin{pmatrix} u_1 \\ \vdots \\ u_n \end{pmatrix}$을 대입하여 $\mathbf{u} \cdot \mathbf{u}$를 계산합니다.

$$\begin{aligned} \mathbf{u} \cdot \mathbf{u} &= \begin{pmatrix} u_1 \\ \vdots \\ u_n \end{pmatrix} \cdot \begin{pmatrix} u_1 \\ \vdots \\ u_n \end{pmatrix} = u_1 u_1 + u_2 u_2 + u_3 u_3 + \cdots + u_n u_n \qquad [\text{식 } (2.1)] \\ &= (u_1)^2 + (u_2)^2 + (u_3)^2 + \cdots + (u_n)^2 \geq 0 \end{aligned}$$

$u_1,\ u_2,\ u_3,\ \cdots,\ u_n$이 실수이므로 $(u_j)^2 \geq 0\ (j = 1,\ 2,\ 3,\ \cdots,\ n)$입니다. 즉, $\mathbf{u} \cdot \mathbf{u} \geq 0$입니다. 따라서 실수 u가 $u \times u \geq 0$을 만족하듯이, 임의의 벡터 $\mathbf{u}$에 대하여 $\mathbf{u} \cdot \mathbf{u} \geq 0$입니다.

$\mathbf{u} \cdot \mathbf{u} = 0 \Leftrightarrow \mathbf{u} = \mathrm{O}$를 어떻게 증명할까요?

$\mathbf{u} \cdot \mathbf{u} = (u_1)^2 + (u_2)^2 + (u_3)^2 + \cdots + (u_n)^2$이므로 다음이 성립합니다.

$$\begin{aligned} \mathbf{u} \cdot \mathbf{u} = 0 &\Leftrightarrow (u_1)^2 + (u_2)^2 + (u_3)^2 + \cdots + (u_n)^2 = 0 \\ &\Leftrightarrow u_1 = u_2 = u_3 = \cdots = u_n = 0 \end{aligned}$$

영벡터 정의에 의하여 $u_1 = u_2 = u_3 = \cdots = u_n = 0$이면 $\mathbf{u} = \mathrm{O}$입니다. 따라서 $\mathbf{u} \cdot \mathbf{u} = 0 \Leftrightarrow \mathbf{u} = \mathrm{O}$가 성립합니다. ■

2.1.4 벡터의 노름 또는 크기

$\mathbb{R}^n$의 벡터 $\mathbf{u}$에 대하여 $\mathbf{u}$의 **노름**(norm) 또는 **크기**(length)를 $\|\mathbf{u}\|$로 표기합니다. 벡터의 노름을 정의하는 방법을 찾기 위하여 피타고라스 정리를 사용할 수 있습니다. [그림 2-6]에서 $\mathbb{R}^2$의 벡터 $\mathbf{u}$를 살펴봅시다.

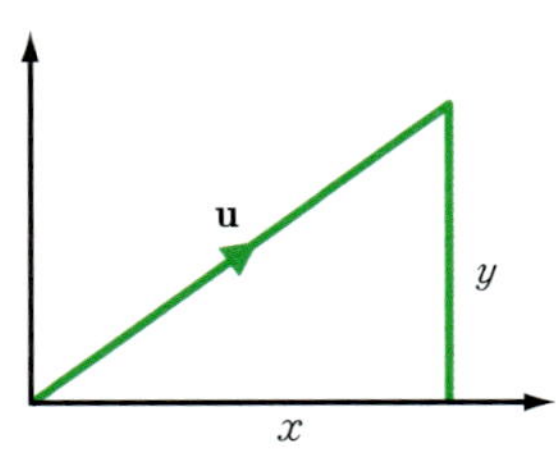

[그림 2-6] $\mathbb{R}^2$의 벡터 $\mathbf{u} = (x,\ y)$

$\mathbb{R}^2$에서 벡터 $\mathbf{u} = (x \ \ y)^{\mathrm{T}}$의 노름 또는 크기는 다음과 같습니다.

$$\| \mathbf{u} \| = \sqrt{x^2 + y^2}$$

이번에는 [그림 2-7]에서 $\mathbb{R}^3$의 벡터 $\mathbf{v}$를 살펴봅시다.

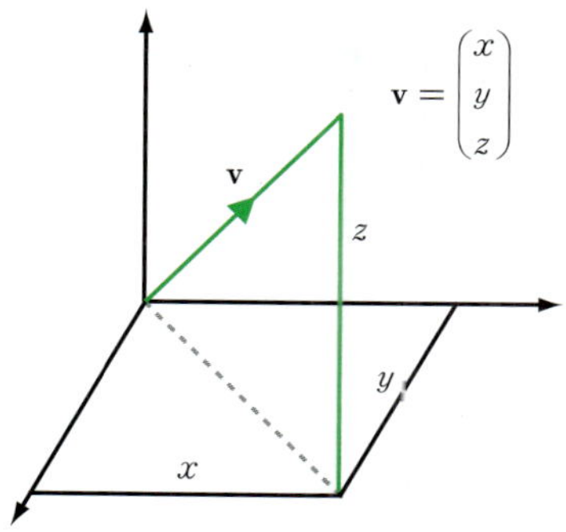

[그림 2-7] $\mathbb{R}^3$의 벡터 $\mathbf{v} = (x, \ y, \ z)$

$\mathbb{R}^3$에서 벡터 $\mathbf{v} = (x \ \ y \ \ z)^{\mathrm{T}}$의 노름 또는 크기는 다음과 같습니다.

$$\| \mathbf{v} \| = \sqrt{x^2 + y^2 + z^2}$$

$\mathbb{R}^n$의 벡터 $\mathbf{u}$에 대하여 $\mathbf{u} = \begin{pmatrix} u_1 \\ \vdots \\ u_n \end{pmatrix}$의 크기는 다음과 같습니다.

> **정리 2-5 피타고라스 정리(Pythagoras' theorem)**
>
> $$\| \mathbf{u} \| = \sqrt{(u_1)^2 + (u_2)^2 + (u_3)^2 + \cdots + (u_n)^2}$$

벡터 $\mathbf{u}$의 노름은 벡터 $\mathbf{u}$의 크기를 나타내는 실수입니다.

예제 2-4 **$\mathbb{R}^2$에서 두 벡터 $\mathbf{u} = \begin{pmatrix} -7 \\ -2 \end{pmatrix}$, $\mathbf{v} = \begin{pmatrix} 8 \\ 3 \end{pmatrix}$을 나타내고, 노름 $\| \mathbf{u} \|$와 $\| \mathbf{v} \|$를 구해보세요.**

풀이

[정리 2-5]를 이용하면 다음과 같습니다.

$$\| \mathbf{u} \| = \sqrt{(-7)^2 + (-2)^2} = \sqrt{53} = 7.280 \quad \text{[소수점 아래 넷째 자리에서 반올림]}$$

$$\| \mathbf{v} \| = \sqrt{8^2 + 3^2} = \sqrt{73} = 8.544 \quad \text{[소수점 아래 넷째 자리에서 반올림]}$$

$\mathbb{R}^2$에서 두 벡터 $\mathbf{u} = \begin{pmatrix} -7 \\ -2 \end{pmatrix}$, $\mathbf{v} = \begin{pmatrix} 8 \\ 3 \end{pmatrix}$을 나타내고, 노름 $\| \mathbf{u} \|$ 와 $\| \mathbf{v} \|$ 를 표시하면 [그림 2-8]과 같습니다.

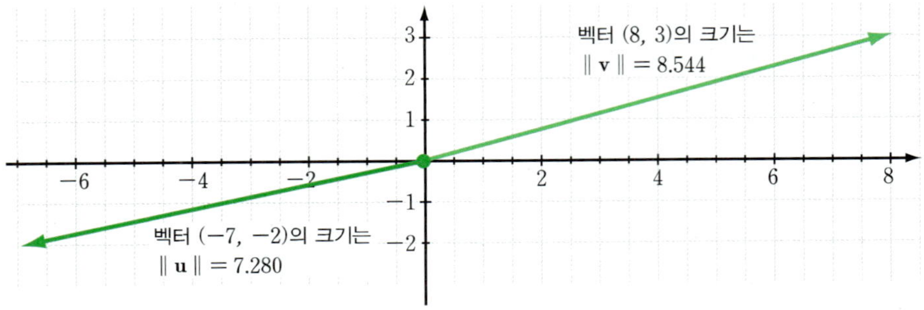

[그림 2-8] 노름 $\| \mathbf{u} \|$ 와 $\| \mathbf{v} \|$

또한 벡터의 크기는 내적을 이용하여 나타낼 수 있습니다.

> **정리 2-6 벡터의 크기(노름)**
>
> $\mathbb{R}^n$의 벡터 $\mathbf{u}$에 대하여, 다음이 성립합니다.
>
> $$\| \mathbf{u} \| = \sqrt{\mathbf{u} \cdot \mathbf{u}} \quad \text{(양의 제곱근)}$$

증명

먼저 식 (2.1) $\mathbf{u} \cdot \mathbf{v} = u_1 v_1 + u_2 v_2 + u_3 v_3 + \cdots + u_n v_n$에 의하여 $\mathbf{u} \cdot \mathbf{u}$를 구할 수 있습니다.

$$\begin{aligned} \mathbf{u} \cdot \mathbf{u} &= u_1 u_1 + u_2 u_2 + u_3 u_3 + \cdots + u_n u_n \\ &= (u_1)^2 + (u_2)^2 + (u_3)^2 + \cdots + (u_n)^2 \end{aligned}$$

위 결과에 양의 제곱근을 취하면 다음과 같습니다.

$$\sqrt{\mathbf{u} \cdot \mathbf{u}} = \sqrt{(u_1)^2 + (u_2)^2 + (u_3)^2 + \cdots + (u_n)^2} = \| \mathbf{u} \| \quad \text{([정리 2-5] 이용)}$$

따라서 $\| \mathbf{u} \| = \sqrt{\mathbf{u} \cdot \mathbf{u}}$ 입니다. ■

$\| \mathbf{u} \| = \sqrt{\mathbf{u} \cdot \mathbf{u}}$ 를 **유클리드 노름**(Euclidean norm)이라고 합니다. 다른 형태의 노름은 다음 장에서 다룹니다.

거리함수(distance function, metric) $\mathrm{d}(\mathbf{u}, \mathbf{v})$는 $\mathbb{R}^n$에서 벡터 $\mathbf{u} = (u_1 \ u_2 \ \cdots \ u_n)^T$와 $\mathbf{v} = (v_1 \ v_2 \ \cdots \ v_n)^T$의 거리이며, 다음과 같이 정의합니다.

$$\mathrm{d}(\mathbf{u}, \mathbf{v}) = \| \mathbf{u} - \mathbf{v} \| \tag{2.3}$$

거리함수를 사용하여 GPS 시스템이 적용된 인공위성 사이의 거리를 구할 수 있습니다.

예제 2-5 **[그림 2-9]에서 벡터 $\mathbf{s}_1 = (1\ 2\ 3)^T$, $\mathbf{s}_2 = (7\ 4\ 3)^T$, $\mathbf{s}_3 = (2\ 1\ 9)^T$는 세 인공위성의 위치를 나타냅니다. 인공위성 사이의 거리를 모두 구해보세요.**

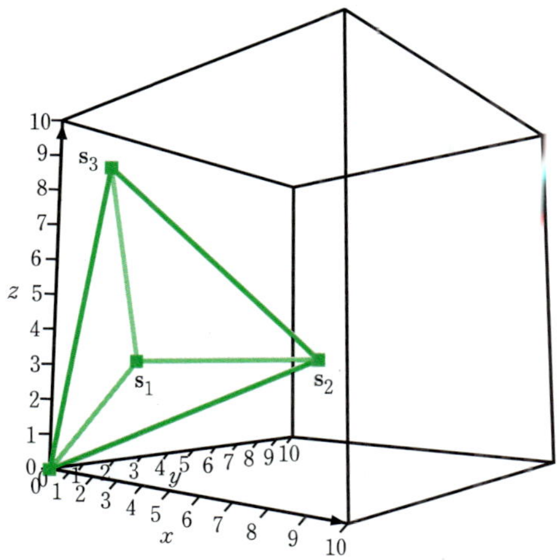

[그림 2-9] 공간좌표 $\mathbf{s}_1$, $\mathbf{s}_2$, $\mathbf{s}_3$

풀이

식 (2.3)을 이용하면 $d(\mathbf{s}_1, \mathbf{s}_2) = \| \mathbf{s}_1 - \mathbf{s}_2 \|$ 입니다. $\mathbf{s}_1 - \mathbf{s}_2$를 계산하면 다음과 같습니다.

$$\mathbf{s}_1 - \mathbf{s}_2 = \begin{pmatrix} 1 \\ 2 \\ 3 \end{pmatrix} - \begin{pmatrix} 7 \\ 4 \\ 3 \end{pmatrix} = \begin{pmatrix} 1-7 \\ 2-4 \\ 3-3 \end{pmatrix} = \begin{pmatrix} -6 \\ -2 \\ 0 \end{pmatrix}$$

따라서 식 (2.3)에 의하여 다음이 성립합니다.

$$\begin{aligned} d(\mathbf{s}_1, \mathbf{s}_2) &= \| \mathbf{s}_1 - \mathbf{s}_2 \| \\ &= \sqrt{(-6)^2 + (-2)^2 + 0^2} = \sqrt{40} = 6.32 \end{aligned}$$ [소수점 아래 셋째 자리에서 반올림]

같은 방법으로 다른 위성 사이의 거리를 구하면 다음과 같습니다.

$$d(\mathbf{s}_1, \mathbf{s}_3) = 6.16$$ [소수점 아래 셋째 자리에서 반올림]

$$d(\mathbf{s}_2, \mathbf{s}_3) = 8.37$$ [소수점 아래 셋째 자리에서 반올림]

이어서 벡터의 유클리드 노름의 몇 가지 성질을 살펴보고 증명해보겠습니다.

2.1.5 벡터 노름의 성질

스칼라 k에 대하여 k의 **절댓값**(modulus)을 $|k|$로 나타내고 다음과 같이 정의합니다.

$$|k| = \sqrt{k^2}$$

정리 2-7 벡터 노름의 성질

$\mathbb{R}^n$의 벡터 $\mathbf{u}$와 실수 k에 대하여 다음이 성립합니다.

(a) $\| \mathbf{u} \| \geq 0$이고 $\| \mathbf{u} \| = 0 \Leftrightarrow \mathbf{u} = \mathbf{O}$

(b) $\| k\mathbf{u} \| = |k| \| \mathbf{u} \|$

증명

$\mathbb{R}^n$의 벡터 $\mathbf{u}$를 $\mathbf{u} = (u_1 \ \cdots \ u_n)^{\mathrm{T}}$로 나타낼 수 있습니다.

(a) $\| \mathbf{u} \| \geq 0$을 증명해봅시다. [정리 2-5]에 의하여 벡터 $\mathbf{u}$의 크기는 다음과 같습니다.

$$\| \mathbf{u} \| = \sqrt{(u_1)^2 + (u_2)^2 + (u_3)^2 + \cdots + (u_n)^2}$$

$\| \mathbf{u} \|$는 양의 제곱근이므로 $\| \mathbf{u} \| \geq 0$입니다. 이제 $\| \mathbf{u} \| = 0 \Leftrightarrow \mathbf{u} = \mathbf{O}$를 증명해봅시다. $\| \mathbf{u} \| = 0$의 의미는 다음과 같습니다.

$$\| \mathbf{u} \| = \sqrt{\mathbf{u} \cdot \mathbf{u}} = 0 \Leftrightarrow \mathbf{u} \cdot \mathbf{u} = 0$$

[정리 2-4(d)]에 의하여 $\mathbf{u} \cdot \mathbf{u} = 0 \Leftrightarrow \mathbf{u} = \mathbf{O}$입니다. 따라서 $\| \mathbf{u} \| = 0 \Leftrightarrow \mathbf{u} = \mathbf{O}$입니다.

(b) $\| k\mathbf{u} \| = |k| \| \mathbf{u} \|$의 좌변을 [정리 2-6]의 $\| \mathbf{v} \| = \sqrt{\mathbf{v} \cdot \mathbf{v}}$를 이용하여 나타냅니다.

$$\begin{aligned} \| k\mathbf{u} \| &= \sqrt{k\mathbf{u} \cdot k\mathbf{u}} = \sqrt{k^2 (\mathbf{u} \cdot \mathbf{u})} \\ &= \sqrt{k^2} \sqrt{\mathbf{u} \cdot \mathbf{u}} && [k^2\text{과 } \mathbf{u} \cdot \mathbf{u}\text{는 실수이므로 } \sqrt{ab} = \sqrt{a}\sqrt{b}] \\ &= |k| \| \mathbf{u} \| && [\sqrt{k^2} = |k|] \end{aligned}$$

■

일반적으로 주어진 벡터 $\mathbf{v}$의 크기(노름)를 구하려면 $\| \mathbf{v} \|^2 = \mathbf{v} \cdot \mathbf{v}$를 계산한 뒤 양의 제곱근을 취하여 $\| \mathbf{v} \|$를 구하는 것이 더 쉽습니다.

핵심요약

- $\mathbb{R}^n$의 벡터 $\mathbf{u}$, $\mathbf{v}$에 대하여, 내적 $\mathbf{u} \cdot \mathbf{v}$는 다음 식 (2.1)과 같습니다.

$$\mathbf{u} \cdot \mathbf{v} = u_1 v_1 + u_2 v_2 + u_3 v_3 + \cdots + u_n v_n \tag{2.1}$$

- 벡터 $\mathbf{u}$와 $\mathbf{v}$가 **직교** 또는 **수직**입니다. $\Leftrightarrow \mathbf{u} \cdot \mathbf{v} = 0$
- $\mathbb{R}^n$에서 벡터 $\mathbf{u}$의 노름 또는 크기는 다음과 같이 정의합니다.

$$\| \mathbf{u} \| = \sqrt{\mathbf{u} \cdot \mathbf{u}} = \sqrt{(u_1)^2 + (u_2)^2 + (u_3)^2 + \cdots + (u_n)^2}$$

2.1 연습문제

* 2.1 연습문제는 MATLAB으로 계산을 확인할 수 있습니다. 벡터 $\mathbf{u}$의 노름에 대한 명령어는 `norm(u)`입니다.

01 $\mathbb{R}^2$의 벡터 $\mathbf{u}=\begin{pmatrix}-1\\3\end{pmatrix}$, $\mathbf{v}=\begin{pmatrix}2\\1\end{pmatrix}$에 대하여 다음을 구해보세요.

(a) $\mathbf{u}\cdot\mathbf{v}$ (b) $\mathbf{v}\cdot\mathbf{u}$
(c) $\mathbf{u}\cdot\mathbf{u}$ (d) $\mathbf{v}\cdot\mathbf{v}$
(e) $\|\mathbf{u}\|^2$ (f) $\|\mathbf{v}\|^2$
(g) $\|\mathbf{u}\|$ (h) $\|\mathbf{v}\|$
(i) $\|\mathbf{u}+\mathbf{v}\|^2$ (j) $d(\mathbf{u},\mathbf{v})$

02 $\mathbb{R}^3$의 벡터 $\mathbf{u}=(2\ 3\ -1)^T$, $\mathbf{v}=(5\ 1\ -2)^T$에 대하여 다음을 구해보세요.

(a) $\mathbf{u}\cdot\mathbf{v}$ (b) $\mathbf{v}\cdot\mathbf{u}$
(c) $\mathbf{u}\cdot\mathbf{u}$ (d) $\mathbf{v}\cdot\mathbf{v}$
(e) $\|\mathbf{u}\|^2$ (f) $\|\mathbf{v}\|^2$
(g) $\|\mathbf{u}\|$ (h) $\|\mathbf{v}\|$
(i) $\|\mathbf{u}+\mathbf{v}\|^2$ (j) $d(\mathbf{u},\mathbf{v})$

03 $\mathbb{R}^4$의 벡터 $\mathbf{u}=(-1\ 2\ 5\ -3)^T$, $\mathbf{v}=(2\ -3\ -1\ 5)^T$에 대하여 다음을 구해보세요.

(a) $\mathbf{u}\cdot\mathbf{v}$ (b) $\mathbf{v}\cdot\mathbf{u}$
(c) $\mathbf{u}\cdot\mathbf{u}$ (d) $\mathbf{v}\cdot\mathbf{v}$
(e) $\|\mathbf{u}\|^2$ (f) $\|\mathbf{v}\|^2$
(g) $\|\mathbf{u}\|$ (h) $\|\mathbf{v}\|$
(i) $\|\mathbf{u}+\mathbf{v}\|^2$ (j) $d(\mathbf{u},\mathbf{v})$

04 $\mathbf{i}=\begin{pmatrix}1\\0\\0\end{pmatrix}$, $\mathbf{j}=\begin{pmatrix}0\\1\\0\end{pmatrix}$, $\mathbf{k}=\begin{pmatrix}0\\0\\1\end{pmatrix}$에 대하여 다음을 구해보세요. 그리고 벡터 $\mathbf{u}=a\mathbf{i}+b\mathbf{j}+c\mathbf{k}$, $\mathbf{v}=d\mathbf{i}+e\mathbf{j}+f\mathbf{k}$에 대하여, $\mathbf{u}\cdot\mathbf{v}=ad+be+cf$임을 증명해보세요.

(a) $\mathbf{i}\cdot\mathbf{i}=1$ (b) $\mathbf{j}\cdot\mathbf{j}=1$
(c) $\mathbf{k}\cdot\mathbf{k}=1$ (d) $\mathbf{i}\cdot\mathbf{j}=0$
(e) $\mathbf{i}\cdot\mathbf{k}=0$ (f) $\mathbf{j}\cdot\mathbf{k}=0$

05 $\mathbb{R}^2$에서 벡터 $\mathbf{u}=\begin{pmatrix}-3\\2\end{pmatrix}$, $\mathbf{v}=\begin{pmatrix}-2\\-3\end{pmatrix}$을 나타내고, 두 벡터가 직교함을 증명해보세요. 그리고 방정식 $-3x+2y=0$의 해를 구해보세요.

06 벡터 $\mathbf{u}=\begin{pmatrix}7\\-2\end{pmatrix}$, $\mathbf{v}=\begin{pmatrix}-5\\3\end{pmatrix}$에 대하여 다음 노름을 구해보세요. 그리고 그 결과를 좌표평면에 나타내보세요.

(a) $\|\mathbf{u}+\mathbf{v}\|$ (b) $d(\mathbf{u},\mathbf{v})=\|\mathbf{u}-\mathbf{v}\|$

07 [정리 2-1]의 (b), (e), (g)를 증명해보세요.

08 [정리 2-4]의 (a)를 증명해보세요.

09 다음 벡터에 대하여, 각각의 $\mathbb{R}^n$에서 $\frac{1}{\|\mathbf{u}\|}\mathbf{u}$를 구해보세요. 그리고 $\left\|\frac{1}{\|\mathbf{u}\|}\mathbf{u}\right\|$를 각각 구해보세요.

(a) $\mathbf{u}=(2\ -7)^T$
(b) $\mathbf{u}=(-9\ 3\ 7)^T$
(c) $\mathbf{u}=(-3\ 5\ 8\ 6)^T$
(d) $\mathbf{u}=(-6\ 2\ 8\ 3\ 5)^T$

10 $\mathbb{R}^n$에서 영벡터가 아닌 벡터 $\mathbf{u}$에 대하여, $\left\|\frac{1}{\|\mathbf{u}\|}\mathbf{u}\right\|=1$임을 증명해보세요.

11 $\mathbb{R}^n$의 벡터 $\mathbf{u}$, $\mathbf{v}$에 대하여 다음 명제가 성립하지 않음을 증명해보세요.

(a) $\mathbf{u}\cdot\mathbf{v}=0$이면 $\mathbf{u}=\mathbf{O}$ 또는 $\mathbf{v}=\mathbf{O}$
(b) $\|\mathbf{u}+\mathbf{v}\|=\|\mathbf{u}\|+\|\mathbf{v}\|$

12 $\mathbb{R}^n$에서 벡터 $\mathbf{u}_1$, $\mathbf{u}_2$, $\cdots$, $\mathbf{u}_n$이 서로 직교할 때, 즉 직교벡터(orthogonal vector)일 때, 다음을 증명해보세요. (b)는 수학적 귀납법을 사용하세요.

(a) $\|\mathbf{u}_1+\mathbf{u}_2\|^2=\|\mathbf{u}_1\|^2+\|\mathbf{u}_2\|^2$

*(b) $\| \mathbf{u}_1 + \mathbf{u}_2 + \cdots + \mathbf{u}_n \|^2$
$= \| \mathbf{u}_1 \|^2 + \| \mathbf{u}_2 \|^2 + \cdots + \| \mathbf{u}_n \|^2$

13 $\mathbb{R}^n$의 벡터 $\mathbf{u}$, $\mathbf{v}$에 대하여 다음을 증명해보세요.

(a) $\| \mathbf{u}+\mathbf{v} \|^2 + \| \mathbf{u}-\mathbf{v} \|^2 = 2\| \mathbf{u} \|^2 + 2\| \mathbf{v} \|^2$

(b) $\| \mathbf{u}+\mathbf{v} \|^2 - \| \mathbf{u}-\mathbf{v} \|^2 = 4(\mathbf{u} \cdot \mathbf{v})$

14 다음은 n차원 벡터공간에서 벡터 $\mathbf{u}$, $\mathbf{v}$에 대한 거리함수 $\mathrm{d}(\mathbf{u}, \mathbf{v})$의 성질을 나타낸 것입니다. 주어진 물음에 답해보세요.

(a) $\mathrm{d}(\mathbf{u}, \mathbf{v})$
$= \sqrt{(u_1 - v_1)^2 + (u_2 - v_2)^2 + \cdots + (u_n - v_n)^2}$
임을 증명해보세요.

(b) $\mathrm{d}(\mathbf{u}, \mathbf{v}) = \mathrm{d}(\mathbf{v}, \mathbf{u})$임을 증명해보세요.

(c) $\mathrm{d}(\mathbf{u}, \mathbf{v}) \geq 0$이고, $\mathrm{d}(\mathbf{u}, \mathbf{v}) = 0 \Leftrightarrow \mathbf{u} = \mathbf{v}$임을 증명해보세요.

2.2 벡터의 또 다른 성질

학습목표

- $\mathbb{R}^n$에서 두 벡터의 사잇각을 구할 수 있습니다.
- 내적과 노름에 관한 부등식을 증명할 수 있습니다.

$\mathbb{R}^2$와 $\mathbb{R}^3$에서 내적은 기하학적 의미를 갖는다고 앞에서 언급한 바 있습니다. 이에 대한 자세한 내용을 2.2.2절에서 설명하겠습니다. 이 절에서는 두 벡터의 사잇각을 이야기하려고 합니다. 또한 벡터 방향의 정보를 유지하면서 벡터의 크기(길이)를 표준화하는 정규화를 살펴봅니다. 이러한 단순화는 주로 벡터의 방향에 관심이 있을 때 유용합니다. 2.2.3절에서는 부등식과 증명을 다룹니다. 이때 벡터의 내적과 노름에 관한 몇 가지 성질을 떠올려 적용해야 합니다.

2.2.1 벡터의 노름과 내적 – 더 들어가기

먼저 수를 이용한 노름(크기)과 내적의 예를 살펴보겠습니다. 벡터 $\mathbf{v}$의 노름(크기)을 $\| \mathbf{v} \|$로 나타내고, 두 벡터 사이의 내적을 점(·)으로 나타냄을 기억합시다.

예제 2-6 $\mathbb{R}^2$의 벡터 $\mathbf{u} = \begin{pmatrix} 1 \\ 5 \end{pmatrix}$와 $\mathbf{v} = \begin{pmatrix} 4 \\ 1 \end{pmatrix}$에 대하여 다음을 구해보세요.

(a) $|\mathbf{u} \cdot \mathbf{v}|$ **(b)** $\| \mathbf{u} \| \; \| \mathbf{v} \|$ **(c)** $\| \mathbf{u} \| + \| \mathbf{v} \|$ **(d)** $\| \mathbf{u}+\mathbf{v} \|$

풀이

(a) $\mathbf{u} \cdot \mathbf{v} = \begin{pmatrix} 1 \\ 5 \end{pmatrix} \cdot \begin{pmatrix} 4 \\ 1 \end{pmatrix} = (1 \times 4) + (5 \times 1) = 9$이므로 $|\mathbf{u} \cdot \mathbf{v}| = |9| = 9$입니다.

(b) 기호 $\| \;\; \|$는 벡터의 크기를 나타냅니다. [정리 2-5]에 의해 다음을 알 수 있습니다.

$$\| \mathbf{u} \| = \sqrt{1^2+5^2} = \sqrt{26}\,, \quad \| \mathbf{v} \| = \sqrt{4^2+1^2} = \sqrt{17}$$

위 결과를 곱하면 다음과 같습니다.

$$\| \mathbf{u} \| \ \| \mathbf{v} \| = \sqrt{26} \times \sqrt{17} = 21.02$$ [소수점 아래 셋째 자리에서 반올림]

(c) (b)의 결과를 더하면 다음과 같습니다.

$$\| \mathbf{u} \| + \| \mathbf{v} \| = \sqrt{26} + \sqrt{17} = 9.22$$ [소수점 아래 셋째 자리에서 반올림]

(d) 유사하게 [정리 2-5]를 이용하여 계산할 수 있습니다.

$$\begin{aligned} \| \mathbf{u}+\mathbf{v} \| &= \left\| \begin{pmatrix} 1 \\ 5 \end{pmatrix} + \begin{pmatrix} 4 \\ 1 \end{pmatrix} \right\| = \left\| \begin{pmatrix} 5 \\ 6 \end{pmatrix} \right\| \\ &= \sqrt{5^2+6^2} = \sqrt{61} = 7.81 \end{aligned}$$ [소수점 아래 셋째 자리에서 반올림]

$\mathbb{R}^2$에 [그림 2-10]과 같이 나타낼 수 있습니다.

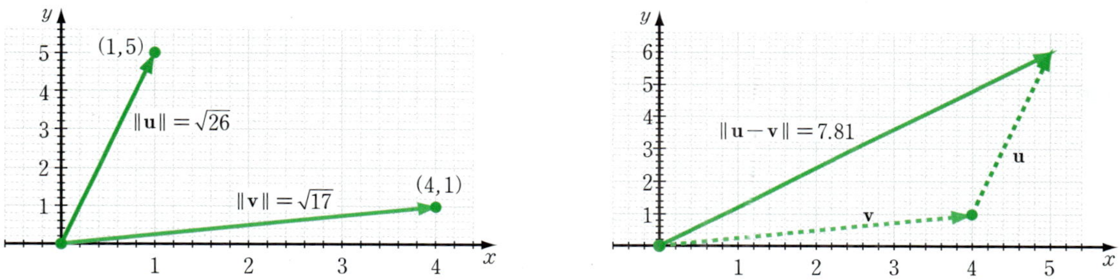

(a) 두 벡터 u, v의 노름 (b) 벡터 u+v의 노름

[그림 2-10] 벡터의 노름

2.2.2 두 벡터의 사잇각

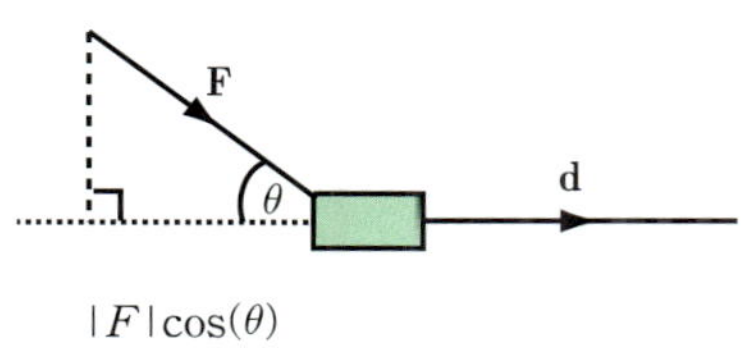

[그림 2-11] 물체에 작용한 힘과 물체의 이동

[그림 2-11]은 한 물체에 일정한 힘 $\mathbf{F}$가 작용한 결과, 그 물체가 거리 $\| \mathbf{d} \|$ 만큼 이동하였음을 보여줍니다. 힘에 의해 수행된 일은 운동 방향으로의 힘의 크기인 $\| \mathbf{F} \| \cos\theta$와 물체가 이동한 거리인 $\| \mathbf{d} \|$ 의 곱으로 나타냅니다.

$$(\text{일의 양}) = \| \mathbf{F} \| \cos\theta \times \| \mathbf{d} \|$$

일은 특정 방향으로 작용하는 힘과 그 방향으로 움직인 거리의 곱으로 정의합니다. 이에 관한 실질적인 예를 들어보겠습니다. 바지선에 묶인 밧줄을 상상해봅시다. [그림 2-12]와 같이, 밧줄을 당겨서 바지선을 움직일 수 있다고 합시다.

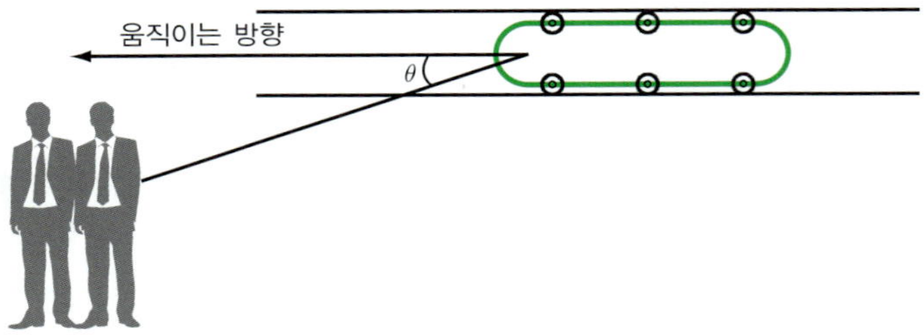

[그림 2-12] 바지선 당기기

바지선 바로 뒤에 서서 밀 수 있다면, 모든 힘은 움직이는 방향에 있을 것입니다. 이 경우 **F**와 **d**가 평행(parallel)하므로 둘 사이의 각은 0° 입니다.

$$(\text{일의 양}) = \|\mathbf{F}\|\cos 0^\circ \times \|\mathbf{d}\| = \|\mathbf{F}\| \times \|\mathbf{d}\| \qquad [\cos 0^\circ = 1]$$

이는 물체를 미는 데 사용하는 최소한의 힘입니다. 최소한의 힘은 물체가 움직이기를 원하는 방향으로 밀 때 발생합니다. 만약 바지선을 수로와 직각(직교)인 방향으로 민다면 바지선은 전혀 앞으로 나아가지 않으므로 일을 하지 않는다고 할 수 있습니다.

$$(\text{일의 양}) = \|\mathbf{F}\|\cos 90^\circ \times \|\mathbf{d}\| = 0 \qquad [\cos 90^\circ = 0]$$

수로를 따라 바지선을 움직이는 데 수행하는 실제 일의 양은 위 두 가지 상황에서 발생한 일의 양 사이의 값입니다. 즉, 수로의 방향과 밧줄이 만드는 각도에 따라 정해집니다.

[그림 2-12]에서 두 벡터의 사잇각 θ는 어떻게 찾을 수 있나요?

두 벡터의 사잇각을 찾으려면 [그림 2-13]과 같이 삼각함수의 성질인 코사인 법칙(cosine rule)을 사용해야 합니다.

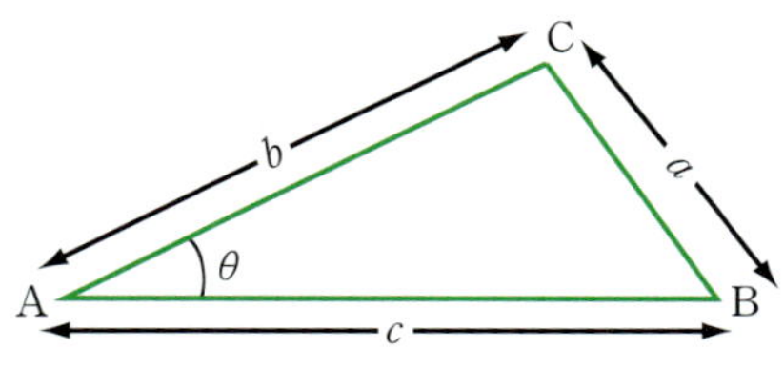

[그림 2-13] 코사인 법칙 적용

[그림 2-13]에서 삼각함수의 성질인 코사인 법칙을 통해 다음을 알 수 있습니다.

$$a^2 = b^2 + c^2 - 2bc\cos\theta$$

$\mathbb{R}^2$에서 영이 아닌 두 벡터 $\mathbf{u} = (u_1, u_2)$, $\mathbf{v} = (v_1, v_2)$와 두 벡터의 사잇각 θ를 생각해봅시다.

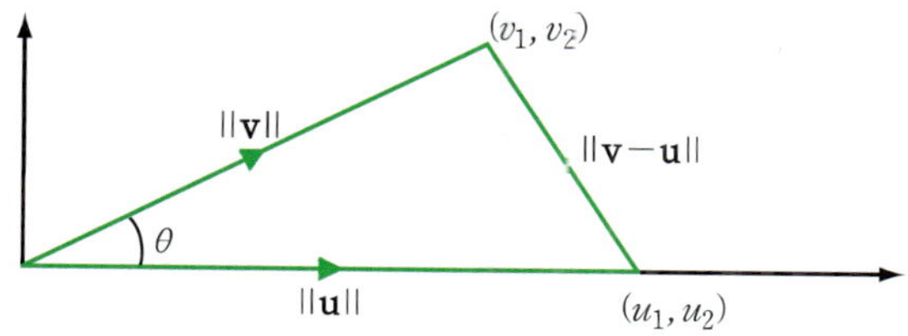

[그림 2-14] 두 벡터 u, v의 사잇각 θ

코사인 법칙을 위 삼각형에 적용해보겠습니다.

$$\|\mathbf{v}-\mathbf{u}\|^2 = \|\mathbf{v}\|^2 + \|\mathbf{u}\|^2 - 2\|\mathbf{v}\|\|\mathbf{u}\|\cos\theta$$

위 식을 재배열하면, 다음과 같습니다.

$$\begin{aligned}\|\mathbf{v}\|\|\mathbf{u}\|\cos\theta &= \frac{1}{2}(\|\mathbf{v}\|^2 + \|\mathbf{u}\|^2 - \|\mathbf{v}-\mathbf{u}\|^2) \\ &= \frac{1}{2}\left\{v_1^2 + v_2^2 + u_1^2 + u_1^2 - (v_1 - u_1)^2 - (v_2 - u_2)^2\right\} \\ &= \frac{1}{2}\left\{v_1^2 + v_2^2 + u_1^2 + u_1^2 - (v_1^2 - 2u_1v_1 + u_1^2) - (v_2^2 - 2u_2v_2 + u_2^2)\right\} \\ &= \frac{1}{2}(2u_1v_1 + 2u_2v_2) = u_1v_1 + u_2v_2\end{aligned}$$

따라서 식 (2.1)에 의해 $\|\mathbf{v}\|\|\mathbf{u}\|\cos\theta = u_1v_1 + u_2v_2 = \mathbf{u}\cdot\mathbf{v}$ 입니다. 따라서 두 벡터의 내적은 다음과 같습니다.

$$\mathbf{u}\cdot\mathbf{v} = \|\mathbf{u}\|\|\mathbf{v}\|\cos\theta \tag{2.4}$$

? 이 공식은 무엇을 의미할까요?

두 벡터 $\mathbf{u}$와 $\mathbf{v}$의 내적은 '(벡터 $\mathbf{u}$의 크기) × (벡터 $\mathbf{v}$의 크기) × (두 벡터의 사잇각 θ의 코사인 값)'을 의미합니다.

[그림 2-12]의 바지선 당기기 예에서, 바지선이 거리 $\|\mathbf{d}\|$ 만큼 이동할 때 수행한 일 $W = \|\mathbf{F}\|\|\mathbf{d}\|\cos\theta$는 다음과 같이 내적으로 볼 수 있습니다.

$$W = \|\mathbf{F}\|\|\mathbf{d}\|\cos\theta = \mathbf{F}\cdot\mathbf{d}$$

F는 바지선에 작용한 일정한 힘입니다. 따라서 수행한 일은 힘 **F**와 거리 **d**의 내적입니다. 물리적으로 표현하면, 물체를 **u**의 방향으로 거리 ‖ **u** ‖ 만큼 이동시키는 **v**가 있다고 할 때, [그림 2-15]처럼 두 벡터 **u**와 **v**의 내적을 **v**가 수행한 작업으로 정의할 수 있습니다.

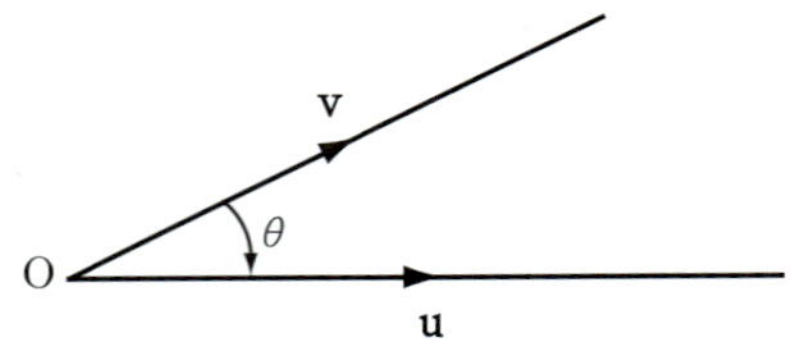

[그림 2-15] 두 벡터 u, v의 사잇각 θ

이로써 다음과 같은 사실을 알 수 있습니다.

(a) 두 벡터 **u**와 **v**가 같은 방향을 가리킨다면, 두 벡터의 내적은 양수입니다. 즉, 두 벡터는 동일한 방향으로 작용하고(밀거나 당김) 있습니다.

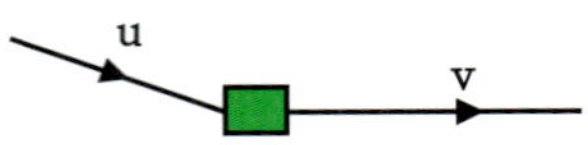

[그림 2-16] (a) 두 벡터가 같은 방향으로 작용

(b) 두 벡터 **u**와 **v**가 수직이라면, $\cos 90^\circ = 0$이므로 두 벡터의 내적은 0입니다. (벡터 **u**의 방향으로 가해지는 힘은 벡터 **v**의 방향으로 움직이는 데 아무런 기여도 하지 않습니다.)

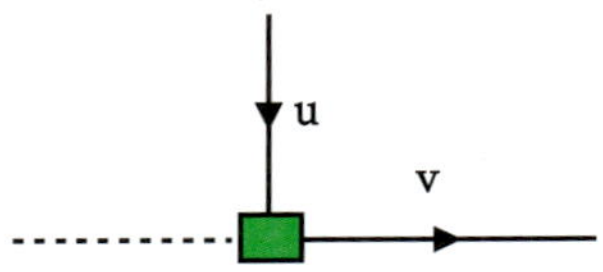

[그림 2-16] (b) 두 벡터가 수직으로 작용

(c) 두 벡터 **u**와 **v**가 반대 방향을 가리킨다면, 두 벡터의 내적은 음수입니다.

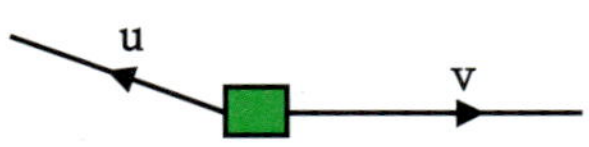

[그림 2-16] (c) 두 벡터가 반대 방향으로 작용

두 벡터의 사잇각 θ에 대해 이야기할 때, [그림 2-17]처럼 각의 크기를 0°와 180° 사이(또는 $0 \sim \pi$ 라디안)로 생각합니다.

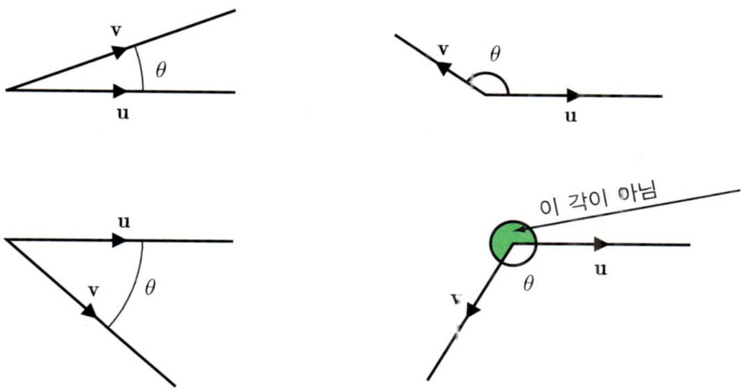

[그림 2-17] 두 벡터의 사잇각

주어진 두 벡터 **u**, **v**가 영벡터가 아니라면, 식 (2.4)를 변형하여 다음과 같이 $\cos\theta$의 값을 구할 수 있습니다.

$$\cos\theta = \frac{\mathbf{u}\cdot\mathbf{v}}{\|\mathbf{u}\|\ \|\mathbf{v}\|} \tag{2.5}$$

[예제 2-6]에서 살펴본 두 벡터 $\mathbf{u}=\begin{pmatrix}1\\5\end{pmatrix}$와 $\mathbf{v}=\begin{pmatrix}4\\1\end{pmatrix}$의 사잇각을 구해봅시다.

$$\cos\theta = \frac{\mathbf{u}\cdot\mathbf{v}}{\|\mathbf{u}\|\ \|\mathbf{v}\|} = \frac{9}{21.02}$$ [[예제 2-6]에 의해 $\mathbf{u}\cdot\mathbf{v}=9$, $\|\mathbf{u}\|\ \|\mathbf{v}\|=21.02$]

위 식의 양변에 역코사인함수를 적용하면, $\theta=\cos^{-1}\left(\frac{9}{21.02}\right)=64.88^\circ$ 임을 알 수 있습니다([그림 2-10(a)] 참고).

예제 2-7 **$\mathbb{R}^2$의 $\mathbf{u}=\begin{pmatrix}-5\\-1\end{pmatrix}$과 $\mathbf{v}=\begin{pmatrix}4\\2\end{pmatrix}$에 대하여 두 벡터의 사잇각을 구하고, $\mathbb{R}^2$ 평면에 두 벡터 u, v와 사잇각을 표현해보세요.**

풀이

두 벡터의 사잇각을 구하려면 어떻게 해야 할까요? 식 (2.5) $\cos\theta=\frac{\mathbf{u}\cdot\mathbf{v}}{\|\mathbf{u}\|\ \|\mathbf{v}\|}$를 이용합니다. 그렇다면 벡터의 내적 $\mathbf{u}\cdot\mathbf{v}$와 두 벡터 **u**, **v**의 크기 $\|\mathbf{u}\|$, $\|\mathbf{v}\|$를 구해야 합니다.

$\mathbf{u}\cdot\mathbf{v}$는 어떻게 구할까요? 식 (2.1) $\mathbf{u}\cdot\mathbf{v}=u_1v_1+u_2v_2+\cdots+u_nv_n$으로 다음과 같이 구할 수 있습니다.

$$\mathbf{u}\cdot\mathbf{v}=\begin{pmatrix}-5\\-1\end{pmatrix}\cdot\begin{pmatrix}4\\2\end{pmatrix}=\{(-5)\times4\}+\{(-1)\times2\}=-22$$

(내적이 음수라는 것은 두 벡터가 반대 방향으로 작용하고 있음을 의미합니다.) 두 벡터 **u**, **v**의 노름(크기)은 어떻게 구할까요? [정리 2-5]를 적용해봅시다.

$$\|\mathbf{u}\|=\left\|\begin{pmatrix}-5\\-1\end{pmatrix}\right\|=\sqrt{(-5)^2+(-1)^2}=\sqrt{26}$$

$$\|\mathbf{v}\|=\left\|\begin{pmatrix}4\\2\end{pmatrix}\right\|=\sqrt{4^2+2^2}=\sqrt{20}$$

$\cos\theta = \dfrac{\mathbf{u}\cdot\mathbf{v}}{\|\mathbf{u}\|\;\|\mathbf{v}\|}$에 $\mathbf{u}\cdot\mathbf{v} = -22$, $\|\mathbf{u}\| = \sqrt{26}$, $\|\mathbf{v}\| = \sqrt{20}$을 대입합니다.

$$\cos\theta = \frac{-22}{\sqrt{26}\,\sqrt{20}} = -\frac{22}{\sqrt{26\times 20}} = -0.965$$

그렇다면 각 θ의 값은 어떻게 될까요?

$$\theta = \cos^{-1}(-0.965) = 164.74^\circ \qquad \text{[역코사인함수 이용]}$$

[그림 2-18]과 같이 $\mathbb{R}^2$ 평면에 두 벡터 $\mathbf{u}$, $\mathbf{v}$와 두 벡터의 사잇각을 나타내봅시다.

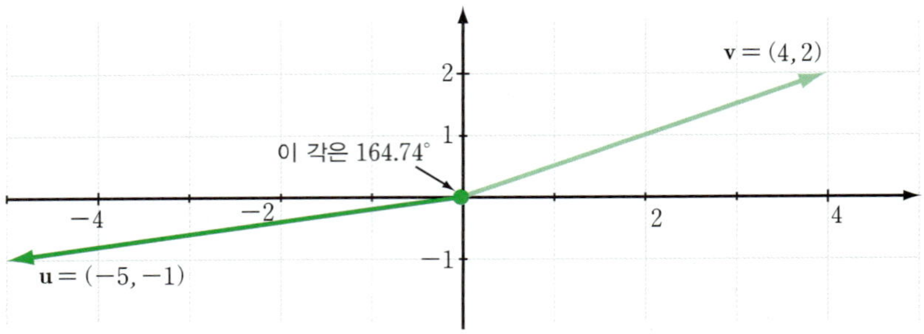

[그림 2-18] $\mathbb{R}^2$ 평면에서 두 벡터 $\mathbf{u}$, $\mathbf{v}$와 두 벡터의 사잇각 표현

(두 벡터는 반대 방향으로 당겨지고 있습니다.)

영벡터가 아닌 두 벡터의 사잇각에 대한 공식은 모든 n차원 벡터공간으로 확장할 수 있습니다. 즉, $\mathbb{R}^n$에서 영벡터가 아닌 두 벡터 $\mathbf{u}$와 $\mathbf{v}$에 대하여 다음 공식을 쓸 수 있습니다.

$$\cos\theta = \frac{\mathbf{u}\cdot\mathbf{v}}{\|\mathbf{u}\|\;\|\mathbf{v}\|} \qquad (\text{단, } 0 \le \theta \le \pi) \tag{2.6}$$

2.2절 [연습문제 15]에서 두 벡터의 사잇각 θ가 유일함을 증명합니다.

예제 2-8 $\mathbb{R}^3$의 두 벡터 $\mathbf{u} = \begin{pmatrix} 3 \\ -1 \\ 7 \end{pmatrix}$과 $\mathbf{v} = \begin{pmatrix} -2 \\ 1 \\ 9 \end{pmatrix}$의 사잇각을 구해보세요.

풀이

[예제 2-7]의 풀이 과정과 거의 같습니다. 식 (2.6)을 이용해봅시다.

$$\cos\theta = \frac{\mathbf{u}\cdot\mathbf{v}}{\|\mathbf{u}\|\;\|\mathbf{v}\|}$$

내적 $\mathbf{u}\cdot\mathbf{v}$와 노름 $\|\mathbf{u}\|$, $\|\mathbf{v}\|$를 구하려면 어떻게 해야 할까요? 먼저 내적을 구하기 위해 식 (2.1)을 적용해봅시다.

$$\mathbf{u}\cdot\mathbf{v}=\begin{pmatrix}3\\-1\\7\end{pmatrix}\cdot\begin{pmatrix}-2\\1\\9\end{pmatrix}=\{3\times(-2)\}+\{(-1)\times1\}+(7\times9)=56$$

노름을 구하기 위하여 [정리 2-5]를 이용합니다.

$$\|\mathbf{u}\|=\sqrt{3^2+(-1)^2+7^2}=\sqrt{59},\quad \|\mathbf{v}\|=\sqrt{(-2)^2+1^2+9^2}=\sqrt{86}$$

이제 $\cos\theta=\dfrac{\mathbf{u}\cdot\mathbf{v}}{\|\mathbf{u}\|\ \|\mathbf{v}\|}$에 $\mathbf{u}\cdot\mathbf{v}=56$, $\|\mathbf{u}\|=\sqrt{59}$, $\|\mathbf{v}\|=\sqrt{86}$을 대입합니다.

$$\cos\theta=\frac{56}{\sqrt{59}\sqrt{86}}=\frac{56}{\sqrt{59\times86}}=0.786$$

그렇다면 각 θ의 값은 어떻게 될까요?

$$\theta=\cos^{-1}(0.786)=38.19^\circ$$ [역코사인함수 이용]

2.2.3 부등식

다음으로, 벡터의 내적과 노름(크기)에 관한 몇 가지 부등식(inequality)을 증명해보겠습니다.

정리 2-8 코시-슈바르츠 부등식(Cauchy-Schwarz inequality)

$\mathbb{R}^n$의 두 벡터 $\mathbf{u}$, $\mathbf{v}$에 대해 $|\mathbf{u}\cdot\mathbf{v}|\le\|\mathbf{u}\|\ \|\mathbf{v}\|$입니다.

증명

[예제 2-6]에서 다음을 알 수 있었습니다.

$$|\mathbf{u}\cdot\mathbf{v}|\underbrace{=}_{\text{[예제 2-6(a)]}}9\le21.02\underbrace{=}_{\text{[예제 2-6(b)]}}\|\mathbf{u}\|\ \|\mathbf{v}\|$$

? $\mathbb{R}^n$의 임의의 벡터에 대해 이 부등식이 성립함을 어떻게 증명할까요?

두 벡터 $\mathbf{u}$, $\mathbf{v}$가 영벡터가 아니라면, 식 (2.4)를 이용하여 증명할 수 있습니다.

$$\mathbf{u}\cdot\mathbf{v}=\|\mathbf{u}\|\ \|\mathbf{v}\|\cos\theta \tag{2.4}$$

위 식의 양변에 절댓값을 취해봅시다.

$$|\mathbf{u}\cdot\mathbf{v}|=|\,\|\mathbf{u}\|\ \|\mathbf{v}\|\cos\theta\,|$$

크기는 0이거나 양수이므로, $\| \mathbf{u} \| \geq 0$, $\| \mathbf{v} \| \geq 0$입니다. 따라서 이들의 절댓값은 각각 $\| \mathbf{u} \|$, $\| \mathbf{v} \|$입니다.

? 왜 그럴까요?

$x \geq 0$이라면, $|x| = x$이기 때문입니다. 따라서 $|\mathbf{u} \cdot \mathbf{v}| = \| \mathbf{u} \| \| \mathbf{v} \| |\cos\theta|$임을 알 수 있습니다.

? 임의의 각 θ에 대해, $|\cos\theta|$의 크기와 관련하여 어떤 이야기를 할 수 있나요?

삼각함수의 성질로부터 임의의 각에 대해 코사인 값은 1보다 클 수 없습니다.

$$0 \leq |\cos\theta| \leq 1$$

변형한 식 $|\mathbf{u} \cdot \mathbf{v}| = \| \mathbf{u} \| \| \mathbf{v} \| |\cos\theta|$에 앞의 부등식의 우변인 $|\cos\theta| \leq 1$을 대입해봅시다.

$$|\mathbf{u} \cdot \mathbf{v}| \leq \| \mathbf{u} \| \| \mathbf{v} \| \times 1 = \| \mathbf{u} \| \| \mathbf{v} \|$$

이로써 영벡터가 아닌 두 벡터 $\mathbf{u}$, $\mathbf{v}$에 대하여, 코시-슈바르츠 부등식 $|\mathbf{u} \cdot \mathbf{v}| \leq \|\mathbf{u}\| \|\mathbf{v}\|$가 성립함을 증명하였습니다.

만약 $\mathbf{u} = \mathbf{O}$ 또는 $\mathbf{v} = \mathbf{O}$라면, $\mathbf{u} \cdot \mathbf{v} = 0$이므로 $|\mathbf{u} \cdot \mathbf{v}| = 0$, $\| \mathbf{u} \| \| \mathbf{v} \| = 0$입니다. 이 경우에 $0 \leq 0$이므로 코시-슈바르츠 부등식 $|\mathbf{u} \cdot \mathbf{v}| \leq \|\mathbf{u}\| \|\mathbf{v}\|$를 만족합니다. ■

코시-슈바르츠 부등식은 내적 결과가 벡터들의 크기의 곱보다 작거나 같음을 주장합니다.

[그림 2-19] (a) 어거스틴 코시 (1789-1857)

어거스틴 코시(Augustin Cauchy)는 1789년 프랑스 파리에서 태어났습니다. 1805년에는 명문 학교인 에콜 폴리테크니크(Ecole Polytechnique)의 입학시험을 치르고 수학하여 1807년에 졸업했습니다. 그 후 8년간 공학 분야에서 다양한 직책을 맡았습니다.

그러다가 라그랑주(Lagrange)와 라플라스(Laplace)의 권유를 받아 수학 분야로 전향하여 1815년에 에콜 폴리테크니크의 수학분석학과 조교수로 부임하였습니다. 코시는 수학의 다양한 개념을 엄밀하게 분석한 최초의 수학자로 평가받고 있습니다.

[그림 2-19] (b) 헤르만 슈바르츠
(1843 – 1921)

헤르만 슈바르츠(Hermann Schwarz)는 1843년 폴란드에서 태어났습니다. 그는 대학에서 화학을 공부하고 싶어 했지만, 바이어슈트라스(Weierstrass)와 쿠머(Kummer)는 슈바르츠에게 베를린 공과대학(Technical University of Berlin)에서 수학을 공부하라고 설득했습니다.

슈바르츠는 1864년 바이어슈트라스 아래에서 박사 학위를 받았고 1867년 교수 자격을 얻었습니다. 슈바르츠는 할레(Halle) 대학교에서 여러 직책을 맡았으며, 1875년에는 괴팅겐 대학교의 수학과 과장 자리에 올랐습니다. 당시 괴팅겐 대학교는 수학 분야에서 명성이 높았습니다. 그 후 1892년에 슈바르츠는 괴팅겐 대학교를 떠나 베를린(Berlin) 대학교의 교수로 자리를 옮겼습니다.

다음으로 벡터 크기의 합과 관련된 부등식을 증명해보겠습니다. 이를 위해서는 다음과 같은 실수의 부등식을 활용해야 합니다.

$$|x+y+z| \le |x|+|y|+|z| \qquad (*)$$

$$x \le y \iff \sqrt{x} \le \sqrt{y} \quad (x \ge 0,\ y \ge 0) \qquad (**)$$

정리 2-9 민코프스키 (삼각)부등식(Minkowski (triangular) inequality)

$\mathbb{R}^n$의 두 벡터 $\mathbf{u}$, $\mathbf{v}$에 대하여, $\|\mathbf{u}+\mathbf{v}\| \le \|\mathbf{u}\| + \|\mathbf{v}\|$ 입니다.

? $\mathbb{R}^2$에서 이 부등식은 무엇을 의미할까요?

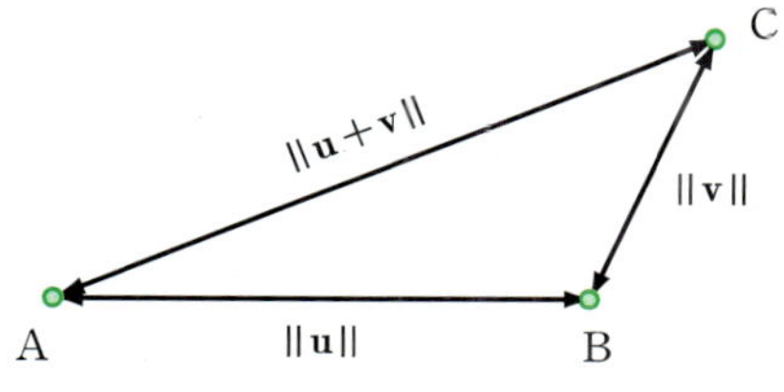

[그림 2-20] $\mathbb{R}^2$에서의 삼각부등식

[그림 2-20]에서 볼 수 있듯이, 크기(노름) $\|\mathbf{u}+\mathbf{v}\|$는 다른 두 크기(노름)의 합보다 작거나 같습니다. (만약, 당나귀가 A에 있고 음식이 C에 있다면, 당나귀는 AB를 지나 BC로 가는 게 아니라 AC를 따라 최단 거리로 이동할 겁니다. 왜냐하면 AB – BC 경로는 항상 AC 경로보다 더 길거나 최소한 같을 것이기 때문이죠.)

증명

[예제 2-6]의 [그림 2-10(b)]에서 다음을 알 수 있습니다.

$$\| \mathbf{u}+\mathbf{v} \| \underbrace{=}_{\text{[예제 2-6(d)]}} 7.81 \le 9.22 \underbrace{=}_{\text{[예제 2-6(c)]}} \| \mathbf{u} \| + \| \mathbf{v} \|$$

? 이 부등식을 어떻게 증명할 수 있을까요?

$\| \mathbf{u}+\mathbf{v} \|^2$을 계산하여, $\| \mathbf{u}+\mathbf{v} \|^2$이 $(\| \mathbf{u} \| + \| \mathbf{v} \|)^2$보다 작거나 같음을 보이고 난 뒤, 양변에 제곱근을 씌워 원래 부등식을 얻을 수 있습니다.

? $\| \mathbf{u}+\mathbf{v} \|^2$은 어떻게 계산할까요?

$$\begin{aligned} \| \mathbf{u}+\mathbf{v} \|^2 &= (\mathbf{u}+\mathbf{v}) \cdot (\mathbf{u}+\mathbf{v}) && \text{[[정리 2-6]에 의해 } \| \mathbf{u} \| = \sqrt{\mathbf{u} \cdot \mathbf{u}}\text{]} \\ &= (\mathbf{u} \cdot \mathbf{u}) + \underbrace{\mathbf{u} \cdot \mathbf{v} + \mathbf{v} \cdot \mathbf{u}}_{=2(\mathbf{u} \cdot \mathbf{v})} + (\mathbf{v} \cdot \mathbf{v}) \\ &= \| \mathbf{u} \|^2 + 2(\mathbf{u} \cdot \mathbf{v}) + \| \mathbf{v} \|^2 && [\mathbf{u} \cdot \mathbf{u} = \| \mathbf{u} \|^2,\ \mathbf{v} \cdot \mathbf{v} = \| \mathbf{v} \|^2] \end{aligned}$$

여기서 양변에 절댓값을 취할 수 있습니다. $\| \mathbf{u}+\mathbf{v} \|^2 \ge 0$이므로, 절댓값을 취한 결과는 같습니다. 즉, $|\| \mathbf{u}+\mathbf{v} \|^2| = \| \mathbf{u}+\mathbf{v} \|^2$입니다.

$$\begin{aligned} \| \mathbf{u}+\mathbf{v} \|^2 &= |\| \mathbf{u} \|^2 + 2(\mathbf{u} \cdot \mathbf{v}) + \| \mathbf{v} \|^2| \\ &\le |\| \mathbf{u} \|^2| + |2(\mathbf{u} \cdot \mathbf{v})| + |\| \mathbf{v} \|^2| && \text{[식 (*) } |x+y+z| \le |x|+|y|+|z|\text{]} \end{aligned}$$

$\| \mathbf{u} \|^2 \ge 0$, $\| \mathbf{v} \|^2 \ge 0$이므로, 이들의 절댓값도 역시 같습니다.

$$|\| \mathbf{u} \|^2| = \| \mathbf{u} \|^2, \quad |\| \mathbf{v} \|^2| = \| \mathbf{v} \|^2$$

우변의 가운데 항은 $|2(\mathbf{u} \cdot \mathbf{v})| = 2|\mathbf{u} \cdot \mathbf{v}|$이므로 다음이 성립합니다.

$$\| \mathbf{u}+\mathbf{v} \|^2 \le \| \mathbf{u} \|^2 + 2|\mathbf{u} \cdot \mathbf{v}| + \| \mathbf{v} \|^2$$

우변의 가운데 항에 [정리 2-8]의 코시-슈바르츠 부등식 $|\mathbf{u} \cdot \mathbf{v}| \le \| \mathbf{u} \| \| \mathbf{v} \|$를 적용하여 다음과 같이 쓸 수 있습니다.

$$\begin{aligned} \| \mathbf{u}+\mathbf{v} \|^2 &\le \| \mathbf{u} \|^2 + 2|\mathbf{u} \cdot \mathbf{v}| + \| \mathbf{v} \|^2 \\ &\le \| \mathbf{u} \|^2 + 2\| \mathbf{u} \| \| \mathbf{v} \| + \| \mathbf{v} \|^2 && \text{[코시-슈바르츠 부등식 } |\mathbf{u} \cdot \mathbf{v}| \le \| \mathbf{u} \| \| \mathbf{v} \|\text{]} \\ &= (\| \mathbf{u} \| + \| \mathbf{v} \|)^2 && [a^2+2ab+b^2=(a+b)^2] \end{aligned}$$

$\| \mathbf{u}+\mathbf{v} \|^2 \le (\| \mathbf{u} \| + \| \mathbf{v} \|)^2$에 제곱근을 씌우면 다음과 같이 우리가 원하는 부등식을 얻을 수 있습니다.

$$\| \mathbf{u}+\mathbf{v} \| \le \| \mathbf{u} \| + \| \mathbf{v} \| \qquad \text{[식 (**)]}$$

■

다음은 헤르만 민코프스키(Hermann Minkowski)의 간략한 일대기입니다.

[그림 2-21] 헤르만 민코프스키 (1864−1909)

헤르만 민코프스키는 1864년 리투아니아의 유대인 가정에서 태어났으나 독일 쾨니히스베르크(Königsberg) 대학교에서 교육을 받았습니다.

민코프스키는 19세에 프랑스 과학 아카데미에서 상을 받았으며, 1885년에는 린데만(Lindemann)의 지도하에 박사 학위를 받았습니다.(린데만은 1882년 π의 초월성을 최초로 증명했습니다.)

민코프스키는 취리히 쾨니히스베르크 본(Bonn) 대학교 수학과에서 학생들을 가르치다가 1902년 마침내 괴팅겐 대학교에 정착했습니다. 여기서 그는 다비트 힐베르트(David Hilbert)와 평생 친구가 되었습니다. 안타깝게도 민코프스키는 44세의 젊은 나이에 세상을 떠났습니다.

코시-슈바르츠 부등식은 다음과 같이 벡터 크기의 곱에 대한 식입니다.

$$|\mathbf{u}\cdot\mathbf{v}| \leq \|\mathbf{u}\|\ \|\mathbf{v}\|$$

반면, 민코프스키 부등식은 다음과 같이 벡터 크기의 합에 대한 식입니다.

$$\|\mathbf{u}+\mathbf{v}\| \leq \|\mathbf{u}\| + \|\mathbf{v}\|$$

2.2.4 단위벡터

크기가 1인 벡터를 **단위벡터**(unit vector)라고 합니다. 2.1절 [연습문제 10]에서 $\mathbb{R}^n$의 영벡터가 아닌 임의의 벡터 $\mathbf{u}$에 대해 $\left\| \frac{1}{\|\mathbf{u}\|}\mathbf{u} \right\| = 1$임을 증명했습니다.

이것은 무엇을 의미할까요?

영벡터가 아닌 임의의 벡터 $\mathbf{u}$를 주어진 벡터의 크기로 나누면 벡터 $\mathbf{u}$의 방향과 같은 방향의 단위벡터를 항상 찾을 수 있다는 의미입니다.

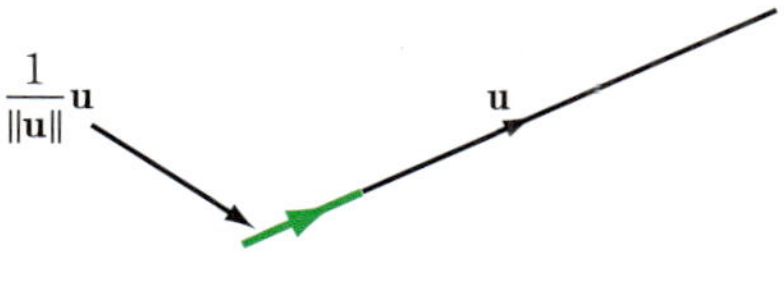

[그림 2-22] 벡터 $\mathbf{u}$와 같은 방향의 단위벡터

예를 들어, 크기가 5인 특정 방향의 벡터를 5로 나누면 방향은 같지만 크기는 1인 벡터(단위벡터)를 만들 수 있습니다. 주어진 벡터 $\mathbf{u}$의 방향으로 단위벡터를 찾는 과정을 **정규화**(normalizing)라고 합니다. 벡터 $\mathbf{u}$ 방향의 단위벡터는 일반적으로 크기가 1인 벡터를 의미하는 $\hat{\mathbf{u}}$(u hat으로 읽음)으로 표기합니다.

$$\hat{\mathbf{u}} = \frac{1}{\| \mathbf{u} \|}\mathbf{u} \tag{2.7}$$

이 장의 뒷부분에서 계산을 단순화하기 위해 벡터를 정규화한다는 사실을 알게 될 것입니다. [그림 2-23]은 단위벡터의 예를 보여줍니다.

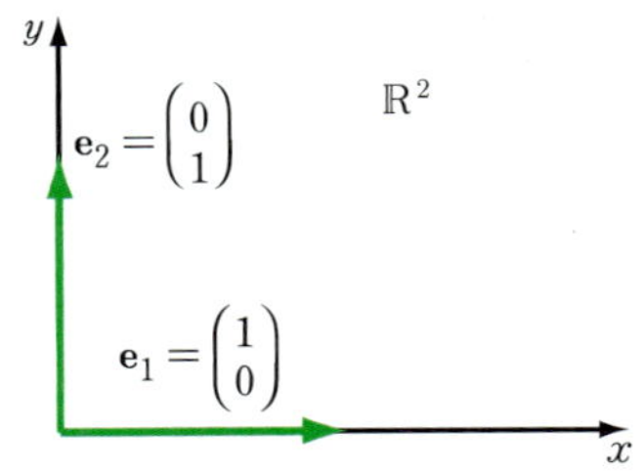

(a) $\mathbb{R}^2$의 단위벡터

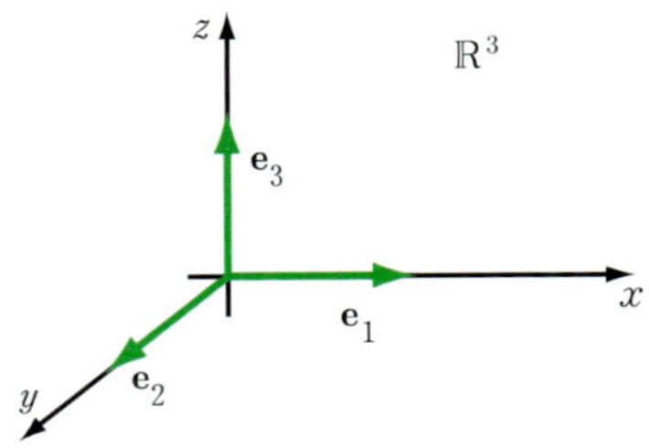

(b) $\mathbb{R}^3$의 단위벡터

[그림 2-23] 단위벡터

[그림 2-23]에서 보여주는 벡터 $\mathbf{e}_1 = \begin{pmatrix} 1 \\ 0 \end{pmatrix}$, $\mathbf{e}_2 = \begin{pmatrix} 0 \\ 1 \end{pmatrix}$은 $\mathbb{R}^2$의 단위벡터입니다. $\mathbf{e}_1 = (1\ \ 0\ \ 0)^T$, $\mathbf{e}_2 = (0\ \ 1\ \ 0)^T$, $\mathbf{e}_3 = (0\ \ 0\ \ 1)^T$는 $\mathbb{R}^3$의 단위벡터입니다. 일반적으로 이러한 벡터들을 **표준단위벡터**(standard unit vector)라고 합니다.

임의의 n차원 벡터공간 $\mathbb{R}^n$에서 표준단위벡터는 다음과 같이 정의합니다.

$$\mathbf{e}_1 = \begin{pmatrix} 1 \\ 0 \\ \vdots \\ \\ 0 \end{pmatrix}, \quad \mathbf{e}_2 = \begin{pmatrix} 0 \\ 1 \\ 0 \\ \vdots \\ 0 \end{pmatrix}, \quad \cdots, \quad \mathbf{e}_k = \begin{pmatrix} 0 \\ \vdots \\ 1 \\ 0 \\ \vdots \end{pmatrix}, \quad \cdots, \quad \mathbf{e}_n = \begin{pmatrix} 0 \\ \vdots \\ 0 \\ 0 \\ 1 \end{pmatrix}$$

즉, 벡터 $\mathbf{e}_k$의 k번째 성분이 1이고, 나머지 성분은 모두 0입니다. 사실 이 예들은 서로 **수직인 단위벡터**(perpendicular unit vector)의 예로서, **정규직교벡터**(orthonormal vector)라고 합니다. 이는 이 벡터들이 정규화되었고 서로 직교함을 의미합니다. 따라서 정규직교벡터는 다음 두 가지 성질을 갖습니다.

1. 모든 벡터는 서로 직교합니다(서로 수직).
2. 모든 벡터는 정규화됩니다. 즉, 모든 벡터의 크기(노름)는 1입니다(단위벡터).

정규직교벡터는 선형대수학에서 매우 중요합니다.

2.2.5 벡터의 응용

벡터를 응용한 한 가지 예로 컴퓨터 알고리즘인 **서포트 벡터 머신**(support vector machine)이 있습니다. 알고리즘은 데이터 그룹(또는 벡터)을 구분하는 최상의 초평면(hyperplane)을 만듭니다.

초평면은 $\mathbb{R}^n$의 일반적인 평면입니다. 우리의 주된 관심은 서포트 벡터 머신에서 초평면과 벡터 사이의 최단 거리(shortest distance)를 찾는 것입니다. 초평면은 n차원 벡터공간에 있는 일반적인 평면입니다. [그림 2-24]와 같이 2차원 벡터공간에서 초평면은 직선으로 나타납니다.

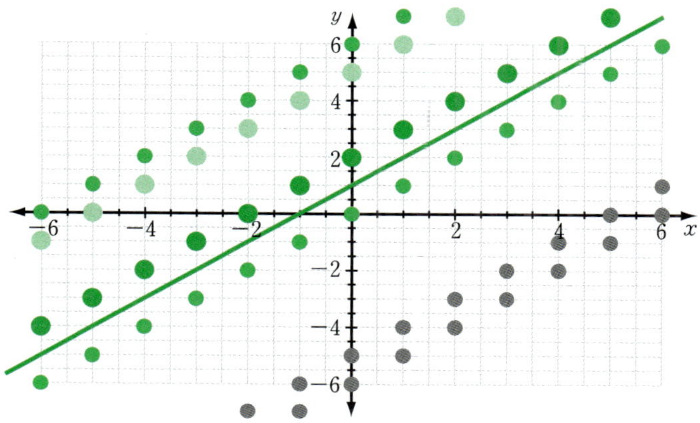

[그림 2-24] 2차원 벡터공간의 초평면 = 직선

n차원 벡터공간의 $\mathbf{x} = (x\ y\ \cdots)^T$에 대하여, 벡터 $\mathbf{u}$에서 초평면 $\mathbf{v}\cdot\mathbf{x}+c=0$ 위에 있는 어느 한 점에 이르는 최단 거리가 $\dfrac{|\mathbf{u}\cdot\mathbf{v}+c|}{\|\mathbf{v}\|}$임을 보일 수 있습니다.

예제 2-9 **벡터 $(1\ 2\ 3)^T$와 평면 $x+y+z=-1$ 사이의 최단 거리를 구해보세요. 그 거리가 [그림 2-25]에 굵은 선으로 표시되어 있습니다.**

풀이

평면 $x+y+z=-1$은 $x+y+z+1=0$으로 나타낼 수 있습니다. 이는 다시 내적 형태로 다음과 같이 나타낼 수 있습니다.

$$\begin{pmatrix}1\\1\\1\end{pmatrix}\cdot\begin{pmatrix}x\\y\\z\end{pmatrix}+1=0 \qquad [\mathbf{v}\cdot\mathbf{x}+c=0\text{의 형태}]$$

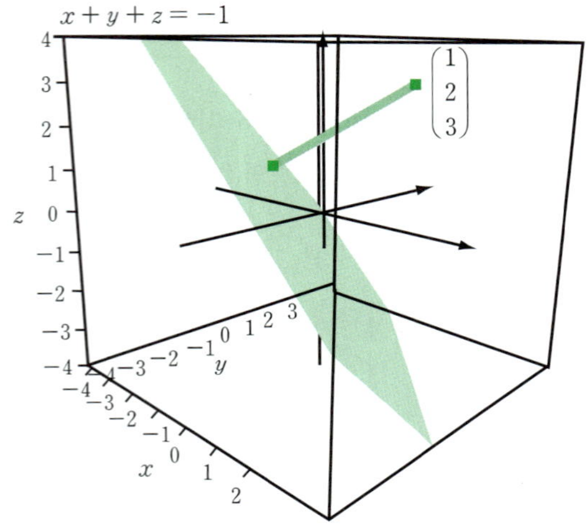

[그림 2-25] 벡터 $(1\ 2\ 3)^{\mathrm{T}}$에서 평면 $x+y+z=-1$까지의 최단 거리

$\mathbf{u}=\begin{pmatrix}1\\2\\3\end{pmatrix}$, $\mathbf{v}=\begin{pmatrix}1\\1\\1\end{pmatrix}$, $c=1$이라고 할 수 있으므로 최단 거리 공식을 이용해봅시다.

$$\frac{|\mathbf{u}\cdot\mathbf{v}+c|}{\|\mathbf{v}\|}=\frac{|(1\times1)+(2\times1)+(3\times1)+1|}{\sqrt{1^2+1^2+1^2}}$$

$$=\frac{7}{\sqrt{3}}=4.04 \quad \text{[소수점 아래 셋째 자리에서 반올림]}$$

따라서 평면 $x+y+z=-1$과 벡터 $(1\ 2\ 3)^{\mathrm{T}}$ 사이의 최단 거리는 4.04입니다.

핵심요약

- $\mathbf{u}$와 $\mathbf{v}$를 $\mathbb{R}^n$의 영벡터가 아닌 벡터라고 하고 두 벡터의 사잇각을 θ라 하면 다음이 성립합니다.

$$\cos\theta=\frac{\mathbf{u}\cdot\mathbf{v}}{\|\mathbf{u}\|\ \|\mathbf{v}\|}$$

- 영벡터가 아닌 벡터 $\mathbf{u}$와 방향이 같은 단위벡터는 $\hat{\mathbf{u}}$으로 나타냅니다.

2.2 연습문제

* 2.2 연습문제는 MATLAB으로 계산을 확인할 수 있습니다. 두 벡터 $\mathbf{u}$, $\mathbf{v}$의 사잇각을 구할 때 사용하는 명령어는 `dot(u,v)/(norm(u)*norm(v)),acosd(ans)`입니다.

01 다음과 같은 $\mathbb{R}^2$의 벡터 $\mathbf{u}$와 $\mathbf{v}$에 대하여, 두 벡터의 사잇각을 구해보세요. 그리고 $\mathbb{R}^2$ 평면에 두 벡터 $\mathbf{u}$, $\mathbf{v}$와 그 사잇각을 표현해보세요.

(a) $\mathbf{u}=\begin{pmatrix}1\\1\end{pmatrix},\ \mathbf{v}=\begin{pmatrix}0\\1\end{pmatrix}$ (b) $\mathbf{u}=\begin{pmatrix}1\\0\end{pmatrix},\ \mathbf{v}=\begin{pmatrix}0\\1\end{pmatrix}$

(c) $\mathbf{u}=\begin{pmatrix}-2\\3\end{pmatrix},\ \mathbf{v}=\begin{pmatrix}1/2\\-1/2\end{pmatrix}$

02 다음과 같은 $\mathbb{R}^3$의 벡터 $\mathbf{u}$와 $\mathbf{v}$에 대하여, 두 벡터의 사잇각을 구해보세요.

(a) $\mathbf{u}=\begin{pmatrix}-1\\1\\3\end{pmatrix},\ \mathbf{v}=\begin{pmatrix}3\\-1\\5\end{pmatrix}$ (b) $\mathbf{u}=\begin{pmatrix}1\\0\\0\end{pmatrix},\ \mathbf{v}=\begin{pmatrix}0\\0\\15\end{pmatrix}$

(c) $\mathbf{u}=\begin{pmatrix}-1\\2\\3\end{pmatrix},\ \mathbf{v}=\begin{pmatrix}\sqrt{2}\\1/\sqrt{2}\\-1\end{pmatrix}$

03 $\mathbb{R}^4$에 있는 다음 두 벡터의 사잇각을 구해보세요.

(a) $\mathbf{u}=(2\ \ 3\ \ -8\ \ 1)^{\mathrm{T}},\ \mathbf{v}=(-1\ \ 2\ \ -5\ \ -3)^{\mathrm{T}}$

(b) $\mathbf{u}=(-2\ \ -3\ \ -1\ \ -1)^{\mathrm{T}},\ \mathbf{v}=(1\ \ 2\ \ 3\ \ 4)^{\mathrm{T}}$

(c) $\mathbf{u}=(\pi\ \ \sqrt{2}\ \ 0\ \ 1)^{\mathrm{T}},\ \mathbf{v}=(1/\pi\ \ \sqrt{2}\ \ -1\ \ 1)^{\mathrm{T}}$

04 다음 두 벡터가 서로 직교하도록 만드는 k의 값을 찾아보세요.

(a) $\mathbf{u}=\begin{pmatrix}-1\\5\\k\end{pmatrix},\ \mathbf{v}=\begin{pmatrix}-3\\2\\7\end{pmatrix}$

(b) $\mathbf{u}=\begin{pmatrix}2\\-1\\3\end{pmatrix},\ \mathbf{v}=\begin{pmatrix}3\\1\\k\end{pmatrix}$

(c) $\mathbf{u}=\begin{pmatrix}0\\-k\\\sqrt{2}\end{pmatrix},\ \mathbf{v}=\begin{pmatrix}-7\\5\\k\end{pmatrix}$

05 다음 각 벡터에 대하여 단위벡터 $\hat{\mathbf{u}}$을 구해보세요(이 벡터들을 정규화하세요).

(a) $\mathbf{u}=(2\ \ 3)^{\mathrm{T}}$

(b) $\mathbf{u}=(1\ \ 2\ \ 3)^{\mathrm{T}}$

(c) $\mathbf{u}=(1/2\ \ -1/2\ \ 1/4)^{\mathrm{T}}$

(d) $\mathbf{u}=(\sqrt{2}\ \ 2\ \ -\sqrt{2}\ \ \sqrt{2})^{\mathrm{T}}$

(e) $\mathbf{u}=(-\pi/5\ \ \pi\ \ -\pi\ \ \pi/10\ \ 0)^{\mathrm{T}}$

06 $\hat{\mathbf{u}}=\begin{pmatrix}1/\sqrt{2}\\1/2\\k\end{pmatrix}$가 단위벡터가 되도록 만드는 k의 값들을 찾아보세요.

07 다음 물음에 답해보세요.

(a) $\mathbf{u}=\begin{pmatrix}\cos\theta\\\sin\theta\end{pmatrix}$가 단위벡터임을 보이세요.

(b) $\theta=\dfrac{\pi}{4}$일 때 벡터 $\mathbf{u}$를 $\mathbb{R}^2$ 평면 위에 그려보세요.

(c) $\mathbb{R}^2$에서 $\mathbf{v}=\begin{pmatrix}\cos\theta\\-\sin\theta\end{pmatrix}$라 합시다. $\theta=\dfrac{\pi}{4}$일 때 $\mathbf{v}$를 $\mathbb{R}^2$ 평면 위에 그려보세요.

(d) 두 벡터 $\mathbf{u}$와 $\mathbf{v}$의 사잇각을 구해보세요.

08 $\mathbb{R}^2$의 두 벡터 $\mathbf{u}=\begin{pmatrix}a\\b\end{pmatrix},\ \mathbf{v}=\begin{pmatrix}-b\\a\end{pmatrix}$가 직교함을 보이세요.

09 $\mathbb{R}^2$의 두 벡터 $\mathbf{u}=\begin{pmatrix}\cos A\\\sin A\end{pmatrix},\ \mathbf{v}=\begin{pmatrix}\cos B\\\sin B\end{pmatrix}$에 대하여, $\mathbf{u}\cdot\mathbf{v}=\cos(A-B)$임을 보이세요.

10 임의의 n차원 벡터공간 $\mathbb{R}^n$에서 영벡터가 아닌 벡터 $\mathbf{u}$와 $-\mathbf{u}$의 사잇각이 π라디안(180°)임을 보이세요.

11 $\mathbf{u}=(1\ \ 1\ \ 1)^{\mathrm{T}}$와 직교하는 모든 벡터를 찾아보세요.

12 벡터와 다음 초평면 사이의 최단 거리를 소수점 아래 셋째 자리에서 반올림하여 구해보세요.

(a) $(1\ \ 1)^{\mathrm{T}},\ y=x+1$

(b) $(0.5\ \ 2)^{\mathrm{T}},\ y=2x-1$

(c) $(-1\ \ -3\ \ 3)^{\mathrm{T}},\ 2x+y-z=7$

(d) $(1\ \ 2\ \ 3\ \ 4)^{\mathrm{T}},\ x+2y+z+w=10$

13 다음 절차에 따라 코시-슈바르츠 부등식을 증명해보세요.

(a) $\mathbb{R}^n$의 두 벡터 $\mathbf{u}$와 $\mathbf{v}$에 대하여, $(k\mathbf{u}+\mathbf{v})\cdot(k\mathbf{u}+\mathbf{v})\geq 0$임을 증명해보세요.

(b) $(k\mathbf{u}+\mathbf{v})\cdot(k\mathbf{u}+\mathbf{v})=k^2(\mathbf{u}\cdot\mathbf{u})+2k(\mathbf{u}\cdot\mathbf{v})+(\mathbf{v}\cdot\mathbf{v})$임을 증명해보세요.

(c) (b)에서 우변이 일반적인 이차식 ak^2+bk+c와 같음을 증명해보세요.

(d) $ak^2+bk+c\geq 0$이 $b^2\leq 4ac$를 만족하기 위한 필요충분조건이라 가정하였을 때, 코시-슈바르츠 부

등식 $|\mathbf{u} \cdot \mathbf{v}| \leq \|\mathbf{u}\| \|\mathbf{v}\|$가 성립함을 증명해보세요.

(본문으로부터 $x \geq 0$, $y \geq 0$일 때 $x \leq y \Leftrightarrow \sqrt{x} \leq \sqrt{y}$, $\sqrt{x^2} = |x|$가 성립함을 가정합니다.)

14 코시-슈바르츠 부등식을 이용해서, 임의의 n차원 벡터 공간 $\mathbb{R}^n$의 두 벡터 $\mathbf{u}$와 $\mathbf{v}$의 사잇각 θ에 대하여 $-1 \leq \cos\theta \leq 1$이 성립함을 증명해보세요.

15 $\mathbb{R}^n$의 영벡터가 아닌 두 벡터 $\mathbf{u}$와 $\mathbf{v}$에 대하여, 두 벡터 $\mathbf{u}$와 $\mathbf{v}$의 사잇각 θ가 $[0, \pi]$의 범위에서 유일함을 증명해보세요.

힌트 $\cos\theta = \dfrac{\mathbf{u} \cdot \mathbf{v}}{\|\mathbf{u}\| \|\mathbf{v}\|}$를 생각해보세요. 그리고 다음 항등식을 이용해보세요.

$$\cos A - \cos B = -2\sin\left(\frac{A+B}{2}\right)\sin\left(\frac{A-B}{2}\right)$$

2.3 일차독립

학습목표

- 일차독립의 의미를 이해할 수 있습니다.
- 벡터의 일차독립을 판단할 수 있습니다.
- 일차독립의 성질을 증명할 수 있습니다.

2.3.1 $\mathbb{R}^n$의 표준단위벡터

표준단위벡터란 무엇일까요?

2.2절에서 단위벡터의 크기가 1임을 살펴보았습니다. [그림 2-26]에서 볼 수 있듯이, $\mathbb{R}^n$에서 **표준단위벡터**는 k번째 성분만 1이고 나머지 성분은 모두 0인 벡터 $\mathbf{e}_k$를 가리킵니다($1 \leq k \leq n$).

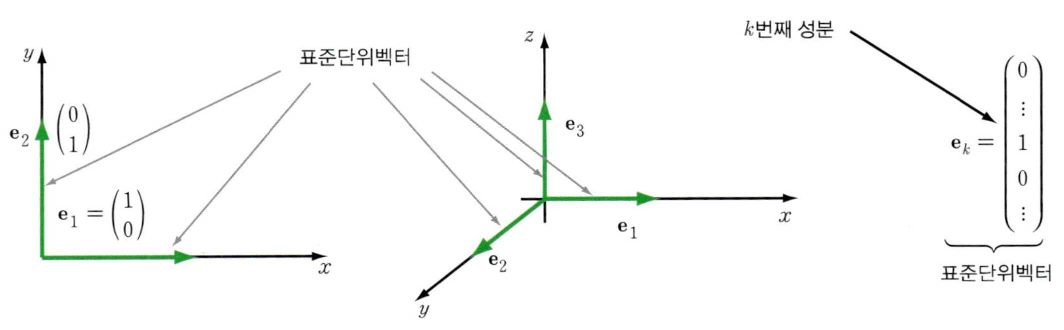

[그림 2-26] 표준단위벡터

표준단위벡터는 왜 중요할까요?

1.3절 [연습문제 14]에서 알 수 있듯이 $\mathbb{R}^n$의 임의의 벡터 $\mathbf{u}$를 스칼라와 단위벡터로 나타낼 수 있기 때문입니다. 이 문제에서 다음과 같은 중요한 정리를 증명했습니다.

> **정리 2-10 스칼라와 단위벡터로 표현한 벡터**
>
> $\mathbb{R}^n$의 벡터 $\mathbf{u} = (x_1 \cdots x_k \cdots x_n)^T$에 대하여 다음이 성립합니다.
>
> $$\mathbf{u} = \underbrace{x_1}_{\text{스칼라}}\ \underbrace{\mathbf{e}_1}_{\text{단위벡터}} + \underbrace{x_2}_{\text{스칼라}}\ \underbrace{\mathbf{e}_2}_{\text{단위벡터}} + \cdots + \underbrace{x_k}_{\text{스칼라}}\ \underbrace{\mathbf{e}_k}_{\text{단위벡터}} + \cdots + \underbrace{x_n}_{\text{스칼라}}\ \underbrace{\mathbf{e}_n}_{\text{단위벡터}}$$

벡터 $\mathbf{u}$의 위치는 스칼라와 단위벡터 $\mathbf{e}_1, \mathbf{e}_2, \cdots, \mathbf{e}_n$을 통해 유일하게 표현될 수 있습니다. 예를 들면, $\mathbb{R}^2$의 벡터 $\mathbf{u} = \begin{pmatrix} 2 \\ 3 \end{pmatrix}$은 다음과 같이 표현됩니다.

$$\begin{pmatrix} 2 \\ 3 \end{pmatrix} = 2\begin{pmatrix} 1 \\ 0 \end{pmatrix} + 3\begin{pmatrix} 0 \\ 1 \end{pmatrix} = 2\mathbf{e}_1 + 3\mathbf{e}_2 \quad [\text{이때 } x_1 = 2,\ x_2 = 3]$$

스칼라 $x_1 = 2$, $x_2 = 3$은 벡터 $\mathbf{u}$의 좌표(coordinate)라는 점에 유의하세요.

벡터 $\mathbf{u}$의 다음 표현은 스칼라와 표준단위벡터 $\mathbf{e}_1, \mathbf{e}_2, \cdots, \mathbf{e}_n$의 일차결합을 나타냅니다.

$$\mathbf{u} = \begin{pmatrix} x_1 \\ \vdots \\ x_n \end{pmatrix} = x_1\mathbf{e}_1 + x_2\mathbf{e}_2 + \cdots + x_n\mathbf{e}_n$$

벡터 $\mathbf{u} = x_1\mathbf{e}_1 + x_2\mathbf{e}_2 + \cdots + x_n\mathbf{e}_n$을 다음 같은 행렬 형태로 나타낼 수 있습니다.

$$\mathbf{u} = (\mathbf{e}_1\ \mathbf{e}_2\ \mathbf{e}_3\ \cdots\ \mathbf{e}_n)\begin{pmatrix} x_1 \\ \vdots \\ x_n \end{pmatrix}, \quad \left(\mathbf{e}_1 = \begin{pmatrix} 1 \\ 0 \\ \vdots \end{pmatrix}, \cdots, \mathbf{e}_n = \begin{pmatrix} 0 \\ \vdots \\ 1 \end{pmatrix}\right)$$

여기서, 행렬 $(\mathbf{e}_1\ \mathbf{e}_2\ \mathbf{e}_3\ \cdots\ \mathbf{e}_n) = \mathbf{I}$(항등행렬)입니다.

> **정리 2-11 일차결합 표현의 유일성**
>
> $\mathbb{R}^n$의 임의의 벡터 $\mathbf{u}$에 대하여 다음 일차결합은 유일합니다.
>
> $$\mathbf{u} = x_1\mathbf{e}_1 + x_2\mathbf{e}_2 + \cdots + x_k\mathbf{e}_k + \cdots + x_n\mathbf{e}_n$$

[정리 2-11]은 무엇을 의미할까요?

임의의 벡터 $\mathbf{u}$에 대하여 위와 같은 일차결합에서 스칼라가 유일하다는 의미입니다.

증명

벡터 $\mathbf{u}$를 다음과 같이 다른 일차결합으로 나타낼 수 있다고 가정해봅시다.

$$\mathbf{u} = y_1\mathbf{e}_1 + y_2\mathbf{e}_2 + \cdots + y_k\mathbf{e}_k + \cdots + y_n\mathbf{e}_n$$

? 무엇을 증명해야 할까요?

모든 스칼라가 동일함을 증명해야 합니다. 즉, $x_1 = y_1$, $x_2 = y_2$, $\cdots$, $x_n = y_n$을 보여야 합니다.

벡터 $\mathbf{u}$의 두 일차결합이 서로 같다고 하면 다음과 같이 나타낼 수 있습니다.

$$x_1\mathbf{e}_1 + x_2\mathbf{e}_2 + \cdots + x_n\mathbf{e}_n = y_1\mathbf{e}_1 + y_2\mathbf{e}_2 + \cdots + y_n\mathbf{e}_n = \mathbf{u}$$

$$x_1\mathbf{e}_1 + x_2\mathbf{e}_2 + \cdots + x_n\mathbf{e}_n - y_1\mathbf{e}_1 - y_2\mathbf{e}_2 - \cdots - y_n\mathbf{e}_n = \mathbf{u} - \mathbf{u} = \mathbf{O}$$

$$(x_1 - y_1)\mathbf{e}_1 + (x_2 - y_2)\mathbf{e}_2 + \cdots + (x_n - y_n)\mathbf{e}_n = \mathbf{O} \quad \text{[분배법칙]}$$

표준단위벡터 $\mathbf{e}_1, \mathbf{e}_2, \cdots, \mathbf{e}_n$과 영벡터 $\mathbf{O}$를 열벡터로 나타내면 다음과 같습니다.

$$(x_1 - y_1)\begin{pmatrix} 1 \\ 0 \\ \vdots \\ 0 \end{pmatrix} + (x_2 - y_2)\begin{pmatrix} 0 \\ 1 \\ \vdots \\ 0 \end{pmatrix} + \cdots + (x_n - y_n)\begin{pmatrix} 0 \\ 0 \\ \vdots \\ 1 \end{pmatrix} = \begin{pmatrix} 0 \\ 0 \\ \vdots \\ 0 \end{pmatrix} \quad \left[\mathbf{e}_k = \begin{pmatrix} \vdots \}0 \\ 1 \\ 0 \\ \vdots \}0 \end{pmatrix}\right]$$

스칼라곱과 행렬 합에 의하여 다음이 성립합니다.

$$\begin{pmatrix} x_1 - y_1 \\ x_2 - y_2 \\ \vdots \\ x_n - y_n \end{pmatrix} = \begin{pmatrix} 0 \\ 0 \\ \vdots \\ 0 \end{pmatrix}$$

그러면 $x_1 - y_1 = 0$, $x_2 - y_2 = 0$, $x_3 - y_3 = 0$, $\cdots$, $x_n - y_n = 0$이므로 다음이 성립합니다.

$$x_1 = y_1,\ x_2 = y_2,\ x_3 = y_3,\ \cdots,\ x_n = y_n$$

따라서 주어진 일차결합 $\mathbf{u} = x_1\mathbf{e}_1 + x_2\mathbf{e}_2 + \cdots + x_k\mathbf{e}_k + \cdots + x_n\mathbf{e}_n$은 유일합니다. ■

2.3.2 일차독립

예제 2-10 **다음 식에서 스칼라 x_1, x_2, x_3, $\cdots$, x_n의 값을 구해보세요.**

$$x_1\mathbf{e}_1 + x_2\mathbf{e}_2 + \cdots + x_k\mathbf{e}_k + \cdots + x_n\mathbf{e}_n = \mathbf{O}$$

풀이

표준단위벡터 $\mathbf{e}_1, \mathbf{e}_2, \cdots, \mathbf{e}_n$으로 다음과 같이 나타낼 수 있습니다.

$$x_1\begin{pmatrix}1\\0\\\vdots\\0\end{pmatrix}+x_2\begin{pmatrix}0\\1\\\vdots\\0\end{pmatrix}+\cdots+x_n\begin{pmatrix}0\\0\\\vdots\\1\end{pmatrix}=\begin{pmatrix}0\\0\\\vdots\\0\end{pmatrix}$$

위 식을 행렬 형태로 나타내면 다음과 같습니다.

$$\begin{pmatrix}1 & & 0\\ & \ddots & \\ 0 & & 1\end{pmatrix}\begin{pmatrix}x_1\\\vdots\\x_n\end{pmatrix}=\begin{pmatrix}0\\\vdots\\0\end{pmatrix} \quad (\mathbf{Ix}=\mathbf{O})$$

위 식을 간단히 나타내면 $\mathbf{Ix}=\mathbf{O}$입니다(여기서 $\mathbf{I}$는 항등행렬). $\mathbf{Ix}=\mathbf{O}$이므로 $\mathbf{x}=\mathbf{O}$입니다. 영벡터 $\mathbf{x}=\mathbf{O}$는 모든 성분이 0이므로 $x_1=0$, $x_2=0$, $\cdots$, $x_n=0$입니다.

표준단위벡터 $\mathbf{e}_1, \mathbf{e}_2, \cdots, \mathbf{e}_n$ 중 임의의 벡터 $\mathbf{e}_k$를 나머지 벡터들의 일차결합으로 나타낼 수 없으면 **일차독립**이라고 합니다. $\mathbb{R}^n$의 임의의 벡터를 표준단위벡터 $\mathbf{e}_1, \mathbf{e}_2, \cdots, \mathbf{e}_n$으로 나타낼 수 있는 이유 중 하나는 표준단위벡터가 일차독립이기 때문입니다.

정의 2-1 일차독립

$\mathbb{R}^n$의 벡터 $\mathbf{v}_1, \mathbf{v}_2, \mathbf{v}_3, \cdots, \mathbf{v}_n$은 **일차독립**(linearly independent)입니다.

$\Leftrightarrow$ 다음을 만족하는 유일한 실수 스칼라 k_1, k_2, k_3, $\cdots$, k_n이 존재합니다.

$$k_1\mathbf{v}_1+k_2\mathbf{v}_2+k_3\mathbf{v}_3+\cdots+k_n\mathbf{v}_n=\mathbf{O}\text{일 때, } k_1=k_2=k_3=\cdots=k_n=0$$

[정의 2-1]은 무엇을 의미할까요?

일차결합 $k_1\mathbf{v}_1+k_2\mathbf{v}_2+k_3\mathbf{v}_3+\cdots+k_n\mathbf{v}_n=\mathbf{O}$의 유일한 해가 $k_1=k_2=k_3=\cdots=k_n=0$이라는 의미입니다. 다시 말해, 벡터 $\mathbf{v}_1, \mathbf{v}_2, \mathbf{v}_3, \cdots, \mathbf{v}_n$ 중 어느 한 벡터 $\mathbf{v}_j$를 나머지 벡터들의 일차결합으로 나타낼 수 없습니다.

일차결합 $k_1\mathbf{v}_1+k_2\mathbf{v}_2+k_3\mathbf{v}_3+\cdots+k_n\mathbf{v}_n=\mathbf{O}$를 다음과 같이 행렬 형태로 나타낼 수 있습니다.

$$\begin{pmatrix}\mathbf{v}_1 & \mathbf{v}_2 & \cdots & \mathbf{v}_n\end{pmatrix}\begin{pmatrix}k_1\\\vdots\\k_n\end{pmatrix}=\begin{pmatrix}0\\\vdots\\0\end{pmatrix}$$

행렬 $\begin{pmatrix}\mathbf{v}_1 & \mathbf{v}_2 & \cdots & \mathbf{v}_n\end{pmatrix}$의 첫 번째 열은 벡터 $\mathbf{v}_1$의 성분이고, 두 번째 열은 벡터 $\mathbf{v}_2$의 성분이고, n번째 열은 벡터 $\mathbf{v}_n$의 성분입니다. $\mathbb{R}^n$에서 표준단위벡터 $\mathbf{e}_1, \mathbf{e}_2, \cdots, \mathbf{e}_n$만 일차독립인 것은 아닙니다. 다음 예제에서 일차독립인 다른 벡터들을 살펴보겠습니다.

예제 2-11 $\mathbb{R}^2$에서 벡터 $\mathbf{u}=\begin{pmatrix}-1\\1\end{pmatrix}$, $\mathbf{v}=\begin{pmatrix}2\\3\end{pmatrix}$이 일차독립임을 보이고, 두 벡터를 좌표평면에 나타내보세요.

풀이

다음 일차결합을 생각해봅시다.

$$k\mathbf{u}+c\mathbf{v}=\mathbf{O} \quad (k\text{와 } c\text{는 스칼라})$$

주어진 벡터 $\mathbf{u}$, $\mathbf{v}$를 $k\mathbf{u}+c\mathbf{v}=\mathbf{O}$에 대입하면 다음과 같습니다.

$$k\begin{pmatrix}-1\\1\end{pmatrix}+c\begin{pmatrix}2\\3\end{pmatrix}=\begin{pmatrix}0\\0\end{pmatrix}$$

행렬 $\mathbf{A}=(\mathbf{u}\ \ \mathbf{v})=\begin{pmatrix}-1 & 2\\1 & 3\end{pmatrix}$과 벡터 $\mathbf{x}=\begin{pmatrix}k\\c\end{pmatrix}$에 대하여, $\mathbf{A}\mathbf{x}=\mathbf{O}$의 해를 구해야 합니다. 첨가행렬 $(\mathbf{A}\mid\mathbf{O})$에 행 연산을 하면 다음과 같습니다.

$$\begin{matrix} & \begin{matrix}k & c\end{matrix} \\ \begin{matrix}R_1\\R_2\end{matrix} & \left(\begin{array}{cc|c}-1 & 2 & 0\\1 & 3 & 0\end{array}\right)\end{matrix} \quad\Rightarrow\quad \begin{matrix} & \begin{matrix}k & c\end{matrix} \\ \begin{matrix}R_1\\R_2+R_1\end{matrix} & \left(\begin{array}{cc|c}-1 & 2 & 0\\0 & 5 & 0\end{array}\right)\end{matrix}$$

오른쪽 행렬 2행 R_2+R_1에서 $5c=0$이므로 $c=0$입니다. $c=0$을 1행에 대입하면 $k=0$입니다. 이는 위 식을 만족하는 유일한 스칼라가 $k=0$, $c=0$임을 의미합니다.

따라서 일차결합 $k\mathbf{u}+c\mathbf{v}=\mathbf{O}$일 때 $k=0$, $c=0$입니다. 스칼라 k, c가 모두 0이므로 주어진 벡터 $\mathbf{u}$, $\mathbf{v}$는 일차독립입니다. 주어진 벡터를 좌표평면에 나타내면 [그림 2-27]과 같습니다.

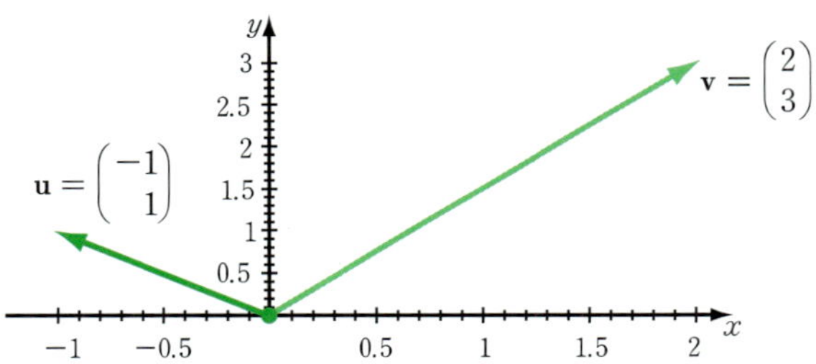

[그림 2-27] $\mathbb{R}^2$의 두 벡터 $\mathbf{u}$와 $\mathbf{v}$

벡터 $\mathbf{u}$, $\mathbf{v}$가 일차독립일 때, 벡터 $\mathbf{u}$, $\mathbf{v}$는 각각 서로의 스칼라곱으로 나타낼 수 없습니다. $\mathbb{R}^2$에서 임의의 일차독립인 벡터 $\mathbf{u}$, $\mathbf{v}$는 [그림 2-28]과 같이 나타낼 수 있습니다.

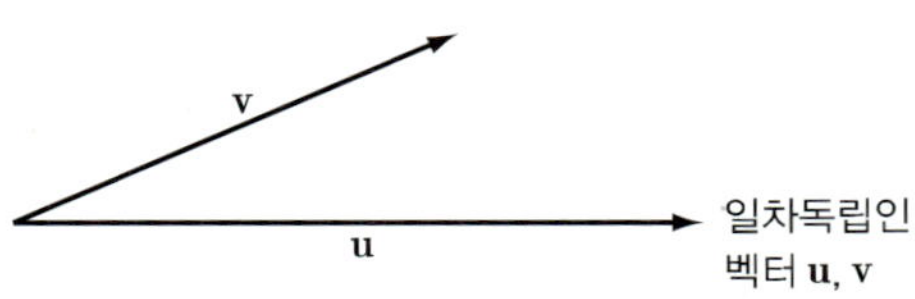

[그림 2-28] 일차독립인 두 벡터 $\mathbf{u}$와 $\mathbf{v}$

일차독립인 벡터 $\mathbf{u}$, $\mathbf{v}$는 서로 다른 방향을 나타냅니다.

2.3.3 일차종속

? 일차종속이란 무엇일까요?

정의 2-2 일차종속

$\mathbb{R}^n$의 벡터 $\mathbf{v}_1, \mathbf{v}_2, \mathbf{v}_3, \cdots, \mathbf{v}_n$은 **일차종속**(linearly dependent)입니다.

⇔ 적어도 하나는 0이 아닌 실수 스칼라 k_1, k_2, k_3, $\cdots$, k_n에 대하여 다음이 성립합니다.

$$k_1\mathbf{v}_1 + k_2\mathbf{v}_2 + k_3\mathbf{v}_3 + \cdots + k_n\mathbf{v}_n = \mathrm{O}$$

벡터 $\mathbf{v}_1, \mathbf{v}_2, \mathbf{v}_3, \cdots, \mathbf{v}_n$의 일차종속은 스칼라 k_1, k_2, k_3, $\cdots$, k_n 중 0이 아닌 스칼라가 존재하여 다음을 만족한다는 뜻입니다.

$$k_1\mathbf{v}_1 + k_2\mathbf{v}_2 + k_3\mathbf{v}_3 + \cdots + k_n\mathbf{v}_n = \mathrm{O}$$

예제 2-12 **$\mathbb{R}^2$에서 벡터 $\mathbf{u} = \begin{pmatrix} -3 \\ 1 \end{pmatrix}$, $\mathbf{v} = \begin{pmatrix} 1 \\ -1/3 \end{pmatrix}$이 일차종속임을 보이고, 두 벡터를 좌표평면에 나타내보세요.**

풀이

다음 일차결합을 생각해봅시다.

$$k\mathbf{u} + c\mathbf{v} = \mathrm{O} \quad (k\text{와 } c\text{는 스칼라})$$

주어진 벡터 $\mathbf{u}$, $\mathbf{v}$를 $k\mathbf{u} + c\mathbf{v} = \mathrm{O}$에 대입하면 다음과 같습니다.

$$k\mathbf{u} + c\mathbf{v} = k\begin{pmatrix} -3 \\ 1 \end{pmatrix} + c\begin{pmatrix} 1 \\ -1/3 \end{pmatrix} = \begin{pmatrix} 0 \\ 0 \end{pmatrix}$$

위 식을 첨가행렬로 나타내면 다음과 같습니다.

$$\begin{matrix} \\ \mathrm{R}_1 \\ \mathrm{R}_2 \end{matrix} \begin{matrix} k \quad\quad c \\ \left(\begin{array}{cc|c} -3 & 1 & 0 \\ 1 & -1/3 & 0 \end{array}\right) \end{matrix} \qquad [(\mathbf{u}\ \mathbf{v} \mid \mathrm{O})]$$

행 연산 $3\mathrm{R}_2 + \mathrm{R}_1$을 수행하면 다음과 같습니다.

$$\begin{matrix} \\ \mathrm{R}_1 \\ 3\mathrm{R}_2 + \mathrm{R}_1 \end{matrix} \begin{matrix} k \quad c \\ \left(\begin{array}{cc|c} -3 & 1 & 0 \\ 0 & 0 & 0 \end{array}\right) \end{matrix}$$

1행을 방정식으로 나타내면 $-3k+c=0$이므로 $c=3k$입니다. 계산의 편의를 위하여 $k=1$이라고 하면 c는 다음과 같습니다.

$$c=3k=3\times 1=3$$

$k=1$, $c=3$을 $k\mathbf{u}+c\mathbf{v}=\mathbf{O}$에 대입하면 다음과 같습니다.

$$\mathbf{u}+3\mathbf{v}=\mathbf{O} \text{ 또는 } \mathbf{u}=-3\mathbf{v}$$

$k\mathbf{u}+c\mathbf{v}=\mathbf{O}$를 만족하는 0이 아닌 스칼라 $k=1$, $c=3$을 찾았습니다. 그러므로 주어진 벡터 $\mathbf{u}$, $\mathbf{v}$는 일차종속이고 $\mathbf{u}=-3\mathbf{v}$입니다. 주어진 벡터 $\mathbf{u}$, $\mathbf{v}$를 좌표평면에 나타내면 [그림 2-29]와 같습니다.

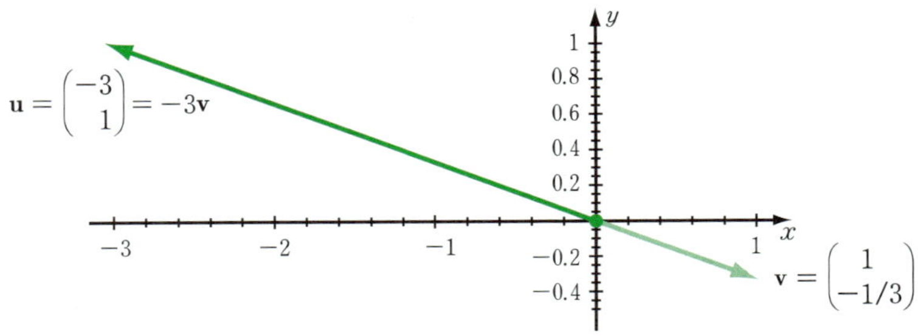

[그림 2-29] $\mathbb{R}^2$의 두 벡터 $\mathbf{u}$와 $\mathbf{v}$

$\mathbf{u}=-3\mathbf{v}$는 벡터 $\mathbf{u}$가 벡터 $\mathbf{v}$의 스칼라곱(-3)임을 의미합니다. 즉, 벡터 $\mathbf{u}$의 크기는 벡터 $\mathbf{v}$의 크기의 3배이지만, 그 방향은 반대입니다. $\mathbb{R}^2$에서 벡터 $\mathbf{u}$, $\mathbf{v}$가 일차종속이라면 다음과 같이 나타낼 수 있습니다.

$$k\mathbf{u}+c\mathbf{v}=\mathbf{O} \text{일 때, } k\neq 0 \text{ 또는 } c\neq 0$$

즉, 스칼라 k, c 중 적어도 하나는 0이 아닙니다. $k\neq 0$이라고 가정하면 다음이 성립합니다.

$$k\mathbf{u}=-c\mathbf{v} \qquad [k\mathbf{u}+c\mathbf{v}=\mathbf{O}\text{에서 이항하기}]$$

$$\mathbf{u}=-\frac{c}{k}\mathbf{v} \qquad [k\text{로 양변 나누기}]$$

이는 벡터 $\mathbf{u}$가 벡터 $\mathbf{v}$의 스칼라곱이고, $\mathbf{u}$의 방향이 $\mathbf{v}$와 같거나 반대임을 의미합니다. 이를 그림으로 나타내면 [그림 2-30]과 같습니다.

[그림 2-30] 일차종속인 두 벡터 $\mathbf{u}$와 $\mathbf{v}$

물론, [예제 2-12]에서 k에 2, 3, π, 666, $\cdots$ 을 대입해도 됩니다. 0이 아닌 어떤 수를 넣어도 됩니다. 일반적으로 계산을 편리하게 하기 위해 $k=1$을 이용합니다.

예제 2-13 $\mathbb{R}^3$에서 벡터 $\mathbf{u}=\begin{pmatrix}-3\\1\\0\end{pmatrix}$, $\mathbf{v}=\begin{pmatrix}0\\1\\-1\end{pmatrix}$, $\mathbf{w}=\begin{pmatrix}2\\0\\0\end{pmatrix}$이 일차독립인지, 일차종속인지 판별해보세요.

풀이

다음 일차결합을 생각해봅시다.

$$k_1\mathbf{u}+k_2\mathbf{v}+k_3\mathbf{w}=\mathbf{O}\ (k_1,\ k_2,\ k_3\text{는 스칼라})$$

행렬 $\mathbf{A}=(\mathbf{u}\ \mathbf{v}\ \mathbf{w})=\begin{pmatrix}-3&0&2\\1&1&0\\0&-1&0\end{pmatrix}$과 벡터 $\mathbf{x}=\begin{pmatrix}k_1\\k_2\\k_3\end{pmatrix}$에 대하여 $\mathbf{Ax}=\mathbf{O}$의 해를 구해야 합니다. 첨가행렬에 행 연산을 수행하면 다음과 같습니다.

$$\begin{matrix}\mathrm{R}_1\\\mathrm{R}_2\\\mathrm{R}_3\end{matrix}\overset{\begin{matrix}k_1 & k_2 & k_3\end{matrix}}{\left(\begin{array}{ccc|c}-3&0&2&0\\1&1&0&0\\0&-1&0&0\end{array}\right)}\Rightarrow\begin{matrix}\mathrm{R}_1\\\mathrm{R}_2+\mathrm{R}_3\\\mathrm{R}_3\end{matrix}\overset{\begin{matrix}k_1 & k_2 & k_3\end{matrix}}{\left(\begin{array}{ccc|c}-3&0&2&0\\1&0&0&0\\0&-1&0&0\end{array}\right)}$$

오른쪽 첨가행렬에서 $k_1=k_2=k_3=0$이므로 모든 스칼라가 0입니다.

$$k_1\mathbf{u}+k_2\mathbf{v}+k_3\mathbf{w}=\mathbf{O}\text{일 때, } k_1=k_2=k_3=0$$

그러므로 주어진 벡터 $\mathbf{u}$, $\mathbf{v}$, $\mathbf{w}$는 일차독립입니다.

2.3.4 일차종속의 성질

이제 일차독립을 판별하는 좀 더 쉬운 방법을 알아보겠습니다.

예제 2-14 $\mathbb{R}^3$에서 벡터 $\mathbf{u}=\begin{pmatrix}2\\3\\7\end{pmatrix}$, $\mathbf{v}=\begin{pmatrix}-4\\19\\-5\end{pmatrix}$, $\mathbf{w}=\begin{pmatrix}0\\0\\0\end{pmatrix}$이 일차독립인지, 일차종속인지 판별해보세요.

풀이

다음 일차결합을 생각해봅시다.

$$k_1\mathbf{u}+k_2\mathbf{v}+k_3\mathbf{w}=\mathbf{O}\ (k_1,\ k_2,\ k_3\text{는 스칼라}) \quad (\dagger)$$

스칼라 $k_1=k_2=0$, $k_3\neq0$에 대해 일차결합 식 $(\dagger)$가 성립합니다. 0이 아닌 스칼라가 있으므로, 즉 $k_3\neq0$이므로 주어진 벡터 $\mathbf{u}$, $\mathbf{v}$, $\mathbf{w}$는 일차종속입니다.

영벡터가 있으면 벡터들은 일차종속입니다. 따라서 영벡터가 있는 경우에는 스칼라 값을 찾을 필요가 없습니다.

정리 2-12 영벡터를 포함한 경우의 일차종속

$\mathbb{R}^n$의 벡터 $\mathbf{v}_1, \mathbf{v}_2, \cdots, \mathbf{v}_n$ 중 적어도 어느 한 벡터($\mathbf{v}_j$)가 영벡터이면, 벡터 $\mathbf{v}_1, \mathbf{v}_2, \cdots, \mathbf{v}_n$은 일차종속입니다.

증명

다음과 같은 일차결합을 생각해봅시다.

$$k_1\mathbf{v}_1 + k_2\mathbf{v}_2 + k_3\mathbf{v}_3 + \cdots + k_n\mathbf{v}_n = \mathrm{O} \quad (*)$$

식 (*)에서 $k_j \neq 0$이고 k_j를 제외한 나머지 스칼라는 모두 0이라고 합시다.

$$k_1 = k_2 = \cdots = k_{j-1} = k_{j+1} = \cdots = k_n = 0$$

$\mathbf{v}_j = \mathrm{O}$이면 $k_j\mathbf{v}_j = \mathrm{O}$입니다. 이는 식 (*)에서 $k_j \neq 0$이므로 모든 스칼라가 0이 아님을 의미합니다. 2.3.3절의 [정의 2-2]에 의해, $k_j \neq 0$이므로 $\mathbf{v}_1, \mathbf{v}_2, \cdots, \mathbf{v}_n$은 일차종속입니다. ■

[정리 2-12]는 무엇을 의미할까요?

벡터 $\mathbf{v}_1, \mathbf{v}_2, \mathbf{v}_3, \cdots, \mathbf{v}_n$ 중 한 벡터가 영벡터이면, 벡터 $\mathbf{v}_1, \mathbf{v}_2, \mathbf{v}_3, \cdots, \mathbf{v}_n$은 일차종속임을 의미합니다.

예제 2-15 $\mathbb{R}^3$에서 벡터 $\mathbf{u} = \begin{pmatrix} -3 \\ 1 \\ 0 \end{pmatrix}$, $\mathbf{v} = \begin{pmatrix} 0 \\ 1 \\ -1 \end{pmatrix}$, $\mathbf{w} = \begin{pmatrix} 2 \\ 0 \\ 0 \end{pmatrix}$, $\mathbf{x} = \begin{pmatrix} 1 \\ 2 \\ 3 \end{pmatrix}$이 일차독립인지, 일차종속인지 판별해보세요.

풀이

다음과 같은 일차결합을 생각해봅시다.

$$k_1\mathbf{u} + k_2\mathbf{v} + k_3\mathbf{w} + k_4\mathbf{x} = \mathrm{O} \ \ (k_1,\ k_2,\ k_3,\ k_4\text{는 스칼라})$$

자, 무엇을 해야 할까요? 스칼라 값을 결정해야 합니다. 주어진 벡터를 일차결합에 대입하면 다음과 같습니다.

$$k_1\mathbf{u} + k_2\mathbf{v} + k_3\mathbf{w} + k_4\mathbf{x} = k_1\begin{pmatrix} -3 \\ 1 \\ 0 \end{pmatrix} + k_2\begin{pmatrix} 0 \\ 1 \\ -1 \end{pmatrix} + k_3\begin{pmatrix} 2 \\ 0 \\ 0 \end{pmatrix} + k_4\begin{pmatrix} 1 \\ 2 \\ 3 \end{pmatrix} = \begin{pmatrix} 0 \\ 0 \\ 0 \end{pmatrix}$$

$(\mathbf{u}\ \mathbf{v}\ \mathbf{w}\ \mathbf{x} \mid \mathrm{O})$를 이용하여 첨가행렬로 나타내면 다음과 같습니다.

$$\begin{matrix} \mathrm{R}_1 \\ \mathrm{R}_2 \\ \mathrm{R}_3 \end{matrix} \left(\begin{array}{cccc|c} -3 & 0 & 2 & 1 & 0 \\ 1 & 1 & 0 & 2 & 0 \\ 0 & -1 & 0 & 3 & 0 \end{array}\right)$$

행 연산 $\mathrm{R}_2 + \mathrm{R}_3$를 수행하면 2행의 성분 중 하나를 0으로 만들 수 있습니다.

$$\begin{array}{r} \\ R_1 \\ R_2+R_3 \\ R_3 \end{array} \begin{array}{c} \begin{matrix} k_1 & k_2 & k_3 & k_4 & \end{matrix} \\ \left(\begin{array}{cccc|c} -3 & 0 & 2 & 1 & 0 \\ 1 & 0 & 0 & 5 & 0 \\ 0 & -1 & 0 & 3 & 0 \end{array}\right) \end{array}$$

3행에서 식 $-k_2+3k_4=0$을 얻을 수 있습니다. 즉, $k_2=3k_4$입니다. $k_4=1$이라 하면, $k_2=3k_4=3\times 1=3$입니다.

2행에서 식 $k_1+5k_4=0$을 얻을 수 있습니다. 즉, $k_1=-5k_4=(-5)\times 1=-5$입니다. 1행에서 식 $-3k_1+2k_3+k_4=0$을 얻을 수 있습니다. 이 식에 $k_1=-5$, $k_4=1$을 대입하면 $(-3)\times(-5)+2k_3+1=0$이므로 $k_3=-8$입니다.

따라서 $k_1=-5$, $k_2=3$, $k_3=-8$, $k_4=1$입니다. 일차결합 $k_1\mathbf{u}+k_2\mathbf{v}+k_3\mathbf{w}+k_4\mathbf{x}=\mathbf{O}$에 스칼라 값을 대입하면 벡터 사이의 관계는 다음과 같습니다.

$$-5\mathbf{u}+3\mathbf{v}-8\mathbf{w}+\mathbf{x}=\mathbf{O} \quad \text{또는} \quad \mathbf{x}=5\mathbf{u}-3\mathbf{v}+8\mathbf{w}$$

스칼라가 모두 0이 아니므로 주어진 벡터들은 일차종속입니다. 일차결합 $\mathbf{x}=5\mathbf{u}-3\mathbf{v}+8\mathbf{w}$는 벡터 $\mathbf{x}$를 벡터 $\mathbf{u}$, $\mathbf{v}$, $\mathbf{w}$로 나타낼 수 있음을 의미합니다.

다음 정리에서는 n차원 벡터공간에서 n개보다 더 많은 개수의 벡터가 있다면 이 벡터들은 일차종속임을 증명해보겠습니다. 이 정리에 따르면, [예제 2-15]에서는 $\mathbb{R}^3$에 있는 4개의 벡터 $\mathbf{u}$, $\mathbf{v}$, $\mathbf{w}$, $\mathbf{x}$를 다루었으므로 $4>3$이기 때문에 주어진 벡터 $\mathbf{u}$, $\mathbf{v}$, $\mathbf{w}$, $\mathbf{x}$가 일차종속임을 알 수 있습니다.

정리 2-13 일차종속의 성질

$\mathbb{R}^n$에서 $\mathbf{v}_1, \mathbf{v}_2, \mathbf{v}_3, \cdots, \mathbf{v}_m$이 서로 다른 벡터라고 합시다. $n<m$이면(즉, n차원 벡터공간에서 n이 벡터 개수 m보다 작으면), 벡터 $\mathbf{v}_1, \mathbf{v}_2, \mathbf{v}_3, \cdots, \mathbf{v}_m$은 일차종속입니다.

증명

주어진 벡터 $\mathbf{v}_1, \mathbf{v}_2, \mathbf{v}_3, \cdots, \mathbf{v}_n$의 다음 일차결합을 생각해봅시다.

$$k_1\mathbf{v}_1+k_2\mathbf{v}_2+\cdots+k_n\mathbf{v}_n+k_{n+1}\mathbf{v}_{n+1}+\cdots+k_m\mathbf{v}_m=\mathbf{O} \qquad (*)$$

각 벡터는 n차원 벡터공간 $\mathbb{R}^n$의 벡터이므로 방정식 개수는 n개이지만, 미지수 k_1, k_2, k_3, $\cdots$, k_n, k_{n+1}, $\cdots$, k_m의 개수는 m개입니다. 이를 다음과 같이 나타낼 수 있습니다.

$$\underbrace{k_1\begin{pmatrix} v_{11} \\ v_{12} \\ \vdots \\ v_{1n} \end{pmatrix}+k_2\begin{pmatrix} v_{21} \\ v_{22} \\ \vdots \\ v_{2n} \end{pmatrix}+\cdots+k_n\begin{pmatrix} v_{n1} \\ v_{n2} \\ \vdots \\ v_{nn} \end{pmatrix}+k_{n+1}\begin{pmatrix} v_{(n+1)1} \\ v_{(n+1)2} \\ \vdots \\ v_{(n+1)n} \end{pmatrix}+\cdots+k_m\begin{pmatrix} v_{m1} \\ v_{m2} \\ \vdots \\ v_{mn} \end{pmatrix}}_{\text{미지수 } m\text{개}}=\left.\begin{pmatrix} 0 \\ 0 \\ \vdots \\ 0 \end{pmatrix}\right\}\text{방정식 } n\text{개}$$

1장의 [정리 1-12]에 의하여 연립일차방정식 $\mathbf{Ax}=\mathbf{O}$에서 방정식 개수가 미지수 개수보다 적으면 해가 무수히 많음을 알고 있습니다. 위 식에서 $n<m$이므로 방정식 개수 n은 미지수 개수 m보다 적습니다. 그러므로 식 (*)를 만족하는 무수히 많은 스칼라 k_1, k_2, $\cdots$, k_m이 있습니다. 이는 모두 0이 아닌 k_1, k_2, $\cdots$, k_m이 있다는 뜻입니다. 2.3.3절의 [정의 2-2]에 의하여 $k_1\mathbf{v}_1+k_2\mathbf{v}_2+\cdots+k_m\mathbf{v}_m=\mathbf{O}$를 만족하는 모두 0이 아닌 k_1, k_2, $\cdots$, k_m이 존재하면 벡터 $\mathbf{v}_1, \mathbf{v}_2, \mathbf{v}_3, \cdots, \mathbf{v}_n$은 일차종속입니다. 따라서 주어진 벡터 $\mathbf{v}_1, \mathbf{v}_2, \mathbf{v}_3, \cdots, \mathbf{v}_n$은 일차종속입니다. ■

일반적으로 벡터는 하나의 집합(set)으로 나타냅니다. 집합은 { }로 표기하며, 이는 대상들의 모임입니다. 그리고 모임 안에 있는 대상을 원소라고 합니다. 벡터 $\mathbf{v}_1, \mathbf{v}_2, \mathbf{v}_3, \cdots, \mathbf{v}_n$으로 구성된 집합을 다음과 같이 표현합니다. 집합을 나타내는 기호로 S를 사용합니다.

$$S=\{\mathbf{v}_1, \mathbf{v}_2, \mathbf{v}_3, \cdots, \mathbf{v}_n\}$$

다음은 일차독립과 일차종속을 판별하는 중요한 정리입니다.

정리 2-14 일차독립과 일차종속 판별

집합 $S=\{\mathbf{v}_1, \mathbf{v}_2, \mathbf{v}_3, \cdots, \mathbf{v}_n\}$은 n차원 벡터공간 $\mathbb{R}^n$의 벡터 n개를 원소로 가진다고 합시다. 또한 행렬 $\mathbf{A}$는 벡터 $\mathbf{v}_1, \mathbf{v}_2, \mathbf{v}_3, \cdots, \mathbf{v}_n$을 열로 하는 다음과 같은 $n\times n$ 행렬이라고 합시다.

$$\mathbf{A}=(\mathbf{v}_1 \ \ \mathbf{v}_2 \cdots \ \mathbf{v}_n)$$

그러면 다음이 성립합니다.

벡터 $\mathbf{v}_1, \mathbf{v}_2, \mathbf{v}_3, \cdots, \mathbf{v}_n$은 일차독립입니다. $\Leftrightarrow$ 행렬 $\mathbf{A}$는 가역행렬입니다.

증명

2.3절 [연습문제 13]에서 증명합니다. ■

[정리 2-14]는 행렬 $\mathbf{A}$의 각 열이 벡터로서 일차독립이라는 것과 행렬 $\mathbf{A}$가 가역행렬이라는 것이 동치임을 의미합니다. 그렇다면 1장에 살펴본 중요한 정리인 [정리 1-17]에 [정리 2-14]를 추가하여 다음과 같이 나타낼 수 있습니다.

정리 2-15 동치 명제

행렬 $\mathbf{A}$가 $n \times n$ 행렬일 때, 다음 여섯 명제는 서로 동치입니다.

(a) 행렬 $\mathbf{A}$는 가역행렬입니다.

(b) 연립일차방정식 $\mathbf{Ax} = \mathbf{O}$는 오직 자명한 해 $\mathbf{x} = \mathbf{O}$만 가집니다.

(c) 행렬 $\mathbf{A}$의 기약행 사다리꼴 행렬은 항등행렬 $\mathbf{I}$입니다.

(d) 행렬 $\mathbf{A}$는 기본행렬의 곱입니다.

(e) 연립일차방정식 $\mathbf{Ax} = \mathbf{b}$의 해는 유일합니다.

(f) 행렬 $\mathbf{A}$의 열벡터는 일차독립입니다.

핵심요약

- 다음과 같은 일차결합이 있습니다.

$$k_1\mathbf{v}_1 + k_2\mathbf{v}_2 + \cdots + k_n\mathbf{v}_n + k_{n+1}\mathbf{v}_{n+1} + \cdots + k_n\mathbf{v}_m = \mathbf{O}$$

여기서 $k_1 = k_2 = k_3 = \cdots = k_n = 0$(모든 스칼라가 0)이 유일한 해이면, 벡터 $\mathbf{v}_1, \mathbf{v}_2, \mathbf{v}_3, \cdots, \mathbf{v}_n$은 일차독립입니다. 그렇지 않으면 일차종속입니다.

2.3 연습문제

01 다음 벡터들이 $\mathbb{R}^2$에서 일차종속인지 판별해보세요.

(a) $\mathbf{e}_1 = \begin{pmatrix} 1 \\ 0 \end{pmatrix}$, $\mathbf{e}_2 = \begin{pmatrix} 0 \\ 1 \end{pmatrix}$

(b) $\mathbf{u} = \begin{pmatrix} 3 \\ 4 \end{pmatrix}$, $\mathbf{v} = \begin{pmatrix} -6 \\ -8 \end{pmatrix}$

(c) $\mathbf{u} = \begin{pmatrix} 6 \\ 10 \end{pmatrix}$, $\mathbf{v} = \begin{pmatrix} -3 \\ -5 \end{pmatrix}$

(d) $\mathbf{u} = \begin{pmatrix} \pi \\ -2\pi \end{pmatrix}$, $\mathbf{v} = \begin{pmatrix} -1 \\ 2 \end{pmatrix}$

(e) $\mathbf{u} = \begin{pmatrix} 0 \\ 0 \end{pmatrix}$, $\mathbf{v} = \begin{pmatrix} -1 \\ 1 \end{pmatrix}$

02 다음 벡터들이 $\mathbb{R}^3$에서 일차종속인지 판별해보세요.

(a) $\mathbf{e}_1 = \begin{pmatrix} 1 \\ 0 \\ 0 \end{pmatrix}$, $\mathbf{e}_2 = \begin{pmatrix} 0 \\ 1 \\ 0 \end{pmatrix}$, $\mathbf{e}_3 = \begin{pmatrix} 0 \\ 0 \\ 1 \end{pmatrix}$

(b) $\mathbf{u} = \begin{pmatrix} 2 \\ 2 \\ 2 \end{pmatrix}$, $\mathbf{v} = \begin{pmatrix} 1 \\ 2 \\ -1 \end{pmatrix}$, $\mathbf{w} = \begin{pmatrix} 0 \\ 0 \\ 1 \end{pmatrix}$

(c) $\mathbf{u} = \begin{pmatrix} 1 \\ 1 \\ 1 \end{pmatrix}$, $\mathbf{v} = \begin{pmatrix} -2 \\ -2 \\ -2 \end{pmatrix}$

(d) $\mathbf{u} = \begin{pmatrix} -1 \\ 2 \\ -3 \end{pmatrix}$, $\mathbf{v} = \begin{pmatrix} 0 \\ -4 \\ 6 \end{pmatrix}$, $\mathbf{w} = \begin{pmatrix} 2 \\ 0 \\ 6 \end{pmatrix}$

03 다음 벡터들이 $\mathbb{R}^4$에서 일차종속인지 판별해보세요.

(a) $\mathbf{u} = (0\ -1\ 0\ 3)^T$, $\mathbf{v} = (1\ 0\ 5\ 0)^T$,
$\mathbf{w} = (2\ 1\ 0\ 0)^T$, $\mathbf{x} = (0\ 1\ 0\ -4)^T$

(b) $\mathbf{u} = (1\ -1\ 3\ 3)^T$, $\mathbf{v} = (0\ 1\ 5\ 0)^T$,
$\mathbf{w} = (-3\ -6\ -9\ -4)^T$,
$\mathbf{x} = (-5\ 5\ -15\ -15)^T$

(c) $\mathbf{u} = (-2\ 2\ 3\ 4)^T$, $\mathbf{v} = (0\ 3\ -2\ -3)^T$,
$\mathbf{w} = (2\ -2\ -1\ 0)^T$, $\mathbf{x} = (0\ 3\ 0\ 1)^T$

04 영벡터가 아닌 $\mathbb{R}^n$의 벡터 $\mathbf{u}$, $\mathbf{v}$에 대하여, $\mathbf{u}=k\mathbf{v}$를 만족하는 실수 스칼라가 존재하면, 벡터 $\mathbf{u}$, $\mathbf{v}$는 일차종속임을 증명해보세요(벡터 $\mathbf{u}$, $\mathbf{v}$는 각각 서로의 스칼라곱입니다).

05 $\mathbb{R}^n$의 임의의 벡터 $\mathbf{u}$, $\mathbf{v}$, $\mathbf{w}$에 대하여, 벡터 $\mathbf{u}+\mathbf{v}$, $\mathbf{v}+\mathbf{w}$, $\mathbf{u}-\mathbf{w}$는 일차종속임을 증명해보세요.

06 $\mathbb{R}^2$의 표준단위벡터 $\mathbf{e}_1$, $\mathbf{e}_2$에 대하여, 벡터 $\mathbf{e}_1$, $\mathbf{e}_1+\mathbf{e}_2$는 일차독립임을 증명해보세요.

07 $\mathbb{R}^3$의 표준단위벡터 $\mathbf{e}_1$, $\mathbf{e}_2$, $\mathbf{e}_3$에 대하여, 벡터 $\mathbf{e}_1$, $\mathbf{e}_1+\mathbf{e}_2$, $\mathbf{e}_1+\mathbf{e}_2+\mathbf{e}_3$는 일차독립임을 증명해보세요.

08 $\mathbb{R}^n$의 벡터 $\mathbf{u}$, $\mathbf{v}$, $\mathbf{w}$가 일차독립일 때, 벡터 $\mathbf{u}+\mathbf{v}$, $\mathbf{v}+\mathbf{w}$, $\mathbf{w}+\mathbf{x}$, $\mathbf{u}+\mathbf{x}$가 $\mathbb{R}^n$에서 일차종속임을 증명해보세요.

09 $\mathbb{R}^n$에서 벡터 $\mathbf{u}$, $\mathbf{v}$, $\mathbf{w}$는 일차독립이고 벡터 $\mathbf{x}$는 실수인 스칼라 k_1, k_2, k_3에 대하여 $\mathbf{x}=k_1\mathbf{u}+k_2\mathbf{v}+k_3\mathbf{w}$로 표현되는 $\mathbb{R}^n$의 벡터입니다. 이러한 벡터 $\mathbf{x}$의 표현이 유일함을 증명해보세요.

10 $\mathbb{R}^n$에서 일차독립인 벡터 $\mathbf{v}_1, \mathbf{v}_2, \mathbf{v}_3, \cdots, \mathbf{v}_n$을 원소로 하는 집합 $S=\{\mathbf{v}_1, \mathbf{v}_2, \mathbf{v}_3, \cdots, \mathbf{v}_n\}$에 대하여, 집합 $T=\{c_1\mathbf{v}_1, c_2\mathbf{v}_2, c_3\mathbf{v}_3, \cdots, c_n\mathbf{v}_n\}$도 $\mathbb{R}^n$에서 일차독립인 벡터들을 원소로 하는 집합임을 증명해보세요(단, c_1, c_2, c_3, $\cdots$, c_n은 0이 아닌 실수 스칼라입니다).

11 집합 $S=\{\mathbf{v}_1, \mathbf{v}_2, \mathbf{v}_3, \cdots, \mathbf{v}_n\}$이 $\mathbb{R}^n$에서 일차독립인 벡터들로 이루어진 집합이면, S의 임의의 부분집합 $T=\{\mathbf{v}_1, \mathbf{v}_2, \mathbf{v}_3, \cdots, \mathbf{v}_m\}$도 $\mathbb{R}^n$에서 일차독립인 벡터들로 이루어진 집합임을 증명해보세요(단, $m<n$).

12 $\mathbb{R}^3$에서 벡터 $\mathbf{u}$, $\mathbf{v}$, $\mathbf{w}$가 일차독립일 때, 실수 t의 값을 구해보세요.

$$\mathbf{u}=\begin{pmatrix} t \\ 1 \\ 1 \end{pmatrix},\ \mathbf{v}=\begin{pmatrix} -1 \\ t \\ 1 \end{pmatrix},\ \mathbf{w}=\begin{pmatrix} 1 \\ 1 \\ t \end{pmatrix}$$

13 [정리 2-14]를 증명해보세요.

2.4 기저와 생성집합

학습목표

- 주어진 벡터가 $\mathbb{R}^n$을 생성함을 증명할 수 있습니다.
- 주어진 벡터가 $\mathbb{R}^n$의 기저인지 확인할 수 있습니다.
- 기저와 관련된 성질을 증명할 수 있습니다.

$\mathbb{R}^n$에서 벡터를 설명하려면 좌표계가 필요합니다. 기저는 유클리드 n-공간을 설명하는 좌표계입니다.

예를 들어, 평면 $\mathbb{R}^2$에는 벡터가 무수히 많이 존재하지만, x 방향(x direction)으로는 표준단위벡터 $\mathbf{e}_1=(1\ \ 0)^{\mathrm{T}}$, y 방향(y direction)으로는 $\mathbf{e}_2=(0\ \ 1)^{\mathrm{T}}$를 이용하여 이 모든 벡터를 나타낼 수 있습니다.

벡터를 $\begin{pmatrix} 2 \\ 3 \end{pmatrix}$과 같이 쓸 수 있습니다. 2와 3은 무엇을 나타내나요?

x 방향으로 2단위를, y 방향으로 3단위를 나타냅니다. 위 벡터는 $2\mathbf{e}_1 + 3\mathbf{e}_2$로 쓸 수 있습니다.

2.4.1 생성집합

앞 절에서 $\mathbb{R}^n$의 임의의 벡터들을 표준단위벡터 $\mathbf{e}_1, \mathbf{e}_2, \cdots, \mathbf{e}_n$을 이용해서 나타낼 수 있다고 배웠습니다.

예제 2-16 **$\mathbb{R}^3$의 임의의 벡터를 $\mathbf{v} = (a \ b \ c)^{\mathrm{T}}$라고 합시다. 벡터 $\mathbf{v}$를 단위벡터를 이용해 나타내보세요. 벡터 $\mathbf{e}_1, \mathbf{e}_2, \mathbf{e}_3$는 각각 x, y, z 방향을 나타냅니다([그림 2-26] 참고).**

$$\mathbf{e}_1 = (1 \ 0 \ 0)^{\mathrm{T}}, \quad \mathbf{e}_2 = (0 \ 1 \ 0)^{\mathrm{T}}, \quad \mathbf{e}_3 = (0 \ 0 \ 1)^{\mathrm{T}}$$

풀이

벡터 $(a \ b \ c)^{\mathrm{T}}$를 다음과 같이 나타내봅시다.

$$\begin{pmatrix} a \\ b \\ c \end{pmatrix} = a\begin{pmatrix} 1 \\ 0 \\ 0 \end{pmatrix} + b\begin{pmatrix} 0 \\ 1 \\ 0 \end{pmatrix} + c\begin{pmatrix} 0 \\ 0 \\ 1 \end{pmatrix} = a\mathbf{e}_1 + b\mathbf{e}_2 + c\mathbf{e}_3$$

즉, 벡터 $\mathbf{v}$를 벡터 $\mathbf{e}_1, \mathbf{e}_2, \mathbf{e}_3$의 일차결합으로 나타낼 수 있습니다.

일차결합 $a\mathbf{e}_1 + b\mathbf{e}_2 + c\mathbf{e}_3$가 $\mathbb{R}^3$의 임의의 벡터를 만들 수 있으므로, 벡터 $\mathbf{e}_1, \mathbf{e}_2, \mathbf{e}_3$가 $\mathbb{R}^3$를 **생성한다**고 표현합니다. '생성'이라는 용어는 다음과 같이 정의합니다.

정의 2-3 생성

n차원 벡터공간 $\mathbb{R}^n$에서 집합 $S = \{\mathbf{v}_1, \mathbf{v}_2, \mathbf{v}_3, \cdots, \mathbf{v}_n\}$에 있는 n개의 벡터를 생각해봅시다. $\mathbb{R}^n$의 모든 벡터를 벡터 $\mathbf{v}_1, \mathbf{v}_2, \mathbf{v}_3, \cdots, \mathbf{v}_n$들의 일차결합으로 만들 수 있다면, 이 벡터들은 n차원 벡터공간 $\mathbb{R}^n$을 **생성한다**(span, generate)고 합니다.

집합 $S = \{\mathbf{v}_1, \mathbf{v}_2, \mathbf{v}_3, \cdots, \mathbf{v}_n\}$을 **생성집합**(spanning set)이라고 합니다. 그리고 '집합 S가 n차원 벡터공간을 생성한다' 또는 '집합 S가 $\mathbb{R}^n$을 생성한다'고 말합니다.

예를 들어, 표준단위벡터 $\mathbf{e}_1 = \begin{pmatrix} 1 \\ 0 \end{pmatrix}$, $\mathbf{e}_2 = \begin{pmatrix} 0 \\ 1 \end{pmatrix}$은 $\mathbb{R}^2$를 생성합니다. 왜냐하면 $k\mathbf{e}_1$은 x축을 생성하고, $c\mathbf{e}_2$는 y축을 생성하기 때문입니다. 따라서 스칼라 k와 c를 사용하여 벡터 $\mathbf{e}_1, \mathbf{e}_2$의 일차결합 $k\mathbf{e}_1 + c\mathbf{e}_2$로 $\mathbb{R}^2$의 임의의 벡터를 생성할 수 있습니다.

주어진 벡터 $\{\mathbf{v}_1, \mathbf{v}_2, \mathbf{v}_3, \cdots, \mathbf{v}_n\}$이 $\mathbb{R}^n$을 생성하는지 확인하려면, 다음과 같이 임의의 벡터 $\mathbf{w} = (w_1 \cdots w_n)^{\mathrm{T}}$가 이 벡터들에 의한 일차결합임을 증명해야 합니다.

$$\mathbf{w} = k_1\mathbf{v}_1 + k_2\mathbf{v}_2 + \cdots + k_n\mathbf{v}_n \quad (k_1, k_2, \cdots, k_n\text{은 스칼라})$$

단위벡터만 $\mathbb{R}^2$를 생성하는 건 아닙니다. 다른 벡터들도 $\mathbb{R}^2$를 생성할 수 있습니다. 다음 예제를 살펴봅시다.

예제 2-17 **$\mathbb{R}^2$의 벡터 $\mathbf{u} = \begin{pmatrix} 1 \\ 2 \end{pmatrix}$, $\mathbf{v} = \begin{pmatrix} -1 \\ 1 \end{pmatrix}$에 대하여, 다음 물음에 답해보세요.**

(a) 두 벡터 $\mathbf{u}$와 $\mathbf{v}$가 $\mathbb{R}^2$를 생성함을 보이세요.

(b) 주어진 벡터 $\mathbf{u}$와 $\mathbf{v}$를 이용하여 벡터 $(3\ \ 2)^{\mathrm{T}}$를 나타내보세요.

풀이

(a) $\mathbb{R}^2$의 임의의 벡터를 $\mathbf{w} = \begin{pmatrix} a \\ b \end{pmatrix}$라 합시다. 그리고 다음 일차결합을 생각해봅시다.

$$k\mathbf{u} + c\mathbf{v} = \mathbf{w} \quad (k, c\text{는 스칼라})$$

$k\mathbf{u}$는 $\begin{pmatrix} 1 \\ 2 \end{pmatrix}$ 방향의 벡터를 나타내고, $c\mathbf{v}$는 $\begin{pmatrix} -1 \\ 1 \end{pmatrix}$ 방향의 벡터를 나타냅니다. 임의의 벡터 $\mathbf{w}$를 벡터 $\mathbf{u}$와 $\mathbf{v}$로 만들 수 있음을 보여야 합니다.

먼저 $k\mathbf{u} + c\mathbf{v} = \mathbf{w}$를 행렬 형태로 나타냅니다.

$$\begin{matrix} \mathbf{u} & \mathbf{v} \end{matrix} \qquad \mathbf{w}$$
$$\begin{pmatrix} 1 & -1 \\ 2 & 1 \end{pmatrix}\begin{pmatrix} k \\ c \end{pmatrix} = \begin{pmatrix} a \\ b \end{pmatrix}$$

이를 첨가행렬로 표현하면 다음과 같습니다.

$$\begin{matrix} \mathrm{R}_1 \\ \mathrm{R}_2 \end{matrix} \left(\begin{array}{cc|c} 1 & -1 & a \\ 2 & 1 & b \end{array}\right)$$

기본 행 연산을 통해 스칼라 k와 c의 값을 구할 수 있습니다.

$$\begin{matrix} \\ \mathrm{R}_1 \\ \mathrm{R}_2 - 2\mathrm{R}_1 \end{matrix} \begin{matrix} \begin{matrix} k & \ \ c \end{matrix} \\ \left(\begin{array}{cc|c} 1 & -1 & a \\ 0 & 3 & b-2a \end{array}\right) \end{matrix}$$

2행을 통해 다음을 알 수 있습니다.

$$3c = b - 2a \quad \Rightarrow \quad c = \frac{b-2a}{3}$$

$c = \dfrac{b-2a}{3}$를 1행에 대입해봅시다.

$$k - \frac{b-2a}{3} = a \quad \Rightarrow \quad k = \frac{b-2a}{3} + a = \frac{b-2a+3a}{3} = \frac{b+a}{3}$$

이를 통해 $k = \dfrac{a+b}{3}$, $c = \dfrac{b-2a}{3}$ 임을 알 수 있습니다. 즉, $\mathbf{w} = k\mathbf{u} + c\mathbf{v}$의 형태로 표현할 수 있으므로 두 벡터 $\mathbf{u}$, $\mathbf{v}$가 $\mathbb{R}^2$를 생성합니다. [그림 2-31]처럼 벡터들을 좌표평면에 나타낼 수 있습니다.

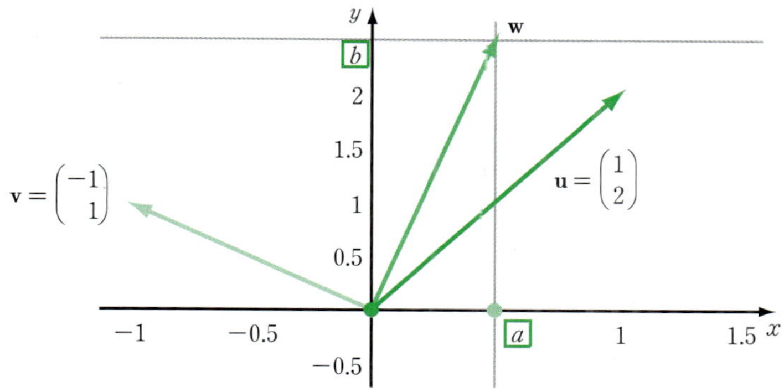

[그림 2-31] 좌표평면 위의 벡터 u, v, w

$\mathbb{R}^2$에 있는 임의의 벡터는 다음과 같이 쓸 수 있습니다.

$$\begin{pmatrix} a \\ b \end{pmatrix} = \left(\frac{a+b}{3}\right)\mathbf{u} + \left(\frac{b-2a}{3}\right)\mathbf{v}$$

(b) 벡터 $\begin{pmatrix} 3 \\ 2 \end{pmatrix}$를 $\mathbf{u} = \begin{pmatrix} 1 \\ 2 \end{pmatrix}$와 $\mathbf{v} = \begin{pmatrix} -1 \\ 1 \end{pmatrix}$을 이용하여 어떻게 나타낼 수 있을까요? (a)에서 $\mathbb{R}^2$의 임의의 벡터가 두 벡터 $\mathbf{u}$와 $\mathbf{v}$로 생성됨을 보여주었기 때문에, $a=3$, $b=2$를 대입하여 문제를 해결할 수 있습니다. 식 $\begin{pmatrix} a \\ b \end{pmatrix} = \left(\dfrac{a+b}{3}\right)\mathbf{u} + \left(\dfrac{b-2a}{3}\right)\mathbf{v}$에 $a=3$, $b=2$를 대입해봅시다.

$$\begin{pmatrix} 3 \\ 2 \end{pmatrix} = \left(\frac{3+2}{3}\right)\mathbf{u} + \left(\frac{2-2\times 3}{3}\right)\mathbf{v} = \frac{5}{3}\mathbf{u} - \frac{4}{3}\mathbf{v}$$

이 식을 그림으로 나타내면 [그림 2-32]와 같습니다.

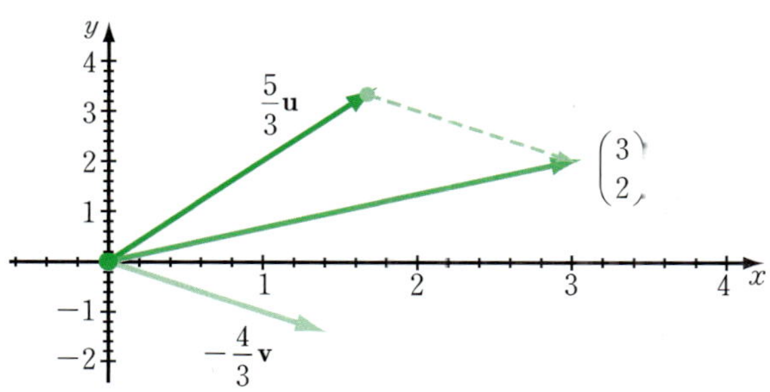

[그림 2-32] u와 v의 일차결합으로서의 벡터 $\begin{pmatrix} 3 \\ 2 \end{pmatrix}$

벡터 $\begin{pmatrix}3\\2\end{pmatrix}$는 $\frac{5}{3}\mathbf{u}$와 $-\frac{4}{3}\mathbf{v}$의 합으로 만들어집니다. 이는 다음과 같은 연산을 통해 다시 한 번 확인할 수 있습니다.

$$\frac{5}{3}\mathbf{u}-\frac{4}{3}\mathbf{v}=\begin{pmatrix}3\\2\end{pmatrix}$$

임의의 벡터 $\mathbf{w}$를 벡터 $\{\mathbf{v}_1, \mathbf{v}_2, \mathbf{v}_3, \cdots, \mathbf{v}_n\}$의 일차결합으로 표현할 수 없다면, 이 벡터들은 $\mathbb{R}^n$을 생성하지 못합니다.

예제 2-18 **벡터 $\mathbf{u}=\begin{pmatrix}1\\-2\end{pmatrix}$와 $\mathbf{v}=\begin{pmatrix}0\\0\end{pmatrix}$은 $\mathbb{R}^2$를 생성할 수 없음을 보이세요. (행렬 $\begin{pmatrix}1&0\\-2&0\end{pmatrix}$의 열은 $\mathbb{R}^2$를 생성하지 못합니다.)**

풀이

$\mathbb{R}^2$의 임의의 벡터를 $\mathbf{w}=\begin{pmatrix}a\\b\end{pmatrix}$라 합시다. 그리고 다음 일차결합을 생각해봅시다.

$$k\mathbf{u}+c\mathbf{v}=\mathbf{w} \quad (k,\ c\text{는 스칼라})$$

이 일차결합은 행렬 형태로도 나타낼 수 있습니다.

$$\begin{pmatrix}1&0\\-2&0\end{pmatrix}\begin{pmatrix}k\\c\end{pmatrix}=\begin{pmatrix}a\\b\end{pmatrix} \quad \Rightarrow \quad \begin{pmatrix}k\\-2k\end{pmatrix}=\begin{pmatrix}a\\b\end{pmatrix}$$

이를 통해 다음 연립일차방정식을 얻을 수 있습니다.

$$k=a$$
$$-2k=b \text{ 또는 } b=-2a \qquad [k=a]$$

$b=-2a$인 경우에 한해서 벡터를 나타낼 수 있습니다. 즉, 벡터 $\mathbf{w}=\begin{pmatrix}a\\b\end{pmatrix}=\begin{pmatrix}a\\-2a\end{pmatrix}=a\begin{pmatrix}1\\-2\end{pmatrix}$입니다. 두 벡터 $\mathbf{u}$와 $\mathbf{v}$는 $\begin{pmatrix}1\\-2\end{pmatrix}$와 같은 방향의 벡터들만 생성합니다.

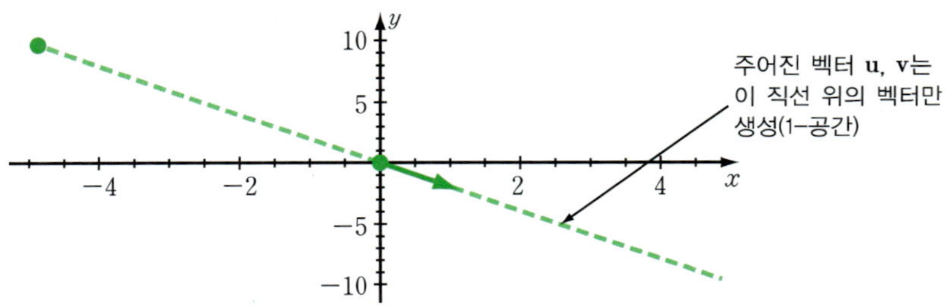

[그림 2-33] 두 벡터 u, v가 생성하는 벡터

2.4.2 기저

다음으로 벡터를 간단히 표현하는 방법을 알아보겠습니다.

어떻게 해야 벡터를 간단하게 표현할 수 있을까요?

주어진 벡터를 이용하여 일차결합을 통해 새로운 벡터를 생성할 수 있습니다. 일차결합을 통해 다른 모든 벡터를 만들려면 충분한 벡터가 필요합니다. 이 충분한 벡터들의 집합을 기저라고 합니다.

예를 들면, $\mathbb{R}^2$의 표준단위벡터 $\mathbf{e}_1 = (1\ \ 0)^{\mathrm{T}}$, $\mathbf{e}_2 = (0\ \ 1)^{\mathrm{T}}$가 있습니다. 이 벡터들의 집합은 $\mathbb{R}^2$의 x축과 y축을 만드는 기저입니다. 왜냐하면 $\mathbf{e}_1 = (1\ \ 0)^{\mathrm{T}}$는 x 방향, $\mathbf{e}_2 = (0\ \ 1)^{\mathrm{T}}$는 y 방향을 나타내기 때문입니다. 기저를 만드는 벡터가 추가될 때마다 새로운 방향을 표현할 수 있습니다.

정의 2-4 기저

n차원 벡터공간 $\mathbb{R}^n$에서 n개의 벡터 $\mathbf{v}_1, \mathbf{v}_2, \mathbf{v}_3, \cdots, \mathbf{v}_n$을 생각해봅시다.

벡터 $\mathbf{v}_1, \mathbf{v}_2, \mathbf{v}_3, \cdots, \mathbf{v}_n$은 $\mathbb{R}^n$의 **기저**(basis)를 형성합니다.

$\Leftrightarrow$ (i) 벡터 $\mathbf{v}_1, \mathbf{v}_2, \mathbf{v}_3, \cdots, \mathbf{v}_n$은 $\mathbb{R}^n$을 생성합니다.

(ii) 벡터 $\mathbf{v}_1, \mathbf{v}_2, \mathbf{v}_3, \cdots, \mathbf{v}_n$은 일차독립입니다.

$\mathbf{v}_1, \mathbf{v}_2, \mathbf{v}_3, \cdots, \mathbf{v}_n$을 집합으로 구성하여 $B = \{\mathbf{v}_1, \mathbf{v}_2, \mathbf{v}_3, \cdots, \mathbf{v}_n\}$과 같이 쓸 수 있습니다. 이들은 $\mathbb{R}^n$을 생성하는 독립적인 벡터들로 **기저벡터**(basis vector)라고 합니다. $\mathbb{R}^n$의 모든 벡터는 기저벡터를 통해 만들 수 있습니다.

기저는 가장 효과적인 생성집합입니다. 한 공간을 생성하는 벡터집합은 많습니다. 단, 이러한 집합에서 일부 벡터는 공간을 생성할 때 중복될 수 있습니다(집합 내 다른 벡터를 통해 '만들어질' 수 있기 때문이죠). 하지만 기저에는 중복된 벡터가 없습니다. 왜냐하면 [정의 2-4]에 따라 기저의 모든 벡터는 일차독립이기 때문입니다.

예제 2-19 벡터 $\mathbf{u} = \begin{pmatrix} 1 \\ 1 \end{pmatrix}$, $\mathbf{v} = \begin{pmatrix} 1 \\ -1 \end{pmatrix}$이 $\mathbb{R}^2$의 기저를 형성함을 보이세요.

풀이

벡터 $\mathbf{u}$와 $\mathbf{v}$가 기저를 형성함을 보여주려면 두 가지를 확인해야 합니다. 두 벡터 $\mathbf{u}$와 $\mathbf{v}$가 (i) $\mathbb{R}^2$를 생성하고, (ii) 일차독립임을 확인해야 합니다.

(i) 벡터 **u**와 **v**가 $\mathbb{R}^2$를 생성한다는 것을 어떻게 확인할 수 있을까요? $\mathbb{R}^2$의 임의의 벡터를 $\mathbf{w}=\begin{pmatrix} a \\ b \end{pmatrix}$라 하고, 다음 일차결합에 대해서 생각해봅시다.

$$k\mathbf{u}+c\mathbf{v}=\mathbf{w} \quad (k,\ c\text{는 스칼라})$$

주어진 벡터 **u**, **v**, **w**를 대입해봅시다.

$$k\begin{pmatrix} 1 \\ 1 \end{pmatrix}+c\begin{pmatrix} 1 \\ -1 \end{pmatrix}=\begin{pmatrix} a \\ b \end{pmatrix}$$

이를 첨가행렬로 표현하면 다음과 같습니다.

$$\begin{matrix} \mathrm{R}_1 \\ \mathrm{R}_2 \end{matrix} \quad \left(\begin{array}{cc|c} 1 & 1 & a \\ 1 & -1 & b \end{array}\right)$$

기본 행 연산 $\mathrm{R}_2+\mathrm{R}_1$을 수행해봅시다.

$$\begin{matrix} \\ \mathrm{R}_1 \\ \mathrm{R}_2+\mathrm{R}_1 \end{matrix} \quad \begin{matrix} \ \ k \ \ \ c \\ \left(\begin{array}{cc|c} 1 & 1 & a \\ 2 & 0 & b+a \end{array}\right) \end{matrix}$$

이를 통해, $k=\dfrac{1}{2}(a+b)$, $c=\dfrac{1}{2}(a-b)$임을 알 수 있습니다. $\mathbf{w}=k\mathbf{u}+c\mathbf{v}$이므로 **w**를 다음과 같이 나타낼 수 있습니다.

$$\mathbf{w}=\begin{pmatrix} a \\ b \end{pmatrix}=\frac{1}{2}(a+b)\begin{pmatrix} 1 \\ 1 \end{pmatrix}+\frac{1}{2}(a-b)\begin{pmatrix} 1 \\ -1 \end{pmatrix}$$

따라서 벡터 **u**와 **v**가 $\mathbb{R}^2$를 생성합니다.

(ii) **u**와 **v**가 기저임을 보이려면 또 무엇을 해야 할까요? 이들이 일차독립임을 확인해야 합니다. 두 벡터가 서로의 스칼라곱이 아니라면 두 벡터는 일차독립입니다(2.3절 [연습문제 04] 참고).

$\begin{pmatrix} 1 \\ 1 \end{pmatrix}\neq m\begin{pmatrix} 1 \\ -1 \end{pmatrix}$($m$은 스칼라)로 주어진 벡터는 서로의 스칼라곱이 아니므로, 이 벡터들은 일차독립입니다.

두 벡터 **u**와 **v**가 $\mathbb{R}^2$를 생성하고 일차독립이므로 이 벡터들은 $\mathbb{R}^2$의 기저입니다. 마찬가지로, 행렬 $\mathbf{A}=(\mathbf{u}\ \ \mathbf{v})$의 열은 $\mathbb{R}^2$의 기저를 형성합니다.

[그림 2-34(b)]의 표준단위벡터 $\mathbf{e}_1, \mathbf{e}_2$는 $\mathbb{R}^2$의 또 다른 기저입니다. 이들을 일반적으로 $\mathbb{R}^2$의 **표준기저**(standard basis) 또는 **자연기저**(natural basis)라고 합니다.

[그림 2-34(a)]는 [예제 2-19]에서 벡터 $\mathbf{u}$와 $\mathbf{v}$의 스칼라곱 일부를 보여줍니다. 이러한 기저벡터 $\mathbf{u}$와 $\mathbf{v}$는 그림과 같이 $\mathbb{R}^2$의 또 다른 좌표계를 형성합니다. [그림 2-34(b)]는 $\mathbb{R}^2$에 대한 일반적인 xy 좌표계를 형성하는 표준기저 $\mathbf{e}_1, \mathbf{e}_2$를 보여줍니다.

? [그림 2-34(a)]의 벡터 u와 v는 표준기저가 아닙니다. 이 같은 비표준기저(non-standard basis)를 왜 사용할까요?

다른 기저(좌표계)로 벡터를 표현하면 그 기저와 관련된 구조를 나타낼 수 있기 때문입니다. 이러한 구조는 표준기저를 기반으로 한 표현에는 가려져 있습니다. 비표준기저의 구조는 유의미하고 유용할 수 있습니다.

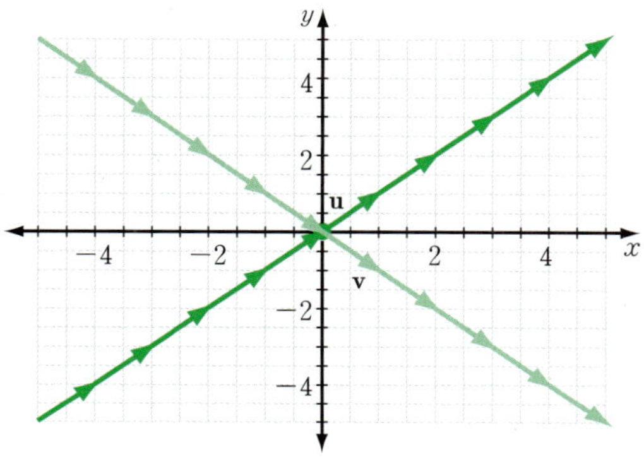

(a) 비표준기저벡터로 생성한 좌표계

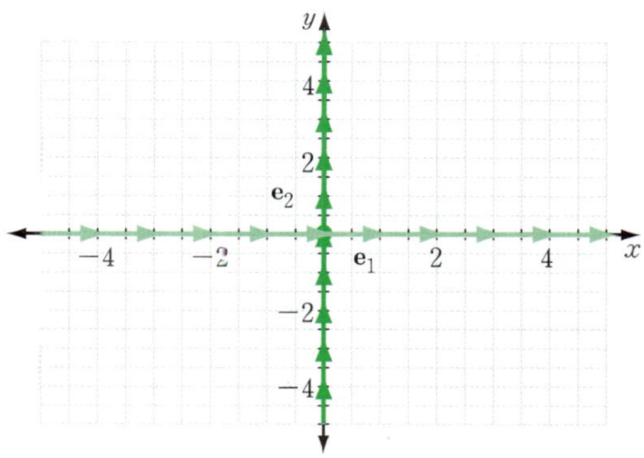

(b) 표준기저벡터로 생성한 좌표계

[그림 2-34] 기저벡터로 생성한 좌표계

예를 들어, 경사면의 물체에 가해지는 힘을 보면 경사면에 평행하고 수직인 성분이 지면에 평행하고 수직인 성분보다 훨씬 유용합니다. 즉, 현명하게 기저를 선택하면 계산해야 하는 양을 크게 줄일 수 있습니다.

일반적으로, 표준단위벡터 $\mathbf{e}_1, \mathbf{e}_2, \mathbf{e}_3, \cdots, \mathbf{e}_n$은 $\mathbb{R}^n$의 표준기저를 형성합니다. 이 벡터들이 일차독립이고 $\mathbb{R}^n$을 생성함을 증명해봅시다. 이는 $\mathbb{R}^n$에 대한 통상적인 데카르트 좌표계와 일치합니다. 예를 들어, $\mathbb{R}^5$에서 벡터 $\mathbf{u} = (-1 \;\; 7 \;\; 2 \;\; -4 \;\; 9)^{\mathrm{T}}$는 다음과 같이 쓸 수 있습니다.

$$\mathbf{u} = (-1)\mathbf{e}_1 + 7\mathbf{e}_2 + 2\mathbf{e}_3 + (-4)\mathbf{e}_4 + 9\mathbf{e}_5$$

$\mathbb{R}^n$에서 벡터 $\mathbf{x} = (x_1 \;\; x_2 \;\; \cdots \;\; x_n)^{\mathrm{T}}$는 $\mathbb{R}^n$의 표준기저 $\{\mathbf{e}_1, \mathbf{e}_2, \mathbf{e}_3, \cdots, \mathbf{e}_n\}$을 이용하여 다음과 같이 쓸 수 있습니다.

$$\mathbf{x} = x_1\mathbf{e}_1 + x_2\mathbf{e}_2 + \cdots + x_n\mathbf{e}_n$$

2.4.3 기저의 성질

정리 2-16 일차독립과 기저

$\mathbb{R}^n$에서 n개의 일차독립인 벡터들은 $\mathbb{R}^n$의 기저를 형성합니다.

증명

2.4절 [연습문제 13]에서 증명합니다. ■

[정리 2-16]은 n차원 벡터공간 $\mathbb{R}^n$에서 주어진 n개의 벡터가 기저를 형성하려면 일차독립이라는 것만 보여도 충분함을 의미합니다. 이는 염두에 두어야 할 중요한 결과입니다. 즉, 그 벡터들이 $\mathbb{R}^n$을 생성함을 보일 필요가 없습니다. 예를 들어, 다음과 같이 벡터가 일차독립이라는 것만 확인하면 됩니다.

(a) $\mathbb{R}^3$에서 3개의 일차독립인 벡터들은 $\mathbb{R}^3$의 기저를 형성합니다.

(b) $\mathbb{R}^{103}$에서 103개의 일차독립인 벡터들은 $\mathbb{R}^{103}$의 기저를 형성합니다.

정리 2-17 생성과 기저

$\mathbb{R}^n$을 생성하는 n개의 벡터는 $\mathbb{R}^n$의 기저를 형성합니다.

증명

2.4절 [연습문제 14]에서 증명합니다. ■

n개의 벡터가 $\mathbb{R}^n$의 기저라는 사실을 증명하려면 이 n개의 벡터가 $\mathbb{R}^n$을 생성한다는 것만 보여주면 됩니다. 예를 들어, $\mathbb{R}^{666}$의 기저를 형성하려면 $\mathbb{R}^{666}$을 생성하는 666개의 벡터가 필요합니다.

[정리 2-16]과 [정리 2-17]을 통해 알 수 있듯이, $\mathbb{R}^n$에서 n개의 벡터에 대해 일차독립과 생성 중 하나의 조건만 확인하면 되므로 기저 형성 여부를 판단하는 일이 훨씬 간단해졌습니다.

예제 2-20 **벡터 $\mathbf{u}=\begin{pmatrix}1\\0\\1\end{pmatrix}$, $\mathbf{v}=\begin{pmatrix}0\\1\\-1\end{pmatrix}$, $\mathbf{w}=\begin{pmatrix}-2\\3\\0\end{pmatrix}$이 $\mathbb{R}^3$의 기저를 형성함을 보이세요.**

풀이

무엇을 보여야 할까요? 주어진 벡터들이 $\mathbb{R}^3$에서 일차독립임을 보여야 합니다. 아니면 이 벡터들이 $\mathbb{R}^3$를 생성함을 보여주면 어떨까요? 여기서는 [정리 2-16]을 적용해봅시다.

3개의 벡터가 3-공간인 $\mathbb{R}^3$의 기저임을 증명하려면 이 벡터들이 일차독립임을 보이는 것만으로 충분합니다.

다음과 같은 일차결합을 생각해봅시다.

$$k_1\mathbf{u}+k_2\mathbf{v}+k_3\mathbf{w}=\mathbf{O}$$

$\mathbf{A}=(\mathbf{u}\ \ \mathbf{v}\ \ \mathbf{w})$일 때, 다음 첨가행렬$(\mathbf{A}\mid\mathbf{O})$에 기본 행 연산을 적용해봅시다.

$$\begin{matrix} & k_1 & k_2 & k_3 & \\ \mathrm{R}_1 & 1 & 0 & -2 & 0 \\ \mathrm{R}_2 & 0 & 1 & 3 & 0 \\ \mathrm{R}_3 & 1 & -1 & 0 & 0 \end{matrix} \quad \Rightarrow \quad k_1=k_2=k_3=0$$

모든 스칼라 값이 0이므로 주어진 벡터 $\mathbf{u}$, $\mathbf{v}$, $\mathbf{w}$는 일차독립입니다. 따라서 [정리 2-16]에 의해 주어진 세 벡터 $\mathbf{u}$, $\mathbf{v}$, $\mathbf{w}$가 $\mathbb{R}^3$의 기저를 형성합니다. [그림 2-35]는 벡터 $\mathbf{u}$, $\mathbf{v}$, $\mathbf{w}$가 생성한 벡터들을 보여줍니다.

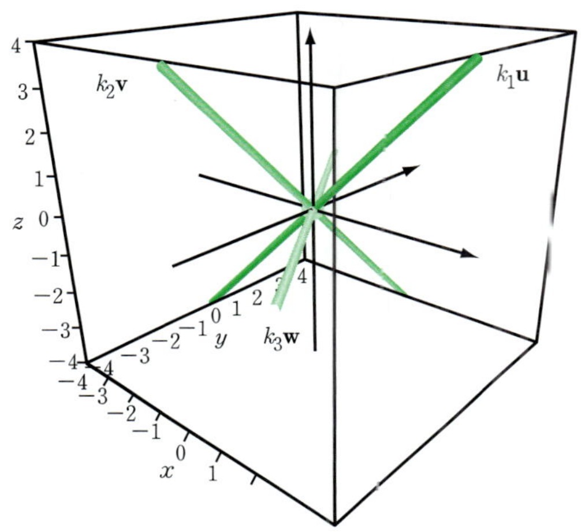

[그림 2-35] 세 벡터 u, v, w가 생성한 벡터

이 벡터들을 일차결합하여 $\mathbb{R}^3$의 임의의 벡터 $\mathbf{x}$를 만들 수 있습니다.

$$\mathbf{x}=k_1\mathbf{u}+k_2\mathbf{v}+k_3\mathbf{w}\ \ (k_1,\ k_2,\ k_3\text{는 스칼라})$$

기저벡터 $\{\mathbf{u},\mathbf{v},\mathbf{w}\}$를 통해 $\mathbf{x}$와 같은 벡터들을 나타낼 수 있습니다.

예제 2-21 다음 벡터들이 $\mathbb{R}^4$의 기저를 형성하는지 판단해보세요.

$$\mathbf{v}_1=(1\ \ 4\ \ -3\ \ 6)^{\mathrm{T}},\ \mathbf{v}_2=(9\ \ 3\ \ -1\ \ -6)^{\mathrm{T}},\ \mathbf{v}_3=(5\ \ 2\ \ 11\ \ -1)^{\mathrm{T}},\ \mathbf{v}_4=(0\ \ 0\ \ 0\ \ 0)^{\mathrm{T}}$$

풀이

$\mathbf{v}_4=(0\ \ 0\ \ 0\ \ 0)^{\mathrm{T}}=\mathbf{O}$는 영벡터입니다. [정리 2-12]에 의해 벡터들 중 적어도 하나가 $\mathbf{O}$이면 이 벡터들은 일차종속입니다. 벡터 $\{\mathbf{v}_1,\mathbf{v}_2,\mathbf{v}_3,\mathbf{v}_4\}$는 일차종속인 집합이므로, $\mathbb{R}^4$의 기저를 형성할 수 없습니다. 기저를 형성하기 위해서는 벡터들이 일차독립이어야 한다는 사실을 기억합시다.

이 절에서 앞으로 다룰 내용은 지금까지 다룬 내용보다 좀 더 어렵습니다. 생성집합, 일차독립, $\mathbb{R}^n$의 기저에 대한 정의를 반드시 이해해야 소화할 수 있습니다.

> **정리 2-18 벡터의 일차결합 표현의 유일성**
>
> 벡터 $\{\mathbf{v}_1, \mathbf{v}_2, \mathbf{v}_3, \cdots, \mathbf{v}_n\}$이 $\mathbb{R}^n$의 기저라고 합시다. 이때 $\mathbb{R}^n$의 모든 벡터를 이 기저벡터들의 일차결합으로 나타낼 수 있고, 그 표현은 유일합니다.

[정리 2-18]은 무엇을 의미할까요?

어떤 벡터를 기저벡터의 일차결합으로 표현하는 방법은 오직 한 가지라는 의미입니다.

앞서 [정리 2-11]에서 이 결과를 표준기저에 대하여 이미 증명했습니다.

증명

$\mathbb{R}^n$의 임의의 벡터를 $\mathbf{u}$라 합시다. 주어진 벡터 $\{\mathbf{v}_1, \mathbf{v}_2, \mathbf{v}_3, \cdots, \mathbf{v}_n\}$이 기저를 형성하므로, 이 벡터들은 $\mathbb{R}^n$을 생성합니다. 즉, $\mathbb{R}^n$의 벡터 $\mathbf{u}$를 $\{\mathbf{v}_1, \mathbf{v}_2, \mathbf{v}_3, \cdots, \mathbf{v}_n\}$의 일차결합으로 나타낼 수 있습니다. 따라서 다음을 만족하는 스칼라 $k_1, k_2, k_3, \cdots, k_n$이 존재합니다.

$$\mathbf{u} = k_1\mathbf{v}_1 + k_2\mathbf{v}_2 + k_3\mathbf{v}_3 + \cdots + k_n\mathbf{v}_n$$

벡터 $\mathbf{u}$를 다음과 같이 주어진 기저벡터들의 또 다른 일차결합으로 나타낼 수 있다고 합시다.

$$\mathbf{u} = c_1\mathbf{v}_1 + c_2\mathbf{v}_2 + c_3\mathbf{v}_3 + \cdots + c_n\mathbf{v}_n$$

이때, $c_1, c_2, c_3, \cdots, c_n$은 스칼라입니다.

무엇을 증명해야 할까요?

두 스칼라 집합이 같음을 보여야 합니다. 즉, $k_1 = c_1$, $k_2 = c_2$, $\cdots$, $k_n = c_n$임을 보여야 합니다. 둘 다 $\mathbf{u}$이므로, 두 일차결합은 같습니다.

$$k_1\mathbf{v}_1 + k_2\mathbf{v}_2 + \cdots + k_n\mathbf{v}_n = c_1\mathbf{v}_1 + c_2\mathbf{v}_2 + \cdots + c_n\mathbf{v}_n = \mathbf{u}$$

$$k_1\mathbf{v}_1 + k_2\mathbf{v}_2 + \cdots + k_n\mathbf{v}_n - c_1\mathbf{v}_1 - c_2\mathbf{v}_2 - \cdots - c_n\mathbf{v}_n = \mathbf{u} - \mathbf{u} = \mathbf{O}$$

$$(k_1 - c_1)\mathbf{v}_1 + (k_2 - c_2)\mathbf{v}_2 + \cdots + (k_n - c_n)\mathbf{v}_n = \mathbf{O} \quad \text{[공통 인수로 묶기]}$$

기저벡터 $\{\mathbf{v}_1, \mathbf{v}_2, \mathbf{v}_3, \cdots, \mathbf{v}_n\}$이 일차독립이므로, 모든 스칼라는 0으로 같습니다.

왜 그럴까요?

[정의 2-1]에서 일차독립의 정의는 다음과 같았습니다.

$\mathbb{R}^n$에서 벡터 $\mathbf{v}_1, \mathbf{v}_2, \mathbf{v}_3, \cdots, \mathbf{v}_n$이 일차독립입니다.
$\Leftrightarrow$ $m_1\mathbf{v}_1 + m_2\mathbf{v}_2 + m_3\mathbf{v}_3 + \cdots + m_n\mathbf{v}_n = \mathbf{O}$이면, $m_1 = m_2 = m_3 = \cdots = m_n = 0$입니다.

위 내용을 적용해봅시다.

$$\begin{aligned} &(k_1 - c_1)\mathbf{v}_1 + (k_2 - c_2)\mathbf{v}_2 + \cdots + (k_n - c_n)\mathbf{v}_n = \mathbf{O} \\ \Rightarrow\ & k_1 - c_1 = 0,\ k_2 - c_2 = 0,\ k_3 - c_3 = 0,\ \cdots,\ k_n - c_n = 0 \\ \Rightarrow\ & k_1 = c_1,\ k_2 = c_2,\ k_3 = c_3,\ \cdots,\ k_n = c_n \end{aligned}$$

따라서 임의의 벡터 $\mathbf{u}$는 기저벡터 $\{\mathbf{v}_1, \mathbf{v}_2, \mathbf{v}_3, \cdots, \mathbf{v}_n\}$의 일차결합으로 나타낼 수 있으며, 그 표현은 유일합니다. ■

다음으로 보조정리인 [정리 2-19]를 증명하겠습니다. 보조정리 또한 명제나 정리를 말하는데, 이 보조정리에 대한 증명은 더 큰 관심사를 증명하기 위한 디딤돌로 사용됩니다. 수학에는 조른의 보조정리(Zorn's lemma), 유클리드의 보조정리(Euclid's lemma), 가우스의 보조정리(Gauss's lemma)처럼 그 자체로 중요한 결과가 된 보조정리들이 많습니다.

> **정리 2-19 일차독립의 성질**
> $\mathbb{R}^n$에서 벡터 m개의 집합 $T = \{\mathbf{w}_1, \mathbf{w}_2, \mathbf{w}_3, \cdots, \mathbf{w}_m\}$이 일차독립이면, $m \le n$입니다.

? [정리 2-19]는 무엇을 의미하나요?

$\mathbb{R}^n$에서 일차독립인 벡터들은 최대 n개라는 의미입니다. 예를 들어, $\mathbb{R}^3$이서 일차독립인 벡터들은 3개 이하입니다.

? 그렇다면 $\mathbb{R}^{10}$에서 일차독립인 벡터들은 최대 몇 개인가요?

10개입니다.

증명

[정리 2-13]에 의해, $\mathbb{R}^n$에서 $n < m$이면 벡터 $\mathbf{v}_1, \mathbf{v}_2, \cdots, \mathbf{v}_m$은 일차종속입니다. 그런데 주어진 집합 T는 일차독립인 벡터들의 집합입니다. 따라서 $n \ge m$이 성립합니다. ■

$\mathbb{R}^n$에서는 최대 개수의 일차독립인 벡터들로 $\mathbb{R}^n$의 기저를 형성합니다. 이에 대한 증명은 귀류법(proof by contradiction)을 사용하겠습니다. 귀류법은 'P이면 Q이다($P \Rightarrow Q$)'라는 명제를 증명할 때 P이면 Q가 성립하지 않는다고 가정한 다음 이 가정이 사실이 아님을 증명하는 것입니다. 귀류법은 수학에서 흔히 사용하는 기법으로, 결과를 증명하는 데 종종 사용되는 강력한 수학적 도구입니다.

예를 들어, $\frac{x^2+2}{x}=x$의 해가 없음을 증명해봅시다. 주어진 방정식이 해를 가지며, a를 이 방정식의 해라고 가정합시다.

$$\frac{a^2+2}{a}=a \quad \Rightarrow \quad a^2+2=a^2 \quad \Rightarrow \quad 2=0$$

하지만 2는 0과 같을 수 없습니다, 그러므로 이 결과는 모순입니다. 즉, 무언가 잘못됐다는 뜻이죠. 증명 과정이 정확하므로, 해가 있다는 가정은 틀렸음을 알 수 있습니다.

귀류법의 또 다른 예는 정수론 분야에서 찾을 수 있습니다. 소수가 무한함을 증명하기 위해서, 먼저 소수가 유한하다고 가정한 뒤 그 결과가 모순임을 밝힙니다.

정리 2-20 기저벡터의 개수

$\mathbb{R}^n$의 모든 기저는 정확하게 n개의 벡터로 이루어져 있습니다.

증명

$B=\{\mathbf{v}_1, \mathbf{v}_2, \mathbf{v}_3, \cdots, \mathbf{v}_m\}$을 $\mathbb{R}^n$의 기저라 합시다. 이 벡터들은 일차독립이므로 [정리 2-19]에 의해 $m \le n$임을 알 수 있습니다.

$m < n$이라고 가정해봅시다. 또한 $T=\{\mathbf{e}_1, \mathbf{e}_2, \mathbf{e}_3, \cdots, \mathbf{e}_n\}$을 $\mathbb{R}^n$의 표준기저라고 가정합시다. 그러면 집합 T의 각 벡터를 기저벡터 $B=\{\mathbf{v}_1, \mathbf{v}_2, \mathbf{v}_3, \cdots, \mathbf{v}_m\}$으로 나타낼 수 있습니다.

$$\begin{aligned}
\mathbf{e}_1 &= a_{11}\mathbf{v}_1 + a_{21}\mathbf{v}_2 + \cdots + a_{m1}\mathbf{v}_m \\
\mathbf{e}_2 &= a_{12}\mathbf{v}_1 + a_{22}\mathbf{v}_2 + \cdots + a_{m2}\mathbf{v}_m \\
&\vdots \\
\mathbf{e}_n &= a_{1n}\mathbf{v}_1 + a_{2n}\mathbf{v}_2 + \cdots + a_{mn}\mathbf{v}_m
\end{aligned}$$

다음 일차결합을 생각해봅시다.

$$c_1\mathbf{e}_1 + c_2\mathbf{e}_2 + \cdots + c_n\mathbf{e}_n = \mathbf{O} \qquad (*)$$

이 일차결합에서 벡터 $\mathbf{e}_1, \mathbf{e}_2, \mathbf{e}_3, \cdots, \mathbf{e}_n$에 위 식들을 대입하여 재배열합니다.

$$c_1(a_{11}\mathbf{v}_1 + \cdots + a_{m1}\mathbf{v}_m) + c_2(a_{12}\mathbf{v}_1 + \cdots + a_{m2}\mathbf{v}_m) + \cdots + c_n(a_{1n}\mathbf{v}_1 + \cdots + a_{mn}\mathbf{v}_m) = \mathbf{O}$$

$$\begin{aligned}
(c_1a_{11} + c_2a_{12} + \cdots + c_na_{1n})\mathbf{v}_1 + (c_1a_{21} + c_2a_{22} + \cdots + c_na_{2n})\mathbf{v}_2 + \cdots \\
+ (c_1a_{m1} + c_2a_{m2} + \cdots + c_na_{mn})\mathbf{v}_m = \mathbf{O}
\end{aligned}$$

$B=\{\mathbf{v}_1, \mathbf{v}_2, \mathbf{v}_3, \cdots, \mathbf{v}_m\}$은 기저이므로 집합 B 안의 벡터들은 일차독립입니다.

그래서 모든 스칼라는 0이어야 합니다.

$$\begin{aligned} c_1a_{11} + c_2a_{12} + \cdots + c_na_{1n} &= 0 \quad (\text{방정식 } 1) \\ c_1a_{21} + c_2a_{22} + \cdots + c_na_{2n} &= 0 \quad (\text{방정식 } 2) \\ \vdots \qquad \vdots \qquad \vdots \qquad \vdots \quad & \vdots \\ c_1a_{m1} + c_2a_{m2} + \cdots + c_na_{mn} &= 0 \quad (\text{방정식 } m) \end{aligned}$$

이 연립일차방정식을 $\mathbf{Ax} = \mathbf{O}$의 형태로 나타낼 수 있습니다.

$$\mathbf{A} = \begin{pmatrix} a_{11} & \cdots & a_{1n} \\ \vdots & \ddots & \vdots \\ a_{m1} & \cdots & a_{mn} \end{pmatrix}, \quad \mathbf{x} = \begin{pmatrix} c_1 \\ \vdots \\ c_n \end{pmatrix}, \quad \mathbf{O} = \begin{pmatrix} 0 \\ \vdots \\ 0 \end{pmatrix}$$

방정식은 m개, 미지수는 n개이고, 가정에 의해 $m < n$입니다. 즉, 방정식 개수(m)가 미지수 개수(n)보다 적습니다. [정리 1-12]에 의해 방정식 개수가 미지수 개수보다 적으면 이 연립일차방정식 $\mathbf{Ax} = \mathbf{O}$는 무수히 많은 해를 가집니다. 연립일차방정식 $\mathbf{Ax} = \mathbf{O}$가 무수히 많은 해를 가진다는 것은 자명하지 않은 해(non-trivial solution)를 갖는다는 것으로 c_1, $c_2, \cdots, c_n$은 모두 0이 아니라는 의미입니다.

식 (*)의 일차결합에서 계수들이 모두 0이 아니므로 벡터 $T = \{\mathbf{e}_1, \mathbf{e}_2, \mathbf{e}_3, \cdots, \mathbf{e}_n\}$의 벡터들은 일차종속입니다. 하지만 $T = \{\mathbf{e}_1, \mathbf{e}_2, \mathbf{e}_3, \cdots, \mathbf{e}_n\}$이 $\mathbb{R}^n$의 표준기저이므로 일차독립이어야 합니다. 모순이 생겼습니다. 즉, 가정 $m < n$은 잘못되었습니다. 따라서 $m = n$입니다. 그러므로 $\mathbb{R}^n$의 모든 기저는 n개의 벡터를 가집니다. ■

이 결과는 기저에 n차원 벡터공간 $\mathbb{R}^n$ 전체를 생성할 수 있는 벡터가 충분하지만, 일차종속이 될 정도로 많지는 않음을 의미합니다. 따라서 $\mathbb{R}^n$의 기저를 형성하기 위해서는 정확하게 n개의 벡터가 필요합니다.

정리 2-21 직교벡터와 기저

n개의 직교벡터는 $\mathbb{R}^n$의 기저를 형성합니다.

증명

2.4절 [연습문제 15]에서 증명합니다. ■

핵심요약

- 집합 S는 $\mathbb{R}^n$의 **기저**입니다.
  $\Leftrightarrow$ (i) $S = \{\mathbf{v}_1, \mathbf{v}_2, \mathbf{v}_3, \cdots, \mathbf{v}_n\}$은 $\mathbb{R}^n$을 생성합니다.
  (ii) $S = \{\mathbf{v}_1, \mathbf{v}_2, \mathbf{v}_3, \cdots, \mathbf{v}_n\}$은 일차독립입니다.
- $\mathbb{R}^n$의 모든 기저는 정확하게 n개의 벡터로 이루어져 있습니다.

2.4 연습문제

01 다음 벡터들이 $\mathbb{R}^2$를 생성하는지 판단해보세요.

(a) $\mathbf{e}_1=\begin{pmatrix}1\\0\end{pmatrix},\ \mathbf{e}_2=\begin{pmatrix}0\\1\end{pmatrix}$

(b) $\mathbf{u}=\begin{pmatrix}1\\1\end{pmatrix},\ \ \mathbf{v}=\begin{pmatrix}-1\\1\end{pmatrix}$

(c) $\mathbf{u}=\begin{pmatrix}2\\2\end{pmatrix},\ \ \mathbf{v}=\begin{pmatrix}-1\\-1\end{pmatrix}$

(d) $\mathbf{u}=\begin{pmatrix}1\\2\end{pmatrix},\ \ \mathbf{v}=\begin{pmatrix}-1\\10\end{pmatrix}$

02 다음 벡터들이 $\mathbb{R}^3$를 생성하는지 판단해보세요.

(a) $\mathbf{u}=\begin{pmatrix}2\\0\\0\end{pmatrix},\ \mathbf{v}=\begin{pmatrix}0\\2\\0\end{pmatrix},\ \mathbf{w}=\begin{pmatrix}0\\0\\2\end{pmatrix}$

(b) $\mathbf{u}=\begin{pmatrix}1\\1\\1\end{pmatrix},\ \mathbf{v}=\begin{pmatrix}2\\2\\2\end{pmatrix},\ \mathbf{w}=\begin{pmatrix}1\\2\\3\end{pmatrix}$

(c) $\mathbf{u}=\begin{pmatrix}1\\1\\1\end{pmatrix},\ \mathbf{v}=\begin{pmatrix}1\\1\\0\end{pmatrix},\ \mathbf{w}=\begin{pmatrix}1\\0\\0\end{pmatrix}$

(d) $\mathbf{u}=\begin{pmatrix}1\\2\\1\end{pmatrix},\ \mathbf{v}=\begin{pmatrix}2\\4\\0\end{pmatrix},\ \mathbf{w}=\begin{pmatrix}-2\\-2\\3\end{pmatrix}$

03 다음 벡터들이 $\mathbb{R}^2$의 기저를 형성하는지 판단해보세요.

(a) $\mathbf{u}=(1\ \ 2)^{\mathrm{T}},\ \mathbf{v}=(0\ \ 1)^{\mathrm{T}}$

(b) $\mathbf{u}=(-2\ \ -4)^{\mathrm{T}},\ \mathbf{v}=(1\ \ 2)^{\mathrm{T}}$

(c) $\mathbf{u}=(4\ \ 1)^{\mathrm{T}},\ \mathbf{v}=(1\ \ 3)^{\mathrm{T}}$

(d) $\mathbf{u}=(3\ \ 5)^{\mathrm{T}},\ \mathbf{v}=(2\ \ 3)^{\mathrm{T}}$

04 다음 벡터들이 주어진 유클리드 공간의 기저를 형성하지 않는 이유를 설명해보세요.

(a) $\mathbb{R}^2,\ \mathbf{u}=(1\ \ 2)^{\mathrm{T}},\ \mathbf{v}=(0\ \ 1)^{\mathrm{T}},\ \mathbf{w}=(1\ \ 0)^{\mathrm{T}}$

(b) $\mathbb{R}^3,\ \mathbf{u}=(1\ \ 1\ \ 1)^{\mathrm{T}},\ \mathbf{v}=(1\ \ 1\ \ 0)^{\mathrm{T}},$
$\mathbf{w}=(0\ \ 0\ \ 0)^{\mathrm{T}}$

(c) $\mathbb{R}^4,\ \mathbf{u}=(1\ \ 1\ \ 1\ \ 1)^{\mathrm{T}},\ \mathbf{v}=(1\ \ 1\ \ 0\ \ -1)^{\mathrm{T}},$
$\mathbf{w}=(-1\ \ -2\ \ -3\ \ 4)^{\mathrm{T}},\ \mathbf{x}=(2\ \ 2\ \ 2\ \ 2)^{\mathrm{T}}$

(d) $\mathbb{R}^5,\ \mathbf{u}=(1\ \ 2\ \ 3\ \ 4\ \ 5)^{\mathrm{T}},\ \mathbf{v}=(1\ \ 5\ \ 0\ \ 2\ \ 4)^{\mathrm{T}},$
$\mathbf{w}=(3\ \ 2\ \ -5\ \ 4\ \ -9)^{\mathrm{T}},$
$\mathbf{x}=(2\ \ 9\ \ 2\ \ 7\ \ 7)^{\mathrm{T}}$

05 행렬 $\mathbf{A}$의 열로 생성한 공간 안에 벡터 $\mathbf{b}$가 있는지 판단해보세요.

(a) $\mathbf{A}=\begin{pmatrix}1&1&0\\2&5&0\\3&4&9\end{pmatrix},\ \mathbf{b}=\begin{pmatrix}1\\3\\4\end{pmatrix}$

(b) $\mathbf{A}=\begin{pmatrix}1&2&3\\4&5&6\\7&8&9\end{pmatrix},\ \mathbf{b}=\begin{pmatrix}1\\3\\4\end{pmatrix}$

06 다음 벡터들이 $\mathbb{R}^3$의 기저를 형성함을 보이세요.

(a) $\mathbf{u}=(5\ \ 0\ \ 0)^{\mathrm{T}},\ \mathbf{v}=(0\ \ 6\ \ 0)^{\mathrm{T}},\ \mathbf{w}=(0\ \ 0\ \ 7)^{\mathrm{T}}$

(b) 0이 아닌 실수 α, β, γ에 대하여,
$\mathbf{u}=(\alpha\ \ 0\ \ 0)^{\mathrm{T}},\ \mathbf{v}=(0\ \ \beta\ \ 0)^{\mathrm{T}},\ \mathbf{w}=(0\ \ 0\ \ \gamma)^{\mathrm{T}}$

07 벡터 $\mathbf{u}=(1\ \ 1\ \ 2)^{\mathrm{T}},\ \mathbf{v}=(-1\ \ 1\ \ -2)^{\mathrm{T}},$
$\mathbf{w}=(1\ \ -5\ \ 2)^{\mathrm{T}}$가 $\mathbb{R}^3$의 기저를 형성하지 않음을 보이세요.

08 벡터 $\mathbf{u}=(1\ \ 1\ \ 1\ \ 1)^{\mathrm{T}},\ \mathbf{v}=(0\ \ 1\ \ 1\ \ 1)^{\mathrm{T}},$
$\mathbf{w}=(0\ \ 0\ \ 1\ \ 1)^{\mathrm{T}},\ \mathbf{x}=(0\ \ 0\ \ 0\ \ 1)^{\mathrm{T}}$가 $\mathbb{R}^4$의 기저를 형성하지 않음을 보이세요.

09 벡터 $\mathbf{u}=(1\ \ 5\ \ 0)^{\mathrm{T}},\ \mathbf{v}=(0\ \ 1\ \ 0)^{\mathrm{T}}$에 대해 다음 물음에 답해보세요.

(a) 두 벡터 $\mathbf{u}$와 $\mathbf{v}$가 일차독립인지, 일차종속인지 판단해보세요.

(b) $\{\mathbf{u},\ \mathbf{v}\}$가 생성하는 공간을 찾아보세요.

(c) $\{\mathbf{u},\ \mathbf{v},\ \mathbf{w}\}$가 $\mathbb{R}^3$의 기저를 형성하도록 하는 일반적인 벡터 $\mathbf{w}$를 찾아보세요.

10 $\mathbf{v}_1, \mathbf{v}_2, \cdots, \mathbf{v}_n$이 $\mathbb{R}^n$을 생성한다고 합시다. 이때 $\mathbf{v}_1, \mathbf{v}_2, \cdots, \mathbf{v}_n$과 $\mathbf{w}$ 또한 $\mathbb{R}^n$을 생성함을 보이세요.

11 $S=\{\mathbf{v}_1, \mathbf{v}_2, \mathbf{v}_3, \cdots, \mathbf{v}_n\}$을 $\mathbb{R}^n$의 기저라 합시다. $k_1, k_2, k_3, \cdots, k_n$이 모두가 0이 아니라면, $T=\{k_1\mathbf{v}_1, k_2\mathbf{v}_2, k_3\mathbf{v}_3, \cdots, k_n\mathbf{v}_n\}$도 $\mathbb{R}^n$의 기저임을 증명해보세요.

12 행렬 $\mathbf{A} = (\mathbf{v}_1 \ \ \mathbf{v}_2 \ \cdots \ \ \mathbf{v}_n)$에 대하여, 다음이 성립함을 증명해보세요.

$\mathbf{A}$가 가역행렬입니다. $\Leftrightarrow \{\mathbf{v}_1, \mathbf{v}_2, \mathbf{v}_3, \cdots, \mathbf{v}_n\}$이 $\mathbb{R}^n$의 기저를 형성합니다.

13 [정리 2-16]을 증명해보세요.

14 [정리 2-17]을 증명해보세요.

15 [정리 2-21]을 증명해보세요.

*16 $\{\mathbf{v}_1, \mathbf{v}_2, \mathbf{v}_3, \cdots, \mathbf{v}_n\}$이 $\mathbb{R}^n$의 기저이고, $\mathbf{A}$가 가역행렬이라 합시다. $\{\mathbf{A}\mathbf{v}_1, \mathbf{A}\mathbf{v}_2, \mathbf{A}\mathbf{v}_3, \cdots, \mathbf{A}\mathbf{v}_n\}$ 또한 $\mathbb{R}^n$의 기저임을 증명해보세요.

2장 종합문제

2.1 다음 벡터가 벡터공간 V에서 일차독립인지 판단해보세요. (단, 풀이 과정도 쓰세요.)

$$V = \mathbb{R}^3, \ \left\{ \begin{pmatrix} 1 \\ 0 \\ 0 \end{pmatrix}, \begin{pmatrix} 1 \\ 1 \\ 1 \end{pmatrix}, \begin{pmatrix} 1 \\ 0 \\ 0 \end{pmatrix} \right\}$$

[퍼듀 대학교, 미국]

2.2 다음 명제에 해당하는 예를 제시하거나, 이러한 예가 존재하지 않음을 서술해보세요.

$\mathbb{R}^3$의 벡터 2개를 원소로 하는 집합 S가 $\mathbb{R}^3$를 생성합니다.

[일리노이 주립대학교, 미국]

2.3 벡터 $\mathbf{v}_1 = (1, 1, 1)$, $\mathbf{v}_2 = (1, 0, -1)$, $\mathbf{v}_3 = (0, 1, 1)$에 대하여, 다음 물음에 답해보세요.

(a) $\mathbf{v}_1$과 $\mathbf{v}_2$는 일차독립인가요? 답변의 이유를 설명해보세요.

(b) $\mathbf{v}_1$과 $\mathbf{v}_2$로 $(3, 2, 1)$을 생성할 수 있나요? 답변의 이유를 설명해보세요.

(c) $\{\mathbf{v}_1, \mathbf{v}_2, \mathbf{v}_3\}$는 $\mathbb{R}^3$의 기저인가요?

[마운트홀리요크 대학, 미국]

2.4 벡터 $(3, 1, 1)$을 $(2, 5, -1)$, $(1, 6, 0)$, $(5, 2, -4)$의 일차결합으로 나타낼 수 있나요? 답변의 정당한 근거를 제시해보세요.

[웨스턴온타리오 대학교, 캐나다]

2.5 다음 물음에 답해보세요.

(a) $\mathbb{R}^n$에서 벡터의 집합 $\{\mathbf{v}_1, \mathbf{v}_2, \cdots, \mathbf{v}_k\}$가 일차종속이라는 것이 무엇을 의미하는지 정의해보세요.

(b) $\mathbb{R}^3$에서 다음 벡터의 집합이 일차종속임을 증명해보세요.

$$\left\{ \begin{pmatrix} 1 \\ 2 \\ -1 \end{pmatrix}, \begin{pmatrix} 2 \\ -1 \\ 3 \end{pmatrix}, \begin{pmatrix} 1 \\ 7 \\ -6 \end{pmatrix} \right\}$$

[맨체스터 대학교, 영국]

2.6 다음 물음에 답해보세요.

(a) 실벡터공간 $\mathbb{R}^2$에서 서로 다른 2개의 기저를 찾아보세요.

(b) 다음 집합이 $\mathbb{R}^3$의 기저를 형성하나요? 그렇지 않다면 이 집합이 일차독립인지, $\mathbb{R}^3$를 생성하는지 혹은 둘 다 아닌지 판단해보세요.

(i) $\{(0, 0, 1), (0, 2, 1), (3, 2, 1), (4, 5, 6)\}$

(ii) $\{(1, 0, 1), (4, 3, -1), (5, 3, -4)\}$

[런던시티 대학교, 영국]

2.7 다음과 같이 주어진 벡터공간 V의 부분공간 S의 기저를 찾아보세요. (단, S가 부분공간인지 보일 필요는 없습니다.)

$$V = \mathbb{R}^5, \ \left\{ \begin{pmatrix} a+b \\ b \\ c \\ 0 \\ c+b \end{pmatrix} \middle| a, b, c \in \mathbb{R} \right\}$$

[퍼듀 대학교, 미국]

2.8 다음 중 일차독립인 벡터는 모두 몇 개인가요?

$$\mathbf{v}_1 = \begin{pmatrix} 1 \\ -1 \\ 0 \\ 0 \end{pmatrix},\quad \mathbf{v}_2 = \begin{pmatrix} 1 \\ 0 \\ -1 \\ 0 \end{pmatrix},\quad \mathbf{v}_3 = \begin{pmatrix} 1 \\ 0 \\ 0 \\ -1 \end{pmatrix},$$

$$\mathbf{v}_4 = \begin{pmatrix} 0 \\ 1 \\ -1 \\ 0 \end{pmatrix},\quad \mathbf{v}_5 = \begin{pmatrix} 0 \\ 1 \\ 0 \\ -1 \end{pmatrix},\quad \mathbf{v}_6 = \begin{pmatrix} 0 \\ 0 \\ 1 \\ -1 \end{pmatrix}$$

[일리노이 주립대학교, 미국]

2.9 다음 물음에 답해보세요.

(a) $\mathbf{v}_1 = \begin{pmatrix} 3 \\ -1 \\ 1 \\ 0 \end{pmatrix}$, $\mathbf{v}_2 = \begin{pmatrix} 4 \\ -7 \\ 3 \\ 2 \end{pmatrix}$, $\mathbf{v}_3 = \begin{pmatrix} 3 \\ 7 \\ -2 \\ -6 \end{pmatrix}$에 대하여, $\{\mathbf{v}_1, \mathbf{v}_2, \mathbf{v}_3\}$가 일차독립임을 보이세요.

(b) $\left\{\begin{pmatrix} 1 \\ 1 \\ 2 \end{pmatrix}, \begin{pmatrix} 1 \\ 0 \\ -1 \end{pmatrix}, \begin{pmatrix} 1 \\ -1 \\ \lambda \end{pmatrix}\right\}$가 $\mathbb{R}^3$의 기저이도록 하는 λ의 값은 무엇일까요? 추론 과정을 써보세요.

[킹스칼리지 런던, 영국]

2.10 $\begin{pmatrix} 1 \\ 2 \\ 4 \end{pmatrix}, \begin{pmatrix} 2 \\ 3 \\ 5 \end{pmatrix}, \begin{pmatrix} 2 \\ 7 \\ c \end{pmatrix}$가 $\mathbb{R}^3$의 기저를 형성하지 않도록 하는 실수 c를 찾아보세요.

[캘리포니아 대학교 버클리 캠퍼스, 미국]

2.11 $\mathbb{R}^m$에서 $\{\mathbf{v}_1, \mathbf{v}_2\}$가 일차독립인 집합이라고 가정합시다. 이때 $\{\mathbf{v}_1, \mathbf{v}_1 + \mathbf{v}_2\}$도 일차독립임을 증명해보세요.

[볼티모어 카운티 메릴랜드 대학교, 미국]

2.12 다음 중 어떤 것이 $\mathbb{R}^3$의 기저를 형성할까요? 그렇게 답한 이유를 설명해보세요.

(a) $\left\{\begin{pmatrix} 1 \\ 2 \\ 3 \end{pmatrix}, \begin{pmatrix} 2 \\ -1 \\ 5 \end{pmatrix}\right\}$

(b) $\left\{\begin{pmatrix} 1 \\ 2 \\ 3 \end{pmatrix}, \begin{pmatrix} 4 \\ 5 \\ 6 \end{pmatrix}, \begin{pmatrix} 6 \\ 9 \\ 12 \end{pmatrix}\right\}$

(c) $\left\{\begin{pmatrix} 1 \\ 2 \\ 3 \end{pmatrix}, \begin{pmatrix} 4 \\ 5 \\ 6 \end{pmatrix}, \begin{pmatrix} 7 \\ 8 \\ 9 \end{pmatrix}, \begin{pmatrix} 10 \\ 11 \\ 12 \end{pmatrix}\right\}$

[볼티모어 카운티 메릴랜드 대학교, 미국]

2.13 세 벡터 $\mathbf{u} = (1,\ 3,\ 1)$, $\mathbf{v} = (4,\ 2,\ -1)$, $\mathbf{w} = (-3,\ 1,\ 2)$에 대하여, 다음 물음에 답해보세요.

(a) 벡터 $\mathbf{u}$가 벡터 $\mathbf{v}$, $\mathbf{w}$로 생성한 벡터 중에 있음을 증명하거나 없음을 증명해보세요.

(b) 세 벡터 $\mathbf{u}$, $\mathbf{v}$, $\mathbf{w}$가 일차독립인지, 일차종속인지 판별해보세요.

[클락 대학교, 미국]

2.14 $\mathbf{u}_1 = \begin{pmatrix} 1 \\ 0 \\ 1 \end{pmatrix}$, $\mathbf{u}_2 = \begin{pmatrix} -1 \\ 4 \\ 1 \end{pmatrix}$, $\mathbf{u}_3 = \begin{pmatrix} 2 \\ 1 \\ -2 \end{pmatrix}$, $\mathbf{x} = \begin{pmatrix} 8 \\ -4 \\ -3 \end{pmatrix}$에 대하여 다음 물음에 답해보세요.

(a) 집합 $\{\mathbf{u}_1, \mathbf{u}_2, \mathbf{u}_3\}$가 직교하는지 판단해보세요.

(b) 집합 $\{\mathbf{u}_1, \mathbf{u}_2, \mathbf{u}_3\}$가 $\mathbb{R}^3$의 기저인가요? 그렇다면 벡터 $\mathbf{x}$를 $\mathbf{u}_1, \mathbf{u}_2, \mathbf{u}_3$의 일차결합으로 표현해보세요.

[워싱턴 주립대학교, 미국]

2.15 $\mathbf{u} = \begin{pmatrix} 2 \\ 0 \\ 3 \end{pmatrix}$, $\mathbf{v} = \begin{pmatrix} 6 \\ 2 \\ -4 \end{pmatrix}$, $\mathbf{x} = \begin{pmatrix} 2 \\ 4 \\ 0 \end{pmatrix}$에 대하여, 다음 물음에 답해보세요.

(a) $\mathbf{u} \cdot \mathbf{u}$를 구해보세요.

(b) $\|\mathbf{u}\|$를 구해보세요.

(c) $\mathbf{u}$와 방향이 같은 단위벡터를 구해보세요.

(d) $\mathbf{u} \cdot \mathbf{v}$를 구해보세요.

(e) 벡터 $\mathbf{u}$와 $\mathbf{v}$가 직교하는지 설명해보세요.

(f) $\mathbf{v}$와 $\mathbf{x}$ 사이의 거리를 구해보세요.

[워싱턴 주립대학교, 미국]

2.16 다음 물음에 답해보세요.

(a) $\mathbb{R}^n$에서 $\mathbf{x} = (x_1, \cdots, x_n)$과 $\mathbf{y} = (y_1, \cdots, y_n)$의 내적을 정의해보세요.

(b) $\mathbb{R}^n$에서 $\mathbf{x} = (x_1, \cdots, x_n)$의 노름을 정의해보세요.

(c) $\mathbb{R}^n$에서 두 벡터 $\mathbf{u}$와 $\mathbf{v}$의 사잇각 θ가 무엇을 의미하는지 설명해보세요. 또한 주어진 벡터 $\mathbf{u}, \mathbf{v} \in \mathbb{R}^5$의 사잇각을 구해보세요.

$$\mathbf{u} = (-1,\ 1,\ 1,\ -1,\ 0),\quad \mathbf{v} = (0,\ 2,\ 1,\ 0,\ 2)$$

[서식스 대학교, 영국]

2.17 다음 물음에 답해보세요.

(a) 3차원 유클리드 공간 $\mathbb{R}^3$에서 내적과 유클리드 노름을 정의해보세요. 즉, $\mathbf{x}$, $\mathbf{y} \in \mathbb{R}^3$에 대하여, $\langle \mathbf{x}, \mathbf{y} \rangle$와 $\| \mathbf{x} \|$를 정의해보세요.

(b) 벡터를 원소로 하는 직교집합을 정의해보세요.

(c) $\mathbb{R}^3$에서 $\mathbf{u} = (1, 1, 1)$이라 합시다. 일반적인 벡터 (x, y, z)가 $\mathbf{u}$와 직교하는 조건을 찾아 $\mathbf{u}$와 직교하는 벡터 $\mathbf{v}$를 찾아보세요.

그런 다음 일반적인 벡터 (x, y, z)가 $\mathbf{v}$와 직교하는 조건을 찾아 $\mathbf{u}$, $\mathbf{v}$ 모두와 직교하는 벡터 $\mathbf{w}$를 찾아보세요. 그에 따라 $(1, 1, 1)$의 스칼라곱을 포함하는 직교벡터집합을 구성해보세요.

[런던퀸메리 대학교, 영국]

2.18 다음 물음에 답해보세요.

(a) $\mathbb{R}^4$에서 벡터 $\mathbf{u} = (2, 2, -1, 3)$, $\mathbf{v} = (1, 3, 2, -2)$, $\mathbf{w} = (3, 1, 3, 1)$에 대하여 다음 내적을 구해보세요.

$$\mathbf{u} \cdot \mathbf{v},\ (\mathbf{u} - \mathbf{v}) \cdot (\mathbf{u} - \mathbf{w}),$$
$$(2\mathbf{u} - 3\mathbf{v}) \cdot (\mathbf{u} + 4\mathbf{w})$$

(b) 벡터 $\mathbf{u} = (1, 1, 1)$, $\mathbf{v} = (-1, 1, 2)$에 대하여 코시-슈바르츠 부등식이 성립하는지 확인해보세요.

[야콥스 대학교, 독일]

2.19 $\mathbf{v}_1, \mathbf{v}_2, \mathbf{v}_3 \in \mathbb{R}^3$가 직교집합을 구성하는 영벡터가 아닌 벡터라고 합시다. 세 벡터가 일차독립임을 증명해보세요.

[사우샘프턴 대학교, 영국]

2.20 $\{\mathbf{u}_1, \mathbf{u}_2, \cdots, \mathbf{u}_n\}$이 $\mathbb{R}^n$의 기저이고, $\mathbf{A}$가 $n \times n$ 가역행렬이라 합시다. $\{\mathbf{A}\mathbf{u}_1, \mathbf{A}\mathbf{u}_2, \cdots, \mathbf{A}\mathbf{u}_n\}$이 $\mathbb{R}^n$의 기저임을 증명해보세요.

[일리노이 주립대학교, 미국]

[추가 문제]

2.21 $\mathbf{u}$, $\mathbf{v}$가 $\mathbb{R}^n$의 벡터라 할 때, 다음을 증명해보세요.

$$\mathbf{u} \cdot \mathbf{v} = 0 \quad \Leftrightarrow \quad \| \mathbf{u} + \mathbf{v} \| = \| \mathbf{u} - \mathbf{v} \|$$

2.22 $\mathbb{R}^n$에서 영벡터가 아닌 모든 벡터 $\mathbf{u}$에 대하여, $\mathbf{u} \cdot \mathbf{v} = \mathbf{u} \cdot \mathbf{w}$이면, $\mathbf{v} = \mathbf{w}$임을 증명해보세요.

2.23 $\mathbb{R}^2$에서 $\mathbf{u} = \begin{pmatrix} a \\ b \end{pmatrix}$, $\mathbf{v} = \begin{pmatrix} c \\ d \end{pmatrix}$라 할 때 다음을 증명해보세요.

$$\text{벡터 } \mathbf{u},\ \mathbf{v}\text{가 일차독립} \quad \Leftrightarrow \quad ad - bc \neq 0$$

2.24 $m < n$에 다하여 m개의 벡터집합은 $\mathbb{R}^n$을 생성할 수 없음을 증명해보세요.

2.25 $\mathbb{R}^n$을 생성하는 임의의 벡터 n개는 $\mathbb{R}^n$의 기저를 형성함을 증명해보세요.

차오 양(Chao Yang)

차오 양은 미국 캘리포니아에 있는 로렌스 버클리 국립연구소(Lawrence Berkeley National Laboratory, LBNL)의 과학 컴퓨팅 그룹(Scientific Computing Group)의 과학자입니다.

연구 분야에 대해 알려주세요.

라이스(Rice) 대학교 대학원에 다닐 때부터 수치 선형대수학을 연구해왔습니다. 주 전공은 대규모 고윳값 문제를 해결하는 것입니다. 현재 LBNL에서 수많은 흥미로운 과학 프로젝트를 진행하고 있습니다. 이 모든 프로젝트에서 올바른 해를 얻으려면 선형대수학을 사용해야 합니다.

연구 분야에서 선형대수학을 어떻게 사용하나요?

저는 양자역학 문제를 풀기 위해 선형대수학을 사용합니다. 화학 및 물질과학의 근본 문제 중 하나는 원자, 분자, 고체의 전자 구조를 이해하는 것입니다. 이 문제는 고윳값 문제인 슈뢰딩거 방정식의 해를 계산하면 해결할 수 있습니다. 해의 근삿값을 얻는 방법에는 여러 가지가 있습니다. 이 방법은 모두 궁극적으로 커다란 희소행렬(sparse matrix)의 고윳값 문제를 해결합니다.

선형대수학은 얼마나 중요한가요?

선형대수학은 제 연구에 없어서는 안 될 요소입니다. 모든 문제는 결국 선형대수학 문제로 귀결됩니다.

선형대수학과 관련한 도전 분야에는 어떤 것이 있을까요?

주된 도전 대상은 문제의 크기입니다. 오늘날에는 문제의 크기가 수백만, 심지어 수십억에 달하기도 합니다. 그런데 이처럼 큰 문제는 종종 구조(예를 들어, 성김 현상)를 갖추고 있습니다. 따라서 이 문제를 해결하려면 그 구조를 이용해야 합니다.

연구 분야에서 선형대수학과 관련한 주요 이슈는 무엇인가요?

연립일차방정식에 관한 반복 해법의 수렴, 최소제곱법 문제, 고윳값 문제, 희소행렬이나 행렬의 다른 구조를 이용하는 방법이 주요 이슈입니다.

3

일반 벡터공간
General Vector Spaces

3.1 일반 벡터공간

학습목표

- 벡터공간의 의미를 이해할 수 있습니다.
- 벡터공간의 예를 들 수 있습니다.
- 벡터공간의 성질을 증명할 수 있습니다.

2장에서는 '크기와 방향'을 가진 벡터를 이용하여 양을 표현했습니다. 실제로 '크기와 방향'의 정의는 이공계 분야에서 사용하는 벡터의 특정 응용과 관련이 있습니다. 그러나 벡터는 그 응용 범위가 훨씬 넓으며, 일반적으로 '벡터공간의 원소'로 정의합니다. 3장에서는 벡터공간의 의미가 무엇인지, 벡터공간을 수학적으로 어떻게 정의하는지 설명합니다.

행렬, 함수 및 다항식을 수용하는 벡터공간을 이야기하려고 합니다. 유클리드 공간 $\mathbb{R}^2$와 $\mathbb{R}^3$에서는 벡터를 시각화하고 표현할 수 있었습니다. 이 장에서 다루는 벡터는 시각화할 수 없기 때문에 앞에서 배운 내용보다 더 추상적으로 느껴질 수 있습니다. 4차원에서 벡터를 그리는 것은 분명히 불가능하지만, 그렇다고 해서 그 벡터공간에서 이루어지는 수학이 타당하지 않은 것은 아닙니다.

먼저, 집합의 공리적 관점에서 일반 벡터공간이 무엇을 의미하는지 정의해보겠습니다.

? 공리란 무엇일까요?

공리(axiom)는 자명한 사실이며, 증명이 필요 없는 문장입니다.

선형대수학의 두 기본 연산인 벡터의 합과 스칼라곱을 바탕으로 한 10개의 공리로 벡터공간을 정의합니다.

3.1.1 벡터공간

벡터를 원소로 하는 공집합이 아닌 집합을 V라 하고, 집합 V에서 두 연산(**벡터의 합**과 **스칼라곱**)을 정의해봅시다. 이때 스칼라는 실수입니다. 집합 V 안의 벡터를 $\mathbf{u}$, $\mathbf{v}$, $\mathbf{w}$라고 합시다. 집합 V가 다음 10가지 벡터공간의 공리(axioms of vector space)를 만족한다면, 집합 V는 벡터공간이라고 할 수 있습니다.

❶ **벡터 합에 대하여 닫혀 있다**(closed) : 벡터의 합 $\mathbf{u}+\mathbf{v}$가 벡터공간 V 안에 있음을 의미합니다.

❷ **벡터 합의 교환법칙** : $\mathbf{u}+\mathbf{v}=\mathbf{v}+\mathbf{u}$

❸ **벡터 합의 결합법칙** : $(\mathbf{u}+\mathbf{v})+\mathbf{w}=\mathbf{u}+(\mathbf{v}+\mathbf{w})$

❹ **합에 대한 항등원** : V 안의 임의의 벡터 $\mathbf{u}$에 대하여, $\mathbf{u}+\mathbf{O}=\mathbf{u}$를 만족하는 영벡터 $\mathbf{O}$가 존재합니다.

❺ **합에 대한 역원** : 임의의 벡터 $\mathbf{u}$에 대하여, $\mathbf{u}+(-\mathbf{u})=\mathbf{O}$를 만족하는 $-\mathbf{u}$가 존재합니다.

❻ **스칼라곱에 대하여 닫혀 있다** : 실수 k에 대하여, $k\mathbf{u}$가 벡터공간 V 안에 있음을 의미합니다.

❼ **스칼라곱의 결합법칙** : 실수 k, c에 대하여, $k(c\mathbf{u}) = (kc)\mathbf{u}$가 성립합니다.

❽ **벡터의 분배법칙** : 실수 k에 대하여, $k(\mathbf{u}+\mathbf{v}) = k\mathbf{u}+k\mathbf{v}$가 성립합니다.

❾ **스칼라의 분배법칙** : 실수 k, c에 대하여, $(k+c)\mathbf{u} = k\mathbf{u}+c\mathbf{u}$가 성립합니다.

❿ **곱에 대한 항등원** : V 안의 임의의 벡터 $\mathbf{u}$에 대하여 $1\mathbf{u} = \mathbf{u}$를 만족하는 1이 존재합니다.

집합 V의 원소가 위에 제시한 10개의 공리를 만족하면, V를 **벡터공간**(vector space)이라 하고, 집합 V의 원소를 **벡터**(vector)라고 합니다. 공리 목록이 너무 길어서 당장 소화하기 어렵고 조금 겁이 날 수도 있습니다. 하지만 걱정하지 마세요. 앞으로 이 공리들을 자주 사용해보면 곧 10개의 공리에 익숙해질 거예요.

3.1.2 벡터공간의 예

? 벡터공간의 예를 떠올릴 수 있나요?

2장에서 다룬 유클리드 공간 $V=\mathbb{R}^2, \mathbb{R}^3, \cdots, \mathbb{R}^n$은 모두 벡터공간의 예입니다.

? 벡터공간의 또 다른 예는 무엇이 있을까요?

모든 2×2 행렬의 집합 M_{22}에 대해서, 1장에서 정의한대로 행렬의 합과 스칼라곱을 정의한다면 이 역시 벡터공간입니다.

M_{22}에서 행렬 $\mathbf{u} = \begin{pmatrix} a & b \\ c & d \end{pmatrix}$, $\mathbf{v} = \begin{pmatrix} e & f \\ g & h \end{pmatrix}$, $\mathbf{w} = \begin{pmatrix} i & j \\ k & l \end{pmatrix}$이라고 합시다.

? M_{22}에서 영벡터는 무엇일까요?

M_{22}의 영벡터는 2×2 크기의 영행렬로 $\begin{pmatrix} 0 & 0 \\ 0 & 0 \end{pmatrix} = \mathrm{O}$입니다.

1장에서 확인한 행렬 대수의 법칙은 10개의 공리를 만족함을 보장해주므로, M_{22}는 벡터공간의 예로 적절합니다. 이에 대해서는 3.1절 연습문제에서 자세히 확인해보세요. 모든 2×3 행렬의 집합 M_{23}도 벡터공간입니다. 이에 대해서도 3.1절 연습문제에서 자세히 확인해보세요.

한편, 유클리드 공간도 아니고 행렬의 집합도 아닌 벡터공간도 존재합니다. 예를 들어, 아래와 같은 형태의 $\mathbf{p}(t)$를 원소로 하는 다항식(polynomial)의 집합도 벡터공간입니다.

$$\mathbf{p}(t) = c_0 + c_1 t + c_2 t^2 + \cdots + c_n t^n \qquad (\text{단, 계수 } c_0, c_1, c_2, \cdots, c_n\text{은 실수})$$

다음은 다항식의 예입니다.

$$\mathbf{p}(t) = t^2 - 1,\ \ \mathbf{q}(t) = 1 + 2t + 7t^2 + 12t^3 - 3t^4,\ \ \mathbf{r}(t) = 7$$

다항식의 차수(degree of a polynomial)는 계수가 0이 아닌 항의 지수 중 가장 큰 값입니다. 즉, $c_n \neq 0$에 대해서 최댓값 n이 차수입니다.

? $\mathbf{p}(t)$, $\mathbf{q}(t)$, $\mathbf{r}(t)$의 차수는 무엇인가요?

$\mathbf{p}(t) = t^2 - 1$의 차수는 2입니다. $\mathbf{q}(t) = 1 + 2t + 7t^2 + 12t^3 - 3t^4$의 차수는 4입니다. $\mathbf{r}(t) = 7$의 차수는 0입니다. 왜 그럴까요? $\mathbf{r}(t) = 7 = 7t^0$에서 계수가 0이 아닌 항(c_0)에 대한 지수의 최댓값이 0이므로 $\mathbf{r}(t)$의 차수는 0입니다.

? 영 다항식(zero polynomial)을 어떻게 정의할 수 있을까요?

영 다항식은 O로 표기하며, $\mathrm{O} = 0 + 0t + 0t^2 + \cdots + 0t^n$입니다.

계수 $c_0, c_1, c_2, \cdots, c_n$이 모두 0이므로, 영 다항식에는 차수가 없습니다. 0 이상의 정수 n에 대하여, 차수가 n보다 같거나 작은 다항식의 집합을 $P(t)$라고 합시다. 영 다항식 O도 집합 $P(t)$의 원소입니다.

다항식의 집합에서 벡터 연산인 벡터의 합과 스칼라곱을 다음과 같이 정의합니다.

1. 벡터의 합 $\mathbf{p}(t) + \mathbf{q}(t)$는 일반적인 다항식의 합입니다.
2. 스칼라곱 $k\mathbf{p}(t)$는 일반적으로 다항식 $\mathbf{p}(t)$에 상수 k를 곱하는 것입니다.

다음 예제는 $P(t)$도 벡터공간임을 보여줍니다.

예제 3-1 차수가 n 이하인 다항식의 집합 $P(t)$가 벡터공간임을 증명해보세요.

풀이

일반적인 다항식 형태를 가진 이 공간의 원소나 벡터(다항식)를 이용하여 10개의 공리를 모두 확인해야 합니다.

$$\mathbf{p}(t) = c_0 + c_1 t + c_2 t^2 + \cdots + c_n t^n$$

$$\mathbf{q}(t) = d_0 + d_1 t + d_2 t^2 + \cdots + d_n t^n$$

$$\mathbf{r}(t) = e_0 + e_1 t + e_2 t^2 + \cdots + e_n t^n$$

❶ **벡터의 합** : $\mathbf{p}(t) + \mathbf{q}(t) = \underbrace{(c_0 + c_1 t + c_2 t^2 + \cdots + c_n t^n)}_{=\mathbf{p}(t)} + \underbrace{(d_0 + d_1 t + d_2 t^2 + \cdots + d_n t^n)}_{=\mathbf{q}(t)}$

$$= (c_0 + d_0) + (c_1 + d_1)t + (c_2 + d_2)t^2 + \cdots + (c_n + d_n)t^n$$

따라서 $\mathbf{p}(t) + \mathbf{q}(t)$는 $P(t)$의 원소이며, 이는 합에 대해 닫혀 있음을 의미합니다.

❷ **벡터 합의 교환법칙** : $\mathbf{p}(t) + \mathbf{q}(t) = \mathbf{q}(t) + \mathbf{p}(t)$가 성립함을 보여야 합니다.

$$
\begin{aligned}
\mathbf{p}(t)+\mathbf{q}(t) &= (c_0+c_1t+c_2t^2+\cdots+c_nt^n)+(d_0+d_1t+d_2t^2+\cdots+d_nt^n) \\
&= \underbrace{(d_0+d_1t+d_2t^2+\cdots+d_nt^n)}_{=\mathbf{q}(t)}+\underbrace{(c_0+c_1t+c_2t^2+\cdots+c_nt^n)}_{=\mathbf{p}(t)} \\
&= \mathbf{q}(t)+\mathbf{p}(t)
\end{aligned}
$$

❸ **벡터 합의 결합법칙** : $(\mathbf{p}(t)+\mathbf{q}(t))+\mathbf{r}(t)=\mathbf{p}(t)+(\mathbf{q}(t)+\mathbf{r}(t))$가 성립함을 보여야 합니다. $\mathbf{p}(t)$, $\mathbf{q}(t)$, $\mathbf{r}(t)$에 위 다항식을 대입해봅시다.

$$
\begin{aligned}
(\mathbf{p}(t)+\mathbf{q}(t))+\mathbf{r}(t) &= \{\underbrace{(c_0+c_1t+c_2t^2+\cdots+c_nt^n)}_{=\mathbf{p}(t)}+\underbrace{(d_0+d_1t+d_2t^2+\cdots+d_nt^n)}_{=\mathbf{q}(t)}\} \\
&\quad +\underbrace{(e_0+e_1t+e_2t^2+\cdots+e_nt^n)}_{=\mathbf{r}(t)} \\
&= c_0+c_1t+c_2t^2+\cdots+c_nt^n+d_0+d_1t+d_2t^2+\cdots+d_nt^n \\
&\quad +e_0+e_1t+e_2t^2+\cdots+e_nt^n \\
&= \underbrace{(c_0+c_1t+c_2t^2+\cdots+c_nt^n)}_{=\mathbf{p}(t)} \\
&\quad +\{\underbrace{(d_0+d_1t+d_2t^2+\cdots+d_nt^n)}_{=\mathbf{q}(t)}+\underbrace{(e_0+e_1t+e_2t^2+\cdots+e_nt^n)}_{=\mathbf{r}(t)}\} \\
&= \mathbf{p}(t)+(\mathbf{q}(t)+\mathbf{r}(t))
\end{aligned}
$$

❹ **합에 대한 항등원** : 이 경우에는 무엇이 영벡터일까요? 영 다항식 O은 실수 0이며 집합 $P(t)$의 원소입니다. 따라서 명백하게 다음이 성립합니다.

$$
\mathbf{p}(t)+\mathrm{O}=\underbrace{c_0+c_1t+c_2t^2+\cdots+c_nt^n}_{=\mathbf{p}(t)}+0=\mathbf{p}(t)
$$

❺ **합에 대한 역원** : 다항식 $\mathbf{p}(t)$에 대하여 역원 $-\mathbf{p}(t)$가 존재하여 다음을 만족합니다.

$$
\begin{aligned}
\mathbf{p}(t)-\mathbf{p}(t) &= c_0+c_1t+c_2t^2+\cdots+c_nt^n-(c_0+c_1t+c_2t^2+\cdots+c_nt^n) \\
&= c_0+c_1t+c_2t^2+\cdots+c_nt^n-c_0-c_1t-c_2t^2-\cdots-c_nt^n \\
&= (c_0-c_0)+(c_1-c_1)t+(c_2-c_2)t^2+\cdots+(c_n-c_n)t^n \\
&= 0+0+0+\cdots+0=0=\mathrm{O}
\end{aligned}
$$

❻ **스칼라곱** : 실수 스칼라 k에 대하여 다음과 같이 나타낼 수 있습니다.

$$
\begin{aligned}
k\mathbf{p}(t) &= k(c_0+c_1t+c_2t^2+\cdots+c_nt^n) \\
&= kc_0+kc_1t+kc_2t^2+\cdots+kc_nt^n
\end{aligned}
$$

$k\mathbf{p}(t)$는 차수가 n 이하인 다항식이므로 $k\mathbf{p}(t)$도 공간 $P(t)$ 안에 있습니다.

❼ **스칼라곱의 결합법칙** : k_1, k_2를 실수 스칼라라고 합시다.

$$\begin{aligned} k_1(k_2\mathbf{p}(t)) &= k_1\{k_2(c_0+c_1t+c_2t^2+\cdots+c_nt^n)\} \\ &= k_1(k_2c_0+k_2c_1t+k_2c_2t^2+\cdots+k_2c_nt^n) \\ &= k_1k_2c_0+k_1k_2c_1t+k_1k_2c_2t^2+\cdots+k_1k_2c_nt^n \\ &= k_1k_2\underbrace{(c_0+c_1t+c_2t^2+\cdots+c_nt^n)}_{=\mathbf{p}(t)} \quad \text{[공통 인수로 묶기]} \\ &= (k_1k_2)\mathbf{p}(t) \end{aligned}$$

❽ **벡터의 분배법칙** : k를 실수 스칼라라고 합시다.

$$\begin{aligned} k(\mathbf{p}(t)+\mathbf{q}(t)) &= k\{\underbrace{(c_0+c_1t+c_2t^2+\cdots+c_nt^n)}_{=\mathbf{p}(t)}+\underbrace{(d_0+d_1t+d_2t^2+\cdots+d_nt^n)}_{=\mathbf{q}(t)}\} \\ &= kc_0+kc_1t+kc_2t^2+\cdots+kc_nt^n+kd_0+kd_1t+kd_2t^2+\cdots+kd_nt^n \\ &= k\underbrace{(c_0+c_1t+c_2t^2+\cdots+c_nt^n)}_{=\mathbf{p}(t)}+k\underbrace{(d_0+d_1t+d_2t^2+\cdots+d_nt^n)}_{=\mathbf{q}(t)} \quad \text{[공통 인수로 묶기]} \\ &= k\mathbf{p}(t)+k\mathbf{q}(t) \end{aligned}$$

❾ **스칼라의 분배법칙** : k_1, k_2를 실수 스칼라라고 합시다.

$$\begin{aligned} (k_1+k_2)\mathbf{p}(t) &= (k_1+k_2)(c_0+c_1t+c_2t^2+\cdots+c_nt^n) \\ &= k_1(c_0+c_1t+c_2t^2+\cdots+c_nt^n)+k_2(c_0+c_1t+c_2t^2+\cdots+c_nt^n) \\ &= k_1\mathbf{p}(t)+k_2\mathbf{p}(t) \end{aligned}$$

❿ **곱에 대한 항등원** : 곱에 대한 항등원은 실수 1입니다.

$$\begin{aligned} 1\mathbf{p}(t) &= 1(c_0+c_1t+c_2t^2+\cdots+c_nt^n) \\ &= (1\times c_0)+(1\times c_1)t+(1\times c_2)t^2+\cdots+(1\times c_n)t^n \\ &= c_0+c_1t+c_2t^2+\cdots+c_nt^n=\mathbf{p}(t) \end{aligned}$$

10개의 공리를 모두 만족하므로, 차수가 n 이하인 다항식의 집합 $P(t)$는 벡터공간입니다.

예제 3-2 **$P(t)$를 차수가 n인 다항식의 집합이라 합시다. 집합 $P(t)$는 벡터공간이 아님을 보이세요. ([예제 3-1]과 [예제 3-2]의 차이점을 살펴보세요. 이 예제에서 다항식의 차수는 정확하게 n이고, [예제 3-1]에서 다항식의 차수는 n 이하입니다.)**

풀이

10개의 공리 중 공리 ❶을 확인해봅시다. 집합 $P(t)$의 두 벡터를 합한 결과 또한 집합 $P(t)$의 원소여야 합니다. $\mathbf{p}(t)$, $\mathbf{q}(t)$가 다음과 같다고 합시다.

$$\mathbf{p}(t) = 4 + 5t^n, \quad \mathbf{q}(t) = 3 - 5t^n$$

그러면 $\mathbf{p}(t) + \mathbf{q}(t) = 4 + 5t^n + 3 - 5t^n = 7$입니다. $\mathbf{p}(t) + \mathbf{q}(t) = 7$은 집합 $P(t)$의 원소가 아닙니다. 왜 그럴까요? $P(t)$는 차수가 n인 다항식의 집합입니다. 하지만 $\mathbf{p}(t) + \mathbf{q}(t) = 7$의 차수는 0입니다. 이는 집합 $P(t)$의 원소가 아님을 의미합니다.

따라서 $P(t)$는 벡터의 합에 대하여 닫혀 있지 않아 공리 ❶을 만족하지 않으므로, 벡터공간이 아닙니다.

예제 3-3 **V를 정수(integer) 전체의 집합 $\mathbb{Z}$라고 합시다. 벡터의 합을 일반적인 정수의 덧셈으로 정의하고, 스칼라곱을 일반적인 정수에 임의의 실수인 스칼라를 곱하는 것으로 정의합니다. 이 집합이 위에서 정의한 벡터의 합과 스칼라곱에 대한 벡터공간이 아님을 보이세요.**

풀이

임의의 실수 스칼라를 정수에 곱한 결과가 정수가 아닐 수 있으므로, 정수 전체의 집합 $\mathbb{Z}$는 벡터공간이 아닙니다.

예를 들어, 정수 2에 스칼라 $\frac{1}{3}$을 곱한다고 합시다. 둘을 곱한 결과는 $\frac{1}{3} \times 2 = \frac{2}{3}$로 정수가 아닙니다. 즉, 스칼라곱을 한 결과가 정수 전체의 집합 $\mathbb{Z}$의 원소가 아닙니다. 따라서 정수 전체의 집합은 공리 ❻을 만족하지 않습니다. 즉, 스칼라곱에 대하여 닫혀 있지 않으므로 정수 전체의 집합 $\mathbb{Z}$는 위에서 정의한 벡터의 합과 스칼라곱에 대해 벡터공간이 아닙니다.

일반적으로 한 집합이 실수 스칼라로 벡터공간을 형성한다면 실수 위의 벡터공간(vector space over the real number)이 있다고 말합니다.

또 다른 예를 보죠. 이번에는 실함수(real-valued function)를 원소로 하는 벡터공간입니다. 함수에 익숙해지도록 합시다. 함수의 예는 다음과 같습니다.

$$f(x) = x, \quad f(x) = x^2 + 1, \quad f(x) = \sin x, \quad f(x) = e^x$$

$a \le b$인 실수 a, b가 있다고 합시다. 이때 기호 $[a, b]$를 **구간**(interval)이라고 하며, [그림 3-1]과 같이 나타낼 수 있습니다. 대괄호를 사용한 $[a, b]$는 양 끝점 a와 b를 포함합니다. ($]a, b[$는 양 끝점 a와 b 사이의 모든 값을 포함하지만, 양 끝점 a와 b는 포함하지는 않는다는 의미입니다.)

[그림 3-1] 구간 $[a, b]$

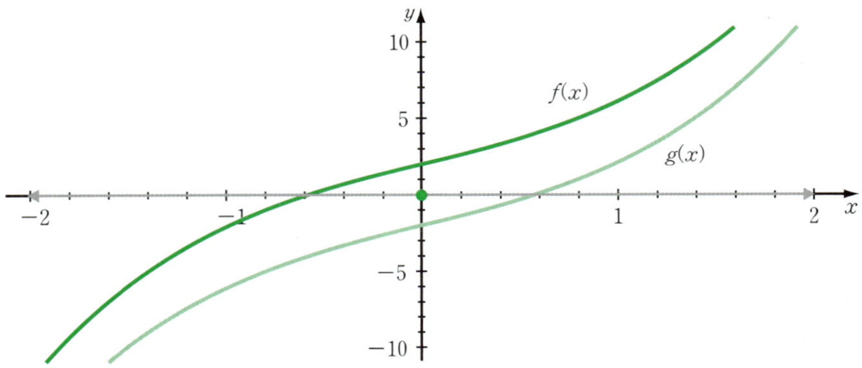

[그림 3-2] 구간 $[-2, 2]$에서 정의된 함수

[그림 3-2]의 두 함수는 구간 $[-2, 2]$에서 정의됩니다. $F[a, b]$를 구간 $[a, b]$에서 정의한 모든 함수의 집합이라 합시다. 그리고 **f**와 **g**를 $F[a, b]$에 포함된 함수라고 합시다. 일반적으로 벡터 표현처럼 **f**, **g**와 같이 굵게 표기하지만, 굵은 표기가 아닌 함수를 보는 데 더 익숙하므로 여기서는 f와 g로 표기하겠습니다.

(i) **벡터의 합** : $F[a, b]$의 함수 f와 g의 합은 다음과 같습니다.

$$(f+g)(x) = f(x) + g(x)$$

(ii) **스칼라곱** : $[a,b]$ 위의 모든 x에 대하여, 실수 스칼라 k와 함수 f의 곱은 다음과 같습니다.

$$(kf)(x) = kf(x)$$

$F[a, b]$에서 영벡터는 구간 $[a,b]$에서 모든 x에 대하여 함숫값이 0인 영함수(zero function) $0(x)$입니다.

$$\text{모든 } x \in [a,b] \text{에 대하여, } 0(x) = 0$$

임의의 함수 f에 대하여, 다음을 만족하는 $-f$가 존재합니다.

$$\text{모든 } x \in [a,b] \text{에 대하여, } (-f)(x) = -f(x)$$

3.1절 [연습문제 05]에서 이러한 정의에 대해 $F[a, b]$가 벡터공간임을 증명합니다.

다음으로 3.1.1절에 주어진 10개의 공리를 이용하여 일반 벡터공간의 기본 성질을 증명해봅시다.

3.1.3 일반 벡터공간의 기본 성질

정리 3-1 일반 벡터공간의 기본 성질

벡터공간 V와 실수 스칼라 k에 대하여 다음이 성립합니다.

(a) 임의의 실수 k에 대하여, $\mathbf{O}$가 영벡터라면 $k\mathbf{O} = \mathbf{O}$입니다.

(b) 실수 0과 V의 임의의 벡터 $\mathbf{u}$에 대하여, $0\mathbf{u} = \mathbf{O}$입니다.

(c) 실수 -1과 V의 임의의 벡터 $\mathbf{u}$에 대하여, $(-1)\mathbf{u} = -\mathbf{u}$입니다.

(d) 실수 k와 V의 임의의 벡터 $\mathbf{u}$에 대하여, $k\mathbf{u} = \mathbf{O}$이면 $k = 0$ 또는 $\mathbf{u} = \mathbf{O}$입니다.

증명

[정리 3-1]의 성질을 증명하기 위해 앞에서 제시한 10개의 공리를 사용합니다.

(a) $k\mathbf{O} = \mathbf{O}$가 성립함을 증명해야 합니다. 공리 ❹ $\mathbf{u} + \mathbf{O} = \mathbf{u}$를 적용하겠습니다.

$$\begin{aligned} k\mathbf{O} &= k(\mathbf{O} + \mathbf{O}) \\ &= k\mathbf{O} + k\mathbf{O} \qquad \text{[공리 ❽ } k(\mathbf{u}+\mathbf{v}) = k\mathbf{u}+k\mathbf{v}] \end{aligned}$$

$k\mathbf{O} = k\mathbf{O} + k\mathbf{O}$의 양변에 $-k\mathbf{O}$를 더합니다.

$$\underbrace{k\mathbf{O} + (-k\mathbf{O})}_{=\mathbf{O}} = k\mathbf{O} + \underbrace{k\mathbf{O} + (-k\mathbf{O})}_{=\mathbf{O}} \qquad \text{[공리 ❺ } \mathbf{u}+(-\mathbf{u}) = \mathbf{O}]$$

$$\mathbf{O} = k\mathbf{O}$$

따라서 $k\mathbf{O} = \mathbf{O}$가 성립합니다.

(b) $0\mathbf{u} = \mathbf{O}$가 성립함을 증명해야 합니다. $0 = 0 + 0$임을 이용합시다.

$$\begin{aligned} 0\mathbf{u} &= (0 + 0)\mathbf{u} \\ &= 0\mathbf{u} + 0\mathbf{u} \qquad \text{[공리 ❾ } (k+c)\mathbf{u} = k\mathbf{u}+c\mathbf{u}] \end{aligned}$$

$0\mathbf{u} = (0 + 0)\mathbf{u}$의 양변에 $-0\mathbf{u}$를 더합니다.

$$\underbrace{0\mathbf{u} + (-0\mathbf{u})}_{=\mathbf{O}} = 0\mathbf{u} + \underbrace{0\mathbf{u} + (-0\mathbf{u})}_{=\mathbf{O}}$$

$$\mathbf{O} = 0\mathbf{u}$$

따라서 $0\mathbf{u} = \mathbf{O}$가 성립합니다.

(c) $(-1)\mathbf{u} = -\mathbf{u}$가 성립함을 증명해야 합니다. $\mathbf{u}$에 $(-1)\mathbf{u}$를 더합니다.

$$\begin{aligned} \mathbf{u} + (-1)\mathbf{u} &= 1\mathbf{u} + (-1)\mathbf{u} \\ &= (1-1)\mathbf{u} = 0\mathbf{u} \underbrace{=}_{\text{(b)에 의해}} \mathbf{O} \end{aligned}$$

공리 ❺에 의해 $\mathbf{u} + (-\mathbf{u}) = \mathbf{O}$입니다. 그리고 $\mathbf{u} + (-1)\mathbf{u} = \mathbf{O}$이므로 다음을 알 수 있습니다.

$$\mathbf{u} + (-1)\mathbf{u} = \mathbf{u} + (-\mathbf{u})$$

양변에 $-\mathbf{u}$를 더합니다.

$$\underbrace{-\mathbf{u} + \mathbf{u}}_{=\mathbf{O}} + (-1)\mathbf{u} = \underbrace{-\mathbf{u} + \mathbf{u}}_{=\mathbf{O}} + (-\mathbf{u})$$

$$\mathbf{O} + (-1)\mathbf{u} = \mathbf{O} + (-\mathbf{u})$$

$$(-1)\mathbf{u} = -\mathbf{u}$$

따라서 $(-1)\mathbf{u} = -\mathbf{u}$가 성립합니다.

(d) $k\mathbf{u} = \mathbf{O}$이면, $k = 0$ 또는 $\mathbf{u} = \mathbf{O}$임을 증명해야 합니다. $k \neq 0$이라고 합시다.

$$k\mathbf{u} = \mathbf{O}$$

$$\frac{1}{k}(k\mathbf{u}) = \underbrace{\frac{1}{k}\mathbf{O}}_{=\mathbf{O}} \quad \text{[양변에 } \frac{1}{k} \text{ 곱하기]}$$

$$\left(\frac{1}{k}k\right)\mathbf{u} = \mathbf{O}$$

$$1\mathbf{u} = \mathbf{O}$$

$1\mathbf{u} = \mathbf{u}$이므로 $\mathbf{u} = \mathbf{O}$가 되어 결과가 성립합니다. 또한 $k = 0$이라고 하면, (b)에 의해 $0\mathbf{u} = \mathbf{O}$이므로 명백하게 결과가 성립합니다. ■

정리 3-2 영벡터의 유일성

V를 벡터공간이라고 할 때, V의 영벡터 $\mathbf{O}$(합에 대한 항등원)는 유일합니다.

? [정리 3-2]는 무엇을 의미할까요?

벡터공간 V에는 영벡터가 1개만 존재합니다. 공리 ❹에 의해 영벡터는 $\mathbf{O}$로 표기하며 다음을 만족합니다.

$$\text{모든 벡터 } \mathbf{u}\text{에 대하여, } \mathbf{u} + \mathbf{O} = \mathbf{u}$$

증명

또 다른 벡터 $\mathbf{w}$가 존재하여 다음을 만족한다고 합시다.

$$\mathbf{u} + \mathbf{w} = \mathbf{u}$$

? [정리 3-2]를 증명하려면 어떻게 해야 할까요?

$\mathbf{w} = \mathbf{O}$임을 증명해야 합니다. $\mathbf{u} + \mathbf{O} = \mathbf{u}$와 $\mathbf{u} + \mathbf{w} = \mathbf{u}$가 같다고 합시다.

$$\mathbf{u} + \mathbf{O} = \mathbf{u} + \mathbf{w}$$

양변에 $(-\mathbf{u})$를 더해봅시다.

$$-\mathbf{u} + (\mathbf{u} + \mathbf{O}) = -\mathbf{u} + (\mathbf{u} + \mathbf{w})$$

$$\underbrace{(-\mathbf{u} + \mathbf{u})}_{=\mathbf{O}} + \mathbf{O} = \underbrace{(-\mathbf{u} + \mathbf{u})}_{=\mathbf{O}} + \mathbf{w}$$

$$\mathbf{O} + \mathbf{O} = \mathbf{O} + \mathbf{w}$$

$$\mathbf{O} = \mathbf{w}$$

따라서 $\mathbf{O} = \mathbf{w}$가 성립하므로, 영벡터는 유일합니다. ■

정리 3-3 벡터의 합과 스칼라곱에 관한 성질

벡터공간 V와 실수 스칼라 k에 대하여, 공리 ❺를 만족하는 벡터 $-\mathbf{u}$는 유일합니다.

$$\mathbf{u}+(-\mathbf{u})=\mathbf{O}$$

증명

또 다른 벡터 $\mathbf{w}$가 존재하여 다음을 만족한다고 합시다.

$$\mathbf{u}+\mathbf{w}=\mathbf{O}$$

[정리 3-3]을 증명하려면 어떻게 해야 할까요?

$\mathbf{w}=-\mathbf{u}$임을 증명해야 합니다. $\mathbf{u}+(-\mathbf{u})=\mathbf{O}$와 $\mathbf{u}+\mathbf{w}=\mathbf{O}$가 같다고 합시다.

$$\mathbf{u}+(-\mathbf{u})=\mathbf{u}+\mathbf{w}$$

양변에 $-\mathbf{u}$를 더합니다.

$$-\mathbf{u}+\{\mathbf{u}+(-\mathbf{u})\}=-\mathbf{u}+(\mathbf{u}+\mathbf{w})$$
$$\underbrace{(-\mathbf{u}+\mathbf{u})}_{=\mathbf{O}}+(-\mathbf{u})=\underbrace{(-\mathbf{u}+\mathbf{u})}_{=\mathbf{O}}+\mathbf{w}$$
$$\mathbf{O}+(-\mathbf{u})=\mathbf{O}+\mathbf{w}$$
$$-\mathbf{u}=\mathbf{w}$$

따라서 벡터 $-\mathbf{u}$는 유일합니다. ■

핵심요약

- 벡터공간은 벡터 합과 스칼라곱이 10개의 공리를 만족하는 공집합이 아닌 집합으로 구성됩니다.
- 벡터공간의 예로는 행렬의 집합, 다항식의 집합, 함수의 집합이 있습니다.
- 벡터공간의 일부 성질은 다음과 같습니다.
  (a) $k\mathbf{O}=\mathbf{O}$
  (b) $0\mathbf{u}=\mathbf{O}$
  (c) $(-1)\mathbf{u}=-\mathbf{u}$
  (d) $k\mathbf{u}=\mathbf{O}$이면, $k=0$ 또는 $\mathbf{u}=\mathbf{O}$
- 영벡터 $\mathbf{O}$와 벡터 $-\mathbf{u}$는 다음 성질을 만족하며 유일합니다.

$$\mathbf{u}+(-\mathbf{u})=\mathbf{O},\ \mathbf{u}+\mathbf{O}=\mathbf{u}$$

3.1 연습문제

* 3.1절 연습문제는 1, 2장과 3.1절에서 정의한 벡터 합과 스칼라곱 연산을 가정합니다.

01 $\mathbb{R}^2$가 벡터공간임을 보이세요.

02 $\mathbb{R}^3$가 벡터공간임을 보이세요.

03 모든 2×2 행렬의 집합 M_{22}가 벡터공간임을 보이세요.

04 모든 2×3 행렬의 집합 M_{23}가 벡터공간임을 보이세요.

05 구간 $[a,b]$에서 정의한 모든 함수의 집합 $F[a,b]$가 벡터공간임을 보이세요.

06 다음과 같은 형태를 가진 행렬의 집합은 벡터공간이 아님을 보이세요.

$$\begin{pmatrix} 1 & 0 \\ 0 & a \end{pmatrix}$$

07 행렬 $\begin{pmatrix} a & 0 \\ 0 & b \end{pmatrix}$가 벡터공간을 형성함을 보이세요.

08 2×2 크기의 비가역행렬의 집합은 벡터공간을 형성하지 않음을 보이세요.

09 2차 이하인 다항식의 집합을 P_2라 하고, 다음 두 다항식을 P_2의 원소라고 합시다.

$$\mathbf{p}(x)=ax^2+bx+c,\quad \mathbf{q}(x)=dx^2+ex+f$$

집합 P_2가 일반적인 벡터의 합과 스칼라곱에 대해 벡터공간임을 보이세요.

10 $\mathbb{R}^2$에서 일반적인 벡터의 합과 다음과 같이 정의한 스칼라곱을 생각해봅시다.

$$k\begin{pmatrix} a \\ b \end{pmatrix}=\begin{pmatrix} 0 \\ kb \end{pmatrix}$$

위와 같은 스칼라곱으로 정의한 집합 $\mathbb{R}^2$는 벡터공간이 아님을 보이세요.

11 실수 $a\geq0, b\geq0$에 대하여, V가 $\mathbb{R}^2$에서 $\begin{pmatrix} a \\ b \end{pmatrix}$의 집합이라 합시다. 일반적인 벡터의 합과 스칼라곱에 대해 주어진 집합이 벡터공간이 아님을 보이세요.

12 V를 유리수 전체의 집합 $\mathbb{Q}$라고 합시다. 또한 벡터의 합을 일반적인 유리수의 덧셈으로 정의하고, 스칼라곱을 임의의 실수 스칼라를 유리수에 곱하는 것으로 정의합시다. 이와 같이 정의한 벡터의 합과 스칼라곱에 대하여, 집합 V가 벡터공간이 아님을 보이세요.

13 V를 실수 전체의 집합 $\mathbb{R}$이라 합시다. 집합 V가 일반적인 벡터의 합과 스칼라곱에 대하여 벡터공간임을 보이세요.

14 V를 양의 실수의 집합 $\mathbb{R}^+$라고 합시다. 집합 V가 일반적인 벡터의 합과 스칼라곱에 대하여 벡터공간이 아님을 보이세요.

15 벡터공간 V의 벡터 $\mathbf{u}$에 대하여, 벡터 $-\mathbf{u}$도 벡터공간 V의 벡터임을 설명해보세요.

16 벡터공간 V의 벡터 $\mathbf{u}$에 대하여 다음을 증명해보세요.

$$(-k)\mathbf{u}=-(k\mathbf{u})=k(-\mathbf{u})$$

17 $\mathbf{u}$, $\mathbf{w}$를 벡터공간 V의 벡터라 합시다. 스칼라 $k\neq0$에 대하여, $k\mathbf{u}=k\mathbf{w}$이면 $\mathbf{u}=\mathbf{w}$임을 증명해보세요.

18 벡터공간 V의 영벡터가 아닌 벡터 $\mathbf{u}$와 스칼라 k_1, k_2에 대하여, $k_1\mathbf{u}=k_2\mathbf{u}$이면 $k_1=k_2$임을 증명해보세요.

19 벡터공간 V의 벡터 $\mathbf{u}$, $\mathbf{w}$에 대하여 다음을 증명해보세요.

$$-(\mathbf{u}+\mathbf{w})=-\mathbf{u}-\mathbf{w}$$

20 벡터공간 V의 벡터 $\mathbf{u}$에 대하여 다음을 증명해보세요.

$$\underbrace{\mathbf{u}+\mathbf{u}+\mathbf{u}+\cdots+\mathbf{u}}_{n\text{번}}=n\mathbf{u}$$

3.2 부분공간

학습목표

- 부분공간의 성질을 증명할 수 있습니다.
- 일차결합과 생성집합의 의미를 이해할 수 있습니다.

3.1절에서는 벡터공간 V에 대해 이야기했습니다. 3.2절에서는 벡터공간 V의 부분공간도 벡터공간을 형성한다는 사실을 이야기해봅시다. 벡터공간 V의 공집합이 아닌 부분집합이 벡터의 합과 스칼라곱으로 이루어진 기본 연산에 대해 닫혀 있으면 이 또한 벡터공간임을 보이려고 합니다.

3.2.1 부분공간의 예

집합 S가 벡터공간 V의 공집합이 아닌 부분집합(subset)이라고 합시다. 이때 집합 S가 벡터공간 V와 동일하게 벡터의 합과 스칼라곱에 관한 10가지 공리를 모두 만족한다면 S도 벡터공간입니다. 이 경우 S를 V의 부분공간이라고 합니다.

정의 3-1 부분공간

벡터공간 V의 공집합이 아닌 부분집합 S가 벡터공간 V와 동일한 벡터의 합과 스칼라곱에 대하여 벡터공간일 때, S를 벡터공간 V의 **부분공간**(subspace)이라고 합니다.

이를 그림으로 나타내면 다음과 같습니다.

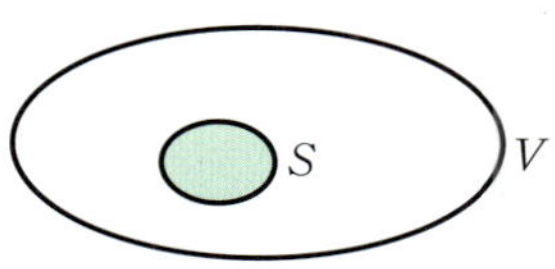

[그림 3-3] 벡터공간 V의 부분공간 S

부분집합과 부분공간의 차이에 주목하세요. 벡터공간 V의 부분집합은 V에서 선택한 원소로 구성된 특정 집합입니다. 부분집합이 벡터공간에 관한 10가지 공리를 모두 만족할 때 부분공간이라고 말합니다.

예제 3-4 V가 집합 $\mathbb{R}^2$라 할 때, $\mathbb{R}^2$에 대한 벡터의 합과 스칼라곱이 정의되어 있습니다. 집합 S가 원점 O만을 원소로 갖는 집합일 때, S가 V의 부분공간임을 보이세요.

풀이

3.1절에서 $\mathbb{R}^2$가 벡터공간이며 원점 O를 원소로 갖는다고 배웠습니다. 이는 원점 O를 원소로 갖는 주어진 집합 S는 V의 공집합이 아닌 부분집합임을 의미합니다. 집합 S에서 벡터의 합과 스칼라곱은 다음과 같이 정의합니다.

$$\mathrm{O}+\mathrm{O}=\mathrm{O}, \quad k\mathrm{O}=\mathrm{O} \quad (k\text{는 스칼라})$$

3.1절에 제시한 10가지 공리를 모두 확인하여 집합 S도 벡터공간임을 증명할 수 있습니다(이는 3.2절 [연습문제 01]에서 증명해봅시다). 그러므로 [정의 3-1]에 의하여 S가 $V=\mathbb{R}^2$의 부분공간이라고 할 수 있습니다. 이를 그림으로 나타내면 [그림 3-4]와 같습니다.

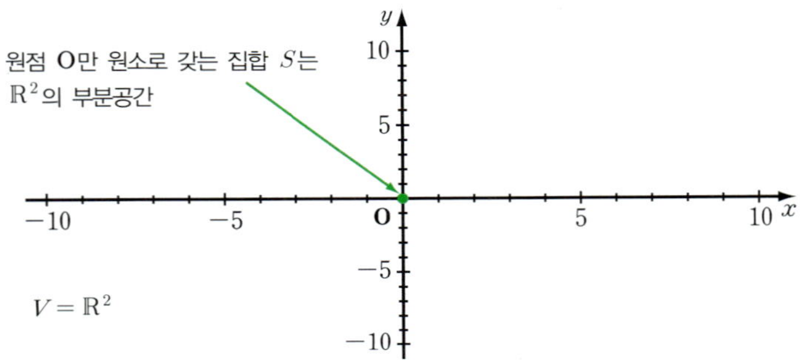

[그림 3-4] $\mathbb{R}^2$의 부분공간 S

단일 원소로 이루어진 집합을 **한원소 집합**(singleton set)이라고 합니다.

좀 더 일반화하여, 주어진 부분집합이 부분공간이 될 수 있는지 확인하기 위해 다음 정리를 사용합니다. ([정리 3-4]의 증명을 이해하려면 10가지 공리를 다시 살펴보는 것이 좋습니다.)

정리 3-4 부분공간의 동치 명제

S가 벡터공간 V의 공집합이 아닌 부분집합일 때, 다음이 성립합니다.

S는 V의 부분공간입니다.

$\Leftrightarrow$ (a) S의 두 원소 $\mathbf{u}$, $\mathbf{v}$에 대하여, 벡터의 합 $\mathbf{u}+\mathbf{v}$도 S의 원소입니다.

(b) S의 원소 $\mathbf{u}$에 대하여, $k\mathbf{u}$도 S의 원소입니다. (k는 임의의 스칼라)

[정리 3-4]는 집합 S가 벡터공간 V의 부분공간이 되려면 두 연산(벡터의 합, 스칼라곱)에 대하여 각각 닫혀 있어야 함을 의미합니다. 즉, 집합 S가 V의 부분공간이라는 것은 두 연산에 대하여 각각 닫혀 있음과 동치라는 의미입니다. [그림 3-5]를 살펴봅시다.

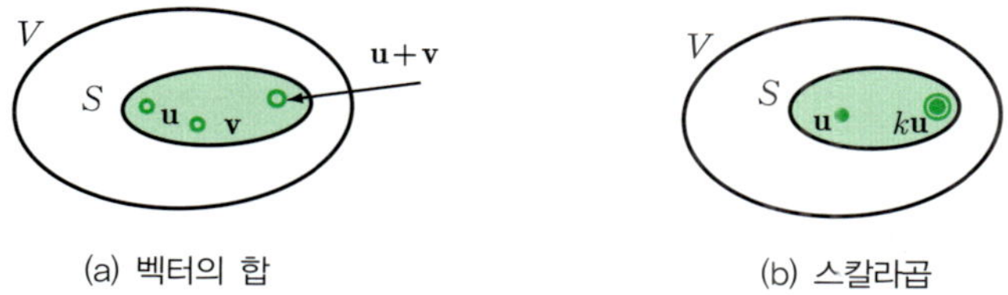

[그림 3-5] 벡터의 합과 스칼라곱

[정리 3-4]를 어떻게 증명할 수 있을까요?

(⇒) : 먼저 S가 벡터공간 V의 부분공간이라 가정하고, 조건 (a), (b)가 성립함을 보입니다.
(즉, 벡터의 합과 스칼라곱에 대하여 각각 닫혀 있음을 보입니다.)

(⇐) : 조건 (a), (b)가 성립한다고 가정하고, 집합 S가 벡터공간 V의 부분공간임을 보입니다.

증명

벡터 $\mathbf{u}$, $\mathbf{v}$가 집합 S의 원소라고 합시다.

(⇒) S가 벡터공간 V의 부분공간이라 합시다. 집합 S는 벡터공간이므로 [정의 3-1]에 의하여 벡터의 합과 스칼라곱에 대하여 닫혀 있습니다(공리 ❶과 공리 ❻이 벡터의 합과 스칼라곱에 대하여 닫혀 있음을을 알려줍니다). 그러므로 조건 (a), (b)가 성립합니다.

(⇐) 조건 (a), (b)가 성립한다고 가정합시다. 즉, 벡터의 합과 스칼라곱에 대하여 닫혀 있다고 하면, 3.1절에 제시한 10가지 공리를 모두 만족함을 증명해야 합니다.

벡터의 합과 스칼라곱에 대해 닫혀 있으므로 공리 ❶과 공리 ❻은 만족합니다. 공리 ❷, ❸, ❼, ❽, ❾, ❿은 벡터공간 V의 모든 벡터에 대해 성립하고, S의 두 원소 $\mathbf{u}$, $\mathbf{v}$는 벡터공간 V의 원소이므로 이 6개의 공리(공리 ❷, ❸, ❼, ❽, ❾, ❿)를 모두 만족합니다.

이제 집합 S에 대하여 공리 ❹, ❺를 만족함을 증명해야 합니다.

공리 ❹. 벡터공간 V의 임의의 원소 $\mathbf{u}$에 대하여, $\mathbf{u}+\mathbf{O}=\mathbf{u}$를 만족하는 벡터공간 V의 원소 영벡터 $\mathbf{O}$가 존재합니다.

공리 ❺. 임의의 벡터 $\mathbf{u}$에 대하여, $\mathbf{u}+(-\mathbf{u})=\mathbf{O}$를 만족하는 벡터 $-\mathbf{u}$가 존재합니다.

[그림 3-6]과 같이 먼저 영벡터 $\mathbf{O}$가 존재함을 보이고, 집합 S의 임의의 벡터 $\mathbf{u}$에 대하여 벡터 $-\mathbf{u}$가 S의 원소임을 보이겠습니다.

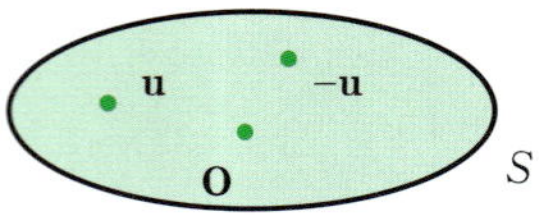

[그림 3-6] 벡터 $-\mathbf{u}$와 영벡터 $\mathbf{O}$

스칼라곱에 대하여 닫혀 있다(조건 (b))고 가정하였으므로, S의 임의의 원소 $\mathbf{u}$와 임의의 실수 스칼라 k에 대하여 $k\mathbf{u}$도 S의 원소입니다. 또한 다음이 성립합니다.

- $k=0$일 때, $0\mathbf{u}=\mathbf{O}$도 집합 S의 원소입니다.
- $k=-1$일 때, $(-1)\mathbf{u}=-\mathbf{u}$도 집합 S의 원소입니다.

따라서 영벡터 $\mathbf{O}$와 벡터 $-\mathbf{u}$도 집합 S의 원소입니다. 이로써 벡터공간의 10가지 공리를 모두 만족함을 보였습니다. 따라서 S는 벡터공간이며, 벡터공간 V의 부분공간입니다. ■

? [정리 3-4]는 무엇을 의미할까요?

[정리 3-4]는 주어진 집합이 부분공간임을 증명해야 할 때, 벡터의 합과 스칼라곱에 대하여 닫혀 있다는 것만 확인하면 되므로 훨씬 간편합니다. 즉, 10가지 공리를 모두 확인할 필요가 없습니다.

'폐쇄(closure)'라는 말은 일상적으로 용기의 뚜껑 따위로 닫는 행위를 의미합니다. 이 말은 여기서도 동일한 의미로 쓰입니다. 즉, [그림 3-7]과 같이 $\mathbf{u}+\mathbf{v}$와 $k\mathbf{u}$는 부분공간에서 닫혀 있습니다(closed).

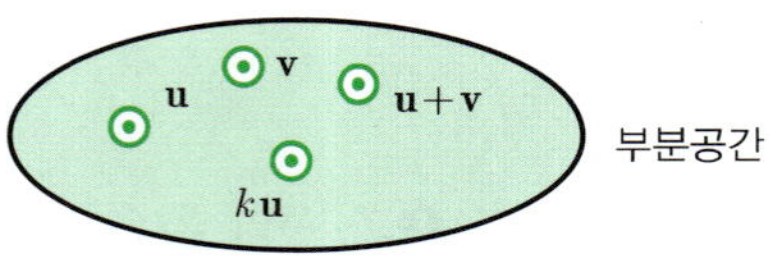

[그림 3-7] 부분공간에서 '닫혀 있다'

벡터 $\mathbf{u}$와 $\mathbf{v}$가 부분공간 S의 원소이면, $\mathbf{u}+\mathbf{v}$와 $k\mathbf{u}$도 부분공간 S의 원소입니다.

예제 3-5 **V가 집합 $\mathbb{R}^2$이고, $\mathbb{R}^2$에 대한 벡터의 합과 스칼라곱이 정의되어 있습니다. 집합 S가 $\begin{pmatrix} 0 \\ y \end{pmatrix}$ 형태의 벡터로 이루어진 집합일 때, S가 V의 부분공간임을 보이세요.**

풀이

[정리 3-4]의 조건 (a), (b)를 만족하는지만 확인하면 됩니다. 두 조건은 각각 벡터의 합과 스칼라곱에 대해 닫혀 있는지에 대한 조건입니다. $(0, 0)$이 집합 S의 원소이므로 S는 공집합이 아닙니다. 따라서 다음을 보이면 됩니다.

(a) S의 두 원소 $\mathbf{u}$, $\mathbf{v}$에 대하여 벡터의 합 $\mathbf{u}+\mathbf{v}$도 S의 원소입니다.

(b) S의 원소 $\mathbf{u}$에 대하여 $k\mathbf{u}$도 S의 원소입니다. (k는 임의의 스칼라)

벡터 $\mathbf{u}=\begin{pmatrix}0\\a\end{pmatrix}$, $\mathbf{v}=\begin{pmatrix}0\\b\end{pmatrix}$가 S의 원소라고 합시다. 그러면 다음이 성립하므로 $\mathbf{u}+\mathbf{v}$는 S의 원소입니다.

$$\mathbf{u}+\mathbf{v}=\begin{pmatrix}0\\a\end{pmatrix}+\begin{pmatrix}0\\b\end{pmatrix}=\begin{pmatrix}0\\a+b\end{pmatrix}$$ [벡터의 합에 대해 닫혀 있음]

또한 다음이 성립하므로 $k\mathbf{u}$도 S의 원소입니다.

$$k\mathbf{u}=\begin{pmatrix}0\\ka\end{pmatrix}$$ [스칼라곱에 대해 닫혀 있음]

조건 (a), (b)를 모두 만족하므로, 주어진 집합 S는 벡터공간 $\mathbb{R}^2$의 부분공간입니다. [그림 3-8]과 같이 집합 S가 xy 평면에서 y축이라는 점에 주목합시다.

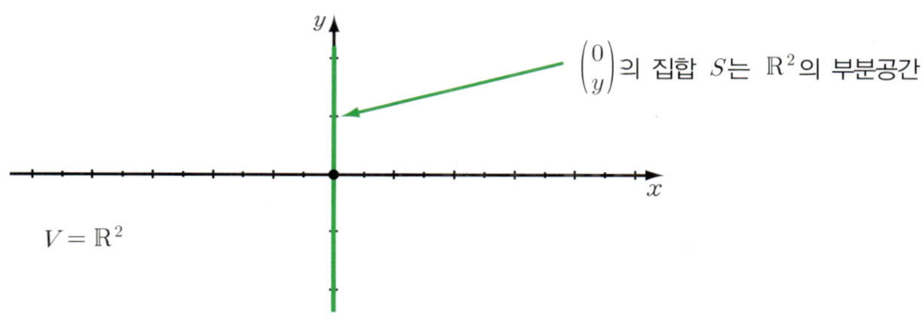

[그림 3-8] $V=\mathbb{R}^2$의 부분공간 S

예제 3-6 **벡터공간 $\mathbb{R}^2$에서 집합 S가 $\begin{pmatrix}x\\y\end{pmatrix}$ $(x\geq 0)$ 형태의 벡터로 이루어진 집합일 때, S가 $\mathbb{R}^2$의 부분공간이 아님을 보이세요.**

풀이

S가 $\mathbb{R}^2$의 부분공간이 아님을 어떻게 보여야 할까요? S의 벡터에 대한 벡터의 합 또는 스칼라곱이 닫혀 있지 않음을 보일 수만 있다면, S가 $\mathbb{R}^2$의 부분공간이 아니라고 결론지을 수 있습니다.

스칼라 $k=-1$과 벡터 $\mathbf{u}=\begin{pmatrix}1\\2\end{pmatrix}$에 대하여 생각해봅시다. $\mathbf{u}$는 S의 원소이지만, 다음 스칼라곱은 S의 원소가 아닙니다. 왜 그럴까요?

$$k\mathbf{u}=(-1)\begin{pmatrix}1\\2\end{pmatrix}=\begin{pmatrix}-1\\-2\end{pmatrix}$$

벡터 $\begin{pmatrix}-1\\-2\end{pmatrix}$에서 1행의 성분이 0보다 작은 -1이기 때문입니다. 집합 S는 $\begin{pmatrix}x\\y\end{pmatrix}$ $(x\geq 0)$ 형태의 벡터로만 이루어져 있습니다. 따라서 S는 $\mathbb{R}^2$의 부분공간이 아닙니다([그림 3-9] 참고).

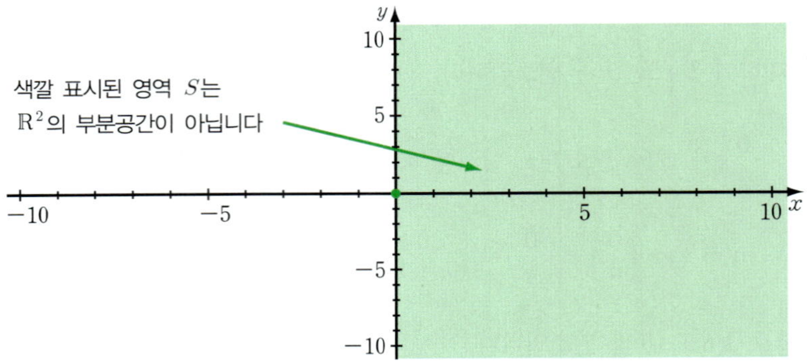

[그림 3-9] $\mathbb{R}^2$의 부분공간이 아닌 S

S는 $\mathbb{R}^2$의 부분집합임에 틀림없지만, $\mathbb{R}^2$의 부분공간은 아닙니다.

[예제 3-5]에서 수직선 $x=0$은 $\mathbb{R}^2$의 부분공간이었지만, 좌표평면에서 $x \ge 0$인 오른쪽 영역 전체는 $\mathbb{R}^2$의 부분공간이 아니라는 점에 주목합시다.

예제 3-7 **3.1절에서 2×2 행렬로 이루어진 집합 M_{22}가 벡터공간임을 보였습니다. 집합 S가 $\begin{pmatrix} 1 & b \\ c & d \end{pmatrix}$ 형태의 행렬로 이루어진 M_{22}의 부분집합일 때, S가 M_{22}의 부분공간이 아님을 보이세요.**

풀이

[정리 3-4]의 조건 (a) 또는 (b) 중 어느 하나가 성립하지 않음을 보이면 됩니다.

S의 두 행렬 $\mathbf{u}=\begin{pmatrix} 1 & b \\ c & d \end{pmatrix}$, $\mathbf{v}=\begin{pmatrix} 1 & 0 \\ 0 & 0 \end{pmatrix}$에 대하여, 다음이 성립합니다.

$$\mathbf{u}+\mathbf{v}=\begin{pmatrix} 1 & b \\ c & d \end{pmatrix}+\begin{pmatrix} 1 & 0 \\ 0 & 0 \end{pmatrix}=\begin{pmatrix} 1+1 & b+0 \\ c+0 & d+0 \end{pmatrix}=\begin{pmatrix} 2 & b \\ c & d \end{pmatrix}$$

S의 원소는 모두 $\begin{pmatrix} 1 & b \\ c & d \end{pmatrix}$ 형태이지만, $\mathbf{u}+\mathbf{v}=\begin{pmatrix} 2 & \mathrm{b} \\ \mathrm{c} & \mathrm{d} \end{pmatrix}$이므로 $\mathbf{u}+\mathbf{v}$는 S의 원소가 아닙니다. 행렬 $\mathbf{u}+\mathbf{v}$에서 1행의 성분이 2가 아닌 1이어야 부분집합 S의 원소가 될 수 있습니다. 따라서 S는 벡터공간 M_{22}의 부분공간이 아닙니다.

3.2.2 일차결합

일차결합은 선형대수학의 두 가지 기본 연산(벡터의 합, 스칼라곱)을 결합한 것입니다. 2장에서 $\mathbb{R}^n$의 일차결합을 다루었습니다. 예를 들면, 다음 $\mathbf{u}$는 표준단위벡터 $\mathbf{e}_1, \mathbf{e}_2, \cdots, \mathbf{e}_n$의 일차결합입니다.

$$\mathbf{u}=k_1\mathbf{e}_1+k_2\mathbf{e}_2+\cdots+k_n\mathbf{e}_n \quad (k_1,\ k_2,\ \cdots,\ k_n\text{은 스칼라})$$

이와 유사한 방법으로 일반 벡터공간에서 다음과 같이 일차결합을 정의합니다.

정의 3-2 일차결합

$\mathbf{v}_1, \mathbf{v}_2, \mathbf{v}_3, \cdots, \mathbf{v}_n$이 벡터공간의 벡터라고 하고 벡터 $\mathbf{x}$가 다음과 같이 표현된다고 합시다.

$$\mathbf{x} = k_1\mathbf{v}_1 + k_2\mathbf{v}_2 + k_3\mathbf{v}_3 + \cdots + k_n\mathbf{v}_n \quad (k_1,\ k_2,\ k_3,\ \cdots,\ k_n\text{은 스칼라})$$

이때 $\mathbf{x}$를 벡터 $\mathbf{v}_1, \mathbf{v}_2, \mathbf{v}_3, \cdots, \mathbf{v}_n$의 **일차결합**(linear combination)이라고 합니다.

예제 3-8 차수가 2보다 작거나 같은 모든 다항식을 원소로 하는 집합을 P_2라고 합시다. 벡터 $\mathrm{v}_1 = t^2 - 1$, $\mathrm{v}_2 = t^2 + 3t - 5$, $\mathrm{v}_3 = t$가 벡터공간 P_2의 원소일 때, 이차다항식 $\mathrm{x} = 7t^2 - 15$가 $\{\mathrm{v}_1, \mathrm{v}_2, \mathrm{v}_3\}$의 일차결합임을 보이세요.

풀이

$\mathbf{x}$가 벡터 $\mathbf{v}_1$, $\mathbf{v}_2$, $\mathbf{v}_3$의 일차결합임을 어떻게 보여야 할까요? 다음을 만족하는 스칼라 k_1, k_2, k_3의 값을 찾아야 합니다.

$$k_1\mathbf{v}_1 + k_2\mathbf{v}_2 + k_3\mathbf{v}_3 = \mathbf{x} \qquad (*)$$

스칼라 값을 어떻게 찾아야 할까요? $\mathbf{v}_1 = t^2 - 1$, $\mathbf{v}_2 = t^2 + 3t - 5$, $\mathbf{v}_3 = t$, $\mathbf{x} = 7t^2 - 15$를 식 (*)에 대입하면 다음과 같습니다.

$$\begin{aligned} k_1\mathbf{v}_1 + k_2\mathbf{v}_2 + k_3\mathbf{v}_3 &= k_1(t^2 - 1) + k_2(t^2 + 3t - 5) + k_3t \\ &= k_1t^2 - k_1 + k_2t^2 + 3k_2t - 5k_2 + k_3t && \text{[전개하기]} \\ &= (k_1 + k_2)t^2 + (3k_2 + k_3)t - (k_1 + 5k_2) && \text{[공통 인수로 묶기]} \\ &= 7t^2 - 15 \quad [\mathbf{x} = 7t^2 - 15] \end{aligned}$$

위 식에서 마지막 두 줄은 다음과 같습니다.

$$(k_1 + k_2)t^2 + (3k_2 + k_3)t - (k_1 + 5k_2) = 7t^2 - 15$$

따라서 계수끼리 비교하면 다음과 같습니다.

$$\begin{aligned} k_1 + k_2 &= 7 && [t^2\text{의 계수}] \\ 3k_2 + k_3 &= 0 && [t\text{의 계수}] \\ k_1 + 5k_2 &= 15 && [\text{상수항의 계수}] \end{aligned}$$

이 방정식의 해를 구하면 스칼라 값 $k_1 = 5$, $k_2 = 2$, $k_3 = -6$을 구할 수 있습니다. 스칼라 값을 $k_1\mathbf{v}_1 + k_2\mathbf{v}_2 + k_3\mathbf{v}_3 = \mathbf{x}$에 대입하면 다음과 같습니다.

$$5\mathbf{v}_1 + 2\mathbf{v}_2 - 6\mathbf{v}_3 = \mathbf{x}$$

이는 $\mathbf{v}_1$을 5개, $\mathbf{v}_2$를 2개, $\mathbf{v}_3$를 -6개 더하면 벡터 $\mathbf{x}$가 된다는 의미입니다.

$$5(t^2-1)+2(t^2+3t-5)-6t=7t^2-15$$

수를 대입해 계산하면 이 등식이 맞음을 확인할 수 있습니다. 따라서 벡터 $\mathbf{x}$가 $\{\mathbf{v}_1, \mathbf{v}_2, \mathbf{v}_3\}$의 일차결합이라고 결론지을 수 있습니다.

다음 정리는 단 한 번의 계산으로 벡터의 합과 스칼라곱을 모두 수행함으로써, S가 부분공간인지 확인할 수 있도록 해줍니다.

정리 3-5 부분공간의 동치 명제

벡터 $\mathbf{u}$, $\mathbf{v}$를 포함하는 공집합이 아닌 부분집합 S는 벡터공간 V의 부분공간입니다.

$\Leftrightarrow$ 임의의 일차결합 $k\mathbf{u}+c\mathbf{v}$는 S의 원소입니다. (k, c는 스칼라)

[정리 3-5]를 어떻게 증명해야 할까요?

기호 '$\Leftrightarrow$'는 양방향으로 증명해야 한다는 뜻입니다.

증명

($\Rightarrow$) S가 벡터공간 V의 부분공간이라면, S는 벡터공간입니다. 벡터공간 S는 벡터의 합과 스칼라곱에 대하여 닫혀 있으므로 $\mathbf{u}$, $\mathbf{v}$가 S의 원소이면 $k\mathbf{u}+c\mathbf{v}$도 S의 원소입니다.

($\Leftarrow$) $k\mathbf{u}+c\mathbf{v}$가 S의 원소라고 가정합니다. $k\mathbf{u}+c\mathbf{v}$에 $k=c=1$을 대입한 $\mathbf{u}+\mathbf{v}$도 S의 원소입니다. 또한 $c=0$을 대입한 $k\mathbf{u}+c\mathbf{v}=k\mathbf{u}$도 S의 원소입니다. 그러므로 S는 벡터의 합과 스칼라곱에 대하여 닫혀 있습니다. 따라서 [정리 3-4]에 의하여 S는 부분공간입니다. ■

[정리 3-5]는 부분공간임을 확인하는 또 다른 명제입니다. 그러므로 벡터공간 V의 공집합이 아닌 부분집합 S가 V의 부분공간이 되기 위해서는 S의 임의의 벡터 $\mathbf{u}$, $\mathbf{v}$와 임의의 스칼라 k, c에 대하여 $k\mathbf{u}+c\mathbf{v}$가 S의 원소여야 합니다.

예제 3-9 **벡터공간 $\mathbb{R}^3$에서 $(x\ \ y\ \ 0)^T$ 형태의 벡터를 원소로 하는 부분집합을 S라고 할 때, S가 $\mathbb{R}^3$의 부분공간임을 보이세요.**

풀이

S가 $\mathbb{R}^3$의 부분공간임을 어떻게 보여야 할까요? [정리 3-5]를 사용합니다. 즉, S 안에 있는 임의의 벡터 $\mathbf{u}$, $\mathbf{v}$에 대하여 일차결합 $k\mathbf{u}+c\mathbf{v}$가 S의 원소임을 보이면 됩니다.

영벡터가 S의 원소이므로 S는 공집합이 아닙니다. 벡터 $\mathbf{u} = (a \ \ b \ \ 0)^T$, $\mathbf{v} = (c \ \ d \ \ 0)^T$가 S의 원소일 때, 임의의 실수 스칼라 k_1, k_2에 대하여 다음과 같이 나타낼 수 있습니다.

$$\begin{aligned} k_1\mathbf{u} + k_2\mathbf{v} &= k_1\begin{pmatrix} a \\ b \\ 0 \end{pmatrix} + k_2\begin{pmatrix} c \\ d \\ 0 \end{pmatrix} \\ &= \begin{pmatrix} k_1a \\ k_1b \\ 0 \end{pmatrix} + \begin{pmatrix} k_2c \\ k_2d \\ 0 \end{pmatrix} = \begin{pmatrix} k_1a + k_2c \\ k_1b + k_2d \\ 0 \end{pmatrix} \end{aligned}$$

그러므로 $k_1\mathbf{u} + k_2\mathbf{v}$도 S의 원소입니다. 따라서 [정리 3-5]에 의하여 주어진 집합 S는 벡터공간 $\mathbb{R}^3$의 부분공간입니다.

S에서 일차결합이 닫혀 있다는 것만 생각하면 되므로, [정리 3-4]보다 [정리 3-5]를 이용하는 것이 더 간편하다고 볼 수 있습니다. [예제 3-9]에서 주어진 집합 S는 [그림 3-10]과 같이 3차원 공간 $\mathbb{R}^3$에서 xy 평면을 나타낸다는 점에 주목하세요.

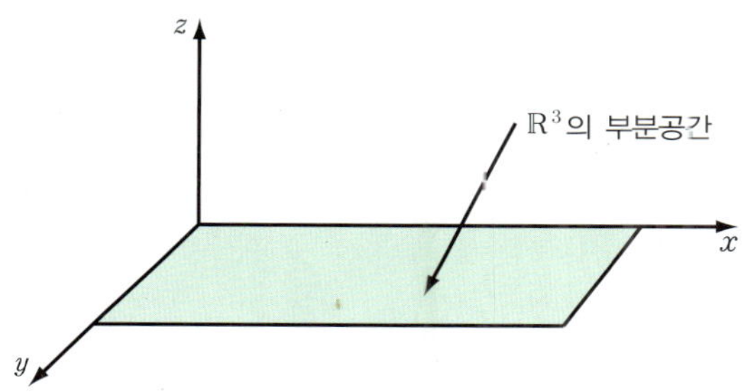

[그림 3-10] $\mathbb{R}^3$의 부분공간인 xy 평면

$\begin{pmatrix} x \\ y \\ 0 \end{pmatrix}$은 종종 집합 $S = \left\{ \begin{pmatrix} x \\ y \\ z \end{pmatrix} \middle| \ z = 0 \right\}$로 표현합니다(여기서 집합 기호 내부의 수직선은 '수직선 다음에 나오는 조건을 만족하는'을 의미합니다). 즉, S는 $\mathbb{R}^3$에서 3행의 성분이 0인 벡터로 이루어진 집합입니다.

3.2.3 생성집합

> **정의 3-3 생성**
>
> 벡터공간 V의 모든 벡터를 벡터 $\mathbf{v}_1, \mathbf{v}_2, \cdots, \mathbf{v}_n$의 일차결합으로 나타낼 수 있으면, 벡터 $\mathbf{v}_1, \mathbf{v}_2, \cdots, \mathbf{v}_n$은 벡터공간 V를 **생성한다**(span, generate)고 합니다. 이를 $\mathrm{span} = \{\mathbf{v}_1, \mathbf{v}_2, \mathbf{v}_3, \cdots, \mathbf{v}_n\}$으로 표기합니다.

예를 들어, $\mathbb{R}^2$의 임의의 벡터는 표준단위벡터 $\mathbf{e}_1$, $\mathbf{e}_2$의 일차결합으로 나타낼 수 있으므로 표준단위벡터 $\mathbf{e}_1 = \begin{pmatrix} 1 \\ 0 \end{pmatrix}$, $\mathbf{e}_2 = \begin{pmatrix} 0 \\ 1 \end{pmatrix}$은 $\mathbb{R}^2$를 생성합니다.

또 다른 예를 들어보죠. [그림 3-11(a)]와 같이 $\mathbb{R}^2$의 벡터 $\mathbf{u} = \begin{pmatrix} 1 \\ 1 \end{pmatrix}$은 직선 $y = x$를 생성합니다.

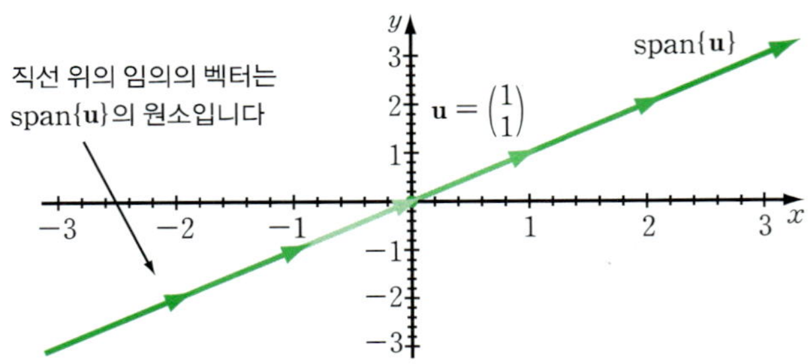

[그림 3-11] (a) 벡터 $\mathbf{u}$의 생성 $\text{span}\{\mathbf{u}\}$

> **정리 3-6 부분공간과 생성**
> S가 벡터공간 V의 공집합이 아닌 부분집합일 때, 집합 $\text{span}\{S\}$는 벡터공간 V의 부분공간입니다.

증명

3.2절 [연습문제 20]에서 증명합니다. ■

[그림 3-11(a)]에서 $\text{span}\{\mathbf{u}\}$는 $\mathbb{R}^2$의 부분공간입니다. 이를 그림으로 나타내면 [그림 3-11(b)]와 같습니다.

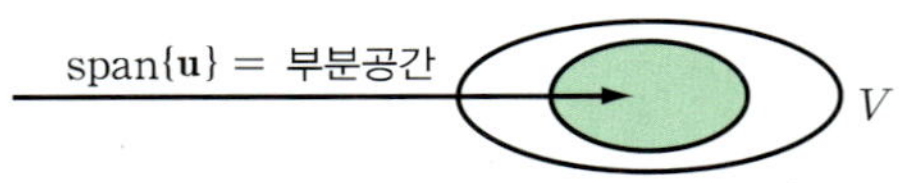

[그림 3-11] (b) $\mathbb{R}^2$의 부분공간 $\text{span}\{\mathbf{u}\}$

예제 3-10 **P_3는 차수가 3보다 작거나 같은 모든 다항식을 원소로 하는 집합을 포함하는 벡터공간입니다. 집합 $\{1, t, t^2, t^3\}$이 P_3를 생성함을 보이세요.**

풀이

방정식 $at^3 + bt^2 + ct + d$가 P_3의 일반적인 다항식이라고 합시다. 그러면 다음을 만족하는 스칼라 k_1, k_2, k_3, k_4가 존재함을 보이면 됩니다.

$$k_1t^3 + k_2t^2 + k_3t + k_4 = at^3 + bt^2 + ct + d$$

t^3, t^2, t의 계수와 상수항을 비교하면 $k_1 = a$, $k_2 = b$, $k_3 = c$, $k_4 = d$임을 알 수 있습니다. 스칼라 k_1, k_2, k_3, k_4가 $k_1 = a$, $k_2 = b$, $k_3 = c$, $k_4 = d$이므로, $\{1, t, t^2, t^3\}$의 일차결합은 P_3에 있는 임의의 벡터를 생성합니다. 즉, $\{1, t, t^2, t^3\}$은 P_3를 생성합니다.

예제 3-11 **차수가 2보다 작거나 같은 모든 다항식을 원소로 하는 집합을 P_2라고 합시다. P_2의 벡터 $\mathbf{v}_1 = t^2 - t - 1$, $\mathbf{v}_2 = 6t^2 + 3t - 3$, $\mathbf{v}_3 = t^2 + 5t + 1$에 대하여 벡터 $\mathbf{u} = 3t^2 + 2t + 1$이 $\{\mathbf{v}_1, \mathbf{v}_2, \mathbf{v}_3\}$에 의해 생성되는지 판단해보세요.**

풀이

벡터 $\mathbf{u}$가 $\{\mathbf{v}_1, \mathbf{v}_2, \mathbf{v}_3\}$에 의해 생성되는지 어떻게 확인할 수 있을까요? 다음 일차결합을 만족하는 스칼라 k_1, k_2, k_3가 존재하는지 살펴봐야 합니다.

$$k_1\mathbf{v}_1 + k_2\mathbf{v}_2 + k_3\mathbf{v}_3 = \mathbf{u}$$

$\mathbf{v}_1 = t^2 - t - 1$, $\mathbf{v}_2 = 6t^2 + 3t - 3$, $\mathbf{v}_3 = t^2 + 5t + 1$을 위 식에 대입하면 다음과 같습니다.

$$\begin{aligned} k_1\mathbf{v}_1 + k_2\mathbf{v}_2 + k_3\mathbf{v}_3 &= k_1(t^2 - t - 1) + k_2(6t^2 + 3t - 3) + k_3(t^2 + 5t + 1) \\ &= (k_1 + 6k_2 + k_3)t^2 + (-k_1 + 3k_2 + 5k_3)t + (-k_1 - 3k_2 + 5k_3) \\ &= 3t^2 + 2t + 1 \end{aligned}$$

위 식의 마지막 두 줄에서 계수끼리 비교하면 다음과 같습니다.

$$\begin{aligned} k_1 + 6k_2 + k_3 &= 3 \quad [t^2\text{의 계수}] \\ -k_1 + 3k_2 + 5k_3 &= 2 \quad [t\text{의 계수}] \\ -k_1 - 3k_2 + k_3 &= 1 \quad [\text{상수항의 계수}] \end{aligned}$$

무엇을 찾아야 하나요? 위 연립일차방정식을 만족하는 스칼라 k_1, k_2, k_3의 값을 찾아야 합니다. 위 연립일차방정식을 첨가행렬로 나타내면 다음과 같습니다.

$$\begin{array}{c} \mathrm{R}_1 \\ \mathrm{R}_2 \\ \mathrm{R}_3 \end{array} \left(\begin{array}{rrr|r} 1 & 6 & 1 & 3 \\ -1 & 3 & 5 & 2 \\ -1 & -3 & 1 & 1 \end{array}\right)$$

기본 행 연산 $\mathrm{R}_2 + \mathrm{R}_1$, $\mathrm{R}_3 + \mathrm{R}_1$을 수행하면 다음과 같습니다.

$$\begin{array}{c} \mathrm{R}_1 \\ \mathrm{R}_2^* = \mathrm{R}_2 + \mathrm{R}_1 \\ \mathrm{R}_3^* = \mathrm{R}_3 + \mathrm{R}_1 \end{array} \left(\begin{array}{ccc|c} 1 & 6 & 1 & 3 \\ 0 & 9 & 6 & 5 \\ 0 & 3 & 2 & 4 \end{array}\right)$$

다시 기본 행 연산 $3R_3^* - R_2^*$를 수행하면 다음과 같습니다.

$$\begin{array}{r} \\ R_1 \\ R_2^* \\ 3R_3^* - R_2^* \end{array} \begin{array}{c} \begin{matrix} k_1 & k_2 & k_3 \end{matrix} \\ \left(\begin{array}{ccc|c} 1 & 6 & 1 & 3 \\ 0 & 9 & 6 & 5 \\ 0 & 0 & 0 & 7 \end{array}\right) \end{array}$$

3행에서 $0k_1 + 0k_2 + 0k_3 = 0 = 7$입니다. 이는 연립일차방정식의 해가 없음을 의미합니다. 즉, 해를 갖지 않습니다. 따라서 위 연립일차방정식을 만족하는 스칼라 k_1, k_2, k_3는 존재하지 않습니다. 그러므로 벡터 $\mathbf{u}$는 $\text{span}\{\mathbf{v}_1, \mathbf{v}_2, \mathbf{v}_3\}$의 원소가 아닙니다. 이는 벡터 $\mathbf{u}$를 $\{\mathbf{v}_1, \mathbf{v}_2, \mathbf{v}_3\}$의 일차결합으로 나타낼 수 없음을 의미합니다.

[정리 3-6]에 의하여, 위 예제에서 $\text{span}\{\mathbf{v}_1, \mathbf{v}_2, \mathbf{v}_3\}$는 P_2의 부분공간입니다. 하지만 벡터 $\mathbf{u} = 3t^2 + 2t + 1$은 $\text{span}\{\mathbf{v}_1, \mathbf{v}_2, \mathbf{v}_3\}$의 원소가 아닙니다. 이를 [그림 3-12]와 같이 나타낼 수 있습니다.

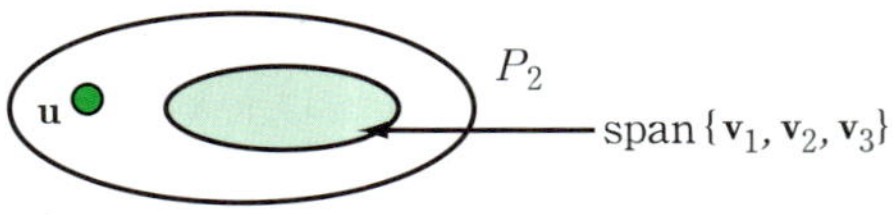

[그림 3-12] P_2의 부분공간 $\text{span}\{\mathbf{v}_1, \mathbf{v}_2, \mathbf{v}_3\}$와 벡터 $\mathbf{u}$

예제 3-12 **$F[-\pi, \pi]$가 구간 $[-\pi, \pi]$에서 정의된 연속함수로 이루어진 벡터공간이라 합시다. 함수 $\mathbf{f} = \cos^2 x$, $\mathbf{g} = \sin^2 x$에 대하여, 2가 $\text{span}\{\mathbf{f}, \mathbf{g}\}$의 원소인지 판단해보세요.**

풀이

다음을 만족하는 스칼라 k, c를 구해야 합니다.

$$k\mathbf{f} + c\mathbf{g} = k\cos^2 x + c\sin^2 x = 2$$

삼각함수의 기본 성질에 의하여 $\cos^2 x + \sin^2 x = 1$이므로, 양변에 2를 곱하면 다음 결과를 얻을 수 있습니다.

$$2\cos^2 x + 2\sin^2 x = 2$$

그러므로 $k = c = 2$일 때, $k\mathbf{f} + c\mathbf{g} = 2$이므로 2는 $\text{span}\{\mathbf{f}, \mathbf{g}\}$의 원소입니다.

예제 3-13 **M_{22}는 2×2 행렬로 이루어진 벡터공간입니다. 행렬 $A = \begin{pmatrix} 1 & -1 \\ 1 & 2 \end{pmatrix}$, $B = \begin{pmatrix} 0 & 2 \\ 0 & -1 \end{pmatrix}$, $C = \begin{pmatrix} 0 & 1 \\ 5 & 2 \end{pmatrix}$에 대하여, 행렬 $D = \begin{pmatrix} 1 & 2 \\ -4 & -2 \end{pmatrix}$가 $\text{span}\{A, B, C\}$의 원소인지 판단해보세요.**

풀이

스칼라 k_1, k_2, k_3에 대하여, 일차결합 $k_1\mathbf{A}+k_2\mathbf{B}+k_3\mathbf{C}=\mathbf{D}$의 해를 구해야 합니다.

$$\begin{aligned} k_1\mathbf{A}+k_2\mathbf{B}+k_3\mathbf{C} &= k_1\begin{pmatrix}1 & -1\\ 1 & 2\end{pmatrix}+k_2\begin{pmatrix}0 & 2\\ 0 & -1\end{pmatrix}+k_3\begin{pmatrix}0 & 1\\ 5 & 2\end{pmatrix}\\ &= \begin{pmatrix}k_1 & -k_1\\ k_1 & 2k_1\end{pmatrix}+\begin{pmatrix}0 & 2k_2\\ 0 & -k_2\end{pmatrix}+\begin{pmatrix}0 & k_3\\ 5k_3 & 2k_3\end{pmatrix}\\ &= \begin{pmatrix}k_1 & -k_1+2k_2+k_3\\ k_1+5k_3 & 2k_1-k_2+2k_3\end{pmatrix}=\begin{pmatrix}1 & 2\\ -4 & -2\end{pmatrix} \quad \text{[행렬 D]}\end{aligned}$$

행렬에서 대응하는 성분들을 비교하여 나타내면 다음과 같습니다.

$$k_1=1, \quad -k_1+2k_2+k_3=2, \quad k_1+5k_3=-4, \quad 2k_1-k_2+2k_3=-2$$

k_2와 k_3를 구하려면 어떻게 해야 할까요? $k_1=1$을 세 번째 방정식 $k_1+5k_3=-4$에 대입합니다.

$$1+5k_3=-4 \quad \Rightarrow \quad k_3=-1$$

$k_1=1$과 $k_3=-1$을 네 번째 방정식 $2k_1-k_2+2k_3=-2$에 대입하면 다음과 같습니다.

$$2\times 1-k_2+2\times(-1)=-2 \quad \Rightarrow \quad -k_2=-2 \quad \Rightarrow \quad k_2=2$$

다음을 만족하는 스칼라 $k_1=1$, $k_2=2$, $k_3=-1$을 찾았습니다.

$$k_1\mathbf{A}+k_2\mathbf{B}+k_3\mathbf{C}=\mathbf{A}+2\mathbf{B}-\mathbf{C}=\mathbf{D}$$

행렬 $\mathbf{D}$는 행렬 $\mathbf{A}$, $\mathbf{B}$, $\mathbf{C}$의 일차결합으로 나타낼 수 있으므로, $\text{span}\{\mathbf{A},\mathbf{B},\mathbf{C}\}$의 원소입니다.

핵심요약

- **[정리 3-4]**

  공집합이 아닌 집합 S는 벡터공간의 부분공간입니다.

  $\Leftrightarrow$ (a) S는 벡터의 합에 대하여 닫혀 있습니다.

  (b) S는 스칼라곱에 대하여 닫혀 있습니다.

- **[정의 3-2]**

  벡터 $\mathbf{x}$가 다음과 같이 표현된다고 합시다.

  $$\mathbf{x}=k_1\mathbf{v}_1+k_2\mathbf{v}_2+k_3\mathbf{v}_3+\cdots+k_n\mathbf{v}_n \quad (k_1,\ k_2,\ k_3,\ \cdots,\ k_n\text{은 스칼라})$$

  이때 $\mathbf{x}$를 벡터 $\mathbf{v}_1, \mathbf{v}_2, \mathbf{v}_3, \cdots, \mathbf{v}_n$의 **일차결합**이라고 합니다.

- **[정의 3-3]**

  벡터공간 V의 모든 벡터를 벡터 $\mathbf{v}_1, \mathbf{v}_2, \mathbf{v}_3, \cdots, \mathbf{v}_n$의 일차결합으로 나타낼 수 있으면, 벡터 $\mathbf{v}_1, \mathbf{v}_2, \mathbf{v}_3, \cdots, \mathbf{v}_n$은 벡터공간 V를 **생성한다**고 합니다.

3.2 연습문제

* 3.2 연습문제에서 스칼라는 실수라고 가정합니다.

01 [예제 3-4]를 생각해봅시다. 집합 S가 $\mathbb{R}^2$의 벡터의 합과 스칼라곱에 대한 벡터공간임을 보이세요.

02 집합 S가 벡터공간 $\mathbb{R}^2$의 $\begin{pmatrix} a \\ 0 \end{pmatrix}$ 형태인 벡터로 이루어진 집합일 때, S가 $\mathbb{R}^2$의 부분공간임을 보이세요.

03 집합 S가 벡터공간 $\mathbb{R}^2$의 $\begin{pmatrix} a \\ a \end{pmatrix}$ 형태인 벡터로 이루어진 집합일 때, S가 $\mathbb{R}^2$의 부분공간임을 보이세요.

04 집합 S가 벡터공간 $\mathbb{R}^3$의 $(0 \;\; 0 \;\; c)^{\mathrm{T}}$ 형태인 벡터로 이루어진 집합일 때, S가 $\mathbb{R}^3$의 부분공간임을 보이세요.

05 집합 S가 벡터공간 $\mathbb{R}^4$의 $(1 \;\; b \;\; c \;\; d)^{\mathrm{T}}$ 형태인 벡터로 이루어진 집합일 때, S가 $\mathbb{R}^4$의 부분공간이 아님을 보이세요.

06 집합 S가 벡터공간 $\mathbb{R}^3$의 $(a \;\; b \;\; c)^{\mathrm{T}}$ $(a+b+c=0)$ 형태인 벡터로 이루어진 집합일 때, S가 $\mathbb{R}^3$의 부분공간인지 판단해보세요.

07 집합 $S=\left\{\begin{pmatrix} a \\ b \end{pmatrix} \middle| \, a, b\text{는 정수}\right\}$가 $\mathbb{R}^2$의 부분집합일 때, S가 $\mathbb{R}^2$의 부분공간이 아님을 보이세요.

08 집합 $S=\left\{\begin{pmatrix} a \\ b \\ c \end{pmatrix} \middle| \, a, b, c\text{는 유리수}\right\}$가 $\mathbb{R}^3$의 부분집합일 때, S가 $\mathbb{R}^3$의 부분공간이 아님을 보이세요.

09 M_{22}는 2×2 행렬로 이루어진 집합입니다. 집합 S가 $\begin{pmatrix} a & 1 \\ c & d \end{pmatrix}$ 형태인 행렬을 원소로 갖는 M_{22}의 부분집합일 때, S가 M_{22}의 부분공간이 아님을 보이세요.

10 M_{22}는 2×2 행렬로 이루어진 집합입니다. 다음 집합 S가 M_{22}의 부분공간이 아님을 보이세요.

$$S=\left\{\begin{pmatrix} a & b \\ c & d \end{pmatrix} \middle| \, a, b, c, d\text{는 정수}\right\}$$

11 집합 S는 대칭행렬($\mathbf{A}^{\mathrm{T}}=\mathbf{A}$를 만족하는 행렬 $\mathbf{A}$)로 이루어진 집합이고, 집합 V는 임의의 행렬을 원소로 갖는 집합입니다. 이때 S가 V의 부분공간임을 보이세요.

12 차수가 2보다 작거나 같은 다항식으로 이루어진 집합 P_2의 벡터 $\mathbf{v}_1=t^2-1$, $\mathbf{v}_2=t+1$, $\mathbf{v}_3=2t^2+t-1$에 대하여, 벡터 $\mathbf{x}=7t^2+8t+1$이 벡터 $\mathbf{v}_1, \mathbf{v}_2, \mathbf{v}_3$의 일차결합임을 보이세요.

13 P_2의 벡터 $\mathbf{p}_1=t^2+2t-1$, $\mathbf{p}_2=2t+1$, $\mathbf{p}_3=5t^2+2t-3$에 대하여, 다음 벡터가 $\mathbf{p}_1, \mathbf{p}_2, \mathbf{p}_3$의 일차결합임을 보이세요.

(a) $\mathbf{x}=4t^2-2t-3$ (b) $\mathbf{x}=-2t^2-2$

(c) $\mathbf{x}=6$

14 집합 V가 실숫값을 갖는 연속함수로 이루어진 집합일 때 V는 벡터공간입니다. 벡터 $\mathbf{v}_1=\sin^2 t$, $\mathbf{v}_2=\cos^2 t$에 대하여, 다음 벡터가 $\mathbf{v}_1, \mathbf{v}_2$의 일차결합임을 보이세요.

(a) $\mathbf{x}=1$ (b) $\mathbf{x}=\pi$ (c) $\mathbf{x}=\cos 2t$

15 집합 S가 벡터공간 $\mathbb{R}^3$의 $\begin{pmatrix} a \\ b \\ 0 \end{pmatrix}$ 형태인 벡터로 이루어진 부분공간일 때, 벡터 $\mathbf{u}=\begin{pmatrix} 1 \\ 2 \\ 0 \end{pmatrix}$, $\mathbf{v}=\begin{pmatrix} -1 \\ 5 \\ 0 \end{pmatrix}$에 대하여 벡터 $\mathbf{u}$, $\mathbf{v}$가 S를 생성함을 보이세요.

16 차수가 2보다 작거나 같은 다항식으로 이루어진 집합 P_2의 벡터 $\mathbf{p}_1=t^2+3$, $\mathbf{p}_2=2t^2+5t+6$, $\mathbf{p}_3=5t$에 대하여, 벡터 $\mathbf{x}=t^2+3$이 $\mathrm{span}\{\mathbf{p}_1, \mathbf{p}_2, \mathbf{p}_3\}$의 원소인지 판단해보세요.

17 2×2 행렬로 이루어진 집합 M_{22}의 행렬 $\mathbf{A}=\begin{pmatrix}1&1\\1&1\end{pmatrix}$, $\mathbf{B}=\begin{pmatrix}-1&2\\5&7\end{pmatrix}$, $\mathbf{C}=\begin{pmatrix}2&6\\8&0\end{pmatrix}$에 대하여, 행렬 $\mathbf{D}=\begin{pmatrix}7&-3\\-14&-26\end{pmatrix}$이 $\text{span}\{\mathbf{A},\mathbf{B},\mathbf{C}\}$의 원소인지 판단해보세요.

18 $F[0,2\pi]$가 구간 $[0,2\pi]$에서 정의된 연속함수로 이루어진 벡터공간이라 합시다. 함수 $\mathbf{f}=\cos 2x$, $\mathbf{g}=\sin 2x$에 대하여, 다음 함수가 $\text{span}\{\mathbf{f},\mathbf{g}\}$의 원소인지 판단해보세요.

(a) 0

(b) $\sin 2x$

(c) $\cos^2 x-\sin^2 x$

(d) 1

19 다항식 $x+1$과 $(x+1)^2$이 P_2를 생성하는지 판단해보세요.

20 [정리 3-6]을 증명해보세요.

21 S를 벡터공간 V의 부분공간이라고 합시다. T가 S의 부분집합일 때, T가 V의 부분공간이 아닐 수 있음을 보이세요.

22 S와 T가 벡터공간 V의 부분공간일 때, 다음이 성립함을 또는 성립하지 않음을 증명해보세요.

(a) $S\cap T$는 V의 부분공간입니다.

(b) $S\cup T$는 V의 부분공간입니다.

여기서 $S\cap T$는 S와 T의 교집합(intersection)이므로 $S\cap T$의 원소는 모두 S와 T의 원소입니다. 즉, $\mathbf{u}\in S\cap T$이면 $\mathbf{u}\in S$이고 $\mathbf{u}\in T$입니다. 또한 $S\cup T$는 S와 T의 합집합(union)이므로 S 또는 T의 모든 원소로 이루어진 집합입니다.

3.3 일차독립과 기저

학습목표

- 벡터의 일차독립을 확인할 수 있습니다.
- 일차독립의 성질을 증명할 수 있습니다.
- 주어진 벡터가 벡터공간의 기저를 이루는지 판단할 수 있습니다.

2장에서 유클리드 공간 $\mathbb{R}^n$의 예를 통해서 일차독립과 기저에 대해 논의했습니다. 이 절에서는 일차독립과 기저의 정의를 일반 벡터공간 V로 확장합니다. 앞에서 행렬의 집합, 다항식의 집합, 함수의 집합이 벡터공간을 형성할 수 있음을 살펴보았습니다. 이는 서로 다른 대상이더라도 같은 원리로 작동함을 의미합니다.

기저는 벡터를 다루는 벡터공간에서 일종의 좌표계라 할 수 있습니다.

3.3.1 일차독립

일차독립의 정의를 일반 벡터공간 V로 확장해봅시다.

정의 3-4 일반 벡터공간에서의 일차독립

벡터공간 V의 벡터 $\mathbf{v}_1, \mathbf{v}_2, \mathbf{v}_3, \cdots, \mathbf{v}_n$은 **일차독립**(linearly independent)입니다.

⇔ 다음을 만족하는 유일한 실수 스칼라 k_1, k_2, k_3, $\cdots$, k_n이 존재합니다.

$$k_1\mathbf{v}_1 + k_2\mathbf{v}_2 + k_3\mathbf{v}_3 + \cdots + k_n\mathbf{v}_n = \mathrm{O}\text{일 때, } k_1 = k_2 = k_3 = \cdots = k_n = 0$$

? [정의 3-4]는 무슨 의미일까요?

일차결합 $k_1\mathbf{v}_1 + k_2\mathbf{v}_2 + k_3\mathbf{v}_3 + \cdots + k_n\mathbf{v}_n = \mathrm{O}$를 만족하는 유일한 해는 스칼라 k_1, k_2, k_3, $\cdots$, k_n이 모두 0인 것과 같습니다. 다시 말해, 벡터 $\mathbf{v}_j$ 중 어떤 것도 다른 벡터들의 일차결합으로 만들 수 없습니다.

예제 3-14 M_{22}를 2×2 행렬의 벡터공간이라 할 때, 다음 행렬들을 생각해봅시다.

$$\mathrm{A} = \begin{pmatrix} 1 & 0 \\ 0 & 1 \end{pmatrix},\ \mathrm{B} = \begin{pmatrix} 0 & 2 \\ 2 & 0 \end{pmatrix}$$

행렬 A와 B가 일차독립임을 보이세요.

풀이

행렬 A와 B가 일차독립임을 보이려면 어떻게 해야 할까요? $k\mathrm{A} + c\mathrm{B} = \mathrm{O}$를 만족하는 유일한 스칼라가 $k = c = 0$임을 보여야 합니다.

스칼라 k, c에 대하여, 영행렬 $\mathrm{O} = \begin{pmatrix} 0 & 0 \\ 0 & 0 \end{pmatrix}$과 주어진 행렬 A, B를 [정의 3-4]에 적용해봅시다.

$$\begin{aligned} k\mathrm{A} + c\mathrm{B} &= k\begin{pmatrix} 1 & 0 \\ 0 & 1 \end{pmatrix} + c\begin{pmatrix} 0 & 2 \\ 2 & 0 \end{pmatrix} \\ &= \begin{pmatrix} k & 0 \\ 0 & k \end{pmatrix} + \begin{pmatrix} 0 & 2c \\ 2c & 0 \end{pmatrix} = \begin{pmatrix} k & 2c \\ 2c & k \end{pmatrix} = \begin{pmatrix} 0 & 0 \\ 0 & 0 \end{pmatrix} = \mathrm{O} \end{aligned}$$

행렬에서 대응하는 성분을 비교하면 $k=0$, $2c=0$임을 알 수 있습니다. 따라서 $k=0$, $c=0$이므로 모든 스칼라가 0입니다. [정의 3-4]에 의해 주어진 행렬 A와 B는 일차독립입니다.

일차독립은 다른 벡터들의 일차결합으로 어떤 하나의 벡터를 만들 수 없음을 의미합니다.

? [예제 3-14]는 무엇을 의미할까요?

행렬 A는 행렬 B의 실수배가 아님을 의미합니다.

예제 3-15 V를 실수에서 정의된 연속함수를 원소로 갖는 벡터공간이라고 합시다. 벡터공간 V의 벡터 $\mathbf{u}=\cos x$, $\mathbf{v}=\sin x$, $\mathbf{w}=2$에 대하여, 벡터 $\mathbf{u}$, $\mathbf{v}$, $\mathbf{w}$가 일차독립임을 보이세요.

풀이

[정의 3-4]에 의해 다음과 같은 일차결합을 생각해볼 수 있습니다.

$$k_1\mathbf{u}+k_2\mathbf{v}+k_3\mathbf{w}=k_1\cos x+k_2\sin x+2k_3=0 \quad (k_1,\ k_2,\ k_3\text{는 스칼라}) \tag{*}$$

무엇을 증명해야 할까요? 주어진 벡터 $\mathbf{u}$, $\mathbf{v}$, $\mathbf{w}$가 일차독립임을 증명해야 합니다. 어떻게 하면 될까요? 모든 스칼라가 0임을 보여야 합니다. 즉, $k_1=k_2=k_3=0$임을 보여야 합니다.

3개의 방정식이 필요하므로, x에 3개의 다른 값을 대입합니다. 이때 방정식을 단순화하는 데 도움이 되는 값을 선택합니다. 식 (*)에 $x=0$을 대입해봅시다($\sin x$가 있는 항을 제거하기 위해).

$$k_1\underbrace{\cos 0}_{=1}+k_2\underbrace{\sin 0}_{=0}+2k_3=k_1+2k_3=0 \tag{1}$$

다음으로 식 (*)에 $x=\pi$를 대입해봅시다.

$$k_1\underbrace{\cos\pi}_{=-1}+k_2\underbrace{\sin\pi}_{=0}+2k_3=-k_1+2k_3=0 \tag{2}$$

이제 식 (*)에 $x=\frac{\pi}{2}$를 대입해봅시다.

$$k_1\underbrace{\cos\frac{\pi}{2}}_{=0}+k_2\underbrace{\sin\frac{\pi}{2}}_{=1}+2k_3=k_2+2k_3=0 \tag{3}$$

3개의 방정식 (1), (2), (3)은 첨가행렬을 이용하여 해결할 수 있습니다.

$$\begin{matrix} \\ \mathrm{R}_1 \\ \mathrm{R}_2 \\ \mathrm{R}_3 \end{matrix}\begin{matrix} k_1 \ \ k_2 \ \ k_3 \\ \left(\begin{array}{rrr|r} 1 & 0 & 2 & 0 \\ -1 & 0 & 2 & 0 \\ 0 & 1 & 2 & 0 \end{array}\right)\end{matrix} \Rightarrow \begin{matrix} \\ \mathrm{R}_1 \\ \mathrm{R}_2+\mathrm{R}_1 \\ \mathrm{R}_3 \end{matrix}\begin{matrix} k_1 \ \ k_2 \ \ k_3 \\ \left(\begin{array}{rrr|r} 1 & 0 & 2 & 0 \\ 0 & 0 & 4 & 0 \\ 0 & 1 & 2 & 0 \end{array}\right)\end{matrix}$$

이를 통해 $k_1=k_2=k_3=0$임을 알 수 있습니다. 유일한 해가 $k_1=k_2=k_3=0$이므로, 주어진 벡터 $\mathbf{u}=\cos x$, $\mathbf{v}=\sin x$, $\mathbf{w}=2$는 일차독립입니다.

? [예제 3-15]에서 x에 대입해야 하는 값을 어떻게 알 수 있나요?

다음 일차결합은 모든 실수 x의 값에 대해 성립합니다.

$$k_1\mathbf{u}+k_2\mathbf{v}+k_3\mathbf{w}=k_1\cos x+k_2\sin x+2k_3=0$$

따라서 임의의 실수를 대입할 수 있습니다. 대개 단순하게 계산할 수 있는 x의 값을 찾아 대입합니다.

3.3.2 일차종속

일차종속은 무엇을 의미할까요?

정의 3-5 일반 벡터공간에서의 일차종속

벡터공간 V의 벡터 $\mathbf{v}_1, \mathbf{v}_2, \mathbf{v}_3, \cdots, \mathbf{v}_n$은 **일차종속**(linearly dependent)입니다.

⇔ 적어도 하나는 0이 아닌 실수 스칼라 k_1, k_2, k_3, $\cdots$, k_n에 대하여 다음이 성립합니다.

$$k_1\mathbf{v}_1 + k_2\mathbf{v}_2 + k_3\mathbf{v}_3 + \cdots + k_n\mathbf{v}_n = \mathbf{O}$$

예제 3-16 실수에서 정의된 연속함수를 원소로 갖는 벡터공간을 V라 합시다. 벡터공간 V의 벡터 $\mathbf{u} = \cos^2 x$, $\mathbf{v} = \sin^2 x$, $\mathbf{w} = 2$에 대하여, 벡터 $\mathbf{u}$, $\mathbf{v}$, $\mathbf{w}$가 일차종속임을 보이세요.

풀이

우리는 다음과 같은 삼각함수의 항등식을 알고 있습니다.

$$\cos^2 x + \sin^2 x = 1$$

위 식의 양변에 2를 곱합니다.

$$2\cos^2 x + 2\sin^2 x = 2$$

$$2\mathbf{u} + 2\mathbf{v} = \mathbf{w} \qquad [\mathbf{u} = \cos^2 x,\ \mathbf{v} = \sin^2 x,\ \mathbf{w} = 2]$$

$2\mathbf{u} + 2\mathbf{v} = \mathbf{w}$는 벡터 $\mathbf{u}$, $\mathbf{v}$의 일차결합으로 벡터 $\mathbf{w}$가 만들어짐을 의미합니다(벡터 $\mathbf{u}$의 2배와 벡터 $\mathbf{v}$의 2배를 더하여 만듭니다). 따라서 벡터 $\mathbf{u}$, $\mathbf{v}$, $\mathbf{w}$는 일차종속입니다.

예제 3-17 P_2를 2차 이하인 다항식의 벡터공간이라 합시다. P_2에서 다음 벡터가 일차독립인지, 일차종속인지 판단해보세요.

(a) $\mathbf{p} = 6t^2 + 8t + 2$, $\mathbf{q} = 3t^2 + 4t + 1$

(b) $\mathbf{p} = 2t^2 + 3t + 2$, $\mathbf{q} = t^2 + t + 1$

(c) $\mathbf{p} = t^2 + 3t - 1$, $\mathbf{q} = 2t^2 + 7t + 5$, $\mathbf{r} = 7$

풀이

(a) 주어진 두 벡터 $\mathbf{p} = 6t^2 + 8t + 2$와 $\mathbf{q} = 3t^2 + 4t + 1$로 무엇을 알 수 있나요? $\mathbf{p}$는 $\mathbf{q}$의 2배입니다. 즉, $\mathbf{p} = 2\mathbf{q}$ 또는 $\mathbf{p} - 2\mathbf{q} = \mathbf{O}$입니다.

이는 무엇을 의미할까요? $\mathbf{q}$에 2배를 하여 $\mathbf{p}$를 만들 수 있으므로 $\mathbf{p}$와 $\mathbf{q}$는 일차종속입니다. $\mathbf{p} - 2\mathbf{q} = (1)\mathbf{p} + (-2)\mathbf{q} = \mathbf{O}$이므로, 0이 아닌 스칼라는 1과 -2임을 알 수 있습니다.

(b) 이 경우에 $\mathbf{p} = 2t^2 + 3t + 2$는 $\mathbf{q} = t^2 + t + 1$의 스칼라곱이 아닙니다. 따라서 두 벡터 $\mathbf{p}$, $\mathbf{q}$는 일차독립입니다.

(c) 세 벡터 사이의 관계를 파악하기는 훨씬 어렵습니다. 여기서는 연립일차방정식을 풀기 위한 일반적인 절차를 진행해야 합니다.

k_1, k_2, k_3를 스칼라라고 합시다. 다음 등식을 만족하는 k_1, k_2, k_3의 값을 찾아야 합니다.

$$k_1\mathbf{p} + k_2\mathbf{q} + k_3\mathbf{r} = \mathbf{O}$$

위 식에 주어진 벡터 $\mathbf{p} = t^2 + 3t - 1$, $\mathbf{q} = 2t^2 + 7t + 5$, $\mathbf{r} = 7$, $\mathbf{O} = 0$을 대입해봅시다.

$$\begin{aligned} k_1\mathbf{p} + k_2\mathbf{q} + k_3\mathbf{r} &= k_1(t^2 + 3t - 1) + k_2(2t^2 + 7t + 5) + 7k_3 \\ &= k_1t^2 + 3k_1t - k_1 + 2k_2t^2 + 7k_2t + 5k_2 + 7k_3 \\ &\underbrace{=}_{\text{동류항끼리 정리}} (k_1 + 2k_2)t^2 + (3k_1 + 7k_2)t + (-k_1 + 5k_2 + 7k_3) \\ &= 0 \end{aligned}$$

위 식의 마지막 두 줄의 계수를 비교해봅시다.

$$\begin{aligned} k_1 + 2k_2 &= 0 && [t^2\text{의 계수}] \\ 3k_1 + 7k_2 &= 0 && [t\text{의 계수}] \\ -k_1 + 5k_2 + 7k_3 &= 0 && [\text{상수항의 계수}] \end{aligned}$$

이 연립일차방정식의 유일한 해는 $k_1 = k_2 = k_3 = 0$입니다. 따라서 벡터 $\mathbf{p}$, $\mathbf{q}$, $\mathbf{r}$은 일차독립입니다.

3.3.3 일차독립과 일차종속의 성질

유클리드 공간 $\mathbb{R}^n$에서 벡터의 일차독립과 일차종속의 성질 중 일부는 2장의 2.3.4절에서 증명했습니다. 이 결과를 일반 벡터공간 V로 확장할 수 있습니다. 관련 증명은 2장에서 유클리드 공간에서 했던 것과 매우 유사합니다.

> **정리 3-7 일차종속의 동치 명제**
> 벡터공간 V에서 벡터 $\mathbf{u}$, $\mathbf{v}$는 일차종속입니다.
> $\Leftrightarrow$ 두 벡터 $\mathbf{u}$, $\mathbf{v}$ 중 한 벡터가 다른 벡터의 스칼라곱입니다.

증명

($\Rightarrow$) 두 벡터 $\mathbf{u}$, $\mathbf{v}$가 일차종속이라고 가정합시다.

어떻게 증명해야 할까요?

한 벡터가 다른 벡터의 스칼라곱임을 보여야 합니다. 두 벡터 $\mathbf{u}$, $\mathbf{v}$가 일차종속이라면 [정의 3-5]에 의해 영이 아닌 스칼라 k 또는 c가 존재하여 다음 등식을 만족합니다.

$$k\mathbf{u} + c\mathbf{v} = \mathrm{O}$$

$k \neq 0$이라고 가정하면, $k\mathbf{u} = -c\mathbf{v}$를 통해 $\mathbf{u} = -\frac{c}{k}\mathbf{v}$임을 알 수 있습니다. $\mathbf{u} = -\frac{c}{k}\mathbf{v}$이므로 벡터 $\mathbf{u}$는 $\mathbf{v}$의 스칼라곱임을 알 수 있습니다.

($\Leftarrow$) 이제 반대 방향을 증명해봅시다. 벡터 $\mathbf{u}$가 벡터 $\mathbf{v}$의 스칼라곱이라고 가정하면 다음과 같이 표현할 수 있습니다.

$$\mathbf{u} = m\mathbf{v} \quad (m\text{은 스칼라})$$

양변에 $-m\mathbf{v}$를 더해봅시다. 그러면 $\mathbf{u} - m\mathbf{v} = \mathrm{O}$를 얻습니다. 일차결합 $\mathbf{u} - m\mathbf{v} = \mathrm{O}$에 따라 영이 아닌 스칼라를 이용해 영벡터 O를 만들 수 있습니다. 따라서 [정의 3-5]에 의해 두 벡터 $\mathbf{u}$, $\mathbf{v}$가 일차종속이라고 할 수 있습니다. ■

> **정리 3-8 일반 벡터공간에서 일차종속의 성질**
>
> $S = \{\mathbf{v}_1, \mathbf{v}_2, \mathbf{v}_3, \cdots, \mathbf{v}_n\}$을 벡터공간 V에서 일차종속인 벡터들의 집합이라고 합시다. 그러면 집합 $T = \{\mathbf{v}_1, \mathbf{v}_2, \mathbf{v}_3, \cdots, \mathbf{v}_n, \mathbf{v}_{n+1}\}$ 역시 V에서 일차종속입니다.

[정리 3-8]은 무엇을 의미할까요?

n개의 벡터로 이루어진 집합이 일차종속이라면, 같은 n개의 벡터에 또 다른 벡터를 추가하더라도 일차종속이라는 의미입니다. 즉, 벡터를 더 추가해도 일차종속이라는 성질은 변하지 않습니다.

증명

$S = \{\mathbf{v}_1, \mathbf{v}_2, \mathbf{v}_3, \cdots, \mathbf{v}_n\}$이 일차종속이라는 사실이 주어져 있습니다. 따라서 적어도 하나는 0이 아닌 스칼라 k_1, k_2, k_3, $\cdots$, k_n에 대하여, 다음과 같이 표현할 수 있습니다.

$$k_1\mathbf{v}_1 + k_2\mathbf{v}_2 + k_3\mathbf{v}_3 + \cdots + k_n\mathbf{v}_n = \mathrm{O} \qquad (*)$$

다음 일차결합을 생각해봅시다.

$$k_1\mathbf{v}_1 + k_2\mathbf{v}_2 + k_3\mathbf{v}_3 + \cdots + k_n\mathbf{v}_n + \underbrace{k_{n+1}\mathbf{v}_{n+1}}_{\text{추가 벡터}}$$

$k_{n+1} = 0$이라면 다음과 같이 쓸 수 있습니다.

$$\underbrace{k_1\mathbf{v}_1 + k_2\mathbf{v}_2 + k_3\mathbf{v}_3 + \cdots + k_n\mathbf{v}_n}_{=\mathrm{O}(\text{식 }(*))} + \underbrace{k_{n+1}\mathbf{v}_{n+1}}_{\text{추가 벡터}} = \mathrm{O}$$

식 (*)에 의해 위 방정식의 모든 스칼라가 영은 아닙니다. 그러므로 [정의 3-5]에 의해 벡터의 집합 $T = \{\mathbf{v}_1, \mathbf{v}_2, \mathbf{v}_3, \cdots, \mathbf{v}_n, \mathbf{v}_{n+1}\}$이 일차종속이라고 결론지을 수 있습니다. ■

정리 3-9 일차종속의 동치 명제

벡터의 집합 $S = \{\mathbf{v}_1, \mathbf{v}_2, \mathbf{v}_3, \cdots, \mathbf{v}_n\}$이 일차종속입니다.

⇔ 이 벡터 중 하나를 $\mathbf{v}_k$라 하면, 다음과 같이 $\mathbf{v}_k$를 나머지 벡터들의 일차결합으로 나타낼 수 있습니다.

$$\mathbf{v}_k = c_1\mathbf{v}_1 + c_2\mathbf{v}_2 + c_3\mathbf{v}_3 + \cdots + c_{k-1}\mathbf{v}_{k-1}$$

[정리 3-9]는 무엇을 의미할까요?

벡터 $\mathbf{v}_1, \mathbf{v}_2, \mathbf{v}_3, \cdots, \mathbf{v}_n$이 일차종속이면, 이 벡터 중 하나를 다른 벡터로 나타낼 수 있습니다. 이 명제의 역도 성립합니다. 즉, 벡터 중 하나를 다른 벡터의 일차결합으로 나타낼 수 있다면, 이 벡터들은 일차종속입니다.

증명

(⇒) 집합 $S = \{\mathbf{v}_1, \mathbf{v}_2, \mathbf{v}_3, \cdots, \mathbf{v}_n\}$의 벡터들이 일차종속이라고 가정합니다. 이때 벡터 $\mathbf{v}_k$를 벡터 $\mathbf{v}_1$, $\mathbf{v}_2$, $\cdots$, $\mathbf{v}_{k-1}$의 일차결합으로 나타낼 수 있음을 증명해야 합니다.

[정의 3-5]에 의해 다음과 같이 표현할 수 있습니다.

종속성 : 적어도 하나는 0이 아닌 k_1, k_2, k_3, $\cdots$, k_n에 대하여 다음이 성립합니다.

$$k_1\mathbf{v}_1 + k_2\mathbf{v}_2 + k_3\mathbf{v}_3 + \cdots + k_n\mathbf{v}_n = \mathrm{O}$$

따라서 S에서 벡터를 다음과 같이 표현할 수 있습니다. 이때 c_1, c_2, c_3, $\cdots$, c_n 중 적어도 하나는 0이 아닙니다.

$$c_1\mathbf{v}_1 + c_2\mathbf{v}_2 + c_3\mathbf{v}_3 + \cdots + c_n\mathbf{v}_n = \mathrm{O}$$

$c_k \neq 0$을 만족하는 스칼라의 첨자 중 가장 큰 것을 k라 합시다. 그렇다면 다음과 같이 쓸 수 있습니다.

$$c_1\mathbf{v}_1 + c_2\mathbf{v}_2 + c_3\mathbf{v}_3 + \cdots + c_{k-1}\mathbf{v}_{k-1} - c_k\mathbf{v}_k = \mathrm{O}$$

벡터 연산을 수행해봅시다.

$$c_k\mathbf{v}_k = -c_1\mathbf{v}_1 - c_2\mathbf{v}_2 - c_3\mathbf{v}_3 - \cdots - c_{k-1}\mathbf{v}_{k-1} \quad \text{[이항하기]}$$

$$\begin{aligned}\mathbf{v}_k &= -\frac{c_1}{c_k}\mathbf{v}_1 - \frac{c_2}{c_k}\mathbf{v}_2 - \frac{c_3}{c_k}\mathbf{v}_3 - \cdots - \frac{c_{k-1}}{c_k}\mathbf{v}_{k-1} \quad [c_k \neq 0\text{으로 나누기}] \\ &= d_1\mathbf{v}_1 - d_2\mathbf{v}_2 - d_3\mathbf{v}_3 - \cdots - d_{k-1}\mathbf{v}_{k-1} \quad \left(d_j = -\frac{c_j}{c_k}\right)\end{aligned}$$

위 결과에서 알 수 있듯이, $\mathbf{v}_k$를 벡터 $\mathbf{v}_1, \mathbf{v}_2, \cdots, \mathbf{v}_{k-1}$의 일차결합으로 나타낼 수 있습니다.

($\Leftarrow$) 이제 반대 방향을 증명해봅시다. $\mathbf{v}_k$를 벡터 $\mathbf{v}_1, \mathbf{v}_2, \cdots, \mathbf{v}_{k-1}$의 일차결합으로 나타낼 수 있다고 가정합니다. 이는 다음과 같이 나타낼 수 있음을 의미합니다.

$$\mathbf{v}_k = c_1\mathbf{v}_1 + c_2\mathbf{v}_2 + c_3\mathbf{v}_3 + \cdots + c_{k-1}\mathbf{v}_{k-1} \quad (c_1,\ c_2,\ c_3,\ \cdots,\ c_k\text{는 스칼라})$$

위 식을 재배열해봅시다.

$$c_1\mathbf{v}_1 + c_2\mathbf{v}_2 + c_3\mathbf{v}_3 + \cdots + c_{k-1}\mathbf{v}_{k-1} - \mathbf{v}_k = \mathrm{O}$$

따라서 벡터 $\mathbf{v}_1, \mathbf{v}_2, \mathbf{v}_3, \cdots, \mathbf{v}_k$는 일차종속입니다.

왜 그럴까요?

바로 위 식을 다음과 같이 쓸 수 있습니다.

$$c_1\mathbf{v}_1 + c_2\mathbf{v}_2 + c_3\mathbf{v}_3 + \cdots + c_{k-1}\mathbf{v}_{k-1} + (-1)\mathbf{v}_k = \mathrm{O}$$

즉, 적어도 하나 이상의 스칼라가 0이 아닙니다(-1).

[정리 3-8]에서 $S = \{\mathbf{v}_1, \mathbf{v}_2, \mathbf{v}_3, \cdots, \mathbf{v}_n\}$이 일차종속이면, $T = \{\mathbf{v}_1, \mathbf{v}_2, \mathbf{v}_3, \cdots, \mathbf{v}_n, \mathbf{v}_{n+1}\}$ 역시 일차종속이었습니다. 이에 따라 벡터 $\mathbf{v}_1, \mathbf{v}_2, \cdots, \mathbf{v}_k, \mathbf{v}_{k+1}, \cdots, \mathbf{v}_n$이 일차종속이라고 결론지을 수 있습니다(벡터를 추가해도 종속성은 달라지지 않습니다). 이로써 증명이 완료되었습니다. ■

[정리 3-9]는 집합의 한 벡터를 집합의 다른 벡터의 일차결합으로 표현할 수 없는 경우에는 집합이 일차독립임을 의미하기도 합니다. 따라서 일차독립임을 증명하려면 벡터가 집합의 다른 벡터들의 일차결합이 아님을 보여주기만 하면 됩니다.

예제 3-18 **P_n을 n차 이하의 차수를 가지는 다항식의 벡터공간이라고 합시다. 벡터의 집합 $\{1, t, t^2, t^3, \cdots, t^n\}$이 일차독립임을 보이세요.**

풀이

어떤 다항식도 차수가 다른 다항식들의 일차결합으로 표현할 수 없다는 점에 주목합시다. 예를 들어, t^k과 같은 다항식을 스칼라 c_1, c_2, c_3, $\cdots$, c_k와 $\{1, t, t^2, t^3, \cdots, t^{k-1}\}$의 일차결합으로 나타낼 수 없습니다.

$$c_0 1 + c_1 t + c_2 t^2 + c_3 t^3 + \cdots + c_{k-1} t^{k-1} \neq t^k$$

어떤 다항식도 차수가 다른 다항식들의 일차결합으로 나타낼 수 없으므로, 주어진 집합 $\{1, t, t^2, t^3, \cdots, t^n\}$이 일차독립이라고 결론지을 수 있습니다.

3.3.4 기저벡터

여기서는 기저벡터의 정의를 일반 벡터공간 V로 확장합니다. 앞서 2.4.2절에서 기저를 살펴보았는데, 이때는 유클리드 공간 $\mathbb{R}^n$에 한정하여 다루었습니다. 이번에는 일반 벡터공간 V에서 기저의 성질을 이야기해보겠습니다.

기저는 벡터공간을 설명하는 좌표계의 축이라고 생각하면 됩니다. 이는 벡터공간 V의 모든 벡터는 기저벡터로 표현되는 좌표계를 통해 표현할 수 있음을 의미합니다. 각 벡터는 기저벡터로 분해할 수 있습니다.

정의 3-6 일반 벡터공간에서의 기저

벡터공간 V에서 n개의 벡터 $\mathbf{v}_1, \mathbf{v}_2, \mathbf{v}_3, \cdots, \mathbf{v}_n$에 대해 다음이 성립합니다.

$\mathbf{v}_1, \mathbf{v}_2, \mathbf{v}_3, \cdots, \mathbf{v}_n$은 V의 **기저**(basis)를 형성합니다.

$\Leftrightarrow$ (a) $\mathbf{v}_1, \mathbf{v}_2, \mathbf{v}_3, \cdots, \mathbf{v}_n$이 V를 생성합니다.

(b) $\mathbf{v}_1, \mathbf{v}_2, \mathbf{v}_3, \cdots, \mathbf{v}_n$은 일차독립입니다.

n개의 벡터 $\mathbf{v}_1, \mathbf{v}_2, \mathbf{v}_3, \cdots, \mathbf{v}_n$을 집합으로 다음과 같이 표현할 수 있습니다.

$$B = \{\mathbf{v}_1, \mathbf{v}_2, \mathbf{v}_3, \cdots, \mathbf{v}_n\}$$

이 벡터들을 일반적으로 **기저벡터**(basis vector)라고 합니다.

? '$\{\mathbf{v}_1, \mathbf{v}_2, \mathbf{v}_3, \cdots, \mathbf{v}_n\}$이 V를 생성한다'라는 말은 무슨 의미일까요?

벡터의 집합 $\{\mathbf{v}_1, \mathbf{v}_2, \mathbf{v}_3, \cdots, \mathbf{v}_n\}$의 일차결합으로 V의 모든 벡터를 만들 수 있다면, 이 벡터들이 벡터공간 V를 **생성한다**고 말합니다. 이는 일반적으로 V에서 임의의 벡터를 고려한 다음, 이 벡터가 벡터 $\mathbf{v}_1, \mathbf{v}_2, \mathbf{v}_3, \cdots, \mathbf{v}_n$의 일차결합임을 보여줌으로써 증명할 수 있습니다.

다음으로, 주어진 벡터의 집합이 일반 벡터공간의 기저를 형성함을 어떻게 증명하는지 살펴보겠습니다. 증명은 이전 장에서 한 것과 유사하지만, 일반 벡터공간을 다루므로 벡터를 시각화할 수는 없습니다.

예제 3-19 **P_n을 n차 이하의 차수를 가지는 다항식의 벡터공간이라 합시다. 벡터의 집합 $S=\{1, t, t^2, t^3, \cdots, t^n\}$이 P_n의 기저임을 보이세요.**

풀이

이 결과를 어떻게 증명해야 할까요? S가 기저임을 증명하려면 다음 두 가지를 보여야 합니다.

> **1.** 벡터의 집합 S가 P_n을 생성합니다.
>
> **2.** 벡터의 집합 S가 일차독립입니다.

1. 생성 : P_n에서 임의의 벡터 $c_0+c_1t+c_2t^2+c_3t^3+\cdots+c_nt^n$을 생각해봅시다. 이는 다음과 같이 $\{1, t, t^2, t^3, \cdots, t^n\}$의 일차결합으로 나타낼 수 있습니다.

$$k_0+k_1t+k_2t^2+k_3t^3+\cdots+k_nt^n=c_0+c_1t+c_2t^2+c_3t^3+\cdots+c_nt^n$$

$j=1, 2, 3, \cdots, n$일 때, $k_j=c_j$입니다. 따라서 벡터의 집합 $\{1, t, t^2, t^3, \cdots, t^n\}$은 P_n을 생성합니다.

2. 일차독립 : [예제 3-18]에서 이미 살펴보았습니다.

조건 1, 2를 모두 만족하므로, 주어진 벡터의 집합 $S=\{1, t, t^2, t^3, \cdots, t^n\}$은 P_n의 기저를 형성합니다.

$\{1, t, t^2, t^3, \cdots, t^n\}$을 일반적으로 P_n의 **표준기저**(standard basis) 또는 **자연기저**(natural basis)라고 합니다. 표준기저가 P_n의 유일한 기저는 아닙니다. 기저 개수는 무수히 많습니다. 예를 들어, $\{1, t, t^2, t^3, \cdots, t^n\}$의 각 원소에 영이 아닌 수를 곱할 수 있습니다. 그 결과 또한 P_n의 또 다른 기저가 될 수 있습니다.

표준기저벡터를 이용하여 임의의 벡터를 표현할 수 있습니다. 이는 x축을 나타내는 $\mathbf{e}_1=(1\ \ 0)^{\mathrm{T}}$, y축을 나타내는 $\mathbf{e}_2=(0\ \ 1)^{\mathrm{T}}$로 $\mathbb{R}^2$의 벡터를 표현하는 것과 비슷합니다.

예제 3-20 **M_{22}를 2×2 행렬의 벡터공간이라 합시다. 다음 행렬이 M_{22}의 기저를 형성하지 않음을 보이세요.**

$$\mathrm{A}=\begin{pmatrix}1 & 0\\ 0 & 1\end{pmatrix}, \quad \mathrm{B}=\begin{pmatrix}0 & 1\\ 1 & 0\end{pmatrix}$$

풀이

어떻게 증명하면 될까요? 행렬 A와 B가 M_{22}를 생성하지 않음을 보이거나 이들이 일차종속임을 보여야 합니다. 행렬 A와 B가 M_{22}를 생성하지 않음을 보이려면, M_{22}의 한 벡터를 선택하여 행렬 A와 B의 일차결합이 이 벡터를 만들지 못함을 보이면 됩니다.

행렬 $\mathrm{C}=\begin{pmatrix}1 & 2\\ 3 & 4\end{pmatrix}$를 생각해봅시다. 스칼라 k_1과 k_2에 대해 다음과 같이 쓸 수 있습니다.

$$k_1\mathbf{A}+k_2\mathbf{B}=k_1\begin{pmatrix}1&0\\0&1\end{pmatrix}+k_2\begin{pmatrix}0&1\\1&0\end{pmatrix}$$

$$=\begin{pmatrix}k_1&0\\0&k_1\end{pmatrix}+\begin{pmatrix}0&k_2\\k_2&0\end{pmatrix}=\begin{pmatrix}k_1&k_2\\k_2&k_1\end{pmatrix}=\begin{pmatrix}1&2\\3&4\end{pmatrix}$$

위 방정식을 통해 다음을 알 수 있습니다.

$$\boxed{k_1=1,\ k_2=2,\ k_2=3,\ k_1=4}$$

k_1이 서로 다른 2개의 값 1, 4를 가지므로 모순입니다. 즉, 행렬 $\begin{pmatrix}1&2\\3&4\end{pmatrix}$를 만들 수 없음을 의미합니다. 행렬 $\mathbf{C}$를 만들 수 없으므로 주어진 행렬 $\mathbf{A}=\begin{pmatrix}1&0\\0&1\end{pmatrix}$, $\mathbf{B}=\begin{pmatrix}0&1\\1&0\end{pmatrix}$은 M_{22}를 생성할 수 없습니다. k_2 역시 서로 다른 2개의 값 2, 3을 가지므로 모순입니다. (참고로 행렬 $\mathbf{A}$와 $\mathbf{B}$는 일차독립이지만, 기저일 수 없습니다.)

실제로, 주어진 행렬은 오직 $\begin{pmatrix}a&b\\b&a\end{pmatrix}$ 형태의 행렬만 생성합니다. 즉, $a\neq d$, $b\neq c$인 경우의 행렬 $\begin{pmatrix}a&b\\c&d\end{pmatrix}$를 만들 수 없음을 의미합니다.

푸리에 급수(Fourier series) 연구에서는 주기를 갖는(자체가 반복되는) 연속함수를 논의합니다. 예를 들어, 주기적인 연속함수는 다음과 같습니다.

$$y=\frac{2}{\pi}\sin x+\frac{2}{3\pi}\sin 3x+\frac{2}{5\pi}\sin 5x$$

[그림 3-13]은 이 함수가 2π 간격으로 반복됨을 보여줍니다.

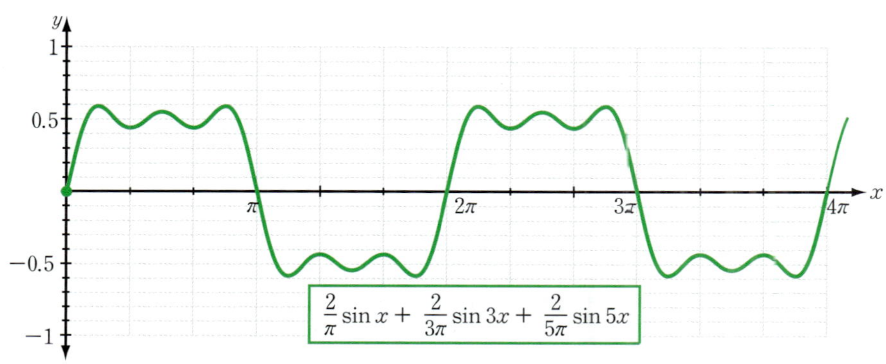

[그림 3-13] 주기가 2π인 함수

보다시피, 주기함수(periodic function) y는 $\sin x$, $\sin 3x$, $\sin 5x$의 일차결합으로 이루어져 있습니다. 벡터 공간 $F[0,\ 2\pi]$에 있는 다음 형태의 모든 함수는 기저 $\{\sin x, \sin 3x, \sin 5x\}$를 가집니다.

$$y=k_1\sin x+k_2\sin 3x+k_3\sin 5x$$

분명히, 이 벡터들은 벡터공간을 생성합니다. 3.3절 [연습문제 04]에서 이 벡터들의 일차독립성을 증명해봅시다.

주기적인 연속함수는 사인함수와 코사인함수의 일차결합으로 나타낼 수 있습니다. 일반적으로 푸리에 급수는 다음과 같은 형태를 띱니다.

$$y = k_0 + k_1 \cos x + k_2 \cos 2x + \cdots + c_1 \sin x + c_2 \sin 2x + \cdots$$

이때 k_i와 c_j는 스칼라입니다. 일반적인 함수에 대한 기저는 다음과 같습니다.

$$\{1, \cos x, \cos 2x, \cos 3x, \cdots, \sin x, \sin 2x, \sin 3x, \cdots\}$$

위에서 k_0라는 상수항을 만들어야 하므로, 기저에 1이 필요합니다. 따라서 기저벡터는 무수히 많습니다.

3.3.5 유일성

벡터공간의 기저를 선택하는 것은 본질적으로 각 벡터를 유일하게 표현할 수 있는 좌표계를 선택하는 것입니다.

> **정리 3-10 기저벡터 표현의 유일성**
> 집합 $B = \{\mathbf{v}_1, \mathbf{v}_2, \mathbf{v}_3, \cdots, \mathbf{v}_n\}$을 벡터공간 V의 기저라고 합시다. V의 모든 벡터는 기저벡터의 일차결합으로 유일하게 표현할 수 있습니다.

? [정리 3-10]은 무엇을 의미할까요?

V의 임의의 벡터를 기저벡터의 일차결합으로 표현할 때 스칼라는 유일합니다.

증명

벡터공간 V에서 임의의 벡터 $\mathbf{w}$를 생각해봅시다. 집합 $B = \{\mathbf{v}_1, \mathbf{v}_2, \mathbf{v}_3, \cdots, \mathbf{v}_n\}$이 벡터공간 V의 기저이므로, 다음을 만족하는 스칼라 k_1, k_2, k_3, $\cdots$, k_n이 존재합니다.

$$k_1\mathbf{v}_1 + k_2\mathbf{v}_2 + k_3\mathbf{v}_3 + \cdots + k_n\mathbf{v}_n = \mathbf{w} \qquad (\dagger)$$

이 벡터 $\mathbf{w}$를 또 다른 방법의 일차결합으로 나타낼 수 있다고 가정합시다.

$$c_1\mathbf{v}_1 + c_2\mathbf{v}_2 + c_3\mathbf{v}_3 + \cdots + c_n\mathbf{v}_n = \mathbf{w} \qquad (\dagger\dagger)$$

이때 c_1, c_2, c_3, $\cdots$, c_n은 스칼라입니다.

? 어떻게 증명하면 될까요?

스칼라의 두 집합이 같음을 보여야 합니다($c_1 = k_1$, $c_2 = k_2$, $\cdots$, $c_n = k_n$).

두 벡터 $\mathbf{w}$ 간의 차를 구해봅시다(식 (†)−식 (††)).

$$k_1\mathbf{v}_1 + k_2\mathbf{v}_2 + k_3\mathbf{v}_3 + \cdots + k_n\mathbf{v}_n - c_1\mathbf{v}_1 - c_2\mathbf{v}_2 - c_3\mathbf{v}_3 - \cdots - c_n\mathbf{v}_n = \mathbf{w} - \mathbf{w}$$

$$(k_1 - c_1)\mathbf{v}_1 + (k_2 - c_2)\mathbf{v}_2 + (k_3 - c_3)\mathbf{v}_3 - \cdots - (k_n - c_n)\mathbf{v}_n = \mathbf{O} \quad (*)$$

$\mathbf{v}_1, \mathbf{v}_2, \mathbf{v}_3, \cdots, \mathbf{v}_n$은 기저벡터이므로 이 벡터들은 일차독립입니다. 즉, 식 (*)의 괄호로 묶인 부분(스칼라)은 모두 0이어야 합니다([정의 3-4]). 따라서 다음과 같습니다.

$$k_1 - c_1 = 0,\ k_2 - c_2 = 0,\ k_3 - c_3 = 0, \cdots,\ k_n - c_n = 0$$

$$k_1 = c_1,\ k_2 = c_2,\ k_3 = c_3,\ \cdots,\ k_n = c_n$$

따라서 임의의 벡터에 대한 기저벡터의 표현은 유일함을 증명했습니다. ■

핵심요약

- 다음 일차결합을 생각해봅시다.

$$k_1\mathbf{v}_1 + k_2\mathbf{v}_2 + k_3\mathbf{v}_3 + \cdots + k_n\mathbf{v}_n = \mathbf{O}$$

  만약 유일한 해가 $k_1 = k_2 = k_3 = \cdots = k_n = 0$이라면, $\mathbf{v}_1, \mathbf{v}_2, \mathbf{v}_3, \cdots, \mathbf{v}_n$은 일차독립입니다. 그렇지 않다면, 일차종속입니다.

- **[정의 3-6]**

  $B = \{\mathbf{v}_1, \mathbf{v}_2, \mathbf{v}_3, \cdots, \mathbf{v}_n\}$이 벡터공간 V의 **기저**를 형성합니다.

  $\Leftrightarrow$ (a) $\{\mathbf{v}_1, \mathbf{v}_2, \mathbf{v}_3, \cdots, \mathbf{v}_n\}$은 V를 생성합니다.

  (b) $\{\mathbf{v}_1, \mathbf{v}_2, \mathbf{v}_3, \cdots, \mathbf{v}_n\}$은 일차독립입니다.

3.3 연습문제

01 M_{22}를 2×2 행렬의 벡터공간이라고 합시다. 다음 행렬이 일차독립인지, 일차종속인지를 판단해보세요.

(a) $\mathbf{A} = \begin{pmatrix} 1 & 0 \\ 0 & 1 \end{pmatrix},\ \mathbf{B} = \begin{pmatrix} 0 & 1 \\ 1 & 0 \end{pmatrix}$

(b) $\mathbf{A} = \begin{pmatrix} 1 & 1 \\ 1 & 1 \end{pmatrix},\ \mathbf{B} = \begin{pmatrix} 2 & 2 \\ 2 & 2 \end{pmatrix}$

(c) $\mathbf{A} = \begin{pmatrix} 1 & 2 \\ 3 & 4 \end{pmatrix},\ \mathbf{B} = \begin{pmatrix} 2 & 2 \\ 2 & 2 \end{pmatrix}$

(d) $\mathbf{A} = \begin{pmatrix} 1 & 2 \\ 3 & 4 \end{pmatrix},\ \mathbf{B} = \begin{pmatrix} 2/5 & 4/5 \\ 6/5 & 8/5 \end{pmatrix}$

* 미분방정식에서는 [연습문제 02]와 [연습문제 03]에 있는 함수의 일차독립성을 판단하는 것이 매우 중요합니다.

02 V를 실수에서 정의된 연속함수의 벡터공간이라 합시다. 다음 벡터의 일차독립성을 판단해보세요.

(a) $\mathbf{f} = (x+1)^2,\ \mathbf{g} = x^2 + 2x + 1$

(b) $\mathbf{f} = 2,\ \mathbf{g} = x^2$

(c) $\mathbf{f} = 1,\ \mathbf{g} = e^x$

(d) $\mathbf{f} = \cos x$, $\mathbf{g} = \sin x$

(e) $\mathbf{f} = \sin x$, $\mathbf{g} = \sin 2x$

03 V를 실수에서 정의된 연속함수의 벡터공간이라 합시다. 다음 벡터의 일차독립성을 판단해보세요.

(a) $\mathbf{f} = \cos^2 x$, $\mathbf{g} = \sin^2 x$, $\mathbf{h} = 5$

(b) $\mathbf{f} = \cos 2x$, $\mathbf{g} = \sin^2 x$, $\mathbf{h} = \cos^2 x$

(c) $\mathbf{f} = 1$, $\mathbf{g} = x$, $\mathbf{h} = x^2$

(d) $\mathbf{f} = \sin 2x$, $\mathbf{g} = \sin x \cos x$, $\mathbf{h} = \cos x$

(e) $\mathbf{f} = e^x \sin 2x$, $\mathbf{g} = e^x \sin x \cos x$, $\mathbf{h} = e^x \cos x$

(f) $\mathbf{f} = 1$, $\mathbf{g} = e^x$, $\mathbf{h} = e^{-x}$

(g) $\mathbf{f} = e^x$, $\mathbf{g} = e^{2x}$, $\mathbf{h} = e^{3x}$

04 연속함수의 벡터공간 $F[0, 2\pi]$의 벡터 $\mathbf{f} = \sin x$, $\mathbf{g} = \sin 3x$, $\mathbf{h} = \sin 5x$에 대하여, 이 벡터들이 일차독립임을 보이세요.

05 M_{22}를 2×2 행렬의 벡터공간이라 합시다. 다음 행렬이 M_{22}의 기저를 형성함을 보이세요. (참고로, 이 벡터의 집합을 일반적으로 M_{22}의 표준기저 또는 자연기저라고 합니다.)

$$\mathbf{A} = \begin{pmatrix} 1 & 0 \\ 0 & 0 \end{pmatrix},\ \mathbf{B} = \begin{pmatrix} 0 & 1 \\ 0 & 0 \end{pmatrix},\ \mathbf{C} = \begin{pmatrix} 0 & 0 \\ 1 & 0 \end{pmatrix},\ \mathbf{D} = \begin{pmatrix} 0 & 0 \\ 0 & 1 \end{pmatrix}$$

* [연습문제 06]과 [연습문제 07]에서 P_2는 2차 이하인 다항식의 벡터공간입니다.

06 $\{1, t-1, (t-1)^2\}$이 벡터공간 P_2의 기저임을 보이세요. $\mathbf{p} = t^2 + 1$을 기저벡터로 나타내보세요.

07 $\{1, t^2 - 2t, 5(t-1)^2\}$은 벡터공간 P_2의 기저를 형성하지 못함을 보이세요.

08 벡터의 집합 $\{\mathbf{v}_1, \mathbf{v}_2, \mathbf{v}_3, \cdots, \mathbf{v}_n\}$이 일차독립이면, 0이 아닌 스칼라 k에 대하여 집합 $\{k\mathbf{v}_1, k\mathbf{v}_2, k\mathbf{v}_3, \cdots, k\mathbf{v}_n\}$도 일차독립임을 보이세요.

09 영벡터가 아닌 벡터 $\mathbf{v}$가 벡터공간 V에서 일차독립인 벡터임을 증명해보세요.

10 영벡터 $\mathbf{O}$가 벡터공간 V에서 일차종속인 벡터임을 증명해보세요.

11 벡터의 집합 $\{\mathbf{v}_1, \mathbf{v}_2, \mathbf{v}_3, \cdots, \mathbf{v}_n\}$이 있습니다. $i \neq j$인 경우, $\mathbf{v}_i = \mathbf{v}_j$가 성립하면, 주어진 집합이 일차종속임을 증명해보세요.

12 벡터공간 V에 일차독립인 벡터의 집합 $S = \{\mathbf{v}_1, \mathbf{v}_2, \mathbf{v}_3, \cdots, \mathbf{v}_n\}$이 있습니다. 집합 S의 공집합이 아닌 부분집합도 일차독립임을 증명해보세요.

13 벡터공간 V를 생성하는 벡터의 집합 $S = \{\mathbf{v}_1, \mathbf{v}_2, \mathbf{v}_3, \cdots, \mathbf{v}_n\}$이 있습니다. 벡터공간 V의 원소이지만 집합 S의 원소는 아닌 벡터를 $\mathbf{w}$라 합시다. $\{\mathbf{v}_1, \mathbf{v}_2, \mathbf{v}_3, \cdots, \mathbf{v}_n, \mathbf{w}\}$가 V를 생성하지만 일차종속임을 증명해보세요.

14 벡터공간 V에서 집합 $B = \{\mathbf{v}_1, \mathbf{v}_2, \mathbf{v}_3, \cdots, \mathbf{v}_n\}$을 생각해봅시다. 집합 B가 벡터공간 V의 기저라면, $S = \{\mathbf{v}_1, \mathbf{v}_2, \mathbf{v}_3, \cdots, \mathbf{v}_m\}$이 V에서 일차독립임을 증명해보세요(단, $m \leq n$).

*15 $B_1 = \{\mathbf{v}_1, \mathbf{v}_2, \mathbf{v}_3, \cdots, \mathbf{v}_n\}$과 $B_2 = \{\mathbf{u}_1, \mathbf{u}_2, \mathbf{u}_3, \cdots, \mathbf{u}_m\}$이 모두 벡터공간 V의 기저이면, $n = m$임을 증명해보세요. (참고로, 벡터공간의 모든 기저의 벡터 개수는 같습니다.)

16 벡터공간 V에서 일차독립인 벡터의 최대 개수가 최댓값이 n이면, 임의의 일차독립인 벡터 n개는 V의 기저를 형성함을 증명해보세요.

*17 S를 벡터공간 V의 부분공간이라 합시다. S와 V의 기저가 같다면 $S = V$임을 증명해보세요.

3.4 차원

학습목표

- 벡터공간의 차원이 무엇을 의미하는지 이해할 수 있습니다.
- 벡터공간과 부분공간의 차원을 결정할 수 있습니다.
- 유한차원 벡터공간의 성질을 증명할 수 있습니다.

그동안 차원이란 용어를 제대로 정의하지 않고 사용해왔습니다. 벡터공간 $\mathbb{R}^n$에 대한 물리학적 해석은 n차원을 갖는다는 것입니다.

? 행렬의 집합 M_{mn}이나 다항식의 집합 P_n과 같은 벡터공간의 차원을 어떻게 알 수 있나요?

이 절에서는 차원을 명확히 정의하여 벡터공간의 차원에 수치적인 값을 부여합니다. 따라서 꽤 도전적인 내용이 될 겁니다. 이 절 후반부에 나오는 증명을 이해하려면 벡터공간의 기저 정의를 다시 살펴볼 필요가 있습니다.

3.4.1 차원 소개

? 일상 언어에서 '차원(dimension)'은 무슨 뜻일까요?

'dimension'은 일반적으로 특정 방향에 있는 물체의 크기(치수)를 나타냅니다. 예를 들면, 실린더의 높이와 직경은 실린더의 dimension(치수)입니다.

? 벡터공간에서 차원은 무슨 뜻일까요?

차원의 정의는 기저벡터의 개수 또는 주어진 벡터공간을 나타내기 위해 필요한 축의 개수입니다.

정의 3-7 차원

영벡터만으로 이루어지지 않은 벡터공간 V에서 기저벡터의 개수를 벡터공간의 **차원**(dimension)이라고 합니다.

이 절의 후반부에서는 기저벡터의 개수가 두 요소(일차독립과 생성)에 의존한다는 내용을 다룹니다. 기저벡터의 개수가 너무 많으면 일차종속이고, 기저벡터의 개수가 너무 적으면 전체 벡터공간을 생성하지 못함을 증명할 것입니다.

예제 3-21 $\mathbb{R}^2$와 $\mathbb{R}^3$의 차원을 구하고, $\mathbb{R}^n$의 차원을 구해보세요.

풀이

2장에서 x축 위의 단위벡터 $\mathbf{e}_1 = (1\ \ 0)^T$와 y축 위의 단위벡터 $\mathbf{e}_2 = (0\ \ 1)^T$가 $\mathbb{R}^2$의 한 기저를 형성한다고 했습니다.

$\mathbb{R}^2$의 차원은 무엇일까요? 두 벡터 $\mathbf{e}_1, \mathbf{e}_2$가 $\mathbb{R}^2$의 한 기저를 형성하므로 $\mathbb{R}^2$의 차원은 2입니다. $\mathbb{R}^3$의 차원은 무엇일까요? 같은 방법으로 x축 위의 단위벡터 $\mathbf{e}_1 = (1\ \ 0\ \ 0)^T$, y축 위의 단위벡터 $\mathbf{e}_2 = (0\ \ 1\ \ 0)^T$, z축 위의 단위벡터 $\mathbf{e}_3 = (0\ \ 0\ \ 1)^T$는 $\mathbb{R}^3$의 표준기저를 이룹니다. 따라서 $\mathbb{R}^3$의 기저는 3개의 벡터로 이루어지므로 $\mathbb{R}^3$의 차원은 3입니다.

$\mathbb{R}^n$의 차원은 무엇일까요? n개의 벡터로 이루어진 집합 $\{\mathbf{e}_1, \mathbf{e}_2, \mathbf{e}_3, \cdots, \mathbf{e}_n\}$이 $\mathbb{R}^n$의 표준기저를 이루므로 $\mathbb{R}^n$의 차원은 n입니다.

기저를 이루는 벡터 개수는 벡터공간 V의 차원입니다. 이를 흔히 $\dim(V)$로 표기합니다.

$$\dim(\mathbb{R}^2) = 2, \quad \dim(\mathbb{R}^3) = 3, \quad \dim(\mathbb{R}^n) = n$$

? [정의 3-7]에서 영벡터만으로 이루어지지 않은 공간이라고 언급한 이유는 무엇일까요?

영벡터만으로 이루어진 벡터공간 $\{\mathbf{O}\}$는 일차종속이므로 $\{\mathbf{O}\}$의 기저를 이루는 벡터가 존재하지 않습니다. 따라서 $\{\mathbf{O}\}$의 차원은 0입니다($\{\mathbf{O}\}$는 어떠한 축도 필요 없습니다).

3.4.2 유한차원 벡터공간

? 유한차원 벡터공간이란 무엇일까요?

기저를 이루는 벡터 개수가 유한개인 벡터공간 V를 말합니다.

> **정의 3-8 유한차원 벡터공간**
> 일반적으로 유한개의 벡터가 벡터공간 V의 기저를 이루면, V를 **유한차원 벡터공간**(finite dimensional vector space)이라 하고, 그렇지 않으면 벡터공간 V를 **무한차원 벡터공간**(infinite dimensional vector space)이라 합니다.

벡터공간 V가 영벡터만으로 구성된다면 이 또한 유한차원 벡터공간입니다.

유한차원 벡터공간에는 무엇이 있을까요?

유클리드 공간은 모두 유한차원 벡터공간입니다($\mathbb{R}^2$, $\mathbb{R}^3$, $\mathbb{R}^4$, $\cdots$, $\mathbb{R}^n$)

또 다른 유한차원 벡터공간의 예를 들면요?

차수가 2보다 작거나 같은 다항식의 집합 P_2와 모든 2×2 행렬의 집합 M_{22}가 있습니다(3.3절에서 이 공간이 모두 유한차원 벡터공간임을 보였습니다).

정의 3-9 n차원 벡터공간

일반적으로 n개의 벡터로 이루어진 집합 $\{\mathbf{v}_1, \mathbf{v}_2, \mathbf{v}_3, \cdots, \mathbf{v}_n\}$이 벡터공간 V의 기저를 이루면, 벡터공간 V를 **n차원 벡터공간**(n-dimensional vector space)이라고 합니다.

$\dim(M_{22})$는 무엇일까요?

3.3절 [연습문제 05]에서 M_{22}의 표준기저는 다음 벡터로 구성되었습니다.

$$\mathrm{A}=\begin{pmatrix}1&0\\0&0\end{pmatrix},\quad \mathrm{B}=\begin{pmatrix}0&1\\0&0\end{pmatrix},\quad \mathrm{C}=\begin{pmatrix}0&0\\1&0\end{pmatrix},\quad \mathrm{D}=\begin{pmatrix}0&0\\0&1\end{pmatrix}$$

$\{\mathrm{A}, \mathrm{B}, \mathrm{C}, \mathrm{D}\}$는 M_{22}의 기저를 이루는 서로 다른 4개의 행렬이므로 $\dim(M_{22})=4$입니다.

$\dim(P_2)$는 무엇일까요?

P_2의 표준기저는 3개의 벡터로 구성된 집합 $\{1, t, t^2\}$이므로 $\dim(P_2)=3$입니다.

[표 3-1]은 몇 가지 벡터공간과 그 벡터공간의 차원을 나타냅니다.

[표 3-1] 벡터공간과 차원

벡터공간	차원
$\mathbb{R}^n$	n
P_n	$n+1$
M_{mn}	mn

표준기저를 이루는 벡터 개수만 차원을 나타내는 것은 아닙니다. 다음 정리에서 알 수 있듯이, 임의의 기저를 이루는 벡터 개수는 같으므로 주어진 벡터공간의 어떤 기저든 차원을 말할 수 있습니다.

정리 3-11 유한차원 벡터공간의 기저벡터
유한차원 벡터공간의 모든 기저는 동일한 개수의 벡터를 가집니다.

증명

3.3절 [연습문제 15]에서 [정리 3-11]을 증명했습니다. ■

유한차원 벡터공간에서 모든 기저가 동일한 개수의 벡터를 가지므로, [정의 3-7]은 다음을 의미합니다.

(임의의 기저의 벡터 개수) = (벡터공간의 차원)

[정리 3-11]은 선형대수학에서 중요한 성질이므로 잘 기억해두어야 합니다.

물론, 모든 다항식의 집합 P(또는 P_∞)와 같이 수많은 무한차원 벡터공간이 있습니다. 그러나 이 장에서는 유한차원 벡터공간만 다루겠습니다.

3.4.3 부분공간 다시보기

앞서 3.2절에서 부분공간을 이야기하였습니다. 벡터공간 V의 부분공간 S는 V의 벡터의 합과 스칼라곱에 대하여 벡터공간을 이루는 공집합이 아닌 부분집합입니다. 이를 [그림 3-14]와 같이 나타낼 수 있습니다.

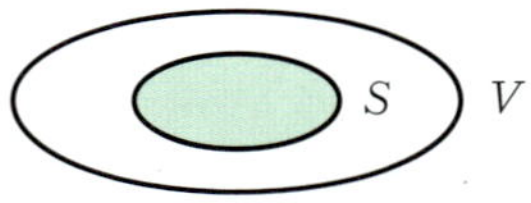

[그림 3-14] 벡터공간 V의 부분공간 S

? 벡터공간 V에서 부분공간의 차원은 무엇일까요?
부분공간의 기저를 구성하는 벡터 개수에 따라 다릅니다.

예제 3-22 $\mathbb{R}^2$는 벡터공간이고 S는 $\begin{pmatrix} 0 \\ a \end{pmatrix}$ 형태의 벡터로 이루어진 집합일 때, [예제 3-5]에서 S는 $\mathbb{R}^2$의 부분공간임을 보였습니다. 부분공간 S의 기저를 찾고 $\dim(S)$를 구해보세요.

풀이

S의 모든 벡터는 $\begin{pmatrix} 0 \\ a \end{pmatrix}$ 형태이므로 $\mathbf{e}_2 = \begin{pmatrix} 0 \\ 1 \end{pmatrix}$을 통해 다음과 같이 나타낼 수 있습니다.

$$\begin{pmatrix} 0 \\ a \end{pmatrix} = a\begin{pmatrix} 0 \\ 1 \end{pmatrix} = a\mathbf{e}_2$$

벡터 $\mathbf{e}_2$는 S의 기저를 이루므로, $\dim(S) = 1$입니다. 이를 그래프로 나타내면 [그림 3-15]와 같습니다.

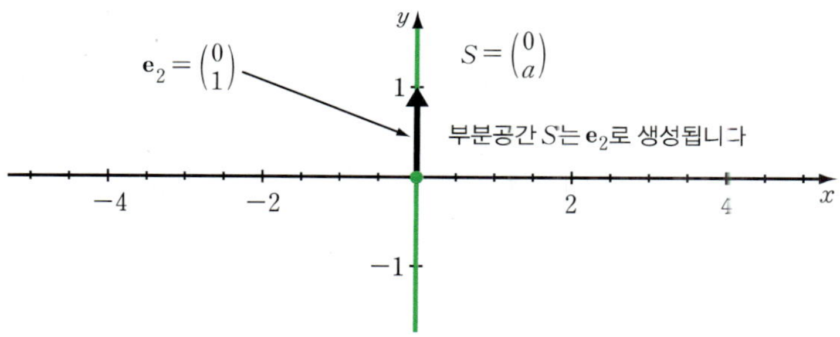

[그림 3-15] 벡터 $\mathbf{e}_2$로 생성한 부분공간 S

[그림 3-15]를 보면 부분공간 S는 수직선(y축)이고 $\mathbf{e}_2$는 y축을 따라 S에서 임의의 벡터를 생성합니다.

예제 3-23 **벡터 $\mathbf{u} = \begin{pmatrix} 2 \\ 0 \\ 0 \end{pmatrix}$, $\mathbf{v} = \begin{pmatrix} -1 \\ 0 \\ 0 \end{pmatrix}$, $\mathbf{w} = \begin{pmatrix} 0 \\ 0 \\ 1 \end{pmatrix}$이 $\mathbb{R}^3$의 부분공간 S를 생성할 때, S의 차원을 구해보세요.**

풀이

두 벡터 $\mathbf{u}$, $\mathbf{v}$에 대해 무엇을 알 수 있나요? $\mathbf{u} = -2\mathbf{v}$이므로 두 벡터는 일차종속입니다. 벡터 $\mathbf{w}$는 $\mathbf{u}$, $\mathbf{v}$에 대해 일차독립임에 유의합시다.

부분공간 S의 기저를 구성하는 벡터는 몇 개일까요? 2개입니다. 벡터 $\mathbf{u}$와 $\mathbf{w}$ (또는 $\mathbf{v}$와 $\mathbf{w}$)입니다.

그렇다면 $\dim(S)$는 무엇일까요? 부분공간 S의 기저가 벡터 2개로만 구성되므로 차원은 2입니다. 즉, $\dim(S) = 2$입니다. 이는 [그림 3-16]과 같이 주어진 벡터 $\mathbf{u}$, $\mathbf{v}$, $\mathbf{w}$가 벡터공간 $\mathbb{R}^3$에서 평면을 나타내는 부분공간 S를 생성함을 의미합니다.

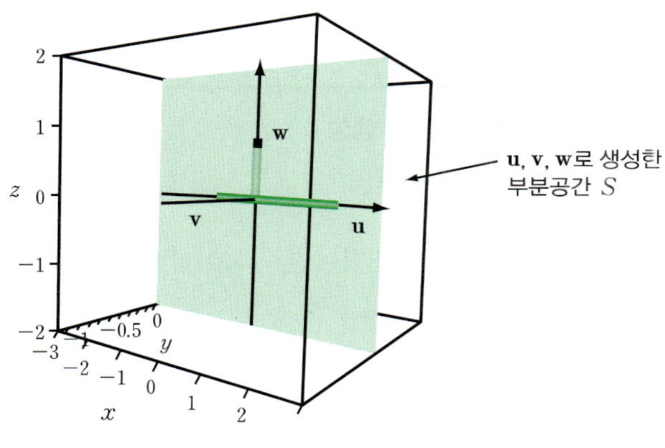

[그림 3-16] 벡터 $\mathbf{u}$, $\mathbf{v}$, $\mathbf{w}$로 생성한 부분공간 S

차원에 대한 일반적인 오해는 벡터공간의 차원이 벡터공간에서 한 벡터를 나타내는 데 필요한 벡터 개수라고 생각하는 것입니다. [예제 3-23]에서 부분공간 S의 한 벡터를 나타내는 데 3개의 벡터를 사용했지만, S의 차원은 2입니다. 이는 [그림 3-16]에서 부분공간 S가 주어진 3개의 벡터가 아닌 2개의 기저벡터 또는 두 축으로 생성될 수 있음을 의미합니다.

예제 3-24 **S가 다음 형태로 이루어진 P_2의 벡터의 집합이라면, S는 P_2의 부분공간입니다.**

$$ax^2+(a+b)x+(a+b) \quad (a,\ b\text{는 스칼라})$$

이때 S의 기저를 찾고 $\dim(S)$를 구해보세요.

풀이

S의 벡터를 다음과 같이 나타낼 수 있습니다.

$$\begin{aligned} ax^2+(a+b)x+(a+b) &= ax^2+ax+bx+(a+b) && \text{[전개하기]} \\ &= a(x^2+x+1)+b(x+1) && \text{[공통 인수로 묶기]} \end{aligned}$$

S의 벡터가 두 벡터 x^2+x+1과 $x+1$로 표현되므로 S는 두 벡터로 생성됩니다. 두 벡터가 S의 기저를 형성하려면 무엇이 더 필요할까요? 두 벡터가 일차독립임을 증명해야 합니다. 벡터 x^2+x+1과 $x+1$은 서로의 스칼라곱으로 표현될 수 없으므로 일차독립입니다.

그러므로 두 벡터로 이루어진 집합 $\{x^2+x+1, x+1\}$은 부분공간 S의 기저입니다.
즉, $\dim(S)=2$입니다.

3.4.4 유한차원 벡터공간의 성질

여기서는 기저와 차원에 관한 몇 가지 중요한 성질을 살펴보겠습니다. 정리의 증명이 길어서 다소 까다롭게 느껴질 수 있습니다.

정리 3-12 유한차원 벡터공간에서의 일차독립과 생성

유한차원 벡터공간 V에 대하여 다음이 성립합니다.

(a) $\{\mathbf{v}_1, \mathbf{v}_2, \mathbf{v}_3, \cdots, \mathbf{v}_n\}$이 일차독립인 벡터의 집합이면, $m>n$일 때 $\{\mathbf{v}_1, \mathbf{v}_2, \cdots, \mathbf{v}_m\}$은 일차종속입니다.

(b) n개의 벡터로 구성된 집합 $\{\mathbf{u}_1, \mathbf{u}_2, \mathbf{u}_3, \cdots, \mathbf{u}_n\}$이 V를 생성하면, $m<n$일 때 집합 $\{\mathbf{u}_1, \mathbf{u}_2, \mathbf{u}_3, \cdots, \mathbf{u}_m\}$은 V를 생성하지 못합니다.

증명

[정리 3-12(a)]는 무엇을 의미할까요?

n차원 벡터공간에서 n개의 일차독립인 벡터에 벡터 하나를 새로 추가하면 $n+1$개의 벡터를 갖는 집합은 일차종속입니다.

[정리 3-12(a)]는 어떻게 증명할까요?

귀류법을 이용합니다.

(a) 벡터공간 V의 기저를 이루는 벡터 개수는 n입니다. 집합 $\{\mathbf{v}_1, \mathbf{v}_2, \mathbf{v}_3, \cdots, \mathbf{v}_m\}$이 일차독립이라고 가정합시다. 그러면 $m \le n$이어야 합니다.

왜 그럴까요?

3.3절 [연습문제 14]에 의하여 일차독립인 집합에서 벡터 개수는 기저벡터의 개수 n보다 작거나 같아야 하므로 $m \le n$입니다.

그런데 주어진 조건은 $m > n$이므로, $\{\mathbf{v}_1, \mathbf{v}_2, \mathbf{v}_3, \cdots, \mathbf{v}_m\}$이 일차독립인 벡터의 집합이라는 가정은 모순입니다. 따라서 집합 $\{\mathbf{v}_1, \mathbf{v}_2, \mathbf{v}_3, \cdots, \mathbf{v}_m\}$은 일차종속입니다.

[정리 3-12(b)]는 무엇을 의미할까요?

n개의 벡터가 n차원 벡터공간 V를 생성하면, n개보다 적은 벡터로는 V를 생성할 수 없습니다. [정리 3-12(b)]의 증명도 귀류법을 이용합니다.

(b) $m < n$일 때, $\{\mathbf{u}_1, \mathbf{u}_2, \mathbf{u}_3, \cdots, \mathbf{u}_m\}$이 벡터공간 V를 생성한다고 가정합시다. 즉, 다음과 같습니다.

$$\text{span}\{\mathbf{u}_1, \mathbf{u}_2, \mathbf{u}_3, \cdots, \mathbf{u}_m\} = V \qquad (*)$$

식 $(*)$에서 좌변의 차원은 $\dim(\text{span}\{\mathbf{u}_1, \mathbf{u}_2, \mathbf{u}_3, \cdots, \mathbf{u}_m\}) \le m$이지만, V의 차원은 n입니다. $m < n$이고 식 $(*)$에서 양변의 차원이 같아야 하므로, 이는 모순입니다. 따라서 $m < n$일 때, $\{\mathbf{u}_1, \mathbf{u}_2, \mathbf{u}_3, \cdots, \mathbf{u}_m\}$은 V를 생성할 수 없습니다. ■

정리 3-13 n차원 벡터공간에서 기저의 성질

n차원 벡터공간 V에 대하여 다음이 성립합니다.

(a) 임의의 일차독립인 n개의 벡터 $\{\mathbf{v}_1, \mathbf{v}_2, \mathbf{v}_3, \cdots, \mathbf{v}_n\}$은 V의 기저입니다.

(b) n개의 벡터로 구성된 생성집합 $\{\mathbf{u}_1, \mathbf{u}_2, \mathbf{u}_3, \cdots, \mathbf{u}_n\}$은 V의 기저입니다.

[정리 3-13]을 어떻게 증명해야 할까요?

이전 절에서 다룬 기저의 정의를 이용하여 증명합니다. 즉, 다음 [정의 3-6]을 이용합니다.

벡터집합이 벡터공간 V의 기저입니다. $\Leftrightarrow$ 벡터집합의 벡터가 일차독립이고 V를 생성합니다.

증명

(a) n개의 벡터 $\{\mathbf{v}_1, \mathbf{v}_2, \mathbf{v}_3, \cdots, \mathbf{v}_n\}$은 일차독립이므로, n개의 벡터가 벡터공간 V를 생성한다는 것만 증명하면 됩니다. 벡터공간 V의 한 벡터 $\mathbf{w}$가 스칼라 k_1, k_2, k_3, $\cdots$, k_n, k_{n+1}에 대하여 다음과 같이 표현된다고 가정합시다.

$$\mathbf{w} = k_1\mathbf{v}_1 + k_2\mathbf{v}_2 + k_3\mathbf{v}_3 + \cdots + k_n\mathbf{v}_n + k_{n+1}\mathbf{v}_{n+1} \qquad (*)$$

(새로운 벡터 $\mathbf{v}_{n+1}$을 추가한 이유는 주어진 벡터로 벡터공간 V를 생성하지 못한다는 가정 때문입니다.)

[정리 3-12(a)]에 의하여 $m > n$일 때, n차원 벡터공간에서 벡터의 집합 $\{\mathbf{v}_1, \mathbf{v}_2, \mathbf{v}_3, \cdots, \mathbf{v}_m\}$은 일차종속입니다. 따라서 벡터의 집합 $\{\mathbf{v}_1, \mathbf{v}_2, \mathbf{v}_3, \cdots, \mathbf{v}_n, \mathbf{v}_{n+1}\}$은 일차종속이므로, 벡터 $\mathbf{v}_{n+1}$을 벡터 $\mathbf{v}_1, \mathbf{v}_2, \mathbf{v}_3, \cdots, \mathbf{v}_n$으로 나타낼 수 있습니다. 즉, 스칼라 c_1, c_2, c_3, $\cdots$, c_n에 대하여 다음과 같이 나타낼 수 있습니다.

$$\mathbf{v}_{n+1} = c_1\mathbf{v}_1 + c_2\mathbf{v}_2 + c_3\mathbf{v}_3 + \cdots + c_n\mathbf{v}_n$$

위 식을 식 (*)에 대입하면 다음과 같습니다.

$$\begin{aligned}\mathbf{w} &= k_1\mathbf{v}_1 + k_2\mathbf{v}_2 + k_3\mathbf{v}_3 + \cdots + k_n\mathbf{v}_n + k_{n+1}\mathbf{v}_{n+1} \\ &= k_1\mathbf{v}_1 + k_2\mathbf{v}_2 + k_3\mathbf{v}_3 + \cdots + k_n\mathbf{v}_n + k_{n+1}(c_1\mathbf{v}_1 + c_2\mathbf{v}_2 + c_3\mathbf{v}_3 + \cdots + c_n\mathbf{v}_n) \\ &= (k_1 + k_{n+1}c_1)\mathbf{v}_1 + (k_2 + k_{n+1}c_2)\mathbf{v}_2 + \cdots + (k_n + k_{n+1}c_n)\mathbf{v}_n\end{aligned}$$

이와 같이 벡터 $\mathbf{w}$는 주어진 일차독립인 벡터 $\{\mathbf{v}_1, \mathbf{v}_2, \mathbf{v}_3, \cdots, \mathbf{v}_n\}$의 일차결합으로 표현할 수 있습니다. 즉, $\{\mathbf{v}_1, \mathbf{v}_2, \mathbf{v}_3, \cdots, \mathbf{v}_n\}$은 벡터공간 V를 생성하므로 V의 기저입니다.

(b) $\{\mathbf{u}_1, \mathbf{u}_2, \mathbf{u}_3, \cdots, \mathbf{u}_n\}$이 벡터공간 V를 생성하므로, V에 있는 임의의 벡터 $\mathbf{w}$를 스칼라 k_1, k_2, k_3, $\cdots$, k_n에 대하여 다음과 같이 나타낼 수 있습니다.

$$\mathbf{w} = k_1\mathbf{u}_1 + k_2\mathbf{u}_2 + \cdots + k_{n-1}\mathbf{u}_{n-1} + k_n\mathbf{u}_n \qquad (\dagger)$$

$\{\mathbf{u}_1, \mathbf{u}_2, \mathbf{u}_3, \cdots, \mathbf{u}_n\}$이 벡터공간 V의 기저임을 증명하려면 어떻게 해야 할까요?

$\{\mathbf{u}_1, \mathbf{u}_2, \mathbf{u}_3, \cdots, \mathbf{u}_n\}$이 일차독립임을 증명하면 됩니다. $\{\mathbf{u}_1, \mathbf{u}_2, \mathbf{u}_3, \cdots, \mathbf{u}_n\}$이 일차종속이라 가정하면, 벡터 $\mathbf{u}_1, \mathbf{u}_2, \mathbf{u}_3, \cdots, \mathbf{u}_{n-1}$을 이용하여 벡터 $\mathbf{u}_n$을 스칼라 c_1, c_2, c_3, $\cdots$, c_{n-1}에 대하여 다음과 같이 나타낼 수 있습니다.

$$\mathbf{u}_n = c_1\mathbf{u}_1 + c_2\mathbf{u}_2 + c_3\mathbf{u}_3 + \cdots + c_{n-1}\mathbf{u}_{n-1}$$

위 식을 식 (†)에 대입하면 다음과 같습니다.

$$\begin{aligned}\mathbf{w} &= k_1\mathbf{u}_1 + k_2\mathbf{u}_2 + \cdots + k_{n-1}\mathbf{u}_{n-1} + k_n\mathbf{u}_n \\ &= k_1\mathbf{u}_1 + k_2\mathbf{u}_2 + \cdots + k_{n-1}\mathbf{u}_{n-1} + k_n(c_1\mathbf{u}_1 + c_2\mathbf{u}_2 + c_3\mathbf{u}_3 + \cdots + c_{n-1}\mathbf{u}_{n-1}) \\ &= (k_1 + k_nc_1)\mathbf{u}_1 + (k_2 + k_nc_2)\mathbf{u}_2 + \cdots + (k_{n-1} + k_nc_{n-1})\mathbf{u}_{n-1}\end{aligned}$$

이는 $n-1$개의 벡터 $\{\mathbf{u}_1, \mathbf{u}_2, \mathbf{u}_3, \cdots, \mathbf{u}_{n-1}\}$이 벡터공간 V를 생성함을 의미합니다. 하지만 [정리 3-12(b)]에 의해 이는 불가능합니다. n개보다 적은 벡터가 벡터공간 V를 성성할 수 없습니다. 따라서 $\{\mathbf{u}_1, \mathbf{u}_2, \mathbf{u}_3, \cdots, \mathbf{u}_n\}$은 일차독립이므로 $\{\mathbf{u}_1, \mathbf{u}_2, \mathbf{u}_3, \cdots, \mathbf{u}_n\}$은 벡터공간 V의 기저입니다. ■

[정리 3-13]은 다음 두 가지 사실을 이야기합니다.

1. n차원 벡터공간에서 일차독립 벡터의 최대 개수는 n개입니다. 여기에 임의의 벡터를 추가하면, 일차종속이 됩니다. 기저는 일차독립인 벡터 개수가 최대인 집합입니다.
2. n차원 벡터공간에서 생성집합의 최소 원소 개수는 n개입니다. 생성집합의 벡터 중 일부를 제거하면 더 이상 벡터공간 V를 생성할 수 없습니다. 기저는 생성집합의 원소 개수가 최소인 집합입니다.

정의 3-10 기저의 두 가지 정의

(a) 벡터공간의 기저는 일차독립 벡터의 가장 큰 집합(largest independent set)입니다.

(b) 벡터공간의 기저는 벡터의 가장 작은 생성집합(smallest spanning set)입니다.

이는 n차원 벡터공간 V에 서로 독립인 벡터가 n개 있다면, 이 벡터가 V의 기저를 이룬다는 의미입니다. n개의 벡터가 벡터공간 V를 생성하는지 확인하지 않아도 됩니다. 또한 n차원 벡터공간 V에서 n개의 벡터로 이루어진 생성집합이 있다면, 이 집합은 V의 기저입니다. n개의 벡터가 일차독립인지 확인하지 않아도 됩니다. 기저(축)는 주어진 벡터공간을 표현하는 데 사용하는 가장 효율적인 벡터집합입니다.

다음 예제를 통해 앞에서 배운 정리를 적용하고, 그 정리가 어떻게 문제를 단순화하는지 살펴봅시다.

예제 3-25 다음 벡터가 P_n의 기저를 형성함을 보이세요.

$$S = \{1, t+1, (t+1)^2, (t+1)^3, \cdots, (t+1)^n\}$$

풀이

$\dim(P_n) = n+1$이고, S는 $n+1$개의 벡터로 이루어져 있습니다. S의 벡터가 일차독립이고 벡터공간 P_n을 생성함을 보여야 합니다.

집합 S의 어떠한 다항식도 차수가 그보다 작은 다항식의 일차결합으로 나타낼 수 없습니다. 이는 $m \le n$일 때, 다항식 $(t+1)^m$은 $(t+1)^m$보다 차수가 낮은 S의 벡터로는 표현할 수 없음을 의미합니다.

그렇다면 집합 S가 P_n의 기저가 될 수 있을까요? 집합 S의 어떠한 다항식(벡터)도 차수가 그보다 작은 다항식(벡터)의 일차결합으로 나타낼 수 없으므로, 집합 S는 일차독립입니다. [정리 3-13(a)]에 의하여 집합 S의 벡터는 P_n의 기저를 형성합니다.

예제 3-26 **M_{22}는 모든 2×2 행렬로 이루어진 벡터공간입니다. 다음 행렬이 M_{22}의 기저를 형성할 수 없음을 보이세요.**

$$\mathrm{A}=\begin{pmatrix}1&0\\0&3\end{pmatrix},\quad \mathrm{B}=\begin{pmatrix}0&1\\2&0\end{pmatrix},\quad \mathrm{C}=\begin{pmatrix}2&1\\1&5\end{pmatrix}$$

풀이

M_{22}의 차원은 무엇인가요? 3.4.2절에서 제시한 [표 3-1]을 떠올려봅시다. $\dim(M_{22})=2\times 2=4$입니다. 그런데 행렬은 3개이므로 행렬 A, B, C는 M_{22}의 기저를 형성할 수 없습니다.

왜 그럴까요? $\dim(M_{22})=4$이기 때문이죠. 이 경우 [정의 3-7]에 의하여 M_{22}의 기저를 구성하려면 행렬이 4개 있어야 합니다.

예제 3-27 **$F[0, 2\pi]$는 다음 집합으로 생성한 주기적인 연속함수로 이루어진 벡터공간입니다.**

$$S=\{\sin x\cos x,\ \sin 2x,\ \cos 2x\}$$

세 벡터 $\sin x\cos x$, $\sin 2x$, $\cos 2x$가 $F[0, 2\pi]$의 기저를 형성할 수 없음을 보이고, 벡터공간 $F[0, 2\pi]$의 기저를 구해보세요.

풀이

삼각함수의 기본 성질에 의하여 다음 항등식을 얻을 수 있습니다.

$$\sin 2x = 2\sin x\cos x$$

따라서 집합 S의 두 벡터가 일차종속이므로, 집합 S는 기저일 수 없습니다. 만약 집합 S에서 벡터 $\sin x\cos x$ 또는 $\sin 2x$ 중 하나를 제거한다면 기저를 형성할 수 있습니다. 주어진 벡터공간의 한 기저는 $\{\sin 2x, \cos 2x\}$입니다.

핵심요약

- **[정의 3-7]**

영벡터만으로 이루어지지 않은 벡터공간 V에서 기저를 이루는 벡터의 개수는 벡터공간 V의 **차원**입니다.

- **[정리 3-11]**

유한차원 벡터공간의 모든 기저는 벡터 개수가 같습니다.

- **[정리 3-13]**

V가 n차원 벡터공간일 때, 다음이 성립합니다.

(a) 임의의 일차독립인 n개의 벡터는 V의 기저를 이룹니다.

(b) n개의 벡터로 구성된 임의의 생성집합은 V의 기저입니다.

3.4 연습문제

01 다음 벡터공간의 차원을 구하고, 각 차원의 기저를 제시해보세요.

(a) $\mathbb{R}^5$　(b) $\mathbb{R}^7$

(c) $\mathbb{R}^{11}$　(d) $\mathbb{R}^{13}$

(e) M_{33}　(f) M_{44}

(g) M_{23}　(h) P_3

(i) P_5　(j) $\mathbf{O}$

02 집합 S가 벡터공간 $\mathbb{R}^2$의 $\begin{pmatrix} a \\ 0 \end{pmatrix}$ 형태인 벡터로 이루어진 부분공간일 때, S의 기저를 찾고 $\dim(S)$를 구해보세요.

03 벡터 $\mathbf{u} = (0\ 0\ 3)^{\mathrm{T}}$, $\mathbf{v} = (-5\ 0\ 0)^{\mathrm{T}}$, $\mathbf{w} = (0\ 0\ 9)^{\mathrm{T}}$가 $\mathbb{R}^3$의 부분공간 S를 생성할 때, S의 차원을 구해보세요.

04 집합 S를 다음과 같은 형태인 벡터공간 P_2의 벡터로 이루어진 집합이라고 합시다.

$$at^2 + b$$

이때 S는 벡터공간 P_2의 부분공간입니다. S의 기저를 찾고 $\dim(S)$를 구해보세요.

05 벡터공간 M_{22}의 도든 대칭행렬 $\begin{pmatrix} a & b \\ b & c \end{pmatrix}$로 이루어진 부분공간 S에 대하여, S의 기저를 찾고 S의 차원을 구해브세요.

06 다음 벡터공간과 브분공간의 차원을 구해보세요.

(a) M_{mn}

(b) 삼차다항식으르 이루어진 P_3의 부분공간
$S = \{at^3 + bt^2 + c\}$

(c) 벡터공간 P_3의 벡터로 이루어진 집합
$S = \{at^3 + bt^2 + ct + d\}$

07 다음 벡터가 벡터긍간의 기저를 이룬다는 것을 각각 보이세요.

(a) 벡터공간 $\mathbb{R}^2$의 벡터 $\mathbf{u} = \begin{pmatrix} 1 \\ 5 \end{pmatrix}$, $\mathbf{v} = \begin{pmatrix} 2 \\ 1 \end{pmatrix}$

(b) 벡터공간 $\mathbb{R}^3$의 벡터 $\mathbf{u} = \begin{pmatrix} 0 \\ 3 \\ 4 \end{pmatrix}$, $\mathbf{v} = \begin{pmatrix} 1 \\ 1 \\ 1 \end{pmatrix}$, $\mathbf{w} = \begin{pmatrix} 1 \\ 0 \\ 1 \end{pmatrix}$

(c) 벡터공간 P_n의 벡터집합 $\{t^n, t^{n-1}, \cdots, t, 1\}$

(d) 벡터공간 M_{22}의 벡터집합

$$\left\{\begin{pmatrix} 2 & 0 \\ 0 & 2 \end{pmatrix}, \begin{pmatrix} 0 & 3 \\ 0 & 2 \end{pmatrix}, \begin{pmatrix} 0 & 0 \\ 1 & 1 \end{pmatrix}, \begin{pmatrix} 0 & 0 \\ 0 & 5 \end{pmatrix}\right\}$$

08 다음 벡터가 벡터공간의 기저를 형성하지 못하는 이유를 설명해보세요.

(a) 벡터공간 P_2에서 $\{1+t, 1+t^2, 1+2t+t^2, 1+2t\}$

(b) 벡터공간 P_2에서 $\{1+t, 1+2t+t^2\}$

(c) 벡터공간 P_2에서 $\{(1+t)^2, 1+t^2, 2+4t+2t^2\}$

(d) 벡터공간 M_{22}에서 $\left\{\mathbf{A}=\begin{pmatrix}1&0\\0&1\end{pmatrix}, \mathbf{B}=\begin{pmatrix}2&0\\0&2\end{pmatrix}, \mathbf{C}=\begin{pmatrix}0&0\\1&1\end{pmatrix}, \mathbf{D}=\begin{pmatrix}0&0\\0&5\end{pmatrix}\right\}$

(e) 벡터공간 M_{22}에서 $\left\{\mathbf{A}=\begin{pmatrix}1&0\\0&1\end{pmatrix}, \mathbf{B}=\begin{pmatrix}2&0\\2&2\end{pmatrix}, \mathbf{C}=\begin{pmatrix}1&0\\3&6\end{pmatrix}, \mathbf{D}=\begin{pmatrix}3&0\\4&5\end{pmatrix}\right\}$

09 다음 벡터집합이 $\mathbb{R}^5$의 기저임을 보이세요.

$$S=\left\{\begin{pmatrix}1\\2\\1\\0\\0\end{pmatrix}, \begin{pmatrix}-1\\-5\\2\\1\\0\end{pmatrix}, \begin{pmatrix}-3\\5\\2\\0\\0\end{pmatrix}, \begin{pmatrix}2\\3\\3\\1\\1\end{pmatrix}, \begin{pmatrix}1\\0\\0\\0\\0\end{pmatrix}\right\}$$

10 S가 n차원 벡터공간 V의 부분공간일 때, $\dim(S) \le n$임을 증명해보세요.

11 S가 n차원 벡터공간 V의 부분공간일 때, $\dim(S) = n$이면 $S = V$임을 증명해보세요.

12 유한차원 벡터공간의 차원이 n일 때, n은 양의 정수이거나 0임을 증명해보세요.

13 V가 1차원 벡터공간이고 벡터 $\mathbf{v} \neq \mathbf{O}$일 때, $\mathbf{v}$가 V의 기저를 형성함을 증명해보세요.

14 n차원 벡터공간 V의 벡터로 이루어진 집합 $S=\{\mathbf{v}_1, \mathbf{v}_2, \mathbf{v}_3, \cdots, \mathbf{v}_n\}$의 벡터 $\mathbf{v}_{k+1}$을 벡터 $\mathbf{v}_1, \mathbf{v}_2, \mathbf{v}_3, \cdots, \mathbf{v}_k$의 일차결합으로 나타낼 수 없다고 합시다. $1 \le k \le n-1$일 때, 집합 S가 벡터공간 V의 기저를 이룬다는 것을 증명해보세요.

15 모든 다항식으로 이루어진 벡터공간 P가 무한차원 벡터공간임을 증명해보세요.

3.5 행렬의 성질

학습목표

- 행렬의 행공간과 열공간의 의미를 이해할 수 있습니다.
- 행렬의 행공간의 기저를 결정할 수 있습니다.
- 행렬의 계수를 구할 수 있습니다.

이 절에서는 행렬의 행과 열을 살펴보고, 계수의 의미를 정의합니다. 이는 다음 절에서 논의할 일차방정식을 풀 때 매우 중요한 개념입니다.

이 절의 내용을 이해하려면 행 사다리꼴, 기본 행 연산 등의 1장에서 살펴본 내용을 알아야 합니다. 이 절에서는 기본 행 연산을 수행하지 않고, 주어진 행렬의 행 사다리꼴을 찾기 위해 MATLAB을 사용합니다. 물론, MATLAB이 아닌 다른 소프트웨어를 사용해도 좋으며, 직접 손으로 계산해도 좋습니다.

3.5.1 행벡터와 열벡터

? '행렬의 행벡터'는 무엇일까요?

행렬의 행벡터는 주어진 행렬의 행 성분입니다. 예를 들어, $\mathbf{A}=\begin{pmatrix}1&2&3\\4&5&6\end{pmatrix}$의 행벡터는 $\begin{pmatrix}1\\2\\3\end{pmatrix}$과 $\begin{pmatrix}4\\5\\6\end{pmatrix}$입니다. 왜냐하면 행렬 $\mathbf{A}$의 1행 성분이 1, 2, 3이고, 2행 성분이 4, 5, 6이기 때문이다.

? $\mathrm{A}=\begin{pmatrix}1&2&3\\4&5&6\end{pmatrix}$의 열벡터는 무엇일까요?

행렬 $\mathbf{A}$의 열벡터는 $\begin{pmatrix}1\\4\end{pmatrix}$, $\begin{pmatrix}2\\5\end{pmatrix}$, $\begin{pmatrix}3\\6\end{pmatrix}$입니다.

이제 일반적인 $m\times n$ 행렬로 생각해봅시다.

$$
\begin{array}{cc}
 & \begin{array}{cccc} 1\text{열} & 2\text{열} & \cdots & n\text{열} \end{array} \\
\mathbf{A}= & \begin{pmatrix} a_{11} & a_{12} & \cdots & a_{1n} \\ a_{21} & a_{22} & \cdots & a_{2n} \\ \vdots & \vdots & \vdots & \vdots \\ a_{m1} & a_{m2} & \cdots & a_{mn} \end{pmatrix} \begin{array}{c} 1\text{행} \\ 2\text{행} \\ \vdots \\ m\text{행} \end{array}
\end{array}
$$

? 행렬 A의 행벡터는 무엇일까요?

$\mathbf{A}$의 **행벡터**(row vector)는 $\mathbf{r}_1, \mathbf{r}_2, \cdots, \mathbf{r}_m$으로 표기하며, 다음과 같습니다.

$$
\mathbf{r}_1=\begin{pmatrix}a_{11}\\a_{12}\\\vdots\\a_{1n}\end{pmatrix},\ \mathbf{r}_2=\begin{pmatrix}a_{21}\\a_{22}\\\vdots\\a_{2n}\end{pmatrix},\ \cdots,\ \mathbf{r}_m=\begin{pmatrix}a_{m1}\\a_{m2}\\\vdots\\a_{mn}\end{pmatrix}
$$

? 행렬 A의 열벡터는 무엇일까요?

$\mathbf{A}$의 **열벡터**(column vector)는 $\mathbf{c}_1, \mathbf{c}_2, \cdots, \mathbf{c}_n$으로 표기하며, 다음과 같습니다.

$$
\mathbf{c}_1=\begin{pmatrix}a_{11}\\a_{21}\\\vdots\\a_{m1}\end{pmatrix},\ \mathbf{c}_2=\begin{pmatrix}a_{12}\\a_{22}\\\vdots\\a_{m2}\end{pmatrix},\ \cdots,\ \mathbf{c}_n=\begin{pmatrix}a_{1n}\\a_{2n}\\\vdots\\a_{mn}\end{pmatrix}
$$

예를 들어, $\mathbf{B}=\begin{pmatrix}-3&6\\-5&2\\-2&7\end{pmatrix}$의 행벡터와 열벡터는 각각 $\mathbf{r}_1=\begin{pmatrix}-3\\6\end{pmatrix}$, $\mathbf{r}_2=\begin{pmatrix}-5\\2\end{pmatrix}$, $\mathbf{r}_3=\begin{pmatrix}-2\\7\end{pmatrix}$, $\mathbf{c}_1=\begin{pmatrix}-3\\-5\\-2\end{pmatrix}$, $\mathbf{c}_2=\begin{pmatrix}6\\2\\7\end{pmatrix}$입니다.

3.5.2 행공간과 열공간

행렬 $\mathbf{A}$의 행공간은 $\mathbf{A}$의 행벡터로 생성한 공간입니다. 벡터로 생성한 공간은 이 벡터의 모든 일차결합을 포함하는 공간을 의미합니다.

? 3.5.1절에서 살펴본 행렬 B의 행공간은 무엇일까요?

벡터 $\mathbf{r}_1 = \begin{pmatrix} -3 \\ 6 \end{pmatrix}$, $\mathbf{r}_2 = \begin{pmatrix} -5 \\ 2 \end{pmatrix}$, $\mathbf{r}_3 = \begin{pmatrix} -2 \\ 7 \end{pmatrix}$로 생성한 공간 S입니다. 벡터 $\mathbf{r}_1, \mathbf{r}_2, \mathbf{r}_3$의 임의의 일차결합은 행공간 S의 원소입니다.

$$\text{행공간 } S = \text{span}\{\mathbf{r}_1, \mathbf{r}_2, \mathbf{r}_3\} = \left\{ k_1\begin{pmatrix} -3 \\ 6 \end{pmatrix} + k_2\begin{pmatrix} -5 \\ 2 \end{pmatrix} + k_3\begin{pmatrix} -2 \\ 7 \end{pmatrix} \middle| \, k_1,\, k_2,\, k_3 \text{는 스칼라} \right\}$$

각 행벡터는 실수 성분 두 개를 가집니다. 또한 S는 $\mathbb{R}^2$의 부분공간임을 보일 수 있습니다.

행공간 S는 $\mathbf{u} = k_1\mathbf{r}_1 + k_2\mathbf{r}_2 + k_3\mathbf{r}_3$인 벡터 $\mathbf{u}$의 집합입니다. 행공간 S는 벡터 $\mathbf{r}_1, \mathbf{r}_2, \mathbf{r}_3$로 생성되었으며 다음과 나타낼 수 있습니다.

$$S = \{\mathbf{u} \,|\, \mathbf{u} = k_1\mathbf{r}_1 + k_2\mathbf{r}_2 + k_3\mathbf{r}_3\}$$

위 벡터는 $\mathbb{R}^2$ 전체를 생성합니다. S에 속한 어느 두 벡터도 서로의 배수가 아니기 때문입니다(즉, 서로 일차독립입니다). 따라서 행렬 $\mathbf{B}$의 행공간은 $\mathbb{R}^2$를 나타냅니다. 마찬가지로 일반적인 행렬 $\mathbf{A}$의 열공간은 $\mathbf{A}$의 열벡터로 생성한 공간입니다. 행공간과 열공간은 다음과 같이 정의합니다.

> **정의 3-11 행공간과 열공간**
>
> $\mathbf{A}$를 임의의 행렬이라고 합시다.
>
> (a) 행렬 $\mathbf{A}$의 행벡터로 생성한 공간을 **행공간**(row space)이라고 합니다.
>
> (b) 행렬 $\mathbf{A}$의 열벡터로 생성한 공간을 **열공간**(column space)이라고 합니다.

? 3.5.1절에서 살펴본 행렬 B의 열공간은 무엇일까요?

벡터 $\mathbf{c}_1 = \begin{pmatrix} -3 \\ -5 \\ -2 \end{pmatrix}$, $\mathbf{c}_2 = \begin{pmatrix} 6 \\ 2 \\ 7 \end{pmatrix}$로 생성한 공간입니다. 벡터 $\mathbf{c}_1$과 $\mathbf{c}_2$의 임의의 일차결합이 행렬 $\mathbf{B}$의 열공간 원소입니다.

? 벡터 $\mathbf{c}_1$, $\mathbf{c}_2$는 어떤 공간을 생성할까요?

각 벡터에는 실수 성분이 3개 있으며, 우리는 행공간이 $\mathbb{R}^3$의 부분공간임을 보일 수 있습니다. 벡터 $\mathbf{c}_1$과 $\mathbf{c}_2$로 생성한 벡터공간은 실제로 $\mathbb{R}^3$의 평면입니다([그림 3-17] 참고).

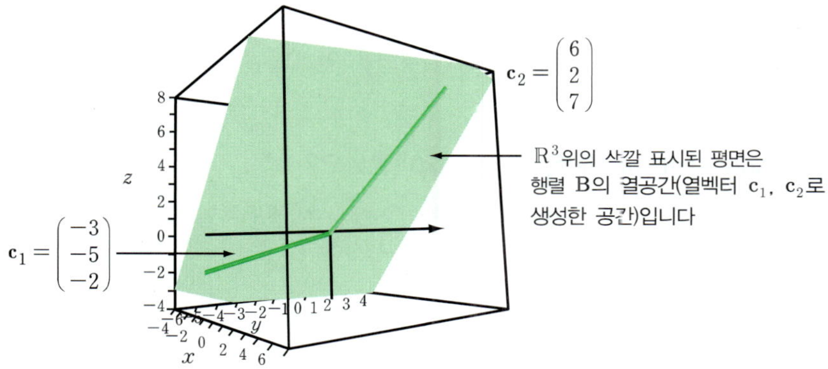

[그림 3-17] 행렬 B의 열공간

일반적으로 다음 정리가 성립함을 알 수 있습니다.

> **정리 3-14 행공간과 열공간**
>
> $\mathbf{A}$를 $m \times n$ 행렬이라고 합시다.
>
> $$\mathbf{A} = \overbrace{\begin{pmatrix} a_{11} & \cdots & a_{1n} \\ \vdots & \ddots & \vdots \\ a_{m1} & \cdots & a_{mn} \end{pmatrix}}^{\text{열 } n\text{개}} \Big\} \text{행 } m\text{개}$$
>
> (a) 행렬 $\mathbf{A}$의 행공간은 $\mathbb{R}^n$의 부분공간입니다.
>
> (b) 행렬 $\mathbf{A}$의 열공간은 $\mathbb{R}^m$의 부분공간입니다.

증명

3.5절 [연습문제 13]에서 증명합니다. ■

예를 들어, 행렬 $\mathbf{A} = \begin{pmatrix} 1 & 4 \\ 5 & 9 \end{pmatrix}$의 행공간과 열공간은 $\mathbb{R}^2$의 부분공간입니다. 행렬 $\mathbf{B} = \begin{pmatrix} -1 & 3 & 9 \\ -5 & 2 & 6 \end{pmatrix}$의 행공간은 $\mathbb{R}^3$의 부분공간이지만, 열공간은 $\mathbb{R}^2$의 부분공간입니다.

3.5.3 행공간의 기저

행공간의 기저를 왜 구해야 할까요?

공간을 설명하는 데 필요한 최소 개수의 벡터 또는 축이 기저를 형성한다는 점을 상기합시다. 행렬은 0개의 일차종속인 행 또는 열을 포함할 수도 있습니다. 행공간에서는 기본 행 연산을 하여 행렬을 가장 단순한 형태(또는 기저)로 변환함으로써 종종 훨씬 더 효율적인 행렬을 얻기도 하는데, 이는 원래 행렬과 행동치입니다.

행동치 행렬(row equivalent matrix)은 무엇을 의미할까요?

한 행렬을 다른 행렬에 기본 행 연산하여 얻었다면, 두 행렬은 행동치입니다.

기본 행 연산은 다음과 같습니다(이는 1장에서 살펴보았습니다).

1. 0이 아닌 상수를 한 행에 곱합니다.
2. 한 행의 배수를 다른 행에 더하거나 뺍니다.
3. 행을 교환합니다.

행이 $\mathbf{a}_1$, $\mathbf{a}_2$인 행렬 $\mathbf{A}$에 기본 행 연산을 적용하여 행렬 $\mathbf{R}$로 변환한 경우를 생각해봅시다.

$$\begin{matrix}\mathbf{a}_1\\\mathbf{a}_2\end{matrix}\begin{pmatrix}1&2&3\\4&8&12\end{pmatrix}=\mathbf{A}\qquad\Rightarrow\qquad\begin{matrix}\mathbf{r}_1=\mathbf{a}_1\\\mathbf{r}_2=\mathbf{a}_2-4\mathbf{a}_1\end{matrix}\begin{pmatrix}1&2&3\\0&0&0\end{pmatrix}=\mathbf{R}$$

행렬 $\mathbf{R}$의 행 $\mathbf{r}_1$, $\mathbf{r}_2$는 $\mathbf{a}_1$, $\mathbf{a}_2$의 일차결합입니다.

$$\mathbf{r}_1=\mathbf{a}_1,\ \mathbf{r}_2=\mathbf{a}_2-4\mathbf{a}_1$$

즉, 행렬 $\mathbf{R}$의 행은 행렬 $\mathbf{A}$의 행의 일차결합입니다. 이는 행렬 $\mathbf{R}$의 행벡터가 행렬 $\mathbf{A}$의 행공간에 있음을 의미합니다.

행동치 행렬의 행공간을 보고 무엇을 알 수 있을까요?

행동치 행렬이 만드는 공간은 서로 같습니다.

예를 들어, 위 행렬 $\mathbf{A}$의 행공간 S는 다음과 같은 S의 벡터 $\mathbf{v}$로 이루어집니다.

$$\mathbf{v}=k_1\mathbf{a}_1+k_2\mathbf{a}_2=k_1\begin{pmatrix}1\\2\\3\end{pmatrix}+k_2\begin{pmatrix}4\\8\\12\end{pmatrix}=k_1\begin{pmatrix}1\\2\\3\end{pmatrix}+4k_2\begin{pmatrix}1\\2\\3\end{pmatrix}=c\begin{pmatrix}1\\2\\3\end{pmatrix}=c\mathbf{r}_1\ \ (c=k_1+4k_2)$$

따라서 모든 벡터 $\mathbf{v}$는 행렬 $\mathbf{R}$의 행공간 S에 있습니다. 실제로 행렬 $\mathbf{R}$에서는 영이 아닌 행벡터 $(1\ \ 2\ \ 3)^{\mathrm{T}}$만

있으면 행렬 $\mathbf{A}$의 행공간을 생성할 수 있습니다. 행렬 $\mathbf{A}$로 생성한 행공간 S는 행렬 $\mathbf{R}$로 생성한 행공간과 동일합니다.

$$\mathbf{A}\text{의 행공간} = \mathbf{R}\text{의 행공간}$$

정리 3-15 행동치 행렬의 행공간

행렬 $\mathbf{A}$와 $\mathbf{R}$이 행동치이면, 두 행렬의 행공간은 같습니다.

[정리 3-15]를 어떻게 증명할까요?

다음을 보이면 됩니다.

1. $\mathbf{A}$의 행공간이 $\mathbf{R}$의 행공간 안에 있습니다.
2. $\mathbf{R}$의 행공간이 $\mathbf{A}$의 행공간 안에 있습니다.

증명

$\mathbf{A}$와 $\mathbf{R}$이 $m \times n$ 크기의 행동치 행렬이라고 합시다. $\mathbf{A}$의 행벡터를 $\mathbf{a}_1, \mathbf{a}_2, \cdots, \mathbf{a}_m$이라 하고, $\mathbf{R}$의 행벡터를 $\mathbf{r}_1, \mathbf{r}_2, \cdots, \mathbf{r}_m$이라 합시다. 이는 다음을 의미합니다.

$$\mathbf{A} = \begin{pmatrix} \mathbf{a}_1 \\ \vdots \\ \mathbf{a}_m \end{pmatrix} \quad \Rightarrow \quad \mathbf{R} = \begin{pmatrix} \mathbf{r}_1 \\ \vdots \\ \mathbf{r}_m \end{pmatrix}$$

1. $\mathbf{A}$와 $\mathbf{R}$이 행동치 행렬이라 합시다. $\mathbf{A}$의 행벡터에 기본 행 연산을 적용하면 $\mathbf{R}$의 행벡터를 얻을 수 있습니다. 이는 $\mathbf{R}$의 모든 행벡터는 $\mathbf{A}$의 행벡터의 일차결합임을 의미합니다. 따라서 행렬 $\mathbf{A}$의 행공간은 행렬 $\mathbf{R}$의 행공간 안에 있습니다.
2. 마찬가지로, 위 논증을 역으로 고려하면, 행렬 $\mathbf{R}$의 행공간이 행렬 $\mathbf{A}$의 행공간 안에 있음을 알 수 있습니다.

따라서 행렬 $\mathbf{A}$와 $\mathbf{R}$의 행공간은 같습니다. ■

기본 행 연산을 통해 행렬을 행 사다리꼴로 나타낼 수 있음을 기억합시다. 이는 다음 정리처럼 행공간의 기저를 찾을 때 적용할 수 있습니다.

정리 3-16 행 사다리꼴 행렬의 행공간 기저

행렬 $\mathbf{R}$이 행 사다리꼴 행렬이라면, 영행이 아닌 행이 행렬 $\mathbf{R}$의 행공간의 기저를 형성합니다.

증명

3.5절 [연습문제 16]에서 증명합니다. ■

[정리 3-15]와 [정리 3-16]을 함께 생각해보면 다음 정리를 알 수 있다.

> **정리 3-17 행동치 행렬과 행공간 기저**
> 행렬 $\mathbf{A}$와 행 사다리꼴 행렬 $\mathbf{R}$이 행동치이면, 행렬 $\mathbf{R}$의 영행이 아닌 행이 행렬 $\mathbf{A}$의 행공간의 기저를 형성합니다.

증명

$\mathbf{A}$의 행공간 = $\mathbf{R}$의 행공간

$\mathbf{R}$의 영행이 아닌 행은 기저를 형성

→ $\mathbf{A}$의 행공간의 기저

[정리 3-16]에 의해 행렬 $\mathbf{R}$의 행공간의 기저는 $\mathbf{R}$의 영행이 아닌 행으로 구성됩니다. 또한 [정리 3-15]에 의해 '$\mathbf{A}$의 행공간 = $\mathbf{R}$의 행공간'임을 알 수 있습니다($\mathbf{A}$와 $\mathbf{R}$은 행동치). 즉, 행렬 $\mathbf{R}$의 영행이 아닌 행은 행렬 $\mathbf{A}$의 행공간의 기저를 형성합니다. ■

행렬의 행공간 기저를 찾기 위해 [정리 3-17]을 어떻게 사용할 수 있을까요?

기본 행 연산을 통해 주어진 행렬을 행 사다리꼴 행렬로 변환합니다.

다음을 달성하는 것을 목표로 해봅시다.

$$\mathbf{A}=\begin{pmatrix}\mathbf{a}_1\\ \vdots \\ \mathbf{a}_m \\ \mathbf{a}_{m+1} \\ \vdots\end{pmatrix} \Rightarrow \mathbf{R}=\begin{pmatrix}\mathbf{r}_1\\ \vdots \\ \mathbf{r}_m \\ \mathbf{O} \\ \vdots\end{pmatrix}$$

($\mathbf{r}_1, \ldots, \mathbf{r}_m$: 영행이 아닌 행(벡터)은 행렬 $\mathbf{A}$의 행공간의 기저를 형성합니다)

MATLAB을 사용하여 행렬을 행 사다리꼴 행렬로 변환할 수 있습니다. 실제로 MATLAB 명령어 rref는 주어진 행렬을 기약행 사다리꼴 행렬로 변환합니다. 다음 예제에서는 기약행 사다리꼴 행렬을 사용하지만, 행 사다리꼴 행렬만으로도 충분합니다.

예제 3-28 다음 행렬의 행공간 기저를 구해보세요.

(a) $\mathbf{A}=\begin{pmatrix}1 & 2\\ 2 & 4\end{pmatrix}$ (b) $\mathbf{B}=\begin{pmatrix}-1 & 3 & 9\\ -5 & 2 & 6\end{pmatrix}$ (c) $\mathbf{C}=\begin{pmatrix}-3 & 6\\ -5 & 2\\ -2 & 7\end{pmatrix}$

풀이

(a) 기본 행 연산을 적용해봅시다.

$$\mathbf{A} = \begin{pmatrix} 1 & 2 \\ 2 & 4 \end{pmatrix} \quad \Rightarrow \quad \mathbf{R} = \begin{pmatrix} 1 & 2 \\ 0 & 0 \end{pmatrix} \leftarrow \text{영행 아님}$$

[그림 3-18]과 같이 벡터 $\begin{pmatrix} 1 \\ 2 \end{pmatrix}$가 $\mathbf{A}$의 행공간 기저를 형성합니다.

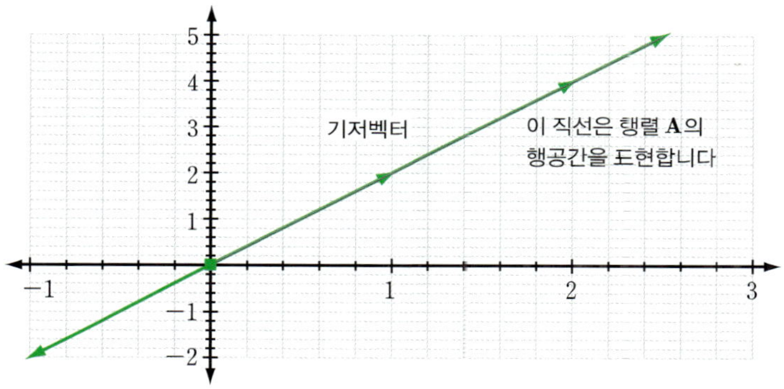

[그림 3-18] 행렬 A의 행공간과 기저벡터

(b) 마찬가지로, MATLAB을 사용하여 $\mathbf{B}$의 기약행 사다리꼴 행렬을 찾아봅시다.

$$\mathbf{B} = \begin{pmatrix} -1 & 3 & 9 \\ -5 & 2 & 6 \end{pmatrix} \quad \Rightarrow \quad \mathbf{R} = \begin{pmatrix} 1 & 0 & 0 \\ 0 & 1 & 3 \end{pmatrix}$$

행렬 $\mathbf{B}$의 행공간 기저는 무엇인가요? 벡터집합 $\left\{ \begin{pmatrix} 1 \\ 0 \\ 0 \end{pmatrix}, \begin{pmatrix} 0 \\ 1 \\ 3 \end{pmatrix} \right\}$이 행렬 $\mathbf{B}$의 행공간 기저를 형성합니다. 따라서 $\mathbf{B}$의 행공간은 $\mathbb{R}^3$의 부분공간입니다.

(c) MATLAB을 이용하여 행렬 $\mathbf{C}$의 기약행 사다리꼴 행렬을 찾으면 다음과 같습니다.

$$\mathbf{C} = \begin{pmatrix} -3 & 6 \\ -5 & 2 \\ -2 & 7 \end{pmatrix} \quad \Rightarrow \quad \mathbf{R} = \begin{pmatrix} 1 & 0 \\ 0 & 1 \\ 0 & 0 \end{pmatrix} \text{ 영행 아님}$$

행공간의 기저는 영행이 아닌 행으로 형성합니다. 즉, 벡터 $\left\{ \begin{pmatrix} 1 \\ 0 \end{pmatrix}, \begin{pmatrix} 0 \\ 1 \end{pmatrix} \right\}$은 행렬 $\mathbf{C}$의 행공간 기저를 형성합니다. 행렬 $\mathbf{C}$의 주어진 세 개의 행벡터보다 $\mathbf{C}$의 행공간을 생성하는 두 벡터 $\left\{ \begin{pmatrix} 1 \\ 0 \end{pmatrix}, \begin{pmatrix} 0 \\ 1 \end{pmatrix} \right\}$이 필요합니다. 이 기저는 $\mathbb{R}^2$ 전체를 생성하므로, 행렬 $\mathbf{C}$의 행공간은 $\mathbb{R}^2$임을 기억합시다.

[예제 3-28]은 주어진 행렬의 성분이 간단한 정수이므로, 손으로 쉽게 계산할 수 있습니다.

3.5.4 $\mathbb{R}^n$에서 생성된 부분공간의 기저

$\mathbf{u}=(1\ \ 2\ \ 3)^T$와 $\mathbf{v}=(4\ \ 5\ \ 6)^T$는 $\mathbb{R}^3$의 벡터입니다. 두 벡터로 생성한 공간을 S라고 합시다. 공간 S는 [그림 3-19]와 같습니다.

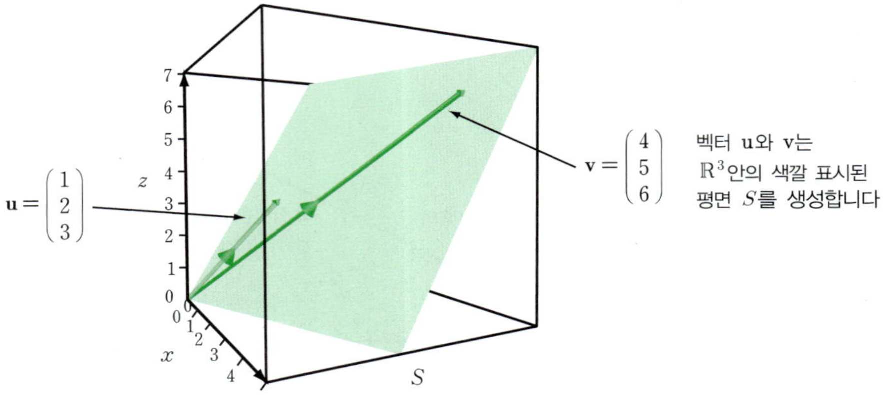

[그림 3-19] 벡터 u와 v로 생성한 공간 S

보통 평면 S를 나타내는 간단한 축의 집합, 보다 공식적으로는 공간 S의 기저를 찾는 데 관심이 있습니다.

? 이러한 기저를 찾을 수 있을까요?

행렬 $\mathbf{A}=\begin{pmatrix}\mathbf{u}\\\mathbf{v}\end{pmatrix}$의 행을 벡터로 써보면, $\mathbf{A}$의 행공간은 벡터 $\mathbf{u}$와 $\mathbf{v}$로 생성한 벡터공간입니다. 3.5.3절에서 살펴본 것처럼, 행렬 $\mathbf{A}$에 기본 행 연산을 적용하여 행렬 $\mathbf{A}$의 행공간의 기저를 구할 수 있습니다.

벡터 $\{\mathbf{r}_1, \mathbf{r}_2, \mathbf{r}_3, \cdots, \mathbf{r}_m\}$으로 생성한 $\mathbb{R}^n$의 부분공간의 기저를 찾는 절차(procedure for basis of a subspace)는 다음과 같습니다.

> **[1단계]** 행렬 $\mathbf{A}=\begin{pmatrix}\mathbf{r}_1\\\vdots\\\mathbf{r}_m\end{pmatrix}$을 만들어봅시다. $\mathbf{A}$의 행공간은 $\mathbf{r}_1, \mathbf{r}_2, \mathbf{r}_3, \cdots, \mathbf{r}_m$으로 생성한 공간입니다.
>
> **[2단계]** 행렬 $\mathbf{A}$를 (기약)행 사다리꼴 행렬 $\mathbf{R}$로 변환해봅시다.
>
> **[3단계]** 행렬 $\mathbf{R}$의 영행이 아닌 행은 $\{\mathbf{r}_1, \mathbf{r}_2, \mathbf{r}_3, \cdots, \mathbf{r}_m\}$으로 생성한 벡터공간의 기저를 형성합니다.

예제 3-29 $\mathbf{u}=\begin{pmatrix}1\\2\\3\end{pmatrix}$, $\mathbf{v}=\begin{pmatrix}4\\5\\6\end{pmatrix}$, $\mathbf{w}=\begin{pmatrix}7\\8\\9\end{pmatrix}$**에 대하여, 벡터공간** $S=\text{span}\{\mathbf{u}, \mathbf{v}, \mathbf{w}\}$**의 기저를 구해보세요.**

풀이

$\mathbf{A}$를 $\mathbf{A}=\begin{pmatrix}\mathbf{u}\\\mathbf{v}\\\mathbf{w}\end{pmatrix}$와 같이 주어진 행렬이라고 합시다. 즉, $\mathbf{A}=\begin{pmatrix}1&2&3\\4&5&6\\7&8&9\end{pmatrix}$입니다. 행렬 $\mathbf{A}$의 행공간은 벡터 $\mathbf{u}, \mathbf{v}, \mathbf{w}$로 생성한 부분공간입니다.

$$\text{span}\{\mathbf{u}, \mathbf{v}, \mathbf{w}\} = \mathbf{A}\text{의 행공간}$$

이제 무엇을 찾아야 할까요? 행렬 **A**의 행공간 기저를 찾아야 합니다. 어떻게 해야 할까요? **A**의 (기약)행 사다리꼴 행렬 **R**을 찾아야 합니다. **R**의 영행이 아닌 행은 행렬 **A**의 행공간의 기저(축)를 형성합니다. MATLAB을 통해 다음을 알 수 있습니다.

$$\mathbf{A} = \begin{pmatrix} 1 & 2 & 3 \\ 4 & 5 & 6 \\ 7 & 8 & 9 \end{pmatrix} \quad \Rightarrow \quad \begin{pmatrix} 1 & 0 & -1 \\ 0 & 1 & 2 \\ 0 & 0 & 0 \end{pmatrix} = \mathbf{R}$$

행렬 **R**의 영행이 아닌 다음 행이 행렬 **A**의 행공간의 기저를 형성합니다.

$$\mathbf{r}_1 = \begin{pmatrix} 1 \\ 0 \\ -1 \end{pmatrix}, \quad \mathbf{r}_2 = \begin{pmatrix} 0 \\ 1 \\ 2 \end{pmatrix}$$

따라서 주어진 벡터공간 $S = \text{span}\{\mathbf{u}, \mathbf{v}, \mathbf{w}\}$의 기저는 $B = \{\mathbf{r}_1, \mathbf{r}_2\}$입니다. S는 $\mathbb{R}^3$의 부분공간입니다. 하지만 실제로 S는 평면이며, 주어진 벡터 $\mathbf{u}, \mathbf{v}, \mathbf{w}$보다는 벡터 $\mathbf{r}_1$, $\mathbf{r}_2$로 생성되었다고 할 수 있습니다.

예제 3-30 $\mathbf{u} = \begin{pmatrix} 1 \\ 3 \\ 5 \\ 6 \end{pmatrix}$, $\mathbf{v} = \begin{pmatrix} 1 \\ 7 \\ 8 \\ 9 \end{pmatrix}$, $\mathbf{w} = \begin{pmatrix} 3 \\ 9 \\ 15 \\ 18 \end{pmatrix}$**에 대하여 벡터공간 $S = \text{span}\{\mathbf{u}, \mathbf{v}, \mathbf{w}\}$의 기저를 찾아보세요.**

풀이

앞에서 살펴본 부분공간의 기저를 찾는 과정을 적용해봅시다.

[1, 2단계] 다음과 같이 행렬 **A**를 나타내고 기약행 사다리꼴 행렬로 변환해봅시다.

$$\mathbf{A} = \begin{pmatrix} \mathbf{u} \\ \mathbf{v} \\ \mathbf{w} \end{pmatrix} = \begin{pmatrix} 1 & 3 & 5 & 6 \\ 1 & 7 & 8 & 9 \\ 3 & 9 & 15 & 18 \end{pmatrix} \quad \Rightarrow \quad \mathbf{R} = \begin{pmatrix} 1 & 0 & 2.75 & 3.75 \\ 0 & 1 & 0.75 & 0.75 \\ 0 & 0 & 0 & 0 \end{pmatrix}$$

여기서 $S = \text{span}\{\mathbf{u}, \mathbf{v}, \mathbf{w}\}$ = (**A**의 행공간)입니다.

[3단계] $S = \text{span}\{\mathbf{u}, \mathbf{v}, \mathbf{w}\}$의 기저는 무엇일까요? 바로 기약행 사다리꼴 행렬 **R**의 영행이 아닌 행입니다.

$$\mathbf{r}_1 = \begin{pmatrix} 1 \\ 0 \\ 2.75 \\ 3.75 \end{pmatrix} = \begin{pmatrix} 1 \\ 0 \\ 11/4 \\ 15/4 \end{pmatrix} = \frac{1}{4}\begin{pmatrix} 4 \\ 0 \\ 11 \\ 15 \end{pmatrix}, \quad \mathbf{r}_2 = \begin{pmatrix} 0 \\ 1 \\ 0.75 \\ 0.75 \end{pmatrix} = \begin{pmatrix} 0 \\ 1 \\ 3/4 \\ 3/4 \end{pmatrix} = \frac{1}{4}\begin{pmatrix} 0 \\ 4 \\ 3 \\ 3 \end{pmatrix}$$

행공간은 벡터 $\mathbf{r}_1$과 $\mathbf{r}_2$의 일차결합이므로, $\mathbf{r}_1$과 $\mathbf{r}_2$의 0이 아닌 스칼라곱도 행공간의 기저를 이룹니다(기저는 공간의 두 축의 방향을 제시합니다). 따라서 벡터 $\mathbf{r}_1$과 $\mathbf{r}_2$에 4를 곱한 다음 벡터의 집합도 벡터공간 $S = \text{span}\{\mathbf{u}, \mathbf{v}, \mathbf{w}\}$의 기저입니다.

$$\{(4\ 0\ 11\ 15)^{\text{T}}, (0\ 4\ 3\ 3)^{\text{T}}\}$$

공간 S는 $\mathbb{R}^4$의 부분공간이며, $\mathbb{R}^4$에서 평면입니다. 그 이유는 공간을 형성하는 기저벡터가 2개(또는 축이 2개)이기 때문입니다.

3.5.5 행렬의 계수

? 선형대수학에서 왜 계수(rank)가 중요할까요?

연립일차방정식 $\mathbf{Ax}=\mathbf{b}$를 생각해봅시다. 행 사다리꼴에서 첨가행렬 $(\mathbf{A}\,|\,\mathbf{b})$는 영행을 만들지도 모릅니다. 이는 $0=0$을 의미하지만, 연립일차방정식 풀이에서 이는 중요하지 않습니다. 계수는 연립일차방정식 풀이를 제공하는 행 사다리꼴 행렬의 영행이 아닌 행의 개수를 말합니다.

다음 절에서 배우겠지만, 행렬 $\mathbf{A}$의 계수와 첨가행렬 $(\mathbf{A}\,|\,\mathbf{b})$의 계수는 연립일차방정식이 유일한 해를 갖는지, 무수히 많은 해를 갖는지, 또는 해를 갖지 않는지에 대한 정보를 알려줍니다.

행렬의 계수는 행렬의 일차독립인 행 개수를 나타냅니다. 이는 일차종속인 모든 행을 하나의 행으로 나타낼 수 있음을 의미합니다. 예를 들어, 다음 행렬의 계수는 1입니다.

$$\begin{matrix} \mathrm{R}_1 \\ \mathrm{R}_2 \end{matrix}\begin{pmatrix} 1 & 2 & 3 & 4 \\ 2 & 4 & 6 & 8 \end{pmatrix} \quad \Rightarrow \quad \begin{matrix} \mathrm{R}_1 \\ \mathrm{R}_2-2\mathrm{R}_1 \end{matrix}\begin{pmatrix} 1 & 2 & 3 & 4 \\ 0 & 0 & 0 & 0 \end{pmatrix}$$

2행은 1행의 2배이므로, 기본 행 연산을 하면 하나의 독립인 행으로 나타낼 수 있습니다. 행렬의 계수는 행렬로 표현되는 중요한 정보의 양을 측정합니다.

선형대수학은 일반적으로 행렬로 저장되는 디지털 데이터 전송에 활용합니다. 이 분야에서는 데이터를 손실하지 않도록 최대한 빠르게, 효율적으로 전송하는 것이 중요합니다. 이때 계수가 낮은 행렬을 전송하면 용량과 시간을 덜 차지하므로 여기서 계수 개념은 매우 중요합니다. 낮은 계수(low rank)의 행렬은 계산적으로 처리 비용이 훨씬 덜 든다는 점에서 효율적입니다.

컴퓨터 그래픽스에서는 이미지를 생성하고 조작하기 위해 행렬을 이용합니다. 행렬의 계수는 이미지의 차원을 알려줍니다.

예를 들어, 행렬 $\mathbf{A}=\begin{pmatrix} 1 & 1 & 1 \\ 4 & 5 & 6 \\ 2 & 2 & 2 \end{pmatrix}$는 3D를 2D 평면으로 변환할 수 있습니다. 왜냐하면 행렬 $\mathbf{A}$는 [그림 3-20]과 같이 **완전 계수**(full rank)를 갖지 않기 때문입니다. 완전 계수란 행렬 $\mathbf{A}$의 모든 행이 일차독립임을 의미합니다.

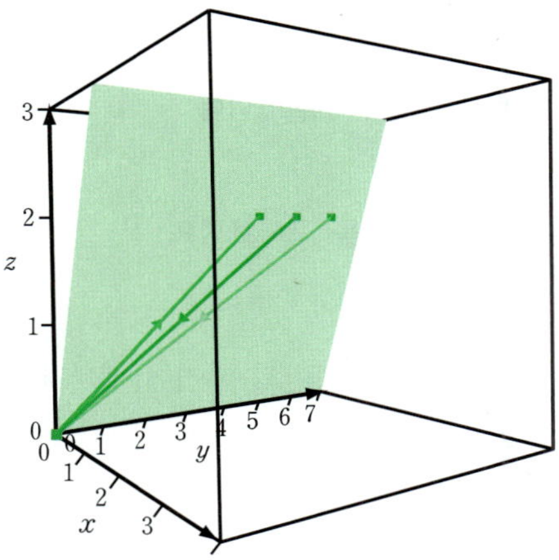

행렬 $\mathbf{A}$는 벡터를 오직 평면으로만 변환하며, $\mathbb{R}^3$의 어떤 곳으로든 변환할 수 없습니다

[그림 3-20] 행렬 $\mathbf{A}$를 이용한 벡터 변환

계수는 차원으로 정의합니다.

? 벡터공간의 차원이 무엇인지 기억하나요?

벡터공간을 설명하는 데 필요한 축의 최소 개수, 즉 벡터공간의 기저에 있는 벡터 개수입니다.

행렬의 행공간의 차원을 **행계수**(row rank)라 하고, 열공간의 차원을 **열계수**(column rank)라고 합니다. 영행이 아닌 행은 행공간의 기저를 형성하므로, 다음 행렬 $\mathbf{A}$의 행계수는 행 사다리꼴 행렬 $\mathbf{R}$에서 영행이 아닌 행벡터 개수입니다.

$$\mathbf{A} = \begin{pmatrix} \mathbf{a}_1 \\ \vdots \\ \mathbf{a}_m \\ \mathbf{a}_{m+1} \\ \vdots \end{pmatrix} \quad \Rightarrow \quad \mathbf{R} = \begin{pmatrix} \mathbf{r}_1 \\ \vdots \\ \mathbf{r}_m \\ \mathbf{O} \\ \vdots \end{pmatrix} \begin{matrix} \left.\begin{matrix} \\ \\ \\ \end{matrix}\right\} \text{영행이 아닌 행 } m\text{개} \\ \\ \\ \end{matrix}$$

행렬 $\mathbf{A}$의 행계수 $= m$입니다. 행렬의 행계수를 행렬의 계수라고 합니다.

정의 3-12 행렬의 계수

행렬 $\mathbf{A}$의 행계수를 행렬 $\mathbf{A}$의 **계수**(rank) 또는 **차수**라고 합니다.

행렬 $\mathbf{A}$의 계수는 $\text{rank}(\mathbf{A})$로 나타냅니다. [정의 3-12]는 다음을 의미합니다.

$$\text{rank}(\mathbf{A}) = \mathbf{A}\text{의 행계수}$$

계수와 차원의 차이는 무엇일까요?

엄밀하게 말해서 계수는 행렬의 성질이고, 차원은 벡터공간의 성질입니다.

예제 3-31 **[예제 3-28]에서 주어진 행렬 A, B, C의 계수를 구해보세요.**

풀이

rank(**A**)는 무엇일까요? [예제 3-28]의 풀이를 통해 **A**의 행공간의 기저에 벡터가 하나 있음을 알았습니다. 따라서 행계수는 1입니다. 이는 rank(**A**) = 1을 의미합니다. 마찬가지로, rank(**B**) = 2, rank(**C**) = 2입니다.

예제 3-32 **행렬** $\mathbf{A} = \begin{pmatrix} 1 & 2 & 3 & 4 & 5 & 6 \\ 27 & 28 & 29 & 30 & 31 & 32 \\ 15 & 16 & 17 & 18 & 19 & 20 \\ 31 & 32 & 33 & 34 & 35 & 36 \\ 45 & 46 & 47 & 48 & 49 & 50 \end{pmatrix}$**의 계수를 구해보세요.**

풀이

계수를 구하려면 먼저 무엇을 해야 할까요? 주어진 행렬 **A**를 행 사다리꼴 행렬로 변환합니다. MATLAB을 사용하여 기약행 사다리꼴 행렬 **R**을 구할 수 있습니다.

$$\mathbf{R} = \begin{pmatrix} \boxed{1} & 0 & -1 & -2 & -3 & -4 \\ 0 & \boxed{1} & 2 & 3 & 4 & 5 \\ 0 & 0 & 0 & 0 & 0 & 0 \\ 0 & 0 & 0 & 0 & 0 & 0 \\ 0 & 0 & 0 & 0 & 0 & 0 \end{pmatrix} \begin{matrix} \leftarrow \text{영행 아님} \\ \leftarrow \text{영행 아님} \\ \\ \\ \\ \end{matrix}$$

주어진 행렬 **A**의 계수는 무엇일까요? 영행이 아닌 행이 2개이므로 rank(**A**) = 2입니다. 행렬 **A**의 행공간은 행렬 **R**의 처음 두 행으로 생성할 수 있으므로, 계수는 처음 두 행이 중요하며 나머지 세 행은 중복됨을 알려줍니다.

행렬 **A**가 디지털 이미지를 나타내는 경우 이 데이터를 계수 2인 행렬로 압축(compress)할 수 있으며, 이 행렬은 행렬 **A**보다 더 효율적으로 계산할 수 있습니다.

> **정리 3-18 행계수와 열계수**
>
> 임의의 행렬 **A**에 대하여, 다음이 성립합니다.
>
> $$\text{행렬 } \mathbf{A}\text{의 행계수} = \text{행렬 } \mathbf{A}\text{의 열계수}$$
>
> 이는 다음을 의미합니다.
>
> $$\text{rank}(\mathbf{A}) = \mathbf{A}\text{의 행계수} = \mathbf{A}\text{의 열계수}$$

증명

3.5절 [연습문제 18]에서 증명합니다. ■

행렬의 행계수와 열계수는 같습니다. 선행계수 1이 있는 기약형 사다리꼴 행렬의 열을 고려하면 행렬의 열공간의 기저를 찾을 수 있습니다. [예제 3-32]에서 행렬 $\mathbf{R}$의 처음 두 열에 선행계수 1이 있습니다. 행렬 $\mathbf{A}$의 해당 열벡터가 $\mathbf{A}$의 열공간의 기저를 형성함을 알 수 있다. 따라서 다음 두 벡터가 행렬 $\mathbf{A}$의 열공간의 기저를 형성합니다.

$$(1\ \ 27\ \ 15\ \ 31\ \ 45)^{\mathrm{T}},\quad (2\ \ 28\ \ 16\ \ 32\ \ 46)^{\mathrm{T}}$$

3.5.6 계수와 역행렬

이 절에서는 계수와 역행렬 사이의 관계를 이야기합니다.

> **정리 3-19 가역행렬의 계수**
> 행렬 $\mathbf{A}$를 $n\times n$ 행렬이라고 할 때, 다음이 성립합니다.
> $$\mathbf{A}\text{가 가역행렬} \quad \Leftrightarrow \quad \mathrm{rank}(\mathbf{A})=n$$

[정리 3-19]는 무엇을 의미할까요?

$\mathbf{A}$가 가역행렬 $\quad\Leftrightarrow\quad$ 행렬 $\mathbf{A}$에 중복된 행이 없습니다(행렬 $\mathbf{A}$가 **완전 계수**를 가집니다).

증명

($\Rightarrow$) 행렬 $\mathbf{A}$가 가역행렬이라고 가정합시다. 앞에서 살펴본 [정리 1-15]를 생각해봅시다.

> **[정리 1-15]**
> 행렬 $\mathbf{A}$가 $n\times n$ 행렬일 때, 다음 명제는 동치입니다.
> (a) 행렬 $\mathbf{A}$는 가역행렬입니다.
> (b) 행렬 $\mathbf{A}$의 기약행 사다리꼴 행렬은 항등행렬 $\mathbf{I}$입니다.

따라서 행렬 $\mathbf{A}$의 기약행 사다리꼴 행렬은 $n\times n$ 항등행렬 $\mathbf{I}$입니다. $\mathbf{I}$의 행 n개는 모두 영행이 아닙니다. 따라서 $\mathrm{rank}(\mathbf{A})=n$입니다.

($\Leftarrow$) $\mathrm{rank}(\mathbf{A})=n$임을 가정하고, 행렬 $\mathbf{A}$가 가역행렬임을 증명합시다. $\mathrm{rank}(\mathbf{A})=n$이므로, 다음 [정리 1-18]에 의해 $\mathbf{A}$의 기약행 사다리꼴 행렬은 영행을 갖지 않습니다.

[정리 1-18]

$\mathbf{R}$은 성분이 모두 0인 행을 가집니다. $\Leftrightarrow$ 행렬 $\mathbf{A}$는 비가역행렬(특이행렬)입니다.

이는 행렬 $\mathbf{A}$가 틀림없이 가역행렬임을 의미합니다. ■

따라서 정사각행렬이 완전 계수를 갖지 않는다면, 그 행렬은 비가역행렬입니다.

핵심요약

- **[정의 3-11]**
  (a) 행렬 $\mathbf{A}$의 **행공간**은 행렬 $\mathbf{A}$의 행벡터로 생성한 공간입니다.
  (b) 행렬 $\mathbf{A}$의 **열공간**은 행렬 $\mathbf{A}$의 열벡터로 생성한 공간입니다.
- **[정리 3-15]**
  행렬 $\mathbf{A}$와 $\mathbf{R}$이 행동치이면, 두 행렬의 행공간은 같습니다.
- **[정리 3-17]**
  행렬 $\mathbf{A}$와 행동치인 행 사다리꼴 행렬 $\mathbf{R}$에 대하여, 행렬 $\mathbf{R}$의 영행이 아닌 행이 행렬 $\mathbf{A}$의 행공간 기저를 형성합니다.
- 행렬의 계수는 행렬의 행공간 또는 열공간의 차원입니다.

3.5 연습문제

01 다음의 행렬의 행벡터와 열벡터를 구해보세요.

(a) $\mathbf{A}=\begin{pmatrix}1&2\\3&4\end{pmatrix}$ (b) $\mathbf{B}=\begin{pmatrix}1&2&3&4\\5&6&7&8\\9&10&11&12\end{pmatrix}$

(c) $\mathbf{C}=\begin{pmatrix}1&2\\3&4\\5&6\end{pmatrix}$ (d) $\mathbf{D}=\begin{pmatrix}1&2&3\\4&5&6\end{pmatrix}$

(e) $\mathbf{E}=\begin{pmatrix}-1&2&5\\-3&7&0\\-8&1&3\end{pmatrix}$ (f) $\mathbf{F}=\begin{pmatrix}-5&2&3\\7&1&0\\-7&6&1\\-2&5&2\end{pmatrix}$

02 [연습문제 01]에 주어진 행렬의 행공간 기저와 계수를 구해보세요.

03 다음 벡터로 생성한 $\mathbb{R}^n$의 부분공간의 기저를 구해보세요.

(a) $\mathbf{u}=\begin{pmatrix}1\\5\end{pmatrix}$, $\mathbf{v}=\begin{pmatrix}7\\2\end{pmatrix}$

(b) $\mathbf{u}=\begin{pmatrix}-1\\-3\end{pmatrix}$, $\mathbf{v}=\begin{pmatrix}4\\12\end{pmatrix}$

(c) $\mathbf{u}=\begin{pmatrix}3\\6\\5\end{pmatrix}$, $\mathbf{v}=\begin{pmatrix}2\\1\\2\end{pmatrix}$, $\mathbf{w}=\begin{pmatrix}12\\15\\15\end{pmatrix}$

(d) $\mathbf{u}=\begin{pmatrix}-1\\-2\\-5\end{pmatrix}$, $\mathbf{v}=\begin{pmatrix}0\\1\\5\end{pmatrix}$, $\mathbf{w}=\begin{pmatrix}2\\3\\2\end{pmatrix}$, $\mathbf{x}=\begin{pmatrix}-4\\1\\-7\end{pmatrix}$

(e) $\mathbf{u}=\begin{pmatrix}1\\2\\2\\2\end{pmatrix}$, $\mathbf{v}=\begin{pmatrix}-1\\3\\5\\7\end{pmatrix}$, $\mathbf{w}=\begin{pmatrix}2\\-1\\-3\\-5\end{pmatrix}$, $\mathbf{x}=\begin{pmatrix}0\\5\\7\\9\end{pmatrix}$

04 $\mathbb{R}^4$의 부분공간 $S = \text{span}(\mathbf{u}, \mathbf{v}, \mathbf{w}, \mathbf{x}, \mathbf{y})$의 기저를 찾아보세요.

$$\mathbf{u} = \begin{pmatrix} -1 \\ 1 \\ -1 \\ 1 \end{pmatrix}, \mathbf{v} = \begin{pmatrix} -5 \\ -9 \\ -7 \\ -1 \end{pmatrix}, \mathbf{w} = \begin{pmatrix} 0 \\ 7 \\ 1 \\ 3 \end{pmatrix}, \mathbf{x} = \begin{pmatrix} -6 \\ -1 \\ -7 \\ 3 \end{pmatrix}, \mathbf{y} = \begin{pmatrix} 2 \\ 3 \\ 5 \\ 1 \end{pmatrix}$$

(MATLAB에서 명령어 `rats(rref(A))`를 사용하면 기약행 사다리꼴 행렬의 소수 성분을 분수 성분으로 변환할 수 있습니다. MATLAB에서 명령어 `rats( )`는 인수를 유리수로 변환합니다.)

05 [연습문제 01]에 주어진 행렬을 전치하여, 열공간의 기저와 계수를 구해보세요.

06 임의의 행렬 $\mathbf{A}$에 대하여, $\text{rank}(\mathbf{A}) = \text{rank}(\mathbf{A}^T)$임을 보이세요.

07 가역행렬 $\mathbf{A}$에 대하여 $\text{rank}(\mathbf{A}) = \text{rank}(\mathbf{A}^{-1})$임을 보이세요.

08 $n \times n$ 정사각행렬 $\mathbf{A}$에 대하여, 다음을 증명해보세요.

(a) $\mathbf{A}$의 계수가 n입니다. ⇔ 연립일차방정식 $\mathbf{Ax} = \mathbf{O}$는 자명한 해 $\mathbf{x} = \mathbf{O}$를 가집니다.

(b) $\mathbf{A}$의 계수가 n입니다. ⇔ 연립일차방정식 $\mathbf{Ax} = \mathbf{b}$는 유일한 해를 가집니다.

09 $n \times n$ 정사각행렬 $\mathbf{A}$의 행벡터는 집합 $S = \{\mathbf{r}_1, \mathbf{r}_2, \mathbf{r}_3, \cdots, \mathbf{r}_n\}$의 벡터입니다.

$$\mathbf{A} = \begin{pmatrix} \mathbf{r}_1 \\ \vdots \\ \mathbf{r}_n \end{pmatrix}$$

다음을 증명해보세요.

> 행렬 $\mathbf{A}$가 가역행렬입니다.
> ⇔ S는 일차독립인 벡터들의 집합입니다.

10 $n \times n$ 정사각행렬 $\mathbf{A}$의 열벡터가 집합 $S = \{\mathbf{c}_1, \mathbf{c}_2, \mathbf{c}_3, \cdots, \mathbf{c}_n\}$의 벡터입니다.

$$\mathbf{A} = (\mathbf{c}_1 \cdots \mathbf{c}_n)$$

다음을 증명해보세요.

> 행렬 $\mathbf{A}$가 가역행렬입니다.
> ⇔ S는 일차독립인 벡터들의 집합입니다.

11 영이 아닌 스칼라 k에 대하여, 행렬 $\mathbf{A}$의 행공간이 $k\mathbf{A}$의 행공간과 같음을 증명해보세요.

12 임의의 행렬 $\mathbf{A}$와 영이 아닌 스칼라 k에 대하여, $\text{rank}(k\mathbf{A}) = \text{rank}(\mathbf{A})$임을 보이세요.

13 [정리 3-14]를 증명해보세요.

14 $\mathbf{R}$이 기약행 사다리꼴 행렬이라면, $\mathbf{R}$의 영행이 아닌 행은 일차독립임을 보이세요.

15 행렬 $\mathbf{A}$에 대하여 $\mathbf{A}$의 기약행 사다리꼴 행렬 $\mathbf{R}$이 영행을 포함한다면, $\mathbf{A}$의 행벡터는 일차종속임을 보이세요.

16 [정리 3-16]을 증명해보세요.

17 임의의 행렬 $\mathbf{A}$의 행이 일차독립인 벡터들의 집합 $S = \{\mathbf{r}_1, \mathbf{r}_2, \mathbf{r}_3, \cdots, \mathbf{r}_n\}$에 의해 주어졌다고 합시다. $\text{rank}(\mathbf{A}) = n$임을 증명해보세요.

18 다음을 가정해봅시다.

> 기약행 사다리꼴 행렬 $\mathbf{R}$에서 선행계수 1이 있는 열에 해당하는 행렬 $\mathbf{A}$의 열벡터가 열공간의 기저를 형성합니다.

이때 [정리 3-18]을 증명해보세요.

3.6 연립일차방정식 다시보기

학습목표

- 영공간과 행렬의 퇴화차수를 이해하고 결정할 수 있습니다.
- 영공간, 행렬의 퇴화차수와 계수에 관한 몇 가지 성질을 증명할 수 있습니다.
- 비동차 연립일차방정식의 해를 결정할 수 있습니다.

3.5절에서는 행렬의 행공간을 중심으로 살펴보았다면, 3.6절에서는 연립일차방정식 $\mathbf{Ax} = \mathbf{b}$ 의 해에 대한 행렬의 열공간의 역할을 살펴봅니다.

이 절에서는 선형대수학이 던지는 중요한 질문의 답을 제시합니다.

? 어떤 조건이 연립일차방정식의 해가 무수히 많은지, 유일한지, 해가 없는지를 결정하나요?

연립일차방정식의 해를 분석하기 위해서는 행공간, 열공간, 행렬의 계수 개념을 잘 알고 있는지 확인할 필요가 있습니다.

3.6.1 영공간

먼저 $\mathbf{Ax} = \mathbf{O}$와 같은 행렬 형태로 표현되는 연립일차방정식인 동차 연립일차방정식(homogeneous system)을 살펴보겠습니다. 기본 행 연산을 통해 행렬 $\mathbf{A}$와 행동치인 행렬 $\mathbf{R}$을 구한 뒤, $\mathbf{Ax} = \mathbf{O}$와 동치인 연립일차방정식 $\mathbf{Rx} = \mathbf{O}$의 해를 구합니다.

예제 3-33 **다음 동차 연립일차방정식의 해를 구해보세요.**

$$\begin{cases} x + 2y + 3z = 0 \\ 4x + 5y + 6z = 0 \\ 7x + 8y + 9z = 0 \end{cases}$$

풀이

계수행렬 $\mathbf{A}$, 미지수로 이루어진 벡터 $\mathbf{x}$, 영벡터 $\mathbf{O}$를 이용하여 위 연립일차방정식을 $\mathbf{Ax} = \mathbf{O}$와 같이 나타낼 수 있습니다.

미지수 x, y, z를 구하려면 어떻게 해야 할까요? 첨가행렬로 나타낸 뒤 직접 계산하거나 MATLAB 명령어 `rref(A)`를 사용하여 기약행 사다리꼴 행렬로 변환합니다. 그 결과는 다음과 같습니다.

$$(\mathbf{A} \mid \mathbf{O}) = \left(\begin{array}{ccc|c} 1 & 2 & 3 & 0 \\ 4 & 5 & 6 & 0 \\ 7 & 8 & 9 & 0 \end{array}\right) \quad \Rightarrow \quad \begin{array}{c} \begin{matrix} x & y & z & \end{matrix} \\ \left(\begin{array}{ccc|c} 1 & 0 & -1 & 0 \\ 0 & 1 & 2 & 0 \\ 0 & 0 & 0 & 0 \end{array}\right) \end{array}$$

오른쪽 행렬의 2행에서 다음과 같은 식을 얻을 수 있습니다.

$$y + 2z = 0 \quad \Rightarrow \quad y = -2z$$

어떤 행도 z로 시작하지 않으므로 z는 자유변수입니다. 임의의 실수 s에 대하여 $z = s$라 하면, $y = -2s$이고 1행에서 다음을 알 수 있습니다.

$$x - z = 0 \quad \Rightarrow \quad x = z = s$$

해집합은 $x = s$, $y = -2s$, $z = s$이므로, 다음과 같이 행렬 형태로 나타낼 수 있습니다.

$$\mathbf{x} = \begin{pmatrix} x \\ y \\ z \end{pmatrix} = \begin{pmatrix} s \\ -2s \\ s \end{pmatrix} = s\begin{pmatrix} 1 \\ -2 \\ 1 \end{pmatrix} \quad (s\text{는 매개변수})$$

자유변수 s는 임의의 실수이고, 해는 [그림 3-21]에서 알 수 있듯이 축(굵은 선) 위의 모든 점의 집합입니다.

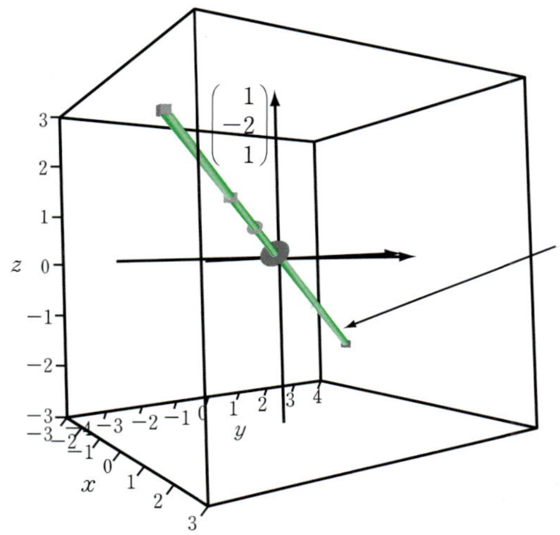

[그림 3-21] 연립일차방정식 $\mathbf{Ax} = \mathbf{O}$의 모든 해

해 $\mathbf{x} = s\begin{pmatrix} 1 \\ -2 \\ 1 \end{pmatrix}$은 벡터 $\mathbf{u} = \begin{pmatrix} 1 \\ -2 \\ 1 \end{pmatrix}$의 스칼라곱이므로, 벡터 $\mathbf{u}$는 해공간으로 나타낸 축 위의 기저벡터입니다. 이 해공간은 $\mathbb{R}^3$의 부분공간임을 주목하세요.

연립일차방정식 $\mathbf{Ax} = \mathbf{O}$의 벡터 또는 해공간 N을 행렬 $\mathbf{A}$의 영공간이라 하고, 다음과 같이 정의합니다.

정의 3-13 행렬의 영공간과 퇴화차수

행렬 $\mathbf{A}$에 대하여 동차 연립일차방정식 $\mathbf{Ax} = \mathbf{O}$를 만족하는 벡터 $\mathbf{x}$의 집합 N(또는 $N(\mathbf{A})$)을 행렬 $\mathbf{A}$의 **영공간**(null space)이라고 합니다. 그리고 영공간의 차원을 행렬 $\mathbf{A}$의 **퇴화차수**(nullity)라 하고, $\text{nullity}(\mathbf{A})$로 표기합니다.

[예제 3-33]에서 영공간은 [그림 3-21]에서 축으로 표시된 벡터의 집합 $N = \{s\mathbf{u} \mid s \in \mathbb{R}\}$입니다. 이 경우에 1개의 축 또는 1개의 벡터 $\mathbf{u}$를 가지므로 $\text{nullity}(\mathbf{A}) = 1$입니다. 그러므로 행렬 $\mathbf{A}$의 영공간의 차원은 1입니다.

? $\mathbf{Ax} = \mathbf{O}$의 일반해를 어떻게 표현할 수 있을까요?

$$\begin{pmatrix} a_{11} & \cdots & a_{1n} \\ \vdots & \ddots & \vdots \\ a_{m1} & \cdots & a_{mn} \end{pmatrix} \begin{pmatrix} x_1 \\ \vdots \\ x_n \end{pmatrix} = \begin{pmatrix} 0 \\ \vdots \\ 0 \end{pmatrix}$$

행렬 곱을 통하여 다음과 같이 나타낼 수 있습니다.

$$\begin{array}{cccc} a_{11}x_1 + & \cdots & + a_{1n}x_n = & 0 \\ \vdots & \vdots & \vdots & \vdots \\ a_{m1}x_1 + & \cdots & + a_{mn}x_n = & 0 \end{array}$$

위 동차 연립일차방정식은 행렬 $\mathbf{A}$의 열벡터 $\mathbf{c}_1, \mathbf{c}_2, \cdots, \mathbf{c}_n$을 사용하여 다음과 같이 나타낼 수 있습니다.

$$\overset{\mathbf{c}_1}{\begin{pmatrix} a_{11} \\ \vdots \\ a_{m1} \end{pmatrix}} x_1 + \cdots + \overset{\mathbf{c}_n}{\begin{pmatrix} a_{1n} \\ \vdots \\ a_{mn} \end{pmatrix}} x_n = \begin{pmatrix} 0 \\ \vdots \\ 0 \end{pmatrix} \qquad (*)$$

위 등식에서 좌변은 행렬 $\mathbf{A}$의 열벡터 $\mathbf{c}_1, \mathbf{c}_2, \cdots, \mathbf{c}_n$의 일차결합이라는 점에 주목합시다. 이 일차결합은 행렬 $\mathbf{A}$의 열공간입니다. 영공간은 일차결합 (*)를 만족하는 벡터 $\mathbf{x} = (x_1 \ x_2 \ \cdots \ x_n)^{\mathrm{T}}$로 이루어져 있습니다. 영공간은 공집합이 아닙니다.

? 영공간이 공집합이 아니라는 것을 어떻게 알 수 있나요?

동차 연립일차방정식 $\mathbf{Ax} = \mathbf{O}$는 항상 자명한 해 $\mathbf{x} = \mathbf{O}\,(x_1 = \cdots = x_n = 0)$를 가지므로, 행렬 $\mathbf{A}$의 영공간은 공집합이 아닙니다.

> **정리 3-20 영공간의 성질**
>
> n개의 열로 이루어진 행렬 $\mathbf{A}$의 영공간 $N(\mathbf{A})$는 $\mathbb{R}^n$의 부분공간입니다.

증명

3.6절 [연습문제 12]에서 증명합니다. ■

행렬의 영공간은 벡터공간입니다.

예제 3-34 **행렬 $B=\begin{pmatrix}1&2&3&4\\5&6&7&8\end{pmatrix}$의 영공간을 찾고, 퇴화차수와 계수를 구해보세요.**

풀이

주어진 행렬 B의 영공간을 찾으려면 어떻게 해야 할까요? 영공간은 동차 연립일차방정식 $B\mathbf{x}=O$를 만족하는 벡터 $\mathbf{x}$로 이루어진 집합입니다.

$$(B\mid O)=\left(\begin{array}{cccc|c}1&2&3&4&0\\5&6&7&8&0\end{array}\right)\quad\Rightarrow\quad\begin{array}{c}\begin{array}{cccc}x&y&z&w\end{array}\\\left(\begin{array}{cccc|c}1&0&-1&-2&0\\0&1&2&3&0\end{array}\right)\end{array}=(R\mid O)$$

앞의 등식에서 우변의 행렬 R은 행렬 B의 기약행 사다리꼴 행렬입니다. 행렬 R의 2행을 일차방정식으로 나타내면 다음과 같습니다.

$$y+2z+3w=0\quad\Rightarrow\quad y=-2z-3w$$

z와 w로 시작하는 행이 없으므로, z와 w는 자유변수입니다. 실수 t, s에 대하여 $z=s$, $w=t$라 합시다. 그러면 $y=-2z-3w=-2s-3t$입니다. 행렬 R의 1행을 일차방정식으로 나타내면 다음과 같습니다.

$$x-z-2w=0\quad\Rightarrow\quad x=z+2w$$

$z=s$, $w=t$를 $x=z+2w$에 대입하면 $x=s+2t$입니다. $B\mathbf{x}=O$의 해는 다음과 같이 $x=s+2t$, $y=-2s-3t$, $z=s$, $w=t$를 만족하는 벡터 $\mathbf{x}=(x\ \ y\ \ z\ \ w)^T$의 집합이며, 이는 행렬 B의 영공간입니다.

$$\mathbf{x}=\begin{pmatrix}x\\y\\z\\w\end{pmatrix}=\begin{pmatrix}s+2t\\-2s-3t\\s\\t\end{pmatrix}=s\begin{pmatrix}1\\-2\\1\\0\end{pmatrix}+t\begin{pmatrix}2\\-3\\0\\1\end{pmatrix}$$

벡터 $\mathbf{u}=(1\ \ -2\ \ 1\ \ 0)^T$, $\mathbf{v}=(2\ \ -3\ \ 0\ \ 1)^T$에 대하여, 영공간 N을 다음과 같이 나타낼 수 있습니다.

$$N=\{s\mathbf{u}+t\mathbf{v}\mid t\in\mathbb{R},\ s\in\mathbb{R}\}$$

$s=t=0$을 $s\mathbf{u}+t\mathbf{v}$에 대입하면 영벡터 O이고, O는 N의 원소입니다. 임의의 실수 s, t를 대입하여 무수히 많은 N의 벡터를 얻을 수 있습니다.

벡터 $\mathbf{u}$와 $\mathbf{v}$의 성분이 4개이므로 N은 $\mathbb{R}^4$의 부분공간이라는 점에 주목합시다. 벡터 $\mathbf{u}$와 $\mathbf{v}$에 대해 어떤 이야기를 할 수 있나요? 벡터 $\mathbf{u}$와 $\mathbf{v}$는 영공간 N을 생성합니다. 또한 두 벡터는 일차독립입니다.

두 벡터가 일차독립인지 어떻게 알 수 있나요? 두 벡터 $\mathbf{u}$, $\mathbf{v}$는 각각 서로의 스칼라곱이 아니기 때문입니다. 이는 두 벡터 $\mathbf{u}$, $\mathbf{v}$가 영공간 N의 기저를 형성함을 의미합니다. (사실 2개의 축 또는 기저벡터 $\mathbf{u}$, $\mathbf{v}$를 가지므로 $\mathbb{R}^4$에서 영공간 N은 평면입니다.)

그렇다면 행렬 $\mathbf{B}$의 퇴화차수는 무엇인가요?

$$\text{nullity}(\mathbf{B}) = 2$$

이는 $\mathbf{Bx} = \mathbf{O}$를 만족하는 벡터 $\mathbf{x}$로 이루어진 집합의 차원이 2임을 의미합니다. 따라서 행렬 $\mathbf{B}$의 영공간을 나타내기 위해서는 2개의 축 또는 기저벡터가 필요합니다.

행렬 $\mathbf{B}$의 계수는 무엇인가요? 행렬 $\mathbf{B}$의 기약행 사다리꼴 행렬 $\mathbf{R}$이 영행이 아닌 행을 2개 가지므로 다음과 같습니다.

$$\text{rank}(\mathbf{B}) = 2$$

[예제 3-34]의 풀이 과정을 이용하면 영공간의 기저를 찾을 수 있습니다.

예제 3-35 행렬 $\mathbf{C} = \begin{pmatrix} 1 & 3 \\ 5 & 15 \end{pmatrix}$의 영공간을 찾고 퇴화차수와 계수를 구해보세요.

풀이

영공간 N은 동차 연립일차방정식 $\mathbf{Cx} = \mathbf{O}$를 만족하는 벡터로 이루어진 집합입니다. 영공간 N을 찾으려면 어떻게 해야 할까요?

$$(\mathbf{C} \mid \mathbf{O}) = \left(\begin{array}{cc|c} 1 & 3 & 0 \\ 5 & 15 & 0 \end{array}\right) \quad \Rightarrow \quad (\mathbf{R} \mid \mathbf{O}) = \left(\begin{array}{cc|c} \overset{x}{1} & \overset{y}{3} & 0 \\ 0 & 0 & 0 \end{array}\right) \leftarrow \text{영행 아님}$$

기약행 사다리꼴 행렬 $\mathbf{R}$에서 영행이 아닌 행이 1개이므로 계수는 1입니다.

$$\text{rank}(\mathbf{C}) = 1$$

$\mathbf{Cx} = \mathbf{O}$와 동치인 동차 연립일차방정식 $\mathbf{Rx} = \mathbf{O}$에서 1행을 일차방정식으로 나타내면 다음과 같습니다.

$$x + 3y = 0 \quad \Rightarrow \quad x = -3y$$

임의의 실수 s에 대하여 $y = s$라고 하면 $x = -3y = -3s$입니다. 따라서 벡터 $\mathbf{x}$는 다음과 같습니다.

$$\mathbf{x} = \begin{pmatrix} x \\ y \end{pmatrix} = \begin{pmatrix} -3s \\ s \end{pmatrix} = s\begin{pmatrix} -3 \\ 1 \end{pmatrix}$$

벡터 $\mathbf{u} = \begin{pmatrix} -3 \\ 1 \end{pmatrix}$에 대하여, 영공간은 $N = \{ s\mathbf{u} \mid s \in \mathbb{R} \}$입니다. 이 영공간을 그래프로 나타내면 [그림 3-22]와 같습니다.

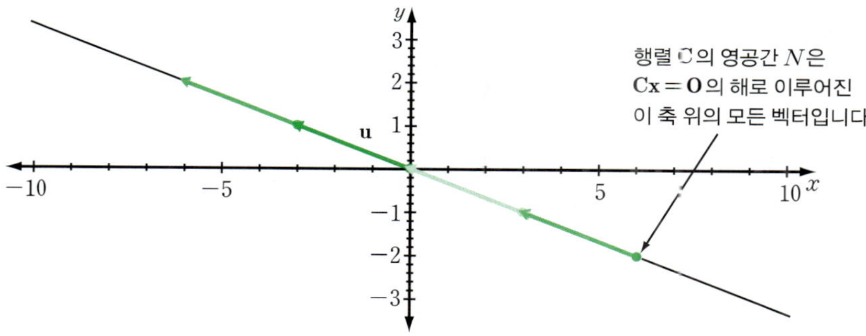

[그림 3-22] 행렬 C의 영공간과 연립일차방정식 $\mathbf{Cx}=\mathbf{O}$의 모든 해

벡터 $\mathbf{u}$는 영공간을 생성하고 일차독립이므로 N의 기저입니다.

그렇다면 행렬 $\mathbf{C}$의 퇴화차수는 무엇인가요? 영공간이 오직 1개의 기저벡터 $\mathbf{u}$(또는 1개의 자유변수 s)를 가지므로, 영공간 N의 차원은 1입니다. 따라서 $\text{nullity}(\mathbf{C})=1$입니다.

[예제 3-35]에서 알 수 있듯이, 동차 연립일차방정식에서 자유변수의 개수를 찾으면 행렬의 퇴화차수를 구할 수 있습니다.

> **정리 3-21 퇴화차수와 자유변수**
> 동차 연립일차방정식 $\mathbf{Ax}=\mathbf{O}$의 자유변수 개수는 행렬 $\mathbf{A}$의 퇴화차수와 같습니다.

3.6.2 계수와 퇴화차수의 성질

[예제 3-33], [예제 3-34], [예제 3-35]에서 각각 다음을 구할 수 있었습니다.

$$\text{nullity}(\mathbf{A})+\text{rank}(\mathbf{A})=1+2=3$$
$$\text{nullity}(\mathbf{B})+\text{rank}(\mathbf{B})=2+2=4$$
$$\text{nullity}(\mathbf{C})+\text{rank}(\mathbf{C})=1+1=2$$

퇴화차수, 계수, 벡터 $\mathbf{x}$의 미지수 개수 사이에는 어떤 연관성이 있을까요?

(퇴화차수) + (계수) = (미지수 개수)

일반적으로 다음을 만족하는 $n\times n$ 행렬 $\mathbf{A}$에 대하여 다음이 성립한다고 합시다.

$$\underbrace{\begin{pmatrix} a_{11} & \cdots & a_{1n} \\ \vdots & \ddots & \vdots \\ a_{m1} & \cdots & a_{mn} \end{pmatrix}}_{\text{열 } n\text{개}} \begin{pmatrix} x_1 \\ \vdots \\ x_n \end{pmatrix} = \begin{pmatrix} 0 \\ \vdots \\ 0 \end{pmatrix} \qquad [\mathbf{Ax}=\mathbf{O}]$$

그러면 다음이 성립합니다.

$$\text{nullity}(\mathbf{A}) + \text{rank}(\mathbf{A}) = n$$

동차 연립일차방정식 $\mathbf{Ax} = \mathbf{O}$에서 미지수의 총 개수인 행렬 $\mathbf{A}$의 열 개수가 n이라는 점에 주목합시다. 이 결과를 보통 행렬의 차원 정리(dimensional theorem of matrix) 또는 계수-퇴화차수 정리(rank-nullity theorem)라고 합니다.

> **정리 3-22 행렬의 차원 정리(계수-퇴화차수 정리)**
>
> 행렬 $\mathbf{A}$의 열(미지수)이 n개이면 다음이 성립합니다.
>
> $$\text{nullity}(\mathbf{A}) + \text{rank}(\mathbf{A}) = n$$

증명

$\mathbf{R}$을 계수가 r인 행렬의 기약행 사다리꼴 행렬이라 합시다. 그러면 행렬 $\mathbf{R}$은 1행부터 r행까지 영행을 갖지 않습니다. 기약행 사다리꼴 행렬의 정의에 의해, 행 r개가 모두 선행계수 1을 가집니다.

$$\mathbf{R} = \overbrace{\begin{pmatrix} \boxed{1} & & & & & \\ 0 & \ddots & & & & \\ \vdots & & \boxed{1} & & \cdots & 0 \\ 0 & 0 & 0 & \cdots & \cdots & 0 \\ 0 & 0 & 0 & \cdots & \cdots & 0 \end{pmatrix}}^{\text{미지수 } n\text{개}} \quad \text{영행이 아닌 행 } r\text{개}$$

총 n개의 미지수가 있는데, 이 중 r개는 나머지 $n-r$개의 미지수를 이용하여 표현할 수 있습니다. 이는 동차 연립일차방정식에 $n-r$개의 자유변수가 있음을 의미합니다.

동차 연립일차방정식 $\mathbf{Ax} = \mathbf{O}$의 자유변수 개수는 행렬 $\mathbf{A}$의 퇴화차수와 같다는 [정리 3-21]에 의하여 $\text{nullity}(\mathbf{A}) = n-r$입니다. 이는 다음과 같은 결과로 이어집니다.

$$\text{nullity}(\mathbf{A}) + r = n \quad \Rightarrow \quad \text{nullity}(\mathbf{A}) + \text{rank}(\mathbf{A}) = n \qquad \blacksquare$$

? $\text{rank}(\mathbf{A}) = n$일 때, 행렬 $\mathbf{A}$의 퇴화차수는 무엇일까요?

$$\text{rank}(\mathbf{A}) = n \quad \Rightarrow \quad \text{nullity}(\mathbf{A}) = n - \text{rank}(\mathbf{A}) = n - n = 0$$

따라서 영공간의 차원이 0이므로 영공간은 자명한 해인 영벡터 $\mathbf{x} = \mathbf{O}$만 원소로 가집니다. $\text{rank}(\mathbf{A}) = n$일 때, $\mathbf{Ax} = \mathbf{O}$의 유일한 해는 $\mathbf{x} = \mathbf{O}$입니다.

예제 3-36 **다음 행렬의 퇴화차수와 계수를 구해보세요.**

$$A = \begin{pmatrix} 1 & 2 & 3 & 4 & 5 & 6 & 7 \\ 8 & 9 & 10 & 11 & 12 & 13 & 14 \\ 15 & 16 & 17 & 18 & 19 & 20 & 21 \\ 22 & 23 & 24 & 25 & 26 & 27 & 28 \\ 29 & 30 & 31 & 32 & 33 & 34 & 35 \end{pmatrix}$$

풀이

MATLAB을 이용하여 행렬 **A**의 기약행 사다리꼴 행렬 **R**을 다음과 같이 구할 수 있습니다.

$$\mathbf{R} = \begin{pmatrix} 1 & 0 & -1 & -2 & -3 & -4 & -5 \\ 0 & 1 & 2 & 3 & 4 & 5 & 6 \\ 0 & 0 & 0 & 0 & 0 & 0 & 0 \\ 0 & 0 & 0 & 0 & 0 & 0 & 0 \\ 0 & 0 & 0 & 0 & 0 & 0 & 0 \end{pmatrix} \begin{matrix} \leftarrow \text{영행 아님} \\ \leftarrow \text{영행 아님} \\ \\ \\ \\ \end{matrix}$$

rank(**A**)의 값은 무엇일까요? 행렬 **R**에서 영행이 아닌 행이 2개이므로, rank(**A**) = 2입니다. 행렬 **R**에는 5개의 행이 있지만 일차독립인 행은 2개라는 점에 주목하세요.

nullity(**A**)의 값은 무엇일까요? nullity(**A**)는 영공간의 차원이므로 다음과 같이 계산할 수 있습니다. [정리 3-22]에 의하여 nullity(**A**) + rank(**A**) = n이므로, rank(**A**) = 2와 $n = 7$(행렬 **A**의 열 개수)을 대입하면 다음이 성립합니다.

$$\text{nullity}(\mathbf{A}) + 2 = 7 \quad \Rightarrow \quad \text{nullity}(\mathbf{A}) = 5$$

이는 동차 연립일차방정식 $\mathbf{Ax} = \mathbf{O}$를 만족하는 벡터 $\mathbf{x}$의 집합의 차원이 5임을 의미합니다. 즉, 행렬 **A**의 영공간의 벡터 $\mathbf{x}$를 나타내려면 5개의 축 또는 기저벡터가 필요합니다.

때로는 nullity(**A**) + rank(**A**) = n을 다음과 같이 표현하는 게 더 편리할 수 있습니다.

$$\text{nullity}(\mathbf{A}) = n - \text{rank}(\mathbf{A})$$

3.6.3 비동차 연립일차방정식

이번에는 $\mathbf{b} \neq \mathbf{O}$인 $\mathbf{Ax} = \mathbf{b}$ 형태의 연립일차방정식을 생각해봅시다. $\mathbf{Ax} = \mathbf{b}$ ($\mathbf{b} \neq \mathbf{O}$) 형태의 연립일차방정식을 **비동차**(non-homogeneous) 연립일차방정식이라고 합니다. 3.6.3절에서는 $\mathbf{b} \neq \mathbf{O}$를 가정한 상태에서 설명합니다.

예제 3-37 **[예제 3-35]의 행렬 C에 대한 비동차 연립일차방정식 $\mathbf{Cx} = \mathbf{b}$($\mathbf{b} = (7 \;\; 35)^T$)의 해를 구해보세요.**

$$\begin{cases} x + 3y = 7 \\ 5x + 15y = 35 \end{cases}$$

풀이

먼저 첨가행렬로 나타내고 기약행 사다리꼴 행렬을 구합니다.

$$\left(\begin{array}{cc|c} 1 & 3 & 7 \\ 5 & 15 & 35 \end{array}\right) \quad \Rightarrow \quad \begin{array}{c} \begin{array}{cc} x & y \end{array} \\ \left(\begin{array}{cc|c} 1 & 3 & 7 \\ 0 & 0 & 0 \end{array}\right) \end{array}$$

오른쪽 행렬의 1행을 방정식으로 나타내면 다음과 같습니다.

$$x + 3y = 7 \quad \Rightarrow \quad x = 7 - 3y$$

여기서 $y = s$라 하면, $x = 7 - 3y = 7 - 3s$입니다. $x = 7 - 3s$, $y = s$이므로 일반해 $\mathbf{x}$는 다음과 같습니다.

$$\mathbf{x} = \begin{pmatrix} x \\ y \end{pmatrix} = \begin{pmatrix} 7 - 3s \\ s \end{pmatrix} = s\begin{pmatrix} -3 \\ 1 \end{pmatrix} + \begin{pmatrix} 7 \\ 0 \end{pmatrix}$$

[예제 3-35]에서 동차 연립일차방정식 $\mathbf{C}\mathbf{x} = \mathbf{O}$의 해는 $\mathbf{x}_H = (-3 \quad 1)^{\mathrm{T}}$[1]였습니다. 이를 통해 무엇을 알 수 있을까요? 비동차 연립일차방정식 $\mathbf{C}\mathbf{x} = \mathbf{b}$ ($\mathbf{b} = (7 \quad 35)^{\mathrm{T}}$)의 해를 구하면 2종류의 해를 알 수 있습니다. 즉, 비동차 연립일차방정식의 해는 동차 연립일차방정식의 해(homogeneous solution) $\mathbf{x}_H = s(-3 \ \ 1)^{\mathrm{T}}$와 $\mathbf{x}_P = (7 \ \ 0)^{\mathrm{T}}$로 표현되는 비동차 연립일차방정식의 특수해의 합입니다.

벡터 $\mathbf{x}_H = s\begin{pmatrix} -3 \\ 1 \end{pmatrix}$에서는 기울기 $-\dfrac{1}{3}$을 알 수 있고, $\begin{pmatrix} 7 \\ 0 \end{pmatrix}$에서는 수평으로 7만큼 이동하여 해 $\mathbf{x}$로 이동함을 알 수 있습니다. 이를 그래프로 나타내면 [그림 3-23]과 같습니다.

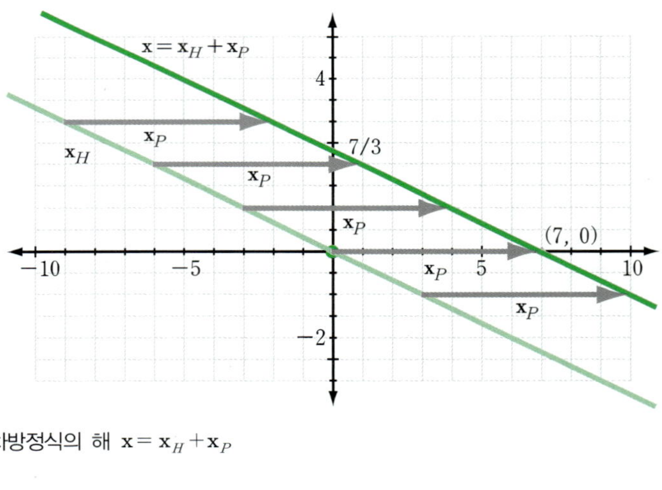

[그림 3-23] 비동차 연립일차방정식의 해 $\mathbf{x} = \mathbf{x}_H + \mathbf{x}_P$

그러므로 비동차 연립일차방정식 $\mathbf{C}\mathbf{x} = \mathbf{b}$의 일반해는 $\mathbf{x} = \mathbf{x}_H + \mathbf{x}_P$입니다. 여기서, $\mathbf{x}_H = s(-3 \ \ 1)^{\mathrm{T}}$, $\mathbf{x}_P = (7 \ \ 0)^{\mathrm{T}}$입니다.

1 (옮긴이) $\mathbf{x}_H$는 동차 연립일차방정식의 해로, 비동차 연립일차방정식의 해를 나타낼 때 사용합니다.

$\mathbf{x}_H$는 동차 연립일차방정식의 해이고 $\mathbf{x}_P$는 비동차 연립일차방정식의 특수해이므로, [예제 3-37]에서 다음이 성립한다는 사실에 주목합시다.

$$C\mathbf{x}_H = O, \quad C\mathbf{x}_P = \mathbf{b}$$

비동차 연립일차방정식 $C\mathbf{x} = \mathbf{b}$의 해를 구하기 위하여 두 해를 결합합니다.

$$\begin{aligned} &C\mathbf{x}_H + C\mathbf{x}_P = O + \mathbf{b} \\ &C(\mathbf{x}_H + \mathbf{x}_P) = \mathbf{b} \quad \Rightarrow \quad \mathbf{x} = \mathbf{x}_H + \mathbf{x}_P \end{aligned}$$

따라서 연립일차방정식 $C\mathbf{x} = \mathbf{b}$의 일반해는 다음과 같습니다.

$\mathbf{x} =$ (동차 연립일차방정식 해) + (비동차 연립일차방정식의 특수해)

일반적으로, 비동차 연립일차방정식은 다음과 같은 성질을 만족합니다.

정리 3-23 비동차 연립일차방정식의 해

$\mathbf{x}_P$가 비동차 연립일차방정식 $A\mathbf{x} = \mathbf{b}$의 특수해이고 $\mathbf{x}_H$가 동차 연립일차방정식 $A\mathbf{x} = O$의 해일 때, $A\mathbf{x} = \mathbf{b}$의 모든 해는 $\mathbf{x}_P + \mathbf{x}_H$ 형태입니다.

? [정리 3-23]은 무슨 의미일까요?

비동차 연립일차방정식 $A\mathbf{x} = \mathbf{b}$의 해가 두 부분으로 구성되어 있음을 의미합니다.

(동차 연립일차방정식 해) + (비동차 연립일차방정식의 특수해)

동차 연립일차방정식의 해 $\mathbf{x}_H$(벡터)가 행렬 A에서 영공간의 원소임을 기억합시다.

증명

$\mathbf{x}$가 비동차 연립일차방정식 $A\mathbf{x} = \mathbf{b}$의 해라고 하면 다음이 성립합니다.

$$\begin{aligned} A(\mathbf{x} - \mathbf{x}_P) &= A\mathbf{x} - A\mathbf{x}_P \\ &= \mathbf{b} - \mathbf{b} = O \end{aligned}$$

$A(\mathbf{x} - \mathbf{x}_P) = O$이므로 $\mathbf{x} - \mathbf{x}_P$는 동차 연립일차방정식 $A\mathbf{x} = O$의 해입니다. 즉, $\mathbf{x}_H = \mathbf{x} - \mathbf{x}_P$이므로 $\mathbf{x} = \mathbf{x}_P + \mathbf{x}_H$입니다.

이제 $A\mathbf{x} = \mathbf{b}$의 모든 해가 $\mathbf{x}_P + \mathbf{x}_H$ 형태임을 보여야 합니다. $\mathbf{x}'$이 동차 연립일차방정식 $A\mathbf{x} = O$의 해라고 합시다. 그러면 다음이 성립합니다.

$$A(\mathbf{x} + \mathbf{x}') = A\mathbf{x} + A\mathbf{x}' = A\mathbf{x} + O = \mathbf{b} - O = \mathbf{b}$$

따라서 $\mathbf{x} + \mathbf{x}'$은 $A\mathbf{x} = \mathbf{b}$의 해입니다. 그러므로 $A\mathbf{x} = \mathbf{b}$의 모든 해는 $\mathbf{x}_P + \mathbf{x}_H$ 형태입니다. ■

예제 3-38 다음 비동차 연립일차방정식의 해를 구해보세요.

$$\begin{cases} x-2y+2z+0.03t= \ \ 1.7 \\ \quad - \ y+ \ z-0.02t=-1.6 \\ x- \ y \qquad +0.01t= \ \ 0 \end{cases}$$

풀이

첨가행렬로 나타내고 기약행 사다리꼴 행렬을 구하면 다음과 같습니다.

$$\left(\begin{array}{cccc|c} 1 & -2 & 2 & 0.03 & 1.7 \\ 0 & -1 & 1 & -0.02 & -1.6 \\ 1 & -1 & 0 & 0.01 & 0 \end{array}\right) \Rightarrow \begin{array}{c} \begin{array}{cccc} x & y & z & \ \ t \ \ \end{array} \\ \left(\begin{array}{cccc|c} 1 & 0 & 0 & 0.07 & 4.9 \\ 0 & 1 & 0 & 0.06 & 4.9 \\ 0 & 0 & 1 & 0.04 & 3.3 \end{array}\right) \end{array}$$

일반해는 다음과 같습니다.

$$x+0.07t=4.9, \ \ y+0.06t=4.9, \ \ z+0.04t=3.3$$

$$\Rightarrow x=4.9-0.07t, \ \ y=4.9-0.06t, \ \ z=3.3-0.04t \quad (t\text{는 자유변수})$$

이를 벡터 형태로 나타내면 다음과 같습니다.

$$\mathbf{x}=\begin{pmatrix} x \\ y \\ z \\ t \end{pmatrix}=\begin{pmatrix} 4.9-0.07t \\ 4.9-0.06t \\ 3.3-0.04t \\ t \end{pmatrix}=\underbrace{\begin{pmatrix} 4.9 \\ 4.9 \\ 3.3 \\ 0 \end{pmatrix}}_{\text{특수해 } \mathbf{x}_p}+\underbrace{\begin{pmatrix} -0.07 \\ -0.06 \\ -0.04 \\ 1 \end{pmatrix}t}_{\text{동차 연립일차방정식의 해 } \mathbf{x}_H}$$

[예제 3-38]은 미지수 개수가 방정식 개수보다 많은 과소결정 연립일차방정식(underdetermined system)의 예입니다. 과소결정 연립일차방정식에서는 해가 존재한다면 그 해는 무수히 많습니다. 과소결정 연립일차방정식의 기약행 사다리꼴 행렬 **R**은 다음과 같은 형태를 띱니다.

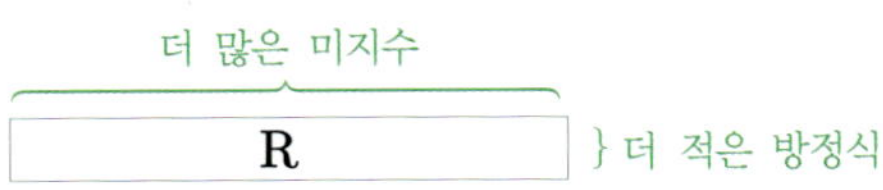

과도결정 연립일차방정식(overdetermined system)은 방정식 개수가 미지수 개수보다 더 많은 연립일차방정식입니다. 이때 기약행 사다리꼴 행렬 **R**은 다음과 같은 형태를 띱니다.

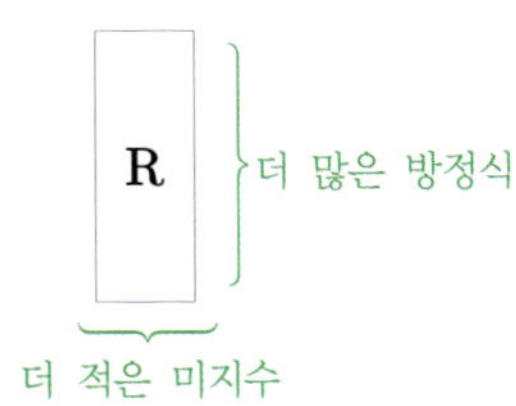

3.6.4 비동차 연립일차방정식의 성질

정리 3-24 연립일차방정식과 열공간

연립일차방정식 $\mathbf{Ax}=\mathbf{b}$의 해가 존재합니다.

$\Leftrightarrow$ $\mathbf{b}$는 행렬 $\mathbf{A}$의 열공간으로 생성할 수 있습니다([그림 3-24] 참고).

[그림 3-24] 행렬 A의 열공간

증명

3.6절 [연습문제 13]에서 증명합니다. ■

동차 연립일차방정식 $\mathbf{Ax}=\mathbf{O}$에 대하여, 행렬 $\mathbf{A}$의 열공간에는 영벡터 $\mathbf{O}$가 있습니다. 그러나 비동차 연립일차방정식 $\mathbf{Ax}=\mathbf{b}$에서는 벡터 $\mathbf{b}$가 행렬 $\mathbf{A}$의 열공간 원소라고 보장할 수 없습니다. $\mathbf{Ax}=\mathbf{b}$의 해가 존재하려면 벡터 $\mathbf{b}$가 $\mathbf{A}$의 열공간에 있어야 합니다.

정리 3-25 계수와 비동차 연립일차방정식의 해

$\mathbf{A}$가 $m\times n$ 행렬이고 $\mathbf{b}\neq\mathbf{O}$일 때, 다음이 성립합니다.

비동차 연립일차방정식 $\mathbf{Ax}=\mathbf{b}$의 해가 존재합니다. $\Leftrightarrow$ $\text{rank}(\mathbf{A}\,|\,\mathbf{b})=\text{rank}(\mathbf{A})$

? [정리 3-25]는 무엇을 의미할까요?

첨가행렬 $(\mathbf{A}\,|\,\mathbf{b})$와 행렬 $\mathbf{A}$의 계수가 같으면, 비동차 연립일차방정식 $\mathbf{Ax}=\mathbf{b}$의 해는 존재합니다. 반대로, $\mathbf{Ax}=\mathbf{b}$의 해가 존재하면 행렬 $\mathbf{A}$와 첨가행렬 $(\mathbf{A}\,|\,\mathbf{b})$의 계수는 같습니다.

증명

$(\Rightarrow)$ $\mathbf{Ax}=\mathbf{b}$의 해가 존재한다고 합시다.

? $\text{rank}(\mathbf{A}\,|\,\mathbf{b})=\text{rank}(\mathbf{A})$를 어떻게 증명할 수 있을까요?

다음 두 가지 경우가 모두 불가능함을 보이면 됩니다.

(a) $\text{rank}(\mathbf{A}\,|\,\mathbf{b})>\text{rank}(\mathbf{A})$

(b) $\text{rank}(\mathbf{A}\,|\,\mathbf{b})<\text{rank}(\mathbf{A})$

(a) $\operatorname{rank}(\mathbf{A} \mid \mathbf{b}) > \operatorname{rank}(\mathbf{A})$이고 $\operatorname{rank}(\mathbf{A}) = p$라고 합시다. 그러면 행렬 $\mathbf{A}$의 기약행 사다리꼴 행렬 $\mathbf{R}$에는 p개의 영행이 아닌 행이 있지만, 첨가행렬 $(\mathbf{R} \mid \mathbf{b}')$에는 p개보다 더 많은 영행이 아닌 행이 있습니다.

$$
\begin{array}{r}
\\
\text{영행이 아닌 행 } p\text{개} \left\{ \begin{array}{c} \\ \\ \\ \end{array} \right. \\
\\
\\
\end{array}
\begin{array}{c}
\begin{array}{cccccc} x_1 & x_2 & \cdots & & & x_n \end{array} \\
\left(\begin{array}{cccccc|c}
r_{11} & & & & & & b'_1 \\
0 & \ddots & & & & & \vdots \\
\vdots & & r_{pj} & & \cdots & & b' \\
\hline
0 & 0 & 0 & \cdots & \cdots & 0 & b'_{p+1} \\
\hline
\vdots & \vdots & \vdots & \cdots & \cdots & 0 & \vdots
\end{array}\right)
\end{array}
\leftarrow \text{영행이 아닌 } (p+1)\text{번째 행}
$$

$(p+1)$번째 행을 다항식으로 나타내면 다음과 같습니다.

$$0x_1 + 0x_2 + \cdots + 0x_{n-1} + 0x_n = b'_{p+1} \qquad (*)$$

그런데 b'_{p+1}은 0이 아닙니다.

왜 b'_{p+1}은 0이 아닐까요?

가정에 의하여 $\operatorname{rank}(\mathbf{A} \mid \mathbf{b}) > \operatorname{rank}(\mathbf{A}) = p$이므로 $(p+1)$번째 행은 영행이 아닙니다. 따라서 $b'_{p+1} \neq 0$입니다.

식 (*)의 좌변은 0이지만 우변은 0이 아니므로 식 (*)는 해를 가질 수 없습니다. 결국 이는 모순이므로 $\operatorname{rank}(\mathbf{A} \mid \mathbf{b}) > \operatorname{rank}(\mathbf{A})$라는 가정은 옳지 않습니다.

(b) $\operatorname{rank}(\mathbf{A} \mid \mathbf{b}) < \operatorname{rank}(\mathbf{A})$ (또는 $\operatorname{rank}(\mathbf{A}) > \operatorname{rank}(\mathbf{A} \mid \mathbf{b})$)도 성립하지 않습니다.

왜 그럴까요?

$\operatorname{rank}(\mathbf{A} \mid \mathbf{b}) < \operatorname{rank}(\mathbf{A})$는 다음을 의미합니다.

$$
\mathrm{R} = \begin{pmatrix} r_{11} \cdots r_{1n} \\ \\ \hline 0 \cdots 0 \end{pmatrix} \text{영행이 아닌 행} \qquad
(\mathbf{R} \mid \mathbf{b}') = \left(\begin{array}{ccc|c} r_{11} & \cdots & r_{1n} & b'_1 \\ \hline 0 & \cdots & 0 & 0 \\ 0 & \cdots & 0 & 0 \end{array}\right) \text{영행이 아닌 행}
$$

(왼쪽의 R과 같은 행렬)

따라서 행렬 $\mathbf{R}$의 영행이 아닌 행 개수는 첨가행렬 $(\mathbf{R} \mid \mathbf{b}')$의 영행이 아닌 행 개수보다 많습니다. 동일한 행렬 $\mathbf{R}$에 대하여, $(\mathbf{R} \mid \mathbf{b}')$보다 $\mathbf{R}$이 영행이 아닌 행을 더 가질 수 없으므로 이는 불가능합니다.

$\operatorname{rank}(\mathbf{A} \mid \mathbf{b}) > \operatorname{rank}(\mathbf{A})$와 $\operatorname{rank}(\mathbf{A} \mid \mathbf{b}) < \operatorname{rank}(\mathbf{A})$가 모두 성립하지 않으므로, $\operatorname{rank}(\mathbf{A}) = \operatorname{rank}(\mathbf{A} \mid \mathbf{b})$입니다.

(⇐) $\text{rank}(\mathbf{A}) = \text{rank}(\mathbf{A} \mid \mathbf{b})$라고 가정합시다. 그러면 다음과 같이 나타낼 수 있습니다.

$$\text{rank}\begin{pmatrix} r_{11} & \cdots & r_{1n} \\ & & \\ \hline 0 \quad 0 & \cdots & 0 \\ \vdots & & \vdots \end{pmatrix} = \text{rank}\left(\begin{array}{ccc|c} \overset{\mathbf{c}_1 \ \ \mathbf{c}_2}{r_{11}} & \overset{\cdots}{\cdots} & \overset{\mathbf{c}_n}{r_{1n}} & b_1 \\ & & & \vdots \\ \hline 0 \quad 0 & \cdots & 0 & 0 \\ \vdots & & \vdots & \vdots \end{array}\right)$$

첨가행렬을 방정식으로 나타내면, 벡터 $\mathbf{b}$는 행렬 $\mathbf{A}$의 열공간으로 생성됩니다. 따라서 [정리 3-24]에 의하여 비동차 연립일차방정식 $\mathbf{Ax} = \mathbf{b}$의 해는 존재합니다. ■

[정리 3-25]는 주어진 비동차 연립일차방정식의 해가 존재하는지 판단할 수 있는 도구로 사용할 수 있습니다. 또한 [정리 3-25]는 다음을 나타낸다는 점을 기억해둡시다.

$$\text{rank}(\mathbf{A} \mid \mathbf{b}) \neq \text{rank}(\mathbf{A}) \quad \Leftrightarrow \quad \mathbf{Ax} = \mathbf{b} \text{의 해가 존재하지 않습니다.}$$

? 그런데 해가 유일한지, 무수히 많은지 어떻게 판단할 수 있을까요?

다음 정리를 통해 비동차 연립일차방정식의 해의 개수를 알 수 있습니다.

정리 3-26 비동차 연립일차방정식의 해

n개의 열을 갖는 행렬 $\mathbf{A}$에 대하여, 비동차 연립일차방정식 $\mathbf{Ax} = \mathbf{b}\,(\mathbf{b} \neq \mathbf{O})$를 생각해봅시다. (행렬 $\mathbf{A}$가 n개의 열을 갖는다는 것은 연립일차방정식에 n개의 미지수가 존재함을 의미합니다.)

(a) $\text{rank}(\mathbf{A}) = \text{rank}(\mathbf{A} \mid \mathbf{b}) = n \quad \Leftrightarrow$ 연립일차방정식은 유일한 해를 가집니다.

(b) $\text{rank}(\mathbf{A}) = \text{rank}(\mathbf{A} \mid \mathbf{b}) < n \quad \Leftrightarrow$ 연립일차방정식의 해는 무수히 많습니다.

(c) $\text{rank}(\mathbf{A} \mid \mathbf{b}) \neq \text{rank}(\mathbf{A}) \quad \Leftrightarrow$ 연립일차방정식의 해는 존재하지 않습니다.

증명

3.6절 [연습문제 14]에서 증명합니다. ■

예제 3-39 **다음 비동차 연립일차방정식의 해가 무수히 많은지, 유일한지, 존재하지 않는지를 판단해보세요. (해를 찾을 필요는 없습니다.)**

(a) $\begin{cases} \quad x - \ \ y - 2z - \ \ 3w = 5 \\ -4x + 4y + 8z + 12w = 2 \end{cases}$

(b) $\begin{cases} x + 2y + 3z = 1 \\ 4x + 5y + 6z = 2 \\ 7x + 8y + 8z = 3 \end{cases}$

풀이

(a) 계수행렬 $\mathbf{A}$, 첨가행렬 $(\mathbf{A} \mid \mathbf{b})$를 적은 다음, 주어진 행렬의 기약행 사다리꼴 행렬을 나타내면 다음과 같습니다.

$$\mathbf{A} = \begin{pmatrix} 1 & -1 & -2 & -3 \\ -4 & 4 & 8 & 12 \end{pmatrix} \quad \Rightarrow \quad \begin{pmatrix} 1 & -1 & -2 & -3 \\ 0 & 0 & 0 & 0 \end{pmatrix} \leftarrow \text{영행이 아닌 행}$$

따라서 $\text{rank}(\mathbf{A}) = 1$입니다.

$$(\mathbf{A} \mid \mathbf{b}) = \left(\begin{array}{cccc|c} 1 & -1 & -2 & -3 & 5 \\ -4 & 4 & 8 & 12 & 2 \end{array}\right) \quad \Rightarrow \quad \left(\begin{array}{cccc|c} 1 & -1 & -2 & -3 & 0 \\ 0 & 0 & 0 & 0 & 1 \end{array}\right) \begin{array}{l} \leftarrow \text{영행이 아닌 행} \\ \leftarrow \text{영행이 아닌 행} \end{array}$$

따라서 $\text{rank}(\mathbf{A} \mid \mathbf{b}) = 2$입니다.

$\text{rank}(\mathbf{A}) = 1$이지만 $\text{rank}(\mathbf{A} \mid \mathbf{b}) = 2$이므로 $\text{rank}(\mathbf{A})$와 $\text{rank}(\mathbf{A} \mid \mathbf{b})$는 같지 않습니다. 그러므로 주어진 비동차 연립일차방정식의 해는 존재하지 않습니다.

(b) (a)와 같은 방법으로 다음과 같이 나타냅니다.

$$(\mathbf{A} \mid \mathbf{b}) = \left(\begin{array}{ccc|c} 1 & 2 & 3 & 1 \\ 4 & 5 & 6 & 2 \\ 7 & 8 & 8 & 3 \end{array}\right) \quad \Rightarrow \quad \left(\begin{array}{ccc|c} 1 & 0 & -1 & -1/3 \\ 0 & 1 & 2 & 2/3 \\ 0 & 0 & 1 & 0 \end{array}\right) \begin{array}{l} \leftarrow \text{영행이 아닌 행} \\ \leftarrow \text{영행이 아닌 행} \\ \leftarrow \text{영행이 아닌 행} \end{array}$$

행렬 $\mathbf{A}$와 첨가행렬 $(\mathbf{A} \mid \mathbf{b})$의 계수는 같나요? 행렬 $\mathbf{A}$는 열이 3개입니다. $\text{rank}(\mathbf{A}) = \text{rank}(\mathbf{A} \mid \mathbf{b}) = 3$이므로 해는 유일합니다.

[예제 3-39(b)]에서 행렬 $\mathbf{A}$의 계수가 3이므로, [정리 3-19]에 의하여 행렬 $\mathbf{A}$는 가역행렬입니다. 이를 통해 다음과 같은 정리를 유추할 수 있습니다.

정리 3-27 행렬에 관한 동치 명제

행렬 $\mathbf{A}$가 $n \times n$ 행렬일 때, 다음 여섯 개의 명제는 서로 동치입니다.

(a) 행렬 $\mathbf{A}$는 가역행렬입니다.

(b) $\text{rank}(\mathbf{A}) = n$

(c) 행렬 $\mathbf{A}$의 영공간은 영벡터만을 원소로 가집니다.

(d) $\text{nullity}(\mathbf{A}) = 0$

(e) 행렬 $\mathbf{A}$의 행벡터는 일차독립입니다. (3.5절 [연습문제 09])

(f) 행렬 $\mathbf{A}$의 열벡터는 일차독립입니다. (3.5절 [연습문제 10])

행렬에서 열공간의 기저는 기약행 사다리꼴 행렬에서 선행계수가 1인 열로 이루어져 있음을 증명할 수 있습니다.

정리 3-28 열공간의 기저

행렬 $\mathbf{A}$의 선행계수가 1인 열은 $\mathbf{A}$의 열공간의 기저를 이룹니다.

핵심요약

- **[정의 3-13]**

  동차 연립일차방정식 $\mathbf{Ax}=\mathbf{O}$를 만족하는 벡터 $\mathbf{x}$의 집합을 $\mathbf{A}$의 영공간이라 하고, 영공간의 차원을 행렬 $\mathbf{A}$의 **퇴화차수**라 합니다.

- **[정리 3-22]**

  행렬 $\mathbf{A}$가 n개의 열을 가지면, $\text{nullity}(\mathbf{A})+\text{rank}(\mathbf{A})=n$이 성립합니다.

- 비동차 연립일차방정식 $\mathbf{Ax}=\mathbf{b}$는 다음과 같이 두 부분으로 이루어진 해를 가집니다.

  $\mathbf{x}=$ (동차 연립일차방정식의 해) + (비동차 연립일차방정식의 특수해)

3.6 연습문제

01 다음 행렬의 영공간을 결정하고, 그림으로 나타내보세요.

(a) $\begin{pmatrix} 1 & 0 \\ 0 & 1 \end{pmatrix}$ (b) $\begin{pmatrix} 1 & 2 \\ 2 & 4 \end{pmatrix}$

(c) $\begin{pmatrix} 1 & 0 \\ 1 & 2 \\ 6 & 10 \end{pmatrix}$ (d) $\begin{pmatrix} 1 & 2 \\ 3 & 4 \\ 5 & 6 \end{pmatrix}$

02 다음 동차 연립일차방정식의 해를 구해보세요.

(a) $\begin{cases} x-2y-3z=0 \\ 4x-5y-6z=0 \\ 7x-8y-9z=0 \end{cases}$ (b) $\begin{cases} 2x-2y-2z=0 \\ 4x-4y-4z=0 \\ 8x-8y-8z=0 \end{cases}$

(c) $\begin{cases} 2x+9y-3z=0 \\ 5x+6y-z=0 \\ 9x+8y-9z=0 \end{cases}$ (d) $\begin{cases} -3x+y-z=0 \\ 2x+5y-7z=0 \\ 4x+8y-4z=0 \end{cases}$

03 다음 행렬의 영공간, 계수, 퇴화차수를 구해보세요.

(a) $\mathbf{A}=\begin{pmatrix} 1 & -2 & -3 \\ 4 & -5 & -6 \\ 7 & -8 & -9 \end{pmatrix}$ (b) $\mathbf{B}=\begin{pmatrix} 2 & -2 & -2 \\ 4 & -4 & -4 \\ 8 & -8 & -8 \end{pmatrix}$

(c) $\mathbf{C}=\begin{pmatrix} 2 & 9 & -3 \\ 5 & 6 & -1 \\ 9 & 8 & -9 \end{pmatrix}$ (d) $\mathbf{D}=\begin{pmatrix} -3 & 1 & -1 \\ 2 & 5 & -7 \\ 4 & 8 & -4 \end{pmatrix}$

04 다음 행렬의 영공간을 구해보세요.

$$\mathbf{A}=\begin{pmatrix} 1 & 2 & 3 & 4 & 5 & 6 & 7 \\ 8 & 9 & 10 & 11 & 12 & 13 & 14 \\ 15 & 16 & 17 & 18 & 19 & 20 & 21 \\ 22 & 23 & 24 & 25 & 26 & 27 & 28 \\ 29 & 30 & 31 & 32 & 33 & 34 & 35 \end{pmatrix}$$

05 다음 행렬의 행공간, 열공간, 영공간의 기저를 각각 구해보세요. 또한 각 행렬의 계수와 퇴화차수를 구해보세요.

(a) $\mathbf{A}=\begin{pmatrix} 1 & -4 & -9 \\ 2 & 5 & -7 \end{pmatrix}$ (b) $\mathbf{B}=\begin{pmatrix} 1 & 3 \\ 2 & 5 \\ -14 & -37 \end{pmatrix}$

(c) $\mathbf{C}=\begin{pmatrix} 1 & 3 & -9 & 5 \\ 2 & 6 & 7 & 1 \\ 1 & 3 & -8 & 1 \end{pmatrix}$

06 다음 비동차 연립일차방정식의 해를 구해보세요.

(a) $\begin{cases} 2x+5y+7z+10w=3 \\ x+y+2z+5w=6 \end{cases}$

(b) $\begin{cases} 2x-y-4z=13 \\ 3x+3y-5z=13 \\ 3x-4y+10z=-10 \end{cases}$

07 다음 연립일차방정식의 해가 무수히 많은지, 유일한지, 존재하지 않는지를 판단해보세요.

(a) $\begin{cases} 2x + \ \ 8y = 12 \\ 7x + 28y = 42 \end{cases}$

(b) $\begin{cases} 2x - 3y - 6z + 12w = 2 \\ 3x - 5y - 7z + 16w = 5 \end{cases}$

(c) $\begin{cases} \ \ x + 2y + 3z = 1 \\ 4x + 5y + 6z = 2 \\ 7x + 8y + 9z = 4 \end{cases}$

(d) $\begin{cases} 2x + \ \ 5y - 3z - 7w = 0 \\ \ \ x + \ \ \ \ y - 4z - 8w = 9 \\ 3x + \ \ 4y \qquad + \ \ w = 6 \\ 5x + 21y - \ \ z + 3w = 2 \end{cases}$

08 다음 벡터 $\mathbf{u}$가 대응하는 행렬의 영공간의 원소인지 확인해보세요.

(a) $\mathbf{u} = \begin{pmatrix} 1 \\ 2 \\ 3 \end{pmatrix}$, $\mathbf{A} = \begin{pmatrix} 1 & 1 & -1 \\ 2 & -1 & 0 \\ 5 & 2 & -3 \end{pmatrix}$

(b) $\mathbf{u} = \begin{pmatrix} 1 \\ 1 \\ 1 \end{pmatrix}$, $\mathbf{B} = \begin{pmatrix} 1 & 4 & -5 \\ -7 & 5 & 2 \end{pmatrix}$

(c) $\mathbf{u} = \begin{pmatrix} 2 \\ 1 \\ 5 \end{pmatrix}$, $\mathbf{C} = \begin{pmatrix} 1 & 2 & 3 & 4 \\ 5 & 6 & 7 & 8 \end{pmatrix}$

(d) $\mathbf{u} = \begin{pmatrix} 1 \\ 3 \\ -4 \\ 7 \end{pmatrix}$, $\mathbf{D} = \begin{pmatrix} 1 & -2 & 6 & 1 \\ 3 & -6 & 7 & 8 \\ 5 & 2 & 1 & 7 \\ 1 & 6 & 3 & 2 \end{pmatrix}$

09 다음을 증명해보세요.

$n \times n$ 행렬 $\mathbf{A}$가 가역행렬 $\Leftrightarrow$ $\text{nullity}(\mathbf{A}) = 0$

10 기본 행 연산은 행렬의 영공간을 변형할 수 없음을 증명해보세요.

11 $n \times n$ 행렬 $\mathbf{A}$의 영공간의 모든 벡터는 행렬 $\mathbf{A}$의 행공간의 임의의 벡터와 수직임을 증명해보세요.

12 [정리 3-20]을 증명해보세요.

13 [정리 3-24]를 증명해보세요.

14 [정리 3-26]을 증명해보세요.

3장 종합문제

3.1 다음 행렬 $\mathbf{A}$의 영공간의 기저를 구해보세요.

$$\mathbf{A} = \begin{pmatrix} 1 & -2 & 1 & 1 \\ -1 & 2 & 0 & 1 \\ 2 & -4 & 1 & 0 \end{pmatrix}$$

[웨스턴온타리오 대학교, 캐나다]

3.2 7×5 행렬 $\mathbf{A}$에 대하여, 동차 연립일차방정식 $\mathbf{Ax} = \mathbf{O}$의 해가 유일하다고 합시다. 다음 물음에 답해보세요.

(a) 행렬 $\mathbf{A}$의 계수는 무엇인가요?

(b) 비동차 연립일차방정식 $\mathbf{Ax} = \mathbf{b}$의 해가 존재할 때, 다음 중 옳은 것은 무엇인가요?

① $\text{rank}(\mathbf{A}) = 7$이고, 유일한 해를 갖지 않습니다.
② $\text{rank}(\mathbf{A}) = 5$이고, 유일한 해를 가집니다.
③ $\text{rank}(\mathbf{A}) = 7$이고, 유일한 해를 가집니다.
④ $\text{rank}(\mathbf{A}) = 2$이고, 유일한 해를 가집니다.
⑤ $\text{rank}(\mathbf{A}) = 5$이고, 유일한 해를 갖지 않습니다.
⑥ $\text{rank}(\mathbf{A}) = 2$이고, 유일한 해를 갖지 않습니다.

[오타와 대학교, 캐나다]

3.3 다음 행렬 $\mathbf{A}$의 열을 각각 $\mathbf{C}_1$, $\mathbf{C}_2$, $\mathbf{C}_3$, $\mathbf{C}_4$, $\mathbf{C}_5$라고 합시다.

$$\mathbf{A} = \begin{pmatrix} 1 & 3 & -2 & 0 & 2 \\ 2 & 6 & -5 & -2 & 4 \\ 0 & 0 & 5 & 10 & 0 \\ 2 & 6 & 0 & 8 & 4 \end{pmatrix}$$

행렬 $\mathbf{A}$의 열공간의 기저는 다음 중 무엇인가요?

① $\mathbf{C}_1$, $\mathbf{C}_2$, $\mathbf{C}_3$
② $\mathbf{C}_1$, $\mathbf{C}_3$, $\mathbf{C}_4$
③ $\mathbf{C}_1$, $\mathbf{C}_3$

④ $\mathbf{C}_1$, $\mathbf{C}_2$

⑤ $\mathbf{C}_1$, $\mathbf{C}_3$, $\mathbf{C}_5$

⑥ $\mathbf{C}_1$, $\mathbf{C}_4$,

[오타와 대학교, 캐나다]

3.4 $m \times n$ 행렬 $\mathbf{A}$와 $\mathbb{R}^m$의 벡터 $\mathbf{b}$에 대하여, 벡터 $\mathbf{v}$가 $\mathbf{Ax} = \mathbf{b}$의 해라고 합시다. 다음 물음에 답해보세요.

(a) $\mathbf{w}$가 $\mathbf{Ax} = \mathbf{O}$의 해이면, $\mathbf{v} + \mathbf{w}$는 $\mathbf{Ax} = \mathbf{b}$의 해임을 증명해보세요.

(b) $\mathbf{Ax} = \mathbf{b}$의 임의의 해 $\mathbf{u}$에 대하여, $\mathbf{Ax} = \mathbf{O}$를 만족하는 해가 존재함을 증명해보세요.

[일리노이 주립대학교, 미국]

3.5 $\mathbb{R}^n$에서 임의의 $\mathbf{b}$에 대하여, $n \times n$ 행렬 $\mathbf{A}$가 다음 조건을 만족합니다.

$\mathbf{Ax} = \mathbf{b}$의 해가 유일합니다.

이때 행렬 $\mathbf{A}$의 3가지 성질을 설명해보세요.

[일리노이 주립대학교, 미국]

3.6 다음 각각의 상황에 알맞은 예를 제시하거나, 제시된 상황의 예가 존재하지 않는 이유를 설명해보세요.

(a) 해를 갖지 않는 동차 연립일차방정식

(b) $\mathbf{AB} = \mathbf{BA}$를 만족하는 크기가 다른 두 행렬 $\mathbf{A}$, $\mathbf{B}$

(c) $\mathbb{R}^4$를 생성하지만 $\mathbb{R}^4$의 기저는 아닌 네 개의 벡터로 이루어진 집합

(d) 2×2 행렬로 이루어진 집합으로 형성한 벡터공간의 3차원 부분공간

[세인트 마이클 대학, 미국]

3.7 다음 중 참인 것을 고르세요.

(a) n차원 벡터공간 V에 대하여, V의 임의의 일차독립인 n개의 벡터의 집합은 V의 생성집합입니다.

(b) P_2는 $p(0) = 2$인 다항식 p를 원소로 갖는 기저를 포함합니다.

(c) 집합 $\{1, \sin^2 x, \cos^2 x\}$는 $F[0, 2\pi]$의 일차독립인 부분집합입니다.

[오타와 대학교, 캐나다]

3.8 V가 벡터공간일 때, 다음 중 참인 것을 고르세요.

(a) $\{\mathbf{u}, \mathbf{v}, \mathbf{w}\}$가 V의 일차독립인 부분집합이면, $\{\mathbf{u}, \mathbf{v}\}$도 일차독립입니다.

(b) V의 모든 생성집합은 V의 기저를 포함합니다.

(c) $\dim(V) = n$이면 V의 모든 일차독립인 n개의 벡터의 집합은 V의 기저입니다.

[오타와 대학교, 캐나다]

3.9 행렬 $\mathbf{A} = \begin{pmatrix} 1 & 0 & -2 & 1 & 3 \\ -1 & 1 & 5 & -1 & -3 \\ 0 & 2 & 6 & 0 & 1 \\ 1 & 1 & 1 & 1 & 4 \end{pmatrix}$와 $\mathbf{A}$의 기약행사다리꼴 행렬 $\mathbf{B} = \begin{pmatrix} 1 & 0 & -2 & 1 & 0 \\ 0 & 1 & 3 & 0 & 0 \\ 0 & 0 & 0 & 0 & 1 \\ 0 & 0 & 0 & 0 & 0 \end{pmatrix}$에 대하여, 다음 물음에 답해보세요.

(a) $\mathbf{A}$의 계수를 구해보세요.

(b) $\mathbf{A}$의 퇴화차수를 구해보세요.

(c) $\mathbf{A}$의 열공간의 기저를 구해보세요.

(d) $\mathbf{A}$의 행공간의 기저를 구해보세요.

(e) $\mathbf{A}$의 영공간의 기저를 구해보세요.

[퍼듀 대학교, 미국]

3.10 다음 물음에 답해보세요.

(a) $\mathbf{u}_1, \cdots, \mathbf{u}_k$는 $\mathbb{R}^n$의 부분공간 U의 벡터입니다. 다음 의미를 정의해보세요.

(ⅰ) $\mathbf{u}_1, \cdots, \mathbf{u}_k$가 일차독립입니다.

(ⅱ) $\mathbf{u}_1, \cdots, \mathbf{u}_k$가 U를 생성합니다.

(b) 다음 행렬의 영공간을 구해보세요.

$$\mathbf{A} = \begin{pmatrix} 1 & 3 & -4 \\ 2 & -1 & -1 \\ -2 & -6 & 8 \end{pmatrix}$$

(c) $\mathbb{R}^3$의 벡터 $\mathbf{v}_1 = \begin{pmatrix} -5 \\ 4 \\ -6 \end{pmatrix}$, $\mathbf{v}_2 = \begin{pmatrix} -1 \\ 2 \\ -1 \end{pmatrix}$, $\mathbf{v}_3 = \begin{pmatrix} 0 \\ -2 \\ 3 \end{pmatrix}$이 일차독립인지, 일차종속인지 판단해보세요. 만약 일차종속이면, 한 벡터를 나머지 두 벡터의 일차결합으로 나타내보세요.

[사우샘프턴 대학교, 영국]

3.11 다음 물음에 답해보세요.

(a) $\mathbb{R}^n$의 부분집합 V가 어떤 경우에 부분공간이 되나요? $\mathbb{R}^n$에서 서로 다른 두 부분공간의 예를 찾아보세요.

(b) $\mathbb{R}^n$의 벡터 $\mathbf{v}_1, \mathbf{v}_2, \cdots, \mathbf{v}_s$가 일차독립이라는 의미는 무엇인가요? 벡터 $\mathbf{v}_1, \mathbf{v}_2, \cdots, \mathbf{v}_s$의 생성집합은 어떻게 정의하나요?

(c) $\mathbb{R}^3$의 다음 벡터가 일차종속임을 보이세요.

$$\mathbf{v}_1 = (1, 1, 1),\ \mathbf{v}_2 = (2, 3, -2),$$
$$\mathbf{v}_3 = (-2, -5, 10)$$

$\mathbf{v}_1, \mathbf{v}_2, \mathbf{v}_3$의 생성집합의 차원은 무엇인가요?

[서식스 대학교, 영국]

3.12 행렬 $\mathbf{A} = \begin{pmatrix} 2 & 6 & -4 \\ -2 & -5 & 4 \\ 4 & 11 & -8 \end{pmatrix}$과 벡터 $\vec{\mathbf{b}} = \begin{pmatrix} 0 \\ 1 \\ -1 \end{pmatrix}$에 대하여 다음 물음에 답해보세요. ($\vec{\mathbf{b}}$는 벡터 $\mathbf{b}$를 나타냅니다.)

(a) 기본 행 연산을 통하여 첨가행렬 $(\mathbf{A} \mid \vec{\mathbf{b}})$의 기약행 사다리꼴 행렬을 구해보세요.

(b) (a)를 이용하여 행렬 $\mathbf{A}$의 계수와 첨가행렬 $(\mathbf{A} \mid \vec{\mathbf{b}})$의 계수가 왜 같은지 설명해보세요.

(c) $\mathbf{A}\vec{\mathbf{x}} = \vec{\mathbf{b}}$의 일반해를 벡터 형태로 구해보세요.

[뉴브런즈윅 대학교, 캐나다]

3.13 다음 행렬 $\mathbf{A}$의 기약행 사다리꼴 행렬을 구해보세요. 그리고 영공간 $N(\mathbf{A})$의 기저를 결정해보세요.

$$\mathbf{A} = \begin{pmatrix} 1 & 2 & 3 & 1 & 2 & 3 \\ 2 & 4 & 6 & 1 & 2 & 5 \\ 3 & 6 & 9 & 4 & 8 & 3 \end{pmatrix} \in M_{3\times 6}(\mathbb{R})$$

[아헨라인베스트팔렌 공과대학교, 독일]

3.14 다음 물음에 답해보세요.

(a) 행렬 $\mathbf{A} \in M_{m\times n}(\mathbb{R})$에 대하여, $\mathbf{A}$의 영공간 $N(\mathbf{A})$, 열공간 $C(\mathbf{A})$, $\text{rank}(\mathbf{A})$, $\text{nullity}(\mathbf{A})$를 정의해보세요.

(b) 다음 행렬 $\mathbf{A}$에 대하여, $\mathbf{A}$의 기약행 사다리꼴 행렬, $N(\mathbf{A})$의 기저, $\text{rank}(\mathbf{A})$, $\text{nullity}(\mathbf{A})$를 구해보세요.

$$\mathbf{A} = \begin{pmatrix} 1 & -1 & 2 & 0 \\ 2 & -2 & 1 & 3 \\ -2 & 2 & -7 & 3 \end{pmatrix}$$

벡터 $(1, 5, 1)^{\mathrm{T}}$, $(0, 3, 3)^{\mathrm{T}}$가 $C(\mathbf{A})$의 기저를 이룬다는 사실을 설명해보세요.

[퀸즐랜드 대학교, 호주]

3.15 다음 물음에 답해보세요.

(a) 다음 부분집합이 부분공간인지 아닌지 결정하고, 그 이유를 설명해보세요.

(i) 부분공간 $M(2, 2)$의 부분집합

$$U = \left\{ \begin{pmatrix} a & b \\ c & d \end{pmatrix} \in M(2, 2) \,\middle|\, a^2 = d^2 \right\}$$

($M(2, 2)$는 벡터공간 M_{22}입니다.)

(ii) 부분공간 P_n의 부분집합

$$V = \{ p(x) \in P_n \mid p(3) = 0 \}$$

(iii) 부분공간 $\mathbb{R}^4$의 부분집합

$$W = \{ (x, y, z, t) \in \mathbb{R}^4 \mid y = z + t \}$$

(b) 벡터 $(3, 5, -4)$를 포함하는 벡터공간 $\mathbb{R}^3$의 기저를 구해보세요.

(c) 다음 집합이 벡터공간 V의 기저인가요? 기저가 아니라면 일차독립인지, V를 생성하는지, 혹은 둘 다 아닌지 판단해보세요.

(i) $V = \mathbb{R}^3$에서 집합

$$\{(1, 0, 1), (1, 1, 0), (0, 1, 1), (1, 1, 1)\}$$

(ii) $V = P_2$에서 집합

$$\{5,\ 2 + x - 3x^2,\ 4x - 1\}$$

[런던시티 대학교, 영국]

3.16 $\mathbb{R}^n$의 두 부분공간 V, W에 대하여, 집합 $V + W$를 다음과 같이 정의합니다. 이때 $V + W$가 $\mathbb{R}^n$의 부분공간임을 증명해보세요.

$$V + W = \{ \mathbf{u} \in \mathbb{R}^n \mid \mathbf{u} = \mathbf{v} + \mathbf{w},\ \mathbf{v} \in V,\ \mathbf{w} \in W \}$$

[일리노이 주립대학교, 미국]

3.17 주어진 집합 S와 벡터 $\mathbf{v}$에 대하여 $\mathbf{v}$가 S의 생성집합의 원소인지 판단해보세요.

(a) $S = \left\{ \begin{pmatrix} 1 & 0 \\ -1 & 0 \end{pmatrix}, \begin{pmatrix} 0 & 1 \\ 0 & 1 \end{pmatrix}, \begin{pmatrix} 1 & 1 \\ 0 & 0 \end{pmatrix}, \begin{pmatrix} 0 & 0 \\ 1 & 1 \end{pmatrix} \right\},$

$$\mathbf{v} = \begin{pmatrix} 3 & 1 \\ -1 & 3 \end{pmatrix}$$

(b) $S = \{1+x,\ x+x^2,\ x+x^3,\ 1+x+x^2+x^3\}$,

$\mathbf{v} = 2-3x+4x^2+x^3$

[일리노이 주립대학교, 미국]

3.18 행렬 $\mathbf{B} = \begin{pmatrix} 1 & 2 & 2 & 8 \\ 2 & 4 & 4 & 13 \\ 1 & 1 & 1 & 5 \end{pmatrix}$에 적합한 기본 행 연산을 수행하여 기약행 사다리꼴 행렬을 만들고, 다음을 구해보세요.

(a) 영공간 $N(\mathbf{B})$의 기저

(b) 열공간 $C(\mathbf{B})$의 기저

(c) $\mathbf{B}$의 퇴화차수

(d) $\mathbf{B}$의 계수

[시드니 대학교, 호주]

3.19 $\mathbf{A}^{\mathrm{T}} = -\mathbf{A}$를 만족하는 행렬 $\mathbf{A}$를 반대칭행렬(skew-symmetric matrix)이라고 합니다. $n\times n$ 반대칭행렬의 집합은 모든 $n\times n$ 행렬의 집합의 부분공간임을 증명해보세요.

[하비 머드 칼리지, 미국]

3.20 주어진 벡터에 대하여, 다음 물음에 답해보세요.

$$\mathbf{v}_1 = (2\ 4\ 1\ 1)$$
$$\mathbf{v}_2 = (4\ 7\ 2\ 2)$$
$$\mathbf{v}_3 = (6\ 8\ 7\ 5)$$

(a) 세 벡터는 일차독립인가요? 증명해보세요.

(b) 세 벡터가 벡터공간 V를 생성할 때, V의 차원과 기저를 구해보세요.

(c) 벡터 $\mathbf{v} = (2, 1, 1, 1)$이 벡터공간 V의 원소인가요? 증명해보세요.

(d) 벡터 $\mathbf{v}_1$, $\mathbf{v}_2$, $\mathbf{v}_3$가 3×4 행렬 $\mathbf{A}$의 1행, 2행, 3행이라고 합시다. $\mathbf{A}$의 영공간을 벡터공간 W라 할 때, W의 차원을 구해보세요.

(e) W의 기저를 구해보세요.

[국립싱가포르 대학교, 싱가포르]

3.21 $\mathbf{A}$가 5×3 행렬일 때, $\mathbf{A}$의 행벡터가 일차종속임을 보이세요.

[클락 대학교, 미국]

3.22 $\mathbf{A}$가 4×10 행렬일 때, $\mathbf{A}$의 영공간의 차원이 2일 수 있을까요? 답변의 이유를 설명해보세요.

[사우스캐롤라이나 대학교, 미국]

3.23 2×4 행렬 $\mathbf{A} = \begin{pmatrix} 2 & 3 & 1 & -1 \\ 6 & 9 & 3 & -2 \end{pmatrix}$에 대하여, 다음 물음에 답해보세요

(a) 동차 연립일차방정식 $\mathbf{Ax} = \mathbf{O}$의 특수해를 찾고, $\mathbf{A}$의 영공간을 나타내보세요.

(b) 다음 연립일차방정식의 모든 해를 구해보세요.

$$\mathbf{Ax} = \begin{pmatrix} 2x_1+3x_2+\ x_3-\ x_4 \\ 6x_1+9x_2+3x_3-2x_4 \end{pmatrix} = \begin{pmatrix} 1 \\ 2 \end{pmatrix}$$

(c) $m\times n$ 행렬 $\mathbf{A}$의 계수가 $r=m$일 때, 비동차 연립일차방정식 $\mathbf{Ax} = \mathbf{b}$의 해가 존재하기 위한 $\mathbf{b}$의 조건은 무엇인가요? $\mathbf{Ax} = \mathbf{O}$의 특수해는 얼마나 많나요?

[매사추세츠 공과대학교(MIT), 미국]

3.24 다음 벡터가 $\mathbb{R}^3$의 기저가 되지 않도록 하는 실수 c를 구해보세요.

$$\begin{pmatrix} 1 \\ 2 \\ 4 \end{pmatrix},\ \begin{pmatrix} 2 \\ 3 \\ 5 \end{pmatrix},\ \begin{pmatrix} 2 \\ 7 \\ c \end{pmatrix}$$

[캘리포니아 대학교 버클리 캠퍼스, 미국]

3.25 행렬의 영공간이 벡터 $(1, 2, 3)$으로 생성한 집합이고, 행렬의 열공간이 벡터 $(4, 5, 6)$, $(7, 8, 9)$로 생성한 집합인 3×3 행렬을 구해보세요.

[캘리포니아 대학교 버클리 캠퍼스, 미국]

3.26 다음 물음에 답해보세요.

(a) 집합 $\{\cos x, \cos 2x, \cos 3x\}$가 일차독립임을 보이세요.

(b) 함수 $(1+x)^3$, $(1-x)^3$, $(1+2x)^3$, $(1-2x)^3$, $(1+3x)^3$이 일차종속임을 보이세요. 주장을 정당화하기 위해 사용하는 벡터공간의 일반적인 사실을 명확하게 설명해보세요.

힌트 먼저 위 함수들이 1, x, x^2, x^3으로 생성한 부분공간의 함수임을 보이세요.

[맥길 대학교, 캐나다]

3.27 다음을 증명하거나 반증해보세요.

$$\begin{aligned}&\text{span}((1, 2, -1, -2), (2, 1, 2, -1))\\&= \text{span}((-1, 4, -7, -4), (8, 7, 4, -7))\end{aligned}$$

[맥길 대학교, 캐나다]

3.28 다음 명제가 참인지 거짓인지 판단해보세요. 그리고 왜 그렇게 판단했는지 명확하게 설명해보세요.

(a) $\mathbf{A}$는 $n\times n$ 행렬입니다. 적당한 $\mathbf{y}\in\mathbb{R}^n$이 존재하여 연립방정식 $\mathbf{Ax}=\mathbf{y}$의 해가 1개보다 더 많다면, $\mathbf{A}$의 열은 $\mathbb{R}^n$을 생성합니다.

(b) $\mathbb{R}^2$의 부분집합 $H=\{(x, y)\in\mathbb{R}^2 \mid y=x^2\}$은 $\mathbb{R}^2$의 부분공간입니다.

(c) 5×6 행렬 $\mathbf{A}$에 대하여, $\mathbf{A}$의 영공간은 $\mathbb{R}^5$의 부분공간입니다.

[볼티모어 카운티 메릴랜드 대학교, 미국]

3.29 $\mathbb{R}^n$의 벡터 $\mathbf{v}_1, \cdots, \mathbf{v}_n$과 $n\times n$ 행렬 $\mathbf{A}$에 대하여, $\mathbf{Av}_1, \cdots, \mathbf{Av}_n$이 $\mathbb{R}^n$의 기저를 이루면 $\mathbf{v}_1, \cdots, \mathbf{v}_n$은 $\mathbb{R}^n$의 기저를 이루고 $\mathbf{A}$는 가역행렬임을 보이세요.

[캘리포니아 대학교 버클리 캠퍼스, 미국]

자넷 드류(Janet Drew)

자넷 드류는 영국 하트퍼드셔(Hertfordshire) 대학교의 천체 물리학과 교수이자 부학장입니다.

당신의 연구 분야를 알려주세요.

저는 물리학 석사 학위와 천체 물리학 박사 학위를 취득한 대학교 교수이자 천체 물리학자입니다. 지난 30년 동안 저는 영국 유니버시티 칼리지 런던(University College London), 캠브리지(Cambridge) 대학교, 옥스퍼드(Oxford) 대학교와 임페리얼 칼리지 런던(Imperial College London)에서 일했습니다. 몇 년 전에는 하트퍼드셔 대학교로 자리를 옮겼습니다. 저는 연구 경력의 3분의 2를 이론 천문학자로 활동하였는데, 주로 다양한 환경에서 고온의 별과 응축원반으로 이온화된 유출(량)을 모델링하는 일을 했습니다.

최근에는 은하수의 협대역 H-알파(H-alpha)를 사용하여 디지털 광(optical)의 광대역을 조사하는 과학자들의 국제 컨소시엄을 이끌면서 관측 천문학 연구에 집중하고 있습니다.

당신의 연구 분야에서 선형대수학을 어떻게 사용하나요?

이론 천체 물리학자인 저에게 선형대수학은 매우 중요합니다. 일반적으로 모델링은 다루기 쉽도록 선형으로 렌더링한(rendered) 연립방정식에 관해, 약간의 비선형 시스템 수치해를 포함합니다. 지금은 덜 중요하지만, 광(wide) 시야 천문 측량 데이터를 균일하게 전역 보정하는 가장 좋은 방법은 (수 천 차원의) 대규모 연립방정식 시스템을 세우고 해결하는 것입니다. 따라서 선형대수학은 여전히 중요합니다.

선형대수학은 얼마나 중요한가요?

매우 중요합니다. 물리학에서는 일반적으로 선형방정식 시스템을 풀 때 신뢰할만한 풀이를 얻고자 합니다. 솔직히 어느 분야에서나 그렇습니다. 한 예로, 수소는 우주에서 가장 풍부하고 가장 중요한 원소이므로, 성간 공간에서 가스 함량을 이해하기 위해 잘 알아야 합니다. 제가 연구를 시작하고 박사 학위를 취득한 후, 다단계 수소 원자의 통계적 평형에서 방사선 수송 효과를 모델링하는 방법을 찾기 위해 처음 구입한 책 중 하나가 바로 수치해석학(선형대수학의 실제 계산 응용 프로그램) 책이었습니다.

선형대수학과 관련해 도전할 수 있는 분야로는 무엇이 있을까요?

주제를 수치해석학으로 미묘하게 재정의할 수 있다면, 도전 분야 중 하나는 자명하지 않은 해를 갖는 연립방정식을 실제로 풀 수 있는지 판별하는 방법을 찾는 것입니다. 수렴 (및 효율성) 문제는 반복을 통해 비선형성을 처리하려는 경우에 발생합니다. 일반적으로 알고리즘을 설정하는 것보다 알고리즘을 검증하는 데 더 많은 시간이 소요됩니다.

선형대수학을 공부하기 시작하는 학생에게 전하고 싶은 특별한 메시지가 있을까요?

학부 수준에서 기본 수학을 처음 접했을 때 여러분이 상상할 수 있는 것보다 더 많은 응용 방법이 실제로 있습니다. 행렬은 당신의 친구입니다. 행렬과 친해지면 여러분이 할 수 있는 일은 매우 많을 것입니다.

4

내적공간
Inner Product Spaces

4.1 내적공간

학습목표

- 내적공간의 의미를 이해할 수 있습니다.
- 내적공간의 몇 가지 성질을 증명할 수 있습니다.
- 벡터 노름의 성질을 정의하고 증명할 수 있습니다.

2장에서는 유클리드 공간에 대한 점곱(dot product) 개념을 소개했습니다. 4장에서는 점곱 개념을 일반 벡터 공간으로 확장합니다. 일반 벡터공간에서 점곱을 대체하는 일반적인 연산을 내적(inner product)이라고 합니다. 사실, 점곱은 일반적으로 n차원 유클리드 공간에서 내적이라고 말하는 특정 연산의 예입니다.

다항식의 집합, 행렬의 집합, 연속함수의 집합과 같은 일반 벡터공간은 기본적으로 n차원 유클리드 공간과 구조가 동일합니다. 따라서 n차원 유클리드 공간에서 점곱에 관한 모든 증명은 임의의 내적공간에서 유효합니다. 내적공간은 벡터의 거리, 각도, 사영(projection)이 제공되는 추가적인 구조를 가진 벡터공간입니다. 일반 벡터공간에서 이 세 가지 개념을 정의하려면 내적이 필요합니다.

지금까지는 스칼라곱과 벡터 합의 기본적인 선형대수학 연산만 살펴보았습니다. 일반적인 벡터공간 또는 내적 공간에서 벡터끼리 서로 곱하는 내적은 언급하지 않았습니다.

4.1.1 내적의 정의

2장에서 내적(점곱)을 어떻게 정의하였나요?

$\mathbb{R}^n$의 벡터 $\mathbf{u}=\begin{pmatrix} u_1 \\ \vdots \\ u_n \end{pmatrix}$, $\mathbf{v}=\begin{pmatrix} v_1 \\ \vdots \\ v_n \end{pmatrix}$에 대하여, $\mathbf{u}$와 $\mathbf{v}$의 내적은 $\mathbf{u}\cdot\mathbf{v}$로 표기하며 다음과 같이 나타낼 수 있음을 2장에서 살펴보았습니다.

$$\mathbf{u}\cdot\mathbf{v}=\mathbf{u}^{\mathrm{T}}\mathbf{v}=u_1v_1+u_2v_2+u_3v_3+\cdots+u_nv_n \tag{2.1}$$

내적 결과가 벡터가 아닌 스칼라라는 점에 주의합시다. 이 내적을 $\mathbb{R}^n$의 점곱(dot product)이라고 하며, 스칼라곱(scalar product)이라고도 합니다. 이 내적이 $\mathbb{R}^n$의 일반적인(또는 표준) 내적이지만, $\mathbb{R}^n$에는 다른 유형의 내적도 많이 있습니다.

일반 벡터공간의 경우, 내적을 $\mathbf{u}\cdot\mathbf{v}$가 아닌 $<\mathbf{u}, \mathbf{v}>$로 표시합니다. 일반 벡터공간의 내적은 2장의 [정리 2-4]를 기반으로 정의하며, 다음과 같습니다.

정의 4-1 일반 벡터공간의 내적

실벡터공간 V의 내적은 임의의 벡터 $\mathbf{u}, \mathbf{v}, \mathbf{w}$와 스칼라 k에 대하여 다음 네 가지 공리를 만족하는 연산입니다. 여기서 두 벡터 $\mathbf{u}, \mathbf{v}$는 유일한 실수 $<\mathbf{u}, \mathbf{v}>$로 대응합니다.

(a) $<\mathbf{u}, \mathbf{v}> = <\mathbf{v}, \mathbf{u}>$ (교환법칙)

(b) $<\mathbf{u}+\mathbf{v}, \mathbf{w}> = <\mathbf{u}, \mathbf{w}> + <\mathbf{v}, \mathbf{w}>$ (분배법칙)

(c) $<k\mathbf{u}, \mathbf{v}> = k<\mathbf{u}, \mathbf{v}>$

(d) $<\mathbf{u}, \mathbf{u}> \geq 0$, $<\mathbf{u}, \mathbf{u}> = 0 \Leftrightarrow \mathbf{u} = \mathbf{O}$

위의 네 가지 내적의 공리(axioms of inner product)를 만족하는 실벡터공간을 **실내적공간**(real inner product space)이라 합니다. $<\ ,\ >$의 값은 벡터가 아닌 실수(스칼라)라는 점에 주의합니다. 이제 내적공간의 몇 가지 예를 살펴봅시다.

4.1.2 내적공간의 예

예제 4-1 **식 (2.1)에서 정의한 점곱을 가진 유클리드 공간 $\mathbb{R}^n$이 내적공간의 예임을 보이세요.**

풀이

2장의 [정리 2-4]를 참고하세요.

점곱은 내적의 한 예일 뿐입니다. 사실, 내적을 정의하는 방법은 무수히 많습니다. 다음 예제는 두 벡터 사이에 삽입한 행렬로 정의한 $\mathbb{R}^2$의 또 다른 내적을 보여줍니다.

예제 4-2 **유클리드 2-공간 $\mathbb{R}^2$가 다음 연산을 가진 벡터공간이라고 합시다.**

$$<\mathbf{u}, \mathbf{w}> = \mathbf{u}^{\mathrm{T}}\mathrm{A}\mathbf{w}, \qquad \mathrm{A} = \begin{pmatrix} 1 & 2 \\ 2 & 5 \end{pmatrix}$$

이 벡터공간이 $\mathbb{R}^2$의 내적공간임을 보이세요. ($\mathbf{u}^{\mathrm{T}}\mathbf{w}$인 내적과 비슷하지만, 이번에는 벡터 $\mathbf{w}$에 행렬 A를 곱한 후 내적을 수행했습니다.)

풀이

4.1절 [연습문제 04]에서 확인해보세요.

예제 4-3 **P_2를 차수가 2보다 작거나 같은 다항식으로 이루어진 벡터공간이라 합시다. 두 다항식 $\mathrm{p} = c_0 + c_1x + c_2x^2$, $\mathrm{q} = d_0 + d_1x + d_2x^2$에 대하여, 다음 계수들의 곱이 P_2의 내적을 정의함을 보이세요.**

$$<\mathrm{p}, \mathrm{q}> = c_0d_0 + c_1d_1 + c_2d_2$$

(예를 들어, $p = 2+3x+5x^2$, $q = 4-x+7x^2$이면 $<p, q> = (2\times4)+\{3\times(-1)\}+(5\times7) = 40$입니다.)

풀이

$<p, q> = c_0d_0 + c_1d_1 + c_2d_2$가 P_2의 내적임을 어떻게 보일까요? [정의 4-1]의 네 가지 공리를 확인하면 됩니다.

(a) 상수의 곱에 대하여, $<p, q> = <q, p>$임을 확인해야 합니다.

$$\begin{aligned} <p, q> &= c_0d_0 + c_1d_1 + c_2d_2 \\ &= d_0c_0 + d_1c_1 + d_2c_2 \quad \text{[곱셈 순서는 문제되지 않음]} \\ &= <q, p> \end{aligned}$$

(b) $<p+q, r> = <p, r> + <q, r>$임을 확인해야 합니다. 두 이차식 $p = c_0 + c_1x + c_2x^2$, $q = d_0 + d_1x + d_2x^2$을 더하면 다음과 같습니다.

$$p+q = (c_0+d_0)+(c_1+d_1)x+(c_2+d_2)x^2$$

$r = e_0 + e_1x + e_2x^2$에 대하여, $p+q$와 r의 내적을 구하면 다음과 같습니다.

$$\begin{aligned} <p+q, r> &= \left\langle (c_0+d_0)+(c_1+d_1)x+(c_2+d_2)x^2,\ e_0+e_1x+e_2x^2 \right\rangle \\ &= (c_0+d_0)e_0+(c_1+d_1)e_1+(c_2+d_2)e_2 \quad \text{[계수끼리 곱하기]} \\ &= c_0e_0+d_0e_0+c_1e_1+d_1e_1+c_2e_2+d_2e_2 \end{aligned}$$

이제 두 내적의 합을 구하면 다음과 같습니다.

$$\begin{aligned} <p, r> + <q, r> &= \underbrace{c_0e_0+c_1e_1+c_2e_2}_{=<p,r>} + \underbrace{d_0e_0+d_1e_1+d_2e_2}_{=<q,r>} \\ &= c_0e_0+d_0e_0+c_1e_1+d_1e_1+c_2e_2+d_2e_2 \quad \text{[재배치하기]} \\ &= <p+q, r> \end{aligned}$$

따라서 $<p+q, r> = <p, r> + <q, r>$이 성립합니다.

(c) $<kp, q> = k<p, q>$임을 확인해야 합니다.

$$\begin{aligned} <kp, q> &= \left\langle k(c_0+c_1x+c_2x^2),\ d_0+d_1x+d_2x^2 \right\rangle \\ &= \left\langle kc_0+kc_1x+kc_2x^2,\ d_0+d_1x+d_2x^2 \right\rangle \quad \text{[괄호 열기]} \\ &= kc_0d_0+kc_1d_1+kc_2d_2 \quad \text{[계수끼리 곱하기]} \\ &= k(c_0d_0+c_1d_1+c_2d_2) \quad \text{[공통 인수로 묶기]} \\ &= k<p, q> \end{aligned}$$

따라서 $<k\mathbf{p}, \mathbf{q}> = k<\mathbf{p}, \mathbf{q}>$가 성립합니다.

(d) $<\mathbf{p}, \mathbf{p}> \geq 0$과 $<\mathbf{p}, \mathbf{p}> = 0 \Leftrightarrow \mathbf{p} = \mathbf{O}$임을 확인해야 합니다.

$$\begin{aligned} <\mathbf{p}, \mathbf{p}> &= \langle c_0 + c_1x + c_2x^2, c_0 + c_1x + c_2x^2 \rangle \\ &= c_0c_0 + c_1c_1 + c_2c_2 = (c_0)^2 + (c_1)^2 + (c_2)^2 \geq 0 \end{aligned}$$

또한 다음이 성립합니다.

$$<\mathbf{p}, \mathbf{p}> = (c_0)^2 + (c_1)^2 + (c_2)^2 = 0 \Leftrightarrow c_0 = c_1 = c_2 = 0$$

만약 $c_0 = c_1 = c_2 = 0$이면 $\mathbf{p} = \mathbf{O}$입니다.

따라서 네 가지 공리를 모두 만족하므로 다음 계수의 곱은 P_2에서의 내적입니다.

$$<\mathbf{p}, \mathbf{q}> = c_0d_0 + c_1d_1 + c_2d_2$$

위 예제에서 내적을 다음과 같이 이차식의 계수의 곱으로 정의하였습니다.

$$<\mathbf{p}, \mathbf{q}> = c_0d_0 + c_1d_1 + c_2d_2$$

그런데 만약 $<\mathbf{p}, \mathbf{q}>$를 다음과 같이 계수의 합으로 정의한다면 어떨까요?

$$<\mathbf{p}, \mathbf{q}> = (c_0 + d_0) + (c_1 + d_1) + (c_2 + d_2)$$

이 경우에 $<\mathbf{p}, \mathbf{q}>$는 내적이 아닙니다.

왜 내적이 아닐까요?

[정의 4-1]의 공리 (d), 즉 $<\mathbf{p}, \mathbf{p}> \geq 0$이 성립하지 않기 때문입니다. 예를 들어, $\mathbf{p} = -1 - x - x^2$이 있다고 합시다.

$$\begin{aligned} <\mathbf{p}, \mathbf{p}> &= \langle -1 - x - x^2, -1 - x - x^2 \rangle \\ &= \{(-1) + (-1)\} + \{(-1) + (-1)\} + \{(-1) + (-1)\} = -6 < 0 \end{aligned}$$

따라서 $<\mathbf{p}, \mathbf{p}> \ngeq 0$입니다.

다음으로 행렬의 벡터공간 M_{22}에서 내적공간을 정의하겠습니다. 이를 위해 행렬의 대각합을 정의해야 합니다. 행렬의 **대각합**(trace)은 다음과 같이 주대각 성분의 합을 의미합니다.

$$\text{trace}\begin{pmatrix} \boxed{a} & b \\ c & \boxed{d} \end{pmatrix} = a + d$$

행렬의 벡터공간에서 내적의 예를 들면 다음과 같습니다. M_{22}는 2×2 행렬의 벡터공간이고, 다음과 같이 정의한 M_{22} 위의 내적이 있다고 합시다. 여기서 tr은 대각합을 나타냅니다.

$$< \mathbf{A}, \mathbf{B} > = \mathrm{tr}(\mathbf{B}^{\mathrm{T}}\mathbf{A})$$

이는 M_{22} 위의 내적이므로 네 가지 공리를 모두 확인할 수 있습니다. 만약 M_{22}에서 내적을 일반적인 행렬 곱 $< \mathbf{A}, \mathbf{B} > = \mathbf{AB}$로 정의한다면, M_{22}는 내적공간이 될 수 없습니다.

? 왜 내적공간이 될 수 없나요?

다음과 같이 교환법칙이 성립하지 않기 때문입니다.

$$< \mathbf{A}, \mathbf{B} > = \mathbf{AB} \neq \mathbf{BA} = < \mathbf{B}, \mathbf{A} >$$

내적공간에 관한 또 다른 예는 4.1절 연습문제에서 증명합니다. 이제 일반 내적공간의 성질을 증명하는 단계로 넘어가겠습니다.

4.1.3 내적의 성질

정리 4-1 내적의 성질

$\mathbf{u}, \mathbf{v}, \mathbf{w}$는 실내적공간 V의 벡터이고 k는 실수 스칼라일 때, 내적에 관한 다음 성질이 성립합니다.

(a) $< \mathbf{u}, \mathbf{O} > = < \mathbf{O}, \mathbf{v} > = 0$

(b) $< \mathbf{u}, k\mathbf{v} > = k < \mathbf{u}, \mathbf{v} >$

(c) $< \mathbf{u}, \mathbf{v} + \mathbf{w} > = < \mathbf{u}, \mathbf{v} > + < \mathbf{u}, \mathbf{w} >$

? 이 성질을 어떻게 증명할 수 있을까요?

[정의 4-1]에서 살펴본 내적의 공리를 사용하여 증명합니다.

증명

(a) $0(\mathbf{O}) = \mathbf{O}$이므로 영벡터를 $0(\mathbf{O})$로 나타낼 수 있습니다. [정의 4-1]의 공리에 따라 다음이 성립합니다.

$$\begin{aligned} < \mathbf{u}, \mathbf{O} > &= < \mathbf{u}, 0(\mathbf{O}) > \\ &= < 0(\mathbf{O}), \mathbf{u} > \quad \text{[정의 4-1(a)]} \\ &= 0 < \mathbf{O}, \mathbf{u} > \quad \text{[정의 4-1(c)]} \\ &= 0 \end{aligned}$$

같은 방법으로 $< \mathbf{O}, \mathbf{v} > = 0$이 성립합니다.

(b) 내적은 교환법칙 $<\mathbf{u}, \mathbf{v}> = <\mathbf{v}, \mathbf{u}>$를 만족하므로 두 벡터의 위치를 바꾸어도 결과가 같습니다.

$$\begin{aligned} <\mathbf{u}, k\mathbf{v}> &= <k\mathbf{v}, \mathbf{u}> && \text{[정의 4-1(a)]} \\ &= k<\mathbf{v}, \mathbf{u}> && \text{[정의 4-1(c)]} \\ &= k<\mathbf{u}, \mathbf{v}> && \text{[정의 4-1(a)]} \end{aligned}$$

(c) 다음이 성립합니다.

$$\begin{aligned} <\mathbf{u}, \mathbf{v}+\mathbf{w}> &= <\mathbf{v}+\mathbf{w}, \mathbf{u}> && \text{[정의 4-1(a)]} \\ &= <\mathbf{v}, \mathbf{u}> + <\mathbf{w}, \mathbf{u}> && \text{[정의 4-1(b)]} \\ &= <\mathbf{u}, \mathbf{v}> + <\mathbf{u}, \mathbf{w}> && \text{[정의 4-1(a)]} \end{aligned}$$

■

4.1.4 벡터의 노름 또는 크기

2장에서 벡터 $\mathbf{u}$의 노름(크기) $\| \mathbf{u} \|$를 구해보았습니다.

? (유클리드) 노름을 어떻게 정의했는지 기억하나요?

$\mathbb{R}^n$에서 벡터 $\mathbf{u}$의 노름(크기)은 피타고라스 정리에 의해 $\| \mathbf{u} \| = \sqrt{\mathbf{u} \cdot \mathbf{u}}$로 정의하였습니다.

일반 벡터공간 V에서도 같은 방법으로 노름을 정의합니다. V의 벡터 $\mathbf{u}$에 대하여 $\| \mathbf{u} \|$로 표현하는 노름은 다음과 같이 정의합니다.

$$\| \mathbf{u} \| = \sqrt{<\mathbf{u}, \mathbf{u}>} \quad \text{(양의 제곱근)} \tag{4.1}$$

점곱은 유클리드 공간 $\mathbb{R}^n$에서만 정의되므로 일반 벡터공간에서는 점곱에 관한 정의를 사용할 수 없습니다. 이 장에서는 일반 벡터공간의 내적을 다룬다는 점에 주목하세요.

벡터 $\mathbf{u}$의 노름은 벡터 $\mathbf{u}$의 크기를 나타내는 실수입니다. 일반적으로 $\| \mathbf{u} \|$를 구하기 위하여 $\| \mathbf{u} \|^2 = <\mathbf{u}, \mathbf{u}>$를 구한 뒤에 제곱근을 취합니다.

? 함수의 노름 또는 행렬의 노름(norm of a matrix)을 어떻게 구할 수 있을까요?

벡터공간 M_{mn}에서 행렬 $\mathbf{A}$의 노름은 식 (4.1)에 의해 다음과 같습니다. (여기서, $<\mathbf{A}, \mathbf{A}>$는 행렬 $\mathbf{A}$와 $\mathbf{A}$의 내적입니다.)

$$\| \mathbf{A} \| = \sqrt{<\mathbf{A}, \mathbf{A}>}$$

노름은 사물의 크기를 측정합니다. 예를 들어, 행렬의 내적을 $<\mathbf{A}, \mathbf{B}> = \mathrm{tr}(\mathbf{B}^{\mathrm{T}}\mathbf{A})$로 정의한다면 노름을 계산하여 $\| \mathbf{A} \|$와 $\| \mathbf{B} \|$의 크기를 구할 수 있습니다.

행렬 $\mathrm{A}=\begin{pmatrix}1 & 2\\ 3 & 4\end{pmatrix}$, $\mathrm{B}=\begin{pmatrix}10 & 20\\ 30 & 40\end{pmatrix}$에 대하여, $\|\mathrm{A}\|$와 $\|\mathrm{B}\|$를 구해봅시다.

$$\begin{aligned}\|\mathrm{A}\|^2 = <\mathrm{A}, \mathrm{A}> &= \mathrm{tr}\left[\begin{pmatrix}1 & 2\\ 3 & 4\end{pmatrix}^{\mathrm{T}}\begin{pmatrix}1 & 2\\ 3 & 4\end{pmatrix}\right]\\ &= \mathrm{tr}\left[\begin{pmatrix}1 & 3\\ 2 & 4\end{pmatrix}\begin{pmatrix}1 & 2\\ 3 & 4\end{pmatrix}\right] = \mathrm{tr}\left[\begin{pmatrix}10 & *\\ * & 20\end{pmatrix}\right] = 10+20 = 30\end{aligned}$$

따라서 $\|\mathrm{A}\| = \sqrt{30}$ 입니다. 내적이 행렬의 대각합이므로 주대각 성분이 아닌 행렬 성분은 신경 쓰지 않아도 됩니다. 그래서 주대각 성분 이외의 성분을 *로 표시했습니다.

같은 방법으로 $\|\mathrm{B}\|$를 구하면 다음과 같습니다.

$$\|\mathrm{B}\| = \sqrt{3000} = 10\sqrt{30} = 10\|\mathrm{A}\|$$

행렬 B의 성분은 행렬 A의 성분의 10배라는 점에 주목합시다. 행렬 B의 노름은 행렬 A의 노름의 10배입니다.

? 왜 행렬의 크기에 관심을 갖는 걸까요?

행렬은 $\mathbf{x}$와 같은 벡터에 적용되는 함수이기 때문입니다. 일반적으로 $\mathrm{A}\mathbf{x}$의 크기와 $\mathrm{B}\mathbf{x}$의 크기를 비교하고 싶어 합니다. (여기서, $\mathrm{A}\mathbf{x}$의 노름은 $\|\mathrm{A}\mathbf{x}\| = \|\mathrm{A}\|\|\mathbf{x}\|$이고, $\mathrm{B}\mathbf{x}$의 노름은 $\|\mathrm{B}\mathbf{x}\| = \|\mathrm{B}\|\|\mathbf{x}\|$입니다.) 위의 예에서 벡터 $\mathrm{B}\mathbf{x}$는 벡터 $\mathrm{A}\mathbf{x}$보다 크기가 10배 더 큽니다.

다음 예제에서 연속함수로 이루어진 벡터공간에 노름을 적용해보겠습니다.

예제 4-4 $C[0, 1]$은 닫힌구간 $[0, 1]$에서 연속인 함수로 이루어진 벡터공간이고, $f(x)=x$, $g(x)=x^2-1$은 $C[0, 1]$의 함수입니다. 이때 내적은 다음과 같이 정의합니다.

$$<\mathrm{f}, \mathrm{g}> = \int_0^1 f(x)g(x)\,dx$$

위 내적은 두 벡터를 곱한 뒤에 구간 $[0, 1]$에서 더한 것입니다(점곱과 유사하지만, 유한합 대신 연속함수를 다루므로 적분을 사용합니다). 이때 다음을 구해보세요.

(a) $<\mathrm{f}, \mathrm{g}>$ **(b)** $\|\mathrm{f}\|$ **(c)** $\|\mathrm{g}\|$

(d) $\|\mathrm{f}-\mathrm{g}\|$ **(e)** $h(x)=x^3$**일 때,** $\|\mathrm{f}-\mathrm{h}\|$

풀이

(a) $f(x)=x$, $g(x)=x^2-1$일 때, 내적 $<\mathrm{f}, \mathrm{g}> = \int_0^1 f(x)g(x)\,dx$를 계산하면 다음과 같습니다.

$$
\begin{aligned}
<\mathbf{f}, \mathbf{g}> &= \int_0^1 f(x)g(x)\,dx \\
&= \int_0^1 x(x^2-1)\,dx \qquad [f(x)=x,\ g(x)=x^2-1 \text{ 대입}] \\
&= \int_0^1 (x^3-x)\,dx = \left[\frac{x^4}{4}-\frac{x^2}{2}\right]_0^1 = \left[\frac{1}{4}-\frac{1}{2}\right] = -\frac{1}{4}
\end{aligned}
$$

(b) $\|\mathbf{f}\|$를 구하려면 $\|\mathbf{f}\|^2 = <\mathbf{f}, \mathbf{f}>$를 구한 뒤에 제곱근을 취하면 됩니다.

$$
\begin{aligned}
\|\mathbf{f}\|^2 &= <\mathbf{f}, \mathbf{f}> \\
&= \int_0^1 f(x)f(x)\,dx \\
&= \int_0^1 xx\,dx \qquad [f(x)=x \text{ 대입}] \\
&= \int_0^1 x^2\,dx = \left[\frac{x^3}{3}\right]_0^1 = \frac{1}{3} \qquad [xx=x^2]
\end{aligned}
$$

$\|\mathbf{f}\|$의 값은 무엇인가요? $\|\mathbf{f}\|^2 = \frac{1}{3}$에 제곱근을 취하면 $\|\mathbf{f}\| = \frac{1}{\sqrt{3}}$입니다.

$\|\mathbf{f}\| = \frac{1}{\sqrt{3}}$은 무엇을 의미할까요? 노름 $\|\mathbf{f}\| = \left(\int_0^1 (f(x))^2 dx\right)^{\frac{1}{2}}$은 제곱한 함수를 적분(합산)한 다음 제곱근을 취한 것입니다. 이는 함수의 평균값을 측정한다는 의미이며, 제곱평균제곱근(root mean square, rms)이라고 합니다.

$\|\mathbf{f}\| = \frac{1}{\sqrt{3}} = 0.577$(소수점 아래 셋째 자리까지 표현)은 0과 1 사이어 있는 함수 $f(x)=x$의 제곱평균제곱근 값입니다.

(c) (b)와 같은 방법으로 구합니다.

$$
\begin{aligned}
\|\mathbf{g}\|^2 = <\mathbf{g}, \mathbf{g}> &= \int_0^1 g(x)g(x)\,dx \\
&= \int_0^1 (x^2-1)(x^2-1)\,dx \qquad [g(x)=x^2-1 \text{ 대입}] \\
&= \int_0^1 (x^4-2x^2+1)\,dx = \left[\frac{x^5}{5}-\frac{2}{3}x^3+x\right]_0^1 = \frac{1}{5}-\frac{2}{3}+1 = \frac{8}{15} \qquad [\text{적분}]
\end{aligned}
$$

$\|\mathbf{g}\|$의 값은 어떻게 되나요? $\|\mathbf{g}\|$의 값을 구하려면 $\frac{8}{15}$에 제곱근을 취해야 합니다. 따라서 $\|\mathbf{g}\| = \sqrt{\frac{8}{15}}$은 0과 1 사이에 있는 함수 $g(x)=x^2-1$의 평균값인 제곱평균제곱근 값을 의미합니다.

함수 $g(x) = x^2 - 1$이 0과 1 사이에서 음의 값을 갖지만, 함수를 제곱하여 양의 제곱근을 취하므로 $\| \mathbf{g} \|$의 값은 언제나 양수라는 점에 주의합시다.

(d) 마찬가지로 $\| \mathbf{f} - \mathbf{g} \|$를 구하려면 $\| \mathbf{f} - \mathbf{g} \|^2$을 구한 뒤에 제곱근을 취하면 됩니다.

$$\begin{aligned}
\| \mathbf{f} - \mathbf{g} \|^2 &= \langle \mathbf{f} - \mathbf{g}, \mathbf{f} - \mathbf{g} \rangle \\
&= \int_0^1 \{f(x) - g(x)\}\{f(x) - g(x)\}\, dx \\
&= \int_0^1 (x - x^2 - 1)(x - x^2 - 1)\, dx && \text{[대입]} \\
&= \int_0^1 (x^2 - x^3 - x - x^3 + x^4 + x^2 - x + x^2 + 1)\, dx && \text{[전개]} \\
&= \int_0^1 (x^4 - 2x^3 + 3x^2 - 2x + 1)\, dx && \text{[단순화]} \\
&= \left[\frac{x^5}{5} - 2\frac{x^4}{4} + 3\frac{x^3}{3} - 2\frac{x^2}{2} + x \right]_0^1 && \text{[적분]} \\
&= \left[\frac{x^5}{5} - \frac{x^4}{2} + x^3 - x^2 + x \right]_0^1 = \left(\frac{1}{5} - \frac{1}{2} + 1 - 1 + 1 \right) - 0 = \frac{7}{10}
\end{aligned}$$

따라서 $\| \mathbf{f} - \mathbf{g} \| = \sqrt{\frac{7}{10}}$ 입니다.

(e) (d)와 같은 방법으로 계산하면, $\| \mathbf{f} - \mathbf{h} \| = \sqrt{\frac{8}{105}}$ 입니다.

$\| \mathbf{f} - \mathbf{g} \|$는 함수 $\mathbf{f}$와 $\mathbf{g}$ 사이의 거리를 측정하며, 이는 수학 연구 및 수치해석학 연구에서 중요하게 다룹니다. 함수 사이의 거리 측정은 함수가 서로 얼마나 가까운지를 알려주기 때문이죠. 두 벡터 $\mathbf{u}$와 $\mathbf{v}$ 사이의 **거리**(distance, metric)는 $\mathrm{d}(\mathbf{u}, \mathbf{v})$로 표기하며 다음과 같이 정의합니다.

$$\mathrm{d}(\mathbf{u}, \mathbf{v}) = \| \mathbf{u} - \mathbf{v} \| \tag{4.2}$$

[예제 4-4]에서 함수 $\mathbf{f}$와 $\mathbf{g}$ 사이의 거리는 $\| \mathbf{f} - \mathbf{g} \| = \sqrt{\frac{7}{10}}$ 이고, 함수 $\mathbf{f}$와 $\mathbf{h}$ 사이의 거리는 $\| \mathbf{f} - \mathbf{h} \| = \sqrt{\frac{8}{105}}$ 이었습니다. $\sqrt{\frac{8}{105}} = 0.276$은 $\sqrt{\frac{7}{10}} = 0.837$보다 작으므로, 함수 $\mathbf{f}$는 $\mathbf{g}$보다 $\mathbf{h}$와 더 가까운 거리에 있습니다.

$C[0, 1]$의 벡터공간에서 함수 $\mathbf{f}$와 $\mathbf{g}$를 벡터로 소개했다는 점을 잊지 마세요. 따라서 이를 [그림 4-1]과 같이 나타낼 수 있습니다.

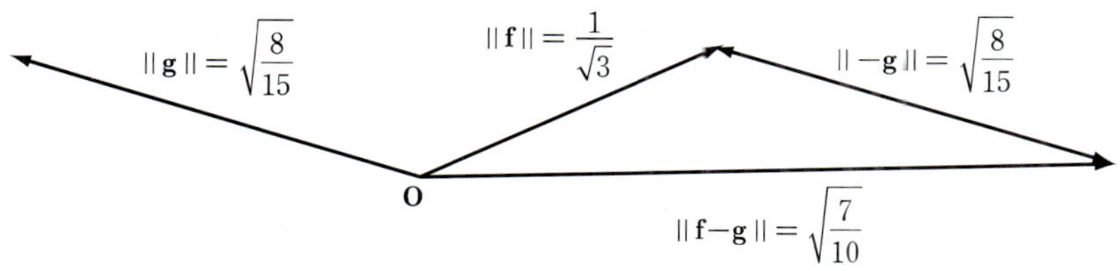

[그림 4-1] $C[0, 1]$에서의 거리

한 함수가 다른 함수와 얼마나 가까운지 측정하기 위해 내적을 사용합니다. 이는 수치해석학 연구에서 중요한 사항입니다.

? $\|\mathrm{f}-\mathrm{g}\| = 0$은 무엇을 의미할까요?

두 함수 f와 g는 동일하다는 의미입니다. 왜냐하면 다음과 같이 나타낼 수 있기 때문이죠.

$$\|\mathrm{f}-\mathrm{g}\| = 0 \quad \Rightarrow \quad <\mathrm{f}-\mathrm{g}, \mathrm{f}-\mathrm{g}> = 0 \quad \Rightarrow \quad \mathrm{f} = \mathrm{g}$$

다음으로 다항식의 집합 P_n 위의 노름을 살펴보겠습니다.

예제 4-5 **P_2의 내적은 다음과 같습니다.**

$$<\mathrm{p}, \mathrm{q}> = c_0d_0 + c_1d_1 + c_2d_2 \quad \text{(계수의 곱)}$$

이때 다음과 같은 P_2의 이차식(벡터)의 노름 $\| \ \|$을 구해보세요.

(a) $\mathrm{p} = x^2 + x + 1$ **(b)** $\mathrm{q} = 2x^2 + 2x + 2$ **(c)** $\mathrm{r} = c_2x^2 + c_1x + c_0$

풀이

[그림 4-2]와 같이 x^2, x, 상수로 표현한 세 가지 축을 가진 3차원 공간에서 세 벡터를 그릴 수 있습니다. 4.3절에서 살펴보겠지만 이 축들은 서로 수직이 아닙니다.

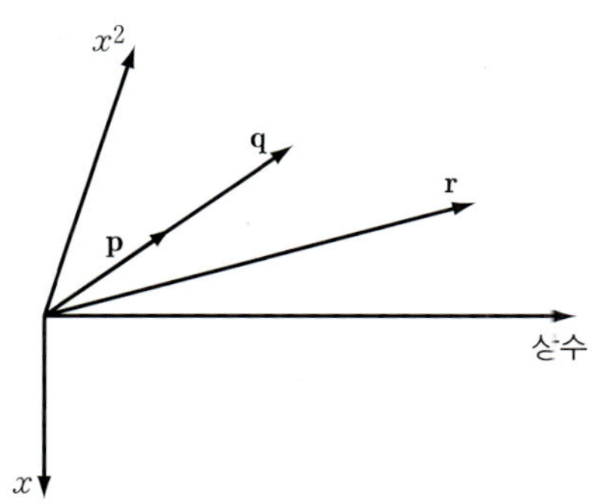

[그림 4-2] P_2에서의 세 벡터 p, q, r

벡터 $\mathbf{p} = x^2 + x + 1$에서 $\mathbf{p}$의 x^2, x, 상수에 대한 계수는 각각 1입니다. 같은 방법으로 다른 벡터도 그릴 수 있습니다.

4.3절에서는 상수와 x축이 사실 서로 수직임을 증명할 것입니다. 그러나 x^2축은 나머지 두 축과 수직이 아닙니다.

(a) 식 (4.1)에 의하여 $\| \mathbf{p} \| = \sqrt{< \mathbf{p}, \mathbf{p} >}$ 이므로, 먼저 $\| \mathbf{p} \|^2 = < \mathbf{p}, \mathbf{p} >$를 구한 다음 제곱근을 취합니다.

$$< \mathbf{p}, \mathbf{p} > = \langle x^2 + x + 1, x^2 + x + 1 \rangle = 1^2 + 1^2 + 1^2 = 3$$

따라서 위 식에 제곱근을 취하면 $\| \mathbf{p} \| = \sqrt{3}$ 입니다.

(b) (a)와 같은 방법으로 계산합니다.

$$< \mathbf{q}, \mathbf{q} > = \langle 2x^2 + 2x + 2, 2x^2 + 2x + 2 \rangle = 2^2 + 2^2 + 2^2 = 12$$

따라서 $\| \mathbf{q} \| = \sqrt{12} = \sqrt{4 \times 3} = 2\sqrt{3}$ 입니다.

(c) $\mathbf{r} = c_2 x^2 + c_1 x + c_0$에 대해서도 같은 방법을 적용해 계산합니다.

$$< \mathbf{r}, \mathbf{r} > = c_0 c_0 + c_1 c_1 + c_2 c_2 = (c_0)^2 + (c_1)^2 + (c_2)^2$$

그러므로 $\| \mathbf{r} \| = \sqrt{< \mathbf{r}, \mathbf{r} >} = \sqrt{(c_0)^2 + (c_1)^2 + (c_3)^2}$ 입니다.

이 $\| \mathbf{r} \|$은 각 계수 c_0, c_1, c_2에 피타고라스 정리를 적용하여 이차식의 크기를 측정합니다. [예제 4-5]에서 $\| \mathbf{p} \| = \sqrt{3}$, $\| \mathbf{q} \| = 2\sqrt{3}$ 이었는데, 이는 이차식 $\mathbf{q} = 2x^2 + 2x + 2$가 이차식 $\mathbf{p} = x^2 + x + 1$보다 2배 더 큼을 의미합니다. 즉, $\mathbf{q} = 2\mathbf{p}$입니다.

내적을 통해 정의되지 않는 몇 가지 노름이 있습니다. 유클리드 공간 $\mathbb{R}^n$과 $\mathbb{R}^n$의 벡터 $\mathbf{x} = (x_1 \ x_2 \ \cdots \ x_n)^T$에 대하여, 다음은 $\mathbb{R}^n$에서 중요한 노름입니다.

$$\| \mathbf{x} \|_1 = |x_1| + |x_2| + |x_3| + \cdots + |x_n| \quad \text{(1 노름(one norm))}$$

$$\| \mathbf{x} \|_2 = \sqrt{|x_1|^2 + |x_2|^2 + |x_3|^2 + \cdots + |x_n|^2} \quad \text{(2 노름(two norm))}$$

$$\| \mathbf{x} \|_\infty = \max(|x_j|) \ (j = 1, 2, \cdots, n) \quad \text{(무한 노름(infinity norm))}$$

$\| \mathbf{x} \|_\infty = \max(|x_j|) \ (j = 1, 2, \cdots, n)$는 x_1, x_2, x_3, $\cdots$, x_n의 절댓값 중 최댓값을 선택한다는 의미입니다. 이 노름은 최대 절댓값을 측정합니다. 예를 들면, $\mathbb{R}^4$의 벡터 $\mathbf{x} = (-1 \ 4 \ -9 \ 7)^T$에 대하여 다음과 같이 노름을 구할 수 있습니다.

$$\|\mathbf{x}\|_1 = |-1|+|4|+|-9|+|7| = 21$$

$$\|\mathbf{x}\|_2 = \sqrt{|-1|^2+|4|^2+|-9|^2+|7|^2} = \sqrt{147} = 12.12$$ [소수점 아래 둘째 자리까지]

$$\|\mathbf{x}\|_\infty = \max(|-1|, |4|, |-9|, |7|) = \max(1, 4, 9, 7) = 9$$

? 어떤 노름을 사용해야 할까요?

물리적 상황에서는 이러한 노름 중 어떤 것이 문제에 적합한지 결정해야 합니다. 예를 들어, 어떤 신호의 노이즈를 측정하고 싶다고 가정합시다. 즉, 주 신호의 변동을 측정할 방법이 필요합니다. 위에서 정의한 노름의 경우, $\|\mathbf{x}\|_\infty$는 가장 큰 차이를 측정하고 $\|\mathbf{x}\|_2$는 추가된 평균 변동을 측정하며, $\|\mathbf{x}\|_1$은 주 신호와의 총 차이를 측정합니다. 어떤 측정치가 가장 적합한지 결정한 후에는 이를 최소화해야 합니다.

4.1.5 벡터 노름의 성질

다음으로 벡터 노름의 특정 성질을 알아보겠습니다.

정리 4-2 벡터 노름의 성질

V는 내적공간이고 $\mathbf{u}$, $\mathbf{v}$는 V의 벡터라고 합시다. k가 임의의 실수 스칼라이면 다음 노름의 성질이 성립합니다.

(a) $\|\mathbf{u}\| \geq 0$

(b) $\|\mathbf{u}\| = 0 \iff \mathbf{u} = O$

(c) $\|k\mathbf{u}\| = |k|\,\|\mathbf{u}\|$

(실수 스칼라 k에 대하여, $\sqrt{k^2} = |k|$이고, $|k|$는 k의 절댓값입니다.)

? 이 결과를 어떻게 증명할 수 있을까요?

앞에서 주어진 노름의 정의를 사용합니다.

$$\|\mathbf{u}\| = \sqrt{<\mathbf{u}, \mathbf{u}>} \tag{4.1}$$

증명

(a) 식 (4.1) $\|\mathbf{u}\| = \sqrt{<\mathbf{u}, \mathbf{u}>}$에 의하여 다음이 성립합니다.

$$\|\mathbf{u}\| = \sqrt{<\mathbf{u}, \mathbf{u}>} \geq 0$$

(b) 식 (4.1)에 의하여, 다음이 성립합니다.

$$\|\mathbf{u}\| = \sqrt{<\mathbf{u}, \mathbf{u}>} = 0 \Rightarrow \mathbf{u} = O$$

또한 다음이 성립합니다.

$$\mathbf{u} = \mathrm{O} \Rightarrow \| \mathbf{u} \| = \sqrt{< \mathrm{O}, \mathrm{O} >} = 0$$

(c) 식 (4.1)을 적용하여, 먼저 $\| k\mathbf{u} \|^2$을 먼저 구합니다.

$$\begin{aligned} \| k\mathbf{u} \|^2 &= < k\mathbf{u}, k\mathbf{u} > \\ &= k < \mathbf{u}, k\mathbf{u} > \\ &= kk < \mathbf{u}, \mathbf{u} > = k^2 < \mathbf{u}, \mathbf{u} > \end{aligned}$$

위 식에 제곱근을 취하면 다음과 같습니다.

$$\| k\mathbf{u} \| = \sqrt{k^2 < \mathbf{u}, \mathbf{u} >} = \sqrt{k^2} \sqrt{< \mathbf{u}, \mathbf{u} >} = |k| \, \| \mathbf{u} \|$$ ■

핵심요약

- **[정의 4-1]**
  내적은 네 가지 공리를 만족하는 벡터공간 위의 함수입니다.
- $\| \mathbf{u} \|$로 표현되는 벡터의 노름 또는 크기는 $\| \mathbf{u} \| = \sqrt{< \mathbf{u}, \mathbf{u} >}$로 정의합니다.

4.1 연습문제

01 [예제 4-4]의 $C[0, 1]$ 위에서 정의한 내적을 생각해봅시다. $f(x) = x$, $g(x) = x^2$일 때, 다음을 구해보세요.

(a) $< \mathbf{f}, \mathbf{g} >$　(b) $< \mathbf{g}, \mathbf{f} >$
(c) $< 3\mathbf{f}, \mathbf{g} >$　(d) $< \mathbf{f}, \mathbf{f} >$
(e) $\| \boldsymbol{f} \|$　(f) $< \mathbf{g}, \mathbf{g} >$
(g) $\| \mathbf{g} \|$

02 $C[-1, 1]$은 구간 $[-1, 1]$ 위에서 정의된 모든 연속함수로 이루어진 벡터공간이고, $C[-1, 1]$의 내적은 다음과 같습니다.

$$< \mathbf{f}, \mathbf{g} > = \int_{-1}^{1} f(x) g(x) \, dx$$

$f(x) = x$, $g(x) = x^3$일 때, 다음을 구해보세요.

(a) $< \mathbf{f}, \mathbf{g} >$　(b) $< \mathbf{g}, \mathbf{f} >$
(c) $< 3\mathbf{f}, \mathbf{g} >$　(d) $< \mathbf{f}, \mathbf{f} >$
(e) $\| \boldsymbol{f} \|$　(f) $< \mathbf{g}, \mathbf{g} >$
(g) $\| \mathbf{g} \|$

03 $P_2(x)$는 차수가 2보다 작거나 같은 다항식으로 이루어진 벡터공간입니다. 이 벡터공간 위에서 [예제 4-3]의 내적을 생각해봅시다. $\mathbf{p} = 2 - 3x + 5x^2$, $\mathbf{q} = 7 + 5x - 4x^2$일 때, 다음을 구해보세요.

(a) $< \mathbf{p}, \mathbf{q} >$　(b) $< \mathbf{q}, \mathbf{p} >$
(c) $< \mathbf{p}, -3\mathbf{q} >$　(d) $< \mathbf{p}, \mathbf{p} >$
(e) $\| \mathbf{p} \|$　(f) $< \mathbf{q}, \mathbf{q} >$
(g) $\| \mathbf{q} \|$

04 [예제 4-2]에서 정의한 $< \mathbf{u}, \mathbf{w} > = \mathbf{u}^{\mathrm{T}} \mathbf{A} \mathbf{w}$가 실제로 내적임을 보이세요.

05 M_{22}는 2×2 행렬로 이루어진 벡터공간이고, M_{22} 위에 다음과 같이 정의한 내적이 있습니다.

$$<\mathbf{A}, \mathbf{B}> = \mathrm{tr}(\mathbf{B}^T\mathbf{A}) \quad \text{(여기서, tr은 대각합)}$$

$\mathbf{A}=\begin{pmatrix} 1 & 2 \\ 3 & 4 \end{pmatrix}$, $\mathbf{B}=\begin{pmatrix} 5 & 6 \\ 7 & 8 \end{pmatrix}$, $\mathbf{C}=\begin{pmatrix} -1 & 1 \\ 2 & 5 \end{pmatrix}$일 때, 다음을 구해보세요.

(a) $<\mathbf{A}, \mathbf{B}>$ (b) $<5\mathbf{A}, \mathbf{B}>$
(c) $<-\mathbf{A}, -\mathbf{B}>$ (d) $\| \mathbf{A} \|$
(e) $\| \mathbf{B} \|$ (f) $<\mathbf{A}, \mathbf{C}>$
(g) $<\mathbf{B}, \mathbf{C}>$ (h) $<\mathbf{A}+\mathbf{B}, \mathbf{C}>$
(i) $<\mathbf{A}, \mathbf{C}+\mathbf{B}>$

06 V가 내적공간일 때, 내적공간에서 다음 결과가 성립함을 증명해보세요.

(a) $<\mathbf{u}, \mathbf{v}-\mathbf{w}> = <\mathbf{u}, \mathbf{v}> - <\mathbf{u}, \mathbf{w}>$
(b) $<\mathbf{u}-\mathbf{v}, \mathbf{w}> = <\mathbf{u}, \mathbf{w}> - <\mathbf{v}, \mathbf{w}>$
(c) $<k_1\mathbf{u}, k_2\mathbf{v}> = k_1k_2 <\mathbf{u}, \mathbf{v}>$
(d) $<k_1\mathbf{u}+k_2\mathbf{v}, k_3\mathbf{w}+k_4\mathbf{x}>$
$= k_1k_3 <\mathbf{u}, \mathbf{w}> + k_1k_4 <\mathbf{u}, \mathbf{x}>$
$+ k_2k_3 <\mathbf{v}, \mathbf{w}> + k_2k_4 <\mathbf{v}, \mathbf{x}>$
(e) $<k_1\mathbf{u}_1+k_2\mathbf{u}_2+\cdots+k_n\mathbf{u}_n, \mathbf{w}>$
$= k_1 <\mathbf{u}_1, \mathbf{w}> + k_2 <\mathbf{u}_2, \mathbf{w}>$
$+\cdots+ k_n <\mathbf{u}_n, \mathbf{w}>$

07 $C[0, 1]$은 구간 $[0, 1]$ 위에서 정의한 모든 연속함수로 이루어진 벡터공간입니다. 이 벡터공간 위에서 [예제 4-4]의 내적을 생각해봅시다. $f(x)=x+1$, $g(x)=x^2$, $h(x)=x-1$일 때, 다음을 구해보세요.

(a) $<\mathbf{f}, \mathbf{g}>$ (b) $<\mathbf{g}, \mathbf{h}>$
(c) $<\mathbf{f}, \mathbf{h}>$ (d) $<\mathbf{f}+\mathbf{g}, \mathbf{h}>$
(e) $<\mathbf{f}, \mathbf{h}+\mathbf{g}>$ (f) $<\mathbf{f}+3\mathbf{g}, \mathbf{h}>$
(g) $<\mathbf{f}-3\mathbf{g}, \mathbf{h}>$ (h) $<\mathbf{f}-\mathbf{g}, \mathbf{h}>$
(i) $<2\mathbf{f}+5\mathbf{g}, 6\mathbf{h}>$ (j) $<-10\mathbf{f}, 2\mathbf{h}+5\mathbf{g}>$

08 $C[0, 1]$은 구간 $[0, 1]$ 위에서 정의한 모든 연속함수로 이루어진 벡터공간입니다. 다음은 $C[0, 1]$ 위에서 내적이 아님을 설명해보세요.

$$<\mathbf{f}, \mathbf{g}> = \int_0^1 \{f(x)-g(x)\}\,dx$$

09 행렬 $\mathbf{A}=\begin{pmatrix} 1 & 2 \\ 3 & 4 \end{pmatrix}$에 대하여, $<\mathbf{u}, \mathbf{v}> = \mathbf{u}^T\mathbf{A}\mathbf{v}$가 $\mathbb{R}^2$의 내적이 아님을 보이세요.

10 $\mathbb{R}^4$의 벡터 $\mathbf{u}=(u_1\ u_2\ u_3\ u_4)^T$, $\mathbf{v}=(v_1\ v_2\ v_3\ v_4)^T$에 대하여, $<\mathbf{u}, \mathbf{v}> = u_1v_1+u_2v_2+u_3v_3-u_4v_4$는 $\mathbb{R}^4$의 내적이 아님을 보이세요.

11 $\mathbf{u}$, $\mathbf{v}$, $\mathbf{w}$는 내적공간 V의 벡터라고 합시다. $<\mathbf{u}, \mathbf{v}> = -1$, $<\mathbf{u}, \mathbf{w}> = 5$, $<\mathbf{v}, \mathbf{w}> = 3$, $\| \mathbf{v} \| = 2$, $\| \mathbf{u} \| = 4$, $\| \mathbf{w} \| = 7$일 때, 다음을 구해보세요.

(a) $<\mathbf{u}, \mathbf{v}+\mathbf{w}>$ (b) $<2\mathbf{u}+3\mathbf{v}, 5\mathbf{v}-2\mathbf{w}>$
(c) $\| \mathbf{u}-\mathbf{v} \|$ (d) $\| \mathbf{u}-\mathbf{v}-\mathbf{w} \|$

12 V의 벡터 $\mathbf{u}$, $\mathbf{v}$에 대하여, 식 (4.2)에서 거리함수를 다음과 같이 정의하였습니다.

$$\mathrm{d}(\mathbf{u}, \mathbf{v}) = \| \mathbf{u}-\mathbf{v} \|$$

이 거리함수의 다음 성질을 증명해보세요.

(a) $\mathrm{d}(\mathbf{u}, \mathbf{v}) = \mathrm{d}(\mathbf{v}, \mathbf{u})$
(b) $\mathrm{d}(\mathbf{u}, \mathbf{v}) \geq 0$
(c) $\mathrm{d}(\mathbf{u}, \mathbf{v}) = 0 \Leftrightarrow \mathbf{u}=\mathbf{v}$
(d) $\mathrm{d}(k\mathbf{u}, k\mathbf{v}) = |k|\,\mathrm{d}(\mathbf{u}, \mathbf{v})$

4.2 부등식과 직교성

학습목표

- 코시-슈바르츠 부등식과 민코프스키 부등식을 설명하고 증명할 수 있습니다.
- 직교벡터에 의한 직교화, 정규화의 의미를 이해할 수 있습니다.

내적의 일반적인 적용은 2개 이상의 벡터를 직교 또는 수직으로 만드는 것입니다.

왜 직교가 중요할까요?

다항식, 행렬, 함수와 같은 일반 벡터공간의 표준기저에서는 벡터의 집합이 서로 직교(수직)하며 단위 길이를 갖기 때문입니다. 기저 개념은 다음 절에서 설명하겠습니다.

먼저 $\mathbb{R}^2$의 노름과 내적을 포함한 수치적인 예를 다루겠습니다. 이 예에서 내적은 $\mathbb{R}^2$의 일반적인 점곱입니다.

예제 4-6 **$\mathbb{R}^2$에서 $\mathbf{u}=\begin{pmatrix}1\\2\end{pmatrix}$, $\mathbf{v}=\begin{pmatrix}3\\4\end{pmatrix}$라 할 때, 점곱과 관련하여 다음을 구해보세요.**

(a) $|<\mathbf{u},\mathbf{v}>|$ **(b)** $\|\mathbf{u}\|\|\mathbf{v}\|$ **(c)** $\|\mathbf{u}\|+\|\mathbf{v}\|$ **(d)** $\|\mathbf{u}+\mathbf{v}\|$

풀이

(a) $<\mathbf{u},\mathbf{v}> = \mathbf{u}\cdot\mathbf{v}=\begin{pmatrix}1\\2\end{pmatrix}\cdot\begin{pmatrix}3\\4\end{pmatrix}=(1\times3)+(2\times4)=11$입니다. 따라서 $|<\mathbf{u},\mathbf{v}>|=|11|=11$입니다.

(b) 기호 $\|\ \ \|$는 벡터의 길이를 의미합니다. 피타고라스 정리에 의해 다음과 같이 계산할 수 있습니다.

$$\|\mathbf{u}\| = \left\|\begin{pmatrix}1\\2\end{pmatrix}\right\| = \sqrt{1^2+2^2}=\sqrt{5}, \quad \|\mathbf{v}\| = \left\|\begin{pmatrix}3\\4\end{pmatrix}\right\| = \sqrt{3^2+4^2}=5$$

이를 통해 $\|\mathbf{u}\|\|\mathbf{v}\| = \sqrt{5}\times5=11.1803$(소수점 아래 다섯째 자리에서 반올림)임을 알 수 있습니다.

(c) (b)의 결과를 이용하면 다음과 같이 계산할 수 있습니다.

$$\|\mathbf{u}\|+\|\mathbf{v}\| = \sqrt{5}+5=7.2361$$ [소수점 아래 다섯째 자리에서 반올림]

(d) 마찬가지로 피타고라스 정리에 의해 다음과 같이 계산할 수 있습니다.

$$\begin{aligned}\|\mathbf{u}+\mathbf{v}\| &= \left\|\begin{pmatrix}1\\2\end{pmatrix}+\begin{pmatrix}3\\4\end{pmatrix}\right\| \\ &= \left\|\begin{pmatrix}4\\6\end{pmatrix}\right\| = \sqrt{4^2+6^2}=\sqrt{52}=7.2111\end{aligned}$$ [소수점 아래 다섯째 자리에서 반올림]

위 계산을 $\mathbb{R}^2$의 좌표평면에 나타나면 [그림 4-3]과 같습니다.

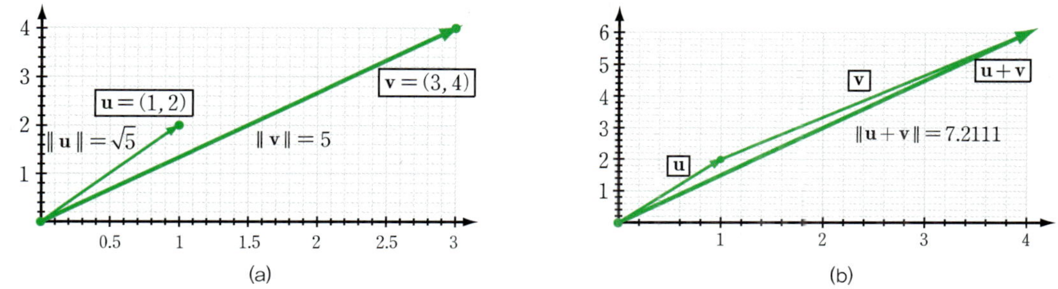

[그림 4-3] 좌표평면에 나타낸 계산 결과

4.2.1 부등식

여기서는 다음 두 부등식을 증명하겠습니다.

$$|<\mathbf{u}, \mathbf{v}>| \le \|\mathbf{u}\| \|\mathbf{v}\| \quad \text{(코시-슈바르츠 부등식)}$$

$$\|\mathbf{u}+\mathbf{v}\| \le \|\mathbf{u}\| + \|\mathbf{v}\| \quad \text{(민코프스키 부등식)}$$

먼저, 코시-슈바르츠 부등식을 설명하고 증명하겠습니다. 이 부등식은 수학의 다양한 응용 분야에서 사용하는 중요한 부등식입니다. 코시-슈바르츠 부등식을 증명하려면 이차방정식의 특정 결과를 적용해야 하므로 증명 과정이 조금 복잡합니다.

? 일반적인 x에 대한 이차식 $ax^2+bx+c \ge 0$ (0보다 크거나 같음)은 어떤 조건 아래에 있나요?

[그림 4-4]와 같이 이차함수 $y = ax^2+bx+c \ge 0$의 그래프는 x축 위쪽으로 떨어져 있거나 x축 위에 있습니다.

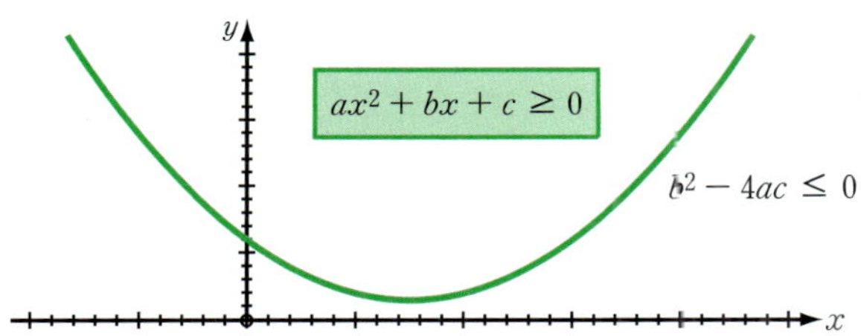

[그림 4-4] 판별식이 음수 또는 0일 때, 이차함수의 그래프

이차식 ax^2+bx+c가 모든 x에 대해서 0보다 크거나 같다는 것은 그래프가 x축과 만나지 않거나 x축과 한 점에서 만남을 의미합니다. 이는 다음을 만족합니다.

$$b^2 - 4ac \le 0 \qquad (\dagger)$$

즉, 판별식 b^2-4ac는 0보다 작거나 같습니다. (판별식으로 이차방정식의 근이 실근인지 허근인지 판별할 수 있음을 기억합시다.)

유클리드 공간 $\mathbb{R}^n$을 학습할 때 2.2.3절에서 코시-슈바르츠 부등식을 다룬 적이 있습니다. 그때는 내적과 노름 사이의 보편적인 부등식으로 설명하였으며 다음과 같이 나타냈습니다.

$$|\mathbf{u} \cdot \mathbf{v}| \leq \|\mathbf{u}\|\|\mathbf{v}\|$$

여기서는 점곱의 측면에서 부등식을 나타냈지만, 이 정의를 일반적인 내적까지 확장할 수 있습니다.

$$|<\mathbf{u}, \mathbf{v}>| \leq \|\mathbf{u}\|\|\mathbf{v}\|$$

> **정리 4-3 코시-슈바르츠 부등식**
> 벡터 $\mathbf{u}, \mathbf{v}$에 대하여, $|<\mathbf{u}, \mathbf{v}>| \leq \|\mathbf{u}\|\|\mathbf{v}\|$가 성립합니다.

[예제 4-6]에서 코시-슈바르츠 부등식의 성립 여부를 살펴볼 수 있습니다.

$$|<\mathbf{u}, \mathbf{v}>| \underbrace{=}_{(a)\text{에 의해}} 11 \leq 11.1803 \underbrace{=}_{(b)\text{에 의해}} \|\mathbf{u}\|\|\mathbf{v}\|$$

코시-슈바르츠 부등식은 내적 개념과 길이 개념을 연결합니다. 이 점을 기억해둡시다.

증명

? 이 결과를 어떻게 증명할 수 있을까요?

힌트는 스칼라 k에 대하여, $< k\mathbf{u}+\mathbf{v}, k\mathbf{u}+\mathbf{v} >$를 생각해보는 것입니다. 내적 $< k\mathbf{u}+\mathbf{v}, k\mathbf{u}+\mathbf{v} >$를 전개하고 앞 절에서 학습한 내적 법칙을 적용해봅시다.

$$\begin{aligned} < k\mathbf{u}+\mathbf{v}, k\mathbf{u}+\mathbf{v} > &= < k\mathbf{u}, k\mathbf{u}> + < k\mathbf{u}, \mathbf{v}> + < \mathbf{v}, k\mathbf{u}> + < \mathbf{v}, \mathbf{v}> \\ &= k^2 < \mathbf{u}, \mathbf{u}> + \underbrace{k < \mathbf{u}, \mathbf{v}> + k < \mathbf{v}, \mathbf{u}>}_{=2k<\mathbf{u},\mathbf{v}>\ (<\mathbf{u},\mathbf{v}> = <\mathbf{v},\mathbf{u}>\text{이므로})} + < \mathbf{v}, \mathbf{v}> \\ &= k^2 \|\mathbf{u}\|^2 + 2k < \mathbf{u}, \mathbf{v}> + \|\mathbf{v}\|^2 \qquad [<\mathbf{u},\mathbf{u}> = \|\mathbf{u}\|^2] \end{aligned}$$

[정의 4-1]의 공리 (d)에 의해 $< \mathbf{w}, \mathbf{w}> \geq 0$입니다. 즉, 같은 벡터 사이의 내적은 0보다 크거나 같습니다.

$$< k\mathbf{u}+\mathbf{v}, k\mathbf{u}+\mathbf{v} > \geq 0 \qquad [k\mathbf{u}+\mathbf{v}\text{는 벡터}]$$

여기에 위에서 전개한 식을 대입해봅시다.

$$k^2 \|\mathbf{u}\|^2 + 2k < \mathbf{u}, \mathbf{v}> + \|\mathbf{v}\|^2 \geq 0 \qquad (*)$$

미지수 k에 대한 이차방정식을 생각해보면, 다음과 같이 쓸 수 있습니다.

$$a = \|\mathbf{u}\|^2,\ b = 2< \mathbf{u}, \mathbf{v}>,\ c = \|\mathbf{v}\|^2\text{일 때,} \quad ak^2 + bk + c \geq 0$$

즉, (이차식)≥ 0입니다. 따라서 식 (†)의 $b^2 - 4ac \leq 0$에 $a = \|\mathbf{u}\|^2$, $b = 2< \mathbf{u}, \mathbf{v}>$, $c = \|\mathbf{v}\|^2$을 대입할 수 있습니다.

$$b^2 - 4ac = (2<\mathbf{u}, \mathbf{v}>)^2 - 4\|\mathbf{u}\|^2\|\mathbf{v}\|^2 \le 0$$

$$(2<\mathbf{u},\mathbf{v}>)^2 \le 4\|\mathbf{u}\|^2\|\mathbf{v}\|^2$$

$$4(<\mathbf{u},\mathbf{v}>)^2 \le 4\|\mathbf{u}\|^2\|\mathbf{v}\|^2$$

$$(<\mathbf{u},\mathbf{v}>)^2 \le \|\mathbf{u}\|^2\|\mathbf{v}\|^2 \quad \text{[양변을 4로 나눔]}$$

$$\sqrt{(<\mathbf{u},\mathbf{v}>)^2} \le \sqrt{\|\mathbf{u}\|^2\|\mathbf{v}\|^2} \quad \text{[제곱근]}$$

$$|<\mathbf{u},\mathbf{v}>| \le \|\mathbf{u}\|\|\mathbf{v}\| \quad [\sqrt{x^2} = |x|]$$

이는 코시-슈바르츠 부등식의 결과를 만족합니다. ■

다음으로 벡터 노름의 합과 관련된 중요한 부등식을 살펴보겠습니다.

> **정리 4-4 민코프스키 부등식 또는 삼각부등식**
>
> V를 내적공간이라 할 때, V의 임의의 벡터 $\mathbf{u}$, $\mathbf{v}$에 대해 다음이 성립합니다.
>
> $$\|\mathbf{u}+\mathbf{v}\| \le \|\mathbf{u}\| + \|\mathbf{v}\|$$

? 이 부등식은 무엇을 의미할까요?

$\mathbb{R}^2$에서 다음을 의미합니다.

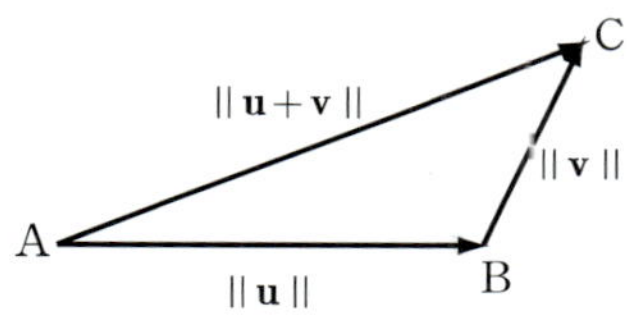

[그림 4-5] 삼각부등식의 그림 표현

(이 정리를 당나귀 정리(donkey theorem)라고 합니다. 당나귀가 A에 있고 음식이 C에 있으면 당나귀는 AB로 간 다음 BC로 가는 게 아니라 가장 짧은 거리인 AC를 따라 이동합니다.)

[예제 4-6]에서 다음과 같은 부등식을 얻었습니다([그림 4-3(b)] 참고).

$$\|\mathbf{u}+\mathbf{v}\| \underbrace{=}_{\text{(d)에 의해}} 7.2111 \le 7.2361 \underbrace{=}_{\text{(c)에 의해}} \|\mathbf{u}\| + \|\mathbf{v}\|$$

증명

4.2절 [연습문제 17]에서 증명합니다. ■

코시-슈바르츠 부등식은 벡터의 곱을 연결하는 부등식을 만듭니다.

$$|<\mathbf{u}, \mathbf{v}>| \leq \|\mathbf{u}\| \ \|\mathbf{v}\|$$

반면, 민코프스키 부등식은 벡터의 합과 관련된 부등식입니다.

$$\|\mathbf{u}+\mathbf{v}\| \leq \|\mathbf{u}\| + \|\mathbf{v}\|$$

4.2.2 직교벡터

유클리드 공간 $\mathbb{R}^n$에서 직교벡터(orthogonal vector)가 무엇을 의미하는지 기억하나요?

'$\mathbb{R}^n$에서 두 벡터 $\mathbf{u}$와 $\mathbf{v}$가 **직교**(orthogonal) 또는 **수직**(perpendicular)입니다.'는 다음 식과 동치입니다.

$$\mathbf{u} \cdot \mathbf{v} = 0 \qquad (2.2)$$

따라서 내적을 정의할 수 있는 일반 벡터공간 V에서 다음이 성립합니다.

정의 4-2 벡터의 직교

벡터공간 V에서 두 벡터 $\mathbf{u}$와 $\mathbf{v}$가 **직교**합니다. $\Leftrightarrow$ $<\mathbf{u}, \mathbf{v}> = 0$

이는 선형대수학에서 근본적이면서 매우 유용한 결과입니다. 벡터 $\mathbf{u}$와 $\mathbf{v}$가 직교하는 경우, $\mathbf{u}$는 $\mathbf{v}$와 직교한다고 말합니다. 또는 $<\mathbf{u}, \mathbf{v}> = <\mathbf{v}, \mathbf{u}> = 0$이므로 $\mathbf{v}$는 $\mathbf{u}$와 직교한다고도 말할 수 있습니다.

[그림 4-6]에서 $\mathbb{R}^2$의 벡터 $\mathbf{u}$, $\mathbf{v}$, $\mathbf{w}$, $\mathbf{x}$에 대해 생각해봅시다.

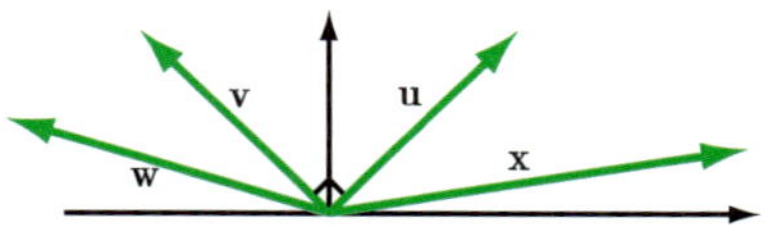

[그림 4-6] 벡터 내적의 부호

2장에서 배운 내용을 떠올려봅시다. 같은 방향으로 작용하는 벡터는 내적 결과가 양수이고 반대 방향으로 작용하는 벡터는 내적 결과가 음수입니다. 두 벡터가 수직이면($\mathbf{u}$와 $\mathbf{v}$), 내적 결과는 0입니다.

신호 처리(signal processing), 통신, 레이더 시스템 등에서는 $S = \left| \left\langle \frac{\mathbf{x}}{\|\mathbf{x}\|}, \frac{\mathbf{y}}{\|\mathbf{y}\|} \right\rangle \right|$와 같은 내적을 이용합니다. 여기서 $\mathbf{x}$와 $\mathbf{y}$는 내적공간에서 영이 아닌 신호(벡터)입니다. 4.2절 연습문제에서 표현식 S가 0과 1 사이에 있음을 보일 것입니다. S는 두 신호가 비슷한 정도를 측정합니다. 1에 가까운 S의 값은 두 신호가 본질적으로 유사함을 의미합니다. 0에 가까운 S의 값은 두 신호가 매우 다르지만 반드시 직교하지는 않음을 의미합니다.

표현식 S는 정합 필터 탐지기(matched filter detector)에서 유용합니다. 감지기는 S를 사용하여 신호의 집합을 목표 신호와 비교해보고 어떤 신호가 목표 신호와 가장 유사한지 결정합니다.

정보 검색(information retrieval)도 직교성을 활용하는 예입니다. 왜냐하면 벡터공간을 사용하여 문서(document)를 나타낼 수 있기 때문입니다. 문서와 질의(query)는 각각 벡터 q와 d로 나타낼 수 있습니다. $<\mathrm{q}, \mathrm{d}> = 0$이면 벡터 q와 d는 직교하며, 이는 질의가 군서에 존재하지 않음을 의미합니다.

두 함수 또는 함수 집합이 직교함을 아는 것은 수학적으로 엄청난 가치가 있습니다. 왜냐하면 선형대수학의 정리를 사용하여 다른 방법으로는 계산할 수 없는 어려운 함수의 가장 가까운 근사치를 찾을 수 있기 때문입니다. 이는 푸리에 해석, 다항식급수의 근사, 르장드르 다항식과 같은 수리물리학 분야에서 특히 더 그렇습니다.

직교성은 '독립성'과 비슷한 말로, 간섭이 전혀 없음을 의미합니다. 내적이 0이면 한 벡터가 다른 벡터에 간섭을 일으키지 않습니다.

예제 4-7 **2차 이하인 다항식의 벡터공간 P_2에서 두 벡터 $\mathrm{p} = x^2 + x + 1$, $\mathrm{q} = -x^2 - x + 2$가 직교함을 보이세요. 이때 다음과 같은 내적을 이용합니다.**

$$<\mathrm{p},\mathrm{q}> = c_2 d_2 + c_1 d_1 + c_0 d_0 \qquad (\text{계수의 곱})$$

$$(\mathrm{p} = c_2 x^2 + c_1 x + c_0,\ \ \mathrm{q} = d_2 x^2 + d_1 x + d_0)$$

풀이

$\mathrm{p} = x^2 + x + 1$, $\mathrm{q} = -x^2 - x + 2$에 대해서 다음과 같이 계산할 수 있습니다.

$$\begin{aligned} <\mathrm{p},\ \mathrm{q}> &= < x^2 + x + 1, -x^2 - x + 2 > \\ &= < (1)x^2 + (1)x + 1, (-1)x^2 + (-1)x + 2 > \\ &= 1 \times (-1) + 1 \times (-1) + 1 \times 2 = 0 \end{aligned}$$

$<\mathrm{p},\mathrm{q}> = 0$이므로 주어진 두 벡터 p,q는 직교합니다. 이를 그림으로 나타내면 [그림 4-7]과 같습니다.

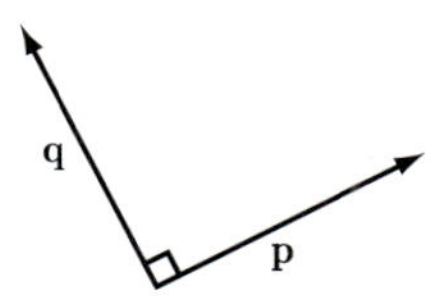

[그림 4-7] 직교하는 두 벡터 p, q

예제 4-8 **2×2 행렬의 벡터공간 M_{22}에서 내적은 다음과 같이 정의합니다.**

$$<\mathrm{A},\mathrm{B}> = \mathrm{tr}(\mathrm{B}^{\mathrm{T}}\mathrm{A}) \qquad (\text{tr은 대각합})$$

행렬 $\mathrm{A} = \begin{pmatrix} -1 & -1 \\ 1 & 5 \end{pmatrix}$, $\mathrm{B} = \begin{pmatrix} 1 & 2 \\ 3 & 0 \end{pmatrix}$이 서로 직교함을 보이세요. (행렬의 대각합은 주대각 성분의 합임을 기억하세요.)

풀이

$$< \mathbf{A}, \mathbf{B} > = \mathrm{tr}(\mathbf{B}^{\mathrm{T}}\mathbf{A}) = \mathrm{tr}\left[\begin{pmatrix}1 & 2\\ 3 & 0\end{pmatrix}^{\mathrm{T}}\begin{pmatrix}-1 & -1\\ 1 & 5\end{pmatrix}\right]$$

$$\underbrace{=}_{\text{행렬 전치}} \mathrm{tr}\left[\begin{pmatrix}1 & 3\\ 2 & 0\end{pmatrix}\begin{pmatrix}-1 & -1\\ 1 & 5\end{pmatrix}\right] \underbrace{=}_{\text{행렬 곱}} \mathrm{tr}\begin{pmatrix}2 & *\\ * & -2\end{pmatrix} = 2 - 2 = 0$$

$< \mathbf{A}, \mathbf{B} > = 0$이므로 행렬 $\mathbf{A}$와 $\mathbf{B}$는 직교합니다.

유클리드 벡터공간의 구조는 다른 벡터공간에서 찾은 구조와 같습니다. 다음 예제에서는 이 구조가 사인 및 코사인 곱의 적분을 수용하도록 확장한 것을 볼 수 있습니다.

예제 4-9 [푸리에 급수] 연속함수의 집합 $C[0, \pi]$에서 벡터 $f(t) = \cos t$와 $g(t) = \sin t$가 직교함을 보이세요. 내적은 다음과 같이 정의합니다.

$$< \mathrm{f}, \mathrm{g} > = \int_0^{\pi} f(t) g(t) dt$$

풀이

내적의 정의에 따라 다음과 같이 쓸 수 있습니다.

$$< \mathbf{f}, \mathbf{g} > = < \cos t, \sin t > = \int_0^{\pi} \cos t \sin t \, dt \qquad (*)$$

$\cos t \sin t$를 적분하려면 어떻게 해야 할까요? 다음 삼각항등식을 이용할 수 있습니다.

$$\cos t \sin t = \frac{1}{2} \sin 2t \qquad (\dagger)$$

이 식을 식 (*)에 대입해봅시다.

$$\begin{aligned}
\int_0^{\pi} \cos t \sin t \, dt &= \frac{1}{2} \int_0^{\pi} \sin 2t \, dt && [\text{삼각항등식 } (\dagger) \text{ 적용}] \\
&= \frac{1}{2}\left[-\frac{\cos 2t}{2}\right]_0^{\pi} && \left[\int \sin kt \, dt = -\frac{\cos kt}{k}\right] \\
&= -\frac{1}{4}(\cos 2\pi - \cos 0) && \left[\text{양 끝값 대입, } -\frac{1}{2}\text{을 밖으로 꺼내기}\right] \\
&= -\frac{1}{4}[1 - 1] = 0 && [\cos 2\pi = \cos 0 = 1]
\end{aligned}$$

식 (*)에 의해 $< \mathbf{f}, \mathbf{g} > = 0$입니다. 이는 $f(t) = \cos t$, $g(t) = \sin t$가 $C[0, \pi]$에서 직교함을 의미합니다. 따라서 사인함수와 코사인함수는 $C[0, \pi]$에서 직교합니다. 이는 푸리에 급수 연구에서 중요한 결과입니다.

다음으로 피타고라스 정리를 증명하겠습니다. 내적을 가진 일반 벡터공간에서 피타고라스 정리를 벡터에 적용할 수 있습니다.

정리 4-5 피타고라스 정리

내적공간 V에서 두 벡터 $\mathbf{u}$와 $\mathbf{v}$가 직교한다면, 다음이 성립합니다.

$$\|\mathbf{u}+\mathbf{v}\|^2 = \|\mathbf{u}\|^2 + \|\mathbf{v}\|^2$$

증명

좌변을 전개해봅시다.

$$\begin{aligned}\|\mathbf{u}+\mathbf{v}\|^2 &= <\mathbf{u}+\mathbf{v}, \mathbf{u}+\mathbf{v}> \quad [\text{노름 정의에 의해, } \|\mathbf{w}\|^2 = <\mathbf{w},\mathbf{w}>] \\ &= <\mathbf{u},\mathbf{u}> + \underbrace{<\mathbf{u},\mathbf{v}>}_{=0} + \underbrace{<\mathbf{v},\mathbf{u}>}_{=0} + <\mathbf{v},\mathbf{v}> \quad [\mathbf{u},\ \mathbf{v}\text{가 직교하므로 } <\mathbf{u},\mathbf{v}>=<\mathbf{v},\mathbf{u}>=0] \\ &= \|\mathbf{u}\|^2 + \|\mathbf{v}\|^2 \quad [<\mathbf{w},\mathbf{w}> = \|\mathbf{w}\|^2]\end{aligned}$$

■

정리 4-6 영벡터와 직교

내적공간 V에서 모든 벡터는 영벡터 $\mathbf{O}$와 직교합니다.

증명

V의 임의의 벡터 $\mathbf{v}$에 대하여 다음이 성립합니다.

$$<\mathbf{v},\mathbf{O}>=0 \quad [[\text{정리 4-1(a)]에 의해, } <\mathbf{v},\mathbf{O}>=0]$$

$\mathbf{v}$를 임의의 벡터라고 했기 때문에, V의 모든 벡터는 영벡터 $\mathbf{O}$와 직교합니다. ■

4.2.3 벡터의 정규화

? 단위벡터가 무엇인가요?

단위벡터 $\mathbf{u}$는 크기 또는 노름이 1인 벡터입니다. 즉, $\|\mathbf{u}\| = 1$입니다.

주어진 벡터를 단위벡터로 변환하는 과정을 **정규화**(normalizing)라고 합니다.

정리 4-7 벡터의 정규화

내적공간 V에서 영벡터가 아닌 모든 벡터 $\mathbf{w}$는 다음과 같은 방법으로 정규화할 수 있습니다.

$$\mathbf{u} = \frac{\mathbf{w}}{\|\mathbf{w}\|}$$

증명

4.2절 [연습문제 12]에서 증명합니다. ■

벡터 w를 정규화한 결과를 $\hat{\mathrm{w}}$으로 표기하며, 'w hat'이라고 읽습니다. 즉, $\mathrm{u} = \hat{\mathrm{w}}$입니다.

예제 4-10 계수의 곱으로 정의한 일반적인 내적(usual inner product) P_2에서 벡터 $\mathrm{p} = 5x^2 - 2x + 1$을 정규화하세요.

풀이

벡터 $\mathrm{p} = 5x^2 - 2x + 1$을 정규화한 벡터는 $\hat{\mathrm{p}} = \dfrac{\mathrm{p}}{\| \mathrm{p} \|}$입니다. 그럼 $\| \mathrm{p} \|$는 무엇일까요? 식 (4.1)에 의해 $\| \mathrm{p} \|^2 = <\mathrm{p}, \mathrm{p}>$이며, 주어진 내적으로 다음과 같이 계산할 수 있습니다.

$$\begin{aligned} \| \mathrm{p} \|^2 &= <\mathrm{p}, \mathrm{p}> = <5x^2 - 2x + 1, 5x^2 - 2x + 1> \\ &= (5 \times 5) + \{(-2) \times (-2)\} + (1 \times 1) = 30 \qquad \text{[계수의 곱]} \end{aligned}$$

$\| \mathrm{p} \|^2 = 30$에 제곱근을 취하면, $\| \mathrm{p} \| = \sqrt{30}$입니다. 따라서 정규화한 (단위)벡터는 다음과 같습니다.

$$\hat{\mathrm{p}} = \frac{\mathrm{p}}{\| \mathrm{p} \|} = \frac{1}{\| \mathrm{p} \|}\mathrm{p} = \frac{1}{\sqrt{30}} \underbrace{(5x^2 - 2x + 1)}_{=\mathrm{p}}$$

4.2.4 정규직교집합

서로 수직인(직교하는) 벡터의 집합을 **직교집합**(orthogonal set)이라고 합니다. 모든 벡터의 노름 또는 크기가 1인 벡터의 집합은 **정규집합**(normalized set)이라고 합니다. 수직인 단위벡터의 집합은 **정규직교집합**(orthonormal set)이라고 합니다. 이 집합은 직교하면서 정규화된 벡터의 집합입니다.

예를 들어, $\mathbb{R}^2$에서 벡터 $\mathrm{e}_1 = (1 \quad 0)^{\mathrm{T}}$와 $\mathrm{e}_2 = (0 \quad 1)^{\mathrm{T}}$는 정규직교벡터(수직인 단위벡터)로, 다음과 같이 내적을 계산할 수 있습니다.

$$< \mathrm{e}_1, \mathrm{e}_2 > = \begin{pmatrix} 1 \\ 0 \end{pmatrix} \cdot \begin{pmatrix} 0 \\ 1 \end{pmatrix} = (1 \times 0) + (0 \times 1) = 0$$

벡터 e_1과 e_2는 서로 직교합니다. 이 벡터의 노름 또는 크기는 다음과 같습니다.

$$\| \mathrm{e}_1 \| = \| \mathrm{e}_2 \| = 1$$

따라서 벡터 e_1과 e_2는 서로 직교하며 정규화된 벡터이므로 정규직교벡터라 할 수 있습니다. [그림 4-8]은 $\mathbb{R}^2$와 $\mathbb{R}^3$에서 정규직교집합의 예를 보여줍니다.

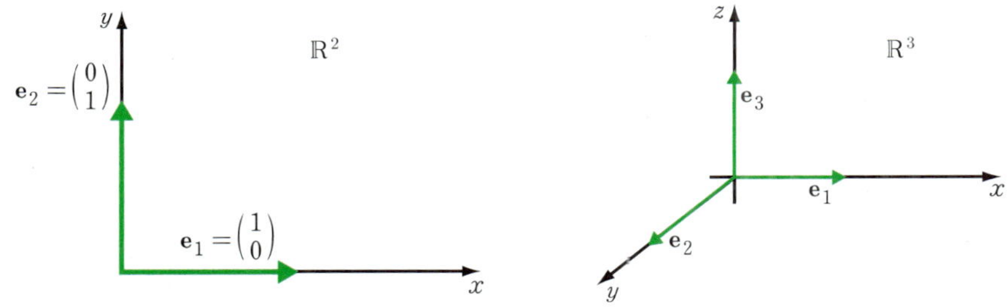

(a) $\mathbb{R}^2$의 정규직교집합 (b) $\mathbb{R}^3$의 정규직교집합

[그림 4-8] $\mathbb{R}^2$와 $\mathbb{R}^3$의 정규직교집합 예

이들은 표준기저벡터이며 $\mathbb{R}^2$와 $\mathbb{R}^3$의 정규직교기저임을 기억해둡시다. 다음 절에서 다루겠지만, 이러한 수직인 단위벡터는 편리한 기저를 만듭니다.

정의 4-3 정규직교집합

V가 내적을 가진 유한차원 벡터공간일 때, 벡터의 집합 B가 다음 두 조건을 만족한다면 B는 V에서 **정규직교집합**입니다.

$$B = \{\mathbf{u}_1, \mathbf{u}_2, \mathbf{u}_3, \cdots, \mathbf{u}_n\}$$

(a) [직교성] $i \neq j$에 대하여, $<\mathbf{u}_i, \mathbf{u}_j> = 0$입니다.

(b) [정규성] $j = 1, 2, 3, \cdots, n$에 대하여, $\|\mathbf{u}_j\| = 1$입니다.

정규화된 벡터의 노름(또는 크기)은 1입니다. 직교벡터는 서로 직교합니다.

예제 4-11 점곱으로 내적이 주어진 $\mathbb{R}^3$에서 $B = \{\mathbf{e}_1, \mathbf{e}_2, \mathbf{e}_3\}$가 정규직교집합을 형성함을 보이세요([그림 4-8(b)] 참고).

풀이

$\mathbf{e}_1 = (1\ \ 0\ \ 0)^{\mathrm{T}}$, $\mathbf{e}_2 = (0\ \ 1\ \ 0)^{\mathrm{T}}$, $\mathbf{e}_3 = (0\ \ 0\ \ 1)^{\mathrm{T}}$를 생각해봅시다. 먼저 직교하는지 확인합니다.

$$<\mathbf{e}_1, \mathbf{e}_2> = \begin{pmatrix}1\\0\\0\end{pmatrix} \cdot \begin{pmatrix}0\\1\\0\end{pmatrix} = (1\times 0) + (0\times 1) + (0\times 0) = 0$$

마찬가지로 $<\mathbf{e}_1, \mathbf{e}_3> = <\mathbf{e}_2, \mathbf{e}_3> = 0$입니다. $<\mathbf{e}_1, \mathbf{e}_2> = <\mathbf{e}_1, \mathbf{e}_3> = <\mathbf{e}_2, \mathbf{e}_3> = 0$이므로 $\{\mathbf{e}_1, \mathbf{e}_2, \mathbf{e}_3\}$의 벡터는 서로 직교합니다. 따라서 집합 $B = \{\mathbf{e}_1, \mathbf{e}_2, \mathbf{e}_3\}$는 직교합니다.

다음으로 무엇을 보여야 할까요? 각 벡터의 노름(크기)이 1임을 보여야 합니다. 벡터의 크기는 $\|\mathbf{e}_1\| = \|\mathbf{e}_2\| = \|\mathbf{e}_3\| = 1$임을 확인할 수 있습니다.

세 벡터가 서로 직교하고 모든 벡터의 노름이 1이므로, $B=\{\mathbf{e}_1, \mathbf{e}_2, \mathbf{e}_3\}$는 $\mathbb{R}^3$에서 정규직교집합을 형성합니다.

$B=\{\mathbf{e}_1, \mathbf{e}_2, \mathbf{e}_3\}$는 $\mathbb{R}^3$에서 정규직교집합일 뿐만 아니라 $\mathbb{R}^3$에서 정규직교기저(orthonormal basis)를 형성합니다. 가장 유용한 형태의 기저는 정규직교기저입니다. 정규직교기저는 미분방정식 및 양자역학 분야에서 사용하는 훌륭한 도구입니다.

이제 다항식의 벡터공간에서 정규직교집합을 살펴봅시다.

예제 4-12 계수의 곱으로 정의한 일반적인 내적에 대하여 3차 이하인 다항식의 내적공간을 P_3라 합시다. $\{\mathbf{p}, \mathbf{q}\}$가 P_3에서 정규직교집합이라 할 때, $\|\mathbf{p}+\mathbf{q}\|$를 구해보세요.

풀이

$\{\mathbf{p}, \mathbf{q}\}$가 정규직교집합이므로 정의에 의해 이 벡터는 서로 직교하고 정규화되어 있습니다([그림 4-9] 참고).

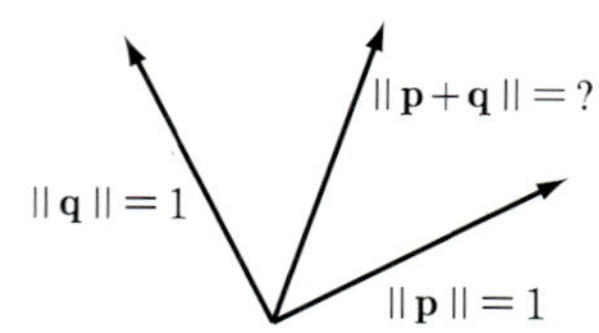

[그림 4-9] 정규직교벡터의 합의 노름(크기)

[정리 4-5]를 적용하면 다음과 같습니다.

$$\|\mathbf{p}+\mathbf{q}\|^2 = \|\mathbf{p}\|^2 + \|\mathbf{q}\|^2 = 1+1=2$$

위 식의 양변에 제곱근을 취하면 $\|\mathbf{p}+\mathbf{q}\| = \sqrt{2}$ 입니다.

다음 예제는 적분과 함께 무한개의 성분을 가진 벡터를 다루기 때문에 더 까다로울 수 있습니다. 무한차원 벡터공간이 존재하며, 이러한 벡터공간은 푸리에 급수에서 다룹니다. 푸리에 급수에서 주기함수(주어진 주기에서 자체적으로 반복되는 함수)는 사인과 코사인의 일차결합으로 표현할 수 있습니다. 또한 주기함수의 맥락에서, 내적을 사용하여 푸리에 계수를 생성할 수 있습니다.

대부분의 적분을 계산할 수 있지만, 우리는 지금 미분적분학 과정을 공부하는 게 아니므로 적분 계산 결과는 제공합니다.

예제 4-13 $C[0, 2\pi]$를 구간 $[0, 2\pi]$에서 연속인 함수의 벡터공간이라 할 때, 내적은 다음과 같이 정의할 수 있습니다.

$$< \mathrm{f}_n, \mathrm{g}_n >= \int_0^{2\pi} f_n(t) g_n(t) dt$$

S를 집합 $\{1, \cos t, \cos 2t, \cos 3t, \cdots, \sin t, \sin 2t, \sin 3t, \cdots\}$라 합시다. $\mathrm{f}_0 = \cos 0 = 1$, $\mathrm{f}_n = \cos nt$, $\mathrm{g}_n = \sin nt$라고 할 때, S의 벡터가 서로 직교하며 정규화되어 정규직교집합을 형성함을 보이세요.

[결과] 임의의 정수 n, m에 대하여, 다음이 성립합니다.

(i) $\int_0^{2\pi} \cos nt \times \sin mt \, dt = 0$

(ii) $\int_0^{2\pi} \cos nt \, dt = 0$

(iii) $\int_0^{2\pi} \sin nt \, dt = 0$

(iv) $n \neq m$에 대하여, $\int_0^{2\pi} (\cos nt \times \cos mt) dt = 0$

(v) $n \neq m$에 대하여, $\int_0^{2\pi} (\sin nt \times \sin mt) dt = 0$

(vi) $\int_0^{2\pi} \cos^2 nt \, dt = \int_0^{2\pi} \sin^2 nt \, dt = \pi$

풀이

[직교성] S의 주어진 벡터의 집합이 직교함을 어떻게 보일 수 있을까요? 문제에 주어진 적분 [결과]를 사용합시다. 먼저 f_0와 다른 벡터를 확인합니다.

$$< \mathrm{f}_0, \mathrm{f}_n > = \int_0^{2\pi} (1 \times \cos nt) dt = \int_0^{2\pi} \cos nt \, dt \underbrace{=}_{\text{결과 (ii)}} 0$$

$$< \mathrm{f}_0, \mathrm{g}_n > = \int_0^{2\pi} (1 \times \sin nt) dt = \int_0^{2\pi} \sin nt \, dt \underbrace{=}_{\text{결과 (iii)}} 0$$

이어서 f_n과 g_n을 확인합니다.

$$< \mathrm{f}_n, \mathrm{g}_n > = \int_0^{2\pi} (\cos nt \times \sin mt) dt \underbrace{=}_{\text{결과 (i)}} 0$$

$n \neq m$에 대하여, $\mathbf{f}_n, \mathbf{f}_m$과 $\mathbf{g}_n, \mathbf{g}_m$을 확인합니다.

$$n \neq m\text{인 경우, } < \mathbf{f}_n, \mathbf{f}_m > = \int_0^{2\pi} (\cos nt \times \cos mt)\, dt \underbrace{=}_{\text{결과 (iv)}} 0$$

$$n \neq m\text{인 경우, } < \mathbf{g}_n, \mathbf{g}_m > = \int_0^{2\pi} (\sin nt \times \sin mt)\, dt \underbrace{=}_{\text{결과 (v)}} 0$$

따라서 서로 다른 벡터 간의 모든 내적은 0입니다. 이는 집합 $\{1, \cos t, \cos 2t, \cos 3t, \cdots, \sin t, \sin 2t, \sin 3t, \cdots\}$가 직교함을 의미합니다.

[정규성] 먼저 $\| \mathbf{f}_0 \|^2$, $\| \mathbf{f}_n \|^2$, $\| \mathbf{g}_n \|^2$을 계산하고, 여기에 제곱근을 취해봅시다.

$$\| \mathbf{f}_0 \|^2 = < \mathbf{f}_0, \mathbf{f}_0 > = \int_0^{2\pi} (1 \times 1)\, dt$$

$$\underbrace{=}_{\text{적분}} [t]_0^{2\pi} = 2\pi - 0 = 2\pi$$

$$\| \mathbf{f}_n \|^2 = < \mathbf{f}_n, \mathbf{f}_n > = \int_0^{2\pi} (\cos nt \times \cos nt)\, dt = \int_0^{2\pi} \cos^2 nt\, dt \underbrace{=}_{\text{결과 (vi)}} \pi$$

$$\| \mathbf{g}_n \|^2 = < \mathbf{g}_n, \mathbf{g}_n > = \int_0^{2\pi} (\sin nt \times \sin nt)\, dt = \int_0^{2\pi} \sin^2 nt\, dt \underbrace{=}_{\text{결과 (vi)}} \pi$$

따라서 $\| \mathbf{f}_0 \|^2 = 2\pi$, $\| \mathbf{f}_n \|^2 = \pi$, $\| \mathbf{g}_n \|^2 = \pi$입니다. 각 결과에 제곱근을 취하면, $\| \mathbf{f}_0 \| = \sqrt{2\pi}$, $\| \mathbf{f}_n \| = \sqrt{\pi}$, $\| \mathbf{g}_n \| = \sqrt{\pi}$ 입니다.

$\mathbf{f}_0$, $\mathbf{f}_n$, $\mathbf{g}_n$을 어떻게 정규화할 수 있을까요? (즉, 어떻게 단위벡터로 변형할 수 있을까요?) [정리 4-7]에 의해 $\mathbf{u} = \dfrac{\mathbf{w}}{\| \mathbf{w} \|}$ 입니다. 즉, 각 벡터를 벡터의 노름으로 나누어 정규화할 수 있습니다. 그러므로 $n \geq 1$에 대해서 다음과 같이 계산할 수 있습니다.

$$\frac{\mathbf{f}_0}{\| \mathbf{f}_0 \|} = \frac{1}{\sqrt{2\pi}}, \quad \frac{\mathbf{f}_n}{\| \mathbf{f}_n \|} = \frac{\cos nt}{\sqrt{\pi}}, \quad \frac{\mathbf{g}_n}{\| \mathbf{g}_n \|} = \frac{\sin nt}{\sqrt{\pi}}$$

따라서 집합 $\left\{ \dfrac{1}{\sqrt{2\pi}}, \dfrac{\cos t}{\sqrt{\pi}}, \dfrac{\cos 2t}{\sqrt{\pi}}, \cdots, \dfrac{\sin t}{\sqrt{\pi}}, \dfrac{\sin 2t}{\sqrt{\pi}}, \cdots \right\}$는 함수의 정규직교집합입니다.

이 정규직교집합은 푸리에 급수 연구에서 매우 중요합니다. 사인과 코사인은 벡터공간 $C[0, 2\pi]$에서 서로 직교합니다.

핵심요약

- **[정의 4-2]**

  두 벡터 $\mathbf{u}$와 $\mathbf{v}$가 **직교**합니다. $\Leftrightarrow$ $<\mathbf{u},\mathbf{v}> = 0$

- **[정의 4-3]**

  벡터공간 V에서 집합 $B=\{\mathbf{u}_1, \mathbf{u}_2, \mathbf{u}_3, \cdots, \mathbf{u}_n\}$이 직교하는 단위벡터의 집합이면 **정규직교집합**이라고 합니다.

4.2 연습문제

01 다음 벡터가 $\mathbb{R}^2$의 점곱에 대하여 직교하는지 보이고, $\mathbb{R}^2$ 평면에 나타내보세요.

(a) $\mathbf{u}=\begin{pmatrix}1\\1\end{pmatrix}, \mathbf{v}=\begin{pmatrix}-1\\1\end{pmatrix}$

(b) $\mathbf{u}=\begin{pmatrix}-2\\-3\end{pmatrix}, \mathbf{v}=\begin{pmatrix}3\\-2\end{pmatrix}$

(c) $\mathbf{u}=\begin{pmatrix}-4\\5\end{pmatrix}, \mathbf{v}=\begin{pmatrix}5\\4\end{pmatrix}$

(d) $\mathbf{u}=\begin{pmatrix}2\\7\end{pmatrix}, \mathbf{v}=\begin{pmatrix}-7\\2\end{pmatrix}$

02 벡터 $\mathbf{u}=\begin{pmatrix}a\\b\end{pmatrix}, \mathbf{v}=\begin{pmatrix}-b\\a\end{pmatrix}$가 $\mathbb{R}^2$의 점곱에 대하여 직교하는지 보이세요.

03 다음 벡터가 $\mathbb{R}^3$의 점곱에 대하여 직교하는지 보이세요.

(a) $\mathbf{u}=\begin{pmatrix}5\\0\\0\end{pmatrix}, \mathbf{v}=\begin{pmatrix}0\\1\\0\end{pmatrix}, \mathbf{w}=\begin{pmatrix}0\\0\\10\end{pmatrix}$

(b) $\mathbf{u}=\begin{pmatrix}0\\0\\0\end{pmatrix}, \mathbf{v}=\begin{pmatrix}1\\1\\-1\end{pmatrix}, \mathbf{w}=\begin{pmatrix}-3\\10\\7\end{pmatrix}$

04 2×2 행렬의 벡터공간 M_{22}에서 내적을 $<\mathbf{A},\mathbf{B}> = \mathrm{tr}(\mathbf{B}^{\mathrm{T}}\mathbf{A})$ (tr은 행렬의 대각합)로 정의합니다. 다음 물음에 답해보세요.

(a) 행렬 $\mathbf{A}=\begin{pmatrix}3&7\\5&4\end{pmatrix}$, $\mathbf{B}=\begin{pmatrix}2&1\\7&-12\end{pmatrix}$가 직교함을 보이세요.

(b) $\|\mathbf{A}+\mathbf{B}\|$를 구해보세요.

05 다음 벡터가 $\mathbb{R}^4$의 점곱에 대하여 직교하도록 하는 k의 값을 구해보세요.

(a) $\mathbf{u}=(1\ 2\ 3\ 4)^{\mathrm{T}}, \mathbf{v}=(-2\ 3\ k\ 5)^{\mathrm{T}}$

(b) $\mathbf{u}=(k\ -1\ k\ 1)^{\mathrm{T}}, \mathbf{v}=(2\ 4\ k\ 5)^{\mathrm{T}}$

06 $C[0,\ 1]$을 구간 $[0,\ 1]$에서 연속인 함수의 벡터공간이라 하고, 내적을 다음과 같이 정의합니다.

$$<\mathbf{f},\mathbf{g}> = \int_0^1 f(x)g(x)dx$$

다음 함수에 대하여 코시-슈바르츠 부등식이 성립함을 보이세요.

(a) $f(x)=x, g(x)=x-1$

(b) $f(x)=1, g(x)=e^x$

07 내적공간에서 영벡터가 아닌 임의의 벡터 $\mathbf{x},\mathbf{y}$에 대해 다음이 성립함을 보이세요.

$$0 \le \left|\left\langle \frac{\mathbf{x}}{\|\mathbf{x}\|}, \frac{\mathbf{y}}{\|\mathbf{y}\|}\right\rangle\right| \le 1$$

08 $C[-\pi,\pi]$는 내적을 다음과 같이 정의한 연속함수의 벡터공간입니다. 주어진 물음에 답해보세요.

$$<\mathbf{f},\mathbf{g}> = \int_{-\pi}^{\pi} f(x)g(x)dx$$

(a) $f(x)=\cos x$, $g(x)=\sin x$에 대하여, $\mathbf{f}, \mathbf{g}$가 직교함을 보이세요.

(b) (a)에 주어진 함수 $\mathbf{f}, \mathbf{g}$에 대하여, 코시-슈바르츠 부등식이 성립함을 보이세요.

(c) (a)에 주어진 함수 $\mathbf{f}, \mathbf{g}$에 대하여, 민코프스키 (삼각) 부등식이 성립함을 보이세요.

(d) 벡터 $\mathbf{f}, \mathbf{g}$를 정규화하세요.

힌트 $\int_{-\pi}^{\pi} \sin^2 x\, dx = \int_{-\pi}^{\pi} \cos^2 x\, dx = \pi$

09 $C[0, \pi]$를 구간 $[0, \pi]$에서 연속인 함수의 벡터공간이라 하고, 내적을 다음과 같이 정의합니다.

$$< \mathbf{f}, \mathbf{g}_n > = \int_0^{\pi} f(t)\, g_n(t) dt$$

$n=1,2,3,\cdots$에 대하여 $f(t)=1, g_n(t)=\sin 2nt$라 할 때, 집합 $\{1, \sin 2t, \sin 4t, \sin 6t, \cdots\}$가 직교함을 보이세요. 그리고 이 벡터의 집합을 정규화하여 정규직교집합을 구해보세요.

힌트 $n \neq m$에 대하여, $\int_0^{\pi} (\sin nt \times \sin mt)\, dt = 0$

이고 $\int_0^{\pi} \sin^2 nt\, dt = \frac{\pi}{2}$ 입니다.

10 2×2 행렬의 벡터공간 M_{22}에서 내적을 $<\mathbf{A}, \mathbf{B}> = \mathrm{tr}(\mathbf{B}^{\mathrm{T}}\mathbf{A})$ (tr은 행렬의 대각합)로 정의합니다. 다음 행렬에 대하여, $S=\{\mathbf{A}, \mathbf{B}, \mathbf{C}, \mathbf{D}\}$가 정규직교집합임을 보이세요.

$$\mathbf{A}=\begin{pmatrix}1 & 0\\ 0 & 0\end{pmatrix}, \mathbf{B}=\begin{pmatrix}0 & 1\\ 0 & 0\end{pmatrix}, \mathbf{C}=\begin{pmatrix}0 & 0\\ 1 & 0\end{pmatrix}, \mathbf{D}=\begin{pmatrix}0 & 0\\ 0 & 1\end{pmatrix}$$

11 [그림 4-10]처럼 기타 줄이 0과 1사이에 모델링되어 있다고 가정합시다.

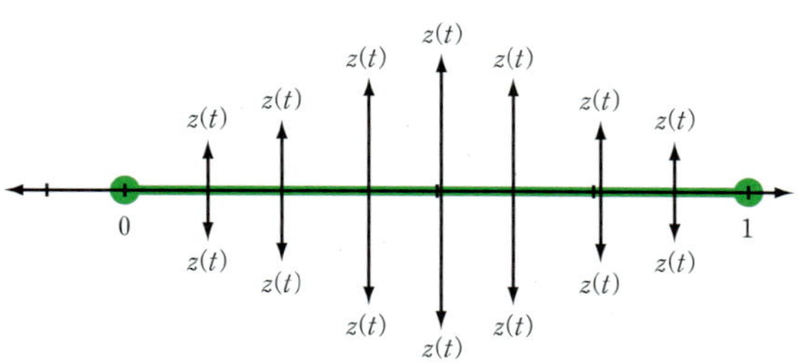

[그림 4-10] 기타 줄에서의 수직 변위

줄의 각 지점에서 수직력 $f(t)$와 해당 지점에서 $z(t)$의 수직 변위를 생각해봅시다. 내적에 의해 방출되는 에너지의 양은 다음과 같습니다.

$$< f(t), z(t) > = \int_0^1 f(t) z(t) dt$$

$f(t)=100\sin 100t$, $z(t)=\cos 10t$일 때, 방출되는 에너지를 구해보세요.

힌트 $2\cos A \cos B = \sin(A+B) + \sin(A-B)$

12 [정리 4-7]을 증명해보세요.

13 내적공간에서 벡터 $\mathbf{u}$와 $\mathbf{v}$가 직교벡터라 할 때, 다음을 증명해보세요.

$$\| \mathbf{u}-\mathbf{v} \|^2 = \| \mathbf{u} \|^2 + \| \mathbf{v} \|^2$$

14 내적공간 V에서 벡터 $\mathbf{u}$와 $\mathbf{v}$가 정규직교벡터라 할 때, 다음을 구해보세요.

(a) $\| \mathbf{u}+\mathbf{v} \|$ (b) $\| \mathbf{u}-\mathbf{v} \|$

15 다음 물음에 답해보세요.

(a) $\{\mathbf{u}_1, \mathbf{u}_2, \mathbf{u}_3, \cdots, \mathbf{u}_n\}$을 내적공간에서 벡터의 직교집합이라 할 때, 이 벡터에 대한 다음 피타고라스 정리를 증명해보세요.

$$\| \mathbf{u}_1+\mathbf{u}_2+\mathbf{u}_3+\cdots+\mathbf{u}_n \|^2$$
$$= \| \mathbf{u}_1 \|^2 + \| \mathbf{u}_2 \|^2 + \| \mathbf{u}_3 \|^2 + \cdots + \| \mathbf{u}_n \|^2$$

(b) 내적공간 $C[0, \pi]$에서 벡터의 정규직교집합 $\{\mathbf{f}_1, \mathbf{f}_2, \mathbf{f}_3, \cdots, \mathbf{f}_n\}$에 대해 $\| \mathbf{f}_1+\mathbf{f}_2+\mathbf{f}_3+\cdots+\mathbf{f}_n \|$ 을 구해보세요.

16 다음을 증명해보세요.

> 벡터 $\{\mathbf{u}_1, \mathbf{u}_2, \cdots, \mathbf{u}_n\}$이 직교합니다.
> $\Leftrightarrow$ 영이 아닌 스칼라 k에 대하여,
> $\{k\mathbf{u}_1, k\mathbf{u}_2, \cdots, k\mathbf{u}_n\}$이 직교합니다.

k의 값이 영이라면 위 결과가 여전히 유효할까요?

17 [정리 4-4] 민코프스키 부등식을 증명해보세요.

4.3 정규직교기저

학습목표

- 정규직교기저의 의미를 이해할 수 있습니다.
- 그람-슈미트 과정을 이용하여 정규직교기저를 찾을 수 있습니다.

4.3.1 정규직교기저 소개

정규직교기저는 왜 중요할까요?

일반적으로 다른 기저를 사용하는 것보다 정규직교기저(축)를 사용하는 것이 더 편합니다. 예를 들어, $\mathbb{R}^2$에서 $\mathbf{u}=\begin{pmatrix}1\\0\end{pmatrix}$, $\mathbf{v}=\begin{pmatrix}0.9\\0.1\end{pmatrix}$로 이루어진 기저를 사용한다고 합시다. $\mathbf{w}=\begin{pmatrix}1\\1\end{pmatrix}$을 기저벡터 $\mathbf{u}$, $\mathbf{v}$로 나타내면 [그림 4-11]과 같습니다.

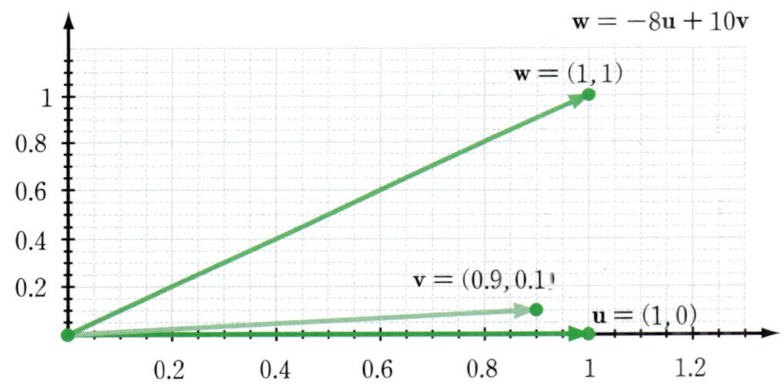

[그림 4-11] 기저벡터 $\mathbf{u}$, $\mathbf{v}$로 나타낸 벡터 $\mathbf{w}$

$$\begin{aligned}\mathbf{w} &= \begin{pmatrix}1\\1\end{pmatrix} = -8\begin{pmatrix}1\\0\end{pmatrix} + 10\begin{pmatrix}0.9\\0.1\end{pmatrix}\\ &= -8\mathbf{u} + 10\mathbf{v}\end{aligned}$$

$\mathbf{e}_1 = (1\ \ 0)^{\mathrm{T}}$, $\mathbf{e}_2 = (0\ \ 1)^{\mathrm{T}}$는 각각 x축, y축 방향을 나타내는 단위벡터입니다. 따라서 벡터 $\mathbf{w}$를 정규직교기저 $\mathbf{e}_1$, $\mathbf{e}_2$를 이용하여 $\mathbf{w}=\mathbf{e}_1+\mathbf{e}_2$로 나타내는 것보다 $\mathbf{w}=-8\mathbf{u}+10\mathbf{v}$로 나타낼 때 더 많은 계산이 필요합니다.

n차원 벡터공간에는 n개의 직교하는 축 또는 기저벡터가 있습니다. n개의 벡터로 이루어진 직교집합은 자동으로 일차독립이며, 이에 따라 적합한 기저를 형성함을 보이겠습니다. (정규화는 크기의 문제일 뿐입니다.) 일반적으로 벡터들이 일차독립임을 보이는 것보다 직교한다는 것을 보이는 게 더 쉽습니다.

(신호 처리에 사용되는) 푸리에 급수에서 직교기저(orthogonal basis for Fourier series)의 예는 다음과 같습니다.

$$\{1, \sin nx, \cos nx\} \quad (n\text{은 양의 정수})$$

? 정규직교기저란 무엇일까요?

정규직교기저는 서로 직교하며 정규화된 벡터로 이루어진 집합입니다. 이 벡터는 벡터공간에서 기저(축)를 이룹니다. $\mathbb{R}^2$, $\mathbb{R}^3$에서 (서로 직교하는 단위벡터로 이루어진) 정규직교기저의 예는 [그림 4-12]와 같습니다.

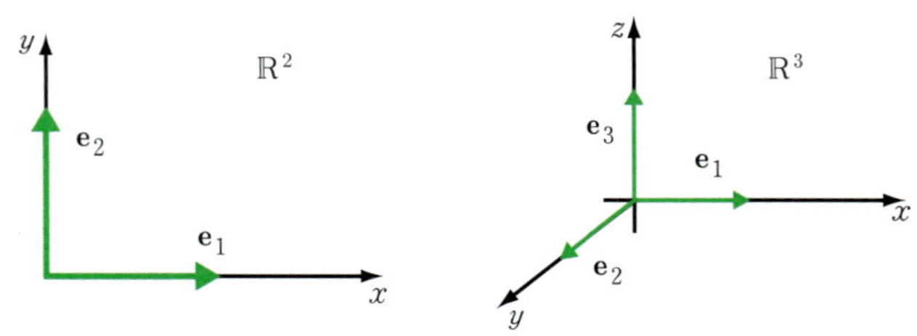

[그림 4-12] $\mathbb{R}^2$, $\mathbb{R}^3$의 정규직교기저

x축, y축, z축은 서로 수직이라는 점에 주목합시다. 두 벡터 $\{\mathbf{e}_1, \mathbf{e}_2\}$는 $\mathbb{R}^2$에서 (서로 직교하는 단위벡터로 이루어진) 정규직교기저를 이루고, 집합 $\{\mathbf{e}_1, \mathbf{e}_2, \mathbf{e}_3\}$는 $\mathbb{R}^3$에서 (서로 직교하는 단위벡터로 이루어진) 정규직교기저를 이룹니다.

일반적으로 집합 $B = \{\mathbf{e}_1, \mathbf{e}_2, \mathbf{e}_3, \cdots, \mathbf{e}_n\}$은 점곱에 대해 $\mathbb{R}^n$에서 (서로 직교하는 단위벡터로 이루어진) 정규직교기저를 이룹니다. 여기서 $\mathbf{e}_k = (0 \cdots\ 1\ 0 \cdots)^{\mathrm{T}}$는 k번째 자리는 1이고 나머지는 0임을 기억해둡시다.

> **정의 4-4 정규직교기저**
>
> V가 내적에 대한 유한차원 벡터공간일 때, 기저벡터로 이루어진 집합 $B = \{\mathbf{u}_1, \mathbf{u}_2, \mathbf{u}_3, \cdots, \mathbf{u}_n\}$이 다음 두 조건을 만족하면 B를 V의 **정규직교기저**(orthonormal basis)라고 합니다.
>
> (a) [직교성] $i \neq j$에 대하여 $< \mathbf{u}_i, \mathbf{u}_j > = 0$
>
> (b) [정규성] $j = 1, 2, 3, \cdots, n$에 대하여 $\| \mathbf{u}_j \| = 1$

? [정의 4-4]에서 무엇을 알 수 있나요?

4.2.4절에서 살펴본 [정의 4-3]의 정규직교집합의 정의와 동일하지만, 여기서는 벡터의 집합이 벡터공간의 기저벡터입니다.

? 기저의 의미가 무엇이었는지 기억하나요?

기저는 다음 두 조건을 만족하는 벡터공간의 축을 의미하는 벡터의 집합입니다.

(1) 공간 생성 (2) 일차독립

기저는 벡터공간의 좌표계와 같습니다. 임의의 벡터를 기저벡터로 표현할 수 있습니다.

예를 들면, 정규화된 사인함수와 코사인함수는 주기적인 연속함수로 이루어진 벡터공간 $C[0, 2\pi]$의 정규직교 기저를 형성합니다(4.2.4절의 [예제 4-13] 참고). 주어진 벡터의 집합이 벡터공간 V의 기저를 이루는지 확인하는 것은 조금 지루할 수 있습니다.

? 왜 그럴까요?

왜냐하면 일반적으로 기저에 대하여 다음 두 가지를 확인해야 하기 때문입니다.

(1) 기저벡터가 벡터공간 V를 생성합니다. (2) 기저벡터는 일차독립입니다.

3장에서 n차원 벡터공간에 대하여, n개의 일차독립인 벡터가 이 벡터공간의 기저를 이룬다는 점만 보여주면 충분하다고 배웠습니다. 즉, 조건 (2)만 확인하면 됩니다. 다음으로 직교집합이 일차독립임을 증명하겠습니다.

$$\text{직교} \quad \Rightarrow \quad \text{일차독립}$$

4.3.2 정규직교기저의 성질

여기서는 서로 직교하는 벡터로 이루어진 직교집합이 일차독립임을 증명하겠습니다. 이 증명을 통해, n차원 벡터공간에서 영벡터가 아닌 n개의 서로 직교하는 벡터로 이루어진 직교집합은 그 벡터공간의 기저를 이룸을 증명하려고 합니다. (일반적으로 직교성을 확인하는 것이 일차독립을 확인하는 것보다 더 쉽습니다.)

> **정리 4-8 직교집합과 일차독립**
>
> $\{\mathbf{v}_1, \mathbf{v}_2, \mathbf{v}_3, \cdots, \mathbf{v}_n\}$이 내적공간에서 영벡터가 아닌 서로 직교하는 벡터로 이루어진 직교집합이면, 이 집합의 모든 원소는 일차독립입니다.

? [정리 4-8]을 어떻게 증명할 수 있을까요?

벡터 $\{\mathbf{v}_1, \mathbf{v}_2, \mathbf{v}_3, \cdots, \mathbf{v}_n\}$이 일차독립임을 증명하기 위하여 다음 일차결합에 대해 모든 스칼라가 0임을 보이면 됩니다. 즉, $k_1 = 0$, $k_2 = 0$, $\cdots$, $k_n = 0$을 보입니다.

$$k_1\mathbf{v}_1 + k_2\mathbf{v}_2 + \cdots + k_n\mathbf{v}_n = \mathbf{O}$$

? 왜 그럴까요?

3장에서 살펴본 [정의 3-4] 때문입니다.

> **[정의 3-4]**
> 벡터 $\mathbf{v}_1, \mathbf{v}_2, \cdots, \mathbf{v}_n$이 일차독립입니다.
> $\Leftrightarrow$ $k_1\mathbf{v}_1 + k_2\mathbf{v}_2 + \cdots + k_n\mathbf{v}_n = \mathbf{O}$의 유일한 해는 $k_1 = k_2 = \cdots = k_n = 0$입니다.

증명

벡터 $\{\mathbf{v}_1, \mathbf{v}_2, \mathbf{v}_3, \cdots, \mathbf{v}_n\}$의 일차결합을 영벡터 O라고 합시다.

$$k_1\mathbf{v}_1 + k_2\mathbf{v}_2 + k_3\mathbf{v}_3 + \cdots + k_n\mathbf{v}_n = \mathbf{O} \qquad (\dagger)$$

식 $(\dagger)$에 주어진 영벡터와 집합$\{\mathbf{v}_1, \mathbf{v}_2, \mathbf{v}_3, \cdots, \mathbf{v}_n\}$의 임의의 벡터 $\mathbf{v}_j$의 내적을 생각해봅시다.

? 내적 $< k_1\mathbf{v}_1 + k_2\mathbf{v}_2 + k_3\mathbf{v}_3 + \cdots + k_n\mathbf{v}_n, \mathbf{v}_j >$의 값은 무엇인가요?

0입니다. 왜냐하면 다음이 성립하기 때문입니다.

$$< k_1\mathbf{v}_1 + k_2\mathbf{v}_2 + k_3\mathbf{v}_3 + \cdots + k_n\mathbf{v}_n, \mathbf{v}_j > = < \mathbf{O}, \mathbf{v}_j > = 0 \qquad (*)$$

$\{\mathbf{v}_1, \mathbf{v}_2, \mathbf{v}_3, \cdots, \mathbf{v}_n\}$이 직교집합이므로, 다음과 같이 두 벡터의 내적은 0입니다.

$$< \mathbf{v}_i, \mathbf{v}_j > = 0 \quad (i \neq j)$$

식 $(*)$를 전개하여 $< \mathbf{v}_i, \mathbf{v}_j > = 0 (i \neq j)$을 적용하면 다음과 같습니다.

$$\begin{aligned}
< k_1\mathbf{v}_1 + \cdots + k_n\mathbf{v}_n, \mathbf{v}_j > &= < k_1\mathbf{v}_1, \mathbf{v}_j > + \cdots + < k_j\mathbf{v}_j, \mathbf{v}_j > + \cdots + < k_n\mathbf{v}_n, \mathbf{v}_j > \\
&= k_1 < \mathbf{v}_1, \mathbf{v}_j > + \cdots + k_j < \mathbf{v}_j, \mathbf{v}_j > + \cdots + k_n < \mathbf{v}_n, \mathbf{v}_j > \\
&= k_1 \underbrace{< \mathbf{v}_1, \mathbf{v}_j >}_{=0} \underbrace{+ \cdots +}_{=0} k_j < \mathbf{v}_j, \mathbf{v}_j > \underbrace{+ \cdots +}_{=0} k_n \underbrace{< \mathbf{v}_n, \mathbf{v}_j >}_{=0} \\
&= k_1 \times 0 + 0 + \cdots + 0 + k_j \| \mathbf{v}_j \|^2 + 0 + \cdots + 0 + k_n \times 0 = k_j \| \mathbf{v}_j \|^2
\end{aligned}$$

마지막 줄은 노름 $< \mathbf{u}, \mathbf{u} > = \| \mathbf{u} \|^2$의 정의를 따릅니다. 0이 아닌 유일한 부분은 벡터 $\mathbf{v}_j$와 $\mathbf{v}_j$의 내적입니다. 식 $(*)$에 의하여 전체가 0이므로 $k_j \| \mathbf{v}_j \|^2 = 0$입니다. $\mathbf{v}_j$는 집합 $\{\mathbf{v}_1, \mathbf{v}_2, \mathbf{v}_3, \cdots, \mathbf{v}_n\}$에서 영이 아닌 벡터 중 하나이므로, $\| \mathbf{v}_j \|^2 \neq 0$입니다. 따라서 $k_j \| \mathbf{v}_j \|^2 = 0$을 만족하려면 $k_j = 0$이어야 합니다. $\mathbf{v}_j$가 임의의 벡터이므로 식 $(\dagger)$의 모든 스칼라 $k_1, \cdots, k_n$은 0이어야 합니다. 따라서 서로 직교하는 벡터로 이루어진 직교집합은 일차독립입니다. ■

? [정리 4-8]은 무엇을 의미할까요?

직교는 일차독립을 의미합니다. 예를 들어, 벡터 $\{\mathbf{e}_1, \mathbf{e}_2, \mathbf{e}_3\}$는 서로 직교하므로 일차독립입니다.

[정리 4-8]을 다음과 같이 더 발전시킬 수 있습니다.

정리 4-9 직교벡터와 기저

n차원 내적공간 V에서 영벡터가 아닌 n개의 직교벡터로 이루어진 임의의 집합은 V의 기저(또는 축)를 형성합니다.

? [정리 4-9]를 증명하려면 어떤 정리를 사용해야 할까요?

3장에 살펴본 [정리 3-13(a)]를 통해 다음을 알 수 있습니다.

임의의 n개의 일차독립인 벡터로 이루어진 집합 $\{\mathbf{v}_1, \mathbf{v}_2, \mathbf{v}_3, \cdots, \mathbf{v}_n\}$은 V의 기저를 이룹니다.

증명

[정리 4-8]에 의하여 n개의 직교벡터로 이루어진 집합은 일차독립입니다. 또한 [정리 3-13]에 의하여 n개의 직교벡터는 V의 기저를 이룹니다. ■

? [정리 4-9]는 무엇을 의미할까요?

내적이 정의된 n차원 벡터공간이 있다면, 영벡터가 아닌 임의의 n개의 직교벡터는 그 벡터공간의 기저(축)벡터로 이루어진 집합을 형성합니다. 그러나 일차독립인 벡터는 직교벡터가 아닐 수도 있습니다.

예를 들어, $\mathbb{R}^2$에서 벡터 $\mathbf{u} = (3\ \ 1)^T$, $\mathbf{v} = (1\ \ 2)^T$는 일차독립이지만($\mathbf{v}$를 $\mathbf{u}$의 스칼라곱으로 나타낼 수 없고, $\mathbf{u}$도 $\mathbf{v}$의 스칼라곱으로 나타낼 수 없음), [그림 4-13]에서 알 수 있듯이 직교하지 않습니다.

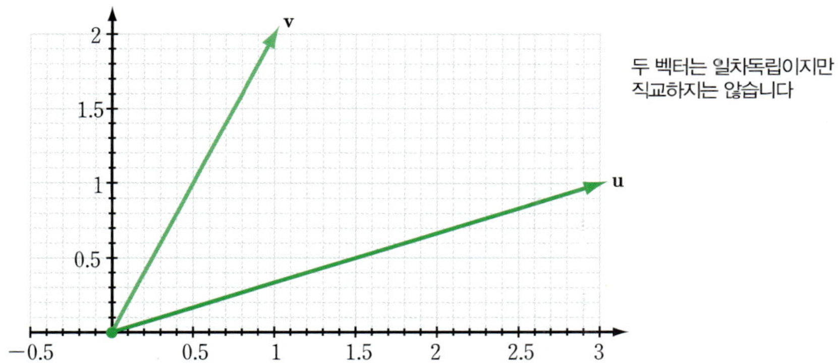

[그림 4-13] 직교하지 않지만 일차독립인 벡터 $\mathbf{u}$와 $\mathbf{v}$

따라서 직교벡터는 일차독립이지만, 일차독립인 벡터가 반드시 직교하지는 않습니다. 즉, 다음과 같습니다.

$$\text{직교} \Rightarrow \text{일차독립}$$
$$\text{일차독립} \not\Rightarrow \text{직교}$$

예제 4-14 점곱을 가진 $\mathbb{R}^2$에서 $\mathbf{u}=\begin{pmatrix}-1\\1\end{pmatrix}$, $\mathbf{v}=\begin{pmatrix}-1\\-1\end{pmatrix}$이 직교함을 보이세요. 그리고 $\mathbb{R}^2$의 정규직교기저를 구해보세요.

풀이

주어진 벡터 $\mathbf{u}$, $\mathbf{v}$가 직교함을 어떻게 보일 수 있을까요? 두 벡터의 점곱이 0임을 보이면 됩니다.

$$<\mathbf{u}, \mathbf{v}> = \mathbf{u}\cdot\mathbf{v} = \begin{pmatrix}-1\\1\end{pmatrix}\cdot\begin{pmatrix}-1\\-1\end{pmatrix} = \{(-1)\times(-1)\}+\{1\times(-1)\}=0$$

따라서 벡터 $\mathbf{u}$, $\mathbf{v}$는 직교합니다.

이 벡터를 정규화하려면 어떻게 해야 할까요? [정리 4-7]을 이용합니다. 즉, 각 벡터의 크기로 벡터를 나눕니다.

크기 $\|\mathbf{u}\|$의 값은 무엇일까요?

$$\|\mathbf{u}\|^2 = <\mathbf{u}, \mathbf{u}> = \mathbf{u}\cdot\mathbf{u} = \begin{pmatrix}-1\\1\end{pmatrix}\cdot\begin{pmatrix}-1\\1\end{pmatrix} = (-1)^2+1^2=2$$

위 식에 제곱근을 취하면 $\|\mathbf{u}\| = \sqrt{2}$ 입니다. 비슷한 방법으로 $\|\mathbf{v}\| = \sqrt{2}$ 입니다. 따라서 정규화된 벡터는 다음과 같습니다.

$$\frac{\mathbf{u}}{\|\mathbf{u}\|} = \frac{1}{\sqrt{2}}\begin{pmatrix}-1\\1\end{pmatrix},\ \frac{\mathbf{v}}{\|\mathbf{v}\|} = \frac{1}{\sqrt{2}}\begin{pmatrix}-1\\-1\end{pmatrix}$$

그러므로 $\mathbb{R}^2$의 정규직교기저는 $\left\{\frac{1}{\sqrt{2}}\begin{pmatrix}-1\\1\end{pmatrix}, \frac{1}{\sqrt{2}}\begin{pmatrix}-1\\-1\end{pmatrix}\right\}$입니다.

$\mathbb{R}^2$의 새로운 축을 나타내는 이 정규직교기저를 [그림 4-14]와 같이 나타낼 수 있습니다.

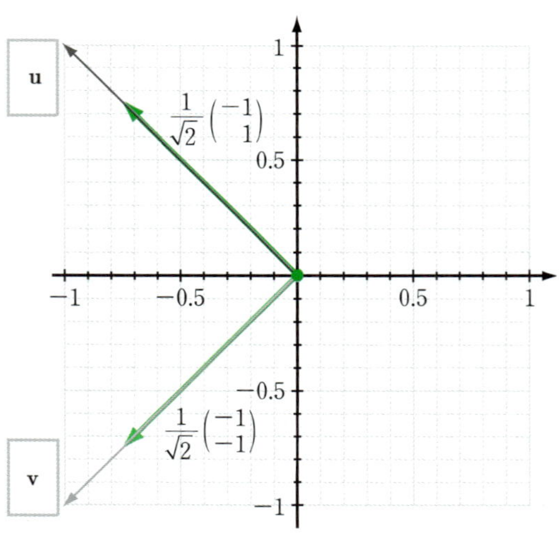

[그림 4-14] 정규직교기저를 이루는 벡터 $\mathbf{u}$와 $\mathbf{v}$

4.3.3 직교벡터 생성

$\mathbb{R}^2$의 주어진 두 벡터 $\mathbf{u}$, $\mathbf{v}$에 대하여 벡터 $\mathbf{u}$ 위로 벡터 $\mathbf{v}$를 사영할 수 있습니다.

사영(projection)이란 무엇일까요?

비유하자면 스크린 위로 영화 필름을 보여주는 것입니다. 이때 영상이 스크린 위에 투사(사영)된다고 합니다. 이와 비슷하게 [그림 4-15]와 같이 벡터 $\mathbf{u}$ 위로 벡터 $\mathbf{v}$를 사영할 수 있습니다.

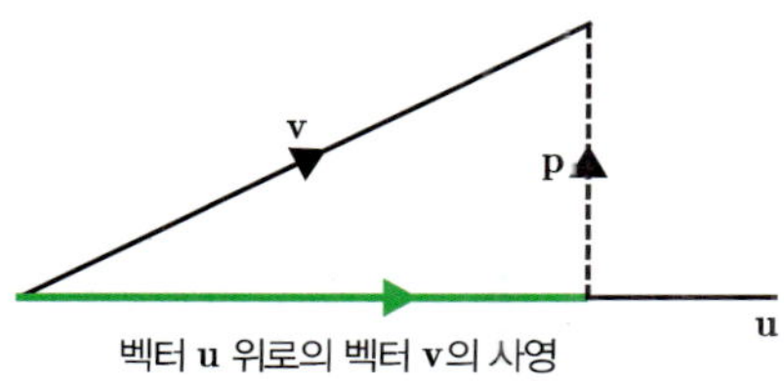

[그림 4-15] 벡터 u 위로의 벡터 v의 사영

벡터 $\mathbf{u}$ 위로의 벡터 $\mathbf{v}$의 사영은 무엇과 같을까요?

벡터 $\mathbf{u}$의 방향과 같으므로 이는 $\mathbf{u}$의 스칼라곱입니다. 이 스칼라를 문자 k라고 하면 다음과 같이 나타낼 수 있습니다.

$$\text{벡터 } \mathbf{u} \text{ 위로의 벡터 } \mathbf{v}\text{의 사영} = k\mathbf{u}$$

벡터 $\mathbf{p}$가 [그림 4-15]에서처럼 $\mathbf{u}$와 직교하는 벡터라고 합시다. 이 벡터를 더해 다음과 같이 나타낼 수 있습니다.

$$\mathbf{v} = k\mathbf{u} + \mathbf{p}$$

벡터 $\mathbf{p}$는 벡터 $\mathbf{u}$와 수직이므로 $<\mathbf{u}, \mathbf{p}> = 0$입니다. 이는 벡터 $\mathbf{u}$ 위로 벡터 $\mathbf{p}$를 사영하면 영벡터가 됨을 의미합니다. 벡터 $\mathbf{u}$와 벡터 $\mathbf{v} = k\mathbf{u} + \mathbf{p}$의 내적을 구하면 다음과 같습니다.

$$\begin{aligned} <\mathbf{u}, \mathbf{v}> &= <\mathbf{u}, k\mathbf{u} + \mathbf{p}> \\ &= k<\mathbf{u}, \mathbf{u}> + <\mathbf{u}, \mathbf{p}> \\ &= k\|\mathbf{u}\|^2 + 0 \quad [\mathbf{p}\text{와 } \mathbf{u}\text{가 직교하므로 } <\mathbf{u}, \mathbf{p}> = 0,\ <\mathbf{u}, \mathbf{u}> = \|\mathbf{u}\|^2] \\ &= k\|\mathbf{u}\|^2 \end{aligned}$$

$<\mathbf{u}, \mathbf{v}> = k\|\mathbf{u}\|^2$이므로, 위 식을 k에 대해 나타내면 다음과 같습니다.

$$k = \frac{<\mathbf{u}, \mathbf{v}>}{\|\mathbf{u}\|^2} \qquad (\dagger)$$

앞의 $\mathbf{v}= k\mathbf{u}+\mathbf{p}$를 $\mathbf{p}$에 대해 나타내면 다음과 같습니다.

$$\text{직교벡터 } \mathbf{p} = \mathbf{v} - k\mathbf{u} \quad [\mathbf{p}=\mathbf{v}-(\text{벡터 } \mathbf{u} \text{ 위로의 벡터 } \mathbf{v}\text{의 사영})]$$

$$= \mathbf{v} - \frac{<\mathbf{u}, \mathbf{v}>}{\|\mathbf{u}\|^2}\mathbf{u} \quad [\text{식 } (\dagger)]$$

[그림 4-16]과 같이 직교하는 벡터 $\mathbf{p}$를 얻을 수 있습니다.

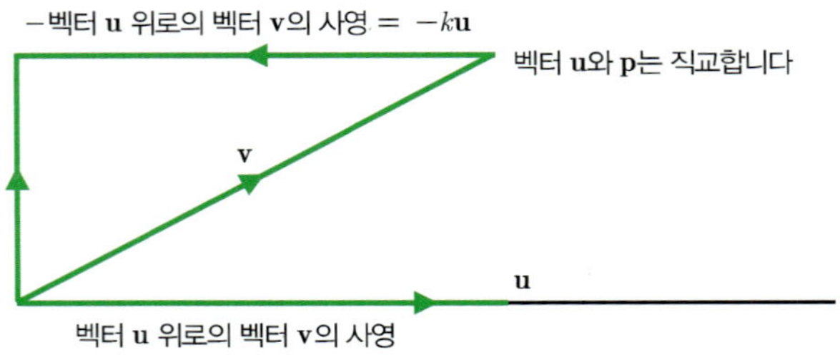

[그림 4-16] 벡터 $\mathbf{u}$ 위로의 벡터 $\mathbf{v}$의 사영과 직교벡터 $\mathbf{p}$

영벡터가 아닌 벡터 $\mathbf{u}$, $\mathbf{v}$로부터 $\mathbf{u}$와 직교하는 새로운 벡터 $\mathbf{p}$를 만들었습니다. 직교하는 벡터의 사영은 영벡터라는 점이 중요합니다. 이는 앞 절에서 암시한 바 있습니다. 즉, 직교성은 특정 종류의 독립성 또는 간섭이 전혀 없음을 나타냅니다.

예제 4-15 $\mathbb{R}^2$**의 벡터** $\mathbf{v}_1 = \begin{pmatrix} 3 \\ 0 \end{pmatrix}$, $\mathbf{v}_2 = \begin{pmatrix} 1 \\ 2 \end{pmatrix}$**에 대하여 직교하지 않는 벡터의 집합** $\{\mathbf{v}_1, \mathbf{v}_2\}$**로 직교하는 벡터의 집합** $\{\mathbf{p}_1, \mathbf{p}_2\}$**를 구성해보세요.**

풀이

주어진 벡터 중 하나인 $\mathbf{v}_1$에 대하여, $\mathbf{v}_1$을 $\mathbf{p}_1$이라 하겠습니다. 즉, $\mathbf{p}_1=\mathbf{v}_1$입니다. 이제 $\mathbf{p}_1=\mathbf{v}_1$과 직교하는 벡터를 구성해봅시다.

앞의 식에 의하여, 직교벡터 $\mathbf{p}_2=\mathbf{v}-\frac{<\mathbf{u}, \mathbf{v}>}{\|\mathbf{u}\|^2}\mathbf{u}$에서 $\mathbf{u}=\mathbf{v}_1=\mathbf{p}_1$, $\mathbf{v}=\mathbf{v}_2$이므로 다음과 같습니다.

$$\text{직교벡터 } \mathbf{p}_2 = \mathbf{v}_2 - \frac{<\mathbf{p}_1, \mathbf{v}_2>}{\|\mathbf{p}_1\|^2}\mathbf{p}_1$$

$\mathbf{p}_1=\mathbf{v}_1=\begin{pmatrix} 3 \\ 0 \end{pmatrix}$, $\mathbf{v}_2 = \begin{pmatrix} 1 \\ 2 \end{pmatrix}$를 위 식에 대입합니다.

$$\text{직교벡터 } \mathbf{p}_2 = \begin{pmatrix} 1 \\ 2 \end{pmatrix} - \frac{\left\langle \begin{pmatrix} 3 \\ 0 \end{pmatrix}, \begin{pmatrix} 1 \\ 2 \end{pmatrix} \right\rangle}{\left\| \begin{pmatrix} 3 \\ 0 \end{pmatrix} \right\|^2} \begin{pmatrix} 3 \\ 0 \end{pmatrix} \qquad (*)$$

식 (*)의 각 성분을 계산하면 다음과 같습니다.

$$\left\langle \begin{pmatrix} 3 \\ 0 \end{pmatrix}, \begin{pmatrix} 1 \\ 2 \end{pmatrix} \right\rangle = \begin{pmatrix} 3 \\ 0 \end{pmatrix} \cdot \begin{pmatrix} 1 \\ 2 \end{pmatrix} = (3 \times 1) + (0 \times 2) = 3$$

$$\left\| \begin{pmatrix} 3 \\ 0 \end{pmatrix} \right\|^2 = \begin{pmatrix} 3 \\ 0 \end{pmatrix} \cdot \begin{pmatrix} 3 \\ 0 \end{pmatrix} = 3^2 + 0^2 = 9$$

이 값을 식 (*)에 대입하면 다음과 같습니다.

$$\text{직교벡터 } \mathbf{p}_2 = \begin{pmatrix} 1 \\ 2 \end{pmatrix} - \frac{3}{9} \begin{pmatrix} 3 \\ 0 \end{pmatrix} = \begin{pmatrix} 1 \\ 2 \end{pmatrix} - \frac{1}{3} \begin{pmatrix} 3 \\ 0 \end{pmatrix} = \begin{pmatrix} 1-1 \\ 2-0 \end{pmatrix} = \begin{pmatrix} 0 \\ 2 \end{pmatrix}$$

직교벡터 $\mathbf{p}_2$와 주어진 벡터 $\mathbf{v}_1$, $\mathbf{v}_2$를 그림으로 나타내면 [그림 4-17]과 같습니다.

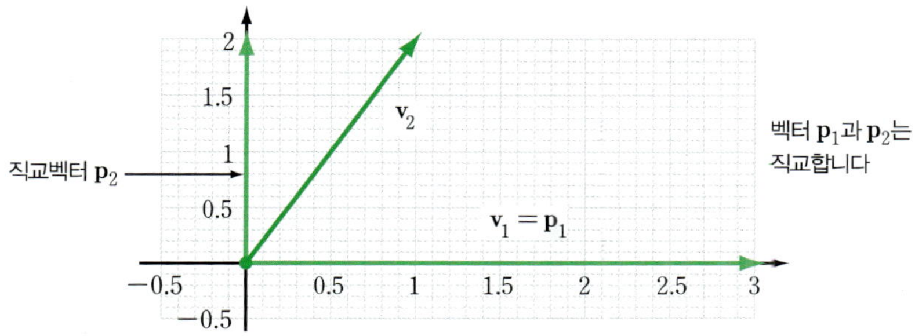

[그림 4-17] 벡터 $\mathbf{v}_1 = \mathbf{p}_1$과 직교하는 벡터 $\mathbf{p}_2$

주어진 벡터 중 하나인 $\mathbf{v}_1$을 기준으로, 주어진 다른 벡터 $\mathbf{v}_2$를 이용하여 $\mathbf{v}_1$과 직교하는 벡터를 만들어냈다는 점에 주목합시다. 그 결과는 다음과 같습니다.

$$\left\{ \mathbf{v}_1 = \begin{pmatrix} 3 \\ 0 \end{pmatrix}, \mathbf{v}_2 = \begin{pmatrix} 1 \\ 2 \end{pmatrix} \right\} \quad \Rightarrow \quad \left\{ \mathbf{p}_1 = \begin{pmatrix} 3 \\ 0 \end{pmatrix}, \mathbf{p}_2 = \begin{pmatrix} 0 \\ 2 \end{pmatrix} \right\}$$

이 과정을 임의의 유한차원 벡터공간으로 확장할 수 있고, 이 벡터공간의 직교기저를 만들 수 있습니다. 기저 $\{\mathbf{v}_1, \mathbf{v}_2, \mathbf{v}_3, \cdots, \mathbf{v}_n\}$이 있다고 할 때 직교기저 $\{\mathbf{p}_1, \mathbf{p}_2, \mathbf{p}_3, \cdots, \mathbf{p}_n\}$을 만들고 싶다면 직교기저를 구하는 절차(procedure for orthogonal basis)는 다음과 같습니다.

1. $\mathbf{p}_1 = \mathbf{v}_1$이라 합니다. 즉, $\mathbf{p}_1$은 주어진 벡터 중 하나와 같습니다.
2. 주어진 두 번째 벡터 $\mathbf{v}_2$를 이용하여 $\mathbf{p}_1 = \mathbf{v}_1$과 직교하는 벡터 $\mathbf{p}_2$를 구성합니다. 따라서 위에서 언급한 식 $\mathbf{p}_2 = \mathbf{v}_2 - \dfrac{<\mathbf{v}_2, \mathbf{p}_1>}{\|\mathbf{p}_1\|^2}\mathbf{p}_1$을 적용합니다.

3. 주어진 세 번째 벡터 $\mathbf{v}_3$를 이용하여 두 벡터 $\mathbf{p}_1 = \mathbf{v}_1$, $\mathbf{p}_2$와 모두 직교하는 벡터 $\mathbf{p}_3$를 구성합니다. 이에 대한 식은 다음과 같이 만듭니다.

$$\mathbf{p}_3 = \mathbf{v}_3 - \frac{<\mathbf{v}_3, \mathbf{p}_1>}{\|\mathbf{p}_1\|^2}\mathbf{p}_1 - \frac{<\mathbf{v}_3, \mathbf{p}_2>}{\|\mathbf{p}_2\|^2}\mathbf{p}_2$$

4. 다음으로 주어진 벡터 $\mathbf{v}_{k+1}$을 이용하여 이전에 구성한 벡터 $\mathbf{p}_1, \mathbf{p}_2, \cdots, \mathbf{p}_k$와 직교하는 벡터들을 계속 구성합니다.

위 4단계를 **그람-슈미트 과정**(Gram-Schmidt process)이라고 합니다.

4.3.4 그람-슈미트 과정

유한차원 내적공간의 임의의 기저 $\{\mathbf{v}_1, \mathbf{v}_2, \mathbf{v}_3, \cdots, \mathbf{v}_n\}$에 대하여 다음과 같은 그람-슈미트 과정으로 직교기저 $\{\mathbf{p}_1, \mathbf{p}_2, \mathbf{p}_3, \cdots, \mathbf{p}_n\}$을 찾을 수 있습니다.

정리 4-10 그람-슈미트 과정

$\mathbf{p}_1 = \mathbf{v}_1$이라 하면, 다음이 성립합니다.

$$\begin{aligned}
\mathbf{p}_2 &= \mathbf{v}_2 - \frac{<\mathbf{v}_2, \mathbf{p}_1>}{\|\mathbf{p}_1\|^2}\mathbf{p}_1 \\
\mathbf{p}_3 &= \mathbf{v}_3 - \frac{<\mathbf{v}_3, \mathbf{p}_1>}{\|\mathbf{p}_1\|^2}\mathbf{p}_1 - \frac{<\mathbf{v}_3, \mathbf{p}_2>}{\|\mathbf{p}_2\|^2}\mathbf{p}_2 \\
\mathbf{p}_4 &= \mathbf{v}_4 - \frac{<\mathbf{v}_4, \mathbf{p}_1>}{\|\mathbf{p}_1\|^2}\mathbf{p}_1 - \frac{<\mathbf{v}_4, \mathbf{p}_2>}{\|\mathbf{p}_2\|^2}\mathbf{p}_2 - \frac{<\mathbf{v}_4, \mathbf{p}_3>}{\|\mathbf{p}_3\|^2}\mathbf{p}_3 \\
\vdots \quad & \quad \vdots \qquad \vdots \qquad\qquad \vdots \qquad\qquad \vdots \\
\mathbf{p}_n &= \mathbf{v}_n - \frac{<\mathbf{v}_n, \mathbf{p}_1>}{\|\mathbf{p}_1\|^2}\mathbf{p}_1 - \frac{<\mathbf{v}_n, \mathbf{p}_2>}{\|\mathbf{p}_2\|^2}\mathbf{p}_2 - \frac{<\mathbf{v}_n, \mathbf{p}_3>}{\|\mathbf{p}_3\|^2}\mathbf{p}_3 - \cdots - \frac{<\mathbf{v}_n, \mathbf{p}_{n-1}>}{\|\mathbf{p}_{n-1}\|^2}\mathbf{p}_{n-1}
\end{aligned}$$

위 벡터들은 서로 직교하므로 기저를 이룹니다.

? 정규직교기저를 구성하려면 또 무엇을 해야 할까요?

[정리 4-7]의 $\dfrac{\mathbf{p}_j}{\|\mathbf{p}_j\|}$를 이용하여 $\{\mathbf{p}_1, \mathbf{p}_2, \mathbf{p}_3, \cdots, \mathbf{p}_n\}$을 정규화합니다. (각각의 노름(크기)으로 나누면 됩니다.)

예제 4-16 $\mathbb{R}^2$의 기저 $\mathbf{v}_1 = \begin{pmatrix} 2 \\ 1 \end{pmatrix}$, $\mathbf{v}_2 = \begin{pmatrix} 1 \\ 1 \end{pmatrix}$을 점곱을 가진 $\mathbb{R}^2$의 정규직교기저로 변환해보세요. 그리고 서로 다른 두 그래프 위에 정규직교기저와 주어진 기저를 각각 그려보세요.

풀이

[정리 4-10]의 그람-슈미트 과정을 이용한다는 것은 서로 직교하는 벡터 $\mathbf{p}_1$, $\mathbf{p}_2$를 구해야 한다는 뜻입니다. 주어진 벡터 중 하나인 $\mathbf{p}_1$에 대해 $\mathbf{p}_1 = \mathbf{v}_1 = \begin{pmatrix} 2 \\ 1 \end{pmatrix}$이라고 합시다. 그람-슈미트 과정에 의하여 $\mathbf{p}_2$는 다음과 같습니다.

$$\mathbf{p}_2 = \mathbf{v}_2 - \frac{< \mathbf{v}_2, \mathbf{p}_1 >}{\| \mathbf{p}_1 \|^2}\mathbf{p}_1 \qquad (*)$$

이제 식 (*)의 각 성분을 계산해야 합니다. 내적 $< \mathbf{v}_2, \mathbf{p}_1 >$의 값은 어떻게 될까요?

$$< \mathbf{v}_2, \mathbf{p}_1 > = \mathbf{v}_2 \cdot \mathbf{p}_1 = \begin{pmatrix} 1 \\ 1 \end{pmatrix} \cdot \begin{pmatrix} 2 \\ 1 \end{pmatrix} = (1 \times 2) + (1 \times 1) = 3$$

$\| \mathbf{p}_1 \|^2$의 값은 어떻게 될까요?

$$\begin{aligned} \| \mathbf{p}_1 \|^2 &= < \mathbf{p}_1, \mathbf{p}_1 > = \mathbf{p}_1 \cdot \mathbf{p}_1 \\ &= \begin{pmatrix} 2 \\ 1 \end{pmatrix} \cdot \begin{pmatrix} 2 \\ 1 \end{pmatrix} = (2 \times 2) + (1 \times 1) = 2^2 + 1^2 = 5 \qquad \text{[피타고라스 정리]} \end{aligned}$$

$\mathbf{v}_2 = \begin{pmatrix} 1 \\ 1 \end{pmatrix}$, $< \mathbf{v}_2, \mathbf{p}_1 > = 3$, $\| \mathbf{p}_1 \|^2 = 5$, $\mathbf{p}_1 = \begin{pmatrix} 2 \\ 1 \end{pmatrix}$을 식 (*)에 대입하면 다음과 같습니다.

$$\begin{aligned} \mathbf{p}_2 &= \mathbf{v}_2 - \frac{< \mathbf{v}_2, \mathbf{p}_1 >}{\| \mathbf{p}_1 \|^2}\mathbf{p}_1 \\ &= \begin{pmatrix} 1 \\ 1 \end{pmatrix} - \frac{3}{5}\begin{pmatrix} 2 \\ 1 \end{pmatrix} \\ &= \begin{pmatrix} 1 - \frac{6}{5} \\ 1 - \frac{3}{5} \end{pmatrix} = \begin{pmatrix} -\frac{1}{5} \\ \frac{2}{5} \end{pmatrix} = \frac{1}{5}\begin{pmatrix} -1 \\ 2 \end{pmatrix} \end{aligned}$$

두 벡터 $\mathbf{p}_1 = \begin{pmatrix} 2 \\ 1 \end{pmatrix}$, $\mathbf{p}_2 = \frac{1}{5}\begin{pmatrix} -1 \\ 2 \end{pmatrix}$는 직교기저입니다. 이 직교기저를 정규직교기저로 만들려면 어떻게 해야 할까요? 각 벡터의 노름으로 벡터를 나누는(단위벡터로 변환하는) 정규화를 통해 정규직교기저로 만들 수 있습니다. 이 새로운 단위벡터를 $\mathbf{u}_1$, $\mathbf{u}_2$라고 하면, 다음과 같이 나타낼 수 있습니다.

$$\mathbf{u}_1 = \frac{\mathbf{p}_1}{\| \mathbf{p}_1 \|}, \quad \mathbf{u}_2 = \frac{\mathbf{p}_2}{\| \mathbf{p}_2 \|}$$

$\| \mathbf{p}_1 \|^2 = 5$에 제곱근을 취하면 $\| \mathbf{p}_1 \| = \sqrt{5}$입니다. 이제 다른 직교벡터 $\mathbf{p}_2$를 정규화해봅시다.

$$\| \mathbf{p}_2 \|^2 = < \mathbf{p}_2, \mathbf{p}_2 > = \frac{1}{5}\begin{pmatrix} -1 \\ 2 \end{pmatrix} \cdot \frac{1}{5}\begin{pmatrix} -1 \\ 2 \end{pmatrix}$$
$$= \frac{1}{25}\{(-1)^2 + 2^2\} = \frac{5}{25} = \frac{1}{5}$$

따라서 $\| \mathbf{p}_2 \| = \frac{1}{\sqrt{5}}$입니다. 정규화한 단위벡터를 구하면 다음과 같습니다.

$$\mathbf{u}_1 = \frac{\mathbf{p}_1}{\| \mathbf{p}_1 \|} = \frac{1}{\| \mathbf{p}_1 \|}\mathbf{p}_1 = \frac{1}{\sqrt{5}}\begin{pmatrix} 2 \\ 1 \end{pmatrix}$$
$$\mathbf{u}_2 = \frac{1}{\| \mathbf{p}_2 \|}\mathbf{p}_2 = \frac{1}{\frac{1}{\sqrt{5}}}\frac{1}{5}\begin{pmatrix} -1 \\ 2 \end{pmatrix} = \frac{1}{\sqrt{5}}\begin{pmatrix} -1 \\ 2 \end{pmatrix} \quad \left[\text{지수법칙에 의하여 } \frac{1}{\sqrt{5}}5 = \sqrt{5}\right]$$

정규직교기저는 위에서 주어진 것과 같이 집합 $\{\mathbf{u}_1, \mathbf{u}_2\}$입니다.

$$\mathbf{u}_1 = \frac{1}{\sqrt{5}}\begin{pmatrix} 2 \\ 1 \end{pmatrix}, \ \mathbf{u}_2 = \frac{1}{\sqrt{5}}\begin{pmatrix} -1 \\ 2 \end{pmatrix}$$

$\mathbb{R}^2$에서 정규직교기저와 주어진 기저를 그림으로 나타내면 [그림 4-18]과 같습니다.

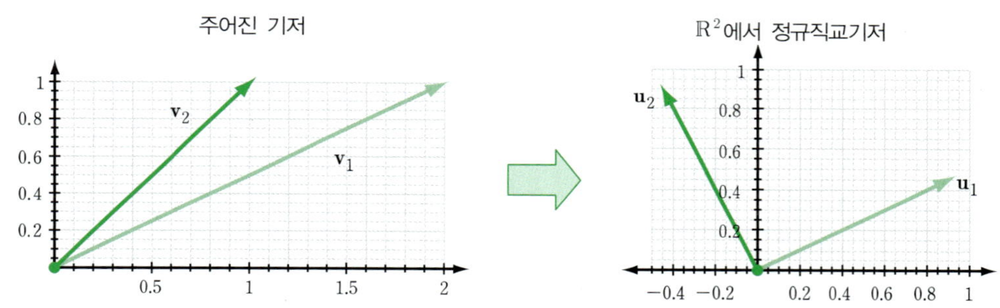

[그림 4-18] $\mathbb{R}^2$의 기저 $\{\mathbf{v}_1, \mathbf{v}_2\}$와 정규직교기저 $\{\mathbf{u}_1, \mathbf{u}_2\}$

[그림 4-18]에서 $\mathbf{u}_1$은 주어진 벡터 $\mathbf{v}_1$과 같은 방향이지만 크기가 1임을 알 수 있습니다. $\mathbf{p}_1 = \mathbf{v}_1$으로 시작했고, $\mathbf{u}_1$이 같은 방향의 단위벡터임을 잊지 마세요.

벡터는 스칼라와 상관없이 직교하므로 일반적으로 분수(스칼라)를 무시할 수 있습니다. 이에 대해서는 4.2절 [연습문제 16]에서 다음이 성립한다고 증명한 바 있습니다.

$$\text{벡터 } \{\mathbf{v}_1, \mathbf{v}_2, \cdots, \mathbf{v}_n\}\text{은 직교합니다.} \quad \Leftrightarrow \quad \{k_1\mathbf{v}_1, k_2\mathbf{v}_2, \cdots, k_n\mathbf{v}_n\}\text{은 직교합니다.}$$

예를 들면, [예제 4-16]에서 $\mathbf{p}_2 = \frac{1}{5}\begin{pmatrix} -1 \\ 2 \end{pmatrix}$입니다. 스칼라(분수) $\frac{1}{5}$을 무시하고 벡터 $\begin{pmatrix} -1 \\ 2 \end{pmatrix}$를 단위벡터로 정규화해봅시다.

$$\left\| \begin{pmatrix} -1 \\ 2 \end{pmatrix} \right\|^2 = \begin{pmatrix} -1 \\ 2 \end{pmatrix} \cdot \begin{pmatrix} -1 \\ 2 \end{pmatrix} = (-1)^2 + 2^2 = 5 \quad \Rightarrow \quad \left\| \begin{pmatrix} -1 \\ 2 \end{pmatrix} \right\| = \sqrt{5}$$

벡터 $\begin{pmatrix} -1 \\ 2 \end{pmatrix}$를 정규화하면 $\mathbf{u}_2 = \frac{1}{\sqrt{5}} \begin{pmatrix} -1 \\ 2 \end{pmatrix}$입니다. 이는 [예제 4-16]의 단위벡터 $\mathbf{u}_2$와 같습니다. 이처럼 스칼라를 무시하면 계산이 더 간단해집니다.

정규직교기저는 유일하지 않습니다. 예를 들어, 스칼라(분수)를 제거하지 않으면, 다른 정규직교기저를 얻을 수 있습니다. 또 그람-슈미트 과정을 거꾸로 하면, 즉 $\{\mathbf{v}_2, \mathbf{v}_1\}$으로 하면 그 결과는 다른 정규직교기저가 될 수 있습니다. 4.3절 [연습문제 02]를 보면 [예제 4-16]의 벡터 $\mathbf{v}_1$과 $\mathbf{v}_2$의 순서를 바꾸었습니다. 정규직교기저를 이루는 벡터의 집합이 서로 같은지 다른지 확인해보세요.

그람-슈미트 과정을 또 다른 벡터공간에 적용할 수 있습니다. 다음은 그람-슈미트 과정을 다항식으로 이루어진 벡터공간에 적용한 예제입니다.

예제 4-17 **P_2는 다음과 같은 내적을 가진 차수가 2보다 작거나 같은 다항식의 벡터공간입니다.**

$$< \mathrm{q}, \mathrm{r} > = \int_{-1}^{1} q(x) r(x)\, dx$$

직교기저가 아닌 표준기저 $\{1, x, x^2\}$을 직교기저로 변환해보세요.

풀이

$\mathbf{v}_1 = 1$, $\mathbf{v}_2 = x$, $\mathbf{v}_3 = x^2$이라고 합시다. 첫 번째 벡터를 $\mathbf{p}_1 = \mathbf{v}_1 = 1$이라고 합니다. 다음으로 그람-슈미트 과정을 이용하여 $\mathbf{p}_1$과 직교하는 벡터를 찾습니다.

$$\mathbf{p}_2 = \mathbf{v}_2 - \frac{< \mathbf{v}_2, \mathbf{p}_1 >}{\| \mathbf{p}_1 \|^2} \mathbf{p}_1 \qquad (*)$$

이제 식 (*)의 각 성분을 구해야 합니다. 내적 $< \mathbf{v}_2, \mathbf{p}_1 >$의 값은 어떻게 구할까요?

$$< \mathbf{v}_2, \mathbf{p}_1 > = \int_{-1}^{1} (x \times 1)\, dx = \int_{-1}^{1} x\, dx = \left[\frac{x^2}{2} \right]_{-1}^{1} = \frac{1}{2}\{1^2 - (-1)^2\} = 0$$

내적이 0이므로 두 벡터 $\mathbf{v}_2$와 $\mathbf{p}_1$은 이미 서로 직교합니다. 이를 식 (*)에 대입하면 다음과 같습니다.

$$\mathbf{p}_2 = \mathbf{v}_2 - 0 \times \mathbf{p}_1 = \mathbf{v}_2 = x \qquad [\mathbf{v}_2 = x]$$

다음 할 일은 무엇일까요? 그람-슈미트 과정을 적용하여 직교하는 벡터 $\mathbf{p}_3$를 구하면 다음과 같습니다.

$$\mathbf{p}_3 = \mathbf{v}_3 - \frac{< \mathbf{p}_3, \mathbf{p}_1 >}{\| \mathbf{p}_1 \|^2} \mathbf{p}_1 - \frac{< \mathbf{v}_3, \mathbf{p}_2 >}{\| \mathbf{p}_2 \|^2} \mathbf{p}_2 \qquad (**)$$

이제 각 성분을 계산합니다.

$$< \mathbf{v}_3, \mathbf{p}_1 > = \int_{-1}^{1} (x^2 \times 1)\, dx = \int_{-1}^{1} x^2\, dx = \left[\frac{x^3}{3}\right]_{-1}^{1} = \frac{1}{3}\{1^3 - (-1)^3\} = \frac{2}{3}$$

$$< \mathbf{v}_3, \mathbf{p}_2 > = \int_{-1}^{1} (x^2 \times x)\, dx = \int_{-1}^{1} x^3\, dx = \left[\frac{x^4}{4}\right]_{-1}^{1} = \frac{1}{4}\{1^4 - (-1)^4\} = 0$$

$$\| \mathbf{p}_1 \|^2 = < \mathbf{p}_1, \mathbf{p}_1 > = \int_{-1}^{1} (1 \times 1)\, dx = [x]_{-1}^{1} = \{1 - (-1)\} = 2$$

$$\| \mathbf{p}_2 \|^2 = < \mathbf{p}_2, \mathbf{p}_2 > = \int_{-1}^{1} (x \times x)\, dx = \int_{-1}^{1} x^2\, dx = \frac{2}{3}$$

$< \mathbf{v}_3, \mathbf{p}_1 > = \frac{2}{3}$, $\| \mathbf{p}_1 \|^2 = 2$, $< \mathbf{v}_3, \mathbf{p}_2 > = 0$, $\| \mathbf{p}_2 \|^2 = \frac{2}{3}$를 식 (**)에 대입하면 다음과 같습니다.

$$\begin{aligned} \mathbf{p}_3 &= \mathbf{v}_3 - \frac{< \mathbf{v}_3, \mathbf{p}_1 >}{\| \mathbf{p}_1 \|^2}\mathbf{p}_1 - \frac{< \mathbf{v}_3, \mathbf{p}_2 >}{\| \mathbf{p}_2 \|^2}\mathbf{p}_2 \\ &= x^2 - \frac{2/3}{2} \times 1 - \frac{0}{2/3} \times x = x^2 - \frac{1}{3} \end{aligned}$$

따라서 직교하는 다항식(벡터)은 다음과 같습니다.

$$\mathbf{p}_1 = 1,\ \mathbf{p}_2 = x,\ \mathbf{p}_3 = x^2 - \frac{1}{3}$$

[예제 4-17]에서 다음과 같이 표준기저를 직교기저로 변환했습니다.

$$\{1, x, x^2\} \quad \Rightarrow \quad \left\{1, x, x^2 - \frac{1}{3}\right\}$$

여기서 얻은 직교 다항식 $\mathbf{p}_1 = 1$, $\mathbf{p}_2 = x$, $\mathbf{p}_3 = x^2 - \frac{1}{3}$이 $x = 1$에서 1의 값을 갖도록 크기를 변경하면 다음과 같습니다.

$$\mathbf{p}_1 = 1,\ \mathbf{p}_2 = x,\ \mathbf{p}_3' = \frac{1}{2}(3x^2 - 1)$$

3개의 직교 다항식 $\mathbf{p}_1$, $\mathbf{p}_2$, $\mathbf{p}_3'$은 먼저 나온 3개의 다항식 $\mathbf{p}_1$, $\mathbf{p}_2$, $\mathbf{p}_3$의 **르장드르 다항식**(Legendre polynomial)입니다. 르장드르 다항식의 중요한 성질은 [예제 4-17]에서 주어진 내적에 대하여 다항식이 모두 직교한다는 것입니다. 르장드르 다항식은 미분방정식에서 나옵니다.

근사 이론에서 중요한 **체비셰프 다항식**(Chebyshev polynomial)과 같은 또 다른 직교 다항식이 있습니다. 근사 이론에서는 직교 다항식의 급수 전개를 사용하여 함수 $f(x)$에 '최적'의 근사 다항식 $p(x)$를 제공하려

고 합니다. '최적'이란 구간 $[a, b]$ 위에서 정의된 두 함수 $f(x)$, $p(x)$에 대하여 거리함수 또는 오차 $\| f(x) - p(x) \|$가 구간 $[a, b]$의 모든 x에 대하여 가능한 작도록 다항식 $p(x)$를 구성한다는 것입니다. 이는 한 점에서 최적의 다항식 근사를 제공하는 테일러 전개와 다릅니다. 유클리드 공간에서 점곱으로 볼 수 있는 구조는 다항식 구조와 정확히 동일하다는 점에 주목합시다.

다음 내용은 우리에게 흥미로운 사실을 알려줍니다. 두 벡터공간 U, V가 주어진다면, 두 벡터공간은 본질적으로 동일할까요? 두 벡터공간을 구성하는 원소나 점의 특성이 다르지만 동일한 구조를 갖는다면 U와 V는 동일하다고 생각할 수 있습니다. 이때 두 벡터공간 U, V를 **동형**(isomorphic)이라고 합니다.

예를 들어, $\mathbb{R}^3$의 원소 $(1\ 2\ 3)^T$와 P_2의 원소 $1 + 2x + 3x^2$은 서로 다르지만 P_2와 $\mathbb{R}^3$는 구조가 동일하므로 동형입니다. $\mathbb{R}^3$에서 서로 직교하는 x축, y축, z축을 가지고 3차원 공간에서 $(1\ 2\ 3)^T$를 그림으로 나타낼 수 있고, P_2의 서로 직교하는 상수, x, $x^2 - \frac{1}{3}$을 가지고 3차원 공간에서 $1 + 2x + 3x^2$을 그림으로 나타낼 수 있습니다.

다음 장에서는 선형대수학에서 매우 중요한 다음 결과를 증명할 것입니다.

모든 n차원 실벡터공간은 $\mathbb{R}^n$과 동형입니다.

이는 다항식의 집합 P_n, 행렬의 집합 M_{mn}, $C[a, b]$ 위의 연속함수의 집합과 같이 이 장에서 살펴본 모든 비유클리드 공간이 n차원이면 $\mathbb{R}^n$과 동일한 구조를 가짐을 의미합니다.

정리 4-11 정규직교집합을 이용한 벡터 표현

$\{\mathbf{v}_1, \mathbf{v}_2, \mathbf{v}_3, \cdots, \mathbf{v}_n\}$이 n차원 내적공간 V에서 정규직교집합일 때, V에서 임의의 벡터 $\mathbf{u}$는 다음과 같이 표현할 수 있습니다.

$$\mathbf{u} = <\mathbf{u}, \mathbf{v}_1> \mathbf{v}_1 + <\mathbf{u}, \mathbf{v}_2> \mathbf{v}_2 + <\mathbf{u}, \mathbf{v}_3> \mathbf{v}_3 + \cdots + <\mathbf{u}, \mathbf{v}_n> \mathbf{v}_n$$

증명

4.3절 [연습문제 09]에서 증명합니다. 스칼라는 내적에 의해 주어진다는 점에 주목합니다. ■

핵심요약

- [정의 4-4]
  V가 내적을 가진 유한차원 벡터공간일 때, V에 대한 기저벡터로 이루어진 집합 $B = \{\mathbf{u}_1, \mathbf{u}_2, \mathbf{u}_3, \cdots, \mathbf{u}_n\}$이 모두 직교하고 정규화되었으면 B를 **정규직교기저**라고 합니다.
- 그람-슈미트 과정은 유한차원 벡터공간에서 정규직교기저를 생성합니다.

4.3 연습문제

01 다음 $\mathbb{R}^2$의 기저벡터를 점곱을 가진 $\mathbb{R}^2$의 정규직교기저로 변환해보세요. 그리고 정규직교기저를 그림으로 나타내보세요.

(a) $\mathbf{v}_1 = \begin{pmatrix} 1 \\ 0 \end{pmatrix}$, $\mathbf{v}_2 = \begin{pmatrix} 2 \\ 1 \end{pmatrix}$

(b) $\mathbf{v}_1 = \begin{pmatrix} 1 \\ 3 \end{pmatrix}$, $\mathbf{v}_2 = \begin{pmatrix} 2 \\ -1 \end{pmatrix}$

(c) $\mathbf{v}_1 = \begin{pmatrix} 2 \\ 3 \end{pmatrix}$, $\mathbf{v}_2 = \begin{pmatrix} 4 \\ 5 \end{pmatrix}$

(d) $\mathbf{v}_1 = \begin{pmatrix} -2 \\ -5 \end{pmatrix}$, $\mathbf{v}_2 = \begin{pmatrix} -3 \\ -1 \end{pmatrix}$

02 [예제 4-16]의 벡터 $\mathbf{v}_1$, $\mathbf{v}_2$를 반대로 나타내면 다음과 같습니다.

$$\mathbf{v}_1 = \begin{pmatrix} 1 \\ 1 \end{pmatrix}, \ \mathbf{v}_2 = \begin{pmatrix} 2 \\ 1 \end{pmatrix}$$

$\mathbb{R}^2$의 기저벡터를 점곱을 가진 $\mathbb{R}^2$의 정규직교기저로 변환해보세요. [예제 4-16]과 관련하여, 이 문제의 답을 통해 무엇을 알 수 있나요?

03 $\mathbb{R}^3$의 기저벡터 $\mathbf{v}_1 = (1 \ 1 \ 1)^{\mathrm{T}}$, $\mathbf{v}_2 = (1 \ 1 \ 0)^{\mathrm{T}}$, $\mathbf{v}_3 = (2 \ 0 \ 0)^{\mathrm{T}}$를 점곱을 가진 $\mathbb{R}^3$의 정규직교기저로 변환해보세요.

04 다음 $\mathbb{R}^3$의 기저벡터를 점곱을 가진 $\mathbb{R}^3$의 정규직교기저로 변환해보세요. 그리고 정규직교기저를 그림으로 나타내보세요.

(a) $\mathbf{v}_1 = (1 \ 0 \ 1)^{\mathrm{T}}$, $\mathbf{v}_2 = (3 \ 1 \ 1)^{\mathrm{T}}$, $\mathbf{v}_3 = (-1 \ -1 \ -1)^{\mathrm{T}}$

(b) $\mathbf{v}_1 = (2 \ 2 \ 2)^{\mathrm{T}}$, $\mathbf{v}_2 = (-1 \ 0 \ -1)^{\mathrm{T}}$, $\mathbf{v}_3 = (-1 \ 2 \ 3)^{\mathrm{T}}$

(c) $\mathbf{v}_1 = (1 \ 2 \ 0)^{\mathrm{T}}$, $\mathbf{v}_2 = (2 \ 0 \ 2)^{\mathrm{T}}$, $\mathbf{v}_3 = (1 \ 0 \ 3)^{\mathrm{T}}$

05 다음 $\mathbb{R}^4$의 부분공간을 생성하는 벡터를 점곱을 가진 부분공간의 정규직교기저로 변환해보세요.

(a) $\mathbf{v}_1 = (1 \ 0 \ 3 \ 0)^{\mathrm{T}}$, $\mathbf{v}_2 = (1 \ 2 \ 1 \ 0)^{\mathrm{T}}$, $\mathbf{v}_3 = (2 \ 1 \ 0 \ 0)^{\mathrm{T}}$

(b) $\mathbf{v}_1 = (1 \ 1 \ 5 \ 2)^{\mathrm{T}}$, $\mathbf{v}_2 = (-3 \ 3 \ 4 \ -2)^{\mathrm{T}}$, $\mathbf{v}_3 = (-1 \ -2 \ 2 \ 5)^{\mathrm{T}}$

(c) $\mathbf{v}_1 = (1 \ 2 \ 3 \ 4)^{\mathrm{T}}$, $\mathbf{v}_2 = (2 \ 1 \ 1 \ 0)^{\mathrm{T}}$, $\mathbf{v}_3 = (3 \ 0 \ -1 \ 3)^{\mathrm{T}}$

06 [예제 4-17]에서 구한 직교 다항식을 정규화해보세요.

07 [예제 4-17]에서 주어진 내적에 대하여, 기저 $\mathbf{v}_1 = x^2$, $\mathbf{v}_2 = x$, $\mathbf{v}_3 = 1$을 P_2의 직교기저로 변환해보세요. 이를 [예제 4-17]에서 얻은 직교기저와 비교해보세요.

08 다음 P_2의 다항식을 르장드르 다항식 $\mathbf{p}_1 = 1$, $\mathbf{p}_2 = x$, $\mathbf{p}_3 = \frac{1}{2}(3x^2 - 1)$의 일차결합으로 나타내보세요.

(a) $x^2 + x + 1$

(b) $2x^2 - 1$

(c) 3

(d) x^2

(e) $5x + 2$

09 [정리 4-11]을 증명해보세요.

4.4 직교행렬

학습목표

- 직교행렬의 의미를 이해할 수 있습니다.
- 주어진 행렬을 분해할 수 있습니다.

4.4.1 직교행렬

선형대수학에서 가장 지루한 문제 중 하나는 역행렬을 찾는 것입니다. 3×3 행렬 혹은 더 큰 크기의 행렬에 대해, 역행렬을 직접 손으로 계산하는 것은 단조로운 작업입니다. 그런데 행렬의 전치로 역행렬을 얻는 직교행렬이라는 행렬집합이 하나 있습니다. 행렬의 전치를 찾는 것은 간단합니다.

직교행렬은 정규직교기저로 계산할 때 자연스럽게 나타납니다. 정규직교기저로 계산하면 피타고라스 정리와 같은 공식을 사용할 수 있고, 푸리에 급수와 관련된 분야에서의 계산이 매우 편리합니다.

직교행렬은 수치적 안정성이 좋아서 수치해석학과 같은 주제에서 중요하게 다룹니다.

정의 4-5 직교행렬

정규직교벡터(수직인 단위벡터) $\mathbf{v}_1, \mathbf{v}_2, \mathbf{v}_3, \cdots, \mathbf{v}_n$을 열로 구성한 정사각행렬 $\mathbf{Q} = (\mathbf{v}_1\ \mathbf{v}_2\ \mathbf{v}_3\ \cdots\ \mathbf{v}_n)$을 **직교행렬**(orthogonal matrix)이라고 합니다.

직교행렬의 예는 항등행렬입니다.

예제 4-18 $\mathbb{R}^3$에서 정규직교기저를 이루는 $\mathbf{u}_1 = \frac{1}{\sqrt{3}}\begin{pmatrix}1\\1\\1\end{pmatrix}$, $\mathbf{u}_2 = \frac{1}{\sqrt{6}}\begin{pmatrix}1\\1\\-2\end{pmatrix}$, $\mathbf{u}_3 = \frac{1}{\sqrt{2}}\begin{pmatrix}-1\\1\\0\end{pmatrix}$에 대해서 $\mathbf{Q} = (\mathbf{u}_1\ \mathbf{u}_2\ \mathbf{u}_3)$라 합니다. 이때 $\mathbf{Q}^{\mathrm{T}}\mathbf{Q}$를 계산해보세요.

풀이

기호 $\mathbf{Q}^{\mathrm{T}}$는 무엇을 의미하나요? 행렬 $\mathbf{Q}$의 전치를 의미합니다.

$$\begin{aligned}
\mathbf{Q}^{\mathrm{T}}\mathbf{Q} &= (\mathbf{u}_1\,\mathbf{u}_2\,\mathbf{u}_3)^{\mathrm{T}}(\mathbf{u}_1\,\mathbf{u}_2\,\mathbf{u}_3) \\
&= \begin{pmatrix}\mathbf{u}_1^{\mathrm{T}}\\ \mathbf{u}_2^{\mathrm{T}}\\ \mathbf{u}_3^{\mathrm{T}}\end{pmatrix}(\mathbf{u}_1\ \mathbf{u}_2\ \mathbf{u}_3) \quad [\text{열벡터 } \mathbf{u}_1\text{을 전치하면 행벡터 } \mathbf{u}_1^{\mathrm{T}}\text{를 얻음}] \\
&= \begin{pmatrix}1/\sqrt{3} & 1/\sqrt{3} & 1/\sqrt{3}\\ 1/\sqrt{6} & 1/\sqrt{6} & -2/\sqrt{6}\\ 1/\sqrt{2} & -1/\sqrt{2} & 0\end{pmatrix}\begin{pmatrix}1/\sqrt{3} & 1/\sqrt{6} & 1/\sqrt{2}\\ 1/\sqrt{3} & 1/\sqrt{6} & -1/\sqrt{2}\\ 1/\sqrt{3} & -2/\sqrt{6} & 0\end{pmatrix}
\end{aligned}$$

제곱근의 일부를 빼낼 수 없다면, 이를 손으로 계산하는 일은 다소 지루할 수 있습니다.

$$\frac{1}{\sqrt{3}}=\frac{\sqrt{2}}{\sqrt{2}\sqrt{3}}=\frac{\sqrt{2}}{\sqrt{6}} \quad \text{[분모, 분자에 } \sqrt{2}\text{를 곱함]}$$

$$\frac{1}{\sqrt{2}}=\frac{\sqrt{3}}{\sqrt{3}\sqrt{2}}=\frac{\sqrt{3}}{\sqrt{6}} \quad \text{[분모, 분자에 } \sqrt{3}\text{을 곱함]}$$

위 식에서 $\frac{1}{\sqrt{3}}$과 $\frac{1}{\sqrt{2}}$ 자리를 $\frac{1}{\sqrt{6}}$을 이용하여 나타냅니다.

$$\mathbf{Q}^{\mathrm{T}}\mathbf{Q}=\begin{pmatrix} \sqrt{2}/\sqrt{6} & \sqrt{2}/\sqrt{6} & \sqrt{2}/\sqrt{6} \\ 1/\sqrt{6} & 1/\sqrt{6} & -2/\sqrt{6} \\ \sqrt{3}/\sqrt{6} & -\sqrt{3}/\sqrt{6} & 0 \end{pmatrix}\begin{pmatrix} \sqrt{2}/\sqrt{6} & 1/\sqrt{6} & \sqrt{3}/\sqrt{6} \\ \sqrt{2}/\sqrt{6} & 1/\sqrt{6} & -\sqrt{3}/\sqrt{6} \\ \sqrt{2}/\sqrt{6} & -2/\sqrt{6} & 0 \end{pmatrix}$$

$$=\frac{1}{\sqrt{6}}\begin{pmatrix} \sqrt{2} & \sqrt{2} & \sqrt{2} \\ 1 & 1 & -2 \\ \sqrt{3} & -\sqrt{3} & 0 \end{pmatrix}\frac{1}{\sqrt{6}}\begin{pmatrix} \sqrt{2} & 1 & \sqrt{3} \\ \sqrt{2} & 1 & -\sqrt{3} \\ \sqrt{2} & -2 & 0 \end{pmatrix} \quad \text{[스칼라곱 } \frac{1}{\sqrt{6}}\text{을 밖으로 꺼내기]}$$

$$=\frac{1}{\sqrt{6}}\frac{1}{\sqrt{6}}\begin{pmatrix} 6 & 0 & 0 \\ 0 & 6 & 0 \\ 0 & 0 & 6 \end{pmatrix}=\frac{1}{6}\begin{pmatrix} 6 & 0 & 0 \\ 0 & 6 & 0 \\ 0 & 0 & 6 \end{pmatrix}=\begin{pmatrix} 1 & 0 & 0 \\ 0 & 1 & 0 \\ 0 & 0 & 1 \end{pmatrix}$$

? [예제 4-18]에서 마지막 결과를 통해 무엇을 알 수 있나요?

[예제 4-18]에서는 마지막에 항등행렬 $\mathbf{I}$를 얻었습니다. 즉, $\mathbf{Q}^{\mathrm{T}}\mathbf{Q}=\mathbf{I}$입니다. 이는 우연이 아닙니다. 일반적으로 $\mathbf{Q}$가 직교행렬이면 $\mathbf{Q}^{\mathrm{T}}\mathbf{Q}=\mathbf{I}$이라는 결과를 얻고 그 반대도 성립합니다. 즉, $\mathbf{Q}^{\mathrm{T}}\mathbf{Q}=\mathbf{I}$이면 $\mathbf{Q}$는 직교행렬입니다.

정리 4-12 직교행렬의 성질

$\mathbf{Q}=(\mathbf{v}_1\,\mathbf{v}_2\,\mathbf{v}_3\,\cdots\,\mathbf{v}_n)$이 정사각행렬일 때 다음이 성립합니다.

$$\mathbf{Q}\text{는 직교행렬} \quad \Leftrightarrow \quad \mathbf{Q}^{\mathrm{T}}\mathbf{Q}=\mathbf{I}$$

? 이를 어떻게 증명할 수 있을까요?

명제 안에 '⇔'라는 기호가 있다면, ⇒ 방향과 ⇐ 방향을 모두 증명해야 합니다.

증명

(⇒) $\mathbf{Q}=(\mathbf{v}_1\,\mathbf{v}_2\,\mathbf{v}_3\,\cdots\,\mathbf{v}_n)$이 직교행렬이라고 가정합시다. 이는 $\mathbf{v}_1, \mathbf{v}_2, \mathbf{v}_3, \cdots, \mathbf{v}_n$이 $\mathbb{R}^n$에서 정규직교벡터(수직인 단위벡터)의 집합임을 의미합니다. $\mathbf{Q}^{\mathrm{T}}\mathbf{Q}=\mathbf{I}$임을 증명하기 위해 행렬 곱을 구합니다.

$$
\begin{aligned}
\mathbf{Q}^{\mathrm{T}}\mathbf{Q} &= (\mathbf{v}_1\,\mathbf{v}_2\,\mathbf{v}_3 \cdots \mathbf{v}_n)^{\mathrm{T}}(\mathbf{v}_1\,\mathbf{v}_2\,\mathbf{v}_3 \cdots \mathbf{v}_n) \\
&= \begin{pmatrix} \mathbf{v}_1^{\mathrm{T}} \\ \mathbf{v}_2^{\mathrm{T}} \\ \vdots \\ \mathbf{v}_n^{\mathrm{T}} \end{pmatrix} (\mathbf{v}_1 \quad \mathbf{v}_2 \quad \mathbf{v}_3 \quad \cdots \quad \mathbf{v}_n) \qquad \text{[열을 행으로 전치]} \\
&= \begin{pmatrix} \mathbf{v}_1^{\mathrm{T}}\mathbf{v}_1 & \mathbf{v}_1^{\mathrm{T}}\mathbf{v}_2 & \cdots & \mathbf{v}_1^{\mathrm{T}}\mathbf{v}_n \\ \mathbf{v}_2^{\mathrm{T}}\mathbf{v}_1 & \mathbf{v}_2^{\mathrm{T}}\mathbf{v}_2 & \cdots & \mathbf{v}_2^{\mathrm{T}}\mathbf{v}_n \\ \vdots & \vdots & & \vdots \\ \mathbf{v}_n^{\mathrm{T}}\mathbf{v}_1 & \mathbf{v}_n^{\mathrm{T}}\mathbf{v}_2 & \cdots & \mathbf{v}_n^{\mathrm{T}}\mathbf{v}_n \end{pmatrix} \qquad \text{[행렬 곱 계산]}
\end{aligned}
$$

이 증명의 목표는 마지막에 계산한 결과가 항등행렬이어야 함을 기억하세요.

위 행렬에서 1행 1열의 성분인 $\mathbf{v}_1^{\mathrm{T}}\mathbf{v}_1$은 무엇과 같나요?

점곱과 같습니다. 2장에서 다음과 같이 정의했음을 기억하세요.

$$\mathbf{u} \cdot \mathbf{v} = \mathbf{u}^{\mathrm{T}}\mathbf{v} \tag{2.1}$$

이를 $\mathbf{v}_1^{\mathrm{T}}\mathbf{v}_1$에 적용하면 다음과 같습니다.

$$\mathbf{v}_1^{\mathrm{T}}\mathbf{v}_1 = \mathbf{v}_1 \cdot \mathbf{v}_1$$

$\mathbf{v}_1 \cdot \mathbf{v}_1$은 무엇과 같나요?

2장의 [정리 2-6]에서 살펴본 노름(길이)의 정의를 적용할 수 있습니다.

$$\| \mathbf{u} \| = \sqrt{\mathbf{u} \cdot \mathbf{u}}$$

따라서 $\mathbf{v}_1 \cdot \mathbf{v}_1 = \| \mathbf{v}_1 \|^2$입니다. 벡터 $\mathbf{v}_1$은 정규직교벡터(수직인 단위벡터)이므로 크기가 1입니다. 따라서 $\mathbf{v}_1 \cdot \mathbf{v}_1 = \| \mathbf{v}_1 \|^2 = 1$입니다. 이는 행렬 $\mathbf{Q}^{\mathrm{T}}\mathbf{Q}$의 1행 1열 성분이 $\mathbf{v}_1^{\mathrm{T}}\mathbf{v}_1 = 1$임을 의미합니다. 즉, 행렬 $\mathbf{Q}^{\mathrm{T}}\mathbf{Q}$의 주대각 성분은 모두 1입니다. 그 이유는 다음과 같습니다.

$$\mathbf{v}_2^{\mathrm{T}}\mathbf{v}_2 = \mathbf{v}_3^{\mathrm{T}}\mathbf{v}_3 = \mathbf{v}_4^{\mathrm{T}}\mathbf{v}_4 = \cdots = \mathbf{v}_n^{\mathrm{T}}\mathbf{v}_n = 1$$

행렬 $\mathbf{Q}^{\mathrm{T}}\mathbf{Q}$의 1행 2열 성분인 $\mathbf{v}_1^{\mathrm{T}}\mathbf{v}_2$는 무엇과 같나요?

다시, 식 (2.1)을 적용해봅시다.

$$\mathbf{v}_1^{\mathrm{T}}\mathbf{v}_2 = \mathbf{v}_1 \cdot \mathbf{v}_2$$

? $\mathbf{v}_1 \cdot \mathbf{v}_2$는 무엇과 같나요?

벡터 $\mathbf{v}_1$과 $\mathbf{v}_2$는 정규직교벡터의 원소이므로 수직인 단위벡터입니다. 벡터 $\mathbf{v}_1$과 $\mathbf{v}_2$가 수직이므로 $\mathbf{v}_1 \cdot \mathbf{v}_2 = 0$입니다. 마찬가지로 서로 다른 두 벡터 $\mathbf{v}_i$와 $\mathbf{v}_j$를 내적한 결과는 0입니다.

$$i \neq j \text{이면, } \mathbf{v}_i^{\mathrm{T}}\mathbf{v}_j = \mathbf{v}_i \cdot \mathbf{v}_j = 0$$

이는 남은 모든 성분의 값이 0임을 의미합니다. 따라서 행렬 $\mathbf{Q}^{\mathrm{T}}\mathbf{Q}$의 주대각 성분은 1이고 나머지 성분은 0입니다. 즉, 행렬 $\mathbf{Q}^{\mathrm{T}}\mathbf{Q}$는 항등행렬 $\mathbf{I}$입니다. 이로써 $\mathbf{Q}^{\mathrm{T}}\mathbf{Q} = \mathbf{I}$임을 증명했습니다.

(⇐) 4.4절 [연습문제 08]에서 증명합니다. ■

? $\mathbf{Q}^{\mathrm{T}}\mathbf{Q} = \mathbf{I}$로 추론할 수 있는 다른 결과는 무엇이 있을까요?

$\mathbf{Q}^{\mathrm{T}}\mathbf{Q} = \mathbf{I}$이므로 행렬 $\mathbf{Q}$의 역행렬이 $\mathbf{Q}^{\mathrm{T}}$라고 결론 내릴 수 있습니다.

> **정리 4-13 직교행렬과 역행렬**
>
> $\mathbf{Q}$는 직교행렬 $\Leftrightarrow$ $\mathbf{Q}^{-1} = \mathbf{Q}^{\mathrm{T}}$

[정리 4-13]은 직교행렬의 역행렬이 행렬을 전치한 것이라는 매우 중요한 결과입니다. 기약행 사다리꼴 행렬로 변환하는 것보다 행렬을 전치하는 것이 훨씬 쉽습니다.

증명

(⇒) [정리 4-12]로부터 직교행렬 $\mathbf{Q}$에 대하여 $\mathbf{Q}^{\mathrm{T}}\mathbf{Q} = \mathbf{I}$가 성립함을 알 수 있었습니다. $\mathbf{Q}$는 정사각행렬이므로 좌역행렬과 우역행렬이 존재하고 이들은 서로 동일합니다. 기억하나요? 1장에 제시한 [정의 1-2]의 역행렬 정의에 의해 다음과 같이 이야기할 수 있습니다.

정사각행렬 $\mathbf{A}$의 역행렬 $\mathbf{B}$가 존재한다면, $\mathbf{AB} = \mathbf{BA} = \mathbf{I}$를 만족하며 $\mathbf{B}$를 $\mathbf{A}^{-1}$로 나타낼 수 있습니다.

따라서 $\mathbf{Q}^{\mathrm{T}}$는 행렬 $\mathbf{Q}$의 역행렬이고, 이는 $\mathbf{Q}^{-1} = \mathbf{Q}^{\mathrm{T}}$임을 의미합니다.

(⇐) $\mathbf{Q}^{-1} = \mathbf{Q}^{\mathrm{T}}$가 성립하면 $\mathbf{Q}$가 직교행렬임을 증명해야 합니다. $\mathbf{Q}^{-1} = \mathbf{Q}^{\mathrm{T}}$의 양변에 $\mathbf{Q}$를 곱하면, $\mathbf{Q}^{-1}\mathbf{Q} = \mathbf{I} = \mathbf{Q}^{\mathrm{T}}\mathbf{Q}$입니다. 그러면 [정리 4-12]에 의해 다음이 성립합니다.

$$\mathbf{Q}\text{는 직교행렬} \quad \Leftrightarrow \quad \mathbf{Q}^{\mathrm{T}}\mathbf{Q} = \mathbf{I}$$

이미 $\mathbf{Q}^{\mathrm{T}}\mathbf{Q} = \mathbf{I}$가 성립함을 증명했습니다. 따라서 $\mathbf{Q}$는 직교행렬입니다. ■

4.4.2 직교행렬의 성질

예제 4-19 $Q=\frac{1}{\sqrt{2}}\begin{pmatrix}1 & 1\\ 1 & -1\end{pmatrix}$, $\mathbf{u}=\begin{pmatrix}1\\2\end{pmatrix}$, $\mathbf{w}=\begin{pmatrix}3\\1\end{pmatrix}$이라 할 때, (a), (b)의 내적을 구하고 (c)의 물음에 답해보세요.

(a) $Q\mathbf{u}\cdot Q\mathbf{w}$　　(b) $\mathbf{u}\cdot\mathbf{w}$　　(c) 두 결과를 통해 무엇을 알 수 있나요?

풀이

(a) 내적을 계산해봅시다.

$$Q\mathbf{u}=\frac{1}{\sqrt{2}}\begin{pmatrix}1 & 1\\ 1 & -1\end{pmatrix}\begin{pmatrix}1\\2\end{pmatrix}=\frac{1}{\sqrt{2}}\begin{pmatrix}3\\-1\end{pmatrix}$$

$$Q\mathbf{w}=\frac{1}{\sqrt{2}}\begin{pmatrix}1 & 1\\ 1 & -1\end{pmatrix}\begin{pmatrix}3\\1\end{pmatrix}=\frac{1}{\sqrt{2}}\begin{pmatrix}4\\2\end{pmatrix}$$

$$Q\mathbf{u}\cdot Q\mathbf{w}=\frac{1}{\sqrt{2}}\begin{pmatrix}3\\-1\end{pmatrix}\cdot\frac{1}{\sqrt{2}}\begin{pmatrix}4\\2\end{pmatrix}=\frac{1}{2}[(3\times 4)+\{(-1)\times 2\}]=5$$

(b) 같은 방법으로 계산하면 다음과 같습니다.

$$\mathbf{u}\cdot\mathbf{w}=\begin{pmatrix}1\\2\end{pmatrix}\cdot\begin{pmatrix}3\\1\end{pmatrix}=(1\times 3)+(2\times 1)=5$$

(c) $Q\mathbf{u}\cdot Q\mathbf{w}=\mathbf{u}\cdot\mathbf{w}$임을 알 수 있습니다.

[예제 4-19]의 결과인 $Q\mathbf{u}\cdot Q\mathbf{w}=\mathbf{u}\cdot\mathbf{w}$에 대해서는 의심의 여지가 없습니다. 일반적으로 Q가 직교행렬이라면 $Q\mathbf{u}$와 $Q\mathbf{w}$의 내적 결과는 $\mathbf{u}\cdot\mathbf{w}$와 같습니다.

> **정리 4-14 직교행렬의 성질**
>
> Q가 $n\times n$ 행렬이고 $\mathbf{u}$, $\mathbf{w}$가 $\mathbb{R}^n$의 임의의 벡터라 할 때 다음이 성립합니다.
>
> $$Q\text{는 직교행렬} \quad \Leftrightarrow \quad Q\mathbf{u}\cdot Q\mathbf{w}=\mathbf{u}\cdot\mathbf{w}$$

? [정리 4-14]는 무엇을 의미할까요?

이는 직교행렬이 내적을 보존한다는 뜻이고, 내적이 보존되면 행렬 Q는 직교행렬이라는 의미입니다.

증명

($\Rightarrow$) 행렬 Q가 직교행렬이라고 가정할 때, $Q\mathbf{u}\cdot Q\mathbf{w}=\mathbf{u}\cdot\mathbf{w}$임을 증명해야 합니다. $Q\mathbf{u}\cdot Q\mathbf{w}=\mathbf{u}\cdot\mathbf{w}$의 좌변을 계산해봅시다. 이때 다음 식을 사용합니다.

$$\mathbf{u}\cdot\mathbf{w}=\mathbf{u}^{\mathrm{T}}\mathbf{w} \tag{2.1}$$

Qu · Qw에 식 (2.1)을 적용해봅시다.

$$\begin{aligned}\mathbf{Qu}\cdot\mathbf{Qw} &= (\mathbf{Qu})^{\mathrm T}\mathbf{Qw}\\ &= (\mathbf{u}^{\mathrm T}\mathbf{Q}^{\mathrm T})\mathbf{Qw} && \text{[[정리 1-4(d)] } (\mathbf{AB})^{\mathrm T}=\mathbf{B}^{\mathrm T}\mathbf{A}^{\mathrm T}\text{]}\\ &= \mathbf{u}^{\mathrm T}(\mathbf{Q}^{\mathrm T}\mathbf{Q})\mathbf{w} && \text{[[정리 1-3(a) } (\mathbf{AB})\mathbf{C}=\mathbf{A}(\mathbf{BC})\text{]}\\ &= \mathbf{u}^{\mathrm T}(\mathbf{I})\mathbf{w} && \text{[Q가 직교행렬이므로 } \mathbf{Q}^{\mathrm T}\mathbf{Q}=\mathbf{I}\text{]}\\ &= \mathbf{u}^{\mathrm T}\mathbf{w} \underbrace{=}_{\text{식 (2.1)}} \mathbf{u}\cdot\mathbf{w}\end{aligned}$$

이는 직교행렬에 의해 행렬 곱에서 내적이 보존됨을 증명한 것입니다.

(⟸) 이제 반대 방향을 증명해봅시다. 모든 벡터 u, w에 대해 Qu · Qw = u · w가 성립한다고 가정할 때, Q가 직교행렬임을 증명해야 합니다.

$$\begin{aligned}\mathbf{Qu}\cdot\mathbf{Qw} &= (\mathbf{Qu})^{\mathrm T}\mathbf{Qw}\\ &= (\mathbf{u}^{\mathrm T}\mathbf{Q}^{\mathrm T})\mathbf{Qw}\\ &= \mathbf{u}^{\mathrm T}(\mathbf{Q}^{\mathrm T}\mathbf{Q})\mathbf{w}=\mathbf{u}\cdot\mathbf{w} && \text{[가정에 의해]}\end{aligned}$$

마지막 줄의 우변은 식 (2.1)에 의해 $\mathbf{u}\cdot\mathbf{w}=\mathbf{u}^{\mathrm T}\mathbf{w}$라 할 수 있습니다. 따라서 $\mathbf{u}^{\mathrm T}(\mathbf{Q}^{\mathrm T}\mathbf{Q})\mathbf{w}=\mathbf{u}^{\mathrm T}\mathbf{w}$가 성립하며, 여기서 $\mathbf{Q}^{\mathrm T}\mathbf{Q}=\mathbf{I}$임을 알 수 있습니다.

따라서 $\mathbf{Q}^{\mathrm T}\mathbf{Q}=\mathbf{I}$이므로 [정리 4-12]에 의해 Q는 직교행렬입니다. ■

예제 4-20 $\mathbf{Q}=\dfrac{1}{\sqrt2}\begin{pmatrix}1&1\\1&-1\end{pmatrix}$, $\mathbf{u}=\begin{pmatrix}1\\2\end{pmatrix}$라 할 때, (a), (b)의 길이를 구하고 (c)의 물음에 답해보세요.

(a) $\|\mathbf{u}\|$ **(b)** $\|\mathbf{Qu}\|$ **(c)** $\mathbb{R}^2$ **평면 위에 u와 Qu를 나타내보세요.**

풀이

(a) 피타고라스 정리에 의해 다음과 같이 계산할 수 있습니다.

$$\|\mathbf{u}\|^2=\mathbf{u}\cdot\mathbf{u}=\begin{pmatrix}1\\2\end{pmatrix}\cdot\begin{pmatrix}1\\2\end{pmatrix}=1^2+2^2=5 \quad\Rightarrow\quad \|\mathbf{u}\|=\sqrt5$$

(b) 마찬가지로 다음과 같이 계산할 수 있습니다.

$$\|\mathbf{Qu}\|^2=\mathbf{Qu}\cdot\mathbf{Qu}\underbrace{=}_{\text{[예제 4-19]}}\frac{1}{\sqrt2}\begin{pmatrix}3\\-1\end{pmatrix}\cdot\frac{1}{\sqrt2}\begin{pmatrix}3\\-1\end{pmatrix}=\frac12\{3^2+(-1)^2\}=5$$

따라서 $\|\mathbf{Qu}\|=\sqrt5$ 입니다.

(c) [그림 4-19]에 u와 Qu를 나타내보았습니다. 크기 $\|\mathbf{u}\|=\|\mathbf{Qu}\|=\sqrt5$ 이므로, 벡터 u와 Qu는 원점을 중심으로 반경이 $\sqrt5$ 인 원 위에 놓여 있습니다.

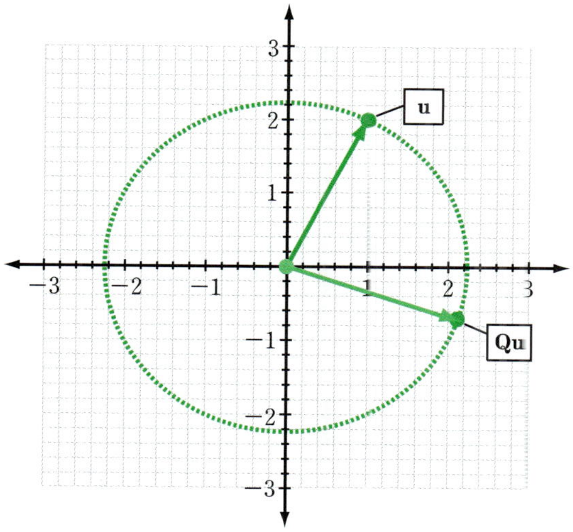

[그림 4-19] $\mathbb{R}^2$ 평면 위에 놓인 벡터 $\mathbf{u}$와 $\mathbf{Qu}$

직교행렬 $\mathbf{Q}$에 대하여, 벡터 $\mathbf{Qu}$와 $\mathbf{u}$의 길이는 같습니다.

정리 4-15 직교행렬의 성질

$\mathbf{Q}$를 $n \times n$ 행렬, $\mathbf{u}$를 $\mathbb{R}^n$의 벡터라 하면 다음이 성립합니다.

$$\mathbf{Q}\text{는 직교행렬} \quad \Leftrightarrow \quad \| \mathbf{Qu} \| = \| \mathbf{u} \|$$

[정리 4-15]는 무엇을 의미할까요?

직교행렬 $\mathbf{Q}$를 벡터 $\mathbf{u}$에 적용하면 크기(길이)가 아닌 방향이 바뀔 수 있습니다. [그림 4-20]에서 볼 수 있듯이, $\mathbf{Qu}$에서 직교행렬 $\mathbf{Q}$는 벡터 $\mathbf{u}$를 회전합니다.

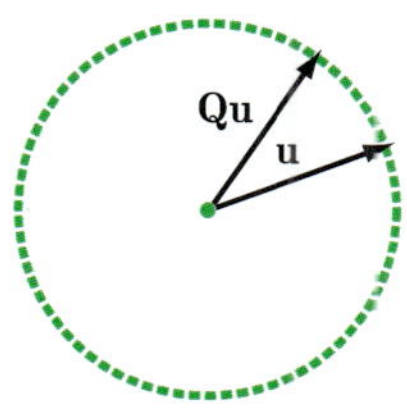

[그림 4-20] 직교행렬 $\mathbf{Q}$에 의한 벡터 $\mathbf{u}$의 회전

직교행렬은 벡터의 크기를 유지합니다. 그리고 변환행렬이 크기를 유지한다면 이 행렬은 직교행렬입니다.

증명

4.4절 [연습문제 09]에서 증명합니다. ■

4.4.3 삼각행렬

삼각행렬이란 무엇일까요?

> **정의 4-6 삼각행렬**
> **삼각행렬**(triangular matrix)은 크기가 $n \times n$이며, 주대각선을 기준으로 한쪽 면의 모든 성분이 0인 행렬을 말합니다.

예를 들어, 다음과 같은 행렬이 삼각행렬입니다.

$$\text{(a)} \begin{pmatrix} 1 & 2 & 3 \\ 0 & 4 & 5 \\ 0 & 0 & 6 \end{pmatrix} \qquad \text{(b)} \begin{pmatrix} 1 & 0 & 0 \\ 2 & 3 & 0 \\ 4 & 5 & 6 \end{pmatrix}$$

주대각선

(a)는 **상삼각행렬**(upper triangular matrix)[1]의 예입니다.
(b)는 **하삼각행렬**(lower triangular matrix)[2]의 예입니다.

또 다른 형태의 행렬로 대각행렬이 있습니다.

대각행렬이란 무엇일까요?

> **정의 4-7 대각행렬**
> **대각행렬**(diagonal matrix)은 크기가 $n \times n$이며, 주대각선을 기준으로 양쪽 면 모두의 성분이 0인 행렬을 말합니다.

대각행렬의 예를 들어볼까요?

항등행렬 $\mathbf{I} = \begin{pmatrix} 1 & 0 & 0 \\ 0 & 1 & 0 \\ 0 & 0 & 1 \end{pmatrix}$이 있습니다. 또 다른 예는 $\begin{pmatrix} 1 & 0 & 0 \\ 0 & 2 & 0 \\ 0 & 0 & 3 \end{pmatrix}$이 있습니다.

대각행렬은 상삼각행렬이기도 하고 하삼각행렬이기도 합니다.

---

1 (옮긴이) 주대각선을 기준으로 아래쪽 면의 모든 성분이 0인 행렬을 말합니다.
2 (옮긴이) 주대각선을 기준으로 위쪽 면의 모든 성분이 0인 행렬을 말합니다.

4.4.4 QR 분해

$m \times n$ 행렬 $\mathbf{A}$의 각 열이 일차독립이라고 합시다. 그러면 행렬 $\mathbf{A}$는 다음과 같이 분해할 수 있습니다.

$$\mathbf{A} = \mathbf{QR} \tag{4.3}$$

이를 QR 분해(QR factorization)라고 합니다. 여기서 $\mathbf{Q}$는 직교행렬이고, $\mathbf{R}$은 상삼각행렬입니다.

? 왜 행렬 A를 직교행렬 Q와 상삼각행렬 R로 분해할까요?

1. $\mathbf{Ax} = \mathbf{b}$와 같은 연립일차방정식을 효과적으로 풀 수 있기 때문입니다. 이 연립일차방정식은 다음과 같이 쓸 수 있습니다.

$$(\mathbf{QR})\mathbf{x} = \mathbf{Q}(\mathbf{Rx}) = \mathbf{b} \tag{*}$$

식 (*)에서 각 항의 왼쪽에 $\mathbf{Q}$의 역행렬을 곱해봅시다. 이때 $\mathbf{Q}^{-1} = \mathbf{Q}^{\mathrm{T}}$입니다.

$$\underbrace{\mathbf{Q}^{\mathrm{T}}\mathbf{Q}}_{=\mathbf{I}}(\mathbf{Rx}) = \mathbf{Rx} = \mathbf{Q}^{\mathrm{T}}\mathbf{b}$$

$\mathbf{Q}^{\mathrm{T}}\mathbf{b}$를 벡터 $\mathbf{c}$라 합시다. 즉, $\mathbf{Q}^{\mathrm{T}}\mathbf{b} = \mathbf{c}$입니다. 주어진 연립일차방정식 $\mathbf{Ax} = \mathbf{b}$는 상삼각행렬 $\mathbf{R}$에 대해 $\mathbf{RX} = \mathbf{c}$를 해결하는 것으로 간단하게 정리됩니다. $\mathbf{R}$이 상삼각행렬이므로 후방 대입법을 통해 연립일차방정식 $\mathbf{RX} = \mathbf{c}$를 해결할 수 있습니다.

$$\mathbf{Rx} = \mathbf{c} \quad \Rightarrow \quad \begin{pmatrix} r_{11} & & r_{1n} \\ & \ddots & \\ \bigcirc & & r_{nn} \end{pmatrix} \begin{pmatrix} x_1 \\ \vdots \\ x_n \end{pmatrix} = \begin{pmatrix} c_1 \\ \vdots \\ c_n \end{pmatrix}$$

2. 행렬 분해는 다음과 같은 최소제곱법(least square approximation)에도 적용할 수 있기 때문입니다.

$\|\mathbf{Ax} - \mathbf{b}\|$를 최소로 만드는 벡터 $\mathbf{x}$를 찾아보세요.

3. 이 밖에도 QR 분해는 수치적 수단으로 행렬의 고윳값과 고유벡터(7장에서 설명)를 찾는 데 사용하기 때문입니다.

이제 직교행렬 $\mathbf{Q}$와 $\mathbf{A} = \mathbf{QR}$이 성립하도록 하는 상삼각행렬 $\mathbf{R}$을 구해야 합니다.

? 이러한 행렬을 어떻게 구할 수 있을까요?

$\mathbf{Q}$가 직교행렬이므로 행렬 $\mathbf{Q}$의 열은 정규직교벡터(수직인 단위벡터)입니다.

$$\mathbf{Q} = (\mathbf{q}_1\ \mathbf{q}_2\ \mathbf{q}_3\ \cdots\ \mathbf{q}_n)$$

? 하지만 행렬 A로부터 이 정규직교벡터를 어떻게 구할 수 있을까요?

일차독립인 벡터 $\mathbf{a}_1, \mathbf{a}_2, \cdots, \mathbf{a}_n$에 대해서 행렬 $\mathrm{A} = (\mathbf{a}_1\ \mathbf{a}_2\ \mathbf{a}_3\ \cdots\ \mathbf{a}_n)$이라 합시다. 정규직교벡터를 만드는 그람-슈미트 과정을 적용하여 벡터 $\mathbf{a}$를 벡터 $\mathbf{q}$로 변형할 수 있습니다.

앞에서 살펴본 [정리 4-10]의 그람-슈미트 과정과 정규화를 통해 다음과 같이 이야기할 수 있습니다.

$\mathbf{a}_1 = \dfrac{\mathbf{q}_1}{\|\mathbf{q}_1\|}$이라고 합시다. $r_{11} = \dfrac{1}{\|\mathbf{q}_1\|}$에 대해서 $\mathbf{a}_1 = r_{11}\mathbf{q}_1$으로 다시 쓸 수 있습니다. 또한 $\mathbf{q}_2 = \dfrac{1}{\|\mathbf{q}_2\|}\left(\mathbf{a}_2 - \dfrac{\langle \mathbf{v}_2, \mathbf{q}_1 \rangle}{\|\mathbf{q}_1\|^2}\mathbf{q}_1\right)$이라고 합시다. 이를 통해 다음을 얻을 수 있습니다.

$$\mathbf{a}_2 = \frac{\langle \mathbf{v}_2, \mathbf{q}_1 \rangle}{\|\mathbf{q}_1\|^2}\mathbf{q}_1 + \|\mathbf{q}_2\|\mathbf{q}_2$$

따라서 $r_{12} = \dfrac{\langle \mathbf{v}_2, \mathbf{q}_1 \rangle}{\|\mathbf{q}_1\|^2}$과 $r_{22} = \|\mathbf{q}_2\|$에 대해, $\mathbf{a}_2 = r_{12}\mathbf{q}_1 + r_{22}\mathbf{q}_2$로 쓸 수 있습니다. 그람-슈미트 과정을 확장하면 다음과 같습니다.

$$\begin{aligned}
\mathbf{a}_1 &= r_{11}\mathbf{q}_1 \\
\mathbf{a}_2 &= r_{12}\mathbf{q}_1 + r_{22}\mathbf{q}_2 \\
\mathbf{a}_3 &= r_{13}\mathbf{q}_1 + r_{23}\mathbf{q}_2 + r_{33}\mathbf{q}_3 \\
&\ \ \vdots \qquad\ \vdots \qquad\ \vdots \\
\mathbf{a}_n &= r_{1n}\mathbf{q}_1 + r_{2n}\mathbf{q}_2 + r_{3n}\mathbf{q}_3 + \cdots + r_{nn}\mathbf{q}_n
\end{aligned}$$

이를 행렬 형태로 다음과 같이 나타낼 수 있습니다.

$$\begin{aligned}
\mathrm{A} &= (\mathbf{a}_1\ \ \mathbf{a}_2\ \ \mathbf{a}_3 \cdots \mathbf{a}_n) \\
&= (r_{11}\mathbf{q}_1\ \ r_{12}\mathbf{q}_1 + r_{22}\mathbf{q}_2\ \ r_{13}\mathbf{q}_1 + r_{23}\mathbf{q}_2 + r_{33}\mathbf{q}_3\ \cdots\ r_{1n}\mathbf{q}_1 + r_{2n}\mathbf{q}_2 + r_{3n}\mathbf{q}_3 + \cdots + r_{nn}\mathbf{q}_n) \\
&= \underbrace{(\mathbf{q}_1\ \ \mathbf{q}_2\ \ \mathbf{q}_3 \cdots \mathbf{q}_n)}_{=\mathrm{Q}} \underbrace{\begin{pmatrix} r_{11} & r_{12} & \cdots & r_{1n} \\ 0 & r_{22} & \cdots & r_{2n} \\ 0 & 0 & \ddots & \vdots \\ 0 & \vdots & \cdots & r_{nn} \end{pmatrix}}_{=\mathrm{R}} \\
&= \mathrm{QR}
\end{aligned}$$

우리가 해결해야 할 문제는 '상삼각행렬 R을 어떻게 구할 수 있는가?'입니다. Q가 직교행렬이므로 Q의 역행렬이 Q^{T}임을 알 수 있습니다. $\mathrm{A} = \mathrm{QR}$에서 양변의 왼쪽에 Q^{T}를 곱해봅시다.

$$\mathrm{Q}^{\mathrm{T}}\mathrm{A} = \underbrace{\mathrm{Q}^{\mathrm{T}}\mathrm{Q}}_{=\mathrm{I}}\mathrm{R} = \mathrm{IR} = \mathrm{R}$$

따라서 상삼각행렬 R을 다음과 같이 구할 수 있습니다.

$$\mathrm{R} = \mathrm{Q}^{\mathrm{T}}\mathrm{A} \tag{4.4}$$

이 QR 분해를 특정한 행렬 A에 적용해보겠습니다.

예제 4-21 **행렬 $\mathrm{A} = \begin{pmatrix} 1 & 1 & 2 \\ 1 & 1 & 0 \\ 1 & 0 & 0 \end{pmatrix}$의 QR 분해를 구해보세요.**

풀이

A의 열벡터는 $\mathbf{a}_1 = (1\ \ 1\ \ 1)^{\mathrm{T}}$, $\mathbf{a}_2 = (1\ \ 1\ \ 0)^{\mathrm{T}}$, $\mathbf{a}_3 = (2\ \ 0\ \ 0)^{\mathrm{T}}$입니다. 이 벡터는 4.3절 [연습문제 03]에 주어진 벡터와 같습니다. 그람-슈미트 과정을 적용하여 다음과 같은 정규직교벡터를 구할 수 있습니다.

$$\mathbf{q}_1 = \frac{1}{\sqrt{3}}\begin{pmatrix} 1 \\ 1 \\ 1 \end{pmatrix},\ \mathbf{q}_2 = \frac{1}{\sqrt{6}}\begin{pmatrix} 1 \\ 1 \\ -2 \end{pmatrix},\ \mathbf{q}_3 = \frac{1}{\sqrt{2}}\begin{pmatrix} 1 \\ -1 \\ 0 \end{pmatrix}\text{에 대하여, } \mathrm{Q} = (\mathbf{q}_1\ \ \mathbf{q}_2\ \ \mathbf{q}_3)$$

행렬 Q와 Q의 전치행렬을 [예제 4-18]에서 다음과 같이 간단하게 정리하였습니다.

$$\mathrm{Q} = \frac{1}{\sqrt{6}}\begin{pmatrix} \sqrt{2} & 1 & \sqrt{3} \\ \sqrt{2} & 1 & -\sqrt{3} \\ \sqrt{2} & -2 & 0 \end{pmatrix},\ \mathrm{Q}^{\mathrm{T}} = \frac{1}{\sqrt{6}}\begin{pmatrix} \sqrt{2} & \sqrt{2} & \sqrt{2} \\ 1 & 1 & -2 \\ \sqrt{3} & -\sqrt{3} & 0 \end{pmatrix}$$

행렬 Q의 전치행렬을 왜 구해야 할까요? 상삼각행렬 R을 $\mathrm{R} = \mathrm{Q}^{\mathrm{T}}\mathrm{A}$로 나타낼 수 있기 때문입니다.

$$\begin{aligned} \mathrm{R} = \mathrm{Q}^{\mathrm{T}}\mathrm{A} &= \frac{1}{\sqrt{6}}\begin{pmatrix} \sqrt{2} & \sqrt{2} & \sqrt{2} \\ 1 & 1 & -2 \\ \sqrt{3} & -\sqrt{3} & 0 \end{pmatrix}\begin{pmatrix} 1 & 1 & 2 \\ 1 & 1 & 0 \\ 1 & 0 & 0 \end{pmatrix} \\ &= \frac{1}{\sqrt{6}}\begin{pmatrix} 3\sqrt{2} & 2\sqrt{2} & 2\sqrt{2} \\ 0 & 2 & 2 \\ 0 & 0 & 2\sqrt{3} \end{pmatrix} \end{aligned}$$

행렬 곱을 통해 다음을 확인할 수 있습니다.

$$\mathrm{A} = \begin{pmatrix} 1 & 1 & 2 \\ 1 & 1 & 0 \\ 1 & 0 & 0 \end{pmatrix} = \mathrm{QR} = \frac{1}{\sqrt{6}}\begin{pmatrix} \sqrt{2} & 1 & \sqrt{3} \\ \sqrt{2} & 1 & -\sqrt{3} \\ \sqrt{2} & -2 & 0 \end{pmatrix}\frac{1}{\sqrt{6}}\begin{pmatrix} 3\sqrt{2} & 2\sqrt{2} & 2\sqrt{2} \\ 0 & 2 & 2 \\ 0 & 0 & 2\sqrt{3} \end{pmatrix}$$

핵심요약

- 직교행렬은 정사각행렬이며, 각 열이 정규직교벡터(수직인 단위벡터)입니다.
- 열벡터가 일차독립인 $m \times n$ 행렬 A를 A = QR로 분해할 수 있습니다. 이때 Q는 직교행렬, R은 상삼각행렬입니다.

4.4 연습문제

01 주어진 행렬에 대해 $\mathbf{Q}^{\mathrm{T}}\mathbf{Q}=\mathbf{I}$가 성립함을 보이세요.

(a) $\mathbf{Q}=\frac{1}{\sqrt{2}}\begin{pmatrix}1 & 1\\ 1 & -1\end{pmatrix}$ (b) $\mathbf{Q}=\frac{1}{5}\begin{pmatrix}3 & 4\\ 4 & -3\end{pmatrix}$

(c) $\mathbf{Q}=\begin{pmatrix}\cos\theta & \sin\theta\\ \sin\theta & -\cos\theta\end{pmatrix}$

02 [연습문제 01]의 각 행렬에 대해 $\mathbf{Q}^{-1}$를 구해보세요.

03 다음 행렬이 직교행렬인지 판단해보세요. 직교행렬의 경우에는 역행렬을 구해보세요.

(a) $\mathbf{A}=\begin{pmatrix}1 & 0 & 0\\ 0 & 2 & 0\\ 0 & 0 & 3\end{pmatrix}$ (b) $\mathbf{B}=\frac{1}{2}\begin{pmatrix}1 & 1\\ 1 & 1\\ 1 & -1\\ 1 & -1\end{pmatrix}$

(c) $\mathbf{C}=\begin{pmatrix}1/\sqrt{2} & 1/\sqrt{3} & 1/\sqrt{6}\\ -1/\sqrt{2} & 1/\sqrt{3} & 1/\sqrt{6}\\ 0 & 1/\sqrt{3} & -2/\sqrt{6}\end{pmatrix}$

04 행렬 $\mathbf{A}=\begin{pmatrix}a & b\\ c & d\end{pmatrix}$가 직교행렬이라면 행렬 $\mathbf{A}$의 각 열벡터가 이루는 각과 크기에 대해 무엇을 말할 수 있을까요?

05 행렬의 첫 번째 열과 두 번째 열이 다음과 같을 때, 이 행렬을 직교행렬로 만드는 세 번째 열벡터를 구해보세요.

$$\begin{pmatrix}1/\sqrt{3}\\ 1/\sqrt{3}\\ 1/\sqrt{3}\end{pmatrix},\ \begin{pmatrix}1/\sqrt{2}\\ 0\\ -1/\sqrt{2}\end{pmatrix}$$

06 행렬 $\mathbf{Q}=\begin{pmatrix}\cos\theta & \sin\theta\\ \sin\theta & -\cos\theta\end{pmatrix}$, $\mathbf{u}=\begin{pmatrix}1\\ 0\end{pmatrix}$에 대해서 $\mathbf{Qu}$를 구하고, 이를 $\mathbb{R}^2$ 평면 위에 그려보세요. 직교행렬 $\mathbf{Q}$가 벡터 $\mathbf{u}$에 어떠한 영향을 미치나요?

07 행렬 $\mathbf{A}=\begin{pmatrix}2 & -1 & -1\\ 2 & 0 & 2\\ 2 & -1 & 3\end{pmatrix}$에 대하여, $\mathbf{A}$의 열벡터는 4.3절 [연습문제 04(b)]에 주어진 벡터입니다. 다음 물음에 답해보세요.

(a) 행렬 $\mathbf{A}$의 $\mathbf{QR}$ 분해를 구해보세요.

(b) $\mathbf{b}=(-3\ \ 8\ \ 9)^{\mathrm{T}}$에 대해서 연립일차방정식 $\mathbf{Ax}=\mathbf{b}$의 해를 구해보세요.

(c) $\mathbf{b}=(-5\ \ 12\ \ 11)^{\mathrm{T}}$에 대해서 연립일차방정식 $\mathbf{Ax}=\mathbf{b}$의 해를 구해보세요.

08 [정리 4-12]의 ($\Leftarrow$) 방향을 증명해보세요.

09 [정리 4-15]를 증명해보세요.

10 $\mathbf{A}$가 모든 단위벡터 $\mathbf{u}$에 대해 $\|\mathbf{Au}\|=1$을 만족하는 정사각행렬이라면, $\mathbf{A}$가 직교행렬임을 증명해보세요.

11 $\mathbf{Q}$가 직교행렬이라면 $\mathbf{Q}^{\mathrm{T}}$도 직교행렬임을 증명해보세요.

12 직교행렬의 행과 열이 일차독립임을 증명해보세요.

4장 종합문제

4.1 다음 문장이 참인지 거짓인지 판별해보세요.

$\mathbb{R}^n$의 모든 일차독립인 집합은 직교집합입니다.

[워싱턴 주립대학교, 미국]

4.2 다음 벡터가 $\mathbb{R}^4$의 부분공간 U의 기저를 형성한다고 할 때, U의 직교기저를 구해보세요.

$$\mathbf{X}_1=[1,\ 1,\ 1,\ 1],\quad \mathbf{X}_2=[1,\ 0,\ 0,\ 1],$$
$$\mathbf{X}_3=[0,\ 2,\ 1,\ -1]$$

[오타와 대학교, 캐나다]

4.3 $S=\text{span}\left\{\begin{pmatrix}1\\0\\1\\0\end{pmatrix},\begin{pmatrix}0\\1\\1\\1\end{pmatrix},\begin{pmatrix}1\\1\\2\\2\end{pmatrix}\right\}$라 합시다. 다음 물음에 답해보세요.

(a) S의 기저를 구해보세요.

(b) S의 정규직교기저를 구해보세요.

[퍼듀 대학교, 미국]

4.4 다음 물음에 답해보세요.

(a) 유클리드 공간 V의 어떤 기저를 직교기저 또는 정규직교기저라고 하나요?

(b) $\mathbf{f}_1=\begin{pmatrix}-1\\0\\2\end{pmatrix}$, $\mathbf{f}_2=\begin{pmatrix}0\\-2\\3\end{pmatrix}$, $\mathbf{f}_3=\begin{pmatrix}1\\1\\4\end{pmatrix}$가 $\mathbb{R}^3$의 기저를 형성함을 보이세요.

(c) 그람-슈미트 과정의 직교화를 (b)의 기저에 적용하여 $\mathbb{R}^3$의 직교기저를 구해보세요. (여기서 $\mathbb{R}^3$의 내적은 표준인 것으로 전제합니다.)

[더블린 대학교, 아일랜드]

4.5 다음 물음에 답해보세요.

(a) $\mathbb{R}^n$에서 영벡터가 아닌 벡터의 직교집합이 일차독립임을 증명해보세요.

(b) $B=\{\mathbf{v}_1, \mathbf{v}_2, \mathbf{v}_3, \cdots, \mathbf{v}_n\}$이 $\mathbb{R}^n$의 정규직교기저라 할 때, $\mathbf{w}\in\mathbb{R}^n$에 대하여 다음이 성립함을 증명하세요.

$$\mathbf{w}=(\mathbf{v}_1\cdot\mathbf{w})\mathbf{v}_1+(\mathbf{v}_2\cdot\mathbf{w})\mathbf{v}_2+\cdots+(\mathbf{v}_n\cdot\mathbf{w})\mathbf{v}_n$$

[맨체스터 대학교, 영국]

4.6 다음 물음에 답해보세요.

(a) $\mathbb{R}^3$의 벡터 $\mathbf{w}_1$, $\mathbf{w}_2$, $\mathbf{w}_3$가 정규직교한다는 것이 어떤 의미인지 정의해보세요.

(b) 그람-슈미트 과정을 $\mathbb{R}^3$의 다음 벡터에 적용하여 $\mathbb{R}^3$의 정규직교집합을 구해보세요.

$$\mathbf{v}_1=\begin{pmatrix}0\\1\\1\end{pmatrix},\ \mathbf{v}_2=\begin{pmatrix}1\\1\\0\end{pmatrix},\ \mathbf{v}_3=\begin{pmatrix}5\\4\\6\end{pmatrix}$$

[사우샘프턴 대학교, 영국]

4.7 실벡터공간 $\mathbb{R}^4$의 벡터 $\mathbf{x}=(x_1,\ x_2,\ x_3,\ x_4)$, $\mathbf{y}=(y_1,\ y_2,\ y_3,\ y_4)\in\mathbb{R}^4$에 대하여 내적이 다음과 같이 주어져 있습니다. 주어진 물음에 답해보세요.

$$\langle\mathbf{x},\mathbf{y}\rangle=x_1y_1+x_2y_2+x_3y_3+x_4y_4$$

(a) 위에 제시한 내적과 관련해서 $\mathbf{x}=(x_1,\ x_2,\ x_3,\ x_4)\in\mathbb{R}^4$의 노름을 정의해보세요. $(2,\ -3,\ 5,\ 1)$의 노름은 얼마인가요?

(b) 두 벡터 $\mathbf{x},\mathbf{y}\in\mathbb{R}^4$가 어떤 경우에 직교한다고 이야기할 수 있을까요? $(0,\ 1,\ -1,\ 1)$과 $(6,\ 3,\ 3,\ 27)$은 직교하나요?

(c) $\mathbb{R}^4$에서 벡터의 정규직교집합은 무엇인가요? $\left\{(0,\ 0,\ 1,\ 0), \left(\frac{1}{\sqrt{6}},\ \frac{-2}{\sqrt{6}},\ 0,\ \frac{1}{\sqrt{6}}\right), \left(\frac{2}{\sqrt{5}},\ \frac{1}{\sqrt{5}},\ 0,\ 0\right)\right\}$이 정규직교집합인가요? 왜 그렇게 답변했는지 설명해보세요.

(d) 그람-슈미트 과정을 이용하여 다음 기저로부터 $\mathbb{R}^4$의 정규직교기저를 구해보세요.

$$\{(1,\ 0,\ 0,\ 0), (1,\ 1,\ 0,\ 1), (0,\ 1,\ 1,\ 1), (0,\ 1,\ -1,\ 0)\}$$

[런던시티 대학교, 영국]

4.8 실벡터공간 $M(2,2)$의 임의의 $\mathbf{A},\mathbf{B}\in M(2,2)$에 대하여 내적이 다음과 같습니다. ($M(2,2)$는 2×2 행렬의 집합 M_{22}이고, tr은 행렬의 대각합입니다.) 주어진 물음에 답해보세요.

$$\langle\mathbf{A},\mathbf{B}\rangle=\mathrm{tr}(\mathbf{B}^{\mathrm{T}}\mathbf{A})$$

(a) 위에 제시한 내적과 관련해서 $\mathbf{A}\in M(2,2)$의 노름을 정의해보세요. 행렬 $\begin{pmatrix}2&-3\\5&1\end{pmatrix}$의 노름은 얼마인가요?

(b) (위에 주어진 내적과 관련하여) 두 행렬 $\mathbf{A},\mathbf{B}\in M(2,2)$가 어떤 경우에 직교한다고 이야기할 수 있을까요? 행렬 $\begin{pmatrix}0&1\\-1&1\end{pmatrix}$과 $\begin{pmatrix}6&3\\3&27\end{pmatrix}$은 직교하나요?

(c) (위에 주어진 내적과 관련하여) $M(2,2)$에서 벡터의 정규직교집합은 무엇인가요? 다음 집합은 정규직교집합인가요? 왜 그렇게 답변했는지 설명해보세요.

$$\left\{\mathbf{A}_1 = \begin{pmatrix} 1 & 0 \\ 0 & 0 \end{pmatrix},\ \mathbf{A}_2 = \begin{pmatrix} 0 & 1/\sqrt{2} \\ 0 & 1/\sqrt{2} \end{pmatrix},\ \mathbf{A}_3 = \begin{pmatrix} 0 & 0 \\ 1 & 0 \end{pmatrix}\right\}$$

(d) $\mathbf{B} = \begin{pmatrix} 0 & 1 \\ -1 & 0 \end{pmatrix}$일 때, (c)의 결과와 $\{\mathbf{A}_1, \mathbf{A}_2, \mathbf{A}_3, \mathbf{B}\}$가 $M(2,2)$의 기저라는 사실을 사용하여 $M(2,2)$에서 $\{\mathbf{A}_1, \mathbf{A}_2, \mathbf{A}_3, \mathbf{A}_4\}$가 정규직교집합이 되도록 하는 행렬 $\mathbf{A}_4$를 구해보세요.

(e) 다음을 만족하는 $\lambda_1, \lambda_2, \lambda_3, \lambda_4 \in \mathbb{R}$을 구해보세요.

$$\begin{pmatrix} 1 & 0 \\ 0 & 1 \end{pmatrix} = \lambda_1\mathbf{A}_1 + \lambda_2\mathbf{A}_2 + \lambda_3\mathbf{A}_3 + \lambda_4\mathbf{A}_4$$

[런던시티 대학교, 영국]

4.9 $\mathbf{q}_1, \mathbf{q}_2, \mathbf{q}_3$가 $\mathbb{R}^4$의 정규직교벡터라 가정합시다($\mathbb{R}^3$가 아님에 주의하세요). 다음 물음에 답해보세요.

(a) 벡터 $\mathbf{v} = 2\mathbf{q}_1 - 3\mathbf{q}_2 + 2\mathbf{q}_3$의 크기는 무엇인가요?

(b) 그람-슈미트 과정을 이용하여 $\mathbf{q}_1, \mathbf{q}_2, \mathbf{q}_3, \mathbf{u}$를 정규화할 때 생성되는 4개의 벡터는 무엇인가요?

(c) (b)에서 $\mathbf{u}$가 (a)의 벡터 $\mathbf{v}$라고 하면, 그람-슈미트 과정에 왜 문제가 생길까요?

[매사추세츠 공과대학교(MIT), 미국]

4.10 $\mathbb{R}^5$에 다음과 같은 벡터가 있습니다.

$$\mathbf{v}_1 = [0,\ 1,\ 0,\ 1,\ 0],\ \mathbf{v}_2 = [0,\ 1,\ 1,\ 0,\ 0],$$
$$\mathbf{v}_3 = [0,\ 1,\ 0,\ 1,\ 1]$$

$i \neq j$(i와 j는 $1, 2, 3$ 중 하나)에 대해서 $\mathbf{w}_i \cdot \mathbf{w}_j = 0$이고, $\text{span}(\{\mathbf{w}_1, \mathbf{w}_2, \mathbf{w}_3\}) = \text{span}(\{\mathbf{v}_1, \mathbf{v}_2, \mathbf{v}_3\})$를 만족하는 $\mathbf{w}_1, \mathbf{w}_2, \mathbf{w}_3$를 구해보세요.

[캘리포니아 대학교 버클리 캠퍼스, 미국]

4.11 다음 물음에 답해보세요.

(a) $\mathbb{R}^2$의 일반적인 점곱에서는 정규직교가 아니지만, $\langle \mathbf{v}, \mathbf{w} \rangle = 3v_1w_1 + 2v_2w_2$와 같은 내적이 주어진 경우에는 직교하는 두 벡터 $\mathbf{v} = [v_1, v_2]$와 $\mathbf{w} = [w_1, w_2]$를 구할 수 있을까요?

(b) (a)의 답이 '구할 수 있다'이면, 벡터 $\mathbf{v}$와 $\mathbf{w}$를 구해보세요. (a)의 답이 '구할 수 없다'면 벡터 $\mathbf{v}$와 $\mathbf{w}$를 구할 수 없는 이유를 설명해보세요.

[토론토 대학교, 캐나다]

4.12 P_3를 차수가 3차 이하인 다항식의 집합이라 합시다. P_3는 구간 $[-1, 1]$에서 실수까지의 연속함수인 $C[-1, 1]$의 부분공간입니다. 또한 P_3의 내적이 $< \mathbf{f}, \mathbf{g} > = \int_{-1}^{1} f(x)g(x)dx$라 할 때, 표준기저 $\{1, \mathbf{x}, \mathbf{x}^2, \mathbf{x}^3\}$이 존재합니다. V는 $\{1, \mathbf{x}\}$로 생성한 공간이라 할 때, V의 정규직교기저를 구해보세요.

[존스홉킨스 대학교, 미국]

4.13 $M_{2,2}(\mathbb{R})$에서 $\mathbf{A}, \mathbf{B}$의 내적을 다음과 같이 정의합니다.

$$\langle \mathbf{A}, \mathbf{B} \rangle = \text{tr}(\mathbf{A}^{\mathrm{T}}\mathbf{B})$$

($\mathbf{M} = [m_{ij}] \in M_{n,n}(F)$에 대하여, $\text{tr}(\mathbf{M}) = \sum_{i=1}^{n} m_{ii}$임을 떠올려봅시다.) 다음 물음에 답해보세요.

(a) $\langle \mathbf{A}, \mathbf{B} \rangle$가 $M_{2,2}(\mathbb{R})$에서 내적임을 보이세요.

(b) 내적공간에서 $\mathbf{A} = \begin{pmatrix} 1 & 2 \\ 1 & 0 \end{pmatrix}$와 $\mathbf{B} = \begin{pmatrix} 3 & 3 \\ 1 & 2 \end{pmatrix}$ 사이의 거리를 구해보세요.

(c) 내적공간에서 $\mathbf{A} = \begin{pmatrix} 1 & 2 \\ 1 & 0 \end{pmatrix}$와 $\mathbf{B} = \begin{pmatrix} 3 & 3 \\ 1 & 2 \end{pmatrix}$ 사이의 각을 구해보세요.

[토론토 대학교, 캐나다]

4.14 다음과 같은 내적이 정의된 다항식 $\mathbf{f}(t) = c_0 + c_1t + c_2t^2 (0 \le t \le 1)$의 선형공간 V가 있습니다.

$$< \mathbf{f}, \mathbf{g} > = \int_0^1 \mathbf{f}(t)\mathbf{g}(t)dt$$

$\mathbf{f}\left(\frac{1}{2}\right) = 0$을 만족할 때, V에서 $1 + t$와 직교하는 모든 $\mathbf{f}$에 대한 부분공간 S의 기저를 찾아보세요.

[유타 대학교, 미국]

4.15 두 다항식 $\mathbf{f}$와 $\mathbf{g}$에 대해 내적을 다음과 같이 정의합니다.

$$< \mathbf{f}, \mathbf{g} > = \int_0^1 \mathbf{f}(x)\,\mathbf{g}(1 - x)dx$$

내적의 정의를 이용하여, 2차 이하의 모든 다항식에서 벡터공간의 직교기저를 찾아보세요.

[컬럼비아 대학교, 미국]

[추가 문제]

4.16 $\mathbf{A}, \mathbf{B} \in M_{22}$에 대하여, $\langle \mathbf{A}, \mathbf{B} \rangle = \mathrm{tr}(\mathbf{AB})$가 내적이 될 수 없는 이유를 설명해보세요.

4.17 [정리 4-11]을 증명해보세요.

4.18 내적이 다음과 같이 주어진 삼차다항식의 벡터공간 P_3가 있습니다.

$$< \mathbf{f}, \mathbf{g} > = \int_{-1}^{1} f(x)g(x)dx$$

표준기저 $\{1, \mathbf{x}, \mathbf{x}^2, \mathbf{x}^3\}$을 P_3의 정규직교기저로 변경해보세요. (이 결과의 다항식을 르장드르 (정규화된) 다항식이라고 합니다.)

4.19 다음 행렬 $\mathbf{A}$의 열공간 $C(\mathbf{A})$의 직교기저를 구해보세요.

$$\mathbf{A} = \begin{pmatrix} 1 & 0 & 2 & 1 \\ 0 & 1 & 3 & 3 \\ 2 & 5 & 1 & 0 \\ 0 & 4 & 0 & 0 \end{pmatrix}$$

4.20 V를 내적공간이라 할 때, 벡터 $\mathbf{u}$가 모든 벡터 $\mathbf{v} \in V$와 직교한다면 $\mathbf{u} = \mathbf{O}$임을 증명해보세요.

4.21 V를 내적공간이라 할 때, 벡터 $\mathbf{u}$가 벡터 $\mathbf{v}$와 직교한다면 $\mathbf{u}$의 도든 스칼라곱 또한 벡터 $\mathbf{v}$와 직교함을 증명해보세요.

4.22 $\{\mathbf{v}_1, \mathbf{v}_2, \mathbf{v}_3, \cdots, \mathbf{v}_n\}$이 내적공간 V에서 정규직교집합일 때, 다음을 증명해보세요.

$$\langle x_1\mathbf{v}_1 + x_2\mathbf{v}_2 + \cdots + x_n\mathbf{v}_n, y_1\mathbf{v}_1 + y_2\mathbf{v}_2 + \cdots + y_n\mathbf{v}_n \rangle$$
$$= x_1y_1 + x_2y_2 - \cdots + x_ny_n \quad (x_i, \ y_i\text{는 스칼라})$$

4.23 내적공간 V어서 두 벡터 $\mathbf{u}$와 $\mathbf{v}$ 사이의 거리함수를 $\mathrm{d}(\mathbf{u}, \mathbf{v})$로 나타냅니다. 그리고 식 (4.2)에 의해 거리함수를 다음과 같이 정의합니다.

$$\mathrm{d}(\mathbf{u}, \mathbf{v}) = \| \mathbf{u} - \mathbf{v} \|$$

다음을 증명해코세요.

(a) $\mathbf{u} \neq \mathbf{v}$라면, $\mathrm{d}(\mathbf{u}, \mathbf{v}) > 0$입니다.

(b) $\mathbf{w} \in V$에 대하여,
$\mathrm{d}(\mathbf{u}, \mathbf{v}) \leq \mathrm{d}(\mathbf{u}, \mathbf{w}) + \mathrm{d}(\mathbf{w}, \mathbf{v})$입니다.

안슐 굽타(Anshul Gupta)

안슐 굽타는 뉴욕에 있는 IBM Thomas J. Watson Research Center에서 HPC 그룹 내 비즈니스 분석 및 수리 과학(Business Analytics and Mathematical Sciences) 분야의 연구원으로 일하고 있습니다.

연구 분야에 대해 알려주세요.

제 전공은 컴퓨터 과학이지만, 제가 수행하는 작업은 컴퓨터 과학과 수치 선형대수학의 교점에 있습니다. 과학 컴퓨팅 및 최적화에 사용하는 수치적 방법과 관련하여, 확장 가능한 병렬 알고리즘 및 소프트웨어를 개발하기 위해 컴퓨터 과학 기술을 적용하는 경우가 많습니다.

연구 분야에서 선형대수학이 어떻게 사용되며 얼마나 중요한가요? 현재 선형대수학과 관련하여 풀어야 할 난제나 어려움이 있나요?

저는 선형대수학 알고리즘과 소프트웨어를 사용하고 개발합니다. 제가 직면한 가장 큰 어려움은 SIMAX, SISC 등과 같은 선형대수학 저널에 발표된 수많은 수치 선형대수학 알고리즘을 분석할 수 있는 소프트웨어가 없다는 점입니다. 해당 논문에서는 일반적으로 제안한 기술 효과에 대해 제한된 실험 증거만 제시합니다. 게다가 경쟁 기술에 대하여 신뢰성 있는 비교는 훨씬 더 찾기 어렵습니다.

선형대수학과 관련한 주요 이슈에는 어떤 것이 있을까요?

중요한 이슈가 2개 있습니다. 첫째, 대규모 병렬 기계의 작은 오류에 대한 선형대수학 알고리즘 및 소프트웨어의 복원력이 부족합니다. 둘째, 대규모 병렬 기계의 선형대수학 소프트웨어에 대한 글로벌 통신 및 동기화의 확장성이 제한되어 있습니다. 이 두 가지 문제를 모두 해결하려면 새로운 알고리즘 기법을 개발해야 합니다.

선형대수학 공부를 시작하려는 학생들에게 특별히 전하고 싶은 메시지가 있을까요?

선형대수학 알고리즘이 실제 컴퓨터 문제에서 어떻게 수행되는지 항상 주의하여 살펴보세요. 작업 수를 기반으로 하는 점근 경계(asymptotic bound)는 이제 거의 쓸모가 없습니다. 작업은 사실상 무료이고 거의 모든 비용이 데이터 전송에 들어갑니다. 유사한 복잡성을 지닌 서로 다른 알고리즘은 서로 다른 공간 및 시간적 지역 속성을 가질 수 있습니다. 실제로 컴퓨터에 셋팅할 때 이러한 속성은 알고리즘의 작동에 큰 영향을 미칩니다.

5

선형변환
Linear Transformations

5.1 선형변환

학습목표

- 선형변환의 의미를 이해할 수 있습니다.
- 선형변환(사상)의 몇 가지 성질을 증명할 수 있습니다.

이 장에서는 변환이라는 벡터공간에서 정의한 함수를 살펴보겠습니다. 선형대수학의 정리 대부분은 지금부터 설명할 선형변환의 관점에서 공식화할 수 있습니다. 또한 변환은 행렬에 기하학적 의미를 부여합니다. 예를 들어, 벡터의 회전, 반사, 사영을 행렬이라는 변환으로 설명할 수 있습니다.

변환은 컴퓨터 그래픽스 및 게임에서 특히 유용합니다. [그림 5-1]은 애니메이션을 만드는 데 사용되는 변환의 예를 보여줍니다. 때로 선형대수학을 벡터공간에 대한 선형변환 연구의 일환으로 설명하곤 합니다.

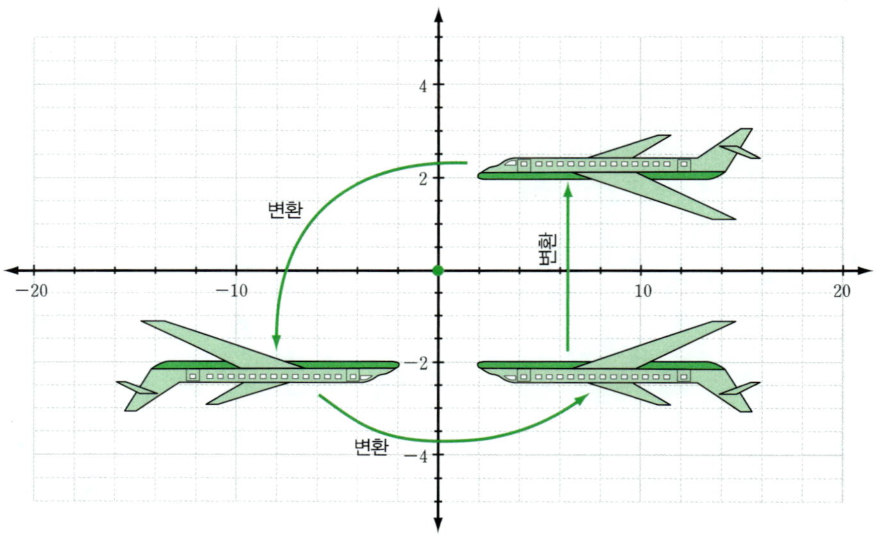

[그림 5-1] 선형변환의 예

5.1.1 함수

함수란 무엇인가요?

일상 언어에서 함수는 무언가 또는 누군가의 목적을 의미합니다. 수학에서 함수는 입력값을 넣으면 유일한 출력값이 나오는 과정을 말합니다. 좀 더 형식적으로 정의해봅시다.

정의 5-1 함수

집합 A에서 집합 B로 작용하는 **함수**(function)의 규칙은 집합 A의 각 원소가 집합 B의 오직 하나의 원소로만 대응한다는 것이다.

집합 A에서 집합 B로의 함수 f를 $f: \mathrm{A} \to \mathrm{B}$와 같이 나타냅니다. 이때 함수가 출발하는 집합인 A를 **정의역**(domain)이라 하고, 함수가 도착하는 집합인 B를 **공역**(codomain)이라 합니다. 함수 f는 특정한 x값을 y값으로 바꿉니다. 이를 수식으로 나타내면 다음과 같습니다.

$$f(x) = y$$

집합 B에서 함수 f가 취하는 실제 값을 **치역**(range) 또는 **상**(image)이라고 합니다. [그림 5-2]를 살펴봅시다.

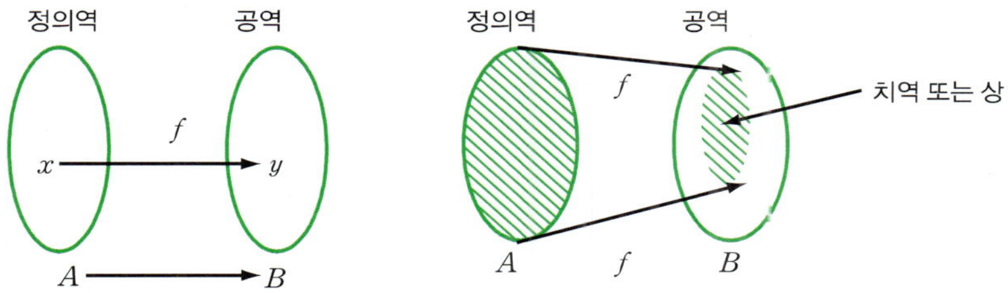

[그림 5-2] 함수의 정의역, 공역, 치역

이 장에서는 V, W와 같은 두 벡터공간 간의 함수를 이야기하려고 합니다. 예를 들어, $f: \mathbb{R}^2 \to \mathbb{R}^3$는 두 벡터공간(유클리드 공간) 간의 함수입니다. 이때 $\mathbb{R}^2$는 정의역이고 $\mathbb{R}^3$는 공역입니다.

일반적으로 벡터공간 V, W에 대하여 $f: V \to W$인 함수(V에서 W로 가는 함수) f가 있다면, 함수 f를 V에서 W로 가는 **변환**(transformation) 또는 **사상**(map)이라고 합니다. 변환은 함수의 또 다른 표현이며, 문자 T로 나타냅니다. 즉, $T: V \to W$와 같이 나타냅니다. 일부 수학 관련 문헌에서는 변환 대신 사상이라는 용어를 쓰기도 합니다. 이 책에서는 주로 변환이라는 용어를 사용하겠습니다.

예제 5-1 **$T\left(\begin{pmatrix} x \\ y \end{pmatrix}\right) = \begin{pmatrix} -y \\ x \end{pmatrix}$로 정의한 변환 $T: \mathbb{R}^2 \to \mathbb{R}^2$($\mathbb{R}^2$에서 $\mathbb{R}^2$로의 변환)가 있다고 할 때, $T\left(\begin{pmatrix} 1 \\ 2 \end{pmatrix}\right)$를 구하고, $\begin{pmatrix} 1 \\ 2 \end{pmatrix}$와 $T\left(\begin{pmatrix} 1 \\ 2 \end{pmatrix}\right)$를 $\mathbb{R}^2$ 평면 위에 그려보세요.**

풀이

$T\left(\begin{pmatrix} 1 \\ 2 \end{pmatrix}\right)$를 구하려면 어떻게 해야 할까요? $T\left(\begin{pmatrix} x \\ y \end{pmatrix}\right) = \begin{pmatrix} -y \\ x \end{pmatrix}$에 $x = 1$과 $y = 2$를 대입해봅시다.

$$T\left(\begin{pmatrix} 1 \\ 2 \end{pmatrix}\right) = \begin{pmatrix} -2 \\ 1 \end{pmatrix}$$

[그림 5-3]과 같이 위 식을 $\mathbb{R}^2$ 평면 위에 그려봅시다.

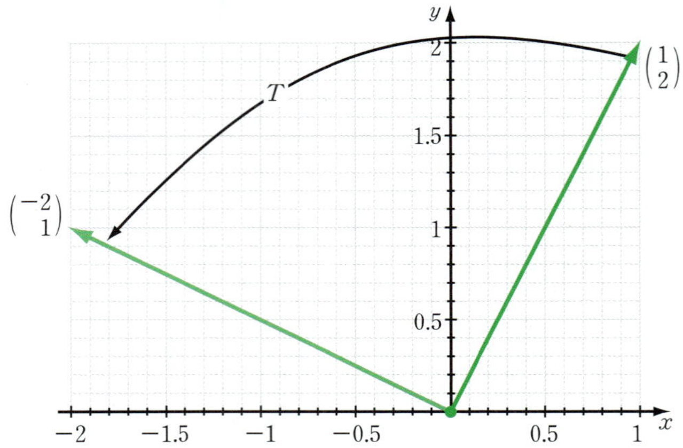

[그림 5-3] 좌표평면 위에 나타낸 변환 $T\left(\begin{pmatrix}1\\2\end{pmatrix}\right)$

변환 T는 원점을 중심으로 하여 벡터 $\begin{pmatrix}1\\2\end{pmatrix}$를 시계 반대 방향으로 90° 만큼 회전하였습니다.

예제 5-2 $T\left(\begin{pmatrix}x\\y\\z\end{pmatrix}\right)=\begin{pmatrix}x-y\\x-z\end{pmatrix}$**로 정의한 변환** $T:\mathbb{R}^3\rightarrow\mathbb{R}^2$**가 있습니다. 다음을 구해보세요.**

(a) $T\left(\begin{pmatrix}1\\2\\3\end{pmatrix}\right)$

(b) $T\left(\begin{pmatrix}-1\\-2\\-3\end{pmatrix}\right)$

풀이

이 변환은 3차원($\mathbb{R}^3$)의 어떤 대상을 2차원($\mathbb{R}^2$) 위에 표현하는 것입니다. 이런 형태의 변환은 컴퓨터 그래픽스에서 흔하게 다룹니다.

(a) $T\left(\begin{pmatrix}1\\2\\3\end{pmatrix}\right)$은 $T\left(\begin{pmatrix}x\\y\\z\end{pmatrix}\right)=\begin{pmatrix}x-y\\x-z\end{pmatrix}$에 $x=1,\ y=2,\ z=3$을 대입한 것입니다.

$$T\left(\begin{pmatrix}1\\2\\3\end{pmatrix}\right)=\begin{pmatrix}1-2\\1-3\end{pmatrix}=\begin{pmatrix}-1\\-2\end{pmatrix}$$

(b) 같은 방법으로 계산해봅시다.

$$T\left(\begin{pmatrix}-1\\-2\\-3\end{pmatrix}\right)=\begin{pmatrix}-1-(-2)\\-1-(-3)\end{pmatrix}=\begin{pmatrix}-1+2\\-1+3\end{pmatrix}=\begin{pmatrix}1\\2\end{pmatrix}$$

변환 T는 $\mathbb{R}^3$(3차원)의 벡터를 $\mathbb{R}^2$(2차원)의 벡터로 사상합니다. (즉, 3차원 공간벡터를 평면벡터로 변환합니다.)

5.1.2 선형변환(선형사상)

'선형변환'이란 용어의 의미는 무엇일까요?

벡터공간 간의 선형변환은 기본 선형대수학 연산(벡터의 합, 스칼라곱)을 보존하는 특수 변환(사상)입니다. 좀 더 형식적으로 정의해봅시다.

정의 5-2 선형변환

벡터공간 V의 임의의 벡터 $\mathbf{u}$, $\mathbf{v}$와 임의의 스칼라 k에 대해 다음이 성립하면, 변환 $T: V \to W$를 **선형변환**(linear transformation)이라고 합니다.

(a) $T(\mathbf{u}+\mathbf{v}) = T(\mathbf{u}) + T(\mathbf{v})$ (T가 벡터의 합을 보존)

(b) $T(k\mathbf{u}) = kT(\mathbf{u})$ (T가 스칼라곱을 보존)

예를 들어, [예제 5-1]과 [예제 5-2]에 제시한 변환은 선형변환입니다. T가 선형변환 또는 선형사상(linear map)이려면 [정의 5-2]의 두 조건 (a), (b)를 모두 충족해야 합니다.

이 조건은 무엇을 의미할까요?

선형변환에서 이 두 조건은 벡터 연산을 먼저 수행한 다음 변환하든, 변환한 다음 벡터 연산을 수행하든 상관없음을 의미합니다.

[그림 5-4]와 같이, 변환은 입력과 출력이 있는 함수입니다.

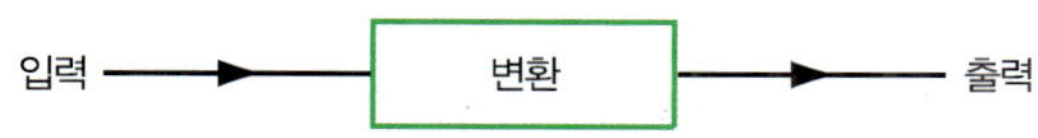

[그림 5-4] 함수로서의 변환

선형변환은 출력이 입력에 비례하여 변하는 변환입니다. 실생활 예로는 요리법을 들 수 있습니다. 재료를 두 배 늘리면, 산출물인 요리도 두 배 늘어납니다.

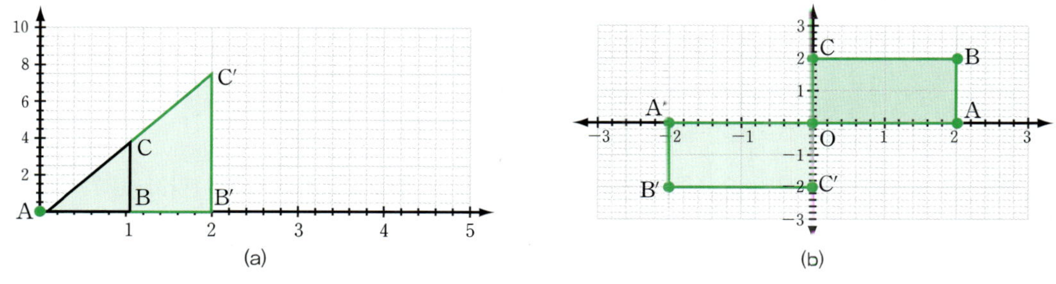

[그림 5-5] 행렬변환의 예

행렬을 점이나 벡터에 영향을 주는 선형변환으로 볼 수 있습니다. [그림 5-5(a)]는 대상을 확대하는 선형변환의 예입니다. (삼각형 ABC를 삼각형 AB′C′으로 확장하여 각 변의 길이가 두 배가 되었습니다.) 이 경우 행렬변환은 $\begin{pmatrix} 2 & 0 \\ 0 & 2 \end{pmatrix}$입니다.

[그림 5-5(b)]는 원점을 중심으로 하여 직사각형을 시계 반대 방향으로 180° 만큼 회전하는 선형변환의 예입니다. 여기서 행렬변환은 $\begin{pmatrix} -1 & 0 \\ 0 & -1 \end{pmatrix}$입니다.

예제 5-3 **행렬 $\mathrm{A} = \begin{pmatrix} 1 & 0 \\ 0 & -1 \end{pmatrix}$에 대하여 $T(\mathrm{x}) = \mathrm{A}\mathrm{x}$로 정의한 변환 T: $\mathbb{R}^2 \to \mathbb{R}^2$가 선형변환임을 보이세요.**

풀이

이 선형변환이 한 일은 무엇인가요? $\mathbf{x} = \begin{pmatrix} x \\ y \end{pmatrix}$라 합시다. 그러면 $T\left(\begin{pmatrix} x \\ y \end{pmatrix}\right) = \begin{pmatrix} 1 & 0 \\ 0 & -1 \end{pmatrix}\begin{pmatrix} x \\ y \end{pmatrix} = \begin{pmatrix} x \\ -y \end{pmatrix}$입니다. 변환 T는 y 앞에 음수를 배치합니다. [그림 5-6]은 그 결과를 보여줍니다.

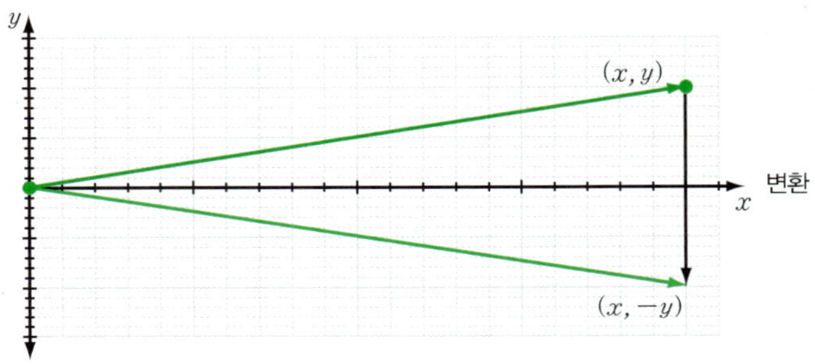

[그림 5-6] 대칭이동하는 변환

변환 T는 벡터를 x축 기준으로 대칭이동합니다. 이제 이 변환이 선형변환임을 보여야 합니다. $\mathbf{u} = \begin{pmatrix} x \\ y \end{pmatrix}$와 $\mathbf{v} = \begin{pmatrix} s \\ t \end{pmatrix}$를 $\mathbb{R}^2$의 벡터라 합시다. T가 선형변환임을 보이려면 어떻게 해야 할까요? T가 벡터의 합과 스칼라곱을 보존함을 보이면 됩니다. 즉, 앞에 제시한 [정의 5-2]의 조건 (a), (b)를 모두 확인해야 합니다.

(a) 다음 벡터의 합을 계산해봅시다.

$$\begin{aligned} T(\mathbf{u}+\mathbf{v}) &= T\left(\begin{pmatrix} x \\ y \end{pmatrix} + \begin{pmatrix} s \\ t \end{pmatrix}\right) \\ &= T\left(\begin{pmatrix} x+s \\ y+t \end{pmatrix}\right) \underbrace{=}_{\substack{\text{주어진} \\ \text{변환 적용}}} \begin{pmatrix} x+s \\ -(y+t) \end{pmatrix} = \begin{pmatrix} x+s \\ -y-t \end{pmatrix} \end{aligned}$$

이제 $T(\mathbf{u}) + T(\mathbf{v})$가 위 식의 오른쪽에 있는 벡터 $\begin{pmatrix} x+s \\ -y-t \end{pmatrix}$와 같은지 확인합니다.

$$T(\mathbf{u}) + T(\mathbf{v}) = \begin{pmatrix} x \\ -y \end{pmatrix} + \begin{pmatrix} s \\ -t \end{pmatrix} = \begin{pmatrix} x+s \\ -y-t \end{pmatrix}$$

조건 (a)를 확인했습니다. 즉, $T(\mathbf{u}+\mathbf{v}) = T(\mathbf{u}) + T(\mathbf{v})$ 입니다. 이는 벡터 $\mathbf{u}$와 $\mathbf{v}$를 더한 다음 x축을 기준으로 대칭변환해도 되고, 먼저 대칭변환한 다음 벡터를 더해도 됨을 의미합니다. $T(\mathbf{u}+\mathbf{v}) = T(\mathbf{u}) + T(\mathbf{v})$ 이므로 결국 결과는 같습니다.

(b) T가 스칼라곱을 보존함을 보여야 합니다. 즉, 임의의 스칼라 k에 대하여 $T(k\mathbf{u}) = kT(\mathbf{u})$ 임을 증명해야 합니다.

$$T(k\mathbf{u}) = T\left(k\begin{pmatrix} x \\ y \end{pmatrix}\right) = T\left(\begin{pmatrix} kx \\ ky \end{pmatrix}\right) = \begin{pmatrix} kx \\ -ky \end{pmatrix} \qquad \left[T\left(\begin{pmatrix} x \\ y \end{pmatrix}\right) = \begin{pmatrix} x \\ -y \end{pmatrix} \text{ 적용}\right]$$

다음으로 무엇을 해야 할까요? $kT(\mathbf{u})$가 위 식의 오른쪽에 있는 벡터 $\begin{pmatrix} kx \\ -ky \end{pmatrix}$와 같은지를 보여야 합니다.

$$kT(\mathbf{u}) = kT\left(\begin{pmatrix} x \\ y \end{pmatrix}\right) = k\begin{pmatrix} x \\ -y \end{pmatrix} = \begin{pmatrix} kx \\ -ky \end{pmatrix} = T(k\mathbf{u}) \qquad \left[T\left(\begin{pmatrix} x \\ y \end{pmatrix}\right) = \begin{pmatrix} x \\ -y \end{pmatrix} \text{ 적용}\right]$$

이로써 우리가 원하는 결과를 얻었습니다. 즉, 먼저 스칼라곱을 적용한 다음 변환해도 되고, 변환한 다음 스칼라곱을 적용해도 됩니다. 결국 같은 벡터를 얻습니다($T(k\mathbf{u}) = kT(\mathbf{u})$).

주어진 변환 T는 [정의 5-2]의 조건 (a), (b)를 모두 만족합니다.

(a) $T(\mathbf{u}+\mathbf{v}) = T(\mathbf{u}) + T(\mathbf{v})$

(b) $T(k\mathbf{u}) = kT(\mathbf{u})$

따라서 T는 선형변환입니다.

V를 벡터공간이라 할 때, 선형사상 또는 선형변환 $T: V \to V$(정의역과 공역이 동일한 벡터공간)를 **선형연산자**(linear operator)라고 합니다. 선형연산자는 벡터의 합과 스칼라곱을 보존하므로 함수해석, 양자역학 등의 분야에서 중요하게 다룹니다.

? [예제 5-3]에서 주어진 변환 T는 선형연산자인가요?

선형연산자입니다. $\mathbb{R}^2$에서 $\mathbb{R}^2$로 가는 변환, 즉 $T: \mathbb{R}^2 \to \mathbb{R}^2$이기 때문이죠.

예제 5-4 $T\left(\begin{pmatrix} x \\ y \end{pmatrix}\right) = \begin{pmatrix} x+y \\ x-y \\ y \end{pmatrix}$**로 정의한 변환** $T: \mathbb{R}^2 \to \mathbb{R}^3$**가 선형변환임을 보이세요.**

$\mathbb{R}^2$에서 $\mathbb{R}^3$로 가는 변환이므로(서로 다른 벡터공간이므로) 선형연산자는 아닙니다. [그림 5-7]에서 볼 수 있듯이, 이 경우에 변환 T는 평면벡터를 3차원 공간벡터로 변환합니다.

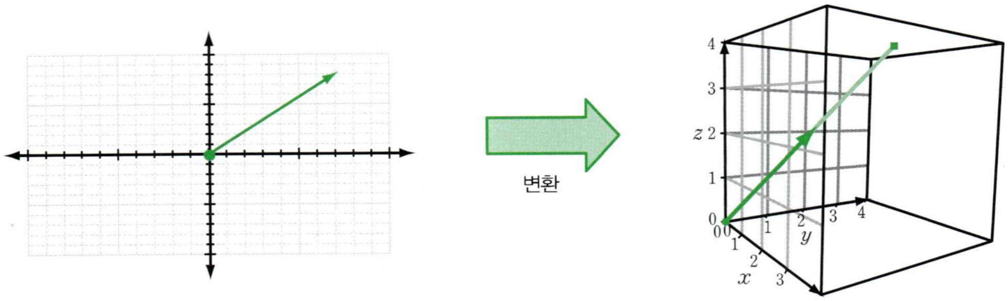

[그림 5-7] $\mathbb{R}^2$에서 $\mathbb{R}^3$로의 변환 T

풀이

$\mathbf{u}=\begin{pmatrix} x \\ y \end{pmatrix}$, $\mathbf{v}=\begin{pmatrix} s \\ t \end{pmatrix}$라 합시다. [예제 5-3]과 마찬가지로 다음과 같이 계산할 수 있습니다.

$$\begin{aligned} T(\mathbf{u}+\mathbf{v}) &= T\left(\begin{pmatrix} x \\ y \end{pmatrix}+\begin{pmatrix} s \\ t \end{pmatrix}\right) \\ &= T\left(\begin{pmatrix} x+s \\ y+t \end{pmatrix}\right) \underbrace{=}_{\text{주어진 변환 적용}} \begin{pmatrix} (x+s)+(y+t) \\ (x+s)-(y+t) \\ y+t \end{pmatrix} = \begin{pmatrix} x+s+y+t \\ x-y+s-t \\ y+t \end{pmatrix} \end{aligned}$$

이제 $T(\mathbf{u})+T(\mathbf{v})$가 위 식의 오른쪽 벡터와 같은지 확인합니다.

$$\begin{aligned} T(\mathbf{u})+T(\mathbf{v}) &= T\left(\begin{pmatrix} x \\ y \end{pmatrix}\right)+T\left(\begin{pmatrix} s \\ t \end{pmatrix}\right) \\ &\underbrace{=}_{\text{주어진 변환 적용}} \begin{pmatrix} x+y \\ x-y \\ y \end{pmatrix}+\begin{pmatrix} s+t \\ s-t \\ t \end{pmatrix} = \begin{pmatrix} x+s+y+t \\ x-y+s-t \\ y+t \end{pmatrix} \end{aligned}$$

따라서 $T(\mathbf{u}+\mathbf{v})=T(\mathbf{u})+T(\mathbf{v})$이므로 T는 벡터의 합을 보존합니다. 마찬가지로 임의의 스칼라 k에 대하여 $T(k\mathbf{u})=kT(\mathbf{u})$임을 확인할 수 있습니다.

따라서 [정의 5-2]에 의하여 T는 선형변환입니다.

$f(x)=x^2$과 같은 이차함수도 변환입니다. 이 경우 변환은 $f(x)=x^2$으로 주어진 $f:\mathbb{R}\to\mathbb{R}$ 입니다.

? 여기서 f는 선형변환인가요?

[정의 5-2]의 조건 (a), (b)를 모두 확인해봐야 합니다.

$$f(x+y)=(x+y)^2=x^2+2xy+y^2$$
$$f(x)+f(y)=x^2+y^2$$

$x^2+2xy+y^2\neq x^2+y^2$이므로, $f(x+y)\neq f(x)+f(y)$입니다.

이는 무엇을 의미하나요?

[정의 5−2]의 조건 (a)를 만족하지 못하므로 f가 일차함수 또는 선형변환이 아님을 의미합니다. (함수의 출력은 입력에 비례하여 변하지 않았습니다. $f(x+y)$의 결과를 보면 $2xy$가 더해졌습니다.)

예제 5-5 **V를 내적공간이라 합시다. $T(\mathbf{u}) = \|\mathbf{u}\|$로 정의한 변환 $T\ \ V \to \mathbb{R}$이 선형변환이 아님을 보이세요. (이 변환은 벡터의 노름(크기)을 나타냅니다.)**

풀이

주어진 변환이 선형변환이 아님을 어떻게 증명할 수 있을까요? 변환 T가 [정의 5−2]의 두 조건 (a), (b) 중 하나만 만족하지 않아도 T는 선형변환이 아닙니다.

(a) $T(\mathbf{u}+\mathbf{v}) = T(\mathbf{u}) + T(\mathbf{v})$

(b) $T(k\mathbf{u}) = kT(\mathbf{u})$

조건 (a)를 확인하면, $T(\mathbf{u}+\mathbf{v}) = \|\mathbf{u}+\mathbf{v}\|$, $T(\mathbf{u}) = \|\mathbf{u}\|$, $T(\mathbf{v}) = \|\mathbf{v}\|$ 입니다. 따라서 4장에서 제시한 [정리 4−4]의 민코프스키 부등식 $\|\mathbf{u}+\mathbf{v}\| \le \|\mathbf{u}\| - \|\mathbf{v}\|$에 의해 다음이 성립합니다.

$$\begin{aligned} T(\mathbf{u}+\mathbf{v}) &= \|\mathbf{u}+\mathbf{v}\| \\ &\le \|\mathbf{u}\| + \|\mathbf{v}\| = T(\mathbf{u}) + T(\mathbf{v}) \end{aligned}$$

등호가 성립하지 않습니다. 즉, $T(\mathbf{u}+\mathbf{v}) \le T(\mathbf{u}) + T(\mathbf{v})$이므로 조건 (a)를 만족하지 않습니다. 따라서 주어진 변환은 선형변환이 아닙니다. 다시 말해, 벡터 $\mathbf{u}+\mathbf{v}$의 길이와 벡터 $\mathbf{u}$의 길이 더하기 벡터 $\mathbf{v}$의 길이의 결과가 같지 않으므로, T는 선형변환이 아닙니다.

예제 5-6 **V를 벡터공간이라 합시다. $T(\mathbf{u}) = \mathbf{u}$로 정의한 항등변환 $T: V \to V$가 선형연산자임을 보이세요.**

풀이

T는 주어진 벡터 $\mathbf{u}$를 다시 벡터 $\mathbf{u}$로 보냅니다. 따라서 T는 항등변환(identity transformation)입니다([그림 5−8]).

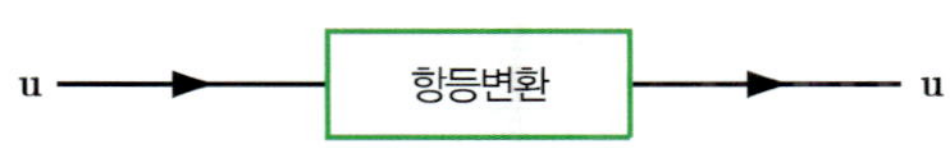

[그림 5−8] 항등변환

변환 T가 선형변환임을 어떻게 보일 수 있을까요? 주어진 변환의 출력은 분명히 입력에 비례하지만, 직관만으로 입증할 수는 없습니다. [정의 5−2]의 조건 (a), (b)를 확인해봅시다.

(a) $T(\mathbf{u}+\mathbf{v}) = T(\mathbf{u}) + T(\mathbf{v})$

(b) $T(k\mathbf{u}) = kT(\mathbf{u})$

$\mathbf{u}$, $\mathbf{v}$를 벡터공간 V의 벡터라고 하면 다음이 성립합니다.

$$\begin{aligned} T(\mathbf{u}+\mathbf{v}) &= \mathbf{u}+\mathbf{v} \quad \text{[선형변환의 입력과 출력이 같음]} \\ &= T(\mathbf{u})+T(\mathbf{v}) \end{aligned}$$

따라서 조건 (a)를 만족합니다. k를 임의의 스칼라라 하면 다음이 성립합니다.

$$T(k\mathbf{u}) = k\mathbf{u} = kT(\mathbf{u})$$

따라서 조건 (b)를 만족합니다. 그러므로 [정의 5-2]에 의해 주어진 항등변환 T는 선형변환입니다.

5.1.3 선형변환의 성질

여기서는 선형변환의 몇 가지 성질을 중점적으로 살펴보겠습니다.

정리 5-1 선형변환의 성질

V와 W를 벡터공간, $\mathbf{u}$, $\mathbf{v}$를 V의 벡터라 합시다. $T: V \to W$가 선형변환이면, 다음이 성립합니다.

(a) $T(\mathbf{O}) = \mathbf{O}$ ($\mathbf{O}$는 영벡터)

(b) $T(-\mathbf{u}) = -T(\mathbf{u})$

(c) $T(\mathbf{u}-\mathbf{v}) = T(\mathbf{u}) - T(\mathbf{v})$

증명

(a) 영벡터 $\mathbf{O}$를 $0\mathbf{u}$로 쓸 수 있습니다.

$$T(\mathbf{O}) = T(0\mathbf{u}) \underbrace{=}_{T\text{가 선형변환}} 0T(\mathbf{u}) = \mathbf{O}$$

따라서 $T(\mathbf{O}) = \mathbf{O}$입니다.

(b) $-\mathbf{u}$를 $(-1)\mathbf{u}$로 쓸 수 있습니다.

$$T(-\mathbf{u}) = T((-1)\mathbf{u}) \underbrace{=}_{T\text{가 선형변환}} (-1)T(\mathbf{u}) = -T(\mathbf{u})$$

(c) $\mathbf{u}-\mathbf{v}$를 $\mathbf{u}+(-\mathbf{v})$로 쓸 수 있습니다.

$$\begin{aligned} T(\mathbf{u}-\mathbf{v}) &= T(\mathbf{u}+(-\mathbf{v})) \\ &= T(\mathbf{u})+T(-\mathbf{v}) \quad [T\text{가 선형변환}] \\ &= T(\mathbf{u})-T(\mathbf{v}) \quad [\text{(b) } T(-\mathbf{v}) = -T(\mathbf{v})] \end{aligned}$$

■

선형변환에서 중요하게 다루는 또 다른 성질은 다음과 같습니다.

정리 5-2 일차결합의 선형변환

V와 W를 벡터공간이라 합시다. $T: V \rightarrow W$가 선형변환이고 $\{\mathbf{u}_1, \mathbf{u}_2\ \mathbf{u}_3, \cdots, \mathbf{u}_n\}$이 벡터공간 V의 벡터일 때, 스칼라 $k_1, k_2, k_3, \cdots, k_n$에 대해 다음을 만족한다고 합시다.

$$\mathbf{v} = k_1\mathbf{u}_1 + k_2\mathbf{u}_2 + \cdots + k_n\mathbf{u}_n$$

이는 벡터 $\mathbf{v}$가 벡터 $\{\mathbf{u}_1, \mathbf{u}_2, \mathbf{u}_3, \cdots, \mathbf{u}_n\}$의 일차결합임을 의미합니다. 그렇다면 다음이 성립합니다.

$$T(\mathbf{v}) = k_1 T(\mathbf{u}_1) + k_2 T(\mathbf{u}_2) + \cdots + k_n T(\mathbf{u}_n)$$

? [정리 5-2]를 증명하려면 어떻게 해야 할까요?

수학적 귀납법을 사용하여 증명합니다. 수학적 귀납법의 증명 3단계는 다음과 같습니다.

1. $n = 1$ 또는 $n = m_0$에 대하여 주어진 결과를 증명합니다.
2. $n = m$인 경우에 대하여 결과가 참이라고 가정합니다.
3. $n = m + 1$에 대하여 결과를 증명합니다.

증명

1. T가 선형변환이므로 스칼라를 밖으로 꺼내 $T(k_1\mathbf{u}_1) = k_1 T(\mathbf{u}_1)$으로 나타낼 수 있습니다. 이는 $n = 1$일 때 성립합니다.
2. $n = m$인 경우에 다음 결과가 성립한다고 가정합니다.

$$T(k_1\mathbf{u}_1 + k_2\mathbf{u}_2 + \cdots + k_m\mathbf{u}_m) = k_1 T(\mathbf{u}_1) + k_2 T(\mathbf{u}_2) + \cdots + k_m T(\mathbf{u}_m) \qquad (*)$$

3. $n = m + 1$일 때, 결과가 성립함을 증명합니다.

$$\begin{aligned} & T(k_1\mathbf{u}_1 + \cdots + k_m\mathbf{u}_m + k_{m+1}\mathbf{u}_{m+1} \\ =\ & T((k_1\mathbf{u}_1 + \cdots + k_m\mathbf{u}_{mr}) + k_{m+1}\mathbf{u}_{m+1}) \\ =\ & T((k_1\mathbf{u}_1 + \cdots + k_m\mathbf{u}_m)) + T(k_{m-1}\mathbf{u}_{m+1}) \qquad [T\text{는 선형변환}] \\ =\ & \underbrace{k_1 T(\mathbf{u}_1) + \cdots + k_m T(\mathbf{u}_m)}_{\text{식 } (*)} + k_{m+1} T(\mathbf{u}_{m+1}) \end{aligned}$$

따라서 $n = m + 1$일 때 성립합니다. 즉, 수학적 귀납법에 의해 결과가 성립함을 알 수 있습니다. ■

주어진 변환이 선형변환인지 아닌지를 판단하는 데 [정리 5-1]과 [정리 5-2]를 모두 사용할 수 있습니다. 주어진 변환이 [정리 5-1]의 (a), (b), (c) 또는 [정리 5-2] 중 하나라도 만족하지 않는다면, T가 선형변환이 아니라고 이야기할 수 있습니다.

다음 예제에서 $T(\mathrm{O}) \neq \mathrm{O}$이면, T는 선형변환이 아님을 증명해보세요.

예제 5-7 P_2를 2차 이하인 다항식의 벡터공간이라 합시다. 이 다항식은 c_i를 계수로 하는 $c_2x^2+c_1x+c_0$의 형태입니다. 다음과 같이 정의한 변환 $T: P_2 \to P_2$가 선형변환이 아님을 보이세요.

$$T(c_2x^2+c_1x+c_0)=c_2x^2+c_1x+(c_0+1)$$

풀이

[정리 5-1]의 (a)에 제시한 $T(\mathrm{O})=\mathrm{O}$가 성립하는지 확인해야 합니다. 이 문제에서 영벡터는 무엇인가요? 영벡터는 모든 계수가 영인 영다항식입니다.

$$\begin{aligned} T(\mathrm{O}) &= T(0x^2+0x+0) \\ &= 0x^2+0x+(0+1)=1 \quad \text{[변환 적용]} \end{aligned}$$

1은 영벡터가 아니므로, $T(\mathrm{O}) \neq \mathrm{O}$입니다. 따라서 T는 선형변환이 아닙니다.

예제 5-8 다음과 같이 정의한 선형변환 $T: \mathbb{R}^2 \to \mathbb{R}^2$에 대하여 주어진 물음에 답해보세요.

$$\mathrm{A}=\begin{pmatrix} 1 & 1 \\ -1 & 1 \end{pmatrix}\text{에 대하여,}\quad T(\mathrm{u})=\mathrm{Au}$$

(a) 어떤 집에서 5곳의 모서리가 다음 행렬의 열벡터로 주어져 있습니다.

$$\mathrm{H}=\begin{pmatrix} 0 & 0 & 2 & 4 & 4 \\ 0 & 3 & 5 & 3 & 0 \end{pmatrix}$$

변환 T에 대하여 행렬 H의 각 열벡터를 변환해보세요.

(b) H의 열벡터에 대한 변환 T의 결과를 그려보세요.

풀이

(a) 행렬 곱 AH는 행렬 A가 H의 각 열벡터에 작용함을 의미합니다.

$$\mathrm{AH}=\begin{pmatrix} 1 & 1 \\ -1 & 1 \end{pmatrix}\begin{pmatrix} 0 & 0 & 2 & 4 & 4 \\ 0 & 3 & 5 & 3 & 0 \end{pmatrix}=\begin{pmatrix} 0 & 3 & 7 & 7 & 4 \\ 0 & 3 & 3 & -1 & -4 \end{pmatrix}$$

(b) 결과를 그림으로 나타내면 [그림 5-9]와 같습니다.

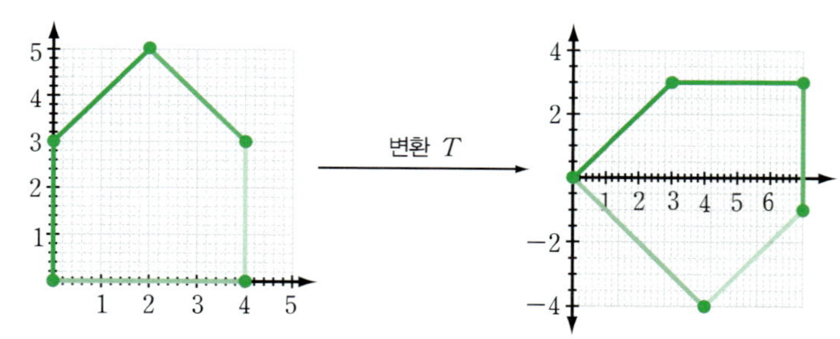

[그림 5-9] H의 열벡터에 대한 변환 T의 결과

변환 T는 주어진 벡터를 시계 방향으로 45° 회전합니다.

핵심요약

- 변환 또는 사상은 정의역(출발)의 모든 원소가 공역(도착)의 유일한 원소에 각각 대응하는 함수입니다.
- 두 벡터공간 V와 W 간의 변환 $T: V \to W$가 선형변환입니다.

$\Leftrightarrow$ (a) 임의의 벡터 $\mathbf{u}$, $\mathbf{v}$에 대해 $T(\mathbf{u}+\mathbf{v}) = T(\mathbf{u}) + T(\mathbf{v})$가 성립합니다.

(b) 임의의 스칼라 k에 대하여 $T(k\mathbf{u}) = kT(\mathbf{u})$가 성립합니다.

5.1 연습문제

01 행렬 $\mathbf{A} = \begin{pmatrix} 0 & 1 \\ 1 & 0 \end{pmatrix}$에 대하여, $T(\mathbf{u}) = \mathbf{Au}$로 주어진 변환 $T: \mathbb{R}^2 \to \mathbb{R}^2$가 있습니다. 주어진 벡터 $\mathbf{u}$에 대해 벡터 $T(\mathbf{u})$를 구해보세요. 그리고 벡터 $\mathbf{u}$와 벡터 $T(\mathbf{u})$를 같은 평면 $\mathbb{R}^2$ 위에 그려보세요.

(a) $\mathbf{u} = \begin{pmatrix} 1 \\ 3 \end{pmatrix}$ (b) $\mathbf{u} = \begin{pmatrix} -1 \\ 5 \end{pmatrix}$

(c) $\mathbf{u} = \begin{pmatrix} \sqrt{2} \\ 1 \end{pmatrix}$ (d) $\mathbf{u} = \begin{pmatrix} -2 \\ -3 \end{pmatrix}$

02 $T\left(\begin{pmatrix} x \\ y \\ z \end{pmatrix}\right) = \begin{pmatrix} xy \\ xz \end{pmatrix}$로 주어진 변환 $T: \mathbb{R}^3 \to \mathbb{R}^2$가 있습니다. 주어진 벡터 $\mathbf{u}$에 대해 벡터 $T(\mathbf{u})$를 구해보세요.

(a) $\mathbf{u} = \begin{pmatrix} 1 \\ 3 \\ 5 \end{pmatrix}$ (b) $\mathbf{u} = \begin{pmatrix} -1 \\ -4 \\ 4 \end{pmatrix}$

(c) $\mathbf{u} = \begin{pmatrix} \sqrt{2} \\ \sqrt{8} \\ \sqrt{18} \end{pmatrix}$ (d) $\mathbf{u} = \begin{pmatrix} -2 \\ -3 \\ -4 \end{pmatrix}$

03 $T\left(\begin{pmatrix} x \\ y \\ z \end{pmatrix}\right) = \begin{pmatrix} x+y \\ y+z \\ z+x \end{pmatrix}$로 주어진 변환 $T: \mathbb{R}^3 \to \mathbb{R}^3$가 있습니다. $T(\mathbf{u})$를 구해보세요.

(a) $\mathbf{u} = \begin{pmatrix} 2 \\ 4 \\ 7 \end{pmatrix}$ (b) $\mathbf{u} = \begin{pmatrix} -3 \\ 8 \\ -6 \end{pmatrix}$

(c) $\mathbf{u} = \begin{pmatrix} \pi \\ 2\pi \\ 5\pi \end{pmatrix}$ (d) $\mathbf{u} = \begin{pmatrix} 1/2 \\ 2/3 \\ 3/4 \end{pmatrix}$

04 $T(\mathbf{u}) = \pm\sqrt{\mathbf{u}}$로 주어진 $T: U \to V$가 변환이 아닌 이유를 설명해보세요.

05 다음 변환(사상)이 선형변환인지 아닌지 판단해보세요.

(a) $T: \mathbb{R}^2 \to \mathbb{R}^2$,

(i) $T\left(\begin{pmatrix} x \\ y \end{pmatrix}\right) = \begin{pmatrix} y \\ x \end{pmatrix}$

(ii) $T\left(\begin{pmatrix} x \\ y \end{pmatrix}\right) = \begin{pmatrix} x^2 \\ y^2 \end{pmatrix}$

(b) $T: \mathbb{R}^3 \to \mathbb{R}^2$, $T\left(\begin{pmatrix} x \\ y \\ z \end{pmatrix}\right) = \begin{pmatrix} xy \\ xz \end{pmatrix}$

(c) $T: \mathbb{R}^3 \to \mathbb{R}^3$,

(i) $T\left(\begin{pmatrix} x \\ y \\ z \end{pmatrix}\right) = \begin{pmatrix} x+y \\ y+z \\ z+x \end{pmatrix}$

(ii) $T\left(\begin{pmatrix} x \\ y \\ z \end{pmatrix}\right) = \begin{pmatrix} \sqrt{x} \\ \sqrt{y} \\ \sqrt{z} \end{pmatrix}$

06 P_2를 2차 이하인 다항식의 벡터공간이라 할 때, 다음 변환이 선형변환인지 판단해보세요.

(a) $T: P_2 \to P_2$,

$T(c_2x^2 + c_1x + c_0) = c_0x^2 + c_1x + c_2$

(b) $T: P_2 \to P_2$,

$T(c_2x^2 + c_1x + c_0) = c_2^2x^2 + c_1^2x + c_0^2$

07 M_{nn}을 $n\times n$ 행렬의 벡터공간이라 할 때, 다음 변환(사상)이 선형변환인지 판단해보세요.

(a) $T: M_{22}\to M_{22}$, $T(\mathbf{A})=\mathbf{A}^{\mathrm{T}}$ ($\mathbf{A}^{\mathrm{T}}$는 행렬 $\mathbf{A}$의 전치행렬)

(b) $T: M_{22}\to \mathbb{R}$, $T(\mathbf{A})=\mathrm{tr}(\mathbf{A})$ ($\mathrm{tr}(\mathbf{A})$는 행렬 $\mathbf{A}$의 대각합)

(c) $T: M_{nn}\to \mathbb{R}$, $T(\mathbf{A})=a_{11}a_{22}a_{33}\cdots a_{nn}$ (a_{jj}는 $n\times n$ 행렬의 주대각 성분)

08 정사각행렬의 전치가 선형변환(사상)임을 보이세요.

09 구간 $[0,1]$에서 정의한 연속함수 f에 대하여, $T(f)=\int_0^1 f(x)dx$로 주어진 변환(사상) $T: C[0,1]\to\mathbb{R}$이 선형변환임을 보이세요.

10 $T(\mathbf{O})\neq\mathbf{O}$인 변환 $T: V\to W$에 대해서 T가 선형변환이 아님을 증명해보세요.

11 영변환 $T: V\to W$, 즉 임의의 벡터 $\mathbf{v}\in V$에 대해서 $T(\mathbf{v})=\mathbf{O}$인 변환 T가 선형변환(사상)임을 증명해보세요.

12 $T: V\to W$를 n차원 벡터공간 V에서 벡터공간 W로 가는 변환이라고 하고, V의 기저를 $\{\mathbf{v}_1,\mathbf{v}_2,\mathbf{v}_3,\cdots,\mathbf{v}_n\}$이라 합시다. V의 임의의 벡터 $\mathbf{u}$에 대해 $T(\mathbf{u})$를 다음 벡터들의 일차결합으로 나타낼 수 있음을 증명해보세요.

$$\{T(\mathbf{v}_1),\,T(\mathbf{v}_2),\,T(\mathbf{v}_3),\cdots,T(\mathbf{v}_n)\}$$

5.2 선형변환의 핵과 치역

학습목표

- 선형변환의 핵과 치역의 의미를 이해할 수 있습니다.
- 핵과 치역의 몇 가지 성질을 유도할 수 있습니다.

이 절에서는 이전 장에서 살펴본 결과 중 일부를 사용합니다. 특히 핵과 치역의 일부 성질을 증명하기 위해 3장에 제시한 몇 가지 정리를 적용해야 합니다. 먼저 스스로 증명을 시도해보는 게 좋고, 증명하다가 막히면 책에서 해당 내용을 살펴보세요. 이는 증명을 이해하는 좋은 방법입니다.

다음 두 절은 영공간, 행렬의 퇴화차수와 계수를 정의한 3.6.1절과 유사합니다. 이 절에서는 선형변환의 핵(영공간), 퇴화차수, 치역을 알아봅니다.

? 핵(kernel)과 치역이 왜 중요할까요?

일반적으로 핵과 치역은 변환에서 전달한 정보와 손실한 정보를 알려줍니다.

? 이를 어떻게 알 수 있나요?

선형대수학에서 가장 중요한 결과 중 하나는 다음과 같습니다.

선형변환 $T: V \to W$ (V는 유한차원 벡터공간)에 대하여 다음이 성립합니다.

$$\dim(\text{kernel}(T)) + \dim(\text{range}(T)) = \dim(V)$$

이 결과는 모든 정보가 두 집합의 핵과 치역에 포함됨을 의미합니다. 이는 3장에 제시한 [정리 3-22]의 차원 정리와 동치입니다.

? 핵과 치역은 연립일차방정식과 어떤 연관이 있나요?

행렬(A)은 선형변환으로 표현할 수 있습니다. 따라서 핵을 찾는 것은 $\mathrm{Ax} = \mathrm{O}$를 만족하는 모든 벡터 $\mathbf{x}$를 찾는 것과 같은 의미입니다. 연립일차방정식 $\mathrm{Ax} = \mathrm{b}$의 해가 유일하다는 것은 선형변환의 치역에 벡터 b가 존재한다는 것과 동치입니다.

5.2.1 선형변환(선형사상)의 핵

$\mathrm{Ax} = \mathrm{b}$ 라는 표현은 행렬 A가 벡터 $\mathbf{x}$를 벡터 b로 변환한다는 의미입니다. 행렬 A는 $\mathbf{x}$를 입력하면 b를 출력하는 함수입니다.

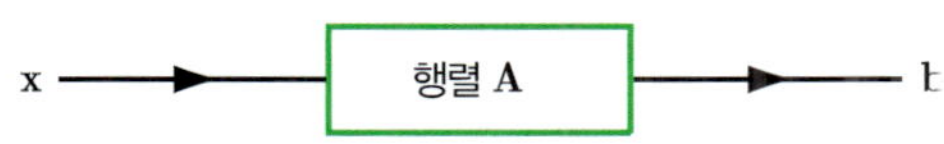

[그림 5-10] 행렬 A의 변환

일반적으로 함수 f는 수를 다루지만, 행렬 A는 벡터를 다룹니다.

예제 5-9 다음과 같이 정의한 선형변환 $T: \mathbb{R}^2 \to \mathbb{R}^2$가 있습니다.

$$T(\mathrm{v}) = \mathrm{Av}, \quad \mathrm{A} = \begin{pmatrix} 1 & 1 \\ -1 & 1 \end{pmatrix}$$

$T(\mathrm{v}) = \mathrm{O}$를 만족하는 벡터 v를 찾아보세요.

풀이

$\mathrm{v} = (x \ \ y)^{\mathrm{T}}$와 주어진 행렬 A에 대하여 다음과 같이 나타낼 수 있습니다.

$$T\left(\begin{pmatrix} x \\ y \end{pmatrix}\right) = \begin{pmatrix} 1 & 1 \\ -1 & 1 \end{pmatrix}\begin{pmatrix} x \\ y \end{pmatrix} = \begin{pmatrix} 0 \\ 0 \end{pmatrix} \qquad \left[T(\mathrm{v}) = \mathrm{Av} = \mathrm{O} = \begin{pmatrix} 0 \\ 0 \end{pmatrix}\right]$$

앞의 행렬을 계산하면 다음 연립일차방정식을 얻을 수 있습니다.

$$\begin{cases} x+y=0 \\ -x+y=0 \end{cases} \Rightarrow \quad x=0,\ y=0$$

따라서 $\mathbf{v}=(x\ \ y)^{\mathrm{T}}=(0\ \ 0)^{\mathrm{T}}=\mathbf{O}$입니다.

영벡터로 변환되는 정의역 벡터공간의 벡터집합을 그 변환의 **핵**(kernel)이라 하고, $\ker(T)$로 표기합니다. [예제 5-9]에서 $\ker(T)=\{\mathbf{O}\}$입니다. 즉, T의 핵은 오직 영벡터만 원소로 가집니다. $\mathbb{R}^2$에서 T에 의하여 영벡터로 변환되는 다른 벡터는 존재하지 않습니다($\ker(T)=\{\mathbf{O}\}$는 행렬 $\mathbf{A}$의 영공간입니다). 행렬 $\mathbf{A}$가 변환 T를 표현하므로 $T(\mathbf{v})=\mathbf{O}$는 $\mathbf{A}\mathbf{v}=\mathbf{O}$를 해결하는 것과 동치라는 점에 주목합시다.

핵이 영벡터 $\mathbf{O}$만으로 이루어져 있다면 거꾸로도 갈 수 있다는 것, 즉 선형변환의 역변환이 존재한다는 사실을 나중에 증명하겠습니다. 이는 모든 정보가 전달되었음을 의미합니다. 일반적으로 다음 [예제 5-10]에서 알 수 있듯이, 영벡터로 변환되는 영벡터가 아닌 다른 벡터가 존재할 수도 있습니다. 일반적인 선형변환 $T: V \to W$에 대하여 W의 영벡터에 대응하는 정의역 V의 벡터집합을 T의 핵이라고 하고, [그림 5-11]과 같이 나타냅니다.

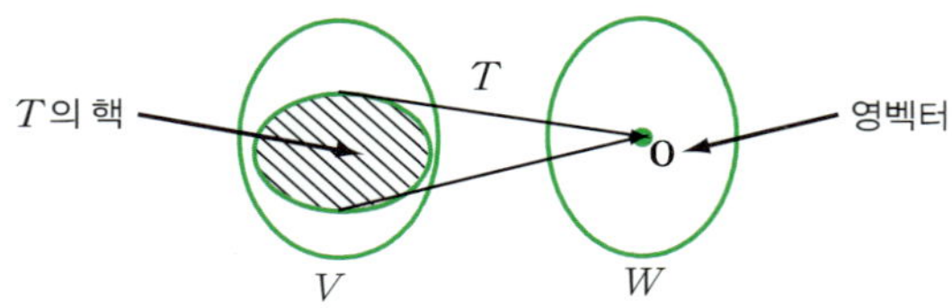

[그림 5-11] 선형변환 T의 핵

일상 언어에서 핵은 껍데기 안쪽에 있는 부드러운 부분(알맹이)을 의미합니다. 선형대수학에서 핵은 영벡터로 변환되는 부분을 나타냅니다.

> **정의 5-3 선형변환의 핵**
>
> $T: V \to W$를 선형변환이라고 하면, W의 영벡터로 변환되는 V의 모든 벡터집합을 T의 **핵**이라고 하며, $\ker(T)$로 표기합니다. $\ker(T)$는 $T(\mathbf{v})=\mathbf{O}$를 만족하는 V의 벡터집합입니다.

예제 5-10 **V의 모든 벡터에 대하여 $T(\mathbf{v})=\mathbf{O}$를 만족하는 영변환 $T: V \to W$가 있을 때, $\ker(T)$를 찾아보세요.**

풀이

V의 모든 벡터가 T에 의하여 영벡터가 된다면, $T(\mathbf{v})=\mathbf{O}$, $\ker(T)=V$입니다. 이는 T의 정의역 전체가 T의 핵이라 의미입니다.

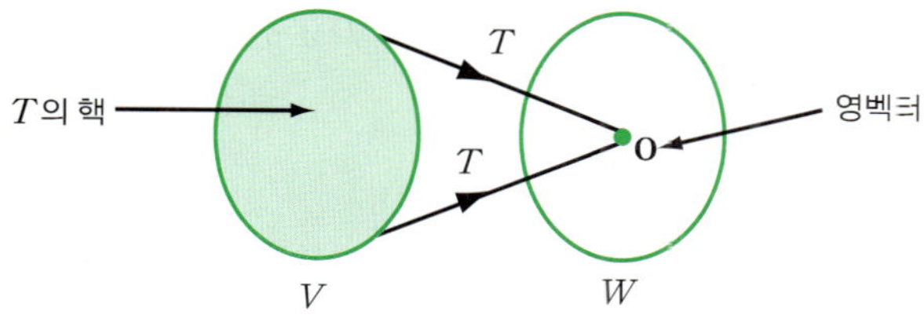

[그림 5-12] $\ker(T) = V$

예제 5-11 **다음 물음에 답해보세요.**

(a) 선형변환 $T: \mathbb{R}^3 \to \mathbb{R}^3$, $T\left(\begin{pmatrix} x \\ y \\ z \end{pmatrix}\right) = \begin{pmatrix} x \\ y \\ 0 \end{pmatrix}$에 대하여 $\ker(T)$를 찾아보세요.

(b) $\mathbf{u} = (1\ 2\ 3)^{\mathrm{T}}$, $\mathbf{v} = (1\ 2\ 5)^{\mathrm{T}}$에 대하여 $\mathbf{u} - \mathbf{v}$가 $\ker(T)$의 원소임을 보이세요.

풀이

(a) T에 의하여 영벡터를 갖는 $\mathbb{R}^3$의 벡터를 찾아야 합니다. 어떤 벡터가 영벡터로 변환될까요? 주어진 선형변환 $T\left(\begin{pmatrix} x \\ y \\ z \end{pmatrix}\right) = \begin{pmatrix} x \\ y \\ 0 \end{pmatrix}$을 분석해보면, $x = 0$, $y = 0$, $z = r$ (r은 실수)일 때 영벡터로 변환됩니다. 그러므로 다음이 성립합니다.

$$T\left(\begin{pmatrix} 0 \\ 0 \\ r \end{pmatrix}\right) = \begin{pmatrix} 0 \\ 0 \\ 0 \end{pmatrix} = \mathbf{O}$$

따라서 이 경우에 T의 핵은 $\left\{\begin{pmatrix} 0 \\ 0 \\ r \end{pmatrix} \middle|\ r\text{은 실수}\right\} = \begin{pmatrix} 0 \\ 0 \\ 0 \end{pmatrix} = \mathbf{O}$입니다. [그림 5-13]과 같이 주어진 변환 T의 핵은 $\mathbb{R}^3$에서 z축입니다.

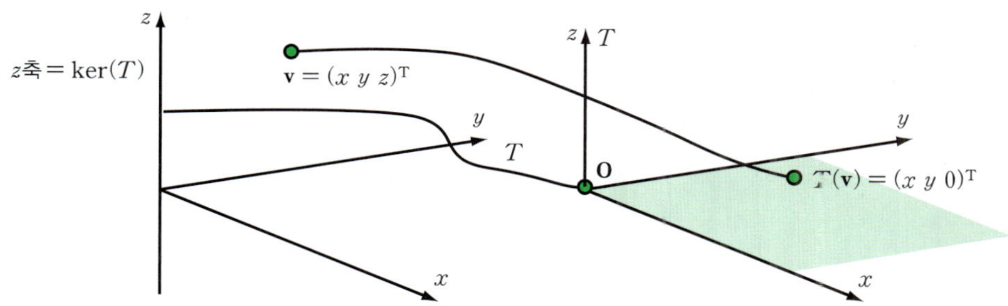

[그림 5-13] $\mathbb{R}^3$에서 T의 핵

[그림 5-13]에서 알 수 있듯이, 변환 T는 $\mathbb{R}^3$의 임의의 점을 음영 부분의 평면으로 변환합니다.

(b) $\mathbf{u} - \mathbf{v} = (1\ 2\ 3)^{\mathrm{T}} - (1\ 2\ 5)^{\mathrm{T}} = (0\ 0\ -2)^{\mathrm{T}}$입니다. $\mathbf{u} - \mathbf{v}$를 변환하면 다음과 같습니다.

$$T(\mathbf{u} - \mathbf{v}) = T((0\ 0\ -2)^{\mathrm{T}}) = (0\ 0\ 0)^{\mathrm{T}} = \mathbf{O}$$

$T(\mathbf{u}-\mathbf{v})=\mathbf{O}$이므로 $\mathbf{u}-\mathbf{v}$가 $\ker(T)$의 원소입니다. $T(\mathbf{u}-\mathbf{v})=\mathbf{O}$에서 T가 선형변환임을 이용하면 다음이 성립합니다.

$$T(\mathbf{u}-\mathbf{v})=T(\mathbf{u})-T(\mathbf{v})=\mathbf{O} \quad \Rightarrow \quad T(\mathbf{u})=T(\mathbf{v})$$

즉, $\mathbf{u}-\mathbf{v}$가 $\ker(T)$의 원소라는 것은 [그림 5-14]와 같이 벡터 $\mathbf{u}$와 $\mathbf{v}$가 T에 의해 동일한 점으로 대응함을 의미합니다.

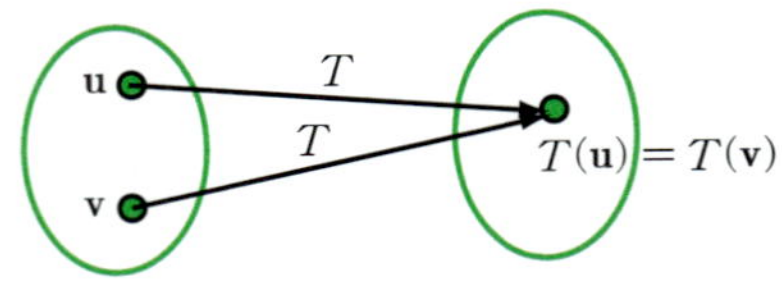

[그림 5-14] T에 의한 $\mathbf{u}$와 $\mathbf{v}$의 대응

따라서 선형변환의 핵을 통해 두 점이 언제 동일한 점으로 변환되는지 알 수 있습니다.

[예제 5-11]에서 선형변환은 $\mathbb{R}^3$의 벡터를 $\mathbb{R}^3$의 평면 위로 사영합니다. 이러한 유형의 선형변환은 컴퓨터 그래픽스에서 나타납니다. 컴퓨터 그래픽스에서 두 벡터가 같은 지점으로 변환된다는 개념은 한 개체가 화면에서 다른 개체의 보기를 '차단'한다는 의미입니다. 벡터 $\mathbf{u}-\mathbf{v}$가 벡터를 화면 위로 사영하는 선형변환 T에 대한 $\ker(T)$의 원소이면, $T(\mathbf{u})$는 화면 위에서 $T(\mathbf{v})$를 차단하며 그 역도 성립합니다.

5.2.2 핵의 성질

> **정리 5-3 핵의 성질**
>
> $T: V \rightarrow W$가 두 벡터공간 V와 W 간의 선형변환이면, T의 핵은 벡터공간 V의 부분공간입니다.

[정리 5-3]은 무엇을 의미할까요?

$T(\mathbf{v})=\mathbf{O}$를 만족하는 벡터 $\mathbf{v}$의 집합이 V의 부분공간이라는 의미입니다. 이를 [그림 5-15]와 같이 나타낼 수 있습니다.

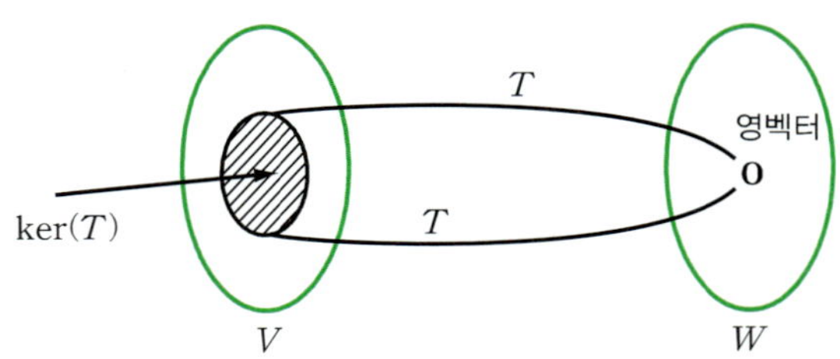

[그림 5-15] V의 부분공간 $\ker(T)$

이 결과를 어떻게 증명할 수 있을까요?

다음과 같이 3장에 제시한 [정리 3-5]를 이용하여 증명합니다.

> **[정리 3-5]**
> 벡터 $\mathbf{u}$와 $\mathbf{v}$를 원소로 가지는 공집합인 아닌 부분집합 S는 부분공간입니다.
> $\Leftrightarrow$ $k\mathbf{u}+c\mathbf{v}$는 S의 원소입니다.

이 경우에 집합 S는 $\ker(T)$입니다.

증명

$\ker(T)$가 공집합이 아님을 어떻게 알 수 있나요?

앞에서 제시한 [정리 5-1(a)]에 따라 선형변환 T에 대하여 $T(\mathbf{O})=\mathbf{O}$가 성립합니다. 따라서 영벡터 $\mathbf{O}$는 $\ker(T)$의 원소이므로 $\ker(T)$는 공집합이 아닙니다.

이제 무엇을 더 증명해야 할까요?

[정리 3-5]는 두 벡터 $\mathbf{u}$와 $\mathbf{v}$가 $\ker(T)$의 원소이면 임의의 일차결합 $k\mathbf{u}+c\mathbf{v}$(k, c는 스칼라)도 $\ker(T)$의 원소임을 말해줍니다.

두 벡터 $\mathbf{u}$와 $\mathbf{v}$가 $\ker(T)$의 원소일 때, 벡터 $k\mathbf{u}+c\mathbf{v}$를 생각해봅시다.

$$\begin{aligned} T(k\mathbf{u}+c\mathbf{v}) &= k\,T(\mathbf{u})+c\,T(\mathbf{v}) && [T\text{는 선형변환}] \\ &= k\mathbf{O}+c\mathbf{O} && [\mathbf{u},\ \mathbf{v}\text{가 } \ker(T)\text{의 원소이므로, } T(\mathbf{u})=T(\mathbf{v})=\mathbf{O}] \\ &= \mathbf{O} \end{aligned}$$

$T(k\mathbf{u}+c\mathbf{v})=\mathbf{O}$이므로 $k\mathbf{u}+c\mathbf{v}$는 $\ker(T)$의 원소입니다. $\ker(T)$의 두 벡터 $\mathbf{u}$, $\mathbf{v}$의 임의의 일차결합이 $\ker(T)$의 원소이므로, $\ker(T)$는 V의 부분공간입니다. ■

> **정의 5-4 선형변환의 영공간과 퇴화차수**
> $T: V \to W$를 선형변환이라 하면, $\ker(T)$를 T의 **영공간**(null space)이라고도 합니다. 이때 $\ker(T)$의 차원을 T의 **퇴화차수**(nullity)라고 하며 $\text{nullity}(T)$로 표기합니다.

[정의 5-4]는 3장에서 살펴본 행렬의 영공간 정의와 일치합니다. $T(\mathbf{u})=\mathbf{A}\mathbf{u}$가 선형변환이라 합시다. 그러면 $\ker(T)$ 또는 T의 영공간은 $\mathbf{A}\mathbf{u}=\mathbf{O}$를 만족하는 일반해 $\mathbf{u}$입니다([정의 3-13] 참고). 이는 $\ker(T)$가 행렬 $\mathbf{A}$를 적용하여 영벡터가 되는 정의역 벡터 $\mathbf{u}$의 집합임을 의미합니다. $\ker(T)$가 행렬 $\mathbf{A}$의 영공간과 동일함을 기억하세요. 앞에 주어진 영공간의 정의는 다음 예제에서 볼 수 있듯이 모든 선형변환에 적용되므로 더 일반적인 정의입니다.

예제 5-12 $\mathbb{R}^3$의 벡터 x에 대하여 $T: \mathbb{R}^3 \to \mathbb{R}^3$, $T(\mathbf{x}) = A\mathbf{x}$이고 $A = \begin{pmatrix} 1 & 2 & 3 \\ 4 & 5 & 6 \end{pmatrix}$일 때, 다음을 구해보세요.

(a) $\ker(T)$ (b) T의 영공간 (c) $\text{nullity}(T)$

풀이

(a) $\ker(T)$는 $T(\mathbf{x}) = A\mathbf{x} = O$의 해공간입니다. 따라서 $\ker(T)$는 행렬 A의 영공간입니다. 앞서 3.6절에서 행렬의 영공간을 찾았습니다. 어떻게 찾았나요? 행렬 A를 (기약)행 사다리꼴 행렬 R로 만들어 $R\mathbf{x} = O$의 해를 구해봅시다.

$$A = \begin{pmatrix} 1 & 2 & 3 \\ 4 & 5 & 6 \end{pmatrix} \qquad \Rightarrow \qquad R = \begin{pmatrix} 1 & 0 & -1 \\ 0 & 1 & 2 \end{pmatrix}$$

$\mathbf{x} = (x \ \ y \ \ z)^T$라 하면 $R\mathbf{x} = O$이므로 다음과 같이 나타낼 수 있습니다.

$$\begin{aligned} x - \quad z &= 0 \\ y + 2z &= 0 \end{aligned}$$

첫 번째 방정식에서 $x = z$, 두 번째 방정식에서 $y = -2z$임을 알 수 있습니다. $z = r$(r은 임의의 실수)이라 하면, $x = r$, $y = -2r$, $z = r$입니다. 이는 $\ker(T)$가 다음과 같은 해임을 의미합니다.

$$\mathbf{x} = \begin{pmatrix} x \\ y \\ z \end{pmatrix} = \begin{pmatrix} r \\ -2r \\ r \end{pmatrix} = r\begin{pmatrix} 1 \\ -2 \\ 1 \end{pmatrix}$$

따라서 $\ker(T) = \{r\mathbf{u} \mid \mathbf{u} = (1 \ \ -2 \ \ 1)^T, r\text{은 실수}\}$입니다.

(b) 변환 T와 행렬 A의 영공간은 $\ker(T) = \{r\mathbf{u} \mid \mathbf{u} = (1 \ \ -2 \ \ 1)^T, r\text{은 실수}\}$입니다.

(c) $\text{nullity}(T)$는 무엇을 의미하나요? 영공간 또는 $\ker(T)$의 차원입니다. 차원은 기저를 구성하는 벡터 개수입니다. $\ker(T)$의 기저에는 오직 1개의 벡터 $\mathbf{u} = (1 \ \ -2 \ \ 1)^T$가 존재하므로 $\text{nullity}(T) = 1$입니다.

이제 남은 과제는 주어진 선형변환(사상)의 핵 $\ker(T)$를 찾는 것입니다. $\ker(T)$를 구하면, 일반적으로 이 부분공간의 차원 $\text{nullity}(T)$를 바로 구할 수 있습니다. $\ker(T)$에 있는 기저벡터의 개수만 구하면 됩니다. 그런데 기저를 찾는 것이 더 어려울 수 있습니다.

예제 5-13 P_2는 차수가 2보다 작거나 같은 다항식의 백터공간이고, P_3는 차수가 3보다 작거나 같은 다항식의 벡터공간입니다. 삼차다항식 $p(x)$에 대하여 다음과 같이 주어진 선형변환 $T: P_3 \to P_2$를 생각해봅시다.

$$T(\mathrm{p}) = p'(x) \quad (p'(x)\text{는 } p(x)\text{의 도함수})$$

이때 $\text{nullity}(T)$를 구해보세요.

풀이

nullity(T)를 구하려면 어떻게 해야 할까요? 먼저 $\ker(T)$를 찾아야 합니다. $\ker(T)$는 무엇과 같은가요? $\ker(T)$는 주어진 선형변환 T에 의하여 영벡터가 되는 다항식의 집합입니다. 이 변환 T는 주어진 다항식 $p(x)$를 미분하므로 다음과 같이 나타낼 수 있습니다.

$$T(\mathbf{p}) = p'(x) = 0$$

미분하여 0이 되는 다항식은 무엇인가요? 상수 다항식입니다. 즉, 다음과 같습니다.

$$T(\mathbf{c}) = c' = 0 \quad (c\text{는 상수})$$

따라서 $\ker(T) = \{c \mid c\text{는 임의의 상수}\}$입니다. 이것의 차원은 무엇일까요? $\ker(T)$의 기저는 $\{1\}$입니다. 따라서 기저를 구성하는 벡터가 오직 하나이므로 $\ker(T)$의 차원은 1입니다. 즉, nullity$(T) = 1$입니다.

5.2.3 선형변환의 치역(상)

5.1절에서 함수의 치역(상)의 의미를 간단하게 정의했습니다.

? 선형변환 $T: V \rightarrow W$의 상이란 무엇일까요?

[그림 5-16]은 선형변환의 치역 또는 상의 의미를 나타냅니다.

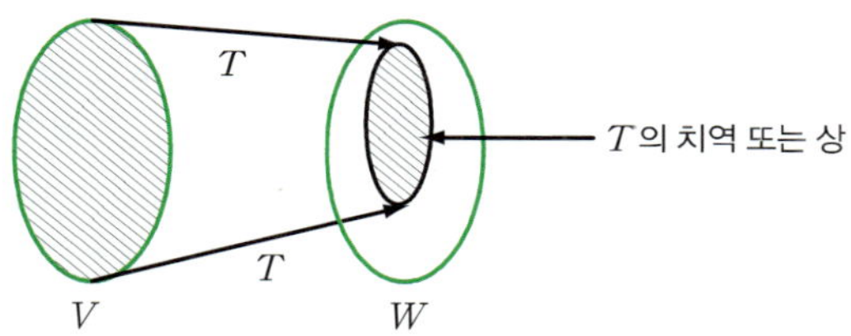

[그림 5-16] 선형변환 T의 치역 또는 상

선형변환 T의 상은 정의역의 벡터에 T를 적용하여 얻는 벡터의 집합입니다.

> **정의 5-5 선형변환의 치역 또는 상**
>
> $T: V \rightarrow W$는 선형변환이고, $\mathbf{w}$는 공역 W의 임의의 벡터라고 합시다. 이때 $T(\mathbf{v}) = \mathbf{w}$를 만족하는 V의 벡터 $\mathbf{v}$가 존재하는 $\mathbf{w}$의 집합을 이 선형변환의 **치역**(range) 또는 **상**(image)이라고 합니다.

변환 T에 의한 정의역 V의 벡터의 상으로 이루어진 W의 벡터집합을 치역이라고 합니다. 집합론에서는 $T: V \rightarrow W$의 치역을 range(T)로 표기하고, 다음과 같이 나타냅니다.

$$\text{range}(T) = \{ T(\mathbf{v}) \mid \mathbf{v} \in V \} \tag{5.1}$$

[그림 5-16]에서 알 수 있듯이, range(T)는 공역인 벡터공간 W의 모든 원소를 포함하지 않을 수도 있습니다.

예제 5-14 **V의 임의의 벡터 v에 대하여 $T(\mathrm{v}) = \mathrm{O}$를 만족하는 영변환 $T: V \to W$, $T(\mathrm{v}) = \mathrm{O}$가 있을 때, range$(T)$를 구해보세요. (즉, T의 상을 구해보세요.)**

풀이

모든 벡터의 목적지는 단 1개입니다. 즉, T에 의해 영벡터를 가지므로 다음과 같이 나타낼 수 있습니다.

$$\mathrm{range}(T) = \mathrm{O}$$

따라서 치역 또는 상은 하나의 원소인 $\{\mathrm{O}\}$입니다. 이를 [그림 5-17]과 같이 나타낼 수 있습니다.

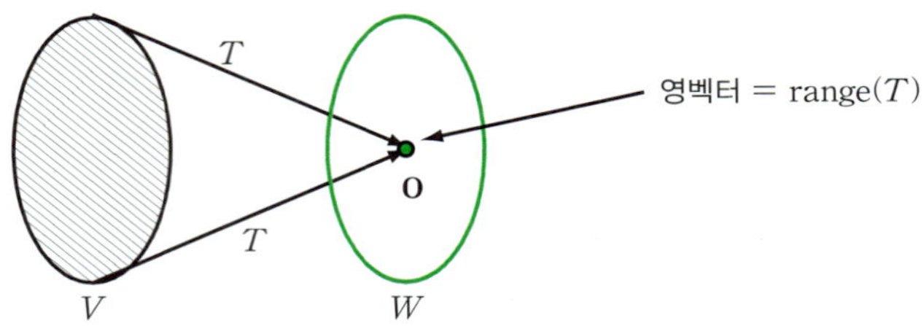

[그림 5-17] T의 치역 range$(T) = \mathrm{O}$

ker(T)는 정의역인 벡터공간 V, 즉 ker$(T) = V$이지만 T의 치역은 영벡터 O입니다.

핵과 치역의 차이에 주목하세요. 변환의 핵은 정의역에 포함되지만 치역은 공역에 포함됩니다. 치역의 일반적인 용어는 상입니다. 여기서는 두 용어를 함께 사용합니다.

예제 5-15 **P_2가 차수가 2보다 작거나 같은 다항식으로 이루어진 벡터공간일 때, 선형변환 $T: P_2 \to W$, $T(\mathrm{p}) = \int_0^1 p(x)\,dx$에 대하여 range$(T)$를 구해보세요. ($T$가 선형변환인지 확인할 수 있습니다.)**

풀이

$p(x)$는 차수가 2보다 작거나 같은 다항식이므로, $p(x) = ax^2 + bx + c$로 나타낼 수 있습니다.

$$T(p(x)) = \int_0^1 (ax^2 + bx + c)\,dx$$
$$\underbrace{=}_{\text{적분}} \left[\frac{a}{3}x^3 + \frac{b}{2}x^2 + cx\right]_0^1 = \frac{a}{3} + \frac{b}{2} + c \qquad [\text{양 끝값 } x=1\text{과 } x=0 \text{ 대입}]$$

a, b, c는 임의의 실수이므로 $T(\mathrm{p}) = \frac{a}{3} + \frac{b}{2} + c$도 임의의 실수일 수 있습니다.

range(T)는 무엇과 같은가요? 실수 전체의 집합, 즉 range(T)= $\mathbb{R}$ 입니다. [그림 5-18]에서 볼 수 있듯이, P_2의 모든 원소가 실수 전체의 집합 $\mathbb{R}$ 로 변환됩니다.

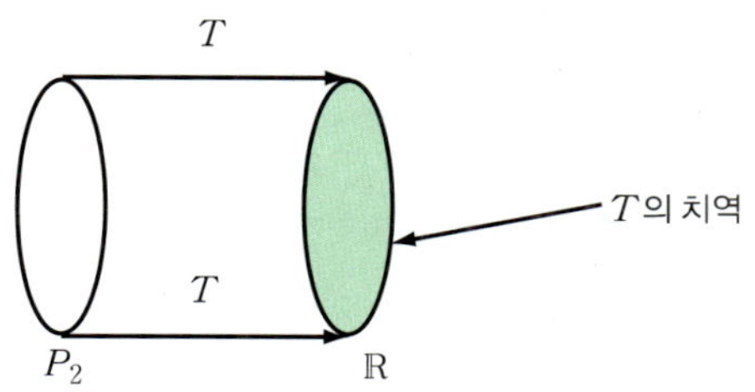

[그림 5-18] T의 치역 range(T)= $\mathbb{R}$

5.2.4 선형변환의 치역의 성질

선형변환 T: $V \to W$의 치역은 공역 W의 벡터로 구성된다는 점에 주목합시다. (여기서 W의 벡터란 V의 벡터에 변환 T를 적용하여 대응하는 W의 벡터를 말합니다.) 다음으로, T의 치역이 공역 W의 부분공간임을 증명하겠습니다.

> **정리 5-4 치역의 성질**
> 벡터공간 V, W에 대하여 T: $V \to W$가 선형변환이면, 변환 T의 치역 또는 상은 공역 W의 부분공간입니다.

[정리 5-4]는 무엇을 의미할까요?

[그림 5-16]에서 W의 음영 부분이 W의 부분공간임을 의미합니다.

[정리 5-4]를 증명하려면 어떻게 해야 할까요?

다시 3장의 [정리 3-5]를 이용합니다.

> **[정리 3-5]**
> 두 벡터 $\mathbf{u}$와 $\mathbf{v}$를 원소로 갖는 공집합이 아닌 집합 S가 부분공간입니다.
> $\Leftrightarrow$ $k\mathbf{u}+c\mathbf{v}$(k, c는 스칼라)는 S의 원소입니다.

증명

선형변환에서 $T(\mathrm{O})= \mathrm{O}$이므로, O는 집합 range(T)의 원소입니다. 따라서 치역은 공집합이 아닙니다.

range(T)가 공역 W의 부분공간임을 어떻게 증명해야 할까요?

임의의 선형변환이 공역에 포함됨을 보이면 됩니다. $\mathbf{u}$, $\mathbf{w}$가 range(T)의 벡터라면 $k\mathbf{u}+c\mathbf{w}$(k, c는 스칼라)도 range(T)의 벡터임을 보여야 합니다.

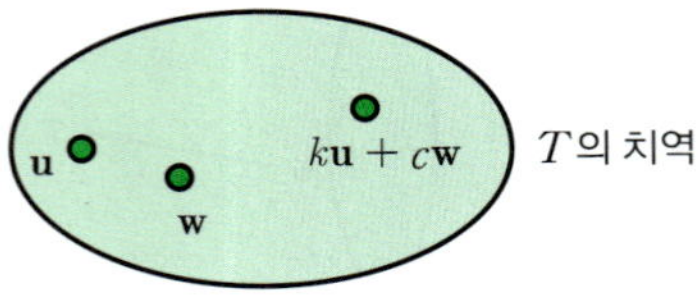

[그림 5-19] 공역 W의 부분공간 range(T)

집합 range(T)가 닫혀 있음을 보여야 합니다. 닫혀 있다는 것은 $k\mathbf{u}+c\mathbf{w}$가 range(T)의 원소라는 의미입니다. $\mathbf{u}$, $\mathbf{w}$가 range(T)의 원소이므로, 다음을 만족하는 정의역의 원소 $\mathbf{x}$, $\mathbf{y}$가 존재합니다.

$$T(\mathbf{x})=\mathbf{u},\quad T(\mathbf{y})=\mathbf{w}$$

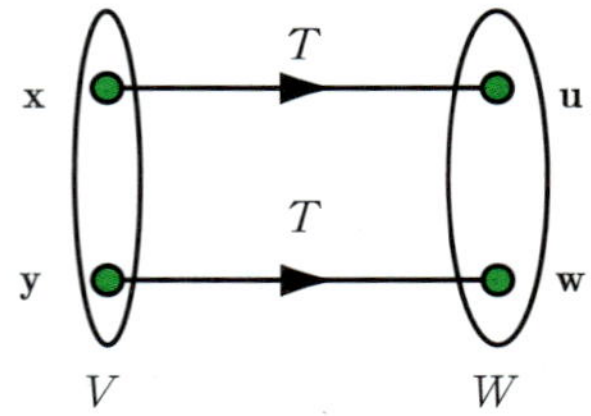

[그림 5-20] 공역 W의 부분공간 range(T)의 원소 $\mathbf{u}$, $\mathbf{w}$

벡터 $k\mathbf{u}+c\mathbf{w}$를 생각해봅시다.

$$\begin{aligned} k\mathbf{u}+c\mathbf{w} &= k\,T(\mathbf{x})+c\,T(\mathbf{y}) \\ &= T(k\mathbf{x})+T(c\mathbf{y}) && [T\text{는 선형변환}] \\ &= T(k\mathbf{x}+c\mathbf{y}) && [T\text{는 선형변환}] \end{aligned}$$

V가 벡터공간이므로 일차결합 $k\mathbf{x}+c\mathbf{y}$는 V의 원소입니다. 그러면 다음이 성립합니다.

$$T(k\mathbf{x}+c\mathbf{y})=k\mathbf{u}+c\mathbf{w}$$

따라서 $k\mathbf{u}+c\mathbf{w}$는 range(T)의 원소입니다. 그러므로 [정리 3-5]에 의하여 range(T)는 벡터공간 W의 부분공간입니다. ■

핵심요약

- [정의 5-3]

  선형변환 $T: V\to W$에 대하여, $T(\mathbf{v})=\mathbf{O}$를 만족하는 V의 모든 벡터집합을 T의 **핵**이라고 합니다.
- 선형변환 $T: V\to W$에 대하여, W에서 T의 **치역**(또는 **상**)을 range(T) $=\{T(\mathbf{v})\mid \mathbf{v}\in V\}$로 정의합니다.

5.2 연습문제

01 다음 선형변환의 핵을 구해보세요.

(a) $T: \mathbb{R}^2 \to \mathbb{R}^2,\ T(\mathbf{v}) = \mathbf{A}\mathbf{v},\ \mathbf{A} = \begin{pmatrix} 1 & 0 \\ 0 & 1 \end{pmatrix}$

(b) $T: \mathbb{R}^2 \to \mathbb{R}^2,\ T(\mathbf{v}) = \mathbf{A}\mathbf{v},\ \mathbf{A} = \begin{pmatrix} 1 & 1 \\ 1 & 1 \end{pmatrix}$

(c) $T: \mathbb{R}^2 \to \mathbb{R}^2,\ T\left(\begin{pmatrix} x \\ y \end{pmatrix}\right) = \begin{pmatrix} 0 \\ 0 \end{pmatrix}$

(d) $T: \mathbb{R}^3 \to \mathbb{R}^3,\ T\left(\begin{pmatrix} x \\ y \\ z \end{pmatrix}\right) = \begin{pmatrix} 0 \\ 0 \\ x \end{pmatrix}$

(e) $T: \mathbb{R}^3 \to \mathbb{R}^2,\ T\left(\begin{pmatrix} x \\ y \\ z \end{pmatrix}\right) = \begin{pmatrix} y-z \\ x-z \end{pmatrix}$

02 $T: M_{nn} \to M_{nn}$은 다음과 같이 전치를 나타내는 선형변환입니다.

$$T(\mathbf{A}) = \mathbf{A}^{\mathrm{T}}$$

이때 $\ker(T)$와 $\mathrm{range}(T)$를 구해보세요. (단, M_{nn}은 $n \times n$ 정사각행렬)

03 $T: P_2 \to P_1$은 다음과 같이 다항식의 미분을 나타내는 선형변환입니다.

$$T(\mathbf{p}) = p'(x)$$

이때 $\ker(T)$와 $\mathrm{range}(T)$를 구해보세요.

04 $T: V \to W$가 선형변환일 때, $\mathbf{u} \in \ker(T)$, $\mathbf{v} \in \ker(T)$이면 임의의 실수 k, c에 대하여 $(k\mathbf{u} + c\mathbf{v}) \in \ker(T)$임을 증명해보세요.

05 $T: V \to W$가 선형변환일 때, $\mathbf{v} \in \ker(T)$이면 $-\mathbf{v} \in \ker(T)$임을 증명해보세요.

06 정의역 V의 모든 원소 $\mathbf{v}$에 대하여 $T(\mathbf{v}) = \mathbf{O}$로 정의한 영변환 $T: V \to W$에 대해 $\ker(T) = V$임을 증명해보세요.

07 $T(\mathbf{v}) = \mathbf{v}$로 정의한 항등변환 $T: V \to W$에 대하여 다음 결과를 증명해보세요.

(a) $\ker(T) = \{\mathbf{O}\}$ (b) $\mathrm{range}(T) = V$

08 $\mathbf{u}$, $\mathbf{v}$는 V의 벡터이고 $T: V \to W$가 선형변환일 때, 다음을 증명해보세요.

> $T(\mathbf{u}) = \mathbf{x}$, $T(\mathbf{v}) = \mathbf{x}$이면 $(\mathbf{u} - \mathbf{v}) \in \ker(T)$

09 $T: V \to W$가 선형변환일 때, 다음을 증명해보세요.

> $S_1 = \{\mathbf{v}_1, \mathbf{v}_2, \cdots, \mathbf{v}_n\}$이 정의역 V를 생성하면, $S_2 = \{T(\mathbf{v}_1), T(\mathbf{v}_2), \cdots, T(\mathbf{v}_n)\}$은 $\mathrm{range}(T)$를 생성합니다.

10 $T: V \to W$가 선형변환일 때, 다음을 증명해보세요.

> $B = \{\mathbf{v}_1, \mathbf{v}_2, \cdots, \mathbf{v}_n\}$이 정의역 V의 기저이면, $S = \{T(\mathbf{v}_1), T(\mathbf{v}_2), \cdots, T(\mathbf{v}_n)\}$은 $\mathrm{range}(T)$의 기저입니다.

11 $T: V \to W$가 선형변환일 때, S가 V의 부분공간이고 $T(S) = \{T(s) \mid s \in S\}$라고 합시다. 이때 $T(S)$가 $\mathrm{range}(T)$의 부분공간임을 증명해보세요.

5.3 계수와 퇴화차수

학습목표

- 선형변환의 계수와 퇴화차수를 찾을 수 있습니다.

5.3.1 선형변환의 계수

3장에서 행렬의 계수가 의미하는 바가 무엇이며 왜 중요한지 설명했습니다. 행렬의 계수는 행렬에서 일차독립인 행의 최대 개수 또는 행렬의 행공간 차원입니다. 어떤 행렬은 다른 행의 일차결합(일차종속)이므로 일부 행렬에서는 많은 행이 사라집니다. 행렬은 더 낮은 계수로 변환하면 데이터를 전송하는 데 메모리와 시간이 덜 소모되므로 계수는 데이터 전송에서 매우 중요합니다. 낮은 계수로 변환한 행렬은 계산할 때 훨씬 효율적입니다.

선형변환의 계수는 변환된 정보의 양을 나타내며 치역의 차원으로 측정합니다. 또한 계수는 정보가 선형변환에 의해 손실되었는지 여부를 알려줍니다.

정의 5-6 선형변환의 계수

$T: V \to W$를 선형변환(사상)이라 하고 $\mathrm{range}(T)$를 치역이라 하면, $\mathrm{range}(T)$의 차원을 T의 **계수**(rank)라 하며 $\mathrm{rank}(T)$로 나타냅니다([그림 5-21] 참고).

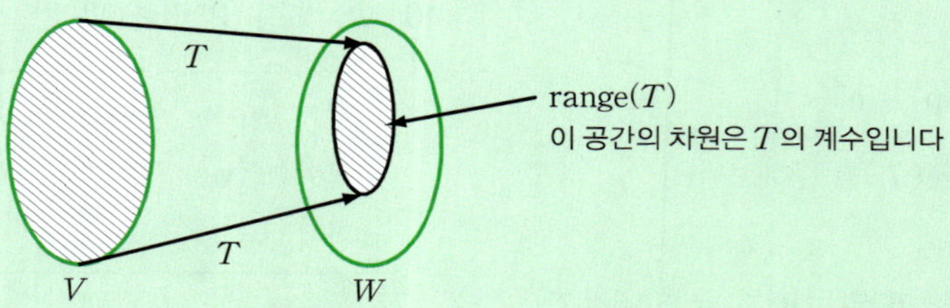

[그림 5-21] 선형변환의 치역

다음으로 살펴볼 선형변환의 차원 정리(dimensional theorem of linear transformation)는 선형대수학에서 매우 중요합니다. 이 정리의 증명은 아주 길며 이전 장에서 공부한 몇 가지 정리를 알아야 하므로 이 절의 마지막에 다루도록 합니다.

정리 5-5 선형변환의 차원 정리(계수-퇴화차수 정리)

$T: V \to W$를 n차원 벡터공간 V에서 벡터공간 W로 가는 선형변환이라고 하면 다음이 성립합니다.

$$\mathrm{rank}(T) + \mathrm{nullity}(T) = n$$

? 차원 정리가 의미하는 것은 무엇일까요?

차원 정리는 다음을 의미합니다. 여기서 dim은 차원을 나타냅니다.

$$\dim(\text{range}(T)) + \dim(\ker(T)) = n$$

이는 3장 [정리 3-22]의 차원 정리와 동일합니다. 치역과 핵의 차원을 더하던 출발하는 벡터공간인 V의 차원이 된다는 의미입니다. 앞에서 언급했듯이, 이 결과는 모든 정보가 핵과 치역이라는 두 집합에 포함되어 있음을 나타냅니다.

? 왜 선형변환의 계수가 중요할까요?

계수는 변환에 의해 전달되는 정보(information carried by a transformation)가 얼마나 많은지를 알려줍니다. 선형변환 $T: V \rightarrow W$의 계수가 출발하는 벡터공간인 V의 차원과 같다면, 모든 정보가 옮겨졌다가 다시 돌아갈 수 있습니다. 즉, 선형변환의 역이 존재합니다.

1. $\text{rank}(T) = \dim(V)$라면, 모든 정보가 T에 의해 전달됩니다.
2. $\text{rank}(T) < \dim(V)$라면, 일부 정보가 T에 의해 손실됩니다.
3. $\text{rank}(T) = 0 < \dim(V)$라면, 사실상 모든 정보가 T에 의해 손실됩니다.

예제 5-16 **P_2는 2차 이하인 다항식의 벡터공간일 때, 다음 선형변환(사상) $T: P_2 \rightarrow \mathbb{R}$의 계수와 퇴화차수를 구해보세요.**

$$T(\text{p}) = \int_0^1 p(x)dx$$

풀이

주어진 선형변환에 대해 무엇을 알 수 있나요? 앞에서 살펴본 [예제 5-15]의 변환과 같습니다. 이미 [예제 5-15]에서 $\text{range}(T) = \mathbb{R}$ 임을 알았습니다. 그렇다면 T의 계수는 얼마일까요? [정의 5-6]에 의해 다음이 성립합니다.

$$\text{rank}(T) = \dim(\text{range}(T)) = \dim(\mathbb{R})$$

일반적으로 $\dim(\mathbb{R}^m) = m$이므로 $\dim(\mathbb{R}) = 1$입니다. 이제 핵의 차원인 T의 퇴화차수를 구해야 합니다. 어떻게 구할 수 있을까요? [정리 5-5]를 적용해봅시다.

$$\dim(\text{range}(T)) + \dim(\ker(T)) = n$$

n의 값은 얼마일까요? P_2의 차원은 몇일까요? 3장의 [표 3-1]을 통해 $\dim(P_k) = k+1$임을 알 수 있습니다. 따라서 $\dim(P_2) = 3$입니다.

$n = \dim(P_2) = 3$과 $\dim(\text{range}(T)) = 1$을 다음 식에 대입해봅시다.

$$\begin{aligned} \dim(\text{range}(T)) + \dim(\ker(T)) = n \quad &\Rightarrow \quad 1 + \dim(\ker(T)) = 3 \\ &\Rightarrow \quad \dim(\ker(T)) = 2 \end{aligned}$$

따라서 T의 퇴화차수는 2이고 T의 계수는 1입니다. $\text{rank}(T) = 1$이지만 출발하는 벡터공간 P_2의 차원이 3이므로 일부 정보는 선형변환 T에 의해 손실됩니다.

주어진 $T: P_2 \to \mathbb{R}$ 에서 $\dim(P_2) = 3$임을 알았습니다. 하지만 도착하는 벡터공간 $\mathbb{R}$ 의 차원은 1입니다. 차원이 3에서 1로 바뀌면서 주어진 변환 T에 의해 일부 정보가 분명히 손실됐습니다.

예제 5-17 다음과 같이 정의한 선형변환 $T: \mathbb{R}^2 \to \mathbb{R}^2$의 계수와 퇴화차수를 구해보세요.

$$\boldsymbol{T}\left(\begin{pmatrix} x \\ y \end{pmatrix}\right) = \begin{pmatrix} 2x - \ \ y \\ 6x - 3y \end{pmatrix}$$

풀이

T가 선형변환이므로 T의 계수와 퇴화차수를 구할 수 있습니다. 어떻게 구할 수 있을까요? [정리 5-5]의 차원 정리를 적용해봅시다.

$$\dim(\text{range}(T)) + \dim(\ker(T)) = n$$

n의 값은 무엇일까요? 선형변환이 $T: \mathbb{R}^2 \to \mathbb{R}^2$이므로 n은 정의역인 $\mathbb{R}^2$의 차원입니다. 따라서 $n = \dim(\mathbb{R}^2) = 2$입니다. 이제 T의 핵의 차원을 구해야 합니다. $\ker(T)$는 무엇과 같은가요? $\ker(T)$는 변환 T에 의해 영벡터에 도달하는 $\mathbb{R}^2$의 벡터를 나타냅니다.

$$T\left(\begin{pmatrix} x \\ y \end{pmatrix}\right) = \begin{pmatrix} 2x - \ \ y \\ 6x - 3y \end{pmatrix} = \begin{pmatrix} 0 \\ 0 \end{pmatrix}$$

따라서 다음과 같은 연립일차방정식을 얻을 수 있습니다.

$$\left.\begin{aligned} 2x - \ \ y = 0 \\ 6x - 3y = 0 \end{aligned}\right\} \quad \Rightarrow \quad y = 2x$$

임의의 실수 s에 대해서 $x = s$라 하면 $y = 2s$입니다.

$$\ker(T) = \left\{ s\begin{pmatrix} 1 \\ 2 \end{pmatrix} \middle| \ s\text{는 실수} \right\}$$

$\ker(T)$의 차원은 무엇일까요? $\ker(T)$의 기저는 $\{(1 \ \ 2)^{\mathrm{T}}\}$입니다. 기저 안에는 오직 하나의 벡터만 존재하므로, $\dim(\ker(T)) = 1$입니다. 따라서 $\text{nullity}(T) = 1$입니다.

치역의 차원인 계수를 구하기 위해서 다음 [정리 5-5]의 공식에 $n=2$, $\dim(\ker(T))=1$을 대입해봅시다.

$$\dim(\text{range}(T))+\dim(\ker(T))=n$$

$\dim(\text{range}(T))+1=2$이므로 $\dim(\text{range}(T))=1$입니다. 따라서 $\text{rank}(T)=1$입니다. 즉, $\text{rank}(T)=\text{nullity}(T)=1$입니다.

$\text{rank}(T)=1$은 실제로 도달하는 치역의 차원이 1임을 의미합니다. 하지만 출발하는 벡터공간인 정의역 $\mathbb{R}^2$의 차원은 2입니다. T가 벡터의 차원을 2에서 1로 변형하므로 T에 의해 일부 데이터가 손실됩니다.

5.3.2 선형변환 $T(\mathbf{x})=\mathbf{A}\mathbf{x}$의 핵과 계수

정리 5-6 치역의 성질

$T:\mathbb{R}^n\to\mathbb{R}^n$은 선형변환이고 이때 $T(\mathbf{x})=\mathbf{A}\mathbf{x}$라면, $\text{range}(T)$는 $\mathbf{A}$의 열공간입니다.

증명

5.3절 [연습문제 04]에서 증명합니다. ■

다음 예제에서는 주어진 행렬을 (기약)행 사다리꼴 행렬로 변환합니다. 변환 방법은 앞에서 여러 번 다루었으므로 단계를 자세히 설명하지 않고, 단순히 최종 결과인 (기약)행 사다리꼴 행렬을 나타냅니다.

예제 5-18 $T:\mathbb{R}^4\to\mathbb{R}^2$, $T(\mathbf{x})=\mathbf{A}\mathbf{x}$**에 대하여,** $\mathbf{x}$**는** $\mathbb{R}^4$**의 벡터이고 행렬** $\mathbf{A}$**는 아래와 같을 때, 다음을 구해보세요.**

$$\mathbf{A}=\begin{pmatrix}1&3&4&5\\2&6&-8&-6\end{pmatrix}$$

(a) $\ker(T)$**의 기저**

(b) $\text{range}(T)$**의 기저**

풀이

(a) $\mathbb{R}^4$는 T가 출발하는 벡터공간이므로 핵은 $\mathbb{R}^4$의 부분공간입니다. 그렇다면 $\ker(T)$는 무엇인가요? 행렬 $\mathbf{A}$의 영공간 $\mathbf{x}$입니다.

$\ker(T)$의 기저는 어떻게 구할 수 있을까요? 행렬 $\mathbf{A}$를 (기약)행 사다리꼴 행렬 $\mathbf{R}$로 변형합니다. 즉, $\mathbf{R}\mathbf{x}=\mathbf{O}$를 해결합니다. 이 방정식의 일반해 $\mathbf{x}$가 핵의 기저를 제공합니다. MATLAB을 사용하거나 직접 손으로 계산하여 기약행 사다리꼴 행렬로 변환합니다.

$$\mathbf{A}=\begin{pmatrix}1&3&4&5\\2&6&-8&-6\end{pmatrix}\quad\Rightarrow\quad\begin{pmatrix}1&3&0&1\\0&0&1&1\end{pmatrix}=\mathbf{R}$$

$\mathbf{x}=(x \quad y \quad z \quad w)^{\mathrm{T}}$라 합시다. $\mathbf{Rx}=\mathbf{O}$를 전개하면 다음과 같은 연립방정식을 얻을 수 있습니다.

$$x+3y \qquad +w=0 \tag{1}$$
$$z+w=0 \tag{2}$$

방정식 (2)를 통해 $z=-w$임을 알 수 있습니다. 임의의 실수 s에 대해 $w=s$라 합시다. 즉, $z=-w=-s$입니다. 방정식 (1)에 $w=s$를 대입합니다.

$$x+3y+s=0 \Rightarrow x=-3y-s$$

임의의 실수 t에 대해 $y=t$라 합시다. 즉, $x=-3y-s=-3t-s$입니다. 따라서 $x=-3t-s$, $y=t$, $z=-s$, $w=s$입니다.

$$\mathbf{x}=\begin{pmatrix} x \\ y \\ z \\ w \end{pmatrix}=\begin{pmatrix} -3t-s \\ t \\ -s \\ s \end{pmatrix}=s\begin{pmatrix} -1 \\ 0 \\ -1 \\ 1 \end{pmatrix}+t\begin{pmatrix} -3 \\ 1 \\ 0 \\ 0 \end{pmatrix}$$

T의 핵에서 기저벡터의 집합은 다음과 같습니다.

$$B=\{(-1 \quad 0 \quad -1 \quad 1)^{\mathrm{T}}, (-3 \quad 1 \quad 0 \quad 0)^{\mathrm{T}}\}$$

$\ker(T)$의 기저벡터가 2개이므로 $\text{nullity}(T)=2$입니다.

(b) $\text{range}(T)$는 무엇일까요? 앞에 제시한 [정리 5-6]을 봅시다. $\text{range}(T)$는 $\mathbf{A}$의 열공간입니다. 즉, $\mathbf{A}$의 열공간을 통해 $\text{range}(T)$를 알 수 있습니다. 행렬 $\mathbf{A}$를 전치하여 행렬 $\mathbf{A}$의 열을 행으로 바꿉니다. $\mathbf{A}^{\mathrm{T}}$(행렬 $\mathbf{A}$의 전치)의 기약행 사다리꼴 행렬을 통해 T의 치역에 대한 기저벡터의 집합 $\mathbf{B}'$을 찾을 수 있습니다. 기약행 사다리꼴 행렬의 영행이 아닌 행을 통해 T의 치역에 대한 기저를 찾을 수 있습니다.

$$\mathbf{A}^{\mathrm{T}}=\begin{pmatrix} 1 & 2 \\ 3 & 6 \\ 4 & -8 \\ 5 & -6 \end{pmatrix} \quad \Rightarrow \quad \begin{pmatrix} 1 & 0 \\ 0 & 1 \\ 0 & 0 \\ 0 & 0 \end{pmatrix}=\mathbf{R}'$$

(1행 ← 영행 아님, 2행 ← 영행 아님)

기약행 사다리꼴 행렬 $\mathbf{R}'$의 1행과 2행이 T의 기저를 이룹니다.

$$B'=\{(1 \quad 0)^{\mathrm{T}}, (0 \quad 1)^{\mathrm{T}}\}$$

T의 치역이 2개의 기저벡터를 가지므로 $\text{rank}(T)=2$입니다.

T의 계수와 퇴화차수를 더하면 출발하는 벡터공간의 차원이 된다는 점을 기억해둡시다.

$$\text{rank}(T)+\text{nullity}(T)=2+2=4=\dim(\mathbb{R}^4)$$

5.3.3 차원 정리의 증명

이제 앞에서 살펴본 다음 차원 정리를 증명해보겠습니다.

정리 5-5 차원 정리(계수-퇴화차수 정리)

$T: V \to W$를 n차원 벡터공간 V에서 벡터공간 W로 가는 선형변환이라고 하면 다음이 성립합니다.

$$\text{rank}(T) + \text{nullity}(T) = n$$

증명

$\dim(\ker(T)) = k$라 하고 $\{\mathbf{v}_1, \mathbf{v}_2, \mathbf{v}_3, \cdots, \mathbf{v}_k\}$를 $\ker(T)$의 기저벡터의 집합이라고 합시다. $\ker(T)$는 n차원 벡터공간 V의 부분공간이므로 $k \le n$입니다. 따라서 두 가지 경우($k = n$, $k < n$)로 나누어 생각할 수 있습니다.

경우 1 : $k = n$인 경우

$k = n$이 의미하는 것은 무엇인가요?

V에서 모든 벡터가 영벡터 $\mathbf{O}$로 변환된다는 의미입니다. 즉, 다음이 성립합니다.

$$V\text{의 모든 } \mathbf{v}\text{에 대하여, } T(\mathbf{v}) = \mathbf{O}$$

T의 치역은 무엇인가요?

모든 벡터가 영벡터 $\mathbf{O}$에 도달하므로, $\text{range}(T) = \{\mathbf{O}\}$입니다.

$\text{range}(T) = \{\mathbf{O}\}$의 차원은 무엇인가요?

3.4절에 제시한 바에 따라 $\dim(\{\mathbf{O}\}) = 0$입니다.

따라서 $\dim(\ker(T)) = n$, $\dim(\text{range}(T)) = 0$입니다. 따라서 다음 결과를 얻습니다.

$$\dim(\text{range}(T)) + \dim(\ker(T)) = 0 + n = n$$

경우 2 : $k < n$인 경우

$\{\mathbf{v}_1, \mathbf{v}_2, \mathbf{v}_3, \cdots, \mathbf{v}_k, \mathbf{v}_{k+1}, \cdots, \mathbf{v}_n\}$을 벡터공간 V의 기저벡터의 집합이라고 합시다. 이때 $\{\mathbf{v}_1, \mathbf{v}_2, \mathbf{v}_3, \cdots, \mathbf{v}_k\}$는 $\ker(T)$의 기저벡터라고 앞에서 언급했습니다. 이렇게 전제할 수 있는 건 벡터공간 V의 차원이 n, $\dim(\ker(T)) = k < n$이라고 주어졌기 때문입니다. 출발하는 벡터공간 V의 임의의 벡터를 $\mathbf{v}$라 합시다. 그러면 이 벡터 $\mathbf{v}$를 기저들의 일차결합으로 나타낼 수 있습니다.

$$\mathbf{v} = c_1\mathbf{v}_1 + c_2\mathbf{v}_2 + \cdots + c_k\mathbf{v}_k + \cdots + c_n\mathbf{v}_n \quad (c_j\text{는 스칼라})$$

따라서 $T(\mathbf{v})$는 range(T) 안에 있고, 다음이 성립합니다.

$$\begin{aligned}
T(\mathbf{v}) &= T(c_1\mathbf{v}_1 + c_2\mathbf{v}_2 + \cdots + c_k\mathbf{v}_k + c_{k+1}\mathbf{v}_{k+1} + \cdots + c_n\mathbf{v}_n) \\
&= T(\underbrace{c_1\mathbf{v}_1 + c_2\mathbf{v}_2 + \cdots + c_k\mathbf{v}_k}_{\text{ker}(T)\text{ 안에 있음}}) + T(c_{k+1}\mathbf{v}_{k+1} + \cdots + c_n\mathbf{v}_n) \quad [T\text{는 선형변환}] \\
&= \mathbf{O} + T(c_{k+1}\mathbf{v}_{k+1} + \cdots + c_n\mathbf{v}_n) \\
&= c_{k+1}T(\mathbf{v}_{k+1}) + \cdots + c_n T(\mathbf{v}_n) \quad [T\text{는 선형변환}]
\end{aligned}$$

즉, 출발하는 벡터공간 V의 임의의 벡터 $\mathbf{v}$에 대해 다음이 성립하며, $T(\mathbf{v})$는 range(T) 안에 있습니다.

$$T(\mathbf{v}) = c_{k+1}T(\mathbf{v}_{k+1}) + \cdots + c_n T(\mathbf{v}_n) \qquad (*)$$

식 (*)의 우변에 있는 벡터를 살펴보면 $S = \{T(\mathbf{v}_{k+1}), T(\mathbf{v}_{k+2}), \cdots, T(\mathbf{v}_n)\}$이 range$(T)$를 생성합니다. 이제 집합 S의 벡터들이 range(T)의 기저를 형성함을 보여야 합니다.

? 집합 S의 벡터가 range(T)를 생성함을 보여주었습니다.
집합 S의 벡터가 range(T)의 기저를 형성함을 증명하려면 어떻게 해야 할까요?

집합 S의 벡터가 일차독립임을 보여야 합니다.

? 어떤 방법으로 보일까요?

d_j가 스칼라라고 할 때, 다음 일차결합을 생각해봅시다.

$$d_{k+1}T(\mathbf{v}_{k+1}) + d_{k+2}T(\mathbf{v}_{k+2}) + \cdots + d_n T(\mathbf{v}_n) = \mathbf{O}$$

? 일차독립임을 보이려면 어떻게 해야 할까요?

모든 스칼라 d_j가 0임을 증명해야 합니다.

T는 선형변환이므로 다음과 같이 계산할 수 있습니다.

$$\begin{aligned}
d_{k+1}T(\mathbf{v}_{k+1}) + d_{k+2}T(\mathbf{v}_{k+2}) + \cdots + d_n T(\mathbf{v}_n) &= \mathbf{O} \\
T(d_{k+1}\mathbf{v}_{k+1} + d_{k+2}\mathbf{v}_{k+2} + \cdots + d_n\mathbf{v}_n) &= \mathbf{O}
\end{aligned}$$

이는 벡터 $d_{k+1}\mathbf{v}_{k+1} + d_{k+2}\mathbf{v}_{k+2} + \cdots + d_n\mathbf{v}_n$이 ker$(T)$ 안에 있음을 의미합니다. $\{\mathbf{v}_1, \mathbf{v}_2, \mathbf{v}_3, \cdots, \mathbf{v}_k\}$는 ker$(T)$의 기저이므로 다음과 같이 쓸 수 있습니다.

$$\begin{aligned}
c_1\mathbf{v}_1 + c_2\mathbf{v}_2 + \cdots + c_k\mathbf{v}_k &= d_{k+1}\mathbf{v}_{k+1} + d_{k+2}\mathbf{v}_{k+2} + \cdots + d_n\mathbf{v}_n \\
c_1\mathbf{v}_1 + c_2\mathbf{v}_2 + \cdots + c_k\mathbf{v}_k - d_{k+1}\mathbf{v}_{k+1} - d_{k+2}\mathbf{v}_{k+2} - \cdots - d_n\mathbf{v}_n &= \mathbf{O}
\end{aligned}$$

증명의 시작 단계에서 $\{\mathbf{v}_1, \mathbf{v}_2, \mathbf{v}_3, \cdots, \mathbf{v}_k, \mathbf{v}_{k+1}, \cdots, \mathbf{v}_n\}$을 벡터공간 V의 기저벡터의 집합이라고 하였습니다.

따라서 이 벡터들은 일차독립이므로 모든 스칼라가 0입니다.

$$c_1 = c_2 = \cdots = c_k = d_{k+1} = d_{k+2} = \cdots = d_n = 0$$

모든 스칼라 d_j의 값이 0입니다. 따라서 $S = \{T(\mathbf{v}_{k+1}), T(\mathbf{v}_{k+2}), \cdots, T(\mathbf{v}_n)\}$은 일차독립입니다. 즉, $S = \{T(\mathbf{v}_{k+1}), T(\mathbf{v}_{k+2}), \cdots, T(\mathbf{v}_n)\}$은 $\mathrm{range}(T)$의 기저벡터의 집합을 형성합니다.

? 이 기저 안에 몇 개의 벡터가 있을까요?

이 기저에는 $n-k$개의 벡터가 있습니다. 따라서 이 공간의 차원은 $\dim(\mathrm{range}(T)) = n-k$입니다.

$$\dim(\mathrm{range}(T)) + \dim(\ker(T)) = (n-k) + k = n$$

증명을 마쳤습니다. ■

주어진 변환이 선형변환인지 아닌지 확인하는 데 차원 정리를 이용할 수 있습니다.

예제 5-19 $T\left(\begin{pmatrix} x \\ y \\ z \end{pmatrix}\right) = \begin{pmatrix} xz \\ xy \end{pmatrix}$**로 정의한 변환** $T: \mathbb{R}^3 \to \mathbb{R}^2$**가 있습니다. 이 변환이 선형변환인지 확인해보세요.**

풀이

[정리 5-5]의 차원 정리에 따라 n의 값은 출발하는 벡터공간의 차원입니다.

$$n = \dim(\mathbb{R}^3) = 3$$

이 경우에 핵은 무엇인가요? 핵은 영벡터로 변환되는, 출발하는 벡터공간의 벡터집합입니다.

$$T\left(\begin{pmatrix} x \\ y \\ z \end{pmatrix}\right) = \begin{pmatrix} xz \\ xy \end{pmatrix} = \begin{pmatrix} 0 \\ 0 \end{pmatrix} \quad \Rightarrow \quad \text{임의의 실수 } r, s \text{에 대하여, } x = 0,\ y = r,\ z = s$$

$T(\mathbf{x}) = \mathbf{O}$를 만족하는 벡터 $\mathbf{x}$의 성분은 $x = 0$, $y = r$, $z = s$입니다.

$$\mathbf{x} = \begin{pmatrix} x \\ y \\ z \end{pmatrix} = \begin{pmatrix} 0 \\ r \\ s \end{pmatrix} = r\begin{pmatrix} 0 \\ 1 \\ 0 \end{pmatrix} + s\begin{pmatrix} 0 \\ 0 \\ 1 \end{pmatrix}$$

T의 핵에 대한 기저집합은 $\{(0\ \ 1\ \ 0)^{\mathrm{T}}, (0\ \ 0\ \ 1)^{\mathrm{T}}\}$이므로 $\mathrm{nullity}(T) = 2$입니다. T의 치역은 $\mathbb{R}^2$에서 $\begin{pmatrix} xz \\ xy \end{pmatrix}$와 같이 나타낼 수 있습니다. 따라서 $\dim(\mathbb{R}^2) = \mathrm{rank}(T) = 2$입니다.

$$\mathrm{rank}(T) + \mathrm{nullity}(T) = 2 + 2 = 4 \neq 3 = n$$

차원 정리를 만족하지 않으므로 주어진 변환은 선형변환일 수 없습니다.

핵심요약

- **[정의 5-6]**

  range(T)의 차원을 T의 **계수**라고 합니다.

- **[정리 5-5]**

  $T: V \to W$가 벡터공간 V에서 벡터공간 W로 가는 선형변환일 때, 다음이 성립합니다.

  $$\text{rank}(T) + \text{nullity}(T) = n$$

  이때 n은 정의역 V의 차원입니다.

5.3 연습문제

01 주어진 선형변환 (a) ~ (g)에 대하여, 차원 정리를 사용하지 않고 다음 (i) ~ (iv)를 모두 구해보세요.

(i) $\ker(T)$ (ii) $\text{nullity}(T)$

(iii) $\text{range}(T)$ (iv) $\text{rank}(T)$

(a) $\mathbf{A} = \begin{pmatrix} 1 & 2 \\ 1 & 2 \end{pmatrix}$, $T(\mathbf{v}) = \mathbf{Av}$로 정의한 변환

$T: \mathbb{R}^2 \to \mathbb{R}^2$

(b) $\mathbf{A} = \begin{pmatrix} 1 & 0 & 0 \\ 0 & 1 & 0 \\ 0 & 0 & 1 \end{pmatrix}$, $T(\mathbf{v}) = \mathbf{Av}$로 정의한 변환

$T: \mathbb{R}^3 \to \mathbb{R}^3$

(c) $\mathbf{A} = \begin{pmatrix} 1 & 3 & 5 \\ 2 & 6 & 10 \\ 4 & 12 & 20 \end{pmatrix}$, $T(\mathbf{v}) = \mathbf{Av}$로 정의한 변환

$T: \mathbb{R}^3 \to \mathbb{R}^3$

(d) $T(\mathbf{p}) = x\mathbf{p}'$으로 정의한 변환 $T: P_3 \to P_3$

(e) $T(\mathbf{p}) = \mathbf{p}'$으로 정의한 변환 $T: P_3 \to P_2$

(f) $T(\mathbf{p}) = \int_0^1 p(x)dx$로 정의한 변환 $T: P_3 \to \mathbb{R}$

(g) $T\left(\begin{pmatrix} a & b \\ c & d \end{pmatrix}\right) = (a+c)x + (b+d)$로 정의한 변환

$T: M_{22} \to P_1$

02 [연습문제 01]에서 (a) ~ (g)의 각 예에 대하여, 차원 정리가 성립하는지 확인해보세요.

힌트 차원 정리 : n이 선형변환 T의 정의역의 차원일 때, 다음이 성립합니다.

$$\text{rank}(T) + \text{nullity}(T) = n$$

03 $\mathbb{R}^5$의 벡터 $\mathbf{u}$와 행렬 $\mathbf{A} = \begin{pmatrix} 1 & 3 & 4 & 2 & 1 \\ 2 & 6 & -7 & -2 & 5 \\ 4 & 12 & 6 & 4 & 6 \end{pmatrix}$에 대하여, $T: \mathbb{R}^5 \to \mathbb{R}^3$를 $T(\mathbf{u}) = \mathbf{Au}$로 정의합니다. 다음을 구해보세요.

(a) $\ker(T)$의 기저 (b) $\text{range}(T)$의 기저

04 [정리 5-6]을 증명해보세요.

5.4 역변환

학습목표

- 일대일 선형변환과 위로의 선형변환의 성질을 증명할 수 있습니다.
- 역변환이 존재하는지 판별할 수 있습니다.
- 동형의 의미를 이해할 수 있습니다.

이 절에서는 변환의 역이 존재하기 위한 조건을 알아봅니다. 변환을 원래 상태로 되돌려야 하는 상황이 종종 발생하므로 변환의 역은 중요합니다. 목적지에서 출발점으로 되돌아가는 방법을 알아야 하는데, 이러한 방법은 변환의 역에 의해서만 얻을 수 있습니다.

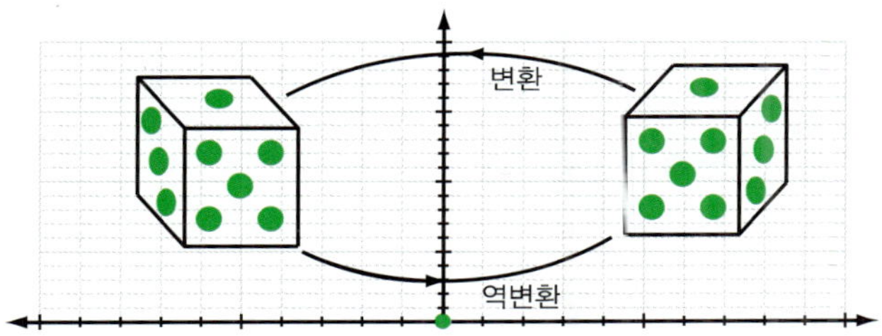

[그림 5-22] 변환과 역변환

[그림 5-22]는 역변환이 무엇인지를 나타냅니다. 암호학에서 변환은 선형변환 T로 메시지를 암호화하는 데 사용합니다. 암호화된 메시지를 복호화하려면 변환 T의 역을 사용해야 합니다.

역변환을 알아보기 전에 일대일(one-to-one)과 전사(onto)의 개념을 먼저 살펴보겠습니다. 두 개념은 역변환과 밀접한 연관이 있기 때문입니다. 두 개념의 정의를 세우고 개념과 관련한 몇 가지 성질을 증명하겠습니다. 이 절에서는 증명해야 할 결과가 많아 어렵게 느낄 수 있습니다. 그러나 정의를 철저히 배우고 이를 자신 있게 적용할 수 있다면 증명은 간단해집니다.

5.4.1 일대일(단사) 선형변환

? 일대일 선형변환이란 어떤 의미일까요?

[그림 5-23]과 같이 정의역의 모든 벡터가 변환 T에 의하여 치역의 서로 다른 벡터로 대응하는 선형변환 T를 의미합니다.

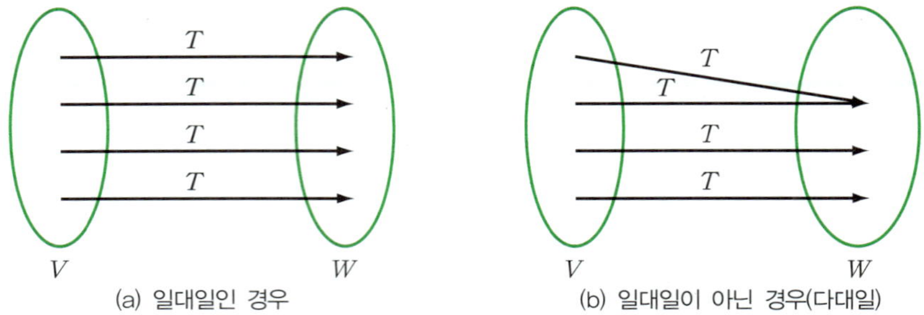

[그림 5-23] 일대일 선형변환과 아닌 경우의 예

[그림 5-23]의 (a)는 일대일 선형변환을 나타내지만, (b)는 일대일 선형변환이 아닙니다. (b)는 다대일 선형변환입니다. 이제 일대일 선형변환의 형식적인 정의를 알아보겠습니다.

> **정의 5-7 일대일 선형변환**
>
> $T: V \rightarrow W$가 선형변환이고 $\mathbf{u}$, $\mathbf{v}$가 정의역 V의 벡터일 때, 다음과 같이 정의합니다.
>
> T는 **일대일 선형변환**(one-to-one transformation) $\Leftrightarrow$ $\mathbf{u} \neq \mathbf{v}$이면, $T(\mathbf{u}) \neq T(\mathbf{v})$

? [정의 5-7]은 무슨 의미일까요?

서로 다른 두 벡터 $\mathbf{u}$, $\mathbf{v}$ ($\mathbf{u} \neq \mathbf{v}$)가 선형변환 T에 의해 서로 다른 상을 갖는다는 것($T(\mathbf{u}) \neq T(\mathbf{v})$)입니다. 즉, 정의역의 서로 다른 두 벡터가 공역의 서로 다른 벡터로 대응한다는 뜻입니다.

선형대수학을 다룬 문헌을 보면, 일대일 선형변환이란 표현 대신 $1-1$ 또는 **단사 변환**(injective transformation)이라는 용어를 쓰기도 합니다. 여기서는 일대일이란 표현을 사용하겠습니다.

예제 5-20 **V의 임의의 벡터 $\mathbf{v}$에 대하여 $T(\mathbf{v}) = \mathbf{v}$인 항등변환 $T: V \rightarrow W$가 있을 때, 변환 T가 일대일(단사) 선형변환임을 보이세요.**

풀이

$\mathbf{u}$와 $\mathbf{v}$가 V의 서로 다른 벡터, 즉 $\mathbf{u} \neq \mathbf{v}$라고 합시다. 주어진 항등변환을 적용하면 다음과 같습니다.

$$T(\mathbf{u}) = \mathbf{u}, \quad T(\mathbf{v}) = \mathbf{v}$$

$\mathbf{u} \neq \mathbf{v}$이므로 $T(\mathbf{u}) = \mathbf{u} \neq \mathbf{v} = T(\mathbf{v})$입니다. 따라서 $T(\mathbf{u}) \neq T(\mathbf{v})$이므로 [정의 5-7]에 의하여 정의역의 서로 다른 두 벡터($\mathbf{u} \neq \mathbf{v}$)가 공역의 서로 다른 두 벡터($T(\mathbf{u}) \neq T(\mathbf{v})$)로 대응합니다. 즉, 주어진 변환 T는 일대일 선형변환입니다.

예제 5-21 **V의 임의의 벡터 $\mathbf{v}$에 대하여 $T(\mathbf{v}) = \mathrm{O}$인 영변환 $T: V \to W$가 있을 때, 변환 T가 일대일(단사) 선형변환이 아님을 보이세요.**

풀이

$\mathbf{u}$와 $\mathbf{v}$가 V의 서로 다른 벡터, 즉 $\mathbf{u} \neq \mathbf{v}$라고 합시다. 주어진 영변환을 적용하면 다음과 같습니다.

$$T(\mathbf{u}) = \mathrm{O}, \quad T(\mathbf{v}) = \mathrm{O}$$

$T(\mathbf{u}) = T(\mathbf{v}) = \mathrm{O}$입니다. 정의역의 서로 다른 두 벡터($\mathbf{u} \neq \mathbf{v}$)가 공역의 동일한 벡터로 대응($T(\mathbf{u}) = T(\mathbf{v})$)하므로, [정의 5-7]에 의하여 주어진 영변환은 일대일 선형변환이 아니라는 결론을 내릴 수 있습니다.

일대일을 판별하는 또 다른 방법은 다음과 같습니다.

$$T\text{는 일대일입니다.} \quad \Leftrightarrow \quad T(\mathbf{u}) = T(\mathbf{v})\text{이면, } \mathbf{u} = \mathbf{v} \tag{5.2}$$

이는 공역에서 동일한 벡터($T(\mathbf{u}) = T(\mathbf{v})$)이면, 정의역에서도 동일한 벡터($\mathbf{u} = \mathbf{v}$)라는 의미입니다.

예제 5-22 **다음과 같이 정의한 선형변환 $T: \mathbb{R}^2 \to \mathbb{R}^2$가 있습니다. 이 변환이 일대일(단사) 선형변환임을 보이세요.**

$$T\left(\begin{pmatrix} x \\ y \end{pmatrix}\right) = \begin{pmatrix} x-y \\ x+y \end{pmatrix}$$

풀이

이번에는 주어진 변환 T에 식 (5.2)를 적용합니다. 벡터 $\mathbf{u} = \begin{pmatrix} a \\ b \end{pmatrix}$, $\mathbf{v} = \begin{pmatrix} c \\ d \end{pmatrix}$에 대하여, 주어진 변환을 $\mathbf{u}$, $\mathbf{v}$에 적용하면 다음과 같습니다.

$$T(\mathbf{u}) = T\left(\begin{pmatrix} a \\ b \end{pmatrix}\right) = \begin{pmatrix} a-b \\ a+b \end{pmatrix}, \quad T(\mathbf{v}) = T\left(\begin{pmatrix} c \\ d \end{pmatrix}\right) = \begin{pmatrix} c-d \\ c+d \end{pmatrix}$$

$T(\mathbf{u}) = T(\mathbf{v})$이면 $\begin{pmatrix} a-b \\ a+b \end{pmatrix} = \begin{pmatrix} c-d \\ c+d \end{pmatrix}$이고, 성분끼리 비교하여 나타내면 다음과 같습니다.

$$\begin{cases} a-b = c-d \\ a+b = c+d \end{cases} \quad \Rightarrow \quad a = c, \ b = d$$

따라서 이 연립방정식의 해는 $a = c$, $b = d$이므로 다음이 성립합니다.

$$\mathbf{u} = \begin{pmatrix} a \\ b \end{pmatrix} = \begin{pmatrix} c \\ d \end{pmatrix} = \mathbf{v}$$

즉, $T(\mathbf{u}) = T(\mathbf{v})$이면 $\mathbf{u} = \mathbf{v}$입니다. 이는 공역에서 동일한 벡터($T(\mathbf{u}) = T(\mathbf{v})$)이면, 정의역에서도 동일한 벡터($\mathbf{u} = \mathbf{v}$)임을 의미합니다. 따라서 식 (5.2)에 의하여 주어진 변환 T는 일대일 선형변환입니다.

5.4.2 일대일 선형변환의 성질

일대일 선형변환을 확인하는 좀 더 쉬운 방법은 다음과 같습니다.

정리 5-7 일대일 선형변환의 성질

두 벡터공간 V, W에 대하여 $T: V \to W$가 선형변환이면 다음이 성립합니다.

$$T\text{는 일대일 선형변환} \quad \Leftrightarrow \quad \ker(T) = \{O\}$$

? 일대일의 또 다른 판별 방법이 왜 필요할까요?

[정리 5-7]은 일대일을 판별하는 훨씬 더 쉬운 방법입니다. 이 명제는 $\ker(T) = \{O\}$가 T는 일대일이라는 것과 동치임을 의미합니다. 즉, T의 핵을 이용하여 일대일을 판별할 수 있습니다.

? [정리 5-7]의 결과를 증명하려면 어떻게 해야 할까요?

양쪽 방향(⇒와 ⇐)을 모두 증명합니다. 먼저 T가 일대일 선형변환이라 가정하고 $\ker(T) = \{O\}$임을 유도합니다(⇒). 그다음에 $\ker(T) = \{O\}$라 가정하고 T가 일대일 선형변환임을 유도합니다(⇐).

증명

(⇒) T가 일대일 선형변환이라고 가정합니다. T는 선형변환이므로 [정리 5-1(a)]에 의하여 $T(O) = O$입니다. $T(\mathbf{u}) = O$를 만족하는 V의 벡터 $\mathbf{u}$가 있다고 가정하면 다음이 성립합니다.

$$T(\mathbf{u}) = O = T(O) \quad \Rightarrow \quad T(\mathbf{u}) = T(O)$$

T가 일대일 선형변환이라 가정하였으므로 식 (5.2)에 의하여 다음이 성립합니다.

$$T(\mathbf{u}) = T(O) \quad \Rightarrow \quad \mathbf{u} = O$$

따라서 T에 의해 영벡터로 변환되는 유일한 벡터는 O이므로 다음 결과를 얻습니다.

$$\ker(T) = \{O\}$$

(⇐) 이제 역으로 증명해봅시다. 즉, $\ker(T) = \{O\}$라 가정하고 T가 일대일 선형변환임을 증명해야 합니다. 공역의 동일한 벡터($T(\mathbf{u}) = T(\mathbf{v})$)에 대응하는 V의 벡터 $\mathbf{u}$, $\mathbf{v}$에 대하여 다음과 같이 나타낼 수 있습니다.

$$\begin{aligned} T(\mathbf{u}) &= T(\mathbf{v}) \\ T(\mathbf{u}) - T(\mathbf{v}) &= O \\ T(\mathbf{u} - \mathbf{v}) &= O \quad [T\text{가 선형변환}] \end{aligned}$$

이는 $(\mathbf{u} - \mathbf{v})$가 $\ker(T) = \{O\}$의 원소라는 의미입니다. 따라서 다음이 성립합니다.

$$\mathbf{u} - \mathbf{v} = O \quad \Rightarrow \quad \mathbf{u} = \mathbf{v}$$

$T(\mathbf{u}) = T(\mathbf{v})$이면 $\mathbf{u} = \mathbf{v}$이므로, 식 (5.2)에 의하여 T는 일대일 선형변환입니다. ■

예제 5-23 [정리 5-7]을 이용하여 [예제 5-22]에 주어진 선형변환 T가 일대일 선형변환임을 보이세요.

풀이

무엇을 보여야 할까요? [예제 5-22]에서 T의 핵이 영벡터임을 보여야 합니다. 어떻게 보일까요? (핵을 찾아야 하므로) 주어진 변환을 적용하고, 그 결과가 영벡터라는 식을 세우면 됩니다.

$$T\left(\begin{pmatrix} x \\ y \end{pmatrix}\right) = \begin{pmatrix} x-y \\ x+y \end{pmatrix} = \begin{pmatrix} 0 \\ 0 \end{pmatrix} \quad \Rightarrow \quad \begin{cases} x-y=0 \\ x-y=0 \end{cases}$$

따라서 $x=0$, $y=0$입니다. 그러므로 T의 핵은 $(0\ \ 0)^{\mathrm{T}} = \mathrm{O}$입니다. $\ker(T) = \{\mathrm{O}\}$이므로 T는 일대일 선형변환입니다.

변환 T의 핵이 영벡터가 아닌 예는 많습니다. 예를 들어, 다항식을 미분(derivative)하는 변환 S를 생각해보면 S의 핵은 영벡터가 아닌 모든 상수의 집합입니다.

일대일을 판별하는 또 다른 방법은 다음과 같습니다.

정리 5-8 일대일 선형변환의 성질

$T: V \to W$가 선형변환일 때, 다음이 성립합니다.

$$T\text{는 일대일 선형변환} \quad \Leftrightarrow \quad \text{nullity}(T) = 0$$

(변환 T의 퇴화차수는 T의 핵의 차원임을 기억합시다.)

증명

5.4절 [연습문제 10]에서 증명합니다. ■

5.4.3 위로의(전사) 선형변환

위로의 선형변환이란 무엇을 의미할까요?

[그림 5-24]는 위로의 선형변환을 나타냅니다.

(a) T가 위로의 선형변환인 경우 (b) T가 위로의 선형변환이 아닌 경우

[그림 5-24] 위로의 선형변환과 아닌 경우의 예

위로의 변환은 T로 수행한 모든 정보가 공역인 벡터공간 W를 모두 채우는 것입니다.

? 이를 수학적인 용어로 어떻게 나타낼까요?

정의 5-8 위로의 선형변환

$T: V \rightarrow W$가 선형변환일 때, 다음과 같이 정의합니다.

T는 **위로의 선형변환**(onto transformation)

$\Leftrightarrow$ 벡터공간 W의 모든 벡터 $\mathbf{w}$에 대하여, $\mathbf{w} = T(\mathbf{v})$를 만족하는 벡터공간 V의 벡터 $\mathbf{v}$가 적어도 하나 존재합니다.

[정의 5-8]을 다르게 표현하면 '위로의 선형변환 $\Leftrightarrow$ $\text{range}(T) = W$'입니다. 이는 변환 T의 치역이 공역과 같다는 의미입니다. 이를 다음과 같은 정리로 나타낼 수 있습니다.

정리 5-9 위로의 선형변환의 성질

$T: V \rightarrow W$가 선형변환일 때, 다음이 성립합니다.

$$T\text{는 위로의 선형변환} \quad \Leftrightarrow \quad \text{range}(T) = W$$

증명

5.4절 [연습문제 12]에서 증명합니다. ■

다른 수학 문헌이나 강의 자료에서는 위로의 선형변환을 의미하는 **전사 변환**(surjective transformation)이라는 용어를 쓰기도 합니다. 여기서는 위로의 선형변환이란 표현을 사용합니다.

예제 5-24 다음과 같이 주어진 선형변환 $T: \mathbb{R}^2 \rightarrow \mathbb{R}^2$가 있습니다. 이때 변환 T가 위로의(전사) 선형변환임을 보이세요.

$$T(\mathbf{v}) = \mathrm{A}\mathbf{v}, \quad \mathrm{A} = \begin{pmatrix} 1 & 0 \\ 0 & 1 \end{pmatrix}$$

풀이

주어진 변환이 위로의 선형변환임을 어떻게 보여야 할까요? T의 치역이 $\mathbb{R}^2$임을 보이면 됩니다. 벡터 $\mathbf{v} = \begin{pmatrix} x \\ y \end{pmatrix}$를 주어진 변환에 적용하면 다음과 같습니다.

$$T\left(\begin{pmatrix} x \\ y \end{pmatrix}\right) = \begin{pmatrix} 1 & 0 \\ 0 & 1 \end{pmatrix}\begin{pmatrix} x \\ y \end{pmatrix} = \begin{pmatrix} x \\ y \end{pmatrix}$$

T의 치역은 무엇인가요? $T\left(\begin{pmatrix} x \\ y \end{pmatrix}\right) = \begin{pmatrix} x \\ y \end{pmatrix}$이므로 $\text{range}(T) = \mathbb{R}^2$입니다. 이는 변환 T의 치역이 공역과 같다는 의미입니다. 따라서 주어진 변환 T는 위로의 선형변환입니다.

예제 5-25 다음과 같이 주어진 미분 변환 $T : P_3 \to P_3$가 있습니다. 이때 변환 T가 위로의(전사) 선형변환이 아님을 보이세요.

$$T(\mathrm{p}) = \mathrm{p}'$$

풀이

p는 차수가 3차 이하인 다항식의 벡터공간 P_3의 원소이므로, $\mathrm{p} = ax^3 - bx^2 + cx + d$라고 합시다. 주어진 변환에 $\mathrm{p} = ax^3 + bx^2 + cx + d$를 적용하면 다음과 같습니다.

$$\begin{aligned} T(ax^3 + bx^2 + cx + d) &= (ax^3 + bx^2 + cx + d)' \\ &= 3ax^2 + 2bx + c \end{aligned}$$

$T(\mathrm{p}) = 3ax^2 + 2bx + c$는 삼차다항식이 아닌 이차다항식이므로 $T(\mathrm{p})$는 P_2의 원소입니다. (P_2는 차수가 2차 이하인 다항식의 벡터공간입니다.) 따라서 T의 치역은 P_2이고, $P_2 \neq P_3$이므로 주어진 변환은 위로의(전사) 선형변환이 아닙니다([그림 5-25] 참고).

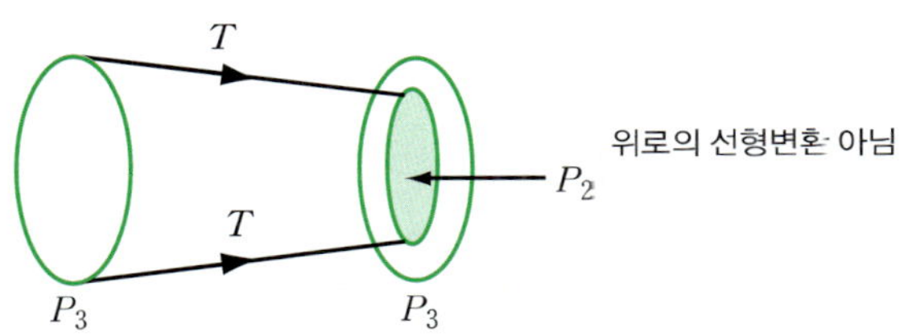

[그림 5-25] 위로의 선형변환 아닌 $T: P_3 \to P_3$

[예제 5-25]에 주어진 변환 T의 치역은 공역인 벡터공간 P_3와 일치하지 않습니다.

5.4.4 위로의 선형변환의 성질

정리 5-10 위로의 선형변환의 성질

$T: V \to W$가 선형변환일 때, 다음이 성립합니다.

$$T\text{는 위로의 선형변환} \quad \Leftrightarrow \quad \text{rank}(T) = \dim(W)$$

이 정리는 치역의 차원이 공역의 차원과 같으면 T가 위로의 선형변환임을 의미합니다. 또한 T가 위로의 선형변환이면 치역과 공역의 차원이 일치함을 의미합니다(치역=공역).

증명

5.4절 [연습문제 13]에서 증명합니다. ■

정리 5-11 일대일 선형변환과 위로의 선형변환

$T: V \to W$가 선형변환이고 $\dim(V) = \dim(W)$이면 다음이 성립합니다.

$$T\text{는 일대일 선형변환} \quad \Leftrightarrow \quad T\text{는 위로의 선형변환}$$

[정리 5-11]은 정의역과 공역의 차원이 같으면 일대일 선형변환은 위로의 선형변환이 되고, 위로의 선형변환은 일대일 선형변환이 됨을 의미합니다. 정의역과 공역의 차원이 같으면 두 가지 변환(일대일, 위로의)을 모두 만족하거나 둘 다 아닙니다([그림 5-26] 참고).

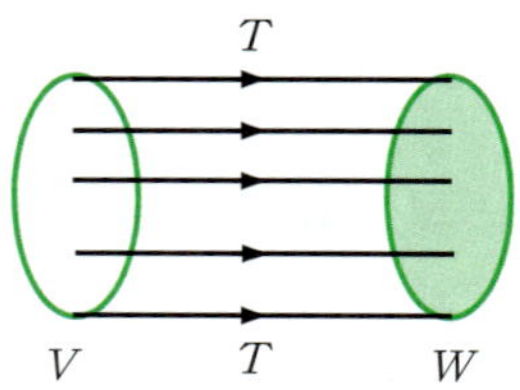

V와 W의 크기가 동일하면, 일대일 선형변환과 위로의 선형변환을 모두 만족하거나 모두 만족하지 않습니다.

[그림 5-26] 일대일 선형변환과 위로의 선형변환

? 주어진 결과를 어떻게 증명할 수 있을까요?

먼저 T가 일대일 선형변환이라 가정하고 T가 위로의 선형변환임을 유도합니다($\Rightarrow$). 그다음에 T가 위로의 선형변환이라 가정하고 T가 일대일 선형변환임을 유도합니다($\Leftarrow$).

증명

정의역과 공역의 벡터공간이 동일한 차원, 즉 $\dim(V) = \dim(W) = n$이라 합시다.

($\Rightarrow$) T가 일대일 선형변환이라고 가정합니다. 그러면 [정리 5-8]에 의하여 $\text{nullity}(T) = 0$입니다. $\text{nullity}(T) = 0$이므로 [정리 5-5]의 차원 정리에 의해 $\text{rank}(T) = n$입니다. $\dim(W) = n$이므로 다음이 성립합니다.

$$\text{rank}(T) = \dim(W) = n$$

따라서 [정리 5-10]에 의하여 T는 위로의 선형변환입니다.

($\Leftarrow$) 역으로 T가 위로의 선형변환이라고 가정하고, T가 일대일 선형변환임을 증명해봅시다.

? 어떻게 증명해야 할까요?

[정리 5-8]에 의하여 $\text{nullity}(T) = 0$이면 일대일 선형변환임을 증명합니다.

T가 위로의 선형변환이면, $W=\text{range}(T)$이므로 다음이 성립합니다.

$$\text{rank}(T)=\dim(W)=n$$

여기서 $\dim(V)=n$이므로, 차원 정리 $\text{rank}(T)+\text{nullity}(T)=\dim(V)$에 $\dim(V)=n$과 $\text{rank}(T)=n$을 대입하면 다음과 같습니다.

$$n+\text{nullity}(T)=n \quad \Rightarrow \quad \text{nullity}(T)=0$$

$\text{nullity}(T)=0$이므로 [정리 5-8]에 의하여 T는 일대일 선형변환입니다. ■

정리 5-12 일대일 선형변환과 위로의 선형변환

$T: V \rightarrow W$가 선형변환이고 $\dim(V)=\dim(W)$이면 다음이 성립합니다.

$$T\text{는 일대일 선형변환이면서 위로의 선형변환} \quad \Leftrightarrow \quad \ker(T)=\{O\}$$

증명

5.4절 [연습문제 14]에서 증명합니다. ■

[정리 5-12]는 변환의 성질을 판별할 수 있는 좀 더 쉬운 방법입니다.

? 왜 그럴까요?

$\dim(V)=\dim(W)$를 만족하는 선형변환 $T: V \rightarrow W$가 일대일 선형변환이고 위로의 선형변환임을 모두 증명하기 위해 $\ker(T)=\{O\}$만 증명하면 되기 때문입니다.

? 이것이 왜 중요할까요?

핵이 영벡터(O)이면, 모든 것이 변환에 의해 옮겨짐을 알 수 있습니다. 또한 그 반대로도 옮겨짐을 알 수 있습니다. (즉, 선형변환이 역을 가집니다.)

예제 5-26 다음과 같이 정의한 선형변환 $T: \mathbb{R}^2 \rightarrow \mathbb{R}^2$가 있습니다. 이때, T가 일대일 선형변환이면서 위로의 선형변환임을 보이세요.

$$T\left(\begin{pmatrix} x \\ y \end{pmatrix}\right)=\begin{pmatrix} x-y \\ x+y \end{pmatrix}$$

풀이

$\mathbb{R}^2$의 차원은 무엇인가요? 2입니다. 정의역과 공역의 벡터공간의 차원은 같습니다.

$$\dim(\mathbb{R}^2)=\dim(\mathbb{R}^2)=2$$

핵이 영벡터(즉, $\ker(T) = \{O\}$)임을 보이기 위해 [정리 5-12]를 사용하면 다음이 성립합니다.

$$T\left(\begin{pmatrix} x \\ y \end{pmatrix}\right) = \begin{pmatrix} x-y \\ x+y \end{pmatrix} = \begin{pmatrix} 0 \\ 0 \end{pmatrix}$$

다음 연립일차방정식의 해를 구해봅시다.

$$\begin{cases} x - y = 0 \\ x + y = 0 \end{cases} \Rightarrow \quad x = 0,\ y = 0 \quad \Rightarrow \quad \ker(T) = \left\{\begin{pmatrix} 0 \\ 0 \end{pmatrix}\right\} = \{O\}$$

$\ker(T) = \{O\}$이므로, [정리 5-12]에 의하여 주어진 변환은 일대일이자 위로의 선형변환입니다.

[예제 5-26]은 일대일이면서 위로의 선형변환임을 판단하는 간단한 방법을 보여줍니다. 정의역과 공역의 벡터 공간의 차원이 같다면 $\ker(T) = \{O\}$임을 확인하기만 하면 됩니다. 일대일인 위로의 선형변환을 **전단사**(bijection) 또는 **전단사 변환**(bijective transformation)이라고 합니다.

5.4.5 역변환

역변환이 존재하려면 주어진 변환이 전단사여야 합니다. 때문에 이 절에서 역변환을 다루기 전에 전단사를 먼저 이야기했습니다.

'역변환'이란 무엇을 의미할까요?

일상 언어에서 '역'은 반대 또는 거꾸로를 의미합니다. 역변환은 선형변환을 원래 상태로 되돌립니다. [그림 5-27]은 선형변환의 역을 나타냅니다.

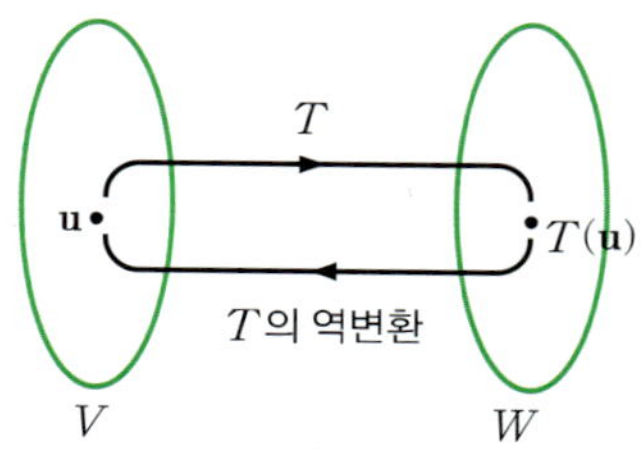

[그림 5-27] 선형변환 T의 역변환

[그림 5-27]은 선형변환 $T: V \to W$가 벡터 $\mathbf{u}$를 $T(\mathbf{u})$로 대응하고 선형변환 T의 역은 $T(\mathbf{u})$를 다시 $\mathbf{u}$로 대응함을 나타냅니다.

선형변환 T의 역을 어떻게 나타낼까요?

T^{-1}는 T의 역을 나타냅니다. (T^{-1}는 $\frac{1}{T}$이 아닙니다.)

다음은 T^{-1}의 형식적인 정의입니다.

정의 5-9 역변환

$T: V \to W$가 전단사일 때, **역변환**(inverse transformation) $T^{-1}: W \to V$를 다음과 같이 정의합니다.

$$\mathbf{v} = T^{-1}(\mathbf{w}) \quad \Leftrightarrow \quad T(\mathbf{v}) = \mathbf{w}$$

T가 역변환을 가지면, T를 **가역**(invertible)이라고 합니다. 가역변환이 되려면 T는 일대일인 위로의 선형변환(전단사)이어야 합니다. 즉, 주어진 선형변환이 전단사(일대일인 위로의 선형변환)이면, 이 변환은 역변환을 갖는다는 의미입니다.

예제 5-27 다음과 같이 정의한 선형변환 $T: \mathbb{R}^2 \to \mathbb{R}^2$가 있습니다. 이때 역변환 T^{-1}를 구해보세요.

$$T\left(\begin{pmatrix} x \\ y \end{pmatrix}\right) = \begin{pmatrix} x-y \\ x+y \end{pmatrix}$$

풀이

T가 일대일이면서 위로의 선형변환임을 보여야만 T^{-1}를 구할 수 있습니다. 이를 어떻게 보일 수 있을까요? [예제 5-26]에서 이미 주어진 T가 일대일인 위로의 선형변환임을 보였습니다. 그럼 T^{-1}를 어떻게 구할 수 있을까요? $a = x - y$, $b = x + y$라 하고, x, y를 a, b로 나타내봅시다. 왜 그렇게 해야 할까요? [그림 5-28]과 같은 상황이기 때문입니다.

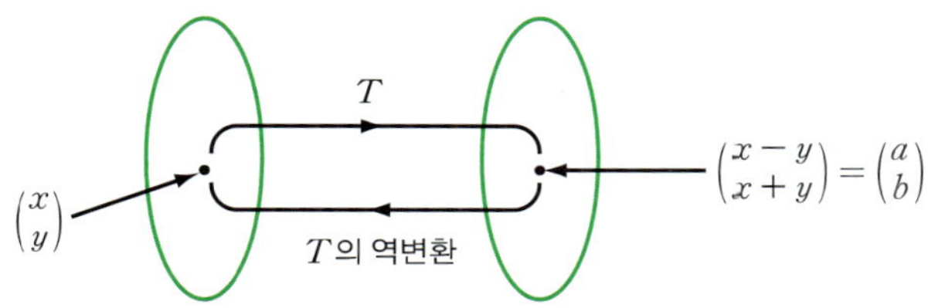

[그림 5-28] 역변환 T^{-1}

두 방정식을 더하면 다음과 같습니다.

$$\begin{array}{rl} & x - y = a \\ + & \underline{x + y = b} \\ & 2x + 0 = a + b \quad \Rightarrow \quad x = \dfrac{a+b}{2} = \dfrac{1}{2}(a+b) \end{array}$$

드 방정식을 빼면 다음과 같습니다.

$$\begin{array}{rl} & x - y = a \\ - & \underline{x + y = b} \\ & 0 - 2y = a - b \quad \Rightarrow \quad y = \dfrac{b-a}{2} = \dfrac{1}{2}(b-a) \end{array}$$

따라서 역변환 $T^{-1}: \mathbb{R}^2 \to \mathbb{R}^2$는 다음과 같습니다.

$$T^{-1}\left(\begin{pmatrix} a \\ b \end{pmatrix}\right) = \begin{pmatrix} x \\ y \end{pmatrix} = \begin{pmatrix} \frac{1}{2}(a+b) \\ \frac{1}{2}(b-a) \end{pmatrix} = \frac{1}{2}\begin{pmatrix} a+b \\ b-a \end{pmatrix}$$

그러므로 $T^{-1}\left(\begin{pmatrix} a \\ b \end{pmatrix}\right) = \frac{1}{2}\begin{pmatrix} a+b \\ b-a \end{pmatrix}$입니다.

예제 5-28 **다음과 같이 정의한 선형변환 $T: \mathbb{R}^2 \to \mathbb{R}^2$가 있습니다. 이때 역변환 T^{-1}를 구해보세요.**

$$T(\mathbf{x}) = \mathbf{A}\mathbf{x}, \ \mathbf{A} = \begin{pmatrix} 1 & 3 \\ 2 & 6 \end{pmatrix}$$

풀이

정의역과 공역의 차원이 모두 $\mathbb{R}^2$의 차원과 동일하므로 주어진 변환은 가역일 수 있습니다. T의 핵이 영벡터 (O)임을 보이면, [정리 5-12]에 의하여 T는 전단사 선형변환이므로 가역입니다.

T의 핵을 어떻게 찾을 수 있을까요? 정의역의 벡터 $\mathbf{x} = \begin{pmatrix} x \\ y \end{pmatrix}$가 T에 의하여 영벡터가 된다고 합시다. 즉, $T(\mathbf{x}) = \mathbf{A}\mathbf{x} = \mathbf{O}$를 만족하는 벡터 $\mathbf{x}$를 찾아야 합니다. 첨가행렬은 다음과 같습니다.

$$\left(\begin{array}{cc|c} 1 & 3 & 0 \\ 2 & 6 & 0 \end{array}\right) \quad \Rightarrow \quad \begin{array}{c} \begin{array}{cc} x & y \end{array} \\ \left(\begin{array}{cc|c} 1 & 3 & 0 \\ 0 & 0 & 0 \end{array}\right) \end{array}$$

여기서 $x+3y=0$이므로 $x=-3y$입니다. 임의의 실수 r에 대하여 $y=r$이라 하면 $x=-3r$입니다.

$$\ker(T) = \left\{\begin{pmatrix} x \\ y \end{pmatrix}\right\} = \left\{\begin{pmatrix} -3r \\ r \end{pmatrix}\right\} = \left\{r\begin{pmatrix} -3 \\ 1 \end{pmatrix}\right\} \neq \{\mathbf{O}\}$$

따라서 $\ker(T) \neq \{\mathbf{O}\}$이므로 주어진 변환의 역변환은 존재하지 않습니다.

정리 5-13 역변환

$T: V \to W$가 전단사 선형변환이면, 역변환 $T^{-1}: W \to V$도 선형변환입니다.

증명

5.4절 [연습문제 15]에서 증명합니다. ■

5.4.6 동형사상

4장의 4.3.4절 끝 부분에서 동형 벡터공간을 다루었습니다. 다음은 동형사상의 형식적인 정의입니다.

> **정의 5-10 동형사상**
>
> 선형변환 $T: V \to W$가 가역이면, 두 벡터공간 V, W는 **동형**(isomorphic)이라고 합니다. 그리고 이러한 변환 T를 **동형사상**(isomorphism)이라고 합니다.

동형사상은 벡터공간에 대해 무엇을 알려주나요?

두 벡터공간 간의 동형사상은 두 벡터공간이 서로 다를지라도 수학적 관점에서 동일함을 의미합니다.

자, 이건 무슨 의미일까요?

동형인 벡터공간은 동일한 구조를 가짐을 의미합니다. 동형인 두 벡터공간은 선형대수학의 기본 연산인 벡터합과 스칼라곱에 대해 비슷한 성질을 가집니다.

동형인 벡터공간을 음악으로 비유할 수 있습니다. 예를 들어, 피아노나 기타의 낮은 C음을 생각해보세요. 피아노와 기타의 소리는 서로 다르지만, 피아노와 기타의 낮은 C음을 조율하면 동일한 진동을 나타냅니다. 두 악기 모두 동일한 성질을 띤 음 진동을 생성합니다. 피아노와 기타는 특정 음 범위에서 동형으로 간주할 수 있습니다.

왜 동형사상이 유용할까요?

동형을 찾지 않았다면 서로 다른 벡터공간에 동일한 것을 반복하여 연구해야 하므로 계속 시간을 낭비할 수밖에 없었을 겁니다. 두 벡터공간 간의 동형사상은 구조를 유지합니다.

예제 5-29 **벡터공간 P_n과 $\mathbb{R}^{n+1}$이 동형임을 보이세요.**

풀이

P_n은 차수가 n 이하인 다항식으로 이루어진 벡터공간이고, $\mathbb{R}^{n+1}$은 $(n+1)$차원 유클리드 공간입니다. 여기서 P_n과 $\mathbb{R}^{n+1}$ 사이의 선형변환을 생성해야 합니다. 어떻게 하면 될까요? P_n의 임의의 다항식 $\mathbf{p}$를 다음과 같이 나타낼 수 있습니다.

$$\mathbf{p} = p(x) = c_0 + c_1x + c_2x^2 + \cdots + c_nx^n$$

P_n의 표준기저(축) 벡터로 이루어진 집합은 $\{1, x, x^2, \cdots, x^n\}$입니다. 벡터 $\mathbf{p}$는 좌표 $(c_0, c_1, c_2, \cdots, c_n)$으로 나타낼 수 있습니다. 또한 이 좌표는 유클리드 공간 $\mathbb{R}^{n+1}$로 대응할 수 있습니다. 따라서 변환

$T: P_n \to \mathbb{R}^{n+1}$을 다음과 같이 나타낼 수 있습니다.

$$T(c_0 + c_1x + c_2x^2 + \cdots + c_nx^n) = \begin{pmatrix} c_0 \\ c_1 \\ \vdots \\ c_n \end{pmatrix}$$

이 변환이 선형변환인지 확인해봅시다. 벡터공간 P_n과 $\mathbb{R}^{n+1}$이 동형임을 보이려면 T가 가역임을 증명해야 합니다. 어떻게 증명할 수 있을까요? 두 벡터공간의 차원이 같으므로, 즉 $\dim(P_n) = \dim(\mathbb{R}^{n+1}) = n+1$ 이므로 T의 핵이 영벡터임을 증명하면 됩니다($\ker(\mathrm{T}) = \{\mathbf{O}\}$).

T의 핵은 T에 의해 영벡터가 되는 P_n의 벡터이므로, 벡터공간 $\mathbb{R}^{n+1}$의 영벡터에 대해 다음과 같이 나타낼 수 있습니다.

$$(c_0 \ c_1 \ \cdots \ c_n)^{\mathrm{T}} = (0 \ 0 \ \cdots \ 0)^{\mathrm{T}} = \mathbf{O}$$

따라서 모든 계수 c_1, c_2, $\cdots$, c_n은 0입니다.

$$T(c_0 + c_1x + c_2x^2 + \cdots + c_nx^n) = \begin{pmatrix} c_0 \\ c_1 \\ \vdots \\ c_n \end{pmatrix} = \begin{pmatrix} 0 \\ 0 \\ \vdots \\ 0 \end{pmatrix} \quad \Rightarrow \quad \begin{matrix} c_0 = 0 \\ c_1 = 0 \\ \vdots \ \vdots \ \vdots \\ c_n = 0 \end{matrix}$$

즉, $\mathbf{p} = 0 + 0x + 0x^2 + \cdots + 0x^n = \mathbf{O}$입니다. 따라서 $\ker(T) = \{\mathbf{O}\}$이므로 T는 일대일인 위로의 선형변환이 되어 가역입니다. T는 가역이므로 T로 연결된 두 벡터공간은 동형입니다. 즉, P_n과 $\mathbb{R}^{n+1}$은 동형입니다.

정리 5-14 동형사상과 기저

V, W는 차원이 동일한 유한차원 실벡터공간이고 $T: V \to W$는 동형사상이라 할 때, $\{\mathbf{v}_1, \mathbf{v}_2, \cdots, \mathbf{v}_n\}$이 V의 기저(축)이면 $\{T(\mathbf{v}_1), T(\mathbf{v}_2), \cdots, T(\mathbf{v}_n)\}$은 W의 기저(축)입니다.

증명

5.4절 [연습문제 16]에서 증명합니다. ■

이제 큰 힘을 발휘하는 중요한 결과를 증명하려고 합니다.

정리 5-15 벡터공간의 동형

V, W가 유한차원 실벡터공간이면 다음이 성립합니다.

$$V\text{는 } W\text{와 동형} \quad \Leftrightarrow \quad \dim(V) = \dim(W)$$

이 결과가 왜 중요할까요?

차원이 같은 임의의 두 벡터공간이 동일한 구조를 가진다는 의미이므로 중요합니다. 즉, 주어진 두 벡터공간 V와 W는 본질적으로 동일합니다. 두 벡터공간을 구성하는 원소의 성질만 다르고 구조가 동일하다면 두 벡터공간 V와 W를 동일하다고 간주할 수 있습니다.

증명

V와 W의 차원이 0이면 분명하게 위 결과가 성립하므로, V와 W의 차원이 0이 아니라고 가정합니다.

($\Leftarrow$) $T: V \to W$일 때 V와 W가 동형임을 증명하는 것은 T가 가역변환임을 증명하는 것과 같습니다.

T가 가역변환임을 어떻게 보여야 할까요?

$\ker(T) = \{\mathbf{O}\}$임을 증명합니다.

두 벡터공간의 차원이 같으므로(n차원이라 합시다), 기저를 구성하는 벡터의 개수가 동일합니다. $\{\mathbf{v}_1, \mathbf{v}_2, \cdots, \mathbf{v}_n\}$을 V의 기저라고 합시다. [정리 5-14]에 의하여 $\{T(\mathbf{v}_1), T(\mathbf{v}_2), \cdots, T(\mathbf{v}_n)\}$은 W의 기저입니다. $T: V \to W$일 때, 스칼라 $k_1, k_2, \cdots, k_n$에 대하여 다음이 선형변환인지 확인해봅시다.

$$T(k_1\mathbf{v}_1 + k_2\mathbf{v}_2 + k_3\mathbf{v}_3 + \cdots + k_n\mathbf{v}_n) = k_1 T(\mathbf{v}_1) + k_2 T(\mathbf{v}_2) + \cdots + k_n T(\mathbf{v}_n)$$

벡터공간 V의 벡터 $\mathbf{u}$가 T에 의해 영벡터로 변환된다고 합시다. 즉, $T(\mathbf{u}) = \mathbf{O}$입니다. $\ker(T) = \{\mathbf{O}\}$임을 보여야 하므로 $\mathbf{u} = \mathbf{O}$임을 증명해야 합니다. 다음과 같이 벡터 $\mathbf{u}$를 V의 기저(축) 벡터의 일차결합으로 표현할 수 있습니다.

$$\mathbf{u} = k_1\mathbf{v}_1 + k_2\mathbf{v}_2 + k_3\mathbf{v}_3 + \cdots + k_n\mathbf{v}_n \qquad (*)$$

그러면 다음이 성립합니다.

$$\begin{aligned} T(\mathbf{u}) &= T(k_1\mathbf{v}_1 + k_2\mathbf{v}_2 + k_3\mathbf{v}_3 + \cdots + k_n\mathbf{v}_n) \\ &= k_1 T(\mathbf{v}_1) + k_2 T(\mathbf{v}_2) + \cdots + k_n T(\mathbf{v}_n) \\ &= \mathbf{O} \qquad [T(\mathbf{u}) = \mathbf{O}] \end{aligned}$$

$\{T(\mathbf{v}_1), T(\mathbf{v}_2), T(\mathbf{v}_3), \cdots, T(\mathbf{v}_n)\}$이 W의 기저이므로 이 벡터들은 일차독립입니다. 이는 모든 스칼라가 0임을 의미합니다.

$$k_1 = k_2 = k_3 = \cdots = k_n = 0$$

이 스칼라 값을 식 $(*)$에 대입하면 다음과 같습니다.

$$\mathbf{u} = k_1\mathbf{v}_1 + k_2\mathbf{v}_2 + k_3\mathbf{v}_3 + \cdots + k_n\mathbf{v}_n = \mathbf{O}$$

따라서 $T(\mathbf{u}) = \mathbf{O}$이므로 이 변환은 가역입니다. 이는 V와 W가 동형임을 의미합니다.

($\Rightarrow$) 5.4절 [연습문제 19(c)]에서 증명합니다. ■

[정리 5-15]에 의하여 다음과 같은 결과를 얻을 수 있습니다.

정리 5-16 실벡터공간의 동형

모든 n차원 실벡터공간은 유클리드 공간 $\mathbb{R}^n$과 동형(isomorphic to Euclidean space)입니다.

이 정리는 다항식의 집합 P_n, 행렬의 집합 M_{mn}, 연속함수의 집합 $C[a, b]$와 같이 이전 장에서 살펴보았던 모든 비유클리드 공간이 $\mathbb{R}^n$과 동일한 차원을 갖는다면 $\mathbb{R}^n$과 동일한 구조를 가짐을 의미합니다. 결국 임의의 n차원 벡터공간을 친숙한 유클리드 공간 $\mathbb{R}^n$으로 재구성할 수 있으므로, 이때 사용하는 동형사상은 선형대수학에서 가장 유용한 동형사상입니다. 예를 들면, 벡터공간 M_{22}는 $\mathbb{R}^4$와 동형입니다. 그러나 M_{23}는 $\mathbb{R}^5$와 동형이 아닙니다. 왜냐하면 M_{23}의 차원은 6이지만 $\mathbb{R}^5$의 차원은 5이기 때문입니다.

핵심요약

- $T: V \to W$에 대하여, 다음이 성립합니다.
  (a) T는 일대일 선형변환 $\Leftrightarrow$ $\ker(T) = \{\mathbf{O}\}$
  (b) T는 위로의 선형변환 $\Leftrightarrow$ $\text{range}(T) = W$
- [정의 5-9]
  T가 전단사 선형변환이면, **역변환** $T^{-1}: W \to V$를 다음과 같이 정의합니다.
  $$\mathbf{v} = T^{-1}(\mathbf{w}) \quad \Leftrightarrow \quad T(\mathbf{v}) = \mathbf{w}$$
- [정의 5-10]
  벡터공간 V와 W 간에 가역인 선형변환이 존재하면, 두 벡터공간 V와 W는 **동형**입니다.

5.4 연습문제

01 [정의 5-7] 또는 식 (5.2)를 이용하여 다음 선형변환이 일대일 선형변환임을 보이세요.

(a) $T: \mathbb{R}^2 \to \mathbb{R}^2$, $T(\mathbf{v}) = \mathbf{Iv}$, $\mathbf{I} = \begin{pmatrix} 1 & 0 \\ 0 & 1 \end{pmatrix}$

(b) $T: \mathbb{R}^2 \to \mathbb{R}^2$, $T\left(\begin{pmatrix} x \\ y \end{pmatrix}\right) = \begin{pmatrix} y \\ x \end{pmatrix}$

(c) $T: \mathbb{R}^2 \to \mathbb{R}^2$, $T\left(\begin{pmatrix} x \\ y \end{pmatrix}\right) = \begin{pmatrix} x+y \\ x-y \end{pmatrix}$

02 M_{mn}은 $m \times n$ 행렬의 벡터공간입니다. $T(\mathbf{A}) = \mathbf{A}^{\mathrm{T}}$로 정의한 선형변환 $T: M_{mn} \to M_{nm}$이 일대일 선형변환임을 보이세요. ($\mathbf{A}^{\mathrm{T}}$는 행렬 $\mathbf{A}$의 전치행렬입니다.)

03 다음 선형변환이 일대일 선형변환 또는 위로의 선형변환인지 판별해보세요.

(a) $T:\ \mathbb{R}^2 \to \mathbb{R}^2,\ T\left(\begin{pmatrix} x \\ y \end{pmatrix}\right) = \begin{pmatrix} x \\ x \end{pmatrix}$

(b) $T:\ \mathbb{R}^3 \to \mathbb{R}^3,\ T\left(\begin{pmatrix} x \\ y \\ z \end{pmatrix}\right) = \begin{pmatrix} 0 \\ y \\ z \end{pmatrix}$

(c) $T:\ \mathbb{R}^3 \to \mathbb{R}^3,\ T\left(\begin{pmatrix} x \\ y \\ z \end{pmatrix}\right) = \begin{pmatrix} z \\ y \\ x \end{pmatrix}$

(d) $T:\ \mathbb{R}^2 \to \mathbb{R}^3,\ T\left(\begin{pmatrix} x \\ y \end{pmatrix}\right) = \begin{pmatrix} 2x+3y \\ x+\ y \\ 0 \end{pmatrix}$

04 $T:\ \mathbb{R}^3 \to \mathbb{R}^3$는 다음과 같이 정의한 선형변환입니다. 이때 T가 일대일인 위로의 선형변환임을 보이세요.

$$T(\mathbf{u}) = \mathbf{A}\mathbf{u},\ \mathbf{A} = \begin{pmatrix} 1 & 0 & 0 \\ 0 & 1 & 0 \\ 0 & 0 & 1 \end{pmatrix}$$

05 $T(\mathbf{p}) = \mathbf{p}'$으로 정의한 선형변환 $T:\ P_3 \to P_2$가 일대일은 아니지만 위로의 선형변환임을 보이세요. ($\mathbf{p}'$은 $\mathbf{p}$의 도함수입니다.)

06 $T(\mathbf{p}) = \mathbf{p}''$으로 정의한 선형변환 $T:\ P_n \to P_n$이 일대일 선형변환도 아니고 위로의 선형변환도 아님을 보이세요. ($\mathbf{p}''$은 $\mathbf{p}$의 2계 도함수입니다.)

07 $T\left(\begin{pmatrix} x \\ y \\ z \end{pmatrix}\right) = \begin{pmatrix} y \\ z \end{pmatrix}$로 정의한 선형변환 $T:\ \mathbb{R}^3 \to \mathbb{R}^2$가 일대일은 아니지만 위로의 선형변환임을 보이세요.

08 $T:\ P_2 \to P_3$는 다음과 같이 정의한 선형변환입니다. 이때 T가 일대일 선형변환도 아니고 위로의 선형변환도 아님을 보이세요.

$$T(ax^2+bx+c) = ax+(b+c)$$

09 $T(\mathbf{p}) = \mathbf{p}'$으로 정의한 선형변환 $T:\ P_n \to P_n$이 일대일 선형변환도 아니고 위로의 선형변환도 아님을 보이세요.

10 [정리 5-8]을 증명해보세요.

11 다음을 증명해보세요.

> 선형변환 $T:\ V \to W$가 일대일 선형변환일 때, $\mathrm{range}(T)$의 임의의 벡터 $\mathbf{w}$에 대하여 $T(\mathbf{v}) = \mathbf{w}$를 만족하는 V의 벡터 $\mathbf{v}$가 유일하게 존재합니다.

12 [정리 5-9]를 증명해보세요.

13 [정리 5-10]을 증명해보세요.

14 [정리 5-12]를 증명해보세요.

15 [정리 5-13]을 증명해보세요.

16 [정리 5-14]를 증명해보세요.

17 $T:\ \mathbb{R}^2 \to \mathbb{R}^2$는 다음과 같이 정의한 선형변환입니다. 이때 T의 역변환을 구해보세요.

$$T\left(\begin{pmatrix} x \\ y \end{pmatrix}\right) = \begin{pmatrix} 2x+y \\ x-y \end{pmatrix}$$

18 $T:\ M_{22} \to \mathbb{R}^4$가 다음과 같이 주어졌습니다. 이때 T가 등형사상임을 보이세요.

$$T\left(\begin{pmatrix} a & b \\ c & d \end{pmatrix}\right) = (a\ b\ c\ d)^{\mathrm{T}}$$

19 다음 동형사상의 성질을 증명해보세요.

(a) 선형변환 $T:\ V \to W$가 동형사상입니다.
$\Leftrightarrow\ \ \ker(T) = \{\mathbf{O}\}$

(b) $T:\ V \to W$가 동형사상이면 $T^{-1}:\ W \to V$도 동형사상입니다.

(c) 두 벡터공간 V와 W가 동형이면, $\dim(V) = \dim(W)$입니다.

5.5 선형변환의 행렬

학습목표

- 선형변환의 표준행렬을 찾을 수 있습니다.
- 비표준기저의 변환행렬을 구할 수 있습니다.
- 변환행렬을 적용할 수 있습니다.

수학에서 가장 강력한 두 가지 도구는 선형대수학(linear algebra)과 미분적분학(calculus)입니다. 이 절에서는 행렬 관점에서 미분을 나타내어 선형대수학과 미분적분학을 연결하려고 합니다. 모든 선형변환을 행렬 형태로 표현할 수 있음을 보여주는 것으로 시작하겠습니다. 이를 위해서는 선형변환 방정식을 $\mathbf{Au}$의 형태로만 나타내면 됩니다. 여기서 행렬 $\mathbf{A}$는 방정식의 계수들로, 벡터 $\mathbf{u}$는 변수 $x, y, z, \cdots$로 이루어집니다. 이런 방식으로 선형변환을 나타내면 엄청난 이점이 있습니다. 변환을 나타내는 숫자 요소를 분리하여 유지하면서도, 일반적인 산술을 사용하여 조작할 수 있습니다.

예를 들어, 계수행렬이 회전을 나타낼 때 애니메이션을 만들기 위해 회전을 연속적으로 수행해야 한다면 필요한 만큼 계수행렬을 곱하면 됩니다. 각각에 행렬을 적용하면 그 각각이 또 다른 회전을 수행합니다.

사실 변환 방정식을 사용하든 행렬을 선택하여 사용하든 결과는 같습니다. 다만, 행렬을 사용하면 정보가 손실되지 않으므로 대부분의 경우 행렬을 사용하는 것이 훨씬 더 효율적입니다. 다음 절에서는 변환의 합성을 다룹니다. 변환을 행렬로 표현하면 선형변환의 합성과 관련된 작업이 현격하게 줄어듭니다.

5.5.1 선형변환(선형사상)의 표준행렬

다음 예제와 같이 선형변환 $T: \mathbb{R}^n \to \mathbb{R}^m$을 행렬로 설명할 수 있습니다.

예제 5-30 선형변환 $T: \mathbb{R}^2 \to \mathbb{R}^2$(출발 공간과 도착 공간이 같음)를 다음과 같이 정의합니다.

$$T\left(\begin{pmatrix} x \\ y \end{pmatrix}\right) = \begin{pmatrix} 2x - y \\ x + 3y \end{pmatrix}$$

$\mathbf{u} = (x\ \ y)^{\mathrm{T}}$에 대하여 이 변환을 $T(\mathbf{u}) = \mathbf{Au}$와 같은 형태로 나타내보세요.

풀이

$\mathbf{u} = \begin{pmatrix} x \\ y \end{pmatrix}$일 때, $\begin{pmatrix} 2x - y \\ x + 3y \end{pmatrix}$를 $\mathbf{Au}$의 형태로 나타내봅시다.

$$\mathbf{A} = \begin{pmatrix} 2 & -1 \\ 1 & 3 \end{pmatrix}\text{에 대하여, } \begin{pmatrix} 2x - y \\ x + 3y \end{pmatrix} = \begin{pmatrix} 2 & -1 \\ 1 & 3 \end{pmatrix}\begin{pmatrix} x \\ y \end{pmatrix} = \mathbf{Au}$$

즉, $T(\mathbf{u}) = \mathbf{Au}$입니다. $T: \mathbb{R}^2 \to \mathbb{R}^2$이므로 행렬 $\mathbf{A}$는 2×2 행렬입니다.

이 절에서는 선형변환 $T: \mathbb{R}^n \to \mathbb{R}^m$을 $T(\mathbf{u}) = \mathbf{A}\mathbf{u}$와 같은 형태로 나타냅니다. 이때 $\mathbf{A}$를 선형변환의 행렬 표현(matrix representation of a transformation)이라고 합니다. 변환 T는 벡터 $\mathbf{u}$에 작용합니다. 마찬가지로 행렬 $\mathbf{A}$가 벡터 $\mathbf{u}$에 작용하여 $\mathbf{A}\mathbf{u}$가 됩니다.

? 임의의 선형변환을 항상 행렬 표현으로 나타낼 수 있을까요?

유한차원의 벡터공간에서 선형변환을 다룬다면 가능합니다.

? 이를 어떻게 증명할까요?

일반적인 선형변환 $T: V \to W$가 있을 때, V의 기저(축) 벡터를 확인하고 주어진 변환 T가 작용한 상(image)을 살펴봅니다. V의 벡터 $\mathbf{v}$에 대하여 $T(\mathbf{v})$를 찾으려면 T가 기저(축) 벡터에 어떻게 작용하는지 알아보면 됩니다. $\mathbf{v}$는 기저(축) 벡터의 일차결합으로 나타낼 수 있기 때문입니다.

먼저, $\mathbb{R}^n$의 표준기저와 함께 선형변환을 생각해봅시다. $\{\mathbf{e}_1, \mathbf{e}_2, \mathbf{e}_3, \cdots, \mathbf{e}_n\}$은 $\mathbb{R}^n$의 일반적인 $x, y, z, \cdots$ 축을 나타냅니다. 즉, $\mathbf{e}_1$은 x 방향의 단위벡터, $\mathbf{e}_2$는 y 방향의 단위벡터, $\cdots$ 입니다.

정리 5-17 표준행렬

선형변환 $T: \mathbb{R}^n \to \mathbb{R}^m$에 대하여, $\{\mathbf{e}_1, \mathbf{e}_2, \mathbf{e}_3, \cdots, \mathbf{e}_n\}$을 $\mathbb{R}^n$의 표준기저라 할 때, 다음을 가정합시다.

$$T(\mathbf{e}_1) = \begin{pmatrix} c_{11} \\ c_{21} \\ \vdots \\ c_{m1} \end{pmatrix}, \quad T(\mathbf{e}_2) = \begin{pmatrix} c_{12} \\ c_{22} \\ \vdots \\ c_{m2} \end{pmatrix}, \quad \cdots, \quad T(\mathbf{e}_n) = \begin{pmatrix} c_{1n} \\ c_{2n} \\ \vdots \\ c_{mn} \end{pmatrix}$$

그러면 $\mathbf{A} = (T(\mathbf{e}_1)\ T(\mathbf{e}_2) \cdots\ T(\mathbf{e}_n)) = \begin{pmatrix} c_{11} & c_{12} & & c_{1n} \\ c_{21} & c_{22} & \cdots & c_{2n} \\ \vdots & \vdots & & \vdots \\ c_{m1} & c_{m2} & & c_{mn} \end{pmatrix}$과 $\mathbb{R}^n$의 $\mathbf{u}$에 대하여 변환 $T(\mathbf{u})$를 다음과 같이 나타낼 수 있습니다.

$$T(\mathbf{u}) = \mathbf{A}\mathbf{u}$$

이때 $\mathbf{A}$를 $m \times n$ **표준행렬**(standard matrix)이라고 합니다.

행렬 $\mathbf{A}$의 1열은 열벡터 $T(\mathbf{e}_1)$, 2열은 열벡터 $T(\mathbf{e}_2)$, $\cdots$, 마지막 열은 열벡터 $T(\mathbf{e}_n)$입니다.

증명

$\mathbf{u}$가 $\mathbb{R}^n$의 임의의 벡터이고 $\{\mathbf{e}_1, \mathbf{e}_2, \mathbf{e}_3, \cdots, \mathbf{e}_n\}$이 n차원 벡터공간 $\mathbb{R}^n$의 표준기저이면, 표준기저의 정의에 의해 다음과 같이 쓸 수 있습니다.

$$\mathbf{u}=\begin{pmatrix}u_1\\u_2\\\vdots\\u_n\end{pmatrix}=u_1\underbrace{\begin{pmatrix}1\\0\\\vdots\\0\end{pmatrix}}_{=\mathbf{e}_1}+u_2\underbrace{\begin{pmatrix}0\\1\\\vdots\\0\end{pmatrix}}_{=\mathbf{e}_2}+\cdots+u_n\underbrace{\begin{pmatrix}0\\0\\\vdots\\1\end{pmatrix}}_{=\mathbf{e}_n}=u_1\mathbf{e}_1+u_2\mathbf{e}_2+\cdots+u_n\mathbf{e}_n$$

이때 u_j는 스칼라이며 벡터 $\mathbf{u}$의 표준기저 $\{\mathbf{e}_1, \mathbf{e}_2, \mathbf{e}_3, \cdots, \mathbf{e}_n\}$에 관한 좌표입니다. 선형변환 T를 적용해봅시다.

$$\begin{aligned}T(\mathbf{u}) &= T(u_1\mathbf{e}_1+u_2\mathbf{e}_2+\cdots+u_n\mathbf{e}_n) && [\mathbf{u}=u_1\mathbf{e}_1+u_2\mathbf{e}_2+\cdots+u_n\mathbf{e}_n]\\ &= u_1T(\mathbf{e}_1)+u_2T(\mathbf{e}_2)+\cdots+u_nT(\mathbf{e}_n) && [T\text{는 선형변환}]\\ &\underbrace{=}_{\text{가정}} u_1\underbrace{\begin{pmatrix}c_{11}\\c_{21}\\\vdots\\c_{m1}\end{pmatrix}}_{=T(\mathbf{e}_1)}+u_2\underbrace{\begin{pmatrix}c_{12}\\c_{22}\\\vdots\\c_{m2}\end{pmatrix}}_{=T(\mathbf{e}_2)}+\cdots+u_n\underbrace{\begin{pmatrix}c_{1n}\\c_{2n}\\\vdots\\c_{mn}\end{pmatrix}}_{=T(\mathbf{e}_n)} && (*)\end{aligned}$$

$\mathrm{A}=(T(\mathbf{e}_1)\ T(\mathbf{e}_2)\cdots\ T(\mathbf{e}_n))=\begin{pmatrix}c_{11}&c_{12}&&c_{1n}\\c_{21}&c_{22}&\cdots&c_{2n}\\\vdots&\vdots&&\vdots\\c_{m1}&c_{m2}&&c_{mn}\end{pmatrix}$이라 합시다. 벡터 $\mathbf{u}$에 행렬 A를 적용하여 $\mathrm{A}\mathbf{u}$를 만듭니다. $\mathrm{A}\mathbf{u}$는 A의 열벡터에 대한 일차결합입니다.

$$\mathrm{A}\mathbf{u}=\begin{pmatrix}c_{11}&c_{12}&&c_{1n}\\c_{21}&c_{22}&\cdots&c_{2n}\\\vdots&\vdots&&\vdots\\c_{m1}&c_{m2}&&c_{mn}\end{pmatrix}\begin{pmatrix}u_1\\u_2\\\vdots\\u_n\end{pmatrix}=u_1\begin{pmatrix}c_{11}\\c_{21}\\\vdots\\c_{m1}\end{pmatrix}+u_2\begin{pmatrix}c_{12}\\c_{22}\\\vdots\\c_{m2}\end{pmatrix}+\cdots+u_n\begin{pmatrix}c_{1n}\\c_{2n}\\\vdots\\c_{mn}\end{pmatrix}\qquad(**)$$

식 (*)와 (**)의 우변이 같으므로, $T(\mathbf{u})=\mathrm{A}\mathbf{u}$입니다. ■

예제 5-31 선형변환 $T:\mathbb{R}^2\to\mathbb{R}^2$를 다음과 같이 정의합니다. 이때 변환 T를 나타내는 표준행렬 A를 구해보세요.

$$T\left(\begin{pmatrix}x\\y\end{pmatrix}\right)=\begin{pmatrix}2x-y\\x+3y\end{pmatrix}$$

풀이

$\mathbb{R}^2$의 표준기저는 무엇일까요? $\mathbf{e}_1=(1\ \ 0)^{\mathrm{T}}$는 x축 방향의 단위벡터, $\mathbf{e}_2=(0\ \ 1)^{\mathrm{T}}$는 y축 방향의 단위벡터입니다. 주어진 선형변환을 기저 $\{\mathbf{e}_1, \mathbf{e}_2\}$에 적용해봅시다.

$$T(\mathbf{e}_1)=T\left(\begin{pmatrix}1\\0\end{pmatrix}\right)=\begin{pmatrix}2\times1-0\\1+3\times0\end{pmatrix}=\begin{pmatrix}2\\1\end{pmatrix}$$

$$T(\mathbf{e}_2)=T\left(\begin{pmatrix}0\\1\end{pmatrix}\right)=\begin{pmatrix}2\times0-1\\0+3\times1\end{pmatrix}=\begin{pmatrix}-1\\3\end{pmatrix}$$

$\mathbf{e}_1, \mathbf{e}_2$는 각 방향의 단위벡터이므로, $T(\mathbf{e}_1)$은 x의 계수, $T(\mathbf{e}_2)$는 y의 계수를 나타냅니다. 이 경우 표준행렬 $\mathbf{A}$는 무엇일까요? 앞에 제시한 [정리 5-17]에 의해 $\mathbf{A} = (T(\mathbf{e}_1)\ T(\mathbf{e}_2)) = \begin{pmatrix} 2 & -1 \\ 1 & 3 \end{pmatrix}$입니다. 즉, [예제 5-30]에 주어진 변환 T를 나타낸 행렬과 같습니다. $\mathbf{u} = (x\ \ y)^{\mathrm{T}}$일 때, $T(\mathbf{u}) = \mathbf{Au}$와 같이 나타낼 수 있습니다.

예제 5-32 선형변환 $T: \mathbb{R}^3 \to \mathbb{R}^2$를 다음과 같이 정의할 때, 변환 T를 나타내는 표준행렬 $\mathbf{A}$를 구해보세요.

$$T\left(\begin{pmatrix} x \\ y \\ z \end{pmatrix}\right) = \begin{pmatrix} 3x + y + z \\ x - 3y - z \end{pmatrix}$$

풀이

$\mathbb{R}^3$의 표준기저는 무엇일까요? 다음과 같습니다.

$$\mathbf{e}_1 = (1\ \ 0\ \ 0)^{\mathrm{T}},\ \mathbf{e}_2 = (0\ \ 1\ \ 0)^{\mathrm{T}},\ \mathbf{e}_3 = (0\ \ 0\ \ 1)^{\mathrm{T}}$$

$\mathbf{e}_1, \mathbf{e}_2, \mathbf{e}_3$는 각각 x축, y축, z축 방향의 단위벡터입니다. 먼저 T가 기저(축) 벡터에 어떻게 작용하는지를 계산해야 합니다. 주어진 선형벡터에 기저(축) 벡터 $\mathbf{e}_1$을 적용하면 다음과 같습니다.

$$T(\mathbf{e}_1) = T\left(\begin{pmatrix} 1 \\ 0 \\ 0 \end{pmatrix}\right) = \begin{pmatrix} 3 \times 1 + 0 + 0 \\ 1 - 3 \times 0 - 0 \end{pmatrix} = \begin{pmatrix} 3 \\ 1 \end{pmatrix}$$

마찬가지로 $\mathbf{e}_2, \mathbf{e}_3$에도 T를 적용하면 $T(\mathbf{e}_2) = \begin{pmatrix} 1 \\ -3 \end{pmatrix}$, $T(\mathbf{e}_3) = \begin{pmatrix} 1 \\ -1 \end{pmatrix}$입니다.

표준행렬 $\mathbf{A}$는 무엇일까요? [정리 5-17]에 의해 행렬 $\mathbf{A} = (T(\mathbf{e}_1)\ T(\mathbf{e}_2) \cdots\ T(\mathbf{e}_n))$입니다. 즉, 행렬 $\mathbf{A}$의 1열, 2열, 3열을 쓰면 됩니다.

$$\mathbf{A} = (T(\mathbf{e}_1)\ T(\mathbf{e}_2)\ \ T(\mathbf{e}_3)) = \begin{pmatrix} 3 & 1 & 1 \\ 1 & -3 & -1 \end{pmatrix}$$

$\mathbf{u} = (x\ \ y\ \ z)^{\mathrm{T}}$에 대하여 $\mathbf{Au}$를 계산한 결과는 다음과 같습니다.

$$\mathbf{Au} = \begin{pmatrix} 3 & 1 & 1 \\ 1 & -3 & -1 \end{pmatrix}\begin{pmatrix} x \\ y \\ z \end{pmatrix} = \begin{pmatrix} 3x + y + z \\ x - 3y - z \end{pmatrix}$$

이는 주어진 변환과 같으므로, 행렬 $\mathbf{A}$는 주어진 변환 T를 나타냅니다.

일반적으로 계산을 통해 표준행렬을 구할 수 있습니다.

어떻게 구했죠?

[예제 5-32]를 통해 다음과 같은 변환과 표준행렬을 얻었습니다.

$$\text{변환 } T\left(\begin{pmatrix} x \\ y \\ z \end{pmatrix}\right) = \begin{pmatrix} 3x + \ y + z \\ x - 3y - z \end{pmatrix} \text{와 표준행렬 } \mathrm{A} = \overset{\quad x \quad\ y \quad\ z}{\begin{pmatrix} 3 & 1 & 1 \\ 1 & -3 & -1 \end{pmatrix}}$$

표준기저를 사용해 A를 작성하였으므로 A는 표준행렬입니다. [예제 5-32]에서 T: $\mathbb{R}^3 \to \mathbb{R}^2$이므로 행렬 A는 2×3 행렬입니다.

5.5.2 비표준기저의 변환행렬

왜 비표준기저(non-standard basis)를 사용할까요?

다른 기저(축)로 벡터를 나타내면 해당 기저와 관련된 구조를 이해할 수 있기 때문입니다. 이러한 구조는 표준기저에 숨겨져 있던 것으로, 관련성이 높고 유용한 구조일 수 있습니다.

예를 들어, 천체 과학자는 처음에 지구를 중심으로 기저(축)에서 행성의 움직임을 측정했습니다. 그러다가 태양을 중심에 두고 측정하는 게 더 간단하다는 사실을 발견했습니다. 그래서 지금은 태양을 중심으로 궤도를 측정합니다.

발사체의 발사와 같은 일부 동작에는 표준기저(xy축)를 적용하는 게 가장 적합할 수 있지만 궤도를 비롯한 다른 종류의 움직임을 연구하려면 극기저(polar basis) (r, θ)를 적용할 때 더 잘 작동할 수 있습니다. 위도와 경도를 사용하여 지도를 작성할 때는 표준 xyz축이 아닌 구면 극좌표(spherical polar coordinate) $(r,\ \theta,\ \phi)$가 더 효과적입니다.

또 다른 예는 [그림 5-29]와 같이 비행기에 작용하는 힘을 찾는 것입니다. 이때 비행기에 평행하고 수직인 성분([그림 5-29]의 오른쪽)은 수평 및 수직 성분([그림 5-29]의 왼쪽)보다 훨씬 더 유용합니다.

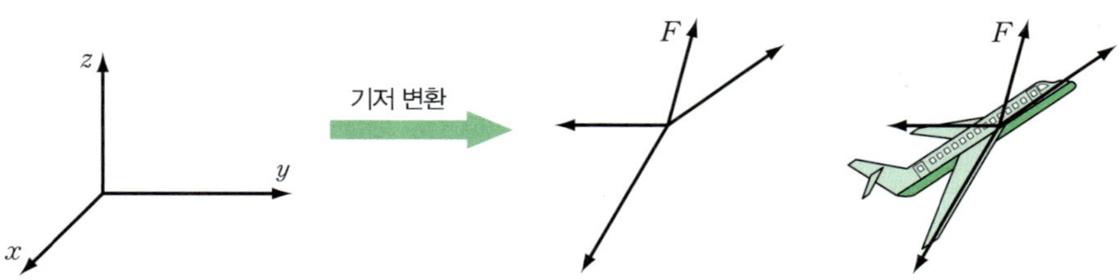

[그림 5-29] 기저 변환

컴퓨터 게임과 3D 디자인 소프트웨어 분야에서는 xyz축(기저)을 회전하여 훨씬 더 유용한 새로운 축(기저)을 얻고자 합니다(5.5절 [연습문제 07] 참고). 그래서 크리스털(결정) 구조에서 더 깨끗한 좌표 집합을 제공하는 기저인 밀러 지수(Miller index)를 사용합니다. 밀러 지수는 결정 또는 격자에서 방향과 평면을 지정할 때 사용하는 좌표입니다. 원점에서 격자점까지의 벡터는 일반적으로 적절한 기저(축) 벡터로 작성하고 좌표는 밀러 지수로 설정합니다.

올바른 기저(축)를 선택하면 대칭 속성에 따라 물리학에서 풀어야 할 많은 문제를 단순화할 수 있습니다. 즉, 기저(축)를 현명하게 선택하면 수행해야 하는 산술의 양을 크게 줄일 수 있습니다.

이제부터 기저(축) B에 대한 벡터 $\mathbf{u}$의 좌표를 $[\mathbf{u}]_B$로 표기하겠습니다.

예제 5-33 $\mathbb{R}^2$의 벡터 $\mathbf{u}=\begin{pmatrix}3\\9\end{pmatrix}$를 새로운 기저(축) $B=\left\{\mathbf{b}_1=\begin{pmatrix}1\\1\end{pmatrix}, \mathbf{b}_2=\begin{pmatrix}1\\4\end{pmatrix}\right\}$의 벡터로 나타내보세요.

풀이

이 문제는 $[\mathbf{u}]_B$를 구하라는 것입니다. 스칼라 k, c에 대하여, 다음과 같은 일차결합으로 쓸 수 있습니다.

$$k\begin{pmatrix}1\\1\end{pmatrix}+c\begin{pmatrix}1\\4\end{pmatrix}=\begin{pmatrix}3\\9\end{pmatrix}$$

다음 연립일차방정식을 풀어봅시다.

$$\begin{cases}k+\ \ c=3\\ k+4c=9\end{cases} \quad \Rightarrow \quad k=1,\ c=2$$

따라서 $\mathbf{u}=\begin{pmatrix}3\\9\end{pmatrix}=1\boldsymbol{b}_1+2\boldsymbol{b}_2=1\begin{pmatrix}1\\1\end{pmatrix}+2\begin{pmatrix}1\\4\end{pmatrix}$와 같이 나타낼 수 있으며, 기저 B의 좌표는 $[\mathbf{u}]_B=\begin{pmatrix}1\\2\end{pmatrix}$입니다. 즉, 기저 $B=\left\{\mathbf{b}_1=\begin{pmatrix}1\\1\end{pmatrix}, \mathbf{b}_2=\begin{pmatrix}1\\4\end{pmatrix}\right\}$에 대하여 벡터 $\begin{pmatrix}3\\9\end{pmatrix}$의 좌표는 $\begin{pmatrix}1\\2\end{pmatrix}$입니다([그림 5-30] 참고).

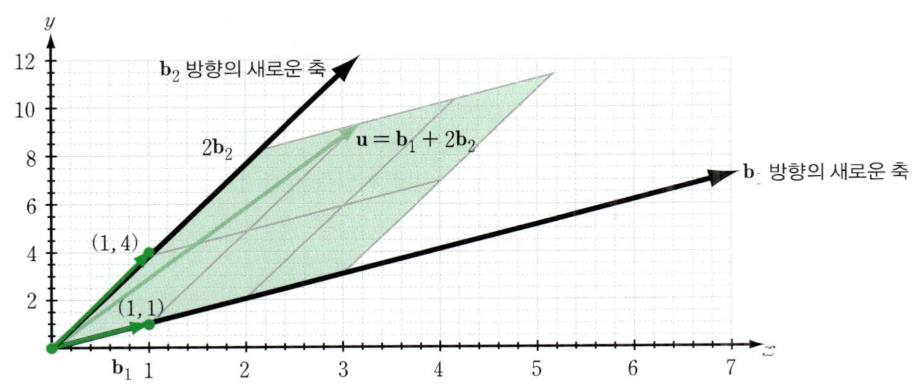

[그림 5-30] 벡터 u의 좌표 표현

[예제 5-33]에서 표준기저 $\{\mathbf{e}_1, \mathbf{e}_2\}$ 또는 정규 xy축에 대하여 계산한 좌표는 $\mathbf{u}=(3\ \ 9)^{\mathrm{T}}$이지만, 기저 $B=\{\mathbf{b}_1, \mathbf{b}_2\}$에 대하여 계산한 좌표는 $(1\ \ 2)^{\mathrm{T}}$입니다.

스칼라 k_i에 대하여 벡터 $k_1\mathbf{u}_1 + k_2\mathbf{u}_2 + \cdots + k_n\mathbf{u}_n$이 있다면, 다음이 성립한다고 가정합니다.

$$[k_1\mathbf{u}_1 + k_2\mathbf{u}_2 + \cdots + k_n\mathbf{u}_n]_B = k_1[\mathbf{u}_1]_B + k_2[\mathbf{u}_2]_B + \cdots + k_n[\mathbf{u}_n]_B \tag{5.3}$$

정리 5-18 기저를 이용한 좌표 표현

각각 $B = \{\mathbf{v}_1, \mathbf{v}_2, \cdots, \mathbf{v}_n\}$, $C = \{\mathbf{w}_1, \mathbf{w}_2, \cdots, \mathbf{w}_m\}$을 기저로 하는 유한차원 벡터공간 V와 W에 대하여, $T: V \to W$를 선형변환이라 하면 다음과 같이 표현할 수 있습니다.

$$[T(\mathbf{u})]_C = \mathbf{A}[\mathbf{u}]_B$$

$[T(\mathbf{u})]_C$는 기저(축) C와 관련된 $T(\mathbf{u})$의 좌표이며, $[\mathbf{u}]_B$는 기저(축) B과 관련된 $\mathbf{u}$의 좌표입니다. 이때 행렬 $\mathbf{A}$는 다음과 같으며, **변환행렬**(transformation matrix)이라고 합니다.

$$\mathbf{A} = ([T(\mathbf{v}_1)]_C \ [T(\mathbf{v}_2)]_C \ \cdots \ [T(\mathbf{v}_n)]_C)$$

[정리 5-18]의 기호는 무엇을 의미할까요?

[그림 5-31]을 살펴봅시다.

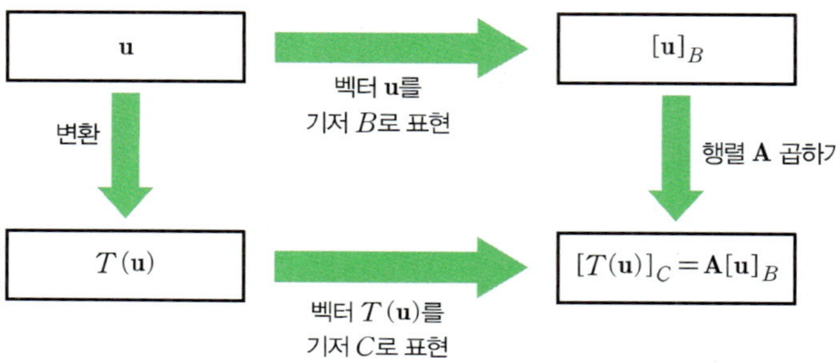

[그림 5-31] 행렬과 선형변환

증명

$\{\mathbf{v}_1, \mathbf{v}_2, \cdots, \mathbf{v}_n\}$을 기저로 하는 n차원 벡터공간 V의 임의의 벡터를 $\mathbf{u}$라 합시다. 그러면 기저의 정의에 따라 $\mathbf{u}$를 기저(축) 벡터의 일차결합으로 나타낼 수 있습니다.

$$\mathbf{u} = k_1\mathbf{v}_1 + k_2\mathbf{v}_2 + \cdots + k_n\mathbf{v}_n \quad (k_i\text{는 스칼라})$$

기저 $\{\mathbf{v}_1, \mathbf{v}_2, \cdots, \mathbf{v}_n\}$에 대한 벡터 $\mathbf{u}$의 좌표는 $[\mathbf{u}]_B = \begin{pmatrix} k_1 \\ \vdots \\ k_n \end{pmatrix}$입니다. 여기에 선형변환의 법칙을 적용해봅시다.

$$\begin{aligned} T(\mathbf{u}) &= T(k_1\mathbf{v}_1 + k_2\mathbf{v}_2 + \cdots + k_n\mathbf{v}_n) \qquad [\mathbf{u} = k_1\mathbf{v}_1 + k_2\mathbf{v}_2 + \cdots + k_n\mathbf{v}_n] \\ &\underbrace{=}_{T\text{는 선형변환}} k_1T(\mathbf{v}_1) + k_2T(\mathbf{v}_2) + \cdots + k_nT(\mathbf{v}_n) \qquad (*) \end{aligned}$$

$T(\mathbf{v}_1), T(\mathbf{v}_2), \cdots, T(\mathbf{v}_n)$은 도착하는 벡터공간 W에 있습니다. $C=\{\mathbf{w}_1, \mathbf{w}_2, \cdots, \mathbf{w}_m\}$을 W의 기저벡터라 하면 다음과 같이 쓸 수 있습니다. 이때 c_{ij}는 스칼라입니다.

$$\begin{aligned} T(\mathbf{v}_1) &= c_{11}\mathbf{w}_1 + c_{21}\mathbf{w}_2 + \cdots + c_{m1}\mathbf{w}_m \\ T(\mathbf{v}_2) &= c_{12}\mathbf{w}_1 + c_{22}\mathbf{w}_2 + \cdots + c_{m2}\mathbf{w}_m \\ \vdots \quad & \quad \vdots \quad\; \vdots \quad \vdots \quad\; \cdots \quad \vdots \\ T(\mathbf{v}_n) &= c_{1n}\mathbf{w}_1 + c_{2n}\mathbf{w}_2 + \cdots + c_{mn}\mathbf{w}_m \end{aligned}$$

기저(축) C에 대해서 다음과 같이 좌표를 표현할 수 있습니다.

$$[T(\mathbf{v}_1)]_C = \begin{pmatrix} c_{11} \\ c_{21} \\ \vdots \\ c_{m1} \end{pmatrix}, \quad [T(\mathbf{v}_2)]_C = \begin{pmatrix} c_{12} \\ c_{22} \\ \vdots \\ c_{m2} \end{pmatrix}, \quad \cdots, \quad [T(\mathbf{v}_n)]_C = \begin{pmatrix} c_{1n} \\ c_{2n} \\ \vdots \\ c_{mn} \end{pmatrix} \tag{†}$$

$\mathbf{A} = \begin{pmatrix} c_{11} & c_{12} & & c_{1n} \\ c_{21} & c_{22} & \cdots & c_{2n} \\ \vdots & \vdots & & \vdots \\ c_{m1} & c_{m2} & & c_{mn} \end{pmatrix}$이라 하고, 위에 나와 있듯이 $[\mathbf{u}]_B = \begin{pmatrix} k_1 \\ k_2 \\ \vdots \\ k_n \end{pmatrix}$이라 하면, $\mathbf{A}[\mathbf{u}]_B$는 다음과 같습니다.

$$\mathbf{A}[\mathbf{u}]_B = \begin{pmatrix} c_{11} & c_{12} & & c_{1n} \\ c_{21} & c_{22} & \cdots & c_{2n} \\ \vdots & \vdots & & \vdots \\ c_{m1} & c_{m2} & & c_{mn} \end{pmatrix} \begin{pmatrix} k_1 \\ k_2 \\ \vdots \\ k_n \end{pmatrix} \tag{**}$$

이제 $[T(\mathbf{u})]_C$를 구해봅시다.

$$\begin{aligned} [T(\mathbf{u})]_C &= [k_1 T(\mathbf{v}_1) + k_2 T(\mathbf{v}_2) + \cdots + k_n T(\mathbf{v}_n)]_C \qquad [\text{식 } (*)] \\ &\underbrace{=}_{\text{식 (5.3)}} k_1 [T(\mathbf{v}_1)]_C + k_2 [T(\mathbf{v}_2)]_C + \cdots + k_n [T(\mathbf{v}_n)]_C \\ &= k_1 \begin{pmatrix} c_{11} \\ c_{21} \\ \vdots \\ c_{m1} \end{pmatrix} + k_2 \begin{pmatrix} c_{12} \\ c_{22} \\ \vdots \\ c_{m2} \end{pmatrix} + \cdots + k_n \begin{pmatrix} c_{1n} \\ c_{2n} \\ \vdots \\ c_{mn} \end{pmatrix} \qquad [\text{식 } (†)] \\ &= \begin{pmatrix} c_{11} & c_{12} & & c_{1n} \\ c_{21} & c_{22} & \cdots & c_{2n} \\ \vdots & \vdots & & \vdots \\ c_{m1} & c_{m2} & & c_{mn} \end{pmatrix} \begin{pmatrix} k_1 \\ k_2 \\ \vdots \\ k_n \end{pmatrix} \underbrace{=}_{\text{식 (**)}} \mathbf{A}[\mathbf{u}]_B \end{aligned}$$

따라서 $[T(\mathbf{u})]_C = \mathbf{A}[\mathbf{u}]_B$입니다. ■

예제 5-34 선형변환 $T: \mathbb{R}^3 \to \mathbb{R}^2$를 다음과 같이 정의합니다.

$$T\left(\begin{pmatrix} x \\ y \\ z \end{pmatrix}\right) = \begin{pmatrix} 3x + y + z \\ x - 3y - z \end{pmatrix}$$

$\mathbb{R}^3$와 $\mathbb{R}^2$의 기저가 다음과 같을 때 이에 관한 변환행렬 A를 구해보세요.

$$B = \left\{ \mathbf{v}_1 = \begin{pmatrix} 1 \\ 1 \\ 1 \end{pmatrix}, \mathbf{v}_2 = \begin{pmatrix} -1 \\ 0 \\ 1 \end{pmatrix}, \mathbf{v}_3 = \begin{pmatrix} 0 \\ 0 \\ 1 \end{pmatrix} \right\},\ \ C = \left\{ \mathbf{w}_1 = \begin{pmatrix} 1 \\ 2 \end{pmatrix}, \mathbf{w}_2 = \begin{pmatrix} -1 \\ 1 \end{pmatrix} \right\}$$

B는 출발하는 벡터공간 $\mathbb{R}^3$의 기저집합이고, C는 도착하는 벡터공간 $\mathbb{R}^2$의 기저집합입니다.

풀이

기저벡터 $B = \{\mathbf{v}_1, \mathbf{v}_2, \mathbf{v}_3\}$의 각 벡터에 선형변환 T를 적용해봅시다.

$$T(\mathbf{v}_1) = T\left(\begin{pmatrix} 1 \\ 1 \\ 1 \end{pmatrix}\right) = \begin{pmatrix} 3 \times 1 + 1 + 1 \\ 1 - 3 \times 1 - 1 \end{pmatrix} = \begin{pmatrix} 5 \\ -3 \end{pmatrix}$$

마찬가지 방법으로 $T(\mathbf{v}_2)$와 $T(\mathbf{v}_3)$를 계산합니다.

$$T(\mathbf{v}_2) = \begin{pmatrix} -2 \\ -2 \end{pmatrix},\ \ T(\mathbf{v}_3) = \begin{pmatrix} 1 \\ -1 \end{pmatrix}$$

다음으로 무엇을 해야 할까요? 도착하는 벡터인 $T(\mathbf{v}_1), T(\mathbf{v}_2), T(\mathbf{v}_3)$를 기저 $C = \left\{ \mathbf{w}_1 = \begin{pmatrix} 1 \\ 2 \end{pmatrix}, \mathbf{w}_2 = \begin{pmatrix} -1 \\ 1 \end{pmatrix} \right\}$에 대한 좌표로 나타내야 합니다.

$$T(\mathbf{v}_1) = \begin{pmatrix} 5 \\ -3 \end{pmatrix} = a\mathbf{w}_1 + b\mathbf{w}_2 = a\begin{pmatrix} 1 \\ 2 \end{pmatrix} + b\begin{pmatrix} -1 \\ 1 \end{pmatrix} \quad (1)$$

$$T(\mathbf{v}_2) = \begin{pmatrix} -2 \\ -2 \end{pmatrix} = c\mathbf{w}_1 + d\mathbf{w}_2 = c\begin{pmatrix} 1 \\ 2 \end{pmatrix} + d\begin{pmatrix} -1 \\ 1 \end{pmatrix} \quad (2)$$

$$T(\mathbf{v}_3) = \begin{pmatrix} 1 \\ -1 \end{pmatrix} = e\mathbf{w}_1 + f\mathbf{w}_2 = e\begin{pmatrix} 1 \\ 2 \end{pmatrix} + f\begin{pmatrix} -1 \\ 1 \end{pmatrix} \quad (3)$$

행렬 A를 구하려면 어떻게 해야 할까요? [정리 5-18]에 의해 $\mathrm{A} = \left([T(\mathbf{v}_1)]_C \ [T(\mathbf{v}_2)]_C \ [T(\mathbf{v}_3)]_C \right)$임을 알 수 있으며, 그 결과는 다음과 같습니다.

$$\mathrm{A} = \begin{pmatrix} a & c & e \\ b & d & f \end{pmatrix}$$

왜 그런가요? 식 (1), (2), (3)에 의해 $[T(\mathbf{v}_1)]_C = \begin{pmatrix} a \\ b \end{pmatrix}$, $[T(\mathbf{v}_2)]_C = \begin{pmatrix} c \\ d \end{pmatrix}$, $[T(\mathbf{v}_3)]_C = \begin{pmatrix} e \\ f \end{pmatrix}$입니다. $\mathbf{w}_1$과 $\mathbf{w}_2$의 일차결합에서 스칼라는 벡터 $T(\mathbf{v}_1), T(\mathbf{v}_2), T(\mathbf{v}_3)$의 기저 C에 대한 좌표입니다.

미지수 $a, b, c, \cdots, f$를 구하려면 어떻게 해야 할까요? 세 연립일차방정식 (1), (2), (3)을 풀어야 합니다. 먼저 식 (1)을 풀어봅시다.

$$\begin{pmatrix} 5 \\ -3 \end{pmatrix} = a\begin{pmatrix} 1 \\ 2 \end{pmatrix} + b\begin{pmatrix} -1 \\ 1 \end{pmatrix} = \begin{pmatrix} a \\ 2a \end{pmatrix} + \begin{pmatrix} -b \\ b \end{pmatrix} = \begin{pmatrix} a-b \\ 2a+b \end{pmatrix}$$

이 연립일차방정식의 해는 무엇인가요?

$$\begin{cases} a-b = 5 \\ 2a+b = -3 \end{cases} \Rightarrow \quad a = \frac{2}{3},\ b = -\frac{13}{3}$$

마찬가지 방법으로 나머지 두 연립일차방정식 (2), (3)의 해를 구할 수 있습니다.

$$(2)\quad \begin{cases} c-d = -2 \\ 2c+d = -2 \end{cases} \Rightarrow \quad c = -\frac{4}{3},\ d = \frac{2}{3}$$

$$(3)\quad \begin{cases} e-f = 1 \\ 2e+f = -1 \end{cases} \Rightarrow \quad e = 0,\ f = -1$$

행렬 $\mathbf{A}$는 무엇인가요?

$$\mathbf{A} = \begin{pmatrix} a & c & e \\ b & d & f \end{pmatrix} = \begin{pmatrix} \frac{2}{3} & -\frac{4}{3} & 0 \\ -\frac{13}{3} & \frac{2}{3} & -1 \end{pmatrix}$$

이는 다음을 만족하는 $[T(\mathbf{u})]_C = \mathbf{A}[\mathbf{u}]_B$가 성립함을 의미합니다.

$$[T(\mathbf{u})]_C = \begin{pmatrix} \frac{2}{3} & -\frac{4}{3} & 0 \\ -\frac{13}{3} & \frac{2}{3} & -1 \end{pmatrix}[\mathbf{u}]_B$$

기저 C로 작성한 $T(\mathbf{u})$, 즉 $[T(\mathbf{u})]_C$를 나타내려면 기저 B로 작성한 벡터 $\mathbf{u}$, 즉 $[\mathbf{u}]_B$에 행렬 $\mathbf{A}$를 곱해야 합니다.

예제 5-35 [예제 5-34]에 주어진 선형변환에 대하여 다음과 같이 동일한 기저에서 $\mathrm{u} = (1\ \ 0\ \ 2)^{\mathrm{T}}$일 때, 행렬 A를 사용하여 $T(\mathrm{u})$를 구해보세요.

$$B = \left\{ \mathrm{v}_1 = \begin{pmatrix} 1 \\ 1 \\ 1 \end{pmatrix}, \mathrm{v}_2 = \begin{pmatrix} -1 \\ 0 \\ 1 \end{pmatrix}, \mathrm{v}_3 = \begin{pmatrix} 0 \\ 0 \\ 1 \end{pmatrix} \right\},\quad C = \left\{ \mathrm{w}_1 = \begin{pmatrix} 1 \\ 2 \end{pmatrix}, \mathrm{w}_2 = \begin{pmatrix} -1 \\ 1 \end{pmatrix} \right\}$$

풀이

$[T(\mathbf{u})]_C = \mathbf{A}[\mathbf{u}]_B$를 구해야 합니다. 먼저 $[\mathbf{u}]_B$를 구해봅시다. $[\mathbf{u}]_B$는 무엇을 나타내나요? 주어진 벡터 $\mathbf{u} = (1\ \ 0\ \ 2)^{\mathrm{T}}$의 성분은 표준기저($xyz$축)와 관련된 좌표입니다. $\mathbf{u}$를 주어진 기저 B에 대해 나타내야 합니

다. 왜냐하면 $[\mathbf{u}]_B$는 기저벡터 B에 관한 벡터 $\mathbf{u}$의 좌표이기 때문입니다.

$$\mathbf{u} = \begin{pmatrix} 1 \\ 0 \\ 2 \end{pmatrix} = a\mathbf{v}_1 + b\mathbf{v}_2 + c\mathbf{v}_3 = a\begin{pmatrix} 1 \\ 1 \\ 1 \end{pmatrix} + b\begin{pmatrix} -1 \\ 0 \\ 1 \end{pmatrix} + c\begin{pmatrix} 0 \\ 0 \\ 1 \end{pmatrix} \qquad (*)$$

a, b, c는 [예제 5-34]에서 구한 값과 다릅니다. a, b, c의 값을 구하려면 어떻게 해야 할까요? 식 (*)를 전개해서 다음과 같이 연립일차방정식을 풀면 됩니다.

$$\begin{cases} a - b = 1 \\ a = 0 \\ a + b + c = 2 \end{cases} \quad \Rightarrow \quad a = 0,\ b = -1,\ c = 3$$

기저 B에 대한 $\mathbf{u}$의 좌표는 무엇인가요?

$$[\mathbf{u}]_B = \begin{pmatrix} a \\ b \\ c \end{pmatrix} = \begin{pmatrix} 0 \\ -1 \\ 3 \end{pmatrix}$$

$\mathbf{u} = (1\ \ 0\ \ 2)^{\mathrm{T}}$는 표준기저($xyz$축)에 대한 $\mathbf{u}$의 좌표이지만, $[\mathbf{u}]_B = (0\ \ -1\ \ 3)^{\mathrm{T}}$는 주어진 기저 $B = \{\mathbf{v}_1, \mathbf{v}_2, \mathbf{v}_3\}$에 대한 $\mathbf{u}$의 좌표입니다. [정리 5-18]에 의해 $[T(\mathbf{u})]_C = \mathbf{A}[\mathbf{u}]_B$입니다. 앞서 [예제 5-34]에서 구한 행렬 $\mathbf{A}$를 활용하여 다음과 같이 표현할 수 있습니다.

$$[T(\mathbf{u})]_C = \mathbf{A}[\mathbf{u}]_B = \begin{pmatrix} \frac{2}{3} & -\frac{4}{3} & 0 \\ -\frac{13}{3} & \frac{2}{3} & -1 \end{pmatrix}[\mathbf{u}]_B$$

우변을 계산하면 다음과 같습니다.

$$[T(\mathbf{u})]_C = \begin{pmatrix} \frac{2}{3} & -\frac{4}{3} & 0 \\ -\frac{13}{3} & \frac{2}{3} & -1 \end{pmatrix}\begin{pmatrix} 0 \\ -1 \\ 3 \end{pmatrix} = \begin{pmatrix} \frac{4}{3} \\ -\frac{11}{3} \end{pmatrix}$$

앞에서 풀이한 과정을 그림으로 나타내면 [그림 5-32]와 같습니다.

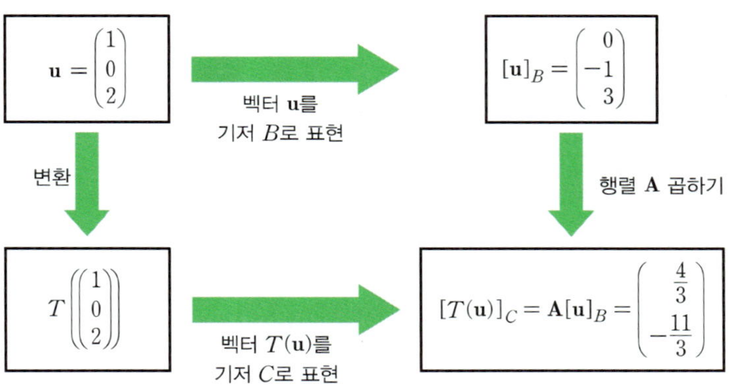

[그림 5-32] 행렬과 선형변환

$\mathbf{u}=(1\ \ 0\ \ 2)^{\mathrm{T}}$일 때, 주어진 기저 C에 대해서 $T(\mathbf{u})$의 좌표는 $\begin{pmatrix} \frac{4}{3} \\ -\frac{11}{3} \end{pmatrix}$입니다. 따라서 $\mathbf{w}_1$과 $\mathbf{w}_2$로 표현한 새로운 축에 대하여 벡터 $T(\mathbf{u})$를 다음과 같이 나타낼 수 있습니다.

$$T(\mathbf{u})=\frac{4}{3}\mathbf{w}_1-\frac{11}{3}\mathbf{w}_2$$

이를 그림으로 나타내면 [그림 5-33]과 같습니다.

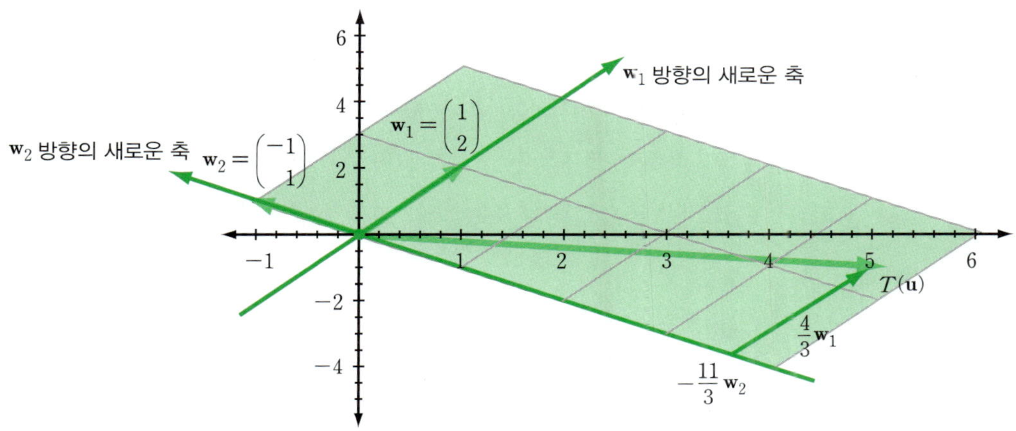

[그림 5-33] 기저에 따른 벡터

하지만 표준기저(xy축)와 관련된 $T(\mathbf{u})$의 좌표는 다음과 같습니다.

$$T\left(\begin{pmatrix}1\\0\\2\end{pmatrix}\right)=\frac{4}{3}\mathbf{w}_1-\frac{11}{3}\mathbf{w}_2=\frac{4}{3}\begin{pmatrix}1\\2\end{pmatrix}-\frac{11}{3}\begin{pmatrix}-1\\1\end{pmatrix} \quad [\mathbf{w}_1,\ \mathbf{w}_2\text{가 기저 } C\text{의 벡터}]$$

$$=\begin{pmatrix}\frac{4}{3}\\ \frac{8}{3}\end{pmatrix}-\begin{pmatrix}-\frac{11}{3}\\ \frac{11}{3}\end{pmatrix}=\begin{pmatrix}5\\-1\end{pmatrix}$$

$T(\mathbf{u})=\begin{pmatrix}5\\-1\end{pmatrix}$은 $\mathbf{u}=(1\ \ 0\ \ 2)^{\mathrm{T}}$에 직접 변환 T를 적용하여 확인할 수 있습니다.

5.5.3 행렬 미분

예제 5-36 선형변환 $T: P_2 \rightarrow P_1$을 다음과 같이 정의합니다.

$$T(\mathrm{p})=\mathrm{p}' \qquad (\mathrm{p}'\text{은 p의 미분})$$

이때 각각 P_2와 P_1의 순서기저(ordered basis)인 $B=\{1, x, x^2\}$, $C=\{1, x\}$에 대하여 주어진 변환 T를

나타내는 행렬 A를 구해보세요. 그리고 행렬 A를 사용하여 $T(2x^2+3x+1)$을 구해보세요.

풀이

먼저 T가 어떻게 기저벡터에 작용하는지 살펴봅시다. 기저 $B=\{1, x, x^2\}$의 벡터에 주어진 선형변환을 적용합니다.

$$T(1) = 1' = 0$$
$$T(x) = x' = 1$$
$$T(x^2) = (x^2)' = 2x$$

이를 각각 기저 $C=\{1, x\}$의 좌표로 나타내면 다음과 같습니다.

$$T(1) = 0 = a\times 1 + b\times x \quad \Rightarrow \quad a=0,\ b=0$$
$$T(x) = 1 = c\times 1 + d\times x \quad \Rightarrow \quad c=1,\ d=0$$
$$T(x^2) = 2x = e\times 1 + f\times x \quad \Rightarrow \quad e=0,\ f=2$$

행렬 $\mathbf{A}$는 무엇인가요?

$$\mathbf{A} = \left([\,T(1)\,]_C \ \ [\,T(x)\,]_C \ \ [\,T(x^2)\,]_C\right) = \begin{pmatrix} a & c & e \\ b & d & f \end{pmatrix} = \begin{pmatrix} 0 & 1 & 0 \\ 0 & 0 & 2 \end{pmatrix}$$

$T(2x^2+3x+1)$에 대해 $\mathbf{p}=2x^2+3x+1$이라 하면 $[\mathbf{p}]_B = \begin{pmatrix} 1 \\ 3 \\ 2 \end{pmatrix}$입니다. (주어진 기저 $B=\{1, x, x^2\}$에 순서가 있으므로 $1, x, x^2$의 계수에도 순서가 있습니다. 기저는 축을 나타내는 벡터의 집합이므로 기저벡터의 순서는 중요합니다.) 따라서 다음이 성립합니다.

$$[\,T(\mathbf{p})\,]_C = \mathbf{A}\,[\mathbf{p}]_B = \begin{pmatrix} 0 & 1 & 0 \\ 0 & 0 & 2 \end{pmatrix}\begin{pmatrix} 1 \\ 3 \\ 2 \end{pmatrix} = \begin{pmatrix} 3 \\ 4 \end{pmatrix}$$

우변의 열벡터 성분 3과 4는 기저 $C=\{1, x\}$에 대한 계수이며 다음과 같이 나타낼 수 있다.

$$T(2x^2+3x+1) = 3\times 1 + 4\times x = 3+4x$$

다음과 같이 이차다항식을 미분한 결과와 비교해봅시다.

$$T(2x^2+3x+1) = (2x^2+3x+1)' = 4x+3$$

즉, 행렬 $\mathbf{A}$는 이차다항식 $2x^2+3x+1$의 미분 결과를 도출합니다.

행렬 $\mathbf{A}$를 사용하여 임의의 이차다항식의 미분 결과를 알 수 있습니다.

예를 들어, $(3x^2+5x+7)'$을 구한다면 다음과 같이 [예제 5-36]의 행렬 $\mathbf{A}$를 사용할 수 있습니다.

$$\begin{pmatrix} 0 & 1 & 0 \\ 0 & 0 & 2 \end{pmatrix}\begin{pmatrix} 7 \\ 5 \\ 3 \end{pmatrix}=\begin{pmatrix} 5 \\ 6 \end{pmatrix}$$

그러므로 $(3x^2+5x+7)'=5+6x$ 입니다.

일반적인 이차다항식을 미분한 $(ax^2+bx+c)'$을 생각해봅시다. 그러면 $\begin{pmatrix} 0 & 1 & 0 \\ 0 & 0 & 2 \end{pmatrix}\begin{pmatrix} c \\ b \\ a \end{pmatrix}=\begin{pmatrix} b \\ 2a \end{pmatrix}$이므로 $(ax^2+bx+c)'=b+2ax$ 입니다.

행렬 형태의 이점이 또 있습니다. $B=\{1, 1-x, (1-x)^2\}$과 같은 비표준기저에 대한 행렬을 나타낼 수 있습니다. 5.5절 연습문제에서 이와 같은 행렬을 구해봅시다. 미분과 적분을 사용했을 때는 어떤 일이 발생하는지 명확하지 않지만, 행렬 형태는 이를 명료하게 만듭니다. 미분 문제는 행렬의 산술 문제로 변환할 수 있습니다. 이는 두 벡터공간 U와 V 사이에 선형변환 T가 존재하는 한 언제든 가능합니다. 왜냐하면 [정리 5-18]에 의해 다음 공식을 알고 있기 때문입니다. 여기서 B와 C는 각각 U와 V의 기저입니다.

$$[T(\mathbf{u})]_C=\mathbf{A}[\mathbf{u}]_B$$

핵심요약

- **[정리 5-18]**

  $B=\{\mathbf{v}_1, \mathbf{v}_2, \cdots, \mathbf{v}_n\}$, $C=\{\mathbf{w}_1, \mathbf{w}_2, \cdots, \mathbf{w}_m\}$을 각각 기저로 하는 유한차원 벡터공간 V와 W에 대해서 $T: V\to W$를 선형변환이라고 하면 다음과 같이 표현할 수 있습니다.

  $$[T(\mathbf{u})]_C=\mathbf{A}[\mathbf{u}]_B$$

  이때 $\mathbf{u}$는 V의 벡터이고 행렬 $\mathbf{A}$는 $\mathbf{A}=\left([T(\mathbf{v}_1)]_C\ [T(\mathbf{v}_2)]_C\ \cdots\ [T(\mathbf{v}_n)]_C\right)$입니다.

5.5 연습문제

01 다음 선형변환의 표준행렬을 구해보세요.

(a) $T\left(\begin{pmatrix} x \\ y \end{pmatrix}\right)=\begin{pmatrix} x+y \\ 2x+2y \end{pmatrix}$

(b) $T\left(\begin{pmatrix} x \\ y \end{pmatrix}\right)=\begin{pmatrix} x+y \\ -x-y \end{pmatrix}$

(c) $T\left(\begin{pmatrix} x \\ y \end{pmatrix}\right)=\begin{pmatrix} 2x+3y \\ x-5y \end{pmatrix}$

(d) $T((x\ y\ z)^{\mathrm{T}})$
$=(x+y+z\quad x-y-z\quad 2x+y-z)^{\mathrm{T}}$

(e) $T((x\ y\ z)^{\mathrm{T}})$
$=(2x-y\quad 4x-y+3z\quad 7x-y-z)^{\mathrm{T}}$

(f) $T((x\ y\ z\ w)^{\mathrm{T}})$
$=(x-y+z-3w\quad -x+3y-7z-w$
$9x+5y+6z+12w\quad x)^{\mathrm{T}}$

(g) $T((x\ y\ z\ w)^{\mathrm{T}})=\mathbf{O}$

02 x, y, z의 계수를 확인하지 않고, 다음 선형변환의 표준 행렬을 구해보세요.

(a) $T\left(\begin{pmatrix} x \\ y \end{pmatrix}\right) = \begin{pmatrix} x - y \\ x + 2y \end{pmatrix}$

(b) $T\left(\begin{pmatrix} x \\ y \end{pmatrix}\right) = \begin{pmatrix} 3x - 2y \\ 5y - x \end{pmatrix}$

(c) $T\left(\begin{pmatrix} x \\ y \\ z \end{pmatrix}\right) = \begin{pmatrix} x - y - z \\ x + y + z \end{pmatrix}$

(d) $T\left(\begin{pmatrix} x \\ y \\ z \end{pmatrix}\right) = \begin{pmatrix} 0 \\ 0 \\ 0 \end{pmatrix}$

(e) $T\left(\begin{pmatrix} x \\ y \\ z \end{pmatrix}\right) = \begin{pmatrix} -3x - 5y - 6z \\ -2x + 7y + 5z \\ 0 \end{pmatrix}$

03 선형변환 $T: \mathbb{R}^3 \to \mathbb{R}^2$가 다음을 만족할 때, 변환 T를 나타내는 행렬 $\mathbf{A}$를 구해보세요.

$$T((1\ \ 0)^{\mathrm{T}}) = (1\ \ 2\ \ 3)^{\mathrm{T}},\ \ T((0\ \ 1)^{\mathrm{T}}) = (4\ \ 5\ \ 6)^{\mathrm{T}}$$

04 선형변환 $T: P_2 \to P_1$을 다음과 같이 정의합니다.

$$T(\mathbf{p}) = \mathbf{p}' \quad (\mathbf{p}'\text{은 } \mathbf{p}\text{의 미분})$$

이때 각각 P_2와 P_1의 순서기저인 $B = \{1, 1-x, (1-x)^2\}$, $C = \{1, x\}$에 대하여 주어진 변환 T를 나타내는 행렬 $\mathbf{A}$를 구해보세요. 그리고 행렬 $\mathbf{A}$를 사용하여 $T(2x^2 + 3x + 1)$을 구해보세요.

05 선형변환 $T: P_3 \to P_2$를 다음과 같이 정의합니다.

$$T(\mathbf{p}) = \mathbf{p}'$$

이때 P_3와 P_2의 순서기저가 다음과 같을 때 주어진 변환 T를 나타내는 행렬 $\mathbf{A}$를 구해보세요.

(a) P_3와 P_2의 순서기저는 각각 $B = \{1, x, x^2, x^3\}$, $C = \{1, x, x^2\}$입니다.

(b) P_3와 P_2의 순서기저는 각각 $B = \{1, x, x^2, x^3\}$, $C = \{x^2, x, 1\}$입니다.

(c) P_3와 P_2의 순서기저는 각각 $B = \{x^3, x^2, x, 1\}$, $C = \{1, x, x^2\}$입니다.

? [연습문제 05]의 (a), (b), (c)에서 행렬 $\mathbf{A}$에 대해 무엇을 알 수 있나요?

각 경우에 행렬 $\mathbf{A}$를 사용하여 $T(-1 + 3x - 7x^2 - 2x^3)$을 구하여 확인해보세요.

06 선형연산자 $T: \mathbb{R}^2 \to \mathbb{R}^2$를 $T\left(\begin{pmatrix} x \\ y \end{pmatrix}\right) = \begin{pmatrix} x + y \\ x - y \end{pmatrix}$로 정의할 때, 다음 기저와 관련하여 변환행렬 $\mathbf{A}$를 구해보세요.

$$B = \left\{\mathbf{v}_1 = \begin{pmatrix} 1 \\ 2 \end{pmatrix}, \mathbf{v}_2 = \begin{pmatrix} 0 \\ -1 \end{pmatrix}\right\}$$

행렬 $\mathbf{A}$를 사용하여 $T\left(\begin{pmatrix} -3 \\ 1 \end{pmatrix}\right)$을 구해보세요. 그리고 주어진 변환을 사용해서도 구해보세요.

07 컴퓨터 게임에서 행렬 $\mathbf{A} = \begin{pmatrix} \cos 45^\circ & -\sin 45^\circ \\ \sin 45^\circ & \cos 45^\circ \end{pmatrix}$를 이용하여 표준기저 $\{\mathbf{e}_1, \mathbf{e}_2\}$를 반시계 방향으로 45°만큼 회전하려고 합니다. 새로운 기저와 새로운 기저에 대한 벡터 $\mathbf{v} = (2\ \ 1)^{\mathrm{T}}$의 좌표를 구해보세요. 그리고 새로운 기저와 벡터 $\mathbf{v}$를 그려보세요.

08 $T: \mathbb{R}^2 \to \mathbb{R}^3$를 다음과 같이 정의합니다.

$$T((x\ \ y)^{\mathrm{T}}) = (-x\ \ -y\ \ x + 3y)^{\mathrm{T}}$$

$\mathbb{R}^2$와 $\mathbb{R}^3$의 다음 기저에 대하여 변환행렬 $\mathbf{A}$를 구해보세요. 그리고 행렬 $\mathbf{A}$를 이용하여 $T((2\ \ 1)^{\mathrm{T}})$를 구해보세요.

$$B = \{\mathbf{v}_1 = (1\ \ 2)^{\mathrm{T}}, \mathbf{v}_2 = (1\ \ 1)^{\mathrm{T}}\},$$
$$C = \{\mathbf{w}_1 = (1\ \ 0\ \ 1)^{\mathrm{T}}, \mathbf{w}_2 = (1\ \ 2\ \ 0)^{\mathrm{T}}, \mathbf{w}_3 = (0\ \ 1\ \ 1)^{\mathrm{T}}\}$$

09 $T: M_{22} \to M_{22}$를 다음과 같이 정의합니다.

$$T(\mathbf{X}) = \mathbf{X}^{\mathrm{T}} \quad (\mathbf{X}^{\mathrm{T}}\text{는 행렬 } \mathbf{X}\text{의 전치행렬})$$

2×2 행렬의 집합인 M_{22}의 다음 기저에 대하여 변환행렬 $\mathbf{A}$를 구해보세요. 그리고 행렬 $\mathbf{A}$를 이용하여 $T\left(\begin{pmatrix} 1 & 2 \\ 3 & 4 \end{pmatrix}\right)$를 구해보세요.

$$B = C = \left\{ \mathbf{m}_1 = \begin{pmatrix} 1 & 0 \\ 0 & 0 \end{pmatrix},\ \mathbf{m}_2 = \begin{pmatrix} 0 & 1 \\ 0 & 0 \end{pmatrix}, \right.$$
$$\left. \mathbf{m}_3 = \begin{pmatrix} 0 & 0 \\ 1 & 0 \end{pmatrix},\ \mathbf{m}_4 = \begin{pmatrix} 0 & 0 \\ 0 & 1 \end{pmatrix} \right\}$$

10 V를 집합 $\{\sin x, \cos x\}$로 생성한 벡터공간이라 하고, 미분 선형연산자 $T: V \to V$를 다음과 같이 정의합니다.

$$T(\mathbf{f}) = \mathbf{f}' \quad (\mathbf{f}'\text{은 } \mathbf{f}\text{의 미분})$$

다음 순서기저에 관한 변환행렬 $\mathbf{A}$를 구해보세요.

$$B = \{\sin x, \cos x\}$$

그리고 변환행렬 $\mathbf{A}$를 이용하여 다음 $\mathbf{g}$에 대하여 $T(\mathbf{g})$를 구해보세요.

(a) $\mathbf{g} = 5\sin x + 2\cos x$

(b) $\mathbf{g} = m\sin x + n\cos x$

11 선형변환 $T: P_2 \to P_2$를 다음과 같이 정의합니다.

$$T(\mathbf{p}) = \mathbf{p}(x+3)$$

이는 $T(ax^2+bx+c) = a(x+3)^2 + b(x+3) + c$를 의미합니다. 순서기저 $B = \{1, x, x^2\}$에 대하여 변환행렬 $\mathbf{A}$를 구해보세요. 또한 행렬 $\mathbf{A}$를 사용하여 $T(q+nx+mx^2)$을 구하고, 주어진 변환을 직접 적용하여 $T(q+nx+mx^2)$을 구해보세요.

12 V를 집합 $\{\sin x, \cos x, e^x\}$으로 생성한 벡터공간이라 하고, 미분 선형연산자 $T: V \to V$를 다음과 같이 정의합니다.

$$T(\mathbf{f}) = \mathbf{f}' \quad (\mathbf{f}'\text{은 } \mathbf{f}\text{의 미분})$$

다음 순서기저에 관한 변환행렬 $\mathbf{A}$를 구해보세요.

$$B = \{\sin x, \cos x, e^x\}$$

그리고 변환행렬 $\mathbf{A}$를 이용하여 다음 $\mathbf{g}$에 대하여 $T(\mathbf{g})$를 구해보세요.

(a) $\mathbf{g} = -\sin x + 4\cos x - 2e^x$

(b) $\mathbf{g} = m\sin x + n\cos x + pe^x$

13 V를 집합 $\{e^{2x}, xe^{2x}, x^2e^{2x}\}$으로 생성한 벡터공간이라 하고, 미분 선형연산자 $T: V \to V$를 다음과 같이 정의합니다.

$$T(\mathbf{f}) = \mathbf{f}' \quad (\mathbf{f}'\text{은 } \mathbf{f}\text{의 미분})$$

다음 순서기저에 관한 변환행렬 $\mathbf{A}$를 구해보세요.

$$B = \{e^{2x}, xe^{2x}, x^2e^{2x}\}$$

그리고 변환행렬 $\mathbf{A}$를 사용하여 $T(ae^{2x} + bxe^{2x} + cx^2e^{2x})$을 구해보세요.

14 n차원 벡터공간 V에 대하여 $T: V \to V$를 다음과 같은 항등 선형연산자로 정의합니다.

$$V\text{의 모든 벡터 } \mathbf{v}\text{에 대해, } T(\mathbf{v}) = \mathbf{v}$$

임의의 기저 B에 관한 선형변환 T에 대하여, 변환행렬 $\mathbf{A}$가 항등행렬 I_n임을 증명해보세요.

5.6 역변환과 선형변환의 합성

학습목표

- 선형변환의 합성이 어떤 의미인지 이해할 수 있습니다.
- 선형변환의 합성에 대한 몇 가지 성질을 증명할 수 있습니다.
- 역행렬이 역변환 T^{-1}를 나타낸다는 사실을 증명할 수 있습니다.

5.6.1 선형변환의 합성

선형변환은 함수이므로 함수 개념에 친숙해져야 합니다.

? 합성이란 무슨 의미일까요?

합성은 부분과 부분을 결합하여 무언가를 만드는 것입니다.

? 그렇다면 선형변환의 합성은 무엇을 의미할까요?

2개 또는 그 이상의 선형변환을 결합하여 만든 선형변환입니다.

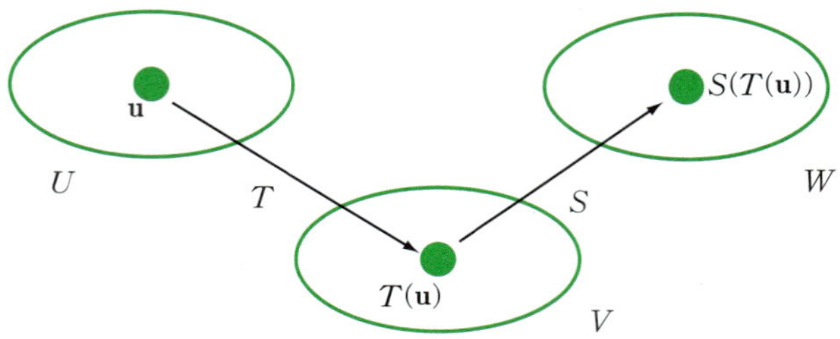

[그림 5-34] 선형변환의 합성

[그림 5-34]는 벡터 $\mathbf{u}$를 $T(\mathbf{u})$로 변환하는 선형변환 $T: U \to V$와 $T(\mathbf{u})$를 $S(T(\mathbf{u}))$로 변환하는 선형변환 $S: V \to W$를 나타냅니다. 선형변환 T와 S의 합성을 $S \circ T$로 표기합니다. 형식적인 정의는 다음과 같습니다.

> **정의 5-11 선형변환의 합성**
>
> $T: U \to V$와 $S: V \to W$는 선형변환이고, $\mathbf{u}$와 $T(\mathbf{u})$는 각각 정의역 U, V의 벡터입니다. 두 변환 S와 T의 **합성**(composition)은 $S \circ T$로 표기하며 다음과 같이 정의합니다.
>
> $$S \circ T: U \to W, \ (S \circ T)(\mathbf{u}) = S(T(\mathbf{u}))$$

? $S(T(\mathrm{u}))$는 무엇을 의미할까요?

먼저 벡터 $\mathbf{u}$에 변환 T를 적용하여 $T(\mathbf{u})$로 변환한 다음, $T(\mathbf{u})$에 변환 S를 적용하여 $S(T(\mathbf{u}))$로 변환한다는 의미입니다.

예제 5-37 다음과 같이 주어진 선형연산자 $T: \mathbb{R}^2 \to \mathbb{R}^2$와 $S: \mathbb{R}^2 \to \mathbb{R}^2$가 있습니다.

$$T\left(\begin{pmatrix} x \\ y \end{pmatrix}\right) = \begin{pmatrix} x-y \\ x+y \end{pmatrix}, \quad S\left(\begin{pmatrix} x \\ y \end{pmatrix}\right) = \begin{pmatrix} 2x+3y \\ x-5y \end{pmatrix}$$

$(S \circ T)\left(\begin{pmatrix} 2 \\ 3 \end{pmatrix}\right)$과 $(T \circ S)\left(\begin{pmatrix} 2 \\ 3 \end{pmatrix}\right)$을 구해보세요.

풀이

$(S \circ T)\left(\begin{pmatrix} 2 \\ 3 \end{pmatrix}\right)$은 벡터 $\begin{pmatrix} 2 \\ 3 \end{pmatrix}$에 변환 T를 적용한 다음, 그 결과에 변환 S를 적용한 것을 의미합니다. [정의 5-11]을 이용하면 다음과 같습니다.

$$\begin{aligned}(S \circ T)\left(\begin{pmatrix} 2 \\ 3 \end{pmatrix}\right) &= S\left(T\left(\begin{pmatrix} 2 \\ 3 \end{pmatrix}\right)\right) \\ &= S\left(\begin{pmatrix} 2-3 \\ 2+3 \end{pmatrix}\right) \qquad \left[T\left(\begin{pmatrix} x \\ y \end{pmatrix}\right) = \begin{pmatrix} x-y \\ x+y \end{pmatrix} \text{ 적용}\right] \\ &= S\left(\begin{pmatrix} -1 \\ 5 \end{pmatrix}\right) = \begin{pmatrix} 2\times(-1)+3\times 5 \\ (-1)-5\times 5 \end{pmatrix} \qquad \left[S\left(\begin{pmatrix} x \\ y \end{pmatrix}\right) = \begin{pmatrix} 2x+3y \\ x-5y \end{pmatrix} \text{ 적용}\right] \\ &= \begin{pmatrix} 13 \\ -26 \end{pmatrix}\end{aligned}$$

비슷한 방법으로 변환 순서를 반대로 하여 수행(S를 먼저 적용한 다음 T를 적용)하면, 다음 결과를 확인할 수 있습니다.

$$(T \circ S)\left(\begin{pmatrix} 2 \\ 3 \end{pmatrix}\right) = T\left(S\left(\begin{pmatrix} 2 \\ 3 \end{pmatrix}\right)\right) = \begin{pmatrix} 26 \\ 0 \end{pmatrix}$$

이 벡터를 그림으로 나타내면 [그림 5-35]와 같습니다.

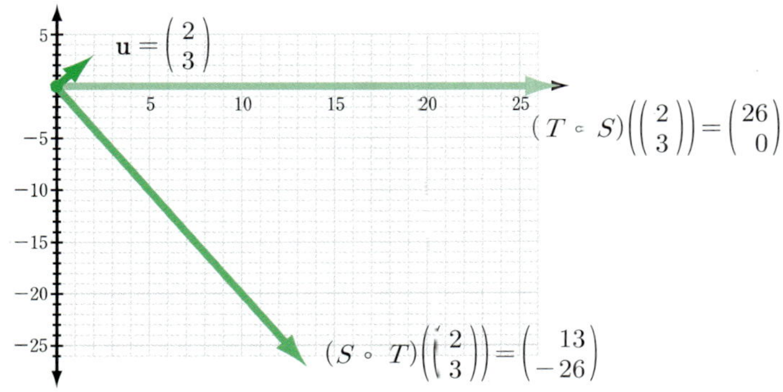

[그림 5-35] 합성 $(S \circ T)\left(\begin{pmatrix} 2 \\ 3 \end{pmatrix}\right)$과 $(T \circ S)\left(\begin{pmatrix} 2 \\ 3 \end{pmatrix}\right)$

$(S \circ T)\left(\begin{pmatrix} 2 \\ 3 \end{pmatrix}\right) = \begin{pmatrix} 13 \\ -26 \end{pmatrix}$은 $(T \circ S)\left(\begin{pmatrix} 2 \\ 3 \end{pmatrix}\right) = \begin{pmatrix} 26 \\ 0 \end{pmatrix}$과 같지 않다는 점에 주목하세요.

일반적으로 $(S \circ T) \neq (T \circ S)$입니다. 이는 변환 순서가 바뀌면 그 결과가 다르다는 것을 의미합니다. 다음으로, S와 T가 선형변환이면 이 변환의 합성인 $S \circ T$도 선형변환임을 증명해보겠습니다.

정리 5-19 선형변환의 합성

$T: U \rightarrow V$와 $S: V \rightarrow W$가 선형변환일 때, 합성변환 $S \circ T: V \rightarrow W$도 선형변환입니다.

선형변환은 선형대수학의 기본 연산인 벡터의 합과 스칼라곱을 보존한다는 것을 기억하세요. 이 정리는 두 선형변환을 합성할 때 벡터의 합과 스칼라곱이 보존됨을 의미합니다. 이는 합성 순서에 상관없이 연산을 보존한다는 의미이므로 유용한 성질입니다.

? 이 정리를 증명하려면 어떻게 해야 할까요?

$S \circ T$가 선형변환임을 증명하려면 다음 두 가지를 보여야 합니다.

1. $(S \circ T)(\mathbf{u}+\mathbf{v}) = (S \circ T)(\mathbf{u}) + (S \circ T)(\mathbf{v})$ (벡터의 합)
2. $(S \circ T)(k\mathbf{u}) = k(S \circ T)(\mathbf{u})$ (스칼라곱)

(여기서 $\mathbf{u}$, $\mathbf{v}$는 변환 T의 정의역 벡터공간인 U의 벡터이고, k는 스칼라입니다.)

증명

1. U의 벡터 $\mathbf{u}$, $\mathbf{v}$에 대하여, [정의 5-11]에 의해 다음과 같이 나타낼 수 있습니다.

$$\begin{aligned}(S \circ T)(\mathbf{u}+\mathbf{v}) &= S(T(\mathbf{u}+\mathbf{v})) \\ &= S(T(\mathbf{u})+T(\mathbf{v})) && [T\text{는 선형변환}] \\ &= S(T(\mathbf{u}))+S(T(\mathbf{v})) && [S\text{는 선형변환}] \\ &= (S \circ T)(\mathbf{u})+(S \circ T)(\mathbf{v}) && [S(T(\mathbf{u}))=(S \circ T)(\mathbf{u})]\end{aligned}$$

2. 같은 방법으로 다음과 같이 나타낼 수 있습니다.

$$\begin{aligned}(S \circ T)(k\mathbf{u}) &= S(T(k\mathbf{u})) \\ &= S(kT(\mathbf{u})) && [T\text{는 선형변환}] \\ &= kS(T(\mathbf{u})) && [S\text{는 선형변환}] \\ &= k(S \circ T)(\mathbf{u}) && [S(T(\mathbf{u}))=(S \circ T)(\mathbf{u})]\end{aligned}$$

위의 두 조건 1, 2를 모두 만족하므로, $S \circ T$는 선형변환입니다. ■

5.6.2 선형변환 합성의 행렬 표현

앞 절에서 선형변환을 행렬로 나타낼 수 있음을 증명했습니다. 이 절에서는 선형변환의 합성, 즉 합성변환(composite transformation)을 행렬로 표현하는 것이 각 변환을 나타내는 행렬의 곱임을 증명합니다. 주어진 공식을 사용하여 선형변환을 합성하는 것에 비해 행렬을 곱하는 것은 어렵지 않습니다.

다음 정리는 서로 다른 기저를 사용하기 때문에 복잡합니다. 만약 표준기저를 사용한다면 그 결과는 $(S \circ T)(\mathbf{u}) = \mathbf{BA}(\mathbf{u})$가 되어 훨씬 더 간단해집니다. 그러나 임의의 기저를 사용할 수 있는 유연함이 필요합니다.

정리 5-20 선형변환 합성의 행렬 표현

B, C, D는 각각 유한차원 벡터공간 U, V, W의 기저이고, $T: U \to V$와 $S: V \to W$는 선형변환입니다. U의 벡터 $\mathbf{u}$와 V의 벡터 $\mathbf{v}$에 대하여 다음을 만족한다고 합시다.

$$[T(\mathbf{u})]_C = \mathbf{A}[\mathbf{u}]_B, \quad [S(\mathbf{v})]_D = \mathbf{B}[\mathbf{v}]_C$$

그러면 다음이 성립합니다. 여기서 $\mathbf{B}$는 행렬이고 B는 기저입니다.

$$[(S \circ T)(\mathbf{u})]_D = \mathbf{BA}[\mathbf{u}]_B$$

표준기저를 사용하면 모든 첨자를 제거할 수 있으므로, [정리 5-20]은 $(S \circ T)(\mathbf{u}) = \mathbf{BA}(\mathbf{u})$가 됩니다.

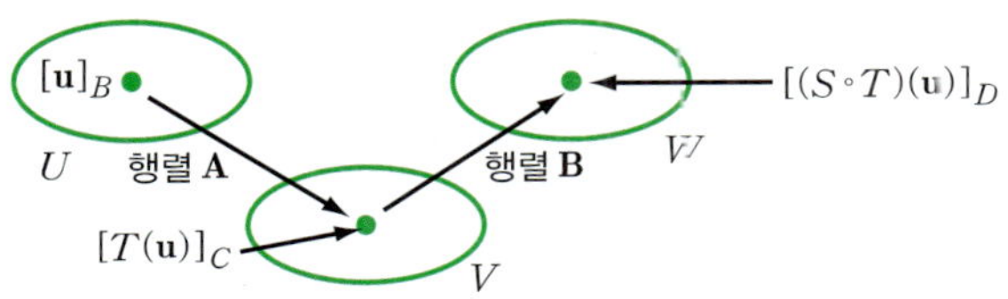

[그림 5-36] 합성의 행렬 표현 $[(S \circ T)(\mathbf{u})]_D = \mathbf{BA}[\mathbf{u}]_B$

이는 행렬 곱 $\mathbf{BA}$가 합성변환 $S \circ T$를 나타냄을 의미합니다.

증명

$\mathbf{u}$가 벡터공간 U의 임의의 벡터라고 하면 가정에 의하여 다음과 같습니다.

$$[T(\mathbf{u})]_C = \mathbf{A}[\mathbf{u}]_B \qquad (*)$$

벡터 $\mathbf{v} = T(\mathbf{u})$가 벡터공간 V의 벡터라고 하면 또 다른 가정에 의하여 다음과 같습니다.

$$[S(T(\mathbf{u}))]_D = \mathbf{B}[T(\mathbf{u})]_C \qquad (**)$$

합성의 정의에 의하여 $S(T(\mathbf{u})) = (S \circ T)(\mathbf{u})$이므로 다음이 성립합니다.

$$\begin{aligned} [(S \circ T)(\mathbf{u})]_D &= [(S(T(\mathbf{u}))]_D \\ &= \mathbf{B}[T(\mathbf{u})]_C \qquad \text{[식 (**)]} \\ &= \mathbf{B}(\mathbf{A}[\mathbf{u}]_B) = \mathbf{BA}[\mathbf{u}]_B \qquad \text{[식 (*)]} \end{aligned}$$

따라서 합성변환 $S \circ T$는 행렬 곱 $\mathbf{BA}$로 표현할 수 있습니다. ■

예제 5-38 다음과 같이 주어진 선형연산자 $T: \mathbb{R}^2 \to \mathbb{R}^2$와 $S: \mathbb{R}^2 \to \mathbb{R}^2$가 있습니다.

$$T\left(\begin{pmatrix} x \\ y \end{pmatrix}\right)=\begin{pmatrix} x-y \\ x+y \end{pmatrix},\quad S\left(\begin{pmatrix} x \\ y \end{pmatrix}\right)=\begin{pmatrix} 2x+3y \\ x-5y \end{pmatrix}$$

이때 합성변환 $(S \circ T)$와 $(T \circ S)$의 표준행렬을 구해보세요. 또한 두 합성변환을 벡터 $\mathbf{u}=\begin{pmatrix} 2 \\ 3 \end{pmatrix}$에 적용하면 어떻게 되는지 구해보세요. (즉, $(S \circ T)(\mathbf{u})$와 $(T \circ S)(\mathbf{u})$를 구해보세요.)

풀이

주어진 변환 T의 표준행렬을 어떻게 구해야 할까요? x와 y의 계수를 살펴봅시다. $\mathbf{A}$를 이 계수로 이루어진 행렬이라 하면 다음과 같습니다.

$$\mathbf{A}=\begin{pmatrix} 1 & -1 \\ 1 & 1 \end{pmatrix} \qquad \left[T\left(\begin{pmatrix} x \\ y \end{pmatrix}\right)=\begin{pmatrix} x-y \\ x+y \end{pmatrix}\right]$$

$\mathbf{B}$를 주어진 다른 선형변환 S의 표준행렬이라 하면 다음과 같습니다.

$$\mathbf{B}=\begin{pmatrix} 2 & 3 \\ 1 & -5 \end{pmatrix} \qquad \left[S\left(\begin{pmatrix} x \\ y \end{pmatrix}\right)=\begin{pmatrix} 2x+3y \\ x-5y \end{pmatrix}\right]$$

[정리 5-20]에 의하여 표준기저를 사용하면 다음이 성립합니다.

$$\begin{aligned}(S \circ T)(\mathbf{u}) &= \mathbf{BA}[\mathbf{u}] \\ &= \begin{pmatrix} 2 & 3 \\ 1 & -5 \end{pmatrix}\begin{pmatrix} 1 & -1 \\ 1 & 1 \end{pmatrix}[\mathbf{u}]=\begin{pmatrix} 5 & 1 \\ -4 & -6 \end{pmatrix}[\mathbf{u}]\end{aligned}$$

벡터 $\mathbf{u}=\begin{pmatrix} 2 \\ 3 \end{pmatrix}$에 합성변환 $S \circ T$를 적용하면 $(S \circ T)\left(\begin{pmatrix} 2 \\ 3 \end{pmatrix}\right)$이므로 다음과 같습니다.

$$(S \circ T)\left(\begin{pmatrix} 2 \\ 3 \end{pmatrix}\right)=\begin{pmatrix} 5 & 1 \\ -4 & -6 \end{pmatrix}\begin{pmatrix} 2 \\ 3 \end{pmatrix}=\begin{pmatrix} 13 \\ -26 \end{pmatrix}$$

비슷한 방법으로 벡터 $\mathbf{u}$에 합성변환 $T \circ S$를 적용하면 다음과 같습니다.

$$\begin{aligned}(T \circ S)(\mathbf{u}) &= \mathbf{AB}[\mathbf{u}] \\ &= \begin{pmatrix} 1 & -1 \\ 1 & 1 \end{pmatrix}\begin{pmatrix} 2 & 3 \\ 1 & -5 \end{pmatrix}[\mathbf{u}]=\begin{pmatrix} 1 & 8 \\ 3 & -2 \end{pmatrix}[\mathbf{u}]\end{aligned}$$

$S \circ T$의 계산과 동일한 방법을 적용하면 다음이 성립합니다.

$$(T \circ S)\left(\begin{pmatrix} 2 \\ 3 \end{pmatrix}\right)=\begin{pmatrix} 1 & 8 \\ 3 & -2 \end{pmatrix}\begin{pmatrix} 2 \\ 3 \end{pmatrix}=\begin{pmatrix} 26 \\ 0 \end{pmatrix}$$

[예제 5-37]과 동일한 변환이므로, 이 결과가 [예제 5-37]의 결과와 동일한다는 점에 주목합시다.

[예제 5-38]의 계산 방식은 선형변환의 합성을 행렬의 산술 문제로 바꾼 것이므로, [예제 5-37]보다 풀기가 더 쉽습니다. 어떤 선형변환이 회전을 나타낸다면, 행렬 곱으로 회전 횟수를 계산할 수 있습니다. 이는 많은 선형변환 합성 공식을 적용하는 것보다 훨씬 간단합니다.

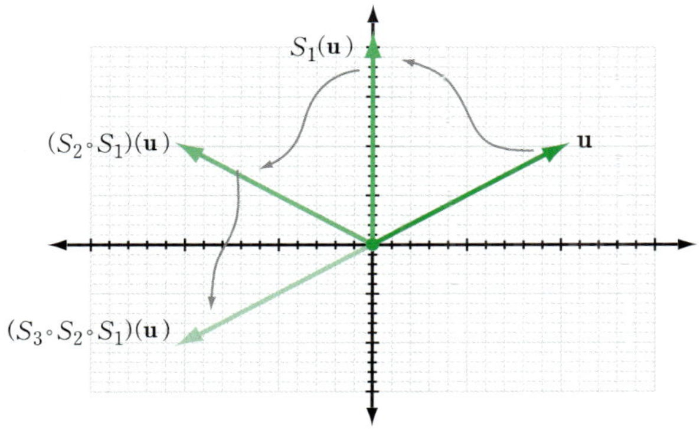

[그림 5-37] 회전변환 $S_1(\mathbf{u})$, $(S_2 \circ S_1)(\mathbf{u})$, $(S_3 \circ S_2 \circ S_1)(\mathbf{u})$

예를 들어, [그림 5-37]과 같이 벡터 $\mathbf{u}$에 대한 회전변환 S_1, S_2, S_3를 생각해봅시다. 변환 S_j가 행렬 $\mathbf{A}_j$로 표현된다면, 다음과 같이 나타낼 수 있습니다.

$$(S_3 \circ S_2 \circ S_1)(\mathbf{u}) = \underbrace{\mathbf{A}_3\mathbf{A}_2\mathbf{A}_1}_{\text{행렬 곱}}(\mathbf{u})$$

우변의 행렬 곱이 $S_3 \circ S_2 \circ S_1$을 계산하는 것보다 훨씬 더 간단합니다. 행렬 곱에서는 교환법칙이 성립하지 않으므로, 변환의 합성도 교환법칙이 성립하지 않습니다. 즉, $\mathrm{BA} \neq \mathrm{AB}$이므로 $(T \circ S) \neq (S \circ T)$입니다. [예제 5-38]에서 알 수 있듯이, 변환 순서를 바꾸면 마지막 결과 벡터가 달라집니다.

예제 5-39 **V는 집합 $B = \{e^x, xe^x, x^2e^x\}$으로 생성한 공간이고, $T: V \to V$와 $S: V \to V$는 $\mathrm{p} = ae^x + bxe^x + cx^2e^x$에 대하여 다음과 같이 정의합니다.**

$$T(\mathrm{p}) = \mathrm{p}'\ (\text{미분연산자}),\quad S(\mathrm{p}) = \mathrm{p}\ (\text{항등연산자})$$

이때 합성변환 $S \circ T$에 대한 행렬을 결정하고, $(S \circ T)(e^x + 2xe^x + 3x^2e^x)$을 구해보세요.

풀이

주어진 미분연산자(differential operator) T를 나타내는 행렬을 찾아야 합니다. 어떻게 하면 될까요? $\{e^x, xe^x, x^2e^x\}$에서 각 벡터의 변환을 구하면 다음과 같습니다.

$$T(e^x) = (e^x)' = e^x$$
$$T(xe^x) = (xe^x)' = e^x + xe^x$$
$$T(x^2e^x) = (x^2e^x)' = 2xe^x + x^2e^x$$

이 결과를 벡터 $\{e^x, xe^x, x^2e^x\}$으로 나타내면 다음과 같습니다.

$$T(e^x) = e^x = 1\times e^x + 0\times xe^x + 0\times x^2e^x$$
$$T(xe^x) = e^x + xe^x = 1\times e^x + 1\times xe^x + 0\times x^2e^x$$
$$T(x^2e^x) = 2xe^x + x^2e^x = 0\times e^x + 2\times xe^x + 1\times x^2e^x$$

변환 T를 나타내는 행렬은 무엇일까요? [정리 5-18]을 이용하면 $\mathbf{A} = \left([T(\mathbf{v}_1)]_C \ [T(\mathbf{v}_2)]_C \cdots [T(\mathbf{v}_n)]_C\right)$이므로 다음과 같습니다.

$$\mathbf{A} = \left([T(\mathbf{v}_1)]_C \ [T(\mathbf{v}_2)]_C \ \cdots \ [T(\mathbf{v}_n)]_C\right) = \begin{pmatrix} 1 & 1 & 0 \\ 0 & 1 & 2 \\ 0 & 0 & 1 \end{pmatrix}$$

항등변환 $S(\mathbf{p}) = \mathbf{p}$에 대한 행렬은 무엇일까요? $\mathbf{B}$가 변환 S에 대한 행렬이라 합시다. 5.5절 [연습문제 14]에 따라 S가 항등연산자(identity operator)이면 S에 대한 행렬은 항등행렬 $\mathbf{I}$이므로 다음과 같습니다.

$$\mathbf{B} = \mathbf{I} \quad (\text{항등행렬})$$

따라서 합성변환 $S \circ T$에 대한 행렬은 $\mathbf{BA}$이고, 다음이 성립합니다.

$$\mathbf{BA} = \mathbf{IA} = \mathbf{A}$$

이제 $(S \circ T)(e^x + 2xe^x + 3x^2e^x)$을 구해야 합니다. $e^x + 2xe^x + 3x^2e^x$은 다음과 같이 나타낼 수 있습니다.

$$e^x + 2xe^x + 3x^2e^x = 1\times e^x + 2\times xe^x + 3\times x^2e^x = \mathbf{p}$$

따라서 $[\mathbf{p}]_B = (1 \ 2 \ 3)^{\mathrm{T}}$이고 다음이 성립합니다.

$$(S \circ T)(1\times e^x + 2\times xe^x + 3\times x^2e^x) = \mathbf{BA}[\mathbf{p}]_B \underbrace{=}_{\mathbf{BA}=\mathbf{A}} \mathbf{A}[\mathbf{p}]_B = \begin{pmatrix} 1 & 1 & 0 \\ 0 & 1 & 2 \\ 0 & 0 & 1 \end{pmatrix}\begin{pmatrix} 1 \\ 2 \\ 3 \end{pmatrix} = \begin{pmatrix} 3 \\ 8 \\ 3 \end{pmatrix}$$

그러므로 이 값을 사용하면 다음과 같이 나타낼 수 있습니다.

$$(S \circ T)(e^x + 2xe^x + 3x^2e^x) = 3e^x + 8xe^x + 3x^2e^x$$

벡터 $e^x + 2xe^x + 3x^2e^x$에 미분연산자 T를 적용한 뒤에 항등연산자 S를 적용하여 이 결과를 확인해보세요. 그러면 위와 같은 결과를 얻을 겁니다.

5.6.3 가역변환

가역변환은 무엇일까요?

5.4.5절에서 다음 [그림 5-38]을 살펴보았습니다.

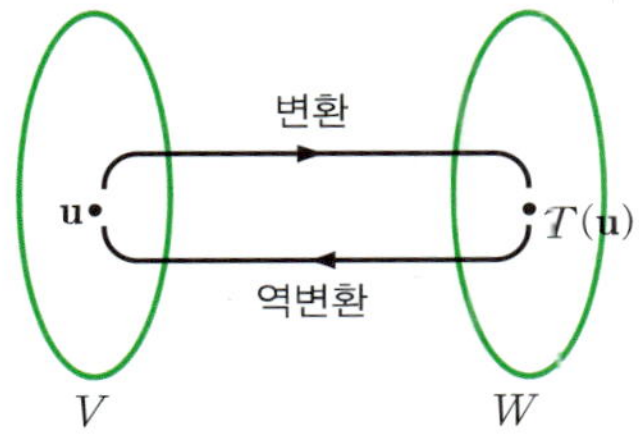

[그림 5-38] 변환과 역변환

그림을 보면 선형변환 $T: V \to W$는 벡터 $\mathbf{u}$를 $T(\mathbf{u})$로 변환합니다. $T^{-1}: W \to V$로 표기되는 역변환은 거꾸로 $T(\mathbf{u})$를 벡터 $\mathbf{u}$로 변환합니다.

정의 5-12 가역

선형변환 $T: V \to W$에 대하여 다음이 성립합니다.

T가 **가역**(invertible)입니다.

$\Leftrightarrow$ 다음을 만족하는 역변환 T^{-1}가 존재합니다.

(a) $(T^{-1} \circ T) = I_V$ (I_V는 정의역이 벡터공간 V인 항등변환)

(b) $(T \circ T^{-1}) = I_W$ (I_W는 공역이 벡터공간 W인 항등변환)

선형변환 T가 가역일 때, 이 변환을 **가역변환**(invertible linear transformation)이라고 합니다.

정리 5-21 가역변환과 가역행렬

유한차원 벡터공간 V, W에 대하여 $T: V \to W$가 선형변환이면 다음이 성립합니다.

T는 가역입니다. $\Leftrightarrow$ 변환 T를 나타내는 행렬 $\mathbf{A}$는 가역행렬입니다.

증명

5.6절 [연습문제 20]에서 증명합니다. ■

5.4.5절에서 역변환을 어떻게 구하는지 알아보았습니다. 다음 예제에서 T^{-1}에 대한 행렬을 찾기 위해 5.4.5절에서 사용한 방법과 동일한 방법을 사용하겠습니다.

예제 5-40 선형연산자 T: $\mathbb{R}^2 \to \mathbb{R}^2$, $T\left(\begin{pmatrix} x \\ y \end{pmatrix}\right) = \begin{pmatrix} x-y \\ x+y \end{pmatrix}$가 있습니다. 여기서 T는 5.4.5절의 [예제 5-27]에 주어진 변환과 같습니다. 다음 물음에 답해보세요.

(a) 선형연산자 T^{-1} : $\mathbb{R}^2 \to \mathbb{R}^2$에 대한 행렬을 구해보세요.

(b) 항등변환 I가 합성변환 $T \circ T^{-1}$를 나타냄을 보이세요.

풀이

(a) [예제 5-27]에 의하여 역변환 T^{-1}는 다음과 같습니다.

$$T^{-1}\left(\begin{pmatrix} x \\ y \end{pmatrix}\right) = \frac{1}{2}\begin{pmatrix} x+y \\ -x+y \end{pmatrix}$$

T^{-1}를 나타내는 표준행렬은 무엇일까요? (이 행렬을 $\mathbf{A}$라 합시다.) x, y의 계수로 구성됩니다. 즉, 행렬은 $\mathbf{A} = \frac{1}{2}\begin{pmatrix} 1 & 1 \\ -1 & 1 \end{pmatrix}$입니다. 주어진 변환 $T\left(\begin{pmatrix} x \\ y \end{pmatrix}\right) = \begin{pmatrix} x-y \\ x+y \end{pmatrix}$를 나타내는 행렬은 무엇일까요? (이 행렬을 $\mathbf{B}$라 합시다.) 각 열벡터가 x, y의 계수입니다. 그러면 $\mathbf{B} = \begin{pmatrix} 1 & -1 \\ 1 & 1 \end{pmatrix}$입니다.

(b) 항등행렬 $\mathbf{I}$가 합성변환 $T \circ T^{-1}$를 나타냄을 보이려면 어떻게 해야 할까요? 행렬 곱 $\mathbf{BA}$는 합성변환 $T \circ T^{-1}$를 나타내므로 $\mathbf{BA} = \mathbf{I}$임을 보이면 됩니다.

$$\mathbf{BA} = \frac{1}{2}\begin{pmatrix} 1 & -1 \\ 1 & 1 \end{pmatrix}\begin{pmatrix} 1 & 1 \\ -1 & 1 \end{pmatrix} = \frac{1}{2}\begin{pmatrix} 2 & 0 \\ 0 & 2 \end{pmatrix} = \begin{pmatrix} 1 & 0 \\ 0 & 1 \end{pmatrix} = \mathbf{I}$$

다음 정리에서는 역행렬 $\mathbf{A}^{-1}$를 결정하여 주어진 변환의 역변환을 구할 수 있음을 언급하고, 이를 증명하겠습니다.

정리 5-22 역변환과 역행렬

유한차원 벡터공간 V와 가역인 선형변환(선형연산자) T: $V \to V$에 대하여, 행렬 $\mathbf{A}$가 V의 기저에 관한 변환 T를 나타낸다고 합시다. 그러면 $\mathbf{A}^{-1}$는 동일한 기저에 관한 역변환 T^{-1}를 나타내는 행렬입니다.

이 정리를 어떻게 증명할 수 있을까요?

[정리 5-21]을 이용합니다.

증명

[정리 5-21]에 의하여 $\mathbf{A}$가 가역행렬임을 알 수 있습니다. T는 가역변환이므로 다음이 성립합니다.

$$T^{-1} \circ T = I_V$$

이는 $T^{-1} \circ T$가 항등변환임을 의미합니다. 따라서 B가 T^{-1}를 나타내는 행렬이라고 하면, $\mathbf{B} = \mathbf{A}^{-1}$임을 증명해야 합니다. [정의 5-12]에 의하여 행렬 곱 BA는 항등변환인 합성변환 $T^{-1} \circ T$를 나타냅니다. 그러면 5.5절 [연습문제 14]의 결과에 의하여 $T^{-1} \circ T$는 항등변환이므로 $\mathbf{BA} = \mathbf{I}$입니다.

? 행렬 B는 무엇과 같은가요?

$\mathbf{BA} = \mathbf{I}$이므로 $\mathbf{B} = \mathbf{A}^{-1}$입니다. ■

예제 5-41 **선형연산자 $T: \mathbb{R}^3 \to \mathbb{R}^3$, $T\left(\begin{pmatrix} x \\ y \\ z \end{pmatrix}\right) = \begin{pmatrix} x+5y+3z \\ 2x+3y+\ z \\ 3x+4y+\ z \end{pmatrix}$에 대하여, 역변환 $T^{-1}: \mathbb{R}^3 \to \mathbb{R}^3$를 구해보세요.**

풀이

역변환 T^{-1}를 구하려면 어떻게 해야 할까요? 먼저 T의 표준행렬을 쓰고, 이 행렬의 역행렬을 구합니다. T의 표준행렬은 x, y, z의 계수를 살펴보면 알 수 있습니다.

$$\mathbf{A} = \begin{pmatrix} 1 & 5 & 3 \\ 2 & 3 & 1 \\ 3 & 4 & 1 \end{pmatrix} \qquad \left[T\left(\begin{pmatrix} x \\ y \\ z \end{pmatrix}\right) = \begin{pmatrix} x+5y+3z \\ 2x+3y+\ z \\ 3x+4y+\ z \end{pmatrix}\right]$$

이제 역변환 T^{-1}에 대한 역행렬 $\mathbf{A}^{-1}$를 구해야 합니다. 어떻게 구할까요? 기본 행 연산이나 MATLAB을 사용하여 다음 행렬이 역행렬 $\mathbf{A}^{-1}$임을 확인할 수 있습니다.

$$\mathbf{A}^{-1} = \begin{pmatrix} -1 & 7 & -4 \\ 1 & -8 & 5 \\ -1 & 11 & -7 \end{pmatrix}$$

역변환 T^{-1}는 무엇과 같을까요? 행렬 $\mathbf{A}^{-1}$의 1열 성분은 x의 계수, 2열 성분은 y의 계수, 3열 성분은 z의 계수이므로 다음과 같습니다.

$$T^{-1}\left(\begin{pmatrix} x \\ y \\ z \end{pmatrix}\right) = \begin{pmatrix} -x+\ 7y-4z \\ x-\ 8y+5z \\ -x+11y-7z \end{pmatrix} \qquad \left[\mathbf{A}^{-1} = \begin{pmatrix} -1 & 7 & -4 \\ 1 & -8 & 5 \\ -1 & 11 & -7 \end{pmatrix}\right]$$

역행렬을 구하는 것은 쉽지 않지만, 공식의 순서를 바꾸어 역변환을 구하는 것보다는 간단합니다.

예제 5-42 **다음과 같이 주어진 선형연산자 $T: P_2 \to P_2$가 있습니다.**

$$T(\mathrm{p}) = (\mathrm{p}x)', \quad \mathrm{p} = ax^2 + bx + c$$

$B = \{x^2, x, 1\}$이 P_2에 대한 순서기저라고 합시다. 동일한 기저 B에 대하여 역변환 $T^{-1}(\mathrm{p})$를 구해보세요.

풀이

먼저 무엇을 구해야 할까요? 주어진 변환 T를 나타내는 행렬을 구해야 합니다. 이 행렬을 어떻게 구할까요? $B=\{x^2, x, 1\}$의 각 기저벡터에 대한 변환 $T(\mathbf{p})=(\mathbf{p}x)'$을 구하면 다음과 같습니다.

$$T(x^2)=(x^2\times x)'=(x^3)'=3x^2$$
$$T(x)=(x\times x)'=(x^2)'=2x$$
$$T(1)=(1\times x)'=(x)'=1$$

이 결과를 기저 $B=\{x^2, x, 1\}$로 나타내면 다음과 같습니다.

$$T(x^2)=3x^2=3\times x^2+0\times x+0\times 1$$
$$T(x)=2x=0\times x^2+2\times x+0\times 1$$
$$T(1)=1=0\times x^2+0\times x+1\times 1$$

따라서 주어진 변환 T를 나타내는 행렬 $\mathbf{A}$는 다음과 같습니다.

$$\mathbf{A}=\begin{pmatrix}3&0&0\\0&2&0\\0&0&1\end{pmatrix}$$

역변환 T^{-1}를 구하려면 역행렬 $\mathbf{A}^{-1}$를 구해야 합니다. 기본 행 연산을 수행하면 $\mathbf{A}^{-1}$는 다음과 같습니다.

$$\mathbf{A}^{-1}=\begin{pmatrix}\frac{1}{3}&0&0\\0&\frac{1}{2}&0\\0&0&1\end{pmatrix}$$

$\mathbf{p}=ax^2+bx+c$를 사용하여 역변환 T^{-1}에 있는 x^2, x의 계수와 상수를 계산하면 다음과 같습니다.

$$\begin{pmatrix}\frac{1}{3}&0&0\\0&\frac{1}{2}&0\\0&0&1\end{pmatrix}\begin{pmatrix}a\\b\\c\end{pmatrix}=\begin{pmatrix}\frac{a}{3}\\\frac{b}{2}\\c\end{pmatrix}$$

우변의 성분은 각각 x^2, x의 계수와 상수입니다. 이는 역변환이 다음과 같음을 의미합니다.

$$T^{-1}(\mathbf{p})=T^{-1}(ax^2+bx+c)=\frac{a}{3}x^2+\frac{b}{2}x+c$$

[예제 5-42]에서 다음과 같은 변환이 주어졌다는 점에 주목합시다.

$$\begin{aligned}T(\mathbf{p})&=(\mathbf{p}x)'=((ax^2+bx+c)\times x)'\\&=(ax^3+bx^2+cx)'=3ax^2+2bx+c\end{aligned}$$

이 변환에서는 일반적인 2차식 ax^2+bx+c에 x를 곱한 뒤, 그 결과의 도함수를 찾았습니다. 역변환은 다음과 같았습니다.

$$T^{-1}(\mathbf{p})=T^{-1}(ax^2+bx+c)=\frac{a}{3}x^2+\frac{b}{2}x+c$$

이 식은 일반적인 2차식 ax^2+bx+c를 적분한 $\frac{a}{3}x^3+\frac{b}{2}x^2+cx$를 x로 나눈 $\frac{a}{3}x^2+\frac{b}{2}x+c=T^{-1}(\mathbf{p})$와 동일합니다. 이는 주어진 변환 T의 역과정임에 주목합시다. 이를 [그림 5-39]와 같이 나타낼 수 있습니다.

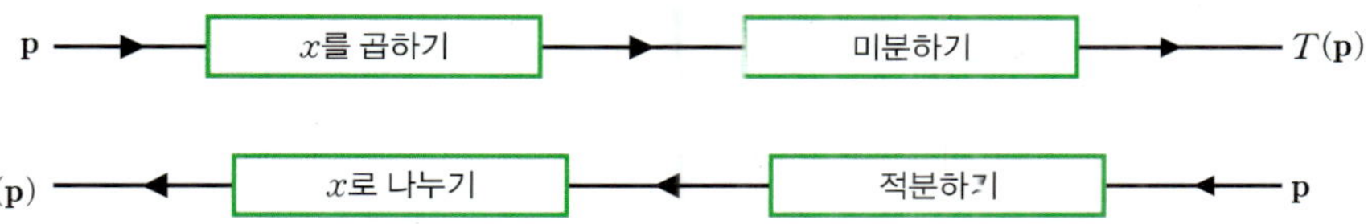

[그림 5-39] 변환과 역변환

5.6.4 가역 선형연산자의 연산

> **정리 5-23 가역 선형연산자의 합성**
> 유한차원 벡터공간 V에 대하여, $T: V \to V$와 $S: V \to V$가 가역 선형연산자라고 합시다. 그러면 $S \circ T$도 가역 선형연산자이며 다음이 성립합니다.
>
> $$(S \circ T)^{-1}=T^{-1}\circ S^{-1}$$

[그림 5-39]에서 알 수 있듯이, 역은 마지막 연산을 원래 상태로 되돌린다는 점을 기억하세요.

? 이 정리를 어떻게 증명할 수 있을까요?

앞에서 살펴본 정리들과 1장의 다음 [정리 1-8]의 결과를 이용하여 증명합니다.

$$(\mathbf{BA})^{-1}=\mathbf{A}^{-1}\mathbf{B}^{-1}$$

증명

행렬 $\mathbf{A}$, $\mathbf{B}$가 각각 주어진 선형변환 T, S를 나타낸다고 합시다. 그러면 [정리 5-20]에 의하여 다음이 성립합니다.

$$(S\circ T)(\mathbf{u})=\mathbf{BA}(\mathbf{u})$$

행렬 곱 $\mathbf{BA}$는 합성변환 $S\circ T$를 나타냄을 알고 있습니다. [정리 5-22]에 의하여 $(S\circ T)^{-1}$의 행렬 표현은 $(\mathbf{BA})^{-1}$입니다. 그러면 [정리 1-8]에 의하여 다음이 성립합니다.

$$(\mathbf{BA})^{-1}=\mathbf{A}^{-1}\mathbf{B}^{-1}$$

행렬 $\mathbf{A}^{-1}$는 변환 T^{-1}를 나타내고, 행렬 $\mathbf{B}^{-1}$는 변환 S^{-1}를 나타냅니다. 따라서 $\mathbf{A}^{-1}\mathbf{B}^{-1}$는 합성변환 $T^{-1} \circ S^{-1}$를 나타냅니다. 이는 다음과 같은 결과를 의미합니다.

$$(S \circ T)^{-1} = T^{-1} \circ S^{-1}$$ ■

핵심요약

• **[정의 5-11]**

$S \circ T$로 표현되는 **합성변환**은 $(S \circ T)(\mathbf{u}) = S(T(\mathbf{u}))$로 정의합니다.

• **[정리 5-22]**

$\mathbf{A}$가 변환 T를 나타내는 행렬이라 하면, $\mathbf{A}^{-1}$는 역변환 T^{-1}를 나타내는 행렬입니다.

5.6 연습문제

01 선형연산자 $T: \mathbb{R}^2 \to \mathbb{R}^2$와 $S: \mathbb{R}^2 \to \mathbb{R}^2$를 다음과 같이 정의했습니다. 주어진 물음에 답해보세요.

$$T\left(\begin{pmatrix} x \\ y \end{pmatrix}\right) = \begin{pmatrix} y \\ x \end{pmatrix}, \quad S\left(\begin{pmatrix} x \\ y \end{pmatrix}\right) = \begin{pmatrix} y \\ 0 \end{pmatrix}$$

(a) $(S \circ T)\left(\begin{pmatrix} 1 \\ 2 \end{pmatrix}\right)$와 $(T \circ S)\left(\begin{pmatrix} 1 \\ 2 \end{pmatrix}\right)$를 구해보세요.

(b) $(S \circ T)\left(\begin{pmatrix} 1 \\ 1 \end{pmatrix}\right)$과 $(T \circ S)\left(\begin{pmatrix} 1 \\ 1 \end{pmatrix}\right)$을 구해보세요.

02 $T: P_2 \to P_1$과 $S: P_2 \to P_2$를 아래와 같이 정의했습니다.

$$T(\mathbf{p}) = \mathbf{p}', \quad S(\mathbf{p}) = ax^2 + bx \quad (\mathbf{p} = ax^2 + bx + c)$$

다음을 구해보세요.

(a) $(T \circ S)(\mathbf{p})$ (b) $(S \circ T)(\mathbf{p})$

(c) $(T \circ T)(\mathbf{p})$ (d) $(S \circ S)(\mathbf{p})$

03 선형연산자 $T: \mathbb{R}^2 \to \mathbb{R}^2$와 $S: \mathbb{R}^2 \to \mathbb{R}^2$를 다음과 같이 정의했습니다.

$$T\left(\begin{pmatrix} x \\ y \end{pmatrix}\right) = \begin{pmatrix} x+2y \\ x-3y \end{pmatrix}, \quad S\left(\begin{pmatrix} x \\ y \end{pmatrix}\right) = \begin{pmatrix} 2x+y \\ -x-y \end{pmatrix}$$

이때 합성변환 $S \circ T$와 $T \circ S$에 관한 표준행렬을 구해보세요. 그리고 다음을 구해보세요.

(a) $(S \circ T)\left(\begin{pmatrix} 1 \\ 5 \end{pmatrix}\right)$ (b) $(T \circ S)\left(\begin{pmatrix} 1 \\ 5 \end{pmatrix}\right)$

(c) $(T \circ T)\left(\begin{pmatrix} 1 \\ 5 \end{pmatrix}\right)$ (d) $(S \circ S)\left(\begin{pmatrix} 1 \\ 5 \end{pmatrix}\right)$

04 선형변환 $T: \mathbb{R}^3 \to \mathbb{R}^3$와 $S: \mathbb{R}^3 \to \mathbb{R}^3$를 다음과 같이 정의했습니다.

$$T\left(\begin{pmatrix} x \\ y \\ z \end{pmatrix}\right) = \begin{pmatrix} 2x - y + 10z \\ 3x - 5y + 6z \\ x + 3y - 9z \end{pmatrix}$$

$$S\left(\begin{pmatrix} x \\ y \\ z \end{pmatrix}\right) = \begin{pmatrix} -x - y - z \\ x + y + 2z \\ x + 2y + 3z \end{pmatrix}$$

이때 합성변환 $S \circ T$와 $T \circ S$에 관한 표준행렬을 구해보세요. 그리고 다음을 구해보세요.

(a) $(S \circ T)\left(\begin{pmatrix} 1 \\ 2 \\ 3 \end{pmatrix}\right)$ (b) $(T \circ S)\left(\begin{pmatrix} 1 \\ 2 \\ 3 \end{pmatrix}\right)$

(c) $(T \circ T)\left(\begin{pmatrix} 1 \\ 2 \\ 3 \end{pmatrix}\right)$ (d) $(S \circ S)\left(\begin{pmatrix} 1 \\ 2 \\ 3 \end{pmatrix}\right)$

05 다음 물음에 답해보세요.

(a) V가 $\{e^x, xe^x, x^2e^x\}$으로 생성한 벡터공간이고, $T: V \to V$와 $S: V \to V$가 다음과 같이 정의된 선형연산자라 합시다.

$$T(\mathbf{p}) = \mathbf{p}', \ S(\mathbf{p}) = ce^x + bxe^x + ax^2e^x$$
$$(\mathbf{p} = ae^x + bxe^x + cx^2e^x)$$

이때 다음 변환에 대한 행렬을 구해보세요.

(i) $S \circ T$ (ii) $T \circ S$

(iii) $T \circ T$ (iv) $S \circ S$

변환 $S \circ S$에 대해 무엇을 알게 되었나요? $S^{-1}(\mathbf{p})$를 구해보세요.

(b) 선형연산자 T가 가역임을 보이고, T^{-1}를 구해보세요. 그리고 T^{-1}를 이용하여 다음을 구해보세요.

$$\int x^2e^x\,dx$$

06 선형연산자 $T: P_2 \to P_2$와 $S: P_2 \to P_2$를 다음과 같이 정의했습니다.

$$T(ax^2 + bx + c) = -ax^2 - bx - c$$
$$S(ax^2 + bx + c) = -bx - c$$

$B = \{1, x, x^2\}$이 P_2의 순서기저일 때, 다음 변환을 나타내는 행렬을 구해보세요.

(a) $S \circ T$ (b) $T \circ S$

(c) $T \circ T$ (d) $S \circ S$

이어서 $(S \circ T)(1+2x+3x^2)$, $(T \circ S)(1+2x+3x^2)$, $(T \circ T)(1+2x+3x^2)$, $(S \circ S)(1+2x+3x^2)$을 구해보세요.

07 다음과 같이 정의한 선형연산자 $T: \mathbb{R}^2 \to \mathbb{R}^2$에 대하여 변환 T와 $T^{-1}: \mathbb{R}^2 \to \mathbb{R}^2$의 표준행렬을 구해보세요.

$$T\left(\begin{pmatrix} x \\ y \end{pmatrix}\right) = \begin{pmatrix} x-y \\ x+y \end{pmatrix}$$

08 다음과 같이 정의한 선형연산자 $T: \mathbb{R}^3 \to \mathbb{R}^3$에 대하여 역변환 $T^{-1}: \mathbb{R}^3 \to \mathbb{R}^3$를 구해보세요. (MATLAB을 이용하여 역변환을 구합니다.)

$$T\left(\begin{pmatrix} x \\ y \\ z \end{pmatrix}\right) = \begin{pmatrix} x+y+z \\ x+y-z \\ x-y-z \end{pmatrix}$$

09 선형연산자 $T: P_3 \to P_3$를 다음과 같이 정의했습니다.

$$T(\mathbf{p}) = (\mathbf{p}x)' \quad (\mathbf{p} = ax^3 + bx^2 + cx + d)$$

$B = \{x^3, x^2, x, 1\}$이 P_3의 순서기저라 할 때, 동일한 기저 B에 대하여 $T^{-1}(\mathbf{p})$의 식을 구해보세요.

10 선형연산자 $T: \mathbb{R}^3 \to \mathbb{R}^3$를 다음과 같이 정의했을 때, $T^{-1}: \mathbb{R}^3 \to \mathbb{R}^3$를 구해보세요.

$$T\left(\begin{pmatrix} x \\ y \\ z \end{pmatrix}\right) = \begin{pmatrix} x+y+z \\ 2x+2y+z \\ y+z \end{pmatrix}$$

11 주어진 변환이 가역변환인지 판단해보세요. 만약 가역이면 역변환을 구해보세요.

(a) $T: \mathbb{R}^3 \to \mathbb{R}^2$, $T\left(\begin{pmatrix} x \\ y \\ z \end{pmatrix}\right) = \begin{pmatrix} x-z \\ x+y+z \end{pmatrix}$

(b) $T: \mathbb{R}^3 \to \mathbb{R}^3$, $T\left(\begin{pmatrix} x \\ y \\ z \end{pmatrix}\right) = \begin{pmatrix} 0 \\ x+y+z \\ x-y-z \end{pmatrix}$

(c) $T: P_3 \to P_3$, $T(\mathbf{p}) = \mathbf{p}$

$(\mathbf{p} = ax^3 + bx^2 + cx + d)$

컴퓨터 그래픽스에서 화면의 각 픽셀은 점 또는 벡터로 볼 수 있습니다. 다음 행렬은 점 또는 벡터에서 해당 연산을 수행합니다.

- $\mathbf{R}_\theta = \begin{pmatrix} \cos\theta & -\sin\theta \\ \sin\theta & \cos\theta \end{pmatrix}$는 원점을 기준으로 하여 반시계 방향으로 θ의 각도만큼 벡터를 회전합니다.
- $\mathbf{RF}_x = \begin{pmatrix} 1 & 0 \\ 0 & -1 \end{pmatrix}$은 x축을 기준으로 벡터를 대칭시킵니다.

12 $T,\ Q: \mathbb{R}^2 \to \mathbb{R}^2$는 벡터 $\mathbf{x} = (x\ y)^{\mathrm{T}}$에 작용하며 다음과 같이 정의되는 선형연산자입니다.

$$T(\mathbf{x}) = \mathbf{R}_\theta \mathbf{x},\ \ Q(\mathbf{x}) = \mathbf{RF}_x \mathbf{x}$$

(a) $(Q \circ Q)(\mathbf{x})$의 최종 결과는 무엇인가요?

(b) 선형연산자 Q를 벡터 $\mathbf{x}$에 홀수 번 작용하면 최종 결과는 x축을 기준으로 한 대칭임을 보이세요.

(c) 합성변환 $T \circ T$는 벡터 $\mathbf{x}$를 2θ의 각도만큼 회전함을 보이세요.

13 시내도로(U)와 고속도로(M)에서의 부상(I)과 사망(D) 확률이 다음과 같은 행렬 $\mathbf{A}$로 주어졌습니다.

$$\mathbf{A} = \begin{array}{c} \ \ \mathrm{I} \quad \mathrm{D} \\ \begin{pmatrix} \frac{1}{3} & \frac{2}{3} \\ \frac{2}{3} & \frac{1}{3} \end{pmatrix} \end{array} \begin{array}{l} \mathrm{M} \\ \mathrm{U} \end{array}$$

선형연산자 $T: \mathbb{R}^2 \to \mathbb{R}^2,\ T(\mathbf{x}) = \mathbf{Ax}$에 대하여 n번째 벡터 $\mathbf{x}_n$은 다음과 같이 정의합니다. 주어진 물음에 답해보세요.

$$\mathbf{x}_n = \underbrace{T \circ T \circ T \circ \cdots \circ T}_{n\text{번}}(\mathbf{x}_0) \quad (\mathbf{x}_0 = (1\ \ 0)^T)$$

(a) MATLAB 등의 소프트웨어를 사용하여 $x_1,\ x_2,\ x_3,\ x_4,\ x_5$를 소수점 아래 넷째 자리까지 구해보세요.

(b) MATLAB 등의 소프트웨어를 사용하여 큰 수 n에 대한 x_n의 값을 예측해보세요.

14 $T: V \to W$가 선형변환이고, I_V와 I_W가 각각 V와 W 위의 항등변환이라고 할 때, 다음을 증명해보세요.

(a) $T \circ I_V = T$ (b) $I_W \circ T = T$

15 $U,\ V,\ W$가 유한차원 벡터공간이고, $T: U \to V$와 $S: V \to W$가 선형변환일 때, $(S \circ T) \neq (T \circ S)$임을 증명해보세요.

16 $U,\ V,\ W$가 유한차원 벡터공간이고, $T: U \to V$와 $S: V \to W$가 선형변환일 때, 다음을 증명해보세요.

$$k(S \circ T) = (kS) \circ T = S \circ (kT)$$
(k는 임의의 스칼라)

17 $T: V \to V$가 가역인 선형연산자일 때, T^{-1}가 선형연산자임을 증명해보세요.

18 $T: V \to V$가 가역인 선형연산자일 때, $(T^{-1})^{-1} = T$임을 증명해보세요.

19 $T: V \to W$가 가역인 선형변환일 때, 역변환 $T^{-1}: W \to V$가 유일함을 증명해보세요.

20 [정리 5-21]을 증명해보세요.

5장 종합문제

* 5장 종합문제는 MATLAB으로 계산을 확인할 수 있습니다.

5.1 다음과 같이 정의한 $T: \mathbb{R}^2 \to \mathbb{R}^3$가 선형변환임을 보이세요.

$$T\left(\begin{pmatrix} x_1 \\ x_2 \end{pmatrix}\right) = \begin{pmatrix} x_1 + 5x_2 \\ 0 \\ 2x_1 - 3x_2 \end{pmatrix}$$

[퓨젯사운드 대학교, 미국]

5.2 $T: \mathbb{R}^3 \to \mathbb{R}^2$는 다음과 같이 정의한 변환입니다.

$$T((x_1, x_2, x_3)^{\mathrm{T}}) = (2x_1 - 3x_2 + 4x_3,\ -x_1 + x_2)^{\mathrm{T}}$$

이때 T가 선형변환임을 보이세요. 그리고 T의 표준행렬을 구해보세요.

[오타와 대학교, 캐나다]

5.3 선형변환이 아닌 함수 $f: \mathbb{R}^2 \to \mathbb{R}^2$가 있으면 제시하고, 없다면 그런 예가 존재하지 않는 이유를 설명해보세요.

[일리노이 주립대학교, 미국]

5.4 선형변환 $T(x_1, x_2, x_3) = (3x_2 + 2x_3, 3x_1 - 4x_2)$에 대하여, 다음 물음에 답해보세요.

(a) T에 관한 표준행렬을 구해보세요.

(b) T는 일대일 선형변환인가요?

(c) T는 위로의 선형변환인가요?

[사우스캐롤라이나 대학교, 미국]

5.5 다음 물음에 답해보세요.

(a) S가 어떤 고정된 $\vec{u} \in \mathbb{R}^2$에 대하여 $\vec{x} \cdot \vec{u} = 0$을 만족하는 $\mathbb{R}^2$의 모든 벡터 $\vec{x}$로 이루어진 집합의 부분집합이라 합시다. 이때 S는 $\mathbb{R}^2$의 부분공간인가요? 그렇게 답한 이유를 설명해보세요.

(b) $\vec{u} = \begin{pmatrix} 1 \\ -1 \end{pmatrix}$, $\vec{v} = \begin{pmatrix} 0 \\ -1 \end{pmatrix}$이 $\mathbb{R}^2$의 벡터이고, $T: \mathbb{R}^2 \to \mathbb{R}^2$가 $T(\vec{u}) = \begin{pmatrix} 2 \\ 1 \end{pmatrix}$, $T(\vec{v}) = \begin{pmatrix} 1 \\ 3 \end{pmatrix}$을 만족하는 선형변환이라고 할 때, 다음 물음에 답해보세요.

(i) $T(\vec{e_1})$과 $T(\vec{e_2})$를 구해보세요.

(ii) 표준기저 $\{\vec{e_1}, \vec{e_2}\}$에 관한 T의 행렬 표현을 구해보세요.

(iii) $T(\vec{w}) = \begin{pmatrix} 1 \\ 8 \end{pmatrix}$을 만족하는 $\mathbb{R}^2$의 벡터 $\vec{w}$는 무엇인가요?

[뉴브런즈윅 대학교, 캐나다]

5.6 다음과 같이 정의한 선형연산자 $S: \mathbb{R}^3 \to \mathbb{R}^4$가 있습니다.

$$S(x_1, x_2, x_3) = (x_1 - 4x_2 + 2x_3, 2x_1 + 7x_2 - x_3, -x_1 - 8x_2 + 2x_3, 2x_1 + x_2 + x_3)$$

(a) S의 표준행렬을 구해보세요.

(b) S의 치역에 관한 기저를 구해보세요.

[웨스턴온타리오 대학교, 캐나다]

5.7 다음 물음에 답해보세요.

(a) 체(field) $\mathbf{K}$ 위에 주어진 벡터공간 V, W에 대하여, 선형변환 $T: V \to W$의 의미를 설명해보세요.

(b) T의 핵($\ker(T)$)이란 무엇을 의미하나요?

(c) T가 일대일 선형변환이라는 사실이 $\ker(T) = \{\mathbf{O}\}$와 동치임을 보이세요.

(d) $T: \mathbb{R}^3 \to \mathbb{R}^2$를 다음과 같이 정의할 때, $\ker(T)$를 구해보세요.

$$T(x, y, z) = (x + y, x + y + z)$$

[서식스 대학교, 영국]

5.8 선형변환 $T: \mathbb{R}^4 \to \mathbb{R}^3$를 아래와 같이 정의할 때, 다음 물음에 답해보세요.

$$T\left(\begin{pmatrix} x_1 \\ x_2 \\ x_3 \\ x_4 \end{pmatrix}\right) = \begin{pmatrix} 1 & 1 & 1 & 0 \\ 1 & 1 & -1 & 1 \\ 0 & 0 & 2 & 1 \end{pmatrix} \begin{pmatrix} x_1 \\ x_2 \\ x_3 \\ x_4 \end{pmatrix}$$

(a) T의 상에 있는 $\mathbb{R}^3$의 벡터로 이루어진 집합의 기저를 구해보세요. T에 관한 행렬의 열은 $\mathbb{R}^3$를 생성하나요?

(b) T는 위로의 선형변환인가요? 이 물음의 답에 대한 이유를 설명해보세요.

(c) T의 영공간의 기저를 구해보세요.

(d) T는 일대일 선형변환인가요? 이 물음의 답에 대한 이유를 설명하보세요.

[마운트홀리요크 대학, 미국]

5.9 선형변환 $T: \mathbb{R}^2 \to \mathbb{R}^3$가 $T\left(\begin{pmatrix} 3 \\ -5 \end{pmatrix}\right) = \begin{pmatrix} 1 \\ -1 \\ 2 \end{pmatrix}$, $T\left(\begin{pmatrix} -1 \\ 2 \end{pmatrix}\right) = \begin{pmatrix} 3 \\ 0 \\ -2 \end{pmatrix}$를 만족할 때, $T\left(\begin{pmatrix} 7 \\ -11 \end{pmatrix}\right)$을 구해보세요.

[퓨젯사운드 대학교, 미국]

5.10 선형변환 $L: \mathbb{R}^3 \to \mathbb{R}^3$가 다음을 만족할 때, $L\left(\begin{pmatrix} 1 \\ 1 \\ -1 \end{pmatrix}\right)$을 구해보세요.

$$L\left(\begin{pmatrix} -2 \\ 1 \\ -2 \end{pmatrix}\right) = \begin{pmatrix} -3 \\ 1 \\ 2 \end{pmatrix},\quad L\left(\begin{pmatrix} 3 \\ 2 \\ -1 \end{pmatrix}\right) = \begin{pmatrix} 2 \\ -2 \\ 1 \end{pmatrix},$$

$$L\left(\begin{pmatrix} -1 \\ -1 \\ 1 \end{pmatrix}\right) = \begin{pmatrix} -1 \\ 2 \\ 4 \end{pmatrix}$$

[퍼듀 대학교, 미국]

5.11 $\mathbf{A}$는 퇴화차수가 0인 6×5 행렬이고, $T: \mathbb{R}^n \to \mathbb{R}^m$은 $T(\mathbf{x}) = \mathbf{A}\mathbf{x}$로 정의한 선형변환이라 할 때, 다음 물음에 답해보세요. 그리고 왜 그렇게 답했는지 명확하게 설명해보세요.

(a) m의 값은 무엇인가요? n의 값은 무엇인가요?

(b) T의 치역에서 일차독립인 벡터의 최대 개수는 무엇인가요?

(c) T는 위로의 선형변환인가요?

(d) T는 일대일 선형변환인가요?

[일리노이 주립대학교, 미국]

5.12 선형변환 $T: \mathbb{R}^2 \to \mathbb{R}^2$에 의한 $\mathbb{R}^2$의 단위벡터의 상이 $T(\mathbf{e}_1) = \begin{pmatrix} 2 \\ 1 \\ h \end{pmatrix}$, $T(\mathbf{e}_2) = \begin{pmatrix} 3 \\ k \\ 0 \end{pmatrix}$입니다. 이때 T가 일대일 선형변환이도록 하는 변수 h와 k의 모든 값을 구해보세요.

[워싱턴 주립대학교, 미국]

5.13 $C^1[0, 1]$은 구간 $[0,1]$ 위에서 정의한 연속이고 미분 가능한 함수의 벡터공간을 나타내며, $C[0, 1]$은 구간 $[0,1]$ 위에서 정의한 연속함수의 벡터공간을 나타냅니다. 이때 변환 $T: C^1[0, 1] \to C[0, 1]$은 다음과 같이 정의합니다.

$$f \to Tf,\ (Tf)(x) = \frac{df}{dx}(x) - 2f(x)$$
$$(0 \le x \le 1)$$

따라서 $T(e^x) = \dfrac{d(e^x)}{dx} - 2e^x = -e^x$

(즉, $e^x \xrightarrow{T} -e^x$)입니다. 다음 물음에 답해보세요.

(a) 벡터공간 $C[0, 1]$의 영벡터는 무엇인가요?

(b) T가 선형변환임을 보이세요.

(c) T의 핵을 구해보세요. $\dim \ker(T)$은 무엇인가요?

[하비 머드 칼리지, 미국]

5.14 $T: V \to W$가 선형변환일 때, 다음을 증명해보세요.

(a) $\ker(T)$는 V의 부분공간입니다.

(b) $\mathrm{im}(T)$는 W의 부분공간입니다.

(c) 다음과 같이 주어진 선형변환에 대하여 핵과 상의 차원을 각각 구해보세요.

$$T: \mathbb{R}^3 \to \mathbb{R}^3,$$
$$T(x, y, z) = (x + 2y - z,\ y + z,\ x + y - 2z)$$

[서식스 대학교, 영국]

5.15 $T: V \to W$가 벡터공간 V에서 벡터공간 W로 가는 선형변환이고, $S = \{\mathbf{v}_1, \mathbf{v}_2, \cdots, \mathbf{v}_n\}$이 V의 벡터로 이루어진 집합이라고 합시다. 또한 벡터집합 $\{T(\mathbf{v}_1), T(\mathbf{v}_2), \cdots, T(\mathbf{v}_n)\}$이 W의 일차독립인 벡터의 집합이라고 가정합시다. 이때 S가 V의 일차독립인 벡터로 이루어진 집합임을 증명해보세요. 그리고 이것의 역이 일반적으로 옳지 않음을 증명하기 위한 반례를 제시해보세요.

[하비 머드 칼리지, 미국]

5.16 $T: P_2 \to P_3$를 아래와 같이 정의할 때, 다음 물음에 답해보세요.

$$T(a_0 + a_1 t + a_2 t^2) = 3a_1 + 2a_2 t + a_0 t^2 + (a_1 + a_2)t^3$$

(a) T는 선형변환입니다. 이를 증명하기 위해 확인해야 할 두 가지 조건은 무엇인가요? 그 중 하나를 확인해보세요.

(b) $B = \{1, t, t^2\}$, $C = \{1, t, t^2, t^3\}$은 각각 벡터공간 P_2, P_3의 기저입니다. 두 기저에 관한 변환 T를 나타내는 행렬 $\mathbf{A}$를 구해보세요.

(c) 행렬 $\mathbf{A}$를 이용하면 $T(2 + 5t - t^2)$이 어떻게 계산되는지 서술해보세요.

(d) $T(p) = t^3 + p(t)$일 때도 동일한 과정으로 계산할 수 있나요? (만약 그렇다면, 이 과정은 서술하지 않아도 됩니다.)

[뉴욕 대학교, 미국]

5.17 다음 물음에 답해보세요.

(a) 선형변환 $T: \mathbb{R}^n \to \mathbb{R}^k$의 정의를 설명해보세요.

(b) 변환 $T: \mathbb{R}^3 \to \mathbb{R}^4$, $T((x, y, z)) = (x+2y, 2y-3z, z+x, x)$에 대하여 다음 물음에 답해보세요.

(i) T가 선형변환임을 보이세요.

(ii) T의 표준행렬을 구해보세요.

(c) $T: \mathbb{R}^n \to \mathbb{R}^k$는 선형변환이고 $\beta = \{\mathbf{b}_1, \mathbf{b}_2, \cdots, \mathbf{b}_n\}$은 $\mathbb{R}^n$의 기저입니다. 임의의 $\mathbf{v} \in \mathbb{R}^n$에 대하여 벡터 $T(\mathbf{v})$가 벡터 $T(\mathbf{b}_1)$, $T(\mathbf{b}_2)$, $\cdots$, $T(\mathbf{b}_n)$에 의해 유일하게 결정됨을 보이세요.

[토론토 대학교, 캐나다]

5.18 집합 $\beta = \{1+x, 1-x, e^x, (1+x)e^x\}$으로 생성한 $C(\mathbb{R})$의 부분공간 V에 대하여 다음 물음에 답해보세요.

(a) (β가 일차독립임을 보임으로써), β가 V의 기저임을 보이세요.

(b) 벡터 $\mathbf{u} = 1 - xe^x$일 때, 순서기저 β에 대한 좌표 $[\mathbf{u}]^\beta$를 구해보세요.

(c) $D: V \to V$가 미분연산자 $D: f \mapsto \dfrac{df}{dx}$라 할 때, 행렬 표현 $[D]_\beta^\beta$를 구해보세요.

(d) $[D\mathbf{u}]^\beta = [D]_\beta^\beta [\mathbf{u}]^\beta$가 성립함을 증명해보세요.

[러프버러 대학교, 영국]

5.19 다음 물음에 답해보세요.

(a) 다음 사상이 선형변환인지, 아닌지 판별해보세요. 또한 왜 그렇게 답했는지 설명해보세요.

(i) $f: \mathbb{R}^2 \to P_5$, $f((a, b)) = (a+b)x^5$

(ii) $f: M(2,2) \to \mathbb{R}^2$, $f\left(\begin{pmatrix} a & b \\ c & d \end{pmatrix}\right) = (ad, bc)$

(b) V, W는 유한차원 실벡터공간이고, $f: V \to W$는 선형변환입니다. f의 상, 핵, 계수, 퇴화차수의 의미를 정의하고, '계수-퇴화차수 정리'를 설명해보세요.

(c) $f: P_2 \to \mathbb{R}^3$가 $\text{nullity}(f) = 1$인 선형변환이라고 할 때, f가 일대일 선형변환, 위로의 선형변환인지 판별해보세요. 또한 왜 그렇게 답했는지 설명해보세요.

(d) 모든 $(x, y, z, t) \in \mathbb{R}^4$에 대하여 변환 $f: \mathbb{R}^4 \to \mathbb{R}^3$가 다음과 같이 주어졌습니다.

$$f(x, y, z, t) = (x+y, 0, z+t)$$

이때 f가 일대일 선형변환, 위로의 선형변환인지 판별해보세요. 그리고 f의 핵과 상에 대한 기저를 구해보세요.

[런던시티 대학교, 영국]

5.20 $T_1\left(\begin{pmatrix} x \\ y \end{pmatrix}\right) = \begin{pmatrix} 2x+y \\ -x+y \end{pmatrix}$, $T_2\left(\begin{pmatrix} x \\ y \end{pmatrix}\right) = \begin{pmatrix} x \\ x+2y \end{pmatrix}$일 때, 다음 중 $\mathbb{R}^2$의 표준기저에 대하여 합성변환 $T_1 \circ T_2$를 나타내는 행렬은 무엇인가요?

① $\begin{pmatrix} 3 & 1 \\ 0 & 3 \end{pmatrix}$ ② $\begin{pmatrix} 3 & 4 \\ 0 & 1 \end{pmatrix}$ ③ $\begin{pmatrix} 3 & 2 \\ 0 & 2 \end{pmatrix}$

④ $\begin{pmatrix} 2 & 1 \\ 0 & 3 \end{pmatrix}$ ⑤ $\begin{pmatrix} 2 & 0 \\ 1 & 3 \end{pmatrix}$

[토론토 대학교, 캐나다]

5.21 S와 T가 다음과 같이 주어진 선형변환이라고 가정합시다.

$$\begin{aligned} &S((x_1, x_2, x_3)) \\ &= (3x_1+5x_2-x_3, 4x_2+3x_3, x_1-x_2+4x_3) \end{aligned}$$

$$T(\mathbf{x}) = \mathbf{A}\mathbf{x}, \quad \mathbf{A} = \begin{pmatrix} 1 & 0 & 5 \\ 2 & -1 & 0 \\ 4 & 1 & 0 \end{pmatrix}$$

이때 $(S \circ T)(\mathbf{x}) = S(T(\mathbf{x})) = \mathbf{C}\mathbf{x}$를 만족하는 행렬 $\mathbf{C}$를 구해보세요.

[볼티모어 카운티 메릴랜드 대학교, 미국]

5.22 $\phi: \mathbb{R}^4 \to \mathbb{R}^4$가 다음과 같이 주어졌을 때, 주어진 물음에 답해보세요.

$$\phi(\mathbf{x}) = \mathbf{A}\mathbf{x}, \quad \mathbf{A} = \begin{pmatrix} 1 & 0 & -1 & 1 \\ 1 & 1 & 1 & 1 \\ 1 & 2 & 3 & 4 \\ -1 & 5 & 2 & 2 \end{pmatrix}$$

(a) ϕ는 선형변환인가요? 왜 그렇게 답했는지 설명해보세요. $\mathbf{e}_1 = (1, 0, 0, 0)^{\mathrm{T}}$에 대하여 $\phi(\mathbf{e}_1)$는 무엇인가요?

(b) $\mathbf{A}$의 행렬식을 구해보세요. (행렬식은 다음 장에서 다룹니다.)

(c) 부분공간 $\ker(\phi)$와 $\mathrm{im}(\phi)$의 기저를 구해보세요. ϕ는 가역변환인가요?

[야콥스 대학교, 독일]

5.23 다음 물음에 답해보세요.

(a) V가 $B=\{\overrightarrow{u_1}, \cdots, \overrightarrow{u_n}\}$을 기저로 갖는, 차원 n인 벡터공간이라 할 때, 아래 물음에 답해보세요.

(i) V 위에서 선형변환의 정의를 설명해보세요.

(ii) T가 V 위의 선형변환이면, 기저 B에 관한 T의 행렬의 의미를 정의해보세요.

(b) V가 임의의 (실수인) 상수 a, b에 대하여 $f(x)=a\sin x+b\cos x$ 형태의 모든 함수로 이루어진 벡터공간이라고 할 때, V에서 기저 $B=\{\sin x, \cos x\}$를 선택합니다. 기저 B에 관한 다음 선형변환의 행렬 $[T]_B$를 구해보세요.

$$T(f(x))=f'(x)+f''(x)$$

여기서, $f'(x)$와 $f''(x)$는 각각 함수 $f(x)$의 1계 도함수, 2계 도함수입니다.

$$f'(x)=\frac{d}{dx}f(x),$$

$$f''(x)=\frac{d}{dx}f'(x)=\frac{d^2}{dx^2}f(x)$$

(c) (b)의 선형연산자 T는 가역인가요? 만약 그렇다면, 기저 B에 대한 역연산자 T^{-1}의 행렬을 구해보세요.

(d) 선형연산자 T^{-1}를 이용하여 다음을 만족하는 V의 함수 $f(x)$를 구해보세요.

$$f''(x)+f'(x)=2\sin x+3\cos x$$

[맨체스터 대학교, 영국]

5.24 V는 $\mathbb{R}$ 위의 벡터공간이고, $T: V\to\mathbb{R}^n$은 일대일 선형변환입니다. 이때 $\mathbf{u}$, $\mathbf{v}\in V$에 대하여 다음과 같이 정의한 식이 V 위에서 내적을 정의함을 보이세요.

$$<\mathbf{u}, \mathbf{v}>_V=\langle T(\mathbf{u}), T(\mathbf{v})\rangle$$

(여기서, $<-,->$는 $\mathbb{R}^n$ 위의 표준내적입니다.)

[캘리포니아 대학교 버클리 캠퍼스, 미국]

5.25 $\mathbf{v}_1$, $\mathbf{v}_2$가 V에서 일차독립인 벡터이고, $T: V\to W$가 V에서 W로 가는 일대일 선형변환이라고 할 때, $T(\mathbf{v}_1)$, $T(\mathbf{v}_2)$가 W에서 일차독립인 벡터임을 증명해보세요.

[토론토 대학교, 캐나다]

5.26 다음 명제가 참인지 거짓인지 판별해보세요.

> V가 벡터공간이고 $T: V\to V$가 일대일 선형변환이면, T는 위로의 선형변환입니다.

[캘리포니아 대학교 버클리 캠퍼스, 미국]

5.27 A가 $A^2=0$을 만족하는 10차원 벡터공간 V 위의 선형연산자라고 가정할 때, 다음 물음에 답해보세요.

(a) $\mathrm{im}(A)\subset\ker(A)$임을 보이세요.

(b) A의 계수가 최대 5임을 보이세요.

힌트 (a)의 결과와 계수-퇴화차수 정리를 이용해보세요.

[스탠포드 대학교, 미국]

[추가 문제]

5.28 M_{nn}는 $n\times n$ 행렬로 이루어진 벡터공간입니다. $\mathbf{B}$가 M_{nn}의 행렬이고, $T: M_{nn}\to M_{nn}$이 $T(\mathbf{A})=\mathbf{AB}+\mathbf{BA}(\mathbf{A}\in M_{nn})$를 만족하는 변환이라 할 때, T가 선형변환임을 보이세요.

5.29 T: $\mathbb{R}^2\to\mathbb{R}^2$, $T\left(\begin{pmatrix}x\\y\end{pmatrix}\right)=\begin{pmatrix}e^x\\e^y\end{pmatrix}$에 대하여, T가 선형변환이 아님을 보이세요.

페트로스 드리니아스(Petros Drineas)

페트로스 드리니아스는 뉴욕에 있는 렌셀러폴리테크닉 대학교 (Rensselaer Polytechnic Institute)의 컴퓨터과학과의 부교수입니다.

연구 분야에 대해 알려주세요.

선형대수학은 엄청난 양의 현대적이며 방대한 데이터 세트가 행렬로 모델링되는 데이터 마이닝(data mining)과 통계 데이터 분석 애플리케이션을 위한 알고리즘 설계 및 분석을 위한 기본 도구입니다. 대규모 데이터 처리를 해야 하는 일에 종사하거나, 빅데이터 분석이 들어간 장래 유망 직업을 생각한다면 선형대수학에 대한 탄탄한 지식은 필수입니다.

예를 들어, 다음과 같은 데이터 행렬이 있다고 가정해보죠. 이 행렬의 행은 즐겨 찾는 온라인 상점 고객에 해당하고 열은 상점에서 구할 수 있는 제품에 해당합니다. 행렬의 (i, j) 성분을 고객 i에 대한 제품 j의 '유용성'이라고 가정합니다. 그러면 많은 온라인 상점의 추천 시스템에서는 고객이 제품을 구매할 것이라는 분명한 기대를 갖고 고객에게 유용성이 높은 제품을 추천하려고 합니다. 모든 고객에게 모든 제품에 대한 선호도를 공개하도록 요청할 수는 없기 때문에 추천 시스템은 행렬에 있는 성분의 작은 표본에서 고객에게 유용성이 높은 제품을 추론하려고 합니다.

제가 하는 작업은 대부분 '행렬의 행, 열, 행렬 성분의 and/or 결합을 통해 작은 표본에서 행렬의 누락된 성분을 어떻게 재구성할 수 있을까?'와 같은 문제에 초점이 맞춰 있습니다. 만약 이 문제를 지금 나온 최신 기술보다 더 잘 해결한 사람이 있었다면 그는 아마 몇 년 전 넷플릭스(Netflix) 챌린지에서 백만장자가 됐을 겁니다!

이 문제에 대한 주요 연관 문제는 행렬에서 영향력 있는 행, 열, 행렬 성분의 and/or 결합을 식별하는 것입니다. 예를 들어, 첫 번째 행렬의 행 몇 개와 두 번째 행렬의 열 몇 개를 선택하여 두 행렬의 곱을 근사화하는 데 관심이 있다고 가정해보죠. 어떤 행과 열의 and/or 결합이 최상의 근사치가 될까요? 이런 문제는 RAM(Random Access Memory)에 쉽게 저장할 수 없는 대용량 행렬을 다룰 때 특히 중요합니다. 유사한 샘플링 기반 알고리즘은 행렬의 특잇값과 고윳값, 고유벡터를 근사하는 데 매우 유용합니다. 이러한 작업은 PCA(주성분 분석)의 핵심이므로 데이터 마이닝에서 특히 중요합니다. PCA는 고차원 데이터 세트를 시각화하며 노이즈를 제거하고 해석할 수 있도록 돕는 기본적인 차원 축소 기술입니다.

제가 하는 일의 주요 과제는 선형대수학과 확률 이론의 교차점에 있습니다. 두 영역의 '결합'과 행렬의 행/열/성분 샘플링 효과에 대한 공식적인 연구는 비교적 최근에 이루어졌습니다. 1990년대 후반에 발표한 몇몇 영향력 있는 논문을 찾아볼 수 있습니다. 한편, 확률 이론은 원래의 행렬과 샘플링된 행렬 사이의 '차이'를 정량화하는 데 도움이 되는 기본 도구를 제공합니다. 반면에 선형대수학의 도구(예 : 행렬을 통한 섭동 이론)를 사용하면 샘플링된 행렬로 원래 행렬의 특징적인 속성(예 : 고윳값, 고유벡터 등)을 근사화하는 방법을 정량화할 수 있습니다.

선형대수학 공부를 시작하려는 학생에게 특별히 전하고 싶은 메시지가 있을까요?

특잇값 분해(SVD)를 이해해야 해요! 아마도 이건 선형대수학 입문 과정에서 맨 마지막에 다루겠지만 실제로는 그 과정의 핵심이 되어야 합니다. SVD는 행렬의 계수 계산에서 최소 제곱 문제 해결, 역행렬 또는 의사역행렬 계산 등 수많은 문제 해결의 핵심입니다. 메릴랜드(Maryland) 대학교의 다이앤 P. 오리어리(Dianne P. O'Leary) 교수의 말을 인용해볼게요. 'SVD는 스위스 군용 칼이자 수치 선형대수학의 롤스로이스이다.' SVD는 스위스 군용 칼처럼 다양한 용도로 사용되지만 롤스로이스처럼 계산 비용이 많이 들죠. SVD의 무작위 알고리즘과 관련된 제 작업이 SVD에 좀 더 저렴한 비용이 들도록 만드는 데 일조하길 바랍니다.

6

행렬식과 역행렬

Determinants and the Inverse Matrix

6.1 행렬식

학습목표

- 2×2 행렬의 행렬식을 구할 수 있습니다.
- 행렬식의 기하학적 해석을 이해할 수 있습니다.

[그림 6-1] T. 세키(1642 – 1708)

〈출처〉 http://turnbull.mcs.st-and.ac.uk/history/

T. 세키(T. Seki)는 1683년에 행렬식을 맨 처음 연구한 사람으로 알려져 있습니다. 세키는 사무라이 집안 출신으로, 가내 하인에게 처음으로 해당 주제에 대해 듣고 어릴 때부터 스스로 수학을 공부하였습니다.

「Alice's Adventures in Wonderland」로 잘 알려진 유명 작가 루이스 캐롤(Lewis Carroll)은 1867년에 행렬식에 관한 책을 썼습니다.

루이스 캐롤은 옥스퍼드(Oxford) 대학교 건물이 준공되기 65년 전에 옥스퍼드 대학교에 수학 연구소 설립을 제안했습니다. 또한 그는 재직 중인 대학이 재정 위기를 겪을 때, 총장에게 자신의 연봉을 300파운드에서 200파운드로 낮추겠다는 편지를 썼습니다.

이 장에서는 모든 정사각행렬이 행렬식이라는 고유한 값을 가짐을 알아봅니다. 이 값을 사용하여 연립일차방정식이 유일한 해를 갖는지 알 수 있을 뿐만 아니라, 이 행렬이 역행렬을 갖는지도 확인할 수 있습니다. 행렬 $\mathbf{A}$의 행렬식은 마치 임신 테스트기처럼 연립일차방정식 $\mathbf{Ax}=\mathbf{b}$가 유일한 해를 갖는지 확인하는 데 사용합니다. 따라서 행렬식은 연립일차방정식이 등장하는 곳이라면 항상 유용합니다.

6.1.1 2×2 행렬의 행렬식

이 절에서는 2×2 행렬의 행렬식(determinant of a 2 by 2 matrix)을 구하고, 다음 절에서는 3×3, $\cdots$, $n\times n$ 행렬로 확장하겠습니다. 행렬식은 정사각행렬에서만 구할 수 있습니다. 행렬 $\mathbf{A}$의 행렬식은 보통 $\det(\mathbf{A})$로 나타내며, 이는 스칼라이지 행렬이 아닙니다. 일반적인 2×2 행렬 $\mathbf{A}=\begin{pmatrix} a & b \\ c & d \end{pmatrix}$의 **행렬식**(determinant)은 다음과 같이 정의합니다.

$$\det(\mathbf{A}) = ad - bc \tag{6.1}$$

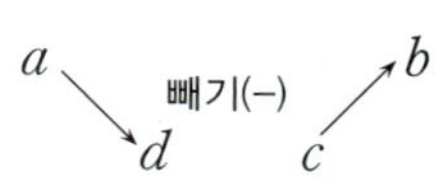

? 식 (6.1)은 무엇을 의미할까요?

2×2 행렬의 행렬식은 주대각 성분을 곱한 것에서 나머지 성분의 곱을 뺀 결과임을 의미합니다.

예제 6-1 **행렬 $B = \begin{pmatrix} 2 & 0 \\ 3 & 4 \end{pmatrix}$의 행렬식을 구해보세요.**

풀이

식 (6.1)의 $\det\begin{pmatrix} a & b \\ c & d \end{pmatrix} = ad - bc$를 적용하면 다음과 같습니다.

$$\det(B) = \det\begin{pmatrix} 2 & 0 \\ 3 & 4 \end{pmatrix} = (2 \times 4) - (3 \times 0) = 8$$

행렬식은 수 8이지 행렬이 아니라는 점에 주의합시다. 다음으로 행렬 B의 행렬식의 기하학적 해석(geometric interpretation of the determinant)을 살펴보겠습니다.

6.1.2 변환의 응용

예제 6-2 **행렬 A는 점 P(0,0), Q(2,0), R(0,3)으로 이루어진 삼각형 PQR의 꼭짓점을 나타냅니다. 행렬 $B = \begin{pmatrix} 2 & 0 \\ 3 & 4 \end{pmatrix}$에 대하여, 변환 BA에 의한 이 삼각형의 상을 구해보세요. 또한 이 변환을 그림으로 나타내어 삼각형 PQR과 변환된 삼각형 P′Q′R′의 넓이를 구해보세요. 이 변환은 넓이 크기에 어떤 변화를 주나요?**

풀이

주어진 점이 P(0,0), Q(2,0), R(0,3)이므로 $A = \begin{pmatrix} 0 & 2 & 0 \\ 0 & 0 & 3 \end{pmatrix}$입니다. 행렬 곱 BA를 구하면 다음과 같습니다.

$$BA = \begin{pmatrix} 2 & 0 \\ 3 & 4 \end{pmatrix} \overset{\begin{matrix} P & Q & R \end{matrix}}{\begin{pmatrix} 0 & 2 & 0 \\ 0 & 0 & 3 \end{pmatrix}} = \overset{\begin{matrix} P' & Q' & R' \end{matrix}}{\begin{pmatrix} 0 & 4 & 0 \\ 0 & 6 & 12 \end{pmatrix}}$$

이에 대한 그래프는 [그림 6-2]와 같습니다.

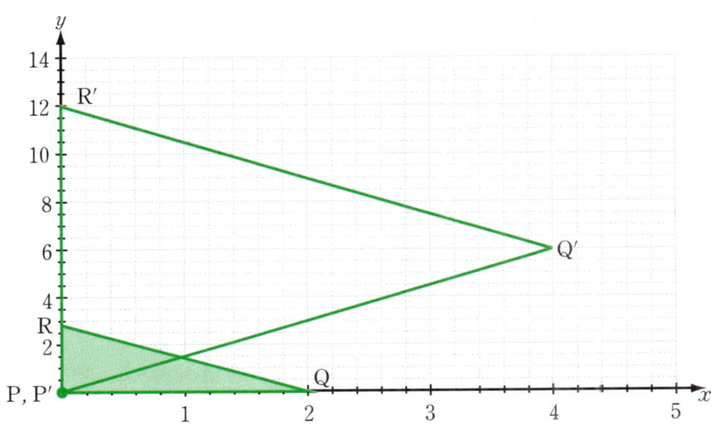

[그림 6-2] 삼각형 PQR과 변환된 삼각형 P′Q′R′

색칠된 영역인 삼각형 PQR의 넓이는 $\frac{1}{2}\times 2\times 3=3$이고, 큰 삼각형 P′Q′R′의 넓이는 $\frac{1}{2}\times 12\times 4=24$입니다. $\frac{24}{3}=8$이므로 변환 B에 따라 삼각형 넓이가 처음보다 8배 증가하였습니다. 8은 **넓이 비례인자**(area scale factor)이고 [예제 6-1]에서 구한 행렬 B의 행렬식인 $(2\times 4)-(3\times 0)=8$과 같습니다.

2×2 행렬의 행렬식은 넓이 비례인자입니다.

점 $\begin{pmatrix}0\\0\end{pmatrix}$, $\begin{pmatrix}1\\0\end{pmatrix}$, $\begin{pmatrix}0\\1\end{pmatrix}$, $\begin{pmatrix}1\\1\end{pmatrix}$은 [그림 6-3(a)]와 같이 넓이가 1인 정사각형을 형성합니다.

? 행렬 $A=\begin{pmatrix}3&1\\1&4\end{pmatrix}$를 곱하면 이 정사각형에 어떤 영향이 있을까요?

$$\begin{pmatrix}3&1\\1&4\end{pmatrix}\overset{\quad P\quad Q\quad R\quad S}{\begin{pmatrix}0&1&0&1\\0&0&1&1\end{pmatrix}}=\begin{pmatrix}0&3&1&3+1\\0&1&4&1+4\end{pmatrix}=\overset{P'\ Q'\ R'\ S'}{\begin{pmatrix}0&3&1&4\\0&1&4&5\end{pmatrix}}$$

[그림 6-3(b)]는 단위 정사각형이 평행사변형으로 변환된 모습을 나타냅니다.

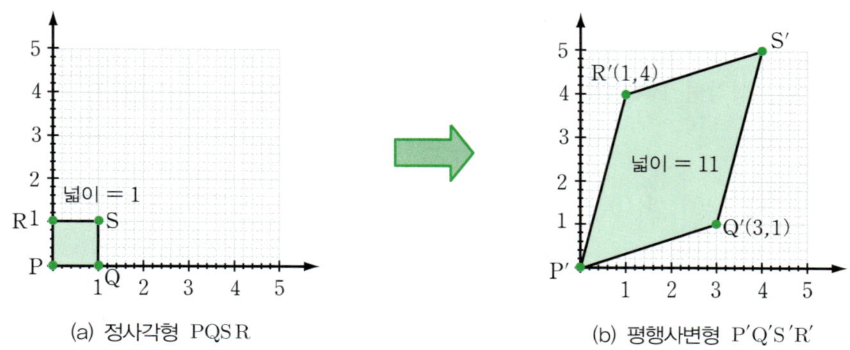

[그림 6-3] 정사각형을 평행사변형으로 변환

$\frac{\text{P}'\text{Q}'\text{S}'\text{R}'\text{의 넓이}}{\text{PQSR의 넓이}}=\frac{11}{1}=11$이므로 행렬 $\mathbf{A}=\begin{pmatrix}3&1\\1&4\end{pmatrix}$는 넓이를 11배로 변화시킵니다.

? 행렬 A와 평행사변형의 넓이 11 사이에는 어떤 관계가 있을까요?

$\det\begin{pmatrix}3&1\\1&4\end{pmatrix}=(3\times 4)-(1\times 1)=11$이므로 11은 행렬 A의 행렬식입니다. 따라서 평행사변형의 넓이 11은 행렬 A의 행렬식과 같습니다.

일반적인 2×2 행렬 $\mathbf{A}=\begin{pmatrix}a&b\\c&d\end{pmatrix}$를 생각해봅시다. 행렬 A를 곱하여 앞에 나온 단위 정사각형 PQSR을 변환하면 다음과 같습니다.

$$\begin{pmatrix} a & b \\ c & d \end{pmatrix}\begin{pmatrix} 0 & 1 & 0 & 1 \\ 0 & 0 & 1 & 1 \end{pmatrix} = \begin{pmatrix} 0 & a & b & a+b \\ 0 & c & d & c+d \end{pmatrix}$$

이를 [그림 6-4]와 같이 나타낼 수 있습니다.

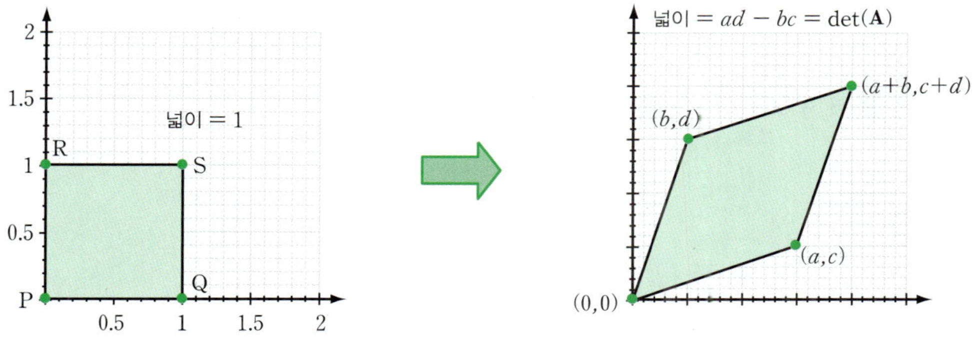

(a) 정사각형 PQSR　　(b) 평행사변형 P′Q′S′R′

[그림 6-4] 행렬식 $\det(\mathbf{A}) = ad - bc$와 넓이 변환

$\frac{\text{평행사변형의 넓이}}{\text{정사각형의 넓이}} = \frac{ad-bc}{1} = ad-bc$이므로 행렬 $\mathbf{A} = \begin{pmatrix} a & b \\ c & d \end{pmatrix}$는 넓이를 $(ad-bc)$배만큼 변화시킵니다.

$ad-bc$는 행렬 $\mathbf{A}$의 행렬식입니다. a, b, c, d를 어떤 값으로 선택하느냐에 따라 모양이 변형될 수 있지만 넓이는 항상 $ad-bc$입니다. 따라서 $\det(\mathbf{A})$는 [그림 6-4(b)]와 같이 색칠된 영역의 넓이를 나타냅니다.

? 행렬식 1은 변환과 관련하여 무엇을 의미할까요?

행렬식이 1인 행렬을 적용하면 변환 시 전체 넓이가 동일하게 유지됩니다. 예를 들어, 단순 회전은 넓이가 바뀌지 않고 그대로 유지됩니다. 이처럼 순수한 회전을 수행하는 모든 행렬의 행렬식은 1입니다.

? 행렬식이 음수라는 것은 무엇을 의미할까요?

[그림 6-5(c)]와 같이 넓이를 변경합니다.

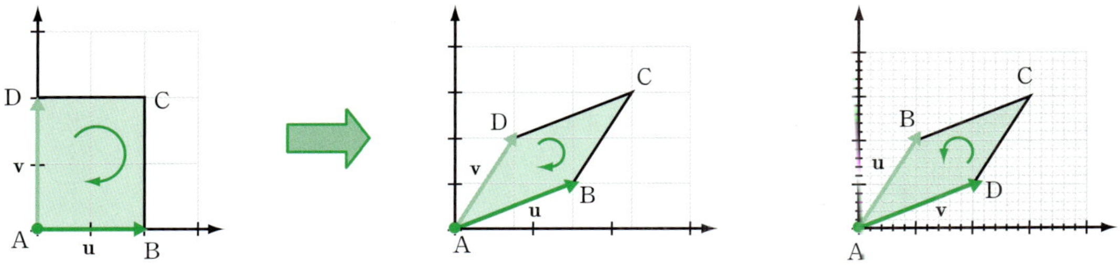

(a) 사각형 ABCD　　(b) 행렬식이 양수인 경우　　(c) 행렬식이 음수인 경우

[그림 6-5] 행렬식과 넓이

음수 행렬식(negative determinant)을 얻으면 넓이의 방향이 바뀝니다. 행렬 $\mathbf{A} = (\mathbf{u}\ \ \mathbf{v})$의 행렬식이 양수이면 벡터의 위치를 교환(swapping vectors)한 $\det(\mathbf{v}\ \ \mathbf{u})$는 음수입니다.

6.1.3 역행렬

예제 6-3 **행렬 $\mathbf{A} = \begin{pmatrix} a & b \\ c & d \end{pmatrix}$와 $\mathbf{B} = \frac{1}{\det(\mathbf{A})}\begin{pmatrix} d & -b \\ -c & a \end{pmatrix}$에 대하여 행렬 곱 $\mathbf{AB}$를 구해보세요(단, $\det(\mathbf{A}) \neq 0$). 이 결과를 통해 무엇을 알 수 있나요?**

풀이

먼저 행렬 곱 $\mathbf{AB}$를 구해봅시다.

$$\begin{aligned}
\mathbf{AB} &= \begin{pmatrix} a & b \\ c & d \end{pmatrix} \times \frac{1}{\det(\mathbf{A})}\begin{pmatrix} d & -b \\ -c & a \end{pmatrix} \\
&= \frac{1}{\det(\mathbf{A})}\begin{pmatrix} a & b \\ c & d \end{pmatrix}\begin{pmatrix} d & -b \\ -c & a \end{pmatrix} && \left[\mathbf{A}(k\mathbf{B}) = k(\mathbf{AB}),\ k = \frac{1}{\det(\mathbf{A})}\text{은 스칼라}\right] \\
&= \frac{1}{\det(\mathbf{A})}\begin{pmatrix} ad-bc & 0 \\ 0 & ad-bc \end{pmatrix} \\
&= \frac{1}{\det(\mathbf{A})}(ad-bc)\begin{pmatrix} 1 & 0 \\ 0 & 1 \end{pmatrix} && [\text{공통인수 } ad-bc \text{ 꺼내기}] \\
&= \frac{1}{\det(\mathbf{A})}\det(\mathbf{A})\mathbf{I} && [ad-bc = \det(\mathbf{A})] \\
&= \mathbf{I} && [\det(\mathbf{A}) \text{ 제거}]
\end{aligned}$$

행렬 곱의 결과가 $\mathbf{AB} = \mathbf{I}$이라는 점에 주목합시다.

? $\mathbf{AB} = \mathbf{I}$이므로 행렬 $\mathbf{A}$, $\mathbf{B}$에 대해 어떤 결론을 낼 수 있나요?

$\mathbf{B}$는 행렬 $\mathbf{A}$의 역행렬입니다. 즉, $\mathbf{B} = \mathbf{A}^{-1}$입니다.

이는 일반적인 행렬 $\mathbf{A} = \begin{pmatrix} a & b \\ c & d \end{pmatrix}$의 역행렬을 다음과 같이 정의함을 의미합니다.

$$\mathbf{A}^{-1} = \frac{1}{\det(\mathbf{A})}\begin{pmatrix} d & -b \\ -c & a \end{pmatrix} \quad (\det(\mathbf{A}) \neq 0) \tag{6.2}$$

2×2 행렬의 역행렬은 주대각 성분의 위치를 바꾸고 나머지 성분에 음의 부호를 붙인 행렬을 스칼라 $\det(\mathbf{A})$로 나누어 계산합니다.

? 식 (6.2)는 무엇을 의미할까요?

$\mathbf{A}^{-1}\mathbf{A} = \mathbf{I}$를 만족하는 역행렬 $\mathbf{A}^{-1}$를 찾을 수 있음을 의미합니다. 역행렬을 찾아서 사용할 수 있으면 몇

가지 방정식을 훨씬 쉽게 풀 수 있습니다. 더욱이, 각 꼭짓점이 벡터 $\mathbf{x}$인 도형에 선형변환 $T(\mathbf{x}) = \mathbf{A}\mathbf{x}$를 적용하면, 이 변환은 도형의 넓이를 $\det(\mathbf{A})$만큼 확장합니다. 이는 $T^{-1}(\mathbf{x}) = \mathbf{A}^{-1}(\mathbf{x})$가 이 확장을 역으로 함을 의미합니다. 그래서 식 (6.2)에서 볼 수 있듯이 $\det(\mathbf{A})$로 나누는 것입니다.

앞에서 음수인 행렬식과 행렬식 1이 어떤 의미를 담고 있는지 살펴보았습니다.

? 영 행렬식(zero determinant), 즉 $\det(\mathbf{A}) = 0$이라는 것은 어떤 의미일까요?

$\det(\mathbf{A}) = 0$이면 행렬 $\mathbf{A}$는 비가역행렬(특이행렬)입니다. 따라서 역행렬이 존재하지 않습니다. 이에 대한 기하학적 중요성은 해당 변환을 살펴봄으로써 알 수 있습니다.

행렬 $\mathbf{B} = \begin{pmatrix} 3 & 2 \\ 6 & 4 \end{pmatrix}$에 대한 변환 $\mathbf{BA}$에 의해 행렬 $\mathbf{A} = \begin{pmatrix} 0 & 2 & 0 \\ 0 & 0 & 3 \end{pmatrix}$으로 표현한 삼각형 PQR의 상을 생각해봅시다. 행렬 곱을 통하여 [그림 6-6]을 얻을 수 있습니다.

$$\mathbf{BA} = \begin{pmatrix} 3 & 2 \\ 6 & 4 \end{pmatrix} \overset{\begin{matrix} \mathrm{P} & \mathrm{Q} & \mathrm{R} \end{matrix}}{\begin{pmatrix} 0 & 2 & 0 \\ 0 & 0 & 3 \end{pmatrix}} = \overset{\begin{matrix} \mathrm{P}' & \mathrm{Q}' & \mathrm{R}' \end{matrix}}{\begin{pmatrix} 0 & 6 & 6 \\ 0 & 12 & 12 \end{pmatrix}}$$

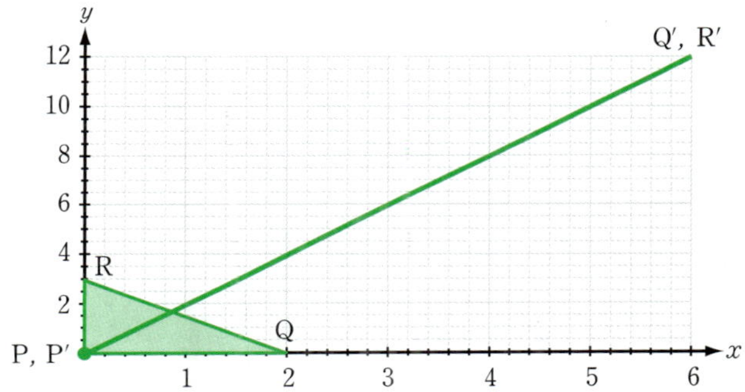

[그림 6-6] 삼각형 PQR의 상

B로 수행한 변환에 따라 행렬 A로 표현한 삼각형이 넓이가 없는 직선 P′Q′이 되었습니다. 변환 B는 삼각형의 넓이를 0으로 축소하였는데, 1차원인 직선을 다시 원래의 2차원 도형으로 변환할 수 있는 행렬은 존재하지 않으므로 행렬 B는 역행렬을 가질 수 없습니다. 넓이는 0배 증가하므로 $\det(\mathbf{B}) = 0$을 예상하고, 다음과 같이 식을 사용하여 확인할 수 있습니다.

$$\det\begin{pmatrix} 3 & 2 \\ 6 & 4 \end{pmatrix} = (3 \times 4) - (6 \times 2) = 0$$

예제 6-4 다음 행렬의 역행렬을 구해보세요.

(a) $\mathbf{A} = \begin{pmatrix} 2 & 3 \\ -1 & 5 \end{pmatrix}$ (b) $\mathbf{B} = \begin{pmatrix} \sqrt{2} & 1 \\ -1 & \sqrt{2} \end{pmatrix}$ (c) $\mathbf{C} = \begin{pmatrix} \pi & \pi \\ \pi & \pi \end{pmatrix}$

풀이

(a) 역행렬을 구하려면 먼저 행렬식을 계산해야 합니다. 왜 그럴까요? 2×2 행렬의 행렬식을 계산하는 것은

간단하기 때문입니다. 그리고 행렬식이 0이면 행렬은 역행렬을 갖지 않기에 더 이상 계산할 필요도 없습니다. 그러므로 식 (6.1)에 의하여 행렬식을 구하면 다음과 같습니다.

$$\det(\mathbf{A}) = \det\begin{pmatrix} 2 & 3 \\ -1 & 5 \end{pmatrix} = (2\times 5) - \{(-1)\times 3\} = 13$$

역행렬 $\mathbf{A}^{-1}$는 $\det(\mathbf{A}) = 13$과 식 (6.2)에 의하여 다음과 같이 구할 수 있습니다.

$$\mathbf{A}^{-1} = \begin{pmatrix} 2 & 3 \\ -1 & 5 \end{pmatrix}^{-1} = \frac{1}{13}\begin{pmatrix} 5 & -3 \\ 1 & 2 \end{pmatrix}$$

(b) $\mathbf{B}^{-1}$를 구하기 위해 (a)의 과정을 동일하게 적용합니다. 먼저 식 (6.1)을 적용합니다.

$$\det(\mathbf{B}) = \det\begin{pmatrix} \sqrt{2} & 1 \\ -1 & \sqrt{2} \end{pmatrix} = (\sqrt{2}\times\sqrt{2}) - \{(-1)\times 1\} = 2+1 = 3$$

$\det(\mathbf{B}) = 3$을 역행렬에 관한 식 (6.2)에 대입합니다.

$$\mathbf{B}^{-1} = \begin{pmatrix} \sqrt{2} & 1 \\ -1 & \sqrt{2} \end{pmatrix}^{-1} = \frac{1}{3}\begin{pmatrix} \sqrt{2} & -1 \\ 1 & \sqrt{2} \end{pmatrix}$$

(c) 마찬가지로 식 (6.1)을 적용합니다.

$$\det(\mathbf{C}) = \det\begin{pmatrix} \pi & \pi \\ \pi & \pi \end{pmatrix} = (\pi\times\pi) - (\pi\times\pi) = 0$$

행렬 $\mathbf{C}$에 대하여 어떤 결론을 내릴 수 있나요? $\det(\mathbf{C}) = 0$이므로, 행렬 $\mathbf{C}$의 역행렬은 존재하지 않습니다.

6.1.4 론스키 행렬식

론스키 행렬식(Wronskian determinant)은 미분방정식(differential equation)의 해가 일차독립인지 검증하기 위해 미분방정식에서 사용합니다. 론스키 행렬식이 0이 아니면 해는 일차독립입니다. $f(x)$와 $g(x)$가 어떤 미분방정식의 두 해라고 하면 론스키 행렬식 $\mathrm{W}(f,g)$는 다음과 같이 정의합니다.

$$\mathrm{W}(f,g) = \det\begin{pmatrix} f(x) & g(x) \\ f'(x) & g'(x) \end{pmatrix}$$

여기서 $f'(x)$와 $g'(x)$는 각각 $f(x)$, $g(x)$의 도함수입니다. 만약 $\mathrm{W}(f,g) \neq 0$이면 f와 g는 일차독립입니다. 예를 들어, 론스키 행렬식 $\mathrm{W}(\cos x, \sin x)$는 다음과 같습니다.

$$\mathrm{W}(\cos x, \sin x) = \det\begin{pmatrix} \cos x & \sin x \\ -\sin x & \cos x \end{pmatrix} \qquad [(\cos x)' = -\sin x,\ (\sin x)' = \cos x]$$

$$= \cos^2 x + \sin^2 x = 1 \neq 0$$

기본적인 삼각함수의 성질에 의하여 $\cos^2 x+\sin^2 x=1$임을 기억해둡시다. 따라서 $W(\cos x, \sin x)\neq 0$이므로 $\sin x$와 $\cos x$는 일차독립인 해입니다.

핵심요약

- 행렬식은 정사각행렬인 경우에만 구할 수 있습니다.
- $\mathbf{A}=\begin{pmatrix} a & b \\ c & d \end{pmatrix}$이면 행렬 $\mathbf{A}$의 행렬식과 역행렬은 다음과 같습니다.

$$\det(\mathbf{A})=ad-bc,\ \mathbf{A}^{-1}=\frac{1}{\det(\mathbf{A})}\begin{pmatrix} d & -b \\ -c & a \end{pmatrix}\quad (\det(\mathbf{A})\neq 0)$$

6.1 연습문제

01 다음 행렬의 행렬식을 구해보세요.

(a) $\mathbf{A}=\begin{pmatrix} 7 & 9 \\ 5 & 7 \end{pmatrix}$ (b) $\mathbf{B}=\begin{pmatrix} 9 & 2 \\ 13 & 3 \end{pmatrix}$

(c) $\mathbf{C}=\begin{pmatrix} 17 & 7 \\ 12 & 5 \end{pmatrix}$ (d) $\mathbf{D}=\begin{pmatrix} 7 & 1 \\ 14 & 2 \end{pmatrix}$

02 주어진 행렬에 대하여 $\det(\mathbf{A})$와 $\det(\mathbf{B})$를 구해보세요. 행렬 $\mathbf{A}$, $\mathbf{B}$와 $\det(\mathbf{A})$, $\det(\mathbf{B})$를 통해 무엇을 알 수 있나요?

(a) $\mathbf{A}=\begin{pmatrix} 1 & 3 \\ 5 & 7 \end{pmatrix}$, $\mathbf{B}=\begin{pmatrix} 1 & 5 \\ 3 & 7 \end{pmatrix}$

(b) $\mathbf{A}=\begin{pmatrix} -1 & 2 \\ 5 & 3 \end{pmatrix}$, $\mathbf{B}=\begin{pmatrix} -1 & 5 \\ 2 & 3 \end{pmatrix}$

(c) $\mathbf{A}=\begin{pmatrix} \cos(-\pi) & \cos\pi \\ \sin(-\pi) & \sin\pi \end{pmatrix}$,

$\mathbf{B}=\begin{pmatrix} \cos(-\pi) & \sin(-\pi) \\ \cos\pi & \sin\pi \end{pmatrix}$

03 행렬 $\mathbf{A}=\begin{pmatrix} a & b \\ c & d \end{pmatrix}$에 대하여, $\det(\mathbf{A})=\det(\mathbf{A}^{\mathrm{T}})$임을 보이세요.

04 행렬 $\mathbf{A}=\begin{pmatrix} 2 & 1 \\ 0 & 3 \end{pmatrix}$에 대하여, $\det(\mathbf{A})$가 행렬 $\mathbf{A}$의 열벡터 $\begin{pmatrix} 2 \\ 0 \end{pmatrix}$, $\begin{pmatrix} 1 \\ 3 \end{pmatrix}$을 연결하는 평행사변형의 넓이임을 보이세요. $\det\begin{pmatrix} 2 & 1 \\ 0 & 3 \end{pmatrix}$은 무엇과 같을까요?

05 행렬식을 이용하여 다음 연립일차방정식의 해가 유일한지 확인해보세요. 단약 그렇다면, 그 해를 구해보세요.

$$\begin{cases} 2x+3y=-2 \\ 5x-2y=14 \end{cases}$$

06 선형변환 $T:\mathbb{R}^2\to\mathbb{R}^2$, $T(\mathbf{x})=\mathbf{A}\mathbf{x}$에 대하여 $\det(\mathbf{A}^2)$에 관한 식을 $\det(\mathbf{A})$로 나타내보세요.

07 론스키 행렬식 $W(e^{-x}, e^{-3x})\neq 0$임을 보이세요.

08 변환 $T: M_{22}\to\mathbb{R}$ $T(\mathbf{A})=\det(\mathbf{A})$가 선형변환인지 아닌지 판별해보세요.

6.2 여러 가지 행렬의 행렬식

학습목표

- 소행렬, 여인수, 수반행렬의 의미를 이해할 수 있습니다.
- $n \times n$ 행렬의 역행렬을 구할 수 있습니다.

앞에서는 2×2 행렬의 행렬식을 구하고, 이를 역행렬을 구하는 데 사용했습니다. 하지만 3×3 행렬의 행렬식과 역행렬을 구하는 것은 2×2 행렬만큼 간단하지 않습니다. 먼저 '소행렬', '여인수', '수반행렬'이라는 용어의 의미를 알아야 합니다. 역행렬을 구하기 전에 이 용어를 정의해봅시다.

6.2.1 소행렬식과 여인수

일반적인 3×3 행렬 $\mathrm{A} = \begin{pmatrix} a & b & c \\ d & e & f \\ g & h & i \end{pmatrix}$를 생각해봅시다. 한 성분을 포함하는 행과 열을 제거했을 때 남아 있는 행렬의 행렬식을 그 성분의 **소행렬식**이라고 합니다. 예를 들어, 행렬 A에 대하여 다음과 같습니다.

$\det\begin{pmatrix} e & f \\ h & i \end{pmatrix}$는 성분 a의 소행렬식입니다.

$\det\begin{pmatrix} d & f \\ g & i \end{pmatrix}$는 성분 b의 소행렬식입니다.

? 성분 e의 소행렬식은 무엇일까요?

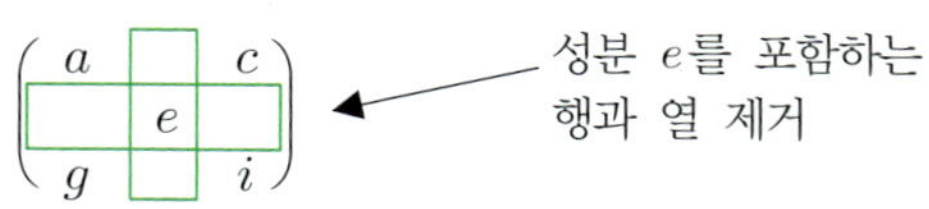

따라서 $\det\begin{pmatrix} a & c \\ g & i \end{pmatrix}$가 성분 e의 소행렬식입니다.

예제 6-5 **행렬 $\begin{pmatrix} 3 & 5 & 7 \\ -1 & 2 & 3 \\ -4 & 4 & -9 \end{pmatrix}$에서 성분 -1의 소행렬식을 구해보세요.**

풀이

-1을 포함하는 행과 열을 제거합니다.

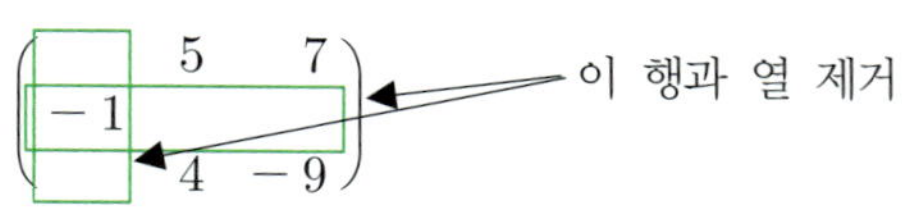

그 결과 행렬 $\begin{pmatrix} 5 & 7 \\ 4 & -9 \end{pmatrix}$를 얻었습니다. -1의 소행렬식은 이 행렬의 행렬식입니다.

$$\det\begin{pmatrix} 5 & 7 \\ 4 & -9 \end{pmatrix} = \{5\times(-9)\} - (4\times 7) = -73 \qquad \text{[식 (6.1)에 의해 } \det\begin{pmatrix} a & b \\ c & d \end{pmatrix} = ad-bc]$$

이제, 소행렬식을 형식적으로 정의해봅시다.

정의 6-1 소행렬식

정사각행렬 $\mathbf{A}$에서 a_{ij}를 행렬 $\mathbf{A}$의 i행 j열 성분이라 합시다. 성분 a_{ij}의 **소행렬식**(minor) M_{ij}는 i행과 j열의 성분을 모두 제거한 뒤 남아 있는 행렬의 행렬식을 말합니다.

$$M_{ij} = \det\begin{pmatrix} a_{11} & \cdots & a_{1n} \\ \vdots & a_{ij} & \vdots \\ a_{n1} & \cdots & a_{nn} \end{pmatrix} \; i\text{행}, \quad j\text{열}$$

3×3 행렬에서 성분의 소행렬식을 구할 때, [예제 6-5]에서 볼 수 있듯이 남아 있는 2×2 행렬의 행렬식을 계산해야 합니다. 아직 다루지 않았지만, 4×4 행렬에서 성분의 소행렬식을 구할 때는 남아 있는 3×3 행렬의 행렬식을 계산해야 합니다.

다음으로, 소행렬식 M_{ij}와 관련된 여인수라는 용어를 정의해보겠습니다.

정의 6-2 여인수

정사각행렬 $\mathbf{A}$에서 a_{ij}를 행렬 $\mathbf{A}$의 i행 j열 성분이라 합시다. 이때 성분 a_{ij}의 **여인수**(cofactor) C_{ij}는 다음과 같이 정의합니다.

$$C_{ij} = (-1)^{i+j} M_{ij}$$

여기서 M_{ij}는 성분 a_{ij}의 소행렬식입니다.

이 정의가 처음에는 약간 복잡해 보일 수 있습니다. 그러나 단순히 $n\times n$ 행렬인 경우 여인수는 다음과 같이 성분에 자리 부호(place sign)가 있는 행렬의 소행렬식입니다.

$$\begin{pmatrix} + & - & + & \cdots \\ - & + & - & \cdots \\ + & - & + & \cdots \\ \vdots & \vdots & \vdots & \vdots \end{pmatrix}$$

? 자리 부호에 대해 무엇을 알 수 있을까요?

행렬의 첫 번째 성분은 양수 부호이고, 그다음부터는 교대로 나타납니다.

예제 6-6 **행렬 $\begin{pmatrix} 3 & 5 & 7 \\ -1 & 2 & 3 \\ -4 & 4 & -9 \end{pmatrix}$에서 성분 5의 여인수를 구해보세요.**

풀이

성분 5를 포함하는 행과 열을 제거하여, 5의 소행렬식을 구해야 합니다.

$$\det\begin{pmatrix} -1 & 3 \\ -4 & -9 \end{pmatrix} = \{-1\times(-9)\} - \{(-4)\times 3\} = 21 \qquad \text{[식 (6.1)에 의해 } \det\begin{pmatrix} a & b \\ c & d \end{pmatrix} = ad-bc\text{]}$$

규칙에 따르면, 맨 윗줄 가운데 성분의 자리 부호는 음수이므로 5의 여인수는 -21입니다. 성분 5의 소행렬식은 21이지만, 행렬의 성분 5의 자리에서 여인수는 음수 부호를 가지므로 여인수는 -21입니다.

[정의 6-2]에 의해 여인수는 $C_{ij} = (-1)^{i+j}\det\begin{pmatrix} a_{11} & \cdots & a_{1n} \\ \vdots & a_{ij} & \vdots \\ a_{n1} & \cdots & a_{nn} \end{pmatrix}$ 입니다. 복잡한 ij 표기 때문에 이 정의를 어렵게 느낄 수 있지만, ij는 단순히 행렬에서 성분의 위치를 나타냅니다. 이보다 성분의 위치를 더 쉽게 나타내는 방법은 없습니다. 여인수는 행렬의 위치에 따라 양수 또는 음수 부호가 있는 성분의 소행렬식입니다. 예를 들어, 첫 번째 성분 a_{11}의 여인수는 a_{11}의 소행렬식과 같습니다($(-1)^{1+1} = (-1)^2 = 1$이므로 $C_{11} = M_{11}$입니다).

? a_{12}의 여인수는 무엇일까요?

a_{12}는 $i=1$, $j=2$를 의미합니다. $i+j=1+2=3$이므로 $C_{12} = (-1)^3 M_{12} = -M_{12}$입니다.

? a_{13}의 여인수는 무엇일까요?

$i+j=1+3=4$이므로 $C_{13} = (-1)^4 M_{13} = M_{13}$입니다. 여인수를 계속 계산해보면, 여인수는 자리 부호를 가지고 있는 소행렬식임을 알 수 있습니다.

3×3 행렬의 행렬식(determinant of a 3 by 3 matrix)을 이 행렬의 여인수를 통해 나타낼 수 있습니다. 행렬 $\mathbf{A} = \begin{pmatrix} a & b & c \\ d & e & f \\ g & h & i \end{pmatrix}$라 합시다. 이때 자리 부호가 $\begin{pmatrix} + & - & + \\ - & + & - \\ + & - & + \end{pmatrix}$임을 기억해야 합니다.

$$\det(\mathbf{A}) = a\times(a\text{의 여인수}) + b\times(b\text{의 여인수}) + c\times(c\text{의 여인수}) \tag{6.3}$$

식 (6.3)을 전개하면 다음과 같습니다.

$$\det(\mathbf{A}) = a\left[\det\begin{pmatrix} e & f \\ h & i \end{pmatrix}\right] - b\left[\det\begin{pmatrix} d & f \\ g & i \end{pmatrix}\right] + c\left[\det\begin{pmatrix} d & e \\ g & h \end{pmatrix}\right] \tag{6.4}$$

? 식 (6.4)에서 b 앞의 부호는 왜 마이너스일까요?

부호가 잘못 들어간 게 아닙니다. b 자리의 부호가 마이너스이기 때문입니다.

임의의 행을 따라 전개하여 행렬의 행렬식을 구할 수 있습니다. 예를 들어, 가운데 행을 따라 전개한 행렬식은 다음과 같습니다.

$$\det(\mathbf{A}) = d \times (d\text{의 여인수}) + e \times (e\text{의 여인수}) + f \times (f\text{의 여인수})$$

? 맨 아래쪽 행을 따라 전개한 행렬식은 무엇일까요?

$$\det(\mathbf{A}) = g \times (g\text{의 여인수}) + h \times (h\text{의 여인수}) + i \times (i\text{의 여인수})$$

행렬 $\mathbf{A}$의 행렬식을 구하기 위해 임의의 열을 따라 전개할 수도 있습니다. 첫 번째 열을 따라 전개한 행렬식은 다음과 같습니다.

$$\det(\mathbf{A}) = a \times (a\text{의 여인수}) + d \times (d\text{의 여인수}) + g \times (g\text{의 여인수})$$

0을 포함하는 행이나 열이 있다면, 계산을 간단히 하기 위해서 그 행 또는 열을 따라 전개하는 것을 선택할 수 있습니다. 변환 $T: \mathbb{R}^3 \to \mathbb{R}^3$는 T가 3차원 공간 $\mathbb{R}^3$에서 $\mathbb{R}^3$로 간다는 것을 의미합니다.

예제 6-7 $T : \mathbb{R}^3 \to \mathbb{R}^3$를 행렬 $\mathbf{A} = \begin{pmatrix} -1 & 5 & -2 \\ -6 & 6 & 0 \\ 3 & -7 & 1 \end{pmatrix}$에 대해 $T(\mathbf{x}) = \mathbf{A}\mathbf{x}$라 할 때, $\det(\mathbf{A})$를 구해보세요.

풀이

마지막 열에 0이 있으므로 마지막 열을 따라 전개하는 것이 상대적으로 더 쉽습니다.

$$\det(\mathbf{A}) = (-2) \times (-2\text{의 여인수}) + 0 \times (0\text{의 여인수}) + 1 \times (1\text{의 여인수})$$

$$\det\begin{pmatrix} -1 & 5 & \boxed{-2} \\ -6 & 6 & 0 \\ 3 & -7 & 1 \end{pmatrix} = (-2) \times \det\begin{pmatrix} -6 & 6 \\ 3 & -7 \end{pmatrix} - 0 \times \det\begin{pmatrix} -1 & 5 \\ 3 & -7 \end{pmatrix} + 1 \times \det\begin{pmatrix} -1 & 5 \\ -6 & 6 \end{pmatrix}$$

$$= -2 \times \underbrace{(42-18)}_{\text{식 (6.1)}} - 0 + \underbrace{(-6+30)}_{\text{식 (6.1)}} = -24$$

열을 따라 전개

$\mathbf{e}_1=(1,\ 0,\ 0)$, $\mathbf{e}_2=(0,\ 1,\ 0)$, $\mathbf{e}_3=(0,\ 0,\ 1)$로 결정한 단위정육면체에 T가 어떻게 작용하는지 조사함으로써 주어진 변환을 설명할 수 있습니다. 각 벡터에 [예제 6-7]의 T를 적용한 결과는 다음과 같습니다.

$$T(\mathbf{e}_1)=(-1,\ -6,\ 3),\ \ T(\mathbf{e}_2)=(5,\ 6,\ -7),\ \ T(\mathbf{e}_3)=(-2,\ 0,\ 1)$$

위 좌표는 [예제 6-7]의 행렬 $\mathbf{A}$의 열벡터입니다.

? 행렬식 -24는 기하학적으로 무엇을 나타낼까요?

3×3 행렬 $\mathbf{A}$가 있고, 행렬식 -24의 절댓값은 $+24$입니다. 이 값은 [그림 6-7]에서 볼 수 있듯이, 행렬 $\mathbf{A}$의 3개의 열벡터 $(-1,\ -6,\ 3)$, $(5,\ 6,\ -7)$, $(-2,\ 0,\ 1)$로 구성한 3차원 평행사변형(three dimensional parallelogram)의 부피입니다.

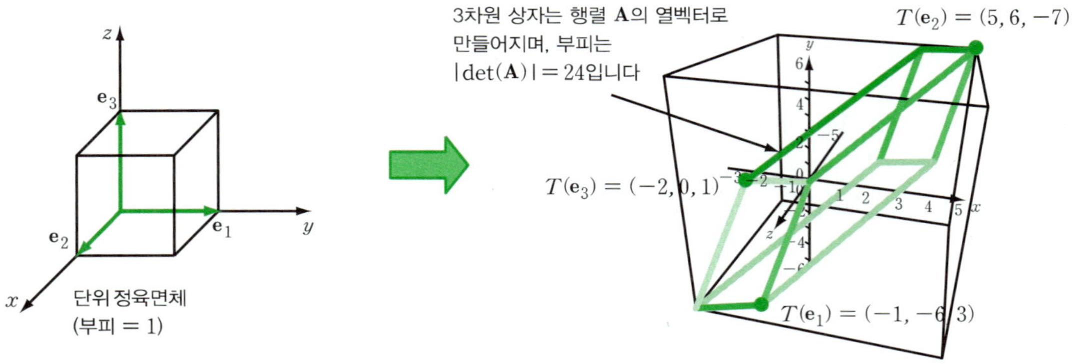

[그림 6-7] 3차원 상자와 행렬식

변환 T의 부피 비례인자(volume scale factor)는 $|\det(\mathbf{A})|=24$입니다. 행렬식은 (부호가 붙은) 부피를 측정합니다. 음수 행렬식은 행렬 $\mathbf{A}$의 열벡터가 왼손 벡터집합을 이룸을 의미합니다. 즉, 왼손에서 x축의 양의 방향은 집게손가락이고, y축의 양의 방향은 중지, z축의 양의 방향은 엄지손가락입니다. 이를 **왼손 방향**(left handed orientation)이라고 하며, 이는 [그림 6-8(a)]와 같습니다. 마찬가지 방법으로 [그림 6-8(b)]는 **오른손 방향**(right handed orientation)을 나타냅니다.

[그림 6-8] 왼손 방향과 오른손 방향

3차원에서 행렬식의 음수 부호는 오른손 벡터집합(단위정육면체)에서 왼손 벡터집합으로 변경함을 의미합니다. 이처럼 행렬식을 사용하여 좌표만 주어진 평행사변형(parallelogram)의 넓이 또는 평행육면체(parallelepiped)

(높은 차원의 평행사변형)의 부피를 구할 수 있습니다.

이제 $n \times n$ 행렬의 행렬식(determinant of a n by n matrix)의 형식적인 정의를 살펴봅시다. $n \geq 3$일 때, $n \times n$ 행렬 $\mathbf{A} = \begin{pmatrix} a_{11} & \cdots & a_{1n} \\ \vdots & \ddots & \vdots \\ a_{n1} & \cdots & a_{nn} \end{pmatrix}$의 행렬식의 일반적인 공식은 다음과 같습니다.

$$\det(\mathbf{A}) = a_{11}C_{11} + a_{12}C_{12} + \cdots + a_{1n}C_{1n} = \sum_{k=1}^{n} a_{1k}C_{1k} \tag{6.5}$$

a_{ij}는 행렬 $\mathbf{A}$의 성분이고, C_{ij}는 대응하는 여인수입니다. 시그마($\sum$) 기호가 있다고 겁먹지 마세요. 이는 단지 긴 합을 간단하게 나타내기 위한 방법일 뿐입니다. 이 기호는 스위스의 위대한 수학자 오일러(Euler, 1707－1783)가 개발했습니다. 수학자들은 시그마($\sum$) 기호를 긴 합을 간단하게 나타낼 때 사용합니다. 예를 들면, 다음과 같습니다.

$$\text{(a)}\ \ 1+2+3+4+\cdots+n = \sum_{k=1}^{n} k$$

$$\text{(b)}\ \ 2+4+6+8+\cdots+2n = \sum_{k=1}^{n} 2k$$

식 (6.5)에 주어진 형태로, $\sum_{k=1}^{n} a_{1k}C_{1k}$는 $k=1$부터 $k=n$까지의 모든 $a_{1k}C_{1k}$의 값을 더하라는 의미입니다. 식 (6.5)는 행렬 $\mathbf{A}$의 1행을 따라 전개하여 행렬식을 찾아내는 공식입니다.

? i행을 따라 전개하는 공식은 무엇일까요?

행렬의 i행을 따라 전개하는 공식은 다음과 같습니다.

$$\det(\mathbf{A}) = a_{i1}C_{i1} + a_{i2}C_{i2} + \cdots + a_{in}C_{in} = \sum_{k=1}^{n} a_{ik}C_{ik} \tag{6.6}$$

6.2.2 여인수행렬

일반적인 행렬 $\mathbf{A}$의 여인수로 새로운 행렬 $\mathbf{C}$를 구성해봅시다.

$$\mathbf{A} = \begin{pmatrix} a & b & c \\ d & e & f \\ g & h & i \end{pmatrix}\text{이면 } \mathbf{C} = \begin{pmatrix} A & B & C \\ D & E & F \\ G & H & I \end{pmatrix}\text{입니다.}$$

여기서 A는 성분 a의 여인수, B는 성분 b의 여인수, C는 성분 c의 여인수입니다. 행렬 $\mathbf{C}$를 **여인수행렬**이라고 하며, 이는 행렬 $\mathbf{A}$의 역행렬을 찾을 때 사용합니다. 굵게 표기한 $\mathbf{C}$는 여인수행렬이고, 보통의 C는 성분 c의 여인수입니다.

예제 6-8 다음 행렬의 여인수행렬 C를 구해보세요.

$$A=\begin{pmatrix} 1 & -1 & 5 \\ 3 & 9 & 7 \\ -2 & 1 & 0 \end{pmatrix} \quad \left(\text{자리 부호는 } \begin{pmatrix} + & - & + \\ - & + & - \\ + & - & + \end{pmatrix} \right)$$

풀이

첫 번째 성분인 1의 여인수는 다음과 같습니다.

$$\det\begin{pmatrix} 9 & 7 \\ 1 & 0 \end{pmatrix} \underbrace{=}_{\text{식 (6.1)}} \{(9\times 0)-(1\times 7)\} = -7$$

성분 −1의 여인수는 다음과 같습니다.

$$\underbrace{-}_{\text{음수 자리 부호}} \det\begin{pmatrix} 3 & 7 \\ -2 & 0 \end{pmatrix} \underbrace{=}_{\text{식 (6.1)}} -[(3\times 0)-\{(-2)\times 7\}] = -14$$

성분 5의 여인수는 다음과 같습니다.

$$\det\begin{pmatrix} 3 & 9 \\ -2 & 1 \end{pmatrix} \underbrace{=}_{\text{식 (6.1)}} [(3\times 1)-\{(-2)\times 9\}] = 21$$

성분 3의 여인수는 다음과 같습니다.

$$\underbrace{-}_{\text{음수 자리 부호}} \det\begin{pmatrix} -1 & 5 \\ 1 & 0 \end{pmatrix} \underbrace{=}_{\text{식 (6.1)}} -[\{(-1)\times 0\}-(1\times 5)] = 5$$

성분 9의 여인수는 다음과 같습니다.

$$\det\begin{pmatrix} 1 & 5 \\ -2 & 0 \end{pmatrix} \underbrace{=}_{\text{식 (6.1)}} [(1\times 0)-\{(-2)\times 5\}] = 10$$

성분 7의 여인수는 다음과 같습니다.

$$\underbrace{-}_{\text{음수 자리 부호}} \det\begin{pmatrix} 1 & -1 \\ -2 & 1 \end{pmatrix} \underbrace{=}_{\text{식 (6.1)}} -[(1\times 1)-\{(-2)\times(-1)\}] = 1$$

성분 −2의 여인수는 다음과 같습니다.

$$\det\begin{pmatrix} -1 & 5 \\ 9 & 7 \end{pmatrix} \underbrace{=}_{\text{식 (6.1)}} [\{(-1)\times 7\}-(9\times 5)] = -52$$

성분 1(주어진 행렬의 맨 아래쪽 행의 1)의 여인수는 다음과 같습니다.

$$\underbrace{-}_{\text{음수 자리 부호}}\det\begin{pmatrix}1 & 5\\ 3 & 7\end{pmatrix}\underbrace{=}_{\text{식 (6.1)}}-\{(1\times 7)-(3\times 5)\}=8$$

마지막 성분 0의 여인수는 다음과 같습니다.

$$\det\begin{pmatrix}1 & -1\\ 3 & 9\end{pmatrix}\underbrace{=}_{\text{식 (6.1)}}[(1\times 9)-\{3\times(-1)\}]=12$$

따라서 앞에서 계산한 여인수를 모아 해당 위치에 배치하여 여인수행렬을 만들면 다음과 같습니다.

$$\mathbf{C}=\begin{pmatrix}-7 & -14 & 21\\ 5 & 10 & 1\\ -52 & 8 & 12\end{pmatrix}$$

앞에서 언급했듯이, 여인수행렬을 이용하여 가역행렬의 역행렬을 찾을 수 있습니다. 마지막으로 '수반행렬'이라는 용어를 정의해봅시다.

정의 6-3 여인수행렬과 수반행렬

$\mathbf{A}$가 정사각행렬일 때, $\mathbf{A}$의 각 성분에 대응하는 여인수로 구성한 행렬을 **여인수행렬**(cofactor matrix)이라 하고 일반적으로 $\mathbf{C}$로 표기합니다. 이 여인수행렬의 전치행렬을 $\mathbf{A}$의 **수반행렬**(adjoint matrix)이라 하고 $\text{adj}(\mathbf{A})$로 표기합니다.

$$\text{adj}(\mathbf{A})=\mathbf{C}^{\text{T}}$$

1장에서 전치행렬을 설명했습니다. 행렬의 전치(transpose of a matrix)는 단순히 행과 열을 서로 바꾸는 것입니다.

예제 6-9 [예제 6-8]에 주어진 행렬 A의 수반행렬을 구해보세요.

풀이

앞에서 이미 여인수행렬을 계산하는 긴 과정을 수행했습니다. 수반행렬은 이 행렬 $\mathbf{C}$의 전치행렬이므로 다음과 같습니다.

$$\text{adj}(\mathbf{A})=\mathbf{C}^{\text{T}}=\begin{pmatrix}-7 & 5 & -52\\ -14 & 10 & 8\\ 21 & 1 & 12\end{pmatrix}\quad\left[\mathbf{C}=\begin{pmatrix}-7 & -14 & 21\\ 5 & 10 & 1\\ -52 & 8 & 12\end{pmatrix}\right]$$

6.2.3 역행렬

이 절의 나머지 부분에서는 증명을 사용하여 정리를 뒷받침하기 때문에 까다로워 보일 수 있습니다. 증명에서 일련의 논증을 이해하는 데 어려움이 있다면, 다시 앞으로 돌아가 천천히 살펴보세요. 한 번 읽는 과정을 통해 모든 세부 내용을 이해할 수는 없습니다. 지금부터 등장하는 세 가지 정리에 대한 설명과 증명은 [정리 6-4]의 역행렬 공식을 증명하는 데 필요합니다.

정리 6-1 두 행이 같은 행렬의 행렬식

정사각행렬 $\mathbf{A}$의 두 행이 같으면 $\det(\mathbf{A})=0$입니다.

증명

직접 증명해봅시다. ■

이 정리는 약간 뜬금없고 문맥에서 벗어난 것처럼 보일 수 있지만, 다음 정리를 증명하는 데 필요합니다.

정리 6-2 여인수 전개와 행렬식

$n\times n$ 행렬 $\mathbf{A}$와 $k=1,2,3,\cdots,n$에 대하여, C_{jk}가 성분 a_{jk}의 여인수라고 하면 다음이 성립합니다.

$$a_{i1}C_{j1}+a_{i2}C_{j2}+\cdots+a_{in}C_{jn}=\begin{cases}\det(\mathbf{A}), & i=j\\ 0, & i\neq j\end{cases}$$

증명

이 결과를 어떻게 증명해야 할까요?

$i=j$인 경우와 $i\neq j$인 경우로 나누어 생각해봐야 합니다. 각 경우의 결과를 증명합니다.

경우 1 : $i=j$라 할 때, 주어진 식의 좌변에 이를 대입해봅시다.

$$a_{i1}C_{i1}+a_{i2}C_{i2}+a_{i3}C_{i3}+\cdots+a_{in}C_{in}=\det(\mathbf{A}) \quad \text{[식 (6.6)]}$$

경우 2 : $i\neq j$일 때, 행렬 $\mathbf{A}$의 i행 성분을 행렬 $\mathbf{A}$의 j행에 복사하여 얻은 행렬을 $\mathbf{A}^*$라고 합시다. 즉, 행렬 $\mathbf{A}^*$는 행렬 $\mathbf{A}$의 j행을 i행으로 대체하여 i행이 중복입니다.

$$\mathbf{A}=\begin{pmatrix} a_{11} & a_{12} & \cdots & a_{1n}\\ \vdots & \vdots & \vdots & \vdots\\ a_{i1} & a_{i2} & \cdots & a_{in}\\ \vdots & \vdots & \vdots & \vdots\\ a_{j1} & a_{j2} & \cdots & a_{jn}\\ a_{n1} & a_{n2} & \cdots & a_{nn}\end{pmatrix},\quad \mathbf{A}^*=\begin{pmatrix} a_{11} & a_{12} & \cdots & a_{1n}\\ \vdots & \vdots & \vdots & \vdots\\ a_{i1} & a_{i2} & \cdots & a_{in}\\ \vdots & \vdots & \vdots & \vdots\\ a_{i1} & a_{i2} & \cdots & a_{in}\\ a_{n1} & a_{n2} & \cdots & a_{nn}\end{pmatrix}$$

i행, j행, i행 $=$ j행

따라서 $\det(\mathbf{A}^*)=0$입니다.

? 왜 그럴까요?

행렬 $\mathbf{A}^*$에서 i행과 j행이 같으므로 [정리 6-1]에 의해 행렬식은 0입니다. 즉, $\det(\mathbf{A}^*) = 0$입니다.

다음과 같이 주어진 식 (6.6)을 사용하여 $\mathbf{A}^*$의 j행을 따라 전개해봅시다.

$$\det(\mathbf{A}) = a_{i1}C_{i1} + a_{i2}C_{i2} + \cdots + a_{in}C_{in}$$

오른쪽 행렬 $\mathbf{A}^*$에 대하여 다음이 성립합니다.

$$0 = \det(\mathbf{A}^*) = a_{i1}C_{j1}^* + a_{i2}C_{j2}^* + \cdots + a_{in}C_{jn}^* \qquad (\dagger)$$

C_{jk}^*는 행렬 $\mathbf{A}^*$의 j행에 있는 성분 a_{ik}의 여인수입니다. 여인수 C_{j1}을 생각해봅시다. 이는 왼쪽 행렬 $\mathbf{A}$에서 성분 a_{j1}을 포함하는 행과 열을 제외한 뒤 남아 있는 행렬의 행렬식에 자리 부호를 곱한 것입니다. 마찬가지로 여인수 C_{j1}^*는 오른쪽 행렬 $\mathbf{A}^*$에서 성분 a_{i1}을 포함하는 행과 열을 제외한 뒤 남아 있는 행렬의 행렬식에 자리 부호를 곱한 것입니다.

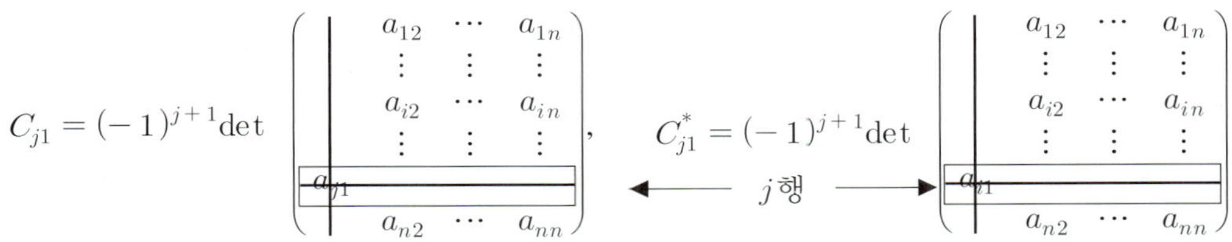

? C_{j1}과 C_{j1}^*에 대해서 어떤 결론을 내릴 수 있을까요?

여인수는 행렬 $\mathbf{A}$와 $\mathbf{A}^*$의 같은 성분으로 만들어지므로 $C_{j1} = C_{j1}^*$입니다. 두 경우 모두 j행과 1열을 제거하였습니다. 마찬가지로 $C_{j2} = C_{j2}^*$, $C_{j3} = C_{j3}^*$, $\cdots$, $C_{jn} = C_{jn}^*$입니다. 이를 식 $(\dagger)$에 대입하면 다음과 같습니다.

$$\begin{aligned} 0 = \det(\mathbf{A}^*) &= a_{i1}C_{j1}^* + a_{i2}C_{j2}^* + \cdots + a_{in}C_{jn}^* \\ &= a_{i1}C_{j1} + a_{i2}C_{j2} + \cdots + a_{in}C_{jn} \end{aligned}$$

따라서 $i \neq j$일 때 $a_{i1}C_{j1} + a_{i2}C_{j2} + \cdots + a_{in}C_{jn} = 0$입니다. ■

역행렬을 찾는 데 필요한 마지막 퍼즐 조각은 다음과 같습니다.

정리 6-3 수반행렬과 행렬식

정사각행렬 $\mathbf{A}$에 대하여, 다음이 성립합니다.

$$\mathbf{A}\,\mathrm{adj}(\mathbf{A}) = \det(\mathbf{A})\mathbf{I}$$

증명

adj (**A**)가 여인수행렬의 전치이므로 일반적인 $n \times n$ 행렬 **A**의 성분과 대응하는 각 성분의 여인수의 전치를 표현하면 다음과 같습니다.

$$\mathbf{A} = \begin{pmatrix} a_{11} & a_{12} & \cdots & a_{1n} \\ a_{21} & a_{22} & \cdots & a_{2n} \\ \vdots & \vdots & \vdots & \vdots \\ a_{i1} & a_{i2} & \cdots & a_{in} \\ \vdots & \vdots & \vdots & \vdots \\ a_{n1} & a_{n2} & \cdots & a_{nn} \end{pmatrix} \; (i\text{행}), \qquad \operatorname{adj}(\mathbf{A}) = \begin{pmatrix} C_{11} & C_{21} & \cdots & C_{j1} & C_{n1} \\ C_{12} & C_{22} & \cdots & C_{j2} & C_{n2} \\ \vdots & \vdots & \vdots & \vdots & \vdots \\ C_{1n} & C_{2n} & \cdots & C_{jn} & C_{nn} \end{pmatrix} \; (j\text{열})$$

좌변의 행렬 곱 **A** adj (**A**)에서 ij 성분을 생각해봅시다.

? 행렬 곱 A adj (A)에서 ij 성분은 어떻게 계산하나요?

행렬 곱셈은 행 곱하기 열입니다. 그러므로 **A** adj (**A**)에서 ij 성분은 i행과 j열의 곱입니다.

$$[\mathbf{A}\operatorname{adj}(\mathbf{A})]_{ij} = a_{i1}C_{j1} + a_{i2}C_{j2} + \cdots + a_{in}C_{jn}$$
$$= \begin{cases} \det(\mathbf{A}), & i = j \\ 0, & i \neq j \end{cases} \quad \text{[[정리 6–2]]}$$

각 성분에 대해 반복 작업을 실행한 뒤 행렬 **A** adj (**A**)를 작성하면, $i = j$인 경우에 **A** adj (**A**)의 주대각 성분은 det(**A**)이고 나머지 성분은 0입니다.

$$\mathbf{A}\operatorname{adj}(\mathbf{A}) = \begin{pmatrix} \det(\mathbf{A}) & 0 & \cdots & 0 \\ 0 & \det(\mathbf{A}) & \cdots & 0 \\ \vdots & 0 & \ddots & \vdots \\ 0 & \vdots & \cdots & \det(\mathbf{A}) \end{pmatrix}$$

$$\underbrace{=}_{\text{공통 인수로 묶기}} \det(\mathbf{A}) \underbrace{\begin{pmatrix} 1 & 0 & \cdots & 0 \\ 0 & 1 & \cdots & 0 \\ \vdots & 0 & \ddots & \vdots \\ 0 & \vdots & \cdots & 1 \end{pmatrix}}_{=\mathbf{I}} = \det(\mathbf{A})\mathbf{I} \quad \text{[I는 항등행렬로, 주대각 성분은 1, 나머지 성분은 0]}$$

따라서 **A** adj(**A**) = det(**A**)**I**입니다. ■

앞에 제시한 모든 정리는 선형대수학에서 중요한 정리인 다음 결과를 증명하는 데 필요합니다.

> **정리 6–4 행렬식과 역행렬**
>
> $\det(\mathbf{A}) \neq 0$이면, $\mathbf{A}^{-1} = \frac{1}{\det(\mathbf{A})}\operatorname{adj}(\mathbf{A})$입니다.

증명

이 정리는 [정리 6-3]으로부터 나옵니다. $\det(\mathbf{A}) \neq 0$이므로 [정리 6-3]의 공식 $\mathbf{A}\,\mathrm{adj}\,(\mathbf{A}) = \det(\mathbf{A})\mathbf{I}$에서 양변을 $\det(\mathbf{A})$로 나눌 수 있습니다.

$$\mathbf{A}\left[\frac{1}{\det(\mathbf{A})}\mathrm{adj}\,(\mathbf{A})\right] = \mathbf{I} \qquad (\dagger)$$

$\mathbf{A}$에 또 다른 행렬을 곱하면 $\mathbf{I}$가 나옵니다. 그러므로 $\det(\mathbf{A}) \neq 0$이면 $\mathbf{A}^{-1} = \dfrac{1}{\det(\mathbf{A})}\mathrm{adj}\,(\mathbf{A})$입니다. ■

? [정리 6-4]는 무엇을 의미할까요?

가역행렬 $\mathbf{A}$의 역행렬을 공식 $\mathbf{A}^{-1} = \dfrac{1}{\det(\mathbf{A})}\mathrm{adj}\,(\mathbf{A})$를 이용하여 구할 수 있다는 의미입니다. 역행렬을 구하려면 주어진 행렬의 여인수와 행렬식을 구하면 됩니다.

? 역행렬 계산의 핵심은 무엇인가요?

연립일차방정식을 푸는 데 역행렬이 필요합니다. 하지만 큰 연립일차방정식이라면 1장에서 다룬 소거법을 이용하는 것이 더 효율적입니다. 예를 들어, 10×10 행렬의 행렬식을 구하려면 $10! = 3{,}628{,}800$번의 연산을 해야 합니다. 산술적 관점에서 행렬식 계산에는 많은 노력이 들어가므로 큰 행렬에 대해서는 행렬식을 계산하지 않으려고 합니다. 하지만 행렬식은 수학의 많은 영역에서 중요한 역할을 합니다.

예제 6-10 **[예제 6-8]에 주어진 행렬의 역행렬을 구해보세요.**

$$\mathbf{A} = \begin{pmatrix} 1 & -1 & 5 \\ 3 & 9 & 7 \\ -2 & 1 & 0 \end{pmatrix}$$

풀이

[정리 6-4]의 $\mathbf{A}^{-1} = \dfrac{1}{\det(\mathbf{A})}\mathrm{adj}\,(\mathbf{A})$에서 $\mathbf{A}^{-1}$를 구해야 합니다. $\mathrm{adj}\,(\mathbf{A})$는 무엇인가요? $\mathrm{adj}\,(\mathbf{A})$는 여인수행렬의 전치이며, [예제 6-9]에서 이미 구했습니다.

$$\mathrm{adj}\,(\mathbf{A}) = \mathbf{C}^{\mathrm{T}} = \begin{pmatrix} -7 & 5 & -52 \\ -14 & 10 & 8 \\ 21 & 1 & 12 \end{pmatrix}$$

이제 $\det(\mathbf{A})$만 구하면 됩니다. 주어진 행렬 $\mathbf{A}$의 마지막 행이 0을 포함하므로, 마지막 행을 따라 전개해봅시다.

$$\det(\mathbf{A}) = \det\begin{pmatrix} 1 & -1 & 5 \\ 3 & 9 & 7 \\ \boxed{-2 \quad 1 \quad 0} \end{pmatrix} = (-2) \times \det\begin{pmatrix} -1 & 5 \\ 9 & 7 \end{pmatrix} - 1 \times \det\begin{pmatrix} 1 & 5 \\ 3 & 7 \end{pmatrix} + 0$$

$$= (-2) \times \{(-7) - 45\} - (7 - 15) = 112$$

이 행을 따라 전개

이제 계산 결과를 [정리 6-4]에 대입해봅시다.

$$\mathbf{A}^{-1} = \frac{1}{\det(\mathbf{A})}\operatorname{adj}(\mathbf{A}) = \frac{1}{112}\begin{pmatrix} -7 & 5 & -52 \\ -14 & 10 & 8 \\ 21 & 1 & 12 \end{pmatrix}$$

일반적으로, 행렬식이 0이면 이 행렬은 역행렬이 존재하지 않는 비가역행렬(특이행렬)임을 의미하므로, 행렬식을 먼저 확인하고 수반행렬을 구합니다. [예제 6-10]에서 구한 행렬이 정말로 $\mathbf{A}$의 역행렬인지 확인해보세요.

? 어떻게 확인할까요?

행렬 곱 $\mathbf{A}\times\mathbf{A}^{-1}=\mathbf{I}$가 성립하는지 확인하면 됩니다.

핵심요약

- 행렬 $\mathbf{A}$의 i행을 따라 전개한 행렬식의 공식은 다음과 같습니다.

$$\det(\mathbf{A}) = a_{i1}C_{i1} + a_{i2}C_{i2} + \cdots + a_{in}C_{in} \tag{6.6}$$

  행렬의 행벡터 혹은 열벡터가 0을 포함한다면, 그 행 또는 열을 따라 전개합니다.

- [정리 6-4]

  정사각행렬의 역행렬은 다음과 같이 정의할 수 있습니다.

$$\det(\mathbf{A}) \neq 0\text{이면, } \mathbf{A}^{-1} = \frac{1}{\det(\mathbf{A})}\operatorname{adj}(\mathbf{A})$$

6.2 연습문제

01 다음 행렬의 행렬식을 구해보세요.

(a) $\mathbf{A} = \begin{pmatrix} 1 & 3 & -1 \\ 2 & 0 & 5 \\ -6 & 3 & 1 \end{pmatrix}$

(b) $\mathbf{B} = \begin{pmatrix} 2 & -10 & 11 \\ 5 & 3 & -4 \\ 7 & 9 & 12 \end{pmatrix}$

(c) $\mathbf{C} = \begin{pmatrix} -12 & 9 & -5 \\ 3 & 9 & 1 \\ -7 & 2 & -2 \end{pmatrix}$

02 $\det\begin{pmatrix} \mathbf{i} & \mathbf{j} & \mathbf{k} \\ 7 & 3 & -2 \\ 4 & 2 & 7 \end{pmatrix} = 25\mathbf{i} - 57\mathbf{j} + 2\mathbf{k}$임을 보이세요.

03 $\det\begin{pmatrix} 1 & 0 & -3 \\ 5 & x & -7 \\ 3 & 9 & x-1 \end{pmatrix} = 0$을 만족하는 x의 값을 구해보세요.

04 행렬 $\mathbf{A}=\begin{pmatrix} 1 & 0 & 5 \\ -2 & 3 & 7 \\ 6 & -1 & 0 \end{pmatrix}$의 여인수행렬 $\mathbf{C}$와 $\mathbf{C}^{\mathrm{T}}$를 구해보세요. 그리고 역행렬 $\mathbf{A}^{-1}$를 구해보세요.

05 다음 행렬의 역행렬을 구해보세요.

(a) $\mathbf{A}=\begin{pmatrix} 9 & 2 \\ 13 & 3 \end{pmatrix}$ (b) $\mathbf{B}=\begin{pmatrix} 17 & 7 \\ 12 & 5 \end{pmatrix}$

(c) $\mathbf{C}=\begin{pmatrix} 5 & 4 \\ 3 & 1 \end{pmatrix}$

(d) $\mathbf{D}=\begin{pmatrix} 3 & -5 & 3 \\ 2 & 1 & -7 \\ -10 & 4 & 5 \end{pmatrix}$

06 다음 행렬의 행렬식을 구해보세요.

(a) $\mathbf{A}=\begin{pmatrix} 2 & 3 & 5 \\ 0 & 0 & 6 \\ 1 & 5 & 3 \end{pmatrix}$ (b) $\mathbf{B}=\begin{pmatrix} 6 & 7 & 1 \\ 1 & 3 & 2 \\ 0 & 1 & 5 \end{pmatrix}$

(c) $\mathbf{C}=\begin{pmatrix} 1 & 5 & 1 \\ 0 & 3 & 7 \\ 0 & 2 & 9 \end{pmatrix}$ (d) $\mathbf{D}=\begin{pmatrix} 9 & 5 & 1 \\ 13 & 0 & 2 \\ 11 & 0 & 3 \end{pmatrix}$

07 (x_1, y_1), (x_2, y_2), (x_3, y_3)의 좌표를 연결한 삼각형의 넓이 공식이 아래와 같을 때, 주어진 좌표를 연결한 삼각형의 넓이를 구해보세요.

$$\text{넓이}=\frac{1}{2}\left|\det\begin{pmatrix} x_1 & y_1 & 1 \\ x_2 & y_2 & 1 \\ x_3 & y_3 & 1 \end{pmatrix}\right|$$

(a) $(0,\ 0)$, $(3,\ 2)$, $(7,\ -4)$

(b) $(-3,\ 2)$, $(2,\ 6)$, $(8,\ -3)$

(c) $(-2,\ -1)$, $(1,\ 5)$, $(0.5,\ 4)$

이 결과를 통해 무엇을 알 수 있나요?

08 $\mathbf{P}_1=(x_1, y_1)$, $\mathbf{P}_2=(x_2, y_2)$를 평면 위의 두 점이라고 합시다. 두 점을 지나는 직선의 방정식은 다음과 같습니다.

$$\det\begin{pmatrix} x & y & 1 \\ x_1 & y_1 & 1 \\ x_2 & y_2 & 1 \end{pmatrix}=0$$

다음 점을 지나는 직선의 방정식을 구해보세요.

(a) $(1,\ 2)$, $(5,\ 6)$

(b) $(-3,\ 7)$, $(10,\ 10)$

(c) $(-3,\ 7)$, $(9,\ -21)$

09 6×6 행렬에서 다음 성분의 자리 부호를 결정해보세요.

$$a_{31},\ a_{56},\ a_{62},\ a_{65},\ a_{71}$$

10 $n\times n$ 행렬에서 a_{mn}의 자리 부호와 a_{nm}의 자리 부호가 같음을 보이세요.

11 행렬 $\mathbf{A}=\begin{pmatrix} a & b & c & d \\ 0 & 0 & 0 & 0 \\ e & f & g & h \\ i & j & k & l \end{pmatrix}$에 대하여, $\det(\mathbf{A})$를 구해보세요.

12 다음 행렬이 가역행렬이 되도록 하는 k의 값을 구해보세요.

$$\mathbf{A}=\begin{pmatrix} k & 1 & 2 \\ 0 & k & 2 \\ 5 & -5 & k \end{pmatrix}$$

13 3×3 크기의 방데르몽드(Vandermonde) 행렬식을 다음과 같이 쓸 수 있음을 보이세요.

$$\det\begin{pmatrix} 1 & 1 & 1 \\ x & y & z \\ x^2 & y^2 & z^2 \end{pmatrix}=(x-y)(y-z)(z-x)$$

14 벡터 $\mathbf{u}$, $\mathbf{v}$, $\mathbf{w}$로 생성한 평행육면체(3차원 평행사변형)의 부피는 $|\det(\mathbf{u}\ \mathbf{v}\ \mathbf{w})|$입니다. 다음 벡터로 생성한 평행육면체의 부피를 구해보세요.

$$\mathbf{u}=(1\ \ 2\ \ 1)^{\mathrm{T}},\ \mathbf{v}=(2\ \ 3\ \ 5)^{\mathrm{T}},\ \mathbf{w}=(7\ \ 10\ \ -1)^{\mathrm{T}}$$

15 다음 회전행렬 $\mathbf{R}$의 행렬식이 1임을 보이세요. 이때 행렬식이 1이라는 것은 무엇을 의미하나요?

$$\mathbf{R}=\begin{pmatrix} \cos\theta & \sin\theta & 0 \\ -\sin\theta & \cos\theta & 0 \\ 0 & 0 & 1 \end{pmatrix}$$

16 다변수 미분적분학에서는 직교좌표 (x, y)를 극좌표(polar coordinate) (r, θ)로 변환해야 합니다. 다음과 같이 주어진 야코비 행렬(Jacobian matrix) $\mathbf{J}$는 이러한 변환에 사용합니다. 야코비 행렬 $\mathbf{J}$에 대하여 $\det(\mathbf{J})=r$임을 보이세요.

$$\mathbf{J}=\begin{pmatrix} \cos\theta & -r\sin\theta \\ \sin\theta & r\cos\theta \end{pmatrix}$$

17 야코비 행렬의 행렬식 J를 다음과 같이 정의합니다.

$$J=\left|\det\begin{pmatrix} \cos\theta\sin\phi & -\rho\sin\theta\sin\phi & \rho\cos\theta\cos\phi \\ \sin\theta\sin\phi & \rho\cos\theta\sin\phi & \rho\sin\theta\cos\phi \\ \cos\phi & 0 & -\rho\sin\phi \end{pmatrix}\right|$$

이 행렬식은 다변수 미분적분학에서 변수를 변경하는 공식으로 사용합니다. 즉, 좌표 (x,y,z)를 구면 좌표(spherical coordinate) (ρ,θ,ϕ)로 변환하는 데 사용합니다. $J=\rho^2\sin\phi$임을 보이세요.

18 론스키 행렬식이 다음과 같을 때, $\mathrm{W}=(1,\cos x,\sin x)$를 구해보세요.

$$\mathrm{W}(f,\ g,\ h)=\det\begin{pmatrix} f(x) & g(x) & h(x) \\ f'(x) & g'(x) & h'(x) \\ f''(x) & g''(x) & h''(x) \end{pmatrix}$$

19 임의의 자연수 n에 대하여 $n\times n$ 항등행렬 $\mathbf{I}_n$의 행렬식은 $\det(\mathbf{I}_n)=1$임을 증명해보세요.

20 가역행렬 $\mathbf{A}$에 대하여 $\det(\mathbf{A}\mathbf{A}^{-1})=1$임을 증명해보세요.

21 정사각행렬 $\mathbf{A}$가 영행이나 영열을 포함한다면 $\det(\mathbf{A})=0$임을 증명해보세요.

22 $n\times n$ 행렬 $\mathbf{A}$에 대하여 $\det(\mathbf{A}^{\mathrm{T}})=\det(\mathbf{A})$임을 증명해보세요.

23 $\mathbf{B}$는 $n\times n$ 행렬 $\mathbf{A}$의 한 행(또는 열)에 스칼라 k를 곱해서 얻은 행렬이라 합시다. $\det(\mathbf{B})=k\det(\mathbf{A})$임을 증명해보세요.

24 $n\times n$ 행렬 $\mathbf{A}$에 대하여 $\det(k\mathbf{A})=k^n\det(\mathbf{A})$임을 증명해보세요.

6.3 행렬식의 성질

학습목표

- 삼각행렬 또는 대각행렬의 행렬식을 구할 수 있습니다.
- 주어진 행렬을 삼각행렬로 변환할 수 있습니다.
- 행렬식에 관한 몇 가지 성질을 설정할 수 있습니다.

4×4 행렬 또는 이보다 더 큰 행렬의 행렬식을 계산하려면 시간이 오래 걸립니다. 이 절에서는 이러한 행렬식을 훨씬 간단하게 계산할 수 있는 행렬식의 성질(properties of determinant)을 몇 가지 살펴봅니다. 이때 앞에서 다룬 행렬식의 정의와 여인수를 이용한 행렬식 계산 방법을 알고 있어야 합니다. 또한 추상적인 수학 개념을 이해하고 특정 결과를 증명하려면 1장의 일부 정의를 적용해야 합니다. 때문에 이 절의 내용이 조금 어렵다고 느낄 수 있습니다.

6.3.1 행렬식의 성질

6.2절 [연습문제 22]에서 다음과 같은 행렬식의 특정 성질을 증명했습니다.

정리 6-5 전치행렬의 행렬식

$\mathbf{A}$가 정사각행렬일 때, $\det(\mathbf{A}^{\mathrm{T}})=\det(\mathbf{A})$입니다.

이 정리는 무엇을 의미하나요?

전치행렬의 행렬식이 처음 행렬의 행렬식과 같다는 의미입니다. $\det(\mathbf{A}^T) = \det(\mathbf{A})$이므로, 행이나 열을 따라 전개하여 동일한 결과를 얻을 수 있습니다. 이 결과 덕분에 행렬식에 관한 정리에서 '행'이라는 단어를 '열'로 바꿀 수 있습니다. 또 다른 중요한 성질은 다음과 같습니다.

> **정리 6-6 한 행(또는 한 열)에 스칼라를 곱한 행렬의 행렬식**
>
> $\mathbf{B}$가 행렬 $\mathbf{A}$의 한 행(또는 한 열)에 0이 아닌 스칼라 k를 곱한 행렬일 때 다음이 성립합니다.
>
> $$\det(\mathbf{B}) = k\det(\mathbf{A})$$

변환을 살펴봄으로써 이 정리를 시각화할 수 있습니다. 행렬의 한 행에 k를 곱했다는 것은 행벡터 중 하나의 크기가 k배 되었음을 의미합니다. 예를 들면, [그림 6-9(a)]의 단위 정사각형이 [그림 6-9(b)]와 같이 직사각형으로 변환됩니다.

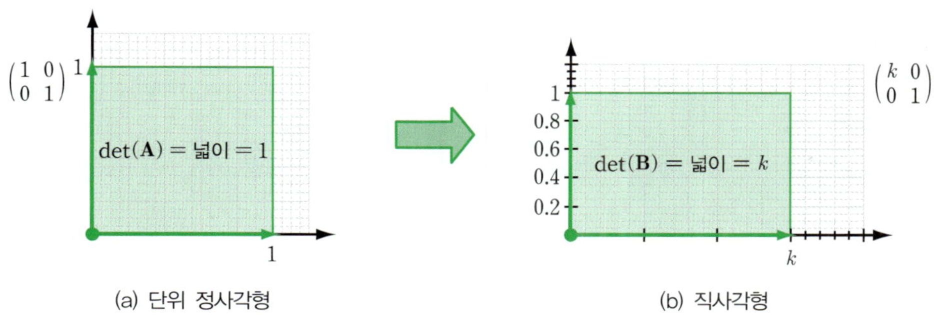

[그림 6-9] 행렬의 한 행에 스칼라 k를 곱할 때의 변환

> **정리 6-7 스칼라를 곱한 행렬의 행렬식**
>
> $\mathbf{A}$가 임의의 $n \times n$ 행렬이고 k가 스칼라일 때 다음이 성립합니다.
>
> $$\det(k\mathbf{A}) = k^n \det(\mathbf{A})$$

이 정리는 무엇을 의미하나요?

스칼라곱 $k\mathbf{A}$는 $\mathbf{A}$의 각 열벡터를 k배한 것입니다. 2×2 행렬에서 $k\mathbf{A}$는 평행사변형의 각 변의 길이를 k배하여 변화시키므로 넓이도 $k \times k = k^2$배로 변함을 의미합니다.

3×3 행렬에서 $k\mathbf{A}$는 3차원 상자의 각 변의 길이를 k배하여 부피가 $k \times k \times k = k^3$배로 변함을 의미합니다. 3×3 행렬의 각 열벡터를 2배로 늘리면, 부피는 $2 \times 2 \times 2 = 8$배로 늘어납니다. [그림 6-10]은 단위 정육면체가 변환에 의하여 부피가 1에서 k^3이 되었음을 보여줍니다. $n \times n$ 행렬에 대하여 n차원 상자의 각 변의

길이를 k배한 스칼라곱 $k\mathbf{A}$는 부피가 k^n배로 변했음을 의미합니다. 예를 들면, n차원 상자 또는 평행육면체(더 높은 차원의 평행사변형)의 각 변의 길이를 2배로 하면, 부피는 2^n배 증가합니다. 일반적으로, $\det(k\mathbf{A}) = k^n \det(\mathbf{A})$입니다.

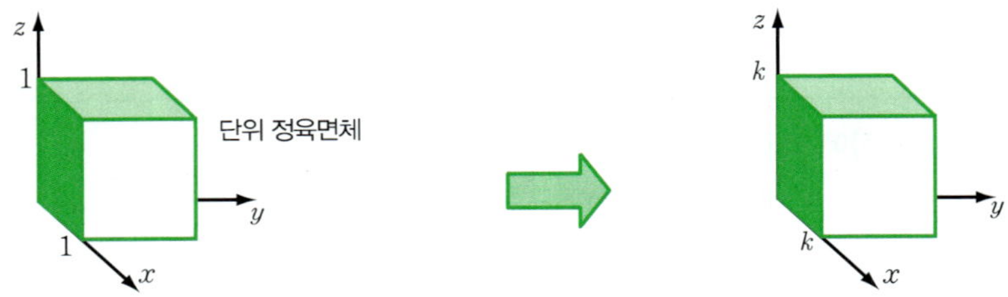

[그림 6-10] 단위 정육면체의 변환과 부피 변화

6.3.2 특정 행렬의 행렬식 성질

삼각행렬과 같은 특정 행렬의 행렬식은 쉽게 구할 수 있습니다.

? 삼각행렬이란 무엇인가요?

> **정의 6-4 삼각행렬**
> 주대각선을 기준으로 한쪽에 있는 모든 성분이 0인 $n \times n$ 행렬을 **삼각행렬**(triangular matrix)이라고 합니다.

예를 들면, 다음 행렬은 삼각행렬입니다.

$$\text{(a)} \begin{pmatrix} 1 & 2 & 3 \\ 0 & 4 & 5 \\ 0 & 0 & 6 \end{pmatrix} \qquad \text{(b)} \begin{pmatrix} 1 & 0 & 0 \\ 2 & 3 & 0 \\ 4 & 5 & 6 \end{pmatrix}$$

주대각선

(a)는 상삼각행렬의 예입니다.

(b)는 하삼각행렬의 예입니다.

삼각행렬의 또 다른 형태는 대각행렬입니다.

> **정의 6-5 대각행렬**
> 주대각선의 양쪽 성분이 모두 0인 $n \times n$ 행렬을 **대각행렬**(diagonal matrix)이라고 합니다.

? 대각행렬의 예로는 무엇이 있을까요?

항등행렬 $\mathbf{I} = \begin{pmatrix} 1 & 0 & 0 \\ 0 & 1 & 0 \\ 0 & 0 & 1 \end{pmatrix}$이 있습니다. 또 다른 예로는 $\begin{pmatrix} 1 & 0 & 0 \\ 0 & 2 & 0 \\ 0 & 0 & 3 \end{pmatrix}$이 있습니다.

대각행렬은 상삼각행렬이면서 하삼각행렬입니다. 다음은 삼각행렬과 대각행렬에 관한 유용한 성질입니다.

> **정리 6-8 삼각행렬과 대각행렬의 행렬식(determinant of triangular or diagonal matrix)**
> 삼각행렬과 대각행렬의 행렬식은 주대각 성분의 곱입니다.

? 이 정리는 무엇을 의미할까요?

행렬 $\mathbf{A}$를 상삼각행렬이라고 하면 다음과 같이 나타낼 수 있습니다.

주대각선

$$\det(\mathbf{A}) = \det\begin{pmatrix} a_{11} & & a_{1n} \\ 0 & \ddots & \\ \vdots & 0\cdots & a_{nn} \end{pmatrix} = a_{11}a_{22}a_{33} \times \cdots \times a_{nn}$$

이는 상삼각행렬의 행렬식이 단지 주대각 성분의 곱임을 알려주므로 유용한 결과라 할 수 있습니다. 이제 상삼각행렬에 대한 위 결과를 증명하겠습니다(하삼각행렬에 대한 증명 방법도 같습니다). 대각행렬은 상삼각행렬(하삼각행렬)의 특별한 경우이므로, 대각행렬에 대한 증명은 상삼각행렬의 결과를 통해 알 수 있습니다.

증명

아래의 각 단계에서 1열의 첫 번째 성분을 제외한 나머지 성분은 모두 0입니다. 따라서 첫 번째 성분만 행렬식에 영향을 주므로 나머지 행렬의 1열을 따라 전개합니다. 위 행렬 $\mathbf{A}$의 1열을 따라 전개하면 다음과 같습니다.

$$\det(\mathbf{A}) = \det\begin{pmatrix} a_{11} & & a_{1n} \\ 0 & \ddots & \\ \vdots & 0\cdots & a_{nn} \end{pmatrix} = a_{11} \times \det\begin{pmatrix} a_{22} & \cdots & a_{2n} \\ 0 & \ddots & \\ \vdots & 0\cdots & a_{nn} \end{pmatrix}$$

$$= a_{11}a_{22} \times \det\begin{pmatrix} a_{33} & \cdots & a_{3n} \\ 0 & \ddots & \\ \vdots & 0\cdots & a_{nn} \end{pmatrix}$$

성분 a_{22}를 포함한 1열을 따라 전개

$$= a_{11}a_{22}a_{33} \times \det\begin{pmatrix} a_{44} & \cdots & a_{4n} \\ 0 & \ddots & \\ \vdots & 0\cdots & a_{nn} \end{pmatrix}$$

a_{33}를 꺼내고 a_{33}를 포함한 행과 열 제거

$$= a_{11}a_{22}a_{33} \cdots a_{(n-2)(n-2)} \times \det\begin{pmatrix} a_{(n-1)(n-1)} & a_{(n-1)n} \\ 0 & a_{nn} \end{pmatrix}$$

$$= a_{11}a_{22}a_{33} \cdots a_{(n-2)(n-2)}\, a_{(n-1)(n-1)}\, a_{nn}$$

따라서 상삼각행렬의 행렬식은 주대각 성분의 곱입니다. ■

예제 6-11 다음 행렬의 행렬식을 구해보세요.

(a) $U = \begin{pmatrix} 1 & 2 & 3 & 4 \\ 0 & 5 & 6 & 7 \\ 0 & 0 & 8 & 9 \\ 0 & 0 & 0 & 10 \end{pmatrix}$ (b) $L = \begin{pmatrix} 1 & 0 & 0 & 0 \\ 3 & -2 & 0 & 0 \\ -11 & 8 & 5 & 0 \\ 89 & 9 & 3 & 2 \end{pmatrix}$ (c) $D = \begin{pmatrix} -2 & 0 & 0 & 0 & 0 \\ 0 & -6 & 0 & 0 & 0 \\ 0 & 0 & 4 & 0 & 0 \\ 0 & 0 & 0 & 3 & 0 \\ 0 & 0 & 0 & 0 & 10 \end{pmatrix}$

풀이

세 행렬이 각각 상삼각행렬, 하삼각행렬, 대각행렬이므로 [정리 6-8]을 이용합니다. 각 경우의 행렬식은 주대각 성분의 곱입니다.

(a) $\det(\mathbf{U}) = 1 \times 5 \times 8 \times 10 = 400$

(b) $\det(\mathbf{L}) = 1 \times (-2) \times 5 \times 2 = -20$

(c) $\det(\mathbf{D}) = (-2) \times (-6) \times 4 \times 3 \times 10 = 1440$

MATLAB을 사용하여 위 답을 확인할 수 있습니다. 명령어는 `det(A)`입니다. 여기서 A는 입력해야 하는 행렬입니다.

6.3.3 기본행렬의 행렬식 성질

? 기본행렬이 무엇인지 기억하나요?

기본행렬(elementary matrix)은 항등행렬에 기본 행 연산을 한 번 시행하여 얻은 행렬입니다. 2×2 기본행렬의 예는 다음과 같습니다.

$$\mathbf{E}_1 = \begin{pmatrix} 5 & 0 \\ 0 & 1 \end{pmatrix}, \quad \mathbf{E}_2 = \begin{pmatrix} 1 & 0 \\ 0.5 & 1 \end{pmatrix}, \quad \mathbf{E}_3 = \begin{pmatrix} 0 & 1 \\ 1 & 0 \end{pmatrix}$$

1장에서 살펴본 세 가지 서로 다른 유형의 기본행렬은 다음과 같습니다.

1. 항등행렬 $\mathbf{I}$의 한 행에 0이 아닌 스칼라 k를 곱한 기본행렬 $\mathbf{E}$ (예 : $\mathbf{E}_1$)
2. 항등행렬 $\mathbf{I}$의 한 행에 스칼라곱을 하여 다른 행에 더한(또는 뺀) 기본행렬 $\mathbf{E}$ (예 : $\mathbf{E}_2$)
3. 항등행렬 $\mathbf{I}$의 두 행(또는 열)을 교환한 기본행렬 $\mathbf{E}$ (예 : $\mathbf{E}_3$)

$\mathbf{E}_1$, $\mathbf{E}_2$는 삼각행렬이므로 $\det(\mathbf{E}_1) = 5 \times 1 = 5$, $\det(\mathbf{E}_2) = 1 \times 1 = 1$입니다. 행렬 $\mathbf{E}_3$에서는 행벡터가 서로 바뀌었으므로, $\det(\mathbf{E}_3) = (0 \times 0) - (1 \times 1) = -1$입니다. 단위 정사각형에 이 변환행렬 $\mathbf{E}_1$, $\mathbf{E}_2$, $\mathbf{E}_3$를 적용하면 다음과 같습니다.

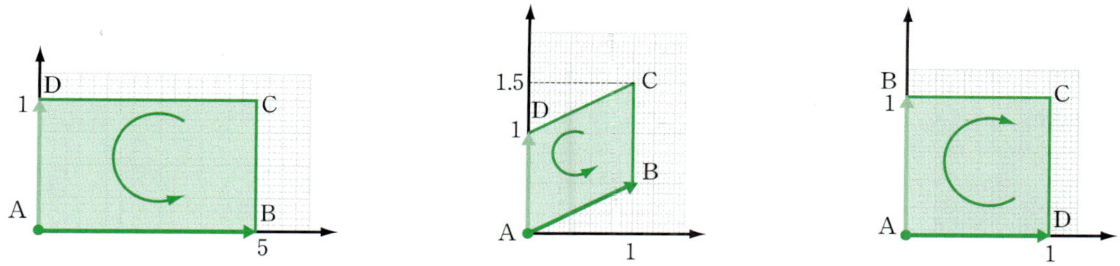

(a) $\det(\mathbf{E}_1) = 5$ (b) $\det(\mathbf{E}_2) = 1$ (c) $\det(\mathbf{E}_3) = -1$

[그림 6-11] 변환행렬 $\mathbf{E}_1$, $\mathbf{E}_2$, $\mathbf{E}_3$

예제 6-12 **다음 기본행렬의 행렬식을 구해보세요.**

(a) $\mathbf{A} = \begin{pmatrix} 1 & 0 & 0 \\ 0 & -5 & 0 \\ 0 & 0 & 1 \end{pmatrix}$ **(b)** $\mathbf{B} = \begin{pmatrix} 0 & 0 & 1 \\ 0 & 1 & 0 \\ 1 & 0 & 0 \end{pmatrix}$ **(c)** $\mathbf{C} = \begin{pmatrix} 1 & 0 & -5 \\ 0 & 1 & 0 \\ 0 & 0 & 1 \end{pmatrix}$

풀이

(a) 행렬 $\mathbf{A}$는 항등행렬 $\mathbf{I}$의 2행에 -5를 곱하여 얻은 형렬입니다. $\mathbf{A}$는 대각행렬이므로 $\det(\mathbf{A}) = 1 \times (-5) \times 1 = -5$입니다.

(b) 행렬 $\mathbf{B}$는 항등행렬에서 어떻게 얻을 수 있을까요? 1행과 3행을 교환하여 얻습니다. 1행을 따라 전개하면 $\det(\mathbf{B}) = -1$입니다.

(c) 행렬 $\mathbf{C}$는 항등행렬의 3행에 -5를 곱한 다음 1행에 더하여 얻습니다. 행렬 $\mathbf{C}$는 상삼각행렬이므로, $\det(\mathbf{C}) = 1 \times 1 \times 1 = 1$입니다.

[예제 6-12]의 모든 연산과 그 연산에 따른 행렬식을 다음과 같이 일반화할 수 있습니다.

정리 6-9 기본행렬의 행렬식

$\mathbf{E}$가 기본행렬일 때 다음이 성립합니다.

(a) $\mathbf{E}$가 항등행렬 $\mathbf{I}$의 한 행에 0이 아닌 스칼라 k를 곱하여 얻은 행렬이면, $\det(\mathbf{E}) = k$입니다. ([예제 6-12]의 행렬 $\mathbf{A}$)

(b) $\mathbf{E}$가 항등행렬 $\mathbf{I}$의 한 행에 스칼라곱을 한 다음 다른 행에 더하여 얻은 행렬이면, $\det(\mathbf{E}) = 1$입니다. ([예제 6-12]의 행렬 $\mathbf{C}$)

(c) $\mathbf{E}$가 항등행렬 $\mathbf{I}$의 두 행을 교환하여 얻은 행렬이면, $\det(\mathbf{E}) = -1$입니다. ([예제 6-12]의 행렬 $\mathbf{B}$)

증명

(a) 항등행렬의 한 행에 0이 아닌 스칼라 k를 곱하면 주대각 성분 중 하나는 k이고 나머지는 모두 1인 대각행렬을 얻습니다. 따라서 다음이 성립한다.

$$\det(\mathbf{E}) = 1 \times 1 \times \cdots \times k \times 1 \times \cdots \times 1 = k$$

(b) 항등행렬의 한 행에 스칼라곱을 한 다음 다른 행에 더하면, 삼각행렬 $\mathbf{E} = \begin{pmatrix} 1 & k & 0 \\ 0 & \ddots & \vdots \\ 0 & \cdots & 1 \end{pmatrix}$ 또는 $\mathbf{E} = \begin{pmatrix} 1 & 0 & 0 \\ 0 & \ddots & \vdots \\ 0 & k & 1 \end{pmatrix}$을 얻습니다. [정리 6-8]에 의하면 삼각행렬의 행렬식은 주대각 성분의 곱이므로 $\det(\mathbf{E}) = 1$입니다. 왜냐하면 $\mathbf{E}$는 주대각 성분이 모두 1인 삼각행렬이므로 다음과 같이 계산되기 때문입니다.

$$\det(\mathbf{E}) = 1 \times 1 \times 1 \times \cdots \times 1 = 1$$

(c) 두 행(또는 열)을 서로 교환한 경우를 증명해야 합니다. 이는 귀납법으로 증명해야 하므로 좀 더 복잡합니다. 귀납법 3단계를 다시 떠올려봅시다.

> [1단계] $n=1$ 또는 $n=2$ (또는 $n=k_0$)와 같이 가장 간단한 경우를 증명합니다.
>
> [2단계] $n=k$일 때, 참이라고 가정합니다.
>
> [3단계] $n=k+1$인 경우를 증명합니다.

[1단계] $n=2$에 대한 결과를 먼저 증명합니다. 즉, 2×2 기본행렬에 대하여 증명해봅시다.

$$\begin{aligned}\det(\mathbf{E}) &= \det\begin{pmatrix} 0 & 1 \\ 1 & 0 \end{pmatrix} \quad [\mathbf{I}_2\text{의 행을 서로 교환}] \\ &= 0 - 1 = -1\end{aligned}$$

따라서 2×2 항등행렬의 두 행을 바꾸면 행렬식은 -1입니다.

[2단계] $n=k$일 때, 참이라고 가정합니다. 즉, i행과 j행을 서로 교환한 $k \times k$ 기본행렬 $\mathbf{E}_k$에 대하여 다음이 성립합니다.

$$\det(\mathbf{E}_k) = -1 \qquad (\dagger)$$

[3단계] $n=k+1$일 때, 이 결과가 성립함을 증명해야 합니다. $\mathbf{E}_{k+1}$이 항등행렬의 i행과 j행을 서로 교환한 $(k+1) \times (k+1)$ 기본행렬이라고 합시다.

$$\mathbf{E}_{k+1} = \begin{pmatrix} 1 & 0 & \cdots & \cdots & \cdots & \cdots & 0 \\ \vdots & \ddots & \vdots & \vdots & \vdots & \vdots & \vdots \\ 0 & \cdots & 0 & \cdots & 1 & 0 & \vdots \\ \vdots & \vdots & 0 & 1 & 0 & \vdots & \vdots \\ 0 & \cdots & 1 & 0 & 0 & \vdots & \vdots \\ \vdots & \vdots & 0 & \vdots & \vdots & 1 & \vdots \\ 0 & \cdots & \cdots & \cdots & \cdots & \cdots & 1 \end{pmatrix} \begin{matrix} \\ \\ \longleftarrow i\text{행} \\ \\ \longleftarrow j\text{행} \\ \\ \\ \end{matrix}$$

이 행렬의 행렬식을 구하기 위해 $k(k \neq i,\ k \neq j)$행을 따라 전개할 수 있습니다. k행에서 주대각 성분의 성분 e_{kk}는 1이지만 나머지는 모두 0입니다. 그러므로 행렬 $\mathbf{E}_{k+1}$의 행렬식은 다음과 같습니다.

$$\det(\mathbf{E}_{k+1}) = (-1)^{k+k}\det(\mathbf{E}_k) \qquad (*)$$

? 왜 그럴까요?

성분 e_{kk}를 포함하는 행과 열을 제거한 나머지 행렬은 i행과 j행을 교환한 $k\times k$ 기본행렬, 즉 $\mathbf{E}_k$이기 때문입니다.

? E_k의 행렬식은 무엇인가요?

식 (†)에 의하여 $\det(\mathbf{E}_k) = -1$입니다. 이를 식 (*)에 대입하면 다음과 같습니다.

$$\begin{aligned}\det(\mathbf{E}_{k+1}) &= (-1)^{k+k}(-1)\\ &= (-1)^{2k}(-1) = -1 \qquad [(-1)^{2k}=1]\end{aligned}$$

이로써 두 행을 교환한 $(k+1)\times(k+1)$ 기본행렬의 행렬식이 -1임을 증명했습니다. 그러므로 수학적 귀납법에 의하여 $\mathbf{E}$가 항등행렬 $\mathbf{I}$의 두 행을 교환하여 얻은 기본행렬이면 $\det(\mathbf{E}) = -1$입니다. ■

기본행렬의 행렬식을 구하기 위하여 [정리 6-9]를 사용할 수 있다는 점에 주목합시다. [정리 6-9]를 요약하면 기본행렬 $\mathbf{E}$의 행렬식은 다음과 같습니다.

$$\det(\mathbf{E}) = \begin{cases} 1, & \text{한 행의 스칼라곱을 다른 행에 더한 경우} \\ -1, & \text{두 행을 서로 교환한 경우} \\ k, & \text{한 행에 0이 아닌 스칼라 } k\text{를 곱한 경우} \end{cases} \qquad (6.7)$$

따라서 기본행렬의 행렬식은 오직 세 가지 값, 즉 $1,\ -1,\ k(\neq 0)$만 가집니다.

6.3.4 일반적인 행렬의 행렬식 성질

앞에서는 기본행렬로 제한하여 행렬식의 성질을 살펴보았습니다. 이번에는 일반적인 행렬을 다루면서 그 결과가 동일함을 보이겠습니다.

[정리 6-9] 또는 식 (6.7)을 다음과 같이 임의의 정사각행렬 $\mathbf{A}$로 확장할 수 있습니다.

정리 6-10 기본 행 연산과 행렬식

행렬 B가 정사각행렬 A에 다음 기본 행 연산을 적용한 행렬이라 합시다.

(a) 행렬 B가 행렬 A의 한 행에 스칼라를 곱하여 다른 행에 더한 행렬이면, $\det(\mathbf{B}) = \det(\mathbf{A})$입니다.

(b) 행렬 B가 행렬 A의 두 행을 서로 교환한 행렬이면, $\det(\mathbf{B}) = -\det(\mathbf{A})$입니다.

(c) 행렬 B가 행렬 A의 한 행에 0이 아닌 스칼라 k를 곱한 행렬이면, $\det(\mathbf{B}) = k\det(\mathbf{A})$입니다.

증명

(c)는 앞에서 제시한 [정리 6-6]입니다. (a), (b)는 6.3절 [연습문제 14]에서 증명합니다. ■

이 정리를 다음 결과로 요약할 수 있습니다.

$$\det(\mathbf{B}) = \begin{cases} \det(\mathbf{A}), & \text{한 행의 스칼라곱을 다른 행에 더한 경우} \\ -\det(\mathbf{A}), & \text{두 행을 서로 교환한 경우} \\ k\det(\mathbf{A}), & \text{한 행에 0이 아닌 스칼라 } k\text{를 곱한 경우} \end{cases} \tag{6.8}$$

식 (6.8)을 사용하면 다음 예제와 같이 행렬식을 계산하는 데 필요한 산술 과정을 줄일 수 있습니다.

예제 6-13 다음 행렬의 행렬식을 구해보세요.

$$\mathrm{A} = \begin{pmatrix} \frac{1}{23} & -\frac{2}{23} & 1 \\ \frac{1}{2} & \frac{1}{6} & \frac{5}{6} \\ \frac{1}{11} & \frac{3}{11} & -\frac{1}{11} \end{pmatrix}$$

풀이

이 행렬의 행렬식을 구하려면 어떻게 해야 할까요? 한 행을 따라 전개하는 것은 분수 형태의 성분 때문에 매우 지루한 작업이 될 수 있습니다. 1행에 23, 2행에 6, 3행에 11을 각각 곱하여 좀 더 간단한 행렬 B를 만들 수 있습니다.

새로운 행렬 B의 행렬식은 행렬 A의 행렬식과 어떤 관련이 있을까요? 식 (6.8)에 의하여 한 행에 0이 아닌 스칼라 k를 곱하면 $\det(\mathbf{B}) = k\det(\mathbf{A})$입니다. 각 행에 곱한 23, 6, 11을 정리하여 나타내면 다음과 같습니다.

$$(23 \times 6 \times 11)\det(\mathbf{A}) = \det(\mathbf{B}) = \det\begin{pmatrix} 1 & -2 & 23 \\ 3 & 1 & 5 \\ 1 & 3 & -1 \end{pmatrix} \tag{†}$$

이제 행렬 B의 행렬식을 구하면 다음과 같습니다.

$$\det(\mathbf{B}) = \det\begin{pmatrix} 1 & -2 & 23 \\ 3 & 1 & 5 \\ 1 & 3 & -1 \end{pmatrix} = \det\begin{pmatrix} 1 & 5 \\ 3 & -1 \end{pmatrix} - (-2) \times \det\begin{pmatrix} 3 & 5 \\ 1 & -1 \end{pmatrix} + 23 \times \det\begin{pmatrix} 3 & 1 \\ 1 & 3 \end{pmatrix}$$
$$= (-1-15) + 2 \times (-3-5) + 23 \times (9-1)$$
$$= -16 - 16 + 184 = 152$$

행렬 B의 각 성분이 정수이므로 행렬 B의 행렬식을 계산하는 것이 행렬 A의 행렬식을 계산하는 것보다 훨씬 쉽습니다. 분수보다는 정수를 다루는 게 더 좋습니다. $\det(\mathbf{B}) = 152$를 식 (†)에 대입하면 다음과 같습니다.

$$(23 \times 6 \times 11)\det(\mathbf{A}) = \det(\mathbf{B}) = 152$$
$$\det(\mathbf{A}) = \frac{152}{23 \times 6 \times 11} = \frac{152}{1518} = \frac{76}{759}$$

따라서 $\det(\mathbf{A}) = \dfrac{76}{759}$입니다. 계산이 끝날 때까지 분수가 나오지 않아 계산이 훨씬 쉬웠습니다.

6.3.5 큰 행렬의 행렬식 성질

[정리 6-8]은 삼각행렬의 행렬식이 주대각 성분의 곱임을 나타냅니다. 이는 어떤 큰 행렬을 삼각행렬이나 대각행렬로 변환하기 위하여 기본 행 연산을 사용할 수 있다면, 행렬식 계산은 주대각 성분의 곱을 찾는 단순한 문제가 됨을 의미합니다. 다음 두 예제에서 행 연산을 이용한 행렬식(determinant by row operation)을 확인할 수 있습니다.

예제 6-14 기본 행 연산을 이용하여 다음 4×4 행렬의 행렬식을 구해보세요.

$$\mathbf{A} = \begin{pmatrix} \boxed{1} & 2 & 2 & 4 \\ 7 & \boxed{8} & 3 & 0 \\ 3 & 2 & \boxed{0} & 0 \\ 1 & 0 & 0 & \boxed{0} \end{pmatrix}$$

풀이

행렬 A를 삼각행렬로 변환할 수 있을까요? 기본 행 연산을 사용하여 변환할 수 있습니다. 주어진 행렬 A는 주대각선을 기준으로 양쪽 모두에 0이 아닌 성분이 있으므로 삼각행렬이 아닙니다. 따라서 1장에서 다룬 기본 행 연산과 관련한 내용을 상기할 필요가 있습니다. 행렬 A를 어떻게 삼각행렬로 변환할 수 있을까요? 먼저 행렬 A의 행을 구분하여 명명하고 기본 행 연산을 적용합니다.

$$\begin{matrix} R_1 \\ R_2 \\ R_3 \\ R_4 \end{matrix} \begin{pmatrix} 1 & 2 & 2 & 4 \\ 7 & 8 & 3 & 0 \\ 3 & 2 & 0 & 0 \\ 1 & 0 & 0 & 0 \end{pmatrix}$$

1행 R_1과 4행 R_4를 바꾸고, 2행 R_2와 3행 R_3를 바꾸면 다음과 같습니다.

$$\begin{matrix} R_4 \\ R_3 \\ R_2 \\ R_1 \end{matrix} \begin{pmatrix} \boxed{1} & 0 & 0 & 0 \\ 3 & \boxed{2} & 0 & 0 \\ 7 & 8 & \boxed{3} & 0 \\ 1 & 2 & 2 & \boxed{4} \end{pmatrix}$$

이 행렬의 행렬식은 무엇인가요? 하삼각행렬이므로 행렬식은 주대각 성분의 곱입니다. 즉, $1\times2\times3\times4=24$입니다. 주어진 행렬 $\mathbf{A}$의 행렬식은 무엇인가요? 두 번째 행렬은 행렬 $\mathbf{A}$의 R_1과 R_4, R_2와 R_3를 교환하여 만든 행렬입니다. 행을 교환하는 것이 행렬식에 어떤 영향을 주나요? 식 (6.8)에서 두 행을 교환한 경우의 결과는 $\det(\mathbf{B})=-\det(\mathbf{A})$였음을 기억합시다. 따라서 두 행의 위치를 바꿨다면 행렬식에 -1을 곱합니다. 행의 위치를 두 번 바꿨으므로 행렬 $\mathbf{A}$의 행렬식은 다음과 같습니다.

$$(-1)(-1)\times\det(\mathbf{A})=24 \quad\Rightarrow\quad \det(\mathbf{A})=24$$

행 교환이 이루어질 때마다 행렬식에 -1을 곱합니다. 이는 4×4 행렬 $\mathbf{A}$의 행이나 열을 따라 전개하는 것보다 훨씬 더 간단합니다.

예제 6-15 다음 행렬의 행렬식을 구해보세요.

$$\mathbf{A}=\begin{pmatrix} 5 & 1 & 1 & 1 & 1 \\ 1 & 5 & 1 & 1 & 1 \\ 5 & 1 & 5 & 1 & 1 \\ 1 & 5 & 1 & 5 & 1 \\ 5 & 1 & 5 & 1 & 5 \end{pmatrix}$$

풀이

5×5 행렬의 행렬식을 구하기 위해 행이나 열을 따라 전개하는 것은 지루한 작업이 될 겁니다. 따라서 이 행렬을 삼각행렬로 변환하고, 변환된 삼각행렬의 행렬식을 구하는 것을 목표로 하겠습니다. 행렬 $\mathbf{A}$의 행을 구분하여 명명하면 다음과 같습니다.

$$\begin{matrix} R_1 \\ R_2 \\ R_3 \\ R_4 \\ R_5 \end{matrix} \begin{pmatrix} 5 & 1 & 1 & 1 & 1 \\ 1 & 5 & 1 & 1 & 1 \\ 5 & 1 & 5 & 1 & 1 \\ 1 & 5 & 1 & 5 & 1 \\ 5 & 1 & 5 & 1 & 5 \end{pmatrix}$$

다음과 같이 기본 행 연산을 수행합니다.

$$\begin{matrix} R_1 \\ R_2^*=R_2-R_1 \\ R_3^*=R_3-R_1 \\ R_4^*=R_4-R_2 \\ R_5^*=R_5-R_3 \end{matrix} \begin{pmatrix} 5 & 1 & 1 & 1 & 1 \\ -4 & 4 & 0 & 0 & 0 \\ 0 & 0 & 4 & 0 & 0 \\ 0 & 0 & 0 & 4 & 0 \\ 0 & 0 & 0 & 0 & 4 \end{pmatrix}$$

기본 행 연산 $5R_2^*$를 수행하면 다음과 같습니다.

$$\begin{matrix} R_1 \\ R_2^{**} = 5R_2^* \\ R_3^* \\ R_4^* \\ R_5^* \end{matrix} \begin{pmatrix} 5 & 1 & 1 & 1 & 1 \\ -20 & 20 & 0 & 0 & 0 \\ 0 & 0 & 4 & 0 & 0 \\ 0 & 0 & 0 & 4 & 0 \\ 0 & 0 & 0 & 0 & 4 \end{pmatrix}$$

기본 행 연산 $R_2^{**} + 4R_1$을 수행하면 다음과 같습니다.

$$\begin{matrix} R_1 \\ R_2^{**} + 4R_1 \\ R_3^* \\ R_4^* \\ R_5^* \end{matrix} \begin{pmatrix} 5 & 1 & 1 & 1 & 1 \\ 0 & 24 & 4 & 4 & 4 \\ 0 & 0 & 4 & 0 & 0 \\ 0 & 0 & 0 & 4 & 0 \\ 0 & 0 & 0 & 0 & 4 \end{pmatrix} = \mathbf{B}$$

마지막 행렬 $\mathbf{B}$의 행렬식은 무엇인가요? $\mathbf{B}$는 상삼각행렬이므로 행렬식은 주대각 성분의 곱입니다. 즉, $\det(\mathbf{B}) = 5 \times 24 \times 4 \times 4 \times 4 = 7680$입니다. 주어진 행렬 $\mathbf{A}$의 행렬식은 무엇인가요? 기본 행 연산 $5R_2^*$를 제외한 모든 행 연산이 행렬식의 변화에 영향을 주지 않았습니다. 왜 그럴까요? 식 (6.8)에 의하면 한 행에 스칼라를 곱하여 다른 행에 더한 행렬은 처음 행렬의 행렬식과 같기 때문입니다. 즉, $\det(\mathbf{B}) = \det(\mathbf{A})$입니다.

기본 행 연산 $5R_2^*$는 행렬식을 어떻게 변화시켰나요? 식 (6.8)에 의하여 0이 아닌 스칼라 k를 한 행에 곱하면 $\det(\mathbf{B}) = k\det(\mathbf{A})$입니다. 그러므로 위 행렬식 $\det(\mathbf{B}) = 7680$은 $5 \times \det(\mathbf{A})$와 같으므로 다음 결과를 얻습니다.

$$5 \times \det(\mathbf{A}) = 7680 \quad \Rightarrow \quad \det(\mathbf{A}) = \frac{7680}{5} = 1536$$

일반적으로 4×4 행렬 또는 그보다 더 큰 행렬의 행렬식을 구할 때에는 이 행렬을 삼각행렬로 변환하여 행렬식을 구하는 것이 훨씬 더 쉽습니다. 삼각행렬로 변환하기 위하여 앞의 예제에서 다룬 기본 행 연산을 적용합니다.

6.3.6 행렬의 더 많은 성질

정리 6-11 기본행렬 곱의 행렬식

기본행렬 $\mathbf{E}$와 임의의 정사각행렬 $\mathbf{A}$에 대하여 다음이 성립합니다.

$$\det(\mathbf{EA}) = \det(\mathbf{E})\det(\mathbf{A}) \quad (\mathbf{EA} \text{ 연산 가능})$$

[정리 6-11]은 무엇을 의미할까요?

행렬 $\mathbf{E}$와 $\mathbf{A}$의 행렬식을 각각 구하여 두 스칼라 $\det(\mathbf{E})$와 $\det(\mathbf{A})$를 곱하면 $\det(\mathbf{EA})$를 구할 수 있음을 의미합니다.

증명

세 가지 기본행렬의 경우를 나누어 증명하겠습니다.

경우 1 : $\mathbf{E}$가 항등행렬의 한 행에 스칼라를 곱하여 다른 행에 더한 기본행렬이라 합시다. 1장에서 $\mathbf{EA}$는 행렬 $\mathbf{A}$의 한 행에 스칼라를 곱하여 다른 행에 더하는 기본 행 연산과 동일함을 배웠습니다. 식 (6.8)에 의하면 한 행의 스칼라곱을 다른 행에 더하면 $\det(\mathbf{B}) = \det(\mathbf{A})$입니다. 그러면 다음이 성립합니다.

$$\det(\mathbf{EA}) = \det(\mathbf{A})$$

식 (6.7)에 의하여 한 행의 스칼라곱을 다른 행에 더하면 $\det(\mathbf{E}) = 1$입니다. 따라서 다음이 성립합니다.

$$\begin{aligned}\det(\mathbf{EA}) &= \det(\mathbf{A}) \\ &= 1 \times \det(\mathbf{A}) = \det(\mathbf{E}) \times \det(\mathbf{A})\end{aligned}$$

따라서 이 경우에 $\det(\mathbf{EA}) = \det(\mathbf{E})\det(\mathbf{A})$가 성립합니다.

경우 2 : $\mathbf{E}$가 항등행렬의 한 행에 0이 아닌 스칼라 k를 곱한 기본행렬이라 합시다. 식 (6.7)에 의하여 한 행에 0이 아닌 스칼라 k를 곱하면 $\det(\mathbf{E}) = k$입니다. 행렬 곱 $\mathbf{EA}$는 행렬 $\mathbf{A}$의 한 행에 스칼라 k를 곱하는 기본 행 연산과 동일함을 알고 있습니다. 식 (6.8)에 의하여 한 행에 0이 아닌 스칼라 k를 곱하면 $\det(\mathbf{EA}) = k\det(\mathbf{A})$입니다.

$$\det(\mathbf{EA}) = \underbrace{k}_{=\det(\mathbf{E})}\det(\mathbf{A}) = \det(\mathbf{E})\det(\mathbf{A})$$

이로써 $\det(\mathbf{EA}) = \det(\mathbf{E})\det(\mathbf{A})$의 두 번째 경우를 증명하였습니다.

경우 3 : $\mathbf{E}$가 두 행을 서로 교환한 기본행렬인 경우는 직접 증명해보세요. ■

> **정리 6-12 기본행렬 곱의 행렬식**
>
> $\mathbf{E}_1, \mathbf{E}_2, \cdots, \mathbf{E}_k$는 기본행렬이고 $\mathbf{B}$가 기본행렬과 동일한 크기의 정사각행렬일 때 다음이 성립합니다.
>
> $$\det(\mathbf{E}_1\mathbf{E}_2\cdots\mathbf{E}_k\mathbf{B}) = \det(\mathbf{E}_1)\det(\mathbf{E}_2)\cdots\det(\mathbf{E}_k)\det(\mathbf{B})$$

증명

6.3절 [연습문제 17]에서 증명합니다. ■

다음으로 가역행렬(비특이행렬)을 확인하는 중요한 정리를 증명하겠습니다.

정리 6-13 가역행렬의 동치 명제

정사각행렬 $\mathbf{A}$는 가역행렬입니다(역행렬을 가집니다). $\Leftrightarrow$ $\det(\mathbf{A}) \neq 0$

? 이 정리는 무엇을 의미하나요?

행렬 $\mathbf{A}$가 가역행렬이면 $\mathbf{A}$의 행렬식은 0이 아님을 의미합니다. 반대로 행렬식이 0이 아니면 행렬 $\mathbf{A}$는 가역행렬(비특이행렬)입니다. 양쪽이 다 성립합니다.

? 이 결과를 어떻게 증명해야 할까요?

($\Rightarrow$) 우선 행렬 $\mathbf{A}$가 가역행렬이라 가정하고, 이 가정이 $\det(\mathbf{A}) \neq 0$을 유도함을 증명합니다.

($\Leftarrow$) $\det(\mathbf{A}) \neq 0$이라 가정하고 행렬 $\mathbf{A}$가 가역행렬임을 증명합니다.

증명

($\Rightarrow$) 행렬 $\mathbf{A}$가 가역행렬이라고 가정합니다. 1장의 [정리 1-10(d)]에 의하여 기본행렬의 곱으로 표현한 행렬 $\mathbf{A}$를 얻을 수 있습니다. 즉, 행렬 $\mathbf{A}$를 다음과 같이 나타낼 수 있습니다.

$$\mathbf{A} = \mathbf{E}_1\mathbf{E}_2\mathbf{E}_3\cdots\ \mathbf{E}_k \quad (\mathbf{E}_1,\ \mathbf{E}_2,\ \mathbf{E}_3,\ \cdots,\ \mathbf{E}_k\text{는 기본행렬})$$

그러면 [정리 6-12]의 $\det(\mathbf{E}_1\mathbf{E}_2\mathbf{E}_3\cdots\ \mathbf{E}_k\mathbf{B}) = \det(\mathbf{E}_1)\det(\mathbf{E}_2)\det(\mathbf{E}_3)\cdots\ \det(\mathbf{E}_k)\det(\mathbf{B})$에 의하여 다음과 같이 나타낼 수 있습니다.

$$\begin{aligned}\det(\mathbf{A}) &= \det(\mathbf{E}_1\mathbf{E}_2\mathbf{E}_3\cdots\ \mathbf{E}_k)\\ &= \det(\mathbf{E}_1)\det(\mathbf{E}_2)\det(\mathbf{E}_3)\cdots\ \det(\mathbf{E}_k)\end{aligned}$$

식 (6.7)에 의하여 기본행렬의 행렬식은 오직 1, -1, $k(\neq 0)$만 될 수 있습니다. 0이 아닌 실수의 곱 $\det(\mathbf{E}_1)\times\det(\mathbf{E}_2)\times\cdots\times\det(\mathbf{E}_k)$는 0일 수 없습니다. 따라서 $\det(\mathbf{A}) \neq 0$입니다.

($\Leftarrow$) $\det(\mathbf{A}) \neq 0$이라고 가정하면 [정리 6-4]에 의하여 $\mathbf{A}^{-1} = \dfrac{1}{\det(\mathbf{A})}\operatorname{adj}(\mathbf{A})$입니다. 이는 행렬 $\mathbf{A}$가 역행렬을 갖는다는 의미이기에 $\mathbf{A}$는 가역행렬입니다. ■

이 결과는 행렬 $\mathbf{A}$가 가역행렬인 사실이 $\det(\mathbf{A}) \neq 0$과 동치임을 의미합니다. 이를 1장의 [정리 1-16]에서 언급한 연립일차방정식 해의 유일성 문제와 연결하여 이야기할 수 있습니다. 즉, 다음과 같이 나타낼 수 있습니다.

정리 6-14 행렬식과 연립일차방정식 해의 유일성

연립일차방정식 $\mathbf{Ax} = \mathbf{b}$의 해는 유일합니다. $\Leftrightarrow$ $\det(\mathbf{A}) \neq 0$

[정리 6-11]을 다음 정리와 같이 동일한 크기의 두 정사각행렬로 확장할 수 있습니다.

정리 6-15 행렬 곱의 행렬식

행렬 $\mathbf{A}$, $\mathbf{B}$가 동일한 크기의 정사각행렬이면 다음이 성립합니다.

$$\det(\mathbf{AB}) = \det(\mathbf{A})\det(\mathbf{B})$$

이 결과는 변환을 조사하여 확인할 수 있습니다. 두 변환 $T(\mathbf{x}) = \mathbf{Ax}$, $S(\mathbf{x}) = \mathbf{Bx}$를 생각해봅시다. 변환 S는 $\det(\mathbf{B})$로 부피(2×2 행렬인 경우에는 넓이)를 변화시키고, 변환 T는 $\det(\mathbf{A})$로 부피(2×2 행렬인 경우에는 넓이)를 변화시킵니다. 합성변환 $(T \circ S)(\mathbf{x}) = \mathbf{AB}(\mathbf{x})$는 먼저 $\det(\mathbf{B})$를 사용해 부피를 변화시킨 다음에 $\det(\mathbf{A})$를 사용해 부피를 변화시킵니다. 따라서 변화한 전체 부피는 $\det(\mathbf{B}) \times \det(\mathbf{A})$입니다. 따라서 다음과 같이 나타낼 수 있습니다.

$$\det(\mathbf{AB}) = \det(\mathbf{A})\det(\mathbf{B})$$

증명

행렬 $\mathbf{A}$에 대한 두 가지 경우를 고려하겠습니다. 첫 번째는 행렬 $\mathbf{A}$가 역행렬을 가지는 가역행렬인 경우이고, 두 번째는 행렬 $\mathbf{A}$가 비가역행렬인 경우입니다.

경우 1 : 행렬 $\mathbf{A}$가 가역행렬이라고 가정합니다. 그러면 [정리 1-10(d)]에 의하여 행렬 $\mathbf{A}$는 기본행렬의 곱입니다. 이를 다음과 같이 나타낼 수 있습니다.

$$\mathbf{A} = \mathbf{E}_1\mathbf{E}_2\mathbf{E}_3 \cdots \mathbf{E}_k \quad (\mathbf{E}_1,\ \mathbf{E}_2,\ \mathbf{E}_3,\ \cdots,\ \mathbf{E}_k\text{는 기본행렬})$$

그러면 다음이 성립합니다.

$$\begin{aligned}\det(\mathbf{AB}) &= \det(\mathbf{E}_1\mathbf{E}_2\mathbf{E}_3\cdots\mathbf{E}_k\mathbf{B}) \\ &= \det(\mathbf{E}_1)\det(\mathbf{E}_2)\det(\mathbf{E}_3)\cdots\det(\mathbf{E}_k)\det(\mathbf{B}) \quad \text{[[정리 6-12]에 의해]} \\ &= \det(\underbrace{\mathbf{E}_1\mathbf{E}_2\mathbf{E}_3\cdots\mathbf{E}_k}_{=\mathbf{A}})\det(\mathbf{B}) = \det(\mathbf{A})\det(\mathbf{B})\end{aligned}$$

경우 2 : 행렬 $\mathbf{A}$가 비가역행렬이라고 가정합니다. 그러면 [정리 6-13]에 의하여 $\det(\mathbf{A}) = 0$입

$\mathbf{A}$가 비가역행렬이므로 행렬 곱 $\mathbf{AB}$도 비가역행렬입니다.

? 왜 그럴까요?

[정리 1-8]에 의하여 $(\mathbf{AB})^{-1} = \mathbf{B}^{-1}\mathbf{A}^{-1}$이기 때문입니다. $\mathbf{AB}$는 비가역행렬이므로 d

따라서 다음과 같은 결과를 얻을 수 있습니다.

$$\det(\mathbf{AB}) = \det(\mathbf{A})\det(\mathbf{B}) \quad [\det(\mathbf{A}) = 0,\ \det(\mathbf{AB}) = 0]$$

다시 [정리 6-15]의 결과를 n개의 정사각행렬로 확장하면 다음과 같은 정리를 얻을 수 있습니다.

정리 6-16 행렬 곱의 행렬식

$\mathbf{A}_1$, $\mathbf{A}_2$, $\mathbf{A}_3$, $\cdots$, $\mathbf{A}_n$이 동일한 크기의 정사각행렬이면 다음이 성립합니다.

$$\det(\mathbf{A}_1\mathbf{A}_2\cdots\ \mathbf{A}_n) = \det(\mathbf{A}_1)\det(\mathbf{A}_2)\ \cdots\ \det(\mathbf{A}_n)$$

증명

6.3절 [연습문제 18]에서 증명합니다. ■

? 이 결과는 어떻게 사용될까요?

$\det(\mathbf{A}_1\mathbf{A}_2\cdots\ \mathbf{A}_n) = \det(\mathbf{A}_1)\det(\mathbf{A}_2)\ \cdots\ \det(\mathbf{A}_n)$을 알면 행렬 $\mathbf{A}_1\mathbf{A}_2\cdots\ \mathbf{A}_n$이 가역인지 아닌지를 판단할 수 있습니다. 이는 $\mathbf{A}_1$, $\mathbf{A}_2$, $\cdots$, $\mathbf{A}_n$을 곱한 뒤에 가역성을 판단하는 것보다 훨씬 더 빠릅니다.

일반적으로 [정리 6-15]의 성질을 갖는 함수를 **곱셈적 함수**(multiplicative function)라고 합니다. 수학에서 함수 f가 $f(xy)=f(x)f(y)$를 만족하면 f를 '곱셈적'이라고 합니다. 행렬식은 곱셈적 함수의 한 예입니다. 다른 예로는 제곱근함수가 있습니다($\sqrt{ab}=\sqrt{a}\ \sqrt{b}$).

정리 6-17 역행렬의 행렬식

$\mathbf{A}$가 가역행렬(비특이행렬)이면, $\det(\mathbf{A}^{-1}) = \dfrac{1}{\det(\mathbf{A})}$입니다.

증명

6.3절 [연습문제 15]에서 증명합니다. ■

핵심요약

- 삼각행렬 또는 대각행렬의 행렬식은 주대각 성분의 곱입니다.
- 행렬 $\mathbf{B}$가 정사각행렬 $\mathbf{A}$에 기본 행 연산을 적용한 행렬일 때, 다음이 성립합니다.

$$\det(\mathbf{B}) = \begin{cases} \det(\mathbf{A}), \text{ 한 행의 스칼라곱을 다른 행에 더한 경우} \\ -\det(\mathbf{A}), \text{ 두 행을 서로 교환한 경우} \\ k\det(\mathbf{A}), \text{ 한 행에 0이 아닌 스칼라 } k\text{를 곱한 경우} \end{cases} \quad (6.8)$$

- $\mathbf{A}$와 $\mathbf{B}$가 크기가 같은 정사각행렬이면, $\det(\mathbf{AB}) = \det(\mathbf{A})\det(\mathbf{B})$입니다.
- 정사각행렬 $\mathbf{A}$는 가역행렬입니다. $\Leftrightarrow$ $\mathbf{A}$의 행렬식은 0이 아닙니다.

6.3 연습문제

01 다음 행렬의 행렬식을 구해보세요.

(a) $\mathbf{A}=\begin{pmatrix}1 & 0 & 0\\0 & -10 & 0\\0 & 0 & 1\end{pmatrix}$ (b) $\mathbf{B}=\begin{pmatrix}1 & 0 & 0\\0 & 0 & 1\\0 & 1 & 0\end{pmatrix}$

(c) $\mathbf{C}=\begin{pmatrix}1 & 0 & 0\\0 & 1 & 1\\0 & 0 & 1\end{pmatrix}$ (d) $\mathbf{D}=\begin{pmatrix}0 & 0 & 0 & 1\\0 & 1 & 0 & 0\\0 & 0 & 1 & 0\\1 & 0 & 0 & 0\end{pmatrix}$

(e) $\mathbf{E}=\begin{pmatrix}1 & 0 & 0 & 0\\0 & 1 & 0 & 0\\0 & 0 & -0.6 & 0\\0 & 0 & 0 & 1\end{pmatrix}$

(f) $\mathbf{F}=\begin{pmatrix}1 & 0 & 0 & 0\\0 & 1 & -7 & 0\\0 & 0 & 1 & 0\\0 & 0 & 0 & 1\end{pmatrix}$

02 다음 행렬의 행렬식을 구해보세요.

(a) $\mathbf{A}=\begin{pmatrix}1 & 0 & 0\\0 & 2 & 0\\0 & 0 & 3\end{pmatrix}$ (b) $\mathbf{B}=\begin{pmatrix}1 & -1 & 7\\0 & 2 & 9\\0 & 0 & 3\end{pmatrix}$

(c) $\mathbf{C}=\begin{pmatrix}-2 & 0 & 0\\-98 & -3 & 0\\67 & 17 & 1\end{pmatrix}$

(d) $\mathbf{D}=\begin{pmatrix}1 & -3 & 5 & 9\\0 & -3 & 67 & 9\\0 & 0 & 8 & 90\\0 & 0 & 0 & 3\end{pmatrix}$

(e) $\mathbf{E}=\begin{pmatrix}10 & 0 & 0 & 0\\0 & 20 & 0 & 0\\0 & 0 & 30 & 0\\0 & 0 & 0 & 40\end{pmatrix}$

(f) $\mathbf{F}=\begin{pmatrix}-9 & 0 & 0 & 0\\67 & 3 & 0 & 0\\67 & 57 & 7 & 0\\23 & 78 & 6 & 5\end{pmatrix}$

(g) $\mathbf{G}=\begin{pmatrix}1 & 0 & 0\\2 & 2 & 0\\-5 & 3 & 4\\9 & -8 & 1\end{pmatrix}$

03 다음 행렬의 행렬식을 구해보세요.

(a) $\mathbf{A}=\begin{pmatrix}\alpha & -\beta & \delta\\0 & \beta & -\alpha\\0 & 0 & \gamma\end{pmatrix}$

(b) $\mathbf{B}=\begin{pmatrix}\sin\theta & 0 & 0\\1 & \cos\theta & 0\\-2 & \sin\theta & 2\end{pmatrix}$

(c) $\mathbf{C}=\begin{pmatrix}x & y & z\\0 & y & 0\\0 & 0 & z\end{pmatrix}$

04 다음 행렬이 비가역행렬(특이행렬)이 되도록 만드는 x의 값을 구해보세요.

$$\mathbf{A}=\begin{pmatrix}1 & 2 & x\\3 & x & 4\\5 & 5 & x\end{pmatrix}$$

05 다음 행렬의 행렬식을 구해보세요.

(a) $\mathbf{A}=\begin{pmatrix}0 & 0 & 0 & 9\\0 & 1 & 4 & 5\\0 & 0 & 3 & 5\\1 & 2 & 3 & 4\end{pmatrix}$ (b) $\mathbf{A}=\begin{pmatrix}1 & 2 & 3 & 4\\1 & 3 & 5 & 6\\1 & 4 & 3 & 7\\1 & 6 & 1 & 9\end{pmatrix}$

(c) $\mathbf{A}=\begin{pmatrix}1 & 2 & 5 & 7\\3 & 6 & 2 & 8\\-1 & -2 & 8 & 7\\-4 & -5 & 1 & 2\end{pmatrix}$

06 다음 행렬의 행렬식을 구해보세요.

(a) $\mathbf{A}=\begin{pmatrix}1 & 1 & 0 & 0 & 1\\-1 & 2 & 0 & 0 & 0\\0 & 0 & 1 & 4 & 16\\0 & 0 & 1 & 5 & 25\\0 & 0 & 1 & 2 & 4\end{pmatrix}$

(b) $\mathbf{A}=\begin{pmatrix}1 & 2 & 3 & 4 & 5\\2 & 5 & 8 & 11 & 1\\7 & 6 & 1 & 9 & 8\\4 & 10 & 16 & 22 & 2\\2 & 3 & 7 & 9 & 5\end{pmatrix}$

07 다음 물음에 답해보세요.

(a) $\det(\mathbf{A}+\mathbf{B}) \neq \det(\mathbf{A})+\det(\mathbf{B})$임을 보이세요.

(b) $\det(\mathbf{u}\ \mathbf{v}\ \mathbf{w}) \neq \det(\mathbf{v}\ \mathbf{u}\ \mathbf{w})$임을 보이세요.

(c) $\det(k\mathbf{A}) \neq k\det(\mathbf{A})$임을 보이세요.
(단, $\mathbf{A}$는 $n\times n$ 행렬, $n\geq 2$)

08 다음 행렬의 행렬식을 구해보세요.

(a) $\mathbf{A}=\begin{pmatrix}\frac{1}{2} & \frac{1}{2} & -\frac{1}{2}\\2 & 3 & 4\\1 & -1 & 1\end{pmatrix}$

(b) $\mathbf{B}=\begin{pmatrix} \frac{1}{2} & \frac{1}{3} & 1 \\ \frac{1}{7} & \frac{2}{21} & \frac{1}{21} \\ \frac{2}{3} & \frac{1}{3} & -\frac{4}{3} \end{pmatrix}$

(c) $\mathbf{C}=\begin{pmatrix} 10 & 20 & -30 \\ -4 & 5 & -6 \\ -70 & 80 & -90 \end{pmatrix}$

09 3×3 행렬 $\mathbf{A}$, $\mathbf{B}$에 대하여 $\det(\mathbf{A})=3$, $\det(\mathbf{B})=-4$일 때, 다음을 구해보세요.

(a) $\det(-2\mathbf{AB})$

(b) $\det(\mathbf{A}^5\mathbf{B}^6)$

힌트 [연습문제 19]를 확인해보세요.

(c) $\det(\mathbf{A}^{-1}\mathbf{B}^{\mathrm{T}})$

10 행렬 $\mathbf{A}=\begin{pmatrix} 1 & 2 \\ 3 & 4 \end{pmatrix}$, $\mathbf{B}=\begin{pmatrix} 5 & 6 \\ 7 & 8 \end{pmatrix}$, $\mathbf{C}=\begin{pmatrix} 9 & 10 \\ 11 & 12 \end{pmatrix}$에 대하여 행렬 $\mathbf{A}\times\mathbf{B}\times\mathbf{C}$가 가역행렬인지 판단해보세요.

11 다음 행렬의 행렬식을 구하지 말고, 각 행렬의 행렬식이 양수인지 음수인지 0인지 판단해보세요.

(a) $\begin{pmatrix} 0 & 0 & 0 & 61 \\ 0 & 89 & 0 & 0 \\ 0 & 0 & 98 & 0 \\ 21 & 0 & 0 & 0 \end{pmatrix}$ (b) $\begin{pmatrix} 2 & 5 & 7 & 8 \\ 7 & 8 & 3 & 1 \\ 12 & 30 & 42 & 48 \\ 10 & 51 & 41 & 44 \end{pmatrix}$

(c) $\begin{pmatrix} 0 & 0 & 25 & 1 \\ 0 & 0 & -5 & 0 \\ 0 & 2 & 0 & 0 \\ 23 & 0 & 0 & 0 \end{pmatrix}$

12 하삼각행렬의 행렬식이 주대각 성분의 곱임을 증명해보세요.

13 대각행렬의 행렬식이 주대각 성분의 곱임을 다음 두 가지 방법으로 증명해보세요.

(a) 귀납법을 사용하여 증명

(b) 귀납법을 사용하지 않고 증명

14 [정리 6-10]의 (a), (b)를 증명해보세요.

15 [정리 6-17]을 증명해보세요.

16 다음을 증명해보세요.

> $\mathbf{A}$는 가역행렬(비특이행렬)입니다.
> $\Leftrightarrow$ 행렬 곱 $\mathbf{A}^{\mathrm{T}}\mathbf{A}$는 가역행렬(비특이행렬)입니다.

17 [정리 6-12]를 증명해보세요.

18 [정리 6-16]을 증명해보세요.

19 $\det(\mathbf{A}^n)=\{\det(\mathbf{A})\}^n$임을 증명해보세요. (단, $\mathbf{A}$는 정사각행렬)

20 $\mathbf{A}$, $\mathbf{B}$가 정사각행렬일 때, $\det(\mathbf{AB})=\det(\mathbf{BA})$임을 증명해보세요.

21 정사각행렬 $\mathbf{A}$가 $\mathbf{A}^{\mathrm{T}}\mathbf{A}=\mathbf{I}$를 만족할 때($\mathbf{A}$는 직교행렬), $\det(\mathbf{A})=\pm 1$임을 증명해보세요. (단, $\mathbf{I}$는 항등행렬)

22 $\mathbf{A}$가 가역행렬일 때, $\det((\mathbf{A}^{\mathrm{T}})^{-1})=\dfrac{1}{\det(\mathbf{A})}$임을 증명해보세요.

23 $\mathbf{A}$가 한 행의 스칼라곱인 다른 행을 포함하는 행렬이라 할 때, $\det(\mathbf{A})=0$임을 증명해보세요.

24 두 행렬 $\mathbf{A}$, $\mathbf{B}$에 대하여 $\mathbf{B}=\mathbf{P}^{-1}\mathbf{AP}$를 만족하는 가역행렬 $\mathbf{P}$가 존재하면, $\mathbf{A}$와 $\mathbf{B}$는 서로 닮음행렬(similar matrix)이라고 합니다. $\mathbf{A}$와 $\mathbf{B}$가 서로 닮음이면, $\det(\mathbf{A})=\det(\mathbf{B})$임을 증명해보세요.

25 행렬 $\mathbf{A}$가 $n\times n$ 가역행렬일 때, $\det(\mathrm{adj}(\mathbf{A}))=\{\det(\mathbf{A})\}^{n-1}$임을 증명해보세요.

26 다음 명제를 증명해보세요.

> 연립일차방정식 $\mathbf{Ax}=\mathbf{O}$의 해가 무수히 많습니다.
> $\Leftrightarrow$ $\det(\mathbf{A})=0$

6.4 LU 분해

학습목표

- 행렬 분해 또는 LU 분해를 찾을 수 있습니다.
- 일차방정식을 풀 수 있습니다.

6.4.1 LU 분해 소개

(LU **분해**(LU factorization)에서 L은 하삼각행렬, U는 상삼각행렬입니다.) 4×4 혹은 그 이상의 행렬 $\mathbf{A}$에 대하여 $\mathbf{Ax}=\mathbf{b}$ 형태의 연립일차방정식을 푸는 것은 지루한 작업일 수 있습니다. 예를 들어, 이와 같은 행렬의 역행렬을 계산하려면 꽤 긴 시간이 걸립니다. 우리는 다양한 벡터 $\mathbf{b}$에 대하여 $\mathbf{Ax}=\mathbf{b}$를 해결하고 싶기 때문에, 행렬 $\mathbf{A}$의 역행렬을 찾는 데 관심이 많습니다.

이 절에서는 이러한 연립일차방정식을 풀기 위한 새로운 수치적인 방법을 알아보려고 합니다.

예제 6-16 다음 물음에 답해보세요.

(a) 행렬 $\mathbf{A}=\begin{pmatrix}1 & 1\\ 3 & 2\end{pmatrix}$를 기본 행 연산을 통해 상삼각행렬 U로 바꿔보세요.

(b) $\mathbf{LU}=\mathbf{A}$를 만족하는 하삼각행렬 L을 찾아보세요.

풀이

(a) 상삼각행렬이란 무엇인가요? 주대각 성분 아래에 있는 모든 성분이 0인 행렬을 말합니다. 이는 행렬 $\mathbf{A}$의 맨 아래에 있는 행 성분인 3을 0으로 바꿔야 함을 의미합니다. 어떻게 바꿀까요? 기본 행 연산을 적용해봅시다. 1행을 3배하여 2행에서 뺍니다($\mathrm{R}_2-3\mathrm{R}_1$).

$$\begin{matrix}\mathrm{R}_1\\ \mathrm{R}_2\end{matrix}\begin{pmatrix}1 & 1\\ 3 & 2\end{pmatrix} \quad\Rightarrow\quad \begin{matrix}\mathrm{R}_1\\ \mathrm{R}_2-3\mathrm{R}_1\end{matrix}\begin{pmatrix}1 & 1\\ 0 & -1\end{pmatrix}=\mathbf{U}$$

(b) 하삼각행렬은 $\mathbf{L}=\begin{pmatrix}a & 0\\ b & c\end{pmatrix}$와 같은 형태입니다. 즉, 주대각 성분 위의 모든 성분이 0입니다. $\mathbf{LU}$에 앞에서 구한 행렬 L과 U를 대입해봅시다.

$$\mathbf{LU}=\begin{pmatrix}a & 0\\ b & c\end{pmatrix}\begin{pmatrix}1 & 1\\ 0 & -1\end{pmatrix}$$

$$\underbrace{=}_{\text{행렬 곱}}\begin{pmatrix}a & a\\ b & b-c\end{pmatrix}=\begin{pmatrix}1 & 1\\ 3 & 2\end{pmatrix}=\mathbf{A} \quad\Rightarrow\quad a=1,\ b=3,\ c=1$$

따라서 $\mathbf{L} = \begin{pmatrix} a & 0 \\ b & c \end{pmatrix} = \begin{pmatrix} 1 & 0 \\ 3 & 1 \end{pmatrix}$ 입니다. 행렬 곱을 수행하여 위 식이 성립하는지 확인할 수 있습니다.

$$\mathbf{LU} = \begin{pmatrix} 1 & 0 \\ 3 & 1 \end{pmatrix} \begin{pmatrix} 1 & 1 \\ 0 & -1 \end{pmatrix} = \begin{pmatrix} 1 & 1 \\ 3 & 2 \end{pmatrix} = \mathbf{A}$$

이 결과는 행렬 **A**를 하삼각행렬 **L**과 상삼각행렬 **U**로 분해할 수 있음을 의미합니다.

? 왜 행렬을 LU로 나누는 걸까요?

앞에서 말했듯이, 여인수를 사용하여 역행렬을 찾는 것은 매우 느리고 번거롭습니다. 여인수를 사용하여 30×30 행렬의 역행렬을 구하려면 엄청나게 오랜 시간이 걸립니다. 행렬 **A**의 **LU** 분해를 사용하면 훨씬 더 효율적으로 연립일차방정식 $\mathbf{Ax} = \mathbf{b}$를 풀고, **A**의 역행렬을 찾을 수 있습니다.

$\mathbf{Ax} = \mathbf{b}$와 같은 형태의 연립일차방정식을 푸는 것이 선형대수학의 기본 개념입니다. 연립일차방정식이 너무 크지만 않다면, 1장에서 설명한 가우스 소거법과 같은 직접적인 방법을 사용하여 해결할 수 있습니다. 우리는 이 가우스 소거법을 사용해 상삼각행렬을 얻을 수 있지만, 컴퓨터 소프트웨어는 **LU** 분해 방법을 사용하는 경향이 있습니다. **LU** 분해는 컴퓨터가 $\mathbf{Ax} = \mathbf{b}$를 해결하는 가장 빠른 방법 중 하나입니다. 수치 소프트웨어인 MATLAB은 **LU** 분해를 사용합니다. 이 분해는 벡터 **b**가 서로 다르지만 같은 계수를 가지는 행렬 **A**에 대해, $\mathbf{Ax} = \mathbf{b}$ 형태의 많은 연립일차방정식을 풀어야 하는 경우에 특히 유용합니다.

? 왜 가우스 소거법을 사용하지 않나요?

가우스 소거법을 통해 상삼각행렬 **U**를 얻을 수 있지만, 이것만으로는 충분하지 않기 때문입니다.

? 왜 그런가요?

벡터 **b**가 달라질 때마다 가우스 소거법의 절차를 반복해야 하기 때문입니다. 만약 벡터 **b**가 100개 이상 존재한다면 매우 지루한 작업이 되겠죠.

이 절의 목표는 주어진 행렬 **A**를 **LU**로 분해하는 것입니다. 여기서 **L**은 하삼각행렬이고 **U**는 상삼각행렬입니다. 이를 그림으로 나타내면 [그림 6-12]와 같습니다.

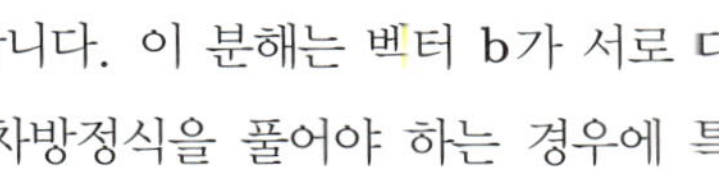

[그림 6-12] 행렬 A의 LU 분해

6.4.2 LU 분해 절차

? 행렬 A가 주어진다면, 다음 두 기본 행 연산을 사용하여 상삼각행렬 U를 만들 수 있을까요?

1. 1개의 행에 0이 아닌 상수를 곱합니다.
2. 한 행의 실수배를 다른 행에 더합니다.

이 질문에 대한 답이 '그렇다'이면, 행렬 A를 LU 분해할 수 있습니다.

이러한 기본 행 연산이 다음과 같은 기본행렬로 표현된다고 가정합니다.

$$\mathbf{E}_1, \ \mathbf{E}_2, \ \mathbf{E}_3, \ \cdots, \ \mathbf{E}_k$$

기본행렬은 항등행렬에 기본 행 연산을 한 번 적용한 행렬입니다. 다음은 2×2 기본행렬의 예입니다.

$$\begin{pmatrix} 2 & 0 \\ 0 & 1 \end{pmatrix}, \quad \begin{pmatrix} 1 & 2 \\ 0 & 1 \end{pmatrix}, \quad \begin{pmatrix} 0 & 1 \\ 1 & 0 \end{pmatrix}$$

LU 분해에서는 행 교환이 이루어지는 기본 행 연산을 허용하지 않습니다. 위에서 살펴본 두 기본 행 연산 1, 2만으로 가우스 소거법을 적용하면 $(\mathbf{E}_k\mathbf{E}_{k-1} \cdots \mathbf{E}_2\mathbf{E}_1)\mathbf{A} = \mathbf{U}$를 얻을 수 있습니다. $(\mathbf{E}_k\mathbf{E}_{k-1} \cdots \mathbf{E}_2\mathbf{E}_1)$의 역행렬을 취하면 다음과 같습니다.

$$\text{-}\mathbf{A} = (\mathbf{E}_k\mathbf{E}_{k-1} \cdots \mathbf{E}_2\mathbf{E}_1)^{-1}\mathbf{U}$$

행을 교환하는 기본 행 연산을 허용하지 않는다면, $(\mathbf{E}_k\mathbf{E}_{k-1} \cdots \mathbf{E}_2\mathbf{E}_1)^{-1}$는 하삼각행렬 L입니다.

$$\begin{aligned} \mathbf{L} &= (\mathbf{E}_k\mathbf{E}_{k-1} \cdots \mathbf{E}_2\mathbf{E}_1)^{-1} \\ &= \mathbf{E}_1^{-1}\mathbf{E}_2^{-1} \cdots \mathbf{E}_{k-1}^{-1}\mathbf{E}_k^{-1} \qquad \text{[[정리 1-8]의 } (\mathbf{ABC})^{-1} = \mathbf{C}^{-1}\mathbf{B}^{-1}\mathbf{A}^{-1}] \\ &= (\mathbf{E}_1^{-1}\mathbf{E}_2^{-1} \cdots \mathbf{E}_{k-1}^{-1}\mathbf{E}_k^{-1})\mathbf{I} \end{aligned}$$

즉, 주어진 행렬 A를 기본 행 연산 1, 2만 사용하여 상삼각행렬 U로 변환할 수 있다면 행렬 A를 LU로 분해할 수 있습니다. 여기서 L은 하삼각행렬입니다. U를 찾는 데 사용한 행 연산의 역(reverse row operation)을 사용하여, 항등행렬 I로부터 행렬 L을 얻을 수 있습니다.

[예제 6-16]에서 상삼각행렬 U를 찾기 위해 $R_2 - 3R_1$이라는 단일 행 연산을 수행했습니다. 하삼각행렬 $\mathbf{L} = \begin{pmatrix} 1 & 0 \\ 3 & 1 \end{pmatrix}$을 찾으려면, 항등행렬 I에 대해 행 연산의 역인 $R_2 + 3R_1$을 수행합니다.

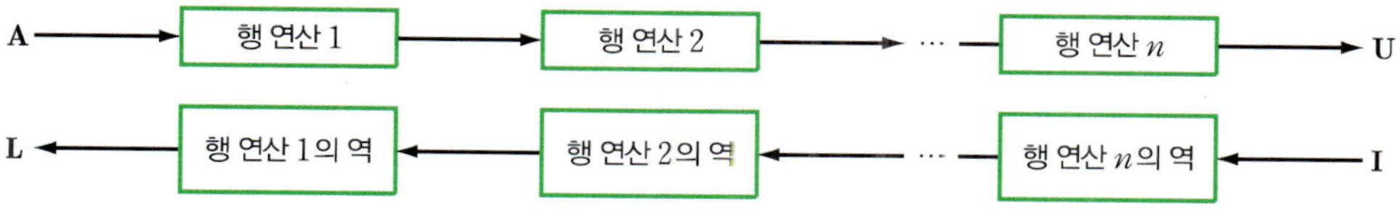

[그림 6-13] 행렬 L과 U를 얻기 위한 흐름도

[그림 6-13]의 흐름도는 앞에서 본 두 기본 행 연산 1, 2를 적용하여 주어진 행렬 A의 상삼각행렬 U와 하삼각행렬 L을 얻는 방법을 보여줍니다. 이 작업을 원하는 만큼 여러 번 적용할 수 있습니다. U를 찾을 때 A에 적용한 기본 행 연산의 역을 사용하여 행렬 L을 얻습니다. 또한 흐름도에서 볼 수 있듯이, 그 순서를 반대로도 할 수 있습니다. (U에서 A로 돌아갈 수 있고, 항등행렬 I에서 시작하면 행렬 L을 얻을 수 있습니다.)

예제 6-17 **행렬 $A = \begin{pmatrix} 1 & 2 & 3 \\ 4 & 5 & 6 \\ 3 & -3 & 5 \end{pmatrix}$의 LU 분해를 찾아보세요.**

풀이

주대각 성분 아래의 모든 성분이 0인 상삼각행렬 U를 찾기 위해 기본 행 연산을 적용해봅시다. 먼저 행에 다음과 같이 이름을 붙입니다.

$$\begin{matrix} R_1 \\ R_2 \\ R_3 \end{matrix} \begin{pmatrix} 1 & 2 & 3 \\ 4 & 5 & 6 \\ 3 & -3 & 5 \end{pmatrix}$$

[1단계], [2단계] 기본 행연산 $R_2 - 4R_1$, $R_3 - 3R_1$을 수행합니다.

$$\begin{matrix} R_1 \\ R_2^* = R_2 - 4R_1 \\ R_3^* = R_3 - 3R_1 \end{matrix} \begin{pmatrix} 1 & 2 & 3 \\ 0 & -3 & -6 \\ 0 & -9 & -4 \end{pmatrix}$$

[3단계] 기본 행 연산 $R_3^* - 3R_2^*$를 수행합니다.

$$\begin{matrix} R_1 \\ R_2^* \\ R_3^* - 3R_2^* \end{matrix} \begin{pmatrix} 1 & 2 & 3 \\ 0 & -3 & -6 \\ 0 & 0 & 14 \end{pmatrix} = U$$

상삼각행렬 U를 찾았습니다. 이제 하삼각행렬 L을 찾으려면 어떻게 해야 할까요? 항등행렬 I에서 시작하여, 앞에서 적용한 기본 행 연산의 역을 역순으로 수행합니다.

$$\begin{matrix} R_1 \\ R_2 \\ R_3 \end{matrix} \begin{pmatrix} 1 & 0 & 0 \\ 0 & 1 & 0 \\ 0 & 0 & 1 \end{pmatrix} = I$$

[3단계]에서 수행한 기본 행 연산의 역은 R_3+3R_2 입니다. 항등행렬에 R_3+3R_2를 수행합니다.

$$\begin{matrix} R_1 \\ R_2 \\ R_3^\dagger = R_3+3R_2 \end{matrix} \begin{pmatrix} 1 & 0 & 0 \\ 0 & 1 & 0 \\ 0 & 3 & 1 \end{pmatrix}$$

[2단계]와 [1단계]에서 수행한 기본 행 연산의 역은 $R_3^\dagger+3R_1$과 R_2+4R_1 입니다. $R_3^\dagger+3R_1$과 R_2+4R_1을 수행합니다.

$$\begin{matrix} R_1 \\ R_2+4R_1 \\ R_3^\dagger+3R_1 \end{matrix} \begin{pmatrix} 1 & 0 & 0 \\ 4 & 1 & 0 \\ 3 & 3 & 1 \end{pmatrix} = \mathbf{L}$$

하삼각행렬 $\mathbf{L}$을 찾았습니다. 다음과 같이 행렬 곱을 통해 $\mathbf{LU}=\mathbf{A}$를 확인할 수 있습니다.

$$\mathbf{LU} = \begin{pmatrix} 1 & 0 & 0 \\ 4 & 1 & 0 \\ 3 & 3 & 1 \end{pmatrix} \begin{pmatrix} 1 & 2 & 3 \\ 0 & -3 & -6 \\ 0 & 0 & 14 \end{pmatrix} = \begin{pmatrix} 1 & 2 & 3 \\ 4 & 5 & 6 \\ 3 & -3 & 5 \end{pmatrix} = \mathbf{A}$$

지금부터는 하삼각행렬 $\mathbf{L}$을 찾을 수 있는 좀 더 쉬운 방법을 설명하려고 합니다. 기본 행 연산 (k행)$+c$(j행)을 수행하면 이때 c를 **승수**(multiplier)라고 합니다. $+c$의 음의 승수는 행렬 $\mathbf{L}$을 얻는 데 사용하는 $-c$입니다.

[예제 6-17]에서 하삼각행렬 $\mathbf{L}$의 성분이 상삼각행렬 $\mathbf{U}$를 얻기 위한 기본 행 연산에 사용된 승수의 음수임을 확인할 수 있습니다. 다음은 상삼각행렬 $\mathbf{U}$를 유도하고 하삼각행렬 $\mathbf{L}$을 얻기 위해 항등행렬 $\mathbf{I}$에 적용한 연산으로, [예제 6-17]에서 수행한 단계입니다.

[1단계] 첫 번째 행 연산은 R_2-4R_1 입니다. 그래서 승수는 -4입니다. 항등행렬의 $(2, 1)$ 위치(2행 1열)에 있는 0을 $+4$로 대체합니다.

[2단계] 두 번째 행 연산은 R_3-3R_1 이므로 승수가 -3입니다. 항등행렬의 $(3, 1)$ 위치(3행 1열)에 있는 0을 $+3$으로 대체합니다.

[3단계] 세 번째 행 연산은 $R_3^*-3R_2^*$ 입니다. 항등행렬의 $(3, 2)$ 위치(3행 2열)에 있는 0을 $+3$으로 대체합니다.

이 세 단계를 수행하여 하삼각행렬 $\mathbf{L}$을 얻었습니다.

$$\mathbf{I} = \begin{pmatrix} 1 & 0 & 0 \\ 0 & 1 & 0 \\ 0 & 0 & 1 \end{pmatrix} \Rightarrow \begin{pmatrix} 1 & 0 & 0 \\ 4 & 1 & 0 \\ 3 & 3 & 1 \end{pmatrix} = \mathbf{L}$$

(2, 1) 위치

(3, 1) 위치

(3, 2) 위치

일반적인 행 연산 (k행)+c(j행)은 k행에 j행의 모든 성분에 c배를 한 것을 더함을 의미합니다. 이 행 연산의 역은 (k행)$-c$(j행)입니다. 행렬 $\mathbf{L}$을 찾기 위해 [그림 6-14]와 같이 항등행렬 $\mathbf{I}$에 행 연산의 역을 수행합니다.

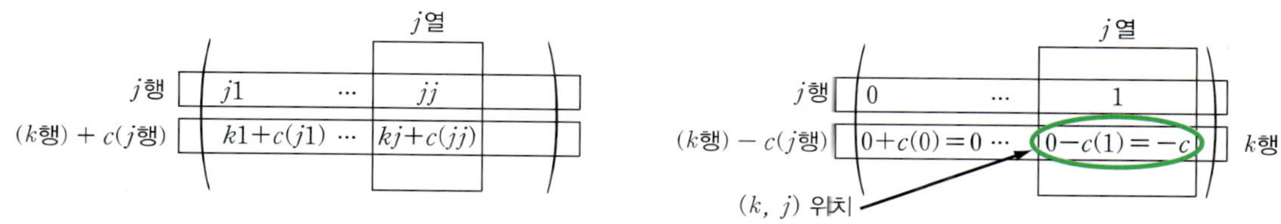

(a) 주어진 행렬 A　　(b) 항등행렬

[그림 6-14] 행 연산과 행 연산의 역

주어진 행렬 $\mathbf{A}$에서 (k행)+c(j행)을 수행하여 상삼각행렬 $\mathbf{U}$를 구하면 항등행렬 $\mathbf{I}$에서 k행 j열 성분인 (k, j) 위치의 0을 음의 승수 $-c$로 대체합니다. 이 작업을 계속 반복하면 항등행렬로부터 하삼각행렬 $\mathbf{L}$을 얻을 수 있습니다.

행렬 $\mathbf{U}$의 주대각선에서 성분을 1로 만들기 위해 행 연산 $c\times$(k행)을 수행한다면 행렬 $\mathbf{L}$의 주대각선에서 동일한 위치에 역수 $\dfrac{1}{c}$을 배치합니다. 모든 행 연산 작업은 상삼각행렬 $\mathbf{U}$를 찾기 위해 수행되므로, 이 방법이 하삼각행렬 $\mathbf{L}$을 찾는 가장 쉬운 방법입니다. $\mathbf{L}$을 찾으려고 행 연산을 추가하여 수행할 필요가 없습니다. 하지만 $\mathbf{U}$를 찾기 위해 실행한 행 연산은 기록해두어야 합니다.

예제 6-18 **행렬 $\mathbf{A}=\begin{pmatrix} 1 & 4 & 5 & 3 \\ 5 & 22 & 27 & 11 \\ 6 & 19 & 27 & 31 \\ 5 & 28 & 35 & -8 \end{pmatrix}$의 LU 분해를 찾아보세요.**

풀이

상삼각행렬 $\mathbf{U}$를 찾기 위해 행 연산을 기록해봅시다. 그리고 항등행렬로부터 하삼각행렬 $\mathbf{L}$을 찾기 위해 승수의 음수를 이용해봅시다.

$$\begin{matrix} R_1 \\ R_2 \\ R_3 \\ R_4 \end{matrix} \begin{pmatrix} 1 & 4 & 5 & 3 \\ 5 & 22 & 27 & 11 \\ 6 & 19 & 27 & 31 \\ 5 & 28 & 35 & -8 \end{pmatrix} = \mathbf{A} \qquad \begin{pmatrix} 1 & 0 & 0 & 0 \\ 0 & 1 & 0 & 0 \\ 0 & 0 & 1 & 0 \\ 0 & 0 & 0 & 1 \end{pmatrix} = \mathbf{I}$$

행렬 $\mathbf{A}$에 R_2-5R_1, R_3-6R_1, R_4-5R_1을 수행합니다. 그리고 항등행렬에 음수인 승수를 적용합니다.

$$\begin{matrix} R_1 \\ R_2^*=R_2-5R_1 \\ R_3^*=R_3-6R_1 \\ R_4^*=R_4-5R_1 \end{matrix} \begin{pmatrix} 1 & 4 & 5 & 3 \\ 0 & 2 & 2 & -4 \\ 0 & -5 & -3 & 13 \\ 0 & 8 & 10 & -23 \end{pmatrix} \begin{matrix} \\ \leftarrow \text{승수} = -5 \\ \leftarrow \text{승수} = -6 \\ \leftarrow \text{승수} = -5 \end{matrix} \qquad \begin{pmatrix} 1 & 0 & 0 & 0 \\ 5 & 1 & 0 & 0 \\ 6 & 0 & 1 & 0 \\ 5 & 0 & 0 & 1 \end{pmatrix}$$

$R_2^*/2$를 수행합니다. 오른쪽 행렬의 2행 2열은 $1/(1/2)=2$가 됩니다.

$$\begin{matrix} R_1 \\ R_2^\dagger = R_2^*/2 \\ R_3^* \\ R_4^* \end{matrix} \begin{pmatrix} 1 & 4 & 5 & 3 \\ 0 & \textcircled{1} & 1 & -2 \\ 0 & -5 & -3 & 13 \\ 0 & 8 & 10 & -23 \end{pmatrix} \leftarrow 승수 = \frac{1}{2} \qquad \begin{pmatrix} 1 & 0 & 0 & 0 \\ 5 & \textcircled{2} & 0 & 0 \\ 6 & 0 & 1 & 0 \\ 5 & 0 & 0 & 1 \end{pmatrix}$$

$R_3^* + 5R_2^\dagger$와 $R_4^* - 8R_2^\dagger$을 수행합니다.

$$\begin{matrix} R_1 \\ R_2^\dagger \\ R_3^\dagger = R_3^* + 5R_2^\dagger \\ R_4^\dagger = R_4^* - 8R_2^\dagger \end{matrix} \begin{pmatrix} 1 & 4 & 5 & 3 \\ 0 & 1 & 1 & -2 \\ 0 & 0 & 2 & 3 \\ 0 & 0 & 2 & -7 \end{pmatrix} \begin{matrix} \\ \\ \leftarrow 승수 = +5 \\ \leftarrow 승수 = -8 \end{matrix} \qquad \begin{pmatrix} 1 & 0 & 0 & 0 \\ 5 & 2 & 0 & 0 \\ 6 & -5 & 1 & 0 \\ 5 & 8 & 0 & 1 \end{pmatrix}$$

$R_4^\dagger - R_3^\dagger$을 수행합니다.

$$\begin{matrix} R_1 \\ R_2^\dagger \\ R_3^\dagger \\ R_4^\dagger - R_3^\dagger \end{matrix} \begin{pmatrix} 1 & 4 & 5 & 3 \\ 0 & 1 & 1 & -2 \\ 0 & 0 & 2 & 3 \\ 0 & 0 & \textcircled{0} & -10 \end{pmatrix} = \mathbf{U} \begin{matrix} \\ \\ \\ \leftarrow 승수 = -1 \end{matrix} \qquad \begin{pmatrix} 1 & 0 & 0 & 0 \\ 5 & 2 & 0 & 0 \\ 6 & -5 & 1 & 0 \\ 5 & 8 & \textcircled{1} & 1 \end{pmatrix} = \mathbf{L}$$

연립일차방정식을 $\mathbf{L}$과 $\mathbf{U}$ 같은 삼각형 형태의 행렬로 만들 수 있으면, 연립일차방정식을 쉽게 해결할 수 있습니다. 이를 위해서는 [예제 6-18]에서 볼 수 있듯이 많은 행렬의 성분을 없애야 합니다.

6.4.3 연립일차방정식 풀이법

연립일차방정식 $\mathbf{Ax}=\mathbf{b}$를 풀려고 합니다. 이때 행렬 $\mathbf{A}$를 $\mathbf{LU}$로 분해할 수 있다고 가정합니다. 연립일차방정식 $\mathbf{Ax}=\mathbf{b}$는 $(\mathbf{LU})\mathbf{x}=\mathbf{b}$로 나타낼 수 있고, 이는 $\mathbf{L}(\mathbf{Ux})=\mathbf{b}$로 쓸 수 있습니다. 벡터 $\mathbf{x}$를 상삼각행렬 $\mathbf{U}$에 적용한 결과가 벡터 $\mathbf{y}$라 합시다. 즉, $\mathbf{Ly}=\mathbf{x}$입니다. 이를 위 식에 대입하면 다음과 같습니다.

$$\mathbf{L}(\mathbf{Ux})=\mathbf{b} \quad \Rightarrow \quad \mathbf{Ly}=\mathbf{b}$$

이를 그림으로 나타내면 [그림 6-15]와 같습니다.

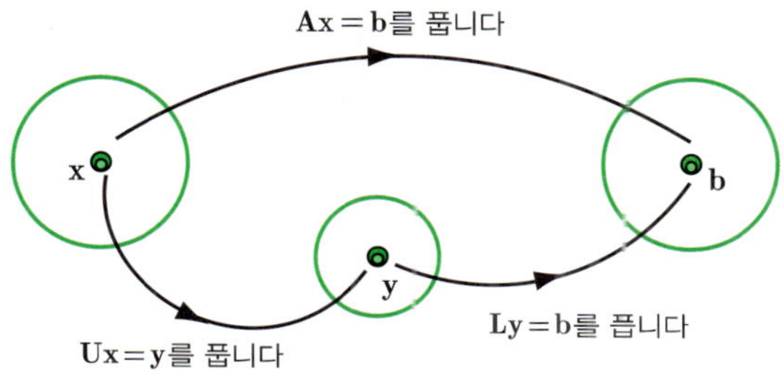

[그림 6-15] 연립일차방정식 Ax = b와 LU 분해

연립일차방정식 $\mathbf{A}\mathbf{x} = \mathbf{b}$의 A를 LU로 분해한다는 것은 두 방정식 $\mathbf{U}\mathbf{x} = \mathbf{y}$, $\mathbf{L}\mathbf{y} = \mathbf{b}$를 풀어야 한다는 것을 의미합니다.

? 왜 주어진 방정식 1개를 풀지 않고 2개의 방정식을 푸는 걸까요?

주어진 방정식 $\mathbf{A}\mathbf{x} = \mathbf{b}$를 푸는 것보다 두 방정식 $\mathbf{U}\mathbf{x} = \mathbf{y}$, $\mathbf{L}\mathbf{y} = \mathbf{b}$를 푸는 것이 훨씬 쉽기 때문입니다.

? 왜 더 쉬울까요?

$\mathbf{L}\mathbf{y} = \mathbf{b}$는 하삼각행렬 L에 무엇을 곱한 결과가 주어진 벡터 b임을 의미하기 때문입니다.

전방 대입(forward substitution)을 사용할 수 있습니다.

$$\mathbf{L}\mathbf{y} = \begin{pmatrix} a_{11} & & \bigcirc \\ \vdots & \ddots & \\ a_{m1} & \cdots & a_{mn} \end{pmatrix} \begin{pmatrix} y_1 \\ \vdots \\ y_m \end{pmatrix} = \begin{pmatrix} b_1 \\ \vdots \\ b_m \end{pmatrix} = \mathbf{b} \qquad (\dagger)$$

식 (†)의 1행을 전개하면 다음과 같이 쓸 수 있습니다.

$$a_{11}y_1 = b_1 \quad \Rightarrow \quad a_{11} \neq 0 \text{이면,} \quad y_1 = \frac{b_1}{a_{11}}$$

마찬가지로 2행에서 y_2를 찾을 수 있습니다. 이 과정에 따라 나머지 y의 값을 찾을 수 있습니다. 즉, 이 과정을 적용하여 벡터 $\mathbf{y}$의 모든 성분을 찾을 수 있습니다. $\mathbf{U}\mathbf{x} = \mathbf{y}$에서 미지수 벡터 $\mathbf{x}$를 찾기 위해 이 벡터 $\mathbf{y}$를 사용해봅시다.

? 어떻게 해야 할까요?

U가 상삼각행렬이므로 $\mathbf{U}\mathbf{x} = \mathbf{y}$는 다음과 같이 쓸 수 있습니다.

$$\mathbf{U}\mathbf{x} = \begin{pmatrix} a_{11} & \cdots & a_{1n} \\ \bigcirc & \ddots & \\ & & a_{mn} \end{pmatrix} \begin{pmatrix} x_1 \\ \vdots \\ x_m \end{pmatrix} = \begin{pmatrix} y_1 \\ \vdots \\ y_m \end{pmatrix} = \mathbf{y} \qquad (*)$$

이번에는 **후방 대입**(back substitution)을 사용하여 미지수 $x_1, x_2, \cdots, x_m$을 찾습니다. 식 (*)의 맨 아래에 있는 행을 전개한 결과 다음과 같이 쓸 수 있습니다.

$$a_{mn}x_m = y_m \quad \Rightarrow \quad a_{mn} \neq 0 \text{이면, } x_m = \frac{y_m}{a_{mn}}$$

x_m을 식 (*)의 밑에서 두 번째 행에 대입하면 x_{m-1}을 구할 수 있습니다. 이 과정을 반복하면 미지수 x의 값을 모두 찾을 수 있습니다.

예제 6-19 **[예제 6-18]의 행렬 A와 $\mathbf{b} = (7 \;\; 13 \;\; 106 \;\; -94)^{\mathrm{T}}$에 대하여, 연립일차방정식 $\mathbf{A}\mathbf{x} = \mathbf{b}$를 풀어보세요.**

풀이

[예제 6-18]에서 구한 하삼각행렬 $\mathbf{L}$에 대하여 $\mathbf{L}\mathbf{y} = \mathbf{b}$를 만족하는 벡터 $\mathbf{y}$를 먼저 찾아야 합니다. 이 행렬 $\mathbf{L}$과 주어진 벡터 $\mathbf{b}$를 $\mathbf{L}\mathbf{y} = \mathbf{b}$에 대입해봅시다.

$$\mathbf{L}\mathbf{y} = \begin{pmatrix} 1 & 0 & 0 & 0 \\ 5 & 2 & 0 & 0 \\ 6 & -5 & 1 & 0 \\ 5 & 8 & 1 & 1 \end{pmatrix}\begin{pmatrix} y_1 \\ y_2 \\ y_3 \\ y_4 \end{pmatrix} = \begin{pmatrix} 7 \\ 13 \\ 106 \\ -94 \end{pmatrix} \qquad (\dagger)$$

1행에서 $y_1 = 7$임을 알 수 있습니다. $y_1 = 7$을 2행에 대입해봅시다.

$$5y_1 + 2y_2 = 13$$
$$5 \times 7 + 2y_2 = 13 \quad \Rightarrow \quad y_2 = -11$$

$y_1 = 7$과 $y_2 = -11$을 식 $(\dagger)$의 3행에 대입해봅시다.

$$6y_1 - 5y_2 + y_3 = 106$$
$$6 \times 7 - 5 \times (-11) + y_3 = 106 \quad \Rightarrow \quad y_3 = 9$$

$y_1 = 7$, $y_2 = -11$, $y_3 = 9$를 식 $(\dagger)$의 마지막 행에 대입해봅시다.

$$5y_1 + 8y_2 + y_3 + y_4 = -94$$
$$5 \times 7 + 8 \times (-11) + 9 + y_4 = -94 \quad \Rightarrow \quad y_4 = -50$$

이제 $y_1 = 7$, $y_2 = -11$, $y_3 = 9$, $y_4 = -50$을 벡터 형태로 나타내봅시다.

$$\mathbf{y} = (7 \;\; -11 \;\; 9 \;\; -50)^{\mathrm{T}}$$

이제 상삼각행렬 $\mathbf{U}$를 사용하여 $\mathbf{U}\mathbf{x} = \mathbf{y}$로부터 미지수 x의 값들을 찾아봅시다. 이미 [예제 6-18]에서 상삼각행렬 $\mathbf{U}$를 찾았습니다. 이 행렬 $\mathbf{U}$와 앞에서 찾은 벡터 $\mathbf{y}$를 $\mathbf{U}\mathbf{x} = \mathbf{y}$에 대입해봅시다.

$$\begin{pmatrix} 1 & 4 & 5 & 3 \\ 0 & 1 & 1 & -2 \\ 0 & 0 & 2 & 3 \\ 0 & 0 & 0 & -10 \end{pmatrix} \begin{pmatrix} x_1 \\ x_2 \\ x_3 \\ x_4 \end{pmatrix} = \begin{pmatrix} 7 \\ -11 \\ 9 \\ -50 \end{pmatrix} \qquad (*)$$

식 (*)의 마지막 행에서 $x_4 = 5$임을 알 수 있습니다. 식 (*)의 3행에 $x_4 = 5$를 대입해봅시다.

$$2x_3 + 3x_4 = 9$$
$$2x_3 + 3 \times 5 = 9 \quad \Rightarrow \quad x_3 = -3$$

식 (*)의 2행에 $x_3 = -3$, $x_4 = 5$를 대입해봅시다.

$$x_2 + x_3 - 2x_4 = -11$$
$$x_2 - 3 - 2 \times 5 = -11 \quad \Rightarrow \quad x_2 = 2$$

식 (*)의 1행에 $x_2 = 2$, $x_3 = -3$, $x_4 = 5$를 대입해봅시다.

$$x_1 + 4x_2 + 5x_3 + 3x_4 = 7$$
$$x_1 + 4 \times 2 + 5 \times (-3) + 3 \times 5 = 7 \quad \Rightarrow \quad x_1 = -1$$

따라서 미지수는 $x_1 = -1$, $x_2 = 2$, $x_3 = -3$, $x_4 = 5$입니다.

또 다른 벡터 b에 대해 연립일차방정식 $\mathbf{Ax} = \mathbf{b}$를 풀고자 한다면 이 LU 분해를 적용해보세요. LU 분해 방법은 해를 찾고자 하는 b가 많은 경우에 특히 유용합니다. 일단 L과 U를 찾으면 나머지 작업은 매우 간단하기 때문입니다.

다음 예제에서는 LU 분해를 사용하여 행렬식을 구해보겠습니다.

예제 6-20 [예제 6-18]에 제시한 행렬 A의 행렬식을 구해보세요.

풀이

[예제 6-18]에서 다음을 알 수 있습니다.

$$\mathbf{A} = \mathbf{LU}, \quad \mathbf{L} = \begin{pmatrix} 1 & 0 & 0 & 0 \\ 5 & 2 & 0 & 0 \\ 6 & -5 & 1 & 0 \\ 5 & 8 & 1 & 1 \end{pmatrix}, \quad \mathbf{U} = \begin{pmatrix} 1 & 4 & 5 & 3 \\ 0 & 1 & 1 & -2 \\ 0 & 0 & 2 & 3 \\ 0 & 0 & 0 & -10 \end{pmatrix}$$

L과 U 모두 삼각행렬이므로, 앞 절에서 제시한 [정티 6-8]을 통해 삼각행렬의 행렬식은 주대각 성분의 곱임을 알 수 있습니다. 이 정리를 사용하면 다음과 같이 행렬식을 그할 수 있습니다.

$$\det(\mathbf{L}) = 1 \times 2 \times 1 \times 1 = 2, \quad \det(\mathbf{U}) = 1 \times 1 \times 2 \times (-10) = -20$$

[정리 6-15]의 $\det(\mathbf{AB}) = \det(\mathbf{A})\det(\mathbf{B})$에 의해 다음과 같이 계산할 수 있습니다.

$$\begin{aligned}\det(\mathbf{A}) = \det(\mathbf{LU}) &= \det(\mathbf{L})\det(\mathbf{U}) \\ &= 2 \times (-20) = -40\end{aligned}$$

따라서 $\det(\mathbf{A}) = -40$입니다.

LU 분해를 이용한 행렬식(determinant by LU factorization) 계산은 단순한 곱셈입니다. 또한 가역행렬 A의 역행렬을 찾는 데 LU 분해를 이용할 수 있습니다.

어떻게 이용할까요?

$\mathbf{A} = \mathbf{LU}$의 양변에 모두 역행렬을 취합니다.

$$\mathbf{A}^{-1} = (\mathbf{LU})^{-1} = \mathbf{U}^{-1}\mathbf{L}^{-1} \quad \text{[[정리 1-8]의 } (\mathbf{AB})^{-1} = \mathbf{B}^{-1}\mathbf{A}^{-1}\text{]}$$

L과 U 모두 삼각행렬이므로, 역행렬을 찾는 데 부담이 훨씬 덜합니다. 여인수를 사용하는 것보다 행 연산을 사용하여 역행렬을 찾는 것이 낫습니다. 6.4절 연습문제에서 확인해봅시다.

핵심요약

- 주어진 행렬 A를 $\mathbf{A} = \mathbf{LU}$를 만족하는 하삼각행렬 L과 상삼각행렬 U로 분해할 수 있습니다. LU 분해를 하면 계산하기가 편합니다. 그래서 벡터 b가 다양할 때 같은 계수행렬 A에 대한 연립일차방정식 $\mathbf{Ax} = \mathbf{b}$를 컴퓨터로 해결하는 경우 이와 같은 개념을 사용합니다.

6.4 연습문제

01 LU 분해를 이용하여 다음 연립일차방정식 $\mathbf{Ax}=\mathbf{b}$를 풀어보세요.

(a) $\mathbf{A}=\begin{pmatrix}1&2&2\\3&-3&-2\\4&-1&-5\end{pmatrix}$, $\mathbf{b}=\begin{pmatrix}5\\0\\-10\end{pmatrix}$

(b) $\mathbf{A}=\begin{pmatrix}1&5&6\\2&11&19\\3&19&47\end{pmatrix}$, $\mathbf{b}=\begin{pmatrix}1\\-4\\-22\end{pmatrix}$

(c) $\mathbf{A}=\begin{pmatrix}2&1&3\\4&-1&0\\10&12&34\end{pmatrix}$, $\mathbf{b}=\begin{pmatrix}5\\-11\\84\end{pmatrix}$

(d) $\mathbf{A}=\begin{pmatrix}1&2&3\\3&-9&-12\\-1&8&18\end{pmatrix}$, $\mathbf{b}=\begin{pmatrix}-5\\9\\-4\end{pmatrix}$

02 LU 분해를 이용하여 다음을 만족하는 연립일차방정식 $\mathbf{Ax}=\mathbf{b}$를 풀어보세요.

$$\mathbf{A}=\begin{pmatrix}1&2&3&4\\17&22&27&8\\77&44&47&-494\\-10&1&7&63\end{pmatrix},\ \mathbf{b}=\begin{pmatrix}-10\\22\\2106\\-243\end{pmatrix}$$

03 [연습문제 02]에 주어진 행렬 $\mathbf{A}$의 행렬식을 구해보세요.

04 행렬 $\mathbf{A}=\begin{pmatrix}1&2&3\\0&4&5\\0&0&6\end{pmatrix}$을 LU 분해해보세요.

05 행렬 $\mathbf{A}=\begin{pmatrix}1&2&3\\3&7&14\\4&13&38\end{pmatrix}$에 대하여, 다음 물음에 답해보세요.

(a) 행렬 $\mathbf{A}$를 LU 분해해보세요.

(b) $\mathbf{A}^{-1}$를 구해보세요.

(c) 다음과 같이 주어진 $\mathbf{b}$에 대하여, $\mathbf{Ax}=\mathbf{b}$를 풀어보세요.

(ⅰ) $\mathbf{b}=(1\ 2\ 3)^{\mathrm{T}}$ (ⅱ) $\mathbf{b}=(-1\ 3\ 1)^{\mathrm{T}}$

06 행렬 $\begin{pmatrix}0&1\\2&3\end{pmatrix}$을 LU 분해할 수 없는 이유를 설명해보세요.

6장 종합문제

* 6장 종합문제는 MATLAB으로 계산을 확인할 수 있습니다. 크래머 규칙(Cramer's rule)에 대한 설명은 웹 사이트 https://maths-for-all.co.uk/linear-algebra/에서 확인할 수 있습니다.

6.1 다음 중 행렬 $\mathbf{A}=\begin{pmatrix}0&1&5\\3&-6&9\\2&6&1\end{pmatrix}$의 행렬식은 무엇인가요?

① 165 ② 0 ③ −35 ④ −75 ⑤ 68

[오타와 대학교, 캐나다]

6.2 행렬 $\mathbf{E}=\begin{pmatrix}-1&7&8\\0&5&6\\0&0&4\end{pmatrix}$, $\mathbf{F}=\begin{pmatrix}3&0&0\\-1&-5&0\\0&1&-2\end{pmatrix}$에 대하여, $\det(\mathbf{E})$, $\det(\mathbf{F})$, $\det(\mathbf{EF})$, $\det(\mathbf{E}+\mathbf{F})$를 구해보세요.

[웨스턴온타리오 대학교, 캐나다]

6.3 다음 행렬의 행렬식을 구해보세요.

$$\begin{pmatrix}3&1&1&1&1\\1&3&1&1&1\\3&1&3&1&1\\1&3&1&3&1\\3&1&3&1&3\end{pmatrix}$$

[웨스턴온타리오 대학교, 캐나다]

6.4 $\mathbf{A}$와 $\mathbf{B}$를 $n \times n$ 행렬이라고 합시다. 가능한 가장 간단한 표현으로 다음 공식을 완성해보세요. 적절한 공식이 없으면 '공식 없음'이라고 적으세요.

(a) $\det(\mathbf{AB}) =$

(b) $\det(\mathbf{A}^{-1}) =$

(c) $\det(\mathbf{A}+\mathbf{B}) =$

(d) $\det(3\mathbf{A}) =$

(e) $\det(\mathbf{A}^{\mathrm{T}}) =$

[마운트홀리요크 대학, 미국]

6.5 행렬 $\mathbf{B} = \begin{pmatrix} 1 & 2 & 0 & 0 \\ 0 & 1 & 2 & 0 \\ 0 & 0 & 1 & 2 \\ -3 & 4 & -5 & 6 \end{pmatrix}$에 대하여, 직접 계산하거나 기본 행 연산을 사용하여 $\det(\mathbf{B})$를 구해보세요.

[마운트홀리요크 대학, 미국]

6.6 다음과 같은 연립일차방정식이 있습니다.

$$\begin{cases} 2x_1 + x_2 + x_3 = 8 \\ 3x_1 - 2x_2 - x_3 = 1 \\ 4x_1 - 7x_2 + 3x_3 = 10 \end{cases}$$

크래머 규칙에 따라 다음을 구해보세요(직접 계산하지 않고 행렬식을 구합니다).

$$x_2 =$$

[마운트홀리요크 대학, 미국]

6.7 행렬 $\mathbf{A} = \begin{pmatrix} 2 & 123 & -1 \\ 1 & 456 & 1 \\ 2 & 789 & 1 \end{pmatrix}$에 대하여 $\det(\mathbf{A}) = -420$임을 알고 있을 때, 다음 연립일차방정식의 해 x_2의 값을 구해보세요.

$$\mathbf{A}\begin{pmatrix} x_1 \\ x_2 \\ x_3 \end{pmatrix} = \begin{pmatrix} 1 \\ 0 \\ 1 \end{pmatrix}$$

[퍼듀 대학교, 미국]

6.8 크래머 규칙을 사용하여 다음 연립일차방정식의 해를 구해보세요.

$$\begin{cases} 5x_2 + x_3 = -8 \\ x_1 - 2x_2 - x_3 = 2 \\ 6x_1 + x_2 - 3x_3 = -8 \end{cases}$$

[위스콘신 대학교, 미국]

6.9 다음 행렬의 행렬식을 구해보세요.

$$\begin{pmatrix} 2 & 1 & 3 & 1 \\ 0 & 8 & -2 & 5 \\ -6 & -3 & -5 & -5 \\ 2 & 5 & 3 & -4 \end{pmatrix}$$

[골웨이아일랜드 국립대학교, 아일랜드]

6.10 다음 행렬 $\mathbf{A}$의 행렬식을 구해보세요.

$$\mathbf{A} = \begin{pmatrix} 10 & -2 & 3 & 16 \\ 1 & 1 & 1 & 1 \\ 9 & -3 & 2 & 15 \\ 110 & 23 & 12 & -15 \end{pmatrix}$$

[아헨라인베스트팔렌 공과대학교, 독일]

6.11 $\mathbf{A}$가 다음과 같은 3×3 행렬이라고 할 때, 주어진 물음에 답해보세요.

$$\mathbf{A} = \begin{pmatrix} 0 & 1 & 3 \\ 1 & 2 & 0 \\ 4 & 5 & 1 \end{pmatrix}$$

(a) 여인수 전개를 사용하여 $\det(\mathbf{A})$를 구해보세요.

(b) 기본 행 연산을 사용하여 $\mathbf{A}^{-1}$를 구해보세요.

(c) (b)에서 수행한 계산을 사용하여 $\det(\mathbf{A})$를 구해보세요.

[볼티모어 카운티 메릴랜드 대학교, 미국]

6.12 다음 물음에 답해보세요.

(a) 행렬 $\mathbf{A} = \begin{pmatrix} 2 & -1 & -4 \\ -1 & 1 & 2 \\ -1 & 1 & 3 \end{pmatrix}$의 역행렬을 구해보세요.

(b) (a)의 결과를 사용하여 세 행렬 $\mathbf{A}^{\mathrm{T}}$, $3\mathbf{A}$, $\mathbf{A}^2$의 역행렬을 구해보세요.

[뉴브런즈윅 대학교, 캐나다]

6.13 $\mathbf{A}$를 행렬식이 3인 $n \times n$ 상삼각행렬이라 합시다. 이 행렬의 주대각 성분 오른쪽 위에 있는 모든 성분에 5를 곱합니다(주대각 성분에는 곱하지 않습니다). 이렇게 만든 새로운 행렬의 행렬식은 무엇일까요?

[존스홉킨스 대학교, 미국]

6.14 다음 행렬 $\mathbf{A}$에 대하여 $\text{adj}\,\mathbf{A}$, $\det(\mathbf{A})$, $\mathbf{A}^{-1}$를 구해보세요.

(a) $\mathbf{A}=\begin{pmatrix} 1 & -1 \\ -1 & 1 \end{pmatrix}$ (b) $\mathbf{A}=\begin{pmatrix} 3 & -4 & 1 \\ 1 & -1 & 3 \\ 2 & -2 & 5 \end{pmatrix}$

[서식스 대학교, 영국]

6.15 행렬 $\mathbf{A}=\begin{pmatrix} 2 & 0 & 0 & 0 \\ 1 & -7 & -5 & 0 \\ 3 & 8 & 6 & 0 \\ 0 & 7 & 5 & 4 \end{pmatrix}$에 대하여, 다음 물음에 답해보세요.

(a) $\mathbf{A}$가 가역행렬인지 아닌지 판별해보세요.

(b) $\det(\mathbf{A}^{\mathrm{T}})$를 구해보세요.

(c) $\det(\mathbf{A}^{-1})$를 구해보세요.

[워싱턴 주립대학교, 미국]

6.16 다음과 같은 행렬식이 있습니다.

$$D_1=\begin{vmatrix} 1 & 0 & 2 & 0 \\ 0 & 2 & 0 & -1 \\ 2 & 0 & 3 & 0 \\ 0 & -1 & 0 & 4 \end{vmatrix},\quad D_2=\begin{vmatrix} 1 & 0 & 2 & 0 \\ 2 & 0 & 3 & 0 \\ 0 & 2 & 0 & -1 \\ 0 & -1 & 0 & 4 \end{vmatrix},$$

$$D_3=\begin{vmatrix} 1 & 0 & 2 & 0 \\ 0 & 2 & 0 & -1 \\ 2 & 0 & 3 & 0 \\ 3 & 2 & 5 & -1 \end{vmatrix}$$

직접 전개하여 D_1을 구해보세요. D_1과 관련하여 D_2를 구해보세요. 행렬식의 표준 성질을 사용하여 D_3를 구해보세요. 각 경우에 대한 계산 방법을 간략하게 설명해보세요.

[런던퀸메리 대학교, 영국]

6.17 다음 각 행렬의 행렬식을 구해보세요.

(a) $\mathbf{A}=\begin{pmatrix} 3 & 0 & 0 & 0 \\ x & -2 & 0 & 0 \\ 17 & y & 1 & 0 \\ \pi & 42 & -6 & 4 \end{pmatrix}$

(b) $\mathbf{B}=\begin{pmatrix} 1 & 2 & 3 & 4 & 5 \\ 4 & 6 & 1 & -9 & 8 \\ 12 & 10 & 2 & 7 & 0 \\ 4 & 6 & 1 & -9 & 8 \\ 1 & 5 & 2 & 4 & 3 \end{pmatrix}$

(c) $\mathbf{C}=\begin{pmatrix} 4 & -2 & 1 & 5 \\ 2 & 9 & 0 & 3 \\ 0 & 2 & 0 & 0 \\ 5 & 8 & 0 & 7 \end{pmatrix}$

[메모리얼 대학교, 캐나다]

6.18 다음 물음에 답해보세요.

(a) 다음 행렬에 대하여 $\mathbf{A}$, $\mathbf{B}$, $\mathbf{AB}$, $\mathbf{A}^3$의 행렬식을 구해보세요.

$$\mathbf{A}=\begin{pmatrix} -1 & -2 & -3 & 1 \\ 1 & -2 & 0 & 3 \\ 2 & -3 & 1 & -1 \\ 0 & 1 & 0 & 0 \end{pmatrix}$$

$$\mathbf{B}=\begin{pmatrix} 2 & 0 & 0 & 0 \\ 5 & 1 & 0 & 0 \\ -1 & 1 & 2 & 0 \\ 2 & -3 & 1 & -3 \end{pmatrix}$$

(b) $\mathbf{A}$를 $n\times n$ 가역행렬이라 할 때, $\det(\mathbf{A})\neq 0$임을 증명해보세요.

[사우샘프턴 대학교, 영국]

6.19 다음 물음에 답해보세요.

(a) 소거 또는 다른 방법을 사용하여 다음 행렬 $\mathbf{A}$의 행렬식을 구해보세요.

$$\mathbf{A}=\begin{pmatrix} 1 & 0 & 0 & u_1 \\ 0 & 1 & 0 & u_2 \\ 0 & 0 & 1 & u_3 \\ v_1 & v_2 & v_3 & 0 \end{pmatrix}$$

(b) 행렬 $\mathbf{A}$의 오른쪽 아래 모서리에 있는 0을 100으로 변경할 때, $\mathbf{A}$의 행렬식은 (변화가 존재한다면) 어떻게 변할까요? (여인수를 생각해볼 수 있습니다.)

[매사추세츠 공과대학교(MIT), 미국]

6.20 기본 행 연산을 사용하여 다음 행렬식을 구해보세요.

$$\begin{vmatrix} 1 & a^2 & b+c \\ 1 & b^2 & a+c \\ 1 & c^2 & a+b \end{vmatrix}$$

[볼티모어 카운티 메릴랜드 대학교, 미국]

6.21 $\mathbf{A}$를 3×3 가역행렬이라 하고 다음과 같이 알려져 있다고 가정합니다.

$$\mathbf{A}=\begin{pmatrix} u & v & w \\ 3 & 3 & -2 \\ x & y & z \end{pmatrix},\quad \text{adj}\,(\mathbf{A})=\begin{pmatrix} a & 3 & b \\ -1 & 1 & 2 \\ c & -2 & d \end{pmatrix}$$

$\det(\mathbf{A})$를 구해보세요. (미지수를 포함하지 않는 답을 작성하세요.)

[맥길 대학교, 캐나다]

6.22 $\mathbf{A}$가 임의의 2×2 가역행렬일 때, $\det((2\mathbf{A})^{-1}(3\mathbf{A})^{\mathrm{T}})$를 구해보세요.

[메모리얼 대학교, 캐나다]

6.23 다음 물음에 답해보세요.

(a) 다음 행렬식을 구해보세요.

(i) $\begin{vmatrix} 1 & 2 & 2 \\ 3 & 1 & 3 \\ 1 & 3 & 1 \end{vmatrix}$　　(ii) $\begin{vmatrix} 3 & 0 & 0 & 2 \\ 0 & 0 & 3 & 0 \\ 0 & 0 & 2 & 2 \\ 3 & 1 & 0 & 0 \end{vmatrix}$

(b) 4×4 행렬 $\mathbf{A}$, $\mathbf{B}$, $\mathbf{C}$의 행렬식은 각각 $\det(\mathbf{A})=2$, $\det(\mathbf{B})=-3$, $\det(\mathbf{C})=5$입니다. 다음 행렬식을 구해보세요.

(i) $\det(3\mathbf{A})$　　(ii) $\det(\mathbf{C}^{-1}\mathbf{B})$

(iii) $\det(\mathbf{A}^2\mathbf{C}^{-1}\mathbf{B}^{\mathrm{T}})$

[맨체스터 대학교, 영국]

6.24 다음 물음에 답해보세요.

(a) 다음 행렬식을 구해보세요.

(i) $\begin{vmatrix} 0 & 0 & 1 & 3 \\ 0 & 0 & 3 & 1 \\ 0 & 1 & a & b \\ 3 & 1 & c & d \end{vmatrix}$　　(ii) $\begin{vmatrix} 0 & 0 & a & 0 & 0 \\ 0 & b & 0 & 0 & 0 \\ c & 0 & 0 & 0 & 0 \\ 0 & 0 & 0 & 0 & 1 \\ 0 & 0 & 0 & 2 & 0 \end{vmatrix}$

(iii) $\begin{vmatrix} 0 & 0 & 3 & 0 & 0 \\ 0 & 2 & 4 & 0 & 0 \\ 1 & 0 & 5 & 0 & 0 \\ 0 & 0 & 6 & 0 & 9 \\ 0 & 0 & 7 & 8 & 0 \end{vmatrix}$

(b) 3×3 행렬 $\mathbf{A}$, $\mathbf{B}$의 행렬식은 각각 $\det(\mathbf{A})=3$, $\det(\mathbf{B})=-2$입니다. 다음 행렬식을 구해보세요.

(i) $\det(\mathbf{B}\mathbf{B}^{\mathrm{T}})$　　(ii) $\det(\mathbf{A}^{-1}\mathbf{B}\mathbf{A})$

(iii) $\det(\mathbf{A}\mathbf{B}^{-1})$

[맨체스터 대학교, 영국]

6.25 다음 물음에 답해보세요.

(a) 2×2 행렬 $\mathbf{A}$, $\mathbf{B}$의 행렬식은 각각 $\det(\mathbf{A})=2$, $\det(\mathbf{B})=3$입니다. 다음 행렬식을 구해보세요.

(i) $\det(-\mathbf{A}^3\mathbf{B}^{-2})$　　(ii) $\det(2\mathbf{A}^{-1}\mathbf{B}\mathbf{A})$

(iii) $\det(\mathbf{A}^{-1}\mathbf{A}^{\mathrm{T}})$

(b) $\begin{vmatrix} a & d & g \\ b & e & h \\ c & f & i \end{vmatrix}=1$일 때, $\begin{vmatrix} a+d & d+g & g+a \\ b+e & e+h & h+b \\ c+f & f+i & i+c \end{vmatrix}$를 구해보세요.

[맥길 대학교, 캐나다]

6.26 3×3 행렬 $\mathbf{A}=\begin{pmatrix} a & 1 & 2 \\ b & 3 & 4 \\ c & 5 & 6 \end{pmatrix}$에 대하여, $\det(\mathbf{A})=3$입니다. 다음 행렬의 행렬식을 구해보세요.

(a) $\begin{pmatrix} a-2 & 1 & 2 \\ b-4 & 3 & 4 \\ c-6 & 5 & 6 \end{pmatrix}$　　(b) $\begin{pmatrix} 7a & 7 & 14 \\ b & 3 & 4 \\ c & 5 & 6 \end{pmatrix}$

(c) $2\mathbf{A}^{-1}\mathbf{A}^{\mathrm{T}}$　　(d) $\begin{pmatrix} a-2 & 1 & 2 \\ b & 3 & 4 \\ c & 5 & 6 \end{pmatrix}$

[퍼듀 대학교, 미국]

6.27 F를 체(field)라 하고 $a,b,c,d,e,f,p,q,r,s,t,u\in F$라고 합시다. 다음 행렬에 대하여, $\det(\mathbf{A})$를 구해보세요. (단, 체 F는 실수집합)

$$\mathbf{A}=\begin{pmatrix} a & b & c \\ 0 & d & e \\ 0 & 0 & f \end{pmatrix}\begin{pmatrix} p & 0 & 0 \\ q & r & 0 \\ s & t & u \end{pmatrix}$$

힌트 직접 곱셈 계산을 하여 어렵게 구할 수도 있고, 행렬식에 대한 여인수를 사용하여 쉽게 구할 수도 있습니다.

[캘리포니아 대학교 버클리 캠퍼스, 미국]

6.28 크래머 규칙을 사용하여, 다음 연립일차방정식에서 x의 값을 구해보세요.

$$\begin{pmatrix} a & 1 & 1 \\ 1 & 2 & 3 \\ 1 & 3 & 6 \end{pmatrix}\begin{pmatrix} x \\ y \\ z \end{pmatrix}=\begin{pmatrix} 1 \\ 1 \\ 1 \end{pmatrix}$$

[컬럼비아 대학교, 미국]

6.29 다음 명제에 대한 간략한 증명을 제시해보세요.

> $n\times n$ 행렬 $\mathbf{A}$에 대하여 $\mathbf{A}^5=\mathbf{O}$라면, $\det(\mathbf{A})=0$입니다.

[캘리포니아 대학교 버클리 캠퍼스, 미국]

6.30 $n\times n$ 행렬 $\mathbf{A}_n$이 다음과 같을 때, 주어진 물음에 답해보세요.

$$\mathbf{A}_n=\begin{pmatrix} 1 & 2 & 3 & 4 & \cdots & n \\ -1 & 0 & 3 & 4 & \cdots & n \\ -1 & -2 & 0 & 4 & \cdots & n \\ \vdots & \vdots & \vdots & \vdots & \ddots & \vdots \\ -1 & -2 & -3 & -4 & \cdots & 0 \end{pmatrix}$$

(a) $\mathbf{A}_2$, $\mathbf{A}_3$, $\mathbf{A}_4$를 나타내보세요. 기본 행 연산과 행렬식의 성질을 이용하여 각 행렬의 행렬식을 구해보세요.

(b) (a)의 결과를 기반으로, 기본 행 연산과 행렬식의 성질을 이용하여 $n\geq 2$인 정수에 대하여 $\mathbf{A}_n$의 행렬식을 구해보세요.

[일리노이 주립대학교, 미국]

6.31 다음 행렬의 역행렬 공식은 무엇일까요?

$$\begin{pmatrix} A & B & D \\ 0 & C & E \\ 0 & 0 & F \end{pmatrix}$$

[컬럼비아 대학교, 미국]

6.32 크래머 규칙을 이용하여, 다음 연립일차방정식에서 y의 값을 구해보세요.

$$\begin{pmatrix} A & B & D \\ 0 & C & E \\ 0 & 0 & F \end{pmatrix}\begin{pmatrix} x \\ y \\ z \end{pmatrix}=\begin{pmatrix} 1 \\ 1 \\ 0 \end{pmatrix}$$

[컬럼비아 대학교, 미국]

6.33 행렬 $\begin{pmatrix} 1 & 0 & 0 & 2 & 4 & 6 & 8 \\ 0 & 1 & 0 & 5 & 12 & 13 & 9 \\ 0 & 0 & 1 & -1 & 31 & 5 & 23 \\ 0 & 0 & 0 & 4 & 2 & 7 & 1 \\ 0 & 0 & 0 & -2 & 1 & 3 & -2 \\ 0 & 0 & 0 & 0 & 1 & 0 & 0 \\ 0 & 0 & 0 & -1 & 2 & 5 & 3 \end{pmatrix}$의 행렬식을 구해보세요.

[캘리포니아 대학교 버클리 캠퍼스, 미국]

6.34 다음 행렬이 가역행렬이 되게 하는 실수 k의 값은 무엇인가요?

$$\begin{pmatrix} 1 & 1 & 0 & 0 & 1 \\ -1 & k & 0 & 0 & 0 \\ 0 & 0 & 1 & 3 & 9 \\ 0 & 0 & 1 & 4 & 16 \\ 0 & 0 & 1 & k & k^2 \end{pmatrix}$$

[스탠포드 대학교, 미국]

6.35 다음과 같이 주어진 행렬 $\mathbf{B}$를 가역행렬이라 합시다. '?' 표기는 성분 값이 이 문제의 답에 영향을 미치지 않음을 의미합니다. 두 번째 행렬 $\mathbf{C}$를 $\mathbf{B}$의 수반행렬이라 할 때, $\det(2\mathbf{B}^{-1}(\mathbf{C}^{\mathrm{T}})^{-2})$을 구해보세요.

$$\mathbf{B}=\begin{pmatrix} ? & ? & ? & 0 \\ 0 & -1 & 2 & 0 \\ 1 & 1 & 0 & 0 \\ ? & ? & ? & -3 \end{pmatrix},\quad \mathbf{C}=\begin{pmatrix} 6 & 3 & 9 & 0 \\ -6 & -3 & 6 & 0 \\ -3 & 6 & 3 & 0 \\ 2 & 1 & 3 & -5 \end{pmatrix}$$

[유타 대학교, 미국]

[추가문제]

6.36 다음 행렬의 행렬식을 구해보세요.

$$\mathbf{A}=\begin{pmatrix} 1 & 2 & 3 \\ 4 & 5 & 6 \end{pmatrix}$$

6.37 $\mathbf{P}$를 $n\times n$ 가역행렬, $\mathbf{A}$를 $n\times n$ 행렬이라 할 때 다음이 성립함을 보이세요.

$$\det(\mathbf{P}^{-1}\mathbf{A}\mathbf{P})=\det(\mathbf{A})$$

6.38 $n\times n$ 행렬 $\mathbf{A}=\begin{pmatrix} 0 & 0 & \cdots & a_{1n} \\ 0 & \cdots & a_{2(n-1)} & a_{2n} \\ \vdots & \iddots & \iddots & \vdots \\ a_{n1} & a_{n2} & \cdots & a_{nn} \end{pmatrix}$이 있습니다. 바닥함수(floor function) $\lfloor\ \rfloor$에 대하여, $\det(\mathbf{A})=(-1)^{\lfloor \frac{n}{2} \rfloor}a_{1n}\cdots a_{2(n-1)}a_{n1}$임을 증명해보세요.

(바닥함수 $\lfloor\ \rfloor$는 실수집합에서 정의합니다. $0\leq y<1$인 y에 대하여 x를 $x=n+y$인 실수라 합시다. 그러면 바닥함수는 $\lfloor x \rfloor=n$으로 정의합니다. $\lfloor x \rfloor=n$은 x를 넘지 않는 최대 정수 n입니다. 예를 들어, $\lfloor 2.4 \rfloor=2$, $\lfloor 6.99 \rfloor=6$, $\lfloor 10 \rfloor=10$, $\lfloor \pi \rfloor=3$, $\lfloor -3.4 \rfloor=-4$입니다.)

프랑수아즈 티세르(Françoise Tisseur)

프랑수아즈 티세르는 영국 맨체스터(Manchester) 대학교 수학과의 수치해석학 교수입니다.

연구 분야에 대해 알려주세요.

저는 수치 선형대수학을 전문으로 다루는 수치 분석가입니다. 제 작업은 기본 이론을 개발하는 것부터 알고리즘을 도출하고 이를 소프트웨어로 구현하는 데까지 전 범위에 걸쳐 있습니다. 저는 특히 대수적인 고윳값 문제의 이론과 수치적 풀이에 관심이 있습니다. 즉, $N(\lambda)\mathbf{x}=0$을 만족하는 스칼라 λ와 0이 아닌 벡터 $\mathbf{x}$, $\mathbf{y}$를 찾는 것입니다. 여기서 $N: \Omega \to \mathbb{C}_{n\times n}$은 열린집합 $\Omega \subseteq \mathbb{C}$ 위의 해석함수입니다. 이 책의 7장에서 다루는 표준 고윳값 문제 $(\mathbf{A}-\lambda\mathbf{I})\mathbf{x}=0$이 가장 간단한 경우에 해당합니다.

그러나 기계 시스템의 동적 해석(고윳값이 진동 주파수를 나타내는 경우), 유체역학의 유동 선형 안정성, 시간 지연 시스템의 안정성 해석과 같은 실제 응용 분야에서 $N(\lambda)$는 λ에 대한 다항함수, 유리함수, 지수함수일 수 있으며, 대응하는 비선형 고윳값 문제는 해결하기가 매우 어려울 수 있습니다.

저는 열대 대수(tropical algebra, max-plus algebra)에도 관심이 있습니다. 행렬과 벡터는 $\mathbb{R}\cup\{-\infty\}$에 성분이 있고, 덧셈 $a+b$는 최대화 $\max(a,b)$로 대체되며, 곱셈 ab는 덧셈 $a+b$로 대체됩니다. 이 책의 1.4절에서 다룬 것처럼 2개의 열대 행렬을 더하고 곱할 수도 있습니다. 사실, 이 책에서 설명한 다양한 선형대수학 도구는 열대 대수에서 사용할 수 있습니다. 고전 선형대수학과 비교할 때 열대 대수의 주요 차이점은 최대 연산에 역이 없다는 것입니다. 열대 대수를 사용하면 기존 대수에서 비선형인 현상을 선형 방식으로 설명할 수 있습니다. 예를 들어 병렬 계산, 운송 네트워크, 스케줄링이 여기에 포함됩니다.

선형대수학과 관련된 도전 분야에는 무엇이 있을까요?

비선형 고윳값 문제는 많은 수학 문제를 야기합니다. 일부는 기본 이론이 부족하지만, 그 밖의 경우에 대해서는 정확한 수치적 방법을 제공하거나 합리적인 시간 안에 아주 큰 문제를 해결하기 위해 노력하고 있습니다.

7

고윳값과 고유벡터
Eigenvalues and Eigenvectors

7.1 고윳값과 고유벡터

학습목표

- 고윳값과 고유벡터를 구할 수 있습니다.
- 고윳값과 고유벡터의 성질을 증명할 수 있습니다.

고윳값과 고유벡터 문제는 물리학 및 공학 분야에서 자주 발생합니다. 이들은 $\mathbf{A}\mathbf{v}=$(스칼라)$\times\mathbf{v}$의 형태를 보입니다. 이때 $\mathbf{v}$는 영이 아닌 벡터이고 $\mathbf{A}$는 정사각행렬입니다. 행렬의 고윳값과 고유벡터를 알면 행렬식을 쉽게 구할 수 있고 역행렬이 있는지 여부를 알 수 있으며 행렬의 거듭제곱을 구할 수 있습니다. 선형대수학의 예를 들자면, 관련성에 관한 검색 결과의 순위를 매기기 위해 고윳값과 고유벡터에 의존하는 구글(Google) 검색 엔진이 가장 대표적입니다.

7.1.1 고윳값과 고유벡터의 정의

고윳값과 고유벡터의 의미를 정의하기 전에 이와 관련된 예제를 살펴봅시다.

예제 7-1 $\mathbf{A}=\begin{pmatrix}4 & -2\\1 & 1\end{pmatrix}$, $\mathbf{u}=\begin{pmatrix}2\\1\end{pmatrix}$**일 때, $\mathbf{A}\mathbf{u}$를 구해보세요.**

풀이

행렬 $\mathbf{A}$와 벡터 $\mathbf{u}$를 곱한 결과는 다음과 같습니다.

$$\mathbf{A}\mathbf{u}=\begin{pmatrix}4 & -2\\1 & 1\end{pmatrix}\begin{pmatrix}2\\1\end{pmatrix}=\begin{pmatrix}6\\3\end{pmatrix}=3\begin{pmatrix}2\\1\end{pmatrix}$$

? 이 결과로 무엇을 알 수 있나요?

$\mathbf{A}\mathbf{u}=3\mathbf{u}$임을 알았습니다. [그림 7-1]에서 볼 수 있듯이, 행렬 $\mathbf{A}$는 벡터 $\mathbf{u}$에 스칼라 3을 곱한 것과 같습니다.

일반적으로 다음과 같이 쓸 수 있습니다.

$$\mathbf{A}\mathbf{u}=\lambda\mathbf{u}\ \text{(행렬 }\mathbf{A}\text{는 벡터 }\mathbf{u}\text{를 스칼라곱한 것과 같습니다.)} \tag{7.1}$$

이때 $\mathbf{A}$는 정사각행렬이고 $\mathbf{u}$는 벡터, 그리스 문자 λ(람다)는 스칼라입니다.

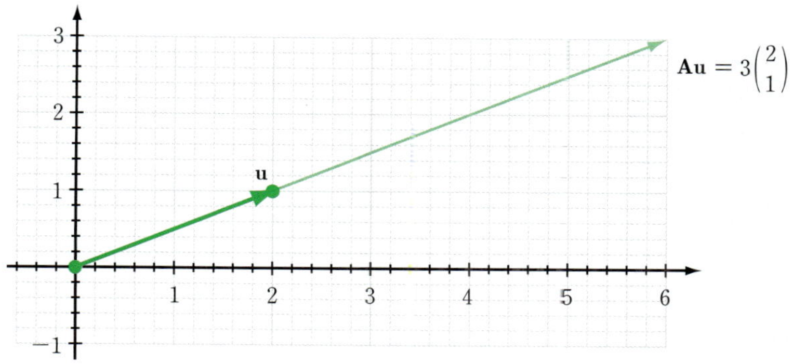

[그림 7-1] 벡터 u와 Au

식 (7.1)은 이 공식은 이번 장 전반에 걸쳐 사용하는 중요한 공식이므로 익숙하게 쓸 수 있어야 합니다.

? 식 (7.1)이 중요할까요?

행렬 $\mathbf{A}$는 벡터 $\mathbf{u}$를 스칼라곱하여 변환하므로, $\lambda = \pm 1$(이 경우에는 크기가 변경되지 않은 상태로 유지)이 아니라면, 변환은 벡터 $\mathbf{u}$의 크기를 바꿉니다. 식 (7.1)은 벡터 $\mathbf{u}$에 행렬 $\mathbf{A}$를 적용하면 같은 방향 혹은 반대(음수 λ) 방향으로 벡터가 만들어짐을 말합니다.

? 식 (7.1)을 만족하는 벡터 u를 생각해볼까요?

$\mathbf{A}\mathbf{O} = \lambda\mathbf{O} = \mathbf{O}$이므로 영벡터 $\mathbf{u} = \mathbf{O}$입니다. 이 경우 자명한 해 $\mathbf{u} = \mathbf{O}$를 가진다고 말할 수 있습니다. 이 장에서는 자명하지 않은 해를 갖는 경우, 즉 $\mathbf{u} \neq \mathbf{O}$(영벡터가 아님)에 대해 생각해봅시다. 이 해는 선형대수학에서 아주 중요하게 쓰이는 도구입니다.

$\mathbf{A}\mathbf{u} = \lambda\mathbf{u}$를 만족할 때, 영벡터가 아닌 벡터 $\mathbf{u}$에 대하여 스칼라 λ를 행렬 $\mathbf{A}$의 **고윳값**(eigenvalue)이라 하고, 벡터 $\mathbf{u}$를 λ에 대응하는 **고유벡터**(eigenvector)라고 합니다. 다수의 선형대수학 문헌에서는 그리스 문자 λ를 고윳값을 나타내는 데 사용합니다. 고윳값과 고유벡터라는 용어는 '적절한 값'을 의미하는 독일어 'Eigenwert'에서 파생되었습니다. 'eigen'은 '아이젠'이라고 발음합니다. 고윳값은 미분방정식 분야에서 장 달랑베르(Jean d' Alembert)가 처음 개발한 개념입니다.

[그림 7-2] 장 달랑베르 (1717 – 1783)

장 달랑베르는 프랑스 수학자입니다. 그는 탕생 부인과 데투시 장군 사이에서 사생아로 태어났습니다. 그는 태어나자마자 교회 계단에 버려져 고아원에서 자랐습니다. 데투시 장군은 아들의 어려운 처지를 알게 되자 부유한 건축가의 아내인 루소 부인에게 후견을 부탁했습니다.

데투시 장군은 달랑베르가 겨우 9살이었을 때 세상을 떠났습니다. 그러나 장군의 가족은 그가 계속 교육받을 수 있도록 재정 지원을 해주었습니다.

달랑베르는 1735년에 학교를 졸업했습니다. 그는 법률가로서 경력을 쌓는 것이 자신에게 적합할 거라고 생각했지만, 사실 그의 마음속은 수학에 대한 갈증과 열정으로 가득 차 있었습니다. 그래서 그는 틈만 나면 수학을 공부했습니다. 장 달랑베르는 평생 동안 파리 과학 아카데미와 프랑스 아카데미에서 일했습니다.

예제 7-2 **행렬 $A = \begin{pmatrix} 1 & 1 \\ -2 & 4 \end{pmatrix}$에 대하여, 다음을 확인해보세요.**

(a) $u = \begin{pmatrix} 1 \\ 1 \end{pmatrix}$은 행렬 A의 고윳값 $\lambda_1 = 2$에 대응하는 고유벡터입니다.

(b) $v = \begin{pmatrix} 1 \\ 2 \end{pmatrix}$는 행렬 A의 고윳값 $\lambda_2 = 3$에 대응하는 고유벡터입니다.

풀이

(a) 주어진 행렬 A와 벡터 u를 곱해봅시다.

$$Au = \begin{pmatrix} 1 & 1 \\ -2 & 4 \end{pmatrix}\begin{pmatrix} 1 \\ 1 \end{pmatrix} = \begin{pmatrix} 2 \\ 2 \end{pmatrix} = 2\begin{pmatrix} 1 \\ 1 \end{pmatrix}$$

$Au = 2u$이므로 $u = (1 \ \ 1)^T$는 행렬 A의 고윳값 $\lambda_1 = 2$에 대응하는 고유벡터입니다. 행렬 A는 벡터 u를 2배로 만듭니다.

(b) 마찬가지 방법으로 다음과 같이 계산할 수 있습니다.

$$Av = \begin{pmatrix} 1 & 1 \\ -2 & 4 \end{pmatrix}\begin{pmatrix} 1 \\ 2 \end{pmatrix} = \begin{pmatrix} 3 \\ 6 \end{pmatrix} = 3\begin{pmatrix} 1 \\ 2 \end{pmatrix}$$

$Av = 3v$이므로 $v = (1 \ \ 2)^T$는 행렬 A의 고윳값 $\lambda_2 = 3$에 대응하는 고유벡터입니다. $Av = 3v$는 행렬 A가 벡터 v를 3배로 만든다는 것을 의미합니다.

? 이 결과로 무엇을 알 수 있나요?

2×2 행렬에는 1개 이상의 고윳값과 고유벡터가 있습니다. 정사각행렬 $\mathbf{A}$에 대해 $\mathbf{Au} = \lambda\mathbf{u}$를 만족하는 고윳값 λ와 고유벡터 $\mathbf{u}$가 있습니다.

예제 7-3 $\mathbf{A} = \begin{pmatrix} 5 & 0 & 0 \\ -9 & 4 & -1 \\ -6 & 2 & 1 \end{pmatrix}$, $\mathbf{u} = \begin{pmatrix} 0 \\ 1 \\ 2 \end{pmatrix}$**에 대하여, 행렬 $\mathbf{A}$가 벡터 $\mathbf{u}$를 스칼라곱함을 보이고, 이 스칼라 값 λ와 고윳값을 구해보세요.**

풀이

벡터 $\mathbf{u}$에 행렬 $\mathbf{A}$를 적용한 결과는 다음과 같습니다.

$$\mathbf{Au} = \begin{pmatrix} 5 & 0 & 0 \\ -9 & 4 & -1 \\ -6 & 2 & 1 \end{pmatrix}\begin{pmatrix} 0 \\ 1 \\ 2 \end{pmatrix} = \begin{pmatrix} 0 \\ 2 \\ 4 \end{pmatrix} = 2\begin{pmatrix} 0 \\ 1 \\ 2 \end{pmatrix}$$

$\mathbf{Au} = 2\mathbf{u}$이므로 $\lambda = 2$입니다. 따라서 $\lambda = 2$는 고유벡터 $\mathbf{u}$에 대한 행렬 $\mathbf{A}$의 고윳값입니다. 즉, 행렬 $\mathbf{A}$는 벡터 $\mathbf{u}$를 2만큼 스칼라곱하여 변환합니다.

7.1.2 특성방정식

식 (7.1) $\mathbf{Au} = \lambda\mathbf{u}$는 다음과 같이 쓸 수 있습니다.

$$\mathbf{Au} = \lambda\mathbf{Iu}$$

(참고로, $\lambda\mathbf{Iu} = \lambda\mathbf{u}$와 같이 항등행렬을 곱하면 형태가 동일하게 유지됩니다.) 이때 $\mathbf{I}$는 항등행렬입니다. 이는 다음과 같이 쓸 수 있습니다.

$$\mathbf{Au} - \lambda\mathbf{Iu} = \mathbf{O}$$
$$(\mathbf{A} - \lambda\mathbf{I})\mathbf{u} = \mathbf{O}$$

? 영이 아닌 벡터 u는 어떤 조건에서 이 방정식의 해가 될까요?

6.3절 [연습문제 26]에 의해 다음이 성립합니다.

연립일차방정식 $\mathbf{Ax} = \mathbf{O}$의 해가 무수히 많습니다. $\Leftrightarrow$ $\det(\mathbf{A}) = 0$

위 결과를 $(\mathbf{A} - \lambda\mathbf{I})\mathbf{u} = \mathbf{O}$에 적용하면 다음과 같은 의미가 됩니다.

연립일차방정식 $(\mathbf{A} - \lambda\mathbf{I})\mathbf{x} = \mathbf{O}$는 영벡터가 아닌 $\mathbf{u}$를 가집니다(이 방정식을 만족하는 해가 무수히 많으므로). $\Leftrightarrow$ $\det(\mathbf{A} - \lambda\mathbf{I}) = 0$

이 방정식을 **특성방정식**(characteristic equation)이라고 합니다. 이 방정식을 통해 고윳값을 찾을 수 있으므로 이 방정식은 매우 중요합니다.

$$\det(\mathbf{A}-\lambda\mathbf{I})=0 \tag{7.2}$$

고윳값과 고유벡터를 구하는 절차(procedure for eigenvalue and eigenvector)는 다음과 같습니다.

[1단계] 특성방정식 (7.2)에서 스칼라 λ를 구합니다.
[2단계] 방정식 $(\mathbf{A}-\lambda\mathbf{I})\mathbf{u}=\mathbf{O}$를 풀어 고윳값 λ에 대응하는 고유벡터 $\mathbf{u}$를 구합니다.

다음 예제에서 위 과정을 따라 해봅시다. 고윳값과 고유벡터는 쌍이라는 점을 기억합시다. 한쪽이 없으면 다른 하나도 존재할 수 없습니다. 고윳값이 고유벡터를 만들기 때문에 마치 어머니와 자식과 같은 관계입니다.

예제 7-4 행렬 $\mathrm{A}=\begin{pmatrix}2 & 0\\ 1 & 3\end{pmatrix}$의 고윳값과 이에 대응하는 고유벡터를 구해보세요. 또한 고유벡터에 행렬 A를 곱한 결과를 그림으로 나타내보세요.

풀이

고윳값을 먼저 구해야 할까요, 고유벡터를 먼저 구해야 할까요? 고윳값이 고유벡터를 만들기 때문에 고윳값을 먼저 구해야 합니다. 앞의 과정대로 수행해봅시다.

[1단계] $\det(\mathbf{A}-\lambda\mathbf{I})=0$을 만족하는 λ의 값을 구해야 합니다. 먼저 $\mathbf{A}-\lambda\mathbf{I}$를 구해봅시다.

$$\begin{aligned}\mathbf{A}-\lambda\mathbf{I}&=\begin{pmatrix}2 & 0\\ 1 & 3\end{pmatrix}-\lambda\begin{pmatrix}1 & 0\\ 0 & 1\end{pmatrix}\\ &=\begin{pmatrix}2 & 0\\ 1 & 3\end{pmatrix}-\begin{pmatrix}\lambda & 0\\ 0 & \lambda\end{pmatrix}=\begin{pmatrix}2-\lambda & 0\\ 1 & 3-\lambda\end{pmatrix}\end{aligned}$$

$\det(\mathbf{A}-\lambda\mathbf{I})$에 대입해봅시다.

$$\det(\mathbf{A}-\lambda\mathbf{I})=\det\begin{pmatrix}2-\lambda & 0\\ 1 & 3-\lambda\end{pmatrix}$$

행렬식을 구하기 위해, 식 (6.1)의 $\det\begin{pmatrix}a & b\\ c & d\end{pmatrix}=ad-bc$를 이용합니다.

$$\det(\mathbf{A}-\lambda\mathbf{I})=\det\begin{pmatrix}2-\lambda & 0\\ 1 & 3-\lambda\end{pmatrix}=(2-\lambda)(3-\lambda)-0$$

고윳값을 구하기 위해 이 행렬식이 0이라고 놓겠습니다.

$$(2-\lambda)(3-\lambda)=0 \quad\Rightarrow\quad \lambda_1=2 \text{ 또는 } \lambda_2=3$$

[2단계] 각 고윳값에 대하여 방정식 $(\mathbf{A}-\lambda\mathbf{I})\mathbf{u}=\mathbf{O}$를 풀어 고윳값 λ에 대응하는 고유벡터 $\mathbf{u}$를 구해봅시다.

$\mathbf{u}$를 $\lambda_1 = 2$에 대응하는 고유벡터라 하고 $\mathbf{A} = \begin{pmatrix} 2 & 0 \\ 1 & 3 \end{pmatrix}$, $\lambda = \lambda_1 = 2$를 $(\mathbf{A} - \lambda\mathbf{I})\mathbf{u} = \mathbf{O}$에 대입해봅시다.

$$\begin{aligned}(\mathbf{A} - \lambda\mathbf{I})\mathbf{u} = \left[\begin{pmatrix} 2 & 0 \\ 1 & 3 \end{pmatrix} - \begin{pmatrix} 2 & 0 \\ 0 & 2 \end{pmatrix}\right]\mathbf{u} &= \mathbf{O} \\ \begin{pmatrix} 0 & 0 \\ 1 & 1 \end{pmatrix}\mathbf{u} &= \mathbf{O}\end{aligned}$$

$\mathbf{O} = \begin{pmatrix} 0 \\ 0 \end{pmatrix}$, $\mathbf{u} = \begin{pmatrix} x \\ y \end{pmatrix}$라 하면 다음과 같이 나타낼 수 있습니다.

$$\begin{pmatrix} 0 & 0 \\ 1 & 1 \end{pmatrix}\begin{pmatrix} x \\ y \end{pmatrix} = \begin{pmatrix} 0 \\ 0 \end{pmatrix}$$

이를 통해 다음을 얻을 수 있습니다.

$$\begin{aligned}0 + 0 &= 0 \\ x + y &= 0\end{aligned}$$

고유벡터는 영벡터일 수 없습니다. 그러므로 x와 y 중 적어도 하나는 0이 아닙니다. 아래쪽 방정식으로부터 $x = -y$임을 알 수 있습니다. 가장 간단한 해는 $x = 1$, $y = -1$입니다. 하지만 $\begin{pmatrix} 2 \\ -2 \end{pmatrix}$, $\begin{pmatrix} -3 \\ 3 \end{pmatrix}$, $\begin{pmatrix} \pi \\ -\pi \end{pmatrix}$, $\begin{pmatrix} 5 \\ -5 \end{pmatrix}$, $\cdots$ 와 같은 해도 얻을 수 있습니다.

따라서 $\lambda = 2$에 대응하는 고유벡터는 무수히 많습니다. 이를 일반적인 고유벡터 $\mathbf{u}$로 나타낼 수 있습니다. 어떻게 나타낼 수 있을까요? $s \neq 0$인 실수 s에 대하여, $x = s$, $y = -s$라고 할 수 있습니다. 즉, $\lambda = 2$에 대응하는 고유벡터는 다음과 같습니다.

$$s \neq 0\text{에 대해 } \mathbf{u} = \begin{pmatrix} s \\ -s \end{pmatrix} = s\begin{pmatrix} 1 \\ -1 \end{pmatrix} \qquad \left[\begin{pmatrix} 1 \\ -1 \end{pmatrix}\text{은 가장 간단한 고유벡터}\right]$$

마찬가지 방법으로 다른 고윳값 $\lambda_2 = 3$에 대응하는 일반적인 고유벡터를 구할 수 있습니다. $(\mathbf{A} - \lambda\mathbf{I})\mathbf{v} = \mathbf{O}$에 $\lambda_2 = \lambda = 3$을 대입합니다.

$$\begin{aligned}(\mathbf{A} - \lambda\mathbf{I})\mathbf{v} = \left[\begin{pmatrix} 2 & 0 \\ 1 & 3 \end{pmatrix} - \begin{pmatrix} 3 & 0 \\ 0 & 3 \end{pmatrix}\right]\mathbf{v} &= \mathbf{O} \\ \begin{pmatrix} -1 & 0 \\ 1 & 0 \end{pmatrix}\mathbf{v} &= \mathbf{O}\end{aligned}$$

$\mathbf{O} = \begin{pmatrix} 0 \\ 0 \end{pmatrix}$, $\mathbf{v} = \begin{pmatrix} x \\ y \end{pmatrix}$(앞에 나온 x, y와 다른 x, y)라 하면 다음과 같이 나타낼 수 있습니다.

$$\begin{pmatrix} -1 & 0 \\ 1 & 0 \end{pmatrix}\begin{pmatrix} x \\ y \end{pmatrix} = \begin{pmatrix} 0 \\ 0 \end{pmatrix}$$

이를 계산하면 다음과 같은 결과를 알 수 있습니다.

$$-x+0=0,\ \ x+0=0$$

이 방정식으로부터 $x=0$임을 알 수 있습니다. y의 값은 무엇일까요? 고유벡터는 영벡터가 아니므로, y는 영이 아닌 임의의 실수로 선택할 수 있습니다.

$$s \neq 0\text{에 대해,} \quad y=s$$

고윳값 $\lambda_2=3$에 대응하는 일반적인 고유벡터는 다음과 같습니다.

$$s \neq 0\text{일 때,}\ \ \mathbf{v}=\begin{pmatrix} x \\ y \end{pmatrix}=\begin{pmatrix} 0 \\ s \end{pmatrix}=s\begin{pmatrix} 0 \\ 1 \end{pmatrix} \qquad \left[\begin{pmatrix} 0 \\ 1 \end{pmatrix}\text{은 가장 간단한 고유벡터}\right]$$

지금까지 진행한 과정을 요약하면 다음과 같습니다. $\lambda_1=2$에 대응하는 고유벡터는 $\mathbf{u}=s\begin{pmatrix} 1 \\ -1 \end{pmatrix}$, $\lambda_2=3$에 대응하는 고유벡터는 $\mathbf{v}=s\begin{pmatrix} 0 \\ 1 \end{pmatrix}$입니다. 이는 무엇을 의미할까요? $\mathbf{Au}=2\mathbf{u}$, $\mathbf{Av}=3\mathbf{v}$이므로, 주어진 행렬 $\mathbf{A}$는 고유벡터 $\mathbf{u}$를 2만큼 스칼라곱하고, $\mathbf{v}$를 3만큼 스칼라곱합니다. 행렬 $\mathbf{A}$에 의한 스칼라곱 효과를 그리면 [그림 7-3]과 같습니다.

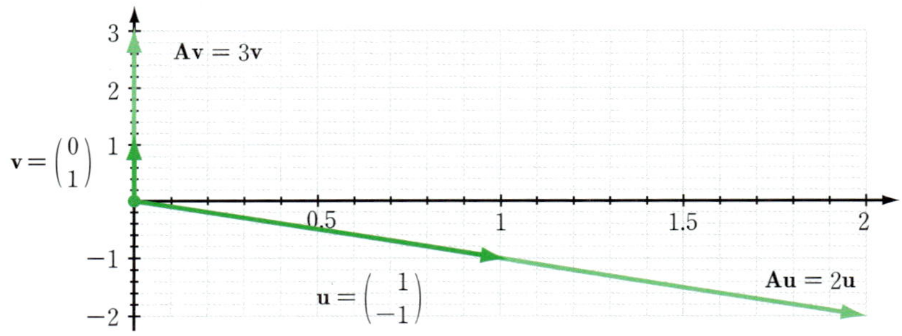

[그림 7-3] 행렬 A에 의한 스칼라곱

행렬 $\mathbf{A}$는 고유벡터 $\mathbf{u}$를 2배($\lambda_1=2$)로 만들고, 고유벡터 $\mathbf{v}$를 3배($\lambda_2=3$)로 만들지만, 그림에서 보는 것처럼 고유벡터의 방향을 바꾸지는 않습니다.

영벡터가 아닌 고유벡터는 행렬 $\mathbf{A}$에 의해 그 자체의 λ만큼(스칼라곱만큼) 변환됩니다. 다음으로, 3×3 행렬의 고윳값과 고유벡터를 구해봅시다. $(1-\lambda)(-3-\lambda)$와 같은 식을 전개해야 하므로, 대수식을 주의 깊게 계산해야 합니다. 이 식을 전개할 때는 보통 마이너스 부호 2개를 밖으로 꺼내놓고 다음과 같이 전개하는 것이 쉽습니다.

$$(1-\lambda)(-3-\lambda)=(-)(-)(-1+\lambda)(3+\lambda)=(\lambda-1)(\lambda+3) \qquad [(-)(-)=(+)]$$

예제 7-5 $\mathbf{A}=\begin{pmatrix}1 & 0 & 4\\ 0 & 4 & 0\\ 3 & 5 & -3\end{pmatrix}$의 고윳값을 구해보세요.

풀이

먼저 $\mathbf{A}-\lambda\mathbf{I}$를 구해봅시다.

$$\mathbf{A}-\lambda\mathbf{I}=\begin{pmatrix}1 & 0 & 4\\ 0 & 4 & 0\\ 3 & 5 & -3\end{pmatrix}-\begin{pmatrix}\lambda & 0 & 0\\ 0 & \lambda & 0\\ 0 & 0 & \lambda\end{pmatrix}=\begin{pmatrix}1-\lambda & 0 & 4\\ 0 & 4-\lambda & 0\\ 3 & 5 & -3-\lambda\end{pmatrix}$$

$\mathbf{A}-\lambda\mathbf{I}$는 행렬 $\mathbf{A}$에서 주대각 성분을 따라 $-\lambda$를 더하는 것(맨 위 왼쪽에서 맨 아래 오른쪽까지)이라고 기억하면 쉽습니다.

이제 $\det(\mathbf{A}-\lambda\mathbf{I})$를 계산해야 합니다. $\det(\mathbf{A}-\lambda\mathbf{I})$를 계산하는 가장 간단한 방법은 무엇일까요? 앞 절에서 다룬 행렬식의 성질을 통해, 성분 0, $4-\lambda$, 0을 포함한 가운데 행을 따라 행렬식을 계산하는 것이 더 쉽다는 것을 알고 있습니다. 왜 그럴까요? 성분 0이 있어서 0과 관련된 2×2 행렬식은 계산할 필요가 없기 때문이죠. (1~2초 더 투자해서 쉬운 방법을 선택하면 나중에 간편하게 계산할 수 있습니다.)

$$\begin{aligned}\det(\mathbf{A}-\lambda\mathbf{I}) &= \det\begin{pmatrix}1-\lambda & 0 & 4\\ 0 & 4-\lambda & 0\\ 3 & 5 & -3-\lambda\end{pmatrix} \leftarrow \text{가운데 행}\\ &= (4-\lambda)\left\{\det\begin{pmatrix}1-\lambda & 4\\ 3 & -3-\lambda\end{pmatrix}\right\} && \text{[가운데 행을 따라 전개]}\\ &= (4-\lambda)\{(1-\lambda)(-3-\lambda)-(3\times 4)\} && \text{[}2\times 2\text{ 행렬식 계산]}\\ &= (4-\lambda)\{(\lambda-1)(3+\lambda)-12\} && \text{[마이너스 부호를 밖으로 빼기]}\\ &= (4-\lambda)(3\lambda+\lambda^2-3-\lambda-12) && \text{[괄호 전개]}\\ &= (4-\lambda)(\lambda^2+2\lambda-15) && \text{[간단히 정리]}\\ &= (4-\lambda)(\lambda+5)(\lambda-3) && \text{[인수분해]}\end{aligned}$$

특성방정식 (7.2)에 의해 $\det(\mathbf{A}-\lambda\mathbf{I})=0$입니다. 즉, 위 식과 0을 같다고 둡니다.

$$(4-\lambda)(\lambda+5)(\lambda-3)=0$$

이 방정식을 풀면 고윳값 $\lambda_1=4$, $\lambda_2=-5$, $\lambda_3=3$을 얻을 수 있습니다.

예제 7-6 [예제 7-5]에 주어진 행렬 $\mathbf{A}$의 $\lambda_3=3$에 대응하는 고유벡터를 구해보세요.

풀이

$\lambda_3=\lambda=3$과 $\mathbf{A}=\begin{pmatrix}1 & 0 & 4\\ 0 & 4 & 0\\ 3 & 5 & -3\end{pmatrix}$을 $(\mathbf{A}-\lambda\mathbf{I})\mathbf{u}=\mathbf{O}$에 대입해봅시다.

즉, 주대각 성분에서 3을 뺍니다.

$$(\mathbf{A}-3\mathbf{I})\mathbf{u}=\begin{pmatrix} 1-3 & 0 & 4 \\ 0 & 4-3 & 0 \\ 3 & 5 & -3-3 \end{pmatrix}\mathbf{u}=\mathbf{O}$$

여기서 벡터 $\mathbf{u}$는 $\lambda_3=3$에 대응하는 고유벡터입니다. 영벡터 $\mathbf{O}$는 어떻게 나타내나요? 영벡터는 $\mathbf{O}=\begin{pmatrix} 0 \\ 0 \\ 0 \end{pmatrix}$입니다. $\mathbf{u}=\begin{pmatrix} x \\ y \\ z \end{pmatrix}$라고 합시다. 이를 위 식에 대입하여 정리해봅시다.

$$\begin{pmatrix} -2 & 0 & 4 \\ 0 & 1 & 0 \\ 3 & 5 & -6 \end{pmatrix}\begin{pmatrix} x \\ y \\ z \end{pmatrix}=\begin{pmatrix} 0 \\ 0 \\ 0 \end{pmatrix}$$

이 식을 전개하면 다음 연립일차방정식과 같습니다.

$$-2x+\ 0+4z=0 \qquad (1)$$

$$0+\ y+\ 0=0 \qquad (2)$$

$$3x+5y-6z=0 \qquad (3)$$

방정식 (2)를 통해 $y=0$임을 알 수 있습니다. 방정식 (1)에서 다음을 얻을 수 있습니다.

$$2x=4z \quad \Rightarrow \quad x=2z$$

$z=1$이면 $x=2$입니다. 좀 더 일반적으로 나타내면, $s\neq 0$에 대해서 $z=s$이면 $x=2s$입니다. $s\neq 0$에 대해 일반적인 고유벡터는 $\mathbf{u}=\begin{pmatrix} x \\ y \\ z \end{pmatrix}=\begin{pmatrix} 2s \\ 0 \\ s \end{pmatrix}=s\begin{pmatrix} 2 \\ 0 \\ 1 \end{pmatrix}$이며, $\lambda_3=3$에 대응합니다. $\mathbf{Au}=3\mathbf{u}$이므로 주어진 행렬 $\mathbf{A}$는 고유벡터 $\mathbf{u}$를 3배로 만듭니다.

7.1절 [연습문제 02]에서 $\lambda_1=4$, $\lambda_2=-5$에 대응하는 고유벡터를 구해봅시다.

7.1.3 고유공간

[예제 7-6]에서 s에 영이 아닌 값을 대입함으로써, $\lambda_3=3$에 대응하는 고유벡터는 다음과 같이 무수히 많이 존재함을 알 수 있습니다.

$$\mathbf{u}=\begin{pmatrix} 2 \\ 0 \\ 1 \end{pmatrix} \text{ 또는 } \mathbf{u}=\begin{pmatrix} 4 \\ 0 \\ 2 \end{pmatrix} \text{ 또는 } \mathbf{u}=\begin{pmatrix} 1 \\ 0 \\ 1/2 \end{pmatrix} \text{ 또는 } \mathbf{u}=\begin{pmatrix} -4 \\ 0 \\ -2 \end{pmatrix} \cdots$$

행렬 $\mathbf{A}$가 이 고유벡터를 3배로 만드는지 $\mathbf{Au}=3\mathbf{u}$를 통해 확인해봅시다. 위의 해 $\mathbf{u}$는 [그림 7-4]의 직선 위에 있는 모든 점($x=y=z=0$을 제외)입니다.

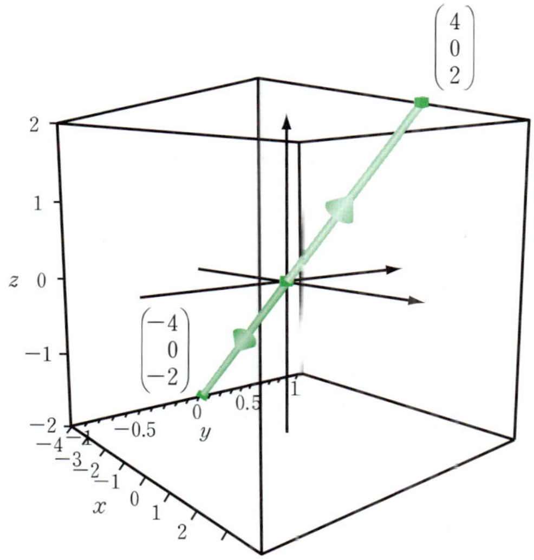

[그림 7-4] [예제 7-6]의 고유벡터 $\mathbf{u}$

일반적으로 $\mathbf{A}$가 정사각행렬이고 λ가 $\mathbf{A}$의 고유벡터 $\mathbf{u}$에 대응하는 고윳값이라면, 벡터 $\mathbf{u}$를 스칼라곱(0을 제외)한 것도 고윳값 λ에 대응하는 고유벡터 $\mathbf{u}$입니다. 예를 들어, $\mathbf{Au}=3\mathbf{u}$라면, $666\mathbf{u}$ 또한 고유벡터입니다.

$$\mathbf{A}(666\mathbf{u}) = 666(\mathbf{Au}) = 666\underbrace{3\mathbf{u}}_{\mathbf{Au}=3\mathbf{u}} = 3(666\mathbf{u})$$

행렬 $\mathbf{A}$가 벡터 $666\mathbf{u}$를 3배로 만들었기 때문에 $666\mathbf{u}$도 고윳값 3에 대응하는 고유벡터입니다. 즉, 다음과 같은 일반적인 정리를 쓸 수 있습니다.

정리 7-1 고유벡터의 스칼라곱

정사각행렬 $\mathbf{A}$에 대하여 고유벡터 $\mathbf{u}$에 대응하는 고윳값이 λ라면, 모든 영이 아닌 $\mathbf{u}$의 스칼라곱 $k\mathbf{u}$도 모두 λ에 대응하는 고유벡터입니다.

$\mathbf{u}$가 λ에 대응하는 고유벡터라면 $2\mathbf{u}$, $0.53\mathbf{u}$, $-666\mathbf{u}$, $\cdots$ 역시 λ에 대응하는 고유벡터입니다.

증명

임의의 영이 아닌 스칼라 k에 대해 생각해봅시다.

$$\begin{aligned}\mathbf{A}(k\mathbf{u}) &= k(\mathbf{Au}) && \text{[행렬 계산]}\\ &= k(\lambda\mathbf{u}) && \text{[식 (7.1)에 의해 } \mathbf{Au}=\lambda\mathbf{u}]\\ &= \lambda(k\mathbf{u})\end{aligned}$$

$\mathbf{A}(k\mathbf{u})=\lambda(k\mathbf{u})$임을 알 수 있습니다. 이는 행렬 $\mathbf{A}$가 벡터 $k\mathbf{u}$에 작용해서 $k\mathbf{u}$의 λ 스칼라곱을 만든다는 의미입니다. 따라서 $k\mathbf{u}$는 고윳값 λ에 대응하는 고유벡터입니다. k는 임의의 수이므로, $\mathbf{u}$의 영이 아닌 모든

스칼라곱이 행렬 $\mathbf{A}$의 고윳값 λ에 대응하는 고유벡터입니다. 따라서 스칼라 λ는 무수히 많은 고유벡터를 만듭니다. ■

정리 7-2 고유벡터와 부분공간

$n\times n$ 행렬 $\mathbf{A}$의 고윳값이 λ라면, 행렬 $\mathbf{A}$의 고윳값 λ에 대응하는 고유벡터와 영벡터인 $\mathbf{O}$를 합친 집합 S는 $\mathbb{R}^n$의 부분공간입니다.

$$S=\{\mathbf{O}\}\cup\{\mathbf{u}\mid \mathbf{u}\text{는 } \lambda\text{에 대응하는 고유벡터}\}$$

주어진 집합이 $\mathbb{R}^n$의 부분공간임을 어떻게 증명할 수 있을까요?

3장에 제시한 다음 [정리 3-5]를 사용하여 증명할 수 있습니다.

정리 3-5 부분공간의 동치 명제

벡터 $\mathbf{u}$, $\mathbf{v}$를 포함하는 공집합이 아닌 부분집합 S는 벡터공간 V의 부분공간입니다.

$\Leftrightarrow$ 임의의 일차결합 $k\mathbf{u}+c\mathbf{v}$는 S의 원소입니다. (k, c는 스칼라)

이 정리는 다음과 같은 성질을 증명해야 함을 의미합니다.

'$\mathbf{u}$, $\mathbf{v}$가 S의 벡터라면, 임의의 스칼라 k, c에 대해 $k\mathbf{u}+c\mathbf{v}$도 S 안에 있습니다(즉, S는 부분공간입니다).'

$\Leftrightarrow$ '집합 S는 연산에 대해 닫혀 있으므로 $k\mathbf{u}+c\mathbf{v}$는 [그림 7-5]와 같이 S에서 벗어날 수 없습니다.'

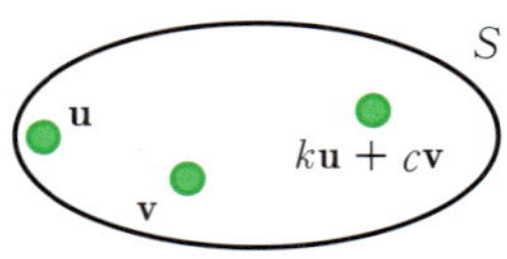

[그림 7-5] S의 벡터 $\mathbf{u}$, $\mathbf{v}$와 $k\mathbf{u}+c\mathbf{v}$

증명

무엇을 증명해야 할까요?

$\mathbf{u}$와 $\mathbf{v}$가 고윳값 λ에 대응하는 고유벡터라면, $k\mathbf{u}+c\mathbf{v}$ 또한 λ에 대응하는 고유벡터임을 증명해야 합니다.

$\mathbf{u}$와 $\mathbf{v}$가 같은 고윳값 λ에 대응하는 고유벡터라 하고 k와 c를 임의의 스칼라라고 합시다. [정리 7-1]에 의해 다음 성질을 알 수 있습니다.

λ가 정사각행렬 $\mathbf{A}$에 대하여 고유벡터 $\mathbf{u}$에 대응하는 고윳값이면, $k\mathbf{u}$도 λ의 고유벡터입니다.

따라서 $k\mathbf{u}$, $c\mathbf{v}$는 λ에 대응하는 고유벡터입니다. 그러므로 식 (7.1)에 의해 다음과 같이 쓸 수 있습니다.

$$\mathbf{A}(k\mathbf{u}) = \lambda(k\mathbf{u}),\ \ \mathbf{A}(c\mathbf{v}) = \lambda(c\mathbf{v}) \qquad (*)$$

이제 $\mathbf{A}(k\mathbf{u}+c\mathbf{v}) = \lambda(k\mathbf{u}+c\mathbf{v})$임을 보여야 합니다.

$$\begin{aligned}\mathbf{A}(k\mathbf{u}+c\mathbf{v}) &= \mathbf{A}(k\mathbf{u})+\mathbf{A}(c\mathbf{v}) && \text{[행렬 계산 법칙 적용]}\\ &= \lambda(k\mathbf{u})+\lambda(c\mathbf{v}) && \text{[식 (*)에 의해]}\\ &= \lambda(k\mathbf{u}+c\mathbf{v}) && \text{[인수분해]}\end{aligned}$$

$\mathbf{A}(k\mathbf{u}+c\mathbf{v}) = \lambda(k\mathbf{u}+c\mathbf{v})$이므로 행렬 $\mathbf{A}$가 벡터 $k\mathbf{u}+c\mathbf{v}$를 스칼라곱합니다. 따라서 이 벡터 또한 λ에 대응하는 고유벡터이며, 집합 S의 원소입니다. [정리 3-5]에 의해 집합 S는 $\mathbb{R}^n$의 부분공간입니다. ■

[정리 7-2]의 부분공간 $S = \{\mathbf{O}\} \cup \{\mathbf{u} \mid \mathbf{u}\text{는 } \lambda\text{에 대응하는 고유벡터}\}$를 λ의 **고유공간**(eigenspace)이라고 하며, E_λ로 나타냅니다. 즉, $E_\lambda = S$입니다.

예를 들어, [예제 7-4]의 고윳값 $\lambda_1 = 2$에 대한 고유공간은 고유벡터 $\mathbf{u} = s\begin{pmatrix}1\\-1\end{pmatrix}$, 고윳값 $\lambda_2 = 3$에 대한 고유공간은 고유벡터 $\mathbf{v} = s\begin{pmatrix}0\\1\end{pmatrix}$과 연관되어 있으며, 이를 그림으로 나타내면 [그림 7-6]과 같습니다.

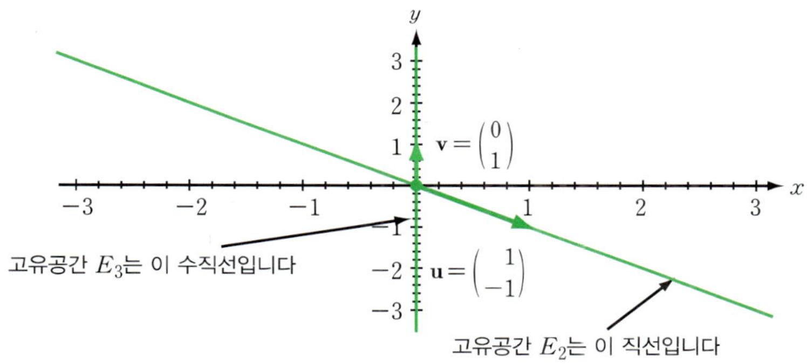

[그림 7-6] 고유공간 E_2와 E_3

E_2와 E_3는 각각 $\lambda = 2$, $\lambda = 3$에 의해 주어진 고유공간입니다. 벡터 $\begin{pmatrix}0\\1\end{pmatrix}$은 고유공간 E_3에 대한 기저(축)이고, 벡터 $\begin{pmatrix}1\\-1\end{pmatrix}$는 고유공간 E_2에 대한 기저(축)입니다. 즉, 이 고유벡터는 각 고유공간의 기저(축)를 이룹니다.

수학 소프트웨어 MATLAB을 사용하여 고윳값과 고유벡터를 구할 수 있습니다. 예를 들어, [예제 7-6]의 행렬 $\mathbf{A} = \begin{pmatrix}1 & 0 & 4\\ 0 & 4 & 0\\ 3 & 5 & -3\end{pmatrix}$을 생각해봅시다. MATLAB에 행렬 $\mathbf{A}$를 `A =[1 0 4 ; 0 4 0 ; 3 5 -3]`과 같이 입력할 수 있습니다. 세미콜론(;)은 새로운 행의 시작을 의미합니다. 고유벡터를 포함하는 행렬을 $\mathbf{V}$라 하고, 고윳값을 포함하는 행렬을 $\mathbf{d}$라고 하면, 다음과 같은 MATLAB 명령을 사용할 수 있습니다.

```
[V, d] = eig(A, 'nobalance')
```

명령어에서 'nobalance'는 MATLAB이 벡터를 정규화하는 것을 막습니다. 이 명령어의 결과는 다음과 같습니다.

```
V =
1.0000    0.6667    -1.0000
0         0         -0.4500    ←  각 열을 읽으면, 고유벡터를 알 수 있습니다.
0.5000   -1.0000    -0.7500

d =
 3     0    0
 0    -5    0   ←  주대각 성분을 통해 고윳값을 알 수 있습니다.
 0     0    4
```

위의 MATLAB 결과에 따라, 고유벡터는 $\begin{pmatrix} 1 \\ 0 \\ 1/2 \end{pmatrix}$, $\begin{pmatrix} 2/3 \\ 0 \\ -1 \end{pmatrix}$, $\begin{pmatrix} 1 \\ 9/20 \\ 3/4 \end{pmatrix}$입니다. 그래서 일반적인 고유벡터는 $r, s, t \neq 0$에 대하여, $\mathbf{u} = r\begin{pmatrix} 2 \\ 0 \\ 1 \end{pmatrix}$, $\mathbf{v} = s\begin{pmatrix} 2 \\ 0 \\ -3 \end{pmatrix}$, $\mathbf{w} = t\begin{pmatrix} 20 \\ 9 \\ 15 \end{pmatrix}$입니다. 여기서 고유벡터 $\mathbf{u}$는 [예제 7-6]에서 구한 고유벡터입니다.

핵심요약

- 고윳값 λ에 대응하는 고유벡터 $\mathbf{u}$는 다음을 만족합니다.

$$\mathbf{Au} = \lambda \mathbf{u} \qquad \text{(행렬 } \mathbf{A}\text{는 벡터 } \mathbf{u}\text{를 } \lambda\text{만큼 스칼라곱합니다.)} \tag{7.1}$$

- 고윳값을 찾을 때 다음 방정식을 사용합니다.

$$\det(\mathbf{A} - \lambda \mathbf{I}) = 0 \tag{7.2}$$

- $(\mathbf{A} - \lambda\mathbf{I})\mathbf{u} = \mathbf{O}$를 사용하여 고유벡터 $\mathbf{u}$를 찾을 수 있습니다.

7.1 연습문제

* 7.1 연습문제는 MATLAB으로 계산을 확인할 수 있습니다.

01 다음 행렬의 고윳값과 특정 고유벡터를 구해보세요.

(a) $\mathbf{A} = \begin{pmatrix} 7 & 3 \\ 0 & -4 \end{pmatrix}$ (b) $\mathbf{A} = \begin{pmatrix} 5 & -2 \\ 4 & -1 \end{pmatrix}$

(c) $\mathbf{A} = \begin{pmatrix} -1 & 4 \\ 2 & 1 \end{pmatrix}$

02 [예제 7-5]의 행렬의 고윳값 $\lambda_1 = 4$와 $\lambda_2 = -5$에 대한 일반적인 고유벡터를 구해보세요.

03 행렬 $\mathbf{A} = \begin{pmatrix} 3 & 1 \\ 1 & 3 \end{pmatrix}$의 고윳값과 고유벡터를 구해보세요. 그리고 고유공간 E_λ를 그려보세요.

04 행렬 $\mathbf{A}=\begin{pmatrix} 5 & -2 \\ 7 & -4 \end{pmatrix}$의 고윳값과 고유벡터를 구해보세요. 고유벡터에 행렬 $\mathbf{A}$를 곱하면 어떤 효과가 있는지 설명해보세요. 고유공간 E_λ를 그리고, 각 고유공간의 기저벡터를 적어보세요.

05 $\mathbf{A}=\begin{pmatrix} -2 & 8 \\ 5 & 1 \end{pmatrix}$, $\mathbf{B}=\begin{pmatrix} -4 & 16 \\ 10 & 2 \end{pmatrix}$에 대하여, 다음 물음에 답해보세요.

(a) $\mathbf{A}$의 고윳값을 구해보세요.

(b) $\mathbf{B}$의 고윳값을 구해보세요.

(c) $\mathbf{A}$와 $\mathbf{B}$의 고윳값 사이의 관계를 설명하고 일반적인 관계를 예측해보세요.

06 $\mathbf{A}$를 정사각행렬이라 하고, 실수 r에 대해서 $\mathbf{B}=r\mathbf{A}$라 합시다. λ가 행렬 $\mathbf{A}$의 고윳값이라면 $\mathbf{B}$의 고윳값은 $r\lambda$임을 증명해보세요.

07 $n\times n$ 행렬 $\mathbf{O}=\begin{pmatrix} 0 & \cdots & 0 \\ \vdots & \ddots & \vdots \\ 0 & \cdots & 0 \end{pmatrix}$의 고윳값은 0뿐임을 증명해보세요.

힌트 6장에서 제시한 대각행렬의 행렬식에 대한 정리를 사용하세요.

08 행렬 $\mathbf{A}=\begin{pmatrix} 1 & 2 & 1 \\ 2 & 1 & 1 \\ 1 & 1 & 2 \end{pmatrix}$의 고윳값과 고유벡터를 구해보세요. 적당한 소프트웨어를 사용하여 고유공간을 그리고 각 고유공간의 기저를 적어보세요.

7.2 고윳값과 고유벡터의 성질

학습목표

- 특정 행렬의 고윳값과 고유벡터를 구할 수 있습니다.
- 고윳값과 고유벡터의 몇 가지 성질을 증명할 수 있습니다.
- 케일리–해밀턴 정리를 적용할 수 있습니다.

6장에서 살펴보았듯이, 역행렬을 구하는 것은 지루한 과정일 수 있습니다. 이 절에서는 역행렬을 좀 더 쉽게 찾는 방법을 알아보겠습니다. 또한 행렬의 거듭제곱을 찾을 때 케일리–해밀턴(Cayley–Hamilton) 정리가 작업량을 크게 줄인다는 사실도 보이겠습니다.

고윳값과 고유벡터는 항상 쌍을 이룬다는 점을 기억합시다. 고윳값만 얻을 수 있는 방법은 없으며, 반드시 고윳값에 대응하는 고유벡터를 함께 얻습니다. 그러나 고윳값은 스칼라이고 고유벡터는 벡터이므로 두 개념 사이에는 큰 차이가 있습니다. 우선 고윳값 중복도와 이와 관련된 고유벡터를 살펴보겠습니다.

7.2.1 고윳값 중복도

정사각행렬 A의 특성방정식은 무엇인가요?

7.1절에서 $\mathbf{A}$는 정사각행렬, $\mathbf{I}$는 항등행렬, λ는 (스칼라인) 고윳값일 때, 특성방정식을 다음과 같이 정의하였습니다.

$$\det(\mathbf{A}-\lambda\mathbf{I})=0 \tag{7.2}$$

이를 확장하면 다음과 같습니다.

$$\det(\mathbf{A}-\lambda\mathbf{I})=\det\left[\begin{pmatrix} a_{11} & \cdots & a_{1n} \\ \vdots & \ddots & \vdots \\ a_{n1} & \cdots & a_{nn} \end{pmatrix}-\begin{pmatrix} \lambda & 0 & \cdots \\ 0 & \ddots & 0 \\ 0 & \cdots & \lambda \end{pmatrix}\right]$$

$$=\det\begin{pmatrix} a_{11}-\lambda & \cdots & a_{1n} \\ \vdots & \ddots & \vdots \\ a_{n1} & \cdots & a_{nn}-\lambda \end{pmatrix}=0 \quad \text{[주대각선을 따라 } \lambda \text{ 빼기]}$$

이 행렬의 행렬식을 계산하면 n차다항식이 생성됩니다. 차수가 3인 다항식 $p(\lambda)$의 예는 다음과 같습니다.

$$5\lambda^3-2\lambda^2+3\lambda+69$$

차수가 4인 다항식 $p(\lambda)$의 예는 다음과 같습니다.

$$7\lambda^4-5\lambda^3-0.1\lambda^2+34\lambda+5$$

차수가 n인 다항식 $p(\lambda)$의 예는 다음과 같습니다.

$$333\lambda^n+2\lambda^{n-1}+\cdots+6\lambda^2+\lambda+2.71828$$

일반적으로 차수가 n인 다항식 $p(\lambda)$를 다음과 같이 나타냅니다.

$$p(\lambda)=c_n\lambda^n+c_{n-1}\lambda^{n-1}+\cdots+c_1\lambda+c_0 \quad (c_n,\ c_{n-1},\ \cdots,\ c_0\text{는 스칼라})$$

특성다항식(characteristic polynomial)과 특성방정식의 차이는 무엇인가요?

특성다항식은 $p(\lambda)$로 표현하지만, 특성방정식은 $p(\lambda)=0$입니다.

특성방정식 $p(\lambda)=0$의 해는 몇 개인가요?

대수학의 기본정리(Fundamental Theorem of Algebra)는 매우 인상적인 제목이죠. '대수학의 기본정리'를 들어본 적이 없다 해도 괜찮습니다. 이 정리는 n차방정식 $p(\lambda)=0$이 정확히 n개의 해를 가진다는 사실을 알려줍니다. 예를 들면, $x^2-2x+1=0$은 차수가 2인 방정식이므로 정확히 2개의 해를 가집니다.

다른 예를 들자면 다음과 같습니다.

방정식	해의 개수
$x^5-1=0$	5
$2x^{12}-2x^3+1=0$	12
$-5x^{101}-x^{100}-\cdots-1=0$	101

여기서는 대수학의 기본정리를 증명하지 않고 사실이라고 가정하겠습니다. 따라서 대수학의 기본정리에 의하여 다음 결론을 내릴 수 있습니다. 다음 특성방정식은 n개의 고윳값(해)을 가집니다.

$$p(\lambda)=c_n\lambda^n+c_{n-1}\lambda^{n-1}+c_{n-2}\lambda^{n-2}+\cdots+c_2\lambda^2+c_1\lambda+c_0=0$$

이때 n개의 서로 다른 해를 가질 수도 있고 다음과 같이 중복된 해를 가질 수도 있습니다.

$$(\lambda-1)^3(\lambda-2)=0 \quad \Rightarrow \quad \lambda_1=1,\ \lambda_2=1\quad \lambda_3=1,\ \lambda_4=2$$

보통 처음 3개의 해를 위와 같이 나타내기보다는 간단하게 $\lambda_{1,2,3}=1$의 형태로 표현합니다. 다음 정의에서는 단순 고윳값과 중복 고윳값을 구분합니다.

정의 7-1 단순 고윳값과 중복 고윳값

$n\times n$ 행렬 $\mathbf{A}$의 고윳값이 $\lambda_1,\ \lambda_2,\ \lambda_3,\ \cdots,\ \lambda_n$이라고 합시다. 이때 고윳값 λ의 값이 한 번만 나타나면 λ를 **단순 고윳값**(simple eigenvalue)이라 하고, 그렇지 않으면 **중복 고윳값**(multiple eigenvalue)이라 합니다. λ가 $m(>1)$번 나타나면, λ는 **중복도**(multiplicity)가 m인 고윳값 또는 m의 중복도를 갖는 고윳값이라고 합니다.

앞의 방정식 $(\lambda-1)^3(\lambda-2)=0$에서 $\lambda_{1,2,3}=1$은 중복도가 3인 고윳값이고 $\lambda_4=2$는 단순 고윳값입니다.

예제 7-7 행렬 $A = \begin{pmatrix} 2 & 1 & 3 \\ 0 & 2 & 0 \\ 0 & 0 & 2 \end{pmatrix}$의 고윳값과 고유벡터를 구해보세요.

풀이

먼저 무엇을 구해야 할까요? 고윳값을 통해 고유벡터가 만들어지므로 고윳값부터 구합니다. 특성방정식 (7.2) $\det(\mathbf{A}-\lambda\mathbf{I})=0$을 이용하면 다음과 같습니다.

$$\det(\mathbf{A}-\lambda\mathbf{I}) = \det\begin{pmatrix} 2-\lambda & 1 & 3 \\ 0 & 2-\lambda & 0 \\ 0 & 0 & 2-\lambda \end{pmatrix}$$

$$= (2-\lambda)\det\begin{pmatrix} 2-\lambda & 0 \\ 0 & 2-\lambda \end{pmatrix} \quad \text{[1열을 따라 전개]}$$

$$= (2-\lambda)\{(2-\lambda)(2-\lambda)-0\} = (2-\lambda)^3 = 0$$

따라서 중복 고윳값 $\lambda_{1,2,3}=2$ 하나만 있습니다. 이때 $\lambda=2$의 중복도는 3입니다. 이 고윳값에 대응하는 고유벡터를 어떻게 구할까요? 고윳값 $\lambda=2$를 $(\mathbf{A}-\lambda\mathbf{I})\mathbf{u}=\mathbf{O}$에 대입하여 구합니다. 여기서 $\mathbf{u}$는 고유벡터입니다.

$$(\mathbf{A}-2\mathbf{I})\mathbf{u} = \begin{pmatrix} 2-2 & 1 & 3 \\ 0 & 2-2 & 0 \\ 0 & 0 & 2-2 \end{pmatrix}\mathbf{u} = \mathbf{O}$$

위 식을 간단히 정리하고 고유벡터 $\mathbf{u}$에 관한 미지수 x, y, z와 영벡터 $\mathbf{O}$에 대한 0들을 대입하면 다음과 같습니다.

$$\begin{pmatrix} 0 & 1 & 3 \\ 0 & 0 & 0 \\ 0 & 0 & 0 \end{pmatrix}\begin{pmatrix} x \\ y \\ z \end{pmatrix} = \begin{pmatrix} 0 \\ 0 \\ 0 \end{pmatrix}$$

이 행렬은 이미 기약행 사다리꼴(rref)입니다. 영다항식이 아닌 다항식이 1개뿐이고 미지수가 3개이므로 $3-1=2$개의 자유변수(x와 z, 어떤 방정식도 이 두 미지수로 시작하는 방정식은 없기 때문)가 존재합니다. '자유변수'라는 용어는 1장에서 이미 정의했습니다.

1열을 전개하면 $y+3z=0$이므로 $y=-3z$입니다. $z=s\,(s\neq 0)$라 하면 $y=-3s$입니다. x는 임의의 실수, 즉 $x=t$가 될 수 있습니다. 따라서 고유공간 E_2의 기저를 이루는 서로 다른 두 벡터로 고유벡터($x=t$, $y=-3s$, $z=s$)를 다음과 같이 표현할 수 있습니다.

$$\mathbf{u} = \begin{pmatrix} x \\ y \\ z \end{pmatrix} = \begin{pmatrix} t \\ -3s \\ s \end{pmatrix} = \begin{pmatrix} t \\ 0 \\ 0 \end{pmatrix} + \begin{pmatrix} 0 \\ -3s \\ s \end{pmatrix} = t\begin{pmatrix} 1 \\ 0 \\ 0 \end{pmatrix} + s\begin{pmatrix} 0 \\ -3 \\ 1 \end{pmatrix}$$

여기서, s와 t는 모두 0이 아닙니다. 만약 s와 t가 모두 0이면 $\mathbf{u}$는 영벡터인데, $\mathbf{u}$는 고유벡터이므로 $\mathbf{O}$일 수 없습니다. 벡터 $\mathbf{u}$는 일반적인 고유벡터이고, 고유공간은 $E_2 = \left\{ t\begin{pmatrix} 1 \\ 0 \\ 0 \end{pmatrix} + s\begin{pmatrix} 0 \\ -3 \\ 1 \end{pmatrix} \right\}$로 쓸 수 있습니다. 그리고 이를 $\mathbb{R}^3$에서 [그림 7-7]과 같이 나타낼 수 있습니다.

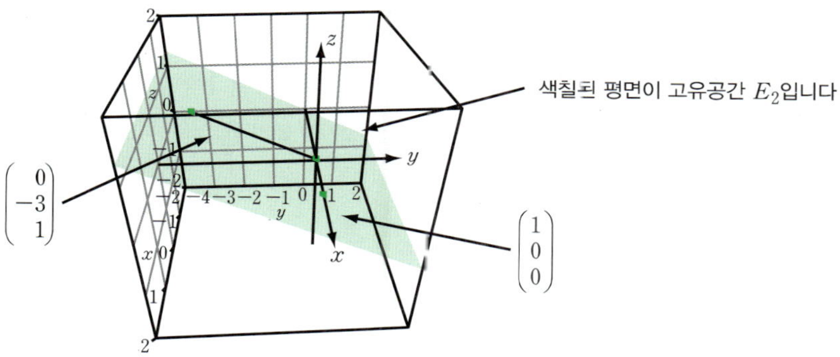

[그림 7-7] $\mathbb{R}^3$에서의 고유공간 E_2

그림에서 볼 수 있듯이, 두 기저벡터가 하나의 평면을 생성하므로 직선이 아닌 평면을 갖는다는 점에 주목합시다. 고유공간 E_2의 기저(축) 벡터로 이루어진 집합은 다음과 같습니다.

$$B = \left\{ \begin{pmatrix} 1 \\ 0 \\ 0 \end{pmatrix}, \begin{pmatrix} 0 \\ -3 \\ 1 \end{pmatrix} \right\}$$

[예제 7-7]에 주어진 행렬은 이전 장에서 정의한 삼각행렬의 한 유형입니다. 이런 유형의 행렬에서 좀 더 효율적으로 고윳값을 구하는 방법은 다음과 같습니다.

7.2.2 대각행렬과 삼각행렬의 고윳값

7.1절 [연습문제 07]에서 영행렬 $\mathbf{O}$의 고윳값이 0임을 증명했습니다.

? 영행렬은 어떤 종류의 행렬인가요?

대각행렬에 해당합니다.

? 대각행렬 또는 삼각행렬이란 무엇인가요?

[정의 6-4]에 의하면 삼각행렬은 주대각 성분을 기준으로 위쪽이나 아래쪽의 모든 성분이 0인 $n \times n$ 행렬입니다. [정의 6-5]에 의하면 대각행렬은 주대각 성분을 기준으로 위쪽과 아래쪽의 모든 성분이 0인 $n \times n$ 행렬입니다.

다음은 대각행렬과 삼각행렬의 예입니다.

$$\underbrace{A = \begin{pmatrix} 1 & 0 & 0 & 0 \\ 0 & 2 & 0 & 0 \\ 0 & 0 & 5 & 0 \\ 0 & 0 & 0 & 4 \end{pmatrix}}_{\text{대각행렬}},\quad \underbrace{B = \begin{pmatrix} 8 & -1 & 5 & 9 \\ 0 & -8 & 3 & -6 \\ 0 & 0 & 5 & 7 \\ 0 & 0 & 0 & 4 \end{pmatrix}}_{\text{삼각행렬}},\quad \underbrace{C = \begin{pmatrix} -9 & 0 & 0 & 0 \\ -8 & 3 & 0 & 0 \\ -2 & 4 & -1 & 0 \\ 1 & 0 & 5 & 10 \end{pmatrix}}_{\text{삼각행렬}}$$

삼각행렬 중에서도 B는 상삼각행렬, C는 하삼각행렬이라고 합니다. 대각행렬 또는 삼각행렬의 경우, 행렬의 왼쪽 상단에서 오른쪽 하단으로 이어지는 주대각 성분에 의해 고윳값이 주어진다는 사실을 증명하겠습니다. 예를 들면, 대각행렬 A의 고윳값은 $1, 2, 5, 4$입니다.

? 삼각행렬 B와 C의 고윳값은 무엇인가요?

B의 고윳값은 $8, -8, 5, 4$이고, C의 고윳값은 $-9, 3, -1, 10$입니다.

> **정리 7-3 대각행렬과 삼각행렬의 고윳값**
>
> $n \times n$ 행렬 A가 대각행렬 또는 삼각행렬이면, A의 고윳값은 주대각 성분입니다.

? 이를 어떻게 증명할 수 있을까요?

[정리 6-8]을 행렬 A에 적용합니다. 즉, 삼각행렬 또는 대각행렬의 행렬식은 주대각 성분의 곱이라는 점을 이용합니다.

세 유형의 행렬(상삼각행렬, 하삼각행렬, 대각행렬)은 증명 방법이 매우 비슷하므로, 이 중 한 가지 유형만 증명하겠습니다. 수학적 증명에서 '일반성을 잃지 않고(without loss of generality, WLOG)'라는 말은 한 가지 유형에 대해 증명하면 나머지 유형에 대한 증명은 동일하다는 의미입니다.

증명

일반성을 잃지 않고(WLOG), 행렬 $A = \begin{pmatrix} a_{11} & a_{12} & \cdots & a_{1n} \\ 0 & a_{22} & \cdots & a_{2n} \\ \vdots & 0 & \ddots & \vdots \\ 0 & \vdots & 0 & a_{nn} \end{pmatrix}$을 상삼각행렬이라고 가정합시다. 특성방정식 $\det(A - \lambda I) = 0$은 다음과 같습니다.

$$\det(A - \lambda I) = \det\begin{pmatrix} a_{11}-\lambda & a_{12} & \cdots & a_{1n} \\ 0 & a_{22}-\lambda & \cdots & a_{2n} \\ \vdots & 0 & \ddots & \vdots \\ 0 & \vdots & 0 & a_{nn}-\lambda \end{pmatrix}$$

$$\underbrace{=}_{[\text{정리 6-8}]} (a_{11}-\lambda)(a_{22}-\lambda)\cdots(a_{nn}-\lambda) = 0 \quad \Rightarrow \quad \lambda_1 = a_{11},\ \lambda_2 = a_{22},\ \cdots,\ \lambda_n = a_{nn}$$

이 방정식의 해 또는 고윳값은 a_{11}, a_{22}, a_{33}, $\cdots$, c_{nn}인데, 이는 주어진 행렬 $\mathbf{A}$의 주대각 성분입니다. ■

예제 7-8 행렬 $\mathbf{A} = \begin{pmatrix} 5 & 3 & 5 & 8 \\ 0 & 9 & 7 & -9 \\ 0 & 0 & 6 & -5 \\ 0 & 0 & 0 & -17 \end{pmatrix}$의 고윳값을 구해보세요.

풀이

행렬 $\mathbf{A}$에 대해 무엇을 알 수 있나요? 행렬 $\mathbf{A}$는 (상)삼각행렬이므로, [정리 7-3]을 적용하면 행렬 $\mathbf{A}$의 고윳값을 찾을 수 있습니다. 행렬 $\mathbf{A}$의 고윳값은 무엇인가요? 고윳값은 왼쪽 상단에서 오른쪽 하단으로 이어지는 주대각 성분입니다. 따라서 고윳값은 다음과 같습니다.

$$\lambda_1 = 5,\ \lambda_2 = 9,\ \lambda_3 = 6,\ \lambda_4 = -17$$

[예제 7-7]에 주어진 행렬 $\mathbf{A}$의 고윳값은 $\lambda_{1,2,3} = 2$입니다. 이는 삼각행렬 $\mathbf{A}$의 주대각 성분이 모두 2이기 때문입니다.

7.2.3 고윳값과 고유벡터의 성질

정리 7-4 가역행렬과 고윳값

정사각행렬 $\mathbf{A}$는 가역행렬입니다(역행렬을 가집니다).

$\Leftrightarrow$ $\lambda = 0$은 행렬 $\mathbf{A}$의 고윳값이 아닙니다.

증명

7.2절 [연습문제 08]에서 증명합니다. ■

이 정리는 $\lambda = 0$이 행렬 $\mathbf{A}$의 고윳값이면, $\mathbf{A}$는 역행렬을 갖지 않음을 의미합니다.

정리 7-5 행렬 거듭제곱과 역행렬의 고윳값과 고유벡터

$\mathbf{A}$가 고윳값 λ와 이에 대응하는 고유벡터 $\mathbf{u}$를 갖는 정사각행렬이라 하면 다음이 성립합니다.

(a) m이 자연수이면 λ^m은 행렬 거듭제곱 $\mathbf{A}^m$의 고윳값(eigenvalue of power of matrix)이고 이에 대응하는 고유벡터는 $\mathbf{u}$입니다.

(b) 행렬 $\mathbf{A}$가 가역행렬이면(역행렬을 가지면), 역행렬 $\mathbf{A}^{-1}$의 고윳값(eigenvalue of inverse matrix)은 $\dfrac{1}{\lambda} = \lambda^{-1}$이고 이에 대응하는 고유벡터는 $\mathbf{u}$입니다.

[정리 7-5]는 무엇을 의미할까요?

행렬	고유벡터	고윳값
$\mathbf{A}$	$\mathbf{u}$	λ
(a) $\mathbf{A}^m$(거듭제곱)	$\mathbf{u}$	λ^m
(b) $\mathbf{A}^{-1}$(역행렬)	$\mathbf{u}$	λ^{-1}

$\lambda=2$(행렬 $\mathbf{A}$는 고유벡터 $\mathbf{u}$를 2배로 만듭니다)에 대하여, [그림 7-8]과 같이 나타낼 수 있습니다.

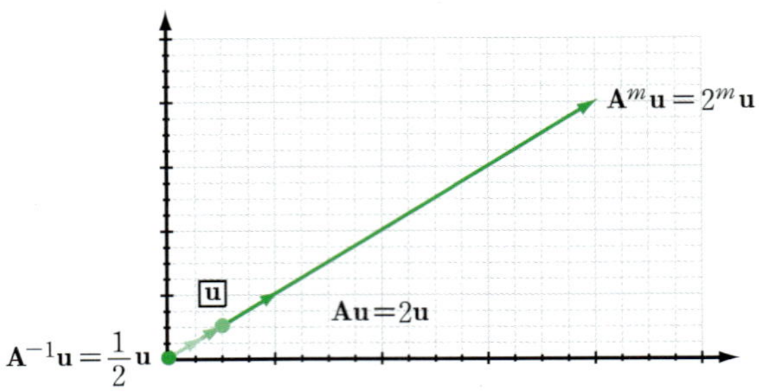

[그림 7-8] $\lambda=2$에 대한 $\mathbf{A}\mathbf{u}$, $\mathbf{A}^{-1}\mathbf{u}$, $\mathbf{A}^m\mathbf{u}$

[정리 7-5(a)]를 어떻게 증명할 수 있을까요?

수학적 귀납법을 이용하여 증명합니다. 수학적 귀납법의 3단계는 다음과 같습니다.

[1단계] 어떤 기본적인 경우인 $m=m_0$의 결과를 확인합니다.

[2단계] $m=k$에 대하여 그 결과가 참이라고 가정합니다.

[3단계] $m=k+1$에 대한 결과를 증명합니다.

증명

(a) 수학적 귀납법 3단계를 이용하여 증명해봅시다.

[1단계] 고윳값과 고유벡터 정의에 관한 식 (7.1)을 이용하면 $\mathbf{A}\mathbf{u}=\lambda\mathbf{u}$입니다. 이는 $m=1$에 대하여 결과가 성립함을 의미합니다.

$$\mathbf{A}\mathbf{u}=\lambda\mathbf{u} \qquad (*)$$

[2단계] $m=k$에 대하여 그 결과가 참이라고 가정합니다.

$$\mathbf{A}^k\mathbf{u}=\lambda^k\mathbf{u} \qquad (\dagger)$$

[3단계] $m=k+1$인 경우를 증명합니다. 즉, 다음을 증명해야 합니다.

$$\mathbf{A}^{k+1}\mathbf{u}=\lambda^{k+1}\mathbf{u}$$

좌변을 전개하면 다음과 같습니다.

$$\begin{aligned}\mathbf{A}^{k+1}\mathbf{u} &= \mathbf{A}(\mathbf{A}^{k}\mathbf{u}) \qquad [\mathbf{A}^{k+1}=\mathbf{A}\mathbf{A}^{k}] \\ &= \mathbf{A}\underbrace{(\lambda^{k}\mathbf{u})}_{\text{식 }(\dagger)} = \lambda^{k}(\mathbf{A}\mathbf{u}) = \lambda^{k}\underbrace{(\lambda\mathbf{u})}_{\text{식 }(*)} = \underbrace{\lambda^{k}\lambda}_{=\lambda^{k+1}}\mathbf{u} = \lambda^{k+1}\mathbf{u}\end{aligned}$$

따라서 $\mathbf{A}^{k+1}\mathbf{u}=\lambda^{k+1}\mathbf{u}$이므로, 수학적 귀납법에 의하여 λ^{m}은 행렬 $\mathbf{A}^{m}$의 고윳값이고 이에 대응하는 고유벡터는 $\mathbf{u}$입니다.

(b) 식 (7.1)을 이용하면 $\mathbf{A}\mathbf{u}=\lambda\mathbf{u}$입니다. 이 식의 양변 왼쪽에 $\mathbf{A}^{-1}$를 곱하면 다음과 같습니다.

$$\underbrace{(\mathbf{A}^{-1}\mathbf{A})}_{=\mathbf{I}}\mathbf{u} = \mathbf{A}^{-1}(\lambda\mathbf{u}) = \lambda\mathbf{A}^{-1}\mathbf{u}$$

항등행렬 $\mathbf{I}$를 곱한 결과는 동일합니다. 즉, $\mathbf{I}\mathbf{u}=\mathbf{u}$이므로 다음과 같습니다.

$$\mathbf{u}=\lambda\mathbf{A}^{-1}\mathbf{u}$$

양변을 λ로 나누면 $\frac{1}{\lambda}\mathbf{u}=\mathbf{A}^{-1}\mathbf{u}$입니다. 이 식의 좌변과 우변을 바꾸어 나타내면 $\mathbf{A}^{-1}\mathbf{u}=\frac{1}{\lambda}\mathbf{u}$입니다. $\mathbf{A}^{-1}$는 $\mathbf{u}$에 $\frac{1}{\lambda}$을 스칼라곱하므로 $\mathbf{A}^{-1}$의 고윳값은 $\frac{1}{\lambda}$이고 이에 대응하는 고유벡터는 $\mathbf{u}$입니다. ■

예제 7-9 **행렬 $\mathbf{A}=\begin{pmatrix}1&4&5\\0&2&6\\0&0&3\end{pmatrix}$에 대하여, $\mathbf{A}^{7}$의 고윳값을 구해보세요.**

풀이

행렬 $\mathbf{A}$는 상삼각행렬이므로, 고윳값은 주대각 성분입니다. 즉, $\lambda_1=1$, $\lambda_2=2$, $\lambda_3=3$입니다. [정리 7-5(a)]에 의하여 $\mathbf{A}^{7}$의 고윳값은 다음과 같음을 알 수 있습니다.

$$\lambda_1^7=1^7=1,\quad \lambda_2^7=2^7=128,\quad \lambda_3^7=3^7=2187$$

정리 7-6 고윳값에 따른 행렬식과 대각합

행렬 $\mathbf{A}$가 고윳값 $\lambda_1, \lambda_2, \lambda_3, \cdots, \lambda_n$을 갖는 임의의 $n\times n$ 행렬일 때, 다음이 성립합니다.

(a) 행렬 $\mathbf{A}$의 행렬식은 $\det(\mathbf{A})=\lambda_1\times\lambda_2\times\lambda_3\times\cdots\times\lambda_n$입니다.

(b) 행렬 $\mathbf{A}$의 대각합은 $\mathrm{tr}(\mathbf{A})=\lambda_1+\lambda_2+\lambda_3+\cdots+\lambda_n$입니다.

? 행렬의 대각합은 무엇인가요?

행렬의 대각합(tr)은 주대각 성분의 합입니다.

$$\mathrm{tr}\begin{pmatrix} a_{11} & \cdots & a_{1n} \\ \vdots & \ddots & \vdots \\ a_{n1} & \cdots & a_{nn} \end{pmatrix} = a_{11} + a_{22} + a_{33} + \cdots + a_{nn}$$

? [정리 7-6(b)]는 무엇을 의미하나요?

한 행렬에서 모든 고윳값의 합은 그 행렬의 대각합과 같음을 의미입니다.

? [정리 7-6(b)]를 어디에 사용할 수 있을까요?

[정리 7-6(b)]를 이용하여 정확한 고윳값을 구했는지 대략적으로 확인할 수 있습니다.

? 왜 [정리 7-6(b)]는 고윳값에 대한 정확한 확인이 아닌 대략적인 확인일까요?

고윳값의 합과 동일한 값을 갖는 덧셈의 경우의 수가 매우 많기 때문입니다.

? [정리 7-6(a)]는 무엇을 의미하나요?

한 행렬의 행렬식이 그 행렬에 있는 모든 고윳값의 곱과 같음을 의미합니다.

? [정리 7-6(a)]를 어떻게 증명할 수 있을까요?

특성방정식 $\det(\mathbf{A}-\lambda\mathbf{I})=0$을 이용하여 증명합니다.

증명

(a) 주어진 행렬 $\mathbf{A}$의 고윳값은 $\lambda_1,\ \lambda_2,\ \lambda_3,\ \cdots,\ \lambda_n$입니다.

? 이는 무엇을 의미하나요?

$\lambda_1,\ \lambda_2,\ \lambda_3,\ \cdots,\ \lambda_n$이 특성방정식 $\det(\mathbf{A}-\lambda\mathbf{I})=0$의 해라는 의미이며, 이는 다음을 나타냅니다.

$$\det(\mathbf{A}-\lambda\mathbf{I}) = (\lambda_1-\lambda)(\lambda_2-\lambda)(\lambda_3-\lambda)\cdots(\lambda_n-\lambda) \qquad (\dagger)$$

예를 들어, 행렬 $\mathbf{B}$의 고윳값이 $\lambda_1=2,\ \lambda_2=4,\ \lambda_3=5$이면, 특성방정식은 $\det(\mathbf{B}-\lambda\mathbf{I})=(2-\lambda)(4-\lambda)(5-\lambda)$입니다. $\lambda=0$을 식 $(\dagger)$에 대입하면 다음과 같습니다.

$$\det(\mathbf{A}) = (\lambda_1 - 0)(\lambda_2 - 0)(\lambda_3 - 0)\cdots(\lambda_n - 0)$$
$$= \lambda_1 \lambda_2 \lambda_3 \cdots \lambda_n = \lambda_1 \times \lambda_2 \times \lambda_3 \times \cdots \times \lambda_n$$

(b) 직접 증명해보세요. ■

[정리 7-6]을 요약하면 다음과 같습니다.

행렬 A	$\lambda_1, \lambda_2, \lambda_3, \cdots, \lambda_n$	고윳값
A의 행렬식	$\lambda_1 \times \lambda_2 \times \lambda_3 \times \cdots \times \lambda_n$	고윳값의 곱(product of eigenvalue)
A의 대각합	$\lambda_1 + \lambda_2 + \lambda_3 + \cdots + \lambda_n$	고윳값의 합(addition of eigenvalue)

이 정리는 임의의 $n \times n$ 행렬의 고윳값을 찾아서 곱하면(또는 더하면) 그 행렬의 행렬식(또는 대각합)을 구할 수 있음을 나타냅니다.

예제 7-10 행렬 A 의 고윳값이 1, 4, −1일 때, $\mathbf{A} = \begin{pmatrix} 1 & 2 & 1 \\ 2 & 1 & 1 \\ 1 & 1 & 2 \end{pmatrix}$의 행렬식과 대각합을 구해보세요.

풀이

[정리 7-6]에 의하여 다음과 같이 나타낼 수 있습니다.

$$\det(\mathbf{A}) = 1 \times 4 \times (-1) = -4 \quad \text{[고윳값의 곱]}$$
$$\mathrm{tr}(\mathbf{A}) = 1 + 4 + (-1) = 4 \quad \text{[고윳값의 합]}$$

행렬의 대각합은 주대각 성분을 모두 더하여 구한다는 사실을 기억합시다.

$$\mathrm{tr}(\mathbf{A}) = 1 + 1 + 2 = 4$$

따라서 행렬 A 의 대각합은 고윳값의 합과 같음을 알 수 있습니다.

정리 7-7 서로 다른 고윳값에 대한 고유벡터

$n \times n$ 행렬 $\mathbf{A}$가 서로 다른 고윳값 $\lambda_1, \lambda_2, \lambda_3, \cdots, \lambda_m$과 이에 대응하는 고유벡터 $\mathbf{u}_1, \mathbf{u}_2, \mathbf{u}_3, \cdots, \mathbf{u}_m$을 갖는다고 합시다($1 \leq m \leq n$). 그러면 고유벡터 $\mathbf{u}_1, \mathbf{u}_2, \mathbf{u}_3, \cdots, \mathbf{u}_m$은 일차독립입니다.

증명

7.2절 [연습문제 15]에서 증명합니다. ■

이어지는 7.2.4절의 케일리-해밀턴 정리를 증명하려면 이 정리가 필요합니다.

7.2.4 케일리-해밀턴 정리

1.4.1절에서 아서 케일리(Arthur Cayley)에 대한 간략한 전기를 살펴보았습니다. 이번에는 윌리엄 로완 해밀턴(William Rowan Hamilton)에 대한 간략한 전기를 살펴봅시다.

[그림 7-9] 윌리엄 로완 해밀턴 (1805 – 1865)

윌리엄 로완 해밀턴은 아일랜드의 위대한 수학자 중 한 명으로, 1805년 아일랜드 더블린에서 태어났습니다. 처음에 그는 언어에 관심이 있었지만, 학창 시절 초기부터 수학을 좋아했습니다.

18살에 그는 더블린에 있는 트리니티(Trinity) 대학에 입학하였고, 그 후로 여생을 그곳에서 보냈습니다. 1827년, 해밀턴은 트리니티 대학의 천문학 교수로 임명되었습니다. 하지만 그는 천문학에는 별로 관심이 없었고 수학 연구에 전념하였습니다.

해밀턴은 4차원 벡터공간인 사원수(quaternion)를 연구한 학자로 가장 잘 알려져 있습니다. 1843년에 해밀턴은 아내와 함께 더블린 시내의 운하를 걷고 있을 때 사원수에 대한 영감을 얻어 사원수 곱셈의 공식을 발견했습니다. 현재 운하를 가로지르는 그 다리에는 이 공식을 새긴 명판이 있습니다. 또한 그는 벡터의 내적과 외적을 발명했습니다.

그는 평생 동안 술과 사랑 때문에 많은 문제를 겪었습니다. 그는 캐서린을 사랑했지만 안타깝게도 헤어질 수밖에 없었습니다. 그는 결국 헬렌과 결혼하였고, 이 결혼을 평생 후회했습니다.

일반적으로 $\mathbf{A}^3$, $\mathbf{A}^4$, ⋯과 같은 행렬의 거듭제곱을 구하지 않습니다. 거의 모든 행렬에서 $\mathbf{A}^n$을 구하는 것은 지루한 작업이기 때문입니다. 크기가 작은 행렬이라면 $\mathbf{A}\times\mathbf{A}$를 계산하여 $\mathbf{A}^2$을 구하는 것은 꽤 간단한 작업이지만, $\mathbf{A}^3$은 그리 간단하지 않습니다. **케일리-해밀턴 정리**(Cayley-Hamilton theorem)는 주어진 행렬 $\mathbf{A}$에 대하여 $\mathbf{A}^n$의 계산을 단순화하였습니다. 케일리-해밀턴 정리를 살펴봅시다.

정리 7-8 케일리-해밀턴 정리

모든 정사각행렬 $\mathbf{A}$는 특성방정식 $p(\mathbf{A})=\mathbf{O}$의 해입니다. 여기서 p는 특성다항식을 나타냅니다.

증명

이 증명은 어렵습니다. 이 책의 웹 사이트 https://maths-for-all.co.uk/linear-algebra/에서 살펴보세요. ■

예제 7-11 행렬 $\mathbf{A}=\begin{pmatrix}3 & 2\\ 3 & 4\end{pmatrix}$의 특성다항식 $p(\lambda)$를 구하고, 행렬 $\mathbf{A}$에 대한 케일리-해밀턴 정리를 설명해보세요.

풀이

$p(\lambda)=\det(\mathbf{A}-\lambda\mathbf{I})$를 이용하여, 주어진 행렬 $\mathbf{A}$를 이 식에 대입합니다.

$$\begin{aligned} p(\lambda)=\det(\mathbf{A}-\lambda\mathbf{I}) &= \det\begin{pmatrix}3-\lambda & 2\\ 3 & 4-\lambda\end{pmatrix} \quad \text{[주대각 성분을 따라 } \lambda \text{ 빼기]} \\ &= (3-\lambda)(4-\lambda)-6 \\ &= 12-7\lambda+\lambda^2-6=\lambda^2-7\lambda+6 \end{aligned}$$

따라서 특성다항식은 $p(\lambda)=\lambda^2-7\lambda+6$입니다. $p(\mathbf{A})$는 무엇일까요? 이 식에 행렬 $\mathbf{A}$를 대입하면 다음과 같습니다.

$$\begin{aligned} p(\mathbf{A}) &= \mathbf{A}^2-7\mathbf{A}+6\mathbf{I} \\ &= \begin{pmatrix}3 & 2\\ 3 & 4\end{pmatrix}^2-7\begin{pmatrix}3 & 2\\ 3 & 4\end{pmatrix}+6\begin{pmatrix}1 & 0\\ 0 & 1\end{pmatrix} \quad \text{[행렬 } \mathbf{A}\text{와 } \mathbf{I} \text{ 대입]} \\ &= \begin{pmatrix}3 & 2\\ 3 & 4\end{pmatrix}\begin{pmatrix}3 & 2\\ 3 & 4\end{pmatrix}-\begin{pmatrix}21 & 14\\ 21 & 28\end{pmatrix}+\begin{pmatrix}6 & 0\\ 0 & 6\end{pmatrix} \\ &= \begin{pmatrix}15 & 14\\ 21 & 22\end{pmatrix}-\begin{pmatrix}21 & 14\\ 21 & 28\end{pmatrix}+\begin{pmatrix}6 & 0\\ 0 & 6\end{pmatrix} \\ &= \begin{pmatrix}15-21+6 & 14-14+0\\ 21-21+0 & 22-28+6\end{pmatrix}=\begin{pmatrix}0 & 0\\ 0 & 0\end{pmatrix}=\mathbf{O} \end{aligned}$$

따라서 $p(\mathbf{A})=\mathbf{O}$입니다. 이는 무엇을 의미할까요? 케일리-해밀턴 정리에서 언급한 바와 같이 행렬 $\mathbf{A}$가 특성방정식 $p(\mathbf{A})=\mathbf{A}^2-7\mathbf{A}+6\mathbf{I}=\mathbf{O}$를 만족함을 의미합니다. 즉, 행렬 $\mathbf{A}$보다 높은 거듭제곱을 구하는 데 $\mathbf{A}^2-7\mathbf{A}+6\mathbf{I}=\mathbf{O}$를 이용할 수 있습니다.

행렬의 거듭제곱을 구하는 데 케일리-해밀턴 정리를 적용할 수 있습니다. 예를 들어 다음과 같은 행렬 $\mathbf{A}$가 있다고 합시다.

$$\mathbf{A}=\begin{pmatrix}0.9 & 0.2\\ 0.3 & 0.6\end{pmatrix} \Rightarrow \mathbf{A}^{100}=\begin{pmatrix}29.4 & 13.5\\ 20.2 & 9.2\end{pmatrix} \quad \text{[소수점 아래 첫째 자리까지 반올림]}$$

여기서, 행렬 $\mathbf{A}$를 100번 곱하여 $\mathbf{A}^{100}$을 계산하지 않습니다. 행렬 $\mathbf{A}$의 고윳값을 이용하여 $\mathbf{A}^{100}$을 구합니다. $\mathbf{A}^{100}$을 계산하려면 아주 오랜 시간 동안 지루한 작업을 해야 하지만, 케일리-해밀턴 정리를 적용하면 작업량이 상당히 줄어듭니다. 행렬의 거듭제곱은 행렬 $\mathbf{A}$보다 더 낮은 차수의 다항식으로 쓸 수 있습니다. 다음 예제를 살펴봅시다.

예제 7-12 행렬 $\mathbf{A}=\begin{pmatrix}-2 & -4\\ 1 & 3\end{pmatrix}$에 대하여 $\mathbf{A}^4$을 구해보세요.

풀이

$\mathbf{A}-\lambda\mathbf{I}$의 행렬식을 계산하면 다음과 같습니다.

$$\begin{aligned}\det(\mathbf{A}-\lambda\mathbf{I}) = \det\begin{pmatrix}-2-\lambda & -4\\ 1 & 3-\lambda\end{pmatrix} &= (-2-\lambda)(3-\lambda)+4\\ &= (\lambda+2)(\lambda-3)+4\\ &= \lambda^2-\lambda-2 = p(\lambda)\end{aligned}$$

케일리-해밀턴 정리에 의하여 $p(\mathbf{A}) = \mathbf{A}^2-\mathbf{A}-2\mathbf{I} = \mathbf{O}$입니다. 이 식을 변형하면 다음과 같습니다.

$$\mathbf{A}^2 = \mathbf{A}+2\mathbf{I} \qquad (\dagger)$$

$$\begin{aligned}\mathbf{A}^3 &= \mathbf{A}^2+2\mathbf{A} \quad \text{[양변에 A 곱하기]}\\ &= \underbrace{\mathbf{A}+2\mathbf{I}}_{=\mathbf{A}^2(\text{식 }(\dagger))}+2\mathbf{A} = 3\mathbf{A}+2\mathbf{I}\end{aligned}$$

마지막 식 $\mathbf{A}^3 = 3\mathbf{A}+2\mathbf{I}$에 $\mathbf{A}$를 곱하면 다음과 같습니다.

$$\begin{aligned}\mathbf{A}^4 &= 3\mathbf{A}^2+2\mathbf{A}\\ &= 3\underbrace{(\mathbf{A}+2\mathbf{I})}_{=\mathbf{A}^2(\text{식 }(\dagger))}+2\mathbf{A} = 5\mathbf{A}+6\mathbf{I}\end{aligned}$$

따라서 $\mathbf{A}^4 = 5\mathbf{A}+6\mathbf{I} = 5\begin{pmatrix}-2 & -4\\ 1 & 3\end{pmatrix}+6\begin{pmatrix}1 & 0\\ 0 & 1\end{pmatrix} = \begin{pmatrix}-4 & -20\\ 5 & 21\end{pmatrix}$입니다. $\mathbf{A}^4 = 5\mathbf{A}+6\mathbf{I}$와 같이 행렬 $\mathbf{A}$에 대한 일차다항식으로 나타낼 수 있으므로, $\mathbf{A}^3$과 $\mathbf{A}^2$을 구하지 않고도 $\mathbf{A}^4$을 계산할 수 있다는 점에 주목합시다.

MATLAB에서 명령어 `poly(A)`를 이용하여 행렬 $\mathbf{A}$의 특성다항식을 구할 수 있습니다. 또한 다음 예제에서 살펴보겠지만, 역행렬을 찾는 데 케일리-해밀턴 정리를 사용할 수 있습니다. 3×3 행렬 또는 그보다 더 큰 행렬의 역행렬을 찾는 것은 상당히 힘든 작업입니다. 그러나 케일리-해밀턴 정리를 이용하면 작업 과정이 훨씬 간단해집니다.

예제 7-13 행렬 $\mathbf{A}=\begin{pmatrix}10 & 15 & 0\\ 2 & 4 & 0\\ 3 & 6 & 6\end{pmatrix}$에 대하여 다음과 같이 특성다항식이 주어졌을 때, $\mathbf{A}^{-1}$를 구해보세요.

$$p(\lambda) = \lambda^3-20\lambda^2+94\lambda-60$$

풀이

케일리-해밀턴 정리에 의하여 다음과 같이 나타낼 수 있습니다.

$$p(\mathbf{A}) = \mathbf{A}^3 - 20\mathbf{A}^2 + 94\mathbf{A} - 60\mathbf{I} = \mathbf{O} \qquad [p(\lambda) = \lambda^3 - 20\lambda^2 + 94\lambda - 60]$$

양변에 $60\mathbf{I}$를 더하면 다음과 같습니다.

$$\mathbf{A}^3 - 20\mathbf{A}^2 + 94\mathbf{A} = 60\mathbf{I}$$

$$\mathbf{A}(\mathbf{A}^2 - 20\mathbf{A} + 94\mathbf{I}) = 60\mathbf{I} \qquad \text{[인수분해]}$$

역행렬의 정의에 의하여 $\mathbf{A}\mathbf{A}^{-1} = \mathbf{I}$입니다. 따라서 위 식의 양변을 60으로 나누어 다음과 같이 나타낼 수 있습니다.

$$\underbrace{\mathbf{A}\frac{1}{60}(\mathbf{A}^2 - 20\mathbf{A} + 94\mathbf{I})}_{=\mathbf{A}^{-1}} = \mathbf{I}$$

즉, $\mathbf{A}^{-1} = \frac{1}{60}\left(\mathbf{A}^2 - 20\mathbf{A} + 94\mathbf{I}\right)$입니다. 이 행렬의 성분을 계산하면 다음과 같습니다.

$$\mathbf{A}^2 = \begin{pmatrix} 10 & 15 & 0 \\ 2 & 4 & 0 \\ 3 & 6 & 6 \end{pmatrix}\begin{pmatrix} 10 & 15 & 0 \\ 2 & 4 & 0 \\ 3 & 6 & 6 \end{pmatrix} = \begin{pmatrix} 130 & 210 & 0 \\ 28 & 46 & 0 \\ 60 & 105 & 36 \end{pmatrix}$$

$$20\mathbf{A} = 20\begin{pmatrix} 10 & 15 & 0 \\ 2 & 4 & 0 \\ 3 & 6 & 6 \end{pmatrix} = \begin{pmatrix} 200 & 300 & 0 \\ 40 & 80 & 0 \\ 60 & 120 & 120 \end{pmatrix}$$

$$94\mathbf{I} = \begin{pmatrix} 94 & 0 & 0 \\ 0 & 94 & 0 \\ 0 & 0 & 94 \end{pmatrix}$$

이 결과를 $\mathbf{A}^{-1} = \frac{1}{60}\left(\mathbf{A}^2 - 20\mathbf{A} + 94\mathbf{I}\right)$에 대입하면 다음과 같습니다.

$$\begin{aligned}\mathbf{A}^{-1} = \frac{1}{60}\left(\mathbf{A}^2 - 20\mathbf{A} + 94\mathbf{I}\right) &= \frac{1}{60}\left[\begin{pmatrix} 130 & 210 & 0 \\ 28 & 46 & 0 \\ 60 & 105 & 36 \end{pmatrix} - \begin{pmatrix} 200 & 300 & 0 \\ 40 & 80 & 0 \\ 60 & 120 & 120 \end{pmatrix} + \begin{pmatrix} 94 & 0 & 0 \\ 0 & 94 & 0 \\ 0 & 0 & 94 \end{pmatrix}\right] \\ &= \frac{1}{60}\begin{pmatrix} 130-200+94 & 210-300+0 & 0-0+0 \\ 28-40+0 & 46-80+94 & 0-0+0 \\ 60-60+0 & 105-120+0 & 36-120+94 \end{pmatrix} \\ &= \frac{1}{60}\begin{pmatrix} 24 & -90 & 0 \\ -12 & 60 & 0 \\ 0 & -15 & 10 \end{pmatrix}\end{aligned}$$

$\mathbf{A}^{-1}$를 구할 때 여전히 상당한 양의 계산이 필요하지만, 일반적으로 각 성분의 여인수를 구하는 것보다는 쉽습니다.

핵심요약

- [정리 7-3]

  $\mathbf{A}$가 대각행렬 또는 삼각행렬이면, $\mathbf{A}$의 고윳값은 주대각 성분입니다.

- [정리 7-5]

  정사각행렬 $\mathbf{A}$의 고윳값이 λ이고, 이에 대응하는 고유벡터가 $\mathbf{u}$라고 하면 다음이 성립합니다.

행렬	고유벡터	고윳값
(a) $\mathbf{A}^m$	$\mathbf{u}$	λ^m
(b) $\mathbf{A}^{-1}$	$\mathbf{u}$	λ^{-1}

- **[정리 7-8] 케일리-해밀턴 정리**

  모든 정사각행렬 $\mathbf{A}$는 특성방정식의 한 해입니다. 즉, $p(\mathbf{A}) = \mathbf{O}$입니다.

7.2 연습문제

01 행렬 $\mathbf{A} = \begin{pmatrix} 5 & 2 \\ -2 & 1 \end{pmatrix}$의 고윳값과 고유벡터를 구해보세요. 고유공간 E_λ를 그림으로 나타내고 E_λ의 기저벡터 집합을 구해보세요.

02 행렬 $\mathbf{A} = \begin{pmatrix} -12 & 7 \\ -7 & 2 \end{pmatrix}$의 고윳값과 고유벡터를 구해보세요. 고유공간 E_λ를 그림으로 나타내고 E_λ의 기저벡터 집합을 구해보세요.

03 행렬 $\mathbf{A}$가 2×2 행렬일 때, 특성다항식 $p(\lambda)$가 다음과 같음을 보이세요.

$$p(\lambda) = \lambda^2 - \mathrm{tr}(\mathbf{A})\lambda + \det(\mathbf{A})$$

($\mathrm{tr}(\mathbf{A})$는 행렬 $\mathbf{A}$의 대각합)

04 $\mathbf{A}$가 $\mathrm{tr}(\mathbf{A}) = 2a$, $\det(\mathbf{A}) = a^2$인 2×2 행렬일 때, $\mathbf{A}$가 중복도 2인 고윳값을 가짐을 보이세요. (단, a는 실수)

05 행렬 $\mathbf{A} = \begin{pmatrix} 1 & 0 & 0 \\ -3 & 1 & 0 \\ 7 & 9 & 1 \end{pmatrix}$의 고윳값과 고유벡터를 구해보세요. 적절한 소프트웨어를 이용하여 고유공간 E_λ를 그림으로 나타내고, E_λ의 기저벡터집합을 구해보세요.

06 다음 행렬의 고윳값과 고유벡터를 구하고, 고유공간 E_λ의 기저벡터집합을 구해보세요.

(a) $\mathbf{A} = \begin{pmatrix} 5 & 0 & 0 \\ 0 & 5 & 0 \\ 0 & 0 & 2 \end{pmatrix}$ (b) $\mathbf{B} = \begin{pmatrix} 1 & 2 & 3 \\ 0 & 5 & 1 \\ 0 & 0 & 9 \end{pmatrix}$

(c) $\mathbf{C} = \begin{pmatrix} -2 & 0 & 0 \\ 2 & -2 & 0 \\ 4 & 10 & -2 \end{pmatrix}$

07 다음 행렬의 고윳값과 고유벡터를 구해보세요.

(a) $\mathbf{A} = \begin{pmatrix} 7 & 0 & 2 & 3 \\ 0 & 7 & 4 & 6 \\ 0 & 0 & 5 & -3 \\ 0 & 0 & 0 & 5 \end{pmatrix}$

(b) $\mathbf{B} = \begin{pmatrix} 1 & 0 & 0 & 0 \\ 0 & 1 & 0 & 0 \\ 0 & 0 & 1 & 0 \\ 0 & 0 & 0 & 3 \end{pmatrix}$

(c) $\mathbf{C}=\begin{pmatrix} 3 & 0 & 0 & 0 \\ 0 & 3 & 0 & 0 \\ 0 & 0 & 3 & 0 \\ 0 & 0 & 0 & 3 \end{pmatrix}$

08 다음 [정리 7-4]를 증명해보세요.

가역행렬입니다. $\Leftrightarrow$ $\lambda=0$은 고윳값이 아닙니다.

09 행렬 $\mathbf{A}$는 정사각행렬이고, 고윳값 λ와 이에 대응하는 고유벡터 $\mathbf{u}$가 있다고 합시다. 이때 고윳값 λ는 고유벡터 $\mathbf{u}$에 대하여 유일함을 증명해보세요.

10 행렬 $\mathbf{A}$가 2×2 행렬일 때, [연습문제 03]의 결과를 이용하면 특성다항식 $p(\lambda)$는 다음과 같습니다.

$$p(\lambda)=\lambda^2-\operatorname{tr}(\mathbf{A})\lambda+\det(\mathbf{A})$$

$[\operatorname{tr}(\mathbf{A})]^2>4\det(\mathbf{A})$이면 $\mathbf{A}$는 서로 다른 고윳값을 가짐을 보이세요. 동일한 고윳값과 복소수 고윳값을 갖는 조건은 무엇인지 설명해보세요.

11 다음과 같은 행렬이 있습니다.

(a) $\mathbf{A}=\begin{pmatrix} 1 & 0 & 0 & 0 \\ 3 & 2 & 0 & 0 \\ 5 & 2 & 3 & 0 \\ 9 & 8 & 1 & 4 \end{pmatrix}$

(b) $\mathbf{A}=\begin{pmatrix} -1 & 3 & 4 & 7 \\ 0 & 6 & -3 & 5 \\ 0 & 0 & -8 & 9 \\ 0 & 0 & 0 & 3 \end{pmatrix}$

(c) $\mathbf{A}=\begin{pmatrix} 2 & 0 & 0 & 0 \\ 0 & -4 & 0 & 0 \\ 0 & 0 & -7 & 0 \\ 0 & 0 & 0 & 0 \end{pmatrix}$

행렬 (a)~(c)에 대해 다음을 구해보세요.

(i) $\mathbf{A}$의 고윳값 (ii) $\mathbf{A}^5$의 고윳값

(iii) $\mathbf{A}^{-1}$의 고윳값 (iv) $\det(\mathbf{A})$

(v) $\operatorname{tr}(\mathbf{A})$

12 행렬 $\mathbf{A}=\begin{pmatrix} 2 & 1 \\ -2 & 1 \end{pmatrix}$의 특성다항식 $p(\lambda)$를 구하고, 케일리-해밀턴 정리를 이용하여 이 행렬의 역행렬을 구해보세요.

13 행렬 $\mathbf{A}=\begin{pmatrix} 6 & 5 \\ 3 & 4 \end{pmatrix}$에 대하여, 케일리-해밀턴 정리를 이용하여 $\mathbf{A}^2$과 $\mathbf{A}^3$을 구해보세요.

14 행렬 $\mathbf{A}=\begin{pmatrix} 1 & 2 & 1 \\ 2 & 1 & 1 \\ 1 & 1 & 2 \end{pmatrix}$에 대한 특성다항식이 다음과 같습니다.

$$p(\lambda)=\lambda^3-4\lambda^2-\lambda+4$$

$\mathbf{A}^{-1}$와 $\mathbf{A}^4$을 행렬 $\mathbf{A}$, $\mathbf{I}$, $\mathbf{A}^2$을 이용하여 나타내보세요.

15 [정리 7-7]을 증명해보세요.

16 전치행렬 $\mathbf{A}^{\mathrm{T}}$의 고윳값이 행렬 $\mathbf{A}$의 고윳값과 동일함을 증명해보세요.

7.3 대각화

학습목표

- 닮음행렬의 의미를 이해할 수 있습니다.
- 행렬을 대각화할 수 있습니다.
- 행렬의 거듭제곱을 구할 수 있습니다.

행렬 $A = \begin{pmatrix} 1 & 2 \\ 3 & 4 \end{pmatrix}$에 대하여, A^{100}을 구하려면 어떻게 해야 할까요?

앞 절에 제시한 케일리-해밀턴 정리를 적용할 수 있습니다. 하지만 케일리-해밀턴 정리를 사용하려면 $\mathbf{A}^2$, $\mathbf{A}^3$, ⋯ , $\mathbf{A}^{99}$에 대한 공식을 찾아서 $\mathbf{A}^{100}$을 구하는 데 이 공식을 사용해야 합니다. 이 방법으로 $\mathbf{A}^{100}$을 구하기란 매우 힘듭니다. 이 절에서는 $\mathbf{A}^{100}$과 같은 행렬의 거듭제곱을 좀 더 쉽게 구하는 방법을 알아보겠습니다.

이를테면 임의의 행렬 $\mathbf{A}$를 3개의 행렬로 분해하는데, 이 중 하나는 대각행렬입니다. 어떠한 행렬 연산이든 대각행렬을 이용하면 계산이 쉽기 때문에 대각행렬을 다루는 게 훨씬 간편합니다. 예를 들어, 대각행렬의 역행렬을 구하기는 쉽습니다. 또한 대각행렬에 대한 결과를 증명하는 것이 일반적인 행렬에 대한 결과를 증명하는 것보다 간단합니다.

이 장의 목표는 다음 질문에 답하는 것입니다.

정사각행렬 A에 대하여, $P^{-1}AP$를 대각행렬로 만드는 가역행렬 P가 존재할까요?

이 절의 목표는 $n \times n$ 행렬을 대각행렬로 변환하는 것입니다. $n \times n$ 행렬을 대각행렬로 변환하는 절차를 **대각화**(diagonalization)라고 합니다([그림 7-10] 참고).

[그림 7-10] 대각화

대각화는 고윳값, 고유벡터와 어떤 관련이 있을까요?

이 절에서는 행렬을 대각화하는 방법을 살펴보고자 합니다. 이를 위해서는 고윳값과 이에 대응하는 고유벡터를 찾을 수 있어야 합니다. 이 고윳값은 대각행렬의 주대각 성분입니다.

먼저 **닮음행렬**(similar matrix)을 정의하고 이에 관한 몇 가지 성질을 살펴봅시다.

7.3.1 닮음행렬

예제 7-14 두 행렬 $A = \begin{pmatrix} 1 & 0 \\ 1 & 2 \end{pmatrix}$와 $P = \begin{pmatrix} 0 & -1 \\ 1 & 1 \end{pmatrix}$에 대하여, $P^{-1}AP$를 구해보세요.

풀이

먼저 행렬 $\mathbf{P}$의 역행렬 $\mathbf{P}^{-1}$를 구해봅시다.

$$P^{-1}=\begin{pmatrix}0&-1\\1&1\end{pmatrix}^{-1}=\frac{1}{0-(-1)}\begin{pmatrix}1&1\\-1&0\end{pmatrix}=\begin{pmatrix}1&1\\-1&0\end{pmatrix}\qquad \left[\begin{pmatrix}a&b\\c&d\end{pmatrix}^{-1}=\frac{1}{ad-bc}\begin{pmatrix}d&-b\\-c&a\end{pmatrix}\right]$$

행렬 곱을 계산합니다.

$$\begin{aligned}P^{-1}AP&=\begin{pmatrix}1&1\\-1&0\end{pmatrix}\begin{pmatrix}1&0\\1&2\end{pmatrix}\begin{pmatrix}0&-1\\1&1\end{pmatrix}\\&=\begin{pmatrix}2&2\\-1&0\end{pmatrix}\begin{pmatrix}0&-1\\1&1\end{pmatrix}=\begin{pmatrix}2&0\\0&1\end{pmatrix}\end{aligned}$$

[왼쪽 행렬과 가운데 행렬을 먼저 곱하기]

정의 7-2 행렬의 닮음

$P^{-1}AP=B$를 만족하는 가역행렬 P가 존재하면, 정사각행렬 B는 행렬 A와 **닮음**(similar)입니다.

[예제 7-14]에서 $P^{-1}AP=\begin{pmatrix}2&0\\0&1\end{pmatrix}$이므로, 마지막 행렬 $\begin{pmatrix}2&0\\0&1\end{pmatrix}$은 행렬 A와 닮음입니다. 닮음행렬은 다음과 같은 성질을 가집니다(동치관계).

정리 7-9 닮음의 동치관계

정사각행렬 A, B, C에 대하여 다음이 성립합니다.

(a) 행렬 A는 행렬 A와 닮음입니다.

(b) 행렬 B가 행렬 A와 닮음이면, 반대인 경우도 역시 성립합니다. 즉, 행렬 A는 행렬 B와 닮음입니다.

(c) 행렬 A가 행렬 B와 닮음이고, 행렬 B가 행렬 C와 닮음이면, 행렬 A는 행렬 C와 닮음입니다.

증명

7.3절 [연습문제 10]에서 증명합니다. ■

[정리 7-9(b)]에 의해 행렬 A와 행렬 B는 서로 닮음이라고 할 수 있습니다. 다음 정리는 닮음행렬의 또 다른 중요한 성질입니다.

정리 7-10 닮음행렬의 고윳값

행렬 A, B가 닮음행렬일 때, 두 행렬의 고윳값은 같습니다.

증명

행렬 A와 행렬 B가 서로 닮음임을 알고 있습니다.

? 행렬 A와 행렬 B가 서로 닮음이라는 것은 무슨 의미일까요?

[정의 7-2]에 의해 $P^{-1}AP = B$를 만족하는 가역행렬 P가 존재한다는 의미입니다. $\det(B-\lambda I)$를 행렬 B의 특성다항식, $\det(A-\lambda I)$를 행렬 A의 특성다항식이라고 합시다.

행렬식으로 표현한 두 특성다항식이 다음과 같이 같음을 증명해야 합니다.

$$\det(B-\lambda I) = \det(A-\lambda I)$$

두 식이 같음을 증명해봅시다.

$$
\begin{aligned}
\det(B-\lambda I) &= \det(P^{-1}AP-\lambda I) && [B = P^{-1}AP \text{ 대입}] \\
&= \det(P^{-1}AP-\lambda P^{-1}P) && [I = P^{-1}P \text{ 대입}] \\
&= \det(P^{-1}AP-P^{-1}\lambda P) && [\text{스칼라 } \lambda \text{ 이동}] \\
&= \det(P^{-1}AP-P^{-1}\lambda IP) && [\lambda P\text{를 } \lambda IP\text{로 표현}] \\
&= \det[P^{-1}(A-\lambda I)P] && [P^{-1}\text{와 P로 인수분해}] \\
&= \det(P^{-1})\det(A-\lambda I)\det(P) && [\det(ABC) = \det(A)\det(B)\det(C)] \\
&= \det(A-\lambda I) && [\det(P^{-1})\det(P) = 1]
\end{aligned}
$$

λ가 방정식 $\det(B-\lambda I) = \det(A-\lambda I) = 0$을 만족하므로 닮음행렬 A, B는 같은 고윳값 λ를 가집니다. ■

[정리 7-10]은 닮음행렬이 동일한 변환(각 고유벡터에 동일한 스칼라 λ를 곱함)을 수행함을 의미합니다.

7.3.2 대각화 소개

? 행렬이 대각화 가능하다는 것은 무엇을 의미할까요?

정의 7-3 대각화 가능

$n \times n$ 행렬 A와 대각행렬 D가 닮음행렬일 때, 행렬 A는 **대각화 가능**(diagonalizable)합니다.

앞의 [예제 7-14]에서 행렬 $P = \begin{pmatrix} 0 & -1 \\ 1 & 1 \end{pmatrix}$이 $P^{-1}AP = D\left(D = \begin{pmatrix} 2 & 0 \\ 0 & 1 \end{pmatrix}\text{은 대각행렬}\right)$를 만족하므로 행렬 $A = \begin{pmatrix} 1 & 0 \\ 1 & 2 \end{pmatrix}$는 대각화 가능합니다.

? [정의 7-3]은 무엇을 의미할까요?

$P^{-1}AP = D$는 행렬 A의 왼쪽에 P^{-1}, 오른쪽에 P를 곱하여 행렬 A를 대각행렬로 변형할 수 있음을 의미합니다. 이때 행렬 P가 행렬 A를 **대각화한다**(diagonalize)고 합니다.

왜 행렬을 대각화할까요?

일반적으로 행렬을 곱하거나 연립일차방정식을 풀거나 고윳값을 찾을 때 대각행렬을 다루는 것이 좀 더 편리하기에, 대각행렬이 있으면 유용합니다. 예를 들어, 대각행렬은 행렬의 거듭제곱을 찾는 데 필요한 계산량을 크게 줄여줍니다. 이 절의 뒷부분에서는 대각행렬의 100제곱을 얼마나 쉽게 계산할 수 있는지 보여줍니다. 우리가 주어진 행렬을 대각행렬로 변환하는 것을 목표로 한다는 점을 기억합시다.

다음으로 대각화 가능한 행렬의 자명한 예를 살펴봅시다.

예제 7-15 대각행렬 $A = \begin{pmatrix} 3 & 0 \\ 0 & 2 \end{pmatrix}$가 대각화 가능함을 보이세요.

풀이

대각행렬 D에 대하여 $P^{-1}AP = D$를 만족하는 행렬 P를 찾아야 합니다. 어떤 행렬을 고려해야 할까요? 주어진 행렬 A가 대각행렬이므로, 행렬 P를 항등행렬 I라 합시다($P = I$).

$$I^{-1}AI = A$$

따라서 주어진 행렬 A는 대각화 가능합니다.

예제 7-16 대각행렬이 대각화 가능함을 보이세요.

풀이

D를 임의의 대각행렬이라고 합시다. $P = I$(I는 항등행렬)에 대하여 $I^{-1}DI = D$이므로 대각행렬 D는 대각화 가능합니다.

어떤 행렬이 대각화 가능한지 알 수 있는 방법은 두엇일까요?

다음 정리는 행렬의 대각화 가능 여부를 확인할 수 있는 방법입니다.

정리 7-11 대각화 가능 행렬의 고유벡터

$n \times n$ 행렬 A는 대각화 가능합니다. ⇔ 행렬 A는 n개의 일차독립인 고유벡터를 가집니다.

증명

7.3절 [연습문제 21]에서 증명합니다. ■

행렬이 대각화 가능하려면 n개의 일차독립인 고유벡터를 가져야 합니다. $n \times n$ 행렬 A의 대각화 절차(procedure for diagonalization)는 [정리 7-11]의 증명에서 도출할 수 있는데, 간략하게 나타내면 그 절차는 다음과 같습니다.

[1단계] 고윳값 λ_1, λ_2, $\cdots$, λ_n에 관한 $\det(\mathbf{A}-\lambda\mathbf{I})\mathbf{u}=0$을 이용하여, λ_1, λ_2, $\cdots$, λ_n에 대응하는 고유벡터를 찾습니다. 이 고유벡터를 $\mathbf{p}_1$, $\mathbf{p}_2$, $\cdots$, $\mathbf{p}_n$이라 합시다. 만약에 행렬 $\mathbf{A}$가 n개의 일차독립인 고유벡터를 갖지 않는다면, 행렬 $\mathbf{A}$는 대각화 가능하지 않습니다.

[2단계] 고유벡터 $\mathbf{p}_1$, $\mathbf{p}_2$, $\cdots$, $\mathbf{p}_n$을 열로 가지는 행렬 $\mathbf{P}$를 만듭니다. 즉, 행렬 $\mathbf{P}$는 다음과 같이 고유벡터를 포함합니다.

$$\mathbf{P}=(\mathbf{p}_1\ \mathbf{p}_2\ \mathbf{p}_3 \cdots\ \mathbf{p}_n)$$

[3단계] 대각행렬 $\mathbf{D}=\mathbf{P}^{-1}\mathbf{A}\mathbf{P}$는 행렬 $\mathbf{A}$의 고윳값인 λ_1, λ_2, $\cdots$, λ_n이 주대각선을 따라 위치합니다. 즉, 다음과 같습니다.

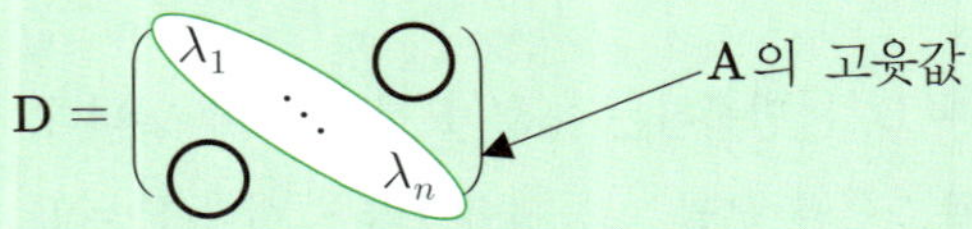

고유벡터 $\mathbf{p}_j$는 고윳값 λ_j에 대응합니다.

[4단계] 행렬 $\mathbf{P}$와 $\mathbf{D}$가 실제로 어떤 작용을 하는지 확인하는 것이 좋습니다. 2×2 행렬보다 큰 행렬에서 역행렬 $\mathbf{P}^{-1}$를 계산하는 것은 시간도 오래 걸리고 계산 오류가 발생하기 쉽습니다. 따라서 역행렬을 직접 구하기보다는 $\mathbf{PD}=\mathbf{AP}$임을 보이세요.

왜 그럴까요?

$\mathbf{D}=\mathbf{P}^{-1}\mathbf{A}\mathbf{P}$에서 양변 왼쪽에 행렬 $\mathbf{P}$를 곱하면 다음과 같습니다.

$$\begin{aligned}\mathbf{PD}&=\mathbf{P}(\mathbf{P}^{-1}\mathbf{A}\mathbf{P})\\&=(\mathbf{P}\mathbf{P}^{-1})\mathbf{A}\mathbf{P}=\mathbf{IAP}=\mathbf{AP}\qquad[\mathbf{P}\mathbf{P}^{-1}=\mathbf{I}]\end{aligned}$$

따라서 $\mathbf{PD}=\mathbf{AP}$임을 확인하는 것으로 충분합니다.

행렬 $\mathbf{A}$, $\mathbf{D}$는 서로 닮음이므로 고윳값이 같다는 점을 잊지 마세요. 행렬 $\mathbf{P}$를 **고유벡터 행렬**(eigenvector matrix)이라 하고, 대각행렬 $\mathbf{D}$를 **고윳값 행렬**(eigenvalue matrix)이라고 합니다.

예제 7-17 **고윳값 $\lambda_1=-1$, $\lambda_2=5$에 대응하는 고유벡터가 각각 $\mathbf{u}=\begin{pmatrix}-2\\1\end{pmatrix}$, $\mathbf{v}=\begin{pmatrix}1\\1\end{pmatrix}$일 때, 행렬 $\mathbf{A}=\begin{pmatrix}1&4\\2&3\end{pmatrix}$을 대각화하는 고유벡터 행렬 $\mathbf{P}$를 구해보세요.**

풀이

[1단계], [2단계] 행렬 $\mathbf{A}$의 고유벡터인 $\mathbf{u}$, $\mathbf{v}$가 주어졌으므로, 고유벡터 행렬 $\mathbf{P}$는 다음과 같습니다.

$$\mathbf{P} = (\mathbf{u}\ \mathbf{v}) = \begin{pmatrix} -2 & 1 \\ 1 & 1 \end{pmatrix}$$

[3단계] 행렬 **A**, **D**는 서로 닮음이므로, 대각행렬 **D**는 **A**의 고윳값 $\lambda_1 = -1$, $\lambda_2 = 5$를 가집니다.

$$\mathbf{D} = \begin{pmatrix} -1 & 5 \\ 0 & 5 \end{pmatrix}$$

← **A**의 고윳값

[4단계] 행렬 **P**가 행렬 **A**를 대각화함을 확인해야 합니다. 어떻게 확인할까요? **PD** = **AP** 임을 보이면 됩니다.

$$\mathbf{PD} = \begin{pmatrix} -2 & 1 \\ 1 & 1 \end{pmatrix}\begin{pmatrix} -1 & 0 \\ 0 & 5 \end{pmatrix} = \begin{pmatrix} 2 & 5 \\ -1 & 5 \end{pmatrix}$$

$$\mathbf{AP} = \begin{pmatrix} 1 & 4 \\ 2 & 3 \end{pmatrix}\begin{pmatrix} -2 & 1 \\ 1 & 1 \end{pmatrix} = \begin{pmatrix} 2 & 5 \\ -1 & 5 \end{pmatrix}$$

따라서 고유벡터 행렬 **P**는 행렬 **A**를 대각화합니다.

주어진 행렬 **A**(그리고 **D**)의 고윳값 $\lambda_1 = -1$, $\lambda_2 = 5$는 행렬 **D**의 주대각선을 따라 위치합니다. 고윳값 λ_1에 대응하는 고유벡터 **u**, 고윳값 λ_2에 대응하는 고유벡터 **v**에 대하여 행렬 **P**가 **P** = (**u** **v**)로 구성되므로 행렬 **D**의 주대각 성분은 λ_1, λ_2의 순서로 나타납니다.

? 고유벡터 u, v의 순서가 바뀌어 행렬 P가 P = (v u)로 구성되었다면, 대각행렬은 어떤 형태일까요?

대각행렬은 $\mathbf{D}' = \begin{pmatrix} 5 & 0 \\ 0 & -1 \end{pmatrix}$일 겁니다. (7.3절 [연습문제 05]에서 확인해보세요.)

대각행렬인 고윳값 행렬 **D**는 고윳값으로 구성되어 있고, 고유벡터 행렬 **P**는 각 고윳값에 대응하는 고유벡터로 구성되어 있다는 점을 유념하세요.

예제 7-18 **행렬 A의 고윳값과 고유벡터가 다음과 같을 때, 행렬 $\mathbf{A} = \begin{pmatrix} 1 & -2 & 3 \\ 0 & 2 & 5 \\ 0 & 0 & 2 \end{pmatrix}$가 대각화 가능하지 않음을 보이세요.**

$$\lambda_1 = 1,\ \mathbf{u} = \begin{pmatrix} 1 \\ 0 \\ 0 \end{pmatrix};\ \lambda_2 = 2,\ \mathbf{v} = \begin{pmatrix} -2 \\ 1 \\ 0 \end{pmatrix};\ \lambda_3 = 2,\ \mathbf{w} = \begin{pmatrix} 2 \\ -1 \\ 0 \end{pmatrix}$$

풀이

왜 행렬 **A**가 대각화 가능하지 않을까요? 앞에서 설명한 절차에 따라, 만약 3개의 고유벡터가 일차종속이라면 행렬 **A**를 대각화할 수 없습니다. (하나의 벡터를 나머지 벡터로 나타낼 수 있을 때, 일차종속입니다.)

$\mathbf{v} = -\mathbf{w}$ 또는 $\mathbf{v} + \mathbf{w} = \mathbf{O}$이므로, 두 벡터 **v**, **w**는 일차종속이라는 점에 주목하세요. 따라서 행렬 **A**는 대각화 가능하지 않습니다.

7.3.3 서로 다른 고윳값

$n \times n$ 행렬이 n개의 서로 다른 고윳값을 갖는다면 이 고윳값에 대응하는 고유벡터는 일차독립이라는 다음 정리를 살펴봅시다.

> **정리 7-12 서로 다른 고윳값에 대한 고유벡터**
>
> $n \times n$ 행렬 $\mathbf{A}$가 서로 다른 고윳값 $\lambda_1,\ \lambda_2,\ \cdots,\lambda_n$과 이에 대응하는 고유벡터 $\mathbf{u}_1,\ \mathbf{u}_2,\ \mathbf{u}_3,\ \cdots,\ \mathbf{u}_n$을 가질 때, 이 고유벡터는 일차독립입니다.

증명

행렬 $\mathbf{A}$가 서로 다른 고윳값 $\lambda_1,\ \lambda_2,\ \cdots,\lambda_m$과 이에 대응하는 고유벡터 $\mathbf{u}_1,\ \mathbf{u}_2,\ \mathbf{u}_3,\ \cdots,\ \mathbf{u}_m$을 갖는다고 합시다$(1 \le m \le n)$. 그러면 [정리 7-7]에 의해 이 고유벡터는 일차독립입니다. [정리 7-7]에서 $n = m$인 경우에 [정리 7-12]의 결과가 성립합니다. ■

> **정리 7-13 고윳값과 대각화 가능**
>
> (a) $n \times n$ 행렬 $\mathbf{A}$가 n개의 서로 다른 고윳값을 갖는다면, 행렬 $\mathbf{A}$는 대각화 가능합니다.
>
> (b) 행렬 $\mathbf{A}$는 대각화 가능합니다. ⇔ 각 고윳값에 대한 고유공간의 차원은 고윳값의 중복도와 같습니다.

증명

(a) $n \times n$ 행렬 $\mathbf{A}$가 n개의 서로 다른 고윳값을 갖는다면, [정리 7-12]에 의해 고윳값에 대응하는 n개의 고유벡터가 일차독립입니다. 그러면 [정리 7-11]에 의해 다음이 성립합니다.

$n \times n$ 행렬 $\mathbf{A}$가 대각화 가능합니다. ⇔ 행렬 $\mathbf{A}$는 n개의 일차독립인 고유벡터를 가집니다.

따라서 행렬 $\mathbf{A}$가 대각화 가능하다고 결론지을 수 있습니다.

(b) 직접 증명해보세요. ■

예제 7-19 행렬 $\mathbf{A} = \begin{pmatrix} 1 & -6 & 2 \\ 0 & 4 & 25 \\ 0 & 0 & 9 \end{pmatrix}$가 대각화 가능한지 판단해보세요.

풀이

$\mathbf{A}$는 어떤 행렬인가요? 행렬 $\mathbf{A}$는 상삼각행렬이므로 다음과 같은 [정리 7-3]에 의해 고윳값 $\lambda_1 = 1,\ \lambda_2 = 4,\ \lambda_3 = 9$는 주대각 성분입니다.

> **[정리 7-3]**
>
> $n \times n$ 행렬 $\mathbf{A}$가 대각행렬이거나 삼각행렬이면, $\mathbf{A}$의 고윳값은 주대각 성분입니다.

행렬 A의 대각화 가능 여부를 어떻게 판단해야 할까요? A는 3×3 행렬이고, 서로 다른 3개의 고윳값을 가집니다($\lambda_1=1$, $\lambda_2=4$, $\lambda_3=9$). 그러므로 [정리 7-13]에 의해 행렬 A는 대각화 가능합니다.

$n\times n$ 행렬이 서로 다른 n개의 고윳값을 갖지 않아도 대각화 가능할 수 있습니다. 예를 들어, 항등행렬 I는 n개의 동일한 고윳값 1을 갖지만 대각화 가능합니다. ($n\times n$ 행렬이 n개의 서로 다른 고윳값을 갖는다면, 그 행렬은 대각화 가능함이 보장됩니다.) 고윳값과 고유벡터가 주어져 있지 않다면 고윳값과 고유벡터, 주어진 행렬을 대각화하는 행렬 P를 찾는 과정은 지루한 작업이 될 수 있습니다. 이 경우 전 과정을 다 밟아야 합니다.

예제 7-20 행렬 $A=\begin{pmatrix}1&-6&2\\0&4&25\\0&0&9\end{pmatrix}$에 대하여, A의 고윳값 1, 4, 9에 대응하는 고유벡터가 $u=\begin{pmatrix}1\\0\\0\end{pmatrix}$, $v=\begin{pmatrix}-2\\1\\0\end{pmatrix}$, $w=\begin{pmatrix}-7\\10\\2\end{pmatrix}$라고 합시다. 행렬 A를 대각화하는 고유벡터 행렬 P를 구해보세요. 그리고 행렬 P가 주어진 행렬 A를 실제로 대각화하는지 확인해보세요.

풀이

[1단계], [2단계] 행렬 A의 고윳값과 이에 대응하는 고유벡터가 주어져 있습니다. 고유벡터 행렬 P는 무엇일까요? 고유벡터 행렬 P는 고유벡터를 포함합니다.

$$P=(u\ v\ w)=\begin{pmatrix}1&-2&-7\\0&1&10\\0&0&2\end{pmatrix}\qquad\left[u=\begin{pmatrix}1\\0\\0\end{pmatrix}, v=\begin{pmatrix}-2\\1\\0\end{pmatrix}, w=\begin{pmatrix}-7\\10\\2\end{pmatrix}\right]$$

[3단계] 대각행렬인 고윳값 행렬 D는 주대각선을 따라 고윳값 $\lambda_1=1$, $\lambda_2=4$, $\lambda_3=9$를 가집니다.

$$P^{-1}AP=D=\begin{pmatrix}1&0&0\\0&4&0\\0&0&9\end{pmatrix}$$

행렬 A의 고윳값

[4단계] $PD=AP$를 보임으로써 행렬 P와 D가 올바른지 확인합니다.

$$PD=\begin{pmatrix}1&-2&-7\\0&1&10\\0&0&2\end{pmatrix}\begin{pmatrix}1&0&0\\0&4&0\\0&0&9\end{pmatrix}=\begin{pmatrix}1&-8&-63\\0&4&90\\0&0&18\end{pmatrix}$$

$$AD=\begin{pmatrix}1&-6&2\\0&4&25\\0&0&9\end{pmatrix}\begin{pmatrix}1&-2&-7\\0&1&10\\0&0&2\end{pmatrix}=\begin{pmatrix}1&-8&-63\\0&4&90\\0&0&18\end{pmatrix}$$

행렬 P가 주어진 행렬 A를 실제로 대각화함을 확인했습니다.

7.3.4 행렬의 거듭제곱

앞에서 행렬의 거듭제곱을 찾기 위한 대각화 과정을 살펴보았습니다. 예를 들어, A^{100}을 찾는 것은 어려운 작업입니다.

대각화는 행렬의 거듭제곱과 어떤 관련이 있나요?

행렬 $\mathbf{A}$가 대각화 가능한 정사각행렬이면, $\mathbf{P}^{-1}\mathbf{A}\mathbf{P}=\mathbf{D}$($\mathbf{D}$는 대각행렬)를 만족하는 행렬 $\mathbf{P}$가 존재합니다. 그러면 다음이 성립합니다.

$$\mathbf{A}^m = \mathbf{P}\mathbf{D}^m\mathbf{P}^{-1} \quad (m\text{은 실수})$$

다음 정리에서 이 결과를 증명해보겠습니다. 한편, 이 공식을 사용하여 $m=-1$일 때 행렬 $\mathbf{A}$의 역행렬을 찾을 수 있습니다. $\mathbf{A}^{100}$을 찾기 위하여 행렬 $\mathbf{A}$를 100번 곱하는 것보다 공식 $\mathbf{A}^m=\mathbf{P}\mathbf{D}^m\mathbf{P}^{-1}$를 사용하는 것이 훨씬 편리합니다. 먼저 $\mathbf{D}^m$을 알아내면 $\mathbf{A}^m$을 찾는 데 이 공식을 사용할 수 있습니다.

$\mathbf{D}^m$을 어떻게 알아낼까요?

행렬 $\mathbf{D}^m$은 $\mathbf{D}$의 주대각 성분을 단순히 m제곱한 대각행렬입니다. 즉, 다음과 같습니다.

$$\mathbf{D}=\begin{pmatrix} d_1 & & \bigcirc \\ & \ddots & \\ \bigcirc & & d_n \end{pmatrix} \quad \Rightarrow \quad \mathbf{D}^m=\begin{pmatrix} d_1^m & & \bigcirc \\ & \ddots & \\ \bigcirc & & d_n^m \end{pmatrix}$$

7.3절 [연습문제 09]에서 이 결과를 증명합니다. $\mathbf{A}^m$은 계산하기 어려울 수 있지만, $\mathbf{D}$는 대각행렬이므로 $\mathbf{D}^m$은 단순히 $\mathbf{D}$의 주대각 성분을 m제곱한 대각행렬입니다. 고윳값 행렬 $\mathbf{D}$에서는 고윳값이 주대각 성분이므로, 행렬 $\mathbf{D}^m$에서는 $\mathbf{D}$의 고윳값을 m제곱한 값이 주대각 성분입니다.

> **정리 7-14 대각화 가능 행렬의 거듭제곱**
>
> n차 정사각행렬 $\mathbf{A}$가 $\mathbf{P}^{-1}\mathbf{A}\mathbf{P}=\mathbf{D}$($\mathbf{D}$는 대각행렬)로 대각화 가능한 행렬이면 다음이 성립합니다.
>
> $$\mathbf{A}^m = \mathbf{P}\mathbf{D}^m\mathbf{P}^{-1}$$

이 결과를 어떻게 증명할 수 있을까요?

수학적 귀납법을 사용합니다.

수학적 귀납법의 절차는 어떻게 되나요?

[1단계] $m=1$일 때, 결과를 확인합니다.

[2단계] $m=k$일 때, 결과가 성립한다고 가정합니다.

[3단계] $m=k+1$일 때, 그 결과가 성립함을 증명합니다.

증명

[1단계] $m=1$일 때, 결과를 확인합니다. 즉, $PDP^{-1}=A$를 보여야 합니다. $D=P^{-1}AP$이므로 D의 왼쪽에 행렬 P를 곱하고 D의 오른쪽에 P^{-1}를 곱합니다

$$\begin{aligned} PDP^{-1} &= P\underbrace{(P^{-1}AP)}_{=D}P^{-1} \\ &= (PP^{-1})A(PP^{-1}) = IAI = A \end{aligned}$$

따라서 $m=1$에 대한 결과는 $A=PDP^{-1}$입니다. 이는 행렬 A를 3개의 행렬 P, D, P^{-1}로 분해할 수 있음을 의미합니다.

[2단계] $m=k$일 때, 결과가 성립한다고 가정합니다. 즉, 다음이 성립한다고 가정합니다.

$$A^k = PD^kP^{-1} \qquad (*)$$

[3단계] $m=k+1$일 때, 이 결과가 성립함을 증명해야 합니다. 즉, $A^{k+1}=PD^{k+1}P^{-1}$를 증명해야 합니다. 이 식의 좌변에서 시작하여 다음과 같이 나타낼 수 있습니다.

$$\begin{aligned} A^{k+1} &= A^kA && \text{[행렬의 지수법칙]} \\ &= \underbrace{(PD^kP^{-1})}_{=A^k(\text{식 }(*))}\underbrace{(PDP^{-1})}_{=A([1\text{단계}])} \\ &= PD^k(P^{-1}P)DP^{-1} && \text{[행렬 곱의 결합법칙 }(AB)C=A(BC)] \\ &= P\underbrace{D^k(I)D}_{=A^k}P^{-1} && [P^{-1}P=I] \\ &= PD^kDP^{-1} = PD^{k+1}P^{-1} && [D^kD=D^{k-1}] \end{aligned}$$

원하는 결과를 도출했습니다. 따라서 수학적 귀납법에 의하여 $A^m=PD^mP^{-1}$입니다. ■

일반적으로 A^m을 찾으려면 행렬 A를 m번 곱해야 하는데, 이는 상당히 지루한 작업입니다. A^m을 $A^m=PD^mP^{-1}$로 분해하는 것이 훨씬 쉽습니다. (물론 P, P^{-1}, D를 찾는 작업이 쉽지만은 않겠지만요.) 이 공식은 지수가 m보다 작은 A의 거듭제곱을 구하지 않고 A^m을 계산하고자 할 때, 이전 절에서 공부한 케일리-해밀턴 방법을 사용하는 것보다 대각행렬을 사용하는 것이 훨씬 더 효율적임을 의미합니다.

앞에서 행렬을 대각화할 때, $P^{-1}AP$를 계산하지 않아도 된다는 점에 주목하세요.

? 왜 그럴까요?

$PD=AP$를 확인하기 때문입니다. 이는 $P^{-1}AP=D$가 대각행렬인 고윳값 행렬임을 의미합니다. 하지만 A^m을 계산할 때, $A^m=PD^mP^{-1}$이므로 P^{-1}를 찾아야 합니다.

예제 7-21 행렬 $A = \begin{pmatrix} 1 & -2 & 3 \\ 0 & 2 & 5 \\ 0 & 0 & 3 \end{pmatrix}$에 대하여 $P = \begin{pmatrix} 1 & -2 & -7 \\ 0 & 1 & 10 \\ 0 & 0 & 2 \end{pmatrix}$와 $P^{-1} = \frac{1}{2}\begin{pmatrix} 2 & 4 & -13 \\ 0 & 2 & -10 \\ 0 & 0 & 1 \end{pmatrix}$이 주어졌을 때, A^5을 구해보세요.

풀이

대각행렬은 $D = P^{-1}AP = \begin{pmatrix} 1 & 0 & 0 \\ 0 & 2 & 0 \\ 0 & 0 & 3 \end{pmatrix}$입니다. A는 상삼각행렬이므로, A의 주대각 성분은 고윳값 $\lambda_1 = 1$, $\lambda_2 = 2$, $\lambda_3 = 3$으로 구성됩니다. 그렇다면 A^5을 어떻게 구해야 할까요? [정리 7-14]를 적용하여, $m = 5$에 대해 A^m을 $A^m = PD^mP^{-1}$로 분해합니다.

$$A^5 = PD^5P^{-1}$$

행렬 P, D, P^{-1}를 $A^5 = PD^5P^{-1}$에 대입하면 다음과 같습니다.

$$\begin{aligned}
A^5 &= PD^5P^{-1} \quad \text{(A의 고윳값)} \\
&= \begin{pmatrix} 1 & -2 & -7 \\ 0 & 1 & 10 \\ 0 & 0 & 2 \end{pmatrix} \begin{pmatrix} 1 & 0 & 0 \\ 0 & 2 & 0 \\ 0 & 0 & 3 \end{pmatrix}^5 \frac{1}{2} \begin{pmatrix} 2 & 4 & -13 \\ 0 & 2 & -10 \\ 0 & 0 & 1 \end{pmatrix} \\
&= \frac{1}{2} \begin{pmatrix} 1 & -2 & -7 \\ 0 & 1 & 10 \\ 0 & 0 & 2 \end{pmatrix} \begin{pmatrix} 1^5 & 0 & 0 \\ 0 & 2^5 & 0 \\ 0 & 0 & 3^5 \end{pmatrix} \begin{pmatrix} 2 & 4 & -13 \\ 0 & 2 & -10 \\ 0 & 0 & 1 \end{pmatrix} \quad \left[\tfrac{1}{2}\text{을 앞으로 꺼내고 고윳값에 5제곱하기}\right] \\
&= \frac{1}{2} \begin{pmatrix} 1 & -2 & -7 \\ 0 & 1 & 10 \\ 0 & 0 & 2 \end{pmatrix} \begin{pmatrix} 1 & 0 & 0 \\ 0 & 32 & 0 \\ 0 & 0 & 243 \end{pmatrix} \begin{pmatrix} 2 & 4 & -13 \\ 0 & 2 & -10 \\ 0 & 0 & 1 \end{pmatrix} \quad [\text{고윳값 제곱을 계산하면, } 1^5 = 1, 2^5 = 32, 3^5 = 243] \\
&= \frac{1}{2} \begin{pmatrix} 1 & -64 & -1701 \\ 0 & 32 & 2430 \\ 0 & 0 & 486 \end{pmatrix} \begin{pmatrix} 2 & 4 & -13 \\ 0 & 2 & -10 \\ 0 & 0 & 1 \end{pmatrix} \quad [\text{왼쪽 두 행렬을 곱하기}] \\
&= \frac{1}{2} \begin{pmatrix} 2 & -124 & -1074 \\ 0 & 64 & 2110 \\ 0 & 0 & 486 \end{pmatrix} = \begin{pmatrix} 1 & -62 & -537 \\ 0 & 32 & 1055 \\ 0 & 0 & 243 \end{pmatrix} \quad \left[\text{스칼라 } \tfrac{1}{2} \text{ 곱하기}\right]
\end{aligned}$$

적절한 소프트웨어를 사용하여 최종 결과를 확인해보세요.

[예제 7-21]에서 대각행렬 D의 주대각 성분은 고윳값 1, 2, 3이고, D^5의 주대각 성분은 1^5, 2^5, 3^5임에 주목하세요. 1^5, 2^5, 3^5은 A^5의 고윳값입니다.

7.3.5 행렬 거듭제곱의 활용

행렬의 거듭제곱은 특히 **마르코프 연쇄**(Markov chain)에 유용합니다. 마르코프 연쇄는 확률이 성분인 행렬을 기반으로 합니다. 수많은 실제 시스템에서는 시간이 흐름에 따라 불확실성의 요소가 발생하며, 이는 마르코프 연쇄를 통해 설명할 수 있습니다.

예제 7-22 아래에 제시한 전이행렬 T는 시내(U)와 지방(R) 도로에서 부상을 당하거나(I), 사망한(K) 사고와 관련된 사람의 비율을 나타냅니다. 행렬 T의 1열 성분은 도로 부상자 중 60%가 시내 도로에서, 40%가 지방 도로에서 부상당했음을 나타냅니다. T의 2열은 도로 사망자 중 50%가 시내 도로에서, 50%가 지방 도로에서 사망하였음을 나타냅니다. 벡터 x는 올해 100건의 사고 표본 중 시내 도로의 사고 건수가 90건이고 지방 도로의 사고 건수가 10건임을 나타냅니다.

$$\mathrm{T} = \begin{matrix} \mathbf{I} & \mathbf{K} & \\ \end{matrix} \quad \mathrm{T} = \begin{pmatrix} 0.6 & 0.5 \\ 0.4 & 0.5 \end{pmatrix} \begin{matrix} \mathbf{U} \\ \mathbf{R} \end{matrix}, \qquad \mathrm{x} = \begin{pmatrix} 90 \\ 10 \end{pmatrix}$$

벡터 $\mathrm{x}_n(\mathrm{x}_n = \mathrm{T}^n\mathrm{x})$은 n년 후 100건의 사고 표본 중 시내 및 지방 도로의 사고 횟수를 알려줍니다. 유효숫자 2개(2sf)의 범위에서 다음을 구해보세요.

(a) $n = 10$일 때, x_n

(b) $n \to \infty$일 때, x_n

(이는 100건의 사고 표본을 바탕으로 미래에 시내 및 지방 도로의 부상자 및 사망자 수가 어느 정도일지 알려줍니다.) 마르코프 연쇄는 x_n의 장기적인 행동에 초점을 맞춥니다.

풀이

(a) $n = 10$일 때, $\mathbf{x}_n = \mathbf{T}^n\mathbf{x}$를 찾아야 합니다. 즉, $\mathbf{x}_{10} = \mathbf{T}^{10}\mathbf{x}$를 구해야 합니다. $\mathbf{T}^{10}$을 계산하기 위하여 고윳값 행렬 D와 고유벡터 행렬 P를 찾아 행렬 T를 대각화합니다. 고윳값과 이에 대응하는 고유벡터가 다음과 같은지 확인합니다.

$$\lambda_1 = 1, \ \mathbf{u} = \begin{pmatrix} 5 \\ 4 \end{pmatrix} \text{와 } \lambda_2 = 0.1, \ \mathbf{v} = \begin{pmatrix} -1 \\ 1 \end{pmatrix}$$

고유벡터 행렬이 $\mathbf{P} = (\mathbf{u}\ \mathbf{v}) = \begin{pmatrix} 5 & -1 \\ 4 & 1 \end{pmatrix}$이고, 고윳값 행렬이 $\mathbf{D} = \begin{pmatrix} 1 & 0 \\ 0 & 0.1 \end{pmatrix}$입니다. [정리 7-14]에 의해 $\mathbf{A}^m = \mathbf{P}\mathbf{D}^m\mathbf{P}^{-1}$이므로 $m = 10$, $\mathbf{A} = \mathbf{T}$일 때 다음과 같이 나타낼 수 있습니다.

$$\mathbf{T}^{10} = \mathbf{P}\mathbf{D}^{10}\mathbf{P}^{-1} \qquad (\dagger)$$

$\mathbf{T}^{10}$을 계산하기 위하여 $\mathbf{P}^{-1}$를 구하면 다음과 같습니다.

$$\mathbf{P}^{-1} = \frac{1}{9}\begin{pmatrix} 1 & 1 \\ -4 & 5 \end{pmatrix}$$

$\mathbf{P} = \begin{pmatrix} 5 & -1 \\ 4 & 1 \end{pmatrix}$, $\mathbf{D} = \begin{pmatrix} 1 & 0 \\ 0 & 0.1 \end{pmatrix}$, $\mathbf{P}^{-1} = \frac{1}{9}\begin{pmatrix} 1 & 1 \\ -4 & 5 \end{pmatrix}$를 식 $(\dagger)$에 대입합니다.

$$\mathbf{T}^{10} = \mathbf{P}\mathbf{D}^{10}\mathbf{P}^{-1} = \begin{pmatrix} 5 & -1 \\ 4 & 1 \end{pmatrix}\begin{pmatrix} 1 & 0 \\ 0 & 0.1 \end{pmatrix}^{10}\frac{1}{9}\begin{pmatrix} 1 & 1 \\ -4 & 5 \end{pmatrix}$$

$$= \frac{1}{9}\begin{pmatrix} 5 & -1 \\ 4 & 1 \end{pmatrix}\begin{pmatrix} 1 & 0 \\ 0 & 0 \end{pmatrix}\begin{pmatrix} 1 & 1 \\ -4 & 5 \end{pmatrix} \quad \begin{bmatrix} 1^{10} = 1, \\ 0.1^{10} = 1 \times 10^{-10} = 0(3\text{dp}) \end{bmatrix}$$

$$= \frac{1}{9}\begin{pmatrix} 5 & 0 \\ 4 & 0 \end{pmatrix}\begin{pmatrix} 1 & 1 \\ -4 & 5 \end{pmatrix} = \frac{1}{9}\begin{pmatrix} 5 & 5 \\ 4 & 4 \end{pmatrix}$$

$\mathbf{T}^{10} = \frac{1}{9}\begin{pmatrix} 5 & 5 \\ 4 & 4 \end{pmatrix}$, $\mathbf{x} = \begin{pmatrix} 90 \\ 10 \end{pmatrix}$을 $\mathbf{x}_{10} = \mathbf{T}^{10}\mathbf{x}$에 대입합니다.

$$\mathbf{x}_{10} = \frac{1}{9}\begin{pmatrix} 5 & 5 \\ 4 & 4 \end{pmatrix}\begin{pmatrix} 90 \\ 10 \end{pmatrix} \underbrace{=}_{\text{인수 10 빼내기}} \frac{10}{9}\begin{pmatrix} 5 & 5 \\ 4 & 4 \end{pmatrix}\begin{pmatrix} 9 \\ 1 \end{pmatrix} = \frac{10}{9}\begin{pmatrix} 50 \\ 40 \end{pmatrix} = \begin{pmatrix} 55.5 \\ 44.4 \end{pmatrix} \begin{matrix} \text{U} \\ \text{R} \end{matrix}$$

이는 10년 후 100건의 사고 표본 중 부상을 당하거나 사망하는 사람 수가 시내 도로에서는 56건(2sf), 지방 도로에서는 44건(2sf)임을 의미합니다.

(b) $\mathbf{D}^n = \begin{pmatrix} 1 & 0 \\ 0 & 0.1 \end{pmatrix}^n = \begin{pmatrix} 1^n & 0 \\ 0 & 0.1^n \end{pmatrix}$입니다. $n \to \infty$일 때, 이것은 어떻게 바뀔까요? $n \to \infty$일 때, $1^n \to 1$, $0.1^n \to 0$입니다. 이는 유효숫자 2개의 범위에서 정확하게 $\mathbf{D}^n = \mathbf{D}^{10}$임을 의미하며, 이는 (a)의 결과와 동일합니다.

핵심요약

- 행렬 $\mathbf{A}$가 대각화 가능하면, $\mathbf{A}$를 대각행렬 $\mathbf{D}$로 변환할 수 있습니다.
- n차 정사각행렬 $\mathbf{A}$가 $\mathbf{P}^{-1}\mathbf{A}\mathbf{P} = \mathbf{D}$($\mathbf{D}$는 대각행렬)로 대각화 가능하면, $\mathbf{A}^m = \mathbf{P}\mathbf{D}^m\mathbf{P}^{-1}$입니다.

7.3 연습문제

* 7.3 연습문제는 MATLAB으로 계산을 확인할 수 있습니다.

01 다음 행렬 (a)~(d)에 대하여 주어진 물음 (ⅰ), (ⅱ)에 답해보세요.

(a) $\mathbf{A} = \begin{pmatrix} 1 & 0 \\ 0 & 2 \end{pmatrix}$ (b) $\mathbf{A} = \begin{pmatrix} 1 & 1 \\ 1 & 1 \end{pmatrix}$

(c) $\mathbf{A} = \begin{pmatrix} 3 & 0 \\ 4 & 4 \end{pmatrix}$ (d) $\mathbf{A} = \begin{pmatrix} 2 & 2 \\ 1 & 3 \end{pmatrix}$

(ⅰ) 고윳값을 찾고, 고윳값에 대응하는 고유벡터를 구해보세요.

(ⅱ) 고유벡터 행렬 $\mathbf{P}$와 고윳값 행렬 $\mathbf{D}$를 구해보세요.

02 다음 물음에 답해보세요.

(a) [연습문제 01]의 행렬에 대하여, $\mathbf{A}^5$을 구해보세요.

(b) [연습문제 01(c)]의 행렬에 대하여, $\mathbf{A}^{-\frac{1}{2}}$을 구해보세요.

03 다음 행렬 (a)~(c)에 대하여 주어진 물음 (ⅰ)~(ⅲ)에 답해보세요.

(a) $\mathbf{A}=\begin{pmatrix}1&0&0\\0&2&0\\0&0&3\end{pmatrix}$ (b) $\mathbf{A}=\begin{pmatrix}-1&4&0\\0&4&3\\0&0&5\end{pmatrix}$

(c) $\mathbf{A}=\begin{pmatrix}2&0&0\\1&5&0\\1&2&6\end{pmatrix}$

(ⅰ) 고윳값을 찾고, 고윳값에 대응하는 고유벡터를 구해보세요.

(ⅱ) 가역행렬(정칙행렬) $\mathbf{P}$와 $\mathbf{D}=\mathbf{P}^{-1}\mathbf{AP}$를 만족하는 대각행렬 $\mathbf{D}$를 구해보세요. $\mathbf{P}^{-1}$를 구할 때 MATLAB을 사용해보세요.

(ⅲ) (ⅰ)과 (ⅱ)의 결과를 이용하여 각 행렬에 대한 $\mathbf{A}^4$을 구해보세요.

04 다음 행렬이 대각화 가능한지를 판단해보세요.

(a) $\mathbf{A}=\begin{pmatrix}1&0&0\\0&1&0\\0&0&1\end{pmatrix}$ (b) $\mathbf{A}=\begin{pmatrix}-1&2&3\\0&2&5\\0&0&8\end{pmatrix}$

(c) $\mathbf{A}=\begin{pmatrix}\sqrt{2}&0&0&0\\1&\sqrt{3}&0&0\\6&7&1/2&0\\2&9&7&-5\end{pmatrix}$

05 행렬 $\mathbf{A}=\begin{pmatrix}1&4\\2&3\end{pmatrix}$에 대하여 [예제 7-17]에서 고유벡터 행렬 $\mathbf{P}(\mathbf{v},\ \mathbf{u})$를 통해 $\mathbf{P}^{-1}\mathbf{AP}$로 주어진 대각행렬 $\mathbf{D}$를 구해보세요.

? 대각행렬 D에 대해 무엇을 알 수 있나요?

06 행렬 $\mathbf{A}$는 고윳값과 고유벡터가 다음과 같은 3차 정사각행렬입니다.

$$\lambda_1=-2,\ \mathbf{u}=\begin{pmatrix}1\\2\\0\end{pmatrix};\ \lambda_2=-5,\ \mathbf{v}=\begin{pmatrix}5\\4\\0\end{pmatrix};$$
$$\lambda_3=-1,\ \mathbf{w}=\begin{pmatrix}0\\0\\1\end{pmatrix}$$

행렬 $\mathbf{A}$는 대각화 가능한가요? 대각화 가능하면 행렬 $\mathbf{A}$와 닮은 고윳값 행렬 $\mathbf{D}$를 찾고 $\mathbf{P}^{-1}\mathbf{AP}=\mathbf{D}$를 만족하는 가역행렬 $\mathbf{P}$를 구해보세요. 그리고 $\mathbf{A}^3$을 구해보세요. (행렬 $\mathbf{A}$의 성분을 알 필요가 없다는 점에 유의하세요.)

07 다음 행렬이 대각화 가능하지 않음을 보이세요.

(a) $\mathbf{A}=\begin{pmatrix}2&-1\\1&4\end{pmatrix}$ (b) $\mathbf{A}=\begin{pmatrix}-2&4\\-1&-6\end{pmatrix}$

(c) $\mathbf{A}=\begin{pmatrix}1&2&3\\0&1&3\\0&0&1\end{pmatrix}$

08 행렬 $\mathbf{A}=\begin{pmatrix}-4&2\\-9&5\end{pmatrix}$에 대하여, 다음을 구해보세요.

(a) $\mathbf{A}^{11}$ (b) $\mathbf{A}^{-1}$

09 $\mathbf{D}$가 대각행렬이면 $\mathbf{D}^m$은 $\mathbf{D}$의 주대각 성분을 m제곱한 값을 주대각 성분으로 갖는 대각행렬임을 증명해보세요.

10 [정리 7-9]를 증명해보세요.

11 행렬 $\mathbf{A}$가 대각화 가능하면, $\mathbf{A}$의 전치행렬($\mathbf{A}^T$)도 대각화 가능함을 증명해보세요.

12 미분방정식에서 행렬 $\exp(\mathbf{A}t)$를 다음과 같이 정의합니다.

$$\exp(\mathbf{A}t)=\mathbf{I}+\mathbf{A}t+\mathbf{A}^2\frac{t^2}{2!}+\mathbf{A}^3\frac{t^3}{3!}+\mathbf{A}^4\frac{t^4}{4!}+\cdots$$

행렬 $\mathbf{A}=\begin{pmatrix}3&5\\0&2\end{pmatrix}$를 대각화하여 t에 대한 4차 이하의 $\exp(\mathbf{A}t)$ 표현식을 구해보세요.

13 피보나치 행렬(Fibonacci matrix) $\mathbf{F}=\begin{pmatrix}1&1\\1&0\end{pmatrix}$에 대하여, 행렬 $\mathbf{P}$, $\mathbf{P}^{-1}$, $\mathbf{D}$를 구해보세요. (단, 행렬 $\mathbf{P}$는 가역행렬이고 행렬 $\mathbf{D}$는 $\mathbf{D}=\mathbf{P}^{-1}\mathbf{AP}$를 만족하는 대각행렬입니다.)

14 행렬 $\mathbf{A}$는 $[\mathrm{tr}(\mathbf{A})]^2>4\det(\mathbf{A})$를 만족하는 2차 정사각행렬입니다. 행렬 $\mathbf{A}$가 대각화 가능함을 보이세요. (단, tr은 행렬의 대각합입니다.)

15 행렬 $\mathbf{A}$는 대각화 가능한 가역행렬입니다. 행렬 $\mathbf{A}^{-1}$가 대각화 가능함을 증명해보세요.

16 행렬 $\mathbf{A}$가 대각화 가능하면 $\mathbf{A}^m$(m은 자연수)은 대각화 가능함을 증명해보세요.

17 행렬 $\mathbf{A}$, $\mathbf{B}$가 가역행렬일 때, 행렬 $\mathbf{AB}$는 $\mathbf{BA}$와 서로 닮음임을 증명해보세요.

18 행렬 $\mathbf{A}$, $\mathbf{B}$가 서로 닮음일 때, 다음을 증명해보세요.

(a) $\operatorname{tr}(\mathbf{A}) = \operatorname{tr}(\mathbf{B})$ (tr은 행렬의 대각합)

(b) $\det(\mathbf{A}) = \det(\mathbf{B})$

19 $\mathbf{A}$는 모든 고윳값의 절댓값이 1보다 작은 대각행렬입니다. $m \to \infty$일 때, $\mathbf{A}^m$을 구해보세요. ($|x| < 1$일 때, $\lim_{m \to \infty}(x^m) = 0$임을 가정할 수 있습니다.)

20 $\mathbf{A}$는 고윳값 $\lambda_1, \lambda_2, \cdots, \lambda_n$을 갖는 대각화 가능한 행렬입니다. 행렬 $\mathbf{A}^m$의 고윳값은 $(\lambda_1)^m, (\lambda_2)^m, \cdots, (\lambda_n)^m$임을 증명해보세요.

21 [정리 7-11]을 증명해보세요.

7.4 대칭행렬의 대각화

학습목표

- 대칭행렬의 성질을 증명할 수 있습니다.
- 대칭행렬을 직교대각화할 수 있습니다.

이번 절에서도 대각화 과정을 계속 다룹니다. 대각화는 앞 절에서 설명했습니다. 주어진 행렬을 대각화한 행렬 $\mathbf{P}$를 찾았고, 이를 통해 다음과 같이 행렬 $\mathbf{D}$를 구할 수 있었습니다.

$$\mathbf{P}^{-1}\mathbf{A}\mathbf{P} = \mathbf{D} \quad (\mathbf{D}\text{는 대각행렬})$$

위 식에서 왼쪽에 $\mathbf{P}$, 오른쪽에 $\mathbf{P}^{-1}$를 곱하면 행렬 $\mathbf{A}$를 다음과 같이 분해하여 나타낼 수 있습니다.

$$\mathbf{A} = \mathbf{P}\mathbf{D}\mathbf{P}^{-1}$$

고유벡터 행렬 $\mathbf{P}$는 $\mathbf{A}$의 고유벡터를 포함하고, $\mathbf{D}$는 $\mathbf{A}$의 고윳값을 포함합니다. 이로부터 다음과 같이 $\mathbf{A}^m$을 3개의 행렬로 분해하여 행렬 $\mathbf{A}$의 거듭제곱을 구할 수 있다는 [정리 7-14]를 추론했습니다.

$$\mathbf{A}^m = \mathbf{P}\mathbf{D}^m\mathbf{P}^{-1}$$

$\mathbf{A}^{10}$을 구하고 싶으면 $\mathbf{A}^{10} = \mathbf{P}\mathbf{D}^{10}\mathbf{P}^{-1}$로 계산합니다. 하지만 3×3 행렬과 같은 작은 크기의 행렬에서도 이러한 계산은 여전히 지루한 작업이 될 수 있습니다.

? 왜 그럴까요?

역행렬 $\mathbf{P}^{-1}$를 찾아야 하기 때문입니다. 행렬 $\mathbf{P}$를 기약행 사다리꼴 행렬로 만들거나 여인수를 이용해야 합니다. 어느 쪽이든 번거로운 작업일 수밖에 없습니다.

? 역행렬을 쉽게 찾을 수 있는 행렬 유형이 있나요?

있습니다. 4장에서 다룬 직교행렬 $\mathbf{Q}$인데, 이 행렬은 $\mathbf{Q}^{-1}=\mathbf{Q}^{\mathrm{T}}$를 만족합니다.

? 직교행렬이란 무엇인가요?

각 열이 (서로 직교이며 단위벡터인) 정규직교벡터로 구성된 정사각행렬입니다.

이 절에서는 행렬을 대각화하는 직교행렬 $\mathbf{Q}$를 찾는 것을 목표로 합니다. 고유벡터 행렬 $\mathbf{Q}$는 주어진 행렬 $\mathbf{A}$의 고유벡터를 열로 나타내어 만든 $\mathbf{A}$를 대각화하는 행렬입니다.

그런데 일반적으로 고유벡터는 서로 직교(수직)가 아닙니다. 이 절에서는 서로 직교하고 정규화된 고유벡터를 구하려고 합니다. 즉, 정규직교(서로 수직이고 단위벡터)인 고유벡터를 구하는 것이 목표이며, 이 벡터는 대각화하는 행렬의 열이 됩니다. 서로 직교하는 단위 고유벡터를 대각화하는 행렬의 열을 얻으면, 이전 절에서 계산했던 것보다 훨씬 쉽게 대각행렬을 구할 수 있습니다. $\mathbf{Q}$의 열은 고유공간 $\mathbf{E}_\lambda$의 정규직교기저를 이루기도 합니다. 정규직교기저(축)는 작업하기 쉬운 기저 중 하나입니다.

대각화하는 행렬이 직교행렬일 거라고 보장할 수는 없습니다. 하지만 주어진 행렬이 대칭행렬이면 대각화하는 직교행렬을 언제나 구할 수 있음을 이 절에서 증명하겠습니다.

7.4.1 대칭행렬

? 대칭행렬이 무엇인지 기억하나요?

정사각행렬 $\mathbf{A}$가 $\mathbf{A}^{\mathrm{T}}=\mathbf{A}$이면 대칭행렬입니다. 예를 들면 다음과 같습니다.

$$\mathbf{A}=\begin{pmatrix}1&0\\0&1\end{pmatrix},\quad \mathbf{B}=\begin{pmatrix}1&\sqrt{2}\\\sqrt{2}&3\end{pmatrix},\quad \mathbf{C}=\begin{pmatrix}1&-1&\sqrt{5}\\-1&2&\pi\\\sqrt{5}&\pi&3\end{pmatrix},\quad \mathbf{D}=$$

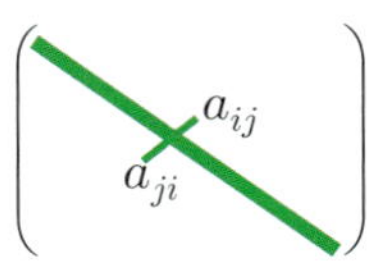

? 여기서 무엇을 알 수 있나요?

행렬 $\mathbf{D}$에서 강조하여 표시한 주대각선 위에 거울을 배치하면 성분들이 대칭됩니다.

왜 대칭행렬이 중요할까요?

이 절의 뒷부분에서 모든 대칭행렬은 직교행렬에 의해 대각화 가능함을 증명하겠습니다. 비대칭행렬은 여기에 해당되지 않습니다.

예제 7-23 행렬 $\mathbf{A} = \begin{pmatrix} -3 & 4 \\ 4 & 3 \end{pmatrix}$을 대각화해보세요.

풀이

특성방정식은 다음과 같습니다.

$$\det(\mathbf{A} - \lambda\mathbf{I}) = \det\begin{pmatrix} -3-\lambda & 4 \\ 4 & 3-\lambda \end{pmatrix} = \lambda^2 - 25 = 0$$

따라서 $\lambda_1 = 5$, $\lambda_2 = -5$입니다. $\lambda_1 = 5$에 대응하는 고유벡터는 $\mathbf{u} = \begin{pmatrix} 1 \\ 2 \end{pmatrix}$, $\lambda_2 = -5$에 대응하는 고유벡터는 $\mathbf{v} = \begin{pmatrix} 2 \\ -1 \end{pmatrix}$입니다. 고유벡터 $\mathbf{u}$, $\mathbf{v}$는 일차독립이므로 다음이 성립합니다.

$$\mathbf{P} = (\mathbf{u}\ \ \mathbf{v}) = \begin{pmatrix} 1 & 2 \\ 2 & -1 \end{pmatrix},\ \mathbf{D} = \mathbf{P}^{-1}\mathbf{A}\mathbf{P} = \begin{pmatrix} 5 & 0 \\ 0 & -5 \end{pmatrix}$$

고유벡터 행렬 $\mathbf{P} = (\mathbf{u}\ \ \mathbf{v})$는 $\mathbf{A}$의 고유벡터를 포함하고, 고윳값 행렬 $\mathbf{D}$는 $\mathbf{A}$의 고윳값을 포함합니다. 행렬 $\mathbf{A}$와 $\mathbf{D}$는 서로 닮음이므로, 두 행렬이 동일한 고윳값을 갖는다는 점을 기억해둡시다.

고유벡터 $\mathbf{u} = \begin{pmatrix} 1 \\ 2 \end{pmatrix}$와 $\mathbf{v} = \begin{pmatrix} 2 \\ -1 \end{pmatrix}$에 대해 무엇을 알 수 있나요?

고유벡터 $\mathbf{u}$와 $\mathbf{v}$의 내적은 0입니다.

$$\mathbf{u} \cdot \mathbf{v} = \begin{pmatrix} 1 \\ 2 \end{pmatrix} \cdot \begin{pmatrix} 2 \\ -1 \end{pmatrix} = (1 \times 2) + \{2 \times (-1)\} = 0$$

$\mathbf{u} \cdot \mathbf{v} = 0$은 무슨 의미인가요?

고유벡터 $\mathbf{u}$와 $\mathbf{v}$가 직교한다는 의미입니다. 즉, 두 벡터가 서로 수직입니다. (뒤에 나오는 [그림 7-11]을 살펴보세요.) 이 고유벡터를 정규화할 수 있습니다. 즉, 크기를 1로 만들 수 있습니다.

정규화는 어떻게 해야 할까요?

크기로 나누면 됩니다. 즉, 식 (2.7)인 $\hat{\mathbf{u}} = \frac{1}{\|\mathbf{u}\|}\mathbf{u}$를 이용합니다. 여기서 $\hat{\mathbf{u}}$은 정규(단위)벡터이고 $\|\mathbf{u}\|$는 $\mathbf{u}$의 노름(크기)입니다.

고유벡터 u의 크기 $\|\mathbf{u}\|$는 어떻게 되나요?

피타고라스 정리에 의해 $\|\mathbf{u}\|^2 = \mathbf{u}\cdot\mathbf{u} = \begin{pmatrix}1\\2\end{pmatrix}\cdot\begin{pmatrix}1\\2\end{pmatrix} = 1^2+2^2 = 5$이므로, 이 식에 제곱근을 취하면 $\|\mathbf{u}\| = \sqrt{5}$입니다. 따라서 정규화된 고유벡터는 $\hat{\mathbf{u}} = \frac{1}{\|\mathbf{u}\|}\mathbf{u} = \frac{1}{\sqrt{5}}\begin{pmatrix}1\\2\end{pmatrix}$입니다.

같은 방법으로 계산하면 다른 정규화된 고유벡터는 $\hat{\mathbf{v}} = \frac{1}{\|\mathbf{v}\|}\mathbf{v} = \frac{1}{\sqrt{5}}\begin{pmatrix}2\\-1\end{pmatrix}$입니다. $\hat{\mathbf{u}}$과 $\hat{\mathbf{v}}$은 단위 고유벡터입니다. 이는 두 벡터의 노름(크기)이 1이라는 의미입니다. $\mathbb{R}^2$에서 이 벡터들을 [그림 7-11]과 같이 나타낼 수 있습니다.

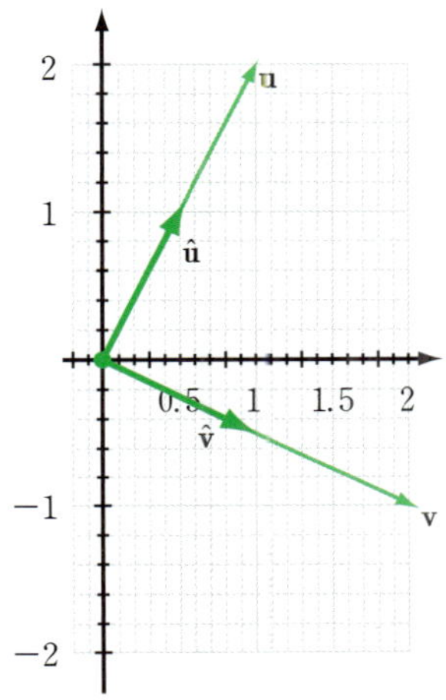

[그림 7-11] $\mathbb{R}^2$에서 단위 고유벡터 $\hat{\mathbf{u}}$과 $\hat{\mathbf{v}}$

두 벡터 $\hat{\mathbf{u}}$과 $\hat{\mathbf{v}}$은 $\mathbb{R}^2$의 정규직교기저를 이룹니다. [예제 7-23]에서 행렬 A를 대각화하는 행렬은 $\mathrm{P} = (\mathbf{u}\ \ \mathbf{v})$입니다. 그런데 $\hat{\mathbf{u}}$과 $\hat{\mathbf{v}}$은 [그림 7-11]과 같이 u와 v를 각각 정규화한 벡터(즉, 방향은 같지만 크기가 1인 벡터)이므로 행렬 $\mathrm{Q} = (\hat{\mathbf{u}}\ \ \hat{\mathbf{v}})$도 행렬 A를 대각화하는 행렬입니다.

예제 7-24 **[예제 7-23]에서 행렬 $\mathrm{Q} = (\hat{\mathbf{u}}\ \ \hat{\mathbf{v}})$이 행렬 A를 대각화함을 보이세요.**

풀이

행렬 Q는 무엇과 같나요?

$$\mathrm{Q} = (\hat{\mathbf{u}}\ \ \hat{\mathbf{v}}) = \left(\frac{1}{\sqrt{5}}\begin{pmatrix}1\\2\end{pmatrix}\ \ \frac{1}{\sqrt{5}}\begin{pmatrix}2\\-1\end{pmatrix}\right) \qquad \left[\hat{\mathbf{u}} = \frac{1}{\sqrt{5}}\begin{pmatrix}1\\2\end{pmatrix},\ \hat{\mathbf{v}} = \frac{1}{\sqrt{5}}\begin{pmatrix}2\\-1\end{pmatrix}\right]$$

$$= \frac{1}{\sqrt{5}}\begin{pmatrix}1 & 2\\2 & -1\end{pmatrix} = \frac{1}{\sqrt{5}}\mathrm{P} \qquad \left[\mathrm{P} = \begin{pmatrix}1 & 2\\2 & -1\end{pmatrix}\right]$$

행렬 Q가 행렬 A를 대각화함을 증명하려면 어떻게 해야 할까요? $\mathrm{Q}^{-1}\mathrm{A}\,\mathrm{Q} = \mathrm{D}$임을 확인해야 합니다(D는 대각행렬인 고윳값 행렬). $\mathbf{Q}=\frac{1}{\sqrt{5}}\mathbf{P}$이므로, 이 행렬의 역행렬은 다음과 같습니다.

$$\mathbf{Q}^{-1}=\left(\frac{1}{\sqrt{5}}\mathbf{P}\right)^{-1}=\left(\frac{1}{\sqrt{5}}\right)^{-1}\mathbf{P}^{-1}=\sqrt{5}\,\mathbf{P}^{-1}\qquad[(k\mathbf{A})^{-1}=k^{-1}\mathbf{A}^{-1}]$$

이를 $\mathbf{Q}^{-1}\mathbf{A}\mathbf{Q}$에 대입하면 다음과 같습니다.

$$\mathbf{Q}^{-1}\mathbf{A}\mathbf{Q}=(\sqrt{5}\mathbf{P}^{-1})\mathbf{A}\left(\frac{1}{\sqrt{5}}\mathbf{P}\right)\underbrace{=}_{\sqrt{5}\text{ 제거}}\mathbf{P}^{-1}\mathbf{A}\mathbf{P}\underbrace{=}_{[\text{예제 7-23}]}\mathbf{D}$$

따라서 $\mathbf{Q}^{-1}\mathbf{A}\mathbf{Q}=\mathbf{D}$이므로 행렬 $\mathbf{Q}$는 행렬 $\mathbf{A}$를 대각화합니다.

7.4.2 직교행렬

[예제 7-24]에서 $\mathbf{A}$를 대각화한 행렬 $\mathbf{Q}$는 직교행렬입니다.

? 직교행렬이 무엇인지 기억하나요?

4장의 [정의 4-5]에서 직교행렬을 다음과 같이 정의하였습니다.

정사각행렬 $\mathbf{Q}=(\mathbf{v}_1\ \mathbf{v}_2\ \cdots\ \mathbf{v}_n)$의 각 열 $\mathbf{v}_1, \mathbf{v}_2, \cdots, \mathbf{v}_n$이 정규직교벡터(서로 수직인 단위벡터)이면 $\mathbf{Q}$를 **직교행렬**(orthogonal matrix)이라고 합니다.

? 왜 [예제 7-24]에서 Q는 직교행렬일까요?

[그림 7-11]에서 나타낸 것과 같이 $\mathbf{Q}=(\hat{\mathbf{u}}\ \ \hat{\mathbf{v}})$의 열이 서로 직교하는 단위벡터인 $\hat{\mathbf{u}}$과 $\hat{\mathbf{v}}$이기 때문입니다.

주어진 행렬 $\mathbf{A}$를 대각화하기 위하여 직교행렬 $\mathbf{Q}$를 이용합니다. 대각화에서 중요하게 여기는 응용은 행렬의 거듭제곱을 구하는 것인데, 이는 이전 절에서 살펴보았으며 [정리 7-14]에서 $\mathbf{A}^m=\mathbf{P}\mathbf{D}^m\mathbf{P}^{-1}$로 정리했습니다. 또한 4장에는 [정리 4-13]에서 $\mathbf{Q}$가 직교행렬이면 $\mathbf{Q}^{-1}=\mathbf{Q}^{\mathrm{T}}$임을 배웠습니다. 여기서 대각화하는 행렬은 직교행렬 $\mathbf{Q}$이므로 다음과 같이 나타낼 수 있습니다.

$$\mathbf{A}^m=\mathbf{Q}\mathbf{D}^m\mathbf{Q}^{-1}=\mathbf{Q}\mathbf{D}^m\mathbf{Q}^{\mathrm{T}}\qquad[\text{직교행렬이므로 }\mathbf{Q}^{-1}=\mathbf{Q}^{\mathrm{T}}]$$

이 공식을 이용하면 지루한 방법으로 행렬 $\mathbf{Q}$의 역행렬을 구할 필요 없이 행렬 $\mathbf{Q}$의 전치행렬을 구하면 되므로 행렬의 거듭제곱을 계산하기가 훨씬 쉬워집니다. 이는 직교행렬을 사용하여 행렬을 대각화할 때 얻을 수 있는 큰 장점입니다.

$$\mathbf{A}^m=\mathbf{Q}\mathbf{D}^m\mathbf{Q}^{\mathrm{T}}\tag{7.3}$$

식 (7.3)에서 우변의 행렬인 $\mathbf{Q}$, $\mathbf{D}^m$, $\mathbf{Q}^\mathrm{T}$를 구하는 것은 간단합니다.

예제 7-25 **[예제 7-23]에 주어진 행렬 $\mathbf{A}$에 대하여 $\mathbf{A}^6$을 구해보세요.**

풀이

$\mathbf{A}^6$을 구하려면 $m=6$일 때 식 $\mathbf{A}^m = \mathbf{Q}\mathbf{D}^m\mathbf{Q}^\mathrm{T}$를 이용합니다.

$$\mathbf{A}^6 = \mathbf{Q}\mathbf{D}^6\mathbf{Q}^\mathrm{T} \tag{*}$$

[예제 7-23]과 [예제 7-24]에 의하여 다음과 같이 나타낼 수 있습니다.

$$\mathbf{D}=\begin{pmatrix}5 & 0\\ 0 & -5\end{pmatrix},\ \mathbf{Q}=\frac{1}{\sqrt{5}}\begin{pmatrix}1 & 2\\ 2 & -1\end{pmatrix},\ \mathbf{Q}^\mathrm{T}=\frac{1}{\sqrt{5}}\begin{pmatrix}1 & 2\\ 2 & -1\end{pmatrix}=\mathbf{Q}$$

이를 식 (*)에 대입하면 다음과 같습니다.

$$\begin{aligned}\mathbf{A}^6 = \mathbf{Q}\mathbf{D}^6\mathbf{Q}^\mathrm{T} &= \frac{1}{\sqrt{5}}\begin{pmatrix}1 & 2\\ 2 & -1\end{pmatrix}\begin{pmatrix}5 & 0\\ 0 & -5\end{pmatrix}^6\frac{1}{\sqrt{5}}\begin{pmatrix}1 & 2\\ 2 & -1\end{pmatrix}\\ &= \left(\frac{1}{\sqrt{5}}\right)^2\begin{pmatrix}1 & 2\\ 2 & -1\end{pmatrix}\begin{pmatrix}5^6 & 0\\ 0 & (-5)^6\end{pmatrix}\begin{pmatrix}1 & 2\\ 2 & -1\end{pmatrix}\\ &= \frac{5^6}{5}\begin{pmatrix}1 & 2\\ 2 & -1\end{pmatrix}\begin{pmatrix}1 & 0\\ 0 & 1\end{pmatrix}\begin{pmatrix}1 & 2\\ 2 & -1\end{pmatrix} \qquad [(-5)^6=5^6]\\ &= 5^5\begin{pmatrix}1 & 2\\ 2 & -1\end{pmatrix}\begin{pmatrix}1 & 2\\ 2 & -1\end{pmatrix}=5^5\begin{pmatrix}5 & 0\\ 0 & 5\end{pmatrix}=5^6\begin{pmatrix}1 & 0\\ 0 & 1\end{pmatrix}=5^6\mathbf{I}\end{aligned}$$

7.4.3 대칭행렬의 성질

정리 7-15 모든 성분이 실수인 대칭행렬의 고윳값

$\mathbf{A}$가 모든 성분이 실수인 대칭행렬이면 $\mathbf{A}$의 모든 고윳값은 실수입니다.

증명

우리가 다루지 않는 복소수를 이용해야 하므로 이 증명은 생략합니다. ■

정리 7-16 대칭행렬의 서로 다른 고윳값에 대한 고유벡터

$\mathbf{A}$가 대칭행렬일 때 λ_1과 λ_2가 행렬 $\mathbf{A}$의 서로 다른 고윳값이면, 이에 대응하는 각 고유벡터 $\mathbf{u}$와 $\mathbf{v}$는 직교합니다.

? 이 결과를 어떻게 증명할 수 있을까요?

2장의 내적에 대한 다음 결과를 이용합니다.

$$\mathbf{u} \cdot \mathbf{v} = \mathbf{u}^T\mathbf{v}\text{이므로 } \mathbf{u} \cdot \mathbf{v} = \mathbf{u}^T\mathbf{v} = 0\text{임을 보입니다.}$$

증명

$\mathbf{u}$와 $\mathbf{v}$가 각각 서로 다른 고윳값 λ_1과 λ_2에 대응하는 고유벡터라 합시다.

? 무엇을 증명해야 할까요?

두 고유벡터가 직교함을 증명해야 하는데, 이는 $\mathbf{u} \cdot \mathbf{v} = 0$을 보여야 함을 의미합니다. $\mathbf{u}$와 $\mathbf{v}$가 각각 서로 다른 고윳값 λ_1과 λ_2에 대응하는 고유벡터이므로, 행렬 $\mathbf{A}$는 λ_1과 λ_2를 이에 대응하는 고유벡터에 각각 스칼라곱합니다. 즉, 다음과 같습니다.

$$\mathbf{A}\mathbf{u} = \lambda_1\mathbf{u}, \quad \mathbf{A}\mathbf{v} = \lambda_2\mathbf{v} \qquad (*)$$

$\lambda_1\mathbf{u} = \mathbf{A}\mathbf{u}$의 양변을 전치하면 다음과 같습니다.

$$\begin{aligned} (\lambda_1\mathbf{u})^T &= (\mathbf{A}\mathbf{u})^T \\ \lambda_1\mathbf{u}^T &= \mathbf{u}^T\mathbf{A}^T && \text{[[정리 1-4]의 (b) } (k\mathbf{C})^T = k\mathbf{C}^T\text{, (d) } (\mathbf{AB})^T = \mathbf{B}^T\mathbf{A}^T] \\ &= \mathbf{u}^T\mathbf{A} && [\mathbf{A}\text{는 대칭행렬이므로 } \mathbf{A}^T = \mathbf{A}] \end{aligned}$$

마지막 줄 $\lambda_1\mathbf{u}^T = \mathbf{u}^T\mathbf{A}$에서 고유벡터 $\mathbf{v}$를 양변 오른쪽에 곱합니다.

$$\begin{aligned} \lambda_1\mathbf{u}^T\mathbf{v} &= \mathbf{u}^T\mathbf{A}\mathbf{v} \\ &= \mathbf{u}^T\lambda_2\mathbf{v} && [\text{식 } (*)] \\ \lambda_1\mathbf{u}^T\mathbf{v} - \lambda_2\mathbf{u}^T\mathbf{v} &= 0 \\ (\lambda_1 - \lambda_2)\mathbf{u}^T\mathbf{v} &= 0 && [\text{인수분해}] \end{aligned}$$

λ_1과 λ_2는 서로 다른 고윳값이므로 $\lambda_1 - \lambda_2 \neq 0$입니다. 그러면 $\mathbf{u}^T\mathbf{v} = 0$이고, 이는 $\mathbf{u} \cdot \mathbf{v} = 0$임을 의미합니다. 고유벡터 $\mathbf{u}$와 $\mathbf{v}$의 내적이 0이므로, 두 고유벡터는 직교합니다. ■

[정리 7-16]을 다음과 같이 서로 다른 n개의 고윳값으로 확장할 수 있습니다.

> **정리 7-17 대칭행렬의 서로 다른 고윳값에 대한 고유벡터**
>
> 대칭행렬 $\mathbf{A}$가 서로 다른 고윳값 $\lambda_1, \lambda_2, \cdots, \lambda_n$을 갖고, 이에 대응하는 고유벡터가 $\mathbf{v}_1, \mathbf{v}_2, \cdots, \mathbf{v}_n$이라 하면 이 고유벡터는 서로 직교합니다.

증명

7.4절 [연습문제 10]에서 증명합니다. ■

다음으로 살펴볼 두 예제는 [정리 7-17]을 응용한 것입니다.

예제 7-26 **행렬 $A = \begin{pmatrix} 1 & 2 & 1 \\ 2 & 1 & 1 \\ 1 & 1 & 2 \end{pmatrix}$의 고유벡터가 서로 직교함을 보이세요.**

풀이

여기까지 왔다면 주어진 행렬의 고윳값과 고유벡터를 구할 수 있어야 합니다. 특성방정식 $p(\lambda)=0$이 다음과 같음을 확인해보세요.

$$p(\lambda) = \lambda^3 - 4\lambda^2 - \lambda + 4 = 0$$

$$(\lambda+1)(\lambda-1)(\lambda-4) = 0 \quad \Rightarrow \quad \lambda_1 = -1,\ \lambda_2 = 1,\ \lambda_3 = 4$$

$\mathbf{u}$, $\mathbf{v}$, $\mathbf{w}$가 각각 $\lambda_1 = -1$, $\lambda_2 = 1$, $\lambda_3 = 4$에 대응하는 고유벡터라 하면 $\mathbf{u}$, $\mathbf{v}$, $\mathbf{w}$는 다음과 같습니다. (확인해보세요.)

$$\mathbf{u} = \begin{pmatrix} 1 \\ -1 \\ 0 \end{pmatrix},\ \mathbf{v} = \begin{pmatrix} 1 \\ 1 \\ -2 \end{pmatrix},\ \mathbf{w} = \begin{pmatrix} 1 \\ 1 \\ 1 \end{pmatrix}$$

고유벡터 $\mathbf{u}$, $\mathbf{v}$, $\mathbf{w}$가 서로 직교함을 어떻게 확인해야 할까요? 내적이 0임을 확인해야 합니다. 즉, $\mathbf{u} \cdot \mathbf{v} = 0$, $\mathbf{u} \cdot \mathbf{w} = 0$, $\mathbf{v} \cdot \mathbf{w} = 0$을 확인합니다.

$$\mathbf{u} \cdot \mathbf{v} = \begin{pmatrix} 1 \\ -1 \\ 0 \end{pmatrix} \cdot \begin{pmatrix} 1 \\ 1 \\ -2 \end{pmatrix} = (1 \times 1) + \{(-1) \times 1\} + \{0 \times (-2)\} = 0$$

$$\mathbf{u} \cdot \mathbf{w} = \begin{pmatrix} 1 \\ -1 \\ 0 \end{pmatrix} \cdot \begin{pmatrix} 1 \\ 1 \\ 1 \end{pmatrix} = 0$$

$$\mathbf{v} \cdot \mathbf{w} = \begin{pmatrix} 1 \\ 1 \\ -2 \end{pmatrix} \cdot \begin{pmatrix} 1 \\ 1 \\ 1 \end{pmatrix} = 0$$

따라서 고유벡터 $\mathbf{u}$, $\mathbf{v}$, $\mathbf{w}$는 서로 직교합니다.

예제 7-27 행렬 $\mathbf{A}=\begin{pmatrix} 2 & 2 & -2 \\ 2 & -1 & 4 \\ -2 & 4 & -1 \end{pmatrix}$의 서로 다른 고윳값에 대응하는 고유벡터가 서로 직교함을 보이세요.

풀이

행렬식을 계산하면 특성방정식 $p(\lambda)=0$이 다음과 같음을 알 수 있습니다.

$$p(\lambda)=\lambda^3-27\lambda+54=0$$
$$(\lambda-3)^2(\lambda+6)=0 \quad \Rightarrow \quad \lambda_1=3,\ \lambda_2=3,\ \lambda_3=-6$$

$\mathbf{u}$, $\mathbf{v}$가 각각 $\lambda_1=3$, $\lambda_2=3$에 대응하는 고유벡터이고, $\mathbf{w}$가 $\lambda_3=-6$에 대응하는 고유벡터라 하면 다음 결과를 확인할 수 있습니다.

$\left\{\mathbf{u}=\begin{pmatrix}2\\1\\0\end{pmatrix}, \mathbf{v}=\begin{pmatrix}-2\\0\\1\end{pmatrix}\right\}$은 동일한 고윳값 $\lambda_1=3$, $\lambda_2=3$에 대응하는 고유벡터이고, $\mathbf{w}=\begin{pmatrix}-1\\2\\-2\end{pmatrix}$는 $\lambda_3=-6$에 대응하는 고유벡터입니다.

고유벡터 $\mathbf{u}$, $\mathbf{v}$, $\mathbf{w}$가 서로 직교함을 확인해야 합니다. (즉, 내적이 0임을 확인합니다.)

$$\mathbf{u}\cdot\mathbf{w}=\begin{pmatrix}2\\1\\0\end{pmatrix}\cdot\begin{pmatrix}-1\\2\\-2\end{pmatrix}=0,\quad \mathbf{v}\cdot\mathbf{w}=\begin{pmatrix}-2\\0\\1\end{pmatrix}\cdot\begin{pmatrix}-1\\2\\-2\end{pmatrix}=0$$

동일한 고윳값 $\lambda_1=3$, $\lambda_2=3$에 대응하는 고유벡터 $\mathbf{u}$, $\mathbf{v}$는 서로 직교할 필요가 없습니다. 사실 $\mathbf{u}\cdot\mathbf{v}$를 계산한 결과는 다음과 같습니다.

$$\mathbf{u}\cdot\mathbf{v}=\begin{pmatrix}2\\1\\0\end{pmatrix}\cdot\begin{pmatrix}-2\\0\\1\end{pmatrix}=\{2\times(-2)\}+(1\times0)+(0\times1)=-4 \qquad (\dagger)$$

$\mathbf{u}\cdot\mathbf{v}=-4\neq0$이므로 동일한 고윳값 $\lambda_1=3$, $\lambda_2=3$에 대응하는 고유벡터 $\mathbf{u}$, $\mathbf{v}$는 직교하지 않습니다.

7.4.4 직교대각화(orthogonal diagonalization)

정의 7-4 직교대각화 가능

다음을 만족하는 직교행렬 $\mathbf{Q}$가 존재하면 행렬 $\mathbf{A}$는 **직교대각화 가능**(orthogonally diagonalizable)합니다.

$$\mathbf{Q}^{-1}\mathbf{A}\mathbf{Q}=\mathbf{Q}^{\mathrm{T}}\mathbf{A}\mathbf{Q}=\mathbf{D}\quad(\mathbf{D}\text{는 대각행렬})$$

고유벡터 행렬 $\mathbf{Q}$는 $\mathbf{A}$의 고유벡터를 포함하고, 고윳값 행렬 $\mathbf{D}$는 $\mathbf{A}$의 고윳값을 포함합니다. [예제 7-23]과 [예제 7-24]에서 행렬 $\mathbf{A}=\begin{pmatrix}-3 & 4\\ 4 & 3\end{pmatrix}$은 $\mathbf{Q}=\frac{1}{\sqrt{5}}\begin{pmatrix}1 & 2\\ 2 & -1\end{pmatrix}$에 대하여 $\mathbf{Q}^{-1}\mathbf{A}\mathbf{Q}=\begin{pmatrix}5 & 0\\ 0 & -5\end{pmatrix}$가 되어 대각행렬이므로 직교대각화 가능합니다.

정리 7-18 직교대각화와 대칭행렬

정사각행렬 A가 직교대각화 가능하면 A는 대칭행렬입니다.

? 이 결과를 어떻게 증명할 수 있을까요?

A가 직교대각화 가능하다고 가정하고, A가 대칭행렬임을 유도합니다. 즉, $A^T = A$임을 보여야 합니다.

? 왜 이렇게 해야 할까요?

$A^T = A$는 행렬 A가 대칭행렬임을 의미하기 때문입니다.

증명

행렬 A가 직교대각화 가능하다고 가정합시다. 이는 $Q^{-1}AQ = D$ (D는 대각행렬)를 만족하는 직교행렬 Q가 존재한다는 의미입니다. $Q^{-1}AQ = D$의 왼쪽에 Q, 오른쪽에 Q^{-1}를 곱하면 다음과 같습니다.

$$A = QDQ^{-1} \qquad (\dagger)$$

양변을 전치하면 다음과 같습니다.

$$\begin{aligned} A^T &= (QDQ^{-1})^T = (Q^{-1})^T D^T Q^T & [(ABC)^T = C^T B^T A^T] \\ &= (Q^T)^{-1} D Q^T & [(A^{-1})^T = (A^T)^{-1},\ D^T = D] \\ &= (Q^{-1})^{-1} D Q^{-1} & [Q\text{가 직교행렬이므로, } Q^T = Q^{-1}] \\ &= QDQ^{-1} & [(Q^{-1})^{-1} = Q] \end{aligned}$$

그러므로 $A^T = QDQ^{-1}$입니다.

? 결과를 통해 무엇을 알 수 있나요?

식 $(\dagger)$에 의하여 QDQ^{-1}와 행렬 A가 같음을 알 수 있습니다. 즉, 다음이 성립합니다.

$$A^T = QDQ^{-1} = A \quad \Rightarrow \quad A^T = A$$

따라서 $A^T = A$이므로 A는 대칭행렬입니다. ■

다음으로 [정리 7-18]의 역도 사실임을 증명해보겠습니다.

? [정리 7-18]의 역은 무엇을 의미하나요?

A가 대칭행렬이면 A는 직교대각화 가능함을 의미합니다. 이는 대칭행렬과 같이 직교대각화 가능한 행렬 유형이 적어도 하나 이상 있음을 의미합니다.

정리 7-19 대칭행렬의 고유벡터

$\mathbf{A}$가 모든 성분이 실수인 대칭행렬이고 중복도 m인 고윳값 λ를 가지면, λ에 대하여 m개의 일차독립인 고유벡터가 존재합니다.

증명

웹 사이트 http://www.oup.co.uk/companion/singh에서 확인합니다. ■

정리 7-20 대칭행렬과 직교대각화

$n \times n$ 행렬 $\mathbf{A}$가 대칭행렬이면 $\mathbf{A}$는 직교대각화 가능합니다.

이는 어떻게 증명할 수 있을까요?

다음과 같이 두 가지 경우로 나누어 증명해야 합니다.

(i) $\mathbf{A}$가 서로 다른 고윳값을 갖는 경우

(ii) $\mathbf{A}$가 서로 다른 고윳값을 갖지 않는 경우

증명

(i) $\mathbf{A}$가 서로 다른 고윳값을 갖는 경우

대칭행렬 $\mathbf{A}$가 서로 다른 고윳값 λ_1, λ_2, $\cdots$, λ_n을 갖는다고 합시다. 그러면 [정리 7-17]에 의하여 서로 다른 고윳값에 대응하는 서로 다른 고유벡터 $\mathbf{v}_1$, $\mathbf{v}_2$, $\cdots$, $\mathbf{v}_n$이 각각 존재하고 이 고유벡터는 서로 직교합니다. 고유벡터가 서로 직교하므로 일차독립이고, 따라서 n개의 일차독립인 고유벡터가 존재합니다. 따라서 [정리 7-11]에 의하여 $n \times n$ 행렬 $\mathbf{A}$는 대각화 가능합니다. 행렬 $\mathbf{Q} = (\hat{\mathbf{v}}_1 \ \hat{\mathbf{v}}_2 \ \cdots \ \hat{\mathbf{v}}_n)$에서 $\mathbf{Q}$의 열은 정규직교벡터인데, 이는 $\mathbf{Q}$가 직교행렬임을 의미합니다. 따라서 $\mathbf{Q}^{-1}\mathbf{A}\mathbf{Q} = \mathbf{D}$이고, 행렬 $\mathbf{A}$는 직교대각화 가능합니다.

(ii) $\mathbf{A}$가 서로 다른 고윳값을 갖지 않는 경우

대칭행렬 $\mathbf{A}$가 중복도 $m(>1)$인 고윳값을 갖는다고 합시다. [정리 7-19]에 의하여 λ에 대하여 일차독립인 고유벡터 $\mathbf{u}_1$, $\mathbf{u}_2$, $\cdots$, $\mathbf{u}_m$이 존재합니다. 그러면 그람-슈미트 과정에 의하여 m개의 벡터를 고유공간 E_λ의 정규직교기저로 변환할 수 있습니다.

중복도가 1보다 큰 $\mathbf{A}$의 고윳값에 대응하는 다른 고유벡터에 대해서도 동일한 과정을 반복할 수 있습니다. 나머지 고윳값이 모두 다르기에 고유벡터는 서로 직교합니다. 따라서 모든 벡터는 서로 직교합니다. 이제 (i)에서 설명한 절차를 반복하여, 행렬 $\mathbf{A}$가 직교대각화 가능하다는 결론을 내릴 수 있습니다. ■

[정리 7-18]과 [정리 7-20]을 결합하면 어떤 결론을 내릴 수 있을까요?

A가 직교대각화 가능하면 A는 대칭행렬이고, 그 역도 성립합니다. 즉, A가 대칭행렬이면 A는 직교대각화 가능합니다. 이 중요한 결과를 **스펙트럼 정리**(spectral theorem)라고 합니다.

> **정리 7-21 스펙트럼 정리**
> 행렬 A는 직교대각화 가능합니다. $\Leftrightarrow$ A는 대칭행렬입니다.

증명

[정리 7-18]과 [정리 7-20]에 의해 증명되었습니다. ■

이 정리는 대칭행렬은 직교대각화할 수 있음을 의미합니다. 이는 실수 성분을 갖는 행렬에 대한 스펙트럼 정리입니다.

예제 7-28 행렬 $A=\begin{pmatrix}3 & 2\\ 2 & 0\end{pmatrix}$을 직교대각화하는 직교행렬 Q를 구해보세요.

풀이

행렬 A는 대칭행렬이므로 A를 대각화하는 직교행렬 Q를 구할 수 있습니다. 특성방정식이 다음과 같음을 확인해보세요.

$$\begin{aligned}\lambda^2-3\lambda-4=0 &\Rightarrow (\lambda+1)(\lambda-4)=0\\ &\Rightarrow \lambda_1=-1,\ \lambda_2=4\end{aligned}$$

$\mathbf{u}$와 $\mathbf{v}$가 각각 $\lambda_1=-1$과 $\lambda_2=4$에 대응하는 고유벡터라 하면 다음과 같습니다. (확인해보세요.)

$$\mathbf{u}=\begin{pmatrix}1\\-2\end{pmatrix},\quad \mathbf{v}=\begin{pmatrix}2\\1\end{pmatrix}$$

주어진 행렬 A는 대칭행렬이고 서로 다른 고윳값을 가지므로, $\mathbf{u}$와 $\mathbf{v}$는 직교합니다(즉, $\mathbf{u}\cdot\mathbf{v}=0$). 문제는 직교행렬 Q를 구하는 것입니다. 직교행렬이란 무엇인가요? 각 열이 정규직교집합을 이루는 정사각행렬입니다.

정규직교집합이란 무엇인가요? 직교하면서 정규인 집합입니다. 고유벡터 $\mathbf{u}$와 $\mathbf{v}$는 직교하지만 정규성을 갖지 않으므로 정규화해야 합니다. 즉, 노름(크기)이 1이 되도록 만들어야 합니다. 그럼 어떻게 해야 할까요? 고유벡터의 노름(크기)으로 나누어야 합니다. 이 경우에는 다음 결과에 따라 모두 $\sqrt{5}$로 나누어야 합니다.

$$\|\mathbf{u}\|=\sqrt{1^2+(-2)^2}=\sqrt{5},\quad \|\mathbf{v}\|=\sqrt{1^2+2^2}=\sqrt{5}$$

두 벡터를 정규화하면 다음과 같습니다.

$$\hat{\mathbf{u}} = \frac{1}{\|\mathbf{u}\|}\mathbf{u} = \frac{1}{\sqrt{5}}\begin{pmatrix} 1 \\ -2 \end{pmatrix},\ \ \hat{\mathbf{v}} = \frac{1}{\|\mathbf{v}\|}\mathbf{v} = \frac{1}{\sqrt{5}}\begin{pmatrix} 2 \\ 1 \end{pmatrix}$$

따라서 직교행렬 $\mathbf{Q}$는 다음과 같습니다.

$$\mathbf{Q} = (\hat{\mathbf{u}}\ \ \hat{\mathbf{v}}) = \frac{1}{\sqrt{5}}\begin{pmatrix} 1 & 2 \\ -2 & 1 \end{pmatrix}$$

$\mathbf{Q}$는 직교행렬이므로 $\mathbf{Q}^{-1} = \mathbf{Q}^{\mathrm{T}}$입니다. $\mathbf{Q}^{\mathrm{T}}\mathbf{A}\mathbf{Q} = \mathbf{D}$ 또는 $\mathbf{QD} = \mathbf{AQ}$임을 확인해보세요. ($\mathbf{D}$는 주대각 성분이 고윳값인 대각행렬입니다.)

$$\mathbf{Q}^{\mathrm{T}}\mathbf{A}\mathbf{Q} = \mathbf{D} = \begin{pmatrix} -1 & 0 \\ 0 & 4 \end{pmatrix} \quad [-1\text{과 }4\text{는 주어진 행렬 }\mathbf{A}\text{의 고윳값}]$$

7.4.5 직교대각화 절차

주어진 행렬을 대각화하는 직교행렬을 찾는 과정을 정리해봅시다. 대칭행렬 $\mathbf{A}$의 직교대각화 절차(procedure for orthogonal diagonalization)는 다음과 같습니다.

[1단계] $\mathbf{A}$의 고윳값을 구합니다.

[2단계] 고윳값에 대응하는 고유벡터를 구합니다.

[3단계] 고윳값 중 중복된 것이 있으면 고윳값에 대응하는 고유벡터가 직교하는지 확인합니다. 만약 직교하지 않는다면 4장에서 살펴본 그람-슈미트 과정을 이용하여 직교집합으로 만듭니다.

[4단계] 모든 고유벡터를 정규화합니다.

[5단계] 각 열이 정규직교 고유벡터인 직교집합 $\mathbf{Q}$를 구성합니다.

[6단계] $\mathbf{QD} = \mathbf{AQ}$임을 확인합니다. ($\mathbf{D}$는 대각행렬이고, 주대각 성분은 모두 $\mathbf{A}$의 고윳값입니다.)

예제 7-29 $\mathbf{A} = \begin{pmatrix} 2 & 2 & -2 \\ 2 & -1 & 4 \\ -2 & 4 & -1 \end{pmatrix}$**을 대각화하는 직교행렬 $\mathbf{Q}$를 구해보세요.**

풀이

[1단계], [2단계] 이 행렬은 [예제 7-27]에 주어진 행렬과 동일한 행렬입니다. $\left\{\mathbf{u} = \begin{pmatrix} 2 \\ 1 \\ 0 \end{pmatrix}, \mathbf{v} = \begin{pmatrix} -2 \\ 0 \\ 1 \end{pmatrix}\right\}$은 $\lambda_{1,2} = 3$에 대응하고, $\mathbf{w} = \begin{pmatrix} -1 \\ 2 \\ -2 \end{pmatrix}$는 $\lambda_3 = -6$에 대응하는 고유벡터입니다.

[3단계] 중복된 고윳값 $\lambda_{1,2} = 3$에 대응하는 고유벡터 $\mathbf{u}$와 $\mathbf{v}$가 직교하는지 확인해야 합니다. [예제 7-27]에서 $\mathbf{u} \cdot \mathbf{v} = -4$임을 보였습니다. 즉, 고유벡터 $\mathbf{u}$와 $\mathbf{v}$는 직교하지 않습니다. $\mathbf{u}$와 $\mathbf{v}$를 직교하는 벡터로 변환

해야 하는데, 이를 각각 $\mathbf{q}_1$, $\mathbf{q}_2$라 합시다. 어떻게 $\mathbf{u}$와 $\mathbf{v}$를 직교하는 벡터 $\mathbf{q}_1$, $\mathbf{q}_2$로 변환할 수 있을까요? 다음과 같은 [정리 4-10]의 그람-슈미트 과정을 이용합니다.

$$\mathbf{q}_1 = \mathbf{u}, \qquad \mathbf{q}_2 = \mathbf{v} - \frac{\mathbf{v} \cdot \mathbf{q}_1}{\| \mathbf{q}_1 \|^2} \mathbf{q}_1 \qquad (*)$$

$\mathbf{q}_1$과 $\mathbf{q}_2$를 어떻게 구할까요? $\mathbf{u}$와 $\mathbf{v}$를 대입하고 $\mathbf{v} \cdot \mathbf{q}_1$과 $\| \mathbf{q}_1 \|^2$을 계산합니다.

$$\mathbf{q}_1 = \mathbf{u} = \begin{pmatrix} 2 \\ 1 \\ 0 \end{pmatrix}, \ \mathbf{v} \cdot \mathbf{q}_1 = \mathbf{v} \cdot \mathbf{u} = \mathbf{u} \cdot \mathbf{v} = -4$$

$$\| \mathbf{q}_1 \|^2 = \left\| \begin{pmatrix} 2 \\ 1 \\ 0 \end{pmatrix} \right\|^2 = \begin{pmatrix} 2 \\ 1 \\ 0 \end{pmatrix} \cdot \begin{pmatrix} 2 \\ 1 \\ 0 \end{pmatrix} = 2^2 + 1^2 + 0^2 = 5 \qquad (**)$$

$\mathbf{v} = \begin{pmatrix} -2 \\ 0 \\ 1 \end{pmatrix}$, $\mathbf{q}_1 = \begin{pmatrix} 2 \\ 1 \\ 0 \end{pmatrix}$, $\mathbf{v} \cdot \mathbf{q}_1 = -4$, $\| \mathbf{q}_1 \|^2 = 5$를 $\mathbf{q}_2 = \mathbf{v} - \dfrac{\mathbf{v} \cdot \mathbf{q}_1}{\| \mathbf{q}_1 \|^2} \mathbf{q}_1$에 대입하면 다음과 같습니다.

$$\begin{aligned} \mathbf{q}_2 = \mathbf{v} - \frac{\mathbf{v} \cdot \mathbf{q}_1}{\| \mathbf{q}_1 \|^2} \mathbf{q}_1 &= \begin{pmatrix} -2 \\ 0 \\ 1 \end{pmatrix} - \left(-\frac{4}{5} \right) \begin{pmatrix} 2 \\ 1 \\ 0 \end{pmatrix} \\ &= \begin{pmatrix} (-2) + \frac{8}{5} \\ 0 + \frac{4}{5} \\ 1 - 0 \end{pmatrix} = \begin{pmatrix} -\frac{2}{5} \\ \frac{4}{5} \\ 1 \end{pmatrix} = \frac{1}{5} \begin{pmatrix} -2 \\ 4 \\ 5 \end{pmatrix} = \mathbf{q}_2 \end{aligned}$$

따라서 $\mathbf{q}_1 = \begin{pmatrix} 2 \\ 1 \\ 0 \end{pmatrix}$, $\mathbf{q}_2 = \dfrac{1}{5} \begin{pmatrix} -2 \\ 4 \\ 5 \end{pmatrix}$, $\mathbf{w} = \begin{pmatrix} -1 \\ 2 \\ -2 \end{pmatrix}$이고, 이 벡터들은 서로 직교합니다.

[4단계] 다음으로 이 고유벡터를 벡터의 노름(크기)으로 나누어 정규화해야 합니다. 이미 식 (**)에서 $\| \mathbf{q}_1 \|^2 = 5$를 구하였고, 여기에 제곱근을 취하면 $\| \mathbf{q}_1 \| = \sqrt{5}$ 입니다. 벡터의 직교는 스칼라와 상관없으므로 분수(스칼라)를 무시할 수 있다는 사실을 기억합시다. 따라서 고유벡터 $\mathbf{q}_2$에 대하여 분수 $\dfrac{1}{5}$을 무시한 것을 $\mathbf{q}_2^*$라고 합시다.

$$\| \mathbf{q}_2^* \|^2 = \begin{pmatrix} -2 \\ 4 \\ 5 \end{pmatrix} \cdot \begin{pmatrix} -2 \\ 4 \\ 5 \end{pmatrix} = (-2)^2 + 4^2 + 5^2 = 45$$

위 식에 제곱근을 취하면 $\| \mathbf{q}_2^* \| = \sqrt{45} = 3\sqrt{5}$ 입니다. 같은 방법으로 다음과 같이 계산합니다.

$$\| \mathbf{w} \|^2 = \begin{pmatrix} -1 \\ 2 \\ -2 \end{pmatrix} \cdot \begin{pmatrix} -1 \\ 2 \\ -2 \end{pmatrix} = (-1)^2 + 2^2 - (-2)^2 = 9$$

여기에 제곱근을 취하면 $\| \mathbf{w} \| = 3$입니다.

정규화는 각 벡터를 그 노름으로 나누는 것이므로 다음과 같습니다.

$$\hat{\mathbf{q}}_1 = \frac{1}{\sqrt{5}}\begin{pmatrix}2\\1\\0\end{pmatrix},\ \hat{\mathbf{q}}_2^* = \frac{1}{3\sqrt{5}}\begin{pmatrix}-2\\4\\5\end{pmatrix},\ \hat{\mathbf{w}} = \frac{1}{3}\begin{pmatrix}-1\\2\\-2\end{pmatrix}$$

[5단계] 직교행렬 $\mathbf{Q}$는 무엇인가요?

$$\mathbf{Q} = (\hat{\mathbf{q}}_1\ \ \hat{\mathbf{q}}_2^*\ \ \hat{\mathbf{w}}) = \begin{pmatrix} \frac{2}{\sqrt{5}} & -\frac{2}{3\sqrt{5}} & -\frac{1}{3} \\ \frac{1}{\sqrt{5}} & \frac{4}{3\sqrt{5}} & \frac{2}{3} \\ 0 & \frac{5}{3\sqrt{5}} & -\frac{2}{3} \end{pmatrix}$$

[6단계] $\mathbf{QD} = \mathbf{AQ}$를 확인합시다. ($\mathbf{D}$는 대각행렬이고 주대각 성분이 모두 $\mathbf{A}$의 고윳값입니다.) 행렬 $\mathbf{D}$는 무엇인가요?

$$\mathbf{D} = \begin{pmatrix}3 & 0 & 0\\0 & 3 & 0\\0 & 0 & -6\end{pmatrix}$$

[주어진 행렬 $\mathbf{A}$의 고윳값은 $\lambda_1 = \lambda_2 = 3,\ \lambda_3 = -6$]

핵심요약

- [정의 7-4]

  일반적으로 다음을 만족하는 직교행렬 $\mathbf{Q}$가 존재하면 행렬 $\mathbf{A}$가 **직교대각화 가능**합니다.

  $$\mathbf{Q}^{-1}\mathbf{A}\mathbf{Q} = \mathbf{Q}^{\mathrm{T}}\mathbf{A}\mathbf{Q} = \mathbf{D}\ \ (\mathbf{D}\text{는 대각행렬})$$

- **[정리 7-21] 스펙트럼 정리**

  행렬 $\mathbf{A}$는 직교대각화 가능합니다. $\Leftrightarrow$ $\mathbf{A}$는 대칭행렬입니다.

7.4 연습문제

01 주어진 행렬을 대각화하는 직교행렬 $\mathbf{Q}$를 구해보세요. 또한 $\mathbf{Q}^{\mathrm{T}}\mathbf{A}\mathbf{Q} = \mathbf{D}$임을 확인해보세요. (단, $\mathbf{D}$는 대각행렬)

(a) $\mathbf{A} = \begin{pmatrix}1 & 0\\0 & 2\end{pmatrix}$ (b) $\mathbf{A} = \begin{pmatrix}1 & 1\\1 & 1\end{pmatrix}$

(c) $\mathbf{A} = \begin{pmatrix}2 & 1\\1 & 2\end{pmatrix}$ (d) $\mathbf{A} = \begin{pmatrix}5 & 12\\12 & -5\end{pmatrix}$

02 주어진 행렬을 대각화하는 직교행렬 $\mathbf{Q}$를 구해보세요. 또한 $\mathbf{Q}^{\mathrm{T}}\mathbf{A}\mathbf{Q} = \mathbf{D}$임을 확인해보세요. (단, $\mathbf{D}$는 대각행렬)

(a) $\mathbf{A} = \begin{pmatrix}9 & 3\\3 & 1\end{pmatrix}$ (b) $\mathbf{A} = \begin{pmatrix}3 & \sqrt{2}\\\sqrt{2} & 2\end{pmatrix}$

(c) $\mathbf{A} = \begin{pmatrix}-5 & \sqrt{3}\\\sqrt{3} & -3\end{pmatrix}$ (d) $\mathbf{A} = \begin{pmatrix}5 & \sqrt{12}\\\sqrt{12} & 1\end{pmatrix}$

03 주어진 행렬을 대각화하는 직교행렬 $\mathbf{Q}$를 구해보세요. MATLAB 등을 이용하여 $\mathbf{Q}^T\mathbf{A}\mathbf{Q}=\mathbf{D}$임을 확인해보세요. (단, $\mathbf{D}$는 대각행렬)

(a) $\mathbf{A}=\begin{pmatrix}1&0&0\\0&2&0\\0&0&3\end{pmatrix}$ (b) $\mathbf{A}=\begin{pmatrix}2&2&2\\2&2&2\\2&2&2\end{pmatrix}$

(c) $\mathbf{A}=\begin{pmatrix}0&0&0\\0&1&1\\0&1&1\end{pmatrix}$

04 주어진 행렬을 대각화하는 직교행렬 $\mathbf{Q}$를 구해보세요. MATLAB 등을 이용하여 $\mathbf{Q}^T\mathbf{A}\mathbf{Q}=\mathbf{D}$임을 확인해보세요. (단, $\mathbf{D}$는 대각행렬)

(a) $\mathbf{A}=\begin{pmatrix}1&2&2\\2&1&2\\2&2&1\end{pmatrix}$ (b) $\mathbf{A}=\begin{pmatrix}2&1&1\\1&2&1\\1&1&2\end{pmatrix}$

(c) $\mathbf{A}=\begin{pmatrix}-5&4&2\\4&-5&2\\2&2&-8\end{pmatrix}$

05 행렬 $\mathbf{A}=\begin{pmatrix}1&1\\1&1\end{pmatrix}$에 대하여 $\mathbf{A}^{10}=2^9\mathbf{A}$임을 보이고, $\mathbf{A}^m=2^{m-1}\mathbf{A}$임을 증명해보세요. (단, n은 양의 정수)

06 $\mathbf{A}$가 대각행렬이면 $\mathbf{A}$를 직교대각화하는 행렬이 $\mathbf{Q}=\mathbf{I}$임을 증명해보세요.

07 다음을 증명해보세요.

(a) 영행렬 $\mathbf{O}$는 직교대각화가 가능하다.

(b) 항등행렬 $\mathbf{I}$는 직교대각화가 가능하다.

08 $\mathbf{A}=\begin{pmatrix}a&b\\c&d\end{pmatrix}\neq\mathbf{O}$가 직교대각화 가능함을 증명하고, 행렬 $\mathbf{A}$를 직교대각화하는 직교행렬 $\mathbf{Q}$를 구해보세요.

힌트 이차방정식 $x^2+px+q=0$의 두 해가 a, b이면 $a+b=-p$입니다.

09 행렬 $\mathbf{A}$가 가역인 대칭행렬이라 합시다. 행렬 $\mathbf{Q}$가 행렬 $\mathbf{A}$를 직교대각화하면 $\mathbf{Q}$는 행렬 $\mathbf{A}^{-1}$를 대각화함을 보이세요.

10 [정리 7-17]을 증명해보세요.

7.5 특잇값 분해

학습목표

- 특잇값 분해(SVD)의 의미를 이해할 수 있습니다.
- 임의의 행렬을 3개의 행렬로 분해(triple factorization)할 수 있습니다.

특잇값 분해(SVD)는 행렬에서 중요한 분해 중 하나입니다. 특잇값 분해는 행렬을 직교행렬과 같은 유용한 행렬로 분해합니다. 이 방법은 모든 행렬에 적용할 수 있습니다. 정사각행렬 또는 대칭행렬일 필요도 없습니다.

행렬의 특잇값 분해는 행렬의 행공간과 열공간에 대한 직교기저(축)를 제공합니다. 행렬을 변환으로 생각하면, 특잇값 분해는 출발하는 벡터공간과 도착하는 벡터공간에 대한 직교기저(축)를 제공합니다([그림 7-12] 참고).

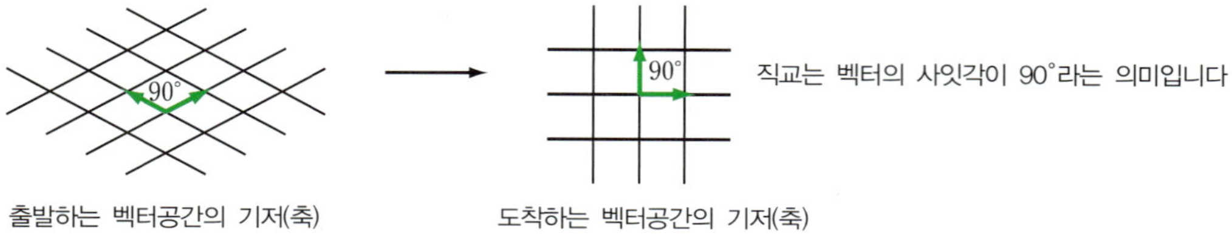

[그림 7-12] 벡터공간의 기저와 직교

2009년 8월에 나온 수학 주제에 관한 월간 에세이를 보면 데이비드 오스틴(David Austin)이 쓴 기사에 특잇값 분해를 매우 잘 적용한 사례가 있습니다.

온라인 영화 대여 서비스를 제공하는 다국적 기업인 넷플릭스는 현재 영화 추천 시스템의 정확성을 10% 개선할 수 있는 사람에게 100만 달러의 상금을 주겠다고 발표했습니다. 겉보기에는 별로 특별해 보이지 않는 이 문제가 놀랍게도 상당히 도전적인 것으로 밝혀졌으며, 이 문제와 관련된 그룹은 현재 꽤 정교한 기술을 사용하고 있습니다. 여기서 핵심은 특잇값 분해입니다.

먼저, 특잇값 분해의 기하학적 중요성을 살펴봅시다.

7.5.1 특잇값 분해(SVD)의 기하학적 해석

임의의 행렬 $\mathbf{A}$의 특잇값 분해를 찾기 위해서, $\mathbf{A}^T\mathbf{A}$가 대칭행렬이므로 행렬 $\mathbf{A}^T\mathbf{A}$를 사용하고 이 절의 뒷부분에서는 이를 증명하겠습니다. 대칭행렬은 직교대각화 가능함을 잊지 맙시다. 먼저, 행렬 $\mathbf{A}$의 특잇값을 정의하겠습니다.

정의 7-5 특잇값

$m \times n$ 행렬 $\mathbf{A}$에 대하여 $\mathbf{A}^T\mathbf{A}$의 고윳값을 $\lambda_1, \lambda_2, \cdots, \lambda_n$이라 하면 $\mathbf{A}$의 **특잇값**(singular value)은 $\sigma_1, \sigma_2, \cdots, \sigma_n$이고 다음과 같습니다.

$$\sigma_1 = \sqrt{\lambda_1}\,,\ \sigma_2 = \sqrt{\lambda_2}\,,\ \cdots,\ \sigma_n = \sqrt{\lambda_n} \qquad (\text{양의 제곱근})$$

예제 7-30 행렬 $\mathrm{A} = \begin{pmatrix} 2 & 1 \\ 1 & 2 \end{pmatrix}$에 대하여, $\mathrm{A}^T\mathrm{A}$의 고윳값과 고유벡터를 구해보세요.

풀이

주어진 행렬 $\mathbf{A}$가 대칭행렬이므로 $\mathbf{A}^T = \mathbf{A}$입니다. 즉, $\mathbf{A}^T\mathbf{A} = \mathbf{A}\mathbf{A} = \mathbf{A}^2$입니다. 7.4절 [연습문제 01(c)]에서 이 행렬 $\mathbf{A}$의 고윳값 t_1, t_2와 정규화된 고유벡터 $\mathbf{v}_1, \mathbf{v}_2$를 다음과 같이 구했습니다.

$$t_1 = 3,\ \mathbf{v}_1 = \frac{1}{\sqrt{2}}\begin{pmatrix}1\\1\end{pmatrix}\ ;\ t_2 = 1,\ \mathbf{v}_2 = \frac{1}{\sqrt{2}}\begin{pmatrix}1\\-1\end{pmatrix}$$

$\mathbf{A}^2$의 고윳값과 고유벡터는 무엇일까요? 다음 [정리 7-5(a)]를 활용합니다.

> **[정리 7-5(a)]**
>
> m이 자연수이면, λ^m은 동일한 고유벡터 $\mathbf{u}$를 갖는 행렬 $\mathbf{A}^m$의 그윳값입니다.

λ_1, λ_2가 $\mathbf{A}^2$의 고윳값이라면, 위 정리에 의해 다음이 성립합니다.

$$\lambda_1 = 3^2 = 9,\ \mathbf{v}_1 = \frac{1}{\sqrt{2}}\begin{pmatrix}1\\1\end{pmatrix}\ ;\ \lambda_2 = 1^2 = 1,\ \mathbf{v}_2 = \frac{1}{\sqrt{2}}\begin{pmatrix}1\\-1\end{pmatrix}$$

예제 7-31 **다음 물음에 답해보세요.**

(a) [예제 7-30]에 주어진 행렬 A의 특잇값 $\sigma_1 = \sqrt{\lambda_1}$, $\sigma_2 = \sqrt{\lambda_2}$를 구해보세요.

(b) 행렬 $\mathbf{A}^T\mathbf{A}$의 고윳값에 대응하는 정규화된 고유벡터가 $\mathbf{v}_1$, $\mathbf{v}_2$일 때, $\sigma_1\mathbf{u}_1 = \mathbf{A}\mathbf{v}_1$과 $\sigma_2\mathbf{u}_2 = \mathbf{A}\mathbf{v}_2$를 계산해 보세요.

풀이

(a) [예제 7-30]에서 $\mathbf{A}^2$의 고윳값 $\lambda_1 = 9$, $\lambda_2 = 1$을 구했습니다. 이 고윳값의 제곱근을 구해봅시다.

$$\sigma_1 = \sqrt{9} = 3,\ \sigma_2 = \sqrt{1} = 1 \quad (\text{양의 제곱근})$$

따라서 행렬 $\mathbf{A}$의 특잇값은 3과 1입니다. $\mathbf{A}$가 대칭행렬이므로, $\mathbf{A}$의 특잇값은 $\mathbf{A}$의 고윳값입니다. 만약 $\mathbf{A}$가 비대칭행렬이라면 성립하지 않습니다.

(b) $\mathbf{A} = \begin{pmatrix}2&1\\1&2\end{pmatrix}$, $\mathbf{v}_1 = \frac{1}{\sqrt{2}}\begin{pmatrix}1\\1\end{pmatrix}$, $\sigma_1 = 3$을 $\sigma_1\mathbf{u}_1 = \mathbf{A}\mathbf{v}_1$에 대입해봅시다.

$$3\mathbf{u}_1 = \mathbf{A}\mathbf{v}_1 = \begin{pmatrix}2&1\\1&2\end{pmatrix}\frac{1}{\sqrt{2}}\begin{pmatrix}1\\1\end{pmatrix} = \frac{1}{\sqrt{2}}\begin{pmatrix}3\\3\end{pmatrix}$$

마찬가지로 $\sigma_2\mathbf{u}_2 = \mathbf{A}\mathbf{v}_2$를 계산할 수 있습니다.

$$1\mathbf{u}_2 = \mathbf{A}\mathbf{v}_2 = \begin{pmatrix}2&1\\1&2\end{pmatrix}\frac{1}{\sqrt{2}}\begin{pmatrix}1\\-1\end{pmatrix} = \frac{1}{\sqrt{2}}\begin{pmatrix}1\\-1\end{pmatrix}$$

이를 통해 다음을 알 수 있습니다.

$$\mathbf{A}\mathbf{v}_1 = 3\mathbf{u}_1,\ \mathbf{A}\mathbf{v}_2 = \mathbf{u}_2$$

? 앞의 식은 무엇을 의미할까요?

$T(\mathbf{x}) = \mathbf{A}\mathbf{x}$로 주어진 변환 $T : \mathbb{R}^2 \to \mathbb{R}^2$는 벡터 $\mathbf{v}_1$을 벡터 $\mathbf{u}_1$의 3배이면서 방향이 같은 벡터로 변환한다는 의미입니다. 또한 벡터 $\mathbf{v}_2$는 행렬 $\mathbf{A}$ 아래에서 같은 벡터 $\mathbf{v}_2 = \mathbf{u}_2$로 변환된다는 의미입니다([그림 7-13] 참고).

[그림 7-13]에서 (a)의 단위원은 행렬 A 아래에서 (b)의 타원(ellipse)으로 변형됩니다. (a)에서 단위원은 각각 $\mathbf{u}_1$, $\mathbf{u}_2$ 방향으로 $\sigma_1 = 3$, $\sigma_2 = 1$만큼 늘어났습니다. $\sigma_1 = 3$, $\sigma_2 = 1$은 행렬 $\mathbf{A}$의 특잇값입니다. 또한 벡터 $\mathbf{u}_1$, $\mathbf{u}_2$는 직교(수직)하고, 정규화(길이가 1)되었습니다. 특잇값 분해에서 직교벡터는 직교벡터로 변환되는데, 바로 이 점 때문에 특잇값 분해를 가장 많이 활용합니다.

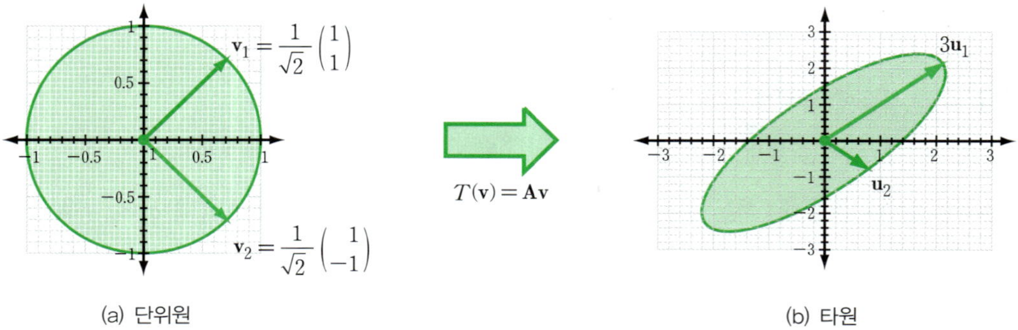

[그림 7-13] $T(\mathbf{x}) = \mathbf{A}\mathbf{x}$에 의한 변환

실제로 벡터 $\mathbf{u}_1$, $\mathbf{u}_2$는 도착하는 벡터공간 $\mathbb{R}^2$에서 정규직교기저(축)를 형성합니다. 마찬가지로 $\mathbf{v}_1$, $\mathbf{v}_2$는 출발하는 벡터공간 $\mathbb{R}^2$에서 정규직교기저(축)를 형성합니다. 고유벡터 $\mathbf{u}_1$과 $\mathbf{u}_2$는 반축(semi-axes)의 방향을 제공하고, 특잇값 σ_1, σ_2는 반축의 길이를 제공합니다.

? 반축이란 무엇일까요?

[그림 7-14]는 타원의 반축을 보여줍니다.

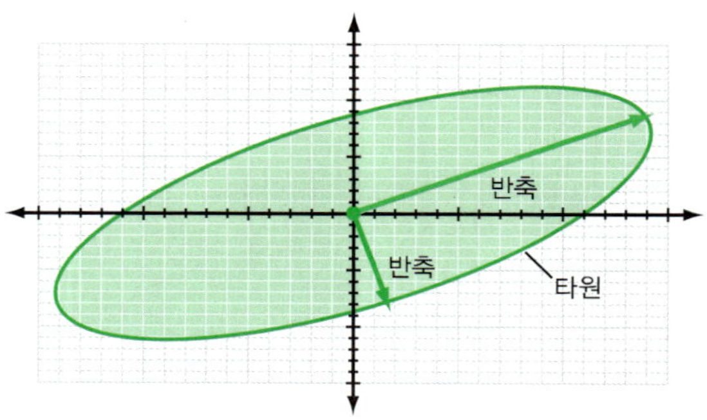

[그림 7-14] 타원의 반축

$\mathbf{Av}_1 = 3\mathbf{u}_1$, $\mathbf{Av}_2 = \mathbf{u}_2$를 다음과 같이 행렬 형태로 쓸 수 있습니다.

$$\mathbf{A}(\mathbf{v}_1\ \mathbf{v}_2) = (3\mathbf{u}_1\ \mathbf{u}_2) = (\mathbf{u}_1\ \mathbf{u}_2)\begin{pmatrix} 3 & 0 \\ 0 & 1 \end{pmatrix} \tag{*}$$

$\mathbf{V} = (\mathbf{v}_1\ \mathbf{v}_2)$, $\mathbf{U} = (\mathbf{u}_1\ \mathbf{u}_2)$, $\mathbf{D} = \begin{pmatrix} 3 & 0 \\ 0 & 1 \end{pmatrix}$이라 하면, 식 (*)는 다음과 같이 쓸 수 있습니다.

$$\mathbf{AV} = \mathbf{UD} \tag{†}$$

$\mathbf{V} = (\mathbf{v}_1\ \mathbf{v}_2)$, $\mathbf{U} = (\mathbf{u}_1\ \mathbf{u}_2)$가 [그림 7-13]에 나타낸 정규직교벡터 $\mathbf{v}_1$, $\mathbf{v}_2$, $\mathbf{u}_1$, $\mathbf{u}_2$를 포함하므로 행렬 $\mathbf{U}$와 $\mathbf{V}$는 직교합니다. 식 (†)의 우변에 $\mathbf{V}$의 역행렬 $\mathbf{V}^T$(직교행렬이므로 $\mathbf{V}^{-1} = \mathbf{V}^T$)를 곱해봅시다.

$$(\mathbf{AV})\mathbf{V}^T = \mathbf{A}\underbrace{(\mathbf{VV}^T)}_{=\mathbf{I}} = \mathbf{A} = \mathbf{UDV}^T$$

이처럼 행렬 $\mathbf{A} = \mathbf{UDV}^T$로 분해됩니다. 즉, 행렬 $\mathbf{A}$는 두 직교행렬 $\mathbf{U}$와 $\mathbf{V}^T$ 사이에 대각행렬 $\mathbf{D}$가 들어간 3개의 행렬로 분해됩니다. 이를 행렬 $\mathbf{A}$의 특잇값 분해(SVD)라고 합니다.

예제 7-32 [예제 7-30]의 행렬 $\mathbf{A} = \begin{pmatrix} 2 & 1 \\ 1 & 2 \end{pmatrix}$에 대하여 $\mathbf{A} = \mathbf{UDV}^T$임을 확인해보세요.

풀이

직교행렬 $\mathbf{U}$와 $\mathbf{V}^T$, 대각행렬 $\mathbf{D}$는 무엇인가요? [예제 7-31]에 따라 다음을 알 수 있습니다.

$$\mathbf{u}_1 = \frac{1}{3\sqrt{2}}\begin{pmatrix} 3 \\ 3 \end{pmatrix} = \frac{1}{\sqrt{2}}\begin{pmatrix} 1 \\ 1 \end{pmatrix},\ \mathbf{u}_2 = \frac{1}{\sqrt{2}}\begin{pmatrix} 1 \\ -1 \end{pmatrix}$$

$\mathbf{v}_1 = \frac{1}{\sqrt{2}}\begin{pmatrix} 1 \\ 1 \end{pmatrix}$, $\mathbf{v}_2 = \frac{1}{\sqrt{2}}\begin{pmatrix} 1 \\ -1 \end{pmatrix}$, $\sigma_1 = 3$, $\sigma_2 = 1$이므로, 다음과 같이 나타낼 수 있습니다.

$$\mathbf{U} = (\mathbf{u}_1\ \mathbf{u}_2) = \frac{1}{\sqrt{2}}\begin{pmatrix} 1 & 1 \\ 1 & -1 \end{pmatrix},\ \mathbf{D} = \begin{pmatrix} \sigma_1 & 0 \\ 0 & \sigma_2 \end{pmatrix} = \begin{pmatrix} 3 & 0 \\ 0 & 1 \end{pmatrix},\ \mathbf{V} = (\mathbf{v}_1\ \mathbf{v}_2) = \frac{1}{\sqrt{2}}\begin{pmatrix} 1 & 1 \\ 1 & -1 \end{pmatrix}$$

행렬 곱 $\mathbf{U} \times \mathbf{D} \times \mathbf{V}^T$를 계산해봅시다.

$$\begin{aligned}\mathbf{UDV}^T &= \frac{1}{\sqrt{2}}\begin{pmatrix} 1 & 1 \\ 1 & -1 \end{pmatrix}\begin{pmatrix} 3 & 0 \\ 0 & 1 \end{pmatrix}\frac{1}{\sqrt{2}}\begin{pmatrix} 1 & 1 \\ 1 & -1 \end{pmatrix} \\ &= \frac{1}{2}\begin{pmatrix} 3 & 1 \\ 3 & -1 \end{pmatrix}\begin{pmatrix} 1 & 1 \\ 1 & -1 \end{pmatrix} = \frac{1}{2}\begin{pmatrix} 4 & 2 \\ 2 & 4 \end{pmatrix} = \begin{pmatrix} 2 & 1 \\ 1 & 2 \end{pmatrix} = \mathbf{A}\end{aligned}$$

앞 절에서 제시한 직교대각화 $\mathbf{A} = \mathbf{QDQ}^T$와 유사하다는 점을 주목하세요. 주어진 행렬 $\mathbf{A}$가 대칭행렬이라면, $\mathbf{U} = \mathbf{Q}$, $\mathbf{D} = \mathbf{D}$, $\mathbf{Q}^T = \mathbf{V}^T$입니다.

? 앞 절에 제시한 직교대각화 기법을 간단히 적용할 수 있다면, 특잇값 분해에서 어떻게 사용할 수 있을까요?

사실, 특잇값 분해의 경우 정사각행렬 또는 대칭행렬일 필요가 없습니다. (단, 대칭행렬은 정사각행렬이어야 합니다. 행 개수와 열 개수가 같지 않으면 전치가 행렬 형태를 바꾸기 때문입니다.) 특잇값 분해는 모든 행렬에 적용할 수 있습니다.

7.5.2 특잇값 분해 소개

지금까지 대칭행렬만 분해해보았습니다. 이 절에서는 임의의 행렬의 분해로 확장해보겠습니다. $m \geq n$인 $m \times n$ 행렬 $\mathbf{A}$를 분해해보겠습니다. 편의를 위해 $m \geq n$인 경우를 선택했지만, 여기서 나온 결과는 $m < n$인 경우에도 참입니다. 즉, 이 결과로 임의의 행렬 $\mathbf{A}$를 분해할 수 있습니다.

> **정리 7-22 특잇값 분해 정리(singular value decomposition theorem)**
>
> 양수 특잇값 $\sigma_1 \geq \sigma_2 \geq \cdots \geq \sigma_k > 0 (k \leq n)$을 갖는 임의의 $m \times n$ 행렬 $\mathbf{A}$를 $\mathbf{UDV}^{\mathrm{T}}$로 분해(decompose)할 수 있습니다.
>
> $$\mathbf{A} = \mathbf{UDV}^{\mathrm{T}}$$
>
> 이때 $\mathbf{U}$는 $m \times m$ 직교행렬, $\mathbf{D}$는 $m \times n$ 행렬, $\mathbf{V}$는 $n \times n$ 직교행렬입니다. m(행)과 n(열)은 주어진 행렬 $\mathbf{A}$의 크기입니다.

[그림 7-15]를 살펴봅시다.

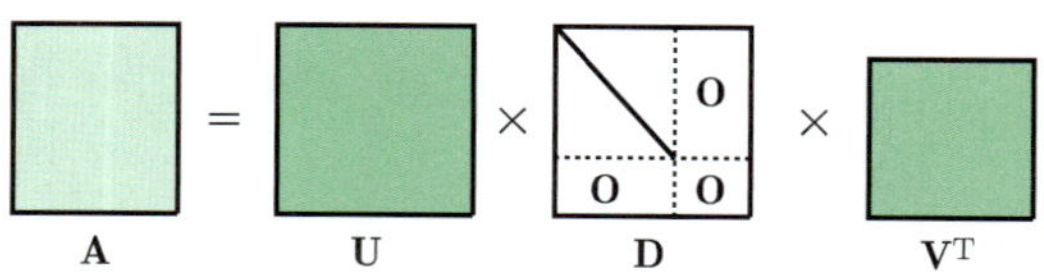

[그림 7-15] 특잇값 분해 $\mathbf{A} = \mathbf{UDV}^{\mathrm{T}}$

행렬 $\mathbf{D}$는 약간 특이한데, 대각행렬처럼 보입니다. 행렬 $\mathbf{D}$는 행렬 $\mathbf{A}$의 양수 특잇값 $\sigma_1 \geq \sigma_2 \geq \cdots \geq \sigma_k > 0$이 행렬 왼쪽 위의 모서리에서 시작하여 대각선으로 오른쪽 아래로 내려옵니다. 기호 $\mathbf{O}$는 적절한 크기의 영행렬을 나타냅니다. [그림 7-16]은 행렬 $\mathbf{D}$의 형태를 자세히 보여줍니다.

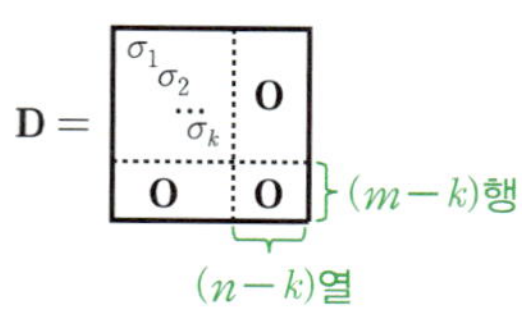

[그림 7-16] 특잇값 분해의 행렬 $\mathbf{D}$

[정리 7-22]에서 행렬의 크기에 주의해야 합니다.

주어진 행렬 A의 크기가 3×2라면, [정리 7-22]의 식에서 행렬 U, D, V의 크기는 어떻게 될까요?

U는 3×3 행렬, **D**는 3×2 행렬, **V**는 2×2 행렬이 됩니다.

예제 7-33 **행렬** $\mathbf{A} = \begin{pmatrix} 1 & 1 \\ 1 & 1 \\ -2 & 1 \end{pmatrix}$**에 대하여,** $\mathbf{A}^T\mathbf{A}$**의 고윳값과 고유벡터를 구해보세요.**

풀이

먼저 행렬 곱을 수행합니다.

$$\mathbf{A}^T\mathbf{A} = \begin{pmatrix} 1 & 1 & -2 \\ 1 & 1 & 1 \end{pmatrix}\begin{pmatrix} 1 & 1 \\ 1 & 1 \\ -2 & 1 \end{pmatrix} = \begin{pmatrix} 6 & 0 \\ 0 & 3 \end{pmatrix}$$

$\mathbf{A}^T\mathbf{A}$는 대각행렬이므로, 주대각 성분은 다음과 같은 고윳값입니다.

$$\lambda_1 = 6, \lambda_2 = 3$$

고윳값 $\lambda_1 = 6, \lambda_2 = 3$에 대응하는 고유벡터 $\mathbf{v}_1$, $\mathbf{v}_2$를 구해봅시다.

$$\mathbf{v}_1 = \begin{pmatrix} 1 \\ 0 \end{pmatrix}, \ \mathbf{v}_2 = \begin{pmatrix} 0 \\ 1 \end{pmatrix}$$

행렬 **A**가 정사각행렬이 아니므로 행렬 **A**의 고윳값을 구할 수는 없습니다. 그래서 문제에서 $\mathbf{A}^T\mathbf{A}$의 고윳값을 구하라고 한 것입니다.

[예제 7-33]에서 $\mathbf{A}^T\mathbf{A}$는 대칭행렬입니다.

이는 항상 성립할까요?

그렇습니다. 항상 성립합니다.

정리 7-23 대칭행렬 $\mathbf{A}^T\mathbf{A}$

A를 임의의 행렬이라고 하면, $\mathbf{A}^T\mathbf{A}$는 대칭행렬입니다.

증명

$\mathbf{X}^T = \mathbf{X}$라면 행렬 $\mathbf{X}$는 대칭행렬입니다. 그러므로 $\mathbf{A}^T\mathbf{A}$가 대칭행렬임을 증명하려면 $(\mathbf{A}^T\mathbf{A})^T = \mathbf{A}^T\mathbf{A}$임을 보여야 합니다.

$$(\mathbf{A}^T\mathbf{A})^T = \mathbf{A}^T(\mathbf{A}^T)^T \quad \text{[[정리 1-4(d)]에 의해 } (\mathbf{XY})^T = \mathbf{Y}^T\mathbf{X}^T]$$
$$= \mathbf{A}^T\mathbf{A} \quad \text{[[정리 1-4(a)]에 의해 } (\mathbf{X}^T)^T = \mathbf{X}]$$

따라서 $\mathbf{A}^T\mathbf{A}$는 대칭행렬입니다. ■

? 대칭행렬의 대각화와 관련하여 무엇을 알고 있나요?

앞 절에서 살펴본 다음 [정리 7-21] 스펙트럼 정리를 알고 있습니다.

[정리 7-21]
행렬 $\mathbf{A}$는 직교대각화 가능합니다. ⇔ $\mathbf{A}$는 대칭행렬입니다.

즉, $\mathbf{A}^T\mathbf{A}$가 대칭행렬이므로 $\mathbf{A}^T\mathbf{A}$를 직교대각화할 수 있습니다. 그 결과 행렬 $\mathbf{A}^T\mathbf{A}$를 계산하여 $\mathbf{A}$의 특잇값 분해를 찾을 수 있습니다. 다음 정리는 행렬 $\mathbf{A}^T\mathbf{A}$의 고윳값이 양수 또는 0임을 나타냅니다.

정리 7-24 행렬 $\mathbf{A}^T\mathbf{A}$의 고윳값
$\mathbf{A}$를 임의의 행렬이라 하면, $\mathbf{A}^T\mathbf{A}$의 고윳값은 양수이거나 0입니다.

증명

7.5절 [연습문제 02]에서 증명합니다. ■

예제 7-34 다음 물음에 답해보세요.

(a) [예제 7-33]에 주어진 행렬 $\mathbf{A}$의 특잇값 $\sigma_1 = \sqrt{\lambda_1}$, $\sigma_2 = \sqrt{\lambda_2}$를 구해보세요.

(b) 행렬 $\mathbf{A}^T\mathbf{A}$의 고윳값에 대응하는 정규화된 고유벡터 $\mathbf{v}_1$, $\mathbf{v}_2$에 대하여, $\sigma_1\mathbf{u}_1 = \mathbf{A}\mathbf{v}_1$, $\sigma_2\mathbf{u}_2 = \mathbf{A}\mathbf{v}_2$를 구해보세요.

풀이

(a) [예제 7-33]으로부터 고윳값이 $\lambda_1 = 6$, $\lambda_2 = 3$임을 알 수 있습니다. 이 값의 양의 제곱근은 다음과 같습니다.

$$\sigma_1 = \sqrt{6}, \quad \sigma_2 = \sqrt{3}$$

따라서 행렬 $\mathbf{A}$의 특잇값은 $\sqrt{6}$, $\sqrt{3}$입니다. 행렬 $\mathbf{A}$는 정사각행렬이 아니므로 고윳값을 갖지 않지만, $\mathbf{A}^T\mathbf{A}$의 고윳값의 제곱근으로 특잇값을 가집니다.

(b) $\sigma_1\mathbf{u}_1 = \mathbf{A}\mathbf{v}_1$에 행렬 $\mathbf{A}=\begin{pmatrix} 1 & 1 \\ 1 & 1 \\ -2 & 1 \end{pmatrix}$, 고유벡터 $\mathbf{v}_1 = \begin{pmatrix} 1 \\ 0 \end{pmatrix}$, $\sigma_1 = \sqrt{6}$을 대입합니다.

$$\sqrt{6}\,\mathbf{u}_1 = \mathbf{A}\mathbf{v}_1 = \begin{pmatrix} 1 & 1 \\ 1 & 1 \\ -2 & 1 \end{pmatrix}\begin{pmatrix} 1 \\ 0 \end{pmatrix} = \begin{pmatrix} 1 \\ 1 \\ -2 \end{pmatrix}$$

마찬가지로 $\sigma_2\mathbf{u}_2 = \mathbf{A}\mathbf{v}_2$를 계산합니다.

$$\sqrt{3}\,\mathbf{u}_2 = \mathbf{A}\mathbf{v}_2 = \begin{pmatrix} 1 & 1 \\ 1 & 1 \\ -2 & 1 \end{pmatrix}\begin{pmatrix} 0 \\ 1 \end{pmatrix} = \begin{pmatrix} 1 \\ 1 \\ 1 \end{pmatrix}$$

행렬 $\mathbf{A}$는 2차원 고유벡터 $\mathbf{v}_1 = \begin{pmatrix} 1 \\ 0 \end{pmatrix}$, $\mathbf{v}_2 = \begin{pmatrix} 0 \\ 1 \end{pmatrix}$을 각각 3차원 벡터 $(1 \ \ 1 \ \ -2)^{\mathrm{T}}$, $(1 \ \ 1 \ \ 1)^{\mathrm{T}}$로 변환합니다. 이 변환은 주어진 3×2 행렬 $\mathbf{A}$에 대하여 $T(\mathbf{x}) = \mathbf{A}\mathbf{x}$인 $T: \mathbb{R}^2 \rightarrow \mathbb{R}^3$입니다.

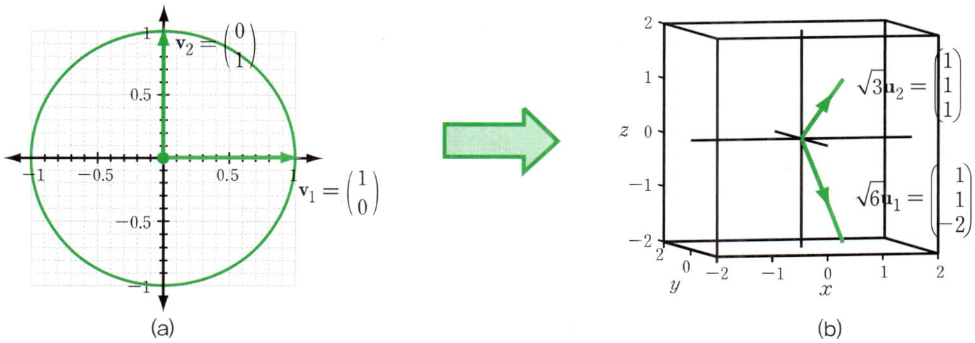

[그림 7-17] 행렬 A에 의한 단위원의 변환

주어진 행렬 $\mathbf{A}$에 의해 [그림 7-17(a)]의 단위원은 3차원 공간 $\mathbb{R}^3$에서 2차원인 타원으로 변환되지만, 사용한 소프트웨어의 한계로 그림에는 표현하지 못했습니다. 주어진 행렬 $\mathbf{A}$의 크기는 3×2이므로 [정리 7-22]에 의해 $\mathbf{U}$는 3×3 행렬임을 알 수 있습니다. 이는 $\mathbf{U} = (\mathbf{u}_1 \ \ \mathbf{u}_2 \ \ \mathbf{u}_3)$임을 의미합니다.

? [예제 7-34]에서 $\mathbf{u}_1$과 $\mathbf{u}_2$을 구했습니다. $\mathbf{u}_3$는 무엇인가요?

$\mathbf{U}$가 직교행렬이므로 벡터 $\mathbf{u}_3$는 두 벡터 $\mathbf{u}_1$, $\mathbf{u}_2$와 직교해야 합니다. 즉, 벡터 $\mathbf{u}_3$가 $\mathbf{u}_1 \cdot \mathbf{u}_3 = 0$, $\mathbf{u}_2 \cdot \mathbf{u}_3 = 0$을 모두 만족해야 합니다. $\mathbf{u}_3 = (x \ \ y \ \ z)^{\mathrm{T}}$라 합시다. 벡터는 스칼라와 관계없이 직교(수직)하므로 스칼라를 무시할 수 있습니다. 다음을 해결해봅시다.

$$\begin{pmatrix} 1 \\ 1 \\ -2 \end{pmatrix} \cdot \begin{pmatrix} x \\ y \\ z \end{pmatrix} = 0, \ \begin{pmatrix} 1 \\ 1 \\ 1 \end{pmatrix} \cdot \begin{pmatrix} x \\ y \\ z \end{pmatrix} = 0 \quad \text{[직교하는 벡터의 내적은 0]}$$

이를 행렬 형태로 나타내어 풀어봅시다.

$$\begin{pmatrix} 1 & 1 & -2 \\ 1 & 1 & 1 \end{pmatrix}\begin{pmatrix} x \\ y \\ z \end{pmatrix} = \begin{pmatrix} 0 \\ 0 \end{pmatrix} \quad \Rightarrow \quad x=1,\ y=-1,\ z=0$$

이 벡터를 정규화하면 $\mathbf{u}_3 = \dfrac{1}{\sqrt{2}}(1 \ \ -1 \ \ 0)^{\mathrm{T}}$ 입니다. 따라서 행렬 $\mathbf{U}$를 다음과 같이 나타낼 수 있습니다.

$$\mathbf{U} = (\mathbf{u}_1 \ \ \mathbf{u}_2 \ \ \mathbf{u}_3) = \begin{pmatrix} 1/\sqrt{6} & 1/\sqrt{3} & 1/\sqrt{2} \\ 1/\sqrt{6} & 1/\sqrt{3} & -1/\sqrt{2} \\ -2/\sqrt{6} & 1/\sqrt{3} & 0 \end{pmatrix}$$

행렬 $\mathbf{U}$의 열벡터 $\{\mathbf{u}_1, \mathbf{u}_2, \mathbf{u}_3\}$는 $\mathbb{R}^3$의 기저(축)입니다([그림 7-18] 참고).

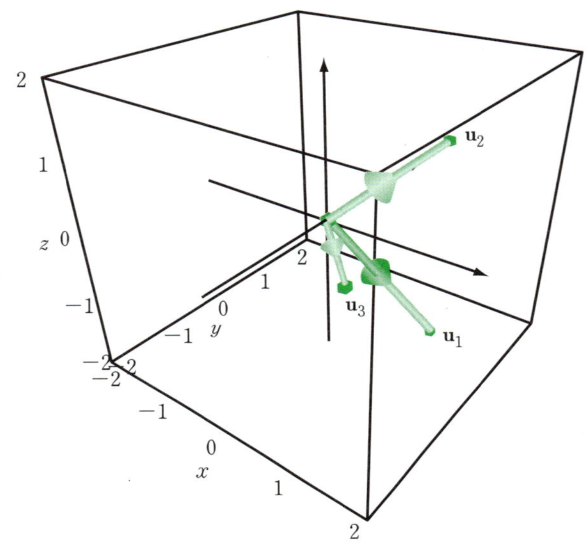

[그림 7-18] 행렬 U의 열벡터 $\{\mathbf{u}_1, \mathbf{u}_2, \mathbf{u}_3\}$

예제 7-35 **[예제 7-33]에 주어진 행렬 $\mathbf{A} = \begin{pmatrix} 1 & 1 \\ 1 & 1 \\ -2 & 1 \end{pmatrix}$에 대하여, $\mathbf{A} = \mathbf{U}\mathbf{D}\mathbf{V}^{\mathrm{T}}$로 분해할 수 있는지 확인해보세요.**

풀이

주어진 행렬 $\mathbf{A}$를 $\mathbf{A} = \mathbf{U}\mathbf{D}\mathbf{V}^{\mathrm{T}}$로 분해해봅시다. 이때 $\mathbf{U}$는 3×3 행렬, $\mathbf{D}$는 3×2 행렬, $\mathbf{V}$는 2×2 행렬입니다. 행렬 $\mathbf{U}$, $\mathbf{D}$, $\mathbf{V}$는 무엇일까요? [예제 7-34]의 결과에 의해 다음과 같이 쓸 수 있습니다.

$$\mathbf{U} = (\mathbf{u}_1 \ \ \mathbf{u}_2 \ \ \mathbf{u}_3) = \begin{pmatrix} 1/\sqrt{6} & 1/\sqrt{3} & 1/\sqrt{2} \\ 1/\sqrt{6} & 1/\sqrt{3} & -1/\sqrt{2} \\ -2/\sqrt{6} & 1/\sqrt{3} & 0 \end{pmatrix}$$

$$D = \begin{pmatrix} \sigma_1 & 0 \\ 0 & \sigma_2 \\ 0 & 0 \end{pmatrix} = \begin{pmatrix} \sqrt{6} & 0 \\ 0 & \sqrt{3} \\ 0 & 0 \end{pmatrix}$$

$$V = (\mathbf{v}_1 \ \ \mathbf{v}_2) = \begin{pmatrix} 1 & 0 \\ 0 & 1 \end{pmatrix} = \mathbf{I} \quad \text{(항등행렬)}$$

마지막 행렬을 전치하면 $\mathbf{V}^T = \mathbf{I}^T = \mathbf{I}$입니다. 이 3개의 행렬 U, D, V로 분해한 것을 확인해봅시다. 즉, $\mathbf{UDV}^T = \mathbf{UDI} = \mathbf{UD} = \mathbf{A}$ 입니다.

$$\mathbf{UDV}^T = \mathbf{UD} = \begin{pmatrix} 1/\sqrt{6} & 1/\sqrt{3} & 1/\sqrt{2} \\ 1/\sqrt{6} & 1/\sqrt{3} & -1/\sqrt{2} \\ -2/\sqrt{6} & 1/\sqrt{3} & 0 \end{pmatrix} \begin{pmatrix} \sqrt{6} & 0 \\ 0 & \sqrt{3} \\ 0 & 0 \end{pmatrix} = \begin{pmatrix} 1 & 1 \\ 1 & 1 \\ -2 & 1 \end{pmatrix} = \mathbf{A}$$

따라서 A와 같이 정사각행렬이 아닌 행렬도 $\mathbf{UDV}^T$로 분해할 수 있습니다.

7.5.3 특잇값 분해 증명

특잇값 분해는 임의의 행렬 A에 적용할 수 있습니다.

정리 7-25 특잇값에 관한 성질

행렬 $\mathbf{A}^T\mathbf{A}$의 양수 고윳값 $\lambda_1 \geq \lambda_2 \geq \lambda_3 \geq \cdots \geq \lambda_k > 0$에 대응하는 고유벡터를 $\mathbf{v}_1$, $\mathbf{v}_2$, $\cdots$, $\mathbf{v}_k$라 하면 다음이 성립합니다.

(a) $j = 1, 2, 3, \cdots, k$에 대하여 A의 특잇값이 $\sigma_j = \sqrt{\lambda_j}$일 때, $\|\mathbf{A}\mathbf{v}_j\| = \sigma_j$입니다.

(b) $\{\mathbf{A}\mathbf{v}_1, \mathbf{A}\mathbf{v}_2, \cdots, \mathbf{A}\mathbf{v}_k\}$는 벡터의 직교집합입니다.

[정리 7-25]의 성질 (a), (b)는 각각 다음과 같은 의미입니다.

(a) σ_j는 벡터 $\mathbf{A}\mathbf{v}_j$의 크기 또는 타원의 반축($\mathbf{u}_j$)의 길이입니다.

(b) 직교벡터 $\{\mathbf{v}_1, \mathbf{v}_2, \cdots, \mathbf{v}_k\}$에 행렬 A를 적용하면, 직교벡터 $\{\mathbf{A}\mathbf{v}_1, \mathbf{A}\mathbf{v}_2, \cdots, \mathbf{A}\mathbf{v}_k\}$로 변환됩니다.

증명

(a) [정리 7-23]에 의해 임의의 행렬 A에 대하여 $\mathbf{A}^T\mathbf{A}$는 대칭행렬입니다. $\mathbf{A}^T\mathbf{A}$가 대칭행렬이므로 다음과 같은 [정리 7-21] 스펙트럼 정리에 의해 직교대각화할 수 있습니다.

행렬 A는 직교대각화 가능합니다. $\Leftrightarrow$ A는 대칭행렬입니다.

이는 $\mathbf{A}^T\mathbf{A}$의 양수 고윳값에 대응하는 고유벡터 $\mathbf{v}_1$, $\mathbf{v}_2$ $\cdots$, $\mathbf{v}_k$는 정규직교벡터(수직인 단위벡터)임을 의미합니다.

$\| \mathbf{Av}_1 \|$을 생각해봅시다.

$$\begin{aligned}\| \mathbf{Av}_1 \|^2 &= \mathbf{Av}_1 \cdot \mathbf{Av}_1 = (\mathbf{Av}_1)^{\mathrm{T}}\mathbf{Av}_1 && [\text{식 (2.1)에 의해 } \mathbf{u}\cdot\mathbf{v}=\mathbf{u}^{\mathrm{T}}\mathbf{v}] \\ &= \mathbf{v}_1^{\mathrm{T}}\mathbf{A}^{\mathrm{T}}\mathbf{Av}_1 && [(\mathbf{XY}^{\mathrm{T}})=\mathbf{Y}^{\mathrm{T}}\mathbf{X}^{\mathrm{T}}] \\ &= \mathbf{v}_1^{\mathrm{T}}(\lambda_1\mathbf{v}_1) && [\lambda_1\text{과 } \mathbf{v}_1\text{은 } \mathbf{A}^{\mathrm{T}}\mathbf{A}\text{의 고윳값과 고유벡터이므로 } \mathbf{A}^{\mathrm{T}}\mathbf{Av}_1=\lambda_1\mathbf{v}_1] \\ &= \lambda_1\mathbf{v}_1^{\mathrm{T}}\mathbf{v}_1 \\ &= \lambda_1(\mathbf{v}_1\cdot\mathbf{v}_1)=\lambda_1 && [\mathbf{v}_1\text{은 정규화되었으므로 } \mathbf{v}_1\cdot\mathbf{v}_1=\|\mathbf{v}_1\|^2=1]\end{aligned}$$

이 결과 $\| \mathbf{Av}_1 \|^2 = \lambda_1$의 양변에 제곱근을 취하면 다음과 같습니다.

$$\| \mathbf{Av}_1 \| = \sqrt{\lambda_1} = \sigma_1$$

마찬가지로 $j = 2, 3, \cdots, k$에 대하여 $\| \mathbf{Av}_j \| = \sigma_j$임을 알 수 있습니다.

(b) 집합 $\{\mathbf{Av}_1, \mathbf{Av}_2, \cdots, \mathbf{Av}_k\}$의 벡터가 직교(수직)함을 증명해야 합니다. 집합에서 $i \neq j$인 임의의 다른 두 벡터 $\mathbf{Av}_i$, $\mathbf{Av}_j$가 직교함을 증명하면 됩니다. 즉, $\mathbf{Av}_i \cdot \mathbf{Av}_j = 0$이 성립함을 보입니다.

$$\begin{aligned}\mathbf{Av}_i \cdot \mathbf{Av}_j &= (\mathbf{Av}_i)^{\mathrm{T}}\mathbf{Av}_j = \mathbf{v}_i^{\mathrm{T}}\mathbf{A}^{\mathrm{T}}\mathbf{Av}_j \\ &= \mathbf{v}_i^{\mathrm{T}}\lambda_j\mathbf{v}_j && [\lambda_j\text{와 } \mathbf{v}_j\text{는 } \mathbf{A}^{\mathrm{T}}\mathbf{A}\text{의 고윳값과 고유벡터이므로 } \mathbf{A}^{\mathrm{T}}\mathbf{Av}_j=\lambda_j\mathbf{v}_j] \\ &= \lambda_j(\mathbf{v}_i^{\mathrm{T}}\mathbf{v}_j) = \lambda_j(\mathbf{v}_i\cdot\mathbf{v}_j) = 0 && [\mathbf{v}_i\text{와 } \mathbf{v}_j\text{는 직교하므로 } \mathbf{v}_i\cdot\mathbf{v}_j=0]\end{aligned}$$

따라서 $\mathbf{Av}_i \cdot \mathbf{Av}_j = 0$이므로 두 벡터 $\mathbf{Av}_i$, $\mathbf{Av}_j$는 직교합니다. 그러므로 $\{\mathbf{Av}_1, \mathbf{Av}_2, \cdots, \mathbf{Av}_k\}$는 직교집합입니다. ■

다음으로 앞에서도 언급했던 다음 정리(이 절에서 가장 중요한 결과)를 증명해보겠습니다.

정리 7-22 특잇값 분해 정리(singular value decomposition theorem)

양수 특잇값 $\sigma_1 \geq \sigma_2 \geq \cdots \geq \sigma_k > 0 (k \leq n)$을 갖는 임의의 $m \times n$ 행렬 $\mathbf{A}$를 $\mathbf{UDV}^{\mathrm{T}}$로 분해할 수 있습니다.

$$\mathbf{A} = \mathbf{UDV}^{\mathrm{T}}$$

이때 $\mathbf{U}$는 $m \times m$ 직교행렬, $\mathbf{D}$는 $m \times n$ 행렬, $\mathbf{V}$는 $n \times n$ 직교행렬입니다. m(행)과 n(열)은 주어진 행렬 $\mathbf{A}$의 크기입니다.

증명

행렬 $\mathbf{A}$의 크기는 $m \times n$입니다. 이는 행렬 $\mathbf{A}$에 의해 주어진 변환이 $T(\mathbf{v}) = \mathbf{A}\mathbf{v}$를 만족하는 $T: \mathbb{R}^n \to \mathbb{R}^m$이라는 의미입니다([그림 7-19] 참고).

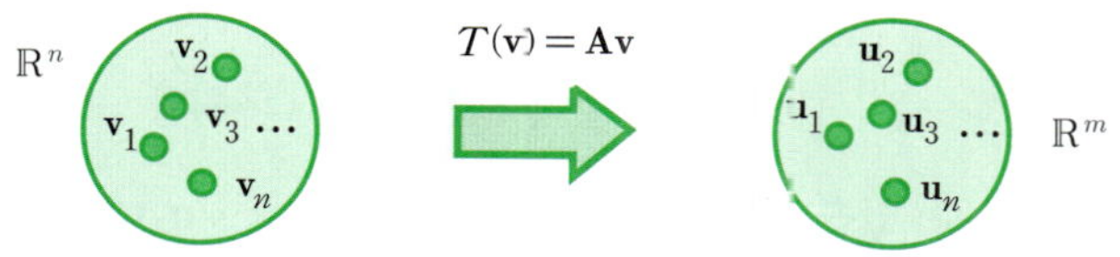

[그림 7-19] 행렬 A에 의한 변환

$\mathbf{A}^T\mathbf{A}$의 양수 고윳값 $\lambda_1 \geq \lambda_2 \geq \lambda_3 \geq \cdots \geq \lambda_k > 0$에 각각 대응하는 고유벡터를 $\mathbf{v}_1,\ \mathbf{v}_2,\ \cdots,\ \mathbf{v}_k$라 합시다. 그러면 [정리 7-25(b)]에 의해 다음 벡터는 직교집합을 이룹니다.

$$\mathbf{A}\mathbf{v}_1, \mathbf{A}\mathbf{v}_2, \cdots, \mathbf{A}\mathbf{v}_k \tag{*}$$

이를 정규직교집합으로 바꾸려고 합니다. 그러려면 식 (*)의 각 벡터를 정규화해야 합니다. 첫 번째 벡터 $\mathbf{A}\mathbf{v}_1$을 단위벡터 $\mathbf{u}_1$(크기가 1)으로 바꾸어봅시다.

$$\mathbf{u}_1 = \frac{1}{\|\mathbf{A}\mathbf{v}_1\|}\mathbf{A}\mathbf{v}_1 = \frac{1}{\sigma_1}\mathbf{A}\mathbf{v}_1 \quad \text{[[정리 7-25(a)]의 } \|\mathbf{A}\mathbf{v}_j\| = \sigma_j\text{]}$$

마찬가지로 나머지 벡터 $\mathbf{A}\mathbf{v}_2, \cdots, \mathbf{A}\mathbf{v}_k$도 단위벡터로 바꾸면 다음과 같습니다.

$$j = 2, 3, 4, \cdots, k\text{에 대하여,}\ \ \mathbf{u}_j = \frac{1}{\sigma_j}\mathbf{A}\mathbf{v}_j$$

$S = \{\mathbf{u}_1, \mathbf{u}_2, \cdots, \mathbf{u}_k\}$의 벡터는 정규직교집합의 벡터입니다. $m \times m$ 행렬 $\mathbf{U}$를 만들어야 합니다. $k < m$이면 집합 $S = \{\mathbf{u}_1, \mathbf{u}_2, \cdots, \mathbf{u}_k\}$의 벡터는 행렬 $\mathbf{U}$의 처음 k개의 벡터입니다. 하지만

$$\mathbf{U} = (\mathbf{u}_1\ \ \mathbf{u}_2\ \ \cdots\ \ \mathbf{u}_k\ \ \mathbf{u}_{k+1}\ \cdot\cdot\ \ \mathbf{u}_m)$$

이므로 m개의 벡터가 필요합니다. 따라서 집합 S를 정규직교집합 $S' = \{\mathbf{u}_1, \mathbf{u}_2, \cdots, \mathbf{u}_k, \mathbf{u}_{k+1}, \cdots, \mathbf{u}_m\}$으로 확장해야 합니다. S'은 $\mathbb{R}^m$의 정규직교기저입니다. $\mathbf{U} = (\mathbf{u}_1\ \ \mathbf{u}_2\ \ \cdots\ \ \mathbf{u}_m)$이라 합시다. $j = 1, 2, 3, \cdots, k$에 대하여, 앞의 결과 $\mathbf{u}_j = \frac{1}{\sigma_j}\mathbf{A}\mathbf{v}_j$의 양변에 σ_j를 곱합니다.

$$\sigma_j\mathbf{u}_j = \mathbf{A}\mathbf{v}_j \tag{†}$$

남아 있는 특잇값은 0입니다. 즉, $\sigma_{k+1} = \sigma_{k+2} = \cdots = \sigma_n = 0$입니다.

$$j = k+1, \cdots, n\text{에 대하여,}\ \ \mathbf{A}\mathbf{v}_j = \sigma_j\mathbf{u}_j = 0\mathbf{u}_j \tag{††}$$

지금까지 나온 결과를 다 모아서 정리하면 다음과 같습니다.

$$\mathbf{A}\mathbf{v}_1 = \sigma_1\mathbf{u}_1,\ \ \mathbf{A}\mathbf{v}_2 = \sigma_2\mathbf{u}_2,\ \ \mathbf{A}\mathbf{v}_k = \sigma_k\mathbf{u}_k,\ \ \mathbf{A}\mathbf{v}_{k+1} = 0\mathbf{u}_{k+1},\ \ \cdots\ \ ,\ \ \mathbf{A}\mathbf{v}_n = 0\mathbf{u}_n$$

이를 행렬 형태로 나타내봅시다.

$$\begin{aligned} \mathbf{AV} &= \mathbf{A}(\mathbf{v}_1 \cdots \mathbf{v}_k \ \ \mathbf{v}_{k+1} \ \ \mathbf{v}_n) && [\mathbf{V}\text{는 } n\times n \text{ 직교행렬}] \\ &= (\mathbf{Av}_1 \cdots \mathbf{Av}_k \ \ \mathbf{Av}_{k+1} \ \ \mathbf{Av}_n) \\ &= (\sigma_1\mathbf{u}_1 \cdots \sigma_k\mathbf{u}_k \ \ 0\mathbf{u}_{k+1} \ \ 0\mathbf{u}_n) && [\text{식 } (\dagger)\text{와 } (\dagger\dagger)] \end{aligned}$$

$\mathbf{u}_j$ 앞에 곱한 스칼라 $\sigma_1, \sigma_2, \cdots$는 대각행렬과 비슷한 D에 배치할 수 있고, 벡터 $\mathbf{u}_j$들은 행렬 $\mathbf{U}=(\mathbf{u}_1 \ \ \mathbf{u}_2 \ \ \cdots \ \ \mathbf{u}_m)$에 배치할 수 있습니다. 따라서 $\mathbf{AV}=(\sigma_1\mathbf{u}_1 \cdots \sigma_k\mathbf{u}_k \ \ 0\mathbf{u}_{k+1} \ \ 0\mathbf{u}_n)$은 다음과 같이 쓸 수 있습니다.

$$(\sigma_1\mathbf{u}_1 \cdots \sigma_k\mathbf{u}_k \ \ 0\mathbf{u}_{k+1} \ \ 0\mathbf{u}_n) = \underbrace{(\mathbf{u}_1 \ \ \mathbf{u}_2 \ \ \cdots \ \ \mathbf{u}_m)}_{=\mathbf{U}} \underbrace{\left(\begin{array}{ccc|c} \sigma_1 & & \bigcirc & \\ & \ddots & & \bigcirc \\ \bigcirc & & \sigma_k & \\ \hline & \bigcirc & & \bigcirc \end{array}\right)}_{=\mathbf{D}}$$

$$= \mathbf{UD} = \mathbf{AV}$$

$\mathbf{V}$가 직교행렬이므로 $\mathbf{V}^{-1}=\mathbf{V}^{\mathrm{T}}$입니다. $\mathbf{UD}=\mathbf{AV}$의 양변 오른쪽에 $\mathbf{V}^{\mathrm{T}}$를 곱하면, 우리가 원하는 결과인 $\mathbf{UDV}^{\mathrm{T}}=\mathbf{A}$를 얻을 수 있습니다. ■

정리 7-26 특잇값 분해와 정규직교기저

$\mathbf{A}$를 $\mathbf{A}=\mathbf{UDV}^{\mathrm{T}}$로 분해되는 $m\times n$ 행렬이라고 합시다. 행렬 $\mathbf{A}$가 $k(\le n)$개의 양의 특잇값을 가진다면, 다음이 성립합니다.

(a) 벡터집합 $\{\mathbf{u}_1, \mathbf{u}_2, \cdots, \mathbf{u}_k\}$는 행렬 $\mathbf{A}$의 열공간의 정규직교기저를 형성합니다.

(b) 벡터집합 $\{\mathbf{v}_1, \mathbf{v}_2, \cdots, \mathbf{v}_k\}$는 행렬 $\mathbf{A}$의 행공간의 정규직교기저를 형성합니다.

(c) 벡터집합 $\{\mathbf{v}_{k+1}, \mathbf{v}_{k+2}, \cdots, \mathbf{v}_n\}$은 행렬 $\mathbf{A}$의 영공간의 정규직교기저를 형성합니다.

증명

7.5절 [연습문제 04]에서 증명합니다. ■

핵심요약

• 행렬 $\mathbf{A}$를 $\mathbf{A}=\mathbf{U}\times\mathbf{D}\times\mathbf{V}^{\mathrm{T}}$와 같이 3개의 행렬로 분해할 수 있습니다.

7.5 연습문제

01 다음 행렬에 대하여, $\mathbf{A}=\mathbf{UDV}^{\mathrm{T}}$를 만족하는 행렬 $\mathbf{U}$, $\mathbf{D}$, $\mathbf{V}$를 구해보세요.

(a) $\mathbf{A}=\begin{pmatrix}1&0\\0&2\end{pmatrix}$ (b) $\mathbf{A}=\begin{pmatrix}1&4\\4&7\end{pmatrix}$

(c) $\mathbf{A}=\begin{pmatrix}1&0\\0&1\\1&2\end{pmatrix}$ (d) $\mathbf{A}=\begin{pmatrix}1&0&1\\0&1&2\end{pmatrix}$

(e) $\mathbf{A}=\begin{pmatrix}1&1\\3&3\end{pmatrix}$ (f) $\mathbf{A}=\begin{pmatrix}1&1&1\\3&3&3\end{pmatrix}$

02 [정리 7-24]를 증명해보세요.

03 행렬 $\mathbf{A}$가 k개의 양의 특잇값을 갖는다고 합시다. 행렬 $\mathbf{A}$의 계수(rank)가 k임을 보이세요.

힌트 다음 결과를 사용해보세요.
'행렬 $\mathbf{X}$가 가역행렬이면 $\mathrm{rank}(\mathbf{XA})=\mathrm{rank}(\mathbf{A})$, $\mathrm{rank}(\mathbf{AX})=\mathrm{rank}(\mathbf{A})$입니다.'

04 [정리 7-26]을 증명해보세요.

05 $m\times n$ 행렬 $\mathbf{A}$의 특잇값 $\sigma_1, \sigma_2, \cdots, \sigma_n$은 유일함을 증명해보세요.

06 $\mathbf{A}=\mathbf{UDV}^{\mathrm{T}}$에서 직교행렬 $\mathbf{U}$의 열벡터는 $\mathbf{AA}^{\mathrm{T}}$의 고유벡터임을 증명해보세요.

07 행렬 $\mathbf{A}$와 $\mathbf{A}^{\mathrm{T}}$의 특잇값이 같음을 증명해보세요.

08 $m\times n$ 행렬 $\mathbf{A}$에 대하여, $T:\mathbb{R}^n\to\mathbb{R}^m$은 $T(\mathbf{x})=\mathbf{Ax}$인 선형변환이라고 합시다. 행렬 $\mathbf{A}$의 양수 특잇값이 $k(\le n)$개인 특잇값 분해 $\mathbf{A}=\mathbf{UDV}^{\mathrm{T}}$를 가정합시다. 이 때 다음 결과를 증명해보세요.

(a) 벡터집합 $\{\mathbf{u}_1, \mathbf{u}_2, \cdots, \mathbf{u}_k\}$는 T의 치역의 정규직교기저를 형성합니다.

(b) 벡터집합 $\{\mathbf{v}_{k+1}, \mathbf{v}_{k+2}, \cdots, \mathbf{v}_n\}$은 T의 핵의 정규직교기저를 형성합니다.

7장 종합문제

7.1 행렬 $\mathbf{A}=\begin{pmatrix}1&1\\0&3\end{pmatrix}$에 대하여 다음 물음에 답해보세요.

(a) $\mathbf{A}$의 모든 고윳값을 구해보세요.

(b) $\mathbf{Q}^{-1}\mathbf{AQ}=\mathbf{D}$(즉, $\mathbf{A}=\mathbf{QDQ}^{-1}$)를 만족하는 비특이행렬 $\mathbf{Q}$와 대각행렬 $\mathbf{D}$를 구해보세요.

(c) 행렬 $\mathbf{A}$에 대하여 $\mathbf{A}^5$을 구해보세요.

[퍼듀 대학교, 미국]

7.2 행렬 $\mathbf{A}=\begin{pmatrix}4&5\\-3&-4\end{pmatrix}$에 대하여 $\mathbf{A}^{1000001}$을 구해보세요.

[하비 머드 칼리지, 미국]

7.3 다음 행렬의 고윳값을 구하고, 이에 대응하는 고유공간의 기저를 구해보세요.

$$\mathbf{A}=\begin{pmatrix}0&2&2\\2&0&2\\2&2&0\end{pmatrix}$$

[하비 머드 칼리지, 미국]

7.4 다음 빈칸을 채워보세요.

(a) $n\times n$ 행렬 $\mathbf{A}$가 고윳값 λ를 갖는 가역행렬이라 하면 ______는 $\mathbf{A}^{-1}$의 고윳값입니다.

(b) $n\times n$ 행렬 $\mathbf{A}$는 대각화가 가능합니다.
$\Leftrightarrow$ $\mathbf{A}$는 n개의 ______를 가집니다.

[일리노이 주립대학교, 미국]

7.5 행렬 $\mathbf{A}=\begin{pmatrix} 7 & 5 \\ 3 & -7 \end{pmatrix}$에 대하여 다음 물음에 답해보세요.

(a) 행렬 $\mathbf{A}$가 다음과 같이 분해될 때, 행렬 $\mathbf{S}$와 Λ를 구해보세요. (단, $\mathbf{S}$는 가역행렬이고, Λ는 대각행렬 $\Lambda=\mathrm{diag}(\lambda_1, \lambda_2)$입니다.)

$$\mathbf{A}=\mathbf{S}\Lambda\mathbf{S}^{-1}$$

(b) $\mathbf{B}^3=\mathbf{A}$를 만족하는 행렬 $\mathbf{B}$를 구해보세요.

힌트 먼저 Λ를 구하고, (a)의 식을 이용하세요.

[매사추세츠 공과대학교(MIT), 미국]

7.6 다음 물음에 답해보세요.

(a) 행렬 $\mathbf{A}=\begin{pmatrix} 4 & -3 \\ 1 & 0 \end{pmatrix}$에 대하여 다음 물음에 답해세요.

(i) $\mathbf{A}$의 고윳값과 고유벡터를 구해보세요.

(ii) $\mathbf{P}^{-1}\mathbf{A}\mathbf{P}$가 대각행렬이 되도록 만드는 행렬 $\mathbf{P}$를 구해보세요.

(iii) $\mathbf{A}^{2008}$의 고윳값과 행렬식을 구해보세요.

(b) 행렬 $\mathbf{B}=\begin{pmatrix} 1 & 1 & 0 \\ 0 & 1 & 0 \\ 0 & 0 & 0 \end{pmatrix}$은 대각화 가능한가요? 그렇게 대답한 이유를 설명해보세요.

[러프버러 대학교, 영국]

7.7 다음 물음에 답해보세요.

(a) 행렬 $\mathbf{A}=\begin{pmatrix} 1 & 0 \\ 10 & 2 \end{pmatrix}$는 대각화가 가능한가요? 가능하지 않다면 이유를 설명해보세요. 만약 대각화 가능하다면 $\mathbf{S}^{-1}\mathbf{A}\mathbf{S}$가 대각행렬이 되도록 만드는 가역행렬 $\mathbf{S}$를 구해보세요.

(b) 행렬 $\mathbf{A}=\begin{pmatrix} 2 & 0 \\ 0 & 3 \end{pmatrix}$과 $\mathbf{B}=\begin{pmatrix} 3 & 0 \\ 0 & 2 \end{pmatrix}$는 닮음 행렬입니다. $\mathbf{B}=\mathbf{S}^{-1}\mathbf{A}\mathbf{S}$를 만족하는 행렬 $\mathbf{S}$를 구해보세요.

[퓨젯사운드 대학교, 미국]

7.8 행렬 $\mathbf{B}=\begin{pmatrix} 1 & 1 \\ 1 & -1 \end{pmatrix}$에 대하여 $\mathbf{B}=\mathbf{P}\mathbf{D}\mathbf{P}^{\mathrm{T}}(\mathbf{P}^{-1}=\mathbf{P})$를 만족하는 행렬 $\mathbf{P}$와 $\mathbf{D}$가 존재하나요? 그리고 $\mathbf{D}$는 대각행렬인가요? 그렇게 답한 이유를 설명해보세요. 만약 이러한 행렬이 존재한다면 가능한 행렬 $\mathbf{P}$와 이에 대응하는 행렬 $\mathbf{D}$를 나타내보세요.

[뉴욕 대학교, 미국]

7.9 3×3 행렬 $\mathbf{A}=\begin{pmatrix} 4 & 2 & -2 \\ 0 & 3 & 1 \\ 0 & 1 & 3 \end{pmatrix}$의 고윳값이 2, 4일 때, 이에 대응하는 고유벡터가 각각 $\begin{pmatrix} 2 \\ -1 \\ 1 \end{pmatrix}$, $\begin{pmatrix} 1 \\ 0 \\ 0 \end{pmatrix}$입니다. 다음 물음에 답해보세요.

(a) $\mathbf{A}$의 나머지 고윳값과 고유벡터를 구해보세요.

(b) $\mathbf{A}\mathbf{P}=\mathbf{P}\mathbf{D}$를 만족하는 가역행렬 $\mathbf{P}$와 대각행렬 $\mathbf{D}$를 구해보세요.

[유타 대학교, 미국]

7.10 λ_1과 λ_2가 대칭행렬 $\mathbf{A}$의 서로 다른 고윳값이면, 이 고윳값에 대응하는 고유벡터는 서로 직교함을 증명해보세요.

[하비 머드 칼리지, 미국]

7.11 다음 물음에 답해보세요.

(a) 행렬 $\mathbf{A}=\begin{pmatrix} 6 & 2 \\ 2 & 3 \end{pmatrix}$의 고윳값과 이에 대응하는 고유벡터를 구해보세요.

(b) 다음 벡터 중 어떤 벡터가 행렬 $\begin{pmatrix} 1 & 1 & 1 & 1 \\ 1 & -1 & 1 & -1 \\ 1 & 1 & -1 & -1 \\ 1 & -1 & -1 & 1 \end{pmatrix}$의 고유벡터인지 확인하고, 이에 대응하는 고윳값을 구해보세요.

$$\vec{\mathbf{v}}=\begin{pmatrix} 1 \\ 1 \\ 1 \\ -1 \end{pmatrix},\quad \vec{\mathbf{w}}=\begin{pmatrix} 1 \\ -1 \\ -1 \\ 2 \end{pmatrix}$$

[뉴브런즈윅 대학교, 캐나다]

7.12 다음 물음에 답해보세요.

(a) 다음 행렬의 고윳값과 이에 대응하는 고유벡터를 구해보세요.

$$\mathbf{A}=\begin{pmatrix} 1 & 1 & -1 \\ 1 & 1 & 1 \\ 1 & 1 & 1 \end{pmatrix}$$

(b) 행렬 $\mathbf{A}$는 대각화 가능한가요? 그렇게 답한 이유를 설명해보세요.

[뉴브런즈윅 대학교, 캐나다]

7.13 다음 물음에 답해보세요.

(a) 행렬 $\mathbf{A}=\begin{pmatrix}1&1&1\\1&1&1\\1&1&1\end{pmatrix}$에 대하여 다음 물음에 답해보세요.

(ⅰ) 행렬 $\mathbf{A}$의 고윳값과 이에 대응하는 고유벡터가 다음과 같음을 보이세요.

$$\lambda_1=0\text{일 때, } \mathbf{u}=\begin{pmatrix}1\\1\\-2\end{pmatrix}$$

$$\lambda_2=0\text{일 때, } \mathbf{v}=\begin{pmatrix}1\\-1\\0\end{pmatrix}$$

$$\lambda_3=3\text{일 때, } \mathbf{w}=\begin{pmatrix}1\\1\\1\end{pmatrix}$$

(ⅱ) 행렬 $\mathbf{A}$를 대각화하는 직교행렬 $\mathbf{Q}$를 구해보세요.

(ⅲ) 케일리-해밀턴 정리 등을 이용하여 $\mathbf{A}^3$을 구해보세요.

(b) $\mathbf{B}$를 모든 성분이 실수인 $n\times n$ 행렬이라 할 때, $\mathbf{B}$와 $\mathbf{B}^{\mathrm{T}}$의 고윳값이 동일함을 증명해보세요.

[하트퍼드셔 대학교, 영국]

7.14 다음 물음에 답해보세요.

(a) 모든 성분이 실수인 $n\times n$ 행렬의 고윳값과 고유벡터의 의미를 정의해보세요.

(b) 행렬 $\mathbf{A}=\begin{pmatrix}0&2&1\\1&1&1\\1&2&0\end{pmatrix}$에 대하여 벡터 $\begin{pmatrix}1\\1\\1\end{pmatrix}$이 $\mathbf{A}$의 고유벡터임을 보이세요. 이 고유벡터에 대응하는 고윳값은 무엇인가요?

(c) (b)에 주어진 행렬 $\mathbf{A}$가 대각화 가능함을 보이세요. 그리고 $\mathbf{P}^{-1}\mathbf{AP}$가 대각행렬이 되도록 만드는 3×3 가역행렬 $\mathbf{P}$와 $\mathbf{P}^{-1}$를 구해보세요.

[런던시티 대학교, 영국]

7.15 다음 물음에 답해보세요.

(a) 행렬 $\mathbf{A}=\begin{pmatrix}1&-2&2\\8&11&-8\\4&4&-1\end{pmatrix}$에 대하여 고유벡터로 이루어진 기저를 찾아 $\mathbf{P}^{-1}\mathbf{AP}$가 대각행렬이 되도록 만드는 가역행렬 $\mathbf{P}$와 $\mathbf{P}^{-1}$를 구해보세요.

(b) 케일리-해밀턴 정리를 쓰고 위 행렬에 대하여 이 정리를 확인해보세요.

[런던시티 대학교, 영국]

7.16 행렬 $\mathbf{A}\in M_4(\mathbb{R})$이 다음과 같을 때, 주어진 물음에 답해보세요.

$$\mathbf{A}=\begin{pmatrix}0&-3&0&0\\1&-1&0&0\\1&-1&0&-9\\1&-1&1&10\end{pmatrix}$$

(a) 행렬 $\mathbf{A}$의 특성다항식이 $P_A(t)=(t^2+t+3)(t^2-10t+9)$임을 보이세요.

(b) 행렬 $\mathbf{A}$의 모든 실수 고윳값을 구해보세요. 그리고 행렬 $\mathbf{A}$의 실수 고윳값 λ를 하나 선택하여 고유공간 E_λ의 기저를 구해보세요.

[야콥스 대학교, 독일]

7.17 행렬 $\mathbf{A}=\begin{pmatrix}0&1&2&0&0\\-1&-1&1&0&1\\0&0&1&0&0\\0&0&2&-3&0\\1&2&3&4&0\end{pmatrix}$의 고윳값을 구해보세요. 시간을 절약하기 위해, 고유벡터는 찾지 마세요.

[유타 대학교, 미국]

7.18 행렬 $\mathbf{A}=\begin{pmatrix}1&1&0\\1&2&1\\0&1&1\end{pmatrix}$에 대하여 다음 물음에 답해보세요. (계산기는 사용하지 마세요.)

(a) $\mathbf{A}$의 고윳값을 구해보세요.

(b) $\mathbf{A}$의 각 고윳값에 대응하는 고유벡터를 구해보세요. 쉽게 등급을 매길 수 있도록 가능한 작은 정수로 이루어진 고유벡터를 선택하세요.

(c) 선택한 고유벡터를 이용하여 $\mathbb{R}^3$의 기저를 만듭니다. 이때 가장 큰 고윳값에 대응하는 고유벡터를 첫 번째 기저벡터로 선택하고, 가장 작은 고윳값에 대응하는 고유벡터를 세 번째 기저벡터로 선택합니다. 그리고 이 기저를 β라 합시다. 우리에게는 행렬 $\mathbf{A}$로 주어진 선형변환이 있습니다. 이 새로운 기저로부터 좌표를 사용할 때 $\mathbf{D}: [x]_\beta \to [\mathbf{Ax}]_\beta$를 만족하는 행렬 $\mathbf{D}$는 무엇인가요?

(d) $\mathbf{S}^{-1}\mathbf{A}\mathbf{S}=\mathbf{D}$를 만족하는 행렬 $\mathbf{S}$가 존재함을 알고 있을 때, 행렬 $\mathbf{S}$를 구해보세요.

(e) $\mathbf{S}^{-1}$를 구해보세요.

(f) $\mathbf{A}$가 직교대각화 가능하도록 기저 β를 수정해보세요.

(g) $\mathbf{A}$를 직교대각화하는 데 필요한 새로운 행렬 $\mathbf{S}$를 구해보세요.

(h) (g)에서 구한 행렬 $\mathbf{S}$에 대하여, $\mathbf{S}$의 역행렬을 구해보세요.

[존스홉킨스 대학교, 미국]

7.19 다음 물음에 답해보세요.

(a) $a \neq c$일 때, 다음을 만족하는 고윳값 행렬 Λ와 고유벡터 행렬 $\mathbf{S}$를 구해보세요.

$$\mathbf{A}=\begin{pmatrix} a & b \\ 0 & c \end{pmatrix}=\mathbf{S}\Lambda\mathbf{S}^{-1}$$

(b) 행렬 $\mathbf{A}^{1000}$의 성분 4개를 구해보세요.

[매사추세츠 공과대학교(MIT), 미국]

7.20 다음 물음에 답해보세요.

(a) $n\times n$ 행렬 $\mathbf{A}$가 대각화 가능하다는 의미를 정의해보세요.

(b) $n\times n$ 행렬 $\mathbf{A}$의 고윳값과 고유벡터를 정의해보세요.

(c) 행렬 $\mathbf{A}$의 고윳값 λ_0에 대한 대수적 중복도와 기하적 중복도를 정의해보세요. (고윳값의 대수적 중복도(algebraic multiplicity)는 앞에서 정의한 고윳값의 중복도(multiplicity)를 의미합니다. 고윳값의 기하적 중복도(geometric multiplicity)는 이 책에서 다루지 않았으므로 이 정의는 다른 자료를 통해 살펴보도록 하세요.)

(d) 3×3 행렬 $\mathbf{A}$의 특성다항식은 $(\lambda-1)(\lambda-2)^2$입니다. 행렬 $\mathbf{A}$의 각 고윳값의 대수적 중복도를 구해보세요. 그리고 기하적 중복도를 사용하여 행렬 $\mathbf{A}$의 대각화 가능성에 관한 필요조건과 충분조건을 설명해보세요.

(e) 다음 행렬 (i), (ii)의 특성다항식은 $(\lambda-1)(\lambda-2)^2$입니다. 각 행렬이 대각화 가능한지 결정해보고, 행렬이 대각화 가능하면 대각행렬을 찾아보세요.

(i) $\begin{pmatrix} 1 & -2 & 1 \\ 1 & 1 & 2 \\ 1 & 0 & 3 \end{pmatrix}$ (ii) $\begin{pmatrix} 1 & -1 & 1 \\ -1 & 1 & 1 \\ -1 & -1 & 3 \end{pmatrix}$

[맨체스터 대학교, 영국]

7.21 다음 물음에 답해보세요.

(a) $\mathbb{R}^3$의 벡터 $\mathbf{w}_1$, $\mathbf{w}_2$, $\mathbf{w}_3$가 서로 직교한다는 의미를 정의해보세요.

(b) 다음 $\mathbb{R}^3$의 벡터에 그람-슈미트 과정을 적용하여 $\mathbb{R}^3$의 정규직교집합을 구해보세요.

$$\mathbf{v}_1=\begin{pmatrix} 0 \\ 1 \\ 1 \end{pmatrix},\quad \mathbf{v}_2=\begin{pmatrix} 1 \\ 1 \\ 0 \end{pmatrix},\quad \mathbf{v}_3=\begin{pmatrix} 5 \\ 4 \\ 6 \end{pmatrix}$$

(c) 행렬 $\mathbf{A}=\begin{pmatrix} 3 & 2 & 4 \\ 2 & 0 & 2 \\ 4 & 2 & 3 \end{pmatrix}$에 대하여 다음 물음에 답해보세요.

(i) $\mathbf{A}$의 특성다항식을 구하여 $\mathbf{A}$의 고윳값을 구해보세요.

(ii) 각 고윳값에 대응하는 일차독립인 고유벡터로 이루어진 집합을 구해보세요.

(d) 영벡터가 아닌 $\mathbf{v}_1$, $\mathbf{v}_2$, $\mathbf{v}_3\in\mathbb{R}^3$가 직교집합을 이룬다고 할 때 이 벡터들이 일차독립임을 증명해보세요.

[사우샘프턴 대학교, 영국]

7.22 다음 물음에 답해보세요.

(a) 내적이 정의된 벡터공간의 벡터집합에 적용되는 직교와 정규직교라는 용어를 정의해보세요.

(b) 직교행렬과 이 행렬의 전치 사이의 관계를 설명해보세요. 직교행렬의 열벡터 집합이 서로 직교하는 벡터로 이루어진 집합임을 증명해보세요.

(c) 행렬 $\mathbf{A}=\begin{pmatrix} 5 & 0 & -1 & 0 \\ 0 & 1 & 0 & -1 \\ -1 & 0 & 5 & 0 \\ 0 & -1 & 0 & 1 \end{pmatrix}$에 대하여, 다음 물음에 답해보세요.

(i) $(1, 0, 1, 0)$과 $(1, 0, -1, 0)$이 행렬 $\mathbf{A}$의 고유벡터임을 보이고 이에 대응하는 고윳값을 구해보세요.

(ii) 행렬 $\mathbf{A}$의 다른 두 고윳값을 구하고 이에 대응하는 고유벡터를 구해보세요.

(iii) $\mathbf{PQ} = \mathbf{I}$이고 $\mathbf{PAQ} = \Lambda$가 대각행렬이 되도록 만드는 행렬 $\mathbf{P}$, $\mathbf{Q}$, Λ를 구해보세요.

[런던퀸메리 대학교, 영국]

* [종합문제 7.23], [종합문제 7.24]는 이 책의 본문에 맞게 문장을 수정했습니다. 다음 문제의 물음에 답하려면 웹 사이트 https://maths-for-all.co.uk/linear-algebra/에서 7장에 관한 추가 자료를 참조해야 합니다.

7.23 다음 이차다항식을 대각선 형태로 나타내보세요.

$$3x^2 + 4xy + 6y^2 = aX^2 + bY^2$$

x와 y로 X와 Y를 나타내보세요.

[컬럼비아 대학교, 미국]

7.24 다음 이차다항식을 대각선 형태로 나타내보세요.

$$2xy + 4xz + 4yz + 3z^2 = aX^2 + bY^2 + cZ^2$$

x, y, z로 X, Y, Z를 나타내보세요.

[컬럼비아 대학교, 미국]

찾아보기

ㅈ

기타